記　號

邏　輯	p, q	敘述 (或命題)
	$\neg p$	(敘述) p 的否定：非 p
	$p \wedge q$	p，q 的合取：p 且 q
	$p \vee q$	p，q 的析取：p 或 q
	$p \rightarrow q$	q 被 p 蘊涵：p 蘊涵 q
	$p \leftrightarrow q$	p 和 q 的雙條件：若且唯若 p 則 q
	iff	若且唯若
	$p \Rightarrow q$	邏輯蘊涵：p 邏輯蘊涵 q
	$p \Leftrightarrow q$	邏輯等價：p 是邏輯等價至 q
	T_0	重言
	F_0	矛盾
	$\forall x$	對所有 x (全稱量詞)
	$\exists x$	對某些 x (存在量詞)
集合論	$x \in A$	x 是集合 A 的元素
	$x \notin A$	x 不是集合 A 的元素
	$\mathcal{U}$	宇集
	$A \subseteq B, B \supseteq A$	A 是 B 的子集合
	$A \subset B, B \supset A$	A 是 B 的真子集合
	$A \not\subseteq B$	A 不是 B 的子集合
	$A \not\subset B$	A 不是 B 的真子集合
	$|A|$	集合 A 的基數或大小——亦即，A 中的元素個數。
	$\emptyset = \{\ \}$	空集合或零集合
	$\mathcal{P}(A)$	A 的冪集合，亦即，A 的所有子集合所成的集合。
	$A \cap B$	集合 A，B 的交集：$\{x \mid x \in A$ 且 $x \in B\}$
	$A \cup B$	集合 A，B 的聯集：$\{x \mid x \in A$ 或 $x \in B\}$
	$A \Delta B$	集合 A，B 的對稱差集：$\{x \mid x \in A$ 或 $x \in B$，但 $x \notin A \cap B\}$
	$\overline{A}$	集合 A 的餘集：$\{x \mid x \in \mathcal{U}$ 且 $x \notin A\}$
	$A - B$	集合 B 在集合 A 中的 (相對) 餘集：$\{x \mid x \in A$ 且 $x \notin B\}$
	$\bigcup_{i \in I} A_i$	$\{x \mid x \in A_i$，對至少一個 $i \in I\}$，其中 I 是一個指標集
	$\bigcap_{i \in I} A_i$	$\{x \mid x \in A_i$，對每個 $i \in I\}$，其中 I 是一個指標集
機　率	S	實驗 $\mathcal{E}$ 的樣本空間
	$A \subseteq S$	A 是一個事件
	$Pr(A)$	事件 A 的機率
	$Pr(A|B)$	在發生 B 之下 A 的機率；條件機率
	X	隨機變數
	$E(X)$	隨機變數 X 的期望值
	$\text{Var}(X) = \sigma_X^2$	隨機變數 X 的變異數
	σ_X	隨機變數 X 的標準偏差
數	$a|b$	a 整除 b，其中 a，$b \in \mathbf{Z}$，$a \neq 0$
	$a \nmid b$	a 不整除 b，其中 a，$b \in \mathbf{Z}$，$a \neq 0$
	$\gcd(a, b)$	整除 a，b 的最大公因數
	$\text{lcm}(a, b)$	整數 a，b 的最小公倍數

記 號

	$\phi(n)$	$n \in \mathbf{Z}^+$ 的 Euler' ϕ 函數
	$\lfloor x \rfloor$	小於或等於實數 x 的最大整數：x 的最大整數：x 的樓梯函數
	$\lceil x \rceil$	大於或等於實數 x 的最小整數：x 的天花板函數
	$a \equiv b(\bmod n)$	a 和 b 同餘模 n
關 係	$A \times B$	集合 A，B 的笛卡兒積或叉積：$\{(a,b) \mid a \in A, b \in B\}$
	$\mathscr{R} \subseteq A \times B$	$\mathscr{R}$ 是一個由 A 到 B 的關係
	$a \mathscr{R} b; (a,b) \in \mathscr{R}$	a 和 b 有關係
	$a \not\mathscr{R} b; (a,b) \notin \mathscr{R}$	a 和 b 沒有關係
	$\mathscr{R}^c$	關係 $\mathscr{R}$ 的逆：$(a,b) \in \mathscr{R}$ 若且唯若 $(b,a) \in \mathscr{R}^c$
	$\mathscr{R} \circ \mathscr{S}$	$\mathscr{R} \subseteq A \times B$，$\mathscr{S} \subseteq B \times C$ 的合成關係：$(a,c) \in \mathscr{R} \circ \mathscr{S}$ 若 $(a,b) \in \mathscr{R}$，$(b,c) \in \mathscr{S}$ 對某些 $b \in B$
	lub$\{a,b\}$	a 和 b 的最小上界
	glb$\{a,b\}$	a 和 b 的最大下界
	$[a]$	元素 a (對於集合 A 上的一個等價關係 $\mathscr{R}$) 的等價類：$\{x \in A \mid x \mathscr{R} a\}$
函 數	$f: A \to B$	f 是一個由 A 到 B 的函數
	$f(A_1)$	對 $f: A \to B$ 且 $A_1 \subseteq A$，$f(A_1)$ 是 A_1 在 f 之下的像集——即，$\{f(a) \mid a \in A_1\}$
	$f(A)$	對 $f: A \to B$，$f(A)$ 是 f 的值域
	$f: A \times A \to B$	f 是 A 上的一個二元運算
	$f: A \times A \to B (\subseteq A)$	f 是 A 上的一個封閉二元運算
	$1_A: A \to A$	A 上的恆等函數：$1_A(a) = a$ 對每個 $a \in A$
	$f \mid_{A_1}$	$f: A \to B$ 到 $A_1 \subseteq A$ 的制限
	$g \circ f$	$f: A \to B$，$g: B \to C$ 的合成函數：$(g \circ f) a = g(f(a))$，對 $a \in A$
	f^{-1}	函數 f 的反函數
	$f^{-1}(B_1)$	$B_1 \subseteq B$ 對 $f: A \to B$ 的前像集
	$f \in O(g)$	f 是 g 的 "大 O"：f 是 g 階
串的代數	Σ	一個有限的符號集合，稱之為字母集
	λ	空串
	$\|x\|$	串 x 的長度
	Σ^n	$\{x_1 x_2 \cdots x_n \mid x_i \in \Sigma\}$，$n \in \mathbf{Z}^+$
	Σ^0	$\{\lambda\}$
	Σ^+	$\bigcup_{n \in \mathbf{Z}^+} A^n$：所有正長度的串所成的集合
	Σ^*	$\bigcup_{n \geq 0} \Sigma^n$：所有有限串所成的集合
	$A \subseteq \Sigma^*$	A 是一個語言
	AB	語言 A，$B \subseteq \Sigma^*$ 的串聯：$\{ab \mid a \in A, b \in B\}$
	A^n	$\{a_1 a_2 \cdots a_n \mid a_i \in A \subseteq \Sigma^*\}$，$n \in \mathbf{Z}^+$
	A^0	$\{\lambda\}$
	A^+	$\bigcup_{n \in \mathbf{Z}^+} A^n$
	A^*	$\bigcup_{n \geq 0} A^n$：語言 A 的 Kleene 閉包
	$M = (S, \mathscr{S}, \mathbb{O}, v, w)$	有限狀態機器 M 含有內部狀態 S，輸入字母集 $\mathscr{S}$，輸出字母集 $\mathbb{O}$，下一個狀態函數 $v: S \times \mathscr{S} \to S$ 及輸出函數 $w: S \times \mathscr{S} \to \mathbb{O}$

序 言

自從 1982 年 9 月 2 日，本人簽了撰寫本教科書首版的契約，至今已超過二十年。當時本人從未想過要撰寫更多的版本。因此，我持續的發現自己非常謙卑，同時也非常高興這本教科書已被如此多的老師和學生所接受。本書的前四版已被發現進入美國本地的許多學院和大學。它們亦被使用於其它國家，諸如澳大利亞、英格蘭、愛爾蘭、日本、墨西哥、荷蘭、蘇格蘭、新加坡、南非及瑞典。我僅希望本第五版將繼續啟蒙並挑戰所有那些想學一些數學的迷人領域，稱之為離散數學的許多層面的讀者。

最近四十年科技的提昇，已導致大學部課程的許多挑戰。這些改變已助成許多單學期及多學期課程的發展，其中下面幾點的某些內容被介紹：

1. 離散方法強調有限的自然天性於許多問題和結構裡；
2. 組合學——枚舉或計數代數，和許多有限結構間迷人的相互關係；
3. 圖論及其應用，及其和諸如資料結構和最佳化方法間的相互關係；
4. 有限代數結構出現，來接合諸如編碼理論、枚舉方法、閘網路及組合設計等學科。

研究這四個主要主題的全部或之中任何一個材料的主要原因是吾人發現應用的豐富存在於電腦科學的研究裡——尤其在資料結構領域、電腦語言理論及演算法分析等方面。而且，亦應用於工程、物理及生命科學上，且亦應用於統計及社會科學上。因此，離散與組合數學的科目內容提供許多主科裡有價值的材料給學生——不僅是對數學或電腦科學上的那些主科而已。

本新版的主要目的是繼續提供離散數學及組合數學兩者的一個介紹調查。內容是傾向給初學的學生，所以有許多詳細解釋的例題。(這些例題被編碼分開且有一條粗線來表示各個例題的結束。) 而且，證明不論給在哪兒，它們亦被足夠仔細的提出 (把初學者放在心裡)。

本書將努力來完成下面目標：

1. 導引大二-大三層級的學生，若不太早，至離散方法及組合推理的主題和技巧。計數或枚舉方面的問題，需要小心的結構分析 (例如，順序和重複是否有關) 及邏輯可能性。對某些情形，它們可能甚至是一個存在問題。在此一小心分析之後，我們已經發現一個問題的解釋需要簡單的技巧來計數可能的結果，這些結果係將已知問題打破成較小的子問題所引出的。

2. 介紹廣泛多樣的應用。在這方面，每當資料結構 (來自電腦科學) 或來自抽象代數的結構需要時，僅是對應用有需要的基本理論做發展。更而，某些應用的解增添它們至迭代程序，而這些程序引導至特殊的演算法。對問題之解的演算方法在離散數學是基本的，且這個方法增強這個科目和電腦科學間密切的關係。

3. 透過一個如此不同於傳統微積分和微分方程之教材的領域學習，來發展學生的數學成熟度。例如，有機會以多於一種的方法，利用計數某物體群體來建立結果。此提供所謂的組合等式；它亦介紹一個嶄新的證明技巧。本版本的證明種類，併用所構成的有效論證，被發展於第 2 章裡，其連結邏輯定律和推論規則。教材是廣泛的，永遠把學生放在心中 (以最少的背景)。[已具有邏輯課程 (或類似課程) 背景的讀者，這個教材可被跳過而不會有太多困難。] 數學歸納法的證明 (併用遞迴定義) 被介紹於第 4 章且被使用於整個接下來的章節裡。

為重視定理和其證明，在許多例證裡，我們由特殊例題上所得的觀察，做了刺激定理的努力。此外，每當一個有限情況提供一個結果，而這個結果在無限時不成立，則這個情況會被單一提出提醒讀者。特別長的證明或本質上頗特殊的證明將被證明。然而，對非常少數被省略的證明，參考資料提供有興趣的讀者來參閱這些結果的有效性。擺在證明上強調重要性的量將依據個別教師的教學目標及學生的目標。

4. 提供一個合適的主題調查給那些電腦科學的學生。他們將修諸如資料結構、電腦語言理論及演算法分析等領域的進一步課程。本書之群、環、體及布林代數之教材將亦提供一個應用介紹給主修數學的學生，他們可繼續他們的抽象代數的學習。

使用本書的首要事務主要是堅固的高中數學背景及有興趣攻擊及解許多問題。沒有特別的程式的能力被假設。程式片段及程序被給在擬編碼裡，且它們被設計及被解釋主要是為了加強特別的例題。至於微積分，我們將在本序言的稍後提到，其內容在第 9 章及第 10 章裡。

我寫本書前四版的主要動機，經由這幾年來由我的學生和同事，以及在許多學院和大學使用本書前四版的學生和教師，已被鼓舞。前四版同時反映出我的興趣和關心及本人學生的興趣和關心，同時也獲得大學部數學委員會的推荐。本書第五版繼續沿著相同的路線，繼續反映那些使用過或

離散與組合數學
Discrete and Combinatorial Mathematics:
An Applied Introduction, 5/e

Ralph P. Grimaldi 著

簡國清 譯

東華書局

國家圖書館出版品預行編目資料

離散與組合數學 / Ralph P. Grimaldi 著；簡國清譯. --
初版. -- 臺北市：臺灣培生教育出版：臺灣東華發
行，2005 [民 94]
912 面；19x26 公分
譯自：Discrete and combinatorial mathematics : an
applied introduction, 5th ed.
ISBN 978-986-154-107-5（平裝）
1. 離散數學
314.8   93024495

離散與組合數學
Discrete and Combinatorial Mathematics: An Applied Introduction

原　　　著	Ralph P. Grimaldi
譯　　　者	簡國清
發 行 人	蔡彥卿
出 版 者	臺灣東華書局股份有限公司
	地址／台北市重慶南路一段 147 號 3 樓
	電話／ 02-2311-4027
	傳真／ 02-2311-6615
	網址／ www.tunghua.com.tw
	E-mail ／ service@tunghua.com.tw
出 版 日 期	2024 年 8 月初版 10 刷
I S B N	978-986-154-107-5

版權所有・翻印必究

"Authorized Translation from the English language edition, entitled [insert title, edition number and author], published by Pearson Education, Inc, Copyright © [Publisher shall herein insert the name of the copyright holder of the English version of the Work; Publisher shall refer to the copyright notice page of the English version of the Work to determine such name]. All rights reserved. No part of this book may be reproduced or transmitted in any form or by any means, electronic or mechanical, including photocopying, recording or by any information storage retrieval system, without permission from Pearson Education, Inc.
CHINESE TRADITIONAL language edition published by PEARSON EDUCATION SOUTH ASIA PTE LTD Copyright © [Publisher shall herein insert the Year of Publication]

ISBN 9789813351868

正在使用第四版的老師，尤其是學生，所做的建議和推荐。

特　色

　　下面是本最新版本的一些主要特色的簡短描述。這些被設計來幫助讀者 (學生或其它) 學習離散與組合數學的基礎。

強調演算法及應用。在許多領域裡的演算法及應用被提出且遍及本書。例如：

1. 第 1 章包含幾個例證，其中有枚舉所需的導引主題——一個例題，特別地，追求過度計數的結果。
2. 第 5 章第 7 節提供一個計算複雜度的介紹。這個材料接著被使用在該章的第 8 節以用來分析一些基本擬編碼程序所執行的時間。
3. 第 6 章的材料涵蓋語言及有限狀態機器。這個介紹讀者一個在電腦科學上重要的領域——電腦語言理論。
4. 第 7 章及第 12 章包含處理拓樸分類及著名的深度-第一搜尋和寬度-第一搜尋的搜尋方法之應用和演算法的討論。
5. 在第 10 章，我們發現遞迴關係主題。本章教材包含 (a) 泡沫分類法，(b) 二元搜尋，(c) Fibonacci 數，(d) Koch 雪花，(e) Hasse 圖，(f) 稱為棧的資料結構，(g) 二元樹形，及 (h) 瓷磚。
6. 第 16 章介紹稱之為群的代數結構之基本性質。本章教材將證明這個結構如何被用在代數編碼理論的學習及需要 Polya 枚舉方法的計數問題。

詳細的解釋。不管是一個例題或是一個定理的證明，解釋被小心且無微不至的設計。陳述方式主要是集中在改進那些第一次見到這種型態教材的讀者之理解力。

習題。任何數學教科書的習題角色是一個決定性的角色。花費在習題上的時間量大大的影響課程的進度。依據學生的興趣和數學背景，教師應發現花在討論習題的課堂時間將有所變化。

　　在所有十七章裡有超過 1900 個習題。那些習題出現在該節的結尾，一般是依該節的順序來發展的。這些習題被設計為 (a) 複習該節的基本概念；(b) 連接該章稍早幾節所提出的概念；及 (c) 介紹和該節材料有關的額外概念。某些習題要求演算法的開發，或寫一個電腦程式，經常來解一個一般性問題的某個例證。這些通常僅需少量的程式經驗。

各章以一組補充習題終了。這些習題提供該章所呈現的概念做更進一步的複習,並亦使用在稍早幾章所發展的教材。

在本書後面提供幾乎所有奇數習題的解答。

各章之總結。各章的最後一節提供涵蓋在該章的主要概念之總結及歷史回顧。這是企圖給讀者該章內容的回顧,且提供資訊給進一步的學習和應用。此類進一步學習由於所提供的參考資料目錄表之助,可容易地進行。

特別的,在 1,5 及 9 章末的總結包含在各該章所發展的計數公式表。有時候這些表包含由稍早章節所得的結果,以做比較及證明新結果如何擴大前面的結果。

組 織

離散與組合數學領域對大學部課程是有點新,所以有幾個可選擇的,為的是那些主題應被涵蓋在這些課程裡。每位教師和每位學生可能有不同的興趣。因此,這裡的教材是十分寬闊的,當一個調查課程被授權。可是總是有進一步的主題,一些讀者可能感覺應被包含。更而,亦有一些不同意見來關心某些主題在本書出現的順序。

問題解答的演算方法之本質和重要性被強調在整本書裡。問題解答上的概念和方法被以枚舉和結構間的相互關係來進一步強化,兩個另外的主要主題提供合成一體的細脈給書裡所發展的材料。

本書教材被分割成四個主要領域。前七章組成本書的第一核心,且提出離散數學的基礎。前七章的教材提供足夠的材料給一個一學季或一學期的離散數學課程。第 2 章的材料可被具有邏輯背景的人做複習。對那些有興趣於發展及寫證明的人,這個材料應非常小心的檢視。第二個課程——強調組合的課程——應包含第 8,9 及 10 章 (且,時間允許,亦包含第 16 章的第 1,2,3,10,11 及 12 節)。在第 9 章某些由微積分得來的結果被使用;即微分及部份分數分解的基礎。然而,對那些想跳過這章的讀者,第 10 章的 1,2,3,6 及 7 節仍然可被涵括。強調有限圖的理論及應用的課程可由第 11,12 及 13 章來發展。這幾章形成本書的第三個主要領域。對一個應用代數的課程,第 14,15,16 及 17 章 (第四個且是最後一個主要領域) 處理代數結構——群、環、布林代數及體——且包含密碼學的應用、轉換函數、代數編碼理論及組合設計。最後,在電腦科學上,以離散結構為角色的課程可由第 11,12,13,15 及第 16 章的 1-9 節來發展。這裡我們發現在轉換函數上的應用、RSA 密碼系統及代數編碼理論,以及一個對圖論及樹形的介紹,及它們在最佳化的角色。

序 言　v

其它可能的課程可考慮下面的各章依賴。

章	對先前各章的依賴
1	無依賴
2	無依賴 (因此教師可以邏輯的學習或以枚舉介紹來開始離散數學的一個課程。)
3	1，2
4	1，2，3
5	1，2，3，4
6	1，2，3，5 (6.1 節少許依賴 4.1，4.2 節)
7	1，2，3，5，6 (7.2 節少許依賴 4.1，4.2 節)
8	1，3 (例題 8.6 少許依賴 5.3 節)
9	1，3
10	1，3，4，5，9 (例題 10.33 少許依賴 7.3 節)
11	1，2，3，4，5 (雖然某些圖-理論概念在第 5，6，7，8 及 10 章被提過，但本章所發展的材料和那些先前結果所給的圖-理論無關。)
12	1，2，3，4，5，11
13	3，5，11，12
14	2，3，4，5，7 (尤拉 Phi 函數(ϕ)被使用在 14.3 節。這個函數在 8.1 節的例題 8.8 中被導出，但結果可被使用第 14 章而不必涵蓋第 8 章。)
15	2，3，5，7
16	1，2，3，4，5，7
17	2，3，4，5，7，14

此外，指標已被非常小心的發展以使本書更有彈性。各項被以幫表及幾個次要列表方式呈現。而且有許多交叉參考資料。這助那些想改變呈現順序及脫離直線及偏狹的教師。

第五版的改變

⋯⋯版本之學生和教師⋯⋯原封不動。作者的目標⋯⋯的介紹給離散與組合數學

離散與組合數學第五版⋯⋯有改變中，吾人將發現在這第
的觀察及推薦。如前⋯⋯
仍然相同：提供⋯⋯
的基礎──給開⋯⋯

五版中，我們提到下面幾點：

- 第 1 章第 4 節中的例題現在包含**游程** (runs) 上的材料，一個出現在統計學習上的概念——特別，在品管控制領域。
- 第 2 章第 3 節習題 13 發展著名的**分解** (resolution) 的推論規則，此規則做為設計自動化推理系統許多電腦程式的基礎。
- 本書早先版本包含一節介紹機率的觀念。該節現在已被擴大且三個另加的可選擇的小節已被加給那些想進一步檢視一些結合離散機率的導引概念——特別，機率公理、條件機率、獨立、Bayes 定理及離散隨機變數。
- 第 7 章第 3 節的偏序及全序的教材現在包含一個可選擇的例題，其中 Catalan 數出現在這個文脈裡。
- 第 8 章第 1 節的導引材料已被改寫來提供一個介於計數和第 3 章第 3 節的范恩圖之教材間更易讀的轉變，及著名的包含及互斥原理的更一般技巧。
- 離散與組合數學的迷人特色之一是一個已知問題有許多方法可被解。在第四版 (於第 1 及第 3 章) 讀者學過，以兩種不同背景，一個正整數 n 有 2^{n-1} 個合成——亦即，有 2^{n-1} 個方法可將 n 寫成一個有序的正整數被加數的和。這個結果現在已被以三種其它方法來建立：(i) 利用第 4 章的數學歸納法原理；(ii) 使用第 9 章的生成函數；及 (iii) 利用第 10 章的解一遞迴關係。
- 對那些想要更多離散機率的讀者，第 9 章第 2 節包含一個例題，其處理幾何隨機變數。
- 第 10 章第 2 節現在包含 Gabriel Lamé 作品的一個討論，其估計 Euclidean 演算法，來找兩個正整數最大公因數時的除法次數。
- (演算法分析中重要的) Master 定理被介紹且被發展在第 10 章第 6 節的一個習題裡。
- 網路上的材料 (在第 13 章第 3 節) 已被更新且現在將 Edmonds-第法併用於原先由 Lester Ford 及 Delbert Fulkerson 所發展的
- 處理中國算術的教材現在包含應用處理線性同餘擬隨機數生成器統及模指數。更而，在第 14 章第 4 節，教材個結果的證
- 第 16 章的 RSA 公開-鍵密碼敘述在前面的版本裡，現在包含一個這定理的例題。

理論結果。
- 如第二、第三及第四版,許多努力已被應用於更新各章末尾的總結及歷史回顧。因此,合適的新的參考資料且／或新的出版被提供。
- 對本書第五版,跟隨的圖片和照片已被加到某些章的總結及歷史回顧裡：Thomas Bayes 照片及 Andrei Nikolayevich Kolmogorov 照片於第 3 章；Al-Khowârizmî 照片於第 4 章；David A. Huffman 的照片於第 12 章；及 Joseph B. Kruskal 的照片於第 13 章。

附加的

- 出版者有提供教師解答手冊 (Instructor's Solutions Manual) 給採用本書做為教科書的教師。該手冊包含十七章的所有習題及本書的三個附錄之解且／或答。
- 本書亦分開提供學生解答手冊 (Student's Solution's Manual)。該手冊含有本書所有奇數習題的解且／或答。在某些情形提供多於一種的解法。
- 下面的 Web 位址提供額外的資源給想多學離散與組合數學者。而且,它亦提供給讀者對作者做評論、建議或所發現的可能錯誤的地方。

www.aw.com/grimaldi

感 謝

若空間允許,我樂意提出各個學生,他們在我寫本書五個版本時,提供幫助和鼓勵。他們的建議幫助我去掉許多建議和模稜兩可,因而改進說明。對這個範疇最有幫助的是 Paul Griffith, Meredith Vannauker, Paul Barloon, Byron Bishop, Lee Beckham, Brett Hunsaker, Tom Vanderlaan, Michael Bryan, John Breitenbach, Dan Johnson, Brian Wilson, Allen Schneider, John Dowell, Charles Wilson, Richard Nichols, Charles Brads, Jonathan Atkins, Kenneth Schmidt, Donald Stanton, Mark Stremler, Stephen Smalley, Anthony Hinrichs, Kevin O'Bryant 和 Nathan Terpstra。

本人感謝 Larry Alldredge, Claude Anderson, David Rader, Matt Hopkins, John Rickert 和 Martin Rivers 他們對電腦科學教材所做的評論,亦感謝 Barry Farbrother, Paul Hogan, Dennis Lewis, Charles Kyker, Keith Hoover, Matthew Saltzman 和 Jerome Wagner 他們對某些應用所做的啟蒙註解。

本人感激的感謝 Addison-Wesley 同仁 (離職和現職者) 永恆的熱忱和鼓勵，尤其是 Wayne Yuhasz, Thomas Taylor, Michael Payne, Charles Glaser, Mary Cittendon, Herb Merritt, Maria Szmauz, Adeline Ruggles, Stephanie Botvin, Jack Casteel, Jennifer Wall, Joanne Sousa Foster, Karen Guardino, Peggy McMahon, Deborah Schneider, Laurie Rosatone, Carolyn Lee-Davis 和 Jennifer Albanese。William Hoffman，特別是 Rose Anne Johnson 和 Barbara Pendergast，他們應受最大的認同對本第五版的傑出貢獻。Steven Finch 校對本書的努力及 Paul Lorczak 驗證習題解答正確性的努力，本人亦非常的感謝。

本人亦感謝我的同事 John Kinney, Robert Lopez, Allen Broughton, Gary Sherman, George Berzsenyi，尤其 Alfred Schmidt，在我寫這個版本且／或早先的幾個版本的整個期間的關心和鼓勵。

感謝和感激下面第一版、第二版、第三版、第四版及／或第五版的所有複審者。

Norma E. Abel	*Digital Equipment Corporation*
Larry Alldredge	*Qualcomm, Inc.*
Charles Anderson	*University of Colorado, Denver*
Claude W. Anderson III	*Rose-Hulman Institute of Technology*
David Arnold	*Baylor University*
V. K. Balakrishnan	*University of Maine at Orono*
Robert Barnhill	*University of Utah*
Dale Bedgood	*East Texas State University*
Jerry Beehler	*Tri-State University*
Katalin Bencsath	*Manhattan College*
Allan Bishop	*Western Illinois University*
Monte Boisen	*Virginia Polytechnic Institute*
Samuel Councilman	*California State University at Long Beach*
Robert Crawford	*Western Kentucky University*
Ellen Cunningham, SP	*Saint Mary-of-the-Woods College*
Carl DeVito	*Naval Postgraduate School*
Vladimir Drobot	*San Jose State University*
John Dye	*California State University at Northridge*
Carl Eckberg	*San Diego State University*
Michael Falk	*Northern Arizona University*
Marvin Freedman	*Boston University*
Robert Geitz	*Oberlin College*
James A. Glasenapp	*Rochester Institute of Technology*
Gary Gordon	*Lafayette College*
Harvey Greenberg	*University of Colorado, Denver*
Laxmi Gupta	*Rochester Institute of Technology*
Eleanor O. Hare	*Clemson University*
James Harper	*Central Washington University*

David S. Hart	*Rochester Institute of Technology*
Maryann Hastings	*Marymount College*
W. Mack Hill	*Worcester State College*
Stephen Hirtle	*University of Pittsburgh*
Arthur Hobbs	*Texas A&M University*
Dean Hoffman	*Auburn University*
Richard Iltis	*Willamette University*
David P. Jacobs	*Clemson University*
Robert Jajcay	*Indiana State University*
Akihiro Kanamori	*Boston University*
John Konvalina	*University of Nebraska at Omaha*
Rochelle Leibowitz	*Wheaton College*
James T. Lewis	*University of Rhode Island*
Y-Hsin Liu	*University of Nebraska at Omaha*
Joseph Malkevitch	*York College (CUNY)*
Brian Martensen	*The University of Texas at Austin*
Hugh Montgomery	*University of Michigan*
Thomas Morley	*Georgia Institute of Technology*
Richard Orr	*Rochester Institute of Technology*
Edwin P. Oxford	*Baylor University*
John Rausen	*New Jersey Institute of Technology*
Martin Rivers	*Lexmark International, Inc.*
Gabriel Robins	*University of Virginia*
Chris Rodger	*Auburn University*
James H. Schmerl	*University of Connecticut*
Paul S. Schnare	*Eastern Kentucky University*
Leo Schneider	*John Carroll University*
Debra Diny Scott	*University of Wisconsin at Green Bay*
Gary E. Stevens	*Hartwick College*
Dalton Tarwater	*Texas Tech University*
Jeff Tecosky-Feldman	*Harvard University*
W. L. Terwilliger	*Bowling Green State University*
Donald Thompson	*Pepperdine University*
Thomas Upson	*Rochester Institute of Technology*
W. D. Wallis	*Southern Illinois University*
Larry West	*Virginia Commonwealth University*
Yixin Zhang	*University of Nebraska at Omaha*

特別感謝 Clemson 大學的 Douglas Shier，他檢閱所有五個版本所做的傑出表現，亦感謝 Joan Sher 讓 Doug 校閱第四及第五版。

感謝 Northern Virginia 社區學院 Dr. Yvonne Panaro 奉獻的翻譯。感謝您，Yvonne，也感謝您，Patter (Patricia Wickes Thurston)，您在翻譯上的貢獻。

這個長度的教科書需要使用許多參考資料。當書和文章需要時，Rose-Hulman 工業技術研究所的圖書館同仁總是盡力協助，所以適切的對 John Robson, Sondra Nelson, Dong Chao, Jan Jerrell 表示感激，且特別感謝

Amy Harshbarger 和 Margaret Ying。此外，也感謝 Keith Hoover 和 Raymond Bland 從許多硬體問題的危困中搶救作者。

最後，且的確是最重要的，感謝詞再次屬於永遠有耐心和該獎勵的現已退休的 Rose-Hulman 數學系秘書——Mary Lou McCullough 太太。第五次感謝您，對您的所有工作致謝。

餘留的錯誤、模稜兩可的地方及易誤解的評論再次是作者本人的責任。

R.P.G
Terre Hute, Indiana

目 錄

第 1 部份
離散數學的基礎　1

第 1 章　計數的基本原理　3

- 1.1　和與積的規則　3
- 1.2　排　列　6
- 1.3　組合：二項式定理　17
- 1.4　重複組合　30
- 1.5　Catalan 數 (可選擇的)　42
- 1.6　總結及歷史回顧　47

第 2 章　邏輯基礎　55

- 2.1　基本聯結及真假值表　55
- 2.2　邏輯等價：邏輯定律　64
- 2.3　邏輯蘊涵：推論規則　78
- 2.4　量詞的使用　100
- 2.5　量詞、定義及定理證明　120
- 2.6　總結及歷史回顧　136

第 3 章　集合論　141

　3.1　集合和子集合　141
　3.2　集合運算及集合論定律　156
　3.3　計數及范恩圖　170
　3.4　機率的前言　173
　3.5　機率公理 (可選擇的)　181
　3.6　條件機率：獨立 (可選擇的)　192
　3.7　離散隨機變數 (可選擇的)　204
　3.8　總結及歷史回顧　217

第 4 章　整數的性質：數學歸納法　225

　4.1　良序原理：數學歸納法　225
　4.2　遞迴定義　245
　4.3　除法演算法：質數　257
　4.4　最大公因數：歐幾里得演算法　269
　4.5　算術基本定理　277
　4.6　總結及歷史回顧　283

第 5 章　關係和函數　291

　5.1　笛卡兒積和關係　292
　5.2　函數：容易的及一對一　297
　5.3　映成函數：第二型 Stirling 數　307
　5.4　特殊函數　315
　5.5　鴿洞原理　323
　5.6　函數合成及反函數　329
　5.7　計算的複雜度　342
　5.8　演算法分析　348
　5.9　總結及歷史回顧　357

第 6 章　語言：有限狀態機器　365

6.1　語言：串的集合論　366

6.2　有限狀態機器：首次相遇　377

6.3　有限狀態機器：第二次相遇　385

6.4　總結及歷史回顧　394

第 7 章　關係：第二回　399

7.1　再談關係：關係的性質　399

7.2　電腦認知：零-壹矩陣及有向圖　408

7.3　偏序：Hasse 圖　422

7.4　等價關係及分割　434

7.5　有限狀態機器；極小化過程　441

7.6　總結及歷史回顧　447

第 2 部份
枚舉問題的進一步題材　455

第 8 章　包含及互斥原理　457

8.1　包含及互斥原理　457

8.2　原理的一般化　472

8.3　重排：沒有物件在正確位置　477

8.4　車多項式　480

8.5　具被禁止位置的安排　483

8.6　總結及歷史回顧　488

第 9 章　生成函數　493

9.1　前導例題　493

9.2　定義和例題：計算技巧　497

9.3 整數的分割 513

9.4 指數生成函數 518

9.5 求和算子 523

9.6 總結及歷史回顧 526

第 10 章　遞迴關係　531

10.1 一階線性遞迴關係 531

10.2 常係數二階線性齊次遞迴關係 541

10.3 非齊次遞迴關係 558

10.4 生成函數法 572

10.5 一種特別的非線性遞迴關係 (可選擇的) 578

10.6 分割及克服演算法 (可選擇的) 589

10.7 總結及歷史回顧 600

第 3 部份
圖論及應用　609

第 11 章　圖論導引　611

11.1 定義和例題 611

11.2 子圖、餘圖及圖同構變換 620

11.3 頂點次數：Euler 小徑及環道 631

11.4 平面圖 643

11.5 Hamilton 路徑及循環 661

11.6 圖塗色及著色多項式 671

11.7 總結及歷史回顧 681

第 12 章　樹　形　689

12.1 定義、性質及例題 689

12.2　根樹形　696

　　12.3　樹形和分類　718

　　12.4　加權樹形及前標碼　723

　　12.5　雙連通連通分區及接合點　729

　　12.6　總結及歷史回顧　738

第 13 章　最佳化及匹配　747

　　13.1　Dijkstra 最短路徑演算法　747

　　13.2　最小生成樹形：Kruskal 和 Prim 演算法　756

　　13.3　輸送網路：最大流-最小截定理　763

　　13.4　匹配理論　781

　　13.5　總結及歷史回顧　790

第 4 部份
近世應用代數

（第14～17章及附錄請至東華書局網站下載）

解　答　s1

第一部份

離散數學的基礎

第 1 章

計數的基本原理

學生開始學算術時，枚舉或計數可能為學生明顯的學習方法。但當學生接著學"較困難"的數學領域，如代數、幾何、三角學及微積分等時，反而較少注意計數方面更進一步的發展。所以，第 1 章將提供一些關於"僅"計數的嚴肅及困難之警告。

枚舉並不是學完算術就停止了。它仍被繼續應用在密碼學、機率及統計學與演算法的分析裡。在稍後的章節裡，我們將提供一些這些應用的明確例題。

當我們進入這個迷人的數學領域，我們將遇到許多非常容易敘述但要解答時卻有點"頑固"的問題。因此，應確定學習且瞭解基本公式——但不要太依賴公式。對每個問題不做解析，僅靠公式的知識是沒有用的。反而，歡迎挑戰解不尋常的問題或那些不同於以前你所見到過的問題。靠您自己的細查來尋找答案，不管作者是否提供解法。經常有許多種方法來解一個問題。

1.1　和與積的規則

欲學習離散及組合數學，我們以兩個基本的計數原理開始：即和與積規則。這兩個規則的敘述及初步應用出現的十分簡單。在解析較複雜問題時，吾人經常把此類問題打破成可使用這些基本原理可解的小問題。我們想發展"分解"此類問題及將片斷部份解組合起來以得最後答案的能力。達成此目標的好方法為解析及解許多不同的枚舉問題，並把使用的原理做筆記。這就是我們接著要做的方法。

第一個計數原理可被敘述如下：

> **和規則** (The Rule of Sum)：若第一個工作可以 m 種方法來完成，而第二個工作可以 n 種方法來完成，且這兩個工作不可同時被執行，則執行任一工作可以 $m+n$ 種方法中的任一種來完成。

注意當我們提到一個特別事件發生，例如第一個工作，可以 m 種方法來完成，我們假設這 m 種方法均相異，除非被用來說明矛盾的敘述。此將適用整本教材。

例題 1.1 某學院圖書館有 40 本社會學方面的教科書及 50 本和人類學有關的教科書，由和規則，這個學院的學生若要多學習關於這兩個學科中的一個或另一個時，他可有 40＋50＝90 本教科書的選擇。

例題 1.2 這個規則可被擴大超過兩個工作以上，只要沒任兩個工作同時發生。例如，一位電腦科學老師在 C++、Java 及 Perl 方面各有七本不同的入門書，他可推薦這 21 本書中的任何一本書給一位有興趣學習第一個程式語言的學生。

例題 1.3 例題 1.2 的電腦科學老師有兩位同事。其中一位同事有三本關於演算法解析的教科書，而另一位同事有 5 本同類的教科書。若 n 表在這個主題方面這位老師可向兩位同事借的不同教科書的最大數，則 $5 \leq n \leq 8$，因為此時兩位同事可能擁有相同的教科書。

以下例題介紹第二個計數原理。

例題 1.4 為試著做一個植物增產計畫的決策，某行政主管將她的 12 個職員指派成兩個委員會。委員會 A 由五個成員組成，任務是調查這個增產計畫的可能好的結果。另外七個成員組成委員會 B，將仔細地調查可能不好的影響。行政主管在做她的決策之前，她應決定僅找一位委員會成員協談，則由和規則，她將有 12 位職員可做訪談。然而，為避免偏見，在她做決策之前，她決定在星期一會見一位委員會 A 的成員，星期二會見一位委員會 B 的成員。使用下述之原理，我們發現她可有 5×7＝35 種方法來選擇兩位此類的職員會談。

> **積規則** (The Rule of Product)：假若一個程序可被分成第一及第二階段，且若第一階段有 m 種可能結果，且第一階段的每一結果在第二階段有 n 種可能結果，則整個程序，依指派順序，共有 mn 種完成的方法。

例題 1.5 中央大學戲劇社正準備進行春季公演試演。有 6 男 8 女為爭取成男主角及女主角正在進行試鏡；由積規則，導演可有 $6 \times 8 = 48$ 種方法來選取男女主角。

例題 1.6 我們可以由 2 個英文字母及 4 個數字所組成的執照車牌之製造來說明積規則有許多種擴張。
a) 若字母或數字均不重複，則有 $26 \times 25 \times 10 \times 9 \times 8 \times 7 = 3,276,000$ 種不同車牌。
b) 若允許字母及數字可重複，則有 $26 \times 26 \times 10 \times 10 \times 10 \times 10 = 6,760,000$ 種不同車牌。
c) 若如同 (b)，字母及數字可重複，則有多少個車牌僅由字母 (A，E，I，O，U) 及偶數數字組成？(0 是偶數)。

例題 1.7 為儲存資料，某電腦主記憶體內含有一大組的電路組合，每一個可儲存一個**位元** (bit)——即二進位數字 0 或 1 中的一個。這些儲存電路以 (記憶) 胞為單位的方式來安排。為分辨電腦主記憶體的所有胞，每一個胞被指定為一個唯一的名字叫做**位址** (address)。對某些電腦，內有微控制器 (如存在於汽車的點火系統)，一個位址被表為有序的八位元表列，稱之為**位元組** (byte)。利用積規則，共有 $2 \times 2 \times 2 \times 2 \times 2 \times 2 \times 2 \times 2 = 2^8 = 256$ 個此類位元組。所以我們有 256 個位址可被記憶胞用來儲存資料。

廚房器具，如微波爐，內有微控制器。這些"小電腦" (如 PICmicro 微控制器) 包含幾千個記憶胞，且使用兩個位元組的位址來確認在主記憶體中的這些記憶胞。此類位址是由兩個連續的位元組組成，或 16 個連續的位元組成。因此，共有 $256 \times 256 = 2^8 \times 2^8 = 2^{16} = 65,536$ 個可用的位址來確認主記憶體的記憶胞。其它電腦使用四個位元組的位址系統。這 32 位元結構目前被用在 Pentium[†] 處理器，其共有 $2^8 \times 2^8 \times 2^8 \times 2^8 = 2^{32} = 4,294,967,296$ 個可用的位址來確認主記體的記憶胞。當程式設計師在處理 UltraSPARC[‡] 或 Itanium[§] 處理器時，他或她所使用的是含八個位元組之位

[†] Pentium (R) 是 Intel 公司的註冊商標。
[‡] UltraSPARC 處理器是由 Sun (R) Microsystems 公司製造。
[§] Itanium (TM) 是 Intel 公司的一個商標。

址的記憶胞。每一個位址含 $8\times 8=64$ 位元，這個結構共有 $2^{64}=$ 18,446,744,073,709,551,616 個可能位址。(當然，並非所有可能位址真正被使用。)

例題 1.8

將幾個不同的計數原理組合在一起來求一個問題的解是有必要的。我們發現要得到答案，同時使用和與積規則是有需要的。

Foster 太太在 AWL 公司經營快速點心咖啡店。她店裡的菜單有：6 種鬆餅、8 種三明治，及 5 種飲料 (熱咖啡、熱茶、冰茶、可樂及橘子汁)。Dodd 小姐是一位 AWL 的編輯，請她的助理 Carl 到店裡幫她買午餐──不是買鬆餅和熱飲料就是買三明治和冷飲料。

由積規則，Carl 有 $6\times 2=12$ 種方法可買鬆餅和熱飲料。再用一次積規則，Carl 有 $8\times 3=24$ 種方法可能來買三明治和冰飲料。所以，由和規則，Carl 共有 $12+24=36$ 種方法來購買 Dodd 小姐的午餐。

1.2 排列

為繼續檢視積規則的應用，我們現在來計數物體的線性安排。當物體相異時，這些安排經常被稱為**排列** (permutations)。我們將發展一些有系統的方法來處理線性安排，首先以一個基本例題開始。

例題 1.9

在有 10 位學生的某個班上，選 5 位坐成一列照相。試問共有多少可能的線性安排？

這裡主要的用辭是**安排** (arrangement)，其強調**順序** (order) 的重要性。若 A，B，C，⋯，I，J 表 10 位學生，則 BCEFI，CEFIB 及 ABCFG 為三種不同的安排，甚至前兩個的五位學生相同。

欲回答此問題，我們考慮學生的位置及人數，我們選學生來填每個位置。

10	×	9	×	8	×	7	×	6
第一位置		第二位置		第三位置		第四位置		第五位置

10 位學生中的每一位可佔列裡的第一位置。因為不可能重複，我們僅可選剩下的 9 位學生中的一位來填第二位置。繼續此種方式，我們發現僅有 6 位學生可被選來填第五個及最後的位置。故由 10 位學生的班級中選 5 位學生共有 30,240 種可能的安排。

若由右至左來填位置，也得到完全相同的答案——即，6×7×8×9×10。若第三位置先被填，第二次填第一位置，第三次填第四位置，第四次填第五位置，及第五次填第二位置，則答案為 9×6×10×8×7，仍然為相同值，30,240。

如例題 1.9 裡，某些連續正整數的乘積經常出現在枚舉問題裡。因此，當我們在處理計數問題時，下面記號將為十分有用。它可讓我們將我們的答案以更方便的形式來表達。

定義 1.1

對一整數 $n \geq 0$，n **階乘** (factorial) (表為 $n!$) 被定義為
$$0! = 1,$$
$$n! = (n)(n-1)(n-2)\cdots(3)(2)(1), \text{ 對 } n \geq 1.$$

吾人發現 $1!=1$，$2!=2$，$3!=6$，$4!=24$，及 $5!=120$。而且，對每一個 $n \geq 0$，$(n+1)! = (n+1)(n!)$。

在進行更進一步之前，讓我們試著來對 $n!$ 成長有多快做一點較佳的認識。我們可計 $10! = 3,628,800$，恰為六週的秒數。因此，11! 超過一年的秒數，12! 超過 12 年的秒數，且 13! 遠超過一世紀的秒數。

若我們使用階乘記號，例題 1.9 的答案可被表為下面更為緊緻的形式：

$$10 \times 9 \times 8 \times 7 \times 6 = 10 \times 9 \times 8 \times 7 \times 6 \times \frac{5 \times 4 \times 3 \times 2 \times 1}{5 \times 4 \times 3 \times 2 \times 1} = \frac{10!}{5!}.$$

定義 1.2

給一個含 n 個不同物體的群體，則這些物體的任一 (線性) 安排被稱為這個群體的一個**排列** (permutation)。

給英文字母 a，b，c，則共有六種方法來安排，或排列，它們為：abc，acb，bac，bca，cab，cba。若對這三個字母一次僅安排 2 個，則共有六個此類大小為 2 的排列：ab，ba，ac，ca，bc，cb。

若有 n 個不同物體且 r 為整數，滿足 $1 \leq r \leq n$，則由積規則，n 個物體中大小為 r 的排列數是

$$P(n,r) = \underset{\text{第一位置}}{n} \times \underset{\text{第二位置}}{(n-1)} \times \underset{\text{第三位置}}{(n-2)} \times \cdots \times \underset{\text{第}r\text{位置}}{(n-r+1)}$$

$$= (n)(n-1)(n-2)\cdots(n-r+1) \times \frac{(n-r)(n-r-1)\cdots(3)(2)(1)}{(n-r)(n-r-1)\cdots(3)(2)(1)}$$
$$= \frac{n!}{(n-r)!}.$$

對 $r=0$，$P(n, 0)=1=n!/(n-0)!$，所以 $P(n, r)=n!/(n-r)!$ 對所有 $0 \leq r \leq n$ 均成立。例題 1.9 為此結果之一例，其中 $n=10$，$r=5$，且 $P(10, 5)=30{,}240$。當排列這群體中的所有 n 個物體時，則我們有 $r=n$ 且 $P(n, n)=n!/0!=n!$。

注意，例如，若 $n \geq 2$，則 $P(n, 2)=n!/(n-2)!=n(n-1)$。當 $n>3$，則 $P(n, n-3)=n!/[n-(n-3)]!=n!/3!=(n)(n-1)(n-2)\cdots(5)(4)$。

在含 n 個物體之群體中，其大小為 r 的排列數為 $P(n, r)=n!/P(n-r)!$，其中 $0 \leq r \leq n$。(記住 $P(n, r)$ 所計數的 (線性) 安排，其中之物體是不可重複的。) 然而，若允許物體重複，則由積規則，共有 n^r 種可能安排，其中 $r \geq 0$。

例題 1.10 在 COMPUTER 這個字中，所有字母的總排列數為 $8!$。若僅拿 5 個字母排列，則 (大小為 5) 的排列數為 $P(8, 5)=8!/(8-5)!=8!/3!=6720$。若允許字母重複，則 12 個字母序列的可能數為 $8^{12} \doteq 6.872 \times 10^{10}$。†

例題 1.11 不像例題 1.10，BALL 的 4 個字母之 (線性) 安排數為 12，而不是 $4!$ ($=24$)。其理由為所安排的 4 個字母為非相異。我們可由表 1.1(a) 得到這 12 種安排。

◎ 表 1.1

A	B	L	L		A	B	L_1	L_2		A	B	L_2	L_1
A	L	B	L		A	L_1	B	L_2		A	L_2	B	L_1
A	L	L	B		A	L_1	L_2	B		A	L_2	L_1	B
B	A	L	L		B	A	L_1	L_2		B	A	L_2	L_1
B	L	A	L		B	L_1	A	L_2		B	L_2	A	L_1
B	L	L	A		B	L_1	L_2	A		B	L_2	L_1	A
L	A	B	L		L_1	A	B	L_2		L_2	A	B	L_1
L	A	L	B		L_1	A	L_2	B		L_2	A	L_1	B
L	B	A	L		L_1	B	A	L_2		L_2	B	A	L_1
L	B	L	A		L_1	B	L_2	A		L_2	B	L_1	A
L	L	A	B		L_1	L_2	A	B		L_2	L_1	A	B
L	L	B	A		L_1	L_2	B	A		L_2	L_1	B	A
(a)					(b)								

† 符號 "≐" 為 "近似等於"。

若兩個 L 被區分為 L_1，L_2，則我們可使用前述相異物體之排列概念，來排列 4 個相異符號 B，A，L_1，L_2，共有 4!＝24 種排列。我們把它們表列在表 1.1(b) 裡。表 1.1 顯示每一個不區分 L 的安排對應一對相異 L 的排列。因此，

2×(字母 B，A，L，L 的安排數)＝(符號 B，A，L_1，L_2 的排列數)

所以在 BALL 中 4 個字母的所有安排數為 4!/2＝12。

例題 1.12

使用例題 1.11 所發展的概念，現考慮在 DATABASES 中所有 9 個字母的安排。

每一個不區分 A 的安排對應有 3!＝6 個區分 A 的安排。例如，$DA_1TA_2BA_3SES$，$DA_1TA_3BA_2SES$，$DA_2TA_1BA_3SES$，$DA_2TA_3BA_1SES$，$DA_3TA_1BA_2SES$ 及 $DA_3TA_2BA_1SES$ 均對應至 DATABASES，若將 A 的下標拿走。而且，若區分 S，則 $DA_1TA_2BA_3 SES$ 對應至一對排列 $DA_1TA_2BA_3S_1ES_2$ 及 $DA_1TA_2BA_3S_2ES_1$。因此，

(2!)(3!)(DATABASES 中的所有字母安排數)＝
(符號 D，A_1，T，A_2，B，A_3，S_1，E，S_2 的排列數)

所以 DATABASES 中的 9 個字母之所有安排數為 9!/(2! 3!)＝30,240。

在敘述一般原理給可重複符號之安排前，注意在前面兩個例題裡，我們以前面所提的枚舉原則來解一個新型態的問題。一般來講，這種練習在數學上是很普通的，且經常在離散及組合公式上出現。

> 若 n 個物體中，有 n_1 個第一類型相同物體，n_2 個第二類型相同物體，$\cdots$，及 n_r 個第 r 類型相同物體，且 $n_1+n_2+\cdots+n_r=n$，則此 n 個物體共有 $\dfrac{n!}{n_1!\,n_2!\cdots n_r!}$ 個 (線性) 安排。

例題 1.13

MASSASAUGA 為北美洲土產的褐白色毒蛇。排列在 MASSASAUGA 中的所有字母，我們發現共有

$$\frac{10!}{4!\,3!\,1!\,1!\,1!} = 25{,}200$$

可能安排。其中有

$$\frac{7!}{3!\,1!\,1!\,1!\,1!} = 840$$

個四個 A 在一起的排列。欲得最後一個結果，我們考慮七個符號 AAAA (一個符號)，S，S，S，M，U，G 的所有安排。

例題 1.14　試決定在 xy- 平面上由 (2, 1) 至 (7, 4) 的 (階梯) 路徑數，其中每個此類路徑是由向右 (R) 走一階或向上 (U) 走一階的個別階梯所組成。圖1.1 的粗線說明這些路徑中的兩條。

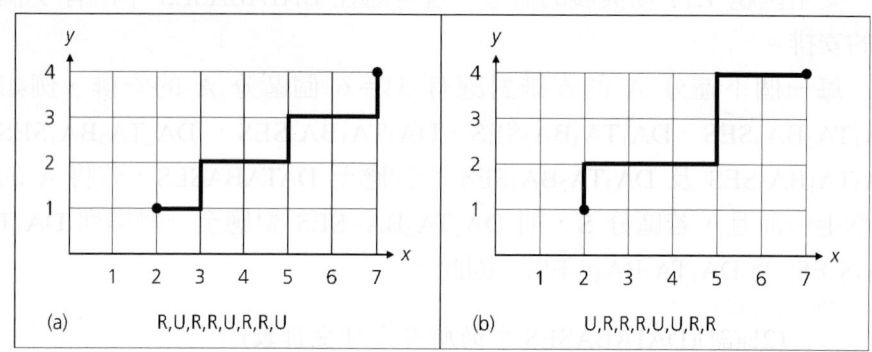

○圖 1.1

　　在圖 1.1 裡的各條路徑下，我們已列出所有的個別步驟。例如，圖 (a) 中之表列 R，U，R，R，U，R，R，U，表示由點 (2, 1) 出發，首先向右移一階 [至 (3, 1)]，再向上移一階 [至 (3, 2)]，接著再向右移兩階 [(5, 2)]，以此繼續，直至到達點 (7, 4)。該路徑由五個向右的 R 及三個向上的 U 所組成。

　　圖 (b) 中之路徑亦由五個 R 及三個 U 來組成。總之，由 (2, 1) 至 (7, 4) 的走法中，需 7－2＝5 個的水平向右移及 4－1＝3 個垂直向上移。因此，每一條路徑對應至一個有五個 R 及三個 U 的表列，且路徑的總數為五個 R 及三個 U 的安排數，即為 8!/(5! 3!)＝56。

例題 1.15　我們現在做一些較抽象的事，並證明若 n 及 k 均為正整數且 n＝2k，則 $n!/2^k$ 為一整數。因為我們的論證全靠計數，其為一個 **組合證明** (combinatorial proof) 的例子。

　　考慮 n 個符號 x_1，x_1，x_2，x_2，$\cdots$，x_k，x_k。這些 n＝2k 個符號的安排數為一整數且等於

$$\underbrace{\frac{n!}{2!\,2!\cdots 2!}}_{k\text{ 個 }2!} = \frac{n!}{2^k}.$$

最後，我們將應用目前所發展的理論，來處理安排不再是線性的情形。

有六個人，令其為 A，B，⋯，F，圍著一圓桌而坐，試問共有多少種相異的可能圓形安排？若由旋轉可互得的兩安排視為相同之安排。(圖 1.2 中，安排 (a) 及安排 (b) 為相同，而 (b)，(c) 及 (d) 為三個不同的安排。)

例題 1.16

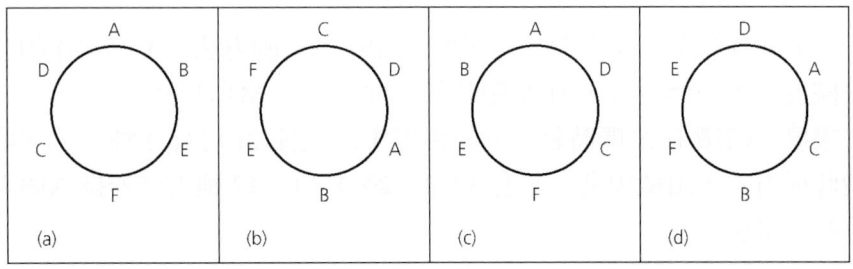

● 圖 1.2

我們試著把這個問題和前面所遇到過的問題拉上關係。考慮圖 1.2(a) 及 (b)。以圓的頂端開始，並以順時針方向移動，我們列出不同的線性安排 ABEFCD 及 CDABEF，其對應至相同的圓形安排。除這兩個之外，尚有其它四個線性安排——BEFCDA，DABEFC，EFCDAB 及 FCDABE——被發現對應至相同的圓形安排，如 (a) 或 (b) 中之安排。因此，每一個圓形安排對應至六個線性安排，我們有 6×(A，B，⋯，F 的圓形安排數) = (A，B，⋯，F 的線性安排數) = 6!。

因此，A，B，⋯，F 圍著圓桌共有 6!/6 = 5! = 120 種安排。

假設例題 1.16 的六人為三對夫妻，且 A，B 及 C 為女性。我們想安排這六人圍著圓桌且異性相鄰。(同樣的，若由旋轉可互得的兩安排視為相同之安排。)

例題 1.17

在我們解這個問題之前，讓我們以另一種方法來解例題 1.16，其可幫助我們解決目前這個問題。若我們把 A 如圖 1.3(a) 所示的擺在圓桌，則有五個位置 (由 A 順時針) 等待填位。使用 B，C，⋯，F 來填這五個位置，即為以線性方式排列 B，C，⋯，F 的問題，且這個問題可以 5! = 120 種方法完成。

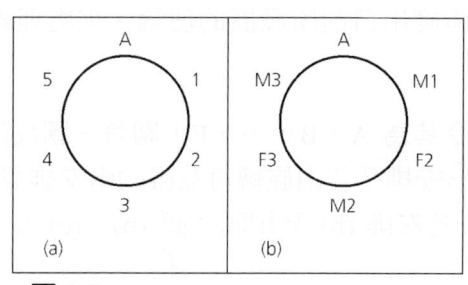

● 圖 1.3

　　欲解異性相鄰的新問題，考慮圖 1.3(b) 所示的方法。A (女性) 如前之方法擺置。下一個位置，由 A 順時針方向，故為 M1 (男性 1) 且可有三種方法來填。繼續由 A 順時針方向，位置 F2 (女性 2) 可有 2 種方法來填，繼續此種方式，由積規則，共有 3×2×2×1×1＝12 種方法安排六個人異性相鄰的坐法。

習題 1.1 及 1.2

1. 在一個地區競選活動中，有 8 位共和黨員及 5 位民主黨員候選人被提名角逐學校董事會總裁。
   a) 若總裁為這些候選人之一，則有多少種可能性給最後勝利者？
   b) 有多少種可能性存在給一對候選人 (一黨一位) 做最後選舉的互相對抗？
   c) 那一種計數原則可被應用於 (a)？可被應用於 (b)？

2. 回答例題 1.6(c)。

3. 別克汽車有 4 種模型，12 種顏色，3 種引擎大小，及 2 種傳動型態。(a) 有多少種相異的別克可被製造？(b) 若可用的顏色之一為藍色，則有多少種藍色別克可被製造？

4. 某製藥公司的董事會有 10 位成員。一個即將到來的股東會是來核准一個新的公司高官 (由 10 位董事會成員中選出) 候選人名單。

a) 有多少種不同的由一位總裁、一位副總裁、一位祕書及一位會計所組成的候選人名單，董事會可提給股東來核准？
b) 董事會中有三位成員為醫師。(a) 中有多少種候選人名單有 (i) 一位醫師被提名角逐總裁？(ii) 恰有一位醫師出現在名單中？(iii) 至少有一位醫師出現在名單中？

5. 在某個週六的大購物時，Jennifer 和 Tiffany 目擊兩個男人開車由珠寶店的前面離開，就在竊盜警鈴響起前。雖然每件事來得非常快，當兩個年輕女士被問及他們能否給警察下面關於逃跑車輛上的車牌號碼 (由 2 個英文字母後接 4 個數字組成)。Tiffany 確信車牌上的第二個字母不是 O 就是 Q 且最後數字不是 3 就是 8。Jennifer 告訴偵察員車牌上的第一個字母不是 C 就是 G 且第一個數字確定是 7。試問警察將必須檢查多少個不同車牌？

6. 欲籌款給一座新的市立游泳池，某城市的商業會所贊助一場競賽。每位參與者交 $5 入場費且有機會贏得許多不同大小的獎品中的一個，這些獎品是準備授獎給前 8 位比賽者，他們完成
  a) 若有 30 位參加比賽，則有多少種可能來頒授這些獎品？
  b) 若 Roberta 和 Candice 是競賽中的兩位參賽者，他們兩位跑者為前三名內，則有多少種方法可頒授這些獎品？

7. 某"漢堡攤"廣告說顧客可讓他的或她的漢堡加或不加下面任何一種或所有的料：蕃茄醬、芥末、蛋黃醬、生菜葉、蕃茄、洋蔥、醃汁、乳酪，或香菇。有多少種不同可能的漢堡可叫？

8. Matthew 在一所小型大學從事電腦操作員。某個傍晚他發現當天稍早有 12 個電腦程式已被送來分批處理。Matthew 可有多少種方法來執行這些程式若 (a) 沒有限制？(b) 他認為之中有 4 個程式之優先順序高於其它 8 個且想先執行這 4 個？(c) 他先將程式分為 4 個高優先順位，5 個中優先順位，及 3 個低優先順位，且他想依高優先順位先執行及 3 個低優先順位最後執行的方式來執行這 12 個程式？

9. Patter 的糕餅小店提供 8 種不同的甜餅及 6 種不同的鬆餅。除了烘烤食品外，吾人可購買小杯、中杯或大杯的下列飲料：咖啡 (無糖的，加奶油的，加糖的，加奶油和糖的)，茶 (不加料的，加奶油的，加糖的，加奶油和糖的，加檸檬的，或加檸檬和糖的)，熱可可，及柳橙汁。當 Carol 來到 Patter 的店時，她有多少種方法可叫
  a) 一個烘烤食品及一杯中杯飲料給她自己？
  b) 一個烘烤食品及一杯咖啡給她自己且叫一個鬆餅及一杯茶給她的老板 Didio 太太？
  c) 一個甜餅及一杯茶給她自己，一個鬆餅及一杯柳橙汁給 Didio 太太，並各叫一個烘烤食品及一杯咖啡給她的兩位助理 Talbot 先生及 Gillis 太太中的每一位？

10. Pamela 有 15 本不同的書。她有多少種方法可將她的所有書擺上兩書架上使得每個書架上至少有一本書？(考慮在每個安排裡的所有書是互相堆靠在一起，使得每個書架上的第一本書在書架的最左邊。)

11. 三個小鎮，指名為 A，B 及 C，只以一個雙向道路系統相連接，如圖 1.4 所示。

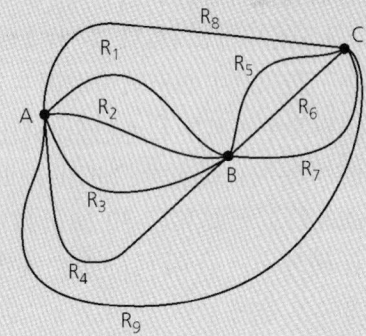

● 圖 1.4

a) Linda 有多少種方法可由 A 鎮旅行到 C 鎮？
b) Linda 可有多少種不同的環程旅遊由 A 鎮到 C 鎮並再回到 A 鎮？
c) 在 (b) 中的環程旅遊中有多少種滿足

其回程旅遊 (由 C 鎮到 A 鎮) 至少有部份不同於 Linda 由 A 鎮到 C 鎮的路線)？(例如，若 Linda 沿著路 R_1 及 R_6 由 A 鎮到 C 鎮，則在她的回程裡，她可走路 R_6 和 R_3，或路 R_7 和 R_2，或路 R_9，在其它的可能性中，但她不得走路 R_6 和 R_1。)

12. 列出字母 a，c，t 的所有排列。

13. a) 8 個字母 a，c，f，g，i，t，w，x 有多少個排列？

    b) 考慮 (a) 中的所有排列。有多少個排列是以字母 t 開始？有多少個排列是以字母 t 開始且以字母 c 結尾？

14. 計算下面各題。

    a) $P(7, 2)$ b) $P(8, 4)$
    c) $P(10, 7)$ d) $P(12, 3)$

15. 有多少種方法可安排符號 a，b，c，d，e，e，e，e，e，e，使得沒有 e 和另一個 e 相鄰？

16. 有 40 個符號的字母集被用來傳遞訊息於一個傳達系統裡。有多少個不同的 25 個符號的訊息 (符號表列) 傳達器可產生，若訊息中的符號可重複？有多少個訊息產生，其中若 40 個符號中的 10 個僅可出現在這個訊息的前面且 (或) 後面的符號，而其它 30 個符號可出現在任何地方，且所有符號允許重複出現？

17. 在網際網路裡，電腦的每個網路介面被指定為一個，或多個網際網路位址。這些網際網路的位址本質和網路大小無關。對網際網路標準關於保留的網路數 (STD 2)，每個位址是一個 32 位元串，其分為下面三個類型之一：(1) 一個類型 A 位址，被用來給最大的網路，以一個 0 開始後面接一個 7 位元的**網路數** (network number)，並再接一個 24 位元的**局部位址** (local address)。然而，我們限制使用全為 0 或全為 1 的網路數及全為 0 或全為 1 的局部位址。(2) 類型 B 位址意指一個中型大小的網路。這個位址以 2 位元串 10 開始，後面接著一個 14 位元的網路數，再接一個 16 位元的局部位址。但全為 0 或全為 1 的局部位址不被允許。(3) 類型 C 位址被用給最小的網路。這些位址由 3 位元串 110，後接一個 21 位元網路數，再接一個 8 位元局部位址組成。再次，所有 0 或所有 1 的局部位址是被排除的。各類型有多少種不同的位址可用在網際網路上，給這個網際網路標準？

18. Morgan 考慮購買一個低端點的電腦系統。在仔細調查之後，她發現有 7 種基本系統 (每一個由一個監視器、CPU、鍵盤及滑鼠組成) 符合她的需求。進而，她亦打算買 4 個解調器中的一個，3 個 CD ROM 磁碟機中的一個，及 6 架印表機中的一架。(這裡所給型態的各個週邊設備均和所有 7 種基本系統相容。) Morgan 有多少種方法來裝配她的低端點電腦系統？

19. 某位電腦科學教授有 7 本不同的程式書在一個書架上。其中有 3 本書處理 C++，其它 4 本書處理 Java。教授有多少種方法來安排這些書在書架上 (a) 若沒有限制？(b) 若所有語言應交錯？(c) 若所有 C++ 書必須相鄰？(d) 若所有 C++ 書必須相鄰且所有 Java 書必須相鄰？

20. 在網際網路上，資料是以結構的位元方塊方式傳遞，稱之為 datagrams。

a) 在 DATAGRAM 中的所有字母有多少種排列方法？

b) 對 (a) 中的安排，有多少種是 3 個 A 均在一起的？

21. a) 在 SOCIOLOGICAL 中的所有字母有多少種安排？

b) 在 (a) 中有多少個安排是 A 和 G 相鄰？

c) 在 (a) 中有多少個安排是所有母音均相鄰？

22. 有多少個正整數 n 我們可使用數字 3，4，4，5，5，6，7 來形成，若我們要 n 超過 5,000,000？

23. 12 個黏土靶子 (形狀均相同) 被安排成 4 個懸掛行，如圖 1.5 所示。第一行有 4 個紅色靶，第二行有 3 個白色靶，第三行有 2 個綠色靶，及第四行有 3 個藍色靶。欲參加她的學校訓練隊，Deborah 必須打破所有 12 個靶 (使用她的手槍且僅有 12 發子彈) 且因此總是必打破各行底部存在的靶。在這些條件下，Deborah 可有多少種不同順序來打下 (且打破) 這 12 個靶？

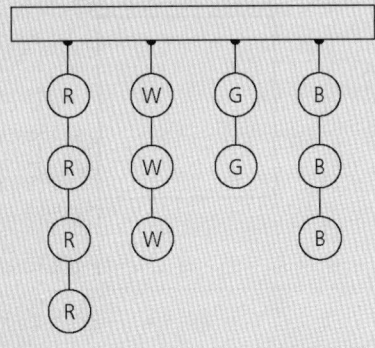

圖 1.5

24. 證明對所有整數 $n，r \geq 0$，若 $n+1 >$ r，則
$$P(n+1, r) = \left(\frac{n+1}{n+1-r}\right) P(n, r).$$

25. 求下面各個 n 的值：

a) $P(n, 2)=90$，　b) $P(n, 3)=3P(n, 2)$，及

c) $2P(n, 2)+50=P(2n, 2)$.

26. 在 xy- 平面上有多少條不同路徑由 (0, 0) 到 (7, 7) 若一條路徑係以不是向右 (R) 走一格就是向上 (U) 走一格的方式一次走一格進行？有多少條路徑由 (2, 7) 到 (9, 14)？可得到任何的一般敘述來合併這兩個結果？

27. a) 在歐幾里得三度空間上有多少條不同路徑由 $(-1, 2, 0)$ 到 $(1, 3, 7)$，若每個移動是下面型態之一？

(H): $(x, y, z) \to (x+1, y, z)$;
(V): $(x, y, z) \to (x, y+1, z)$;
(A): $(x, y, z) \to (x, y, z+1)$

b) 有多少條此類路徑由 (1, 0, 5) 到 (8, 1, 7)？

c) 一般化 (a) 和 (b) 的結果。

28. a) 在下面程式片段執行後，決定整數變數 *counter* 的值。(這裡 $i，j$ 及 k 均為整數變數。)

```
counter := 0
for i := 1 to 12 do
   counter := counter + 1
for j := 5 to 10 do
   counter := counter + 2
for k := 15 downto 8 do
   counter := counter + 3
```

b) 何種計數原理被應用於 (a)？

29. 考慮下面程式片段，其中 $i，j$ 及 k 均為整數變數。

```
for i := 1 to 12 do
   for j := 5 to 10 do
      for k := 15 downto 8 do
         print (i - j)*k
```

a) **print** 敘述執行多少次？
b) 何種計數原理被用於 (a)？

30. 形如 abcba 的字母序列，其中將序列的順序倒轉後表示式仍然不變，是一個 (五個字母的) **回文** (palindrome) 例子。
(a) 若一個字母可出現超過兩次，有多少個 5 個字母的回文？6 個字母的回文？(b) 在沒有字母出現超過兩次的條件下，重做 (a)。

31. 試決定六位整數 (首位不為零) 的個數，其中 (a) 各個位數不可重複；(b) 位數可重複。對 (a) 及 (b) 再加上額外條件：六位整數為 (i) 偶數；(ii) 可被 5 整除；(iii) 可被 4 整除，請分別答之。

32. a) 給一個組合論證，證明若 n 及 k 均為正整數且 $n=3k$，則 $n!/(3!)^k$ 為一整數。
b) 將 (a) 的結果一般化。

33. a) 學生有多少種可能方法回答 10 個是非題考試？
b) 為避免答錯被扣分，學生在回答 (a) 的問題時，有一題未答，試問他有多少種方法來回答 (a) 的問題？

34. 數字 1，3，3，7，7 及 8 可做出多少個不同的四位整數？

35. a) 7 人圍一圓桌而坐，試問有多少種方法來安排？
b) 若 7 人中有 2 人堅持坐在一起，試問有多少種可能安排？

36. a) 有 8 人，表為 A，B，…，H，圍一方桌而坐，如圖 1.6 所示。其中圖 1.6(a) 及 1.6(b) 被視為相同，但兩圖與圖 1.6(c) 不同，試問共有多少種坐法？
b) 若 8 人中有 2 人，稱 A 及 B，相處不好。若 A 和 B 不相鄰，試問共有多少種可能不同的坐法？

37. 16 人分兩張圓桌而坐，一張坐 10 人，另一張坐 6 人。試問共有多少種可能不同之坐法？

38. 由 9 女 6 男共 15 人所組成的委員會，圍一圓桌而坐 (共 15 個位置)。試問在無兩位男生相鄰而坐的條件下，共有多少種坐法？

39. 寫一電腦程式 (或開發一演算法) 來決定是否存在一個三位整數 abc ($=100a+10b+c$)，其中 $abc=a!+b!+c!$。

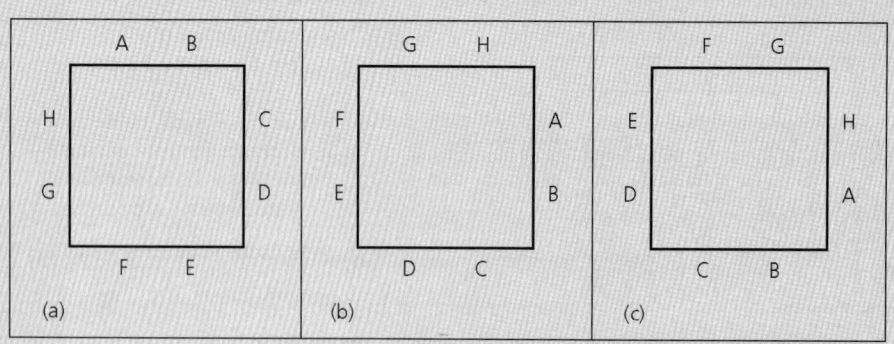

圖 1.6

1.3　組合：二項式定理

一付標準的撲克牌有 52 張牌，四種花樣：梅花、方塊、紅心及黑桃。每種花樣有 13 張牌；A，2，3，…，9，10，Jack，Queen，King。假若我們不放回去的從一付標準撲克牌中連續抽出三張牌，則由積規則共有

$$52 \times 51 \times 50 = \frac{52!}{49!} = P(52, 3)$$

種可能性，此三張牌中一張為 AH (紅心 A)，一張為 9C (梅花 9)，另一張為 KD (方塊 King)。假若我們改為一次選三張牌，牌之選取順序不再重要，則有六個排列 AH-9C-KD，AH-KD-9C，9C-AH-KD，9C-KD-AH，KD-9C-AH 及 KD-AH-9C 均對應至僅一個選擇 (無順位)。因此，不考慮順位，三張牌的每一選擇或組合對應至 3! 個三張牌之排列。這個方程式轉化為

(3!)×(從 52 張牌一次選 3 張的方法數)
= 52 張牌中取 3 張的排列數
= $P(52, 3) = \dfrac{52!}{49!}$

因此，在不放回的情況下，從 52 張牌一次取 3 張的總方法為 52!/(3! 49!)＝22,100。

> 若有 n 個不同物體在不考慮順位的情況下，每一個一次取 r 個物體的**選擇** (selection) 或**組合** (combination) 對應到 $r!$ 個由這 n 個物體中取大小為 r 的排列。因此，由大小為 n 的群體中取大小為 r 的組合數為
>
> $$C(n, r) = \frac{P(n, r)}{r!} = \frac{n!}{r!(n-r)!}, \qquad 0 \leq r \leq n.$$

除了 $C(n, r)$ 外，符號 $\binom{n}{r}$ 也經常被使用。$C(n, r)$ 及 $\binom{n}{r}$ 兩者有時候讀做 "n 取 r"。注意 $\forall n \geq 0$，$C(n, 0) = C(n, n) = 1$。而且，$\forall n \geq 1$，$C(n, 1) = C(n, n-1) = n$。若 $0 \leq n < r$，則 $C(n, r) = \binom{n}{r} = 0$。

當我們在處理任何計數問題時，我們應反問自己該問題中順位的重要性。當順位是有關聯的，我們考慮排列、安排及積規則。當和順位無關時，在解問題時組合可扮演一個重要角色。

例題 1.18 女主人準備邀請她的慈善委員會的一些成員來家晚宴。因為家裡空間大小關係，她僅能邀請 20 個委員當中的 11 個。順位不重要，所以她有 $C(20, 11) = \binom{20}{11} = 20!/(11!\ 9!) = 167{,}960$ 種方法，來邀請這"幸運的 11 人"。然而，當這 11 位到達時，她如何安排他們圍著長方形餐桌而坐，是一個安排問題。遺憾的，此組合及排列理論不能幫我們的女主人來處理未被邀請的"生氣的 9 人"。

例題 1.19 Lynn 及 Patti 決定買威力球彩券。欲贏威力球大獎，必須對中 1 到 49 中的五個號碼及對中一個編號 1 到 42 的強力球號碼。Lynn 選了五個號碼 (介於 1 到 49 之間)。她有 $\binom{49}{5}$ 種方法選 (因為對獎和順序無關)。同時 Patti 選強力球——有 $\binom{42}{1}$ 種可能。因此，由積規則，Lynn 及 Patti 可有 $\binom{49}{5}\binom{42}{1} = 80{,}089{,}128$ 種方法來選他們的威力球彩券的六個號碼。

例題 1.20
a) 學生參加歷史考試，他須回答 10 個測驗問題中的 7 個問題。這無關順位問題，所以學生做答的方法數為

$$\binom{10}{7} = \frac{10!}{7!\ 3!} = \frac{10 \times 9 \times 8}{3 \times 2 \times 1} = 120 \text{ 種方法}$$

b) 若學生必須由前 5 個問題選 3 個及後 5 個問題選 4 個做答，則前 5 個問題選 3 個的方法數為 $\binom{5}{3} = 10$ 種，且另外 4 題的選法有 $\binom{5}{4} = 5$ 種。因此，由積規則，學生可有 $\binom{5}{3}\binom{5}{4} = 10 \times 5 = 50$ 種方法來完成考試。

c) 最後，若學生被要求在 10 題選 7 題的考試中，至少有 3 題是由前 5 題中選出的，則有三種情形來考慮。

　i) 學生回答前 5 題中的 3 題及後 5 題中的 4 題：由積規則，共有 $\binom{5}{3}\binom{5}{4} = 10 \times 5 = 50$ 種方法，如 (b)。

　ii) 學生回答前 5 題中的 4 題及後 5 題中的 3 題：再由積規則，共有 $\binom{5}{4}\binom{5}{3} = 5 \times 10 = 50$ 種方法。

　iii) 學生回答前 5 題中的所有 5 題及後 5 題的 2 題：由積規則，共有 $\binom{5}{5}\binom{5}{2} = 1 \times 10 = 10$ 種方法。

　將 (i)，(ii) 及 (iii) 的結果合起來，由和規則，學生可有 $\binom{5}{3}\binom{5}{4} + \binom{5}{4}\binom{5}{3} + \binom{5}{5}\binom{5}{2} = 50 + 50 + 10 = 110$ 種 10 題選 7 題的選法，其中每次選法至少含前 5 題中的 3 題。

例題 1.21
a) Rydell 高中，體育老師想從高二及高三的班級中選 9 位女孩來組排球隊。若有 28 位高二生及 25 位高三生，則她共有 $\binom{53}{9} = 4{,}431{,}613{,}550$

種選法。

b) 若有 2 位高二生及 1 位高三生為最佳攻擊手，必須在隊裡，則球隊剩下之球員共有 $\binom{50}{6}$ = 15,890,700 種選法。

c) 對某場比賽，球隊需由 4 位高二生及 5 位高三生組成。老師可有 $\binom{28}{4}$ 種方法選 4 位高二生。對每一種高三生的選法，她有 $\binom{25}{5}$ 種方法來選 5 位高三生。因此，由積規則，她有 $\binom{28}{4}\binom{25}{5}$ = 1,087,836,750 種方法來選她的球隊參加比賽。

有些問題可以安排的觀點來處理，亦可以組合的觀點來處理，端賴吾人如何解析情況。下一個例題將說明此情形。

例題 1.22 例題 1.21 的體育老師要組 4 支 9 個女孩的排球隊，每個隊員是由她的 P.E. 班上 36 位高一女生中選出。她共有多少種方法來選這 4 支球隊？稱這些球隊為 A，B，C 及 D。

a) 欲組球隊 A，她可由 36 位新生任選 9 位，共有 $\binom{36}{9}$ 種方法。對球隊 B，有 $\binom{27}{9}$ 種可能。剩下的 C 及 D 將分別有 $\binom{18}{9}$ 及 $\binom{9}{9}$ 種選法。所以由積規則，四支球隊的選法共有

$$\binom{36}{9}\binom{27}{9}\binom{18}{9}\binom{9}{9} = \left(\frac{36!}{9!\,27!}\right)\left(\frac{27!}{9!\,18!}\right)\left(\frac{18!}{9!\,9!}\right)\left(\frac{9!}{9!\,0!}\right)$$

$$= \frac{36!}{9!\,9!\,9!\,9!} \doteq 2.145 \times 10^{19} \text{ 種方法}$$

b) 另解：將 36 位學生直線排列如下

| 第1個學生 | 第2個學生 | 第3個學生 | … | 第35個學生 | 第36個學生 |

欲選 4 支球隊，在這 36 個空間上，我們必須分配 9 個 A，9 個 B，9 個 C，及 9 個 D。此即為每一個 A，B，C 及 D 均有 9 個所組成的 36 個字母之安排數。這是熟悉的不完全相異物的安排問題且答案為

$$\frac{36!}{9!\,9!\,9!\,9!}, \text{ 如 (a)}$$

下一個例題指出有些問題如何同時需要使用安排及組合之概念來做答。

例題 1.23 TALLAHASSEE 中的字母安排數為

$$\frac{11!}{3!\,2!\,2!\,2!\,1!\,1!} = 831,600$$

這些安排中有多少個安排的 A 不相鄰？

若不考慮 A，共有

$$\frac{8!}{2!\,2!\,2!\,1!\,1!} = 5040$$

種方法安排剩下的字母。這 5040 種方法中的一個被圖示在下圖中，其中之箭頭顯示 3 個 A 有 9 個可能位置。

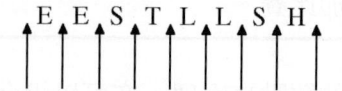

↑E↑E↑S↑T↑L↑L↑S↑H↑

這些位置中的三個可有 $\binom{9}{3} = 84$ 種選法，且對 E，E，S，T，L，L，S，H 的所有其它 5039 種安排均一樣，由積規則，TALLAHASSEE 之字母共有 5040×84 = 423,360 種安排，其中 A 不相鄰。

在繼續進行教材之前，我們需介紹一個簡明方法來表像 a_m，a_{m+1}，a_{m+2}，…，a_{m+n} 等 $n+1$ 項之和，其中 m 及 n 均為整數且 $n \geq 0$。此記號被稱為 **Sigma 記號** (Sigma notation)，因為其含有大寫的希臘字母 Σ；我們以

$$a_m + a_{m+1} + a_{m+2} + \cdots + a_{m+n} = \sum_{i=m}^{m+n} a_i$$

來表和。此處，字母 i 被稱為和的**指標** (index)，且此指標計數由**下極限** (lower limit) m 連續至**上極限** (upper limit) (包含) $m+n$ 間的所有整數。

我們可如下面所述的使用這個記號。

1) $\sum_{i=3}^{7} a_i = a_3 + a_4 + a_5 + a_6 + a_7 = \sum_{j=3}^{7} a_j$，因為字母 i 沒什麼特別。

2) $\sum_{i=1}^{4} i^2 = 1^2 + 2^2 + 3^2 + 4^2 = 30 = \sum_{k=0}^{4} k^2$，因為 $0^2 = 0$。

3) $\sum_{i=11}^{100} i^3 = 11^3 + 12^3 + 13^3 + \cdots + 100^3 = \sum_{j=12}^{101} (j-1)^3 = \sum_{k=10}^{99} (k+1)^3$.

4) $\sum_{i=7}^{10} 2i = 2(7) + 2(8) + 2(9) + 2(10) = 68 = 2(34) = 2(7+8+9+10) = 2\sum_{i=7}^{10} i$

5) $\sum_{i=3}^{3} a_i = a_3 = \sum_{i=4}^{4} a_{i-1} = \sum_{i=2}^{2} a_{i+1}$.

6) $\sum_{i=1}^{5} a = a + a + a + a + a = 5a$.

更而，使用這個和記號，吾人可將例題 1.20(c) 的答案表為

$$\binom{5}{3}\binom{5}{4}+\binom{5}{4}\binom{5}{3}+\binom{5}{5}\binom{5}{2}=\sum_{i=3}^{5}\binom{5}{i}\binom{5}{7-i}=\sum_{j=2}^{4}\binom{5}{7-j}\binom{5}{j}.$$

我們將在下面例題及在本書其它許多地方使用這個新記號。

| 例題 1.24 |

在研究代數密碼理論及計算機語言理論時，我們考慮某種安排，叫做**串** (strings)，係由指定的符號**字母** (alphabet) 組成。例如，若指定的字母由符號 0，1 及 2 所組成，則 01，11，21，12 及 20 為長度為 2 的 9 個串中的 5 個。長度為 3 的 27 個串有 000，012，202 及 110。

一般來講，若 n 為任意正整數，則由積規則，字母 0，1 及 2 所組成的長度為 n 之串有 3^n 個。若 $x=x_1x_2x_3\cdots x_n$ 為這些串中的一個，我們定義 x 的**重量** (weight)，以 wt(x) 表之，為 wt(x)=$x_1+x_2+x_3+\cdots+x_n$。例如，wt(12)＝3 且 wt(22)＝4 對 n＝2 的情形。而 n＝3 時，wt(101)＝2，wt(210)＝3，及 wt(222)＝6。

在長度為 10 的 3^{10} 個串中，吾人想決定共有多少個串有偶數重量。有偶數重量的串，其在該串裡的 1 之個數為偶數。

將有六個不同情形來考慮。若串 x 不含 1，則 x 中的十個位置的每一個可被填不是 0 就是 2，由積規則知此類的串共有 2^{10} 個。當串含有兩個 1，則這兩個 1 的位置共有 $\binom{10}{2}$ 種方法來選。一旦這兩個位置被確定，其有八個位置共有 2^8 個方法擺 0 或 2。因此，共有 $\binom{10}{2}2^8$ 個含有兩個 1 的偶數重量的串。其它四種情形的串之個數表列在表 1.2

○ 表 1.2

1 的個數	串的個數	1 的個數	串的個數
4	$\binom{10}{4}2^6$	8	$\binom{10}{8}2^2$
6	$\binom{10}{6}2^4$	10	$\binom{10}{10}$

因此，長度為 10 且重量為偶數的串數共有

$$2^{10}+\binom{10}{2}2^8+\binom{10}{4}2^6+\binom{10}{6}2^4+\binom{10}{8}2^2+\binom{10}{10}=\sum_{n=0}^{5}\binom{10}{2n}2^{10-2n}.$$

我們應經常小心**重複計數** (overcounting) —— 似乎會發生在頗容易的枚舉問題裡。下一例題將說明重複計數是如何發生的。

例題 1.25

a) 假設 Ellen 要從 52 張撲克牌中抽取 5 張。若所取的牌中沒有梅花，則 Ellen 共有多少種選法？我們計數所有 5 張牌之選法如下：

i) 紅心 A，黑桃 3，黑桃 4，方塊 6 及方塊 J。
ii) 黑桃 5，黑桃 7，黑桃 10，方塊 7 及方塊 K。
iii) 方塊 2，方塊 3，方塊 6，方塊 10 及方塊 J。

假若我們更仔細檢視，Ellen 被限制為從不含梅花的 39 張牌中選 5 張。因此，她有 $\binom{39}{5}$ 種選法。

b) 現在來算 Ellen 的 5 張牌之選法個數，若其 5 張牌中至少有 1 張為梅花。在 (a) 中吾人並未計數這種選法。且因共有 $\binom{52}{5}$ 種方法來選 5 張牌，所以 5 張牌中至少含 1 張梅花的選法有

$$\binom{52}{5} - \binom{39}{5} = 2,598,960 - 575,757 = 2,023,203$$

c) 我們可以用另外一種方法來得到 (b) 的結果嗎？例如，因為 Ellen 希望在手中的 5 張牌至少有 1 張是梅花。她第一張選梅花，這個她可有 $\binom{13}{1}$ 種方法。她不在意另外 4 張如何組成。所以在她選了 1 張梅花之後，她有 $\binom{51}{4}$ 種方法去選另外 4 張牌。因此，由積規則，此處之選法數為

$$\binom{13}{1}\binom{51}{4} = 13 \times 249,900 = 3,248,700.$$

這裡肯定有什麼地方錯誤！這個答案比 (b) 的答案大過一百萬手牌。是我們在 (b) 做錯了呢？還是我們目前錯了？

例如，假設 Ellen 第一次選

梅花 3

接著選

梅花 5
梅花 K
紅心 7，及
黑桃 J

然而，若她第一張選

梅花 5

且接著選

梅花 3
梅花 K

紅心 7，及

黑桃 J

則此選法是確實不同於前面之選法嗎？不幸的，是不同。另外，若她第一張選

梅花 K

且接著選

梅花 3

梅花 5

紅心 7，及

黑桃 J

則此選法是相異於前面的兩種選法。

因此，這個方法是錯的，因為我們重複計算了——把相同的選法視為相異。

d) 還有其它方法來得到 (b) 的答案嗎？是的！5 張牌至少含 1 張梅花，共有五種情形來考慮。它們被列在表 1.3 中。例如，由表 1.3，共有 $\binom{13}{2}\binom{39}{3}$ 手 5 張牌中恰含 2 張梅花，若我們有興趣手中恰含 3 張梅花，則由表中可知共有 $\binom{13}{3}\binom{39}{2}$ 種。

● 表 1.3

梅花張數	選這個梅花張數的選法	非梅花的撲克牌張數	選不含梅花之張數的選法
1	$\binom{13}{1}$	4	$\binom{39}{4}$
2	$\binom{13}{2}$	3	$\binom{39}{3}$
3	$\binom{13}{3}$	2	$\binom{39}{2}$
4	$\binom{13}{4}$	1	$\binom{39}{1}$
5	$\binom{13}{5}$	0	$\binom{39}{0}$

因為表 1.3 中無任何兩種情形的 5 張牌相同，5 張牌中至少有 1 張為梅花的情形，Ellen 之選法數為

$$\binom{13}{1}\binom{39}{4} + \binom{13}{2}\binom{39}{3} + \binom{13}{3}\binom{39}{2} + \binom{13}{4}\binom{39}{1} + \binom{13}{5}\binom{39}{0}$$

$$= \sum_{i=1}^{5} \binom{13}{i}\binom{39}{5-i}$$

$$= (13)(82,251) + (78)(9139) + (286)(741) + (715)(39) + (1287)(1)$$
$$= 2,023,203.$$

我們以跟組合概念有關的三個結果來結束本節。

首先我們注意到對整數 n，r，且 $n \geq r \geq 0$，我們有 $\binom{n}{r} = \binom{n}{n-r}$。這個可由 $\binom{n}{r}$ 的公式代數證明之，但我們傾向於觀察處理由含 n 個不同物體之群體中選取大小為 r 的選擇，這個選擇留下 $n-r$ 個物體。因此 $\binom{n}{r} = \binom{n}{n-r}$ 確定大小為 r (被選的物體)的選法及大小為 $n-r$ (剩下的物體)的選法間的對應存在。這種對應的一個例子顯示在表 1.4 裡，其中 $n = 5$，$r = 2$，且不同物體為 1，2，3，4 及 5。這種對應型態在第 5 章裡將被更正式的定義且被使用在其它計數情形裡。

● 表 1.4

大小為 $r=2$ 的選法 (被選的物體)		大小為 $n-r=3$ 的選法 (剩下的物體)	
1. 1, 2	6. 2, 4	1. 3, 4, 5	6. 1, 3, 5
2. 1, 3	7. 2, 5	2. 2, 4, 5	7. 1, 3, 4
3. 1, 4	8. 3, 4	3. 2, 3, 5	8. 1, 2, 5
4. 1, 5	9. 3, 5	4. 2, 3, 4	9. 1, 2, 4
5. 2, 3	10. 4, 5	5. 1, 4, 5	10. 1, 2, 3

由我們過去的代數經驗，第二個結果為一定理。

定理 1.1   **二項式定理** (The Binomial Theorem)。若 x 及 y 為變數且 n 為一正整數，則

$$(x+y)^n = \binom{n}{0}x^0 y^n + \binom{n}{1}x^1 y^{n-1} + \binom{n}{2}x^2 y^{n-2} + \cdots$$
$$+ \binom{n}{n-1}x^{n-1} y^1 + \binom{n}{n}x^n y^0 = \sum_{k=0}^{n}\binom{n}{k}x^k y^{n-k}.$$

在考慮證明之前，我們檢視一特殊情形。若 $n = 4$，在乘積

$$(x+y)\ (x+y)\ (x+y)\ (x+y)$$

第一　　第二　　第三　　第四
因子　　因子　　因子　　因子

的展開式中，$x^2 y^2$ 的係數為由 4 個 x 中選 2 個 x 的方法數，每一個因子裡的 x 均可被選。(雖然 4 個 x 看起來均一樣，但我們區分它們為第一因子的 x，第二因子的 x，⋯，及第四因子的 x。而且，當我們選兩個 x 時，

我們使用兩個因子，剩下兩個因子，我們選擇兩個 y。) 例如，在各種可能當中，我們可以 (1) 由前兩因子選 x 及由後兩因子選 y；或 (2) 由第一及第三因子選 x 及由第二及第四因子選 y。表 1.5 總括這六種可能選擇。

表 1.5

選擇 x 的因子	選擇 y 的因子
(1)　　1, 2	(1)　　3, 4
(2)　　1, 3	(2)　　2, 4
(3)　　1, 4	(3)　　2, 3
(4)　　2, 3	(4)　　1, 4
(5)　　2, 4	(5)　　1, 3
(6)　　3, 4	(6)　　1, 2

因此，$(x+y)^4$ 的展開式中，x^2y^2 的係數為 $\binom{4}{2}=6$，即為由含 4 個不同物體的群體中選 2 個不同物體的方法數。

現在我們回到一般情形的證明。

證明： 在乘積

$$\underbrace{(x+y)}_{\substack{第一\\因子}}\underbrace{(x+y)}_{\substack{第二\\因子}}\underbrace{(x+y)}_{\substack{第三\\因子}}\cdots\underbrace{(x+y)}_{\substack{第\,n\\因子}}$$

的展開式中，$x^k y^{n-k}$ 的係數，其中 $0 \leq k \leq n$，為由 n 個因子中選 k 個 x (因此 $(n-k)$ 個 y) 的不同方法數。(例如，由前 k 個因子選 x 及由後 $n-k$ 個因子選 y。) 由大小為 n 的群體中選大小為 k 的總選法數為 $C(n,k)=\binom{n}{k}$，因此二項式定理成立。

觀看這個定理，$\binom{n}{k}$ 經常被稱為**二項式係數** (binomial coefficient)。吾人可將定理 1.1 的結果表為

$$(x+y)^n = \sum_{k=0}^{n}\binom{n}{n-k}x^k y^{n-k}.$$

例題 1.26

a) 由二項式定理，在 $(x+y)^7$ 的展開式中 x^5y^2 的係數為 $\binom{7}{5}=\binom{7}{2}=21$。

b) 欲得 $(2a-3b)^7$ 展開式中 a^5b^2 的係數，我們以 x 代替 $2a$ 且以 y 代替 $-3b$。由二項式定理，$(x+y)^7$ 中 x^5y^2 的係數為 $\binom{7}{5}$，且

$$\binom{7}{5}x^5y^2 = \binom{7}{5}(2a)^5(-3b)^2 = \binom{7}{5}(2)^5(-3)^2 a^5b^2 = 6048a^5b^2.$$

系理 1.1　對每個整數 $n > 0$

a) $\binom{n}{0} + \binom{n}{1} + \binom{n}{2} + \cdots + \binom{n}{n} = 2^n$，且

b) $\binom{n}{0} - \binom{n}{1} + \binom{n}{2} - \cdots + (-1)^n \binom{n}{n} = 0$。

證明：令 $x = y = 1$，則由二項式定理可得 (a)。令 $x = -1$ 及 $y = 1$，(b) 成立。

我們的第三個及第四個結果一般化二項式定理且被稱為**多項式定理** (multinomial theorem)。

定理 1.2　對正整數 n，t，$(x_1 + x_2 + x_3 + \cdots + x_t)^n$ 的展開式中 $x_1^{n_1} x_2^{n_2} x_3^{n_3} \cdots x_t^{n_t}$ 的係數為

$$\frac{n!}{n_1! \, n_2! \, n_3! \cdots n_t!}$$

其中每一個 n_i 均為整數且 $0 \leq n_i \leq n$，$\forall \, 1 \leq i \leq t$，及 $n_1 + n_2 + n_3 + \cdots n_t = n$。

證明：如同二項式定理的證明，$x_1^{n_1} x_2^{n_2} x_3^{n_3} \cdots x_t^{n_t}$ 的係數為由 n 個因子中選 n_1 個因子的 x_1，由剩下的 $(n - n_1)$ 個因子中選 n_2 個因子的 x_2，由 $(n - n_1 - n_2)$ 個因子中選 n_3 個因子的 x_3，⋯ 及由最後剩下的 $n - n_1 - n_2 - n_3 - \cdots - n_{t-1} = n_t$ 個因子中選 n_t 個因子的 x_t。如例題 1.22(a) 之方法，共有

$$\binom{n}{n_1} \binom{n - n_1}{n_2} \binom{n - n_1 - n_2}{n_3} \cdots \binom{n - n_1 - n_2 - n_3 - \cdots - n_{t-1}}{n_t}$$

種方法來完成這個工作。留給讀者證明上述之乘積等於

$$\frac{n!}{n_1! \, n_2! \, n_3! \cdots n_t!},$$

也可寫為

$$\binom{n}{n_1, n_2, n_3, \ldots, n_t}$$

且被稱為**多項式係數** (multinomial coefficient)。（當 $t = 2$ 時即為二項式係數）。

例題 1.27　a) 由多項式定理，$(x + y + z)^7$ 的展開式中 $x^2 y^2 z^3$ 的係數為 $\binom{7}{2, 2, 3} = \frac{7!}{2! \, 2! \, 3!} =$

210，而 xyz^5 的係數為 $\binom{7}{1,1,5}=42$，且 x^3z^4 的係數為 $\binom{7}{3,0,4}=\frac{7!}{3!0!4!}=35$。

b) 欲知 $(a+2b-3c+2d+5)^{16}$ 展開式中 $a^2b^3c^2d^5$ 的係數，我們以 v 代 a，以 w 代 $2b$，以 x 代 $-3c$，以 y 代 $2d$，且以 z 代 5，則可對 $(v+w+x+y+z)^{16}$ 使用多項式定理，且 $v^2w^3x^2y^5z^4$ 的係數為 $\binom{16}{2,3,2,5,4}=302{,}702{,}400$。但

$\binom{16}{2,3,2,5,4}(a)^2(2b)^3(-3c)^2(2d)^5(5)^4 = \binom{16}{2,3,2,5,4}(1)^2(2)^3(-3)^2(2)^5(5)^4(a^2b^3c^2d^5) = 435{,}891{,}456{,}000{,}000\, a^2b^3c^2d^5$.

習題 1.3

1. 計算 $\binom{6}{2}$ 並利用列出由字母 a，b，c，d，e 及 f 中取出大小為 2 的所有選擇來驗證您的答案。

2. 面對一個返校的 4 個小時車程，Diane 決定帶走她姊姊 Ann Marie 最近得到的 12 雜誌中的 5 本。Diane 可有多少種選擇？

3. 計算下面各題
   a) $C(10,4)$ b) $\binom{12}{7}$
   c) $C(14,12)$ d) $\binom{15}{10}$

4. 在 Braille 系統，一個符號，諸如一個小寫字母、標點符號、詞尾，及其它，在圖 1.7(a) 中所示的六點安排中的所有點中至少凸起一個點來表示之。(6 個 Braille 位置被標示在圖的這個部份。) 例如，在圖 (b) 中，位置 1 和 4 的點是凸起的且這六安排代表字母 c。在圖 (c) 及 (d) 中，分別代表 m 和 t。定冠詞 "the" 被示於圖 (e)，而 (f) 有詞尾型 "ow"。最後，分號；被給為 (g) 中的六點安排，其中位置 2 和 3 的點凸起。

   a) 於 Braille 系統中我們可表達多少種

圖 1.7

不同的符號？

b) 有多少個符號恰有 3 個凸起點？

c) 有多少個符號有偶數個凸起點？

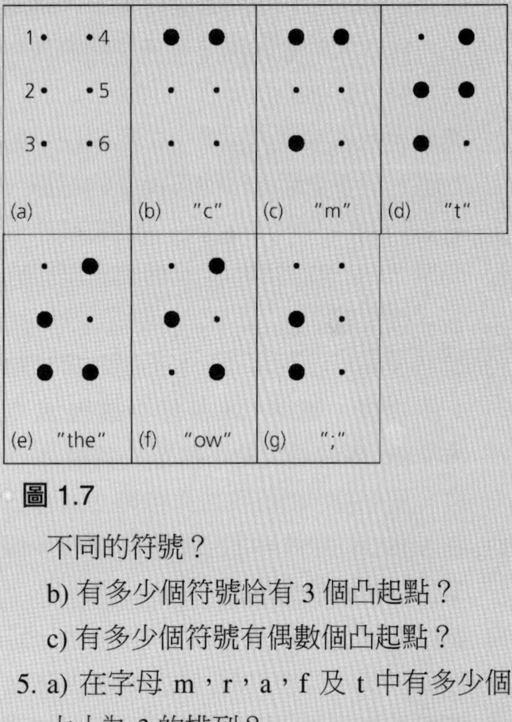

5. a) 在字母 m，r，a，f 及 t 中有多少個大小為 3 的排列？

   b) 列出所有大小為 3 的組合給字母 m，r，a，f 及 t。

6. 若 n 是一正整數且 $n>1$，證明 $\binom{n}{2}+\binom{n-1}{2}$ 是一個完全平方數。

7. 從 10 位男士及 10 位女士中選一個 12

人的委員會。有多少種方法可被選出若 (a) 沒有限制？(b) 必須為 6 位男士及 6 位女士？(c) 必須有偶數位女士？(d) 女士必須多於男士？(e) 必須至少有 8 位男士？

8. 賭者有多少種方法可由一付標準撲克牌中抽出 5 張牌且得 (a) 同花 (五張牌同一花色)？(b) 4 張 A？(c) 4 張同一種牌？(d) 3 張 A 及 2 張 J？(e) 3 張 A 及一對？(f) 一個葫蘆 (3 張同一種牌及一對)？(g) 3 張同一種牌？(h) 2 對？

9. 有多少字元組包含 (a) 恰兩個 1；(b) 恰四個 1；(c) 恰六個 1；(d) 至少六個 1？

10. 有多少個方法可由 12 個打者中，挑選出一隊 5 人的籃球隊？有多少個選法包含最弱及最強的打者？

11. 某學生回答某次考試的 10 個問題中的 7 題。有多少種方法他可做他的選擇，若 (a) 沒有限制？(b) 他必須回答前 2 個問題？(c) 他必須對前 6 個問題至少回答 4 個問題？

12. 有多少種方法可將 12 本不同的書分給 4 個小孩，使得 (a) 每個小孩得 3 本書？(b) 兩個最大的小孩每人各得 4 本書且兩個最小的小孩每人各得 2 本書？

13. 在 MISSISSIPPI 中的所有字母有多少個安排沒有連續的 S？

14. 體操教練必須要選 11 位高年級生去足球隊表演。若他可有 12,376 種方法做選擇，則有多少個高年級生有被選的資格？

15. a) 平面上有 15 點，其中無 3 點共線，則它們決定多少條直線？
    b) 空間中有 25 點，其中無 4 點共平面，則它們決定多少個三角形？多少個平面？多少個四面體 (像金字塔的立體具有 4 個三角形面)？

16. 決定下面各題的和。

    a) $\sum_{i=1}^{6}(i^2+1)$

    b) $\sum_{j=-2}^{2}(j^3-1)$

    c) $\sum_{i=0}^{10}[1+(-1)^i]$

    d) $\sum_{k=n}^{2n}(-1)^k$，其中 n 是奇正整數

    e) $\sum_{i=1}^{6}i(-1)^i$

17. 使用和記號 (或 Σ) 表示下面各式。 (a)，(d) 及 (e) 中的 n 為一正整數。

    a) $\frac{1}{2!}+\frac{1}{3!}+\frac{1}{4!}+\cdots+\frac{1}{n!}$, $n \geq 2$。

    b) $1+4+9+16+25+36+49$

    c) $1^3-2^3+3^3-4^3+5^3-6^3+7^3$

    d) $\frac{1}{n}+\frac{2}{n+1}+\frac{3}{n+2}+\cdots+\frac{n+1}{2n}$

    e) $n-\left(\frac{n+1}{2!}\right)+\left(\frac{n+2}{4!}\right)-\left(\frac{n+3}{6!}\right)+\cdots+(-1)^n\left(\frac{2n}{(2n)!}\right)$

18. 在例題 1.24 長度為 10 的所有串中，有多少個有 (a) 四個 0，三個 1，及三個 2；(b) 至少有八個 1；(c) 重量為 4？

19. 考慮由字母 0，1，2 及 3 所組成的長度為 10 的所有串之群體中，有多少個串的重量為 3？多少個重量為 4？多少個有偶數重量？

20. 在圖 1.8 的三個部份裡，8 點為等距且點在所給圓的圓周上。

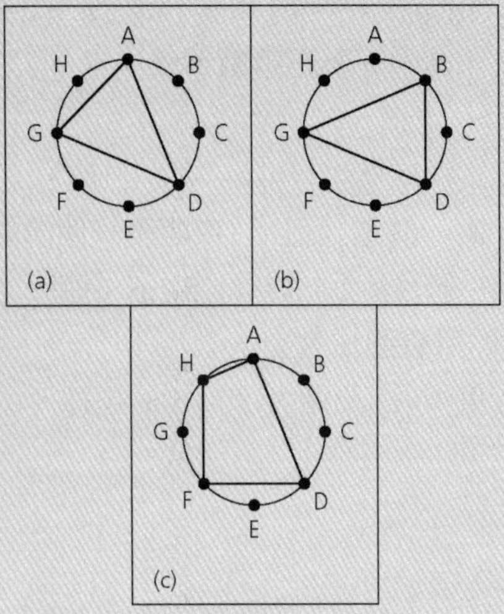

圖 1.8

a) 對圖 1.8 的 (a) 和 (b)，我們有兩個不同 (雖然全等) 的三角形。這兩個三角形 (以它們的頂點區分) 來自頂點 A, B, C, D, E, F, G, H 中兩個大小為 3 的選法。我們可有多少個不同的 (不管是否全等) 三角形以此法內接於圓？

b) 使用有記號的頂點，有多少個不同的四邊形可內接於這個圓？[一個此類的四邊形出現在圖 1.8(c)]

c) 使用 3 個或多個有記號的頂點，有多少個不同的三邊或多邊的多邊形可內接於這個圓？

21. 一個 n 邊的正多邊形之所有頂點可決定多少個三角形？若這個多邊形的邊不可為任一三角形的一邊，則可決定多少個三角形？

22. a) 在 $(a+b+c+d)(e+f+g+h)(u+v+w+x+y+z)$ 的完全展開式中，吾人可得諸如 agw，cfx 及 dgv 項的和。有多少個此類項出現在這個完全展開式中？

b) 下面那些項不出現在 (a) 的完全展開式中？

i) afx ii) bvx iii) chz
iv) cgw v) egu vi) dfz

23. 求下面各個展開式中 x^9y^3 的係數。
(a) $(x+y)^{12}$，(b) $(x+2y)^{12}$，和 (c) $(2x-3y)^{12}$。

24. 完成多項式定理證明的細節。

25. 求下面各個係數。
a) xyz^2 在 $(x+y+z)^4$ 中
b) xyz^2 在 $(w+x+y+z)^4$ 中
c) xyz^2 在 $(2x-y-z)^4$ 中
d) xyz^{-2} 在 $(x-2y+3z^{-1})^4$ 中
   $w^3x^2yz^2$ 在 $(2w-x+3y-2z)^8$ 中

26. 求在下面各個展開式中 $w^2x^2y^2z^2$ 的係數。
a) $(w+x+y+z+1)^{10}$
b) $(2w-x+3y+z-2)^{12}$
c) $(v+w-2x+y+5z+3)^{12}$

27. 求下面各個展開式之所有係數的和。
a) $(x+y)^3$ b) $(x+y)^{10}$ c) $(x+y+z)^{10}$
d) $(w+x+y+z)^5$
e) $(2s-3t+5u+6v-11w+3x+2y)^{10}$

28. 對任一正整數 n，求
a) $\sum_{i=0}^{n} \frac{1}{i!(n-i)!}$ b) $\sum_{i=0}^{n} \frac{(-1)^i}{i!(n-i)!}$

29. 證明對所有正整數 m 及 n，
$$n\binom{m+n}{m} = (m+1)\binom{m+n}{m+1}.$$

30. 以 n 為一正整數，計算和
$$\binom{n}{0} + 2\binom{n}{1} + 2^2\binom{n}{2} + \cdots + 2^k\binom{n}{k} + \cdots + 2^n\binom{n}{n}.$$

31. 對 x 為一個實數且 n 為一正整數，證明
a) $1 = (1+x)^n - \binom{n}{1}x^1(1+x)^{n-1}$
   $+ \binom{n}{2}x^2(1+x)^{n-2} - \cdots + (-1)^n\binom{n}{n}x^n$

b) $1 = (2+x)^n - \binom{n}{1}(x+1)(2+x)^{n-1}$
$+ \binom{n}{2}(x+1)^2(2+x)^{n-2} - \cdots + (-1)^n \binom{n}{n}(x+1)^n$

c) $2^n = (2+x)^n - \binom{n}{1}x^1(2+x)^{n-1}$
$+ \binom{n}{2}x^2(2+x)^{n-2} - \cdots + (-1)^n \binom{n}{n}x^n$

32. 若 $\sum_{i=0}^{50} \binom{50}{i} 8^i = x^{100}$，試決定 x 之值。

33. a) 若 a_0，a_1，a_2，a_3 為四個實數，則 $\sum_{i=1}^{3}(a_i - a_{i-1})$ 值為何？

b) 給 a_0，a_1，a_2，$\cdots$，a_n，$n+1$ 個實數，其中 n 為正整數，試決定 $\sum_{i=1}^{n}(a_i - a_{i-1})$ 之值。

c) 試決定 $\sum_{i=1}^{100}\left(\frac{1}{i+2} - \frac{1}{i+1}\right)$ 之值。

34. a) 寫一個電腦程式 (或開發一個演算法) 由物體 1，2，3，4，5，6 中將大小為 2 的所有選法列出。

b) 重複 (a) 給做大小為 3 的選擇。

1.4 重複組合

若允許重複，我們知道由 n 個不同的物體中取大小為 r 的安排，只有 n^r 種方法，對整數 $r \geq 0$。我們現在轉到可比較的組合問題且再次得一相關問題，其解答可由前述之枚舉原則解之。

例題 1.28 從跑道練習場回家的路上，7 名高中新鮮人停留在一家餐館，在餐館每位高中生可點：起司漢堡、熱狗、墨西哥餅或魚三明治。試問共有多少種不同的點法 (由餐館觀點)？

令 c，h，t 及 f 分別表起司漢堡、熱狗、墨西哥餅及魚三明治。這裡我們要考量的是有多少項被點而不考慮被點的順位，所以這個問題是一個可重複的組合問題。

在表 1.6 我們列出一些可能的點法在 (a) 欄，且每一種點法的另一代表意義在 (b) 欄。

○ 表 1.6

	(a)		(b)
1.	c, c, h, h, t, t, f	1.	x x | x x | x x | x
2.	c, c, c, c, h, t, f	2.	x x x x | x | x | x
3.	c, c, c, c, c, c, f	3.	x x x x x x | | | x
4.	h, t, t, f, f, f, f	4.	| x | x x | x x x x
5.	t, t, t, t, t, f, f	5.	| | x x x x x | x x
6.	t, t, t, t, t, t, t	6.	| | x x x x x x x |
7.	f, f, f, f, f, f, f	7.	| | | x x x x x x x

在表 1.6(b) 欄的每一種點法之意義為：第一根棒子（|）的左邊之每一個 x 代表一個 c，第一根及第二根棒子之間的每一個 x 代表一個 h，第二根及第三根棒子之間的 x 代表 t，且第三根棒子右邊的每一個 x 代表一個 f。例如，第三個點法有三根連續棒子表示無人點熱狗或墨西哥餅；第四個點法一開始就有一根棒子表示該點法沒點起司漢堡。

我們再一次建立兩物體群體間的對應關係，而我們知道如何計數每一群體的個數。對表 1.6(b) 欄裡的每一個表示式，我們計數由 7 個 x 及三個 | 所組成的 10 個符號之所有安排數，所以由此對應關係，(a) 欄的不同點法數有

$$\frac{10!}{7!\,3!} = \binom{10}{7}$$

在本例中，7 個 x（每一個代表一個新鮮人）對應選擇的大小，且三根棒子用來分割 $3+1=4$ 種可能被選的食物。

> 當我們想由 n 個不同物體中選 r 個時，允許重複，我們發現（如表 1.6）我們正在考慮 r 個 x 及 $n-1$ 個 | 的所有安排，且它們的安排數為
>
> $$\frac{(n+r-1)!}{r!(n-1)!} = \binom{n+r-1}{r}$$
>
> 因此，n 個物體中一次取 r 個，允許重複，的組合數為 $C(n+r-1, r)$。

（在例題 1.28 裡，$n=4$，$r=7$，所以在允許重複下，r 可以大過 n。）

例題 1.29 一個甜甜圈店提供 20 種不同的甜甜圈。假設在我們進入店裡時，每一種甜甜圈至少有 12 個，我們可有 $C(20+12-1, 12)=C(31, 12)=141{,}120{,}525$ 種方法來選 12 個甜甜圈（此處 $n=20$，$r=12$）。

例題 1.30 Helen 總裁有四個副總裁：(1) Betty，(2) Goldie，(3) Mary Lou，及 (4) Mona。她想要分配 \$1000 的聖誕節獎金支票給他們，其中每張支票可寫 \$100 的某個倍數。

a) 若允許這四個副總裁的一個或多個沒獎金，Helen 總裁正在做一個由大小為 4 的群體中做一個大小為 10 的選擇（每一個為一個 \$100），可

重複。共有 $C(4+10-1, 10)=C(13, 10)=286$ 種方法。

b) 若大家感情不錯,每一位副總裁應得至少 $100。Helen 總裁正在做一個由大小為 4 的相同群體中做一個大小為 6 的選擇 (剩下六個 $100),共有 $C(4+6-1, 6)=C(9, 6)=84$。[例如,2,3,3,4,4,4 這個選擇可被解釋如下:Betty 沒有得到任何額外的錢,因為這個選擇沒有 1。這個選擇的 2 表 Goldie 得到另一個 $100。Mary Lou 得到另外的 $200 (這個選擇裡有兩個 3,而每一個表 $100)。由於有三個 4,Mona 的獎金支票將為 $100+3($100)=$400。]

c) 若每一位副總裁至少必得 $100,且 Mona 做為執行副總,至少得 $500,則 Helen 總裁可分配獎金支票的方法數為

$$\underbrace{C(3+2-1, 2)}_{\substack{\text{Mona} \\ \text{恰得 \$500}}} + \underbrace{C(3+1-1, 1)}_{\substack{\text{Mona} \\ \text{恰得 \$600}}} + \underbrace{C(3+0-1, 0)}_{\substack{\text{Mona} \\ \text{恰得 \$700}}} = 10 = \underbrace{C(4+2-1, 2)}_{\substack{\text{使用(b)} \\ \text{之技巧}}}$$

在舉了使用重複組合的例題之後,我們來考慮也包含其它計數原理的兩個例題。

例題 1.31 有多少種方法可分配 7 根香蕉及 6 個橘子給 4 個小孩,使得每一個小孩至少得一根香蕉?

先給每位小孩一根香蕉,再考慮有多少種方法可將剩下的三根香蕉分配給這 4 個小孩。表 1.7 顯示 4 種分配法。例如,表 1.7(a) 的第二種分配法——為 1,3,3 ——說明我們給第一個小孩 (指定為 1) 一根額外的香蕉,且給第三個小孩 (指定為 3) 兩根額外的香蕉。表 1.7(b) 所對應的論證指以三個 b 及三根棒子來表示這個分配。這六個符號——第一型 (b) 的三個及第二型 (棒) 的另外三個——可被安排為 $6!/(3!\ 3!)=C(6, 3)=C(4+3-1, 3)=20$ 種方法。(此處 $n=4$,$r=3$。)。因此,共有 20 種方法可分配三根額外的香蕉給這 4 個孩子。表 1.8 提供分配 6 個橘子的類比情形。此時我們安排 9 個符號——六個第一型 (o) 及三個第二型 (棒子)。所以 6 個橘子分配給這四個小孩的方法數為 $9!/(6!\ 3!)=C(9, 6)=C(4+6-1, 6)=84$ 種。(此處 $n=4$,$r=6$)。因此,由積規則,共有 $20 \times 84=1680$ 種方法在所述的條件下分配水果。

表 1.7

(a)	(b)
1) 1, 2, 3	1) $b\,|\,b\,|\,b\,|$
2) 1, 3, 3	2) $b\,|\,|\,b\,b\,|$
3) 3, 4, 4	3) $|\,|\,b\,|\,b\,b$
4) 4, 4, 4	4) $|\,|\,|\,b\,b\,b$

表 1.8

(a)	(b)
1) 1, 2, 2, 3, 3, 4	1) $o\,|\,oo\,|\,oo\,|\,o$
2) 1, 2, 2, 4, 4, 4	2) $o\,|\,oo\,|\,|\,ooo$
3) 2, 2, 2, 3, 3, 3	3) $|\,ooo\,|\,ooo\,|$
4) 4, 4, 4, 4, 4, 4	4) $|\,|\,|\,oooooo$

例題 1.32

　　一訊息由 12 個不同符號組成，且經由通訊管路傳達。除了這 12 個符號之外，通訊員亦須在符號之間送出 45 個空白，且在 2 個連續符號之間至少須有 3 個空白。試問通訊員有多少種方法來送出此類訊息？

　　共有 12! 種方法安排 12 個不同符號，每一個安排，在 12 個符號之間有 11 個間隔。因為 2 個連續符號之間至少有 3 個空白，我們使用了 45 個空白中的 33 個，我們必須再安置剩下的 12 個空白。這是一個由大小為 11 (間隔) 的群體中取大小為 12 (空白) 可重複的選擇，且可以 $C(11+12-1, 12) = 646{,}646$ 種方法來完成。

　　因此，由積規則，通訊員可有 $(12!)\binom{22}{12} \doteq 3{,}097 \times 10^{14}$ 種方法來送出含有空白的訊息。

　　下一個例題中的概念，跟組合或安排比起來，較多發揮在數論裡，然而，該例題的解和計數重複組合等價。

例題 1.33

　　試決定方程式

$$x_1 + x_2 + x_3 + x_4 = 7，其中 x_i \geq 0，\forall\, 1 \leq i \leq 4.$$

的所有整數解。

　　方程式的一解為 $x_1 = 3$，$x_2 = 3$，$x_3 = 0$，$x_4 = 1$。(此不同於另一解 $x_1 = 1$，$x_2 = 0$，$x_3 = 3$，$x_4 = 3$，即使使用相同的四個整數。) 對解 $x_1 = 3$，$x_2 = 3$，$x_3 = 0$，$x_4 = 1$ 的一種可能解釋為分配 7 分錢 (相同物體) 給 4 個小孩 (不同容器)，且前兩個小孩各給 3 分錢，第三個小孩沒給，而第四個小孩得最後 1 分錢。繼續此種解釋，我們發現方程式的每一個非負整數解對應一個選法，可重複，由大小為 4 (不同的小孩) 的群體中選大小為 7 (相同的分錢) 的選擇，所以共有 $C(4+7-1, 7) = 120$ 種解。

　　此刻我們嚴謹的認知下面的等價關係：
　　a) 方程式

$$x_1+x_2+\cdots+x_n=r, \qquad x_i \geq 0 \quad 1 \leq i \leq n.$$

的整數解個數。
b) 由大小為 n 的群體中，可重複，選大小為 r 的選法數。
c) r 個相同物體分配至 n 個不同容器的方法數。

在談分配時，(c) 僅為 r 個分配物體相同且 n 個容器相異時為真。當 r 個物體及 n 個容器均相異時，我們可選 n 個容器中的任何一個容器給每一個物體，且由積規則，得 n^r 種分配。

當物體相異而容器相同時，我們將使用第二型的 Stirling 數 (第 5 章) 來解問題。而當物體和容器均相同時，整數的分割理論 (第 9 章) 將提供一些必要的結果。

例題 1.34 有多少種方法可分配 10 個 (相同) 白彈珠至 6 個相異容器？

解此問題等於求方程式 $x_1+x_2+\cdots+x_6=10$ 的非負整數解的個數。即由大小為 6 的群體中，可重複，取大小為 10 的方法數。因此答案為 $C(6+10-1, 10)=3003$。

我們檢視和本節主題有關的其它兩個例題。

例題 1.35 由例題 1.34，我們知道方程式 $x_1+x_2+\cdots+x_6=10$ 共有 3003 種非負整數解。試問不等式 $x_1+x_2+\cdots+x_6<10$ 有多少個非負整解呢？

處理這種不等式的可行方法之一為決定 $x_1+x_2+\cdots+x_6=k$ 的非負整數解，其中 k 為整數且 $0 \leq k \leq 9$。雖然可行，但若把 10 改為稍大的數，則此技巧將變為不實際。在第 3 章例題 3.12，我們將建立一個組合等式幫我們使用此方法來得這個問題的另一個解。

目前，我們轉換此問題為關注

$$x_1 + x_2 + \cdots + x_6 < 10 \tag{1}$$

的非負整數解及

$$x_1 + x_2 + \cdots + x_6 + x_7 = 10, \qquad 0 \leq x_i, \quad 1 \leq i \leq 6, \quad 0 < x_7. \tag{2}$$

的整數解之間的對應關係。

方程式 (2) 的解數為 $y_1+y_2+\cdots+y_6+y_7=9$ 的非負整數解數，其中 $y_i=x_i$，$\forall\ 1 \leq i \leq 6$，且 $y_7=x_7-1$。解數為 $C(7+9-1, 9)=5005$。

下一個結果須用到二項式及多項式展開式。

例題 1.36

在 $(x+y)^n$ 的二項式展開式中，每一項均為 $\binom{n}{k} x^k y^{n-k}$ 的形式，所以展開式的總項數為 $n_1+n_2=n$ 的非負整數解數 (n_1 為 x 的指數次方，n_2 為 y 的指數次方)。總項數 $C(2+n-1, n)=n+1$。

或許似乎我們使用一個冗長的論證來得此結果。多數的我們或許願意相信基於展開 $(x+y)^n$ 之經驗所得的結果，對各種小值的 n。

雖然經驗是可認可的，但總不足以得一個一般性的原則。此處將證明一些值，假若我們想要知道 $(w+x+y+z)^{10}$ 的展開式中共有多少項。

此時的每一項均為 $\binom{10}{n_1,n_2,n_3,n_4} w^{n_1} x^{n_2} y^{n_3} z^{n_4}$ 的形式，其中 $0 \leq n_i$, $\forall 1 \leq i \leq 4$，且 $n_1+n_2+n_3+n_4=10$。後面之方程式有 $C(4+10-1, 10)=286$ 種方法來解，所以 $(w+x+y+z)^{10}$ 的展開式中共有 286 項。

現在我們將再一次使用二項式展開式，如在系理 1.1(a) 我們曾使用過。

例題 1.37

a) 讓我們來決定將 4 表為正整數之和的各種不同方法，其中和被加項的順位是有關係的。這些表示式被稱為 4 的 **合成** (compositions) 且可被表列如下：

   1) 4   5) $2+1+1$
   2) $3+1$ 6) $1+2+1$
   3) $1+3$ 7) $1+1+2$
   4) $2+2$ 8) $1+1+1+1$

表中包含僅有一個被加項所組成的和——當然就是 4。我們發現 4 共有八個合成。[假若我們不在意被加項的順位時，則 (2) 和 (3) 不再相異，且 (5), (6) 及 (7) 的表示亦不再相異。在這情形，我們發現 4 有五種 **分割** (partitions) ——它們為 4, $3+1$, $2+2$, $2+1+1$ 及 $1+1+1+1$。我們將在 9.3 節學更多關於正整數的分割。]

b) 假設我們想計數 7 這個數的合成個數。我們並不打算列出所有可能性——它包含 7, $6+1$, $1+6$, $5+2$, $1+2+4$, $2+4+1$ 及 $3+1+2+1$。欲計數所有合成的個數，讓我們考慮可能被加項的個數。

i) 一個被加項則僅有一種合成，即 7。

ii) 若有兩個 (正) 被加項，則計數

$$w_1 + w_2 = 7, \qquad \text{其中 } w_1, w_2 > 0,$$

的整數解個數，且其等於

$$x_1 + x_2 = 5, \quad \text{其中 } x_1, x_2 \geq 0,$$

的整數解個數。此類解的個數為 $\binom{2+5-1}{5} = \binom{6}{5}$。

iii) 接著我們檢視三個 (正) 被加項的合成。所以現在我們計數

$$y_1 + y_2 + y_3 = 7$$

的正整數解個數，其等於

$$z_1 + z_2 + z_3 = 4,$$

的非負整數解個數且等於 $\binom{3+4-1}{4} = \binom{6}{4}$。

我們總結 (i)，(ii) 及 (iii)，及表 1.9 的其它四種情形，其中情形 (i) 為 $1 = \binom{6}{6}$。

● 表 1.9

$n =$ 在 7 的合成中被加項的個數		含 n 個被加項之 7 的合成個數	
(i)	$n = 1$	(i)	$\binom{6}{6}$
(ii)	$n = 2$	(ii)	$\binom{6}{5}$
(iii)	$n = 3$	(iii)	$\binom{6}{4}$
(iv)	$n = 4$	(iv)	$\binom{6}{3}$
(v)	$n = 5$	(v)	$\binom{6}{2}$
(vi)	$n = 6$	(vi)	$\binom{6}{1}$
(vii)	$n = 7$	(vii)	$\binom{6}{0}$

因此，由表右邊之結果，7 的合成 (總) 個數為

$$\binom{6}{6} + \binom{6}{5} + \binom{6}{4} + \binom{6}{3} + \binom{6}{2} + \binom{6}{1} + \binom{6}{0} = \sum_{k=0}^{6} \binom{6}{k}.$$

由系理 1.1(a)，這個和為 2^6。

一般來講，吾人發現任一正整數 m，共有 $\sum_{k=0}^{m-1} \binom{m-1}{k} = 2^{m-1}$ 個合成。

例題 1.38 由例題 1.37，我們知道共有 $2^{12-1} = 2^{11} = 2048$ 個 12 之合成。若我們興趣於每個被加項均為偶數的合成，則我們考慮的合成，例如，為

$$2 + 4 + 6 = 2(1 + 2 + 3) \qquad 2 + 8 + 2 = 2(1 + 4 + 1)$$
$$8 + 2 + 2 = 2(4 + 1 + 1) \qquad 6 + 6 = 2(3 + 3).$$

這四個例子中的每一個，括弧內的表示式為 6 的一個合成。由此可知，12 的合成中，每一個被加項均為偶數的合成個數等於 6 的所有合成個數，即為 $2^{6-1}=2^5=32$。

例題 1.39

下面兩個例題提供一些在計算機科學上的應用。而且，第二個例題將引導一個重要的和公式，我們在稍後的章節裡將經常使用到它。

考慮下面的程式片段，其中 i，j 及 k 均為整數變數。

```
for i := 1 to 20 do
    for j := 1 to i do
        for k := 1 to j do
            print (i * j + k)
```

試問在這個程式片段共有多少次的 **print** 敘述被執行？

在可引導執行 **print** 敘述的所有 i，j 及 k 的可能選擇中 (以 i 第一個，j 第二個，k 第三個為順位)，我們列出 (1) 1，1，1；(2) 2，1，1；(3) 15，10，1；及 (4) 15，10，7。我們注意 $i=10$，$j=12$，$k=5$ 不是被考慮的選擇，因為 $j=12>10=i$；這個違反第二個 **for** 迴圈的進行條件。上述四個選擇中的每一個 **print** 敘述均可執行，滿足 $1\leq k\leq j\leq i\leq 20$ 的條件。事實上，由表列 1，2，3，…，20 中選出任一個大小為 3 的選擇 a，b，c ($a\leq b\leq c$)，允許重複，均可得正確的選擇；此處 $k=a$，$j=b$，$i=c$。因此，**print** 敘述被執行

$$\binom{20+3-1}{3} = \binom{22}{3} = 1540 \text{ 次}$$

若共有 r (≥ 1) 個 **for** 迴圈，則 **print** 敘述將被執行 $\binom{20+r-1}{r}$ 次。

例題 1.40

這裡我們將利用一個程式片段來導出一個和公式。在這個程式片段裡，變數 i，j，n 及 *counter* 均為整數變數。而且，假設 n 的值已在這個片段之前被設定。

```
counter := 0
for i := 1 to n do
    for j := 1 to i do
        counter := counter + 1
```

由例題 1.39，這個片段被執行之後，(變數) *counter* 的值為 $\binom{n+2-1}{2}$ $= \binom{n+1}{2}$。(這也是敘述

(*)   counter := counter + 1

被執行的次數。)

這個結果也可以如下之法獲得：當 $i:=1$，則 j 由 1 變到 1 且 (*) 被執行一次；當 i 為 2 時，則 j 由 1 變到 2 且 (*) 被執行兩次；當 i 為 3 時，則 j 由 1 變到 3 且 (*) 被執行 3 次；總之，$\forall 1 \leq k \leq n$，當 $i:=k$ 時，j 由 1 變到 k 且 (*) 被執行 k 次。變數 $counter$ 總共被增加 (且敘述 (*) 被執行) $1+2+3+\cdots+n$ 次。

因此，

$$\sum_{i=1}^{n} i = 1 + 2 + 3 + \cdots + n = \binom{n+1}{2} = \frac{n(n+1)}{2}.$$

這個和公式的導出，以兩種不同方法計數相同結果而得，構成一個組合證明。

本節最後一個例題將介紹**游程**的概念。這是統計學上的一個觀念──特別在統計方法上趨勢的偵測。

例題 1.41 Patti 及 Terri 的酒吧吧檯有 15 張酒吧搭腳椅。Darrell 一進入酒吧發現搭腳椅已被如下佔用：

OOEOOOOEEEOOOEO,

其中 O 表示已被佔用的搭腳椅，而 E 表示空的搭腳椅。(此處我們不關心搭腳椅的佔用者，我們只關心搭腳椅是否被佔用。) 此時我們說 15 張搭腳椅的佔用決定七個游程，如下：

$\underbrace{\text{OO}}_{\text{游程}} \ \underbrace{\text{E}}_{\text{游程}} \ \underbrace{\text{OOOO}}_{\text{游程}} \ \underbrace{\text{EEE}}_{\text{游程}} \ \underbrace{\text{OOO}}_{\text{游程}} \ \underbrace{\text{E}}_{\text{游程}} \ \underbrace{\text{O}}_{\text{游程}}$.

一般來講，一個**游程** (run) 為一個相同元素的連續表列，其前面及後面均接不同元素或根本沒有元素。

5 個 E 及 10 個 O 被安排成七個游程的第二個方法為

EOOOEEOOEOOOOE.

我們想求 5 個 E 及 10 個 O 可決定七個游程的總方法數。假若第一個游程以 E 開始，則必定有 4 個 E 的游程及 3 個 O 的游程。因此，最後一個游程必定以 E 結尾。

令 x_1 表第一個游程 E 的個數，x_2 為第二個游程 O 的個數，x_3 為第三個游程 E 的個數，…，且 x_7 為第七個游程 E 的個數。我們想求

$$x_1 + x_3 + x_5 + x_7 = 5, \qquad x_1, x_3, x_5, x_7 > 0, \tag{3}$$

及

$$x_2 + x_4 + x_6 = 10, \qquad x_2, x_4, x_6 > 0, \tag{4}$$

的整數解個數。方程式 (3) 的整數解個數等於

$$y_1 + y_3 + y_5 + y_7 = 1, \qquad y_1, y_3, y_5, y_7 \geq 0,$$

的整數解個數且為 $\binom{4+1-1}{1} = \binom{4}{1} = 4$。同理，方程式 (4) 的整數解個數為 $\binom{3+7-1}{7} = \binom{9}{7} = 36$。因此，由積規則，5 個 E 及 10 個 O 決定七個游程，其中第一個游程以 E 開始，共有 $4 \cdot 36 = 144$ 種安排。

七個游程亦可以第一個游程以 O 開始，且最後一個游程以 O 結尾。所以令 w_1 表第一個游程中 O 的個數，w_2 表第二個游程 E 的個數，w_3 表第三個游程 O 的個數，$\cdots$，及 w_7 表第七個游程 O 的個數。這時我們想求

$$w_1 + w_3 + w_5 + w_7 = 10, \qquad w_1, w_3, w_5, w_7 > 0,$$

及

$$w_2 + w_4 + w_6 = 5, \qquad w_2, w_4, w_6 > 0,$$

的整數解個數，如上所討論，5 個 E 及 10 個 O 決定七個游程，其中第一個游程以 O 開始，共有 $\binom{4+6-1}{6}\binom{3+2-1}{2} = \binom{9}{6}\binom{4}{2} = 504$ 種安排。

因此，由和規則，5 個 E 及 10 個 O 可以 $144 + 504 = 648$ 種方法安排得七個游程。

習題 1.4

1. 有多少種方法可將 10 個 (相同) 一角錢分給 5 個小孩，若 (a) 沒有限制？(b) 每個小孩至少得到一個一角錢？(c) 年紀最大的小孩至少得兩個一角錢？

2. 有多少種方法可將 15 根 (相同) 棒棒糖分給 5 個小孩？其中最年輕的小孩僅可得 1 或 2 根棒棒糖。

3. 由 4 個裝有一分錢、五分錢、十分錢及二十五分錢的容器中選出 20 個硬幣的方法數共有多少？(每一個容器僅裝有一種硬幣。)

4. 某家冰淇淋店有 31 種口味的冰淇淋。有多少種方法可點一打冰淇淋？若 (a) 每種口味皆不同？(b) 一種口味可被點 12 次？(c) 一種口味不可被點超過 11 次？

5. a) 若一群體由一個一分錢、一個五分錢、一個十分錢、一個二十五分錢、一個半元及五個 (相同) Susan B. Anthony 元等 10 個硬幣組成，則由此群體中選

5個硬幣的方法數有多少？

b) 由 n 個相異物體及 n 個相同物體所組成大小為 $2n$ 的群體中選 n 個物體的方法數有多少？

6. 回答例題 1.32，其中被傳送的 12 個符號為 4 個 A，4 個 B，及 4 個 C。

7. 決定方程式 $x_1+x_2+x_3+x_4=32$ 的整數解個數，其中

   a) $x_i \geq 0, \quad 1 \leq i \leq 4$。
   b) $x_i > 0, \quad 1 \leq i \leq 4$。
   c) $x_1, x_2 \geq 5, \quad x_3, x_4 \geq 7$。
   d) $x_i \geq 8, \quad 1 \leq i \leq 4$。
   e) $x_i \geq -2, \quad 1 \leq i \leq 4$。
   f) $x_1, x_2, x_3 > 0, \quad 0 < x_4 \leq 25$。

8. 有多少種方法老師可將 8 個巧克力甜甜圈及 7 個果凍甜甜圈分給 3 個學生幫手，若每個幫手每種甜甜圈至少得一個？

9. Columba 有兩打念珠，每個念珠的顏色為 n 種不同顏色之一。若她有 230,230 種方法來選 20 個念珠 (顏色可重複)，則 n 的值為何？

10. 有多少種方法 Lisa 可擲 100 個 (相同) 骰子使得每個骰子出現的點數至少為 3？

11. 兩個 n 位整數 (允許首項為 0) 被看成等價，若其中一個為另一個的重排。(例如，12033，20331 及 01332 被看成等價的五位整數。)

    a) 有多少個五位整數不等價？
    b) 若數字 1，3 及 7 至多出現一次，則有多少個不等價的五位整數？

12. 試決定 $x_1+x_2+x_3+x_4+x_5 < 40$ 的整數解個數，其中

    a) $x_i \geq 0, \quad 1 \leq i \leq 5$。
    b) $x_i \geq -3, \quad 1 \leq i \leq 5$。

13. 有多少種方法可將 8 個相同的白球分至 4 個不同容器？使得 (a) 沒有容器是空的。(b) 第四個容器的球數為奇數。

14. a) 求 $(3v+2w+x+y+z)^8$ 的展開式中 v^2w^4xz 的係數。

    b) (a) 的展開式中有多少個相異項？

15. 有多少種方法 Beth 可將 24 本不同的書擺在 4 個書架上，使得每一個書架上至少有一本書？(書架上書的安排為一本接著一本，且第一本書在書架的左邊。)

16. 對什麼樣的正整數 n，方程式

    (1) $x_1 + x_2 + x_3 + \cdots + x_{19} = n$，及
    (2) $y_1 + y_2 + y_3 + \cdots + y_{64} = n$

    有相同的正整數解個數？

17. 有多少種方法可將大小相同的 12 個彈珠放進 5 個不同的缸中？若 (a) 彈珠全為黑色。(b) 每一個彈珠的顏色均不同。

18. a) 方程組
    $$x_1+x_2+x_3+\cdots+x_7=37$$
    $$x_1+x_2+x_3=6$$
    有多少個非負整數解？

    b) 若 $x_1, x_2, x_3 > 0$，則 (a) 有多少個解？

19. 在下面的程式片段裡有多少個 **print** 敘述被執行？(此處 i, j, k 及 m 為整數變數)

```
for i := 1 to 20 do
  for j := 1 to i do
    for k := 1 to j do
      for m := 1 to k do
        print (i * j) + (k * m)
```

20. 在下面的程式片段裡，t，j，k 及 counter 為整數變數，則在這片段程式被執行後，變數 counter 的值為何？

```
counter := 10
for i := 1 to 15 do
  for j := i to 15 do
    for k := j to 15 do
      counter := counter + 1
```

21. 在所給的程式片段被執行後，sum 的值為何？（此處 i，j，k，increment 及 sum 均為整數變數。）

```
increment := 0
sum := 0
for i := 1 to 10 do
  for j := 1 to i do
    for k := 1 to j do
      begin
        increment := increment + 1
        sum := sum + increment
      end
```

22. 考慮下面程式片段，其中 i，j，k，n 及 counter 為整數變數，且 n 之值（正整數）在這片段之前已設定。

```
counter := 0
for i := 1 to n do
  for j := 1 to i do
    for k := 1 to j do
      counter := counter + 1
```

我們將以兩種不同方法來決定敘述

```
counter := counter + 1
```

被執行的次數。（此次數亦為執行這個程式片段後 counter 的值。）由例題 1.39，我們知道該敘述被執行 $\binom{n+3-1}{3}$ $= \binom{n+2}{3}$ 次。對固定的 i 值，含 j 及 k 的 **for** 迴圈，使 counter 增加量之敘述執行 $\binom{i+1}{2}$ 次。因此，$\binom{n+2}{3} = \sum_{i=1}^{n} \binom{i+1}{2}$。使用這個結果，可得和公式

$$1^2 + 2^2 + 3^2 + \cdots + n^2 = \sum_{i=1}^{n} i^2.$$

23. a) 給正整數 m，n 且 $m \geq n$，證明將 m 個相同物體分至 n 個相異容器，使得無容器是空的之方法數為

$$C(m-1, m-n) = C(m-1, n-1).$$

b) 若令 (a) 之每一個容器至少有 r 個物體 ($m \geq nr$)，試證其分法數為

$$C(m-1+(1-r)n, n-1).$$

24. 寫一計算機程式（或開發一演算法）列出下面方程式的整數解。

a) $x_1 + x_2 + x_3 = 10$, $0 \leq x_i$, $1 \leq i \leq 3$。

b) $x_1 + x_2 + x_3 + x_4 = 4$, $-2 \leq x_i$, $1 \leq i \leq 4$。

25. 在 20 的 2^{19} 個合成中，(a) 有多少個合成的每一個被加項均為偶數？(b) 有多少個合成的每一個被加項為 4 的倍數？

26. 令 n，m，k 為正整數且 $n = mk$。試問有多少個 n 的合成其中每一個被加項為 k 的倍數？

27. Frannie 丟一硬幣 12 次，得 5 個正面，7 個反面。有多少種丟法可得 (a) 兩個正面的游程，及一個反面的游程；(b) 三個游程；(c) 四個游程；(d) 五個游程；(e) 六個游程；及 (f) 正面的游程數和反面的游程數相同。

28. a) $n \geq 4$，考慮由 n 個位元所組成的串——亦即 n 個 0 和 1。在這些串中，考慮（恰）有兩個 01 的串。例如，$n = 6$，010010 及 100101 為此類的串，而 101111 或 010101 則不是。試問共有多少種此類的串？

b) 對 $n \geq 6$，共有多少個由 n 個 0 及 1 所組成的串恰含三個 01？

c) 對 $n \geq 1$，$2^n = \binom{n+1}{1} + \binom{n+1}{3} + \cdots$
$+ \begin{cases} \binom{n+1}{n}, & n \text{ 為奇數} \\ \binom{n+1}{n+1}, & n \text{ 為偶數} \end{cases}$

給一個組合證明。

1.5　Catalan 數 (可選擇的)

本節將介紹一個非常卓越的數列。此數列將出現在許多組合情況裡。我們將由檢視一個明確的例證開始。

例題 1.42　讓我們從 xy- 平面上的點 $(0, 0)$ 開始且考慮兩種移動：

$$R: (x, y) \to (x+1, y) \qquad U: (x, y) \to (x, y+1).$$

我們想知道如何使用此兩個移動，由 $(0, 0)$ 移動至 $(5, 5)$ ——一個單位向右或一個單位向上。所以我們將需 5 個 R 及 5 個 U。由例題 1.14，我們知道共有 $10!/(5!\ 5!) = \binom{10}{5}$ 種此類路徑。但現在我們加上一個扭轉！在由 $(0, 0)$ 走至 $(5, 5)$ 時，吾人可碰觸但不可跨過直線 $y=x$。因此，吾人將討論圖 1.9(a) 及 (b) 中的路徑，但不討論 (c) 中所示的路徑。

首先清楚地知道每一個此類的 5 個 R 及 5 個 U 之安排必以一個 R 開始 (且以一個 U 結尾)。接著當我們由左至右移動，在任一點的 R 之個數必等於或超過 U 的個數。注意圖 1.9(a) 及 (b) 所發生的，但不是 (c) 的情形，現在我們可計數由 $(0, 0)$ 至 $(5, 5)$ 且跨過直線 $y=x$ 的路徑數 (如 (c) 之路徑) 來解這個問題。再看一次圖 1.9(c) 的路徑。這種情形第一次將在哪裡停止呢？儘管我們以必要的 R 開始，接著一個 U，目前進行得還順利。但有一個第二個 U，此時，U 的個數超過 R 的個數。

現在讓我們考慮下面的變換：

$$R, U, U, \mid U, R, R, R, U, U, R \leftrightarrow R, U, U, \mid R, U, U, U, R, R, U.$$

這裡我們完成了什麼呢？變換左邊的路徑，有第一個移動 (第二個 U) 跨過直線 $y=x$。向上的移動且包含這個移動 (第二個 U) 保留不變，但接著的移動互換——U 改為 R 且 R 改為 U。此結果為變換右邊的路徑——一個 4 個 R 及 6 個 U 的安排，如圖 1.9(d)。圖 (e) 提供另一條要避免的路徑；而圖 (f) 顯示路徑被以上述方法變換後的情形。現在我們以 6 個 U 及 4 個 R 的安排開始，即

$$R, U, R, R, U, U, U, \mid U, U, R.$$

焦點集中在第一個 U 的個數超過 R 的個數的地方。它在第七個位置，即第四個 U 的地方。這個安排現在被變換如下：直到第四個 U 的移動保留不變；將最後三個移動互換——U 改為 R，R 改為 U。此得以下的安排

(a) R,U,R,R,U,R,R,U,U,U
(b) R,R,U,U,R,U,R,R,U,U
(c) R,U,U,U,R,R,R,U,U,R
(d) R,U,U,R,U,U,U,R,R,U
(e) U,U,R,U,R,R,R,U,R,U
(f) U,R,U,R,U,U,U,R,U,R

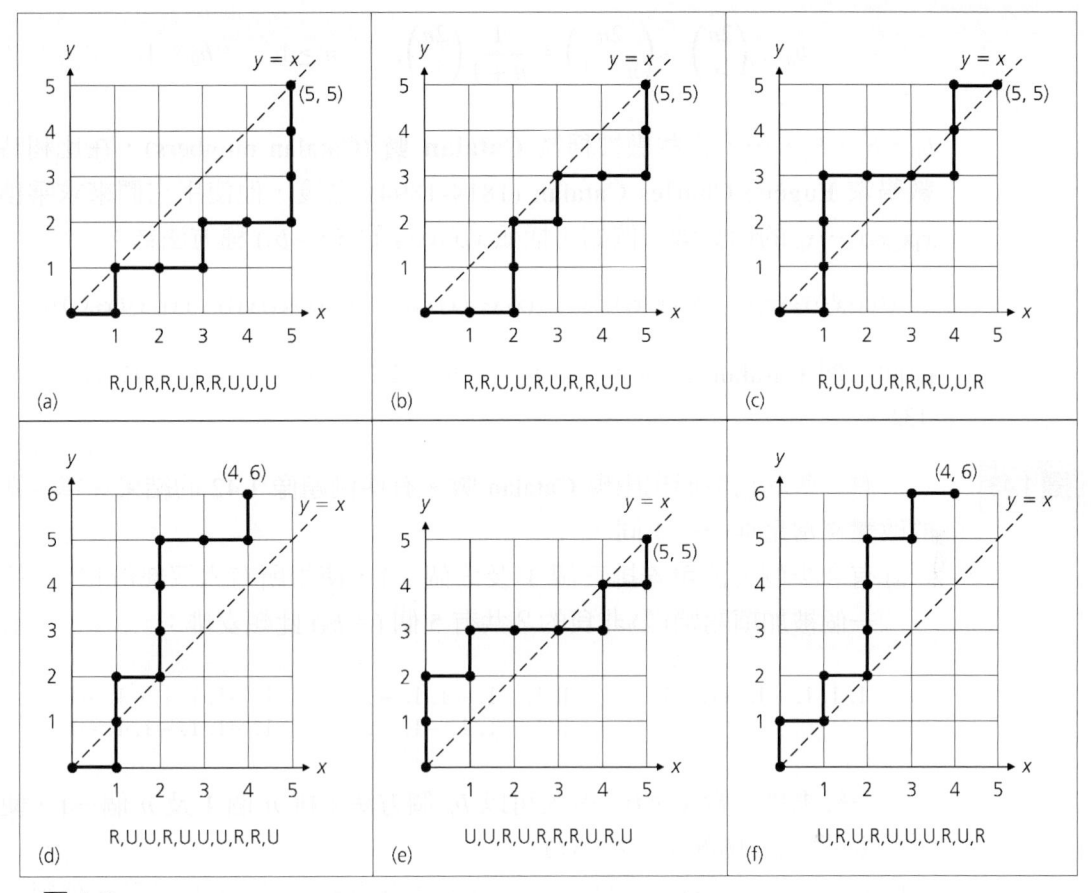

◉ 圖 1.9

$$R, U, R, R, U, U, U, \vdots R, R, U.$$

一個由 (0, 0) 至 (5, 5) 我們想要避免的壞安排 (5 個 R 及 5 個 U)。這些變換所建立的對應提供我們計數壞安排數的方法。我們另外計數 4 個 R 及 6 個 U 的安排數，即 $10!/(4!\,6!)=\binom{10}{4}$。因此，由 (0, 0) 至 (5, 5)，不跨過直線 $y=x$ 的方法數為

$$\binom{10}{5} - \binom{10}{4} = \frac{10!}{5!\,5!} - \frac{10!}{4!\,6!} = \frac{6(10)! - 5(10)!}{6!\,5!}$$
$$= \left(\frac{1}{6}\right)\left(\frac{10!}{5!\,5!}\right) = \frac{1}{(5+1)}\binom{10}{5} = \frac{1}{(5+1)}\binom{2\cdot 5}{5} = 42.$$

上述結果可一般化如下。對任一整數 $n \geq 0$，由 (0, 0) 至 (n, n) 的路徑 (由 n 個 R 及 n 個 U 組成)，不跨過直線 $y=x$ 的路徑數為

$$b_n = \binom{2n}{n} - \binom{2n}{n-1} = \frac{1}{n+1}\binom{2n}{n}, \qquad n \geq 1, \qquad b_0 = 1.$$

b_0，b_1，b_2，$\cdots$，這些數被稱為 **Catalan 數** (Catalan numbers)，在比利時數學家 Eugène Charles Catalan (1814-1894) 之後，他使用它們來求乘積 $x_1 x_2 x_3 x_4 \cdots x_n$ 的括弧數。例如，括弧 $x_1 x_2 x_3 x_4$ 的 5 ($= b_3$) 種方法為：

$(((x_1 x_2)x_3)x_4) \quad ((x_1(x_2 x_3))x_4) \quad ((x_1 x_2)(x_3 x_4)) \quad (x_1((x_2 x_3)x_4)) \quad (x_1(x_2(x_3 x_4))).$

前面七個 Catalan 數為 $b_0 = 1, b_1 = 1, b_2 = 2, b_3 = 5, b_4 = 14, b_5 = 42$ 及 $b_6 = 132$。

例題 1.43　　有一些其它情形也出現 Catalan 數。有些例題像 1.42 的結果。單字裡的改變經常是唯一的不同。

a) 有多少個方法可安排三個 1 及三個 -1，使得所有六個部份和 (以第一個被加項開始) 為非負的？共有 5 個 ($= b_3$) 此類安排：

$1, 1, 1, -1, -1, -1$　　　$1, 1, -1, -1, 1, -1$　　　$1, -1, 1, 1, -1, -1$
　　　　　　　　　　　　　$1, 1, -1, 1, -1, -1$　　　$1, -1, 1, -1, 1, -1$

一般來講，對 $x \geq 0$，吾人可以 b_n 個方法來排 n 個 1 及 n 個 -1，使得所有 $2n$ 個部份和均非負。

b) 給四個 1 及四個 0，共有 14 ($= b_4$) 種方法來表列這八個符號，使得在每個表列裡 0 的個數大於 1 的個數 (表列是由左讀到右)。下面顯示 14 個表列：

10101010　　11001010　　11100010
10101100　　11001100　　11100100
10110010　　11010010　　11101000
10110100　　11010100
10111000　　11011000　　11110000

對 $n \geq 0$，共有 b_n 個此類的 n 個 1 及 n 個 0 的表列。

c)

● 表 1.10

$(((ab)c)d)$	$(((abc$	111000
$((a(bc))d)$	$((a(bc$	110100
$((ab)(cd))$	$((ab)(c$	110010
$(a((bc)d)$	$(a((bc$	101100
$(a(b(cd)))$	$(a(b(c$	101010

考慮表 1.10 的第一欄。我們發現共有 5 種方法括弧乘積 abcd。第一種括弧法為 (((ab)c)d)。由左讀至右，我們列出三個左括弧 "(" 及字母 a，b，c——保留這六個符號發生的順位。此得表 1.10 第二欄的第一個表示式 (((abc。同樣地，第一欄的 ((a(bc))d) 對應到第二欄的 ((a(bc——且繼續將剩下的欄 1 之三個元素對應到欄 2 剩下的三個元素，我們也可以往回走，由欄 2 對應到欄 1。取欄 2 的一表示式且在其右邊加上 "d"。例如，((ab (c 變成 ((ab(cd)。由左至右讀此新表示式，我們現插入一個右括弧 ")"，當出現有兩個結果乘積時。所以，例如，((ab(cd) 變成

$$((ab)(cd))$$

對 a 和 b 的乘積 ⟶ ⟵ 對 (ab) 及 (cd) 的乘積

欄 2 及欄 3 由元素的對應更直接。將欄 2 的每一個 "(" 以 "1" 代之，且每一個字母以 "0" 代之。反之，將每一個 "1" 以一個 "(" 代之，第一個 0 以 a 代之，第二個 0 以 b 代之，且第三個 0 以 c 代之。此帶我們由欄 3 的元素至欄 2 的元素。

現在考慮欄 1 及欄 3 間的對應關係。(可由欄 1 及欄 2 間的對應關係及欄 2 及欄 3 間的對應關係得到欄 1 及欄 3 間的對應關係。) 它告訴我們，括弧乘積 abcd 的方法數等於表列三個 1 及三個 0 的表列數，此類表列係由左讀至右，1 的個數總是等於或大於 0 的個數。此方法數為 5 ($=b_3$)。

一般來講，吾人可以 b_{n-1} 種不同方法來括弧乘積 $x_1 x_2 x_3 \cdots x_n$。

d) 讓我們將整數 1，2，3，4，5，6 安排成兩列，每列三個，滿足 (1) 每列由左至右遞增。(2) 在每行，較小的整數排在頂端。例如，其中之一排法為

$$\begin{array}{ccc} 1 & 2 & 4 \\ 3 & 5 & 6 \end{array}$$

現在考慮三個 1 及三個 0。表列安排這六個符號使得 1 出現在位置 1，2，4 (上列) 及 0 出現在位置 3，5，6 (下列)。此結果為 110100。反之，以另一表列開始，令其為 101100 (其中 0 的個數從未超過 1 的個數，當表列由左讀至右。) 1 出現在位置 1，3，4 及 0 出現在位置 2，5，6。此對應至安排

$$\begin{array}{ccc} 1 & 3 & 4 \\ 2 & 5 & 6 \end{array}$$

其滿足上述的條件 (1) 及 (2)。由此對應關係，我們知道，滿足條件 (1) 及 (2) 之下，安排 1，2，3，4，5，6 的方法數等於表列安排三個 1 及三個 0 的方法數，其中表列的六個符號是由左讀到右，0 的個數從未超過 1 的個數。因此，吾人可以 b_3 (=5) 種方法來安排 1，2，3，4，5，6 且滿足條件 (1) 及 (2)。

在結束時刻，我們提醒讀者，Catalan 數將出現在其它章節裡。特別在第 10 章第 5 節。更進一步的例子可在參考資料 [3] M. Gardner 的書裡找到。欲得更多有關這些數的結果，請參考第 10 章的參考資料。

習題 1.5

1. 對每一個正整數 $n \geq 1$，證明
$$\binom{2n}{n} - \binom{2n}{n-1} = \frac{1}{n+1}\binom{2n}{n}.$$

2. 求 b_7，b_8，b_9 及 b_{10} 之值。

3. a) 有多少種方法吾人可在 xy-平面上以移動 R：$(x, y) \to (x+1, y)$ 及 U：$(x, y) \to (x, y+1)$ 之法，由 $(0, 0)$ 旅行至 $(3, 3)$，若路徑可碰觸但不可在直線 $y=x$ 之下方？由 $(0, 0)$ 至 $(4, 4)$ 有多少種方法？
   b) 一般化 (a) 之結果。
   c) (a) 及 (b) 中各路徑的第一個及最後一個移動為何？

4. 考慮移動 R：$(x, y) \to (x+1, y)$ 及 U：$(x, y) \to (x, y+1)$，如例題 1.42。有多少種方法吾人可走
   a) 由 $(0, 0)$ 至 $(6, 6)$ 且不跨過直線 $y=x$？
   b) 由 $(2, 1)$ 至 $(7, 6)$ 且不跨過直線 $y=x-1$？
   c) 由 $(3, 8)$ 至 $(10, 15)$ 且不跨過直線 $y=x+5$？

5. 求另外三種方法來安排 1，2，3，4，5，6 成兩列，每列三個，且滿足例題 1.43(d) 的條件。

6. 共有 b_4 (=14) 種方法安排 1，2，3，…，8 成兩列，每列四個，滿足 (1) 每列由左讀至右，整數值遞增。(2) 每一行中較小的整數擺在上列。如例題 1.43(d) 之法，求下面各小題。
   a) 對應至下面各表列的安排。
   i) 10110010 ii) 11001010 iii) 11101000
   b) 對應至下面各個 1，2，3，…，8 的安排之由四個 1 及四個 0 的表列。

   i) 1 3 4 5   ii) 1 2 3 7   iii) 1 2 4 5
      2 6 7 8   4 5 6 8   3 6 7 8

7. 有多少種方法可來括弧乘積 $abcdef$？

8. 共有 132 種方法可括弧乘積 $abcdefg$。
   a) 如例題 1.43(c)，求對應至下面各安排之由五個 1 及五個 0 的表列。
   i) $(((ab)c)(d(ef)))$
   ii) $(a(b(c(d(ef)))))$
   iii) $((((ab)(cd))e)f)$
   b) 如例題 1.43，下面各小題為五個 1 及五個 0 的表列，求對應至下面各表列的括弧 $abcdef$ 之方法數。

i) 1110010100
ii) 1100110010
iii) 1011100100

9. 在一水平線上劃 n 個半圓,其中任兩半圓不相交。在圖 1.10(a) 及 (b),對 $n=2$,有兩種畫法。對 $n=3$,其畫法圖示在 (c) - (g) 裡。

i) 有多少個不同畫法來畫四個半圓?

ii) 對任意 $n \geq 0$,有多少種畫法?請解釋之。

10. a) 有多少種走法可由 (0, 0) 走至 (7, 3) 若唯一可移動的方法為 R:$(x, y) \to (x+1, y)$ 及 U:$(x, y) \to (x, y+1)$,且沿著路徑走其 U 的個數永不超過 R 的個數?

b) 令 m,n 為正整數且 $m>n$。回答 (a) 的問題,其中 7 由 m 代之,且 3 由 n 代之。

11. 12 個顧客,其中 6 個人每人帶一張 5 元鈔票,且另外 6 個人每人帶一張 10 元鈔票,最先到達戲院,戲票一張是 5 元。試問這 12 個人 (均單身) 可有多少種排隊法,使得帶 5 元鈔票的個數永不超過帶 10 元鈔票的個數 (售票員可在這 12 個顧客中的前 11 位依所帶的鈔票做必要的改變。)

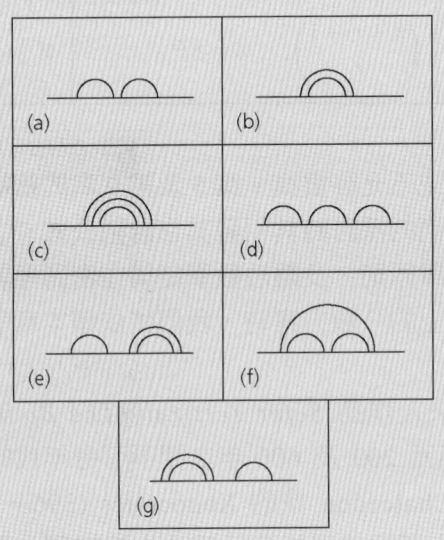

圖 1.10

1.6 總結及歷史回顧

在第一章,我們介紹計數組合、排列及安排的基本方法來解許多變化多樣的問題。問題分類成需要相同或不同公式來求它們的解,提供一個進入離散及組合數學的主要洞察。這有點像以一個結構化程式語言**由上而下之法** (top-down approach) 來發展演算法。吾人發展演算法來解一個較困難問題的解時,首先考慮必須解的主要子問題。然後再將這些子問題進一步細分——細分成較容易工作的程式工作。每一層細分改進演算法的清晰度、精準度及完整性,直到可轉譯成程式語言碼為止。

表 1.11 總結目前我們已發展出的計數公式。這裡我們處理一個 n 個不同物體所組成的群體。這些公式計數由 n 個物體中選擇 r 個物體的方法

● 表 1.11

和順位有關	允許重複	結果型態	公 式	教材位置
是	否	排列	$P(n,r) = n!/(n-r)!$, $0 \leq r \leq n$	第 8 頁
是	是	安排	n^r, $n, r \geq 0$	第 8 頁
否	否	組合	$C(n,r) = n!/[r!(n-r)!] = \binom{n}{r}$, $0 \leq r \leq n$	第 17 頁
否	是	重複組合	$\binom{n+r-1}{r}$, $n, r \geq 0$	第 31 頁

數，其中或許考慮順位，允許重複或不允許重複。第 5 及第 9 章的總結包含其它此類的圖表，當我們擴大我們的探討時其引發其它計數公式。

當我們繼續探討更進一步的枚舉原則，及離散數學結構在密碼理論、枚舉理論、最佳化理論及電腦科學上的分類方案時，我們將依賴本章所介紹的基本概念。

排列的觀念可被發現在希伯來人作品 *Sefer Yetzirah (The Book of Creation)* 裡，此份作品是一份在西元 200 及 600 年之間不可考年代的手稿。然而，甚至還早些，古希臘 Chalcedon 城的 Xenocrates (396—314 B.C.) 的一個結果或許已有 "最早企圖記錄以排列及組合方法來解一個困難問題。" 更進一步的細節可參考 T. L. Heath [4] 書的第 319 頁及 N. L. Biggs [1] 文章的第 113 頁，一個在枚舉歷史上有價值的根源。第一本處理一些我們在本章所介紹過的材料之教科書為 *Ars Conjectandi* 是由瑞士的數學家 Jakob Bernoulli (1654—1705) 所寫。該本教材在他死後於 1713 年出版，且包含在第一篇正式機率論文的再版裡。這篇論文係由 Christiaan Huygens (1629—1695) 在 1657 年所寫，他是荷蘭的物理學家、數學家及天文學家，他發現土星環。

$n=2$ 的二項式定理出現在歐幾里得 (300 B.C.) 的作品裡，但直到 16 世紀，"二項式係數" 這個名詞才真正被 Michel Stifel (1486—1567) 引用。在他的 *Arithmetica Integra* (1544) 書裡，他給了二項式係數直到 $n=17$ 的大小。Blaise Pascal (1623—1662)，在他的機率研究裡，在 1650 年代出版一篇論文處理二項式係數、組合及多項式之間的關係。這些結果被 Jakob Bernoulli 拿來證明二項式定理的一般型，其證法類似本章所給的證法。但符號 $\binom{n}{r}$ 直到 19 世紀才開始真正被使用，由 Andreas von Ettinghausen (1796—1878) 所使用。

Blaise Pascal (1623–1662)

然而,直到 20 世紀,電腦的來臨,才可對產生排列及組合的方法及演算法做有系統的解析。我們將在 10.1 節檢視一個此類的演算法。

第一本處理組合及排列主題的教科書是由 W. A. Whitworth [10] 所寫。同時也處理本章材料的教科書有:D. I. Cohen [2] 的第 2 章,C. L. Liu [5] 的第 1 章,F. S. Roberts [6] 的第 2 章,K. H. Rosen [7] 的第 4 章,H. J. Ryser [8] 的第 1 章,及 A. Tucker [9] 的第 5 章。

參考資料

1. Biggs, Norman L. "The Roots of Combinatorics." *Historia Mathematica* 6 (1979): pp. 109–136.
2. Cohen, Daniel I. A. *Basic Techniques of Combinatorial Theory.* New York: Wiley, 1978.
3. Gardner, Martin. "Mathematical Games, Catalan Numbers: An Integer Sequence that Materializes in Unexpected Places." *Scientific American* 234, no. 6 (June 1976): pp. 120–125.
4. Heath, Thomas Little. *A History of Greek Mathematics*, vol. 1. Reprint of the 1921 edition. New York: Dover Publications, 1981.
5. Liu, C. L. *Introduction to Combinatorial Mathematics.* New York: McGraw-Hill, 1968.
6. Roberts, Fred S. *Applied Combinatorics.* Englewood Cliffs, N.J.: Prentice-Hall, 1984.
7. Rosen, Kenneth H. *Discrete Mathematics and Its Applications*, 5th ed. New York: McGraw-Hill, 2003.
8. Ryser, H. J. *Combinatorial Mathematics.* Published by the Mathematical Association of America. New York: Wiley, 1963.
9. Tucker, Alan. *Applied Combinatorics*, 4th ed. New York: Wiley, 2002.
10. Whitworth, W. A. *Choice and Chance.* Reprint of the 1901 edition. New York: Hafner, 1965.

補充習題

1. 在製造某種型態汽車時，4 種主要缺陷及 7 種次要缺陷會發生。在缺陷發生的情況下，有多少種方法可使次要缺陷發生為主要缺陷發生的兩倍。

2. 某機器有 9 個不同的號碼盤，每個號碼盤有標示為 0，1，2，3 及 4 的五個鑲嵌。
   a) 機器上的所有號碼盤可有多少種方法被設定？
   b) 若 9 個號碼盤被安排成一直線在機器的上端，有多少種機器鑲嵌法使得相鄰兩號碼盤沒有相同的鑲嵌？

3. 12 個點被擺在一個圓的圓周上，且連接這些點的所有的弦被繪出，則這些弦之交點的最大數是多少？

4. 某唱詩班指揮一定要選出 6 條聖歌給週六的教堂服務。她有 3 本聖歌歌本，每本有 25 條聖歌 (共有 75 條不同的聖歌)。她有多少種方法來選聖歌，若她想 (a) 每本歌本選 2 條聖歌？(b) 每本歌本至少選一條聖歌？

5. 有多少種方法可將 25 面不同的旗子掛在 10 根編有號碼的旗竿上，若旗子在旗竿上的順序是 (a) 無關的？(b) 有關的？(c) 有關的且每個旗竿上至少有一面旗？

6. 一個一分錢被丟 60 次得到 45 次正面及 15 次反面。有多少種這種情況發生使得無連續的反面出現。

7. 舞會上有 12 位男士，(a) 有多少種方法可由這 12 位男士中選 8 位來組一清掃隊？(b) 有多少種方法可將舞會上的 8 位女士和這 12 位男士中的 8 位配成一對的？

8. 有多少種方法可將 WONDERING 中的字母安排成恰有兩個連續母音？

9. Dustin 有一組 180 個不同的積木，每個積木不是木製的就是塑膠製的，且有 3 種不同大小 (小，中，大)，5 種顏色 (紅，白，藍，黃，綠) 及 6 種形狀 (三角形，正方形，矩形，六邊形，八邊形，圓形)。這一組積木中有多少個積木不同於：
   a) 小的紅色木製正方形積木恰有一種樣式？(例如，小的紅色塑膠正方形積木是一個此類積木。)
   b) 大的藍色塑膠製六邊形積木恰有兩種樣式？(例如，小的紅色塑膠製六邊形積木是一個此類的積木。)

10. Richardson 先生及太太想幫他們的新出生女兒命名，使得她的首字母 (第一，中間，及最後) 是依照字母次序的且不重複首字母。則在這些情況下，有多少個此類三元序的首字母可發生。

11. 有多少種方法可將騎術比賽上的 11 隻相同的馬塗繪成 3 隻是棕色的、3 隻是白色的，及 5 隻是黑色的？

12. 有多少種方法老師可將 12 本不同的科學書分給 16 位學生，若 (a) 沒有學生得超過一本書？(b) 年紀最大的學生得兩本書，但無其它學生得超過一本書？

13. 由數列：-5，-4，-3，-2，-1，1，2，3，4 中選四個數。(a) 有多少種選法使得這四個數的乘積是正的且 (i) 這四個數均為相異？(ii) 每個數可被選四次？(iii) 每個數可被選至多三次？(b)

以四個數乘積為負的回答 (a)。

14. Waterbury 廳,在某大學男生宿舍,由 Kelly 先生管理經營。宿舍有 3 層,每一層分成 4 個區域。所以 Kelly 先生將有 12 位宿舍助理 (12 個區域中各區域均有一位助理)。在這 12 位助理中有 4 位高年級的助理——DiRocco 先生、Fairbanks 先生、Hyland 先生及 Thornhill 先生。(其它 8 位助理將為這個秋季的新鮮人且被委派為低年級助理。) Kelly 先生有多少種方法可指派他的 12 位助理,若
a) 沒有限制?
b) DiRocco 先生和 Fairbanks 先生兩位必被指派至第一層樓?
c) Hyland 先生和 Thornhill 先生必被指派至不同樓層?

15. a) 9000 個四位數 1000,1001,1002,…,9998,9999 中有多少個四個數字均相異且不是遞增的 (如 1347 和 6789) 就是遞減的 (如 6421 和 8653) 的四位數?
b) 9000 個四位數 1000,1001,1002,…,9998,9999 中有多少個四個數字不是非遞減的 (如 1347,1226 及 7778) 就是非遞增的 (如 6421,6622 及 9888) 的四位數?

16. a) 求在 $[(x/2)+y-3z]^5$ 的展開式中 x^2yz^2 的係數。
b) 在 $[(x/2)+y-3z]^5$ 的完全展開式中有多少個相異項?
c) 在完全展開式裡的所有係數之和是多少?

17. a) 10 個人,表為 A,B,…,I,J,可有多少種方法來圍一矩形桌而坐,如圖 1.11 所示,其中圖 1.11(a) 及圖 1.11(b) 被視為相同,但被視為和圖 1.11(c) 不同?
b) 有多少個 (a) 中之安排為 A 和 B 不互坐桌子的對邊?

18. a) 求兩方程式
$$x_1 + x_2 + x_3 = 6, \quad x_1 + x_2 + \cdots + x_5 = 15,$$
$$x_i \geq 0, \quad 1 \leq i \leq 5.$$
的非負整數解個數。
b) 求兩不等式
$$x_1 + x_2 + x_3 \leq 6, \quad x_1 + x_2 + \cdots + x_5 \leq 15,$$
$$x_i \geq 0, \quad 1 \leq i \leq 5.$$
的非負整數解個數。

19. 對網球公開賽的任何一局比賽,選手 A 可以 7 種不同方式打敗選手 B。(在 6-

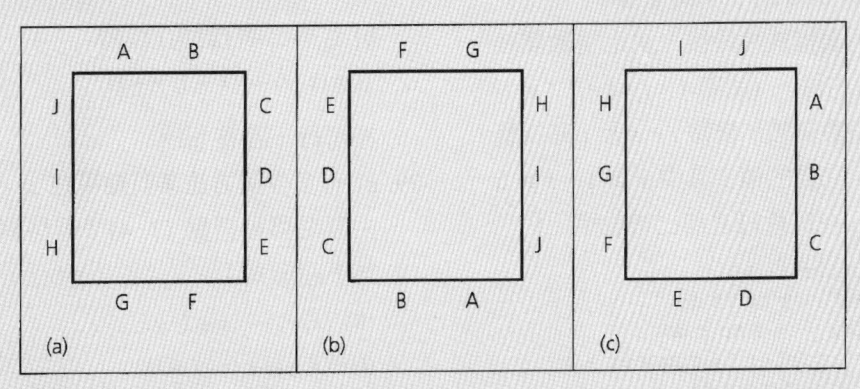

圖 1.11

6，他們比一個決勝局。) 第一個贏三局的選手贏得比賽。(a) 有多少種得分記錄使 A 在五局內贏得比賽？(b) 有多少種得分記錄使得比賽至少需進行五局？

20. 給 n 個不同物體，有多少個方法可將這些物體中的 r 個安排成一個圓形，其中安排被考慮為相同，若一個可由另一個旋轉得到。

21. 對每個正整數 n，證明

$$\binom{n}{0}+\binom{n}{2}+\binom{n}{4}+\cdots$$

$$=\binom{n}{1}+\binom{n}{3}+\binom{n}{5}+\cdots$$

22. a) 有多少種方法可安排 UNUSUAL 中的字母？
    b) 在 (a) 的所有安排中，有多少個安排的所有三個 U 聚在一起？
    c) 在 (a) 的所有安排中，有多少個安排無連續的 U？

23. Francesca 有 20 本不同的書，但她宿舍的書架僅能放其中的 12 本書。
    a) Francesca 有多少種方法可將其中的 12 本書排列在她的書架上？
    b) 在 (a) 的所有安排中，有多少個安排包含 Francesca 的 3 本網球書？

24. 在執行下面程式片段後，決定整數變數 *Counter* 的值。(此處 i, j, k, l, m，及 n 為整數變數。變數 r, s 及 t 亦為整數變數；它們的值，其中 $r \geq 1$，$s \geq 5$ 及 $t \geq 7$，在這片段之前已被設定。)

```
counter := 10
for i := 1 to 12 do
  for j := 1 to r do
    counter := counter + 2
  for k := 5 to s do
    for l := 3 to k do
      counter := counter + 4
for m := 3 to 12 do
  counter := counter + 6
for n := t downto 7 do
  counter := counter + 8
```

25. a) 求將 17 表為幾個 1 和幾個 2 之和的方法數，若順序是有關係的。
    b) 將 17 改為 18 重做 (a)。
    c) 對 n 為奇數及 n 為偶數，一般化 (a) 和 (b) 的結果。

26. a) 有多少種方法可將 17 表為幾個 2 和幾個 3 的和，若被加項的順序為 (i) 無關的？(ii) 有關的？
    b) 將 17 改為 18 重做 (a)。

27. a) 若 n 和 r 為正整數且 $n \geq r$，則

$$x_1+x_2+\cdots+x_r=n$$

有多少個解，其中每個 x_i 為正整數，對 $1 \leq i \leq r$？

    b) 有多少個方法可將正整數 n 表為 r 個正整數被加數的和 ($1 \leq r \leq n$)，若被加數的順位是有關的？

28. a) 有多少個方法吾人可在 xy- 平面上由 (1, 2) 走到 (5, 9)？若每個移動為下面型態之一：
    (R): $(x, y) \to (x+1, y)$;
    (U): $(x, y) \to (x, y+1)$?
    b) 若第三個 (對角) 移動
    (D): $(x, y) \to (x+1, y+1)$
    亦可行，回答 (a)。

29. a) 有多少個方法某質點可在 xy- 平面上由原點移動至點 (7, 4)？若移動被允許為下面形式：
    (R): $(x, y) \to (x+1, y)$;
    (U): $(x, y) \to (x, y+1)$?
    b) (a) 中有多少條路徑不使用示於圖

1.12 中由 (2, 2) 到 (3, 2) 到 (4, 2) 到 (4, 3) 的路徑？

c) 若第三個移動型態

(D): $(x, y) \to (x+1, y+1)$

亦被允許，回答 (a) 和 (b)。

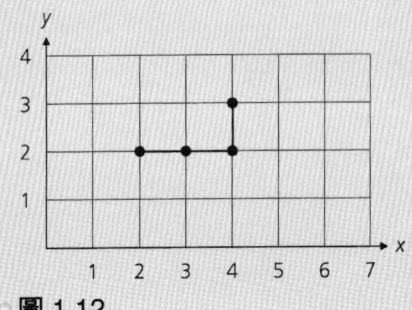

圖 1.12

30. 由於他們傑出的學校成績，Donna 和 Katalin 為角逐傑出物理學生 (在其學校畢業班裡) 的候選人。14 位教師所組成的委員會，每位委員將由所有候選人中選一位為優勝者，且將他的或她的選擇 (給在一張選票上) 放進票箱裡。假設 Katalin 得到 9 張選票且 Donna 得到 5 張。所有投票紙可有多少種方法來選，一次一張，由投票箱裡使得 Katalin 總是有較多的選票？ [這是一個所謂的**投票問題** (ballot problem) 的一個特殊情形。這個問題由 Joseph Louis François Bertrand (1822–1900) 解出。]

31. 考慮示於圖 1.13 的 8×5 格點。這個格點有多少個不同的矩形 (具整數 - 坐標的角)？ [例如，有一個角為 (1, 1)，(2, 1)，(2, 2)，(1, 2) 的矩形 (正方形)，角為 (3, 2)，(4, 2)，(4, 4)，(3, 4) 的第二個矩形，及角為 (5, 0)，(7, 0)，(7, 3)，

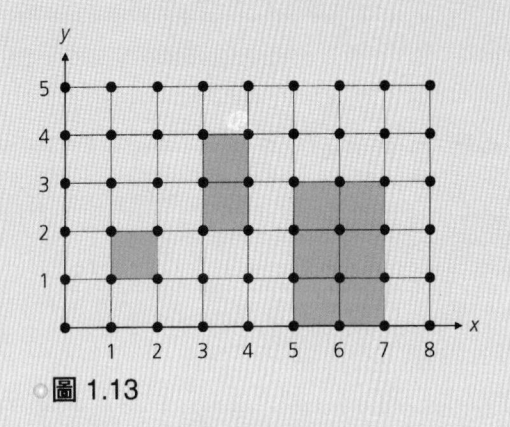

圖 1.13

(5, 3) 的第三個矩形。]

32. 身為品管部的主管，Silvia 檢視 15 部汽車，一次一部，並發現 6 部有缺陷的 (D) 汽車及 9 部情況良好的 (G) 汽車。若她在檢視每部汽車之後列出每個發現 (D 或 G)，有多少個方法她可列出以一個 3 個 G 的游程開始，並有總數 6 個游程？

33. 為要準時畢業，Hunter 於最後的 6 個學季間必須考 (並通過) 4 個數學選修課。若他可由 12 門課 (每學季均開出) 的目錄表中選這些選修課，且他不打算在任何學季選超過一門的這些選修課，他有多少種方法可選？並安排這 4 門選修課？

34. 一個 4 個人 (母親、父親及兩個小孩) 的家庭和其它 8 個人有多少種方法可圍著一圓桌而坐，使得雙親互相坐在一起且各有一小孩坐在爸媽的旁邊？(兩個坐法被視為相同，若一個可被旋轉為看起來像另一個。)

第 2 章

邏輯基礎

在第 1 章，我們在例題 1.40 (1.4 節) 導了一個和的公式。我們以兩種不同方法計數同一個物體群 (在某個程式片段被執行的那些敘述)，並令兩結果相等而得此和的公式。因此，我們說這個公式是由組合證明法而得。這是許多種證明的技巧之一。

在本章，我們將仔細來看那些構成有效的論述及更普通的證明。數學家們欲對一個狀況給證明時，他或她必須使用邏輯系統。電腦科學家發展演算法來給程式或程式組，亦須使用邏輯系統。數字邏輯被應用至決定一個敘述，或是一個邏輯結果，是否可由另一個或其它更多個敘述得到。

本章將描述一些控制這個過程的規則。我們將於遍及後面章節的證明裡使用這些規則 (提供在教材裡及習題裡所需的)。然而，我們可希望在極短時間內，達到以自動的形式應用這些規則。在應用第 1 章所討論的計數概念時，我們總是解析及尋找瞭解所給的情況。我們無法在書上學到諸如洞察及創造力的特質。僅應用公式或規則將無法讓吾人學習得更遠，不管在證明結果 (如定理) 或處理枚舉問題方面。

2.1 基本聯結及真假值表

任何數學理論的發展，語句的斷定是需做的。此類斷定，被稱為**敘述** (statements) (或**命題** (propositions))，為陳述的語句，其不是為真就是為假——不可為真假不分。例如，下面各個為敘述，且以小寫英文字母 (如 p，q 及 r) 來表示這些敘述。

p：組合學是大二生必修的課程。
q：Margaret Mitchell 撰寫飄。
r：2+3=5

反之，我們不認為感嘆語句

"多美的傍晚啊！"

或命令句

"起床，做您的功課！"

為敘述，因為它們沒有真假值 (真或假)。

前述由字母 p，q 及 r 所代表的敘述為**原本敘述** (primitive statement)，因為無法將它們打破成任何較簡單的形式。新的敘述可由已存在的敘述以兩種方法獲得。

1) 把已知敘述 p 轉為敘述 $\neg p$，表 p 的**否定** (negation) 且讀作 "非 p"。
   對上述之敘述 p，敘述 $\neg p$ 表 "組合學不是大二生的必修課程。" (我們不考慮原本敘述的否定為一原本敘述。)

2) 將兩個或更多個敘述，使用下面的**邏輯聯結** (logical connectives)，組合成**複合敘述** (compound statement)。
   a) 合取：敘述 p，q 的**合取** (conjunction)，被表為 $p \wedge q$，讀做 "p 且 q"。在我們的例子裡複合敘述 $p \wedge q$ 讀作 "組合學是大二生必修的課程，且 Margaret Mitchell 撰寫飄"。
   b) 析取：表示式 $p \vee q$ 表敘述 p，q 的**析取** (disjunction)，且讀做 "p 或 q"。因此，"組合學是大二生必修的課程或 Margaret Mitchell 撰寫飄" 為 $p \vee q$ 的字譯，p，q 如上所述。我們使用的字 "或" 在這裡表**包含** (inclusive) 之意。因此，當 p，q 中有一為真或 p，q 均為真時，$p \vee q$ 為真。在英文裡，我們有時候寫 "且/或" 來指出這個。**排斥** (exclusive) "或" 被表為 $p \veebar q$。複合敘述 $p \veebar q$ 為真若 p，q 中的一個或另一個為真但不是敘述 p，q 兩者均同時為真。例子裡的 $p \veebar q$ 可表為 "組合學是大二生必修的課程，或 Margaret Mitchell 撰寫飄，但非兩者。"
   c) 蘊涵：我們說 "p 蘊涵 q" 且表為 $p \rightarrow q$，其表 q 被 p **蘊涵** (implication)。另外，我們亦可說

   (i) "若 p 則 q。"　　　　　　　(ii) "p 對 q 是充分的。"
   (iii) "p 是 q 的一個充分條件。"　(iv) "q 對 p 是必要的。"
   (v) "q 是 p 的一個必要條件。"　(vi) "p 唯若 q。"

在例子裡 $p \to q$ 的字譯為 "若組合學是大二生必修的課程，則 Margaret Mitchell 撰寫飄。" 敘述 p 被稱為蘊涵的**假設** (hypothesis)，q 被稱為**結論** (conclusion)。當以這種方式來組合敘述時，敘述之間不必有任何因果關係，以便蘊涵為真。

d) 雙條件：p，q 兩敘述的**雙條件** (biconditional)，被表為 $p \leftrightarrow q$，讀作 "若且唯若 p 則 q。" 或 "p 對 q 是充分且必要的"。對我們的 p，q，"組合學是大二生必修的課程若且唯若 Margaret Mitchell 撰寫飄" 傳達 $p \leftrightarrow q$ 之意。我們有時候將 "若且唯若 p 則 q" 縮寫為 "p iff q"。

在我們的整個邏輯討論裡，我們必須認知諸如

"數 x 為一整數"

不是一個敘述，因為在 x 值未給前，它的真假值 (真或假) 無法判斷。若將 x 指定為 7，則得一真敘述。然而，若將 x 指定為 $\frac{1}{2}$、$\sqrt{2}$ 或 π，則得假敘述。(我們將在本章的 2.4 節及 2.5 節再次遇到此情形。)

在前面的討論裡，我們提到**複合** (compound) 敘述 $p \vee q$、$p \veebar q$ 為真的條件，基於它們的構成敘述 p，q 的真假。複合敘述的真或假僅依賴它的構成份子之真假是值得進一步探討的。表 2.1 及 2.2 總括否定敘述的真假及不同類型的複合敘述，基於它們的構成敘述之真假值。在構造這個**真假值表** (truth tables) 時，我們以 "0" 表假且以 "1" 表真。

● 表 2.1

p	$\neg p$
0	1
1	0

● 表 2.2

p	q	$p \wedge q$	$p \vee q$	$p \veebar q$	$p \to q$	$p \leftrightarrow q$
0	0	0	0	0	1	1
0	1	0	1	1	1	0
1	0	0	1	1	0	0
1	1	1	1	0	1	1

p，q 的四個可能真假值可被列在任一欄，為稍後的工作。目前的特別欄位將證明是有幫助的。

我們看出 p 及 $\neg p$ 的真假值欄是相互相反的。敘述 $p \wedge q$ 僅在 p，q 均為真時，才為真。而 $p \vee q$ 僅在 p，q 均為假時，才為假。如以前所提，$p \veebar q$ 僅在 p，q 中恰有一為真時，才為真。

至於蘊涵 $p \to q$，除了 p 真 q 假時為假，其餘情形均為真。我們並不希望一個真的敘述引導我們去相信一些錯誤的事情。然而，我們認為 "若 $2+3=6$，則 $2+4=7$" 為一個真敘述，即使 "$2+3=6$" 及 "$2+4=7$"

兩敘述均為假。

最後，雙條件 $p \leftrightarrow q$ 在當 p，q 兩敘述同時真或同時為假時為真，其它情形為假。

現在我們已介紹了某些概念，讓我們對這些概念的聯結做進一步的探討。前兩個例題將有助於這樣的探討。

例題 2.1 令 s，t 及 u 表下面的原本敘述：

s：Phyllis 出去散步。
t：月亮不見了。
u：天正在下雪。

下面的句型對所給的複合敘述提供可能的語譯。

a) $(t \land \neg u) \rightarrow s$：若月亮不見了且天正在下雪，則 Phyllis 出去散步。
b) $t \rightarrow (\neg u \rightarrow s)$：若月亮不見了，則若天不正在下雪 Phyllis 出去散步。
[$\neg u \rightarrow s$ 意義為 $(\neg u) \rightarrow s$ 而非 $\neg (u \rightarrow s)$。]
c) $\neg (s \leftrightarrow u \lor t)$：不是 Phyllis 出去散步若且唯若天正在下雪或月亮不見了的情形。

現在我們將以反向來處理，並對下面三個句型檢視其邏輯 (符號) 記號：

d) "Phyllis 將出去散步若且唯若月亮不見了"。"若且唯若" 表我們正在處理雙條件敘述，所以其符號為 $s \leftrightarrow t$。
e) "若天正在下雪且月亮沒有不見，則 Phyllis 將不出去散步。" 這個複合敘述是一個蘊涵敘述，且其假設亦是一個複合敘述。這個敘述的符號為 $(u \land \neg t) \rightarrow \neg s$。
f) "若天正在下雪但 Phyllis 仍出去散步"。現我們遇到一個新的聯結——叫做**但是** (but)。在邏輯的學習上，我們將隨俗認為 "但是" 及 "且" 傳達相同意思。因此，這個語句可被表為 $u \land s$。

現在讓我們回到表 2.2，特別是第六欄。若您是第一次遇到蘊涵 $p \rightarrow q$ 的真假值表，您可能會有點無法接受所敘述的元素——尤其無法接受前兩列的結果 (p 的真假值為 0)。下一個例題可幫助於去領悟這些真假值。

例題 2.2 考慮下面情節。Penny 將在聖誕節前的那一個星期參加幾個派對。曾意識到她的體重，她不打算量體重直到聖誕節之後。考慮到時候那些派對可能對她的腰部曲線做些什麼，她對 12 月 26 日的結果做了下面的決心：

"若我的體重超過 120 磅，則我將上運動課。"

令 p 及 q 表 (原本) 敘述

p：我的體重超過 120 磅

q：我將上運動課

則 Penny 的敘述 (蘊涵) 被給為 $p \rightarrow q$。

我們對表 2.2 的各列，考慮 $p \rightarrow q$ 這個特別題例的真假值表。首先考慮較容易的列 4 及列 3。

- 列 4：p 及 q 兩者的真假值均為 1。在 12 月 26 日 Penny 發現她的體重超過 120 磅且立刻去上運動課，正如她所說的。所以 $p \rightarrow q$ 為真且其真假值為 1。
- 列 3：p 的真假值為 1，q 的真假值為 0。12 月 26 日已到，Penny 發現她的體重超過 120 磅，但她不想去上運動課。此時我們認為 Penny 打破她的決心——換句話說，蘊涵 $p \rightarrow q$ 為假 (且真假值為 0)。

列 1 及列 2 的情形可能無法由我們的直覺立刻同意，但這個例題可使這些結果稍為容易被接受。

- 列 1：p 及 q 的真假值均為 0。Penny 發現在 12 月 26 日她的體重是小於或等於 120 磅且她不上運動課。她並沒有違背她的決心；所以我們取她的敘述 $p \rightarrow q$ 為真且指定其真假值為 1。
- 列 2：p 的真假值為 0，q 的真假值為 1。這個最後情形發現 Penny 的體重在 12 月 26 日小於或等於 120 磅且她認為仍然太重。或許她認為運動對身體有益，所以她想要參加運動課。不管什麼情形，她並沒有違反她的決心 $p \rightarrow q$。再一次，我們接受這個複合敘述為真，所以給其真假值 1。

下一個例題討論一個相關的觀念：電腦程式的**決策** (decision) (或**選擇** (selection)) 結構。

例題 2.3

在電腦科學，**若-則** (if-then) 及**若-則-否則** (if-then-else) 決策結構出現 (以各種格式) 在高階程式語言裡，如 Java 及 C++。假設 p 經常是一個關係表示式，如 $x > 2$。這個表示式則變成一個 (邏輯) 敘述且具真假值 0 或 1，視 x 此時在程式裡的值而定。結論 q 通常是一個 "可執行敘述"。(所以 q 不是我們已討論的邏輯敘述之一。) 在本書，在處理 "若 p 則 q" 時，電腦僅會在 p 為真時執行 q。若 p 為假時，電腦依程式序列將執行下一個敘述。對 "若 p 則 q 否則 r" 這個決策結構，當 p 為真時執行 q，當 p 為假時則執行 r。

在繼續教材之前，提醒請小心：請小心使用符號 $\rightarrow$ 及 $\leftrightarrow$。蘊涵和雙條件是不同的，如表 2.2 最後兩欄所示。

然而，在我們日常語言裡，我們經常發現當意圖要用雙條件時卻使用蘊涵。例如，考慮下面某父親或母親在指導小孩時的蘊涵。

$s \rightarrow t$：若你做功課，則你將可看棒球賽。
$t \rightarrow s$：你將可看棒球賽唯若你做功課。

- 情形 1：蘊涵 $s \rightarrow t$。當父親或母親對孩子說 "若你做功課，則你將可看棒球賽"，他或她試著正向強調看棒球賽的樂趣。
- 情形 2：蘊涵 $t \rightarrow s$。我們發現這是負向且父親或母親警告小孩說 "你將可看棒球唯若你做功課"，父親或母親強調處罰 (無樂趣)。

不管那一種情形，父親或母親希望他或她的蘊涵——為 $s \rightarrow t$ 或為 $t \rightarrow s$——被瞭解為雙條件 $s \leftrightarrow t$。對情形 1，父親或母親希望暗示在答應享受時帶有處罰；而情形 2，已使用處罰 (或許威脅)，若小孩確實做功課，則他肯定有機會去看棒球賽。

在進行科學寫作時，凡事必須努力交待清楚——當一個蘊涵被給，它通常不，且應該不，被解釋為雙條件。定義是一個顯著的例外，我們將在 2.5 節討論。

在繼續教材之前，讓我們稍微回顧一下。在我們總結表 2.1 及表 2.2 的材料時，我們可能沒有足夠強調結果給任何敘述 p，q——不僅給原本敘述 p，q。例題 2.4 至例題 2.6 將助我們加強這個。

例題 2.4 讓我們來檢視複合敘述 "Margaret Mitchell 撰寫飄，且若 $2+3 \neq 5$，則組合學是大二生必修課程" 的真假值表。這個敘述可被表為 $q \wedge (\neg r \rightarrow p)$，其中 p，q 及 r 為本節開始所介紹的原本敘述。表 2.3 的最後一欄為這個結果的真假值。我們使用任兩敘述的合取為真若且唯若兩敘述均為真的事實來得這些真假值。這就是我們稍早在表 2.2 所說的，且現在是我們的敘述之一，即蘊涵 $\neg r \rightarrow p$ 為一個複合敘述，但不是原本敘述。表 2.3 的第 4，5，6 欄，顯示我們如何以考慮複合敘述的較小部份及使用表 2.1 及 2.2 的結果來建立這個真假值表。

表 2.3

p	q	r	$\neg r$	$\neg r \to p$	$q \wedge (\neg r \to p)$
0	0	0	1	0	0
0	0	1	0	1	0
0	1	0	1	0	0
0	1	1	0	1	1
1	0	0	1	1	0
1	0	1	0	1	0
1	1	0	1	1	1
1	1	1	0	1	1

例題 2.5

在表 2.4，我們建立複合敘述 $p \vee (q \wedge r)$ (第 5 欄) 及 $(p \vee q) \wedge r$ (第 7 欄) 的真假值表。

因為第 5 欄及第 7 欄的真假值不同 (在第 5 列及第 7 列)，我們應避免寫 如 $p \vee q \wedge r$ 的複合敘述。若沒有括弧指示聯結及 $\vee$ 及 $\wedge$ 何者應先使用，我們將不知是要處理 $p \vee (q \wedge r)$ 或要處理 $(p \vee q) \wedge r$。

表 2.4

p	q	r	$q \wedge r$	$p \vee (q \wedge r)$	$p \vee q$	$(p \vee q) \wedge r$
0	0	0	0	0	0	0
0	0	1	0	0	0	0
0	1	0	0	0	1	0
0	1	1	1	1	1	1
1	0	0	0	1	1	0
1	0	1	0	1	1	1
1	1	0	0	1	1	0
1	1	1	1	1	1	1

本節的最後例題將展示兩種特殊的敘述。

例題 2.6

表 2.5 的第 4 欄及第 7 欄顯示敘述 $p \to (p \vee q)$ 為真且敘述 $p \wedge (\neg p \wedge q)$ 為假對成分敘述 p，q 的所有真假值。

表 2.5

p	q	$p \vee q$	$p \to (p \vee q)$	$\neg p$	$\neg p \wedge q$	$p \wedge (\neg p \wedge q)$
0	0	0	1	1	0	0
0	1	1	1	1	1	0
1	0	1	1	0	0	0
1	1	1	1	0	0	0

定義 2.1 一複合敘述被稱為**重言** (tautology) 若其對其成分敘述的所有真假值均為真。若一複合敘述對其成分敘述的所有真假值均為假，則稱此複合敘述為**矛盾** (contradiction)。

本章我們將使用符號 T_0 表任一重言且使用符號 F_0 表任一矛盾。

我們可使用重言及蘊涵的概念來描述一個有效的論證。這將是 2.3 節主要的興趣，且它將助我們發展需要的技巧來證明數學定理。一般來講，一個論證以一列被稱為**前提** (premises) 的敘述及被稱為論證**結論** (conclusion) 的敘述開始。我們檢視這些前提，稱 p_1，p_2，p_3，$\cdots$，p_n，且試著從這些敘述來證明結論 q 成立，亦即，我們試著證明若每一個 p_1，p_2，p_3，$\cdots$，p_n 為真敘述，則敘述 q 亦為真。欲達此目的，我們可檢視蘊涵。

$$(p_1 \wedge p_2 \wedge p_3 \wedge \cdots \wedge p_n)^\dagger \to q,$$

其中假設為 n 個前提的合取。若 p_1，p_2，p_3，$\cdots$，p_n 中有任何一個為假，則不管 q 的真假值，蘊涵 $(p_1 \wedge p_2 \wedge p_3 \wedge \cdots \wedge p_n) \to q$ 為真。因此，若開始的前提 p_1，p_2，p_3，$\cdots$，p_n ——中每一個的真假值為 1——且在這些環境下 q 的真假值亦為 1，則蘊涵

$$(p_1 \wedge p_2 \wedge p_3 \wedge \cdots \wedge p_n) \to q$$

為一重言且我們有一個**有效的論證** (valid argument)。

習題 2.1

1. 試決定下列各語句是否為一敘述？
   a) 在 2003 年 George W. Bush 是美國總統。
   b) $x+3$ 是一個正整數。
   c) 15 是偶數。
   d) 若 Jennifer 派對遲到，則她的表兄 Zachary 將十分生氣。
   e) 現在幾點？
   f) 在 2003 年 6 月 30 日，Christine Marie Evert 贏得法國公開賽七次。

2. 試指出習題 1 裡的原本敘述。

3. 令 p，q 為原本敘述且 $p \to q$ 為假。試決定下面各小題的真假值表。
   a) $p \wedge q$ b) $\neg p \vee q$ c) $q \to p$
   d) $\neg q \to \neg p$

---

† 此刻我們僅處理兩個敘述的合取，所以我們應指出 n 個敘述的合取 $p_1 \wedge p_2 \wedge p_3 \wedge \cdots \wedge p_n$ 為真若且唯若每一個 p_i，$1 \le i \le n$ 為真。我們將在 4.2 節的例題 4.16 詳細處理這個一般化的合取。

4. 令 p, q, r, s 表下面各敘述：
   p：在午餐前完成我的電腦程式。
   q：我在下午打網球。
   r：陽光燦爛。
   s：濕度偏低。
   試以符號形式寫出下面各句。
   a) 若陽光燦爛，我將在今天下午打網球。
   b) 為了今天下午打網球，在午餐前完成我的電腦程式是必要的。
   c) 低濕度及陽光燦爛是充分的對我今天下午打網球。

5. 令 p, q, r 表下面關於一特殊三角形 ABC 的敘述。
   p：三角形 ABC 為等腰三角形。
   q：三角形 ABC 為等邊三角形。
   r：三角形 ABC 為等角三角形。
   試將下面各句譯成文字句型。
   a) $q \to p$ b) $\neg p \to \neg q$
   c) $q \leftrightarrow r$ d) $p \wedge \neg q$
   e) $r \to p$

6. 試決定下面各蘊涵的真假值。
   a) 若 $3+4=12$，則 $3+2=6$。
   b) 若 $3+3=6$，則 $3+4=9$。
   c) 若 Thomas Jefferson 是美國第三任總統，則 $2+3=5$。

7. 用若-則形式，將下面各敘述改寫為蘊涵。
   a) 每天練習發球是 Darci 有好機會贏得網球賽的充分條件。
   b) 修好冷氣或我不付房租。
   c) Mary 將可騎 Larry 的摩托車唯若她戴她的安全帽。

8. 對下面各個複合敘述造一個真假值表，其中 p, q, r 表原本敘述。
   a) $\neg(p \vee \neg q) \to \neg p$ b) $p \to (q \to r)$
   c) $(p \to q) \to r$ d) $(p \to q) \to (q \to p)$
   e) $[p \wedge (p \to q)] \to q$ f) $(p \wedge q) \to p$
   g) $q \leftrightarrow (\neg p \vee \neg q)$
   h) $[(p \to q) \wedge (q \to r)] \to (p \to r)$

9. 習題 8 的複合敘述中，何者為重言？

10. 試證 $[p \to (q \to r)] \to [(p \to q) \to (p \to r)]$ 為一重言。

11. a) 複合敘述 $(p \vee \neg q) \leftrightarrow [(\neg r \wedge s) \to t]$ 的真假值表中需有多少列？其中 p, q, r, s 及 t 為原本敘述。
    b) 令 p_1, p_2, …, p_n 為 n 個原本敘述。令 p 為一複合敘述其包含每一個 p_i 至少出現一次，$1 \leq i \leq n$，且 p 不含其它原本敘述。試問需多少列來造 p 的真假值表？

12. 試決定各原本敘述 p, q, r, s, t 的真假值使得下面各複合敘述為假。
    a) $[(p \wedge q) \wedge r] \to (s \vee t)$
    b) $[p \wedge (q \wedge r)] \to (s \veebar t)$

13. 若敘述 q 的真假值為 1，試決定原本敘述 p, r 及 s 的真假值使得敘述
    $(q \to [(\neg p \vee r) \wedge \neg s]) \wedge [\neg s \to (\neg r \wedge q)]$
    的真假值為 1。

14. 在程式 (以擬碼呈現) 的開始，整數變數 n 的值為 7。試問在下面每一個逐次敘述被執行完後，n 的值為何？[執行完 (a) 後的 n 值成為 (b) 中敘述的 n 值，以此進行，直到 (d) 之敘述。對正整數 a, b, $\lfloor a/b \rfloor$ 表商的整數部份——例如，$\lfloor 6/2 \rfloor = 3$, $\lfloor 7/2 \rfloor = 3$, $\lfloor 2/5 \rfloor = 0$ 及 $\lfloor 8/3 \rfloor = 2$。]

   a) `if` $n > 5$ `then` $n := n + 2$

b) if $((n + 2 = 8)$ or $(n - 3 = 6))$ then
   $n := 2 * n + 1$

c) if $((n - 3 = 16)$ and $(\lfloor n/6 \rfloor = 1))$ then
   $n := n + 3$

d) if $((n \neq 21)$ and $(n - 7 = 15))$ then
   $n := n - 4$

15. 在程式 (以擬碼寫之) 執行期間，整數變數 m 及 n 分別被指定為 3 及 8。下面逐次敘述中的每一個敘述均被執行。[(a) 之敘述執行完後的 m 及 n 值成為 (b) 之敘述的 m 及 n 值，以此進行，直到 (e) 之敘述。] 在這些敘述的每一個敘述被執行完後，m 及 n 的值為何？

a) if $n - m = 5$ then $n := n - 2$

b) if $((2 * m = n)$ and $(\lfloor n/4 \rfloor = 1))$ then
   $n := 4 * m - 3$

c) if $((n < 8)$ or $(\lfloor m/2 \rfloor = 2))$ then $n := 2 * m$
   else $m := 2 * n$

d) if $((m < 20)$ and $(\lfloor n/6 \rfloor = 1))$ then
   $m := m - n - 5$

e) if $((n = 2 * m)$ or $(\lfloor n/2 \rfloor = 5))$ then
   $m := m + 2$

16. 下面程式片段裡的 i、j、m 及 n 均為整數變數。m 及 n 之值使用者已在程式的稍早給之。

```
for i := 1 to m do
   for j := 1 to n do
      if i ≠ j then
         print i + j
```

試問有多次 **print** 敘述被執行？當

a) $m = 10$，$n = 10$
b) $m = 20$，$n = 20$
c) $m = 10$，$n = 20$
d) $m = 20$，$n = 10$

17. 為了兩個姪女及兩個侄兒的來訪，Aunt Nellie 烤一個派。她把派放在廚房的桌子來冷卻。然後開車到百貨公司關好她的女裝店。但一回到家，她發現有人把派吃了 1/4。因為當天除了這四個訪客之外，並無其它人在家。Aunt Nellie 問每一個姪女及侄兒誰吃了派。這四個"嫌疑犯"回答她如下：

Charles：Kelly 吃了派。

Dawn：我沒吃派。

Kelly：Tyler 吃了派。

Tyler：Kelly 說謊，當她說我吃了派時。

假若這四個敘述僅有一個為真，且四個中僅有一位是可憎的罪犯，試問誰是可惡的罪犯，Aunt Nellie 須好好的來處罰？

2.2 邏輯等價：邏輯定律

在所有數學領域裡，我們需要知道我們所學的東西什麼時候相等或實質相同。例如，在算術及代數裡，兩個非零的實數相等，當它們有相同的大小及相同的代數符號。因此，對兩個非零實數 x，y，我們有 $x = y$ 若 $|x| = |y|$ 及 $xy > 0$，反之亦然 (亦即，若 $x = y$，則 $|x| = |y|$ 及 $xy > 0$)。當我們在幾何上處理三角形時，全等的觀念產生。三角形 ABC 和三角形 DEF 全

等，若它們有相等的對應邊，亦即，AB 邊長 $=DE$ 邊長，BC 邊長 $=EF$ 邊長，且 CA 邊長 $=FD$ 邊長。

我們的邏輯學習經常述及到**命題代數** (algebra of propositions) (對比實數代數)。在這個代數裡，我們將使用敘述或命題的真假值表來發展什麼時候兩件東西是實質相同的概念。我們以一個例題開始。

例題 2.7

對原本敘述 p 及 q，表 2.6 給了複合敘述 $\neg p \vee q$ 及 $p \rightarrow q$ 的真假值表。我們發現 $\neg p \vee q$ 及 $p \rightarrow q$ 兩敘述所對應對的真假值表完全相同。

○ 表 2.6

p	q	$\neg p$	$\neg p \vee q$	$p \rightarrow q$
0	0	1	1	1
0	1	1	1	1
1	0	0	0	0
1	1	0	1	1

此情形引領我們下面的概念。

定義 2.2

兩敘述 s_1, s_2 被稱為**邏輯等價** (logically equivalent)，記為 $s_1 \Leftrightarrow s_2$，當敘述 s_1 為真 (假) 若且唯若敘述 s_2 為真 (假)。

注意當 $s_1 \Leftrightarrow s_2$ 時，敘述 s_1 及 s_2 提供相同的真假值表，因為對它們的成分原本敘述之真假值的所有選擇，s_1 和 s_2 有相同之真假值。

由此概念，我們可以否定及析取來表 (原本敘述的) 蘊涵，亦即，$(p \rightarrow q) \Leftrightarrow \neg p \vee q$。同法，由表 2.7，我們有 $(p \leftrightarrow q) \Leftrightarrow (p \rightarrow q) \wedge (q \rightarrow p)$，這個有助雙條件的有效使用。由表 2.6，使用邏輯等價，我們亦可寫 $(p \leftrightarrow q) \Leftrightarrow (\neg p \vee q) \wedge (\neg q \vee p)$。因此，假若我們如此選擇，我們可由複合敘述消去聯結 $\rightarrow$ 及 $\leftrightarrow$。

○ 表 2.7

p	q	$p \rightarrow q$	$q \rightarrow p$	$(p \rightarrow q) \wedge (q \rightarrow p)$	$p \leftrightarrow q$
0	0	1	1	1	1
0	1	1	0	0	0
1	0	0	1	0	0
1	1	1	1	1	1

檢視表 2.8，我們發現否定，和聯結 $\wedge$ 及 $\vee$，我們需要它們來取代**排斥或** (exclusive or) 聯結 $\veebar$。事實上，我們甚至可消去 $\wedge$ 或 $\vee$ 兩者之一。

然而，為了稍後學習相關應用，我們將如同需要否定一樣需要 ∧ 及 ∨ 兩者。

表 2.8

p	q	$p \veebar q$	$p \vee q$	$p \wedge q$	$\neg(p \wedge q)$	$(p \vee q) \wedge \neg(p \wedge q)$
0	0	0	0	0	1	0
0	1	1	1	0	1	1
1	0	1	1	0	1	1
1	1	0	1	1	0	0

我們現在使用邏輯等價的概念來檢視一些命題代數的重要性質。

對所有實數 a，b，我們知道 $-(a+b)=(-a)+(-b)$。對原本敘述 p，q，是否有類比的結果呢？

例題 2.8 在表 2.9，我們構造了 $\neg(p \wedge q)$，$\neg p \vee \neg q$，$\neg(p \vee q)$ 及 $\neg p \wedge \neg q$ 等敘述的真假值表，其中 p，q 為原本敘述。欄 4 及欄 7 顯示 $\neg(p \wedge q) \Leftrightarrow \neg p \vee \neg q$；欄 9 及欄 10 顯示 $\neg(p \vee q) \Leftrightarrow \neg p \wedge \neg q$。這些結果為有名的 **DeMorgan 定律**。它們相似於前已提到的實數之熟悉定律

$$-(a+b) = (-a) + (-b),$$

其表示和的負號等於負號的和。然而，一個決定性的差異出現：兩個原本敘述的**合取** (conjunction) 的否定為他們的否定 $\neg p$，$\neg q$ 的**析取** (disjunction)，相同敘述 p，q 的析取的否定邏輯等價於其否定 $\neg p$，$\neg q$ 的合取。

表 2.9

p	q	$p \wedge q$	$\neg(p \wedge q)$	$\neg p$	$\neg q$	$\neg p \vee \neg q$	$p \vee q$	$\neg(p \vee q)$	$\neg p \wedge \neg q$
0	0	0	1	1	1	1	0	1	1
0	1	0	1	1	0	1	1	0	0
1	0	0	1	0	1	1	1	0	0
1	1	1	0	0	0	0	1	0	0

在前例中，p，q 為原本敘述，我們將馬上學到，對兩個任意敘述，DeMorgan 定律亦成立。

在實數算術裡，加法及乘法運算兩者均含在乘法對加法分配定律的原則裡：對所有實數 a，b，c，

$$a \times (b + c) = (a \times b) + (a \times c)$$

下一個例題證明存在一個相似的定律給原本敘述。亦有第二個相關定律 (給原本敘述)，但在實數算術裡沒有第二個相關公式。

例題 2.9

表 2.10 包含 $p \wedge (q \vee r)$, $(p \wedge q) \vee (p \wedge r)$, $p \vee (q \wedge r)$ 及 $(p \vee q) \wedge (p \vee r)$ 等敘述的真假值表。由此表，對所有原本敘述 p, q 及 r，我們有

$$p \wedge (q \vee r) \Longleftrightarrow (p \wedge q) \vee (p \wedge r) \quad \wedge 對 \vee 的分配律$$
$$p \vee (q \wedge r) \Longleftrightarrow (p \vee q) \wedge (p \vee r) \quad \vee 對 \wedge 的分配律$$

第二個分配律在實數算術裡沒有。亦即對所有實數 a, b 及 c, $a+(b \times c)=(a+b) \times (a+c)$ 不成立。例如，令 $a=2$, $b=3$ 及 $c=5$, $a+(b \times c)=17$ 但 $(a+b) \times (a+c)=35$。

● 表 2.10

p	q	r	$p \wedge (q \vee r)$	$(p \wedge q) \vee (p \wedge r)$	$p \vee (q \wedge r)$	$(p \vee q) \wedge (p \vee r)$
0	0	0	0	0	0	0
0	0	1	0	0	0	0
0	1	0	0	0	0	0
0	1	1	0	0	1	1
1	0	0	0	0	1	1
1	0	1	1	1	1	1
1	1	0	1	1	1	1
1	1	1	1	1	1	1

在進一步討論之前，我們注意到，一般來講，若 s_1, s_2 為敘述，且 $s_1 \leftrightarrow s_2$ 為一重言，則 s_1, s_2 必定有相同對應的真假值 (亦即，對給在 s_1 及 s_2 中之原本敘述的每一個真假值，s_1 為真若且唯若 s_2 為真，且 s_1 為假若且唯若 s_2 為假) 且 $s_1 \Leftrightarrow s_2$，當 s_1 及 s_2 為邏輯等價敘述 (即 $s_1 \Leftrightarrow s_2$)，則複合敘述 $s_1 \leftrightarrow s_2$ 為一重言。在這些條件下亦有 $\neg s_1 \Leftrightarrow \neg s_2$，且 $\neg s_1 \leftrightarrow \neg s_2$ 為一重言。

假若 s_1, s_2 及 s_3 為敘述，其中 $s_1 \Leftrightarrow s_2$ 且 $s_2 \Leftrightarrow s_3$，則 $s_1 \Leftrightarrow s_3$。當兩敘述 s_1 及 s_2 不是邏輯等價，我們可寫 $s_1 \not\Leftrightarrow s_2$ 來表 s_1 及 s_2 不是邏輯等價。

使用邏輯等價、重言及矛盾等概念，我們敘述下面的命題代數定律。

邏輯定律

對任意原本敘述 p, q, r, 任意重言 T_0 及任意矛盾 F_0。

1) $\neg \neg p \Leftrightarrow p$ 雙否定定律

2) $\neg (p \vee q) \Leftrightarrow \neg p \wedge \neg q$ DeMorgan 定律
  $\neg (p \wedge q) \Leftrightarrow \neg p \vee \neg q$

3) $p \vee q \Leftrightarrow q \vee p$ $p \wedge q \Leftrightarrow q \wedge p$	交換律
4) $p \vee (q \vee r) \Leftrightarrow (p \vee q) \vee r^\dagger$ $p \wedge (q \wedge r) \Leftrightarrow (p \wedge q) \wedge r$	結合律
5) $p \vee (q \wedge r) \Leftrightarrow (p \vee q) \wedge (p \vee r)$ $p \wedge (q \vee r) \Leftrightarrow (p \wedge q) \vee (p \wedge r)$	分配律
6) $p \vee p \Leftrightarrow p$ $p \wedge p \Leftrightarrow p$	冪等定律
7) $p \vee F_0 \Leftrightarrow p$ $p \wedge T_0 \Leftrightarrow p$	恒等定律
8) $p \vee \neg p \Leftrightarrow T_0$ $p \wedge \neg p \Leftrightarrow F_0$	逆定律
9) $p \vee T_0 \Leftrightarrow T_0$ $p \wedge F_0 \Leftrightarrow F_0$	優控定律
10) $p \vee (p \wedge q) \Leftrightarrow p$ $p \wedge (p \vee q) \Leftrightarrow p$	吸收定律

我們現在轉回注意力來證明所有這些性質。我們承認我們僅能簡單的構造真假值表，並比較每一種情形相對應的真假值，如我們在例題 2.8 及 2.9 所做的。然而，在構造真假值表之前，讓我們對這 19 個定律再看一眼，除了雙否定定律以外，其餘皆以成對出現。在我們檢視下面概念之後，這個成對概念將有助於我們。

定義 2.3 令 s 為一敘述。若 s 除了 $\wedge$ 及 $\vee$ 外無其它聯結，則 s 的**對偶** (dual)，表為 s^d，係將 s 中的每一個 $\wedge$ 及 $\vee$ 分別取代為 $\vee$ 及 $\wedge$，且將每一個 T_0 及 F_0 分別取代為 F_0 及 T_0 後所得的敘述。

若 p 為任一原本敘述，則 p^d 即為 p，亦即，原本敘述的對偶為原來的原本敘述。且 $(\neg p)^d$ 和 $\neg p$ 相同。敘述 $P \vee \neg P$ 和 $P \wedge \neg P$ 互為對偶，當 P 為原本敘述時——$P \vee T_0$ 及 $P \wedge F_0$ 亦互為對偶。

給原本敘述 p, q, r 及複合敘述

$$s: \quad (p \wedge \neg q) \vee (r \wedge T_0),$$

我們發現 s 的對偶為

$$s^d: \quad (p \vee \neg q) \wedge (r \vee F_0).$$

---

† 因為結合律，所以對敘述 $p \vee q \vee r$ 或 $p \wedge q \wedge r$ 將不再模稜兩可。

(注意：由 s 得 s^d 時，$\neg q$ 並未改變。)

我們現在敘述並使用一個定理，但不證明它。然而，我們將在第 15 章證明這裡所出現的結果。

對偶原理 (The Principle of Duality)：令 s 及 t 為兩個僅含 $\wedge$ 及 $\vee$ 而不含其它邏輯聯結的敘述。若 $s \Leftrightarrow t$，則 $s^d \Leftrightarrow t^d$。　　定理 2.1

由定律 2 到定律 10，我們可以證明每個定律中的一個成立，再引用對偶原理，即可建立。

我們亦發現，我們可以導出許多其它的邏輯等價。例如，若 q，r，s 為原本敘述，則表 2.11 中第 5 欄及第 7 欄的結果證明

$$(r \wedge s) \to q \Leftrightarrow \neg(r \wedge s) \vee q$$

或 $[(r \wedge s) \to q] \leftrightarrow [\neg(r \wedge s) \vee q]$ 為一重言。以一個更大的真假值表來召回例題 2.7 是一個好的想法，對原本敘述 p，q，複合敘述

$$(p \to q) \leftrightarrow (\neg p \vee q)$$

● 表 2.11

q	r	s	$r \wedge s$	$(r \wedge s) \to q$	$\neg(r \wedge s)$	$\neg(r \wedge s) \vee q$
0	0	0	0	1	1	1
0	0	1	0	1	1	1
0	1	0	0	1	1	1
0	1	1	1	0	0	0
1	0	0	0	1	1	1
1	0	1	0	1	1	1
1	1	0	0	1	1	1
1	1	1	1	1	0	1

為一重言。假若我們以複合敘述 $r \wedge s$ 取代原本敘述的每一個真假值，則我們可得稍早的重言

$$[(r \wedge s) \to q] \leftrightarrow [\neg(r \wedge s) \vee q]$$

這個說明了下面兩個**代替規則** (substitution rules) 的第一個：

1) 假設複合敘述 P 為一重言。若 p 為 P 中的一個原本敘述，且若將 p 的每一個真假值以敘述 q 的每一個真假值代之，則所得的複合敘述 P_1 亦為一個重言。

2) 令 P 為一個複合敘述，其中 p 為 P 中的任意敘述，且令 q 為一敘述

滿足 $q \Leftrightarrow p$。假設在 P 裡，以 q 來取代 p 的一個或更多個出現，則可得複合敘述 P_1。在這些條件之下，$P_1 \Leftrightarrow P$。

這些規則將在下面兩個例題裡做進一步的說明。

例題 2.10

a) 由 DeMorgan 定律的第一個結果，我們知道對所有原本敘述 p，q，複合敘述

$$P: \quad \neg(p \vee q) \leftrightarrow (\neg p \wedge \neg q)$$

為一個重言。當我們以 $r \wedge s$ 的真假值取代 p 的每一個真假值，由第一個代替規則知

$$P_1: \quad \neg[(r \wedge s) \vee q] \leftrightarrow [\neg(r \wedge s) \wedge \neg q]$$

亦為一個重言。將這個結果進一步擴大，以 $t \to u$ 的真假值代替 q 的每一個真假值，則相同的代替規則可得重言

$$P_2: \quad \neg[(r \wedge s) \vee (t \to u)] \leftrightarrow [\neg(r \wedge s) \wedge \neg(t \to u)],$$

因此，由例題 2.9 之後的簡短註解，我們有邏輯等價

$$\neg[(r \wedge s) \vee (t \to u)] \Longleftrightarrow [\neg(r \wedge s) \wedge \neg(t \to u)].$$

b) 對原本敘述 p，q，由表 2.12 的最後一欄，複合敘述 $[p \wedge (p \to q)] \to q$ 為一重言。因此，若 r，s，t，u 為任意敘述，則由第一個代替規則，我們得新的重言

$$[(r \to s) \wedge [(r \to s) \to (\neg t \vee u)]] \to (\neg t \vee u)$$

當我們以 $r \to s$ 的真假值代替 p 的每一個真假值，且以 $\neg t \vee u$ 的真假值代替 q 的每一個真假值。

● 表 2.12

p	q	$p \to q$	$p \wedge (p \to q)$	$[p \wedge (p \to q)] \to q$
0	0	1	0	1
0	1	1	0	1
1	0	0	0	1
1	1	1	1	1

例題 2.11

a) 給一個第二代替規則的應用，令 P 表複合敘述 $(p \to q) \to r$。因為 $(p \to q) \Leftrightarrow \neg p \vee q$ (如例題 2.7 及表 2.6 所示)，若 P_1 表複合敘述 $(\neg p \vee q) \to r$，則 $P_1 \Leftrightarrow P$。(我們也發現 $[(p \to q) \to r] \leftrightarrow [(\neg p \vee q) \to r]$ 為一個重言。)

b) 現在令 P 表複合敘述 (實際上是一個重言) $p \to (p \vee q)$。因為 $\neg\neg p \Leftrightarrow p$，複合敘述 $P_1 : p \to (\neg\neg p \vee q)$ 係由 P 中僅將 p 的第二個真假值 (不是第一個真假值) 以 $\neg\neg p$ 的第二個真假值代之而得。第二代替規則仍蘊涵 $P_1 \Leftrightarrow P$。[注意 $P_2 : \neg\neg p \to (\neg\neg p \vee q)$，係將 p 的真假值以 $\neg\neg p$ 的真假值代之而得，亦和 P 邏輯等價。]

下一個例題展示我們如何一起使用邏輯等價概念、邏輯定律及代替規則。

例題 2.12 否定並簡化複合敘述 $(p \vee q) \to r$。

我們組織我們的說明如下：

1) $(p \vee q) \to r \Leftrightarrow \neg(p \vee q) \vee r$ [由第一代替規則，因為對原本敘述 s，t，$(s \to t) \Leftrightarrow (\neg s \vee t)$ 為一重言。]
2) 否定第 (1) 步的敘述，得 $\neg[(p \vee q) \to r] \Leftrightarrow \neg[\neg(p \vee q) \vee r]$。
3) 由 DeMorgan 定律的第一個結果及第一代替規則，$\neg[\neg(p \vee q) \vee r] \Leftrightarrow \neg\neg(p \vee q) \wedge \neg r$。
4) 雙否定定律及第二代替規則，得 $\neg\neg(p \vee q) \wedge \neg r \Leftrightarrow (p \vee q) \wedge \neg r$。

由步驟 (1) 至 (4)，我們有 $\neg[(p \vee q) \to r] \Leftrightarrow (p \vee q) \neg r$。

當我們想要寫一個蘊涵的否定時，如例題 2.12，我們發現邏輯等價的概念扮演一個重要的角色，即邏輯定律及代替規則的合取。這個概念是足夠重要的來看第二次。

例題 2.13 令 p，q 表原本敘述

　　p：Joan 去 George 湖　Mary 付 Joan 大買特買的帳。

且考慮蘊涵

　　$p \to q$：若 Joan 去 George 湖，則 Mary 將付 Joan 大買特買的帳。

這裡我們想以某種方式來寫 $p \to q$ 的否定，而不是簡單的 $\neg(p \to q)$。我們避免寫否定為 "不是若 Joan 去 George 湖，則 Mary 將付 Joan 大買特買的帳。"

欲完成這個我們考慮下面。因為 $p \to q \Leftrightarrow \neg p \vee q$，所以由 $\neg(p \to q) \Leftrightarrow \neg(\neg p \vee q)$。由 DeMorgan 定律，我們有 $\neg(\neg p \vee q) \Leftrightarrow \neg\neg p \vee q$，且由雙否定定律及第二代替規則，得 $\neg\neg p \wedge \neg q \Leftrightarrow p \wedge \neg q$。因此

$$\neg(p\to q)\Leftrightarrow\neg(\neg p\vee q)\Leftrightarrow\neg\neg p\wedge\neg q\Leftrightarrow p\wedge\neg q,$$

且此時我們可寫 $p\to q$ 的否定為

$\neg(p\to q)$：Joan 去 George 湖，但 Mary 不替 Joan 的大買特買付帳。

(注意：若 - 則敘述的否定並不以**若** (if) 開始。它不是另一個蘊涵。)

例題 2.14　在定義 2.3 裡，敘述 s 的對偶 s^d 僅被定義那些含否定及基本聯結 $\wedge$ 和 $\vee$ 的敘述。吾人將如何決定諸如敘述 $s:p\to q$ 的對偶，其中 p，q 為原本敘述？

因為 $(p\to q)\Leftrightarrow\neg p\vee q$，$s^d$ 是邏輯等價敘述 $(\neg p\vee q)^d$，而 $(\neg p\vee q)^d$ 就是 $\neg p\wedge q$。

蘊涵 $p\to q$ 及和它有關的敘述現被檢視在下面例題裡。

例題 2.15　表 2.13 給 $p\to q$，$\neg q\to\neg p$，$q\to p$ 及 $\neg p\to\neg q$ 等敘述的真假值表。表的第三及第四欄顯示

$$(p\to q)\Leftrightarrow(\neg q\to\neg p).$$

○表 2.13

p	q	$p\to q$	$\neg q\to\neg p$	$q\to p$	$\neg p\to\neg q$
0	0	1	1	1	1
0	1	1	1	0	0
1	0	0	0	1	1
1	1	1	1	1	1

敘述 $\neg q\to\neg p$ 被稱為蘊涵 $p\to q$ 的**質位變換命題** (contrapositive)。表的第 5 欄及第 6 欄證明

$$(q\to p)\Leftrightarrow(\neg p\to\neg q).$$

敘述 $q\to p$ 被稱為 $p\to q$ 的**逆命題** (converse)；$\neg p\to\neg q$ 被稱為 $p\to q$ 的**反逆命題** (inverse)。我們由表 2.13 亦可看出

$$(p\to q)\not\Leftrightarrow(q\to p)\ \text{及}\ (\neg p\to\neg q)\not\Leftrightarrow(\neg q\to\neg p)$$

因此，我們必須保持蘊涵及其逆命題平行。某蘊涵 $p\to q$ 為真 (特別如表的列 2) 並不需要逆命題 $q\to p$ 亦為真。然而，其質位變換命題 $\neg q\to\neg p$ 確必為真。

讓我們考慮一個明確的例子，其中 p，q 表敘述

p：Jeff 關心他的膽固醇 (HDL 及 LDL) 標準。

q：Jeff 一星期至少走兩英哩三次。

則我們得

- (蘊涵：$p \rightarrow q$)。若 Jeff 關心他的膽固醇標準，則他一星期至少走兩英哩三次。
- (質位變換命題：$\neg q \rightarrow \neg p$)。若 Jeff 不一星期至少走兩英哩三次，則他不關心他的膽固醇標準。
- (逆命題：$q \rightarrow p$)。若 Jeff 一星期至少走兩英哩三次，則他關心他的膽固醇標準。
- (反逆命題：$\neg p \rightarrow \neg q$)。若 Jeff 不關心他的膽固醇標準，則他不一星期至少走兩英哩三次。

若 p 為真且 q 為假，則蘊涵 $p \rightarrow q$ 及質位變換命題 $\neg q \rightarrow \neg p$ 為假，而逆命題 $q \rightarrow p$ 及反逆命題 $\neg p \rightarrow \neg q$ 為真。若 p 為假且 q 為真，則蘊涵 $p \rightarrow q$ 及質位變換命題 $\neg q \rightarrow \neg p$ 為真，而逆命題 $q \rightarrow p$ 及反逆命題 $\neg p \rightarrow \neg q$ 為假。當 p,q 同時為真或同時為假時，則蘊涵、質位變換命題、逆命題及反逆命題為真。

我們現在轉到兩個含複合敘述簡化之例題。為簡便計，我們將僅列出被使用的主要邏輯定律，但不提任何代替規則。

例題 2.16 對原本敘述 p,q，是否存在任一較簡化之法來表示複合敘述 $(p \vee q) \wedge \neg (\neg p \wedge q)$？亦即，我們能找到一個較簡化的敘述和所給的複合敘述邏輯等價嗎？

我們發現

	理由
$(p \vee q) \wedge \neg(\neg p \wedge q)$	
$\Leftrightarrow (p \vee q) \wedge (\neg\neg p \vee \neg q)$	DeMorgan 定律
$\Leftrightarrow (p \vee q) \wedge (p \vee \neg q)$	雙否定定律
$\Leftrightarrow p \vee (q \wedge \neg q)$	$\vee$ 對 $\wedge$ 的分配定律
$\Leftrightarrow p \vee F_0$	逆定律
$\Leftrightarrow p$	恒等定律

因此，我們看出

$$(p \vee q) \wedge \neg(\neg p \wedge q) \Leftrightarrow p$$

所以我們可以較簡單的邏輯等價敘述 p 表示表所給的複合敘述。

例題 2.17 考慮複合敘述

$$\neg[\neg[(p \vee q) \wedge r] \vee \neg q]$$

其中 p,q,r 為原本敘述。這個敘述包含四個原本敘述、三個否定符號及三個聯結。由邏輯定律得

	理由
$\neg[\neg[(p \vee q) \wedge r] \vee \neg q]$	
$\Leftrightarrow \neg\neg[(p \vee q) \wedge r] \wedge \neg\neg q$	DeMorgan 定律
$\Leftrightarrow [(p \vee q) \wedge r] \wedge q$	雙否定定律
$\Leftrightarrow (p \vee q) \wedge (r \wedge q)$	$\wedge$ 的結合律
$\Leftrightarrow (p \vee q) \wedge (q \wedge r)$	$\wedge$ 的交換律
$\Leftrightarrow [(p \vee q) \wedge q] \wedge r$	$\wedge$ 的結合律
$\Leftrightarrow q \wedge r$	吸收定律 (和 $\wedge$ 及 $\vee$ 的交換律)

因此，原敘述

$$\neg[\neg[(p \vee q) \wedge r] \vee \neg q]$$

邏輯等價更簡單的敘述

$$q \wedge r$$

其中僅有兩個原本敘述，沒有否定符號，且僅有一個聯結。

由例題 2.7 我們有

$$\neg[[(p \vee q) \wedge r] \rightarrow \neg q] \Leftrightarrow \neg[\neg[(p \vee q) \wedge r] \vee \neg q]$$

所以

$$\neg[[(p \vee q) \wedge r] \rightarrow \neg q] \Leftrightarrow q \wedge r.$$

我們以例題 2.16 及 2.17 的概念應用在簡化開關網路上，作為本節的結束。

例題 2.18 一個開關網路係由電線及開關所組成，其連接兩個端點 T_1 及 T_2。在此類網路，每一個開關不是開的 (0)，沒有電流通過，就是閉的 (1)，有電流通過。

圖 2.1(a) 為一個開關的網路。(b) 及 (c) 各含有兩個 (獨立) 開關。

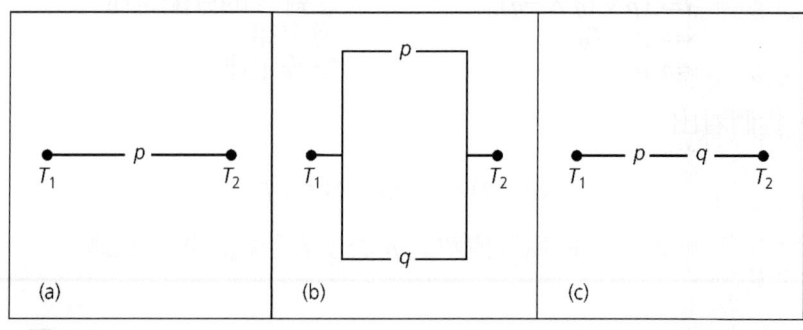

◉ 圖 2.1

圖 (b) 的網路，電流可由 T_1 至 T_2 若 p，q 兩開關之一是閉的。我們稱它為**平行** (parallel) 網路且表為 $p \vee q$。圖 (c) 之網路需要 p，q 兩開關每一個均是閉的，電流才可由 T_1 至 T_2，此處開關係以**串聯** (series) 出現；這個網路被表為 $p \wedge q$。

網路上的開關不必互相獨立工作。考慮圖 2.2(a) 的網路。標示 t 及 $\neg t$ 的網路是不互相獨立的。我們結合這兩個開關使得 t 是開的 (閉的) 若且唯若 $\neg t$ 同時是閉的 (開的)。在 q 及 $\neg q$ 的兩個開關也是一樣。(而且，例如，三個標 p 的開關也是不互相獨立的。)

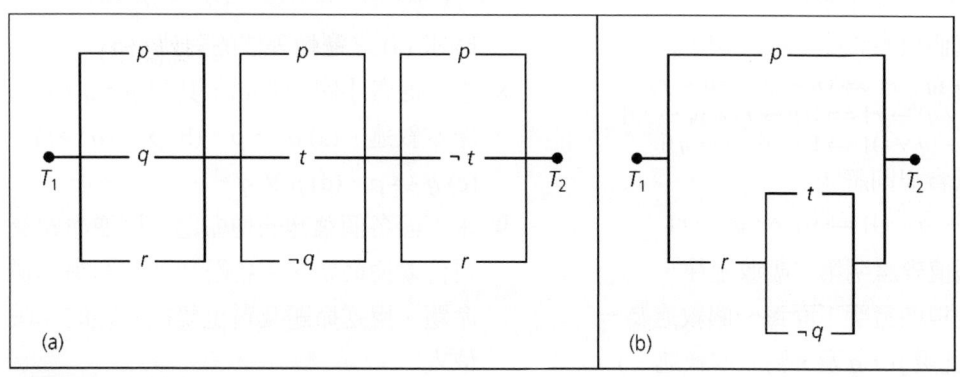

◎ 圖 2.2

此網路以敘述 $(p \vee q \vee r) \wedge (p \vee t \vee \neg q) \wedge (p \vee \neg t \vee r)$ 表之。使用邏輯定律，我們可將此敘述簡化如下。

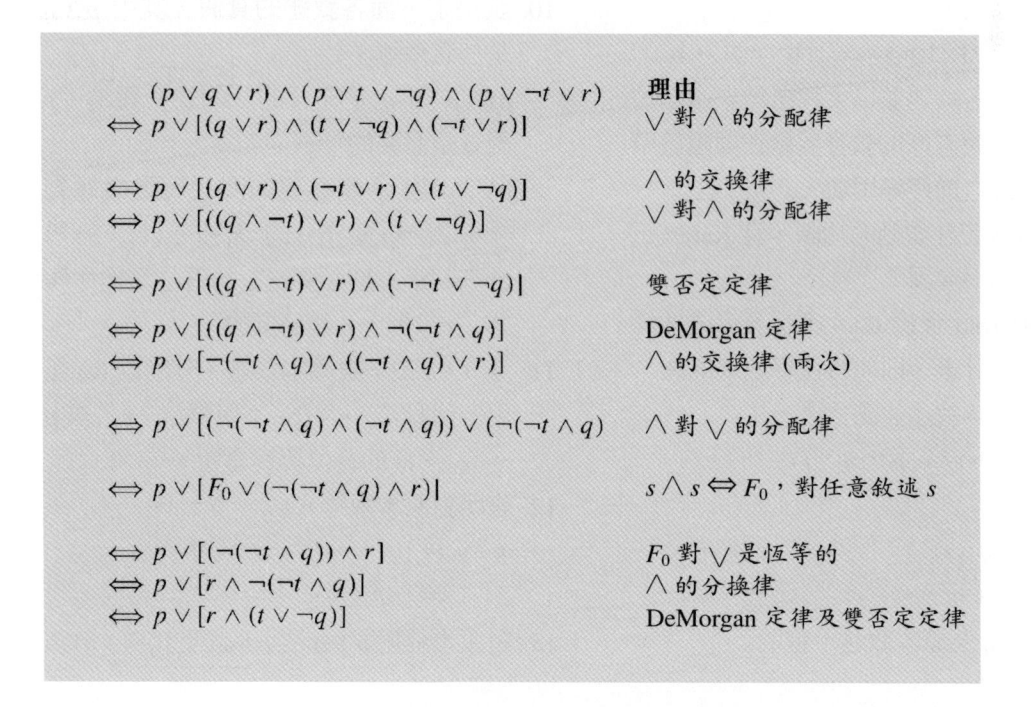

	理由
$(p \vee q \vee r) \wedge (p \vee t \vee \neg q) \wedge (p \vee \neg t \vee r)$	
$\Leftrightarrow p \vee [(q \vee r) \wedge (t \vee \neg q) \wedge (\neg t \vee r)]$	$\vee$ 對 $\wedge$ 的分配律
$\Leftrightarrow p \vee [(q \vee r) \wedge (\neg t \vee r) \wedge (t \vee \neg q)]$	$\wedge$ 的交換律
$\Leftrightarrow p \vee [((q \wedge \neg t) \vee r) \wedge (t \vee \neg q)]$	$\vee$ 對 $\wedge$ 的分配律
$\Leftrightarrow p \vee [((q \wedge \neg t) \vee r) \wedge (\neg\neg t \vee \neg q)]$	雙否定定律
$\Leftrightarrow p \vee [((q \wedge \neg t) \vee r) \wedge \neg(\neg t \wedge q)]$	DeMorgan 定律
$\Leftrightarrow p \vee [\neg(\neg t \wedge q) \wedge ((\neg t \wedge q) \vee r)]$	$\wedge$ 的交換律 (兩次)
$\Leftrightarrow p \vee [(\neg(\neg t \wedge q) \wedge (\neg t \wedge q)) \vee (\neg(\neg t \wedge q) \wedge r)]$	$\wedge$ 對 $\vee$ 的分配律
$\Leftrightarrow p \vee [F_0 \vee (\neg(\neg t \wedge q) \wedge r)]$	$s \wedge s \Leftrightarrow F_0$，對任意敘述 s
$\Leftrightarrow p \vee [(\neg(\neg t \wedge q)) \wedge r]$	F_0 對 $\vee$ 是恆等的
$\Leftrightarrow p \vee [r \wedge \neg(\neg t \wedge q)]$	$\wedge$ 的分換律
$\Leftrightarrow p \vee [r \wedge (t \vee \neg q)]$	DeMorgan 定律及雙否定定律

因此，$(p \vee q \vee r) \wedge (p \vee t \vee \neg q) \wedge (p \vee \neg t \vee r) \Leftrightarrow p \vee [r \wedge (t \vee \neg q)]$，且圖 2.2(b) 的網路等價原來的網路，此處等價之意指網路 (a) 中之電流可由 T_1 至 T_2 剛好在當網路 (b) 中的電流可由 T_1 至 T_2 時。但網路 (b) 僅有四個開關，比網路 (a) 少五個開關。

習題 2.2

1. 令 p，q，r 表原本敘述。
   a) 使用真假值表證明下面邏輯等價。
      i) $p \rightarrow (q \wedge r) \Leftrightarrow (p \rightarrow q) \wedge (p \rightarrow r)$
      ii) $[(p \vee q) \rightarrow r] \Leftrightarrow [(p \rightarrow r) \wedge (q \rightarrow r)]$
      iii) $[p \rightarrow (q \vee r)] \Leftrightarrow [\neg r \rightarrow (p \rightarrow q)]$
   b) 使用代替規則證明
      $$[p \rightarrow (q \vee r)] \Leftrightarrow [(p \wedge \neg q) \rightarrow r].$$

2. 利用真假值表證明第一吸收定律。

3. 使用代替規則證明下面每一個敘述為一重言。(此處 p，q 及 r 為原本敘述。)
   a) $[p \vee (q \wedge r)] \vee \neg [p \vee (q \wedge r)]$
   b) $[(p \vee q) \rightarrow r] \leftrightarrow [\neg r \rightarrow \neg (p \vee q)]$

4. 對原本敘述 p，q，r 及 s，簡化複合敘述
   $[[[(p \wedge q) \wedge r] \vee [(p \wedge q) \wedge \neg r]] \vee \neg q] \rightarrow s.$

5. 否定下面各敘述並以柔和語句表達之。
   a) Kelsey 將有好的教育若她在興趣於帶領啦啦隊之前好好用功。
   b) Norma 正在做她的功課，且 Karen 正在上她的鋼琴課。
   c) 若 Harold 通過 C++ 課程及完成他的資料結構計畫，則他將在學期末畢業。

6. 否定下面各敘述並簡化之。
   a) $p \wedge (q \vee r) \wedge (\neg p \vee \neg q \vee r)$
   b) $(p \wedge q) \rightarrow r$
   c) $p \rightarrow (\neg q \wedge r)$
   d) $p \vee q \vee (\neg p \wedge \neg q \wedge r)$

7. a) 若 p，q 為原本敘述，證明
   $(\neg p \vee q) \wedge (p \wedge (p \wedge q)) \Leftrightarrow (p \wedge q).$
   b) 求 (a) 之邏輯等價的對偶。

8. 求下面各小題的對偶，其中 p，q，r 為原本敘述。(a) $q \rightarrow p$，(b) $p \rightarrow (q \rightarrow r)$，(c) $q \leftrightarrow p$，(d) $p \veebar q$。

9. 求下面各個蘊涵的逆命題、反逆命題及質位變換命題。求各蘊涵及其對應的逆命題、反逆命題及質位變換命題的真假值表。
   a) 若 $0+0=0$，則 $1+1=1$。
   b) 若 $-1<3$ 且 $3+7=10$，則 $\sin(3\pi/2)=-1$。

10. 試決定下面各敘述的真假，其中 p，q 是任意敘述。
    a) "p 對 q 是充分的" 的逆命題為 "p 對 q 是必要的"。
    b) "p 對 q 是必要的" 的反逆命題為 "$\neg q$ 對 $\neg p$ 是充分的"。
    c) "p 對 q 是必要的" 的質位變換命題為 "$\neg q$ 對 $\neg p$ 是必要的"。

11. 令 p，q 及 r 表原本敘述。分別以 (a) 僅用一個聯結 $\rightarrow$；(b) 不用聯結 $\rightarrow$，求 $p \rightarrow (q \rightarrow r)$ 的質位變換命題。

12. 證明對原本敘述 p，q
    $$p \veebar q \Leftrightarrow [(p \wedge \neg q) \vee (\neg p \wedge q)]$$
    $$\Leftrightarrow \neg (p \leftrightarrow q).$$

13. 對原本敘述 p，q 及 r，證明 $[(p \leftrightarrow q) \wedge$

$(q \leftrightarrow r) \wedge (r \leftrightarrow p)] \Leftrightarrow [(p \rightarrow q) \wedge (q \rightarrow r) \wedge (r \rightarrow p)]$

14. 對原本敘述 p,q,
   a) 證明 $p \rightarrow [q \rightarrow (p \wedge q)]$ 為一重言。
   b) 使用 (a) 之結果加上代替規則及邏輯定律證明 $(p \vee q) \rightarrow [q \rightarrow q]$ 為一重言。
   c) $(p \vee q) \rightarrow [q \rightarrow (p \wedge q)]$ 是否為一重言？

15. 對任意敘述 p,q,以 $(p \uparrow q) \Leftrightarrow \neg(p \wedge q)$ 定義聯結 "Nand" 或 "非⋯且⋯"。試僅使用這個聯結表下面各敘述。
   a) $\neg p$ b) $p \vee q$ c) $p \wedge q$
   d) $p \rightarrow q$ e) $p \leftrightarrow q$

16. 對任意敘述 p,q,以 $(p \downarrow q) \Leftrightarrow \neg(p \vee q)$ 定義聯結 "Nor" 或 "非⋯或⋯"。試僅使用這個聯結表習題 15 中的各小題之敘述。

17. 對任意敘述 p,q 證明
   a) $\neg(p \downarrow q) \Leftrightarrow (\neg p \uparrow \neg q)$
   b) $\neg(p \uparrow q) \Leftrightarrow (\neg p \downarrow \neg q)$

18. 試寫出下面複合敘述之簡化過程中每一步驟的理由。
   a) $\quad [(p \vee q) \wedge (p \vee \neg q)] \vee q \quad$ 理由
   $\Leftrightarrow [p \vee (q \wedge \neg q)] \vee q$
   $\Leftrightarrow (p \vee F_0) \vee q$
   $\Leftrightarrow p \vee q$
   b) $\quad (p \rightarrow q) \wedge [\neg q \wedge (r \vee \neg q)] \quad$ 理由
   $\Leftrightarrow (p \rightarrow q) \wedge \neg q$
   $\Leftrightarrow (\neg p \vee q) \wedge \neg q$
   $\Leftrightarrow \neg q \wedge (\neg p \vee q)$
   $\Leftrightarrow (\neg q \wedge \neg p) \vee (\neg q \wedge q)$
   $\Leftrightarrow (\neg q \wedge \neg p) \vee F_0$
   $\Leftrightarrow \neg q \wedge \neg p$
   $\Leftrightarrow \neg(q \vee p)$

19. 如習題 18，提供各步驟及理由，建立下面各邏輯等價。
   a) $p \vee [p \wedge (p \vee q)] \Leftrightarrow p$
   b) $p \vee q \vee (\neg p \wedge \neg q \wedge r) \Leftrightarrow p \vee q \vee r$
   c) $[(\neg p \vee \neg q) \rightarrow (p \wedge q \wedge r)] \Leftrightarrow p \wedge q$

20. 簡化圖 2.3 的每一個網路。

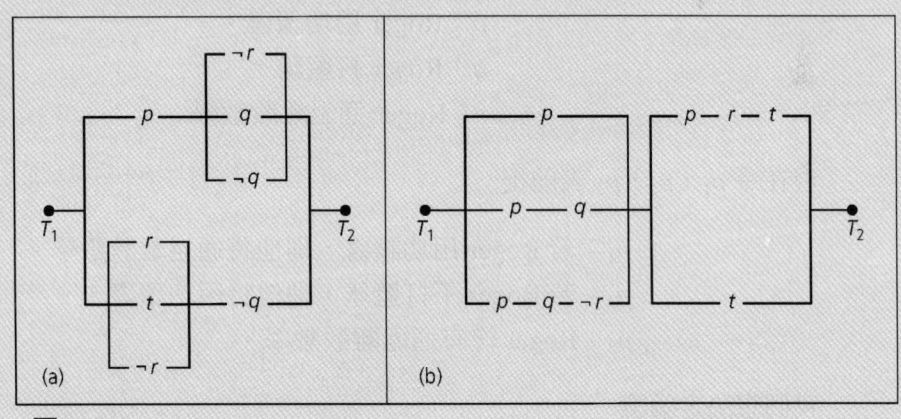

圖 2.3

2.3　邏輯蘊涵：推論規則

在 2.1 節結尾時，我們曾提過有效論證的觀念。現在我們將開始正式研究什麼叫做論證及什麼時候論證為有效。這對我們調查如何來證明本教材之定理有莫大之助益。

我們以考慮論證的一般型開始，且我們希望證明其為有效的。所以，讓我們考慮蘊涵

$$(p_1 \wedge p_2 \wedge p_3 \wedge \cdots \wedge p_n) \to q$$

此處 n 為一正整數，敘述 p_1, p_2, p_3, $\cdots$, p_n 被稱為論證的**前提** (premises)，且敘述 q 被稱為論證的**結論** (conclusion)。

前面的論證被稱為**有效的** (valid) 若當每一個前提 p_1, p_2, p_3, $\cdots$, p_n 均為真，則結論 q 同樣為真時。[注意：若 p_1, p_2, p_3, $\cdots$, p_n 中有一個為假時，則假設 $p_1 \wedge p_2 \wedge p_3 \wedge \cdots \wedge p_n$ 為假且蘊涵 $(p_1 \wedge p_2 \wedge p_3 \wedge \cdots \wedge p_n) \to q$ 自動為真，不管 q 的真假值。] 因此，欲證所給之論證為有效的方法即是證明敘述 $(p_1 \wedge p_2 \wedge p_3 \wedge \cdots \wedge p_n) \to q$ 為一重言。

下一個例題說明這個特別的方法。

例題 2.19　令 p, q, r 表原本敘述且被給為

　　　　p：Roger 用功讀書。
　　　　q：Roger 打籃球。
　　　　r：Roger 通過離散數學。

現在令 p_1, p_2, p_3 表前提

　　　　p_1：若 Roger 用功讀書，則他將通過離散數學。
　　　　p_2：若 Roger 不打籃球，則他將用功讀書。
　　　　p_3：Roger 沒有通過離散數學。

我們想決定論證

$$(p_1 \wedge p_2 \wedge p_3) \to q$$

是否為有效。欲達此，我們改寫 p_1, p_2, p_3 為

　　　　p_1:　$p \to r$　　p_2:　$\neg q \to p$　　p_3:　$\neg r$

並檢視表 2.14 所給之蘊涵

$$[(p \to r) \wedge (\neg q \to p) \wedge \neg r] \to q$$

的真假值表。因為表 2.14 的最後一欄均為 1,這個蘊涵為一重言。因此,我們說 $(p_1 \wedge p_2 \wedge p_3) \to q$ 為一有效論證。

表 2.14

p	q	r	p_1 $p \to r$	p_2 $\neg q \to p$	p_3 $\neg r$	$(p_1 \wedge p_2 \wedge p_3) \to q$ $[(p \to r) \wedge (\neg q \to p) \wedge \neg r] \to q$
0	0	0	1	0	1	1
0	0	1	1	0	0	1
0	1	0	1	1	1	1
0	1	1	1	1	0	1
1	0	0	0	1	1	1
1	0	1	1	1	0	1
1	1	0	0	1	1	1
1	1	1	1	1	0	1

例題 2.20 考慮表 2.15 的真假值表。表 2.15 的最後一欄證明對任何原本敘述 p,r 及 s,蘊涵

$$[p \wedge ((p \wedge r) \to s)] \to (r \to s)$$

為一重言。因此,對前提

$$p_1: \quad p \qquad p_2: \quad (p \wedge r) \to s$$

及結論 $q:(r \to s)$,$(p_1 \wedge p_2) \to q$ 為一個有效論證,且我們可說結論 q 的真假值是由前提 p_1,p_2 的真假值所**演繹** (deduced) 或**推演** (inferred) 出來的。

表 2.15

p	r	s	$p \wedge r$	p_2 $(p \wedge r) \to s$	q $r \to s$	$(p_1 \wedge p_2) \to q$ $[(p \wedge ((p \wedge r) \to s)] \to (r \to s)$
0	0	0	0	1	1	1
0	0	1	0	1	1	1
0	1	0	0	1	0	1
0	1	1	0	1	1	1
1	0	0	0	1	1	1
1	0	1	0	1	1	1
1	1	0	1	0	0	1
1	1	1	1	1	1	1

前面兩個例題的概念引出下面事實。

定義 2.4 若 p,q 為任意敘述滿足 $p \to q$ 為一重言,則稱 p **邏輯蘊涵** (logically implies) q,且以 $p \Rightarrow q$ 表此情形。

當 p,q 為敘述且 $p \Rightarrow q$,蘊涵 $p \to q$ 為一重言且可推得 $p \to q$ 為一邏輯蘊涵。注意我們可以 $p \Rightarrow q$ (亦即 p 邏輯蘊涵 q),若每當 p 為真時 q 為真,來避免處理一個重言的概念。

在例題 2.6,我們發現對原本敘述 p,q,蘊涵 $p \to (p \lor q)$ 為一重言。因此,我們可說 p 邏輯蘊涵 $p \lor q$ 且記為 $p \Rightarrow (p \lor q)$。更而,由第一代替規則,我們也發現 $p \Rightarrow (p \lor q)$ 對任何敘述 p,q。亦即,$p \to (p \lor q)$ 為一重言對任何敘述 p,q 不管它們是否為原本敘述。

令 p,q 為任意敘述。

1) 若 $p \Leftrightarrow q$,則敘述 $p \leftrightarrow q$ 為一重言,所以敘述 p,q 有相同 (對應的) 真假值。在這些條件下,敘述 $p \to q$,$q \to p$ 均為重言,所以 $p \Rightarrow q$ 且 $q \Rightarrow p$。

2) 反之,假設 $p \Rightarrow q$ 且 $q \Rightarrow p$。邏輯蘊涵 $p \to q$ 告訴我們敘述 p 的真假值不為 1 且敘述 q 的真假值不為 0。但 q 的真假值可為 1 及 p 的真假值可為 0 嗎?若可以,則我們不可能有邏輯蘊涵 $q \to p$。因此,當 $p \Rightarrow q$ 且 $q \Rightarrow p$,敘述 p,q 有相同 (對應的) 真假值且 $p \Leftrightarrow q$。

最後,記號 $p \not\Rightarrow q$ 表 $p \to q$ 不是重言,所以,所給之蘊涵 (即 $p \to q$) 不是邏輯蘊涵。

例題 2.21 由例題 2.8 (表 2.9) 及第一代替規則,對敘述 p,q,有

$$\neg(p \land q) \Leftrightarrow \neg p \lor \neg q$$

因此,對所有敘述 p,q

$$\neg(p \land q) \Rightarrow (\neg p \lor \neg q) \quad \text{及} \quad (\neg p \lor \neg q) \Rightarrow \neg(p \land q)$$

另外,因為

$$\neg(p \land q) \to (\neg p \lor \neg q) \quad \text{及} \quad (\neg p \lor \neg q) \to \neg(p \land q)$$

的每一個蘊涵均為重言,我們亦可寫

$$[\neg(p \land q) \to (\neg p \lor \neg q)] \Leftrightarrow T_0 \quad \text{及} \quad [(\neg p \lor \neg q) \to \neg(p \land q)] \Leftrightarrow T_0.$$

現在回來研究建立論證有效性的方法,我們仔細看看表 2.14 及 2.15

的大小，每個表均有八列。對表 2.14，我們可以三個原本敘述，p，q 及 r 來表三個前提 p_1，p_2 及 p_3 和結論 q。表 2.15 中所解析的論證亦有類似情形，表 2.15 僅有兩個前提。但若我們面對，例如，欲判斷

$$[(p \to r) \land (r \to s) \land (t \lor \neg s) \land (\neg t \lor u) \land \neg u] \to \neg p$$

是否為一個邏輯蘊涵 (或是有效論證)，所需建立的表需要 $2^5 = 32$ 列。當前提的個數變得愈大且我們的真假值表變為 64，128，256 或更多列時，建立論證有效性的第一個方法將快速流失它的訴求。

而且，再看表 2.14 一次，我們知道為了建立

$$[(p \to r) \land (\neg q \to p) \land \neg r] \to q$$

是否為一有效論證，我們僅需考慮前提 $p \to r$，$\neg q \to p$ 及 $\neg r$ 這三列，每三列中的每一個的真假值均為 1。(故記得若假設——由所有的前提合取組成——為假，則蘊涵為真，不管結論的真假值為何。) 這個僅發生在第三列，所以表 2.14 的處理不是真的必要的。(不會總是僅有一列的所有前提均為真。表 2.15 中列 5、列 6 及列 8 的所有前提均為真。)

因此，由上之觀察，在建立表 2.14 及表 2.15 的真假值表時，我們可能可以免去許多努力。因為我們想要避免較大的表，我們須發展一序列方法，稱這些方法為**推論法則** (rules of inference)，且這些方法將如下的幫助我們：

1) 使用這些方法，我們可僅考慮所有前提均為真的情形。因此，我們僅須考慮真假值表中每個前提的真假值為 1 的那些列所對應的結論即可，所以不必建立真假值表。
2) 推論規則是用來發展如何由蘊涵

$$(p_1 \land p_2 \land p_3 \land \cdots \land p_n) \to q.$$

的前提 p_1，p_2，p_3，$\cdots$，p_n 一步一步的發展結論 q 的邏輯有效性的基礎。

此類發展將建立所給論證的有效性，因為結論的真假值可由前提的真假值而得。每一個推論規則均由邏輯蘊涵而得。在某些情形，邏輯蘊涵僅是敘述而不證明。(然而，有幾個證明留在習題裡處理。)

在邏輯研究裡有許多推論規則產生。我們將集中在有助於我們對邏輯研究中之論證有效的推論規則。這些規則稍後亦將幫助我們，當我們回到證明本教材全部定理的方法時。表 2.19 總結了推論規則，我們現在開始來探討。

例題 2.22

在第一個例子，我們考慮的推論規則，被稱為**斷言法** (Modus Ponens) 或**分離規則** (Rule of Detachment)。(Modus Ponens 來自拉丁文且可被譯為 "斷言法") 這個規則的符號型以邏輯蘊涵

$$[p \wedge (p \to q)] \to q,$$

來表示，此邏輯蘊涵被證明在表 2.16 裡，我們在表中發現僅有第四列是前提及 $p \to q$ (且結論 q) 同時為真。

◎表 2.16

p	q	$p \to q$	$p \wedge (p \to q)$	$[p \wedge (p \to q)] \to q$
0	0	1	0	1
0	1	1	0	1
1	0	0	0	1
1	1	1	1	1

真正的規則將被寫為列表型

$$\begin{array}{c} p \\ p \to q \\ \hline \therefore q \end{array}$$

其中三點 ($\therefore$) 代表文字 "因此"，表示 q 為前提 p 及 $p \to q$ 的結論，且前提列在水平線的上方。

這個規則指的是：當若 (1) p 為真且 (2) $p \to q$ 為真 (或 $p \Rightarrow q$) 則結論 q 必亦為真。(若 q 為假且 p 為真，則我們不能得 $p \to q$ 為真。)

下面的有效論證告訴我們如何應用分離規則。

a) 1) Lydia 贏得一千萬美元樂透。
   2) 若 Lydia 贏得一千萬美元樂透，則 Kay 將辭掉她的工作。
   3) 因此 Kay 將辭掉她的工作。

$$\begin{array}{c} p \\ p \to q \\ \hline \therefore q \end{array}$$

b) 1) 若 Allison 在巴黎休假，則她定要得一獎學金。
   2) Allison 正在巴黎休假。
   3) 因此 Allison 已得一獎學金。

$$\begin{array}{c} p \to q \\ p \\ \hline \therefore q \end{array}$$

在結束第一個推論規則之前，讓我們做一個最後的觀察。(a) 及 (b) 的兩個例子可能建議有效論證 $[p \wedge (p \to q)] \to q$ 僅對原本敘述 p, q 適用。然而，對原本敘述 p, q, $[p \wedge (p \to q)] \to q$ 為重言，由第一代替規則，p 或 q (的所有真假值) 可由複合敘述代替，且所得之蘊涵亦為一個重言。因此，若 r, s, t 及 u 為原本敘述，則

$$r \vee s$$
$$\frac{(r \vee s) \rightarrow (\neg t \wedge u)}{\therefore \neg t \wedge u}$$

為一個有效論證，由分離規則—— $[(r \vee s) \wedge [(r \vee s) \rightarrow (\neg t \wedge u)]] \rightarrow (\neg t \wedge u)$ 為一個重言。

對我們將研究的每一個推論規則，一個類似情形將發生，即我們可應用第一代替規則。然而，我們將不如此明顯的對其它推論規則提此情形。

例題 2.23

第二個推論規則被給為**邏輯蘊涵**

$$[(p \rightarrow q) \wedge (q \rightarrow r)] \rightarrow (p \rightarrow r),$$

其中 p，q 及 r 為任意敘述。其可被表為列表型

$$p \rightarrow q$$
$$q \rightarrow r$$
$$\therefore p \rightarrow r$$

這個規則，被稱為**三段論法定律** (Law of the Syllogism)，其出現在許多論證裡。例如，我們可以用下面的方法使用它：

1) 若整數 35244 可被 396 整除，則整數 35244 可被 66 整除。 $p \rightarrow q$
2) 若整數 35244 可被 66 整除，則整數 35244 可被 3 整除。 $q \rightarrow r$
3) 因此，若整數 35244 可被 396 整除，則整數 35244 可被 3 整除。 $\therefore p \rightarrow r$

下一個例題是一個較長的論證，其使用例題 2.22 及 2.23 所發展的推論規則。事實上，這裡我們發現可能有多於一種方法來建立論證的有效性。

考慮下面論證。

例題 2.24

1) Rita 正在烤一個蛋糕。
2) 若 Rita 正在烤一個蛋糕，則她沒正在練習她的笛子。
3) 若 Rita 沒正在練習她的笛子，則她的父親將不買車給她。
4) 因此 Rita 的父親將不買車給她。

集中在上述論證中的敘述型，我們可將論證寫為

$$p$$
$$p \to \neg q$$
$$\neg q \to \neg r$$
$$\therefore \neg r$$
(*)

現在我們不需再擔憂敘述真正代表什麼。我們的目標是使用目前我們已學過的兩個推論規則，由三個前提 p，$p \to \neg q$ 及 $\neg q \to \neg r$ 的真假值來導敘述 $\neg r$ 的真假值。

我們建立論證的有效性如下：

步驟	理由
1) $p \to \neg q$	前提
2) $\neg q \to \neg r$	前提
3) $p \to \neg r$	由步驟 (1) 及 (2) 及三段論法定律而得
4) p	前提
5) $\therefore \neg r$	由步驟 (4) 及 (3) 及分離規則而得

在繼續第三個推論規則之前，我們將證明打有 (*) 記號的論證可以第二種方法來證明有效性。在本節剩餘部份，我們的"理由"將被簡化。然而，我們仍將一直列出所需的理由來說明論證裡的每一個步驟是如何由前面步驟得來的。

第二種方法有效論證如下。

步驟	理由
1) p	前提
2) $p \to \neg q$	前提
3) $\neg q$	步驟 (1) 及 (2) 及分離規則
4) $\neg q \to \neg r$	前提
5) $\therefore \neg r$	步驟 (3) 及 (4) 及分離規則

例題 2.25　　**否定法** (Modus Tollens) 推論規則被給為

$$p \to q$$
$$\neg q$$
$$\therefore \neg p$$

這個由邏輯蘊涵 $[(p \to q) \land \neg q] \to \neg p$ 成立。Modus Tollens 來自拉丁文且可被譯為"否定法"。這是合適的，因為我們否定結論 q，以證明 $\neg p$。(注意我們亦可由斷言法規則得到此規則，即使用 $p \to q \Leftrightarrow \neg q \to \neg p$ 的事實。)

下面例子證明使用否定法，可得一有效推論：

1) 若 Connie 被選為 Phi Delta 婦女聯誼會總裁,則 Helen 將擔保該聯誼會。
2) Helen 不擔保 Phi Delta 婦女聯誼會。
3) 因此 Connie 沒被選為 Phi Delta 婦女聯誼會總裁。

現在我們使用否定法來證明下面論證為有效 (對原本敘述 p、r、s、t 及 u)。

$$p \to r$$
$$r \to s$$
$$t \vee \neg s$$
$$\neg t \vee u$$
$$\neg u$$
$$\therefore \neg p$$

否定法和三段論法定律兩者及我們在例題 2.7 所發展的邏輯等價將被引用。

步驟		理由
1)	$p \to r, r \to s$	前提
2)	$p \to s$	步驟 (1) 及三段論法定律
3)	$t \vee \neg s$	前提
4)	$\neg s \vee t$	步驟 (3) 及 $\vee$ 的交換律
5)	$s \to t$	步驟 (4) 及 $\neg s \vee t \Leftrightarrow s \to t$
6)	$p \to t$	步驟 (2) 及 (5) 及三段論法定律
7)	$\neg t \vee u$	前提
8)	$t \to u$	步驟 (7) 及 $\neg t \vee u \Leftrightarrow t \to u$
9)	$p \to u$	步驟 (6) 及 (8) 及三段論法定律
10)	$\neg u$	前提
11)	$\therefore \neg p$	步驟 (9) 及 (10) 及否定法規則

在繼續討論另外推論規則之前,讓我們總結我們已完成的 (及尚未完成的)。前述論證證明

$$[(p \to r) \wedge (r \to s) \wedge (t \vee \neg s) \wedge (\neg t \vee u) \wedge \neg u] \Rightarrow \neg p$$

我們尚未使用邏輯定律,如 2.2 節,將敘述

$$(p \to r) \wedge (r \to s) \wedge (t \vee \neg s) \wedge (\neg t \vee u) \wedge \neg u$$

表為一個較簡單的邏輯等價敘述。注意

$$[(p \to r) \wedge (r \to s) \wedge (t \vee \neg s) \wedge (\neg t \vee u) \wedge \neg u] \not\Leftrightarrow \neg p$$

因為當 p 的真假值為 0 且 u 的真假值為 1,$\neg p$ 的真假值為 1,而 $\neg u$ 及

$(p \to r) \wedge (r \to s) \wedge (t \vee \neg s) \wedge (\neg t \vee u) \wedge \neg u$ 的真假值為 0。

讓我們再一次對兩個相同的推論規則、斷言法規則及否定法規則，各給一個列表型來檢視。

斷言法：
$$\begin{array}{c} p \to q \\ p \\ \hline \therefore q \end{array}$$

否定性：
$$\begin{array}{c} p \to q \\ \neg q \\ \hline \therefore \neg p \end{array}$$

我們這樣做的理由是，可能還有其它列表型——這些列表型間有相似外貌，但卻是**無效**的論證——它們的每一個前提均為真但結論卻為假。

a) 考慮下面論證：
  1) 若 Margaret Thatcher 是美國總統，則她至少 35 歲。
  2) Margaret Thatcher 是 35 歲。
  3) 因此 Margaret Thatcher 是美國總統。

$$\begin{array}{c} p \to q \\ q \\ \hline \therefore p \end{array}$$

這裡的 $[(p \to q) \wedge q] \to p$ 不是一個重言。因為若考慮 p 的真假值為 0 且 q 的真假值為 1，則每一個前提 $p \to q$ 及 q 為真，儘管結論 p 為假。這個無效論證是因錯誤而得，其中我們試著以逆命題來討論，即 $[(p \to q) \wedge p] \Rightarrow q$，而不是 $[(p \to q) \wedge q] \Rightarrow p$。

b) 第二個論證之結論不必由前提而得，其可被給如下：
  1) 若 2+3＝6，則 2+4＝6。
  2) 2+3≠6。
  3) 因此 2+4≠6。

$$\begin{array}{c} p \to q \\ \neg p \\ \hline \therefore \neg q \end{array}$$

在此情形我們發現 $[(p \to q) \wedge \neg p] \to \neg q$ 不是一個重言。再一次令 p 的真假值為 0 且 q 的真假值為 1，告訴我們 $p \to q$ 及 $\neg p$ 兩個前提均為真然而 $\neg q$ 為假。這個無效論證的錯誤係由於我們企圖以反逆命題來討論——雖然 $[(p \to q) \wedge \neg q] \Rightarrow \neg p$，但 $[(p \to q) \wedge \neg p] \Rightarrow \neg q$ 不成立。

在繼續教材之前，我們現在提一個頗簡單但重要的推論規則。

例題 2.26 下面的推論規則來自若 p，q 為真敘述則 $p \wedge q$ 為真敘述的事實。

假設敘述 p，q 在一個論證的發展過程裡。這些敘述可能為 (被給) 前提或由前提所得的結果且 (或) 由稍早在推論中所發展的結果。則在這些環境之下，p，q 兩敘述可被合成它們的合取 $p \wedge q$，且這個新敘述可被使用在論證的稍後步驟裡。

我們稱這個規則為**合取規則** (Rule of Conjunction) 且其列表型為

$$\begin{array}{c} p \\ q \\ \hline \therefore p \wedge q \end{array}$$

在我們繼續研究推論規則時，我們發現另一個相當簡單但重要的規則。

例題 2.27

下面之推論規則——一個我們可能感覺僅是說明好的舊觀念——被稱為**析取三段論法** (Disjunctive Syllogism) 規則。這個規則來自蘊涵

$$[(p \vee q) \wedge \neg p] \to q$$

其可由斷言法規則以 $p \vee q \Leftrightarrow \neg p \to q$ 之事實導得。

我們將其列表型寫為

$$\begin{array}{c} p \vee q \\ \neg p \\ \hline \therefore q \end{array}$$

當恰有兩種可能性來考量時，可用這個推論規則，且我們可將它們兩個之中消去為真的那一個。接著另一可能必為真。下面展示這個規則的此類應用之一。

1) Bart 的皮夾在他的後口袋裡或在他的書桌上。　　　　　　$p \vee q$
2) Bart 的皮夾不在他的後口袋裡。　　　　　　　　　　　　$\neg p$
3) 因此 Bart 的皮夾在他的書桌上。　　　　　　　　　　　　$\therefore q$

此刻我們已檢視五種推論規則。但在我們試著要做其它像例題 2.25 之論證 (有 11 個步驟) 之前，我們把這些規則再看一遍。這個強調一個證明方法，這個證明方法有時候和否定法規則所給的對質變換方法 (或證明) 搞混在一起。這個搞混是由於這兩個方法均含有敘述的否定。然而，我們將很快的分出這兩個是不同的方法。(在 2.5 節末尾我們將再比較及對比這個方法一次。)

例題 2.28

令 p 表一個任意敘述，且 F_0 為一個矛盾。表 2.17 的第 5 欄證明蘊涵 $(\neg p \to F_0) \to p$ 為一重言，且提供我們一個推論規則，叫做**矛盾規則** (Rule of Cntradiction)。這個規則的列表型為

● 表 2.17

p	$\neg p$	F_0	$\neg p \to F_0$	$(\neg p \to F_0) \to p$
1	0	0	1	1
0	1	0	0	1

$$\frac{\neg p \to F_0}{\therefore p}$$

這個規則告訴我們，若 p 為一敘述且 $\neg p \to F_0$ 為真，則 $\neg p$ 必為假，其因為 F_0 為假。所以 p 為真。

矛盾規則為建立一個論證有效性的某方法之基礎，這個方法叫做**矛盾證法** (Proof by Contradiction 或 Reductio ad Absurdum)。矛盾證法的概念為建立一個敘述 (即論證之結論)，然後證明若這個敘述為假，則我們將導出一個不可能的結果。這個方法在某種論證裡使用，我們現在來描述這些論證。

一般來講，當我們想建立論證

$$(p_1 \wedge p_2 \wedge \cdots \wedge p_n) \to q$$

的有效性時，我們可建立邏輯等價論證

$$(p_1 \wedge p_2 \wedge \cdots \wedge p_n \wedge \neg q) \to F_0$$

的有效性。[此可由表 2.18 的第 7 欄之重言及第一代替規則而得，其中我們以敘述 $(p_1 \wedge p_2 \wedge p_3 \wedge \cdots \wedge p_n)^\dagger$ 替代原本敘述 p。]

● 表 2.18

p	q	F_0	$p \wedge \neg q$	$(p \wedge \neg q) \to F_0$	$p \to q$	$(p \to q) \leftrightarrow [(p \wedge \neg q) \to F_0]$
0	0	0	0	1	1	1
0	1	0	0	1	1	1
1	0	0	1	0	0	1
1	1	0	0	1	1	1

當我們應用矛盾證法時，我們首先假設我們試著有效性 (或證明) 確實為假。然後使用這個假設做為一個另加的前提來得一個形如 $s \wedge \neg s$ 的矛盾 (或不可能情形)，對某些敘述 s。一旦我們導出這個矛盾，我們可結論我們所給的敘述事實上為真，這個使論證為有效 (或完成證明)。

---

† 在 4.2 節，我們將證明為何我們知道對任意敘述 $p_1, p_2, \ldots, p_n$ 及 q，我們有 $(p_1 \wedge p_2 \wedge \cdots \wedge p_n) \wedge \neg q \Leftrightarrow p_1 \wedge p_2 \wedge \cdots \wedge p_n \wedge \neg q$。

當使用 ¬q 合取前提 $p_1, p_2, \cdots, p_n$ 來得一個矛盾比直接由前提 $p_1, p_2, \cdots, p_n$ 來得結論 q 容易時，我們將使用矛盾證法。矛盾證法將被使用在本節稍後的幾個例題裡，即例題 2.32 及 2.35。我們亦將發現矛盾證法時常一再出現在本書的其它章節裡。

目前我們已檢視六個推論規則，我們整理這些規則並引進幾個其它規則在表 2.19 裡 (在下一頁)。

下面五個例題將呈現有效論證。這些例題將告訴我們如何應用表 2.19 所列的規則和其它結果配合，例如邏輯定律。

第一個例題展示論證

例題 2.29

$$p \to r$$
$$\neg p \to q$$
$$q \to s$$
$$\therefore \neg r \to s$$

的有效性。

步驟	理由
1) $p \to r$	前提
2) $\neg r \to \neg p$	步驟 (1) 及 $p \to r \Leftrightarrow \neg r \to \neg p$
3) $\neg p \to q$	前提
4) $\neg r \to q$	步驟 (2) 和 (3) 及三段論法定律
5) $q \to s$	前提
6) $\therefore \neg r \to s$	步驟 (4) 和 (5) 三段論法定律

第二個使所給論證有效的方法可如下進行。

步驟	理由
1) $p \to r$	前提
2) $q \to s$	前提
3) $\neg p \to q$	前提
4) $p \vee q$	步驟 (3) 及 $(\neg p \to q) \Leftrightarrow (\neg\neg p \vee q) \Leftrightarrow (p \vee q)$，其中第二個邏輯等價係由雙否定定律而得
5) $r \vee s$	步驟 (1)，(2) 和 (4) 及構造性兩難法規則
6) $\therefore \neg r \to s$	步驟 (5) 及 $(r \vee s) \Leftrightarrow (\neg\neg r \vee s) \Leftrightarrow (\neg r \to s)$，其中雙否定定律被使用在第一個邏輯等價裡

下一個例題所含內容稍多一點。

● 表 2.19

推論規則	相關的邏輯蘊涵	規則名稱
1) p $\quad p \to q$ $\therefore q$	$[p \wedge (p \to q)] \to q$	分離規則 (斷言法)
2) $p \to q$ $\quad q \to r$ $\therefore p \to r$	$[(p \to q) \wedge (q \to r)] \to (p \to r)$	三段論法定律
3) $p \to q$ $\quad \neg q$ $\therefore \neg p$	$[(p \to q) \wedge \neg q] \to \neg p$	否定法
4) p $\quad q$ $\therefore p \wedge q$		合取規則
5) $p \vee q$ $\quad \neg p$ $\therefore q$	$[(p \vee q) \wedge \neg p] \to q$	析取三段論法規則
6) $\neg p \to F_0$ $\therefore p$	$(\neg p \to F_0) \to p$	矛盾規則
7) $p \wedge q$ $\therefore p$	$(p \wedge q) \to p$	合取簡化規則
8) p $\therefore p \vee q$	$p \to p \vee q$	析取放大規則
9) $p \wedge q$ $\quad p \to (q \to r)$ $\therefore r$	$[(p \wedge q) \wedge [p \to (q \to r)]] \to r$	條件證明規則
10) $p \to r$ $\quad q \to r$ $\therefore (p \vee q) \to r$	$[(p \to r) \wedge (q \to r)] \to [(p \vee q) \to r]$	訴訟證明規則
11) $p \to q$ $\quad r \to s$ $\quad p \vee r$ $\therefore q \vee s$	$[(p \to q) \wedge (r \to s) \wedge (p \vee r)] \to (q \vee s)$	構造性兩難法規則
12) $p \to q$ $\quad r \to s$ $\quad \neg q \vee \neg s$ $\therefore \neg p \vee \neg r$	$[(p \to q) \wedge (r \to s) \wedge (\neg q \vee \neg s)] \to (\neg p \vee \neg r)$	破壞性兩難法規則

例題 2.30 建立論證

$$\begin{array}{l} p \to q \\ q \to (r \wedge s) \\ \neg r \vee (\neg t \vee u) \\ p \wedge t \\ \hline \therefore u \end{array}$$

的有效性。

步驟	理由
1) $p \to q$	前提
2) $q \to (r \wedge s)$	前提
3) $p \to (r \wedge s)$	步驟 (1) 和 (2) 及三段論法定律
4) $p \wedge t$	前提
5) p	步驟 (4) 及合取簡化規則
6) $r \wedge s$	步驟 (5) 和 (3) 及分離規則
7) r	步驟 (6) 及合取簡化規則
8) $\neg r \vee (\neg t \vee u)$	前提
9) $\neg (r \wedge t) \vee u$	步驟 (8)，$\vee$ 的結合律，及 DeMorgan 定律
10) t	步驟 (4) 及合取簡化規則
11) $r \wedge t$	步驟 (7) 和 (10) 及合取規則
12) $\therefore u$	步驟 (9) 和 (11)，雙否定定律及析取三段論法

本例題將提供一方法來證明下面論證為真。

例題 2.31

假若樂隊不能演奏搖滾樂或茶點不能及時送達，則元旦派對將被取消且 Alicia 將非常生氣。若派對被取消，則需退費。沒有給退費。

因此樂隊會演奏搖滾樂。

首先，我們利用下面所指定的敘述，將上述之論證轉為符號形式。

p：樂隊會演奏搖滾樂。
q：茶點及時送達。
r：元旦派對被取消。
s：Alicia 生氣了。
t：需退費。

上述之論證變為

$$(\neg p \vee \neg q) \to (r \wedge s)$$
$$r \to t$$
$$\underline{\neg t}$$
$$\therefore p$$

我們可建立這個論證的有效性如下。

步驟	理由
1) $r \to t$	前提
2) $\neg t$	前提
3) $\neg r$	步驟 (1) 和 (2) 及否定法
4) $\neg r \vee \neg s$	步驟 (3) 及析取簡化規則

5) $\neg(r \wedge s)$ 步驟 (4) 及 DeMorgan 定律
6) $(\neg p \vee \neg q) \to (r \wedge s)$ 前提
7) $\neg(\neg p \vee \neg q)$ 步驟 (6) 和 (5) 及否定法
8) $p \wedge q$ 步驟 (7)，DeMorgan 定律，及雙否定定律
9) $\therefore p$ 步驟 (8) 及合取簡化規則

例題 2.32   在這個例題，我們將使用矛盾證法。考慮論證

$$\begin{array}{c} \neg p \leftrightarrow q \\ q \to r \\ \underline{\neg r} \\ \therefore p \end{array}$$

欲建立這個論證的有效性，我們假設以結論 p 的否定 $\neg p$ 做為另一個前提。我們的目標是使用這四個前提來導出一個矛盾 F_0。我們的導法如下。

步驟   理由
1) $\neg p \leftrightarrow q$ 前提
2) $(\neg p \to q) \wedge (q \to \neg p)$ 步驟 (1) 及 $(\neg p \leftrightarrow q) \Leftrightarrow [(\neg p \to q) \wedge (q \to \neg p)]$
3) $\neg p \to q$ 步驟 (2) 及合取簡化規則
4) $q \to r$ 前提
5) $\neg p \to r$ 步驟 (3) 和 (4) 及三段論法定律
6) $\neg p$ 前提 (假設的那一個)
7) r 步驟 (5) 和 (6) 及分離規則
8) $\neg r$ 前提
9) $r \wedge \neg r (\Leftrightarrow F_0)$ 步驟 (7) 和 (8) 及合取規則
10) $\therefore p$ 步驟 (6) 和 (9) 及矛盾證法

我們若進一步來檢視，我們發現

$$[(\neg p \leftrightarrow q) \wedge (q \to r) \wedge \neg r \wedge \neg p] \Rightarrow F_0$$

這個需要 $[(\neg p \leftrightarrow q) \wedge (q \to r) \wedge \neg r \wedge \neg p]$ 的真假值為 0。因為 $\neg p \leftrightarrow q$，$q \to r$ 及 $\neg r$ 為已知敘述，且每一個敘述的真假值為 1。因此，為了 $[(\neg p \leftrightarrow q) \wedge (q \to r) \wedge \neg r \wedge \neg p]$ 的真假值為 0，敘述 $\neg p$ 的真假值必要為 1，所以論證的結論 p 為真。

在檢視下一個例題之前，我們需要檢視表 2.20 的第五欄及第七欄。這兩個相同欄告訴我們，對原本敘述 p，q 及 r，$[p \to (q \to r)] \Leftrightarrow [(p \wedge q) \to r]$。使用第一代替規則，將 p 的每一個真假值以複合敘述 $(p_1 \wedge p_2 \wedge \cdots \wedge p_n)$ 代替之，則可得新結果

● 表 2.20

p	q	r	$p \wedge q$	$(p \wedge q) \to r$	$q \to r$	$p \to (q \to r)$
0	0	0	0	1	1	1
0	0	1	0	1	1	1
0	1	0	0	1	0	1
0	1	1	0	1	1	1
1	0	0	0	1	1	1
1	0	1	0	1	1	1
1	1	0	1	0	0	0
1	1	1	1	1	1	1

$$[(p_1 \wedge p_2 \wedge \cdots \wedge p_n) \to (q \to r)] \iff [(p_1 \wedge p_2 \wedge \cdots \wedge p_n \wedge q)^\dagger \to r].$$

這個結果告訴我們，若要建立論證 (*) 的有效性，可藉由建立論證 (**) 的有效性來做。

$$
\begin{array}{ll}
(*) \quad p_1 & \qquad (**) \quad p_1 \\
\quad\;\; p_2 & \qquad\qquad\;\; p_2 \\
\quad\;\; \vdots & \qquad\qquad\;\; \vdots \\
\quad\;\; p_n & \qquad\qquad\;\; p_n \\
\cline{1-1}\cline{2-2}
\therefore q \to r & \qquad\qquad\;\; q \\
& \cline{2-2}
& \qquad\qquad \therefore r
\end{array}
$$

我們想證明 $q \to r$ 的真假值為 1，當 $p_1, p_2, \cdots, p_n$ 中每一個的真假值為 1 時。若 q 的真假值為 0，則不必做什麼，因為 $q \to r$ 的真假值為 1。因此，當 $p_1, p_2, \cdots, p_n$ 及 q 中的每一個真假值均為 1 時，我們的真正問題是證明 $q \to r$ 的真假值為 1。亦即，我們需證明當 $p_1, p_2, \cdots, p_n, q$ 每一個的真假值為 1 時，則 r 的真假值為 1。

我們展示這個原則於下面例題。

例題 2.33

為建立論證

$$
(*) \quad
\begin{array}{l}
u \to r \\
(r \wedge s) \to (p \vee t) \\
q \to (u \wedge s) \\
\neg t \\
\hline
\therefore q \to p
\end{array}
$$

的有效性，我們考慮對應的論證

---

† 在 4.2 節，我們將給一個正式的證明，為何

$$(p_1 \wedge p_2 \wedge \cdots \wedge p_n) \wedge q \iff p_1 \wedge p_2 \wedge \cdots \wedge p_n \wedge q.$$

(**)
$$u \to r$$
$$(r \wedge s) \to (p \vee t)$$
$$q \to (u \wedge s)$$
$$\neg t$$
$$q$$
$$\therefore p$$

[注意 q 為論證 (*) 之結論 $q \to p$ 的假設,但它變為論證 (**) 的另一個前提,且論證 (**) 的結論為 p。]

欲使論證 (**) 有效,我們如下進行。

步驟	理由
1) q	前提
2) $q \to (u \wedge s)$	前提
3) $u \wedge s$	步驟 (1) 和 (2) 及分離規則
4) u	步驟 (3) 及合取簡化規則
5) $u \to r$	前提
6) r	步驟 (4) 和 (5) 及分離規則
7) s	步驟 (3) 及合取簡化規則
8) $r \wedge s$	步驟 (6) 和 (7) 及合取規則
9) $(r \wedge s) \to (p \vee t)$	前提
10) $p \vee t$	步驟 (8) 和 (9) 及離散規則
11) $\neg t$	前提
12) $\therefore p$	步驟 (10) 和 (11) 及析取三段論法

我們現在知道,對論證 (**)

$$[(u \to r) \wedge [(r \wedge s) \to (p \vee t)] \wedge [q \to (u \wedge s)] \wedge \neg t \wedge q] \Rightarrow p,$$

且對論證 (*) 有

$$[(u \to r) \wedge [(r \wedge s) \to (p \vee t)] \wedge [q \to (u \wedge s)] \wedge \neg t] \Rightarrow (q \to p).$$

例題 2.29 至 2.33 給我們一些如何建立一個論證有效性的概念。由例題 2.25,我們討論兩種情況說明何時一個論證為無效時,即以逆命題或反逆命題法來討論。所以現在是我們來學一點如何決定何時一個論證為無效的時刻了。

給一個論證

$$p_1$$
$$p_2$$
$$p_3$$
$$\vdots$$
$$p_n$$
$$\therefore q$$

我們說論證為無效若對每一個前提 p_1，p_2，p_3，$\cdots$，p_n 均為真 (真假值為 1)，但其結論 q 為假 (真假值為 0)。

下一個例題展示一個非直接的方法，憑什麼我們可證明一個我們感覺無效 (或許因為我們無法找到一個方法證明其為有效) 的論證確實是無效的。

考慮原本敘述 p，q，r，s 及 t 和論證 | 例題 2.34

$$\begin{array}{l} p \\ p \vee q \\ q \to (r \to s) \\ t \to r \\ \hline \therefore \neg s \to \neg t \end{array}$$

為證明這個論證為一個無效論證，我們需對每一個敘述 p，q，r，s 及 t 指定一個真假值使得結論 $\neg s \to \neg t$ 為假 (真假值為 0) 但四個前提均為真 (真假值為 1)。結論 $\neg s \to \neg t$ 為假的唯一時刻是當 $\neg s$ 為真且 $\neg t$ 為假時。這個蘊涵 s 的真假值為 0 且 t 的真假值為 1。

因為 p 為前提之一，所以其真假值必為 1。前提 $p \vee q$ 的真假值要為 1，q 的真假值可為真 (1) 或為假 (0)。讓我們考慮前提 $t \to r$，其中我們知道 t 為真。若 $t \to r$ 為真，則 r 必為真 (真假值為 1)。現在 r 為真 (1) 且 s 為假 (0)，得 $r \to s$ 為假 (0)，且前提 $q \to (r \to s)$ 的真假值要為 1 只有在 q 為假 (0) 時。

因此，在所給的真假值之下

p: 1 q: 0 r: 1 s: 0 t: 1,

四個前提

p $p \vee q$ $q \to (r \to s)$ $t \to r$

的真假值均為 1，但結論

$\neg s \to \neg t$

的真假值為 0。所以我們已證明所給論證為無效的。

例題 2.34 所給的真假值 $p:1$，$q:0$，$r:1$，$s:0$ 及 $t:1$ 提供一個反證我們認為可能為有效論證的案例。我們應開始瞭解為證明形如

$$(p_1 \wedge p_2 \wedge p_3 \wedge \cdots \wedge p_n) \to q$$

的蘊涵呈現一個有效論證，我們須考慮前提 p_1，p_2，p_3，$\cdots$，p_n 為真的所

有情形。[每一種此類情形為 (組成前提的) 原本敘述之真假值的指定，使得 $p_1, p_2, p_3, \cdots, p_n$ 為真。] 為達此目的——即包括所有情形但不寫出真假值表——我們一起使用推論規則、邏輯定律及其它邏輯等價。欲涵蓋所有必要情形，我們不可利用一個特殊例題 (或情形) 做為建立論證有效性 (對所有可能情形) 的工具。然而，每逢我們想證明一個蘊涵 (前述之形式) 不是一個重言，所有我們需要做的是讓蘊涵為假的這一個情形，亦即，所有前提均為真，但結論為假的情形。這一個情形提供一個論證的反例且證明論證為無效。

讓我們考慮第二個例題，其中我們試試例題 2.34 的非直接方法。

例題 2.35　對於下面論證的有效性或無效性，我們能說些什麼呢？此處 p, q, r 及 s 表原本敘述。

$$\begin{array}{l} p \to q \\ q \to s \\ r \to \neg s \\ \underline{\neg p \vee r} \\ \therefore \neg p \end{array}$$

可能結論 $\neg p$ 為假而四個前提均為真嗎？當 p 的真假值為 1 時，結論 $\neg p$ 為假。所以為使 $p \to q$ 為真，q 的真假值必為 1。由前提 $q \to s$ 的真假值，q 的真假值強迫 s 的真假值。因此，此刻敘述 p, q 及 r 的真假值均為 1。繼續討論前提 $r \to \neg s$，我們發現因為 s 的真假值為 1，所以 r 的真假值必為 0。因此 r 為假。但 $\neg p$ 為假且前提 $\neg p \vee r$ 為真，我們亦有 r 為真。因此我們發現 $p \Rightarrow (\neg r \wedge r)$。

對所給論證的有效性找一個反例的努力是失敗了。然而，這個失敗證明所給論證是有效的，而這個有效是利用反證法而得。

推論規則的介紹已徹底的廣泛進行。本章之末列出引用的參考資料提供額外的內容給想進一步追逐這個題材的讀者。在 2.5 節，我們應用本節所發展的概念至一個更具數學外貌的敘述。因為我們想學習如何發展定理之證明。接著在第 4 章，另外一個非常重要的證明技巧，稱之為**數學歸納法** (mathematical induction)，將再加入證明數學定理的武器工廠裡。然而，首先，讀者應小心的來完成本節的習題。

習題 2.3

1. 下面為三個有效論證。利用真假值表建立它們的有效性。並決定表中的哪些列對評估論證的有效性是有決定性的，且哪些列可以不去管它。
   a) $[p \wedge (p \rightarrow q) \wedge r] \rightarrow [(p \vee q) \rightarrow r]$
   b) $[[(p \wedge q) \rightarrow r] \wedge \neg q \wedge (p \rightarrow \neg r)] \rightarrow (\neg p \vee \neg q)$
   c) $[[p \vee (q \vee r)] \wedge \neg q] \rightarrow (p \vee r)$

2. 使用真假值表證明下面各小題為邏輯蘊涵。
   a) $[(p \rightarrow q) \wedge (q \rightarrow r)] \rightarrow (p \rightarrow r)$
   b) $[(p \rightarrow q) \wedge \neg q] \rightarrow \neg p$
   c) $[(p \vee q) \wedge \neg p] \rightarrow q$
   d) $[(p \rightarrow r) \wedge (q \rightarrow r)] \rightarrow [(p \vee q) \rightarrow r]$

3. 利用證明當假設的真假值為 1 時結論的真假值不可能為 0，來證明下面各小題為邏輯蘊涵。
   a) $(p \wedge q) \rightarrow p$
   b) $p \rightarrow (p \vee q)$
   c) $[(p \vee q) \wedge \neg p] \rightarrow q$
   d) $[(p \rightarrow q) \wedge (r \rightarrow s) \wedge (p \vee r)] \rightarrow (q \vee s)$
   e) $[(p \rightarrow q) \wedge (r \rightarrow s) \wedge (\neg q \vee \neg s)] \rightarrow (\neg p \vee \neg r)$

4. 對下面各雙敘述，使用斷言法或否定法在空白線處填上敘述使其為有效論證。
   a) 若 Janice 無法發動她的車子，則她的女兒 Angela 將檢查 Janice 的火星塞。
      Janice 無法發動她的車子。
      ∴ _____
   b) 若 Brady 正確的解了第一個問題，則他所得的答案為 137。
      Brady 第一個問題的答案不是 137。
      ∴ _____
   c) 若這是一個 **repeat-until** 迴圈，則這個迴圈至少被執行一次。
      _____
      ∴ 這個迴圈至少被執行一次。
   d) 若 Tim 在下午打籃球，則他在傍晚不看電視。
      _____
      ∴ Tim 在下午不打籃球。

5. 考慮下面各論證。若論證為有效，則確認使其有效的推論規則。若論證為無效，則指出錯誤是由於以逆命題方式探討或是以反逆命題方式探討所致的。
   a) Andrea 會寫 C++ 程式，且她會寫 Java 程式。
      因此 Andrea 會寫 C++ 程式。
   b) Bubbles 贏得高爾夫球賽的充分條件為她的對手 Meg 在最後一洞沒得 birdie。
      Bubbles 贏得高爾夫球賽。
      因此 Bubbles 的對手 Meg 在最後一洞沒得 birdie。
   c) 若 Ron 的電腦程式是正確的，則他可在至多兩小時之內完成他的電腦作業。
      Ron 花超過兩小時完成他的電腦作業。
      因此 Ron 的電腦程式不正確。
   d) Eileen 的汽車鑰匙在她的錢包裡或在她的廚房餐桌上。
      Eileen 的汽車鑰匙不在廚房餐桌上。
      因此 Eileen 的汽車鑰匙在她的錢包裡。
   e) 若利率下降，則股票市場將上升。
      利率沒下降。
      因此股票市場將不上升。

6. 對原本敘述 p，q 及 r，令 p 表敘述

$$[p \wedge (q \wedge r)] \vee \neg[p \vee (q \wedge r)],$$

而 P_1 表敘述

$$[p \wedge (q \vee r)] \vee \neg[p \vee (q \vee r)].$$

a) 使用推論規則證明

$$q \wedge r \Rightarrow q \vee r.$$

b) $P \Rightarrow P_1$ 是否為真？

7. 對證明論證

$$[p \wedge (p \to q) \wedge (s \vee r) \wedge (r \to \neg q)] \to (s \vee t)$$

為有效所需的各步驟寫理由。

步驟	理由
1) p	
2) $p \to q$	
3) q	
4) $r \to \neg q$	
5) $q \to \neg r$	
6) $\neg r$	
7) $s \vee r$	
8) s	
9) $\therefore s \vee t$	

8. 對證明論證

$$\begin{array}{l}(\neg p \vee q) \to r \\ r \to (s \vee t) \\ \neg s \wedge \neg u \\ \neg u \to \neg t \\ \hline \therefore p\end{array}$$

之各步驗寫理由

步驟	理由
1) $\neg s \wedge \neg u$	
2) $\neg u$	
3) $\neg u \to \neg t$	
4) $\neg t$	
5) $\neg s$	
6) $\neg s \wedge \neg t$	
7) $r \to (s \vee t)$	
8) $\neg(s \vee t) \to \neg r$	
9) $(\neg s \wedge \neg t) \to \neg r$	
10) $\neg r$	
11) $(\neg p \vee q) \to r$	
12) $\neg r \to \neg(\neg p \vee q)$	
13) $\neg r \to (p \wedge \neg q)$	
14) $p \wedge \neg q$	
15) $\therefore p$	

9. a) 對使論證

$$[(p \to q) \wedge (\neg r \vee s) \wedge (p \vee r)] \to (\neg q \to s).$$

有效的各步驟寫理由。

步驟	理由
1) $\neg(\neg q \to s)$	
2) $\neg q \wedge \neg s$	
3) $\neg s$	
4) $\neg r \vee s$	
5) $\neg r$	
6) $p \to q$	
7) $\neg q$	
8) $\neg p$	
9) $p \vee r$	
10) r	
11) $\neg r \wedge r$	
12) $\therefore \neg q \to s$	

b) 對 (a) 之結果給一個直接證明。

c) 對例題 2.32 之結果給一個直接證明。

10. 建立下面各論證的有效性。

a) $[(p \wedge \neg q) \wedge r] \to [(p \wedge r) \vee q]$

b) $[p \wedge (p \to q) \wedge (\neg q \vee r)] \to r$

c) $\begin{array}{l} p \to q \\ \neg q \\ \neg r \\ \hline \therefore \neg(p \vee r) \end{array}$ d) $\begin{array}{l} p \to q \\ r \to \neg q \\ r \\ \hline \therefore \neg p \end{array}$

e) $\begin{array}{l} p \to (q \to r) \\ \neg q \to \neg p \\ p \\ \hline \therefore r \end{array}$ f) $\begin{array}{l} p \wedge q \\ p \to (r \wedge q) \\ r \to (s \vee t) \\ \neg s \\ \hline \therefore t \end{array}$

g) $\begin{array}{l} p \to (q \to r) \\ p \vee s \\ t \to q \\ \neg s \\ \hline \therefore \neg r \to \neg t \end{array}$ h) $\begin{array}{l} p \vee q \\ \neg p \vee r \\ \neg r \\ \hline \therefore q \end{array}$

11. 給一個反例證明下面各論證為無效的，亦即，對所給的原本敘述 p，q，r 及 s 給真假值使得所有前提為真 (真假值為 1) 而結論為假 (真假值為 0)。

a) $[(p \wedge \neg q) \wedge [p \to (q \to r)]] \to \neg r$

b) $[[(p \wedge q) \rightarrow r] \wedge (\neg q \vee r)] \rightarrow p$

c) $p \leftrightarrow q$ d) p
$q \rightarrow r$ $p \rightarrow r$
$r \vee \neg s$ $p \rightarrow (q \vee \neg r)$
$\neg s \rightarrow q$ $\neg q \vee \neg s$
$\therefore s$ $\therefore s$

12. 將下面各論證以符號形式呈現，然後再建立論證的有效性或給一反例證明其無效。

a) 若 Rochelle 得到主管位置且認真工作，則她將獲得加薪。若她獲得加薪，則她將買一輛新車。她並沒有買一輛新車。因此 Rochelle 不是沒有得到主管位置就是工作不認真。

b) 若 Dominic 走到跑道，則 Helen 將發狂。若 Ralph 通宵打牌，則 Carmela 將發狂。若是 Helen 或是 Carmela 發狂，則 Veronica (他們的律師) 將被告知。Veronica 沒有被兩個委託人中任何一個告知。因此，Dominic 沒去跑道且 Ralph 沒通宵打牌。

c) 若有下雨機會或她的紅頭巾丟了，則 Lois 將不在她的草地上晒草堆。每當溫度超過 80°F，沒有下雨機會。今天溫度是 85°F 且 Lois 戴了她的紅頭巾。因此 (今天某刻) Lois 將在她的草地上晒草堆。

13. a) 給原本敘述 p，q，r，證明蘊涵

$$[(p \vee q) \wedge (\neg p \vee r)] \rightarrow (q \vee r)$$

為一個重言。

b) (a) 中的重言提供的推論規則稱為**分解規則** (resolution)，其中結論 ($q \vee r$) 被稱為**預解式** (resolvent)。

這個規則是 J. A. Robinson 在 1965 年提出，且為許多用來自動化推理系統之電腦程式基礎。

在應用分解規則時，每一個前提 (在假設裡) 且結論被以**短句** (clauses) 來寫。一個短句為一原本敘述或其否定，或是許多項的析取，其中各項為一原本敘述或原本敘述的否定。因此所給之規則以短句 ($p \vee q$) 及 ($\neg p \vee r$) 為前提且以短句 ($q \vee r$) 為結論 (或預解式)。我們以邏輯等價短句 $\neg p \vee \neg q$ 取代 $\neg (p \wedge q)$ (利用 DeMorgan 第一定律)。前提 $\neg (p \vee q)$ 亦可以兩個短句 $\neg p$，$\neg q$ 來取代。這是由於第二 DeMorgan 定律及合取簡化規則的關係。對前提 $p \vee (q \wedge r)$，我們應用 $\vee$ 對 $\wedge$ 的分配律及合取簡化規則，得兩個短句 $p \vee q$，$p \vee r$。最後，前提 $p \rightarrow q$ 變為短句 $\neg p \vee q$。

利用分解規則 (及其它推論規則與邏輯定律) 建立下面各敘述的有效性。

(i) $p \vee (q \wedge r)$ (ii) p
$p \rightarrow s$ $p \leftrightarrow q$
$\therefore r \vee s$ $\therefore q$

(iii) $p \vee q$ (iv) $\neg p \vee q \vee r$
$p \rightarrow r$ $\neg q$
$r \rightarrow s$ $\neg r$
$\therefore q \vee s$ $\therefore \neg p$

(v) $\neg p \vee s$
$\neg t \vee (s \wedge r)$
$\neg q \vee r$
$p \vee q \vee t$
$\therefore r \vee s$

c) 以符號形式寫出下面論證，再利用分解規則 (及其它推論規則和邏輯定律) 建立其有效性。

Jonathan 沒有駕照或他的新車沒有汽油。Jonathan 有駕照或他不喜歡開他的新車。Jonathan 的新車有汽油或他不喜歡開他的新車。因此，Jonathan 不喜歡開他的新車。

2.4 量詞的使用

在 2.1 節，我們提過含一個變數，如 x，的語句未必是敘述。例如，語句 "$x+2$ 為一偶數" 未必為真或假，除非我們知道 x 的值。若我們限制我們的選擇為整數，則 x 可被以 -5，-1，3 來取代，例如，則所得的敘述為假。事實上，當 x 為奇數時，上述語句為假。然而，當 x 取為偶數時，則上述語句為真。

我們把語句 "$x+2$ 為一偶數" 視為一個**開放敘述** (open statement)，我們將正式定義如下。

定義 2.5　一個陳述語句是一個**開放敘述** (open statement) 若

1) 它含有一個或更多的變數，且
2) 它不是一個敘述，但
3) 當變數以某種允許的選擇來取代時，它變為一個敘述。

當我們對照這個定義來檢視語言 "$x+2$ 為一偶數"，我們發現它是一個含單變數 x 的開放敘述。對於定義第三項，在先前的討論裡，我們的 "某種允許的選擇" 即為整數。這些允許的選擇組成所謂的開放敘述之**字集** (universe) 或**論域** (universe of discourse)。論域是由開放敘述中我們的選擇或允許的變數所組成的。(論域是**集合** (set) 的例子，一個我們將在下一章詳加檢視的概念。)

在處理開放敘述時，我們使用下面符號：

開放敘述 "$x+2$ 是一偶數" 被表為 $p(x)$ [或 $q(x)$，$r(x)$ 等等。] 則 $\neg p(x)$ 可被讀為 "$x+2$ 不是偶數"。

我們將使用 $q(x, y)$ 表含兩個變數的開放敘述。例如，考慮

$q(x, y)$：$y+2$，$x-y$ 及 $x+2y$ 為偶整數。

在 $q(x, y)$ 裡，其每一種情形所含的每一個 x，y 均有多於一個的選擇。我們瞭解當我們由論域中以一個選擇來代替所有 x 的其中一個，我們亦以同樣的選擇來代替其它 x。同樣的，對 y 的每一發生給一個替代者 (由論域)，則相同的替代者亦被用來替代變數 y 的所有其它發生。

取 $p(x)$ 及 $q(x, y)$ 如上述，且如我們的僅有允許之選擇，論域仍然規定為整數，則當我們對變數 x，y 做一些取代，我們得下面結果。

$p(5)$：7 ($=5+2$) 為一偶數。(假)
$\neg p(7)$：9 不是偶數。(真)
$q(4, 2)$：4，2 和 8 均為偶數。(真)

我們亦注意，例如，$q(5, 2)$ 及 $q(4, 7)$ 均為假敘述，而 $\neg q(5, 2)$ 及 $\neg q(4, 7)$ 則均為真敘述。

因此，我們看到 $p(x)$ 及 $q(x, y)$ 兩者，如已給的，某些替代可得真敘述而另外替代可得假敘述。因此我們可製造下面之真敘述。

1) 對某些 $x, p(x)$
2) 對某些 $x, y, q(x, y)$。

注意在此情形，敘述 "對某些 x，$\neg p(x)$" 且 "對某些 x, y，$\neg q(x, y)$" 亦為真。[因為敘述 "對某些 $x, p(x)$" 及 "對某些 $x, \neg p(x)$" 均為真，我們明白第二個敘述不是靠第一個敘述的否定——雖然開放敘述 $\neg p(x)$ 為開放敘述 $p(x)$ 的否定。對含 $q(x, y)$ 及 $\neg q(x, y)$ 的敘述亦有類似的結果。]

措辭 "對某些 x" 及 "對某些 x, y" 分別被稱為**量化** (quantify) 開放敘述 $p(x)$ 及 $q(x, y)$。在數學上許多公設、定義及定理含有被量化的開放敘述。這些結果係由兩種型態的**量詞** (quantifiers) 而得，其一被稱為**存在量詞** (existential quantifiers)，而另一被稱為**全稱量詞** (universal quantifiers)。

敘述 (1) 使用存在量詞 "對某些 x"，其亦可被表為 "對至少一個 x" 或 "存在一個 x 使得"。這個量詞以符號 $\exists x$ 表之。因此，敘述 "對某些 x，$p(x)$" 其符號型為 $\exists x\, p(x)$。

敘述 (2) 的符號型為 $\exists x\, \exists y\, q(x, y)$。符號 $\exists x, y$ 可被用來將 $\exists x\, \exists y\, q(x, y)$ 縮寫為 $\exists x, y\, q(x, y)$。

全稱量詞被表為 $\forall x$ 且讀為 "對所有 x"，"對任一 x"，"對每個 x"，或 "對每一 x"。"對所有 x, y"，"對任一 x, y"，"對每一 x, y"，或 "對所有的 x 及 y" 被表為 $\forall x\, \forall y$，其可被縮寫為 $\forall x, y$。

取 $p(x)$ 如稍早所定義的且使用全稱量詞，我們可改變開放敘述 $p(x)$ 為 (量化) 敘述 $\forall x\, p(x)$ 為一個假敘述。

假若我們考慮開放敘述 $r(x)$："$2x$ 為一偶數" 及相同的論域 (所有整數)，則 (量化) 敘述 $\forall x\, r(x)$ 為一真敘述。當我們說 $\forall x\, r(x)$ 為真，意即不管以什麼整數 (由論域) 來代替 x，所得敘述為真。而且敘述 $\exists x\, r(x)$ 為一真敘述，而 $\forall x\, \neg r(x)$ 及 $\exists x\, \neg r(x)$ 均為假。

在每一個開放敘述 $p(x)$ 及 $r(x)$ 中的變數 x 被稱為 (開放敘述的) **自由變數** (free variable)。當 x 在一開放敘述之論域上改變時，敘述的真假值

(依 x 值而變) 可能改變。例如，對 p(x) 來講，p(5) 為假，而 p(6) 卻為真敘述。然而，對每一個由所有整數的論域中取出的取代值 (對 x)，開放敘述 r(x) 變為一個真敘述。對照開放敘述 p(x)，敘述 ∃x p(x) 有一個固定的真假值，即 "真"。在符號表示式 ∃x p(x) 裡的變數 x，被稱為**約束變數** (bound variable)，它被存在量詞 ∃ 約束。對敘述 ∀x r(x) 及 ∀x ¬r(x) 亦是同樣情形，其中變數 x 被全稱量詞 ∀ 約束。

開放敘述 q(x, y) 有兩個自由變數，每一個變數被以敘述 ∃x ∃y q(x, y) 或 ∃x, y q(x, y) 的量詞來約束。

下面例題說明這些關於量詞的新概念如何可被用來和邏輯聯結接合。

例題 2.36　　這裡的宇集 (論域) 為所有實數組成。開放敘述 p(x)，q(x)，r(x) 及 s(x) 被給為

$$p(x): \quad x \geq 0 \qquad r(x): \quad x^2 - 3x - 4 = 0$$
$$q(x): \quad x^2 \geq 0 \qquad s(x): \quad x^2 - 3 > 0.$$

則下面敘述為真

1) $$\exists x\,[p(x) \wedge r(x)]$$

這個成立係因為實數 4，例如，為宇集的一元素且滿足 p(4) 及 r(4) 兩敘述均為真。

2) $$\forall x\,[p(x) \to q(x)]$$

若以負實數 a 取代 p(x) 中的 x，則 p(a) 為假，但 p(a) → q(a) 為真不管 q(a) 的真假值為何。若以非負實數 b 取代 p(x) 中的 x，則 p(b) 及 q(b) 同時為真，所以 p(b) → q(b) 亦為真。因此，對所有取自所有實數所成的宇集之 x，p(x) → q(x) 為真，且 (量化) 敘述 ∀x [p(x) → q(x)] 為真。

這個敘述可被轉譯成下面任何一個：

a) 對每個實數 x，若 $x \geq 0$，則 $x^2 \geq 0$。
b) 每個非負實數有一個非負方根。
c) 任何非負實數的平方為一個非負實數。
d) 所有非負實數有非負平方。

而且，敘述 ∃x [p(x) → q(x)] 為真。

下一個敘述，我們檢視它為假。

1′) $$\forall x\,[q(x) \to s(x)]$$

欲證明上述敘述為真，僅需給一個**反例** (counterexample)，亦即，給一個 x 值使得 $q(x) \to s(x)$ 為假，而不是如我們對敘述 (2) 所做的對所有 x 證明某些事情。以 1 代 x，我們發現 $q(1)$ 為真且 $s(1)$ 為假。因此 $q(1) \to s(1)$ 為假，且 (量化) 敘述 $\forall x\, [q(x) \to s(x)]$ 為假。[注意 $x=1$ 並不是唯一的反例：對每一個介於 $-\sqrt{3}$ 及 $\sqrt{3}$ 之間的實數 a，$q(a)$ 均為真，且 $s(a)$ 均為假。]

2′) $\qquad\qquad\qquad\quad \forall x\, [r(x) \vee s(x)]$

有許多 x 值，如 1，$\frac{1}{2}$，$-\frac{3}{2}$ 及 0，可得反例。然而，若改變量詞，我們發現 $\exists x\, [r(x) \vee s(x)]$ 為真。

3′) $\qquad\qquad\qquad\quad \forall x\, [r(x) \to p(x)]$

實數 -1 為方程式 $x^2 - 3x - 4 = 0$ 的一解，所以 $r(-1)$ 為真而 $p(-1)$ 為假。因此，-1 這個選擇提供唯一的反例來證明這個 (量化) 敘述為假。

敘述 (3′) 可被轉譯成下面各式：

a) 對每個實數 x，若 $x^2 - 3x - 4 = 0$，則 $x \geq 0$。
b) 對每個實數 x，若 x 為方程式 $x^2 - 3x - 4 = 0$ 的一解，則 $x \geq 0$。

現在我們做下面之觀察。令 $p(x)$ 表任一開放敘述 (含變數 x) 且具一個**非空** (nonempty) 宇集 (亦即，宇集至少含一個元素)。若 $\forall x\, p(x)$ 為真，則 $\exists x\, p(x)$ 亦為真，或

$$\forall x\, p(x) \Rightarrow \exists x\, p(x).$$

當我們寫 $\forall x\, p(x) \Rightarrow \exists x\, p(x)$，我們即在說蘊涵 $\forall x\, p(x) \to \exists x\, p(x)$ 為一邏輯蘊涵，亦即，$\exists x\, p(x)$ 為真當 $\forall x\, p(x)$ 為真時。而且，我們瞭解這個蘊涵的假設為量化敘述 $\forall x\, p(x)$ 且結論為另一個量化敘述 $\exists x\, p(x)$。反之，若 $\exists x\, p(x)$，則無法得 $\forall x\, p(x)$ 必為真。因此，一般來講，$\exists x\, p(x)$ 不邏輯蘊涵 $\forall x\, p(x)$。

下一個例題引出一個事實，一個開放敘述的量化可能無法如我們所喜歡的述說清楚。

例題 2.37

a) 考慮所有實數所成的宇集並檢視下面語句：

1) 若一數為有理數，則其為實數。
2) 若 x 為有理數，則 x 為實數。

我們同意這兩個語句傳達相同的資訊。但我們也要問這些語句為敘述或為開放敘述。在語句 (2)，至少有個變數 x 存在。但沒有一個語句含有諸如"對所有"或"對每一個"或"對每個"的表示式。這種唯一可用來說明我們正在處理全稱量化敘述的線索為第一個語句裡有個"一"的存在。像這些情形，全稱量詞的使用是以**隱式** (implicit) 方式而不是**顯式** (explicit) 方式。

若令 $p(x)$，$q(x)$ 為開放敘述

$$p(x)：x \text{ 為有理數} \quad q(x)：x \text{ 為實數,}$$

則我們必須承認這個事實，即兩個語句有點非正式表示量化敘述

$$\forall x \, [p(x) \to q(x)].$$

b) 對平面上所有三角形所成的宇集，語句

"一等邊三角形有三個 60° 角，且反之亦對。"

提供另一個隱量化的例子。這裡的"一"是唯一說明我們可將此語句表為具一個全稱量詞的敘述。若開放敘述

$e(t)$：三角形 t 為等邊。
$a(t)$：三角形 t 為三個 60° 角。

被定義在這個宇集，則所給的語句可被以顯量化型寫為

$$\forall t \, [e(t) \leftrightarrow a(t)].$$

c) 在基本的三角學教科書裡，吾人經常遇到三角恆等式

$$\sin^2 x + \cos^2 x = 1.$$

這個恒等式不含顯量化，而讀者必瞭解或被告知其被定義在所有實數 x。當所有實數形成的宇集被明確時 (或至少瞭解)，則恒等式可以 (顯) 量化敘述

$$\forall x \, [\sin^2 x + \cos^2 x = 1].$$

來表示

d) 最後，考慮所有正整數所形成的宇集及語句

"整數 41 等於兩個完全平方和。"

我們有多於一個的量化是隱式的例子，但這次量化是存在的。我們可以一個較正式 (符號) 的 $\exists m\ \exists n\ [41 = m^2 + n^2]$ 來表示結果。

例題 2.38

下一個例題說明一個量化敘述的真假值可能倚賴所描述的宇集。

考慮開放敘述 $p(x)：x^2 \geq 1$。

1) 若宇集由所有正整數組成，則量化敘述 $\forall x\ p(x)$ 為真。
2) 然而，對所有正實數所成的宇集，相同的量化敘述 $\forall x\ p(x)$ 為假。正實數 1/2 為許多可能的反例之一。

但不管對那一個宇集，量化敘述 $\exists x\ p(x)$ 為真。

量詞在電腦科學設定上的使用被說明在下一個例題。

例題 2.39

在下面的程式片段裡，n 為一個整數變數且變數 A 為 20 個整數 $A[1]$，$A[2]$，$\cdots$，$A[20]$ 的陣列。

```
for n := 1 to 20 do
    A[n] := n * n - n
```

下面關於陣列 A 的敘述可被表為量化型，其中宇集係由 1 到 20 的所有整數所成的集合。

1) 陣列裡的每個元素非負：

$$\forall n\ (A[n] \geq 0).$$

2) A 中有兩個連續元素，其中大的元素為小的元素的兩倍：

$$\exists n\ (A[n + 1] = 2A[n]).$$

3) 陣列裡的元素以 (嚴格) 遞增方式排序：

$$\forall n\ [(1 \leq n \leq 19) \to (A[n] < A[n + 1])].$$

最後一個敘述需使用兩個整數變數 m，n。

4) 陣列裡的所有元素為相異的：

或

$$\forall m\ \forall n\ [(m \neq n) \to (A[m] \neq A[n])],$$
$$\forall m, n\ [(m < n) \to (A[m] \neq A[n])].$$

● 表 2.21

敘述	何時為真？	何時為假？
$\exists x\, p(x)$	對宇集上的某些 (至少一個) a，$p(a)$ 為真。	對宇集上的每一個 a，$p(a)$ 為假。
$\forall x\, p(x)$	取自宇集的每一個替代 a，$p(a)$ 為真。	至少有一個取自宇集的替代 a，$p(a)$ 為假。
$\exists x\, \neg p(x)$	宇集上至少有一個選擇 a，$p(a)$ 為假，所以其否定，$\neg p(a)$ 為真。	對宇集上的每一個替代 a，$p(a)$ 為真。
$\forall x\, \neg p(x)$	取自宇集的每一個替代 a，$p(a)$ 為假且其否定 $\neg p(a)$ 為真。	至少有一個取自宇集的替代 a，$\neg p(a)$ 為假且 $p(a)$ 真。

在繼續之前，我們把目前有關量詞的東西整理並稍為擴大在表 2.21。

表 2.21 的結果可能僅以一個開放敘述出現。然而，我們應瞭解表中的開放敘述可能代表幾個開放敘述的合取，如 $q(x) \land r(x)$，或開放敘述的蘊涵，如 $s(x) \to t(x)$。例如，若欲知何時敘述 $\exists x\,[s(x) \to t(x)]$ 為真，則我們查看表中 $\exists x\, p(x)$ 及使用所說明的資訊。表告訴我們 $\exists x\,[s(x) \to t(x)]$ 為真當 $s(a) \to t(a)$ 為真，對某些 (至少一個) 在宇集上的 a。

我們將進一步查看含一個以上開放敘述的量化敘述。然而，在進行前，我們須檢視下面定義。這個定義可和定義 2.2 及 2.4 做比較，其中我們定義了邏輯等價及邏輯蘊涵。它對開放敘述設定相同型態的問題。

定義 2.6 令 $p(x)$，$q(x)$ 為定義在已知宇集上的開放敘述。

開放敘述 $p(x)$ 及 $q(x)$ 被稱為 **(邏輯) 等價** ((logically) equivalent)，且記為 $\forall x\,[p(x) \Leftrightarrow q(x)]$ 當對每一個取自宇集的替代 a 雙條件 $p(a) \to q(a)$ 為真 (亦即，$p(a) \Leftrightarrow q(a)$ 對宇集上的每一個 a)。若對宇集上的每一個 a，蘊涵 $p(a) \to q(a)$ 為真 (亦即，$p(a) \Rightarrow q(a)$ 對宇集上的每一個 a)，則記為 $\forall x\,[p(x) \Rightarrow q(x)]$ 且稱 $p(x)$ 邏輯蘊涵 $q(x)$。

對平面上所有三角形所成的宇集，令 $p(x)$，$q(x)$ 表開放敘述

$p(x)$：x 為等角三角形 $q(x)$：x 為等邊三角形

則對每一個特別的三角形 a (x 的一個替代) 我們知道 $p(a) \leftrightarrow q(a)$ 為真 (亦即，$p(a) \Leftrightarrow q(a)$，對平面上的每一個三角形)。因此，$\forall x\,[p(x) \Leftrightarrow q(x)]$。

一般來講，$\forall x\,[p(x) \Leftrightarrow q(x)]$ 若且唯若 $\forall x\,[p(x) \Rightarrow q(x)]$ 且 $\forall x\,[q(x) \Rightarrow p(x)]$。

我們亦瞭解可給相似於定義 2.6 的定義，其兩個開放敘述含有兩個或多於兩個的變數。

現在我們再看看敘述 (非開放敘述) 的邏輯等價，例如檢視敘述 $\forall x\ [p(x) \to q(x)]$ 的逆命題、反逆命題及對質變換命題。

定義 2.7

對開放敘述 $p(x)$，$q(x)$ (定義在某個宇集上) 及全稱量化敘述 $\forall x\ [p(x) \to q(x)]$，定義：

1) $\forall x\ [p(x) \to q(x)]$ 的對質變換命題為 $\forall x\ [\neg q(x) \to \neg p(x)]$。
2) $\forall x\ [p(x) \to q(x)]$ 的逆命題為 $\forall x\ [q(x) \to p(x)]$。
3) $\forall x\ [p(x) \to q(x)]$ 的反逆命題為 $\forall x\ [\neg p(x) \to \neg q(x)]$。

下面兩個例題說明定義 2.7。

例題 2.40 對平面上所有四邊形所成的宇集，令 $s(x)$ 及 $e(x)$ 表開放敘述

$$s(x)：x 為正方形 \qquad e(x)：x 為等邊四邊形$$

a) 敘述

$$\forall x\ [s(x) \to e(x)]$$

為真敘述且邏輯等價至其對質變換命題

$$\forall x\ [\neg e(x) \to \neg s(x)]$$

因為對每一個替代 a，$[s(a) \to e(a)] \Leftrightarrow [\neg e(a) \to \neg s(a)]$。

因此，$\qquad \forall x\ [s(x) \to e(x)] \Leftrightarrow \forall x\ [\neg e(x) \to \neg s(x)]$

b) 敘述

$$\forall x\ [e(x) \to s(x)]$$

為假敘述且為真敘述

$$\forall x\ [s(x) \to e(x)]$$

的逆命題。

假敘述

$$\forall x\ [\neg s(x) \to \neg e(x)]$$

為所給敘述 $\forall x\ [s(x) \to e(x)]$ 的反逆命題。

因為對每一個明確的四邊形 a，$[e(a) \to s(a)] \Leftrightarrow [\neg s(a) \to \neg e(a)]$。我們發現逆命題及反逆命題為邏輯等價，亦即，

$$\forall x\,[e(x) \to s(x)] \Leftrightarrow \forall x\,[\neg s(x) \to \neg e(x)].$$

例題 2.41 這裡 $p(x)$ 及 $q(x)$ 為開放敘述

$$p(x):\quad |x| > 3 \qquad q(x):\quad x > 3$$

且宇集為所有實數組成。

a) 敘述 $\forall x\,[p(n) \to q(x)]$ 為假敘述。例如，若 $x = -5$，則 $p(-5)$ 為真而 $q(-5)$ 為假。因此，$p(-5) \to q(-5)$ 為假，所以 $\forall x\,[p(x) \to q(x)]$ 為假。

b) 我們可將所給敘述 (在 (a)) 的逆命題表示如下：

每個大於 3 的實數其大小 (或絕對值) 大於 3。

這個真敘述的符號型為 $\forall x\,[q(x) \to p(x)]$。

c) 所給敘述的反逆命題亦為真敘述。其符號型為 $\forall x\,[\neg p(x) \to \neg q(x)]$，可以文字表示為

若一實數的大小是小於或等於 3，則實數本身是小於或等於 3。

且其邏輯等價於 (b) 之 (逆) 敘述。

d) (a) 中敘述的對質變換命題為 $\forall x\,[\neg q(x) \to \neg p(x)]$。這個假敘述是邏輯等價於 $\forall x\,[p(x) \to q(x)]$ 且可被表為如下：

若一實數小於或等於 3，則其大小小於或等於 3。

e) 併上述的 $p(x)$ 及 $q(x)$，考慮開放敘述

$$r(x):\quad x < -3,$$

其亦定義在所有實數所成的宇集。下面四個敘述全為真：

敘述	$\forall x\,[p(x) \to (r(x) \vee q(x))]$
對質變換命題	$\forall x\,[\neg(r(x) \vee q(x)) \to \neg p(x)]$
逆命題	$\forall x\,[(r(x) \vee q(x)) \to p(x)]$
反逆命題	$\forall x\,[\neg p(x) \to \neg(r(x) \vee q(x))]$

此時 (因為敘述及其逆命題均為真) 我們發現敘述 $\forall x\,[p(x) \leftrightarrow (r(x) \vee q(x))]$ 為真。

現在再次使用表 2.21 的結果來檢視下一個例題。

例題 2.42

這裡的宇集為所有整數的組成，且開放敘述 $r(x)$，$s(x)$ 為

$$r(x): \quad 2x+1=5 \qquad s(x): \quad x^2=9.$$

我們看出敘述 $\exists x\,[r(x) \wedge s(x)]$ 為假，因為沒有一個整數 a 滿足 $2a+1=5$ 及 $a^2=9$。然而，存在一整數 $b\,(=2)$ 滿足 $2b+1=5$，且存在另一個整數 $c\,(=3$ 或 $-3)$ 滿足 $c^2=9$。因此，敘述 $\exists x\,r(x) \wedge \exists x\,s(x)$ 為真。所以，存在量詞 $\exists x$ 不分配邏輯聯結 $\wedge$。這個反例足夠證明

$$\exists x\,[r(x) \wedge s(x)] \not\Leftrightarrow [\exists x\,r(x) \wedge \exists x\,s(x)],$$

其中 $\not\Leftrightarrow$ 讀作"不邏輯等價於"。其亦說明

$$[\exists x\,r(x) \wedge \exists x\,s(x)] \not\Rightarrow \exists x\,[r(x) \wedge s(x)],$$

其中 $\not\Rightarrow$ 讀作"不邏輯蘊涵"。所以敘述

$$[\exists x\,r(x) \wedge \exists x\,s(x)] \rightarrow \exists x\,[r(x) \wedge s(x)]$$

不是一個重言。

然而，這個形式的量化敘述之逆命題將會是如何呢？此刻我們對任意開放敘述 $p(x)$，$q(x)$ 及任意預設宇集提一個一般性的論證。

檢視敘述

$$\exists x\,[p(x) \wedge q(x)] \rightarrow [\exists x\,p(x) \wedge \exists x\,q(x)],$$

我們發現當假設 $\exists x\,[p(x) \wedge q(x)]$ 為真，則至少有一元素 c 在宇集上使得敘述 $p(c) \wedge q(c)$ 為真。由合取簡化規則 (參見 2.3 節)，$[p(c) \wedge q(c)] \Rightarrow p(c)$。由 $p(c)$ 的真假值，我們有真敘述 $\exists x\,p(x)$。同理我們得另一個真敘述 $\exists x\,q(x)$。所以，$\exists x\,p(x) \wedge \exists x\,q(x)$ 為真敘述。因為每當 $\exists x\,[p(x) \wedge q(x)]$ 為真時，$\exists x\,p(x) \wedge \exists x\,q(x)$ 為真，得

$$\exists x\,[p(x) \wedge q(x)] \Rightarrow [\exists x\,p(x) \wedge \exists x\,q(x)].$$

和例題 2.42 相似的論點所提供的邏輯等價和邏輯蘊涵被表列在表 2.22。除了表 2.22 所列的之外，許多其它邏輯等價和邏輯蘊涵亦可被導出。

○ **表 2.22** 單變數的量化敘述之邏輯等價及邏輯蘊涵

對一個預設的宇集及含變數 x 的任意開放敘述 $p(x)$，$q(x)$：

$$\exists x\,[p(x) \wedge q(x)] \Rightarrow [\exists x\,p(x) \wedge \exists x\,q(x)]$$
$$\exists x\,[p(x) \vee q(x)] \Leftrightarrow [\exists x\,p(x) \vee \exists x\,q(x)]$$
$$\forall x\,[p(x) \wedge q(x)] \Leftrightarrow [\forall x\,p(x) \wedge \forall x\,q(x)]$$
$$[\forall x\,p(x) \vee \forall x\,q(x)] \Rightarrow \forall x\,[p(x) \vee q(x)]$$

下一個例題列出幾個邏輯等價和邏輯蘊涵，並展示其中兩個如何被證明。

例題 2.43 令 $p(x)$，$q(x)$ 及 $r(x)$ 表一個已知宇集的開放敘述。我們發現下面的邏輯等價。(更多的亦可能)

1) $\exists x \, [\, p(x) \wedge (\, q(x) \wedge r(x))] \Leftrightarrow \forall x \, [\, p(x) \wedge q(x)) \wedge r(x)]$

欲證明這個敘述為邏輯等價，我們如下進行：

對宇集上的每個 a，考慮敘述 $p(a) \wedge (q(a) \wedge r(a))$ 及 $(p(a) \wedge q(a)) \wedge r(a)$。由 $\wedge$ 的結合律，我們有

$$p(a) \wedge (q(a) \wedge r(a)) \Leftrightarrow (p(a) \wedge q(a)) \wedge r(a).$$

因此，對開放敘述 $p(x) \wedge (\, q(x) \wedge r(x))$ 及 $(\, p(x) \wedge q(x)) \wedge r(x)$，得

$$\forall x \, [p(x) \wedge (q(x) \wedge r(x))] \Leftrightarrow \forall x \, [(p(x) \wedge q(x)) \wedge r(x)].$$

2) $\exists x \, [\, p(x) \to q(x)\,] \Leftrightarrow \exists x \, [\, \neg p(x) \vee q(x)]$

對宇集上的每個 c，由例題 2.7 得

$$[p(c) \to q(c)] \Leftrightarrow [\neg p(c) \vee q(c)].$$

因此，敘述 $\exists x \, [\, p(x) \to q(x)]$ 為真 (假) 若且唯若敘述 $\exists x \, [\neg p(x) \vee q(x)]$ 為真 (假)，所以，

$$\exists x \, [\, p(x) \to q(x)\,] \Leftrightarrow \exists x \, [\, \neg p(x) \vee q(x)]$$

3) 我們經常發現有用處的其它邏輯等價有下面幾個：

a) $\forall x \, \neg \neg p(x) \Leftrightarrow \forall x \, p(x)$
b) $\forall x \, \neg [\, p(x) \wedge q(x)] \Leftrightarrow \forall x \, [\, \neg p(x) \vee \neg q(x)]$
c) $\forall x \, \neg [\, p(x) \vee q(x)] \Leftrightarrow \forall x \, [\, \neg p(x) \wedge \neg q(x)]$

4) 當所有的全稱量詞被取代為存在量詞，3 (a)，(b) 及 (c) 的邏輯等價仍然有效。

表 2.21 和 2.22 的結果及例題 2.42 和 2.43 將幫助我們一個非常重要的概念。我們如何來否定含單一變數的量化敘述？

考慮敘述 $\forall x \, p(x)$。其否定——即 $\neg [\forall x \, p(x)]$——可被敘述為 "它不是對所有 x，$p(x)$ 成立的情形。" 這不是一個非常有用的註解，所以我們考慮 $\neg [\forall x \, p(x)]$ 更遠一點。當 $\neg [\forall x \, p(x)]$ 為真，則 $\forall x \, p(x)$ 為假，且對某些取自宇集的替代 a，$\neg p(a)$ 為真且 $\exists x \, \neg p(x)$ 為真。反之，每當敘述 $\exists x \, \neg p(x)$ 為真我們知道 $\neg p(b)$ 為真對宇集上的某些元素 b。因此 $\forall x \, p(x)$ 為

假，且 ¬[∀x p(x)] 為真。所以敘述 ¬[∀x p(x)] 為真若且唯若敘述 ∃x ¬p(x) 為真。(相似考量亦告訴我們 ¬[∀x p(x)] 為假若且唯若 ∃x ¬p(x) 為假。)

由上可得下面用來否定敘述 ∀x p(x) 的規則：

$$\neg[\forall x\ p(x)] \Leftrightarrow \exists x\ \neg p(x)$$

同法，表 2.21 告訴我們敘述 ∃x p(x) 為真 (假) 當敘述 ∀x ¬p(x) 為假 (真)。這個觀察刺激一個否定敘述 ∃x p(x) 的規則：

$$\neg[\exists x\ p(x)] \Leftrightarrow \exists x\ \neg p(x)$$

這兩個否定規則，及另外兩個由它們所得的規則，被給在表 2.23 裡，以便參考。

●表 2.23　否定含一個量詞的敘述之規則

$$\neg[\forall x\ p(x)] \Leftrightarrow \exists x\ \neg p(x)$$
$$\neg[\exists x\ p(x)] \Leftrightarrow \forall x\ \neg p(x)$$
$$\neg[\forall x\ \neg p(x)] \Leftrightarrow \exists x\ \neg\neg p(x) \Leftrightarrow \exists x\ p(x)$$
$$\neg[\exists x\ \neg p(x)] \Leftrightarrow \forall x\ \neg\neg p(x) \Leftrightarrow \forall x\ p(x)$$

在下一個例題中，我們使用這些規則來否定量化敘述。

這裡我們求兩個敘述的否定，其中宇集為所有整數組成。

例題 2.44

1) 令 p(x) 及 q(x) 被給為

$$p(x): x\ 為奇數 \qquad q(x): x^2-1\ 為偶數。$$

敘述 "若 x 為奇數，則 x^2-1 為偶數" 可被符號化為 ∀x [p(x) → q(x)]。(這是一個真敘述。)

這個敘述的否定被決定如下：

$$\neg[\forall x\ (p(x) \to q(x))] \Leftrightarrow \exists x\ [\neg(p(x) \to q(x))]$$
$$\Leftrightarrow \exists x\ [\neg(\neg p(x) \vee q(x))] \Leftrightarrow \exists x\ [\neg\neg p(x) \wedge \neg q(x)]$$
$$\Leftrightarrow \exists x\ [p(x) \wedge \neg q(x)]$$

從字面上講，否定為 "存在一個整數 x 使得 x 為奇數且 x^2-1 為奇數 (亦即，不是偶數)。" (這個敘述為假。)

2) 如在例題 2.42 裡，令 r(x) 及 s(x) 為開放敘述

$$r(x):\quad 2x+1=5 \qquad s(x):\quad x^2=9.$$

量化敘述 $\exists x\ [r(x) \wedge s(x)]$ 為假，因為存在至少一個整數 a 滿足 $2a+1 = 5$ ($a=2$) 及 $a^2 = 9$ ($a=3$ 或 -3)。因此，其否定

$$\neg[\exists x\ (r(x) \wedge s(x))] \iff \forall x\ [\neg(r(x) \wedge s(x))] \iff \forall x\ [\neg r(x) \vee \neg s(x)]$$

為真。這個否定的文字敘述為 "對每個整數 x, $2x+1 \neq 5$ 或 $x^2 \neq 9$。"

因為一個數學敘述所含的量詞可能不只一個，我們以提供一些例題及對這些形態的敘述做一些觀察來繼續本節。

例題 2.45　這裡我們有兩個實變數 x, y，宇集為所有實數所組成。實數的加法交換律可被表為

$$\forall x\ \forall y\ (x + y = y + x).$$

這個敘述亦可被給為

$$\forall y\ \forall x\ (x + y = y + x).$$

同樣的，對實數的乘法，我們可寫

$$\forall x\ \forall y\ (xy = yx)\ \text{或}\ \forall y\ \forall x\ (xy = yx).$$

這兩個例題建議下面的一般性結果。若 $p(x, y)$ 為含兩個變數 x, y 的開放敘述 (具同含 x 及 y 的預設宇集或含 x 的預設宇集及含 y 的另一個預設宇集)，則敘述 $\forall x\ \forall y\ p(x, y)$ 和 $\forall y\ \forall x\ p(x, y)$ 為邏輯等價，亦即，敘述 $\forall x\ \forall y\ p(x, y)$ 為真 (假) 若且唯若 $\forall y\ \forall x\ p(x, y)$ 為真 (假)。因此，

$$\forall x\ \forall y\ p(x, y) \iff \forall y\ \forall x\ p(x, y).$$

例題 2.46　在處理實數的加法結合律時，我們發現對所有實數 x, y 及 z，

$$x + (y + z) = (x + y) + z.$$

使用全稱量詞 (具所有實數的宇集)，我們可將它表為

$$\forall x\ \forall y\ \forall z\ [x + (y + z) = (x + y) + z]\ \text{或}\ \forall y\ \forall x\ \forall z\ [x + (y + z) = (x + y) + z].$$

事實上，共有 $3! = 6$ 種方法來排序這三個全稱量詞，且所有這六個量化敘述彼此互為邏輯等價。

這個對所有開放敘述 $p(x, y, z)$ 確實為真，且為簡化記號，例如，我們可寫

$$\forall x, y, z\ p(x, y, z) \iff \forall y, x, z\ p(x, y, z) \iff \forall x, z, y\ p(x, y, z),$$

描述六個敘述中的三個之間的邏輯等價。

在例題 2.45 及 2.46 裡，我們遇到含兩個和三個約束變數的量化敘述——每一個變數被一個全稱量詞約束。下一個例題，我們檢視含有兩個約束變數的一種情形——且這些變數的每一個均被一個存在量詞約束。

對所有整數的宇集，考慮真敘述 "存在整數 x，y 滿足 $x+y=6$"。我們可將其表為符號型 | 例題 2.47

$$\exists x\ \exists y\ (x+y=6)$$

若令 $p(x, y)$ 表開放敘述 "$x+y=6$"，則一個等價敘述可被給為 $\exists y\ \exists x\ p(x, y)$。

一般來講，對任一開放敘述 $p(x, y)$ 及含變數 x，y 的宇集，

$$\exists x\ \exists y\ p(x, y) \Longleftrightarrow \exists y\ \exists x\ p(x, y)$$

對含三個或更多此類量詞的敘述，類似結果亦成立。

當一個敘述同時含有存在及全稱量詞時，我們必須小心處理量詞的書寫順位。

我們限制宇集為所有整數，且令 $p(x, y)$ 表開放敘述 "$x+y=17$"。 | 例題 2.48
1) 敘述

$$\forall x\ \exists y\ p(x, y)$$

表 "對每個整數 x，存在整數 y 使得 $x+y=17$。" (量詞由左讀至右。)

這個敘述為真；一旦我們選了任一 x，整數 $y=17-x$ 存在且 $x+y=x+(17-x)=17$。但每一個 x 值得一個不同的 y 值。
2) 現在考慮敘述

$$\exists y\ \forall x\ p(x, y)$$

這個敘述被讀為 "存在一個整數 y 使得對所有整數 x，$x+y=17$。" 這個敘述為假。一旦一個整數 y 被選，則 x 的唯一值 (仍滿足 $x+y=17$) 為 $17-y$。

若敘述 $\exists y\ \forall x\ p(x, y)$ 為真，則每個整數 (x) 將等於 $17-y$ (對某一個固定的 y)。這個敘述所有整數均相等！

因此，敘述 $\forall x\ \exists y\ p(x, y)$ 和 $\exists y\ \forall x\ p(x, y)$ 一般是不邏輯等價。

為兩個重要理由，將數學敘述——公設、定義或定理——轉譯成符號型是有助益的。

1) 強迫我們非常小心並明確瞭解敘述的意義，"對所有 x" 及 "存在一個 x" 等用語的意義，及這些用語出現的順位。
2) 將數學敘述轉譯成符號型後，然後應用我們學過的規則來決定一些相關敘述，如否定或 (若合適) 對質變換命題、逆命題，或反逆命題。

最後兩個例題將說明這個，且將結果擴充在表 2.23 裡。

例題 2.49 令 $p(x, y)$，$q(x, y)$ 及 $r(x, y)$ 表三個開放敘述，變數 x，y 的替代由某預設之宇集選出。下面敘述

$$\forall x \ \exists y \ [(p(x, y) \land q(x, y)) \to r(x, y)]$$

的否定為何？

我們發現

$$\neg[\forall x \ \exists y \ [(p(x, y) \land q(x, y)) \to r(x, y)]]$$
$$\Leftrightarrow \exists x \ [\neg \exists y \ [(p(x, y) \land q(x, y)) \to r(x, y)]]$$
$$\Leftrightarrow \exists x \ \forall y \ \neg[(p(x, y) \land q(x, y)) \to r(x, y)]$$
$$\Leftrightarrow \exists x \ \forall y \ \neg[\neg[p(x, y) \land q(x, y)] \lor r(x, y)]$$
$$\Leftrightarrow \exists x \ \forall y \ [\neg\neg[p(x, y) \land q(x, y)] \land \neg r(x, y)]$$
$$\Leftrightarrow \exists x \ \forall y \ [(p(x, y) \land q(x, y)) \land \neg r(x, y)].$$

現假設我們試著來建立一個論證 (或一個數學定理) 的有效性，其結論為

$$\forall x \ \exists y \ [(p(x, y) \land q(x, y)) \to r(x, y)]$$

我們想利用矛盾證法來證明結果，我們將以這個結論的否定做為另加的前提。因此，另加的前提為敘述

$$\exists x \ \forall y \ [(p(x, y) \land q(x, y)) \land \neg r(x, y)].$$

最後，我們考慮如何來否定**極限** (limit) 的定義，一個微積分上的基本概念。

例題 2.50 在微積分裡，我們學過一個實變數的實值函數之性質。(函數將在本書的第 5 章討論)。這些性質當中有一個是極限的存在，且其定義為：令 I 為包含實數 a 的區間[†]且假設函數 f 被定義在整個 I，可能 a 除外。我們說

[†] 開區間的概念將被定義在 3.1 節末。

當 x 趨近 a 時 f 有極限 L，且記為 $\lim_{x \to a} f(x) = L$ 若 (且唯若) 對每個 $\epsilon > 0$ 存在一個 $\delta > 0$ 使得對所有 I 上的 x，$(0 < |x-a| < \delta) \to (|f(x) - L| < \epsilon)$。此可以符號型表示為

$$\lim_{x \to a} f(x) = L \Longleftrightarrow \forall \epsilon > 0 \; \exists \delta > 0 \; \forall x \; [(0 < |x-a| < \delta) \to (|f(x) - L| < \epsilon)].$$

[這裡的宇集為開區間 I 上的所有實數，可能 a 除外。而且，量詞 $\forall \epsilon > 0$ 及 $\exists \delta > 0$ 含有某些限制資訊。] 欲否定這個定義，我們如下處理 (某些步驟已被合併)：

$$\lim_{x \to a} f(x) \neq L$$
$$\Longleftrightarrow \neg[\forall \epsilon > 0 \; \exists \delta > 0 \; \forall x \; [(0 < |x-a| < \delta) \to (|f(x) - L| < \epsilon)]]$$
$$\Longleftrightarrow \exists \epsilon > 0 \; \forall \delta > 0 \; \exists x \; \neg[(0 < |x-a| < \delta) \to (|f(x) - L| < \epsilon)]$$
$$\Longleftrightarrow \exists \epsilon > 0 \; \forall \delta > 0 \; \exists x \; \neg[\neg(0 < |x-a| < \delta) \lor (|f(x) - L| < \epsilon)]$$
$$\Longleftrightarrow \exists \epsilon > 0 \; \forall \delta > 0 \; \exists x \; [\neg\neg(0 < |x-a| < \delta) \land \neg(|f(x) - L| < \epsilon)]$$
$$\Longleftrightarrow \exists \epsilon > 0 \; \forall \delta > 0 \; \exists x \; [(0 < |x-a| < \delta) \land (|f(x) - L| \geq \epsilon)]$$

轉成文字，我們發現 $\lim_{x \to a} f(x) \neq L$ 若 (且唯若) 存在一正 (實) 數 ϵ 使得對每個正 (實) 數 δ，存在一個 x 在 I 上滿足 $0 < |x-a| < \delta$ (亦即，$x \neq a$ 且其到 a 之距離小於 δ) 但 $|f(x) - L| \geq \epsilon$ [亦即，$f(x)$ 值和 L 至少相差 ϵ]。

習題 2.4

1. 令 $p(x)$，$q(x)$ 表下面的開放敘述。

   $p(x): x \leq 3$ $q(x): x+1$ 為奇數。

   若宇集為所有整數組成，則下面各敘述的真假值為何？

   a) $q(1)$ b) $\neg p(3)$ c) $p(7) \lor q(7)$
   d) $p(3) \land p(4)$ e) $\neg p(-4) \lor q(-3)$
   f) $\neg p(-4) \land q(-3)$

2. 令 $p(x)$，$q(x)$ 如習題 1 所定義的。令 $r(x)$ 為開放敘述 "$x > 0$" 宇集仍然是所有整數。

   a) 試決定下面各敘述的真假值。

   i) $p(3) \lor [q(3) \lor \neg r(3)]$
   ii) $p(2) \to [q(2) \to r(2)]$
   iii) $[p(2) \land q(2)] \to r(2)$
   iv) $p(0) \to [\neg q(-1) \leftrightarrow r(1)]$

   b) 試決定使得 $[p(x) \land q(x)] \land r(x)$ 為真敘述的所有 x 值。

3. 令 $p(x)$ 為開放敘述 "$x^2 = 2x$"，其中宇集為所有整數。試決定下面各敘述的真假。

   a) $q(0)$ b) $p(1)$ c) $p(2)$
   d) $p(-2)$ e) $\exists x \, p(x)$ f) $\forall x \, p(x)$

4. 考慮由三邊或四邊的多邊形所成的宇集，且對這個宇集定義下面各開放敘述。

   $a(x): x$ 的所有內角相等。
   $e(x): x$ 為等邊三角形。

$h(x)$：x 的所有邊均相等。
$i(x)$：x 為等腰三角形。
$p(x)$：x 有一內角大於 $180°$。
$q(x)$：x 為四邊形。
$r(x)$：x 為矩形。
$s(x)$：x 為正方形。
$t(x)$：x 為三角形。

將下面各敘述譯成文字敘述並判斷各敘述的真假值。

a) $\forall x\ [q(x) \veebar t(x)]$ b) $\forall x\ [i(x) \to e(x)]$
c) $\exists x\ [t(x) \wedge p(x)]$ d) $\forall x\ [(a(x) \wedge t(x)) \leftrightarrow e(x)]$
e) $\exists x\ [q(x) \wedge \neg r(x)]$ f) $\exists x\ [r(x) \wedge \neg s(x)]$
g) $\forall x\ [h(x) \to e(x)]$ h) $\forall x\ [t(x) \to \neg p(x)]$
i) $\forall x\ [s(x) \leftrightarrow (a(x) \wedge h(x))]$
j) $\forall x\ [t(x) \to (a(x) \leftrightarrow h(x))]$

5. Carlson 教授的力學班上有 29 位學生，其中

1) 三個主修物理的為大三學生。
2) 二個主修電子工程的為大三學生。
3) 四個主修數學的為大三學生。
4) 十二個主修物理的為大四學生。
5) 四個主修電子工程的為大四學生。
6) 十二個主修電子工程的為研究生。
7) 二個主修數學的為研究生。

考慮下面開放敘述。

$c(x)$：x 在班上 (亦即，如已描述的 Carlson 教授的力學班。)
$j(x)$：x 為大三學生。
$s(x)$：x 為大四學生。
$g(x)$：x 為研究生。
$p(x)$：x 為物理主修生。
$e(x)$：x 為電子工程主修生。
$m(x)$：x 為數學主修生。

以量詞及開放敘述 $c(x)$，$j(x)$，$s(x)$，$g(x)$，$p(x)$，$e(x)$ 及 $m(x)$ 描述下面各敘述，並決定各敘述的真假。這裡的宇集為 Carlson 教授所教的大學已註冊的 12,500 位學生。而且，在這個大學每位學生僅能有一個主修。

a) 班上有一位數學主修生，他是大三學生。
b) 班上有一位大四學生，他不是數學主修生。
c) 班上每一位學生的主修為數學或物理。
d) 班上沒有一位研究生是物理主修生。
e) 班上每一位學生的主修不是物理就是電子工程。

6. 令 $p(x, y)$，$q(x, y)$ 表下面開放敘述。

$p(x, y)$： $x^2 \geq y$ $q(x, y)$： $x + 2 < y$

若宇集中的每個 x，y 為所有實數組成。試決定下面各敘述的真假值。

a) $p(2, 4)$ b) $q(1, \pi)$
c) $p(-3, 8) \wedge q(1, 3)$ d) $p\left(\frac{1}{2}, \frac{1}{3}\right) \vee \neg q(-2, -3)$
e) $p(2, 2) \to q(1, 1)$ f) $p(1, 2) \leftrightarrow \neg q(1, 2)$

7. 對所有整數的宇集，令 $p(x)$，$q(x)$，$r(x)$，$s(x)$ 及 $t(x)$ 為下面開放敘述。

$p(x)$： $x > 0$。
$q(x)$： x 為偶數。
$r(x)$： x 為完全平方數。
$s(x)$： x (恰) 可被 4 整除。
$t(x)$： x (恰) 可被 5 整除。

a) 以符號型寫出下面各敘述。

i) 至少有一個整數為偶數。
ii) 存在一個正整數為偶數。
iii) 若 x 為偶數，則 x 不被 5 整除。
iv) 沒有偶數可被 5 整除。
v) 存在一個偶數可被 5 整除。

vi) 若 x 為偶數且 x 為一完全平方數，則 x 可被 4 整除。

b) 試決定 (a) 中六個敘述的真假。對每一個假敘述，給一個反例。

c) 以文字敘述表示下面各符號表示式
   i) $\forall x\,[r(x) \to p(x)]$ ii) $\forall x\,[s(x) \to q(x)]$
   iii) $\forall x\,[s(x) \to \neg t(x)]$ iv) $\exists x\,[s(x) \land \neg r(x)]$

d) 對 (c) 中每一個假敘述給一反例。

8. 令 $p(x)$，$q(x)$ 及 $r(x)$ 表下面開放敘述。

$$p(x):\ x^2 - 8x + 15 = 0$$
$$q(x):\ x\ \text{為奇數}$$
$$r(x):\ x > 0$$

對所有整數的宇集，決定下面各敘述的真假。若一敘述為假，則給一反例。

a) $\forall x\,[p(x) \to q(x)]$ b) $\forall x\,[q(x) \to p(x)]$
c) $\exists x\,[p(x) \to q(x)]$ d) $\exists x\,[q(x) \to p(x)]$
e) $\exists x\,[r(x) \to p(x)]$ f) $\forall x\,[\neg q(x) \to \neg p(x)]$
g) $\exists x\,[p(x) \to (q(x) \land r(x))]$
h) $\forall x\,[(p(x) \lor q(x)) \to r(x)]$

9. 令 $p(x)$，$q(x)$ 及 $r(x)$ 為下面開放敘述。

$$p(x):\ x^2 - 7x + 10 = 0$$
$$q(x):\ x^2 - 2x - 3 = 0$$
$$r(x):\ x < 0$$

a) 決定下面敘述的真假，其中宇集為所有整數。若一敘述為假，請給一反例或說明之。

   i) $\forall x\,[p(x) \to \neg r(x)]$ ii) $\forall x\,[q(x) \to r(x)]$
   iii) $\exists x\,[q(x) \to r(x)]$ iv) $\exists x\,[p(x) \to r(x)]$

b) 若宇集為所有正整數時，請對 (a) 作答。

c) 若宇集僅含整數 2 及 5，請對 (a) 作答。

10. 對下面程式片段，m 及 n 為整數變數。變數 A 為一個二維陣列 $A[1,1]$，$A[1,2]$，$\cdots$，$A[1,20]$，$\cdots$，$A[10,1]$，$\cdots$，$A[10,20]$，有 10 列 (指標由 1 到 10) 及 20 行 (指標由 1 到 20)

```
for m := 1 to 10 do
  for n := 1 to 20 do
    A[m, n] := m + 3 * n
```

以符號型寫出下面敘述。(對變數 m 的宇集僅含由 1 到 10 的整數；而對變數 n 的宇集為由 1 到 20 的變數。)

a) A 的所有元素為正數。

b) A 的所有元素為正數且小於或等於 70。

c) A 的某些元素大於 60。

d) A 的每一列之元素被排成 (嚴格) 遞增順序。

e) A 的每一行之元素被排成 (嚴格) 遞增順序。

f) A 的前三列之元素均相異。

11. 對下面各表示式 (或敘述) 指出約束變數及自由變數。兩者的宇集均為所有實數。

a) $\forall y\,\exists z\,[\cos(x + y) = \sin(z - x)]$
b) $\exists x\,\exists y\,[x^2 - y^2 = z]$

12. a) 令 $p(x, y)$ 表開放敘述 "x 除 y"，其中對每一個變數 x，y 的宇集為所有整數。(此處的 "除" 為 "完全除" 或 "除得盡的")。決定下面各敘述的真假值；若一量化敘述為假，請給一說明或反例。

   i) $p(3, 7)$ ii) $p(3, 27)$
   iii) $\forall y\, p(1, y)$ iv) $\forall x\, p(x, 0)$
   v) $\forall x\, p(x, x)$ vi) $\forall y\,\exists x\, p(x, y)$
   vii) $\exists y\,\forall x\, p(x, y)$
   viii) $\forall x\,\forall y\,[(p(x, y) \land p(y, x)) \to (x = y)]$

b) 若對每個變數 x，y 的宇集限制為僅為正整數，試決定 (a) 中八個敘述何者將改變其真假值。

c) 決定下面各敘述的真假值。若敘述為假，請給一說明或反例。[對每個 x，y

i) $\forall x\ \exists y\ p(x, y)$ ii) $\forall y\ \exists x\ p(x, y)$
iii) $\exists x\ \forall y\ p(x, y)$ iv) $\exists y\ \forall x\ p(x, y)$

13. 假設 $p(x, y)$ 為一開放敘述，其中對每個 x，y 的宇集僅由 2，3，5 三個整數組成。則量化敘述 $\exists y\ p(2, y)$ 邏輯等價於 $p(2, 2) \lor p(2, 3) \land p(2, 5)$。量化敘述 $\exists x\ \forall y\ p(x, y)$ 邏輯等價於 $[p(2, 2) \land p(2, 3) \land p(2, 5)] \lor [p(3, 2) \land p(3, 3) \land p(3, 5)] \lor [p(5, 2) \land p(5, 3) \land p(5, 5)]$。使用合取及 (或) 析取來表示下面敘述，但不得使用量詞。

    a) $\forall x\ p(x, 3)$ b) $\exists x\ \exists y\ p(x, y)$ c) $\forall y\ \exists x\ p(x, y)$

14. 令 $P(n)$，$q(n)$ 表開放敘述。

    $p(n) : n$ 為奇數 $q(n) : n^2$ 為奇數

    對所有整數的宇集。下面各敘述中何者互為邏輯等價？

    a) 若一整數的平方為奇數，則該整數為奇數。
    b) $\forall n\ [\ p(n)$ 對 $q(n)$ 是必要的]。
    c) 奇整數的平方為奇數。
    d) 有某些整數其平方為奇數。
    e) 給一整數其平方為奇數，該整數為奇數。
    f) $\forall n\ [\neg p(x) \to \neg q(n)]$
    g) $\forall n\ [p(n)$ 對 $q(n)$ 是充分的]

15. 對下面各對敘述，決定各個提議否定敘述，是否為正確。若為正確，決定原敘述和提議否定敘述中何者為真。若提議否定敘述為錯，寫一正確的否定敘述，再決定是原敘述為真還是您之正確的否定敘述為真。

    a) 敘述：對所有實數 x，y，若 $x^2 > y^2$，則 $x > y$。

    提議否定敘述：存在實數 x，y 滿足 $x^2 > y^2$ 但 $x \leq y$。

    b) 敘述：存在實數 x，y 滿足 x 及 y 為有理數但 $x+y$ 為無理數。

    提議否定敘述：對所有實數 x，y，若 $x+y$ 為有理數，則每一個 x，y 為有理數。

    c) 敘述：對所有實數 x，若 x 不為 0，則 x 有一個乘法反元素。

    提議否定敘述：存在一個非零實數沒有乘法反元素。

    d) 敘述：存在奇整數它們的乘積為奇數。

    提議否定敘述：任兩個奇數的乘積為奇數。

16. 以文字寫出下面各敘述的否定——不得使用符號記號。(此處之宇集為 Lenhart 教授任教之大學的所有學生。)

    a) 在 Lenhart 教授的 C++ 班上每位學生的主修為電腦科學或數學。
    b) 在 Lenhart 教授的 C++ 班上至少有一位學生的主修為歷史。

17. 寫出下面各真敘述的否定。(a) 及 (b) 的宇集為所有整數；(c) 及 (d) 中的宇集為所有實數。

    a) 對所有整數 n，若 n 不可被 2 (完全) 整除，則 n 為奇數。
    b) 若 k，m，n 為任意整數，其中 $k-m$ 及 $m-n$ 為奇數，則 $k-n$ 為偶數。
    c) 若 x 為實數，其中 $x^2 > 16$，則 $x < -4$ 或 $x > 4$。
    d) 對所有實數 x，若 $|x-3| < 7$，則 $-4 < x < 10$。

18. 否定並簡化下面各敘述。

    a) $\exists x\ [p(x) \lor q(x)]$ b) $\forall x\ [p(x) \land \neg q(x)]$
    c) $\forall x\ [p(x) \to q(x)]$

d) $\exists x\,[(p(x) \vee q(x)) \to r(x)]$

19. 對下面各敘述，敘述其逆命題、反逆命題及對質變換命題。決定各敘述的真假值並決定各敘述之逆命題、反逆命題及對質變換命題的真假值。（這裡"除"為"完全除"之意。）

    a) [宇集為所有正整數。]
    若 $m>n$，則 $m^2>n^2$。

    b) [宇集為所有整數。]
    若 $a>b$，則 $a^2>b^2$。

    c) [宇集為所有整數。]
    若 m 除盡 n 且 n 除盡 p，則 m 除盡 p。

    d) [宇集為所有實數。]
    $\forall x\,[(x>3) \to (x^2>9)]$。

    e) [宇集為所有實數。]
    對所有實數 x，若 $x^2+4x-21>0$，則 $x>3$ 或 $x<-7$。

20. 用"若-則"改寫下面各敘述，再寫出您的蘊涵之逆命題、反逆命題及對質變換命題。求 (a) 及 (c) 所得之蘊涵的真假值，並求其逆命題、反逆命題及對質變換命題的真假值。[(a) 中之"整除"為餘數為 0。]

    a) [宇集為所有正整數。]
    被 21 整除是被 7 整除的充分條件。

    b) [宇集為所有目前在亞洲叢林滑行的蛇。]
    眼鏡蛇為危險蛇的充分條件。

    c) [宇集為所有複數。]
    對每個複數 z，z 為實數是 z^2 為實數的必要。

21. 下面各敘述的宇集為所有非零整數。試決定下面各敘的真假值。

    a) $\exists x\,\exists y\,[xy=1]$ b) $\exists x\,\forall y\,[xy=1]$

    c) $\forall x\,\exists y\,[xy=1]$

    d) $\exists x\,\exists y\,[(2x+y=5) \wedge (x-3y=-8)]$

    e) $\exists x\,\exists y\,[(3x-y=7) \wedge (2x+4y=3)]$

22. 若宇集為所有非零實數，回答習題 21 各題。

23. 在實數算術裡，存在一實數叫做 0，稱為加法單位元素，因為 $a+0=0+a=a$ 對每個實數 a。這個可以符號型表示為
$$\exists z\,\forall a\,[a+z=z+a=a]$$
（我們同意宇集為所有實數。）

    a) 有加法單位元素的存在亦有加法反元素的存在。寫一量化敘述來表示"每個實數有一加法反元素"。(在你的敘述裡請勿使用減號。)

    b) 寫一量化敘述來處理實數算術的乘法單位元素的存在性。

    c) 寫一量化敘述涵蓋非零實數之乘法反元素的存在性。(在你的敘述裡請勿使用指數 -1。)

    d) 當宇集被限制為整數時，對 (b) 及 (c) 之結果做任何方式的改變。

24. 考慮量化敘述 $\forall x\,\exists y\,[x+y=17]$。對下面各宇集決定這個敘述的真假：(a) 整數；(b) 正整數；(c) 對 x 為整數，對 y 為正整數；(d) 對 x 為正整數，對 y 為整數。

25. 令下面敘述的變數之宇集為所有實數。否定及簡化下面各敘述

    a) $\forall x\,\forall y\,[(x>y) \to (x-y>0)]$

    b) $\forall x\,\forall y\,[(x<y) \to \exists z\,(x<z<y)]$

    c) $\forall x\,\forall y\,[(|x|=|y|) \to (y=\pm x)]$

26. 在微積分裡，實數序列 $r_1,r_2,r_3,\cdots$ 的極限 L 之定義可被給為
$$\lim_{n\to\infty} r_n = L$$

若 (且唯若) 對每一個 $\epsilon > 0$ 存在一正整數 k，使得對所有整數 n，若 $n > k$，則 $|r_n - L| < \epsilon$。其符號型可被表為

$$\lim_{n \to \infty} r_n = L \Longleftrightarrow$$
$$\forall \epsilon > 0 \ \exists k > 0 \ \forall n \ [(n > k) \to |r_n - L| < \epsilon].$$

試以符號表示 $\lim_{n \to \infty} r_n \neq L$。

2.5 量詞、定義及定理證明

本節我們將組合一些在前兩節已學過的概念。雖然 2.3 節介紹了建立論證有效性的規則及方法，不幸地，2.3 節的論證似乎少有處理任何數學的東西。[稀罕的例題為例題 2.23 及例題 2.26 之前的 (b) 部份之錯誤論證。] 多數論證處理某種特有的及它們所在或面對的範疇。

但現在我們已學了一些量詞及量化敘述的性質，我們有較好的裝備來處理論證，將來可助我們證明數學定理。然而，在處理定理之前，我們將考慮數學定義如何以傳統方式呈現科學寫法。

2.1 節例題 2.3，討論一個蘊涵在每天的會話裡如何取代雙條件。但在科學寫法裡，我們應避免任何及所有的情形，因其中可能產生模稜兩可之意──特別是當一個雙條件已使用時蘊涵不應該被使用。然而，有一個主要的例外，它關心數學定義傳統地出現在數學教科書及其它科學文獻。例題 2.51 說明這個例外。

例題 2.51　a) 讓我們以平面上所有四邊形的宇集開始，並試著鑑定所謂矩形的那些元素。

有人可能說

"若四邊形為矩形則其有四個等角。"

另一個人鑑定這些特殊四邊形的方法可能為

"若四邊形有四個等角，則其為矩形。"

(這裡的兩種說法均使用蘊涵量化敘述，其中的量詞為宇集。)

給開放敘述

$p(x)$：x 為矩形　　$q(x)$：x 有四邊等角

我們可將第一人說的表為

$$\forall x \ [p(x) \to q(x)]$$

而將第二人說的表為

$$\forall x \, [q(x) \to p(x)]$$

所以前述的 (量化) 敘述何者確認或定義矩形？或許我們感覺兩者均是。但為何是如此，因為一個敘述是另外一個敘述的逆命題，且一般來講，一個蘊涵的逆命題是不邏輯等價於蘊涵的。

讀者應考慮什麼是我們想要的——不只是這兩個人所說的，或是我們寫來表示這些敘述的符號表示式。此時每個人是使用含有雙條件之意的蘊涵。他們均想要 (雖然沒說出)

$$\forall x \, [p(x) \leftrightarrow q(x)]$$

亦即，每一個人真正告訴我們的是

"四邊形為矩形若且唯若其有四個等角。"

b) 在所有整數的宇集中，我們可以某種性質來分辨偶數，且我們可定義它們如下：

對每一個整數 n，我們稱 n 為偶數若它可被 2 整除。

("被 2 整除"之意為"被 2 除盡"——亦即，被 2 來除無餘數。)

若我們考慮開放敘述

$p(n)$：n 為偶數　　　$q(n)$：n 可被 2 整除，

則前述定義可以符號寫為

$$\forall n \, [q(n) \to p(n)]$$

畢竟，所給的量化敘述 (在前述定義裡) 為一個蘊涵。然而，這裡的情形和 (a) 所給的相似。那些不是我們想要的。讀者想要的是解讀所給的定義為

$$\forall n \, [q(n) \leftrightarrow p(n)],$$

亦即，

"對每一個整數 n，我們稱 n 為偶數若且唯若 n 可被 2 整除。"

(注意，開放敘述"n 可被 2 整除"亦可被表為開放敘述"$n = 2k$，對某些整數 k。"不要因為量詞"對某些整數 k"的出現而被誤導，因為表示式 $\exists k \, [n = 2k]$ 仍舊是一個開放敘述，因為 n 仍為一個自由變數。)

目前我們看到量詞如何可進入我們敘述的數學定義裡——且傳統上此類定義為一個蘊涵。但請注意且記著：不僅是在**定義**裡，蘊涵可被 (誤) 讀且可被解讀為一個雙條件。

注意我們是如何在例題 2.50 定義極限的概念。在那裡我們寫若 (且唯若)，因為我們想要讓讀者知道我們的想法。現在我們可自由地以"若"取代"若 (且唯若)"。

在定了數學定義外貌之討論後，我們現在以對含有量化敘述的論證做探討來繼續我們的討論。

例題 2.52　假設我們以僅含 2，4，6，8，…，24，26 等十三個整數的宇集開始，則我們可建立敘述：

對所有 n (意即 $n=2$，4，6，…，26)，

我們可將 n 寫為至多三個完全平方數的和。

表 2.24 提供各種情形證明所給的 (量化) 敘述為真。(我們可稱這個敘述為一個定理。)

● 表 2.24

$2 = 1+1$	$10 = 9+1$	$20 = 16+4$
$4 = 4$	$12 = 4+4+4$	$22 = 9+9+4$
$6 = 4+1+1$	$14 = 9+4+1$	$24 = 16+4+4$
$8 = 4+4$	$16 = 16$	$26 = 25+1$
	$18 = 16+1+1$	

這個徹底的表列是一種證明的例子，其使用的技巧我們稱之為**窮舉法** (method of exhaustion)。當我們處理一個非常小的宇集時，這個方法是合理的。若我們所處理的宇集較大但尚在電腦處理範圍內，則我們可寫程式來檢查所有的個別情形。

(注意表 2.24 裡某些情形可能不僅有一種答案。例如，我們可寫 $18 = 9+9$ 及 $26 = 16+9+1$。但這全對。我們被告知每一個小於或等於 26 的正偶數可被寫為一個、二個或三個完全平方數的和。我們未被告知每一個此類表示式必為唯一，所以多於一種可能性可發生。我們必須檢查的是每一種情形至少有一種可能性。)

在前面例題裡，我們提到**定理** (theorem) 這個字。我們亦發現這個名詞亦曾被使用在第 1 章裡，例如，像二項式定理及多項式定理，其中我們介紹某些型態的計數問題。不考慮技巧，我們將考慮定理為數字關心的敘述，而這些敘述為真。有時候定理僅被用來描述許多已被證明的結果。由

定理可頗直接得到的結果被稱為**系理** (corollaries) (如 1.3 節，系理 1.1)。然而，在本書，我們將不如此特別的使用定理這個字。

例題 2.52 是一個好的出發點來檢視一個量化敘述的證明。不幸地，許多數學敘述及定理時常處理無法使用窮舉法的宇集。例如，面對建立或證明對所有整數或對所有實數的結果時，我們無法像例題 2.52 之法一一的列出各種情形，那我們怎麼辦呢？

我們以考慮下面規則開始。

> **全稱規格規則** (The Rule of Universal Specification)：若一個開放敘述對所有取自已知宇集上的所有元素之取代變為真，則對該宇集上的每一個明確的個別元素該敘述為真。(稍加以符號表示，若 $p(x)$ 對一已知宇集為一個開放敘述，且 $\forall x\ p(x)$ 為真，則 $p(a)$ 為真對宇集上的每一個 a。)

這個規則說明一個開放敘述在一個特別例證的真假值 (做為一特殊情形)，可由該全稱量化開放敘述更一般的 (對整個宇集) 真假值而得。下面例題將告訴我們如何應用這個概念。

a) 對所有人的宇集，考慮開放敘述

$m(x)$：x 為數學教授　　　　$c(x)$：x 有學過微積分。

|例題 2.53|

現在考慮下面論證。

　　　　所有數學教授都有學過微積分。
　　　　Leona 是一位數學教授。
　　　　因此 Leona 有學過微積分。

若令 l 表這位名叫 Leona 的女士 (在宇集裡)，則我們可以符號型將這個論證改寫為

$$\begin{array}{l} \forall x\ [m(x) \to c(x)] \\ \underline{m(l) } \\ \therefore c(l) \end{array}$$

直線上方的兩個敘述為論證的前提，且直線下方的敘述 $c(l)$ 為論證的結論。這個和在 2.3 節我們所見到的是可比較的，除了現在我們有一個全稱量化敘述的前提。如在 2.3 節，前提通通被假設為真且在這些環境之下我們必須試著來建立結論亦為真。欲建立所給論證的有效性，我們如下進行。

步驟	理由
1) $\forall x \, [m(x) \to c(x)]$	前提
2) $m(l)$	前提
3) $m(l) \to c(l)$	步驟 (1) 及全稱規格規則
4) $\therefore c(l)$	步驟 (2) 和 (3) 及分離規則

步驟 (2) 及 (3) 的敘述不是量化敘述。它們是我們稍早所學的敘述型態，我們可應用在 2.3 節所學的推論規則給這兩個敘述來引導步驟 (4) 的結論。

此處我們可看出全稱規格規則可讓我們取一全稱量化敘述並由它導出一個尋常的敘述 (亦即，一個非量化的敘述。) 這個 (尋常) 敘述，即 $m(l) \to c(l)$，為全稱量化真前提 $\forall x \, [m(x) \to c(x)]$ 的一個明確真例證。

b) 對一個更具數學性質的例子，讓我們考慮平面上所有三角形的宇集及開放敘述

$p(t)$：t 有兩等邊。

$q(t)$：t 是一個等腰三角形。

$r(t)$：t 有兩個等角。

讓我們將注意力集中在一個沒有兩角相等的明確三角形上。稱這個三角形為三角形 *XYZ* 且指定它為 c。則我們發現論證

三角形 *XYZ* 沒有兩個等角。	$\neg r(c)$
若三角形有兩等邊，則其為等腰三角形。	$\forall t \, [p(t) \to q(t)]$
若三角形為等腰三角形，則其有兩個等角。	$\forall t \, [q(t) \to r(t)]$
因此三角形 *XYZ* 沒有兩等邊。	$\therefore \neg p(c)$

為一個有效論證，其理由如下。

步驟	理由
1) $\forall t \, [p(t) \to q(t)]$	前提
2) $p(c) \to q(c)$	步驟 (1) 及全稱規格規則
3) $\forall t \, [q(t) \to r(t)]$	前提
4) $q(c) \to r(c)$	步驟 (3) 及全稱規格規則
5) $p(c) \to r(c)$	步驟 (2) 和 (4) 及三段論法定律
6) $\neg r(c)$	前提
7) $\therefore \neg p(c)$	步驟 (5) 和 (6) 及斷言法

我們再次看到全稱規格規則如何來幫助我們。這裡在步驟 (1) 及 (3) 有全稱量化敘述且分別在步驟 (2) 及 (4) 給我們 (尋常) 敘述。接著我

們可應用 2.3 節所學的推論規則 (即三段論法定律及斷言法) 來導步驟 (7) 的結論 $\neg p(c)$。

c) 最後一個論證，我們考慮在某特殊學院的所有學生所成的宇集。一位特殊學生，名叫 Mary Gusberti，被表為 m。

對這個宇集及開放敘述

$j(x)$：x 為大三生　　$s(x)$：x 為大四生

$p(x)$：x 選了體育課

我們考慮論證

沒有大三生或大四生選體育課。

Mary Gusberti 選了體育課。

因此 Mary Gusberti 不是大四生。

這個論證的符號型為

$$\forall x \, [(j(x) \vee s(x)) \to \neg p(x)]$$
$$\underline{p(m)}$$
$$\therefore \neg s(m)$$

下面步驟 (及理由) 建立這個論證的有效性。

步驟	理由
1) $\forall x \, [(j(x) \vee s(x)) \to \neg p(x)]$	前提
2) $p(m)$	前提
3) $(j(m) \vee s(m)) \to \neg p(m)$	步驟 (1) 及全稱規格規則
4) $p(m) \to \neg(j(m) \vee s(m))$	步驟 (3) $(q \to t) \Leftrightarrow (\neg t \to \neg q)$ 及雙否定定律
5) $p(m) \to (\neg j(m) \wedge \neg s(m))$	步驟 (4) 及 DeMorgan 定律
6) $\neg j(m) \wedge \neg s(m)$	步驟 (2) 和 (5) 及分離規則 (或斷言法)
7) $\therefore \neg s(m)$	步驟 (6) 及合取簡化規則

在例題 2.53，我們第一次有機會應用全稱規格規則。使用這個規則並用斷言法 (或分離規則) 及否定法，我們可敘述下面對應的類比，其中每一個含有一個全稱量化前提。在各個情形我們考慮固定的宇集，此宇集含有一個明確元素 c，則對此宇集定義開放敘述 $p(x)$，$q(x)$。

$$(1) \quad \forall x \, [p(x) \to q(x)] \qquad (2) \quad \forall x \, [p(x) \to q(x)]$$
$$\underline{p(c)} \qquad\qquad\qquad\qquad \underline{\neg q(c)}$$
$$\therefore q(c) \qquad\qquad\qquad\qquad \therefore \neg p(c)$$

引用相同的推論規則，即 2.3 節的斷言法及否定法 (例題 2.25 及 2.26 之間的討論)，我們得這兩個有效論證。我們想檢視在不當使用 (1) 及 (2) 之結果時可能產生的錯誤。

讓我們以平面上所有多邊形的宇集開始。在這個宇集裡，令 c 表一個明確的多邊形，即四邊形 $EFGH$，其中角 E 的度數為 91°。對開放敘述

$$p(x)：x \text{ 為正方形} \quad q(x)：x \text{ 有四個邊，}$$

下面論證為無效的。

(1′)　　　　　所有正方形有四個邊。
　　　　　　　　四邊形 $EFGH$ 有四個邊。
　　　　　　　　因此四邊形 $EFGH$ 為正方形。

這個論證的符號型為

(1″)
$$\begin{array}{l} \forall x\,[p(x) \to q(x)] \\ \underline{q(c)\qquad\qquad\quad} \\ \therefore p(c) \end{array}$$

不幸的，雖然所有前提均為真，但結論為假。(因為正方形沒有 91° 的角。) 我們承認這個論證和 (1) 之有效論證間有些混亂。因為當我們應用全稱規格規則到 (1″) 的量化前提時，我們得到無效的論證。

$$\begin{array}{l} p(c) \to q(c) \\ \underline{q(c)\qquad\;} \\ \therefore p(c) \end{array}$$

如 2.3 節，這裡的錯誤是因為我們企圖以逆命題來討論。

第二個無效論證，由於上面論證 (2) 的誤用，亦可被給為如下。

(2′)　　　　　所有正方形有四個邊。
　　　　　　　　四邊形 $EFGH$ 不是正方形。
　　　　　　　　因此四邊形 $EFGH$ 沒有四個邊。

(2′) 的符號型為

(2″)
$$\begin{array}{l} \forall x\,[p(x) \to q(x)] \\ \underline{\neg p(c)\qquad\qquad\;} \\ \therefore \neg q(c) \end{array}$$

這次全稱規格規則引導我們得

$$\begin{array}{l} p(c) \to q(c) \\ \underline{\neg p(c)\quad\;} \\ \therefore \neg q(c) \end{array}$$

錯誤的產生是因為我們試著以逆命題來討論。

現在我們回顧例題 2.53 的三個部份。雖然所給的論證含有全稱量化敘述,但沒有任何例證之結論中有全稱量化敘述出現。我們現在想要來矯正這種情形,因為數學裡許多定律有全稱量化敘述的形式。欲達這一點,我們需下面的考慮。

以一個已知宇集及開放敘述 $p(x)$ 開始,欲建立敘述 $\forall x\, p(x)$ 的真假值,我們必須對已知宇集上的每一個元素 c 建立 $p(c)$ 的真假值。但若宇集有許多元素或,例如,含所有正整數,則有效每一個 $p(c)$ 真假值的窮舉工作將變為困難。欲繞過這個情形,我們將證明 $p(c)$ 為真,但現在我們處理 c 為一個明確但不是任意由宇集中選出的元素。

前述開放敘述 $p(x)$ 應有 $q(x) \rightarrow r(x)$ 之形式,對開放敘述 $q(x)$ 及 $r(x)$,則我們將假設 $q(c)$ (做為一個另加的前提) 之真假值,且試著導出 $r(c)$ 的真假值──可利用定義、公理、前已證明過的定理,及我們已學過的邏輯原理。因為當 $q(c)$ 為假時,蘊涵 $q(c) \rightarrow r(c)$ 為真,不管 $r(c)$ 的真假值。

元素 c 必須為任意的 (或一般性的) 的理由是確信我們對 c 所做及所證明的可應用於宇集的所有其它元素。若我們處理所有整數的宇集,例如,我們不可任意將 c 選為 4,或選 c 為一個偶數。一般來講,我們不可做任何假設來選 c,除非這些假設對宇集的所有其它元素為有效的。一般性這個字在這裡被應用至元素 c,因為它說明我們 (對 c) 的選擇應享有宇集上所有元素的所有共同特徵。

在前三段我們所描述的原理被命名及總結如下。

> **全稱一般化規則** (The Rule of Universal Generalization):若當 x 被由宇集中任意選出的元素 c 取代時開放敘述 $p(x)$ 被證明為真,則全稱量化敘述 $\forall x\, p(x)$ 為真。更而,此規則可被擴充至一個變數以上。例如,若我們有一個開放敘述 $q(x, y)$ 被證明為真當 x 及 y 被由相同宇集或由它們各自的宇集中任意選出的元素取代時,則全稱量化敘述 $\forall x\, \forall y\ q(x, y)$ [或 $\forall x, y\ q(x, y)$] 為真。對三個或更多個變數之情形,相同結果亦成立。

在我們以任何例子表示這個規則的使用之前,我們回顧 2.4 節的例題 2.43 的小部份。該處的解釋建立

$$\forall x\, [p(x) \wedge (q(x) \wedge r(x))] \Longleftrightarrow \forall x\, [(p(x) \wedge q(x)) \wedge r(x)]$$

期待我們現已仔細描述的，如全稱規格及全稱一般化規則。

現在我們轉向一個嚴格符號化的例題。這個例題提供使用全稱一般化規則的機會。

例題 2.54 令 $p(x)$，$q(x)$ 及 $r(x)$ 為被定義在已知宇集的開放敘述。我們藉由考慮下面證明論證

$$\forall x \,[p(x) \to q(x)]$$
$$\underline{\forall x \,[q(x) \to r(x)]}$$
$$\therefore \forall x \,[p(x) \to r(x)]$$

為真。

步驟	理由
1) $\forall x \,[(p(x) \to q(x)]$	前提
2) $p(c) \to q(c)$	步驟 (1) 及全稱規格規則
3) $\forall x \,[q(x) \to r(x)]$	前提
4) $q(c) \to r(c)$	步驟 (3) 及全稱規格規則
5) $p(c) \to r(c)$	步驟 (2) 和 (4) 及三段論法定律
6) $\therefore \forall x \,[p(x) \to r(x)]$	步驟 (5) 及全稱一般化規則

步驟 (2) 及 (4) 所引進的元素 c 是同一個明確但任意由宇集選出的元素。因為這個元素 c 沒有特別或傑出的性質，但其享有這個宇集上每一個元素之所有共同外貌，我們可使用全稱一般化規則由步驟 (5) 走到步驟 (6)。

所以我們處理了一個有效論證，其中有一個全稱量化敘述出現做為結論，及全稱量化敘述出現在前提之間。

現在讀者心中可能會有實際應用的問題。亦即，何時我們曾經需要使用例題 2.54 的論證呢？我們可能發現我們在較早的代數及幾何課程裡已使用到它 (或許，未知)，如我們在下面例題中所展示的。

例題 2.55 a) 對所有實數的宇集，考慮開放敘述

$$p(x): \quad 3x - 7 = 20 \qquad q(x): \quad 3x = 27 \qquad r(x): \quad x = 9.$$

下面代數方程式的解和例題 2.54 的有效論證平行。

1) 若 $3x - 7 = 20$，則 $3x = 27$。 $\qquad\qquad \forall x \,[p(x) \to q(x)]$
2) 若 $3x = 27$，則 $x = 9$。 $\qquad\qquad\qquad \underline{\forall x \,[q(x) \to r(x)]}$
3) 因此，若 $3x - 7 = 20$，則 $x = 9$。 $\qquad \therefore \forall x \,[p(x) \to r(x)]$

b) 當我們處理平面幾何上的所有四邊形之宇集時，我們可能已發現我們

敘述一些東西如：

"因為每一個正方形為矩形，且每個矩形為平行四邊形，所以每個正方形為平行四邊形。"

此時我們正使用例題 2.54 的論證，其中開放敘述為

$p(x)$：x 為正方形　　$q(x)$：x 為矩形　　$r(x)$：x 為平行四邊形。

我們繼續多做一個論證的有效性。

建立論證

例題 2.56

$$\forall x \, [p(x) \vee q(x)]$$
$$\underline{\forall x \, [(\neg p(x) \wedge q(x)) \rightarrow r(x)]}$$
$$\therefore \forall x \, [\neg r(x) \rightarrow p(x)]$$

之有效性所需要的步驟及理由敘述如下。[這裡 c 為宇集裡的元素且被指定給論證。而且，因為結論為一個全稱量化蘊涵，我們可假設 $\neg r(c)$ 為一個另加的前提，如在稍早引進全稱一般化規則時所提到的。]

步驟	理由
1) $\forall x \, [p(x) \vee q(x)]$	前提
2) $p(c) \vee q(c)$	步驟 (1) 及全稱規格規則
3) $\forall x \, [(\neg p(x) \wedge q(x)) \rightarrow r(x)]$	前提
4) $[\neg p(c) \wedge q(c)] \rightarrow r(c)$	步驟 (3) 及全稱規格規則
5) $\neg r(c) \rightarrow \neg[\neg p(c) \wedge q(c)]$	步驟 (4) 及 $s \rightarrow t \Leftrightarrow \neg t \rightarrow \neg s$
6) $\neg r(c) \rightarrow [p(c) \vee \neg q(c)]$	步驟 (5)，DeMorgan 定律及雙否定定律
7) $\neg r(c)$	前提 (假設)
8) $p(c) \vee \neg q(c)$	步驟 (7) 和 (6) 及斷言法
9) $[p(c) \vee q(c)] \wedge [p(c) \vee \neg q(c)]$	步驟 (2) 和 (8) 及合取規則
10) $p(c) \vee [q(c) \wedge \neg q(c)]$	步驟 (9) 及 $\vee$ 對 $\wedge$ 的分配律
11) $p(c)$	步驟 (10)，$q(c) \wedge \neg q(c) \Leftrightarrow F_0$ 及 $p(c) \vee F_0 \Leftrightarrow p(c)$
12) $\therefore \forall x \, [\neg r(x) \rightarrow p(x)]$	步驟 (7) 及 (11) 及全稱一般化規則

在繼續介紹教材之前，我們想指出一個讀者可能不喜歡但必須習慣的傳達。它關心全稱規格及全稱一般化規則。在第一種情形裡，我們以敘述 $\forall x \; p(x)$ 開始，接著對宇集上的某些明確元素 c 處理 $p(c)$。對全稱一般化規則，我們由 $p(c)$ 的真假值得 $\forall x \; p(x)$ 的真假值，其中 c 是由宇集中任意選出來的。不幸的是，我們將經常發現使用字母 x 代替 c 來表元素，但主要瞭解其含意，我們將馬上發現這個傳達易於工作。

例題 2.54 的結果及特別是例題 2.56 引導我們相信我們可使用全稱量

化敘述及推論規則——包括全稱規格及全稱一般化規則——來形式化並證明各種論證及定理。在我們如此做時，發現某些頗短論證的有效性需要滿多的步驟，因為我們是小心翼翼的涵括所有步驟及理由——留下少許去想像。讀者應有信心為我們開始證明數學定理時，我們將以更慣例的段落寫法來呈現證明。我們將不再提每個邏輯定律應用及其它重言或推論規則。偶爾我們可能會單一提出某個推論規則，但我們的注意力將主要是引導定義、數學公理及原則 (不是在邏輯學上我們已學過的那些) 和其它 (稍早) 我們已能證明的定理之使用。為何我們還要學所有有效論證的教材呢？因為它們提供我們一個骨架來回顧當我們懷疑證明方法是否正確時。若疑惑時，我們所學的邏輯將提供我們有點無意識的但嚴格客觀的方法來幫我們做決定。

現在我們提出段落形式的證明給一些關於整數的結果。 (這些結果對我們可能太明顯。事實上我們可能發現有些我們已見過且使用過。但它們對寫一些簡單證明提供一個卓越的安排。) 我們將介紹的證明將使用下面概念，且我們現在正式來定義這些概念。[第一個概念已稍早在例題 2.51(b) 介紹過。]

定義 2.8　　令 n 為一整數。我們稱 n 為**偶數** (even) 若 n 可被 2 整除。亦即，若存在整數 r 使得 $n=2r$。若 n 不是偶數，則稱 n 為**奇數** (odd) 且存在整數 s 使得 $n=2s+1$。

定理 2.2　　對所有整數 k 及 l，若 k,l 均為奇數，則 $k+l$ 為偶數。
證明：在本證明裡，我們將對每個步驟編號碼，以便稍後的註解好引用它們，以後我們將不再對步驟編號碼。

1) 因為 k 及 l 為奇數，我們可寫 $k=2a+1$ 及 $l=2b+1$，對某些整數 a, b。這是由於定義 2.8。

2) 則
$$k+l = (2a+1)+(2b+1) = 2(a+b+1),$$
係利用加法的交換及結合律並使用乘法對加法的分配律 —— 這些定律對所有整數均成立。

3) 因為 a, b 為整數，$a+b+1=c$ 為整數，得 $k+l=2c$，由定義 2.8 知 $k+l$ 為偶數。

註解

1) 在前述證明的步驟 (1) 中，k 及 l 被以任意方式來選取，所以由全稱一般化規則，所得的結果對所有奇數均為真。
2) 雖然我們可能不承認我們在步驟 (1) 中正使用全稱規格規則 (兩次)。這個步驟的第一個論證蘊涵讀者如下：
   i) 若 n 為奇數，則 $n=2r+1$ 對某些整數 r。
   ii) 整數 k 為一個明確 (但任意選的) 奇數。
   iii) 因此我們可寫 $k=2a+1$ 對某些 (明確) 整數 a。
3) 在步驟 (1) 我們沒有 $k=2a+1$ 及 $l=2a+1$，因為 k，l 為任意選的，可能產生 $k=l$ 之情形，且當 $k=l$ 則 $2a+1=k=l=2b+1$，得 $a=b$。[因為 k 可能不等於 l，$(k-1)/2=a$ 可能不等於 $b=(l-1)/2$。因此我們應使用不同 a 及 b 值。]

在我們繼續討論另一個定理 (以更慣例的方式寫的) 之前，讓我們檢視下面。

例題 2.57

對整數宇集，考慮下面敘述

$$\text{若 } n \text{ 為整數，則 } n^2=n\text{；或 } \forall n\,[n^2=n]。$$

若 $n=0$ 則 $n^2=0^2=0=n$ 為真。若 $n=1$，則 $n^2=1^2=1=n$ 亦為真。然而，我們不能結論 $n^2=n$ 對每個整數 n。全稱一般化規則在這裡不適用，因為我們不可考慮 0 (或 1) 的選擇為一個任意選擇的整數。若 $n=2$，則 $n^2=4\neq 2=n$，且這個反例足夠告訴我們所給敘述為假。然而，不管那一個替代，即 $n=0$ 或 $n=1$ 足夠建立敘述：

$$\text{對某些整數 } n\text{，}n^2=n\text{；或 } \exists n\,[n^2=n] \text{ 為真。}$$

最後，我們以三個結果做為本節的結束，其中各個結果展示我們如何在本書往後教材裡書寫證明。

定理 2.3

對所有整數 k 及 l，若 k 及 l 均為奇數，則它們的乘積 kl 亦為奇數。
證明： 因為 k 及 l 均為奇數，我們可寫 $k=2a+1$ 及 $l=2b+1$，對某些整數 a 及 b，由定義 2.8。則乘積 $kl=(2a+1)(2b+1)=4ab+2a+2b+1=2(2ab+a+b)+1$，其中 $2ab+a+b$ 為整數。因此，再次由定義 2.8，得 kl 為奇數。

所有圖書館員均知道國會分類系統圖書館。

───────────────────────

∴ Margaret 知道國會分類系統圖書館。

c) [和 (b) 相同之宇集。]

Sondra 是一位行政主任。

∴ Sondra 知道如何代表權力。

d) [宇集為平面上所有四邊形。]
所有矩形為等角的。

───────────────────────

∴ 四邊形 MNPQ 不是矩形。

6. 試決定下面各敘述何者為有效的？何者為無效的？對每個答案給一說明。(令宇集為目前居留在美國的所有人。)

a) 所有郵差帶一罐瓦斯。
Bacon 太太是一位郵差。
因此 Bacon 太太帶一罐瓦斯。

b) 所有合法居留的公民付稅。
Pelosi 先生付稅。
因此 Pelosi 先生是合法居留的公民。

c) 所有關心環境的人回收塑膠容器。
Margarita 不關心環境。
因此 Margarita 不回收塑膠容器。

7. 對一已知宇集及含變數 x 的任一開放敘述 $q(x)$，證明

a) $\exists x\,[p(x) \vee q(x)] \Leftrightarrow \exists x\,p(x) \vee \exists x\,q(x)$

b) $\forall x\,[p(x) \wedge q(x)] \Leftrightarrow \forall x\,p(x) \wedge \forall x\,q(x)$

8. a) 令 $p(x)$，$q(x)$ 為含變數 x 的開放敘述，在一已知宇集。證明

$$\forall x\,p(x) \vee \forall x\,q(x) \Rightarrow \forall x\,[p(x) \vee q(x)].$$

[亦即，證明當敘述 $\forall x\,p(x) \vee \forall x\,q(x)$ 為真時，敘述 $\forall x\,[p(x) \vee q(x)]$ 為真。]

b) 對 (a) 之逆命題找一個反例。亦即，找開放敘述 $p(x)$，$q(x)$ 及一個宇集使得 $\forall x\,[p(x) \vee q(x)]$ 為真，而 $\forall x\,p(x) \vee \forall x\,q(x)$ 為假。

9. 寫出證明下面論證之各步驟的理由。(這裡 a 表宇集中一個明確但任意被選的元素。)

$$\forall x\,[p(x) \to (q(x) \wedge r(x))]$$
$$\forall x\,[p(x) \wedge s(x)]$$
$$\therefore \forall x\,[r(x) \wedge s(x)]$$

步驟　　　　　　　　　　　　　　　**理由**
1) $\forall x\,[p(x) \to (q(x) \wedge r(x))]$
2) $\forall x\,[p(x) \wedge s(x)]$
3) $p(a) \to (q(a) \wedge r(a))$
4) $p(a) \wedge s(a)$
5) $p(a)$
6) $q(a) \wedge r(a)$
7) $r(a)$
8) $s(a)$
9) $r(a) \wedge s(a)$
10) $\therefore \forall x\,[r(x) \wedge s(x)]$

10. 提供漏掉之各步驟理由以完成證明下面論證：

$$\forall x\,[p(x) \vee q(x)]$$
$$\exists x\,\neg p(x)$$
$$\forall x\,[\neg q(x) \vee r(x)]$$
$$\forall x\,[s(x) \to \neg r(x)]$$
$$\therefore \exists x\,\neg s(x)$$

步驟　　　　　　　　　**理由**
1) $\forall x\,[p(x) \vee q(x)]$　　前提
2) $\exists x\,\neg p(x)$　　　　　前提
3) $\neg p(a)$　　　　　　　步驟 (2) 及 $\exists x\,\neg p(x)$ 的真假值定義。[a 是宇集中之元素 (替代) 使得 $\neg p(x)$ 為真。] 此步驟之理由亦被稱為**存在規格規則** (Rule of Existential Specification)。
4) $p(a) \vee q(a)$
5) $q(a)$
6) $\forall x\,[\neg q(x) \vee r(x)]$
7) $\neg q(a) \vee r(a)$
8) $q(a) \to r(a)$

9) $r(a)$
10) $\forall x\,[s(x) \to \neg r(x)]$
11) $s(a) \to \neg r(a)$
12) $r(a) \to \neg s(a)$
13) $\neg s(a)$
14) $\therefore \exists x\,\neg s(x)$ 步驟 (13) 及 $\exists x\,\neg s(x)$ 的真假值定義。此步驟之理由亦被稱為**存在一般化規則** (Rule of Existential Generalization)。

11. 以符號型寫出下面論證。並證明論證的有效性或說明為何其為無效的。[假設這裡的宇集為目前居住在 Las Cruces 市 (在新墨西哥州) 的成年人 (18 歲以上)。這些居民中的兩位為 Roxe 和 Imogene。]

    所有信用工會職員必須知道 COBOL。所有信用工會職員在寫貸款申請時必須知道 Excel。Roxe 在信用工會工作，但她不知道 Excel[†]。Imogene 知道 Excel 但不知道 COBOL。因此 Roxe 不會寫貸款申請且 Imogene 不在信用工會工作。

12. 對下面各小題給一個直接證明 (如定理 2.3)。

    a) 對所有整數 k 及 l，若 k，l 均為偶數，則 $k+l$ 為偶數。

    b) 對所有整數 k 及 l，若 k，l 均為偶數，則 kl 為偶數。

13. 對下面各敘述給一個非直接證明 [如定理 2.4 的 (2)]，即敘述並證明所給敘述的對質變換命題。

    a) 對所有整數 k 及 l，若 kl 為奇數，則 k，l 均為奇數。

    b) 對所有整數 k 及 l，若 $k+l$ 為偶數，則 k 及 l 不是均為偶數就是均為奇數。

14. 證明對每個整數 n，若 n 為奇數，則 n^2 為奇數。

15. 對下面結果給一個矛盾證法：對每個整數 n，若 n^2 為奇數，則 n 為奇數。

16. 證明對每個整數 n，n^2 為偶數若且唯若 n 為偶數。

17. 試以三種方法證明下面結果 (如定理 2.4)：若 n 為奇數，則 $n+11$ 為偶數。

18. 令 m，n 為兩正整數。證明若 m，n 為完全平方數，則乘積 mn 亦為完全平方數。

19. 證明或不證明：若 m，n 為正整數且 m，n 為完全平方數，則 $m+n$ 為完全平方數。

20. 證明或不證明：存在正整數 m，n 使得 m，n 及 $m+n$ 均為完全平方數。

21. 證明對所有實數 x 及 y，若 $x+y \geq 100$，則 $x \geq 50$ 或 $y \geq 50$。

22. 證明對每個整數 n，$4n+7$ 為奇數。

23. 令 n 為整數。證明 n 為奇數若且唯若 $7n+8$ 為奇數。

24. 令 n 為整數。證明 n 為偶數若且唯若 $31n+12$ 為偶數。

[†] Excel 表格程序為 Microsoft 公司的一個產品。

2.6 總結及歷史回顧

本第 2 章已介紹一些邏輯基礎——特別介紹一些推論規則及必要的證明方法來建立數學定理。

第一個有系統的邏輯研究被發現在希臘哲學家亞里斯多德 (384-322 B.C.) 的作品裡。亞里斯多德在他的邏輯論文裡提出一群演繹推理原理。這些原理被設計來提供所有知識分支的學習。這種型態的邏輯以修正形式一直被教至整個中古世紀。

亞里斯多德 (384-322 B.C.)

德國數學家 Gottfried Wilhelm Leibniz (1646-1716) 是被認為第一個嚴肅追隨發展符號邏輯為全稱科學語言的學者。他的專門論文 *De Arte Combinatoria* 裡，1666 年出版，他在符號邏輯領域的研究，從 1679 年到 1690 年，對這個數學訓練創作方面給予相當大的刺激。

在 Leibniz 的創作之後，直到 19 世紀幾乎沒什麼改變。英國數學家 George Boole (1815-1864) 創了一套數學邏輯系統，他於 1847 年介紹此系統於 *The Mathematical Analysis of Logic, Being an Eassay Towards a Calculus of Deductive Reasoning* 的小冊子裡。同年，Boole 的同鄉 Augustus DeMorgan (1806-1871) 發表 *Formal Logic；or, the Calculus of Inference, Necessary and Probable*。這篇論文以某種方式相當大的擴展 Boole 的作品。接著，在 1854 年，Boole 細述他的概念並將進一步的研究出版在著名的作品 *An Investigation in the Laws of Thought, on Which Are Founded the Mathematical Theories of Logic and Probability*。美國邏輯學家

George Boole (1815-1864)

Charles Sanders Peirce (1839-1914)，他也是位工程師及哲學家，他介紹正式的量詞概念進入符號邏輯的研究裡。

Boole 所陳述的概念被完全檢視在另外一位德國學者，Ernst Schröder (1841-1902) 的作品裡。這些結果被收集在 *Vorlesungen über die Algebra der Logik* 裡；它們出版在 1890 至 1895 年間。

邏輯領域的更進一步發展於 1879 至 1903 年間，以更現代之方法出現在德國數學家 Gottlieb Frege (1848-1925) 的作品裡。這個作品深遠影響英國數學家 Alfred North Whitehead (1861-1947) 及 Bertrand Russell (1872-1970) 所著作的巨著 *Principia Mathematica* (1910-1913)。這本書將 Boole 所想的最後帶至實現。感謝這個卓越的努力及其它 20 世紀數學家及邏輯學家的作品，特別是 David Hilbert (1862-1943) 及 Paul Bernays (1888-1977) 範圍廣泛的巨著 *Grundlagen der Mathematik* (1934-1939)，更多精鍊的當代數字邏輯技巧現在是可得的。

本章有好幾節強調證明的重要性。在數學上，證明授與當局其它不予考慮而僅作為意見的東西。證明具體化了純理由的力量與主權。不僅如此，它更建議新的數學概念。我們的證明概念是以定理的觀念來進行的，而定理是一個數學敘述，其真假值已被由一個邏輯論證法來確認，此邏輯論證法就是證明。對那些認為他們可忽視邏輯重要性及推論規則的人，我們以 Lewis Carroll 的 *What the Tortoise Said to Achilles* 著作中 Achilles 所講的智慧之語 "邏輯將掐住你的脖子，且強迫你去做它。"

本章所提出的可比擬教材可在由 K. A. Ross 和 C. R. B. Wright [11] 所著的教科書之第 2 及第 11 章裡發現。由 S. S. Epp [3] 所著的教科書之前兩章對那些想以非常可讀的介紹層次方式來多看邏輯及證明的讀者提出許多例子及一些電腦科學應用。H. Delong [2] 所著的教科書提出數學邏輯的歷史調查，並檢視這些結果的本質及這些結果的哲學結果。H. Eves 和 C. V. Newsom [4]，R. R. stoll [13]，及 R. L. Wilder [14] 等作者的教科書亦有相同論述，其中邏輯、證明及集合論 (下章的主題) 之間的關係被檢視它們在數學基礎上所扮演的角色。

對更多的分解 (介紹在 2.3 節習題 13 裡) 及自動推理，讀者應檢視 J. H. Gallier [6] 及 M. R. Genesereth 和 N. J. Nilsson [7] 所著的教科書。

E. Mendelson [9] 所著的教科書對那些想追逐數學邏輯額外主題的讀者提供有趣的中級介紹。稍微高級的介紹在 S. C. Kleene [8] 的作品中可看到。其它數學邏輯的作品被給在 J. Barwise [1] 所編輯的概略裡。

D. Fendel 和 D. Resek [5] 及 R. P. Morash [10] 的作品目標是對那些具微積分背景，想學抽象代數及實變分析上更多理論數學的學生做準備。這兩本教科書提供優越的基本證法介紹。D. Solow [12] 的教科書是唯一介紹給具高中數學背景的讀者書寫數學證明的主要技巧。

參考資料

1. Barwise, Jon (editor). *Handbook of Mathematical Logic*. Amsterdam: North Holland, 1977.
2. Delong, Howard. *A Profile of Mathematical Logic*. Reading, Mass.: Addison-Wesley, 1970.
3. Epp, Susanna S. *Discrete Mathematics with Applications*, 2nd ed. Boston, Mass.: PWS Publishing Co., 1995.
4. Eves, Howard, and Newsom, Carroll V. *An Introduction to the Foundations and Fundamental Concepts of Mathematics*, rev. ed. New York: Holt, 1965.
5. Fendel, Daniel, and Resek, Diane. *Foundations of Higher Mathematics*. Reading, Mass.: Addison-Wesley, 1990.
6. Gallier, Jean H. *Logic for Computer Science*. New York: Harper & Row, 1986.
7. Genesereth, Michael R., and Nilsson, Nils J. *Logical Foundations of Artificial Intelligence*. Los Altos, Calif: Morgan Kaufmann, 1987.
8. Kleene, Stephen C. *Mathematical Logic*. New York: Wiley, 1967.
9. Mendelson, Elliott. *Introduction to Mathematical Logic*, 3rd ed. Monterey, Calif.: Wadsworth and Brooks/Cole, 1987.
10. Morash, Ronald P. *Bridge to Abstract Mathematics: Mathematical Proof and Structures*. New York: Random House/Birkhaüser, 1987.
11. Ross, Kenneth A., and Wright, Charles R. B. *Discrete Mathematics*, 4th ed. Upper Saddle River, N.J.: Prentice-Hall, 1999.
12. Solow, Daniel. *How to Read and Do Proofs*, 3rd ed. New York: Wiley, 2001.
13. Stoll, Robert R. *Set Theory and Logic*. San Francisco: Freeman, 1963.
14. Wilder, Raymond L. *Introduction to the Foundations of Mathematics*, 2nd ed. New York: Wiley, 1965.

補充習題

1. 構造
$$p \leftrightarrow [(q \wedge r) \rightarrow \neg(s \vee r)]$$
的真假值表。

2. a) 構造
$$(p \rightarrow q) \wedge (\neg p \rightarrow r)$$
的真假值表。
   b) 將 (a) 之敘述譯成文字但"不"這個字不出現在譯文裡。

3. 令 p, q 及 r 表原本敘述。證明或不證明 (給一個反例) 下面各小題。
   a) $[p \leftrightarrow (q \leftrightarrow r)] \Longleftrightarrow [(p \leftrightarrow q) \leftrightarrow r]$
   b) $[p \rightarrow (q \rightarrow r)] \Longleftrightarrow [(p \rightarrow q) \rightarrow r]$

4. 以聯結 $\wedge$ 及 $\vee$ 表示敘述 $p \leftrightarrow q$ 的否定。

5. 以兩種方法將下面敘述寫成一個蘊涵，每一個均以"若-則"形式寫出：
   Kaylyn 不是練習她的鋼琴課就是她將不去看電影。

6. 令 p, q, r 表原本敘述。寫出下面各敘述的逆命題、反逆命題及對質變換命題。
   a) $p \rightarrow (q \wedge r)$ b) $(p \vee q) \rightarrow r$

7. a) 對原本敘述 p, q，求敘述
$$(\neg p \wedge \neg q) \vee (T_0 \wedge p) \vee p$$
的對偶敘述。
   b) 使用邏輯定律證明 (a) 之結果是邏輯等價於 $p \wedge \neg q$。

8. 令 p, q, r 及 s 為原本敘述。寫出下面各個複合敘述的對偶敘述。
   a) $(p \vee \neg q) \wedge (\neg r \vee s)$
   b) $p \rightarrow (q \wedge \neg r \wedge s)$
   c) $[(p \vee T_0) \wedge (q \vee F_0)] \vee [r \wedge s \wedge T_0]$

9. 對下面各題，在空白處填上逆命題、反逆命題或對質變換命題使得結果為一真敘述。
   a) $p \rightarrow q$ 的反逆命題之逆命題為 $p \rightarrow q$ 的 _____。
   b) $p \rightarrow q$ 的反逆命題之逆命題為 $q \rightarrow p$ 的 _____。
   c) $p \rightarrow q$ 的逆命題之反逆命題為 $p \rightarrow q$ 的 _____。
   d) $p \rightarrow q$ 的逆命題之反逆命題為 $q \rightarrow p$ 的 _____。
   e) $p \rightarrow q$ 的對質變換命題之反逆命題為 $p \rightarrow q$ 的 _____。

10. 建立論證
$$[(p \rightarrow q) \wedge [(q \wedge r) \rightarrow s] \wedge r] \rightarrow (p \rightarrow s)$$
的有效性。

11. 證明或不證明下面各題，其中 p, q 及 r 為任何敘述。
    a) $[(p \veebar q) \veebar r] \Longleftrightarrow [p \veebar (q \veebar r)]$
    b) $[p \veebar (q \rightarrow r)] \Longleftrightarrow [(p \veebar q) \rightarrow (p \veebar r)]$

12. 將下面論證寫成符號型。然後建立論證的有效性或給一反例證明論證為無效的。

    若這個星期五天氣冷，則 Craig 將穿他的絨面夾克若口袋修改好。星期五的天氣預報為冷氣候，但口袋尚未修改好。因此這個星期五 Craig 將不穿他的絨面夾克。

13. 考慮開放敘述
$$p(x, y): \quad y - x = y + x^2$$
其中對每一個 x, y 變數的宇集為所有整數。決定下面各敘述的真假值。
    a) $p(0, 0)$ b) $p(1, 1)$
    c) $p(0, 1)$ d) $\forall y\, p(0, y)$

e) $\exists y\, p(1, y)$ f) $\forall x\, \exists y\, p(x, y)$
g) $\exists y\, \forall x\, p(x, y)$ h) $\forall y\, \exists x\, p(x, y)$

14. 決定下面各敘述的真假。若為假，請給一反例。宇集為所有整數。

    a) $\forall x\, \exists y\, \exists z\, (x = 7y + 5z)$
    b) $\forall x\, \exists y\, \exists z\, (x = 4y + 6z)$

15. 假設有兩個對角之正方形從 8×8 的棋盤移去，如圖 2.4(a)。剩下的 62 個正方形可否被 31 個骨牌 (由兩個相鄰的正方形，其中一個為白色另一個為灰色，如圖所示，所組成的矩形。) 蓋住？(當放骨牌在棋盤時，已知顏色的正方形未必要放在同顏色的正方形旁。)

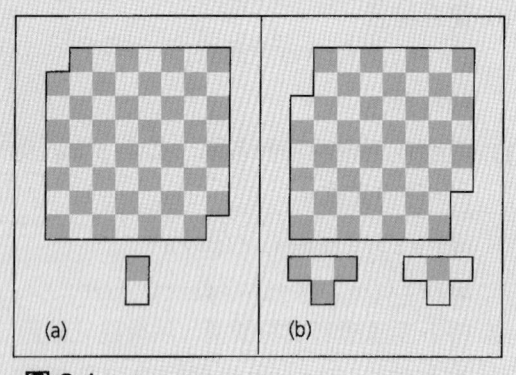

圖 2.4

16. 在圖 2.4(b)，我們有一個 8×8 的棋盤，其中兩個正方形 (一個為灰色另一個為白色) 分別由兩個對角移去。剩下的 60 個正方形可否被 15 個 T 型圖 (由三個白色正方形及一個灰色正方形組成，或由三個灰色正方形及一個白色正方形組成，如圖所示) 蓋住？[讀者可證明一個 4×4 的棋盤 (共有 16 個正方形) 可被 4 個 T 型圖蓋住。接著證明一個 8×8 棋盤 (共有 64 個正方形) 可被 16 個 T 型圖蓋住。]

第 3 章

集合論

我們學代數、幾何、組合學、機率及幾乎每一個其它當代數學領域的優先基礎,為集合的觀念。這個概念經常提供基本結構給所探討的數學主題一個簡明公式。因此,許多數學書把集合論列為一個介紹章節或將書中所需的集合論部份列在附錄裡。打開本書的第 1 章為計數的基本原理,我們忽略了集合論。事實上我們已使用集合論的直覺;每一次**群體** (collection) 這個字出現在第 1 章,我們就是在處理集合。而且,在 2.4 及 2.5 節裡,當我們處理開放敘述的宇集時,集合的觀念已被含括在內。

試著定義一個集合是頗為困難的,且經常導致圍繞著使用一些同義字如 "集族"、"群體" 及 "集" (aggregate)。當我們第一次開始學習幾何時,我們使用我們的直覺領悟點、線及相關的概念。接著我們定義新名詞及證明定理,完全倚賴這些直覺的觀念及某些公理和引理。在我們的集合論研究裡,直覺被再次引入,這次是為元素、集合及份子這些可比擬的概念。

我們將發現我們在第 2 章所發展的邏輯概念和集合論有密切關聯。而且,本章我們將學習的許多證明,係來自第 2 章所發展的概念。

3.1 集合和子集合

我們有一個 "內臟感覺",集合應是一個有良好定義的物體之群體。這些物體被稱為**元素** (elemet) 且被稱為集合的**份子** (member)。

良好定義是說對每個元素我們均小心的考慮,我們能仔細判斷元素是否在集合裡。因此,我們避免依意見來處理集合,如 1990 年代傑出的大聯盟投手的集合。

我們使用大寫字母，如 A，B，C，$\cdots$ 來表示集合，且以小寫字母來表示元素。對集合 A，我們寫 $x \in A$ 若 x 為 A 的元素；$y \notin A$ 表示 y 不是 A 的一份子。

例題 3.1 一個集合可以把其所有元素列在集合括弧內之方式呈現。例如，若 A 是由前五個正整數所組成的集合，則我們寫 $A=\{1, 2, 3, 4, 5\}$。這裡 $2 \in A$，但 $6 \notin A$。

這個集合的另外一個標準記號為 $A=\{x|x$ 為整數且 $1 \leq x \leq 5\}$。這裡在集合括弧內的垂直線 | 被讀做"滿足"。符號 $\{x|\cdots\}$ 被讀做"滿足…的所有 x 的集合"。| 之後的性質幫助我們決定被描述的集合之元素。

小心！記號 $\{x|1 \leq x \leq 5\}$ 不是集合 A 之適當描述，除非先前我們已同意所考慮的元素為整數。當此類的同意被採用，我們說我們有一個明確的**宇集** (universe) 或**論域** (universe of discourse)，其通常被表為 $\mathcal{U}$。我們僅從 $\mathcal{U}$ 選元素來組成我們的集合。在這個問題裡，若 $\mathcal{U}$ 表所有整數所成的集合或表所有正整數所成的集合，則 $\{x|1 \leq x \leq 5\}$ 足夠描述 A。若 $\mathcal{U}$ 表所有實數所成的集合，則 $\{x|1 \leq x \leq 5\}$ 將含介於 1 (含) 和 5 (含) 之間的所有實數；若 $\mathcal{U}$ 僅是偶數所成的集合，則 $\{x|1 \leq x \leq 5\}$ 的元素將僅是 2 和 4。

例題 3.2 對 $\mathcal{U} = \{1, 2, 3, \cdots\}$，正整數所成的集合，考慮下面各集合。同時引進各種可用來描述集合的記號法。

a) $A = \{1, 4, 9, \ldots, 64, 81\} = \{x^2|x \in \mathcal{U}, x^2 < 100\} = \{x^2|x \in \mathcal{U} \wedge x^2 < 100\}$
b) $B = \{1, 4, 9, 16\} = \{y^2|y \in \mathcal{U}, y^2 < 20\} = \{y^2|y \in \mathcal{U}, y^2 < 23\}$
   $= \{y^2|y \in \mathcal{U} \wedge y^2 \leq 16\}$.
c) $C = \{2, 4, 6, 8, \ldots\} = \{2k|k \in \mathcal{U}\}$.

集合 A 和 B 為**有限** (finite) 集合的例子，而 C 為一個**無限** (infinite) 集合。當處理像 A 或 C 的集合時，我們可使用元素必須滿足的性質來描述集合，亦可以一個明顯的型類列出足夠的元素來表示集合。對任一有限集合 A，$|A|$ 表 A 中元素的個數且被稱為 A 的**基數** (cardinality) 或**大小** (size)。例子中我們發現 $|A|=9$ 且 $|B|= 4$。

這裡的集合 B 和 A 滿足 B 的每一個元素亦為 A 的元素。這個重要關係發生在整個集合論及其應用裡，且它引導了下面定義。

定義 3.1 若 C，D 為由宇集 $\mathcal{U}$ 的集合，我們說 C 為 D 的**子集合** (subset) 且記

為 $C \subseteq D$，或 $D \supseteq C$，若 C 的每一個元素為 D 的元素。而且，若 D 有一元素不在 C 裡，則稱 C 為 D 的**眞子集** (proper subset)，且被表為 $C \subset D$ 或 $D \supset C$。

注意所有由宇集 $\mathcal{U}$ 所得的集合 C，D，若 $C \subseteq D$，則

$$\forall x\ [x \in C \Rightarrow x \in D]$$

且若 $\forall x\ [x \in C \Rightarrow x \in D]$，則 $C \subseteq D$。

這裡全稱量詞 $\forall x$ 表示我們必須考慮宇集 $\mathcal{U}$ 中的每個元素 x。然而，對每一個替代 C (取自 $\mathcal{U}$) 其中敘述 $c \in C$ 為假，蘊涵 $c \in C \to c \in D$ 為真，不管敘述 $c \in D$ 的真假值為何。因此，我們僅須考慮那些替代 c' (取自 $\mathcal{U}$) 其中敘述 $c' \in C$ 為真的即可。若對每一個此類的 c' 敘述 $c' \in D$ 亦為真，則 $\forall x\ [x \in C \Rightarrow x \in D]$ 或，等價地，$C \subseteq D$。

同時，我們發現對 $\mathcal{U}$ 的所有子集合 C，D，

$$C \subset D \Rightarrow C \subseteq D,$$

且當 C，D 為有限時

$$C \subseteq D \Rightarrow |C| \leq |D|, \quad 且 \quad C \subset D \Rightarrow |C| < |D|.$$

然而，對 $\mathcal{U} = \{1, 2, 3, 4, 5\}$，$C = \{1, 2\}$ 及 $D = \{1, 2\}$，我們看出 C 為 D 的子集合 (亦即，$C \subseteq D$)，但它不是 D 的真子集 (或 $C \not\subset D$)。所以，一般來講，我們無法發現 $C \subseteq D \Rightarrow C \subset D$。

例題 3.3

在早期的 ANSI (美國國家標準學會) FORTRAN，大小寫字母不分，且變數名稱是由一個字母後接至多五個字元 (字母或數字)。若 $\mathcal{U}$ 表所有此類變數所成的集合，則由和及乘積規則，$|\mathcal{U}| = 26 + 26(36) + 26(36)^2 + \cdots + 26(36)^5 = 26 \sum_{i=0}^{5} 36^i = 1{,}617{,}038{,}306$。因此 $\mathcal{U}$ 是大的，但仍為有限的。程式語言裡的整數變數必須以字母 I，J，K，L，M，N 開頭。所以若 A 表早期的 ANSI FORTRAN 的所有整數所成的子集合，則 $|A| = 6 + 6(36) + 6(36)^2 + \cdots + 6(36)^5 = 6 \sum_{i=0}^{5} 36^i = 373{,}162{,}686$。

子集合概念現在可被用來發展集合相等的概念。首先我們考慮下面例題。

例題 3.4

對宇集 $\mathcal{U} = \{1, 2, 3, 4, 5\}$，考慮集合 $A = \{1, 2\}$。若 $B = \{x \mid x^2 \in \mathcal{U}\}$，則 B 的元素為 1，2。這裡 A 和 B 包含相同的元素且沒有其它元素，引領我們感覺集合 A 和 B 是**相等的** (equal)。

然而，這裡 $A \subseteq B$ 及 $B \subseteq A$ 亦為真，且我們較喜歡使用這些子集合關係來正式定義集合相等的概念。

定義 3.2   對已知宇集 $\mathcal{U}$，集合 C 及 D (取自 $\mathcal{U}$) 被稱為**相等的** (equal)，且記 $C = D$，當 $C \subseteq D$ 且 $D \subseteq C$。

由集合相等的這些概念，我們發現對一般集合裡的元素之順位或重複均沒有關係。因此，我們發現，例如，$\{1, 2, 3\} = \{3, 1, 2\} = \{2, 2, 1, 3\} = \{1, 2, 1, 3, 1\}$。

現在我們已定義子集合及集合相等的概念，我們將使用 2.4 節的量詞來檢視這些概念的否定。

對已知宇集 $\mathcal{U}$，令 A，B 為取自 $\mathcal{U}$ 的集合，則我們可寫

$$A \subseteq B \Longleftrightarrow \forall x \,[x \in A \Rightarrow x \in B].$$

由 $A \subseteq B$ 的 (量化) 定義，我們發現

$A \not\subseteq B$ (亦即，A 不是 B 的子集合)
$\Longleftrightarrow \neg \forall x \,[x \in A \Rightarrow x \in B]$
$\Longleftrightarrow \exists x \,\neg [x \in A \Rightarrow x \in B]$
$\Longleftrightarrow \exists x \,\neg [\neg (x \in A) \vee x \in B]$
$\Longleftrightarrow \exists x \,[x \in A \wedge \neg (x \in B)]$
$\Longleftrightarrow \exists x \,[x \in A \wedge x \notin B].$

因此 $A \not\subseteq B$ 若宇集中存在至少一個元素 x，使得 x 為 A 的元素但不是 B 的元素。

同理，因為 $A = B \Longleftrightarrow A \subseteq B \wedge B \subseteq A$，則

$$A \neq B \Longleftrightarrow \neg(A \subseteq B \wedge B \subseteq A) \Longleftrightarrow \neg(A \subseteq B) \vee \neg(B \subseteq A) \Longleftrightarrow A \not\subseteq B \vee B \not\subseteq A.$$

因此兩集合 A 和 B 不相等若且唯若 (1) $\mathcal{U}$ 中至少存在一元素 x 使得 $x \in A$ 但 $x \notin B$ 或 (2) $\mathcal{U}$ 至少存在一元素 y 使得 $y \in B$ 且 $y \notin A$——或 (1) 和 (2) 均發生。

我們也注意到對任意集合 C，$D \subseteq \mathcal{U}$ (亦即，$C \subseteq \mathcal{U}$ 且 $D \subseteq \mathcal{U}$)，

$$C \subset D \Longleftrightarrow C \subseteq D \wedge C \neq D$$

現在我們已介紹集合元素、集合相等、子集合及真子集等四個概念，我們將多考慮一個例題來看這些概念告訴我們什麼及沒有告訴我們什麼。這個例題之後，本章的第一個定理將是非常直接的，因為由這些概念即可

得。

令 $\mathcal{U} = \{1, 2, 3, 4, 5, 6, x, y, \{1, 2\}, \{1, 2, 3\}, \{1, 2, 3, 4\}\}$（$x$，$y$ 為第 24 個、第 25 個小寫字母且不表其它任何值，如 3，5 或 $\{1, 2\}$），則 $|\mathcal{U}| = 11$。

例題 3.5

a) 若 $A = \{1, 2, 3, 4\}$，則 $|A| = 4$ 且
   i) $A \subseteq \mathcal{U}$;   ii) $A \subset \mathcal{U}$;   iii) $A \in \mathcal{U}$;
   iv) $\{A\} \subseteq \mathcal{U}$;   v) $\{A\} \subset \mathcal{U}$; 但 vi) $\{A\} \notin \mathcal{U}$.

b) 現令 $B = \{5, 6, x, y, A\} = \{5, 6, x, y, \{1, 2, 3, 4\}\}$，則 $|B| = 5$ 不是 8，且我們發現
   i) $A \in B$;   ii) $\{A\} \subseteq B$; 及 iii) $\{A\} \subset B$.

但
   iv) $\{A\} \notin B$;
   v) $A \nsubseteq B$（亦即，A 不是 B 的子集合）；且
   vi) $A \not\subset B$（亦即，A 不是 B 的真子集）。

令 A B $C \subseteq \mathcal{U}$

定理 3.1

a) 若 $A \subseteq B$ 且 $B \subseteq C$，則 $A \subseteq C$。   b) 若 $A \subset B$ 且 $B \subseteq C$，則 $A \subset C$。
c) 若 $A \subseteq B$ 且 $B \subset C$，則 $A \subset C$。   d) 若 $A \subset B$ 且 $B \subset C$，則 $A \subset C$。

在證明這個定理之前，我們回憶在 2.5 節末的註解。它關心全稱規格及全稱一般化規則所適用的且出現在例題 2.56 之後。現在它對集合論這個新領域是適用的。當我們想證明，例如，$x \in A \Rightarrow x \in C$，我們將以考慮任一固定但任意由 $\mathcal{U}$ 選出的 x 開始，但我們希望這個元素 x 滿足 "$x \in A$" 為一真敘述（不是開放敘述）。接著我們必須證明這個相同固定但任意選的元素 x 也在 C 裡面。因此我們所給的證明被稱為**元素論證** (element argument)。總之記著在這些證明裡 x 表一個固定的但任意選的 A 之元素且 x 為一般性的（它不是 A 的一個特殊元素），每個證明皆相同。

證明：我們將證明 (a) 及 (b)，剩下的留作為習題。

a) 欲證明 $A \subseteq C$，我們須證明對所有 $x \in \mathcal{U}$，若 $x \in A$ 則 $x \in C$。我們以由 A 的一個元素 x 開始。因為 $A \subseteq B$，$x \in A$ 蘊涵 $x \in B$。接著以 $B \subseteq C$，$x \in B$ 蘊涵 $x \in C$。所以 $x \in A$ 蘊涵 $x \in C$（由三段論法定律，表 2.19 的規則 2，因為 $x \in A$，$x \in B$，及 $x \in C$ 均為敘述），且 $A \subseteq C$。

b) 因為 $A \subset B$，若 $x \in A$ 則 $x \in B$。因 $B \# C$，得 $x \in C$，所以 $A \subseteq C$。

然而，$A \subset B \Rightarrow$ 存在一元素 $b \in B$ 使得 $b \notin A$。因為 $B \subseteq C$，$b \in B$ $\Rightarrow b \in C$。因此 $A \subseteq C$ 且存在一個元素 $b \notin C$ 且 $b \notin A$，所以 $A \subset C$。

下一個例題含有幾個子集合關係。

例題 3.6　令 $\mathcal{U} = \{1, 2, 3, 4, 5\}$ 且 $A = \{1, 2, 3\}$，$B = \{3, 4\}$，$C = \{1, 2, 3, 4\}$，則下面子集合關係成立：

a) $A \subseteq C$　　　　　　　　　　b) $A \subset C$
c) $B \subset C$　　　　　　　　　　d) $A \subseteq A$
e) $B \nsubseteq A$
f) $A \not\subset A$（亦即 A 不是 A 的真子集）

集合 A，B 為 C 的兩個子集合。我們有興趣來決定 C 到底有多少個子集合。然而，在回答之前，我們須介紹沒有元素的集合。

定義 3.3　**零集** (null set) 或**空集合** (empty set) 為 (唯一) 不含任何元素的集合，且被表為 $\emptyset$ 或 $\{\}$。

注意 $|\emptyset| = 0$ 但 $\{0\} \neq \emptyset$。而且，$\emptyset \neq \{\emptyset\}$ 因為 $\{\emptyset\}$ 是含一個元素的集合。

空集合滿足下面定理 3.2 的性質。欲建立這個性質，我們使用矛盾證法 (或**歸謬法** (reductio ad absurdum))。由定理 2.4 的證明 (2.5 節)，使用這種方法建立定理，我們假設結果為否定且得一矛盾。在我們的先前工作 (如例題 2.32 及定理 2.4 的第三個證明)，我們分別得型如 $r \wedge \neg r$ 或 $p(m) \wedge \neg p(m)$ 的矛盾，其中 $\neg r$ 為例題 2.32 的前提且 $p(m)$ 為定理 2.4 之假設的一個特殊例證。定理 3.2 之證明有點不同。這次我們將否定 (或矛盾) 一個稍早的結果，我們已接受其為真，即零集的意義。

定理 3.2　對任一宇集 $\mathcal{U}$，令 $A \subseteq \mathcal{U}$，則 $\emptyset \subseteq A$，且若 $A \neq \emptyset$，則 $\emptyset \subset A$。
證明：假若第一個結果不是真的，則 $\emptyset \nsubseteq A$，所以存在宇集中之元素 x 滿足 $x \in \emptyset$，但 $x \notin A$。但 $x \in \emptyset$ 是不可能的。所以我們反對 $\emptyset \nsubseteq A$ 的假設且得 $\emptyset \subseteq A$。而且，若 $A \neq \emptyset$，則存在一個元素 $a \in A$（且 $a \notin \emptyset$），所以 $\emptyset \subset A$。

例題 3.7　回到例題 3.6，我們來決定集合 $C = \{1, 2, 3, 4\}$ 的子集合個數。對每

個 C 的元素 x，有兩個不同選擇：不是在子集合裡就是不在子集合裡。因此，共有 $2 \times 2 \times 2 \times 2$ 種選法，所以 C 有 $2^4 = 16$ 個子集合。這些子集合包括空集合 $\emptyset$ 及集合 C 本身。由 C 取二個元素所構成的子集合個數，即為由四個物體之集合選二個物體的總方法數，即 $C(4, 2)$ 或 $\binom{4}{2}$。所以，C 的子集合總個數，2^4，亦為 $\binom{4}{0} + \binom{4}{1} + \binom{4}{2} + \binom{4}{3} + \binom{4}{4}$，其中第一個被加數給空集合，第二個被加數給四個單點集合，第三個被加數給六個大小為 2 的子集合，以此類推。所以 $2^4 = \sum_{k=0}^{4} \binom{4}{k}$。

定義 3.4 若 A 是在宇集 $\mathcal{U}$ 上的集合，A 的**冪集合** (power set)，表為 $\mathcal{P}(A)^\dagger$，為 A 的所有子集合所成的集合。

例題 3.8 對例題 3.7 的集合 C，$\mathcal{P}(C) = \{\emptyset, \{1\}, \{2\}, \{3\}, \{4\}, \{1, 2\}, \{1, 3\}, \{1, 4\}, \{2, 3\}, \{2, 4\}, \{3, 4\}, \{1, 2, 3\}, \{1, 2, 4\}, \{1, 3, 4\}, \{2, 3, 4\}, C\}$.

> 對任一有限集合 A，$|A| = n \geq 0$，則 A 有 2^n 個子集合且 $|\mathcal{P}(A)| = 2^n$。對任一 $0 \leq k \leq n$，共有 $\binom{n}{k}$ 個大小為 k 的子集合。依據子集合的元素 k，計數 A 的子集合，我們得組合公式
> $$\binom{n}{0} + \binom{n}{1} + \binom{n}{2} + \cdots + \binom{n}{n} = \sum_{k=0}^{n} \binom{n}{k} = 2^n, n \geq 0.$$

這個等式稍早已被建立在系理 1.1(a)。而這裡是另外一個組合證明的例子，因為我們以兩種不同方法計數相同的物體 (A 的子集合) 群體來建立這個等式。

找一已知非空集合的所有子集合之方法可由一種名叫**格雷編碼** (Gray code) 的編碼程序來完成，且被展示在下例中。

例題 3.9 考慮圖 3.1 的二進位 (0 和 1 的) 串。特別地，檢視 (b) 中之串的第一行。這行是怎麼得到的呢？首先我們先看 0 再看 1，如圖中 (a)。接著我們看 1 再看 0 ── (a) 中二進位的相反之順序 (由底到頂)。一旦我們得到 (b) 中二進位串的第一行，接著我們列出兩個 0 再列出兩個 1。

繼續圖中 (c) 的串，現在我們集中注意在前兩行。前四個元素 (長度為 2 的二進位串) 為 (b) 中的四個串，後四個元素 (也是長度為 2 的二進位串) 同樣為 (b) 中的二進位串──以相反順序 (由底到頂)。對這八個長度為 2 的串，我們前四個的右邊掛 0 而後四個的右邊掛 1。

---

† 在某些電腦科學教科書裡，讀者可發現記號 2^A 被用來表示 3(a)。

	0	∅	0 0	0	∅	000	000	000
	1	{x}	1 0	0	{x}	100	010	001
(a)			1 1	0	{x, y}	110	011	101
			0 1	0	{y}	010	001	100
0	0	∅	0 1	1	{y, z}	011	101	110
1	0	{x}	1 1	1	{x, y, z}	111	111	010
1	1	{x, y}	1 0	1	{x, z}	101	110	011
0	1	{y}	0 0	1	{z}	001	100	111
(b)			(c)			(d)	(e)	(f)

○ **圖 3.1**

　　對圖中 (a)，(b)，(c) 的每一個格雷編碼，當我們由一個二進位串 (在某行) 走到下一個二進位串 (在該行)，恰有一個位元改變。例如，在 (b) 中，由 10 到 11，我們發現在第二個位置有一個改變 (由 0 到 1)。而且，對 (c) 中的第三及第四個串，當我們由 110 到 010，恰有一個改變──在第一個位置由 1 到 0。第四及第五個串有一個改變由 0 到 1 ── 這次在第三個位置。而且每個碼的第一個及最後一個串在最後位置不同。圖中 (d) 展示長度為 3 的串。

　　這種由長度為 1 的串構造長度為 2 的串，由長度為 2 的串構造長度為 3 的串來構造格雷的方法是**遞迴** (recursive) 構造法的一個例子。(這個概念將在 4.2 節做更詳細的檢視。)

　　當我們檢視圖 3.1(a)，(b)，(c) 的每一個格雷編碼，我們看到每一個碼的右邊有一個子集合。例如，在 (b) 中，若我們以集合 $A = \{x, y\}$ 開始且保持元素的順位固定[†]，則我們可列出對應長度為 2 之二進位串的 A 之子集合。我們以 0 表元素不在子集合內且以 1 表元素在子集合內。因此子集合 $\{x\}$ 被編為 10，因為第一個元素 x (對集合 A 排序) 在子集合內，而第二個元素 y (對集合 A 排序) 不在子集合內，所以編為 10。對 (c)，有序集合 $B = \{x, y, z\}$ 有八個子集合，其被列在格雷編碼的旁邊。當我們由一個子集合到下一個子集合 (在已知行)，我們發現在構造子集合時，恰有一個改變。例如，由 $\{x, y\}$ (110) 到 $\{y\}$ (010)，恰有一個元素被移走 ── 如 110 及 010 的第一個位置由 1 變為 0。同樣地，當我們由 $\{z\}$ (001) 到 ∅ (000)，恰有一個元素被移走，001 及 000 的第三個位元由 1 變為 0。檢視由 $\{y, z\}$ (011) 到 $\{x, y, z\}$ (111) 的改變，我們看到一個新元素被加上──即為 x。當我們由 011 到 111 時，由 0 到 1 的改變可判斷此點。

[†] 我們原先考慮的集合元素是沒有排序位的，所以這裡是個例外。教科書在處理資料結構時，此類有序集合經常被當作**表列** (lists)，且吾人發現，例如，有序集合 $\{x, y, z\}$ 被表為 $[x, y, z]$ 或 $\langle x, y, z \rangle$。

注意 (c) 的前四個子集合為 (b) 中的四個子集合。而且 (c) 的最後四個子集合來自 (b) 的四個子集合——這次是以相反順位呈現並在每個子集合裡加上 z 元素。

這裡的遞迴關係告訴我們如何可繼續對較長的二進位串來發展格雷編碼。當這個編碼程序被介紹——如本例題開始之前——我們說它為一個格雷密碼，而不是專有的格雷編碼。其它的格雷編碼是可能的。圖 3.1(e) 的編碼提供長度為 3 的八個二進位串之第二個格雷編碼。而且，假若我們不再要求編碼的第一個及最後一個元素僅有一個位置不同，則圖 3.1(f) 的編號為長度為 3 的八個二進位串之格雷編碼。

計數一個集合的某些或所有子集合的能力提供給早先的兩個例題之第二個解法。

例題 3.10 在例題 1.14，我們計數在 x, y 平面上由 (2, 1) 到 (7, 4) 的 (階梯) 路徑數，其中每一個路徑為由向右 (R) 走一格或向上 (U) 走一格的個別階梯所組成。圖 3.2 和圖 3.1 相同，圖中顯示兩個可能路徑。

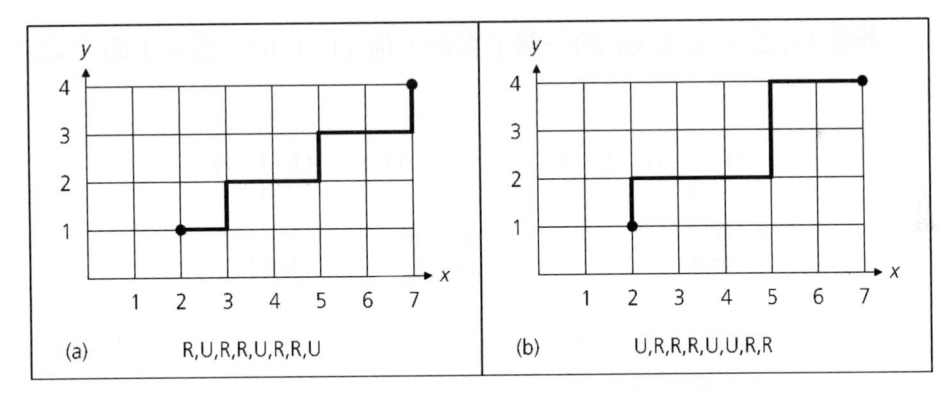

● 圖 3.2

圖 3.2(a) 的路徑有三個向上 (U) 的移動，其被列在圖底部之表列中的第 2，5 及 8 個位置。因此，這個路徑決定集合 {1, 2, 3, ⋯, 8} 中的三元素之子集合 {2, 5, 8}。圖 3.2(b) 的路徑決定三元素子集合 {1, 5, 6}。反之，例如，若我們以 {1, 2, 3, ⋯, 8} 的子集合 {1, 3, 7} 開始，則決定這個子集合的路徑為 U，R，U，R，R，R，U，R。

因此，所求之路徑數等於 {1, 2, 3, ⋯, 8} 的子集合 A 之個數，其中 $|A|=3$。共有個 $\binom{8}{3} = \frac{8!}{3!\,5!} = 56$ 個此類路徑 (及子集合)，如同我們在例題 1.14 所發現的。

若我們以向右移動的 R 代替向上移動的 U，則我們發現答案為 {1, 2,

3, ⋯, 8} 的子集合個數，其中 $|B|=5$。共有 $\binom{8}{5} = \frac{8!}{5!\,3!} = 56$ 個路徑。(這裡的概念稍早在發展表 1.4 的結果時，已被檢視過。)

例題 3.11　在 1.4 節例題 1.37(b)，我們知道整數 7 共有 2^6 個合成；亦即，共有 2^6 種方法將 7 寫為一個或多個正整數的和，其中被加數的順序是有關聯的。在該處所得之結果係使用二項式定理併用表 1.9 所整理的七種情形之答案。現在我們將以稍微不同且較容易的方法來得這個結果。

首先考慮下面的 7 之合成：

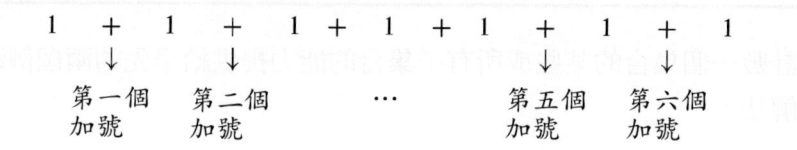

$$1 + 1 + 1 + 1 + 1 + 1 + 1$$

其中六個加號分別為第一個加號、第二個加號、⋯、第五個加號、第六個加號。

這裡我們有七個被加數，每一個為 1，及六個加號。

集合 {1, 2, 3, 4, 5, 6} 共有 2^6 個子集合，但這個和 7 的合成有什麼關係呢？

考慮 {1, 2, 3, 4, 5, 6} 的一個子集合，稱 {1, 4, 6}。組成下面 7 之合成：

$$(1 + 1) + 1 + (1 + 1) + (1 + 1)$$

其中箭頭指向第一個加號、第四個加號、第六個加號。

此處之子集合 {1, 4, 6} 說明我們將在第一個、第四個及第六個加號的兩邊之 1 括上小括弧。此可得合成

$$2+1+2+2$$

同法，子集合 {1, 2, 5, 6} 說明使用第一、第二、第五及第六個加號，得

$$(1 + 1 + 1) + 1 + (1 + 1 + 1)$$

其中箭頭指向第一個加號、第二個加號、第五個加號、第六個加號。

或合成 3+1+3。

以相反方向來走，我們看出合成 1+1+5 來自

● 表 3.1

	7 的合成		決定 {1, 2, 3, 4, 5, 6} 的子集合
(i)	$1+1+1+1+1+1+1$	(i)	∅
(ii)	$1+2+1+1+1+1$	(ii)	{2}
(iii)	$1+1+3+1+1$	(iii)	{3, 4}
(iv)	$2+3+2$	(iv)	{1, 3, 4, 6}
(v)	$4+3$	(v)	{1, 2, 3, 5, 6}
(vi)	7	(vi)	{1, 2, 3, 4, 5, 6}

$$1+1+(1+1+1+1+1)$$

且係由 {1, 2, 3, 4, 5, 6} 的子集合 {3, 4, 5, 6} 決定的。表 3.1 列出 7 的六種合成及決定各個合成相對應的 {1, 2, 3, 4, 5, 6} 之子集合。

本例說明 7 的合成和 {1, 2, 3, 4, 5, 6} 的子集合間之對應關係。因此，我們再次發現共 2^6 個 7 之合成。事實上，對每個正整數 m，共有 2^{m-1} 個 m 的合成。

下一個例題產生另外一個重要的組合等式。

例題 3.12

對整數 n，r 及 $n \geq r \geq 1$，

$$\binom{n+1}{r} = \binom{n}{r} + \binom{n}{r-1}.$$

雖然這個結果可由 $\binom{n}{r}$ 為 $n!/(r!(n-r)!)$ 的定義之代數證明得到，但我們將使用組合方法來證明這個結果。令 $A = \{x, a_1, a_2, \cdots, a_n\}$ 且考慮含 r 個元素的 A 的所有子集合。共有 $\binom{n+1}{r}$ 個此類子集合。各個子集合屬於下面兩情形之一：即包含元素 x 的子集合及不包元素 x 的子集合。欲得 A 的子集合 C，其中 $x \in C$ 且 $|C| = r$，把 x 放在 C 裡且由 a_1，a_2，$\cdots$，a_n 中選 $r-1$ 個元素。此共有 $\binom{n}{r-1}$ 種方法來完成。另一種情形欲要 A 的子集合 B 滿足 $|B| = r$ 且 $x \notin B$。我們由 a_1，a_2，$\cdots$，a_n 中選 r 個元素，此共有 $\binom{n}{r}$ 種方法。由和規則得 $\binom{n+1}{r} = \binom{n}{r} + \binom{n}{r-1}$。

在繼續進行教材之前，讓我們再次考慮例題 3.12 的結果，但這次我們將借用在例題 3.10 中所學的東西。

再次令 n，r 為正整數，其中 $n \geq r \geq 1$，則 $\binom{n+1}{r}$ 為 xy 平面上由 (0, 0) 到 $(n+1-r, r)$ 的 (階梯) 路徑數，其中，例如題 3.10，每一個此類路徑有

$(n+1)-r$ 個由 $(x, y) \rightarrow (x+1, y)$ 的水平移動，及

r 個由 $(x, y) \to (x, y+1)$ 的垂直移動。

每一個 (階梯) 路徑的最後邊均終止在點 $(n+1-r, r)$ 且由 (i) 點 $(n-r, r)$ 出發或由 (ii) 點 $(n+1-r, r-1)$ 出發。

情形 (i) 的最後邊為水平邊，即 $(n-r, r) \to (n+1-r, r)$；由 $(0, 0)$ 到 $(n-r, r)$ 的 (階梯) 路徑數為 $\binom{(n-r)+r}{r} = \binom{n}{r}$。情形 (ii) 的最後邊為垂直，即 $(n+1-r, r-1) \to (n+1-r, r)$；由 $(0, 0)$ 到 $(n+1-r, r-1)$ 的 (階梯)路徑數為 $\binom{(n+1-r)+(r-1)}{r-1} = \binom{n}{r-1}$。因此這兩種情形窮舉了所有可能性且沒有共同的部份，所以

$$\binom{n+1}{r} = \binom{n}{r} + \binom{n}{r-1}.$$

例題 3.13

我們現在探討例題 3.12 的等式如何可助我們解例題 1.35，其中我們求不等式 $x_1+x_2+\cdots+x_6 < 10$ 的非負整數解個數。

對每一個整數 k，$0 \leq k \leq 9$，$x_1+x_2+\cdots+x_6=k$ 的非負整數解個數是 $\binom{6+k-1}{k} = \binom{5+k}{k}$。所以 $x_1+x_2+\cdots+x_6 < 10$ 的非負整數解個數為

$$\binom{5}{0} + \binom{6}{1} + \binom{7}{2} + \binom{8}{3} + \cdots + \binom{14}{9}$$
$$= \left[\binom{6}{0} + \binom{6}{1}\right] + \binom{7}{2} + \binom{8}{3} + \cdots + \binom{14}{9}, \quad \text{因為 } \binom{5}{0} = 1 = \binom{6}{0}$$
$$= \left[\binom{7}{1} + \binom{7}{2}\right] + \binom{8}{3} + \cdots + \binom{14}{9}, \quad \text{因為 } \binom{6}{0} + \binom{6}{1} = \binom{7}{1}$$
$$= \left[\binom{8}{2} + \binom{8}{3}\right] + \binom{9}{4} + \cdots + \binom{14}{9}, \quad \text{因為 } \binom{7}{1} + \binom{7}{2} = \binom{8}{2}$$
$$= \left[\binom{9}{3} + \binom{9}{4}\right] + \cdots + \binom{14}{9} = \cdots = \binom{14}{8} + \binom{14}{9} = \binom{15}{9} = 5005.$$

例題 3.14

在圖 3.3，我們發現一個有用且有趣的數陣列，稱之為**巴斯卡三角形** (Pascal's triangle)

$(n = 0)$ $\binom{0}{0}$

$(n = 1)$ $\binom{1}{0}$ $\binom{1}{1}$

$(n = 2)$ $\binom{2}{0}$ $\binom{2}{1}$ $\binom{2}{2}$

$(n = 3)$ $\binom{3}{0}$ $\binom{3}{1}$ $\binom{3}{2}$ $\binom{3}{3}$

$(n = 4)$ $\binom{4}{0}$ $\binom{4}{1}$ $\binom{4}{2}$ $\binom{4}{3}$ $\binom{4}{4}$

$(n = 5)$ $\binom{5}{0}$ $\binom{5}{1}$ $\binom{5}{2}$ $\binom{5}{3}$ $\binom{5}{4}$ $\binom{5}{5}$

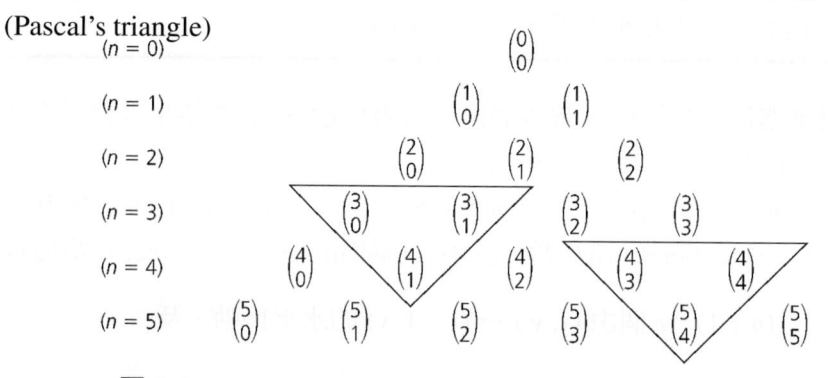

◉ 圖 3.3

注意在這個部份表列裡，兩個三角形滿足二項式係數條件，倒三角形的底部為三角形另外兩項的和。這個結果可由例題 3.12 的等式得到。

當我們以數值代替每一個二項式係數，巴斯卡三角形將如圖 3.4 所示。

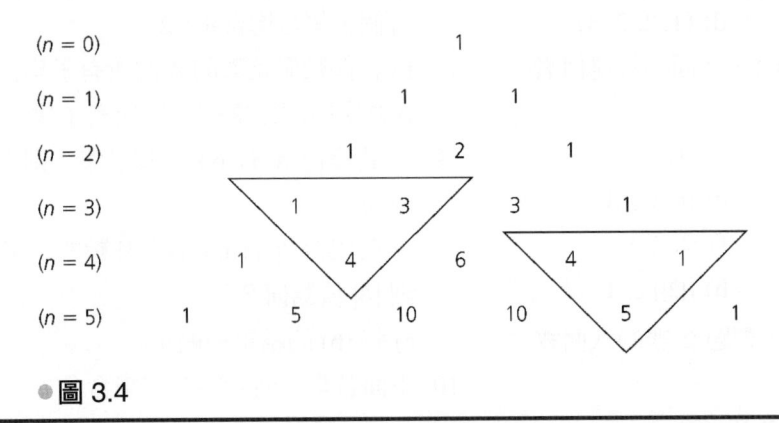

```
(n = 0)                    1
(n = 1)                 1     1
(n = 2)              1     2     1
(n = 3)           1     3     3     1
(n = 4)        1     4     6     4     1
(n = 5)     1     5    10    10     5     1
```

●圖 3.4

有幾個集合經常在本書裡出現，因此，我們指定下面記號給它們，做為本節的結束。

a) $\mathbf{Z}$＝所有整數所成的集合＝$\{0, 1, -1, 2, -2, 3, -3, \cdots\}$
b) $\mathbf{N}$＝所有非負整數或自然數所成的集合＝$\{0, 1, 2, 3, \cdots\}$
c) $\mathbf{Z}^+$＝所有正整數所成的集合＝$\{1, 2, 3, \cdots\}$＝$\{x \in \mathbf{Z} \mid x > 0\}$
d) $\mathbf{Q}$＝所有有理數所成的集合＝$\{a/b \mid a, b \in \mathbf{Z}, b \neq 0\}$
e) $\mathbf{Q}^+$＝所有正有理數所成的集合＝$\{r \in \mathbf{Q} \mid r > 0\}$
f) $\mathbf{Q}^*$＝所有非零有理數所成的集合
g) $\mathbf{R}$＝所有實數所成的集合
h) $\mathbf{R}^+$＝所有正實數所成的集合
i) $\mathbf{R}^*$＝所有非零實數所成的集合
j) $\mathbf{C}$＝所有複數所成的集合＝$\{x + yi \mid x, y \in \mathbf{R}, i^2 = -1\}$
k) $\mathbf{C}^*$＝所有非零複數所成的集合
l) $\forall n \in \mathbf{Z}^+$，$\mathbf{Z}_n = \{0, 1, 2, \cdots, n-1\}$
m) 對每個實數 $a, b, a < b$，$[a, b] = \{x \in \mathbf{R} \mid a \leq x \leq b\}$，$(a, b) = \{x \in \mathbf{R} \mid a < x < b\}$，$[a, b) = \{x \in \mathbf{R} \mid a \leq x < b]$，$(a, b] = \{x \in \mathbf{R} \mid a < x \leq b\}$。第一個集合被稱為**閉區間** (closed interval)，第二個集合為**開區間** (open interval)，而另外兩集合為**半開區間** (half-open intervals)。

習題 3.1

1. 下面那些集合相等？
   a) $\{1, 2, 3\}$　　　b) $\{3, 2, 1, 3\}$
   c) $\{3, 1, 2, 3\}$　　d) $\{1, 2, 2, 3\}$

2. 令 $A = \{1, \{1\}, \{2\}\}$，下面各敘述何者為真？
   a) $1 \in A$　　　　b) $\{1\} \in A$
   c) $\{1\} \subseteq A$　　　d) $\{\{1\}\} \subseteq A$
   e) $\{2\} \in A$　　　f) $\{2\} \subseteq A$
   g) $\{\{2\}\} \subseteq A$　　h) $\{\{2\}\} \subset A$

3. 對 $A = \{1, 2, \{2\}\}$，習題 2 裡的八個敘述何者為真？

4. 下面各敘述何者為真？
   a) $\emptyset \in \emptyset$　　b) $\emptyset \subset \emptyset$　　c) $\emptyset \subseteq \emptyset$
   d) $\emptyset \in \{\emptyset\}$　　e) $\emptyset \subset \{\emptyset\}$　　f) $\emptyset \subseteq \{\emptyset\}$

5. 決定下面各集合的所有元素。
   a) $\{1 + (-1)^n \mid n \in \mathbf{N}\}$
   b) $\{n + (1/n) \mid n \in \{1, 2, 3, 5, 7\}\}$
   c) $\{n^3 + n^2 \mid n \in \{0, 1, 2, 3, 4\}\}$

6. 考慮下面 $\mathbf{Z}$ 的六個子集合。
   $A = \{2m + 1 \mid m \in \mathbf{Z}\}$　　$B = \{2n + 3 \mid n \in \mathbf{Z}\}$
   $C = \{2p - 3 \mid p \in \mathbf{Z}\}$　　$D = \{3r + 1 \mid r \in \mathbf{Z}\}$
   $E = \{3s + 2 \mid s \in \mathbf{Z}\}$　　$F = \{3t - 2 \mid t \in \mathbf{Z}\}$
   下面各敘述何者為真？何者為假？
   a) $A = B$　　b) $A = C$　　c) $B = C$
   d) $D = E$　　e) $D = F$　　f) $E = F$

7. 令 A, B 為宇集 $\mathcal{U}$ 中的集合。(a) 寫一量化敘述表示真子集關係 $A \subset B$。(b) 否定 (a) 之結果以決定何時 $A \not\subset B$。

8. 對 $A = \{1, 2, 3, 4, 5, 6, 7\}$，試決定下面各子集合個數。
   a) A 的所有子集合。
   b) A 的所有非空子集合。
   c) A 的所有真子集。
   d) A 的所有非空真子集。
   e) 含三個元素的 A 的所有子集合。
   f) 含 1, 2 的所有 A 的子集合。
   g) 含五個元素的 A 的所有子集合，但每個子集合均含 1, 2。
   h) 含偶數個元素的 A 的所有子集合。
   i) 含奇數個元素的 A 的所有子集合。

9. a) 若集合 A 有 63 個真子集，則 $|A|$ 值為何？
   b) 若集合 B 有 64 個奇基數的子集合，則 $|B|$ 值為何？
   c) 將 (b) 的結果一般化。

10. 下面各集合何者為非空集合？
    a) $\{x \mid x \in \mathbf{N}, 2x + 7 = 3\}$
    b) $\{x \in \mathbf{Z} \mid 3x + 5 = 9\}$
    c) $\{x \mid x \in \mathbf{Q}, x^2 + 4 = 6\}$
    d) $\{x \in \mathbf{R} \mid x^2 + 4 = 6\}$
    e) $\{x \in \mathbf{R} \mid x^2 + 3x + 3 = 0\}$
    f) $\{x \mid x \in \mathbf{C}, x^2 + 3x + 3 = 0\}$

11. 當 Albanese 太太欲離開餐廳櫃檯時，她發現她有一個一分錢、一個五分錢、一個一角錢、一個 25 分錢及一個半塊錢。試問共有多少種方法她可給一些 (至少一個) 錢幣作為小費若 (a) 沒任何限制？(b) 她想留下一些零錢？(c) 她至少想留下 10 分錢？

12. 令 $A = \{1, 2, 3, 4, 5, 7, 8, 10, 11, 14, 17, 18\}$。
    a) A 有多少個含六個元素的子集合？
    b) A 有多少個含四個偶數及二個奇數之六個元素的子集合？
    c) A 有多少個僅含奇數的子集合？

13. 令 $S = \{1, 2, 3, \cdots, 29, 30\}$。$S$ 有多少個子集合 A 滿足
    a) $|A| = 5$？
    b) $|A| = 5$ 且 A 中的最小元素為 5？

c) $|A|=5$ 且 A 中的最小元素小於 5？

14. a) $\{1, 2, 3, \cdots, 11\}$ 有多少個子集合至少含一個偶數。
    b) $\{1, 2, 3, \cdots, 12\}$ 有多少個子集合至少含一個偶數。
    c) 將 (a) 及 (b) 的結果一般化。

15. 給三個集合 W，X，Y 滿足 $W \in X$ 且 $X \in Y$，但 $W \notin Y$ 的例子。

16. 寫出圖 3.4 巴斯卡三角形的下三列。

17. 完成定理 3.1 的證明。

18. 對集合 A，B，$C \subseteq \mathcal{U}$，證明或不證明 (給一反例) 下面：若 $A \subseteq B$，$B \not\subseteq C$，$A \not\subseteq C$。

19. 在圖 3.5(i)，我們有前六列的巴斯卡三角形，其中在後三列有一個中心在 4 的六邊形。假若我們考慮這個六邊形的所有頂點之六個數 (圍著 4)，我們發現兩個交錯的三序元，即 3，1，10 和 1，5，6 —— 滿足 $3 \cdot 1 \cdot 10 = 30 = 1 \cdot 5 \cdot 6$。圖 (ii) 為巴斯卡三角形的第四至第七列。其中我們有一個中心在 10 的六邊形，且所有頂點的交錯三序元為 4，10，15 及 6，20，5 —— 滿足 $4 \cdot 10 \cdot 15 = 600 = 6 \cdot 20 \cdot 5$。
    a) 以這兩個例子猜想一般結果。
    b) 證明 (a) 之猜想。

20. a) 以 1 開始且 7 為結尾的嚴格遞增整數數列有：
      i) 1, 7   ii) 1, 3, 4, 7   iii) 1, 2, 4, 5, 6, 7
    共有多少個此類以 1 開始以 7 為結尾的嚴格遞增整數數列？
    b) 共有多少個以 3 開始以 9 為結尾的嚴格遞增整數數列？
    c) 共有多少個以 1 開始以 37 為結尾的嚴格遞增整數數列？有多少個以 62 開始以 98 為結尾的嚴格遞增數列？

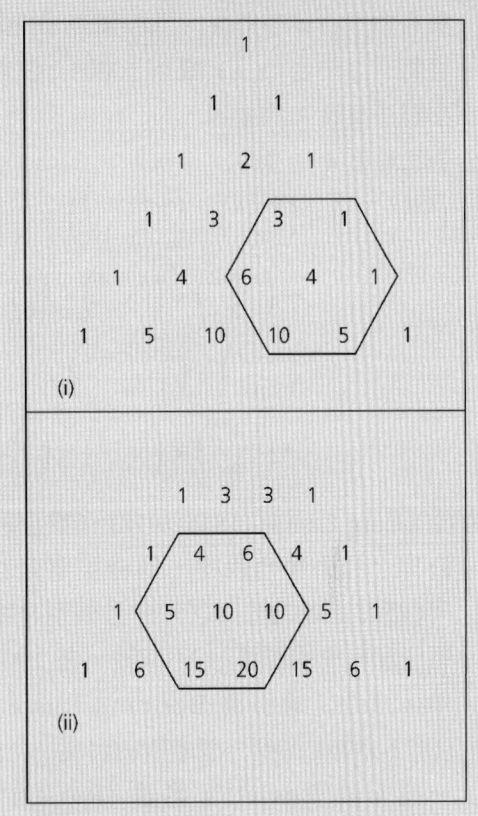

圖 3.5

d) 將 (a) 至 (c) 的結果一般化。

21. 有 1/4 的 $\{1, 2, 3, \cdots, n\}$ 之五元素子集合含元素 7，試決 n 值 (≥ 5)。

22. 對一已知宇集 $\mathcal{U}$，令 $A \subseteq \mathcal{U}$，其中 A 為有限且 $|\mathcal{P}(A)| = n$。若 $B \subseteq \mathcal{U}$，則 B 有多少個子集合，若 (a) $B = A \cup \{x\}$，其中 $x \in \mathcal{U} - A$？(b) $B = A \cup \{x, y\}$，其 x，$y \in \mathcal{U} - A$？(c) $B = A \cup \{x_1, x_2, \cdots, x_k\}$，其中 x_1，x_2，$\cdots$，$x_k \in \mathcal{U} - A$？

23. 巴斯卡三角形中何列含三個連續元素，其間之比值為 $1:2:3$。

24. 使用例題 3.9 的遞迴技巧發展一個長度為 4 的 16 二進位串之格雷編碼。接著列出 16 個對應二進位串的有序集合 $\{w, x, y, z\}$ 之子集合。

25. 假設 A 含元素 v，w，x，y，z 且不含其它元素。若一格雷編碼對 A 的 32 個子集合中,將有序集合{ v, w } 編為 01100 且將有序集合{ x, y } 編為 10001,試寫出有序集合 A 的編碼。

26. 對正整數 n , r 證明

$$\binom{n+r+1}{r} = \binom{n+r}{r} + \binom{n+r-1}{r-1} + \cdots$$
$$+ \binom{n+2}{2} + \binom{n+1}{1} + \binom{n}{0}$$
$$= \binom{n+r}{n} + \binom{n+r-1}{n} + \cdots$$
$$+ \binom{n+2}{n} + \binom{n+1}{n} + \binom{n}{n}.$$

27. 由 Georg Cantor (1845-1918) 所整理的最早之抽象集合論裡,集合被定義為 "我們的直覺或想像之肯定且個別之物體任意組成的群體"。不幸地,在 1901 年,這個定義引導 Bertrand Russell (1872-1970) 得到一個矛盾的發現 —— 一個叫做 **Russell's 詭論** (Russell's Paradox) 的著名結果——且這個發現嚴重打擊集合論。(從那時起,有許多種方法來定義集合論的基本概念使得這個矛盾不再發生。)

當我們關心一個集合是否為其本身的一個元素時,Russell's 詭論產生了。例如,所有正整數所成的集合不是一個正整數,即 $Z^+ \notin Z^+$。但所有抽象所成的集合是一個抽象。

現在為了發展詭論,令 S 為所有集合 A 所成的集合,其中 A 不是 A 的元素,即 $S = \{A \mid A$ 是一個集合且 $A \notin A\}$。

a) 證明若 $S \in S$,則 $S \notin S$。
b) 證明若 $S \notin S$,則 $S \in S$。

(a) 及 (b) 的結果告訴我們應避免定義像 S 的集合。所以我們應限制元素的型態使其可為一集合的元素。(更多關於這方面的資料將被敘述於 3.8 節的總結及歷史回顧裡。)

28. 令 $A = \{1, 2, 3, \cdots, 39, 40\}$

a) 寫一電腦程式 (或開發一個演算法) 來產生一個隨機的 A 之六個元素子集合。

b) 對 $B = \{2, 3, 5, 7, 11, 13, 17, 19, 23, 29, 31, 37\}$,寫一電腦程式 (或開發一個演算法) 來產生一個隨機的 A 之六個元素子集合,並決定是否為 B 的子集合。

29. 令 $A = \{1, 2, 3, \cdots, 7\}$,寫一電腦程式 (或開發一個演算法) 列出 A 的所有子集合 B,其中 $|B| = 4$。

30. 寫一電腦程式 (或發展一個演算法) 列出 $\{1, 2, 3, \cdots, n\}$ 的所有子集合,其中 $1 \leq n \leq 10$ (程式執行期間,n 值應給之。)

3.2 集合運算及集合論定律

在學會如何計數之後,學生將經常面對結合各種計數的方法。首先這個由加法完成。學生的算術世界通常環繞在集合 Z^+ (或可被說出和寫出及可出現在手拿計算器上的 Z^+ 之子集合),其中 Z^+ 中兩元素的相加,得到

Z^+ 中的第三個元素，稱之為和。因此學生可專心於加法而不必擴大他的或她的算術世界超過 Z^+。這個對乘法運算亦為真。

正整數的加法及乘法被稱為 Z^+ 上的**封閉二元運算** (closed binary operations)。例如，當我們計算 $a+b$，對 $a,b \in Z^+$ 時，有兩個**運算體** (operands)，即 a 和 b。因此運算被稱為**二元** (binary)。且因 $a+b \in Z^+$，當 $a,b \in Z^+$，我們稱 (Z^+ 上的) 二元加法運算是**封閉的** (closed)。然而，二元 (非零) 除法運算對 Z^+ 不是封閉的。例如，我們發現 $1/2\ (=1 \div 2) \notin Z^+$，雖然 $1, 2 \in Z^+$。然而當我們考慮以集合 Q^+ 取代集合 Z^+ 時，這個運算是封閉的。

我們現在介紹下面的集合二元運算。

對 $A, B \subseteq \mathcal{U}$，我們定義下面： **定義 3.5**

a) $A \cup B$ (A 和 B 的**聯集** (union)) $= \{x \mid x \in A \lor x \in B\}$。
b) $A \cap B$ (A 和 B 的**交集** (intersection)) $= \{x \mid x \in A \land x \in B\}$。
c) $A \triangle B$ (A 和 B 的**對稱差集** (symmetric difference)) $= \{x \mid x \in A \lor x \in B) \land x \notin A \cap B\} = \{x \mid x \in A \cup B \land x \notin A \cap B\}$。

注意若 $A, B \subseteq \mathcal{U}$，則 $A \cup B, A \cap B, A \triangle B \subseteq \mathcal{U}$。因此，$\cup$、$\cap$ 及 $\triangle$ 為 $\mathcal{P}(\mathcal{U})$ 上封閉的二元運算，且我們亦可稱 $\mathcal{P}(\mathcal{U})$ 在這些 (二元) 運算之下是封閉的。

以 $\mathcal{U} = \{1, 2, 3, \cdots, 9, 10\}$，$A = \{1, 2, 3, 4, 5\}$，$B = \{3, 4, 5, 6, 7\}$ 及 $C = \{7, 8, 9\}$，我們有： **例題 3.15**

a) $A \cap B = \{3, 4, 5\}$ b) $A \cup B = \{1, 2, 3, 4, 5, 6, 7\}$
c) $B \cap C = \{7\}$ d) $A \cap C = \emptyset$
e) $A \triangle B = \{1, 2, 6, 7\}$ f) $A \cup C = \{1, 2, 3, 4, 5, 7, 8, 9\}$
g) $A \triangle C = \{1, 2, 3, 4, 5, 7, 8, 9\}$

在例題 3.15，我們看出 $A \cap B \subseteq A \subseteq A \cup B$。這個結果不只是這個例題的特殊結果，一般來講這個結果亦為真。這個結果成立係因為

$$x \in A \cap B \Rightarrow (x \in A \land x \in B) \Rightarrow x \in A$$

(由合取簡化規則，表 2.19 的規則 7)，且

$$x \in A \Rightarrow (x \in A \lor x \in B) \Rightarrow x \in A \cup B$$

(其中第一個邏輯蘊涵是析取放大規則的結果,表 2.19 的規則 8)。

由例題 3.15(d),(f) 及 (g),我們介紹下面一般概念。

定義 3.6 令 S,$T \subseteq \mathcal{U}$。集合 S 和 T 被稱為**互斥的**(disjoint 或 mutually disjoint),當 $S \cap T = \emptyset$。

定理 3.3 若 S,$T \subseteq \mathcal{U}$,則 S 和 T 為互斥的若且唯若 $S \cup T = S \triangle T$。

證明:我們以 S,T 互斥開始。(欲證明 $S \cup T = S \triangle T$,我們使用定義 3.2。特別地,我們將提供兩個基本論證,兩個互相包含。) 考慮每一個 $x \in \mathcal{U}$。若 $x \in S \cup T$,則 $x \in S$ 或 $x \in T$ (或許 x 屬於兩者)。但以 S 和 T 為互斥的,$x \notin S \cap T$,所以 $x \in S \triangle T$。因此,因為 $x \in S \cup T$ 蘊涵 $x \in S \triangle T$,我們有 $S \cup T \subseteq S \triangle T$。對於反向的包含,若 $y \in S \triangle T$,則 $y \in S$ 或 $y \in T$。(但 $y \notin S \cap T$;這裡我們不必使用它。) 所以 $y \in S \cup T$。因此 $S \triangle T \subseteq S \cup T$。現在我們有 $S \cup T \subseteq S \triangle T$ 且 $S \triangle T \subseteq S \cup T$,由定義 3.2,得 $S \triangle T = S \cup T$。

我們利用矛盾證法來證明逆命題。欲如此做,我們考慮任意 S,$T \subseteq \mathcal{U}$ 且假設成立 (即 $S \cup T = S \triangle T$),但我們假設結論為否定 (亦即我們假設 S 和 T 不是互斥的)。所以,若 $S \cap T \neq \emptyset$,令 $x \in S \cap T$,則 $x \in S$ 且 $x \in T$,所以 $x \in S \cup T$ 且

$$x \in S \triangle T (= S \cup T)$$

但當 $x \in S \cup T$ 且 $x \in S \cap T$,則

$$x \notin S \triangle T$$

由這個矛盾——即 $x \in S \triangle T \wedge x \notin S \triangle T$——我們確認原先假設不正確。因此,$S$ 和 T 為互斥的。

在證明定理 3.3 的第一部份時,我們證明若 S,T 為任意集合,則 $S \triangle T \subseteq S \cup T$。$S$ 和 T 的互斥僅在對反向包含時需要。

在熟練加法技巧之後,吾人通常接著來面對減法。這裡集合 **N** 有一些困難。例如,**N** 包含 2 和 5,但 $2-5=-3$,且 $-3 \notin$ **N**。因此減法二元運算對 **N** 是不封閉的,雖然它對 **N** 的**母集** (superset) **Z** 是封閉的。所以對 **Z**,我們可介紹**一元** (unary),或**單元** (monary),否定運算,其中我們取 3 的 "減" 或 "負" 為 -3。

我們現介紹一個可比較的集合一元運算。

第三章 集合論 159

| 對一集合 $A \subseteq \mathcal{U}$，A 的**餘集**（complement），表為 $\mathcal{U} - A$，或 $\overline{A}$，被給為 $\{x \mid x \in \mathcal{U} \wedge x \notin A\}$。 | 定義 3.7 |

| 對例題 3.15 的集合，$\overline{A} = \{6, 7, 8, 9, 10\}$，$\overline{B} = \{1, 2, 8, 9, 10\}$ 且 $\overline{C} = \{1, 2, 3, 4, 5, 6, 10\}$。 | 例題 3.16 |

對每個宇集 $\mathcal{U}$ 且對每個集合 $A \subseteq \mathcal{U}$，我們發現 $\overline{A} \subseteq \mathcal{U}$。因此以餘集所定義的一元運算下，$\mathcal{P}(\mathcal{U})$ 是封閉的。

下面的概念和餘集的概念有關。

| 對 A，$B \subseteq \mathcal{U}$，A 在 B 的 (相對) 餘集，表為 $B - A$，被給為 $\{x \mid x \in B \wedge x \notin A\}$。 | 定義 3.8 |

| 對例題 3.15 的集合，我們有： | 例題 3.17 |

a) $B - A = \{6, 7\}$ b) $A - B = \{1, 2\}$ c) $A - C = A$
d) $C - A = C$ e) $A - A = \emptyset$ f) $\mathcal{U} - A = \overline{A}$

為給下一個定理的動機，我們首先考慮下面。

| 對 $\mathcal{U} = \mathbf{R}$，令 $A = [1, 2]$ 且 $B = [1, 3)$，則我們發現 | 例題 3.18 |

a) $A = \{x \mid 1 \leq x \leq 2\} \subseteq \{x \mid 1 \leq x < 3\} = B$
b) $A \cup B = \{x \mid 1 \leq x < 3\} = B$
c) $A \cap B = \{x \mid 1 \leq x \leq 2\} = A$
d) $\overline{B} = (-\infty, 1) \cup [3, +\infty) \subseteq (-\infty, 1) \cup (2, +\infty) = \overline{A}$

下一個定理告訴我們例題 3.18 四個結果的一般化。為證明這個定理，我們再次使用定理 3.2，如同我們發現子集合、聯集、交集及餘集觀念間的交互作用。

| 對任意宇集 $\mathcal{U}$ 及任意集合 A，$B \subseteq \mathcal{U}$，下面敘述為等價的： | 定理 3.4 |

a) $A \subseteq B$ b) $A \cup B = B$
c) $A \cap B = A$ d) $\overline{B} \subseteq \overline{A}$

證明： 為證明這個定理，我們證明 (a) $\Rightarrow$ (b)，(b) $\Rightarrow$ (c)，(c) $\Rightarrow$ (d) 及 (d) $\Rightarrow$ (a)。（這個可證明這個定理的理由係基於 2.2 節末習題 13 所給的概念。）

i) (a) ⇒ (b)　若 A，B 為任意集合，則 $B \subseteq A \cup B$ (如例題 3.15 之後所提的)。對於反包含方向，若 $x \in A \cup B$，則 $x \in A$ 或 $x \in B$，但 $A \subseteq B$，不管那一種情形，我們有 $x \in B$，所以 $A \cup B \subseteq B$，且因我們現有兩個包含方向，得 (再次由定義 3.2) $A \cup B = B$。

ii) (b) ⇒ (c)　給集合 A，B，我們總是有 $A \supseteq A \cap B$ (如例題 3.15 之後所提的)。對於反包含方向，令 $y \in A$。由於 $A \cup B = B$，$y \in A \Rightarrow y \in A \cup B \Rightarrow y \in B$ (因為 $A \cup B = B$) $\Rightarrow y \in A \cap B$，所以 $A \subseteq A \cap B$ 且得 $A = A \cap B$。

iii) (c) ⇒ (d)　我們知道 $z \in \overline{B} \Rightarrow z \notin B$。現若 $z \in A \cap B$，則 $z \in B$，因為 $A \cap B \subseteq B$。矛盾，即 $z \notin B \land z \in B$，告訴我們 $z \notin A \cap B$。因此，$z \notin A$，因為 $A \cap B = A$。但 $z \notin A \Rightarrow z \in \overline{A}$，所以 $\overline{B} \subseteq \overline{A}$。

iv) (d) ⇒ (a)　最後，$w \in A \Rightarrow w \notin \overline{A}$。若 $w \notin B$，則 $w \in \overline{B}$。由於 $\overline{B} \subseteq \overline{A}$，得 $w \in \overline{A}$。這時我們得到矛盾 $w \notin \overline{A} \land w \in \overline{A}$，且這個告訴我們 $w \in B$。因此 $A \subseteq B$。

以我們所掌控下的一點定理，我們現在介紹一些管理集合論的主要定律。這些定律明顯類似 2.2 節所給的邏輯定律。在許多例題裡，這些集合論定律相似於實數的算術性質，其中 "∪" 扮演 "+" 的角色且 "∩" 扮演 "×" 的角色。然而，還是有幾點不同。

集合論定律

對取自宇集 $\mathcal{U}$ 的任意集合 A，B 及 C

1) $\overline{\overline{A}} = A$　　　　　　　　　　　　　雙餘集定律
2) $\overline{A \cup B} = \overline{A} \cap \overline{B}$　　　　　　　　　　DeMorgan 定律
　　$\overline{A \cap B} = \overline{A} \cup \overline{B}$
3) $A \cup B = B \cup A$　　　　　　　　　交換律
　　$A \cap B = B \cap A$
4) $A \cup (B \cup C) = (A \cup B) \cup C$　　結合律
　　$A \cap (B \cap C) = (A \cap B) \cap C$
5) $A \cup (B \cap C) = (A \cup B) \cap (A \cup C)$　分配律
　　$A \cap (B \cup C) = (A \cap B) \cup (A \cap C)$
6) $A \cup A = A$　　　　　　　　　　　　冪等定律
　　$A \cap A = A$
7) $A \cup \emptyset = A$　　　　　　　　　　　　恒等律
　　$A \cap \mathcal{U} = A$
8) $A \cup \overline{A} = \mathcal{U}$　　　　　　　　　　　　逆定律
　　$A \cap \overline{A} = \emptyset$

9) $A \cup \mathcal{U} = \mathcal{U}$ 優控律
$A \cap \emptyset = \emptyset$

10) $A \cup (A \cap B) = A$ 吸收律
$A \cap (A \cup B) = A$

所有這些定律可由基本論證建立出來，如定理 3.3 的第一部份證明。我們以建立第一個 DeMorgan 定律及第二個分配律之交集對聯集關係來說明這個。

證明： 令 $x \in \mathcal{U}$，則

$$x \in \overline{A \cup B} \Rightarrow x \notin A \text{ 且}$$
$$\Rightarrow x \notin A \text{ 且 } x \notin B$$
$$\Rightarrow x \in \overline{A} \text{ and } x \in \overline{B}$$
$$\Rightarrow x \in \overline{A} \cap \overline{B}$$

所以 $\overline{A \cup B} \subseteq \overline{A} \cap \overline{B}$，欲建立反向包含，我們檢視每一個邏輯蘊涵的逆命題也是一個邏輯蘊涵 (亦即，事實上，每一個邏輯蘊涵是一個邏輯等價)。我們發現

$$x \in \overline{A} \cap \overline{B} \Rightarrow x \in \overline{A} \text{ 且 } x \in \overline{B}$$
$$\Rightarrow x \notin A \text{ 且 } x \notin B$$
$$\Rightarrow x \notin A \cup B$$
$$\Rightarrow x \in \overline{A \cup B}$$

因此 $\overline{A} \cap \overline{B} \subseteq \overline{A \cup B}$，所以，由於 $\overline{A \cup B} \subseteq \overline{A} \cap \overline{B}$ 且 $\overline{A} \cap \overline{B} \subseteq \overline{A \cup B}$，由定義 3.2 得 $\overline{A \cup B} = \overline{A} \cap \overline{B}$。

在第二個證明裡，我們將使用邏輯等價 ($\Leftrightarrow$) 而不使用邏輯蘊涵 ($\Rightarrow$ 及 $\Leftarrow$) 來同時建立兩子集合關係。

證明： $\forall x \in \mathcal{U}$，

$$x \in A \cap (B \cup C) \Leftrightarrow (x \in A) \text{ 且 } (x \in B \cup C)$$
$$\Leftrightarrow (x \in A) \text{ 且 } (x \in B \text{ 或 } x \in C)$$
$$\Leftrightarrow (x \in A \text{ 且 } x \in B) \text{ 或 } (x \in A \text{ 且 } x \in C)$$
$$\Leftrightarrow (x \in A \cap B) \text{ 或 } (x \in A \cap C)$$
$$\Leftrightarrow x \in (A \cap B) \cup (A \cap C)$$

當我們有遍及的等價敘述，我們已同時建立兩個子集合關係，所以 $A \cap (B \cup C) = (A \cap B) \cup (A \cap C)$。(第三個及第四個等價敘述由可比擬的邏輯定律之原理得到，即合取對析取的分配律。)

162 離散與組合數學

讀者毫無疑問的期待由第 2 項至第 10 項的各雙定律有一些重要性。如同邏輯定律，這些成雙敘述被稱為**對偶** (duals)。一個敘述可由另一個敘述而得，其中以 ∪ 代 ∩ 且 ∩ 代 ∪，及 $\mathcal{U}$ 代 ∅ 且 ∅ 代 $\mathcal{U}$。

這個引導我們下面正式的概念。

定義 3.9　令 s 為處理兩個集合表示式相等的 (一般) 敘述。每一個此類表示式可能含一個或更多個的集合因子 (諸如 A，$\overline{A}$，B，$\overline{B}$ 等等)，一個或多個 ∅ 及 $\mathcal{U}$，及僅有集合運算符號 ∩ 及 ∪。s 的對偶表為 s^d，由 s 以 (1) 將每一個 ∅ 及 $\mathcal{U}$ (在 s) 分別取代為 $\mathcal{U}$ 及 ∅；及 (2) 每一個 ∩ 及 ∪ (在 s) 分別取代為 ∪ 及 ∩ 之法獲得。

如在 2.2 節，我們將敘述並使用下面定理，我們將在第 15 章證明一個更一般化的結果。

定理 3.5　**對偶原理**（The Principle of Duality）。令 s 表一個處理兩個集合表示式 (僅含如定義 3.9 所描述的集合運算 ∩ 及 ∪) 相等的定理，則 s^d，s 的對偶，亦為一個定理。

使用這個原理，可讓我們減少大量工作。對第 2 至第 10 項的每雙定律，我們僅需證明一個敘述，接著使用這個原理來得成雙裏的另一個敘述。

我們必須小心應用定理 3.5。這個結果不能應用至特殊情形，一般來講，僅能應用至關於集合的結果 (定理)。例如，讓我們考慮底下的特殊情形，其中 $\mathcal{U}=\{1, 2, 3, 4, 5\}$，且 $A=\{1, 2, 3, 4\}$，$B=\{1, 2, 3, 5\}$，$C=\{1, 2\}$ 及 $D=\{1, 3\}$。在這些環境之下，

$$A \cap B = \{1, 2, 3\} = C \cup D$$

然而，我們不能推論 $s: A \cap B = C \cup D \Rightarrow s^d: A \cup B = C \cap D$。因為 $A \cup B = \{1, 2, 3, 4, 5\}$，而 $C \cap D = \{1\}$。這裡定理 3.5 不能用的理由是在這個特例中雖然 $A \cap B = C \cup D$，但對一般集合來講 $A \cap B = C \cup D$ 不為真 (即對由宇集 $\mathcal{U}$ 中取出的任意集合 A，B，C 及 D)。

例題 3.19　定義 3.9 及定理 3.5 並未提及任何關於子集合的東西，我們可否對敘述 $A \subseteq B$ (其中 A，$B \subseteq \mathcal{U}$) 找一個對偶？

這裡我們有機會來使用定理 3.4 的一些結果。使用等價敘述 $A \cup B = B$，我們可處理敘述 $A \subseteq B$。

$A \cup B = B$ 的對偶為 $A \cap B = B$。但 $A \cap B = B \Leftrightarrow B \subseteq A$。因此，敘述 $A \subseteq B$ 的對偶為敘述 $B \subseteq A$。(我們亦可使用 $A \subseteq B \Leftrightarrow A \cap B = A$ 得到這個結果。)

當我們考慮集合之間的集合相等或子集合的敘述關係時，我們可以圖形來探討它們之間的關係。

以紀念英國邏輯學家 John Venn (1834-1923)，**范恩圖** (Venn diagram) 被構造如下：$\mathcal{U}$ 被描述為一個矩形的內部，而 $\mathcal{U}$ 的子集合被表為圓的內部及其它封閉曲線。圖 3.6 示範四個范恩圖。圖 3.6(a) 之陰影區域表集合 A，而沒有陰影部份表 $\overline{A}$。圖 3.6(b) 陰影部份表 $A \cup B$；而圖 3.6(c) 陰影部份表 $A \cap B$。圖 3.6(d) 表 $A - B$ 的范恩圖。

圖 3.7 范恩圖被用來建立第二個 DeMorgan 定律。圖 3.7(a) 除 $A \cap B$ 外，每處均有陰影，所以陰影部份表 $\overline{A \cap B}$。我們現在發展一個范恩圖來描述 $\overline{A} \cup \overline{B}$。在圖 3.7(b)，$\overline{A}$ 為陰影部份 (表 A 之圓的外部)。同樣的，$\overline{B}$ 為圖 3.7(c) 的陰影部份。當將圖 3.7(b) 和圖 3.7(c) 的結果併在一起，我們得圖 3.7(d) 的聯集范恩圖。因為 (d) 中的陰影部份和 (a) 中的相同，所以 $\overline{A \cap B} = \overline{A} \cup \overline{B}$。

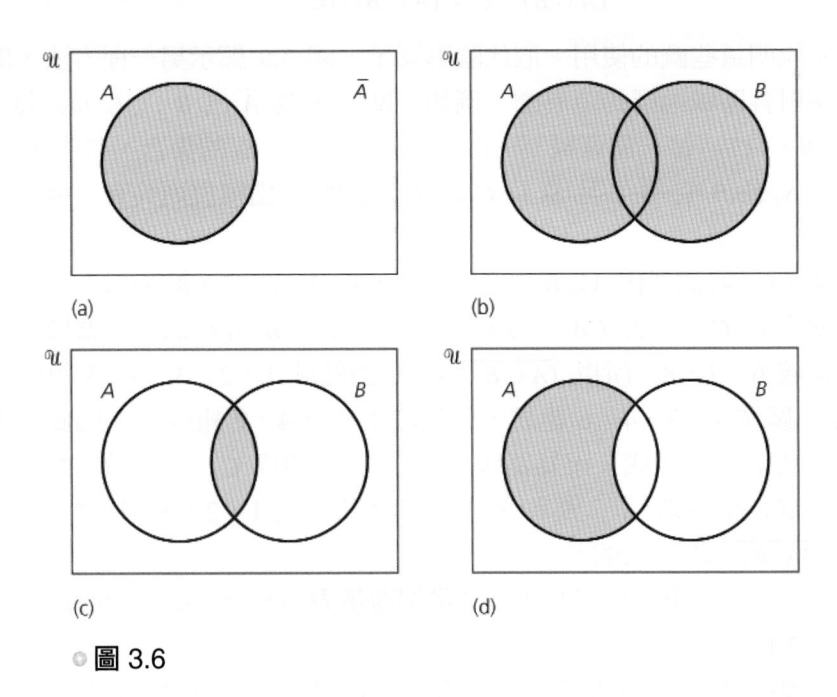

◉ 圖 3.6

(a)
(b)
(c)
(d)

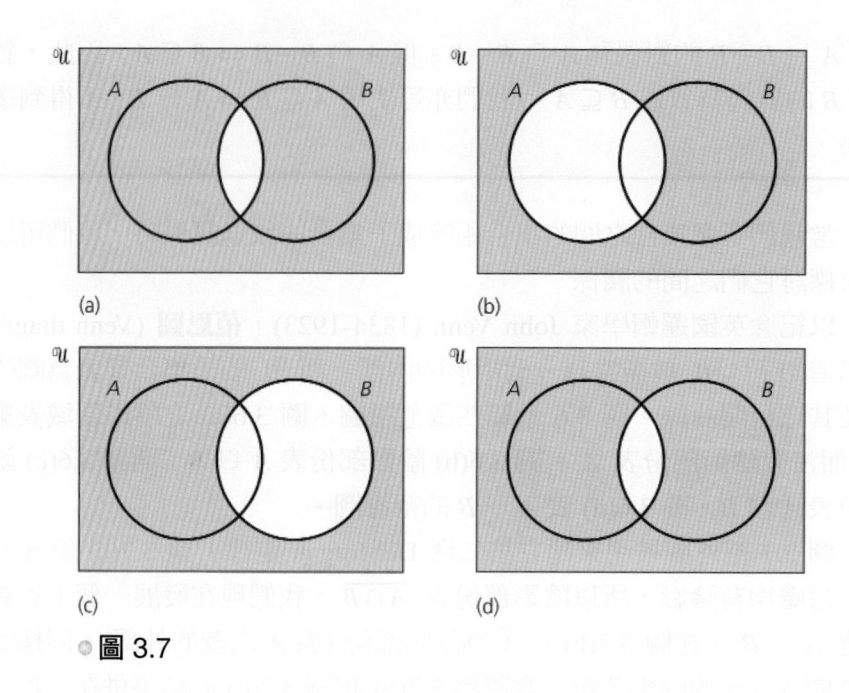

● 圖 3.7

我們以證明對任意集合 A，B，$C \subseteq \mathcal{U}$，

$$\overline{(A \cup B) \cap C} = (\overline{A} \cap \overline{B}) \cup \overline{C}.$$

來進一步說明這些圖的使用。取代陰影圖示，圖 3.8 顯示另一種方法，即亦可使用對各區域編碼的范恩圖，例如，區域 3 為 $\overline{A} \cap B \cap \overline{C}$ 及區域 7 為 $A \cap \overline{B} \cap C$。每一個區域為一個形如 $S_1 \cap S_2 \cap S_3$ 的集合，其中 S_1 為 A 或 $\overline{A}$，S_2 為 B 或 $\overline{B}$，且 S_3 為 C 或 $\overline{C}$。因此，由積規則共有八種可能區域。

由圖 3.8，我們看出 $A \cup B$ 包含區域 2，3，5，6，7，8 且區域 4，6，7，8 組成集合 C。因此 $(A \cup B) \cap C$ 為由 $A \cup B$ 和 C 的共同區域所組成；即區域 6，7，8。所以 $\overline{(A \cup B) \cap C}$ 是由區域 1，2，3，4，5 組成。集合 $\overline{A}$ 由區域 1，3，4，6 組成，而區域 1，2，4，7 組成 $\overline{B}$。因此，$\overline{A} \cap \overline{B}$ 由區域 1 及 4 組成。因為區域 4，6，7，8 組成 C，集合 $\overline{C}$ 由區域 1，2，3，5 組成。取 $\overline{A} \cap \overline{B}$ 和 $\overline{C}$ 的聯集，得區域 1，2，3，4，5，如同我們對 $\overline{(A \cup B) \cap C}$ 所做的。

另外一個建立集合相等的技巧為**從屬關係表** (membership table)。（此種方法和 2.1 節介紹使用的真假值表是同類的。）

我們觀察對集合 A，$B \subseteq \mathcal{U}$，元素 $x \in \mathcal{U}$ 恰滿足下面四種情形之一：

a) $x \notin A, x \notin B$ **b)** $x \notin A, x \in B$.
c) $x \in A, x \notin B$ **d)** $x \in A, x \in B$.

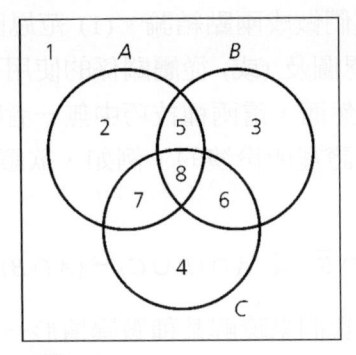

● 圖 3.8

當 x 是所給集合的一元素時，我們在從屬關係表中表示該集合的欄寫一個 1；而當 x 不在該集合時，則寫 0。表 3.2 以這種記法給 $A \cap B$，$A \cup B$，$\overline{A}$ 的從屬關係表。這裡，例如，表 (a) 的第三列告訴我們一元素 $x \in \mathcal{U}$ 是在集合 A 內而不在集合 B，則它不在 $A \cap B$ 上但在 $A \cup B$ 裡。

● 表 3.2

A	B	$A \cap B$	$A \cup B$
0	0	0	0
0	1	0	1
1	0	0	1
1	1	1	1

(a)

A	$\overline{A}$
0	1
1	0

(b)

這些在 0 和 1 上的二進位運算和一般的算術運算相同 (相對於・和 +)，除了 $1 \cup 1 = 1$ 之外。

使用從屬關係表，我們可以比較表中各集合的各欄來建立兩集合的相等。表 3.3 說明聯集對交集的分配律之引用。此處我們看出八列中的任何一列如何恰對應到圖 3.8 范恩圖中八個區域中的一個區域。例如，列 1 對應區域 1：$\overline{A} \cap \overline{B} \cap \overline{C}$；及列 6 對應區域 7：$A \cap \overline{B} \cap C$。

● 表 3.3

A	B	C	$B \cap C$	$A \cup (B \cap C)$	$A \cup B$	$A \cup C$	$(A \cup B) \cap (A \cup C)$
0	0	0	0	0	0	0	0
0	0	1	0	0	0	1	0
0	1	0	0	0	1	0	0
0	1	1	1	1	1	1	1
1	0	0	0	1	1	1	1
1	0	1	0	1	1	1	1
1	1	0	0	1	1	1	1
1	1	1	1	1	1	1	1

因為這兩行相同，所以
$A \cup (B \cap C) = (A \cup B) \cap (A \cup C)$。

在繼續之前，讓我們做成兩點結論。(1) 范恩圖僅是從屬關係表的一個圖形表示式。(2) 范恩圖及 (或) 從屬關係的使用可被訴求，尤其對那些不喜歡寫證明的讀者。然而，這兩種技巧中無一者明確說明邏輯及推理它們在我們所提的元素論證裡所扮演的，例如，欲證明對任意集合 A，B，$C \subseteq \mathcal{U}$，

$$\overline{A \cup B} = \overline{A} \cap \overline{B}, \text{ 及 } A \cap (B \cup C) = (A \cap B) \cup (A \cap C).$$

我們感覺范恩圖可幫助我們來瞭解某種數學情形──但當集合個數超過三個，圖可能很難畫。

總之，讓我們同意元素論證 (尤其是其詳細說明) 是比這兩種技巧更嚴緊的，且為集合論裡證明結果後受歡迎的方法。

現在我們有集合論的定律，那我們可怎麼樣使用它們呢？下面例題將說明定律如何被用來簡化一個複雜的集合表示式或導出新的集合等式。(當各步驟中所使用的定律多於一個時，我們列出主要的定律做為理由。)

例題 3.20 簡化表示式 $\overline{\overline{(A \cup B) \cap C} \cup \overline{B}}$.

	理由
$\overline{\overline{(A \cup B) \cap C} \cup \overline{B}}$	
$= \overline{\overline{((A \cup B) \cap C)}} \cap \overline{\overline{B}}$	DeMorgan定律
$= ((A \cup B) \cap C) \cap B$	雙餘集定律
$= (A \cup B) \cap (C \cap B)$	交集結合律
$= (A \cup B) \cap (B \cap C)$	交集交換律
$= [(A \cup B) \cap B] \cap C$	交集結合律
$= B \cap C$	吸收律

讀者應注意本例中各步驟及理由和例題 2.17 中簡化敘述

$$\neg[\neg[(p \vee q) \wedge r] \vee \neg q]$$

為敘述

$$q \wedge r$$

的各步驟及理由之間的相似性。

例題 3.21 以 $\cup$ 和 $\overline{}$ 來表示 $\overline{A - B}$。

由相關的餘集定義，$A - B = \{x \mid x \in A \cap x \notin B\} = A \cap \overline{B}$。因此，

	理由
$\overline{A - B} = \overline{A \cap \overline{B}}$	
$= \overline{A} \cup \overline{\overline{B}}$	DeMorgan 定律
$= \overline{A} \cup B$	雙餘集定律

由例題 3.21 所做的觀察，我們有 $A \triangle B = \{x | x \in A \cup B \land x \notin A \cap B\} = (A \cup B) - (A \cap B) = (A \cup B) \cap \overline{(A \cap B)}$，所以

	理由
$\overline{A \triangle B} = \overline{(A \cup B) \cap \overline{(A \cap B)}}$	
$= \overline{(A \cup B)} \cup \overline{\overline{(A \cap B)}}$	DeMorgan 定律
$= \overline{(A \cup B)} \cup (A \cap B)$	雙餘集定律
$= (A \cap B) \cup \overline{(A \cup B)}$	$\cup$ 的交換律
$= (A \cap B) \cup (\overline{A} \cap \overline{B})$	DeMorgan 定律
$= [(A \cap B) \cup \overline{A}] \cap [(A \cap B) \cup \overline{B}]$	$\cup$ 對 $\cap$ 的分配律
$= [(A \cup \overline{A}) \cap (B \cup \overline{A})] \cap [(A \cup \overline{B}) \cap (B \cup \overline{B})]$	$\cup$ 對 $\cap$ 的分配律
$= [\mathcal{U} \cap (B \cup \overline{A})] \cap [(A \cup \overline{B}) \cap \mathcal{U}]$	逆定律
$= (B \cup \overline{A}) \cap (A \cup \overline{B})$	恆等定律
$= (\overline{A} \cup B) \cap (A \cup \overline{B})$	$\cup$ 的交換律
$= \overline{(A \cup B)} \cap \overline{(A \cap \overline{B})}$	DeMorgan 定律
$= \overline{A} \triangle B$	
$= (A \cup \overline{B}) \cap (\overline{A} \cup B)$	$\cap$ 的交換律
$= \overline{(A \cup \overline{B})} \cap \overline{(A \cap \overline{B})}$	DeMorgan 定律
$= A \triangle \overline{B}$	

在結束本節之前，我們擴充集合運算 $\cup$ 及 $\cap$ 至三個集合以上。

定義 3.10 令 I 為一非空集合及 $\mathcal{U}$ 為一宇集。對每一個 $i \in I$，令 $A_i \subseteq \mathcal{U}$。則 I 被稱為一個**指標集** (index set or set of indices)，且每一個 $i \in I$ 被稱為一個**指標** (index)。

在這些條件下，

$$\bigcup_{i \in I} A_i = \{x | x \in A_i \text{ 對至少一個 } i \in I\}，且$$

$$\bigcap_{i \in I} A_i = \{x | x \in A_i \text{ 對至少一個 } i \in I\}.$$

我們可使用量詞來改述定義 3.10：

$$x \in \bigcup_{i \in I} A_i \Longleftrightarrow \exists i \in I (x \in A_i) \qquad x \in \bigcap_{i \in I} A_i \Longleftrightarrow \forall i \in I (x \in A_i)$$

則 $x \notin \cup_{i \in I} A_i \Longleftrightarrow \neg [\exists i \in I (x \in A_i)] \Longleftrightarrow \forall i \in I (x \notin A_i)$；亦即，$x \notin \cup_{i \in I} A_i$ 若且唯若 $x \notin A_i$ 對每個指標 $i \in I$。同理 $x \notin \cap_{i \in I} A_i \Longleftrightarrow \neg [\forall i \in I (x \in A_i)] \Longleftrightarrow \exists i \in I (x \notin A_i)$；亦即 $x \notin \cap_{i \in I} A_i$，若且唯若 $x \notin A_i$ 對至少一個指標 $i \in I$。

假若指標集 I 為集合 $\mathbf{Z}^+$，我們可寫

$$\bigcup_{i \in \mathbf{Z}^+} A_i = A_1 \cup A_2 \cup \cdots = \bigcup_{i=1}^{\infty} A_i, \qquad \bigcap_{i \in \mathbf{Z}^+} A_i = A_1 \cap A_2 \cap \cdots = \bigcap_{i=1}^{\infty} A_i.$$

例題 3.23 令 $I = \{3, 4, 5, 6, 7\}$，且對每個 $i \in I$，令 $A_i = \{1, 2, 3, \cdots, i\} \subseteq \mathcal{U} = \mathbf{Z}^+$。則 $\cup_{i \in I} A_i = \cup_{i=3}^{7} A_i = \{1, 2, 3, \ldots, 7\} = A_7$，而 $\cap_{i \in I} A_i = \{1, 2, 3\} = A_3$。

例題 3.24 令 $\mathcal{U} = \mathbf{R}$ 且 $I = \mathbf{R}^+$。若對每個 $r \in \mathbf{R}^+$，$A_r = [-r, r]$，則 $\cup_{r \in I} A_r = \mathbf{R}$ 且 $\cap_{r \in I} A_r = \{0\}$。

當處理一般化的聯集及交集時，從屬關係表及范恩圖不幸地接近於無用，但嚴緊的元素方法，如定理 3.3 證明裡第一部份所展示的，仍為有用。

定理 3.6 **一般化的 DeMorgan 定律** (Generalized DeMorgan's Laws)。令 I 為一指標集，其中對每一個 $i \in I$，$A_i \subseteq \mathcal{U}$，則

a) $\overline{\bigcup_{i \in I} A_i} = \bigcap_{i \in I} \overline{A_i}$ 　　　b) $\overline{\bigcap_{i \in I} A_i} = \bigcup_{i \in I} \overline{A_i}$

證明： 我們將證明定理 3.6(a)，而將 (b) 之證明留給讀者。對每個 $x \in \mathcal{U}$，$x \in \overline{\cup_{i \in I} A_i} \Leftrightarrow x \notin \cup_{i \in I} A_i \Leftrightarrow x \notin A_i$，$i \in I \Leftrightarrow x \in \overline{A_i}$，對所有 $i \in I \Leftrightarrow x \in \cap_{i \in I} \overline{A_i}$。

習題 3.2

1. 對 $\mathcal{U} = \{1, 2, 3, \cdots, 9, 10\}$ 令 $A = \{1, 2, 3, 4, 5\}$，$B = \{1, 2, 4, 8\}$，$C = \{1, 2, 3, 5, 7\}$，且 $D = \{2, 4, 6, 8\}$。決定下面各個：
   a) $(A \cup B) \cap C$　　b) $A \cup (B \cap C)$
   c) $\overline{C} \cup \overline{D}$　　d) $\overline{C \cap D}$
   e) $(A \cup B) - C$　　f) $A \cup (B - C)$
   g) $(B - C) - D$　　h) $B - (C - D)$
   i) $(A \cup B) - (C \cap D)$

2. 若 $A = [0, 3]$，$B = [2, 7)$，且 $\mathcal{U} = \mathbf{R}$，決定下面各個：
   a) $A \cap B$　　b) $A \cup B$
   c) $\overline{A}$　　d) $A \triangle B$
   e) $A - B$　　f) $B - A$

3. a) 決定集合 A，B，其中 $A - B = \{1, 3, 7, 11\}$，$B - A = \{2, 6, 8\}$，且 $A \cap B = \{4, 9\}$。
   b) 決定集合 C，D，其中 $C - D = \{1, 2, 4\}$，$D - C = \{7, 8\}$，且 $C \cup D = \{1, 2, 4, 5, 7, 8, 9\}$。

4. 令 A，B，C，D，$E \subseteq \mathbf{Z}$ 被定義如下：$A = \{2n \mid n \in \mathbf{Z}\}$，即 A 為所有 2 的倍數 (整數) 所成的集合；
   $B = \{3n \mid n \in \mathbf{Z}\}$；　$C = \{4n \mid n \in \mathbf{Z}\}$；
   $D = \{6n \mid n \in \mathbf{Z}\}$；且 $E = \{8n \mid n \in \mathbf{Z}\}$.
   a) 下面各敘述何者為真？何者為假？
   　i) $E \subseteq C \subseteq A$　　ii) $A \subseteq C \subseteq E$
   　iii) $B \subseteq D$　　iv) $D \subseteq B$

v) $D \subseteq A$ vi) $\overline{D} \subseteq \overline{A}$

b) 決定下面各集合。

  i) $C \cap E$ ii) $B \cup D$ iii) $A \cap B$
  iv) $B \cap D$ v) $\overline{A}$ vi) $A \cap E$

5. 決定下面各敘述何者為真？何者為假？

  a) $\mathbf{Z}^+ \subseteq \mathbf{Q}^+$ b) $\mathbf{Z}^+ \subseteq \mathbf{Q}$
  c) $\mathbf{Q}^+ \subseteq \mathbf{R}$ d) $\mathbf{R}^+ \subseteq \mathbf{Q}$
  e) $\mathbf{Q}^+ \cap \mathbf{R}^+ = \mathbf{Q}^+$ f) $\mathbf{Z}^+ \cup \mathbf{R}^+ = \mathbf{R}^+$
  g) $\mathbf{R}^+ \cap \mathbf{C} = \mathbf{R}^+$ h) $\mathbf{C} \cup \mathbf{R} = \mathbf{R}$
  i) $\mathbf{Q}^* \cap \mathbf{Z} = \mathbf{Z}$

6. 不使用范恩圖或從屬關係表，證明下面各結果。（假設宇集為 $\mathcal{U}$）

  a) 若 $A \subseteq B$ 且 $C \subseteq D$，則 $A \cap C \subseteq B \cap D$ 且 $A \cup C \subseteq B \cup D$。
  b) $A \subseteq B$ 若且唯若 $A \cap \overline{B} = \emptyset$。
  c) $A \subseteq B$ 若且唯若 $\overline{A} \cup B = \mathcal{U}$。

7. 證明或不證明下面各小題：

  a) 對集合 $A, B, C \subseteq \mathcal{U}$，$A \cap C = B \cap C \Rightarrow A = B$。
  b) 對集合 $A, B, C \subseteq \mathcal{U}$，$A \cup C = B \cup C \Rightarrow A = B$。
  c) 對集合 $A, B, C \subseteq \mathcal{U}$，$[(A \cap C = B \cap C) \wedge (A \cup C = B \cup C)] \Rightarrow A = B$。
  d) 對集合 $A, B, C \subseteq \mathcal{U}$，$A \triangle C = B \triangle C \Rightarrow A = B$。

8. 使用范恩圖，對集合 $A, B, C \subseteq \mathcal{U}$，探討下面各題的真假。

  a) $A \triangle (B \cap C) = (A \triangle B) \cap (A \triangle C)$
  b) $A - (B \cup C) = (A - B) \cap (A - C)$
  c) $A \triangle (B \triangle C) = (A \triangle B) \triangle C$

9. 若 $A = \{a, b, d\}$，$B = \{d, x, y\}$ 且 $C = \{x, z\}$，則集合 $(A \cap B) \cup C$ 有多少個真子集？集合 $A \cap (B \cup C)$ 有多少個真子集？

10. 對一已知宇集 $\mathcal{U}$，$\mathcal{U}$ 的每一個子集 A 滿足聯集及交集的冪等定律。(a) 是否有任何實數滿足加法的冪等性質？（即可否找到任意實數 x 滿足 $x + x = x$？）(b) 回答將 (a) 的加法改為乘法的問題。

11. 對下面每一個集合理論結果寫出其對偶敘述。

  a) $\mathcal{U} = (A \cap B) \cup (A \cap \overline{B}) \cup (\overline{A} \cap B) \cup (\overline{A} \cap \overline{B})$
  b) $A = A \cap (A \cup B)$
  c) $A \cup B = (A \cap B) \cup (A \cap \overline{B}) \cup (\overline{A} \cap B)$
  d) $A = (A \cup B) \cap (A \cup \emptyset)$

12. 令 $A, B \subseteq \mathcal{U}$。使用等價 $A \subseteq B \Leftrightarrow A \cap B = A$ 證明 $A \subseteq B$ 的對偶敘述為敘述 $B \subseteq A$。

13. 對集合 $A, B \subseteq \mathcal{U}$，證明或不證明下面各小題。

  a) $\mathcal{P}(A \cup B) = \mathcal{P}(A) \cup \mathcal{P}(B)$
  b) $\mathcal{P}(A \cap B) = \mathcal{P}(A) \cap \mathcal{P}(B)$

14. 使用從屬關係表，建立下面各小題：

  a) $\overline{A \cap B} = \overline{A} \cup \overline{B}$ b) $A \cup A = A$
  c) $A \cup (A \cap B) = A$
  d) $\overline{(A \cap B) \cup (\overline{A} \cap C)} = (A \cap \overline{B}) \cup (\overline{A} \cap \overline{C})$

15. a) 構造 $A \cap (B \cup C) \cap (D \cup \overline{E} \cup F)$ 的從屬關係表需多少列？
  b) 構造由集合 $A_1, A_2, \ldots, A_n$ 以 $\cap$、$\cup$ 及 $\overline{}$ 所組成的集合之從屬關係表需多少列？
  c) 給兩集合 A, B 的從屬關係表，$A \subseteq B$ 的關係如何可被認可？
  d) 使用從屬關係表決定是否 $\overline{(A \cap B) \cup (B \cap C)} \supseteq A \cup \overline{B}$。

16. 提供各步驟所需的理由 (選自集合論定律) 來簡化集合
  $(A \cap B) \cup [B \cap ((C \cap D) \cup (C \cap \overline{D}))]$，其中 $A, B, C, D \subseteq \mathcal{U}$。

步驟	理由
$(A \cap B) \cup [B \cap ((C \cap D) \cup (C \cap \overline{D}))]$	
$= (A \cap B) \cup [B \cap (C \cap (D \cup \overline{D}))]$	
$= (A \cap B) \cup [B \cap (C \cap \mathcal{U})]$	
$= (A \cap B) \cup (B \cap C)$	
$= (B \cap A) \cup (B \cap C)$	
$= B \cap (A \cup C)$	

17. 使用集合論定律，簡化下面各小題：
    a) $A \cap (B - A)$
    b) $(A \cap B) \cup (A \cap B \cap \overline{C} \cap D) \cup (\overline{A} \cap B)$
    c) $(A - B) \cup (A \cap B)$
    d) $\overline{A} \cup \overline{B} \cup (A \cap B \cap \overline{C})$

18. 對每個 $n \in \mathbf{Z}^+$，令 $A_n = \{1, 2, 3, \cdots, n-1, n\}$（此處 $\mathcal{U} = \mathbf{Z}^+$ 且指標集 $I = \mathbf{Z}^+$）。決定

$$\bigcup_{n=1}^{7} A_n, \quad \bigcap_{n=1}^{11} A_n, \quad \bigcup_{n=1}^{m} A_n, \quad 及 \quad \bigcap_{n=1}^{m} A_n,$$

其中 m 為一個固定的正整數。

19. 令 $\mathcal{U} = \mathbf{R}$，且令 $I = \mathbf{Z}^+$。對每個 $n \in \mathbf{Z}^+$，令 $A_n = [-2n, 3n]$，決定下面各小題：
    a) A_3
    b) A_4
    c) $A_3 - A_4$
    d) $A_3 \triangle A_4$
    e) $\bigcup_{n=1}^{7} A_n$
    f) $\bigcap_{n=1}^{7} A_n$
    g) $\bigcup_{n \in \mathbf{Z}^+} A_n$
    h) $\bigcap_{n=1}^{\infty} A_n$

20. 提供定理 3.6(b) 的詳細證明。

3.3 計數及范恩圖

我們在上一節所做的所有的理論工作及定理證明，現在可用來檢視一些另加的計數問題。

對有限宇集 $\mathcal{U}$ 上的集合 A，B，下面的范恩圖將助我們可以 $|\mathcal{U}|$，$|A|$，$|B|$ 及 $|A \cap B|$ 來得 $|\overline{A}|$ 及 $|A \cup B|$ 的計數公式。

如圖 3.9 所示，$A \cup \overline{A} = \mathcal{U}$ 且 $A \cap \overline{A} = \emptyset$，所以由和規則，$|A| + |\overline{A}|$ 或 $|\overline{A}| = |\mathcal{U}| - |A|$。圖 3.10 中的集合 A，B 有空交集，所以由和規則 $|A \cup B| = |A| + |B|$，且 A，B 必要為有限集合，但對 $\mathcal{U}$ 的基數不需要有任何條件。

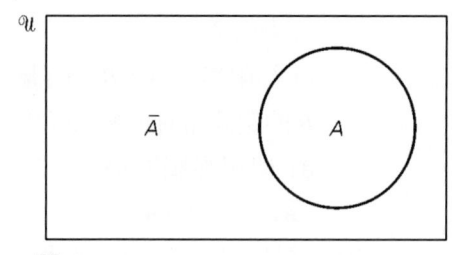

圖 3.9

圖 3.10

轉到 A，B 不互斥的情形，我們以下面例題來刺激 $|A \cup B|$ 的公式。

例題 3.25 在一個 50 位大一新生的班級上，有 30 位學習 C++，25 位學習

Java，且有 10 位兩種語言均學習。試問有多少位大一新生學習 C++ 或 Java？

我們令 $\mathcal{U}$ 表 50 位大一新生的班級，A 為學習 C++ 的那些學生所成的子集合，且 B 為學習 Java 的那些學生所成的子集合。欲回答這個問題，我們需 $|A \cup B|$。圖 3.11 中，各區域的數目是由所給的資訊獲得：$|A|=30$，$|B|=25$，$|A \cap B|=10$。因此，$|A \cup B|=45 \neq 55=30+25=|A|+|B|$，因為 $|A|+|B|$ 計數在 $A \cap B$ 的學生兩次。欲救濟這個重數，我們由 $|A|+|B|$ 減去 $|A \cap B|$ 而得正確公式：$|A \cup B|=|A|+|B|-|A \cap B|$。

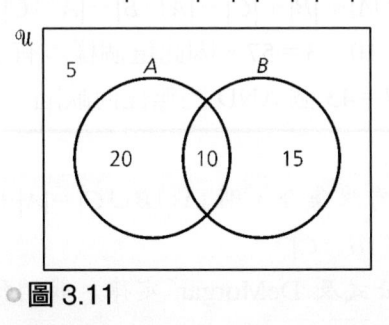

◎圖 3.11

若 A 和 B 均為有限集合，則 $|A \cup B|=|A|+|B|-|A \cap B|$。因此，有限集合 A 和 B 為互斥的若且唯若 $|A \cup B|=|A|+|B|$。

而且，當 $\mathcal{U}$ 為有限時，由 DeMorgan 定律，我們有 $|\overline{A} \cap \overline{B}| = |\overline{A \cup B}| = |\mathcal{U}| - |A \cup B| = |\mathcal{U}| - |A| - |B| + |A \cap B|$。

這個情形可擴大至三個集合，如下面例題所示。

例題 3.26　在一個 ASIC（應用特殊積體電路）的 AND 門有兩個輸入：I_1，I_2 及一個輸出：O（參見圖 3.12）。此類 AND 門可有任何或所有下面之缺陷：

D_1：輸入 I_1 卡住在 0。

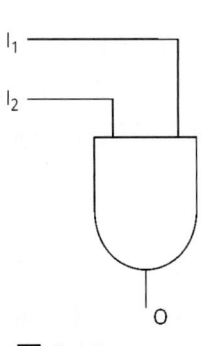

◎圖 3.12 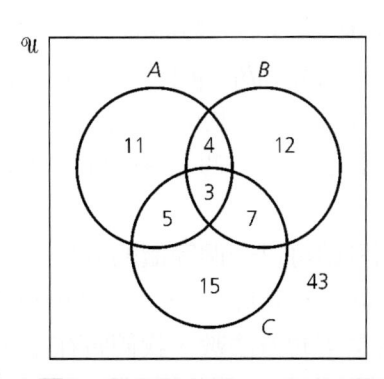　　◎圖 3.13

D_2：輸入 I_2 卡住在 0。
D_3：輸入 O 卡住在 1。

對一個 100 個此類門的樣本，我們讓 A，B 及 C 分別為有缺陷 D_1，D_2 及 D_3 (這 100 個門) 的子集合。在 $|A|=23$，$|B|=26$，$|C|=30$，$|A\cap B|=7$，$|A\cap C|=8$，$|B\cap C|=10$，及 $|A\cap B\cap C|=3$ 的情形下，這個樣本中有多少個門至少有一個缺陷 D_1，D_2，D_3 呢？

由 $|A\cap B\cap C|=3$ 往回工作到 $|A|=23$，如圖 3.13 所示，我們標示各區域，且發現 $|A\cup B\cup C|=|A|+|B|+|C|-|A\cap B|-|A\cap C|-|B\cap C|+|A\cap B\cap C|=23+26+30-7-8-10+3=57$。因此這個樣本有 57 個 AND 門至少有一個缺陷，而 $100-57=43$ 個 AND 門無任何缺陷。

若 A，B，C 均為有限集合，則 $|A\cup B\cup C|=|A|+|B|+|C|-|A\cap B|-|A\cap C|-|B\cap C|+|A\cap B\cap C|$。

由 $|A\cup B\cup C|$ 的公式及 DeMorgan 定律，我們發現若宇集 $\mathcal{U}$ 為有限，則 $|\overline{A}\cap \overline{B}\cap \overline{C}|=|\overline{A\cup B\cup C}|=|\mathcal{U}|-|A\cup B\cup C|=|\mathcal{U}|-|A|-|B|-|C|+|A\cap B|+|A\cap C|+|B\cap C|-|A\cap B\cap C|$。

我們以使用最後這個結果的一個問題來結束本節。

例題 3.27　有位學生每天下課後到一個長廊商場玩 Laser Man，Millipede 或 Space Conquerors 三種電動遊戲中的任何一種。有多少種方法他可每天玩一種遊戲，使得在一週上課時間內，這三種型態的遊戲他每一種至少玩一次？

這裡有一個稍微的扭轉。集合 $\mathcal{U}$ 是由大小為 5 的所有安排所組成，其中每個安排取自三個遊戲的集合，允許重複。集合 A 表在該週不玩 Laser Man 之下所玩的五個遊戲序列所成的子集合。集合 B 及 C 分別表不玩 Millipede 及 Space Conquerors 的類似定義子集合。第 1 章的枚舉技巧給 $|\mathcal{U}|=3^5$，$|A|=|B|=|C|=2^5$，$|A\cap B|=|A\cap C|=|B\cap C|=1^5=1$，且 $|A\cap B\cap C|=0$，所以由前述公式共有 $|\overline{A}\cap \overline{B}\cap \overline{C}|=3^5-3\cdot 2^5+3\cdot 1^5-0=150$ 種方法，該學生在一週上課時間內他可選擇的每天遊戲且每種遊戲至少玩一次。

這個例題可以一個等價的分配型來表示，因為我們正在求將五個不同物體 (星期一，星期二，…，星期五) 分配至三個不同容器 (電腦遊戲) 且沒有容器是空的方法數。我們將在第 5 章進一步討論這個主題。

習題 3.3

1. 某個小文學院新生訓練期間，有兩片最近的詹姆士龐德電影提供觀賞。在 600 個新生中，有 80 位觀看第一片且有 125 位觀看第二片，而有 450 位任何一片都沒看。試問 600 位新生中有多少位同學觀看兩片的？

2. 一位有 2000 個汽車電池的廠商關心有缺陷的電池端子及有缺陷的電容器板。若她的電池中有 1920 個沒有這兩種缺陷，有 60 個有缺陷的電容器板，且有 20 個有此兩種缺陷，試問有電池端子缺陷的電池共有多少個？

3. 一個長度為 12 的二進位串是由 12 個位元（即 12 個符號，每一個符號為 0 或 1）所組成。試問有多少個以三個 1 為開頭或以四個 0 為結尾的此類串？

4. 分別以下列各條件求 $|A \cup B \cup C|$，其中 $|A|=50$，$|B|=500$ 且 $|C|=5000$，若 (a) $A \subseteq B \subseteq C$；(b) $A \cap B = A \cap C = B \cap C = \emptyset$；及 (c) $|A \cap B| = |A \cap C| = |B \cap C| = 3$ 且 $|A \cap B \cap C| = 1$。

5. 在字元 $0, 1, 2, \cdots, 9$ 的排列中，以 3 開頭或以 7 結尾的排列共有多少個？

6. 某教授有兩打介紹電腦科學的教科書，且關心這些教科書所涵蓋的主題有 (A) 編譯程序，(B) 資料結構，(C) 作業系統。下面資料為含這些題材的書的數目：

   $|A| = 8$　　　$|B| = 13$　　　$|C| = 13$
   $|A \cap B| = 5$　$|A \cap C| = 3$　$|B \cap C| = 6$
   $|A \cap B \cap C| = 2$

   a) 恰含一個主題的教科書有多少本？
   b) 不含任何主題的教科書有多少本？
   c) 不含編譯程序的教科書有多少本？

7. 在 26 個不同字母的排列中，
   a) 出現 "OUT" 類型或出現 "DIG" 類型的共有多少個排列？
   b) 不出現 "MAN" 類型也不出現 "ANT" 類型的共有多少個排列？

8. 在某版本的 ANSI FORTRAN 之六個字元變數名稱以英文字母為首，而另外五個字元可為英文字母或字元（允許重複）。試問有多少個含 "FUN" 類型或 "TIP" 類型的六個字元變數名稱？

9. 在 MISCELLANEOUS 的字母排列中，有多少個兩個相同字元不在一起的排列？

10. 在 CHEMIST 的字母排列中，有多少個 H 在 E 之前，或 E 在 T 之前，或 T 在 M 之前的排列？(此處 "之前" 的意思為前面任何位置，而不僅是在正前面。)

3.4 機率的前言

當吾人進行一個**試驗** (experiment)，例如丟一個均勻的錢幣，或擲一個均勻的骰子，或由有 20 位學生的班級隨機選兩位學生參加工作計畫，對每一種情形所有可能出現的結果所成的集合被稱為**樣本空間** (sample space)。因此，{H, T} 為所提的第一個試驗之樣本空間，且 {1, 2, 3, 4, 5, 6} 為擲一均勻骰子的樣子空間。而且，{{a_i, a_j | $1 \leq i \leq 20, 1 \leq j \leq 20, i \neq j$} 為最後試驗的樣本空間，其中 a_i 表第 i 個學生，$\forall 1 \leq i \leq 20$。

在處理擲一個均勻骰子的樣本空間 $\mathscr{S}$ = {1, 2, 3, 4, 5, 6} 時，我們感覺六個可能結果中的每一個均有相同或相等發生的機會。使用這個相等發生機會的假設，我們以一個機率定義來開始研究機率理論，這個定義最早給在法國數學家 Pierre-Simon de Laplace (1749-1827) 所著的機率解析理論書裡。

> 在相等機會的假設下，令 $\mathscr{S}$ 為試驗 $\mathscr{E}$ 的樣本空間。$\mathscr{S}$ 的每一個子集合 A，包含空集合，被稱為**事件** (event)。$\mathscr{S}$ 的每一個元素決定一個**結果** (outcome)，所以若 $|\mathscr{S}| = n$ 且 $a \in \mathscr{S}, A \subseteq \mathscr{S}$，則
>
> $Pr(\{a\}) = \{a\}$（或 a）發生的機率 $= \frac{|\{a\}|}{\mathscr{S}} = \frac{1}{n}$，且
> $Pr(A) = A$ 發生的機率 $= \frac{|A|}{|\mathscr{S}|} = \frac{|A|}{n}$。
>
> [注意：我們經常以 $Pr(a)$ 代替 $Pr(\{a\})$。]

我們在下面四個例題中說明這些概念。

例題 3.28 當 Daphne 丟一個均勻的錢幣，則她得到 H 的機率為何？這裡的樣本空間為 $\mathscr{S}$ = {H, T} 且 A = {H}，我們發現

$$Pr(A) = \frac{|A|}{|\mathscr{S}|} = \frac{1}{2}.$$

例題 3.29 若 Dillon 擲一個均勻骰子，則他得 (a) 一個 5 或一個 6 的機率為何？(b) 一個偶數的機率為何？

各小題的樣本空間均為 $\mathscr{S}$ = {1, 2, 3, 4, 5, 6}。在 (a) 中，事件 A = {5, 6} 且 $Pr(A) = \frac{|A|}{|\mathscr{S}|} = \frac{2}{6} = \frac{1}{3}$。對 (b) 我們考慮事件 B = {2, 4, 6} 且發現 $Pr(B) = \frac{|B|}{|\mathscr{S}|} = \frac{3}{6} = \frac{1}{2}$。

我們也更進一步發現

i) $Pr(\mathscr{S}) = \frac{|\mathscr{S}|}{|\mathscr{S}|} = \frac{6}{6} = 1$，畢竟事件 $\mathscr{S}$ 的發生是想當然的；且

ii) $Pr(\overline{A}) = Pr(\{1, 2, 3, 4\}) = \frac{|\overline{A}|}{\mathscr{S}} = \frac{4}{6} = \frac{2}{3} = 1 - \frac{1}{3} = 1 - Pr(A).$

例題 3.30 Arnold 太太的四年級班上有 20 位學生。因此，假若她想從班上隨機

的選兩位學生來照顧班上的兔子，她共有 $\binom{20}{2}=190$ 種選法，所以 $|\mathscr{S}|=190$。

假設 Kyle 和 Kody 為班上 20 位學生中的兩位，且令 A 為 Kyle 被選上的事件，B 為 Kody 被選上的事件。因此，在隨機選學生的事上，Arnold 太太的選擇機率有

a) 同選 Kyle 和 Kody 是 $Pr(A \cap B) = \binom{2}{2}/\binom{20}{2} = 1/190$;
b) Kyle 和 Kody 均不被選是 $Pr(\overline{A} \cap \overline{B}) = \binom{18}{2}/\binom{20}{2} = 153/190$;
c) 選 Kyle 但不選 Kody 是 $Pr(A \cap \overline{B}) = \binom{1}{1}\binom{18}{1}/\binom{20}{2} = 18/190 = 9/95$.

例題 3.31 從一付標準的 52 張撲克牌中取 5 張。共有 $\binom{52}{5} = 2{,}598{,}960$ 種取法。現假設 Tanya 由一付標準撲克牌中隨機抽取 5 張，則她得 (a) 三張 Ace 及二張 Jack 的機率為何？(b) 三張 Ace 及一對的機率為何？(c) 一付葫蘆（即三張同一種和一對）。

在所有三種情形，我們有 $|\mathscr{S}|= 2{,}598{,}960$。

a) 共有 $\binom{4}{3} =4$ 種方法來選三張 Ace 及 $\binom{4}{2} = 6$ 種方法來選 Jack。因此，若 A 為 Tanya 選三張 Ace 及兩張 Jack 的事件，則 $|A| = \binom{4}{3}\binom{4}{2} = 4 \cdot 6 = 24$ 且 $Pr(A) = 24/2{,}598{,}960 \doteq 0.000009234$。

b) 一樣有 $\binom{4}{3}=4$ 種方法選三張 Ace 及有 $\binom{4}{2}=6$ 種方法來選一對兩點，或一對三點，…，或一對十點，或一對 Jack，…，或一對 King。所以共有 $\binom{12}{1}\binom{4}{2}=12 \cdot 6 = 72$ 種方法來選一對的牌。若 B 為三張 Ace 及一對牌被取的事件，則 $Pr(B) = (4 \cdot 72)/2{,}598{,}960 \doteq 0.000110814$。

c) 由 (b) 知共有 $4 \cdot 72 = 288$ 種含三張 Ace 的葫蘆牌。同樣的，有 288 種含三種兩點的葫蘆牌，288 種含三張三點的葫蘆牌，…，及 288 種含三張 King 的葫蘆牌。所以 Tanya 抽一付葫蘆牌的機率是 $\binom{13}{1}\binom{4}{3}\binom{12}{1}\binom{4}{2}/\binom{52}{5} = 3744/2{,}598{,}960 \doteq 0.001440576$.

若這三個機率出現在邊邊，考慮 Tanya 抽取一付同花大順牌的機會，即十點、Jack、Queen、King 和 Ace 的一付牌。這五張牌的機率只有 $4/\binom{52}{5} = 4/2{,}598{,}960 \doteq 0.000001539$。

欲研究其它樣本空間，我們需要介紹有序對的概念。這個出現在下面結構。

定義 3.11 對集合 A，B，A 和 B 的**笛卡兒積** (Cartesian product) 或**叉積** (cross product) 被表為 $A \times B$ 且等於 $\{(a, b) | a \in A, b \in B\}$。

我們的 $A \times B$ 的元素為**有序對** (ordered pairs)。對 (a, b)，$(c, d) \in A \times B$，我們有 $(a, b) = (c, d)$ 若且唯若 $a = c$ 且 $b = d$[†]。

例題 3.32　若 $A = \{1, 2, 3\}$，且 $B = \{x, y\}$，則 $A \times B = \{(1, x), (1, y), (2, x), (2, y), (3, x), (3, y)\}$，而 $B \times A = \{(x, 1), (x, 2), (x, 3), (y, 1), (y, 2), (y, 3)\}$。這裡 $(1, x) \in A \times B$，但 $(1, x) \notin B \times A$，雖然 $(x, 1) \in B \times A$。所以 $A \times B \neq B \times A$，但 $|A \times B| = 6 = 2 \cdot 3 = |A||B| = |B||A| = |B \times A|$。

現在讓我們來看看笛卡兒積如何出現在機率問題裡面。

例題 3.33　假設 Concetta 擲兩個均勻骰子。這個試驗可如下分解。令 $\mathcal{E}_1$ 表第一個骰子被擲的試驗且樣本空間為 $\mathcal{S}_1 = \{1, 2, 3, 4, 5, 6\}$。同樣的，令 $\mathcal{E}_2$ 為第二個骰子被擲的事件且樣本空間為 $\mathcal{S}_2 = \{1, 2, 3, 4, 5, 6\}$。(為保持兩個骰子不同，我們可想像用左手擲第一個骰子且用右手擲第二個骰子，或令第一個骰子為紅色而第二個骰子為綠色，來分辨它們。) 因此，當 Concetta 擲這兩個骰子，得樣本空間

$$\mathcal{S} = \mathcal{S}_1 \times \mathcal{S}_2 = \{(1, 1), (1, 2), (1, 3), (1, 4), (1, 5), (1, 6), (2, 1), (2, 2), (2, 3), (2, 4),$$
$$(2, 5), (2, 6), (3, 1), (3, 2), (3, 3), (3, 4), (3, 5), (3, 6), (4, 1), (4, 2),$$
$$(4, 3), (4, 4), (4, 5), (4, 6), (5, 1), (5, 2), (5, 3), (5, 4), (5, 5), (5, 6),$$
$$(6, 1), (6, 2), (6, 3), (6, 4), (6, 5), (6, 6)\}$$
$$= \{(x, y) | x, y = 1, 2, 3, 4, 5, 6\}.$$

現考慮下面事件：

A：Concetta 擲一個 6 (即兩個骰子的頂面和為 6)；
B：骰子和至少為 7；
C：Concetta 擲一個偶數和；且
D：骰子和小於或等於 6。

a) 這裡有

　i) $A = \{(1, 5), (2, 4), (3, 3), (4, 2), (5, 1)\}$ 且 $Pr(A) = |A|/|\mathcal{S}| = 5/36$;

　ii) $B = \{(1, 6), (2, 5), (3, 4), (4, 3), (5, 2), (6, 1), (2, 6), (3, 5), (4, 4), (5, 3), (6, 2), (3, 6), (4, 5), (5, 4), (6, 3), (4, 6), (5, 5), (6, 4), (5, 6), (6, 5), (6, 6)\} = \{(x, y) | x, y = 1, 2, 3, 4, 5, 6; x + y \geq 7\}$ 且

[†] 進一步的有序對及笛卡兒積被給在 5.1 節。

$Pr(B) = |B|/|\mathcal{S}| = 21/36 = 7/12;$

iii) $C = \{(1, 1), (1, 3), (2, 2), (3, 1), (1, 5), (2, 4), (3, 3), (4, 2), (5, 1),$
$(2, 6), (3, 5), (4, 4), (5, 3), (6, 2), (4, 6), (5, 5), (6, 4), (6, 6)\}$ 且
$Pr(C) = |C|/|\mathcal{S}| = 18/36 = 1/2;$ 及

iv) $D = \{(1, 1), (1, 2), (2, 1), (1, 3), (2, 2), (3, 1), (1, 4), (2, 3), (3, 2), (4, 1),$
$(1, 5), (2, 4), (3, 3), (4, 2), (5, 1)\}$ 且 $Pr(D) = |D|/|\mathcal{S}| = 15/36 = 5/12.$

b) 我們注意下面

i) $A \cup B = \{(x, y)|x, y = 1, 2, 3, 4, 5, 6; x + y \geq 6\},$ 故 $|A \cup B| = 26$ 且
$Pr(A \cup B) = |A \cup B|/|\mathcal{S}| = \frac{26}{36} = \frac{5}{36} + \frac{21}{36} = Pr(A) + Pr(B);$

ii) $C \cup D = \{(1, 1), (1, 2), (2, 1), (1, 3), (2, 2), (3, 1), (1, 4), (2, 3), (3, 2),$
$(4, 1), (1, 5), (2, 4), (3, 3), (4, 2), (5, 1), (2, 6), (3, 5), (4, 4), (5, 3),$
$(6, 2), (4, 6), (5, 5), (6, 4), (6, 6)\}$ 故 $|C \cup D| = 24$ 且 $Pr(C \cup D) =$
$|C \cup D|/|\mathcal{S}| = 24/36 = 2/3.$

然而，這裡有

$Pr(C \cup D) = 24/36 \neq 33/36 = 18/36 + 15/36 = Pr(C) + Pr(D),$ 雖然
$Pr(C \cup D) = 24/36 = 18/36 + 15/36 - 9/36 = Pr(C) + Pr(D) - P(C \cap D).$

這裡和 (b) (i) 的結果反映我們稍早在例題 3.25 之後見到的公式之概念。

iii) 最後　$Pr(B) = Pr(D) = 15/36 = 1 - 21/36 = 1 - Pr(B).$

讓我們考慮第二個例題，其中笛卡兒積被使用。此次我們將亦學習其它重要的結構。

例題 3.34

某試驗 $\mathcal{E}$ 被構造如下：擲一個骰子並記下其結果，且彈一個硬幣並記下其結果。試決定一個樣本空間 $\mathcal{S}$ 給 $\mathcal{E}$。

令 $\mathcal{E}_1$ 表試驗 $\mathcal{E}$ 的第一部份，且令 $\mathcal{S}_1 = \{1, 2, 3, 4, 5, 6\}$ 為 $\mathcal{E}_1$ 的樣本空間。同樣的，令 $\mathcal{S}_2 = \{H, T\}$ 為 $\mathcal{E}_2$ 的樣本空間，$\mathcal{E}_2$ 為試驗的第二部份，則 $\mathcal{S} = \mathcal{S}_1 \times \mathcal{S}_2$ 為 $\mathcal{E}$ 的樣本空間。

這個樣本空間可以**樹形圖** (tree diagram) 繪圖表示，其展示試驗 $\mathcal{E}$ 的所有可能結果。圖 3.14 為一個樹形圖，其由左進行至右。由最左端點，對試驗 $\mathcal{E}$ 的第一階段之六個結果有六個分支產生。從編號 1，2，…，6 的每一點，兩個分支說明後來丟硬幣的結果。右邊端點的 12 個有序對組成樣本空間 $\mathcal{S}$。

●圖 3.14

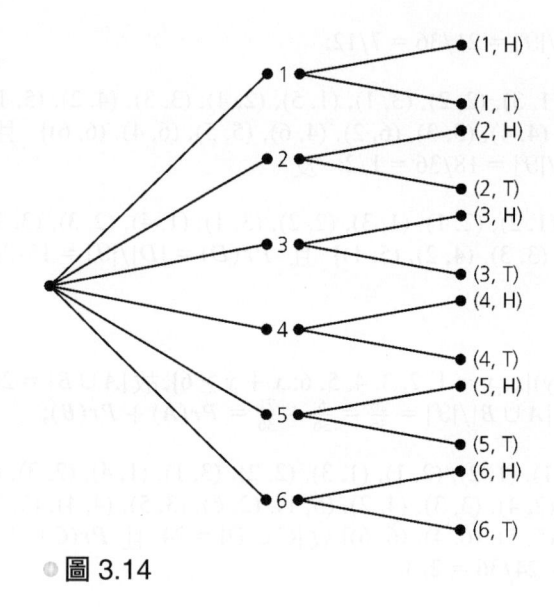

現對這個試驗 $\mathcal{E}$ 考慮事件

A：一個 H (頭) 出現當硬幣被丟時。

B：一個 3 出現當骰子被擲時。

則 $A = \{(1, H), (2, H), (3, H), (4, H), (5, H), (6, H)\}$ 且 $B = \{(3, H), (3, T)\}$。

所以 $Pr(A) = |A|/|\mathcal{S}| = 6/12 = 1/2$, $Pr(B) = |B|/|\mathcal{S}| = 2/12 = 1/6$，

且 $$P(A \cup B) = \frac{7}{12} = \frac{6}{12} + \frac{2}{12} - \frac{1}{12}$$
$$= Pr(A) + Pr(B) - Pr(A \cap B).$$

在繼續之前，讓我們回顧例題 3.33 及 3.34。我們可能不知道，但我們已做了某種假設。在例題 3.33，我們假設第一個骰子的結果不影響第二個骰子的結果。同樣的，在例題 3.34，我們假設骰子的結果不影響硬幣的結果。這個**獨立** (independence) 概念將在 3.6 節做更仔細的檢查。

在下個列題中，我們擴充笛卡兒 (或叉) 積至兩個集合以上。

例題 3.35　若 Charles 丟一個均勻硬幣 4 次，則他得兩個 H (頭) 及兩個 T (尾) 的機率為何？

第一次丟的樣本空間為 $\mathscr{S}_1 = \{H, T\}$。同樣的，第二次、第三次及第四次丟的樣本空間為 $\mathscr{S}_2 = \mathscr{S}_3 = \mathscr{S}_4 = \{H, T\}$。所以丟一均勻硬幣 4 次試驗的樣本空間為 $\mathscr{S} = \mathscr{S}_1 \times \mathscr{S}_2 \times \mathscr{S}_3 \times \mathscr{S}_4$，其中 $\mathscr{S}$ 的基本元素為一個有序四元序。例如，一個此類的有序四元序為 (H, T, T, T) (亦可表為 HTTT)。在這個問題 $|\mathscr{S}| = |\mathscr{S}_1||\mathscr{S}_2||\mathscr{S}_3||\mathscr{S}_4| = 2^4 = 16$。我們考慮的事件 A 為 H，H，T，T 的所有安排。所以 $|A| = 4!/(2!\,2!) = 6$。因此，$Pr(A) = |A|/|\mathscr{S}| = 6/16 = 3/8$。

(如同例題 3.33 及 3.34，這裡的每一次投擲結果和任何前面投擲結果是獨立的。)

下一個例題亦需要一些第 1 章中對安排所發展的公式。

例題 3.36
首字母縮拼詞 WYSIWYG (你所看到的就是你所得到的！) 被用來描述一個用戶接口。這個用戶接口將出現在硬拷貝的材料以明確相同的格式提供材料在一個 VDT (映像顯示終端機) 上。

首字母縮拼詞 WYSIWYG 的字母共有 $7!/(2!\,2!) = 1260$ 種安排法。在這 120 (= 5!) 種安排中有兩個 W 在一起及兩個 Y 在一起的安排。因此，若這個字母縮拼詞以隨機方式安排字母，則我們發現兩個 W 在一起且兩個 Y 在一起的機率為 $120/1260 \doteq 0.0952$。

隨機安排這七個字母中，以 W 為開始且以 W 為結尾的安排之機率為 $[(5!/2!)]/[(7!/(2!\,2!))] = 60/1260 \doteq 0.0476$。

最後一個例題，我們將使用范恩圖概念。

例題 3.37
在 120 位乘客的調查裡，般空公司發現 48 位乘客喜歡以酒配餐，78 位喜歡混合飲料，及 66 位喜歡冰茶。而且，36 位喜歡這些飲料的任何兩種，且有 24 位這些飲料全喜歡。若從這 120 位的調查樣本中隨機選兩位乘客，則

a) (事件 A) 這兩位乘客均只想以冰茶配餐的機率為何？
b) (事件 B) 這兩位乘客恰喜歡這三種飲料中的二種之機率為何？

由所提供的資料，我們構造圖 3.15 的范恩圖。樣本空間 $\mathscr{S}$ 係由 120 個樣本中選的兩位乘客所構成的，故 $|\mathscr{S}| = \binom{120}{2} = 7140$。范恩圖顯示有 18 位乘客僅喝冰茶，所以 $|A| = \binom{18}{2}$ 且 $Pr(A) = 51/2380$。讀者可證明 $Pr(B) = 3/34$。

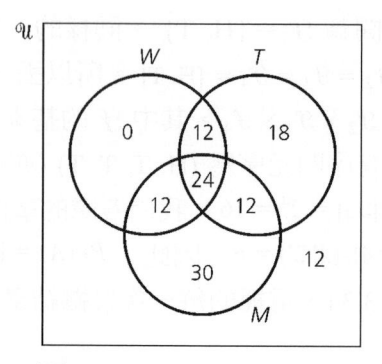

```
        𝒰
      W     T
    0   12   18
        24
     12    12
        30       12
              M
```
◉ 圖 3.15

習題3.4

1. 某試驗的樣本空間為 $\mathscr{S}=\{a, b, c, d, e, f, g, h\}$，其中每個結果均為等機會。若事件 $A=\{a, b, c\}$ 且事件 $B=\{a, c, e, g\}$，決定 (a) $Pr(A)$; (b) $Pr(B)$; (c) $Pr(A\cap B)$; (d) $Pr(A\cup B)$; (e) $Pr(\overline{A})$; (f) $Pr(\overline{A}\cup B)$; 且 (g) $Pr(A\cap \overline{B})$。

2. Joshua 從一個裝有編號 1 到 20 的二十個乒乓球碗裡抽取兩個乒乓球。提供一個樣本空間給這個試驗，若

    a) 第一個抽出的球在第二個球抽出來前被放回。

    b) 第一個抽出的球在第二個球抽出來前不被放回。

3. 樣本空間 $\mathscr{S}$ (對試驗 $\mathscr{E}$) 有 25 個等機會之結果。若事件 A (對這個試驗 $\mathscr{E}$) 滿足 $Pr(A) = 0.24$，則 A 中有多少個結果。

4. 樣本空間 $\mathscr{S}$ (對試驗 $\mathscr{E}$) 有 n 個等機會之結果。若事件 A (對這個試驗 $\mathscr{E}$) 有 7 個結果且 $Pr(A) = 0.14$，則 n 值為何？

5. 週二夜的舞蹈俱樂部是由六對夫妻組成且這 12 位成員中有兩位要被選來找一家跳舞廳以便即將來臨的基金籌款。

    a) 若這兩位被隨機選出，則他們均為女士的機率為何？

    b) 若 Joan 和 Douglas 為俱樂部中的一對夫妻，則在被選出的二位中，他們夫妻中至少有一位的機率為何？

6. 若由 {1, 2, 3, …, 99, 100} 中隨機選兩個整數且不放回，則這兩個整數為連續整數的機率為何？

7. 若由 {1, 2, 3, …, 99, 100} 中隨機選兩個整數且不放回，則這兩個整數和為偶數的機率為何？

8. 若由 {1, 2, 3, …, 99, 100} 中隨機選三個整數且不放回，則這三個整數和為偶數的機率為何？

9. Jerry 丟一個均勻硬幣 6 次，則他得 (a) 全為頭 (H) 的機率為何？(b) 一個頭 (H) 的機率為何？(c) 二個頭 (H) 的機率為何？(d) 偶數個頭 (H) 的機率為何？(e) 至少 4 個頭 (H) 的機率為何？

10. 盒子裡有編號 1，2，3，…，25 的 25 張紙片，若 Amy 抽取 6 張紙片，不再

放回，則 (a) 第二個最小號碼是 5 的機率為何？(b) 第四個最大號碼是 15 的機率為何？(c) 第二個最小號碼是 5 且第四個最大號碼是 15 的機率為何？

11. Darci 擲一個均勻骰子三次，則 (a) 第二次及第三次所擲的結果均大於第一次所擲的結果的機率為何？(b) 第二次所擲的結果大於第一次且第三次所擲的結果大於第二次的機率為何？

12. 為選購一台新的伺服器給電算中心，某學院檢視 15 種不同機型，並專心考慮：(A) 盒式磁帶機，(B) DVD 燒錄器，及 (C) SCSI RAID 陣列 (一種失敗忍受磁碟儲存設計)。具有這些設備的全部或任何幾種的伺服器架數如下：$|A|=|B|=|C|=6$，$|A \cap B|=|B \cap C|=1$，$|A \cap C|=2$，$|A \cap B \cap C|=0$。(a) 有多少種機型恰含一種考慮的設備？(b) 有多少機型不含任何考慮的設備？(c) 若隨機選一機型，則恰有兩個考慮設備的機率為何？

13. Gamma Kappa Phi 婦女聯誼會的 15 位姊妹正隨機的排成一排照畢業照。Columba 及 Piret 為其中兩位姊妹，則在這畢業照中 (a) Piret 站在中間位置的機率為何？Piret 和 Columba 相鄰而站的機率為何？恰有 5 位姊妹站在 Columba 及 Piret 之間的機率為何？

14. 某私立工學院的新生有 300 位學生。其中有 180 位會寫 Java 程式，120 位會 Visual BASIC[†]，30 位會 C++，18 位會 Visual BASIC 和 C++，12 位會 Java 和 Visual BASIC，且 6 位三種語言全會。
a) 隨機選一位學生，她恰會兩種語言的機率為何？
b) 隨機選二位學生，則 (i) 他們均會 Java 的機率為何？(ii) 均只會 Java 的機率為何？

15. 由 3 (含) 至 17 (含) 的整數中，隨機選一整數。若 A 為所選出的數可被 3 整除的事件且 B 為所選出的數大於 10 的事件，求 $Pr(A)$，$Pr(B)$，$Pr(A \cap B)$ 及 $Pr(A \cup B)$。$Pr(A \cup B)$ 和 $Pr(A)$，$Pr(B)$ 及 $Pr(A \cap B)$ 間的關係為何？

16. a) 若首字母縮拼詞 WYSIWYG 的字母以隨機方式排列，則首尾為相同字母的排列機率為何？
b) WYSIWYG 的字母排列中，沒有兩個字母相鄰的排列之機率為何？

[†] Visual BASIC 為微軟公司的一種商標。

3.5 機率公理 (可選擇的)

在 3.4 節，我們的基本試驗有一個樣本空間，其中每個結果均是等機會 (或機率) 發生。若不是這樣，我們該怎麼做呢？讓我們以考慮下面例題開始。

例題 3.38

假設 Trudy 丟一個硬幣，但該硬幣不是均勻的，例如，設該硬幣重量不均使得出現 H (頭) 經常是出現 T (尾) 的兩倍。如例題 3.28，本題樣本

空間為 $\mathscr{S} = \{H, T\}$，但不像例題 3.28 的 $Pr(H)^\dagger = Pr(T)$，此時我們有 $Pr(H) \neq Pr(T)$。因 H，T 為僅有的結果，我們有 $1 = Pr(\mathscr{S}) = Pr(\{H\} \cup \{T\}) = Pr(H) + Pr(T)$。因為 $Pr(H) = 2Pr(T)$，得 $1 = Pr(H) + Pr(T) = 2Pr(T) + Pr(T)$，所以 $Pr(T) = 1/3$ 且 $Pr(H) = 2/3$。

例題 3.39 倉庫裡有 10 部發動機，其中三個有缺陷 (D)，另外七個是良好的 (G)。第一位檢查員進入倉庫並選 (且檢查) 其中的一部發動機。對這個試驗 $\mathscr{E}_1$，其樣本空間為 $\mathscr{S}_1 = \{D, G\}$，其中 $Pr(D) = 3/10$ 且 $Pr(G) = 7/10$。隔天第二位檢查員進入這個倉庫並選 (且檢查) 一部發動機。對第二個試驗，稱它為 $\mathscr{E}_2$，同樣有 $\mathscr{S}_2 = \{D, G\}$，但此時我們如何來定義 $Pr(D)$ 及 $Pr(G)$ 呢？答案需視第一部被選的發動機是留在倉庫裡還是被移走而定。

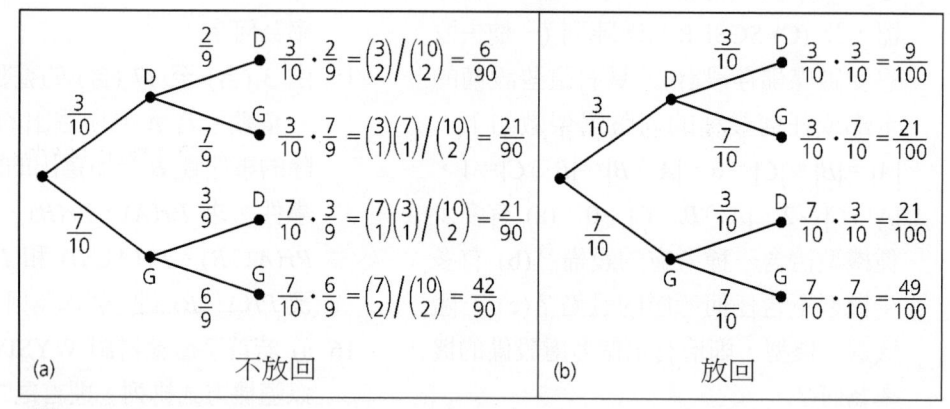

◉ 圖 3.16

圖 3.16 的樹形圖處理兩種可能性。例如，圖 (a) 為第一部被選的發動機是有缺陷的 (D)，其機率為 3/10，且第二部被選的發動機亦為有缺陷的 (D) 之情形。因為這裡的發動機不放回，當在選第二部發動機時，檢查員是在處理 9 部發動機——兩部是有缺陷的 (D) 且七部是良好的 (G)。因此這裡選出一部有缺陷的發動機之機率為 2/9，而不是 3/10。所以此情況，如頂分支所示，之機率為 $\frac{3}{10} \cdot \frac{2}{9} = \binom{3}{2}/\binom{10}{2} = \frac{6}{90} = \frac{1}{15}$。而圖 (b) 中可比擬的情況之機率為 $\frac{3}{10} \cdot \frac{3}{10} = \frac{9}{100}$。

當在選第二部發動機時，不管是放回或不放回，樣本空間為 $\mathscr{S} = \{DD, DG, GD, GG\}$，其中 DG 用來縮寫 (D, G)。無一種情況的結果有等機會產生。若選法是不放回 [如圖 3.16(a)]，則 $Pr(DD) = \frac{6}{90}$，$Pr(DG) = \frac{21}{90}$，$Pr(GD) = \frac{21}{90}$，$Pr(GG) = \frac{42}{90}$，且 $\frac{6}{90} + \frac{21}{90} + \frac{21}{90} + \frac{42}{90} = 1 = P(\mathscr{S})$。當第一

---

† 當一事件僅含單一個結果時，例如僅含 a，我們可縮寫 $Pr(\{a\})$ 為 $Pr(a)$。

部發動機被放回 [如圖 3.16 (b)]，我們有 $Pr(\text{DD}) = \frac{9}{100}$，$Pr(\text{DG}) = \frac{21}{100}$，$Pr(\text{GD}) = \frac{21}{100}$，$Pr(\text{GG}) = \frac{49}{100}$，且 $\frac{9}{100} + \frac{21}{100} + \frac{21}{100} + \frac{49}{100} = 1 = Pr(\mathcal{S})$。

由此點開始，我們將只處理兩次選法均不放回的情形。考慮下面事件：

A：一個 (即恰有一個) 發動機是有缺陷的：{DG, GD}；
B：至少有一個發動機是有缺陷的：{DG, GD, DD}；
C：兩個發動機均有缺陷：{DD}；
E：兩個發動機均是良好的：{GG}。

這裡

$$Pr(A) = \frac{21}{90} + \frac{21}{90} = \frac{7}{15}, \qquad Pr(B) = \frac{21}{90} + \frac{21}{90} + \frac{6}{90} = \frac{8}{15},$$

$$Pr(C) = \frac{6}{90} = \frac{1}{15}, \qquad Pr(E) = \frac{42}{90} = \frac{7}{15}.$$

更而，(i) $\overline{B} = E$ 且 $Pr(\overline{B}) = Pr(E) = \frac{7}{15} = 1 - \frac{8}{15} = 1 - Pr(B)$；且 (ii) $A \cup C = B$，所以 $A \cap C = \emptyset$，所以 $Pr(A \cap C) = Pr(B) = \frac{8}{15} = \frac{7}{15} + \frac{1}{15} = Pr(A) + Pr(C)$。

在我們處理例題 3.39 後面部份時，刺激我們下一個觀察。這個觀察擴大我們早先在 3.4 節的結果，即樣本空間裡的每個結果有相同的發生可能或機率。

令 $\mathcal{S}$ 為某試驗 $\mathcal{E}$ 的樣本空間。每個元素 $a \in \mathcal{S}$ 被稱為一個**結果** (outcome) 或**基本事件** (elementary event)，且我們令 $Pr(\{a\}) = Pr(a)$ 代表這個結果發生的機率。$\mathcal{S}$ 的每一個非空子集 A 仍被稱為一**事件** (event)。若事件 $A = \{a_1, a_2, \cdots, a_n\}$，其中 a_i 為一個結果，對所有 $1 \leq i \leq n$，則 $Pr(A) = \sum_{i=1}^{n} Pr(a_i)$。(注意：當 $A = \emptyset$，我們指定 $Pr(A) = 0$，我們將在本節稍後建立此結果。)

然而，在我們得機率公理之前，有一點需要澄清。我們知道擲一均勻骰子，其樣本空間為 $\mathcal{S} = \{1, 2, 3, 4, 5, 6\}$，其中每個結果均有相同的發生可能或機率，即 1/6。然而，若這個骰子被擲六次，我們無法預期見到每一個可能結果 1，2，$\cdots$，6 各出現一次。我們希望每次擲骰子 (第一次之後) 不受任何前面所擲結果的影響，即每次擲骰子 (第一次之後) 和任何前面所擲的互為獨立，這個骰子應被擲 60 次。更而，我們不能預期這六個可能結果的每一個均發生十次。事實上，若骰子出現 1 點 20 次，且再擲它 60 次，我們無法期望再見到 1 點出現 20 次的結果。所以我們能期望什麼呢？若擲這個擲子 n 次，1 點發生的結果為 m 次，則當 n 變大時，我們期待**相對頻率** (relative frequency) m/n 趨近 1/6。

目前這個討論處理各個結果有相同發生可能或機率的樣本空間。然而，若我們考慮任何樣本空間，例如，例題 3.38 的樣本空間，這個概念仍舊合適。使用相對頻率概念來模擬一個試驗是同樣重要的。為此，我們有一個不公正的硬幣，或許其比其它相似的硬幣重。在丟這個硬幣時，樣本空間為 $\mathscr{S} = \{H, T\}$，但如何來決定 $Pr(H)$，$Pr(T)$ 呢？我們或許丟硬幣 n 次，假設每次丟的結果 (第一次之後) 不受任何前面結果的影響。若 H 出現 m 次，則我們可指定 $Pr(H) = m/n$ 且 $Pr(T) = (n-m)/n = 1 - (m/n)$，其中當 n 增大時，這些機率值的正確度將被改進。

在把機率這個東西視為相對頻率後，現在是集中精神在本節主題上的時候了，即機率公理。吾人應發現這些公理是頗直覺的，尤其當我們往回看例題 3.29 及例題 3.33(b) 的一些結果時。這些公理在 1933 年首先由 Andrei Kolmogorov 介紹出來的，且應用至樣本空間 $\mathscr{S}$ 為有限的情形。

機率公理

令 $\mathscr{S}$ 為某試驗 $\mathscr{E}$ 的樣本空間。若 A，B 為任意事件，即 $\emptyset \subseteq A$，$B \subseteq \mathscr{S}$ (所以現在我們允許空集合為一個事件)，則

1) $Pr(A) \geq 0$
2) $Pr(\mathscr{S}) = 1$
3) 若 A，B 為互斥的，則 $Pr(A \cup B) = Pr(A) + Pr(B)$[†]

利用這些公理我們將建立幾個可應用的結果。

定理 3.7 **餘集規則** (The Rule of Complement)。令 $\mathscr{S}$ 為某試驗 $\mathscr{E}$ 的樣本空間。若 A 為一事件 (即 $A \subseteq \mathscr{S}$)，則

$$Pr(\overline{A}) = 1 - Pr(A).$$

證明： 我們知道 $\mathscr{S} = A \cup \overline{A}$ 且 $A \cap \overline{A} = \emptyset$。所以由公理 (2) 及 (3) 得 $1 = Pr(\mathscr{S}) = Pr(A \cup \overline{A}) = Pr(A) + Pr(\overline{A})$，且 $Pr(\overline{A}) = 1 - Pr(A)$。

[†] 雖然本章主要關心 $\mathscr{S}$ 為有限的情形，但當 $\mathscr{S}$ 為無限時，Kolmogorov 提供第四個公理：
4) 若 A_1，A_2，A_3，… 為事件 (取自 $\mathscr{S}$) 且 $A_i \cap A_j = \emptyset$ 對所有 $1 \leq i < j$，則

$$Pr\left(\bigcup_{n=1}^{\infty} A_n\right) = \sum_{n=1}^{\infty} Pr(A_n).$$

第三章 集合論 185

注意當定理 3.7 的 $A=\emptyset$，我們有 $1=Pr(\mathcal{S})=Pr(\overline{A})=1-Pr(A)$，所以 $Pr(\emptyset)=Pr(A)=0$，跟我們稍早所指定的值相同。

定理 3.7 的結果可助減少在解某種機率問題的計算量，此被說明於下兩個例題。

> **例題 3.40**

假設 PROBABILITY 這個字的字母被以隨機方式安排。試決定 $Pr(A)$ 之值，給事件

A：以某個字母開始而以另一個字母結尾的安排。

我們考慮四種情形：

1) 以不是 B 也不是 I 出現在首或尾的情形開始。剩下七個 (不同) 字母。這七個字母中的任何一個可放在安排的開始，且最後字母有六個選擇。剩下九個字母之間共有 $\frac{9!}{2!2!}$ 個安排。所以這個情形共有 $(7)(\frac{9!}{2!2!})(6)=3,810,240$ 種可能。
2) 現假設 B 被放在首或尾 (但不同時放在這兩個位置) 且 I 僅出現在剩下九個字母的中間。隨著一個 B 被如此放置，則有七個 (相異) 其它字母可被放置在安排的另一端點。九個字母之間可有 $\frac{9!}{2!}$ 種方法來安排，所以這個情形有 $(2)(7)\frac{9!}{2!}=2,540,160$ 種安排。
3) 若有一個 I 但沒有 B 被放在安排的首或尾，則再次有 2,540,160 種安排，如情形 (2)。
4) 最後，若 B, I 中的一個被放在首且另一個被放在尾，則剩下的九個字母共有 9! 種安排。所以這裡有 2(9!) = 725,760 種安排。

這裡 $\frac{11!}{2!2!}=9,979,200$，所以 $Pr(A)=\frac{9,616,320}{9,979,200}=\frac{53}{55}$。

這個結果需要頗多的計算。所以讓我們考慮事件 $\overline{A}$，即首尾字母均相同的安排所成之事件，取代事件 A。共有多少此類安排呢？令安排的首尾均為 B，則剩下九個字母之間共有 $\frac{9!}{2!}$ 種方法安排。若 I 代 B，則有另外 $\frac{9!}{2!}$ 種安排。所以 $|\overline{A}|=9!$ 則 $Pr(\overline{A})=\frac{9!}{(11!/(2!\,2!))}=\frac{2}{55}$。

定理 3.7 讓我們有較少工作量且告訴我們 $Pr(A)=1-Pr(\overline{A})=\frac{53}{55}$。

> **例題 3.41**

由於季前密集訓練時程，Davis 教練磨練她的排球隊參加一場大賽。因此，她的球隊贏得任一場比賽的機率是 0.7，不管任何前面的輸贏。假設球隊有八場比賽。

a) 這些女士們贏得所有八場比賽的機率是 $(0.7)^8 \doteq 0.057648$。她們可能八場全輸嗎？有可能，且機率為 $(0.3)^8 \doteq 0.000066$。

b) 球隊恰贏八場中的五場之機率為何？這個發生的一種情形為球隊贏得第一及第二場比賽，但連輸三場，再贏最後三場。我們將此表為 WWLLLWWW。這個結果的機率為 $(0.7)^2 (0.3)^3 (0.7)^3 = (0.7)^5 (0.3)^3$。贏五場的另一種可能為 WWLLWWLW，且這個機率為 $(0.7)^2 (0.3)^2 (0.7)^2 (0.3) (0.7) = (0.7)^5 (0.3)^3$。此刻我們看出 Davis 教練的球隊八場比賽中贏五場的機率是

$$(5 個 W 和 3 個 L 的安排數) \times (0.7)^5 (0.3)^3$$

由 1.2 及 1.3 節，特別是例題 1.22，我們知道共有 $\frac{8!}{5!3!} = \binom{8}{5}$ 種方法來安排 5 個 W 及 3 個 L。因此，球隊贏五場比賽的機率是

$$\binom{8}{5}(0.7)^5(0.3)^3 \doteq 0.254122.$$

c) 最後，球隊至少贏一場的機率為何？此處我們不依例題 3.40 所做的。若令 A 為所給事件，則 $Pr(A) = \sum_{i=1}^{8} \binom{8}{i}(0.7)^i(0.3)^{8-i}$。但令 $Pr(A)$ 為 $1 - Pr(\overline{A})$ 將更為容易求得，其中 $Pr(\overline{A}) =$ 球隊八場全輸的機率 $= (0.3)^8 \doteq 0.000066$ [如 (a)]。因此 $Pr(A) = 1 - (0.3)^8 \doteq 0.999934$。

在繼續之前，我們想檢視例題 3.41(b) 之末的答案結構。例題中的每一場比賽不是贏 (成功) 就是輸 (失敗)。而且第一場比賽之後，稍後的每一場比賽結果和前面任何一場比賽結果是獨立的。像這樣的有兩種結果發生，被稱為**柏努利試驗** (Bernoulli trial)。若有 n 個此類試驗，且每個試驗成功的機率為 p 而失敗的機率為 $q (= 1 - p)$，則在 n 次試驗中恰有 k 個成功的機率為

$$\binom{n}{k} p^k q^{n-k}, \quad 0 \leq k \leq n.$$

(當我們學習編碼理論交換群的應用時，我們將在第 16.5 節再次見到這個概念。)

現在回到機率公理，由公理 (3)，對 $A, B \subseteq \mathscr{S}$，若 $A \cap B = \emptyset$，則 $Pr(A \cup B) = Pr(A) + P_r(B)$。但若 $A \cap B \neq \emptyset$，我們可說些什麼？

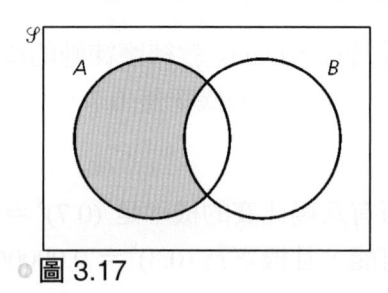

◉ 圖 3.17

對圖 3.17 的范恩圖，矩形內部表宇集，即樣本空間 $\mathscr{S}$。圖中陰影部份表事件 $A - B = A \cap \overline{B}$。更而，

i) 事件 $A \cap \overline{B}$ 和 B 為互斥的，因為 $(A \cap \overline{B}) \cap B = A \cap (\overline{B} \cap B) = A \cap \emptyset = \emptyset$；且

ii) $(A \cap \overline{B}) \cup B = (A \cup B) \cap (\overline{B} \cup B) = (A \cup B) \cap \mathscr{S} = A \cup B$.

由這兩個觀察及公理 (3) 得

(*) $$Pr(A \cup B) = Pr((A \cap \overline{B}) \cup B) = Pr(A \cap \overline{B}) + Pr(B).$$

其次注意，$A = A \cap \mathscr{S} = A \cap (B \cup \overline{B}) = (A \cap B) \cup (A \cap \overline{B})$，其中 $(A \cap B) \cap (A \cap \overline{B}) = (A \cap A) \cap (B \cap \overline{B}) = A \cap \emptyset = \emptyset$。公理 (3) 再次給我們

$$Pr(A) = Pr(A \cap B) + Pr(A \cap \overline{B}),\ 或$$

(**) $$Pr(A \cap \overline{B}) = Pr(A) - Pr(A \cap B).$$

方程式 (*) 及 (**) 的結果建立下面結果。

加法規則 (The Additive Rule)。若 $\mathscr{S}$ 為某試驗 $\mathscr{E}$ 的樣本空間，且 A, $B \subseteq \mathscr{S}$，則　　　　　　　　　　　　　　　　　　　　　　　　　定理 3.8

$$Pr(A \cup B) = Pr(A \cap \overline{B}) + P(B) = Pr(A) + Pr(B) - Pr(A \cap B).$$

我們在下面兩個例題使用定理 3.8 的結果。

Yosi 從一付洗過的標準撲克牌中抽一張牌。他所選的牌為一張梅花或是一張介於 3 (含) 和 7 (含) 之間的牌之機率為何？　　　　例題 3.42

首先定義事件 A，B 如下：

A：所抽的牌為一張梅花。

B：所抽的牌是一張介於 3 (含) 和 7 (含) 之間的牌。

問題的答案是 $Pr(A \cup B)$。

此處 $Pr(A) = 13/52$ 且 $Pr(B) = 20/52$。而且 $Pr(A \cap B) = 5/52$，給梅花 3，梅花 4，…，及梅花 7。因此，由定理 3.8，我們有

$$Pr(A \cup B) = Pr(A) + Pr(B) - Pr(A \cap B) = \frac{13}{52} + \frac{20}{52} - \frac{5}{52} = \frac{28}{52} = \frac{7}{13}.$$

例題 3.43

Diane 檢視 120 根鋁棒且分類每根鋁棒的直徑及表面拋光為中等的或為高級的。她的發現被整理在表 3.4 裡。

● 表 3.4

	直徑 中等的	直徑 高級的
表面拋光 中等的	10	18
表面拋光 高級的	12	80

定義事件 A，B 如下：

A：鋁棒直徑被分類為高級的。
B：鋁棒表面拋光被分類為高級的。

則

$$Pr(A) = (18+80)/120 = 98/120 = 49/60 \doteq 0.816667$$
$$Pr(B) = (12+80)/120 = 92/120 = 23/30 \doteq 0.766667$$
$$Pr(A \cap B) = 80/120 = 2/3 \doteq 0.666667.$$

由定理 3.8

$$Pr(A \cup B) = Pr(A) + Pr(B) - Pr(A \cap B)$$
$$= \frac{98}{120} + \frac{92}{120} - \frac{80}{120} = \frac{110}{120} = \frac{11}{12} \doteq 0.916667.$$

所以這 120 根鋁棒中有 110 [$\doteq$110.40＝(0.92)(120)] 根為有高級直徑或高級表面拋光，或兩者均有。

而且，

$$Pr(\overline{A}) = \text{鋁棒直徑被分類為中等的機率}$$
$$= \frac{(10+12)}{120} = \frac{22}{120} = 1 - \frac{98}{120} = 1 - Pr(A)，且$$

$$Pr(\overline{B}) = \text{鋁棒表面拋光被分類為中等的機率}$$
$$= \frac{(10+18)}{120} = \frac{28}{120} = 1 - \frac{92}{120} = 1 - Pr(B)。$$

利用 DeMorgan 定律，我們亦發現

$$Pr(\overline{A} \cup \overline{B}) = Pr(\overline{A \cap B}) = 1 - Pr(A \cap B) = 1 - \frac{2}{3} = \frac{1}{3}，且$$
$$Pr(\overline{A} \cap \overline{B}) = Pr(\overline{A \cup B}) = 1 - Pr(A \cup B) = 1 - \frac{11}{12} = \frac{1}{12}。$$

現在我們想擴大定理 3.8 之結果至兩個以上之事件，下面定理處理三個事件並建議四個事件以上之類型。

第三章 集合論 189

定理 3.9

令 $\mathscr{S}$ 為某試驗 $\mathscr{E}$ 的樣本空間，對事件 A，B，$C \subseteq \mathscr{S}$，

$$Pr(A \cup B \cup C) =$$
$$Pr(A) + Pr(B) + Pr(C) - Pr(A \cap B) - Pr(A \cap C) - Pr(B \cap C) + Pr(A \cap B \cap C)$$

證明：3.2 節的集合論定律證明了下面：

$$\begin{aligned}
Pr(A \cup B \cup C) &= Pr((A \cup B) \cup C) = Pr(A \cup B) + Pr(C) - Pr((A \cup B) \cap C) \\
&= Pr(A) + Pr(B) - Pr(A \cap B) + Pr(C) - Pr((A \cap C) \cup (B \cap C)) \\
&= Pr(A) + Pr(B) + Pr(C) - Pr(A \cap B) \\
&\quad - [Pr(A \cap C) + Pr(B \cap C) - Pr((A \cap C) \cap (B \cap C))] \\
&= Pr(A) + Pr(B) + Pr(C) - Pr(A \cap B) \\
&\quad - Pr(A \cap C) - Pr(B \cap C) + Pr(A \cap B \cap C).
\end{aligned}$$

注意最後等式成立是因為由交集的結合律、交換律及冪等定律得 $(A \cap C) \cap (B \cap C) = A \cap B \cap C$。而且注意 $Pr(A \cup B \cup C)$ 公式和 $|A \cup B \cup C|$ 公式 (給在例題 3.27 之前) 間的相似性。

更而，我們看出 $Pr(A \cup B \cup C)$ 的公式含 7 $(=2^3-1)$ 個被加數。對四個事件，我們將有 15 $(=2^4-1)$ 個被加數：(i) $4 = \binom{4}{1}$ 個被加數——每個為單點事件；(ii) $6 = \binom{4}{2}$ 個被加數——每個為成雙事件；(iii) $4 = \binom{4}{3}$ 個被加數——每個為 3 事件；(iv) $1 = \binom{4}{4}$ 個 4 事件。在處理 n 個事件 A_1，A_2，…，A_n 時，其中 $n \geq 2$，$Pr(A_1 \cup A_2 \cup \cdots \cup A_n)$ 公式中共有 $\sum_{r=1}^{n} \binom{n}{r} = \sum_{r=0}^{n} \binom{n}{r} - \binom{n}{0} = 2^n - 1$ 個被加數，由系理 1.1 可知。對 $1 \leq r \leq n$，共有 $\binom{n}{r}$ 個被加數——每個為由 n 個事件中所選出的 r 個事件。若 r 為奇數，則每一個被加數之前給"＋"號；或若 r 為偶數，則每一個被加數前給"－"號。

在 8.1 節，我們將看到更多像定理 3.9 的公式，現在讓我們應用這個定理結果於下面例題裡。

例題 3.44

賭輪盤遊戲是旋轉一個小白球在圓形轉輪上，此圓形轉輪被等面積分成 38 個區域。這些區域被標示為 00，0，1，2，3，…，36。當轉輪慢下來，白球所停的區域號碼即為每次遊戲的結果。

轉輪上的號碼被塗顏色如下：

```
綠色： 00   0
紅色： 1   3   5   7   9  12  14  16  18
      19  21  23  25  27  30  32  34  36
黑色： 2   4   6   8  10  11  13  15  17
      20  22  24  26  28  29  31  33  35
```

玩家可以多種方式來賭，例如 (i) 奇數，偶數 (此處 00 及 0 不被考慮為偶數也不被考慮為奇數)；(ii) 低 (1-18)，高 (19-36)；或 (iii) 紅，黑。

Gary 喜歡玩賭輪盤且決定依下面事件來賭。

A：結果是低的。　　B：結果是紅色。　　C：結果是奇數。

Gary 至少贏得一次的機率為何？即 $Pr(A \cup B \cup C)$ 為何？

此處

$$Pr(A) = Pr(B) = Pr(C) = 18/38,$$
$$Pr(A \cap B) = Pr(A \cap C) = 9/38,$$
$$Pr(B \cap C) = 10/38,$$
$$Pr(A \cap B \cap C) = 5/38,$$

且由定理 3.9

$$Pr(A \cup B \cup C) = \frac{18}{38} + \frac{18}{38} + \frac{18}{38} - \frac{9}{38} - \frac{9}{38} - \frac{10}{38} + \frac{5}{38} = \frac{31}{38} \doteq 0.815789.$$

在結束本節之前，我們需再提一點。本節及前幾節所處理的例題均為有限樣本空間，但還是有可能樣本空間為無限的情形。例如，某人參加駕照考試直到他通過為止。若他第一次就通過考試，我們寫 P 表這個結果。若他需三次努力才通過考試，則我們寫 FFP 表第一及第二次失敗接著才通過考試。因此，樣本空間可被給為 $\mathscr{S} = \{\text{P, FP, FFP, FFFP, …}\}$，為一個**可數無限**[†] (countably infinite) 集合。

當所處理的樣本空間為有限或為可數無限時，我們稱此樣本空間為**離散** (discrete)。第 3 章所涵蓋的教材嚴格處理有限離散樣本空間。然而，在 9.2 節，我們將考慮一個可數無限的樣本空間例子。

最後，假設某試驗要求技術人員記錄一根加熱鐵棒的溫度，以華氏度數登記。理論上，此時樣本空間可為一個實數開區間，例如，$\mathscr{S} = \{t \,|\, 180°F < t < 190°F\}$。此處樣本空間仍為無限的，但這次它是**不可數**[‡]**無限** (uncountably infinite)。這種情形的樣本空間被稱為**連續的** (continuous) 且吾人需用微積分來解相關的機率問題。我們將不在這裡討論它們，但將引導有興趣的讀者至相關章節，特別是 J. J. Kinney [7] 的教科書。

[†] 有興趣的讀者可在附錄 3 發現更多的可數集合。

[‡] 可在附錄 3 發現更多的不可數集合。

習題 3.5

1. 令 $\mathscr{S}$ 為某試驗 $\mathscr{E}$ 的樣本空間且令 A, B 為 $\mathscr{S}$ 的事件，其中 $Pr(A)=0.4$, $Pr(B)=0.3$, 且 $Pr(A\cap B)=0.2$。求 $Pr(\overline{A})$, $Pr(\overline{B})$, $Pr(A\cup B)$, $Pr(\overline{A\cup B})$, $Pr(A\cap \overline{B})$, $Pr(\overline{A}\cap B)$, $Pr(A\cup \overline{B})$ 及 $Pr(\overline{A}\cup B)$。

2. Ashley 丟一個均勻硬幣 8 次，則 (a) 她得 6 個 H (頭) 的機率為何？(b) 至少 6 個 H 的機率為何？(c) 兩個 H 的機率為何？(d) 至多兩個 H 的機率為何？

3. 標示為 1 到 10 的十個乒乓球放在一個盒子裡，由盒子裡連續且不放回的抽出 2 個球。
   a) 求這個試驗的樣本空間。
   b) 第二個球的標示碼比第一個球小的機率為何？
   c) 一個球的標示碼為偶數而另一個球的標示碼為奇數的機率為何？

4. Russell 從一付標準撲克牌抽出一張牌。若 A, B, C 表事件
   A：這張牌為黑桃。
   B：這張牌為紅色的。
   C：這張牌為臉像牌（既 J, Q, K）
   求 $Pr(A\cup B\cup C)$。

5. 令 $\mathscr{S}$ 為某試驗 $\mathscr{E}$ 的樣本空間。若 A, B 為 $\mathscr{S}$ 的互斥事件且 $Pr(A)=0.3$ 及 $Pr(A\cup B)=0.7$，求 $Pr(B)$？

6. 若 $\mathscr{S}$ 為某試驗 $\mathscr{E}$ 的樣本空間且 A, $B\subseteq \mathscr{S}$，則 $Pr(A\triangle B)$ 和 $Pr(A)$, $Pr(B)$ 及 $Pr(A\cap B)$ 之間有何關係？[注意：$Pr(A\triangle B)$ 為事件 A, B 中恰有一個發生的機率。]

7. 一個骰子被設計成出現某數的機率和該數成正比。例如，結果 4 為結果 2 的兩倍且結果 3 為結果 1 的 3 倍。若這個骰子被擲，則 (a) 結果為 5 或 6 的機率為何？(b) 結果為偶數的機率為何？(c) 結果為奇數的機率為何？

8. 假設我們有兩個骰子，每個骰子被設計成如習題 7。若這兩個骰子被擲，則結果為 (a) 10 的機率為何？；(b) 至少 10 的機率為何？(c) 同號碼的機率為何？

9. Juan 丟一個均勻硬幣五次，則出現 H (頭) 的次數超過出現 T (尾) 的次數的機率為何？

10. 三種不同的泡沫被測試，看它們是否符合規格。表 3.5 整理 125 個測試樣本的結果。

    表 3.5

		符合規格	
		否	是
泡沫型態	1	5	60
	2	7	30
	3	8	15

    令 A, B 表事件
    A：樣本有泡沫 1。
    B：樣本符合規格。
    求 $Pr(A)$, $Pr(B)$, $Pr(A\cap B)$, $Pr(A\cup B)$, $Pr(\overline{A})$, $Pr(\overline{B})$, $Pr(\overline{A}\cup \overline{B})$, $Pr(\overline{A}\cap \overline{B})$, $Pr(A\triangle B)$。

11. 考慮如例題 3.44 的賭輪盤遊戲。
    a) 若玩一次遊戲，則結果為 (i) 高或奇數的機率為何？(ii) 低或黑色的機率為何？
    b) 若玩二次遊戲，則 (i) 兩個結果均為黑色的機率為何？(ii) 一個結果為紅色

且另一個為綠色的機率為何？

12. 令 $\mathscr{S}$ 為某試驗 $\mathscr{E}$ 的樣本空間且令 A，$B \subseteq \mathscr{S}$。若 $Pr(A)=Pr(B)$，$Pr(A \cap B)=1/5$，且 $Pr(\overline{A \cup B})=1/5$。求 $Pr(A \cup B)$，$Pr(A)$，$Pr(A-B)$，$Pr(A \triangle B)$。

13. 下面資料為某校 14 位科學教授的年齡及性別。

    25 M　39 F　27 F　53 M　36 F
    37 F　30 M　29 F　32 M　31 M
    38 F　26 M　24 F　40 F

    將隨機選一位教授代表教職員參加董事會，則選出的教授是一位男士或大於 35 歲的機率為何？

14. 一個男女混合的校內排球隊的 9 位成員將隨機由 9 位男生及 10 位女生中選出。為被分類為男女混合球隊，球隊中每種性別至少有一個球員，則選出的球隊中女生多於男生的機率為何？

15. 在旅遊賓州期間，Ann 決定買一張樂透彩，其中她由 1 (含) 到 80 (含) 間選出 7 個整數。州樂透委員會則由這 80 個整數選出 11 個。若 Ann 所選的整數對中這 11 個整數中的 7 個，則她就是贏家。Ann 成為贏家的機率為何？

16. 令 $\mathscr{S}$ 為某試驗 $\mathscr{E}$ 的樣本空間，且令 A，$B \subseteq \mathscr{S}$，$A \subseteq B$。證明 $Pr(A) \leq Pr(B)$。

17. 令 $\mathscr{S}$ 為某試驗 $\mathscr{E}$ 的樣本空間，且令 A，$B \subseteq \mathscr{S}$。若 $Pr(A)=0.7$ 且 $Pr(B)=0.5$，證明 $Pr(A \cap B) \geq 0.2$。

3.6　條件機率：獨立 (可選擇的)

整個 3.4 及 3.5 節，特別在例題 3.35 之前及末尾，例題 3.41 的內容及之後，我們提過結果獨立的概念。那時我們提問過某個結果的發生是否影響另一結果的發生。本節我們想由單一結果擴大到一個事件，且令它更數學明確化。欲達此點，我們以下面例題開始。

例題 3.45　　Vincent 擲一對均勻的骰子。這個試驗的樣本空間 $\mathscr{S}$ 被示於圖 3.18，且事件

A：和至少為 9。

B：兩個骰子點數相同。

我們看出

$$Pr(A) = \frac{10}{36} = \frac{5}{18},$$

$$Pr(B) = \frac{6}{36} = \frac{1}{6},$$

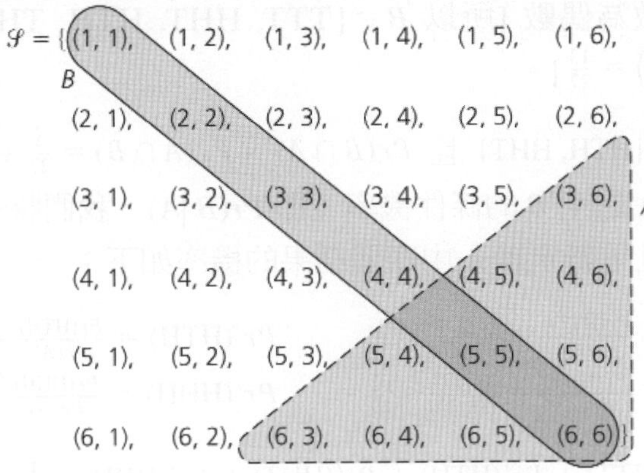

$\mathcal{S} = \{(1, 1), (1, 2), (1, 3), (1, 4), (1, 5), (1, 6),$
$(2, 1), (2, 2), (2, 3), (2, 4), (2, 5), (2, 6),$
$(3, 1), (3, 2), (3, 3), (3, 4), (3, 5), (3, 6),$
$(4, 1), (4, 2), (4, 3), (4, 4), (4, 5), (4, 6),$
$(5, 1), (5, 2), (5, 3), (5, 4), (5, 5), (5, 6),$
$(6, 1), (6, 2), (6, 3), (6, 4), (6, 5), (6, 6)\}$

圖 3.18

且 $Pr(A \cap B) = Pr(B \cap A) = \frac{2}{36} = \frac{1}{18}$。

但現在，代替僅求事件 B 發生的機率，我們將更進一步要求。我們想求在事件 A 發生的已知條件下事件 B 發生的機率。這個**條件機率** (conditional probability) 被表為 $Pr(B|A)$ 且可被如下決定之。

事件 A 發生將 $\mathcal{S}$ 中 36 個等機會序對的樣本空間減小為 A 中的 10 個等機會有序對。在 A 的有序對中，有兩個點數相同，即 (5, 5) 及 (6, 6)。因此，給 A 之下 B 的機率 $= Pr(B|A) = \frac{2}{10}$，且 $\frac{2}{10} = \frac{(2/36)}{(10/36)} = \frac{Pr(B \cap A)}{Pr(A)}$。

在我們建議例題 3.45 末尾之結果為一般公式前，讓我們考慮第二個例題，此例題的結果不是等機會。

例題 3.46　Lindsay 有一個不均勻的硬幣，其中 $Pr(H) = \frac{2}{3}$ 且 $Pr(T) = \frac{1}{3}$。她丟這個硬幣 3 次，其中每次所丟的結果和前面任何一次之結果是獨立的。樣本空間裡 8 個可能結果有下面之機率：

$$Pr(\text{HHH}) = \left(\frac{2}{3}\right)^3 = \frac{8}{27}$$
$$Pr(\text{HHT}) = Pr(\text{HTH}) = Pr(\text{THH}) = \left(\frac{2}{3}\right)^2 \left(\frac{1}{3}\right) = \frac{4}{27}$$
$$Pr(\text{HTT}) = Pr(\text{THT}) = Pr(\text{TTH}) = \left(\frac{2}{3}\right) \left(\frac{1}{3}\right)^2 = \frac{2}{27}$$
$$Pr(\text{TTT}) = \left(\frac{1}{3}\right)^3 = \frac{1}{27}.$$

[注意這些機率和是 $\frac{8}{27} + 3\left(\frac{4}{27}\right) + 3\left(\frac{2}{27}\right) + \frac{1}{27} = \frac{8+12+6+1}{27} = 1$。]

考慮事件

A：第一次丟的結果是 H (頭) [所以 $A = \{\text{HTT, HTH, HHT, HHH}\}$ 且 $Pr(A) = \frac{2}{27} + 2\left(\frac{4}{27}\right) + \frac{8}{27} = \frac{18}{27}$]。

B：H 的次數為偶數 [所以 $B =$ {TTT, HHT, HTH, THH} 且 $Pr(B) = \frac{1}{27} + 3\left(\frac{4}{27}\right) = \frac{13}{27}$]。

更而，$A \cap B =$ {HTH, HHT} 且 $Pr(B \cap A) = Pr(A \cap B) = \frac{4}{27} + \frac{4}{27} = \frac{8}{27}$。

欲求在給 A 之下 B 的條件機率，即 $Pr(B|A)$，我們將令 A 為我們的新的樣本空間，且重新定義 A 中四個結果的機率如下：

$Pr'(\text{HTT}) = \frac{Pr(\text{HTT})}{Pr(A)} = \frac{(2/27)}{(18/27)} = \frac{1}{9}$ $\qquad Pr'(\text{HTH}) = \frac{Pr(\text{HTH})}{Pr(A)} = \frac{(4/27)}{(18/27)} = \frac{2}{9}$

$Pr'(\text{HHT}) = \frac{Pr(\text{HHT})}{Pr(A)} = \frac{(4/27)}{(18/27)} = \frac{2}{9}$ $\qquad Pr'(\text{HHH}) = \frac{Pr(\text{HHH})}{Pr(A)} = \frac{(8/27)}{(18/27)} = \frac{4}{9}$

[我們看出 $Pr'(\text{HTT}) + Pr'(\text{HTH}) + Pr'(\text{HHT}) + Pr'(\text{HHH}) = \frac{1}{9} + \frac{2}{9} + \frac{2}{9} + \frac{4}{9} = 1$。] A 的四個結果當中，有兩個滿足事件 B 的條件，即 HTH 及 HHT，為 $B \cap A$ 內的結果。因此，$Pr(B|A) = Pr'(\text{HTH}) + Pr'(\text{HHT}) = \frac{2}{9} + \frac{2}{9} = \frac{4}{9} = \frac{8}{18} = \frac{8/27}{18/27} = \frac{Pr(B \cap A)}{Pr(A)}$。

由於上面兩個例題的最後結果，我們現在整理潛在的一般過程。我們希望給 $Pr(B|A)$ 一個公式，在事件 A 發生之下事件 B 發生的條件機率。而且，這個公式應助我們避免像例題 3.46 中不必要的計算，其中我們再計算 A 中每個結果的機率。

一旦我們知道事件 A 已發生，樣本空間 $\mathscr{S}$ 被縮小至 A 的所有結果。若將 A 中的每個結果之機率除以 $Pr(A)$，如例題 3.46，則這些新機率和為 1，所以 A 可當做新的樣本空間。而且，假設 e_1，e_2 為 $\mathscr{S}$ 的兩個結果且 $Pr(e_2) = k\, Pr(e_1)$，其中 k 為常數。若 e_1，$e_2 \in A$，則在新樣本空間 A，e_1 的機率仍然為 e_2 機率的 k 倍。

欲計算 $Pr(B|A)$，我們考慮在事件 A 中且亦在 B 中的那些結果。這個給我們事件 $B \cap A$ 的所有結果且引導我們下面。

> 若 $\mathscr{S}$ 為某試驗 $\mathscr{E}$ 的樣本空間且 A，$B \subseteq \mathscr{S}$，則
>
> 已知 A 發生 B 的條件機率 $= Pr(B|A) = \dfrac{Pr(B \cap A)}{Pr(A)}$，主要 $Pr(A) \neq 0$。

而且，

$$Pr(B \cap A) = Pr(A \cap B) = Pr(A)Pr(B|A),$$

且改變 A 和 B 的角色，得

$$Pr(A \cap B) = Pr(B \cap A) = Pr(B)Pr(A|B).$$

這個結果

$$Pr(A)Pr(B|A) = Pr(A \cap B) = Pr(B)Pr(A|B)$$

經常被稱為**乘法規則** (multiplicative rule)。

在未明白它之前,我們確實在例題 3.39 已使用過乘法規則,其中發動機被檢查後不放回。下一個例題的第一部份再強調如何使用這個規則。

例題 3.47

冷凍庫內有 7 罐可樂及 3 罐生啤酒。不看內容,Gustavo 進入冷凍庫並拿一罐給他的朋友 Jody,接著他再次進入冷凍庫拿一罐給他自己。

令 A,B 表事件

A:第一次選的是一罐可樂。

B:第二次選的是一罐可樂。

a) 利用乘法規則,Gustavo 選兩罐可樂的機率是

$$Pr(A \cap B) = Pr(A)Pr(B|A) = \left(\frac{7}{10}\right)\left(\frac{6}{9}\right) = \frac{7}{15}.$$

[這裡 $Pr(B|A) = 6/9$,因為第一罐可樂被拿走後,冷凍庫含有 6 罐可樂及 3 罐生啤酒。]

b) 乘法規則及 (定理 3.8 的) 加法規則告訴我們,Gustavo 選兩罐可樂或兩罐生啤酒的機率是

$$Pr(A \cap B) + Pr(\overline{A} \cap \overline{B}) = P(A)P(B|A) + Pr(\overline{A})Pr(\overline{B}|\overline{A})$$
$$= \left(\frac{7}{10}\right)\left(\frac{6}{9}\right) + \left(\frac{3}{10}\right)\left(\frac{2}{9}\right)$$
$$= \frac{8}{15}.$$

c) 最後,讓我們求 $Pr(B)$。欲達如此,我們藉由圖 3.19 的范恩圖 (對樣本空間 $\mathcal{S}$ 及事件 A,B) 之助來發展一個新公式。由該圖 (集合論的定律),我們看出 $B = B \cap \mathcal{S} = B \cap (A \cup \overline{A}) = (B \cap A) \cup (B \cap \overline{A})$,其中 $(B \cap A) \cap (B \cap \overline{A}) = B \cap (A \cap \overline{A}) = B \cap \emptyset = \emptyset$。

$$Pr(B) = Pr(B \cap A) + Pr(B \cap \overline{A})$$
$$= Pr(A)Pr(B|A) + Pr(\overline{A})Pr(B|\overline{A})$$
$$= \left(\frac{7}{10}\right)\left(\frac{6}{9}\right) + \left(\frac{3}{10}\right)\left(\frac{7}{9}\right) = \frac{63}{90} = \frac{7}{10}.$$

● 圖 3.19

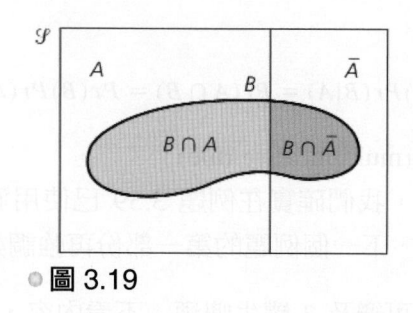

例題 3.47 末尾結果，即對 $A, B \subseteq \mathcal{S}$

$$Pr(B) = Pr(A)Pr(B|A) + Pr(\overline{A})Pr(B|\overline{A})$$

被稱為**總機率定律** (Law of Total Probability)。下一個例題將說明如何將這個結果一般化。

例題 3.48　　Emilio 是一位個人電腦系統組裝工程師。他發現他使用來自三家公司的鍵盤。公司 1 供應 60% 的鍵盤，公司 2 供應 30% 的鍵盤，公司 3 供應剩下的 10%。由過去經驗，Emilio 知道公司 1 有 2% 的鍵盤是有缺陷的，而公司 2，3 有缺陷的鍵盤百分比分別為 3% 及 5%。若隨機選一台 Emilio 的電腦，並測試其為有缺陷之鍵盤的機率為何？

令 A 表事件

　A：來自公司 1 的鍵盤。

事件 B，C 分別為來自公司 2，3 的鍵盤。同時，事件 D 是

　D：鍵盤是有缺陷的。

此處我們對 $Pr(D)$ 有興趣。由圖 3.20 的范恩圖，我們看出 $D = D \cap \mathcal{S} = D \cap (A \cup B \cup C) = (D \cap A) \cup (D \cap B) \cup (D \cap C)$。但這裡 $A \cap B = A \cap C = B \cap C = \emptyset$。所以現在，例如，集合論定律告訴我們 $(D \cap A) \cap (D \cap B) = D \cap (A \cap B) D \cap \emptyset = \emptyset$。同樣地，$(D \cap A) \cap (D \cap C) = (D \cap B) \cap (D \cap C) = \emptyset$ 且 $(D \cap A) \cap (D \cap B) \cap (D \cap C) = \emptyset$。因此，由定理 3.9，我們有

$$Pr(D) = Pr(D \cap A) + Pr(D \cap B) + Pr(D \cap C)$$
$$= Pr(A)Pr(D|A) + Pr(B)P(D|B) + Pr(C)Pr(D|C).$$

(這裡我們有三個集合的總機率定律；即樣本空間 $\mathcal{S}$ 為三個集合的聯集，其中任兩個為互斥的。)

● 圖 3.20

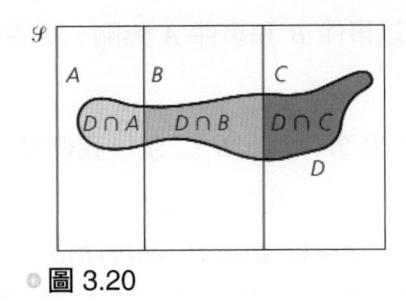

由本例題開始所給的資訊,我們知道

$Pr(A) = 0.6$ $Pr(B) = 0.3$ $Pr(C) = 0.1$
$Pr(D|A) = 0.02$ $Pr(D|B) = 0.03$ $Pr(D|C) = 0.05.$

所以 $Pr(D) = (0.6)(0.02) + (0.3)(0.03) + (0.1)(0.05) = 0.026$,且這個告訴我們由 Emilio 所組裝的個人電腦的 2.6% 將有有缺陷的鍵盤。

下一個例題帶我們回到例題 3.48 的情形且引導我們到 **Bayes 定理** (Bayes' Theorem)。當以總機率定律,這裡的情形同樣的被一般化,即當合適時,Bayes 定理可應用至任何樣本空間 $\mathcal{S}$,而此樣本空間被分成兩個或更多個事件,其中兩兩互斥。

回到前一個例題的資訊,現在我們來問個問題:"若 Emilio 的個人電腦中有一台發現為有缺陷的鍵盤,則鍵盤來自公司 3 的機率為何?"

例題 3.49

使用例題 3.48 的記號,我們看出這裡的已知條件為 D 且我們想求 $Pr(C|D)$。

$$Pr(C|D) = \frac{Pr(C \cap D)}{Pr(D)} = \frac{Pr(C)Pr(D|C)}{Pr(A)Pr(D|A) + Pr(B)Pr(D|B) + Pr(C)Pr(D|C)}$$
$$= \frac{(0.1)(0.05)}{(0.6)(0.02) + (0.3)(0.03) + (0.1)(0.05)} = \frac{0.005}{0.026} = \frac{5}{26} \doteq 0.192308.$$

[在離開這個例題之前,讓我們觀察一個小點。因為我們有一個選擇來重寫 $\frac{Pr(C \cap D)}{Pr(D)}$ 的分子,我們是否知道我們做了正確的選擇?是的!另外的選擇為 $Pr(C \cap D) = Pr(D) \, Pr(C|D)$,將告訴我們 $Pr(C|D) = \frac{Pr(C \cap D)}{Pr(D)} = \frac{Pr(D)Pr(C|D)}{Pr(D)} = Pr(C|D)$,一個正確但不是非常有用的結果。]

在處理總機率定律及 Bayes 定理之後,現在是來決定獨立這個主題的時候。在處理條件機率時,我們稍早學習對取自樣本空間 $\mathcal{S}$ 的事件 A,B,$Pr(A \cap B) = Pr(A) \, Pr(B|A)$。事件 A 的發生沒有影響 B 的發生,我們有

$Pr(B|A) = Pr(B)$，且所以事件 B 和事件 A 無關。這些考量引導我們下面的定義。

定義 3.12 　給一樣本空間 $\mathscr{S}$ 及事件 $A, B \subseteq \mathscr{S}$，我們稱 A, B 為**獨立** (independent)，當

$$Pr(A \cap B) = Pr(A)Pr(B).$$

對 $A, B \subseteq \mathscr{S}$，一般情形有 $Pr(B)\ Pr(A|B) = Pr(B \cap A) = Pr(A \cap B) = Pr(A)\ Pr(B|A)$。使用這個即定義 3.12 的結果，我們現有三種方法來決定何時 A, B 為獨立：

1) $Pr(A \cap B) = Pr(A)Pr(B)$；
2) $Pr(A|B) = Pr(A)$；或
3) $Pr(B|A) = Pr(B)$。

我們亦明白 A 和 B 獨立若且唯若 B 和 A 獨立。

下一個例題使用前面討論來決定兩個事件是否為獨立。

例題 3.50 　假設 Arantxa 丟一個均勻硬幣三次，其樣本空間 $\mathscr{S} =$ {HHH, HHT, HTH, THH, HTT, THT, TTH, TTT}，其中每個結果的機率是 1/8。

考慮事件

A：第一次丟的是 H：$A =$ {HHH, HHT, HTH, HTT} 且 $Pr(A) = \frac{1}{2}$；
B：第二次丟的是 H：$B =$ {HHH, HHT, THH, THT} 且 $Pr(B) = \frac{1}{2}$；
C：至少有兩個 H：$C =$ {HHT, HTH, THH, HHH} 所以 $Pr(C) = \frac{1}{2}$。

a) $A \cap B =$ {HHH, HHT}，所以 $Pr(A \cap B) = \frac{1}{4} = \left(\frac{1}{2}\right)\left(\frac{1}{2}\right) = Pr(A)Pr(B)$。因此，事件 A, B 為獨立。

b) $A \cap C =$ {HHH, HHT, HTH}，所以 $P(A \cap C) = \frac{3}{8} \neq \left(\frac{1}{2}\right)\left(\frac{1}{2}\right) = Pr(A)Pr(C)$。因此，事件 A, C 不是獨立。

c) 同樣地，$Pr(B \cap C) = \frac{3}{8} \neq \left(\frac{1}{2}\right)\left(\frac{1}{2}\right) = Pr(B)Pr(C)$，所以 B, C 亦不是獨立。

d) 事件 $\overline{B} =$ {TTT, TTH, HTT, HTH} 且 $Pr(\overline{B}) = \frac{1}{2}$，而且 $A \cap \overline{B} =$ {HTH, HTT}，$Pr(A \cap \overline{B}) = \frac{1}{4} = \left(\frac{1}{2}\right)\left(\frac{1}{2}\right) = Pr(A)\ Pr(\overline{B})$。所以不僅事件 A, B 獨立而且事件 $A, \overline{B}$ 亦為獨立。

下面定理的第一部份告訴我們 (a) 和 (d) 所發生的不是一個孤立的例證。

定理 3.10　令 A，B 為取自樣本空間 $\mathscr{S}$ 的事件。若 A，B 為獨立，則 (a) A，B 為獨立；(b) $\overline{A}$，B 為獨立；且 (c) $\overline{A}$，$\overline{B}$ 為獨立。

證明：[我們將證明 (a) 而將 (b)，(c) 留作為習題。]

因為 $A = A \cap \mathscr{S} = A \cap (B \cup \overline{B}) = (A \cap B) \cup (A \cap \overline{B})$ 且 $(A \cap B) \cap (A \cap \overline{B}) = A \cap (B \cap \overline{B}) = A \cap \emptyset = \emptyset$，我們有 $Pr(A) = Pr(A \cap B) + Pr(A \cap \overline{B})$。因 A，B 獨立，得 $Pr(A \cap B) = Pr(A) Pr(B)$。最後兩個方程式蘊涵 $Pr(A \cap \overline{B}) = Pr(A) - Pr(A \cap B) = Pr(A) - Pr(A)Pr(B) = Pr(A)[1 - Pr(B)] = Pr(A)Pr(\overline{B})$。因此，由定義 3.12，我們知道 A，$\overline{B}$ 為獨立。

下一個例題將有助於刺激三個事件的獨立概念。

例題 3.51　Tino 和 Monica 每人各擲一個均勻骰子。若令 x 表 Tino 所擲的結果，且 y 表 Monica 所擲的結果，則再次得 $\mathscr{S} = \{(x, y) \mid 1 \leq x, y \leq 6\}$。現考慮事件 A，B，C：

A：Tino 擲一個 1，2 或 6。
B：Monica 擲一個 3，4，5 或 6。
C：Tino 所擲的和 Monica 所擲的和為 7。

這裡 $Pr(A) = \frac{18}{36} = \frac{1}{2}$，$Pr(B) = \frac{24}{36} = \frac{2}{3}$，且 $Pr(C) = \frac{6}{36} = \frac{1}{6}$。更而，

$A \cap B = \{(a, b) \mid a \in \{1, 2, 6\}, b \in \{3, 4, 5, 6\}\}$，所以 $|A \cap B| = 12$ 且 $Pr(A \cap B) = \frac{12}{36} = \frac{1}{3} = \left(\frac{1}{2}\right)\left(\frac{2}{3}\right) = Pr(A)Pr(B)$，所以 A，B 為獨立；

$A \cap C = \{(1, 6), (2, 5), (6, 1)\}$ 且 $Pr(A \cap C) = \frac{3}{36} = \frac{1}{12} = \left(\frac{1}{2}\right)\left(\frac{1}{6}\right) = Pr(A)Pr(C)$，使得 A，C 獨立；

$B \cap C = \{(4, 3), (3, 4), (2, 5), (1, 6)\}$ 且 $Pr(B \cap C) = \frac{4}{36} = \frac{1}{9} = \left(\frac{2}{3}\right)\left(\frac{1}{6}\right) = Pr(B)Pr(C)$，所以 B，C 亦為獨立。

最後，

$A \cap B \cap C = \{(1, 6), (2, 5)\}$ 且 $Pr(A \cap B \cap C) = \frac{2}{36} = \frac{1}{18} = \left(\frac{1}{2}\right)\left(\frac{2}{3}\right)\left(\frac{1}{6}\right) = Pr(A)Pr(B)Pr(C)$。

例題 3.51 所發生的引導我們下面定義。

定義 3.13　對樣本空間 $\mathscr{S}$ 及事件 A，B，$C \subseteq \mathscr{S}$，吾人稱 A，B，C 為獨立若

1) $Pr(A \cap B) = Pr(A)Pr(B)$;
2) $Pr(A \cap C) = Pr(A)Pr(C)$;

- 表 3.6

	CAS (介紹)	CAS (大大的使用)
微積分	170	120
離散數學	80	50

a) 若 Sandrine 選修微積分，則她的班級僅介紹 CAS 之使用的機率為何？

b) Derek 班上大大的使用 CAS，則 Derek 選了離散數學的機率為何？

5. 令 $\mathscr{S}$ 為某試驗 $\mathscr{E}$ 的樣本空間，且令 A,B 為取自 $\mathscr{S}$ 的事件。若 A,B 獨立，證明

$$Pr(A \cup B) = Pr(A) + Pr(\overline{A})Pr(B)$$
$$= Pr(B) + Pr(\overline{B})Pr(A).$$

6. Ceilia 丟一個均勻硬幣五次，則她得到三個 H 的機率為何？若她第一次丟的結果為 (a) 一個 H；(b) 一個 T。

7. 袋中有 15 個相同的 (形狀方面) 硬幣，其中有 9 個銀幣及 6 個金幣。第二個袋中另有 16 個這些硬幣，其中 6 個銀的及 10 個金的。Bruno 由第一個袋中選了一個硬幣然後放入第二個袋中。接著 Madeleine 由第二個袋中選一個硬幣。

a) Madeleine 選到一個金幣的機率為何？

b) 若 Madeleine 的金幣是金的，則 Bruno 選到一個金幣的機率為何？

8. 一個硬幣被製造成 $Pr(\text{H})=2/3$，$Pr(\text{T})=1/3$。Todd 丟這個硬幣兩次。

令 A,B 為事件

A：第一次丟的是一個 T。

B：兩次丟的結果相同。

A,B 是否為獨立？

9. 假設 A,B 為獨立且 $Pr(A \cup B) = 0.6$，$Pr(A)=0.3$，求 $Pr(B)$。

10. Alice 丟一個均勻硬幣 7 次。求在已發生 (a) 她第一次丟的是 H；(b) 她第一次及最後一次丟的均是 H 的條件下，她得到 4 個 H 的機率為何？

11. Paulo 丟一個均勻硬幣 5 次，若 A,B 表事件

A：Paulo 得奇數個 T。

B：Paulo 第一次丟的是 T。

A,B 為獨立嗎？

12. 某機械零件第一次使用失敗的機率為 0.05。若這個零件不馬上失敗，它將正確工作至少一年的機率是 0.98。一個新的零件正確工作至少一年的機率為何？

13. Paul 有兩個冷凍庫。第一個冷凍庫裡有 8 罐可樂及 3 罐檸檬水。第二個冷凍庫裡有 5 罐可樂及 7 罐檸檬水。Paul 隨機的從第一個冷凍庫裡選 1 罐把它放進第二個冷凍庫。五分鐘後，Betty 隨機的從第二個冷凍庫中選了兩罐。假若 Betty 選的兩罐均為可樂，則 Paul 最初選的是 1 罐檸檬水的機率為何？

14. 令 $\mathscr{S}$ 為某試驗 $\mathscr{E}$ 的樣本空間，且令 $A,B,C \subseteq \mathscr{S}$。若事件 A,B 為獨立，事件 A,C 為互斥，且事件 B,C 為獨立，求 $Pr(B)$ 若 $Pr(A)=0.2$，$Pr(C)=0.4$ 且 $Pr(A \cup B \cup C)=0.8$。

15. 一個電子系統是平行連結的兩個分系統組成的。因此，這個系統僅在兩個分系統均失效下才失效。第一個分系統失效的機率為 0.05 且當這個發生，第二個分系統失效的機率為 0.02。試問這個電子系統失敗的機率為何？

16. Gayla 有一個裝有大小相同的 19 顆彈珠的袋子，其中有 9 顆是紅色的，6 顆

是藍色的,且 4 顆是白色的。她隨機從袋中取出 3 顆,不放回,則 Gayla 取出的彈珠中紅色多於白色的機率為何?

17. 令 A,B,C 為取自樣本空間 $\mathscr{S}$ 的獨立事件。若 $Pr(A)=1/8$,$Pr(B)=1/4$,且 $Pr(A\cup B\cup C)=1/2$,求 $Pr(C)$。

18. 某個人電腦整合公司由三個資源廠得到它要的圖形卡。第一資源廠提供 20% 的圖形卡,第二資源廠提供 35%,而第三資源廠提供 45%。依過去的經驗,第一資源廠的圖形卡有 5% 為有缺陷的,而第二及第三資源廠的缺陷卡分別為 3% 及 2%。

    a) 該公司圖形卡的缺陷率為何?

    b) 若一圖形卡被選且發現其為有缺陷,則其為第三資源廠供應的機率為何?

19. Gustavo 丟一均勻硬幣兩次。對這個試驗考慮下面事件:

    A:第一次丟的是一個 H。

    B:第二次丟的是一個 T。

    則事件 A,B 及 C 是否為獨立?

20. 三顆飛彈射向敵人兵工廠。每顆飛彈擊中敵人兵工廠的機率分別為 0.75、0.85 及 0.9。求至少有 2 顆飛彈擊中兵工廠的機率。

21. Dustin 和 Jennifer 每個人各投三個硬幣,則 (a) 他們每人得到相同個數 H 的機率為何?(b) Dustin 得到 H 個數多於 Jennifer 的機率為何?(c) Jennifer 得到的 H 個數多於 Dustin 的機率為何?

22. Tiffany 和她的四個表兄妹玩"奇數人出局"的遊戲以決定誰將負責清理他們祖母 Mary Lou 的樹葉。每個表兄妹丟一個均勻硬幣。若某個表兄妹得到的結果異於其它四個的結果時,則該表兄妹必須負責清理樹葉。在硬幣僅丟一次之後,某位"幸運的"表兄妹即被決定的機率為何?

23. 新的機場安檢人員 90% 接受過事先的武器偵測訓練。在他們第一個月工作期間,未事先接受訓練的安檢人員在偵測武器時有 3% 的失誤率。一個接受過武器偵測訓練的新安檢人員,在第一個月工作期間,偵測武器失誤的機率為何?

24. 二進位串 101101,將這串反過來寫會發現不變和原來一樣,稱這樣的串為**回文** (palindrome) (長度為 6)。假設一個長度為 6 的二進位串被隨機產生,其中 0 和 1 在這個串的六個位置中等機會產生。則這個串為回文的機率為何?若第一個位元及第六個位元 (a) 皆為 1;(b) 為相同。

25. 在對三個事件定義獨立觀念時,我們發現 (在定義 3.13) 我們必須檢查 4 個條件。若有 4 個條件,令其為 E_1,E_2,E_3,E_4,則我們必須檢查 11 個條件;6 個為 $Pr(E_i\cap E_j)=Pr(E_i)\,Pr(E_j)$ 類型,$1\leq i<j\leq 4$;4 個為 $Pr(E_i\cap E_j\cap E_k)=Pr(E_i)\,Pr(E_j)\,Pr(E_k)$ 類型,$1\leq i<j<k\leq 4$;且 $Pr(E_1\cap E_2\cap E_3\cap E_4)=Pr(E_1)\,Pr(E_2)\,Pr(E_3)\,Pr(E_4)$。(a) 需有多少個條件來檢視 5 個事件的獨立?(b) 需有多少個條件來檢視 n 個事件呢?其中 $n\geq 2$。

26. 令 A,B 為取自樣本空間 $\mathscr{S}$ 的事件。若 $Pr(A\cap B)=0.1$ 且 $Pr(\overline{A}\cap\overline{B})=0.3$,則 $Pr(A\triangle B\,|\,A\cup B)$ 為何?

27. 缸 1 中有 14 個信封 (同大小),其中六個信封內各有 \$1 且其它八個信封內各

有 $5。缸 2 中有八個信封 (和缸 1 中的信封大小相同)，其中三個信封內各有 $1 且其它五個各有 $5。隨機從缸 1 中取出三個信封放入缸 2 裡。若 Carmen 由缸 2 中抽出一個信封，則她所選的信封內有 $1 的機率為何？

28. 令 A，B 為取自樣本空間 $\mathcal{S}$ 的事件 (且 $Pr(A)>0$ 及 $Pr(B)>0$)。若 $Pr(B|A) < Pr(B)$，證明 $Pr(A|B) < Pr(A)$。

29. 令 A，B 為取自樣本空間 $\mathcal{S}$ 的事件。若 $Pr(A)=0.5$，$Pr(B)=0.3$ 且 $Pr(A|B) + Pr(B|A)=0.8$，求 $Pr(A \cap B)$。

30. 令 $\mathcal{S}$ 為某試驗 $\mathcal{E}$ 的樣本空間，且事件 A，$B \subseteq \mathcal{S}$。若 $Pr(A|B)=Pr(A \triangle B)= 0.5$ 且 $Pr(A \cup B)=0.7$，求 $Pr(A)$ 及 $Pr(B)$。

3.7 離散隨機變數 (可選擇的)

本節我們介紹一個學習機率和統計的基本概念，即隨機變數。因為我們正在處理離散樣本空間，所以我們將僅處理離散隨機變數。因此，不管何時出現隨機變數這個名詞時，它將被理解為一個離散隨機變數，即為定義在離散樣本空間的隨機變數。[對連續隨機變數感興趣的同學應參考所附的參考資料。John J. Kinney [7] 所著的教科書第 3 章是一個卓越的起點。]

我們以一個非正式的方式來介紹隨機變數的概念。下面例題將有助我們如此做。

例題 3.53 若 Keshia 丟一個均勻硬幣 4 次，這個隨機試驗的樣本空間可為

$\mathcal{S}$ = {HHHH,
HHHT, HHTH, HTHH, THHH,
HHTT, HTHT, HTTH, THHT, THTH, TTHH,
HTTT, THTT, TTHT, TTTH,
TTTT}.

現在，對 $\mathcal{S}$ 中這 16 個 H 和 T 組成的每個串，我們定隨機變數 (random variable) X 如下：

對 $x_1 x_2 x_3 x_4 \in \mathcal{S}$，$X(x_1 x_2 x_3 x_4)$ 計數 4 個元素 x_1，x_2，x_3，x_4 中 H 出現的次數。因此，

$X(\text{HHHH}) = 4$,
$X(\text{HHHT}) = X(\text{HHTH}) = X(\text{HTHH}) = X(\text{THHH}) = 3$,
$X(\text{HHTT}) = X(\text{HTHT}) = X(\text{HTTH}) = X(\text{THHT}) = X(\text{THTH}) = X(\text{TTHH}) = 2$,
$X(\text{HTTT}) = X(\text{THTT}) = X(\text{TTHT}) = X(\text{TTTH}) = 1$，且
$X(\text{TTTT}) = 0$.

我們看出 X 對 $\mathscr{S}$ 中 16 個由 H 和 T 組成的每一個串和 $\{0, 1, 2, 3, 4\}$（R 的子集合）中的一個非負整數結合[†]。這個允許我們認為 $\mathscr{S}$ 中的一結果可以一實數表示。而且，假設我們興趣於事件

A：4 次丟的結果為兩個 H 及兩個 T。

在稍早工作裡，我們已描述過這個事件為

$A = \{$HHTT, HTHT, HTTH, THHT, THTH, TTHH$\}$.

現在我們可將這個事件的 6 個結果寫為 $A = \{x_1 x_2 x_3 x_4 \,|\, X(x_1 x_2 x_3 x_4) = 2\}$，且可被縮寫為 $A = \{x_1 x_2 x_3 x_4 \,|\, X = 2\}$。而且我們利用隨機變數 X 將 $Pr(A)$ 表為 $Pr(X = 2)$。所以這裡我們有 $Pr(A) = Pr(X = 2) = 6/16 = 3/8$。同理，$Pr(X = 4) = 1/16$，因為這個情形僅有一個結果，即 HHHH。

下面提供這個特別隨機變數 X 所謂的**機率分配** (probability distribution)。

x	$Pr(X = x)$
0	1/16
1	4/16 = 1/4
2	6/16 = 3/8
3	4/16 = 1/4
4	1/16

觀看 $\sum_{x=0}^{4} Pr(X = x) = 1$ 如何符合 3.5 節公理 (2)。而且，我們瞭解 $Pr(X = x) = 0$ 對 $x \neq 0, 1, 2, 3, 4$。

讓我們考慮第二個例題來加強我們所學的。

例題 3.54

假設 Giorgio 擲一對均勻骰子。這個試驗早先被檢視過，例如，在例題 3.33 及 3.45。樣本空間由 36 個有序數對組成且可被表為 $\mathscr{S} = \{(x, y) \,|\, 1 \leq x \leq 6, 1 \leq y \leq 6\}$。

我們對 $\mathscr{S}$ 中的每一個有序數對 (x, y) 定義隨機變數 X 為 $X((x, y)) = x + y$，兩個骰子出現的數字和，則 X 指定了下面這些值：

$X((1, 1)) = 2$
$X((1, 2)) = X((2, 1)) = 3$
$X((1, 3)) = X((2, 2)) = X((3, 1)) = 4$
$X((1, 4)) = X((2, 3)) = X((3, 2)) = X((4, 1)) = 5$

[†] 這個在 $\mathscr{S}$ 中之串和非負整數 0，1，2，3，4 由 X 所做的結合是一個函數的例子，此概念將在第 5 章詳細介紹。一般來講，隨機變數是一個由某試驗 $\mathscr{E}$ 的樣本空間 $\mathscr{S}$ 映至實數集合 $\mathbf{R}$ 的函數。任何隨機變數 X 的**定義域** (domain) 為 $\mathscr{S}$ 且**對應域** (codomain) 總是 $\mathbf{R}$。此時**值域** (range) 為 $\{0, 1, 2, 3, 4\}$ (定義域、對應域及值域的概念將在 5.2 節正式定義。)

$X((1, 5)) = X((2, 4)) = X((3, 3)) = X((4, 2)) = X((5, 1)) = 6$
$X((1, 6)) = X((2, 5)) = X((3, 4)) = X((4, 3)) = X((5, 2)) = X((6, 1)) = 7$
$X((2, 6)) = X((3, 5)) = X((4, 4)) = X((5, 3)) = X((6, 2)) = 8$
$X((3, 6)) = X((4, 5)) = X((5, 4)) = X((6, 3)) = 9$
$X((4, 6)) = X((5, 5)) = X((6, 4)) = 10$
$X((5, 6)) = X((6, 5)) = 11$
$X((6, 6)) = 12$

X 的機率分配如下：

$Pr(X = 2) = 1/36$	$Pr(X = 6) = 5/36$	$Pr(X = 10) = 3/36$
$Pr(X = 3) = 2/36$	$Pr(X = 7) = 6/36$	$Pr(X = 11) = 2/36$
$Pr(X = 4) = 3/36$	$Pr(X = 8) = 5/36$	$Pr(X = 12) = 1/36$
$Pr(X = 5) = 4/36$	$Pr(X = 9) = 4/36$	

這個可被稍微縮寫為

$$Pr(X = x) = \begin{cases} \dfrac{x-1}{36}, & x = 2, 3, 4, 5, 6, 7 \\ \dfrac{12-(x-1)}{36}, & x = 8, 9, 10, 11, 12. \end{cases}$$

注意 $\sum_{x=2}^{12} Pr(X = x) = 1$。

在完成描述 X 及其機率分配後，現在讓我們考慮事件：

B：Giorgio 擲一個 8，即兩個骰子和是 8。

C：Giorgio 至少擲 10。

事件 $B = \{(2, 6), (3, 5), (4, 4), (5, 3), (6, 2)\}$ 且 $Pr(B) = Pr(X=8) = 5/36$。
同時 $C = \{(4, 6), (5, 5), (6, 4), (5, 6), (6, 5), (6, 6)\}$ 且 $Pr(C) = 6/36 = 3/36 + 2/36 + 1/36 = Pr(X=10) + Pr(X=11) + Pr(X=12) = Pr(10 \leq X \leq 12) = \sum_{x=10}^{12} Pr(X=x) = \sum_{x \geq 10} Pr(X=x)$。

前兩個例題告訴我們一個隨機變數如何被其機率分配來描述。現在我們將看一個隨機變數如何可以兩個測度來描述，這兩個測度分別為它的**期望值** (expected value)，一個集中趨勢的測度，及它的**變異數** (variance)，一個差量測度。

當一個均勻硬幣被丟 10 次，我們的直覺可能建議我們期望得到 5 個 H 及 5 個 T。我們知道可能真的得到 10 個 H，雖然這個結果的機率僅是 $\binom{10}{10}\left(\frac{1}{2}\right)^{10} = \frac{1}{1024} \doteq 0.000977$，然而 5 個 H 及 5 個 T 的機率實質上是較高為 $\binom{10}{5}\left(\frac{1}{2}\right)^5\left(\frac{1}{2}\right)^5 = \frac{252}{1024} \doteq 0.246094$。同理，當一個均勻骰子被擲 50 次，我們可能想知道共有多少次我們可期望看到一個 6。欲考慮此類關心的事，我們

介紹下面概念。

> 令 X 為一個隨機變數且對樣本空間 $\mathcal{S}$ 上的結果做定義,則 X 的**平均值** (mean) 或**期望值** (expected value) 為
> $$E(X) = \sum_x x \cdot Pr(X = x),$$
> 其中和是加遍所有由隨機變數 X[†] 所決定的 x 值。

定義 3.14

下面例題以幾種不同情形處理 $E(X)$。

例題 3.55

a) 若一個均勻硬幣被丟一次且 X 計數 H 出現的次數,則

$$\mathcal{S} = \{H, T\}, \quad X(H) = 1, \quad X(T) = 0, \quad Pr(X = 0) = Pr(X = 1) = \frac{1}{2},$$

且

$$E(X) = \sum_{x=0}^{1} x \cdot Pr(X = x) = 0 \cdot \frac{1}{2} + 1 \cdot \frac{1}{2} = \frac{1}{2}.$$

注意 $E(X)$ 既不是 0 也不是 1。

b) 若一個均勻骰子被擲,則 $\mathcal{S} = \{1, 2, 3, 4, 5, 6\}$。而且,對每個 $1 \leq i \leq 6$,我們有 $X(i) = i$ 且 $Pr(X = i) = 1/6$,所以這裡

$$E(X) = \sum_{x=1}^{6} x \cdot Pr(X = x) = 1 \cdot \frac{1}{6} + 2 \cdot \frac{1}{6} + 3 \cdot \frac{1}{6} + 4 \cdot \frac{1}{6} + 5 \cdot \frac{1}{6} + 6 \cdot \frac{1}{6}$$
$$= \left(\frac{1}{6}\right)(1 + 2 + \cdots + 6) = \frac{21}{6} = \frac{7}{2}.$$

再次注意 $E(X)$ 不在由隨機變數 X 所決定的值內。

c) 假設我們現有內部裝了東西的骰子,其擲出 i 的機率和 i 成正比。如 (b),$\mathcal{S} = \{1, 2, 3, 4, 5, 6\}$,且 $X(i) = i$ 對 $1 \leq i \leq 6$。然而,這裡,若 p 是擲出 1 的機率,則 ip 是擲出 i 的機率,對其它 5 個結果的各個 i,其中 $2 \leq i \leq 6$。由公理 (2),$1 = \sum_{i=1}^{6} ip = p(1 + 2 + \cdots + 6) = 21p$,所以 $p = 1/21$ 且 $Pr(X = i) = i/21$,$1 \leq i \leq 6$,因此,

$$E(X) = \sum_{x=1}^{6} x \cdot Pr(X = x) = 1 \cdot \frac{1}{21} + 2 \cdot \frac{2}{21} + \cdots + 6 \cdot \frac{6}{21}$$
$$= \frac{1 + 4 + 9 + 16 + 25 + 36}{21} = \frac{91}{21} = \frac{13}{3}.$$

[†] 吾人發現**平均 (值)** 及**期望** (expectation) 亦被用來描述 $E(X)$,及另外一個記號 μ_X。而且,雖然我們僅討論有限樣本空間,但上面公式對可數無限樣本空間亦成立,只要無窮和收斂。

d) 考慮例題 3.53 的隨機變數 X，其中一個均勻硬幣被丟 4 次，則此處

$$E(X) = \sum_{x=0}^{4} x \cdot Pr(X = x) = 0 \cdot \frac{1}{16} + 1 \cdot \frac{4}{16} + 2 \cdot \frac{6}{16} + 3 \cdot \frac{4}{16} + 4 \cdot \frac{1}{16}$$

$$= \frac{0 + 4 + 12 + 12 + 4}{16} = 2.$$

在這個情形，$E(X)$ 為由隨機變數 X 所決定的值之一。

e) 最後，對例題 3.54，其中 Giorgio 擲一對均勻骰子，我們發現

$$E(X) = 2 \cdot \frac{1}{36} + 3 \cdot \frac{2}{36} + \cdots + 7 \cdot \frac{6}{36} + 8 \cdot \frac{5}{36} + \cdots + 11 \cdot \frac{2}{36} + 12 \cdot \frac{1}{36}$$

$$= \frac{252}{36} = 7.$$

在繼續之前，讓我們回憶 3.5 節，柏努利試驗是一個恰有兩個結果的試驗——即成功，機率為 p，及失敗，機率為 $q = 1 - p$。當此類試驗被執行 n 次，任何一次試驗結果和任何前面的試驗結果是獨立的，則在 n 次試驗中恰有 k 次成功的機率為 $\binom{n}{k} p^k q^{n-k}$，$0 \le k \le n$。

現在若考慮 n 個柏努利試驗的 n 個結果之所有 2^n 個可能的樣本空間，則我們可定義隨機變數 X，其中 X 計數這 n 次試驗中成功的次數。在這些環境下，X 被稱為**二項式隨機變數** (binomial random variable) 且

$$Pr(X = x) = \binom{n}{x} p^x q^{n-x}, \qquad x = 0, 1, 2, \ldots, n.$$

這個機率分配被稱為**二項式機率分配** (binomial probability distribution) 且完全由 n 及 p 值決定。而且，它明確地是例題 3.53 的機率分配類型，其中我們視 H 為成功且發現

$$Pr(X = 0) = \frac{1}{16} = \binom{4}{0} \left(\frac{1}{2}\right)^0 \left(\frac{1}{2}\right)^4 \qquad Pr(X = 3) = \frac{1}{4} = \binom{4}{3} \left(\frac{1}{2}\right)^3 \left(\frac{1}{2}\right)^1$$

$$Pr(X = 1) = \frac{1}{4} = \binom{4}{1} \left(\frac{1}{2}\right)^1 \left(\frac{1}{2}\right)^3 \qquad Pr(X = 4) = \frac{1}{16} = \binom{4}{4} \left(\frac{1}{2}\right)^4 \left(\frac{1}{2}\right)^0$$

$$Pr(X = 2) = \frac{3}{8} = \binom{4}{2} \left(\frac{1}{2}\right)^2 \left(\frac{1}{2}\right)^2$$

前述五個結果可被整理為

$$Pr(X = x) = \binom{4}{x} \left(\frac{1}{2}\right)^x \left(\frac{1}{2}\right)^{4-x}, \qquad x = 0, 1, \ldots, 4.$$

但在討論隨機變數的期望值時，為何這裡我們需帶出所有機率分配呢？此刻注意例題 3.55(d)，我們發現 $E(X)=2$，其中 X 為上面描述的二項式隨機變數。對這個二項式隨機變數 X，我們有 $n=4$ 及 $p=1/2$。這裡 $E(X)=2=(4)(1/2)=np$ 是否僅是巧合？

假設我們擲一個均勻骰子 12 次且要求期待看到 5 出現的次數。這時二項式隨機變數 X 將計數在擲 12 次中擲出 5 的次數。我們可能直覺建議答案是 $2=(12)(1/6)=np$。但這個再次為二項式隨機變數 X 的 $E(X)$ 嗎？使用定義 3.14 的公式來代替直接證明這個，我們將由下面定理得到這個結果。

令 X 為計數 n 次柏努利試驗中成功次數的二項式隨機變數，每個成功的機率為 p，則 $E(X)=np$。　　　　　　　　　　　　　　　　**定理 3.11**

證明： 由定義 3.14，我們有

$$E(X) = \sum_{x=0}^{n} x \cdot Pr(X=x) = \sum_{x=0}^{n} x \binom{n}{x} p^x q^{n-x},$$

其中 $q=1-p$。因為 $x\binom{n}{x}p^x q^{n-x}=0$ 當 $x=0$，得

$$E(X) = \sum_{x=1}^{n} x\binom{n}{x} p^x q^{n-x} = \sum_{x=1}^{n} x \frac{n!}{x!(n-x)!} p^x q^{n-x}$$

$$= \sum_{x=1}^{n} \frac{n!}{(x-1)!(n-x)!} p^x q^{n-x} = np \sum_{x=1}^{n} \frac{(n-1)!}{(x-1)!(n-x)!} p^{x-1} q^{n-x}$$

$$= np \sum_{y=0}^{n-1} \frac{(n-1)!}{y![n-(y+1)]!} p^y q^{n-(y+1)}, \quad \text{以 } y=x-1 \text{ 代之，且當 } x \text{ 由 } 1 \text{ 變到 } n，y \text{ 由 } 0 \text{ 變到 } n-1$$

$$= np \sum_{y=0}^{n-1} \binom{n-1}{y} p^y q^{(n-1)-y} = np(p+q)^{n-1}, \quad \text{利用二項式定理}$$

$$= np，因為 p+q=1。$$

參照定理 3.11 的結果，我們現在知道擲一個均勻骰子 12 次，5 的出現次數如我們所期待的為 $(12)(1/6)=2$，如同我們稍早的直覺建議。仍然較佳，我們將擲這個均勻骰子 1200 次且令隨機變數 Y 計數 5 出現的次數，則 Y 是一個二項式隨機變數具 $n=1200$，$P=1/6$，且 $Pr=(Y=y)=\binom{1200}{y}(\frac{1}{6})^y(\frac{5}{6})^{1200-y}$，$y=0$，1，2，$\cdots$，1200。而且，我們不真正計算 $\sum_{y=0}^{1200} y\binom{1200}{y}(\frac{1}{6})^y(\frac{5}{6})^{1200-y}$，來求 $E(Y)$，而是利用定理 3.11 得 $E(Y)=np=(1200)(1/6)=200$。

在處理隨機變數 X 的平均值或期望值後，我們現在轉到 X 的變異數

——其為一種測度，測量由 X 所決定的值中有多寬可被離差或擴展。若 X 為定義在樣本空間 $\mathscr{S}_X=\{a, b, c\}$ 上的隨機變數，其中 $X(a)=-1$，$X(b)=0$，$X(c)=1$，且 $Pr(X=x)=1/3$，對 $x=1, 0, 1$，則 $E(X)=0$。但若 Y 為定義在樣本空間 $\mathscr{S}_Y=\{r, s, t, u, v\}$ 上的隨機變數，其中 $Y(r)=-4$，$Y(s)=-2$，$Y(t)=0$，$Y(u)=2$，$Y(v)=4$，且 $Pr(Y=y)=1/5$ 對 $y=-4, -2, 0, 2, 4$，我們得到相同的平均值，即 $E(Y)=0$。然而，雖然 $E(X)=E(Y)$，我們可看出由 Y 決定的值比由 X 決定的值對平均值 0 有較大的擴展。欲測度離差觀念，我們介紹下面定義。

定義 3.15   令 $\mathscr{S}$ 為某試驗 $\mathscr{E}$ 的樣本空間，且令 X 為定義在 $\mathscr{S}$ 上所有結果的隨機變數。假設 $E(X)$ 為 X 的平均值或期望值，則 X 的變異數，表為 σ_X^2 或 Var(X)，被定義為

$$\sigma_X^2 = \text{Var}(X) = E(X - E(X))^2 = \sum_x (x - E(X))^2 \cdot Pr(X = x),$$

其中和為加遍所有由隨機變數 X 所決定的值 x。

X 的**標準偏差** (standard deviation)，表為 σ_X，被定義為

$$\sigma_X = \sqrt{\text{Var}(X)}.$$

現在讓我們應用定義 3.15 於下面。

例題 3.56   令 X 為定義在樣本空間 $\mathscr{S}=\{a, b, c, d\}$ 上所有結果的隨機變數，其中 $X(a)=1$，$X(b)=3$，$X(c)=4$ 且 $X(d)=6$。

假設 X 的機率分配為

x	$Pr(X = x)$
1	1/5
3	2/5
4	1/5
6	1/5.

則

$$E(X) = 1 \cdot \frac{1}{5} + 3 \cdot \frac{2}{5} + 4 \cdot \frac{1}{5} + 6 \cdot \frac{1}{5} = \frac{17}{5}$$

且

$$\text{Var}(X) = E(X - E(X))^2$$
$$= \sum_x \left(x - \frac{17}{5}\right)^2 \cdot Pr(X = x)$$

$$= \left(1 - \frac{17}{5}\right)^2 \left(\frac{1}{5}\right) + \left(3 - \frac{17}{5}\right)^2 \left(\frac{2}{5}\right)$$
$$+ \left(4 - \frac{17}{5}\right)^2 \left(\frac{1}{5}\right) + \left(6 - \frac{17}{5}\right)^2 \left(\frac{1}{5}\right)$$
$$= \left(\frac{144}{25}\right)\left(\frac{1}{5}\right) + \left(\frac{4}{25}\right)\left(\frac{2}{5}\right) + \left(\frac{9}{25}\right)\left(\frac{1}{5}\right) + \left(\frac{169}{25}\right)\left(\frac{1}{5}\right)$$
$$= \left(\frac{330}{25}\right)\left(\frac{1}{5}\right) = \frac{66}{25},$$

所以 $\sigma_X = \sqrt{\text{Var}(X)} = \sqrt{\frac{66}{25}} = \frac{1}{5}\sqrt{66} \doteq 1.624808$.

下一個結果提供第二種方法來計算 Var(X)。

定理 3.12 若 X 為定義在樣本空間 $\mathcal{S}$ 上所有結果的隨機變數，則
$$\text{Var}(X) = E(X^2) - [E(X)]^2.$$

證明： 由定義 3.15，我們知道
$$\text{Var}(X) = E(X - E(X))^2 = \sum_x (x - E(X))^2 \cdot Pr(X = x).$$

將和之內項展開，得
$$\text{Var}(X) = \sum_x (x^2 - 2xE(X) + [E(X)]^2) \cdot Pr(X = x)$$
$$= \sum_x x^2 Pr(X = x) - 2E(X) \sum_x x \cdot Pr(X = x)$$
$$+ [E(X)]^2 \sum_x Pr(X = x), \text{ 因為 } E(X) \text{ 為一常數}$$
$$= E(X)^2 - 2E(X)E(X) + [E(X)]^2, \text{ 因為 } \sum_x x \cdot Pr(X = x) = E(X)$$
$$\text{且 } \sum_x Pr(X = x) = 1$$
$$= E(X^2) - [E(X)]^2.$$

讓我們使用定理 3.12 來檢查例題 3.56 的 Var(X) 的結果。

例題 3.57 例題 3.56 的資訊提供於下面：

x	x^2	$Pr(X = x)$
1	1	1/5
3	9	2/5
4	16	1/5
6	36	1/5

[此處，如例題 3.60，X 計數的那些 X 值滿足 $x = X(s)$ 對某些 $s \in \mathcal{S}$ 且 $|x - E(X)| \leq k\sigma_X$。]

證明：這裡所給的證明是對 X 為離散的情形[†]。然而，這個結果對連續的隨機變數亦為真。

令 A，B 為下面的 **R** 之子集合

$$A = \{x \mid |x - E(X)| > k\sigma_X\} \qquad B = \{x \mid |x - E(X)| \leq k\sigma_X\}$$

(注意 A，B 未必為事件，因為它們不必為 $\mathcal{S}$ 的子集合。它們是由隨機變數 X 所決定的實數集之子集合。)

我們知道

$$\mathrm{Var}(X) = \sigma_X^2 = \sum_x (x - E(X))^2 Pr(X = x)$$

$$= \sum_{x \in A} (x - E(X))^2 Pr(X = x) + \sum_{x \in B} (x - E(X))^2 Pr(X = x)$$

$$\geq \sum_{x \in A} (x - E(X))^2 Pr(X = x), \quad 當 \sum_{x \in B} (x - E(X))^2 Pr(X = x) \geq 0.$$

對 $x \in A$，$|x - E(X)| \geq k\sigma_X$，所以這裡得 $|x - E(X)| \geq k\sigma_X$。因為 $(x - E(X))^2 = |x - E(X)|^2$，我們有

$$\sigma_X^2 \geq \sum_{x \in A} |x - E(X)|^2 Pr(X = x) \geq k^2 \sigma_X^2 \sum_{x \in A} Pr(X = x), \quad 且$$

$$\sigma_X^2 \geq k^2 \sigma_X^2 \sum_{x \in A} Pr(X = x) \Rightarrow \sigma_X^2 \geq k^2 \sigma_X^2 Pr(|X - E(X)| > k\sigma_X)$$

$$\Rightarrow \frac{1}{k^2} \geq Pr(|X - E(X)| > k\sigma_X) \Rightarrow -\frac{1}{k^2} \leq -Pr(|X - E(X)| > k\sigma_X)$$

$$\Rightarrow 1 - \frac{1}{k^2} \leq 1 - Pr(|X - E(X)| > k\sigma_X)$$

$$\Rightarrow 1 - \frac{1}{k^2} \leq Pr(|X - E(X)| \leq k\sigma_X).$$

本節的最後一個例題說明吾人可如何應用 Chebyshev 不等式。

例題 3.61   Angelica 正在為她的唱詩班聖誕基金籌款而賣糖果盒。一個一個的糖果被包裝進盒子裡使得糖果個數的平均為 125 且具有 5 個的標準偏差。欲求 Angelica 的糖果盒的糖果個數在介於 118 及 132 間的機率下界，我們如下進行。

[†] 這裡所給的證明對樣本空間為可數無窮的情形亦為真，只要其和為收斂。

此處之隨機變數 X 計數盒子裡糖果個數,具 $E(X)=125$ 且 $\sigma_X=5$。應用 Chebyshev 不等式我們有

$$Pr(118 \leq X \leq 132) = Pr(118-125 \leq X-125 \leq 132-125)$$
$$= Pr(-7 \leq X-125 \leq 7) = Pr(|X-125| \leq 7)$$
$$= Pr\left(|X-E(X)| \leq \left(\frac{7}{5}\right)\sigma_X\right) \geq 1 - \frac{1}{\left(\frac{7}{5}\right)^2} = 1 - \frac{25}{49} = \frac{24}{49}.$$

因此,Angelica 的糖果盒之糖果個數介於 118 及 132 之間的機率至少是 24/29 ≐ 0.489796。(注意這裡 Chebyshev 不等式的 k 值為 7/5,不是一個整數。)

習題 3.7

1. 令 X 為隨機變數具有下面之機率分配。

x	0	1	2	3	4
$Pr(X=x)$	$\frac{1}{8}$	$\frac{1}{4}$	$\frac{1}{4}$	$\frac{1}{4}$	$\frac{1}{8}$

    求 (a) $Pr(X=3)$; (b) $Pr(X \leq 4)$; (c) $Pr(X > 0)$; (d) $Pr(1 \leq X \leq 3)$; (e) $Pr(X=2|X \leq 3)$; 及 (f) $Pr(X \leq 1$ 或 $X=4)$。

2. 隨機變數 X 的機率分配被給為 $Pr(X=x) = (3x+1)/22, x = 0, 1, 2, 3$。求 (a) $Pr(X=3)$; (b) $Pr(X \leq 1)$; (c) $Pr(1 \leq X < 3)$; (d) $Pr(X > -2)$; 和 (e) $Pr(X=1|X \leq 2)$。

3. 120 個圖形卡的出貨有 10 個為有缺陷的。Serena 由這 120 個圖形卡中選 5 個,不放回,並檢視它們是否為有缺陷。若隨機變數 X 計數 Serena 選擇圖形卡中有缺陷的圖形卡個數,求 (a) $Pr(X=x), x = 0, 1, 2, \ldots, 5$; (b) $Pr(X=4)$; (c) $Pr(X \geq 4)$; 或 (d) $Pr(X=1|X \leq 2)$。

4. Connie 丟一個均勻硬幣三次。若 $X = X_1 - X_2$,其中 X_1 計數出現 H 的次數且 X_2 計數出現 T 的次數,求 (a) X_1,X_2 及 X 的機率分配;及 (b) 平均值 $E(X_1)$,$E(X_2)$ 和 $E(X)$。

5. 令 X 為隨機變數,其中 $Pr(X=x)=1/6$ 對 $X=1, 2, 3, \ldots, 6$。(此處 X 為**均勻離散** (uniform discrete) 隨機變數。求 (a) $Pr(X \geq 3)$; (b) $Pr(2 \leq X \leq 5)$; (c) $Pr(X=4|X \geq 3)$; (d) $E(X)$; 及 (e) $Var(X)$。

6. 某電腦商發現她每天代理銷售的微電腦數是一個隨機變數 X,其中 X 的機率分配被給為

$$Pr(X=x) = \begin{cases} \dfrac{cx^2}{x!}, & x = 1, 2, 3, 4, 5 \\ 0, & \text{其它} \end{cases}$$

其中 c 為常數。求 (a) c 之值;(b) $Pr(X \geq 3)$; (c) $Pr(X=4|X \geq 3)$; (d) $E(X)$; 及 (e) $Var(X)$。

7. 隨機變數 X 的機率分配為

$$Pr(X=x) = \begin{cases} c(6-x), & x = 1, 2, 3, 4, 5 \\ 0, & \text{其它} \end{cases}$$

其中 c 為常數,求 (a) c 之值;(b) $Pr(X \leq 2)$; (c) $E(X)$;及 (d) $Var(X)$。

8. Wayne 丟一個不均勻硬幣 —— H 出現的機會為 T 出現的三倍。若 Wayne 丟這個硬幣 100 次,他可看到多少個 H?

9. 假設 X 為一個二項式隨機變數,其中 $Pr(X=x) = \binom{n}{x}p^x(1-p)^{n-x}, x = 0, 1, 2, \ldots n$。若 $E(X) = 70$ 且 $Var(X) = 45.5$,求 n,p。

10. 某嘉年華會邀請一個玩家從一付 52 張的標準撲克牌中選一張牌。若這張牌為一個 7 或是一個 J,則這個玩家得 5 元。若為一張 K 或是一張 Ace,則這個玩家得 8 元。若為其它 36 張牌,則算玩家輸。試問要付多少錢來玩這個遊戲才算公平?即玩家淨贏的期望值為 0。

11. Jackie 每天上學的路線上有 8 個交通號誌燈。當她到達每個交通號誌燈時,號誌燈為紅色的機率為 0.25 且假設不同燈號間有足夠時間來獨立操作。若隨機變數 X 計數 Jackie 某天開車到學校所遇到的紅燈次數,求 (a) $Pr(X = 0)$; (b) $Pr(X = 3)$; (c) $Pr(X \geq 6)$; (d) $Pr(X \geq 6 | X \geq 4)$; (e) $E(X)$; 及 (f) $Var(X)$。

12. 假設隨機變數 X 有平均值 $E(X) = 17$ 及變異數 $Var(X) = 9$,但其機率分配未知。使用 Chebyshev 不等式求下面各個的下界: (a) $Pr(11 \leq X \leq 23)$; (b) $Pr(10 \leq X \leq 24)$; 及 (c) $Pr(8 \leq X \leq 26)$。

13. 假設隨機變數 X 有平均值 $E(X) = 15$ 及變異數 $Var(X) = 4$,但其機率分配未知。使用 Chebyshev 不等式求常數 c 的值,其中 $Pr(|x - 15| \leq c) \geq 0.96$。

14. Fred 擲一個均勻骰子 20 次,若 X 為計數在 20 次擲中出現 6 的次數之隨機變數。求 $E(X)$ 及 $Var(X)$。

15. 紙板盒中有 20 個電腦晶片,之中有 4 個為有缺陷的。Isaac 測試這些晶片,一次一個且不放回,直到它發現 1 個有缺陷的晶片或已測試 3 個晶片為止。若隨機變數 X 計數 Isaac 測試的晶片個數,求 (a) X 的機率分配;(b) $Pr(X \leq 2)$;(c) $Pr(X = 1 | X \leq 2)$;(d) $E(X)$;及 (e) $Vax X$。

16. 假設 X 為定義在樣本空間 $\mathscr{S}$ 上的隨機變數且 a,b 為常數。證明 (a) $E(aX + b) = aE(X) + b$ 及 (b) $Var(aX + b) = a^2 Var(X)$。

17. 令 X 為二項式隨機變數具 $Pr(X = x) = \binom{n}{x}p^x q^{n-x}, x = 0, 1, 2, \ldots, n$,其中 $n (\geq 2)$ 為柏努利試驗次數,p 為每次試驗成功的機率且 $q = 1 - p$。

a) 證明 $E(X(X-1)) = n^2 p^2 - np^2$。

b) 利用 $E(X(X-1)) = E(X^2 - X) = E(X^2) - E(X)$ 及 $E(X) = np$,證明 $Var(X) = npq$。

18. 一個新的套裝軟體初步測試時,軟體工程師發現每 100 條編碼線的缺陷數目為一個隨機變數 X 且具機率分配:

x	1	2	3	4
$Pr(X=x)$	0.4	0.3	0.2	0.1

求 (a) $Pr(X > 1)$;(b) $Pr(X = 3 | X \geq 2)$;(c) $E(X)$;及 (d) $Var(X)$。

19. 在 Mario Puzo 的小說"教父"裡,在他的女兒 Constanzia 的婚禮宴會中,Don Vito Corleone 和他的教子 Johnny Fontane 討論他將如何處理電影屆泰斗 Jack Woltz。且在內文裡他說了著名的話。

"I'll make him an offer he can't refuse."

若我們令隨機變數 X 計數 (由上面引用之內容) 隨機選一個字的字母及撇號的個數，假設 8 個字中每個字被選的機率相同，求 (a) X 的機率分配；(b) E(X)；及 (c) Var(X)。

20. 某組裝組件由三個電子零件組成，其中每個零件獨立運作。這三個零件依其規格運作的機率為 0.95，0.9 及 0.88。若隨機變數 X 計數依規格運作的零件個數，求 (a) X 的機率分配；(b) $Pr(X \geq 2 | X \geq 1)$；(c) E(X)；及 (d) Var(X)。

21. 甕中有五個編號為 1，2，3，4 及 5 的籌碼。當由甕中抽出 2 個籌碼 (不放回) 時，隨機變數 X 記錄較大的號碼值。求 E(X) 及 σ_X。

3.8 總結及歷史回顧

本章我們介紹了一些集合論的基礎，並介紹和計數問題以及機率論之間的某種關係。

集合論代數係發展於 19 世紀及 20 世紀初之間。在英國，George Peacock (1791-1858) 是一位數學改革的開拓者，且在他的著作 *Treatise on Algebra* 中，是第一位改變整個代數和算術概念者。Duncan Gregory (1813-1844)，William Rowan Hamilton (1805-1865) 和 Augustus DeMorgan (1806-1871) 等三位數學家更進一步拓展他的概念，他們幾位數學家努力將基本代數中模稜兩可的概念移走，並以嚴格的公理形式處理它們。然而，之後沒有什麼進展，一直到 1854 年當 Boole 出版他的 *Investigation of the Laws of Thought*，此書是一本以正式的方式處理集合及邏輯的代數書，加上 Peacock 的努力及他同時代人的努力。

本章主要是考慮有限集合。然而，無限集合及它們的基數之探討已佔據許多數學家和哲學家的心裡。(深入資訊可參考附錄 3。然而，讀者若欲查看這個附錄的教材可能須先多學一點函數，如第 5 章所提供的。) 處理集合論的直覺方法一直被使用直到俄羅斯出生的數學家 George Cantor (1845-1918) 的時代，他於 1895 年以和我們在 3.1 節開頭所提的"內臟感覺"類似的方式定義一個集合。然而，他的定義是他幾個無法完全由他的集合論裡移走的障礙之一。

在 1870 年代，當 Cantor 在研究三角幾何級數及實數級數時，他發現他需要一個比較數的無限集合之大小的方法。他以實在性的方式處理無限，如同處理有限，是一個很大的改變。他的一些作品被拒絕，因為他以比他當代數學家慣常方式更抽象的方法來做證明。然而，他的成就大大的

Georg Cantor (1845–1918)

被接受,所以在 1890 年集合論,包括有限和無限,以它們該有的權力被考慮為數學的一支。

在世紀更替時,集合論已大大的被接受,但在 1901 年詭論,如著名的 **Russell 詭論** (在 3.1 節習題 27 已討論過),證明集合,如最先所提的,有內在的不相容。這個困難似乎是集合可以不嚴格的方式來定義;一個集合是它自己本身的一個元素是特別被懷疑的。英國數學家 Bertrand Arthur William Russell 勳爵 (1872-1970) 和 Alfred North Whitehead (1861-1947),在他們的作品 *Principia Mathematica* 發展集合論裡的一個階級,名叫**型態理論** (theory of types)。這個公理式的集合論,在其它 20 世紀的公式中,避免了 Russell 詭論。除了他的數學成就外,Russell 勳爵還出書討論哲學、物理及他的政治觀點,他卓越的文學才能在 1950 年被確認,當年他得了諾貝爾文學獎。

Russell 詭論的發現,雖然它可被矯治,已對數學界產生深遠的影響,許多人開始懷疑是否尚有其它矛盾潛伏。1931 年奧地利出生的數學家 (及邏輯學家) Kurt Gödel (1906-1978) 整理出"在一個明確的一致性條件下,任何一個足夠強的正式公理化系統必有一個命題使得它或它的否定沒有一個是可證明的,且對這個系統的任何一致性證明必使用超越這個系統的概念和方法。"不幸地,由這個論點我們不能建立,以數學嚴格方法,數學上沒有矛盾。不管"Gödel 證明",數學研究繼續著,事實上,從 1931 年到目前,數學研究量已超越歷史上其它任何時期。

集合元素符號 $\in$ (希臘字母) 的使用是在 1889 年,由義大利數學家 Giuseppe Peano (1858-1932) 所提出的。符號"$\in$"是希臘字"$\epsilon\sigma\tau\iota$"的縮寫,其意為"是"。

3.2 節的范恩圖是由英國邏輯學家 John Venn (1834-1923) 在 1881 年提

Lord Bertrand Arthur William Russell (1872–1970)

出的。在他的書 *Symbolic Logic* 裡，Venn 對他的同鄉 George Boole (1815-1864) 先前所發展的概念做分類。而且，Venn 對機率論的發展有貢獻，如他所寫且廣為閱讀的機率教科書所描述的。格雷編碼，在 3.1 節被用來以二進位串儲存有限集合的子集，是在 1940 年代由 Frank Gray 在 AT&T 貝爾實驗室發展出來的。原先，此類編碼是用來最小化在數位信號傳遞時的誤差影響。

假若我們要概述集合論在 20 世紀數學發展上所扮演的角色之重要性，下面由德國數學家 David Hilbert (1862-1943) 所引用的文句是值得沈思的："無人將把我們從由 Cantor 所為我們創造的天國裡逐出。"

在 3.1 節，我們提到名叫巴斯卡三角形的數之陣列。我們曾在第 1 章以二項式定理介紹過這個陣列，但我們等待，直到我們有用來證明這個三角形是如何被構造的一些組合等式。這個陣列出現在中國代數學家 Chu Shi-kie (1303) 的著作裡，但直到 16 世紀它的第一個出版才在歐洲出現，是出現在 Petrus Apianus (1495-1552) 所著的一本書的標題頁上。Niccolo Tartaglia (1499-1559) 使用這個三角形來計算 $(x+y)$ 的冪次方。由於法國數學家 Blaise Pascal (1623-1662) 對這個三角形的性質及應用方面所做的努力，這個陣列冠上他的名字來紀念他。

雖然機率論以機會遊戲及計數問題開始，我們在本章介紹它是因為集合論已被發展為正確的媒介來敘述並解這個當代重要的應用數學領域的問題。在 1660 年之後的十年間，機率以瞭解在隨機過程中穩定頻率之法進入歐洲人的思維。概念，例證這個考慮，由 Blaise Pascal 向前推，且這些引導了機率上的第一篇有系統的論文,此篇論文是 Christian Huygens (1629-1695) 在 1657 年所著。1812 年,Pierre-Simon de Laplace (1749-1829) 收集了當時機率論上所發展的所有概念——以定義開始且各個結果均是等機會——且出版它們在他的 *Analytic Theory* of *Probability* 書裡。在其它概念中,這本教科書含有**中央極限定理** (Central Limit Theorem),是假設測試 (統計學) 裡一個重要的基本結果。除了 Pierre-Simon de Laplace, Thomas Bayes (1702-1761) 也證明如何利用檢視某種實驗資料來求機率。Bayes 定理 是用來紀念這個英國長老教會部長及數學家。Chebyshev 不等式 (3.7 節) 是用來紀念俄羅斯數學家 Pafnuty Lvovich Chebyshev (1821-1894),他在數論的成就及力學上的興趣可能較會引人紀念。最後,以公理方法處理機率是首先由俄羅斯數學家 Andrei Nikolayevich Kolmogorov (1903-1987) 於 1933 年在他的專題論文 *Grundbegriffe der Wahrscheinlichkeitsrechnung* (機率理論基礎) 提出的。

更多的集合論的歷史和發展可在 C. B. Boyer [1] 的第 26 章裡找到。集合論的正式發展,包括無限集合上的結果,可被發現在 H. B. Enderton [3],P. R. Halmos [4],J. M. Henle [5] 及 P. C. Suppes [8] 的書裡。機率和統計概念的源頭到牛頓年代間的歷史可被發現於 F. N. David [2]。比較現代的內容給在 V. J. Katz [6] 的書裡。對那些有興趣多學離散機率的讀者,J. J. Kinney [7] 的第 1 章及第 2 章是不錯的教材。

Andrei Nikolayevich Kolmogorov (1903–1987)   Thomas Bayes (1702–1761)

參考資料

1. Boyer, Carl B. *History of Mathematics*. New York: Wiley, 1968.
2. David, Florence Nightingale. *Games, Gods, and Gambling*. New York: Hafner, 1962.
3. Enderton, Herbert B. *Elements of Set Theory*. New York: Academic Press, 1977.
4. Halmos, Paul R. *Naive Set Theory*. New York: Van Nostrand, 1960.
5. Henle, James M. *An Outline of Set Theory*. New York: Springer-Verlag, 1986.
6. Katz, Victor J. *A History of Mathematics (An Introduction)*. New York: Harper Collins, 1993.
7. Kinney, John J. *Probability: An Introduction with Statistical Applications*. New York: Wiley, 1997.
8. Suppes, Patrick C. *Axiomatic Set Theory*. New York: Van Nostrand, 1960.

補充習題

1. 令 A, B, $C \subseteq \mathcal{U}$，證明 $(A-B) \subseteq C$ 若且唯若 $(A-C) \subseteq B$。

2. 給一個組合論證證明對整數 n, r 且 $n \geq r \geq 2$，
$$\binom{n+2}{r} = \binom{n}{r} + 2\binom{n}{r-1} + \binom{n}{r-2}.$$

3. 令 A, B, $C \subseteq \mathcal{U}$，證明或不證明 (給一反例) 下面各小題：
   a) $A - C = B - C \Rightarrow A = B$
   b) $[(A \cap C = B \cap C) \wedge (A - C = B - C)] \Rightarrow A = B$
   c) $[(A \cup C = B \cup C) \wedge (A - C = B - C)] \Rightarrow A = B$

4. a) 對正整數 m, n, r 具 $r \leq \min\{m, n\}$，證明
$$\binom{m+n}{r} = \binom{m}{0}\binom{n}{r} + \binom{m}{1}\binom{n}{r-1} + \binom{m}{2}\binom{n}{r-2} + \cdots + \binom{m}{r}\binom{n}{0} = \sum_{k=0}^{r} \binom{m}{k}\binom{n}{r-k}.$$
   b) 對正整數 n，證明
$$\binom{2n}{n} = \sum_{k=0}^{n} \binom{n}{k}^2.$$

5. a) 老師有多少種方法可將一群 7 位學生分成兩隊使得每隊學生至少有一位學生？兩位學生？
   b) 將 (a) 中的 7 改為正整數 $n \geq 4$ 並回答同樣問題。

6. 判斷下面各敘述的真假。若敘述為假，請給一反例。
   a) 若 A 和 B 為無限集合，則 $A \cap B$ 為無限。
   b) 若 B 為無限且 $A \subseteq B$，則 A 為無限。
   c) 若 $A \subseteq B$ 且 B 為有限，則 A 為有限。
   d) 若 $A \subseteq B$ 且 A 為有限，則 B 為有限。

7. 集合 A 有 128 個偶基數的子集合。(a) A 有多少個奇基數的子集合？(b) $|A|$ 為何？

8. 令 $A = \{1, 2, 3, \cdots, 15\}$
   a) A 有多少個子集合包含所有 A 中的奇數？
   b) A 有多少個子集合恰含三個奇數？
   c) A 有多少個八個元素的子集合恰含三個奇數？
   d) 寫一電腦程式 (或開發一演算法) 來產生一個隨機的八個元素 A 之子集合，並印出有多少個八個元素均為奇數的子集合？

9. 令 A, B, $C \subseteq \mathcal{U}$，證明 $(A \cap B) \cup C = A$

$\cap (B \cap C)$ 若且唯若 $C \subseteq A$。

10. 令 $\mathcal{U}$ 為宇集且 $A, B \subseteq \mathcal{U}$，$|A \cap B| = 3$，$|A \cup B| = 8$，且 $|\mathcal{U}| = 12$。
    a) 有多少個子集合 $C \subseteq \mathcal{U}$ 滿足 $A \cap B \subseteq C \subseteq A \cup B$？這些子集合 C 中有多少個的元素為偶數個？
    b) 有多少個子集合 $D \subseteq \mathcal{U}$ 滿足 $\overline{A \cup B} \subseteq D \subseteq \overline{A} \cup \overline{B}$？這些子集合 D 中有多少個的元素為偶數個？

11. 令 $\mathcal{U} = \mathbf{R}$ 且令指標集合 $I = \mathbf{Q}^+$。對每個 $q \in \mathbf{Q}^+$，令 $A_q = [0, 2q]$ 且 $B_q = (0, 3q]$。求
    a) $A_{7/3}$
    b) $A_3 \triangle B_4$
    c) $\bigcup_{q \in I} A_q$
    d) $\bigcap_{q \in I} B_q$

12. 對宇集 $\mathcal{U}$ 及集合 $A, B \subseteq \mathcal{U}$，證明
    a) $A \triangle B = B \triangle A$
    b) $A \triangle \overline{A} = \mathcal{U}$
    c) $A \triangle \mathcal{U} = \overline{A}$
    d) $A \triangle \emptyset = A$，所以 $\emptyset$ 是 $\triangle$ 的單位元素，也是 $\cup$ 的單位元素。

13. 考慮從屬關係表 (表 3.7)。若已知條件為 $A \subseteq B$，則我們僅需考慮表中以兩條件為真的那些列，即列 1, 2 及 4，如箭頭所指示的。對這些列，表 B 的欄和表 $A \cup B$ 的欄完全相同，所以這個從屬關係表證明 $A \subseteq B \Rightarrow A \cup B = B$。

表 3.7

	A	B	$A \cup B$
→	0	0	0
→	0	1	1
	1	0	1
→	1	1	1

使用從屬關係表證明下面各題：
a) $A \subseteq B \Rightarrow A \cap B = A$
b) $[(A \cap B = A) \wedge (B \cup C = C)] \Rightarrow A \cup B \cup C = C$
c) $C \subseteq B \subseteq A \Rightarrow (A \cap \overline{B}) \cup (B \cap \overline{C}) = A \cap \overline{C}$
d) $A \triangle B = C \Rightarrow A \triangle C = B$ 且 $B \triangle C = A$

14. 敘述習題 13 中各個定理的對偶。(此處你將要使用例題 3.19 的結果併用定理 3.5。)

15. a) 求 m 個 1 及 r 個 0，且 1 不相鄰的線性安排數。(對 m, r 敘述任何需要的條件。)
    b) 若 $\mathcal{U} = \{1, 2, 3, \cdots, n\}$，有多少個子集合 $A \subseteq \mathcal{U}$ 滿足 $|A| = k$ 且 A 不含連續整數？[對 n, k 敘述任何需要的條件。]

16. 若 BOOLEAN 這個字中的英文字母被隨機安排，則在安排中兩個 O 在一起的機率為何？

17. 在某個高中的科展，共有 34 位學生得到科學計畫獎。生物獎方面有 14 個，化學獎有 13 個，物理獎有 21 個。若有 3 位學生 3 個獎均得，則有多少位學生恰得 (a) 一個學科獎？(b) 兩個學科獎？

18. 有 50 位學生，每個人帶錢 75¢，訪問例題 3.27 的長廊商場。有 17 位學生玩三場電腦遊戲，37 位學生至少玩兩場。沒有學生玩商場上的任何其它遊戲，也沒有學生對所給的任何一場遊戲玩超過一次。每場遊戲費用為 25¢，且學生總花費為 $24.25。有多少位學生寧願看而不玩任何一場遊戲的呢？

19. 有多少種方法可將 15 位研究助理分派去參與 1 個、2 個或 3 個不同實驗，使得每個實驗至少有一個人花一點時間在其上？

20. Diane 教授給他的化學課做一個含有 3 個問題的考試。她的班上有 21 位學生，且每位學生至少回答一題。5 位學

生沒答第一個問題，7 位學生答錯第二個問題，且 6 位學生沒答第三個問題。若有 9 位學生三個問題全回答，則有多少位學生恰答一個問題？

21. 令 $\mathcal{U}$ 為宇集且 $A, B \subseteq \mathcal{U}$, $A \cap B = \emptyset$, $|A| = 12$ 及 $|B| = 10$。若由 $A \cup B$ 中選 7 個元素，則這個選法中有 4 個元素取自 A 且 3 個元素取自 B 的機率為何？

22. 對一個有限的整數集合 A，令 $\sigma(A)$ 表 A 中的元素和。則若 $\mathcal{U}$ 為取自 $\mathbf{Z}^+$ 的有限宇集，$\Sigma_{A \in \mathcal{P}(\mathcal{U})} \sigma(A)$ 表 $\mathcal{U}$ 的所有子集合的所有元素和，求 $\Sigma_{A \in \mathcal{P}(\mathcal{U})} \sigma(A)$ 對

   a) $\mathcal{U} = \{1, 2, 3\}$
   b) $\mathcal{U} = \{1, 2, 3, 4\}$
   c) $\mathcal{U} = \{1, 2, 3, 4, 5\}$
   d) $\mathcal{U} = \{1, 2, 3, \ldots, n\}$
   e) $\mathcal{U} = \{a_1, a_2, a_3, \ldots, a_n\}$，其中
   $s = a_1 + a_2 + a_3 + \cdots + a_n$

23. a) 西洋棋裡，國王可以任何方向移動一個位置。假設國王僅能以一種向前的方式移動（向上、向右，或對角東北方向移動一個位置。）則在一個標準的 8×8 棋盤上，有多少個不同路徑國王可由左下角移至右上角？

   b) 對 (a) 中之路徑，求含下面各條件的路徑機率為何？
   (i) 恰有兩個對角移動？(ii) 恰有兩個連續對角移動？(iii) 偶數個對角移動？

24. 令 $A, B \subseteq \mathbf{R}$，其中 $A = \{x | x^2 - 7x = -12\}$ 且 $B = \{x | x^2 - x = 6\}$，求 $A \cup B$ 及 $A \cap B$。

25. $A, B \subseteq \mathbf{R}$，其中 $A = \{x | x^2 - 7x \leq -12\}$ 且 $B = \{x | x^2 - x \leq 6\}$，求 $A \cup B$ 及 $A \cap B$。

26. 四管魚雷摧毀敵艦的機率分別為 0.75, 0.80, 0.85 及 0.90，一齊射向一艘敵艦。假設魚雷獨立操作，則敵艦被摧毀的機率為何？

27. Travis 丟一個均勻硬幣 2 次。接著他丟一個不公正的硬幣，H 出現的機率為 3/4, 4 次。則 Travis 丟 6 次的結果中出現 5 個 H 及 1 個 T 的機率為何？

28. 令 $\mathcal{S}$ 為某試驗 $\mathcal{E}$ 的樣本空間，且事件 $A, B \subseteq \mathcal{S}$，證明

   $$Pr(A|B) \geq \frac{Pr(A) + Pr(B) - 1}{Pr(B)}.$$

29. 令 A, B, C 為取自樣本空間 $\mathcal{E}$ 的獨立事件，證明事件 A 和 $B \cup C$ 獨立。

30. 我們最少需丟多少次一個均勻硬幣使得至少有 2 個 H 的機率至少為 0.95？

31. 一架大的噴射飛機每個著陸齒輪有兩個輪子以增加安全。輪胎被測定過即使在"硬著陸時"任何一個輪胎爆破的機率僅為 0.10。(a) 一個著陸齒輪 (具有兩個輪胎)(甚至在硬著陸時至少有一個好輪胎) 平安的機率為何？(b) 為了讓飛機安全著陸，所有三個著陸齒輪 (鼻頭及兩翼的著陸齒輪) 均至少有一個好輪胎，則噴射機即使在硬著陸時仍能安全降落的機率為何？

32. 令 $\mathcal{S}$ 為某試驗 $\mathcal{E}$ 的樣本空間且令 A, B 為事件，即 $A, B \subseteq \mathcal{S}$。證明 $Pr(A \cap B) \geq Pr(A) + Pr(B) - 1$。(這個結果為著名的 Bonferroni 不等式。)

33. 走廊盡頭的逃生門一半的時間是開的。走廊的入口旁的桌子上有一個裝有 10 把鑰匙的盒子，但僅有一把鑰匙可打開走廊盡頭的逃生門。一進入走廊，Marlo 從盒子裡選了兩把鑰匙。她可經

由逃生門離開走廊而不必再回來取其它更多鑰匙的機率為何？

34. Dustin 丟一個均勻硬幣 8 次。已知他的第一次及最後一次結果相同，則他丟出 5 個 H 及 3 個 T 的機率為何？

35. Sears 教練的籃球隊贏任何一場球的機率是 0.8，不管前面任何場次輸或贏。若她的球隊打五場，則這個球隊贏的場數多於輸的場數之機率為何？

36. 假設每天在某個包裝廠包裝穀物的盒數為一個隨機變數，稱其為 X，且 $E(X) = 20{,}000$ 盒且 $Var(X) = 40{,}000$ 盒^2。使用 Chebyshev 不等式求該廠在某天包裝的穀物盒數介於 19,000 和 21,000 之間的機率下界。

37. 丟三個均勻硬幣 4 次，(恰) 得兩次一個 H 的機率為何？

38. Devon 有一個裝有 22 個撲克籌碼的袋子，其中 8 個紅色，8 個白色，6 個藍色。Aileen 由袋中取出 3 個籌碼，不放回，求下面各個 Aileen 所選的機率？(a) 無藍色籌碼；(b) 每一個籌碼為一個顏色；或 (c) 至少有兩個紅色籌碼。

39. 令 X 為一隨機變數具機率分配
$$Pr(X = x) = \begin{cases} c(x^2 + 4), & x = 0, 1, 2, 3, 4 \\ 0, & 其它。\end{cases}$$
其中 c 為一常數，求 (a) c 之值；(b) $Pr(X > 1)$；(c) $Pr(X = 3 | X \geq 2)$；(d) $E(X)$；及 (e) $Var(X)$。

40. 一打缸子，每個缸中有 4 顆紅色彈珠 7 顆綠色彈珠。(所有 132 顆彈珠均大小相同)。若有一打學生，每個學生選一個不同的缸子且自缸中取出 (不放回) 5 顆彈珠，則至少有一位學生取出至少一顆紅色彈珠的機率為何？

41. Maureen 由一付標準撲克牌中取出 5 張；分別為方塊 6、方塊 7、方塊 8、紅心 J 及黑桃 K。她放出 J 和 K 並再從剩下的 47 張牌中抽出 2 張，則 Maureen 得到 (a) 同花順的機率為何？(b) 同花 (非同花順) 的機率為何？(c) 順子 (非同花順) 的機率為何？

42. 皮納克爾牌戲有 48 張牌，共兩付牌，其中每付牌取自 9，10，J，Q，K 及 Ace 等各有四種花樣。有 4 個玩家每人拿 12 張牌，則某玩家拿到 4 張 K (每張不同花樣)，4 張 Q (每張不同花樣) 及另外 4 張無一張是 K 或 Q 的機率為何？(這樣的一手牌叫做 *bare roundhouse*)。

43. 摸彩袋中有一張編號為 1 的籌碼，兩張編號為 2 的籌碼，三張編號為 3 的籌碼，⋯，及 n 張編號為 n 的籌碼，其中 $n \in \mathbf{Z}^+$。所有籌碼的大小相同，且 1 到 m 號為紅色，$m+1$ 到 n 號為藍色，其中 $m \in \mathbf{Z}^+$ 且 $m \leq n$。若 Casey 抽一張籌碼，則在該籌碼為紅色的條件下，該籌碼為編號 1 的機率為何？

44. 擲一個均勻骰子 3 次且隨機變數 X 記錄不同結果的次數。例如，若擲出二個 5 和一個 4，則 X 記錄二個不同結果。求 (a) X 的機率分配；(b) $E(X)$；及 (c) $Var(X)$。

45. 當一個硬幣被丟三次，對結果 HHT，我們說有兩個*游程*發生，即 HH 和 T。同樣的，對結果 THT，我們發現有三個游程；T，H 和 T。(游程的觀念首先被介紹在例題 1.41。) 現在假設一個不公正硬幣，具 $Pr(H) = 3/4$，被丟三次且隨機變數 X 計數該結果的游程個數。求 (a) X 的機率分配；(b) $E(X)$；及 (c) σ_X。

第4章

整數的性質：數學歸納法

從第一次遇到算術，我們對於整數已有所認識。本章我們將檢視一個由正整數子集合所展示的特殊性質。這個性質可使我們能以所謂的**數學歸納法** (mathematical induction) 的技巧來建立某種數學公式及定理。這個證明方法將在許多結果裡扮演一個重要的角色，而這些結果我們將在本書稍後幾章得到。更而，本章將介紹五個數的集合，這五個集合對離散數學及組合學上的學習是非常重要的。這五個數的集合為三角形數 (triangular unmbers)、調和數、Fibonacci 數、Lucas 數及 Eulerian 數。

當 $x,y \in \mathbf{Z}$，我們知道 $x+y$，xy，$x-y \in \mathbf{Z}$。因此，我們稱 $\mathbf{Z}$ 在 (二元運算) 加法、乘法及減法之下是**封閉的** (closed)。然而，轉到除法，例如，$2,3 \in \mathbf{Z}$ 但是有理數 2/3 不是 $\mathbf{Z}$ 的元素，所以所有整數集合 $\mathbf{Z}$ 在非零除法的二元運算下是不封閉的。欲應付這種情形，我們將介紹一個對 $\mathbf{Z}$ 稍微限制的除法且將集中在 $\mathbf{Z}^+$ 的特殊元素上，稱這些特殊元素為**質數** (primes)。這些質數成為整數的"造積木"，且它們給我們一個代表性定理的第一個例題，即算術基本定理。

4.1 良序原理：數學歸納法

給任兩個不同整數 x,y，我們知道必有不是 $x<y$ 就是 $y<x$。然而，若取代整數 x 和 y 為有理數或實數，這個亦為真。在這個情形，什麼可使 $\mathbf{Z}$ 特別呢？

假設我們試著使用不等式符號 $>$ 和 $\geq$ 來表示 $\mathbf{Z}$ 的集合 $\mathbf{Z}^+$。我們發現我們可定義 $\mathbf{Z}$ 的正元素所成的集合為

$$Z^+ = \{x \in Z | x > 0\} = \{x \in Z | x \geq 1\}.$$

然而,當我們試著對有理數及實數做同樣的事時,我們發現

$$Q^+ = \{x \in Q | x > 0\} \quad \text{且} \quad R^+ = \{x \in R | x > 0\},$$

但我們無法使用 $\geq$ 來表示 Q^+ 或 R^+,如我們對 Z^+ 所做的。

集合 Z^+ 不同於集合 Q^+ 和 R^+,Z^+ 的每一個非空子集合 X 有一個整數 a 滿足 $a \leq x$,對所有 $x \in X$,即 X 含有一個最小元素,而 Q^+ 或 R^+ 則沒有這個性質,這兩個集合沒有最小元素,沒有最小正有理數或最小正實數。若 q 是一個正有理數,則因為 $0 < q/2 < q$,我們將有較小的正有理數 $q/2$。

這些觀察引我們到集合 $Z^+ \subset Z$ 的下面性質。

> **良序原理**:Z^+ 的每一個非空子集合含有一個最小元素。(我們經常稱 Z^+ 為良序的 (well ordered) 來表示這個。)

這個原理把 Z^+ 和 Q^+ 及 R^+ 間做個區別。但它能引導至數學有趣或有用的地方嗎?答案是一個響亮的 "是"。它是有名的如數學歸納法的證明技巧之基礎。這個技巧經常幫助他們來證明一個含有正整數的一般化的數學敘述,當該敘述的某個例證建議一個一般化類型時。

我們現在給這個歸納法技巧建立基礎。

定理 4.1　　**數學歸納法原理**。令 $S(n)$ 表一個開放的數學敘述 (或此類開放敘述的集合),其含有一個或多個變數 n 發生,n 為一正整數。

　　a) 若 $S(1)$ 為真;且
　　b) 若當 $S(k)$ 為真時 (對某個特別,但任意選的,$k \in Z^+$),$S(k+1)$ 為真;

則 $S(n)$ 為真對所有 $n \in Z^+$。

證明:令 $S(n)$ 為滿足條件 (a) 和 (b) 的此類開放敘述,且令 $F = \{t \in Z^+ | S(t) $ 為假$\}$。我們想證明 $F = \emptyset$,所以得一矛盾,我們假設 $F \neq \emptyset$。由良序原理,F 有一個最小元素 m。因 $S(1)$ 為真,得 $m \neq 1$,所以 $m > 1$,且因此 $m - 1 \in Z^+$。因 $m - 1 \notin F$,我們有 $S(m-1)$ 為真。所以由條件 (b) 得 $S((m-1)+1) = S(m)$ 為真,和 $m \in F$ 矛盾。這個矛盾是由於假設 $F \neq \emptyset$ 而引出的,因此,$F = \emptyset$。

我們現在已看到良序原理是如何被使用在數學歸納法的證明裡。若吾人想證明良序原理，數學歸納法原理是有用的，此事亦為真。然而，我們現在不關心這個。本節的主要目標將集中在理解及使用數學歸納法原理。(但在 4.2 節習題裡，我們將檢視如何使用數學歸納法原理證明良序原理。)

在定理 4.1 的敘述中，(a) 部份的條件被述為**基底步驟** (basis step)，而 (b) 的條件被稱為**歸納步驟** (inductive step)。

定理 4.1 的第一個條件裡 1 的選擇不是有強制性的。所有需要的是對某些第一個元素 $n_0 \in \mathbf{Z}$ 開放敘述 $S(n)$ 為真，使得歸納法過程有一個起點位置。對我們的基底步驟，我們需要的是 $S(n_0)$ 為真。整數 n_0 可能為 5，就像 1 一樣。n_0 甚至可為 0 或為負的，因為集合 $\mathbf{Z}^+$ 和 $\{0\}$ 的聯集或非負整數的任意有限集合為良序的。(當我們做一個歸納證明且以 $n_0 < 0$ 開始，表示我們正在考慮的集合為所有 $\geq n_0$ 的**連續**負整數和 $\{0\}$ 及 $\mathbf{Z}^+$ 的聯集。)

在這些環境下，我們可使用量詞將數學歸納法原理表為

$$[S(n_0) \wedge [\forall k \geq n_0 \ [S(k) \Rightarrow S(k+1)]]] \Rightarrow \forall n \geq n_0 \ S(n).$$

利用我們的直覺併用圖 4.1 所給的情形，我們可得一個較佳的理解為何這個證明方法是有效的。

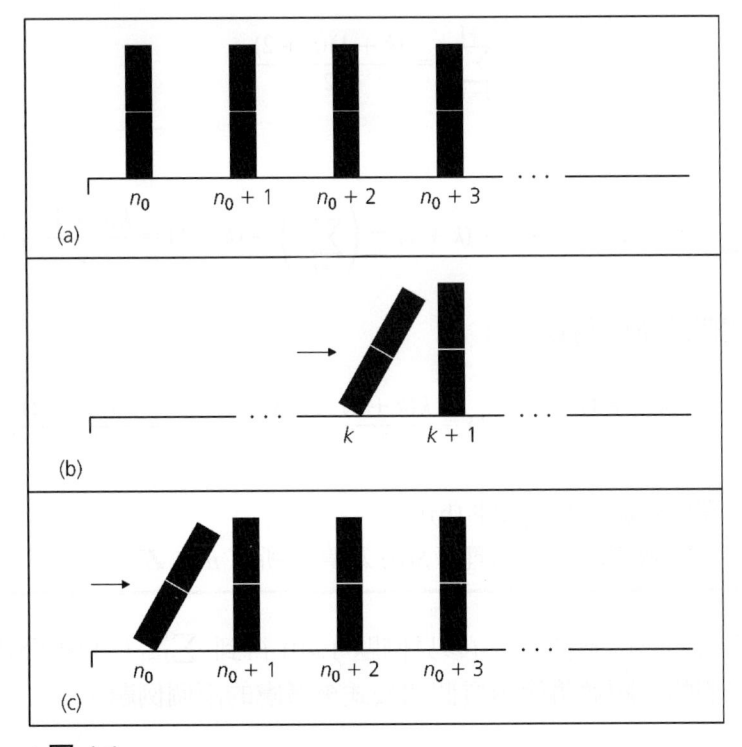

◉ 圖 4.1

在圖 (a)，我們看到一個無窮 (有序的) 骨牌安排的前 4 個，每一個均站著。任兩個連續骨牌間的空間大小相同，且滿足若任何一張骨牌 (稱在第 k 個位置) 都向右推，則它將撞到隔壁的 (第 $k+1$) 骨牌。這個過程如圖 (b)。我們的直覺讓我們感覺這個過程將繼續，第 $k+1$ 張骨牌傾倒且撞倒 (向右邊) 第 $k+2$ 張骨牌，且將繼續如此。圖 (c) 說明 $S(n_0)$ 的為真提供推向 (右邊) 第一張骨牌。此提供基礎步驟且令這個步驟繼續動。$S(k)$ 的為真，強迫 $S(k+1)$ 的為真，給我們歸納步驟且繼續推倒過程。我們則可推論 $S(n)$ 為真對所有 $n \geq n_0$。如我們想像的有連續骨牌均將倒 (向右邊)。

我們現在展示幾個使用定理 4.1 的例題。

例題 4.1 對所有 $n \in \mathbf{Z}^+$，$\sum_{i=1}^{n} i = 1 + 2 + 3 + \cdots + n = \frac{n(n+1)}{2}$。

證明： 對 $n = 1$，開放敘述

$$S(n): \quad \sum_{i=1}^{n} i = 1 + 2 + 3 + \cdots + n = \frac{n(n+1)}{2}$$

變成 $S(1)$：$\sum_{i=1}^{1} i = 1 = (1)(1+1)/2$。所以 $S(1)$ 為真且我們有了我們的基底步驟及歸納法的起點。假設對 $n = k$ (對某些 $k \in \mathbf{Z}^+$)，結果為真，我們想以證明 $S(k)$ 的真如何強迫我們接受 $S(k+1)$ 的真來建立我們的歸納步驟。[$S(k)$ 為真的假設是我們的**歸納法假設** (induction hypothesis)。] 欲建立 $S(k+1)$ 為真，我們需要證明

$$\sum_{i=1}^{k+1} i = \frac{(k+1)(k+2)}{2}.$$

我們如下進行

$$\sum_{i=1}^{k+1} i = 1 + 2 + \cdots + k + (k+1) = \left(\sum_{i=1}^{k} i\right) + (k+1) = \frac{k(k+1)}{2} + (k+1),$$

因為我們假設 $S(k)$ 為真。但

$$\frac{k(k+1)}{2} + (k+1) = \frac{k(k+1)}{2} + \frac{2(k+1)}{2} = \frac{(k+1)(k+2)}{2},$$

建立了定理的歸納步驟 [條件 (b)]。

因此，由數學歸納法原理，$S(n)$ 為真對所有 $n \in \mathbf{Z}^+$。

注意我們已以兩種方法 (參見例題 1.40) 得到 $\sum_{i=1}^{n} i$ 的和公式，我們將脫離我們的主題並將使用這個和公式來考慮的兩個例題。

例題 4.2 以隨機方式對一個幸運輪漆上 1 到 36 的號碼。不管號碼的位置,證明有三個連續的在(輪上)數的和大於或等於 55。

令 x_1 為輪上的任何數。由 x_1 開始,以順時針方向計數,分別標示其它數為 x_2,x_3,…,x_{36}。若這個結果為假,則我們必有 $x_1+x_2+x_3<55$,$x_2+x_3+x_4<55$,…,$x_{34}+x_{35}+x_{36}<55$,$x_{35}+x_{36}+x_1<55$,且 $x_{36}+x_1+x_2<55$。在這些 36 個不等式中,x_1,x_2,…,x_{36} 中每一個(恰)出現 3 次,所以整數 1,2,…,36 中每一個(恰)出現 3 次。將所有 36 個不等式相加,得 $3\sum_{i=1}^{36} x_i = 3\sum_{i=1}^{36} i < 36(55) = 1980$,但 $\sum_{i=1}^{36} i = (36)(37)/2 = 666$,且和 1998 = 3(666)<1980 矛盾。

例題 4.3 在 900 個三位整數(由 100 到 999)中,如 131,222,303,717,848,及 969,其中各個整數由左讀到右或由右讀到左均相同,這些整數被稱為**回文** (palindromes)。我們不真正的求所有這些三位數字的回文,而是要來求它們的和。

這裡所研究的基本回文的型態為 $aba = 100a + 10b + a = 101a + 10b$,其中 $1 \leq a \leq 9$ 且 $0 \leq b \leq 9$。因為 a 有 9 個選擇及 b 有 10 個選法,由乘積規則,得有 90 個此類的三位數回文。它們的和為

$$\sum_{a=1}^{9}\left(\sum_{b=0}^{9} aba\right) = \sum_{a=1}^{9}\sum_{b=0}^{9} aba = \sum_{a=1}^{9}\sum_{b=0}^{9}(101a + 10b)$$

$$= \sum_{a=1}^{9}\left[10(101a) + 10\sum_{b=0}^{9} b\right] = \sum_{a=1}^{9}\left[10(101a) + 10\sum_{b=1}^{9} b\right]$$

$$= \sum_{a=1}^{9}\left[1010a + \frac{10(9 \cdot 10)}{2}\right] = \sum_{a=1}^{9}(1010a + 450)$$

$$= 1010\sum_{a=1}^{9} a + 9(450)$$

$$= \frac{1010(9 \cdot 10)}{2} + 4050 = 49,500.$$

下一個和公式為第一個平方和公式。

例題 4.4 對每一個 $n \in \mathbf{Z}^+$,證明

$$\sum_{i=1}^{n} i^2 = \frac{n(n+1)(2n+1)}{6}.$$

證明:此處我們是在處理開放敘述

$$S(n): \quad \sum_{i=1}^{n} i^2 = \frac{n(n+1)(2n+1)}{6}.$$

基底步驟：我們以敘述 $S(1)$ 開始且發現

$$\sum_{i=1}^{1} i^2 = 1^2 = \frac{1(1+1)(2(1)+1)}{6}.$$

所以 $S(1)$ 為真。

歸納步驟：我們現假設 $S(k)$ 為真，對某些 (特別) $k \in \mathbf{Z}^+$，即假設

$$\sum_{i=1}^{k} i^2 = \frac{k(k+1)(2k+1)}{6}$$

為一個真敘述 (當 n 被 k 取代)。由這個假設，我們希望得到

$$S(k+1): \quad \sum_{i=1}^{k+1} i^2 = \frac{(k+1)((k+1)+1)(2(k+1)+1)}{6}$$
$$= \frac{(k+1)(k+2)(2k+3)}{6}.$$

為真。

使用歸納法假設 $S(k)$，我們發現

$$\sum_{i=1}^{k+1} i^2 = 1^2 + 2^2 + \cdots + k^2 + (k+1)^2 = \sum_{i=1}^{k} i^2 + (k+1)^2$$
$$= \left[\frac{k(k+1)(2k+1)}{6}\right] + (k+1)^2$$
$$= (k+1)\left[\frac{k(2k+1)}{6} + (k+1)\right] = (k+1)\left[\frac{2k^2+7k+6}{6}\right]$$
$$= \frac{(k+1)(k+2)(2k+3)}{6},$$

且由數學歸納法原理，這個一般結果成立。

由例題 4.1 及 4.2 的結果，馬上可導出下一個結果。

例題 4.5　　圖 4.2 提供三角形數數列的前四個元素。我們看到 $t_1=1$，$t_2=3$，$t_3=6$，$t_4=10$，且一般來講，$t_i = 1+2+\cdots+i = i(i+1)/2$，對每個 $i \in \mathbf{Z}^+$。對某個固定的 $n \in \mathbf{Z}^+$，我們想求前 n 個三角形數的和公式，即 $t_1+t_2+\cdots+t_n = \sum_{i=1}^{n} t_i$。當 $n=2$，我們有 $t_1 + t_2 = 4$。而 $n = 3$ 時，和為 10。考慮固定的 n (但任意)，我們發現

$$\sum_{i=1}^{n} t_i = \sum_{i=1}^{n} \frac{i(i+1)}{2} = \frac{1}{2} \sum_{i=1}^{n} (i^2 + i) = \frac{1}{2} \sum_{i=1}^{n} i^2 + \frac{1}{2} \sum_{i=1}^{n} i$$

$$= \frac{1}{2} \left[\frac{n(n+1)(2n+1)}{6} \right] + \frac{1}{2} \left[\frac{n(n+1)}{2} \right] = n(n+1) \left[\frac{2n+1}{12} + \frac{1}{4} \right]$$

$$= \frac{n(n+1)(n+2)}{6}.$$

因此，若我們想知道前 100 個三角形數的和，我們有

$$t_1 + t_2 + \cdots + t_{100} = \frac{100(101)(102)}{6} = 171{,}700.$$

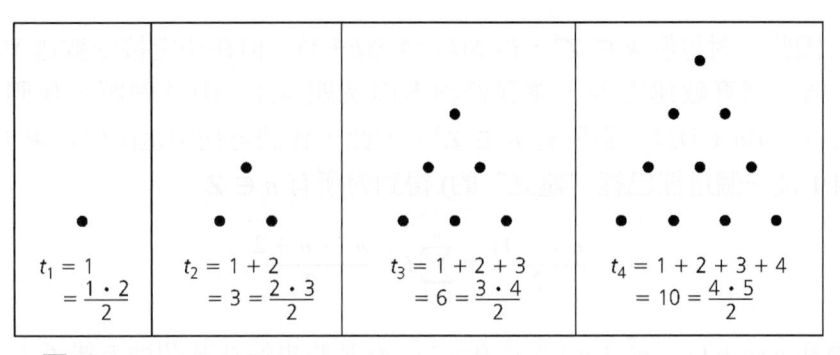

| $t_1 = 1$ $= \frac{1 \cdot 2}{2}$ | $t_2 = 1 + 2$ $= 3 = \frac{2 \cdot 3}{2}$ | $t_3 = 1 + 2 + 3$ $= 6 = \frac{3 \cdot 4}{2}$ | $t_4 = 1 + 2 + 3 + 4$ $= 10 = \frac{4 \cdot 5}{2}$ |

◉ 圖 4.2

在我們提出更多結果之前，讓我們注意例題 4.1 及 4.4 的證明。我們是如何開始的，在兩種情形裡我們簡單的以 1 代 n，且證明了一些頗為簡單的等式。考慮各個證明裡的歸納步驟如何被明確較複雜的來建立，我們可能懷疑困擾這些基底步驟的需要。所以讓我們檢視下面的例題。

若 $n \in \mathbf{Z}^+$，建立開放敘述

例題 4.6

$$S(n): \quad \sum_{i=1}^{n} i = 1 + 2 + 3 + \cdots + n = \frac{n^2 + n + 2}{2}.$$

的有效性。

這次我們將直接進到歸納步驟。假設敘述

$$S(k): \quad \sum_{i=1}^{k} i = 1 + 2 + 3 + \cdots + k = \frac{k^2 + k + 2}{2}$$

為真，對某些 (特別的) $k \in \mathbf{Z}^+$，我們想推得敘述

$$S(k+1): \sum_{i=1}^{k+1} i = 1+2+3+\cdots+k+(k+1) = \frac{(k+1)^2+(k+1)+2}{2}$$
$$= \frac{k^2+3k+4}{2}.$$

為真。如我們前面所做的，我們使用歸納法假設，並如下計算：

$$\sum_{i=1}^{k+1} i = 1+2+3+\cdots+k+(k+1) = \left(\sum_{i=1}^{k} i\right)+(k+1)$$
$$= \frac{k^2+k+2}{2}+(k+1)$$
$$= \frac{k^2+k+2}{2}+\frac{2k+2}{2} = \frac{k^2+3k+4}{2}.$$

因此，對每個 $k \in \mathbf{Z}^+$，得 $S(k) \Rightarrow S(k+1)$。但在決定接受敘述 $\forall n$，$S(n)$ 為一個真敘述之前，讓我們再考慮例題 4.1。由該例題，我們知道 $\sum_{i=1}^{n} i = n(n+1)/2$，對所有 $n \in \mathbf{Z}^+$。因此，我們可利用這兩個結果 (由例題 4.1 及一個這裡已經"建立"的) 得到對所有 $n \in \mathbf{Z}^+$，

$$\frac{n(n+1)}{2} = \sum_{i=1}^{n} i = \frac{n^2+n+2}{2},$$

其蘊涵 $n(n+1) = n^2+n+2$ 且 $0 = 2$。(有某些事情在某個地方錯了！)

若 $n=1$，則 $\sum_{i=1}^{1} 1 = 1$，但 $(n^2+n+2)/2 = (1+1+2)/2 = 2$。所以 $S(1)$ 不為真。但我們也許感覺這個結果僅是說明我們有個錯誤的起點。試許 $S(n)$ 為真對所有 $n \geq 7$，或所有 $n \geq 137$。然而，使用前述的論證，我們知道對任一起點 $n_0 \in \mathbf{Z}^+$，若 $S(n_0)$ 為真，則

$$\frac{n_0^2+n_0+2}{2} = \sum_{i=1}^{n_0} i = 1+2+3+\cdots+n_0.$$

由例題 4.1 的結果，我們有 $\sum_{i=1}^{n_0} i = n_0(n_0+1)/2$，所以再次得 $0=2$，且我們沒有可能的起點。

這個例題說明給讀者，建立基礎步驟的需要性，不管它是如何的容易被證明。

現在考慮下面的擬編碼程序。圖 4.3 的程序使用一個 **for** 迴圈來聚集平方和。第二個程序 (圖 4.4) 說明例題 4.4 的結果如何可以此類迴圈來取代。兩個程序均是以正整數 n 為輸入值且以 $\sum_{i=1}^{n} i^2$ 為輸出值。然而，圖 4.3 的程序迴圈內之擬編碼需要 n 個加法及 n 個乘法 (不提為計數變數 i 之增加的 $n-1$ 個加法)，圖 4.4 的程序僅需兩個加法、三個乘法及一個 (整

數) 除法。且當 n 增大時，加法、乘法及 (整數) 除法的總數仍為 6。因此，圖 4.4 的程序被認為更有效率。(更有效率之程序的概念將在 5.7 節及 5.8 節做更進一步檢視。)

```
procedure      平方和 1 (n : 正整數)
begin
   sum := 0
   for i := 1 to n do
      sum := sum + i²
end
```

◉ 圖 4.3

```
procedure      平方和 2 ( n :正整數)
begin
   sum := n * (n + 1) * (2 * n + 1)/6
end
```

◉ 圖 4.4

回顧數學歸納法的前兩個應用 (在例題 4.1 及 4.4)，我們也許會驚奇這個原理是否僅應用到已知和公式的證明。下面七個例題證明數學歸納法在許多其它環境裡也是一個重要的工具。

讓我們考慮連續奇正整數的和，

例題 4.7

1) 1 $= 1$ $(= 1^2)$
2) $1 + 3$ $= 4$ $(= 2^2)$
3) $1 + 3 + 5$ $= 9$ $(= 3^2)$
4) $1 + 3 + 5 + 7$ $= 16$ $(= 4^2)$

由前面這四個情形，我們猜想下面結果：前 n 個連續奇正整數的和是 n^2；亦即對所有 $n \in \mathbf{Z}^+$，

$$S(n): \quad \sum_{i=1}^{n}(2i - 1) = n^2.$$

現在我們已發展出我們感覺是一個真的和公式，我們使用數學歸納法來證明其為真對所有 $n \geq 1$。

由前面計算，我們看到 $S(1)$ 為真 [$S(2)$，$S(3)$ 及 $S(4)$ 亦為真]，所以我們有了我們的基底步驟。而對歸納步驟，我們假設 $S(k)$ 為真對某些 $k (\geq 1)$ 且

$$\sum_{i=1}^{k}(2i-1) = k^2.$$

我們現在來導 $S(k+1)$：$\sum_{i=1}^{k+1}(2i-1) = (k+1)^2$ 為真。因為我們假設 $S(k)$ 為真，我們的歸納法假設，我們可寫

$$\sum_{i=1}^{k+1}(2i-1) = \sum_{i=1}^{k}(2i-1) + [2(k+1)-1] = k^2 + [2(k+1)-1]$$
$$= k^2 + 2k + 1 = (k+1)^2.$$

因此，由數學歸納法原理，$S(n)$ 為真對所有 $n \geq 1$。

現在是我們來探討一些非和公式之結果的時候了。

例題 4.8　表 4.1 裡，我們列出兩相鄰欄 $4n$ 及 n^2-7 的值，對正整數 n，其中 $1 \leq n \leq 8$。由表中，我們看到 $(n^2-7) < 4n$ 對 $n = 1, 2, 3, 4, 5$；但當 $n = 6, 7, 8$，我們有 $4n < (n^2 - 7)$。最後三個觀察引導我們猜想：對所有 $n \geq 6$，$4n < (n^2-7)$。

◎ 表 4.1

n	$4n$	n^2-7	n	$4n$	n^2-7
1	4	-6	5	20	18
2	8	-3	6	24	29
3	12	2	7	28	42
4	16	9	8	32	57

數學歸納法是我們用來證明我們的猜想的證明技巧。令 $S(n)$ 表開放敘述：$4n < (n^2-7)$。則由表 4.1，確認 $S(6)$ 為真 [$S(7)$ 和 $S(8)$ 亦為真]，所以我們有了基底步驟。(我們有個例子的起點是一個整數 $n_0 \neq 1$)

在本例題中，歸納法假設是 $S(k)$：$4k < (k^2-7)$，其中 $k \in \mathbf{Z}^+$ 且 $k \geq 6$。為了建立歸納步驟，我們需要由 $S(k)$ 為真得到 $S(k+1)$ 為真，亦即由 $4k < (k^2-7)$ 得 $4(k+1) < [(k+1)^2-7]$。必要步驟如下：

$$4k < (k^2-7) \Rightarrow 4k+4 < (k^2-7)+4 < (k^2-7)+(2k+1)$$

(因為對 $k \geq 6$，我們發現 $2k+1 \geq 13 > 4$)，且

$$4k+4 < (k^2-7)+(2k+1) \Rightarrow 4(k+1) < (k^2+2k+1)-7 = (k+1)^2-7.$$

因此，由數學歸納原理，$S(n)$ 為真對所有 $n \geq 6$。

在離散數學及組合學裡的許多有趣的數列中，吾人發現**調和數列** (harmonic numbers) H_1，H_2，H_3，…，其中

例題 4.9

$$H_1 = 1$$
$$H_2 = 1 + \frac{1}{2}$$
$$H_3 = 1 + \frac{1}{2} + \frac{1}{3},$$
$$\cdots,$$

且一般來講，$H_n = 1 + \frac{1}{2} + \frac{1}{3} + \cdots + \frac{1}{n}$，對每個 $n \in \mathbf{Z}^+$

下面的調和數列性質再給我們一次應用數學歸納法原理的機會。

$$\text{對所有 } n \in \mathbf{Z}^+, \sum_{j=1}^{n} H_j = (n+1)H_n - n.$$

證明：如我們在稍早例題裡所做的 (即例題 4.1，4.4 及 4.7)，我們對開放敘述 $S(n): \sum_{j=1}^{n} H_j = (n+1)H_n - n$ 證明在 $n = 1$ 的基底步驟。這個由

$$\sum_{j=1}^{1} H_j = H_1 = 1 = 2 \cdot 1 - 1 = (1+1)H_1 - 1.$$

馬上得到。欲證明歸納步驟，我們假設 $S(k)$ 為真，即

$$\sum_{j=1}^{k} H_j = (k+1)H_k - k.$$

這個假設引導我們得下面結果：

$$\sum_{j=1}^{k+1} H_j = \sum_{j=1}^{k} H_j + H_{k+1} = [(k+1)H_k - k] + H_{k+1}$$
$$= (k+1)H_k - k + H_{k+1}$$
$$= (k+1)[H_{k+1} - (1/(k+1))] - k + H_{k+1}$$
$$= (k+2)H_{k+1} - 1 - k$$
$$= (k+2)H_{k+1} - (k+1).$$

因此，由數字歸納法原理，$S(n)$ 為真對所有正整數 n。

對所有 $n \geq 0$，令 $A_n \subset \mathbf{R}$，其中 $|A_n| = 2^n$ 且 A_n 的元素以遞增順位列出。若 $r \in \mathbf{R}$，為證明 r 是否屬於 A_n (利用底下所發展的程序)，我們必須將 r 和 A_n 的元素 (不超過 $n + 1$ 個) 做比較。

例題 4.10

當 $n=0$，$A_0 = \{a\}$ 且僅需做一個比較。所以對 $n=0$ 結果為真 (且我們有了基底步驟)。對 $n=1$，$A_1 = \{a_1, a_2\}$ 具 $a_1 < a_2$。為決定是否 $r \in A_1$，至

多做兩個比較。因此，$n=1$ 時結果亦成立。若 $n=2$，我們寫 $A_2 = \{b_1, b_2, c_1, c_2\} = B_1 \cup C_1$，其中 $b_1 < b_2 < c_1 < c_2$，$B_1 = \{b_1, b_2\}$，且 $C_1 = \{c_1, c_2\}$。將 r 和 b_2 做比較，我們將決定兩種可能：(i) $r \in B_1$；或 (ii) $r \in C_1$ 中何者發生。因為 $|B_1| = |C_1| = 2$，此兩種可能中的任何一種至多需要多做兩個比較 (由前面 $n=1$ 的情形可知)。因此，我們可以不超過 $2+1=n+1$ 個比較來決定是否 $r \in A_2$。

我們現在來討論一般情形。假設結果對某些 $k \geq 0$ 為真且考慮 A_{k+1} 的情形，其中 $|A_{k+1}| = 2^{k+1}$。為建立我們的歸納步驟，令 $A_{k+1} = B_k \cup C_k$，其中 $|B_k| = |C_k| = 2^k$，且 B_k，C_k 的元素以遞增順位列出滿足 B_k 的最大元素 x 小於 C_k 的最小元素。令 $r \in \mathbf{R}$。欲決定是否 $r \in A_{k+1}$，我們考慮是否 $r \in B_k$ 或 $r \in C_k$。

a) 首先比較 r 和 x。(一個比較)
b) 若 $r \leq x$，則因為 $|B_k| = 2^k$，由歸納法假設，我們可以做不超過 $k+1$ 個額外比較來決定是否 $r \in B_k$。
c) 若 $r > x$，我們對 C_k 的元素做同樣的事。我們至多做 $k+1$ 個額外比較來看是否 $r \in C_k$。

不管那一種情形，至多做了 $(k+1)+1$ 個比較。

由數學歸納法原理，一般結果成立。

例題 4.11 當我們在評估一個電腦程式的品質時，我們首先要關心的是程式是否真的做它該做的。正如我們不能以檢查幾個特殊情形來證明一個定理，所以我們不能以測試幾組資料來證明程式的正確性。(更而，若我們的程式是某個大的套裝軟體的一部份，或許，資料集是內部產生的，做這樣的測試是頗為困難的。) 因為軟體發展需要大大的強調結構化的程式設計。這個帶來**程式證明** (program verification) 的需要。程式設計師或程式設計團隊必須證明所發展的程式是正確的，不管所提供的資料集。這個階段的投資努力將大大的減少需花在程式 (或套裝軟體) 除錯的時間。在程式證明中扮演主要角色之一的是數學歸納法。讓我們看如何應用數學歸納法。

圖 4.5 所示的擬編碼程式片段是用來產生答案 $x(y^n)$ 對實變數 x，y 且 n 為一個非負整數。(這三個變數值稍早已給在程式裡。) 我們將以數學歸納法，對開放敘述證明這個程式片段的正確性。

$S(n)$：對所有 x，$y \in \mathbf{R}$，若程式執行到 **while** 迴圈的頂端 (其中 $n \in \mathbf{N}$)，在繞過迴圈 (對 $n = 0$) 或兩個迴圈指令被執行 n (>0) 次之後，則實變數

```
while n ≠ 0 do
  begin
    x := x * y
    n := n - 1
  end
answer := x
```

◎圖 4.5

answer 的值為 $x(y^n)$。

這個程式片段的流程圖被展示在圖 4.6，它將助我們發展證明。

首先考慮 $S(0)$，對 $n=0$ 的敘述。這裡程式到達 **while** 迴圈的頂端，但因 $n=0$，所以流程圖中沒有分支且指定 $x=x(1)=x(y^0)$ 給實變數 *answer*。因此，敘述 $S(0)$ 為真且我們的歸納法論證之基底步驟被建立了。

現在我們假設 $S(k)$ 為真，對某些非負整數 k。此提供我們歸納法假設。

$S(k)$：對所有 $x,y \in \mathbf{R}$，若程式到達 **while** 迴圈頂端且 $k \in \mathbf{N}$，在繞過迴圈 (對 $k=0$) 或兩個迴圈指令被執行 $k (>0)$ 次，則實變數 *answer* 的值是 $x(y^k)$。

繼續證明的歸納步驟，當處理敘述 $S(k+1)$ 時，我們注意因為 $k+1 \geq 1$，程式在 **while** 迴圈裡將不簡單的跟著 "否" 分支且繞過指令。這兩個

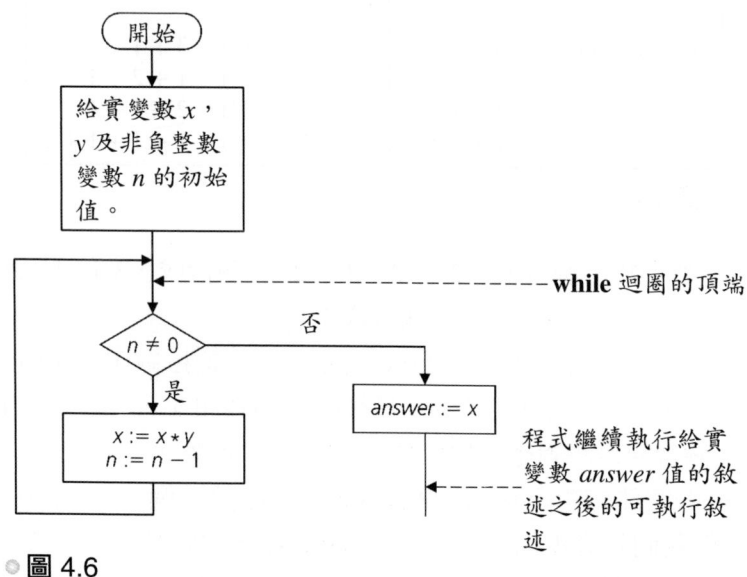

◎圖 4.6

指令 (在迴圈裡) 將至少執行一次。當程式第一次到達 **while** 迴圈頂端時，$n=k+1>0$，所以迴圈指令被執行且程式回到 **while** 迴圈的頂端，其中我們發現

- y 的值未改變。
- x 的值是 $x_1 = x(y^1) = xy$。
- n 的值是 $(k+1) - 1 = k$。

但現在由我們的歸納法假設 (應用至實數 x_1，y)，在對 x_1，y 及 $n=k$ ($k=0$) 的 **while** 迴圈被繞過或兩個迴圈指令被執行 k (>0) 次，則指定給實變數 *answer* 的值是

$$x_1(y^k) = (xy)(y^k) = x(y^{k+1}).$$

所以由數學歸納法原理，$S(n)$ 為真對所有 $n \geq 0$，且程式片段的正確性被建立了。

例題 4.12 記得 (由例題 1.37 及 3.11) 對一已知 $n \in \mathbf{Z}^+$，n 的 **合成** (composition) 是一個加起來為 n 的正整數被加數的 **有序** (ordered) 和。在圖 4.7 裡，我們發現 1，2，3 及 4 的合成。我們看到

$(n = 1)$	1		$(n = 4)$	$(1')$	4
				$(2')$	$1 + 3$
$(n = 2)$	2			$(3')$	$2 + 2$
	$1 + 1$			$(4')$	$1 + 1 + 2$
$(n = 3)$	(1)	3		$(1'')$	$3 + 1$
	(2)	$1 + 2$		$(2'')$	$1 + 2 + 1$
	(3)	$2 + 1$		$(3'')$	$2 + 1 + 1$
	(4)	$1 + 1 + 1$		$(4'')$	$1 + 1 + 1 + 1$

◦圖 4.7

a) 1 有 $1 = 2^0 = 2^{1-1}$ 個合成，2 有 $2 = 2^1 = 2^{2-1}$ 個合成，3 有 $4 = 2^2 = 2^{3-1}$ 個合成，且 4 有 $8 = 2^3 = 2^{4-1}$ 個合成；且

b) 4 的八個合成係由 3 的四個合成以兩種方法產生；(i)$(1')$-$(4')$ 的合成係將 (每一個對應的 3 之合成) 最後的被加數加 1 而得；(ii)$(1'')$-$(4'')$ 的每一個合成是將對應的 3 的合成之後 + 1 而得。

(a) 中的觀察建議對所有 $n \in \mathbf{Z}^+$，$S(n)$：n 有 2^{n-1} 個合成。[(a) 中] $n=1$ 的結果提供我們基底步驟，$S(1)$。所以現在讓我們假設結果對某些 (固定的) $k \in \mathbf{Z}^+$ 為真，即 $S(k)$：k 有 2^{k-1} 個合成。此刻考慮 $S(k+1)$。吾人可由

k 的合成發展 $k+1$ 的合成如上面 (b) 的做法 (其中 $k=3$)。對 $k \geq 1$，我們發現 $k+1$ 的合成分成兩種不同的情形：

1) $k+1$ 的所有合成，每一個的最後被加數是一個整數 $t>1$：這裡這個最後被加數 t 被 $t-1$ 取代，且這種取代型態提供一個介於 k 的所有合成和 $k+1$ 的所有合成之間的一個對應，其中 $k+1$ 的各個合成的最後被加數比 k 的最後被加數大 1。

2) $k+1$ 的所有合成，每一個的最後被加數是 1：在這種情形，我們將這種型態的 $k+1$ 合成之右邊移走 "+"。再次地，我們得到一個介於 k 的所有合成和 $k+1$ 的所有合成之間的一個對應，其中 $k+1$ 的各個合成的最後被加數均為 1。

因此，$k+1$ 的合成個數為 k 的合成個數的 2 倍。因此，由歸納法假設，$k+1$ 的合成個數是 $2(2^{k-1}) = 2^k$。數學歸納法原理現在告訴我們對所有 $n \in \mathbf{Z}^+$，$S(n)$：n 有 2^{n-1} 個合成 (如我們早先在例題 1.37 及 3.11 所學的)。

例題 4.13

由方程式 $14=3+3+8$ 知道我們可僅使用幾個 3 和幾個 8 做為被加數來表示 14。但對所有 $n \geq 14$，我們可證明出什麼驚奇的嗎？

$S(n)$：n 可被寫為幾個 3 及 (或) 幾個 8 的和 (不管順序)。

當我們開始證明 $S(n)$ 對所有 $n \geq 14$ 時，我們明白所給的引導句子將證明基底步驟 $S(14)$ 為真。對於歸納步驟，我們假設 $S(k)$ 為真對某些 $k \in \mathbf{Z}^+$，其中 $k \geq 14$，且考慮 $S(k+1)$ 會有什麼發生。若至少有一個 8 在等於 k 的 [幾個 3 和 (或) 幾個 8 的] 和中，則我們可以三個 3 代替這個 8，而得 $k+1$ 為幾個 3 和 (或) 幾個 8 的和。但假設沒有 8 出現為 k 的被加數，則被使用的被加數僅為一個 3，且因為 $k \geq 14$，所以我們至少必有五個 3 做為被加數。若以兩個 8 取代五個 3，我們得和 $k+1$，其中僅有的被加數為幾個 3 和 (或) 幾個 8。因此，我們已證明 $S(k) \Rightarrow S(k+1)$ 且由數學歸納法原理知結果成立對所有 $n \geq 14$。

現在我們已看到好幾個數學歸納法原理應用，我們將介紹另一種型態的數學歸納法做為本節的結束。這個第二型有時候被稱為**數學歸納法原理的交替型** (Alternative Form of the Principle of Mathematical Induction) 或**強數學歸納法原理** (Principle of Strong Mathematical Induction)。

我們再次考慮一個型如 $\forall n \geq n_0 \, S(n)$，其中 $n_0 \in \mathbf{Z}^+$ 的敘述，且我們將建立基底步驟及歸納步驟兩者。然而，這次基底步驟需要證明的比第一個情形還要多，其中 $n=n_0$。且在歸納步驟，我們將假設 $S(n_0)$，$S(n_0+1)$，$\cdots$，$S(k-1)$ 及 $S(k)$ 等所有敘述均為真，以建立敘述 $S(k+1)$ 為真。我們現在正式地將這第二個數學歸納法原理呈現於下面定理裡。

定理 4.2　　**數學歸納法原理——交替型** (Alternative Form)。令 $S(n)$ 表一開放數學敘述 (或此類開放敘述集合) 且變數 n 在其內出現一次或多次，其中 n 為一正整數。而且令 n_0，n_1，$\in \mathbf{Z}^+$ 且 $n_0 \leq n_1$。

　a) 若 $S(n_0)$，$S(n_0+1)$，$S(n_0+2)$，$\cdots$，$S(n_1-1)$ 及 $S(n_1)$ 為真；且

　b) 若當 $S(n_0)$，$S(n_0+1)$，$\cdots$，$S(k-1)$ 及 $S(k)$ 均為真對某些 (特別的但任意選) $k \in \mathbf{Z}^+$，其中 $k \geq n_1$，則敘述 $S(k+1)$ 亦為真；

則 $S(n)$ 為真對所有 $n \geq n_0$。

定理 4.1 中，條件 (a) 被稱為**基底步驟**且條件 (b) 被稱為**歸納步驟**。

定理 4.2 的證明和定理 4.1 的證明類似且被要求在本節習題裡。我們亦將在 4.2 節的習題裡學到這兩個類型的數學歸納法 (給在定理 4.1 及 4.2) 為等價的，因每一個均可被證明為一個有效的證明技巧，當我們假設另一個為真時。

在我們給定理 4.2 的應用例題之前，讓我們提醒大家，如我們在定理 4.1 所做的，n_0 未必要為一個正整數，它可為 0 或甚至為一個負整數。現在我們已再次注意該點，讓我們看看如何來應用這個新的證明技巧。

我們的第一個例題應十分熟悉。我們將簡單應用定理 4.2 以便可以第二種方法來得到例題 4.13 的結果。

例題 4.14　　下面計算說明可僅以幾個 3 及 (或) 幾個 8 做為被加數來寫 (不考慮順位) 整數 14，15，16：

$$14 = 3+3+8 \qquad 15 = 3+3+3+3+3 \qquad 16 = 8+8$$

基於這三個結果，我們做了下面的猜想

對每個 $n \in \mathbf{Z}^+$，其中 $n \geq 14$，

$S(n)$：n 可被寫為幾個 3 及 (或) 幾個 8 的和。

證明：明顯的 $S(14)$，$S(15)$ 及 $S(16)$ 為真且此建立了基底步驟。(此處 $n_0 = 14$ 及 $n_1 = 16$)

對於歸納步驟，我們假設敘述

$$S(14), S(15), \ldots, S(k-2), S(k-1), \text{及}\ S(k)$$

均為真,對某些 $k \in \mathbf{Z}^+$,其中 $k \geq 16$。[這些 $(k-14)+1$ 個敘述為真的假設構成我們的歸納法假設。] 且若 $n = k + 1$,則 $n \geq 17$ 且 $k + 1 = (k-2) + 3$。但因 $14 \leq k-2 \leq k$,由 $S(k-2)$ 為真,得 $(k-2)$ 可被寫為幾個 3 且 (或) 幾個 8 的和;所以 $(k + 1) = (k-2) + 3$ 亦可被寫為幾個 3 及 (或) 幾個 8 的和。因此,由數學歸納法原理的交替型知 $S(n)$ 為真對所有 $n \geq 14$。

在例題 4.14,我們看到如何使用一個前面之結果 $S(k-2)$ 為真來導出 $S(k+1)$ 為真。我們的最後一個例題呈現一個情形,其中多於一個先前結果為真是需要的。

例題 4.15

讓我們考慮整數數列 a_0,a_1,a_2,a_3,…,其中

$a_0 = 1, a_1 = 2, a_2 = 3,$ 且

$a_n = a_{n-1} + a_{n-2} + a_{n-3},$ 對所有 $n \in \mathbf{Z}^+$ 其中 $n \geq 3$.

(則,例如,我們發現 $a_3 = a_2 + a_1 + a_0 = 3+2+1 = 6$;$a_4 = a_3 + a_2 + a_1 = 6+3+2 = 11$;及 $a_5 = a_4 + a_3 + a_2 = 11+6+3 = 20$。)

我們將證明這個數列的元素滿足 $a_n \leq 3^n$ 對所有 $n \in \mathbf{N}$,即 $\forall n \in \mathbf{N}$ $S'(n)$,其中 $S'(n)$ 為開放敘述:$a_n \leq 3^n$。

對基底步驟,我們觀察

i) $a_0 = 1 = 3^0 \leq 3^0$;
ii) $a_1 = 2 \leq 3 = 3^1$;及
iii) $a_2 = 3 \leq 9 = 3^2$.

因此,我們知道 $S'(0)$,$S'(1)$ 及 $S'(2)$ 為真敘述。

現在將注意力轉向歸納步驟,其中我們假設敘述 $S'(0)$,$S'(1)$,$S'(2)$,…,$S'(k-1)$,$S'(k)$ 均為真,對某些 $k \in \mathbf{Z}^+$,其中 $k \geq 2$。對 $n = k + 1 \geq 3$,我們發現

$$\begin{aligned} a_{k+1} &= a_k + a_{k-1} + a_{k-2} \\ &\leq 3^k + 3^{k-1} + 3^{k-2} \\ &\leq 3^k + 3^k + 3^k = 3(3^k) = 3^{k+1}, \end{aligned}$$

所以 $[S'(k-2) \wedge S'(k-1) \wedge S'(k)] \Rightarrow S'(k+1)$.

因此,由數學歸納法原理的交替型,得 $a_n \leq 3^n$ 對所有 $n \in \mathbf{N}$。

在結束本節之前,讓我們再看一次前面這兩個結果。在例題 4.14 及

例題 4.15，我們以證明三個敘述為真：即例題 4.14 的 $S(14)$，$S(15)$ 及 $S(16)$，例題 4.15 的 $S'(0)$，$S'(1)$ 及 $S'(2)$，來建立基底步驟。然而，欲得例題 4.14 的 $S(k+1)$ 為真，我們確實僅使用歸納法假設中 $(k-14)+1$ 個敘述的一個，即敘述 $S(k-2)$。對例題 4.15，我們使用了歸納法假設中 $k+1$ 個敘述的三個，即敘述 $S'(k-2)$，$S'(k-1)$ 及 $S'(k)$。

習題 4.1

1. 利用數學歸納法原理說明下面各小題，其中 $n \geq 1$。

   a) $1^2 + 3^2 + 5^2 + \cdots + (2n-1)^2 = \dfrac{n(2n-1)(2n+1)}{3}$

   b) $1 \cdot 3 + 2 \cdot 4 + 3 \cdot 5 + \cdots + n(n+2) = \dfrac{n(n+1)(2n+7)}{6}$

   c) $\sum_{i=1}^{n} \dfrac{1}{i(i+1)} = \dfrac{n}{n+1}$

   d) $\sum_{i=1}^{n} i^3 = \dfrac{n^2(n+1)^2}{4} = \left(\sum_{i=1}^{n} i\right)^2$

2. 利用數學歸納法原理證明下面各小題，其中 $n \geq 1$。

   a) $\sum_{i=1}^{n} 2^{i-1} = \sum_{i=0}^{n-1} 2^i = 2^n - 1$

   b) $\sum_{i=1}^{n} i(2^i) = 2 + (n-1)2^{n+1}$

   c) $\sum_{i=1}^{n} (i)(i!) = (n+1)! - 1$

3. a) 注意 $\sum_{i=1}^{n} i^3 + (n+1)^3 = \sum_{i=0}^{n}(i+1)^3 = \sum_{i=0}^{n}(i^3 + 3i^2 + 3i + 1)$。使用這個結果來得 $\sum_{i=1}^{n} i^2$ 的公式。(和例題 4.4 的公式做比較。)

   b) 使用 (a) 的概念求 $\sum_{i=1}^{n} i^3$ 及 $\sum_{i=1}^{n} i^4$ 的公式。[將 $\sum_{i=1}^{n} i^3$ 的公式和本節習題 1(d) 的公式做比較。]

4. 一幸運輪上隨機的擺了 1 到 25 的整數。不管數字在輪上是如何被擺上去的，證明三個相鄰的數字和至少為 39。

5. 考慮下面程式片段(以擬編碼寫的)：

   ```
   for i := 1 to 123 do
       for j := 1 to i do
           print i * j
   ```

   a) 第三行的打印敘述被執行多少次？

   b) 將第二行的 i 取代為 i^2，回答 (a) 之問題。

6. a) 四位整數中 (1000 至 9999)，有多少個回文且其和為何？

   b) 寫一個電腦程式檢查 (a) 之答案。

7. 某伐木工人有 $4n+110$ 根圓形木材且堆成 n 層的堆疊。每層比上一層多兩根圓形木材。若最上層有 6 根圓形木材，試問共有多少層？

8. 求滿足

   $$\sum_{i=1}^{2n} i = \sum_{i=1}^{n} i^2$$

   的正整數 n。

9. 計算下面各題。

   a) $\sum_{i=11}^{33} i$

   b) $\sum_{i=11}^{33} i^2$

10. 求 $\sum_{i=51}^{100} t_i$，其中 t_i 表第 i 個三角形數，對 $51 \leq i \leq 100$。

11. a) 導一個公式給 $\sum_{i=1}^{n} t_{2i}$，表第 t_{2i} 個三角形數對 $1 \leq i \leq n$。
    b) 求 $\sum_{i=1}^{100} t_{2i}$。
    c) 寫一電腦程式檢驗 (b) 之結果。

12. a) 證明 $(\cos\theta + i\sin\theta)^2 = \cos 2\theta + i\sin 2\theta$，其中 $i \in \mathbf{C}$ 且 $i^2 = -1$。
    b) 使用歸納法，證明對所有 $n \in \mathbf{Z}^+$，$(\cos\theta + i\sin\theta)^n = \cos n\theta + i\sin n\theta$。
    (這個結果為**棣美拂定理** (DeMoivre's Theorem.)
    c) 證明 $1 + i = \sqrt{2}(\cos 45° + i\sin 45°)$，並計算 $(1+i)^{100}$。

13. a) 考慮一個 8×8 的棋盤。它含有 64 個 1×1 的正方形及一個 8×8 的正方形。試問它有多少個 2×2 的正方形？多少個 3×3 的正方形？總共有多少個正方形？
    b) 現考慮一個 $n \times n$ 的棋盤對某些固定的 $n \in \mathbf{Z}^+$。對 $1 \leq k \leq n$，這個棋盤有多少個 $k \times k$ 的正方形？共有多少個正方形？

14. 證明對所有 $n \in \mathbf{Z}^+$，$n > 3 \Rightarrow 2^n < n!$。

15. 證明對所有 $n \in \mathbf{Z}^+$，$n > 4 \Rightarrow n^2 < 2^n$。

16. a) 對 $n = 3$ 令 $X_3 = \{1, 2, 3\}$。考慮和
    $$s_3 = \frac{1}{1} + \frac{1}{2} + \frac{1}{3} + \frac{1}{1 \cdot 2} + \frac{1}{1 \cdot 3} + \frac{1}{2 \cdot 3} + \frac{1}{1 \cdot 2 \cdot 3}$$
    $$= \sum_{\emptyset \neq A \subseteq X_3} \frac{1}{p_A}$$
    其中 p_A 表 X_3 的非空子集合 A 中所有元素的乘積。注意這個和是加遍所有 X_3 的非空子集合 X_3。請求這個和。
    b) 分別對 s_2 (其中 $n=2$ 且 $X_2 = \{1, 2\}$) 及 s_4 (其中 $n=4$ 且 $X_4 = \{1, 2, 3, 4\}$) 重做 (a) 之計算。

c) 利用 (a) 及 (b) 的計算結果，猜想一般結果。使用數學歸納法原理證明您的猜想。

17. 對 $n \in \mathbf{Z}^+$，令 H_n 表第 n 個調和數 (如例題 4.9 所定義的)。
    a) 對所有 $n \in \mathbf{N}$ 證明 $1 + (\frac{n}{2}) \leq H_{2^n}$。
    b) 證明對所有 $n \in \mathbf{Z}^+$，
    $$\sum_{j=1}^{n} jH_j = \left[\frac{n(n+1)}{2}\right] H_{n+1} - \left[\frac{n(n+1)}{4}\right].$$

18. 考慮下面四個方程式：
    1) $1 = 1$
    2) $2 + 3 + 4 = 1 + 8$
    3) $5 + 6 + 7 + 8 + 9 = 8 + 27$
    4) $10 + 11 + 12 + 13 + 14 + 15 + 16 = 27 + 64$

    猜想由這四個方程式所建議的一般公式並證明您的猜想。

19. 對 $n \in \mathbf{Z}^+$，令 $S(n)$ 為開放敘述
    $$\sum_{i=1}^{n} i = \frac{(n + (1/2))^2}{2}$$
    證明 $S(k)$ 為真蘊涵 $S(k+1)$ 為真對所有 $k \in \mathbf{Z}^+$。對所有 $n \in \mathbf{Z}^+$，$S(n)$ 是否為真？

20. 令 S_1 及 S_2 為兩集合其中 $|S_1| = m$，$|S_2| = r$，對 $m, r \in \mathbf{Z}^+$，且 S_1、S_2 上的元素均為遞增順序。吾人可證明可以不超過 $m + r - 1$ 個比較將 S_1 和 S_2 的元素以遞增順序合併。(參閱引理 12.1)。使用這個結果建立下面結果。

    對 $n \geq 0$，令 S 為一集合且 $|S| = 2^n$。證明將 S 的元素以遞增順序重擺所需的比較次數不超過 $n \cdot 2^n$。

21. 在某個程式片段 (以擬編碼編寫) 的執行中，使用者指定整數變數 x 及 n 為任意 (可能相異) 的整數。由這些指定，圖 4.8 所示的片段立刻成立。若程式到

達 while 迴圈頂端，敘述並證明 (使用數學歸納法) 在這兩個迴圈指令被執行 n (>0) 次之後，answer 的值為何？

```
while n ≠ 0 do
  begin
    x := x * n
    n := n - 1
  end
answer := x
```

- 圖 4.8

22. 圖 4.9 所示的程式片段，x，y 及 answer 均為實變數，且 n 為整數變數。在執行這個 while 迴圈之前，使用者提供實數值給 x 和 y 且提供一個非負整數值給 n。證明 (利用數學歸納法) 對所有 x，$y \in \mathbf{R}$，若程式到達 while 迴圈的頂端且 $n \in \mathbf{N}$，在迴圈被繞過 (對 $n = 0$) 或兩個迴圈指令被執行 n (>0) 次之後，則指定給 answer 的值為 $x + ny$。

```
while n ≠ 0 do
  begin
    x := x + y
    n := n - 1
  end
answer := x
```

- 圖 4.9

23. a) 令 $n \in \mathbf{Z}^+$，其中 $n \neq 1$，3。證明 n 可被表為幾個 2 及 (或) 幾個 5 的和。
    b) 對所有 $n \in \mathbf{Z}^+$，證明若 $n \geq 24$，則 n 可被寫為幾個 5 及 (或) 幾個 7 的和。

24. 數列 a_1，a_2，a_3，$\cdots$ 被定義為

    $$a_1 = 1 \quad a_2 = 2 \quad a_n = a_{n-1} + a_{n-2}, n \geq 3.$$

    a) 求 a_3，a_4，a_5，a_6 及 a_7 之值。
    b) 證明對所有 $n \geq 1$，$a_n < (7/4)^n$。

25. 對固定的 $n \in \mathbf{Z}^+$，令 X 為隨機變數，其中 $Pr(X=x) = 1/n$，$X = 1, 2, 3, \cdots, n$。(這裡的 X 被稱為**均勻離散** (uniform discrete) 隨機變數。) 求 $E(X)$ 及 $Var(X)$。

26. 令 a_0 為固定常數且對 $n \geq 1$，令

    $$a_n = \sum_{i=0}^{n-1} \binom{n-1}{i} a_i a_{(n-1)-i}.$$

    a) 證明 $a_1 = a_0^2$ 且 $a_2 = 2a_0^3$。
    b) 利用 a_0 求 a_3 及 a_4。
    c) 猜想一個以 a_0 表示 a_n 的公式當 $n \geq 0$。使用數學歸納法證明您的猜想。

27. 證明定理 4.2。

28. a) 在 5 的 $2^{5-1} = 2^4 = 16$ 個合成中，求有多少個合成分別以 (i) 1；(ii) 2；(iii) 3；(iv) 4；及 (v) 5 開始。
    b) 對習題 2(a) 的結果給一個組合證明。

4.2 遞迴定義

讓我們考慮整數數列 $b_0, b_1, b_2, b_3, \cdots$，其中 $b_n = 2n$ 對所有 $n \in$ **N**，做為本節的開始。這裡我們發現 $b_0 = 2 \cdot 0 = 0, b_1 = 2 \cdot 1 = 2, b_2 = 2 \cdot 2 = 4$，且 $b_3 = 2 \cdot 3 = 6$。若，例如，我們需要決定 b_6，我們簡單計算 $b_6 = 2 \cdot 6 = 12$ 而不必計算任何其它 $n \in$ **N** 的 b_n 值。我們可執行此類計算，係因為我們有一個**顯式** (explicit) 公式，即 $b_n = 2n$，其告訴我們如何可由 n (單一) 來求 b_n。

然而，在前節的例題 4.15 裡，我們考慮整數數列 $a_0, a_1, a_2, a_3, \cdots$，其中

$a_0 = 1, a_1 = 2, a_2 = 3$，且

$a_n = a_{n-1} + a_{n-2} + a_{n-3}$，對所有 $n \in \mathbf{Z}^+$ 其中 $n \geq 3$。

這裡我們沒有以 n 來定義每個 a_n 對所有 $n \in$ **N** 的顯式公式。若我們想要 a_6 的值，例如，我們需要知道 a_5, a_4 及 a_3 的值。且 (a_5, a_4 及 a_3) 這些值亦需要我們知道 a_2, a_1 及 a_0 的值。不像我們求 $b_6 = 2 \cdot 6 = 12$ 這麼簡單，為計算 a_6，我們發現我們寫

$$\begin{aligned}
a_6 &= a_5 + a_4 + a_3 \\
&= (a_4 + a_3 + a_2) + (a_3 + a_2 + a_1) + (a_2 + a_1 + a_0) \\
&= [(a_3 + a_2 + a_1) + (a_2 + a_1 + a_0) + a_2] \\
&\quad + [(a_2 + a_1 + a_0) + a_2 + a_1] + (a_2 + a_1 + a_0) \\
&= [[(a_2 + a_1 + a_0) + a_2 + a_1] + (a_2 + a_1 + a_0) + a_2] \\
&\quad + [(a_2 + a_1 + a_0) + a_2 + a_1] + (a_2 + a_1 + a_0) \\
&= [[(3 + 2 + 1) + 3 + 2] + (3 + 2 + 1) + 3] \\
&\quad + [(3 + 2 + 1) + 3 + 2] + (3 + 2 + 1) \\
&= 37.
\end{aligned}$$

或以稍為容易的方法，我們可以下面之考慮

$$\begin{aligned}
a_3 &= a_2 + a_1 + a_0 = 3 + 2 + 1 = 6 \\
a_4 &= a_3 + a_2 + a_1 = 6 + 3 + 2 = 11 \\
a_5 &= a_4 + a_3 + a_2 = 11 + 6 + 3 = 20 \\
a_6 &= a_5 + a_4 + a_3 = 20 + 11 + 6 = 37.
\end{aligned}$$

逆向進行。不管怎樣，我們可求 a_6，我們明白這兩個整數數列——$b_0, b_1, b_2, b_3, \cdots$ 及 $a_0, a_1, a_2, a_3, \cdots$，不僅是數值不同而已。整數 $b_0, b_1, b_2, b_3, \cdots$ 可非常簡單的表列為 $0, 2, 4, 6, \cdots$，且對任何 $n \in$ **N** 我

們有顯式公式 $b_n = 2n$。反之，我們發現要對整數 a_0，a_1，a_2，a_3，…，決定 (若非不可能) 此類之顯式公式是頗為困難的。

這裡整數數列所發生的狀況對其它數學概念亦可發生——如集合及二元運算 (和函數 (第 5 章)、語言 (第 6 章) 及關係 (第 7 章)]。欲以一個顯式方式來定義一個數學概念有時候是頗困難的。但，如對數列 a_0，a_1，a_2，a_3，…，我們可以前面相似結果來定義我們所需要的。(本節我們得以幾個例題來檢視我們的意思。) 當我們如此做時，我們稱概念是以**遞迴** (recursively) 方式定義的，其使用遞迴的方法或過程。此法讓我們得到我們有興趣研究的概念——即利用**遞迴定義** (recursive definition)。因此，雖然對數列 a_0，a_1，a_2，a_3，…，我們沒有一個顯式公式，但我們利用遞迴之法可定義整數 a_n 對 $n \in \mathbf{N}$。下面指定值

$$a_0 = 1, \qquad a_1 = 2, \qquad a_2 = 3,$$

提供遞迴的基底。

方程式

$$a_n = a_{n-1} + a_{n-2} + a_{n-3}, \quad \text{對 } n \in \mathbf{Z}^+ \text{ 其中 } n \geq 3, \tag{*}$$

提供遞迴過程；它說明如何由這些前面我們已知道 (或可計算) 的結果。[注意：由方程式 (*) 計算出來的整數亦可由方程式 $a_{n+3} = a_{n+2} + a_{n+1} + a_n$ 對所有 $n \in \mathbf{N}$ 計算出來。]

我們現在使用遞迴定義來決定 2.1 節及 2.3 節的三個註腳所提的一些事情。在學完 2.2 節之後，我們知道 (由邏輯定律) 對任何敘述 p_1，p_2 及 p_3，我們有

$$p_1 \wedge (p_2 \wedge p_3) \Longleftrightarrow (p_1 \wedge p_2) \wedge p_3,$$

且，因此，我們可寫 $p_1 \wedge p_2 \wedge p_3$ 而不會有模棱兩可之困擾。這是因為這三個敘述的合取之真假值不受因對兩個已知敘述做不同括弧的影響。但我們關心諸如 $p_1 \wedge p_2 \wedge p_3 \wedge p_4$ 表示式的內在意義。下一個例題決定那個結果。

例題 4.16　　邏輯合取 $\wedge$ 一次僅對兩個敘述定義 (2.1 節)。那麼吾人如何處理諸如 $p_1 \wedge p_2 \wedge p_3 \wedge p_4$ 的表示式呢？其中 p_1，p_2，p_3 及 p_4 均為敘述。為回答這個問題，我們介紹下面的遞迴定義，其中在某一個 [$n+1$ 個] 步驟的概念是由一個早先 [第 n 個] 步驟的相容概念所發展出來的。

給任何敘述 p_1，p_2，…，p_n，p_{n+1}，我們定義

a) p_1，p_2 的合取為 $p_1 \wedge p_2$ (如我們在 2.1 節所做的)，且

b) p_1,p_2,$\cdots$,p_n,p_{n+1} 的合取為

$$p_1 \wedge p_2 \wedge \cdots \wedge p_n \wedge p_{n+1} \Longleftrightarrow (p_1 \wedge p_2 \wedge \cdots \wedge p_n) \wedge p_{n+1}.$$

[(1) 之結果建立遞迴基底，而 (2) 中的邏輯等價被用來提供遞迴過程。注意 (2) 中邏輯等價的右邊敘述是兩個敘述的合取；即 p_{n+1} 和前面決定的敘述 ($p_1 \wedge p_2 \wedge \cdots \wedge p_n$)。]

因此，我們定義 p_1,p_2,p_3,p_4 的合取為

$$p_1 \wedge p_2 \wedge p_3 \wedge p_4 \Longleftrightarrow (p_1 \wedge p_2 \wedge p_3) \wedge p_4.$$

則由 $\wedge$ 的結合律，我們發現

$$\begin{aligned}(p_1 \wedge p_2 \wedge p_3) \wedge p_4 &\Longleftrightarrow [(p_1 \wedge p_2) \wedge p_3] \wedge p_4 \\ &\Longleftrightarrow (p_1 \wedge p_2) \wedge (p_3 \wedge p_4) \\ &\Longleftrightarrow p_1 \wedge [p_2 \wedge (p_3 \wedge p_4)] \\ &\Longleftrightarrow p_1 \wedge [(p_2 \wedge p_3) \wedge p_4] \\ &\Longleftrightarrow p_1 \wedge (p_2 \wedge p_3 \wedge p_4).\end{aligned}$$

這些邏輯等價證明四個敘述的合取之真假值和如何對已知敘述做括弧無關。

使用上面定義，我們現在擴大我們的結果至下面 "$\wedge$ 的一般化結合律"。

令 $n \in \mathbf{Z}^+$，其中 $n \geq 3$ 且令 $r \in \mathbf{Z}^+$ 具 $1 \leq r < n$，則

$S(n)$:　對任何敘述 $p_1, p_2, \ldots, p_r, p_{r+1}, \ldots, p_n$,
$$(p_1 \wedge p_2 \wedge \cdots \wedge p_r) \wedge (p_{r+1} \wedge \cdots \wedge p_n) \Longleftrightarrow p_1 \wedge p_2 \wedge \cdots \wedge p_r \wedge p_{r+1} \wedge \cdots \wedge p_n.$$

證明： 由 $\wedge$ 的結合律，敘述 $S(3)$ 為真，且這建立歸納法證明的基底步驟。對歸納步驟，我們假設 $S(k)$ 為真對某些 $k \geq 3$ 及所有 $1 \leq r < k$。即我們假設

$S(k)$:　$(p_1 \wedge p_2 \wedge \cdots \wedge p_r) \wedge (p_{r+1} \wedge \cdots \wedge p_k)$
$$\Longleftrightarrow p_1 \wedge p_2 \wedge \cdots \wedge p_r \wedge p_{r+1} \wedge \cdots \wedge p_k.$$

為真，則我們想證明 $S(k) \Rightarrow S(k+1)$。當我們考慮 $k+1$ 個敘述時，則我們必須處理所有的 $1 \leq r < k+1$。

1) 若 $r = k$，則由遞迴定義

$$(p_1 \wedge p_2 \wedge \cdots \wedge p_k) \wedge p_{k+1} \Longleftrightarrow p_1 \wedge p_2 \wedge \cdots \wedge p_k \wedge p_{k+1},$$

2) 對 $1 \leq r < k$，我們有

$$(p_1 \wedge p_2 \wedge \cdots \wedge p_r) \wedge (p_{r+1} \wedge \cdots \wedge p_k \wedge p_{k+1})$$
$$\Leftrightarrow (p_1 \wedge p_2 \wedge \cdots \wedge p_r) \wedge [(p_{r+1} \wedge \cdots \wedge p_k) \wedge p_{k+1}]$$
$$\Leftrightarrow [(p_1 \wedge p_2 \wedge \cdots \wedge p_r) \wedge (p_{r+1} \wedge \cdots \wedge p_k)] \wedge p_{k+1}$$
$$\Leftrightarrow (p_1 \wedge p_2 \wedge \cdots \wedge p_r \wedge p_{r+1} \wedge \cdots \wedge p_k) \wedge p_{k+1}$$
$$\Leftrightarrow p_1 \wedge p_2 \wedge \cdots \wedge p_r \wedge p_{r+1} \wedge \cdots \wedge p_k \wedge p_{k+1}.$$

所以由數學歸納法原理 (定理 4.1) 得開放敘述 $S(n)$ 為真，對所有 $n \in \mathbf{Z}^+$，其中 $n \geq 3$。

我們的下一個例題提供第二個機會來一般化一個結合律，但此次我們將處理集合而非敘述。

例題 4.17 在定義 3.10，我們擴大 $\cup$ 及 $\cap$ 的二元運算至任意個 (有限或無限) 取自宇集 $\mathcal{U}$ 的子集合。然而，這些定義不依賴其所含有之運算的二元本質，且它們無法提供一個有系統的方法來決定任意有限個集合的聯集或交集。

欲克服這個困難，我們考慮集合 A_1，A_2，$\cdots$，A_n，A_{n+1}，其中 $A_i \subseteq \mathcal{U}$ 對所有 $1 \leq i \leq n+1$，且我們遞迴定義它們的聯集如下：

1) A_1，A_2 的聯集為 $A_1 \cup A_2$。(這是遞迴定義的基底。)
2) 對 $n \geq 2$，A_1，A_2，$\cdots$，A_n，A_{n+1} 的聯集被給為

$$A_1 \cup A_2 \cup \cdots \cup A_n \cup A_{n+1} = (A_1 \cup A_2 \cup \cdots \cup A_n) \cup A_{n+1},$$

其中集合等號的右邊之集合為兩個集合的聯集，即 $A_1 \cup A_2 \cup \cdots \cup A_n$ 及 A_{n+1}。(這裡我們有需要的遞迴過程來完成我們的遞迴定義。)

由這個定義我們得下面的"一般化 $\cup$ 的結合律"。若 n，$r \in \mathbf{Z}^+$ 具 $n \geq 3$ 且 $1 \leq r < n$，則

$S(n)$: $(A_1 \cup A_2 \cup \cdots \cup A_r) \cup (A_{r+1} \cup \cdots \cup A_n)$
$$= A_1 \cup A_2 \cup \cdots \cup A_r \cup A_{r+1} \cup \cdots \cup A_n$$

其中 $A_i \subseteq \mathcal{U}$ 對所有 $1 \leq i \leq n$。

證明： 由 $\cup$ 的結合律，得 $n=3$ 時 $S(n)$ 為真，因此提供了這個歸納法證明所需的基底步驟。假設 $S(k)$ 為真對某些 $k \in \mathbf{Z}^+$，其中 $k \geq 3$ 且 $1 \leq r < k$，我們將以證明 $S(k) \Rightarrow S(k+1)$ 來建立我們歸納步驟。當處理 $k+1$ (≥ 4) 個集合時，我們需考慮所有 $1 \leq r < k+1$。我們發現

1) 對 $r = k$，我們有

$$(A_1 \cup A_2 \cup \cdots \cup A_k) \cup A_{k+1} = A_1 \cup A_2 \cup \cdots \cup A_k \cup A_{k+1}.$$

這個由所給的遞迴定義成立。

2) 若 $1 \leq r < k$，則

$$\begin{aligned}
(A_1 \cup A_2 \cup \cdots &\cup A_r) \cup (A_{r+1} \cup \cdots \cup A_k \cup A_{k+1}) \\
&= (A_1 \cup A_2 \cup \cdots \cup A_r) \cup [(A_{r+1} \cup \cdots \cup A_k) \cup A_{k+1}] \\
&= [(A_1 \cup A_2 \cup \cdots \cup A_r) \cup (A_{r+1} \cup \cdots \cup A_k)] \cup A_{k+1} \\
&= (A_1 \cup A_2 \cup \cdots \cup A_r \cup A_{r+1} \cup \cdots \cup A_k) \cup A_{k+1} \\
&= A_1 \cup A_2 \cup \cdots \cup A_r \cup A_{r+1} \cup \cdots \cup A_k \cup A_{k+1}.
\end{aligned}$$

所以由數學歸納法原理得 $S(n)$ 為真，對所有整數 $n \geq 3$。

類似例題 4.17 的結果，$n+1$ 個集合 A_1，A_2，$\cdots$，A_n，A_{n+1} 的集合 (每個均取自相同的宇集 $\mathcal{U}$) 被遞迴定義如下：

1) A_1，A_2 的交集是 $A_1 \cap A_2$。
2) 對 $n \geq 2$，A_1，A_2，$\cdots$，A_n，A_{n+1} 的交集被給為

$$A_1 \cap A_2 \cap \cdots \cap A_n \cap A_{n+1} = (A_1 \cap A_2 \cap \cdots \cap A_n) \cap A_{n+1},$$

即 $A_1 \cap A_2 \cap \cdots \cap A_n$ 和 A_{n+1} 兩個集合的交集。

我們發現任意有限個集合之聯集和交集的遞迴定義提供我們擴大集合論的 DeMorgan 定律之工具。我們將建立 (利用數學歸納法) 其中的一個擴充於下一個例題，而將另一個擴充的證明留在本節習題裡。

例題 4.18

令 $n \in \mathbf{Z}^+$，其中 $n \geq 2$，且令 A_1，A_2，$\cdots$，$A_n \subseteq \mathcal{U}$，$\forall\, 1 \leq i \leq n$，則

$$\overline{A_1 \cap A_2 \cap \cdots \cap A_n} = \overline{A_1} \cup \overline{A_2} \cup \cdots \cup \overline{A_n}.$$

證明： 本證明的基底步驟被給在 $n=2$。其由 $\overline{A_1 \cap A_2} = \overline{A_1} \cup \overline{A_2}$ (利用第二個 DeMorgan 定律，已列在 3.2 節的集合論定律裡)。

假設結果對某些 k 為真，其中 $k \geq 2$，我們有

$$\overline{A_1 \cap A_2 \cap \cdots \cap A_k} = \overline{A_1} \cup \overline{A_2} \cup \cdots \cup \overline{A_k}.$$

且當我們考慮 $k + 1\ (\geq 3)$ 個集合時，歸納法假設被用來得第三個集合等式於下：

$$\begin{aligned}
\overline{A_1 \cap A_2 \cap \cdots \cap A_k \cap A_{k+1}} &= \overline{(A_1 \cap A_2 \cap \cdots \cap A_k) \cap A_{k+1}} \\
&= \overline{(A_1 \cap A_2 \cap \cdots \cap A_k)} \cup \overline{A_{k+1}} = (\overline{A_1} \cup \overline{A_2} \cup \cdots \cup \overline{A_k}) \cup \overline{A_{k+1}} \\
&= \overline{A_1} \cup \overline{A_2} \cup \cdots \cup \overline{A_k} \cup \overline{A_{k+1}}.
\end{aligned}$$

這個建立了證明中的歸納步驟,且由數學歸納法原理,我們得這個一般化的 DeMorgan 定律對所有 $n \geq 2$。

目前我們已見到兩個遞迴定義 (在例題 4.16 及 4.17),但當我們繼續探討出現這種型態之定義的情形時,我們將普遍地避免標示基底及遞迴部份。同樣的,我們可能不再總是將基底及歸納步驟指派在數學歸納法的證明裡。

當我們回看例題 4.16 及 4.17,這兩個例題的遞迴定義似乎相似。因為若我們將敘述 p_i 和 A_i 互換,對所有 $1 \leq i \leq n+1$,且若我們將每個 ∧ 和 ∪ 互換且將 ⇔ 取代為 =,則我們可由例題 4.16 的遞迴定義得到例題 4.17 的遞迴定義。

同理,吾人可遞迴定義 n 個實數的和及積,其中 $n \in \mathbf{Z}^+$ 且 $n \geq 2$。則我們可得 (由數學歸納法原理) 一般化的實數加法及乘法的結合律 (留作本節習題)。我們想知道此類一般化的結合律,因為我們已在使用它們且將繼續使用它們。讀者可能會驚訝的學習我們已使用過的一般化加法結合律。例如,在例題 4.1 及 4.4,一般化加法結合律已被用來建立歸納步驟 (在數學歸納法證明裡)。更而,現在我們想知道它多一點,一般化加法結合律可被用在 (通常以隱式) 遞迴定義裡,現在將不再會模稜兩可若吾人想加 4 個或更多個被加數。例如,我們可定議調和數列 H_1,H_2,H_3,⋯ 為

1) $H_1 = 1$;且
2) 對 $n \geq 1$,$H_{n+1} = H_n + \left(\frac{1}{n+1}\right)$。

將加法轉向乘法,我們可使用一般化的乘法結合律給一個 $n!$ 遞迴定義。我們寫

1) $0! = 1$;且
2) 對 $n \geq 0$,$(n+1)! = (n+1)(n!)$。

(這個曾在 1.2 節定義 1.2 之後的段落裡被建議過) 而且,整數數列 b_0,b_1,b_2,b_3,⋯ 被以公式 $b_n = 2n$,$n \in \mathbf{N}$,顯式給之 (在本節的開頭),現可被遞迴定義為

1) $b_0 = 0$;且
2) 對 $n \geq 0$,$b_{n+1} = b_n + 2$。

當我們探討下面兩個例題的數列時,我們將再次發現遞迴定義。而且我們

將建立結果,其中一般化加法結合律將被使用,雖然是以隱式方式。

在 4.1 節,我們介紹過被稱為調和數列的有理數數列。現在我們介紹一個整數數列,此數列在組合及圖論裡是相當著名的 (我們將在第 10,11 及 12 章進一步研究)。Fibonacci 數列可被遞迴定義為

例題 4.19

1) $F_0 = 0$,$F_1 = 1$;且
2) $F_n = F_{n-1} + F_{n-2}$,對 $n \in \mathbf{Z}^+$ 且 $n \geq 2$。

因此,由這個定義的遞迴部份,得

$$F_2 = F_1 + F_0 = 1 + 0 = 1 \qquad F_4 = F_3 + F_2 = 2 + 1 = 3$$
$$F_3 = F_2 + F_1 = 1 + 1 = 2 \qquad F_5 = F_4 + F_3 = 3 + 2 = 5.$$

我們亦發現 $F_6=8$,$F_7=13$,$F_8=21$,$F_9=34$,$F_{10}=55$,$F_{11}=89$ 及 $F_{12}=144$。

Fibonacci 數列的遞迴定義可被用來 (和數學歸納法併用) 建立許多 Fibonacci 數列有趣的性質。現在我們探討這些性質之一如下。

讓我們考慮下面五個結果,其處理 Fibonacci 數列的平方和。

1) $F_0^2 + F_1^2 = 0^2 + 1^2 = 1 = 1 \times 1$
2) $F_0^2 + F_1^2 + F_2^2 = 0^2 + 1^2 + 1^2 = 2 = 1 \times 2$
3) $F_0^2 + F_1^2 + F_2^2 + F_3^2 = 0^2 + 1^2 + 1^2 + 2^2 = 6 = 2 \times 3$
4) $F_0^2 + F_1^2 + F_2^2 + F_3^2 + F_4^2 = 0^2 + 1^2 + 1^2 + 2^2 + 3^2 = 15 = 3 \times 5$
5) $F_0^2 + F_1^2 + F_2^2 + F_3^2 + F_4^2 + F_5^2 = 0^2 + 1^2 + 1^2 + 2^2 + 3^2 + 5^2 = 40 = 5 \times 8$

由這些計算中,我們猜想

$$\forall n \in \mathbf{Z}^+ \quad \sum_{i=0}^{n} F_i^2 = F_n \times F_{n+1}.$$

證明: 對 $n=1$,方程式 (1) 的結果,即 $F_0^2 + F_1^2 = 1 \times 1$,證明在這個第一情形,我們的猜想為真。

假設猜想為真對某些 $k \geq 1$,我們得歸納法假設:

$$\sum_{i=0}^{k} F_i^2 = F_k \times F_{k+1}.$$

現在轉到 $n = k + 1 (\geq 2)$ 的情形,我們發現

$$\sum_{i=0}^{k+1} F_i^2 = \sum_{i=0}^{k} F_i^2 + F_{k+1}^2 = (F_k \times F_{k+1}) + F_{k+1}^2 = F_{k+1} \times (F_k + F_{k+1}) = F_{k+1} \times F_{k+2}.$$

因此,由 $n=k$ 時為真得到 $n=k+1$ 時為真。所以由數學歸納法原理,所

給的猜想為真，對所有 $n \in \mathbf{Z}^+$。(讀者可希望注意先前的計算使用的是一般化的加法結合律。而且，我們使用 Fibonacci 數列的遞迴定義；其允許我們以 F_{k+2} 取代 $F_k + F_{k+1}$。)

例題 4.20　和 Fibonacci 數列有密切關係的是著名的 **Lucas 數列** (Lucas numbers)。這個數列被遞迴定義為

1) $L_0 = 2$，$L_1 = 1$；且
2) $L_n = L_{n-1} + L_{n-2}$，對 $n \in \mathbf{Z}^+$ 且 $n \geq 2$。

前八個 Lucas 數被給在表 4.2 裡。

○ 表 4.2

n	0	1	2	3	4	5	6	7
L_n	2	1	3	4	7	11	18	29

雖然它們不如 Fibonacci 數列有名，但 Lucas 數列亦具有許多有趣的性質。Fibonacci 數列和 Lucas 數列間的關係之一為

$$\forall n \in \mathbf{Z}^+ , \quad L_n = F_{n-1} + F_{n+1}.$$

證明：此處我們須考慮 $n=1$ 及 $n=2$ 的情形。我們發現

$$L_1 = 1 = 0 + 1 = F_0 + F_2 = F_{1-1} + F_{1+1}, \text{ 及}$$
$$L_2 = 3 = 1 + 2 = F_1 + F_3 = F_{2-1} + F_{2+1},$$

所以這前兩個情形的結果為真。

其次我們假設 $L_n = F_{n-1} + F_{n+1}$ 對整數 $n = 1, 2, 3, \cdots, k-1, k$，其中 $k \geq 2$，然後考慮 Lucas 數 L_{k+1}。其變為

$$L_{k+1} = L_k + L_{k-1} = (F_{k-1} + F_{k+1}) + (F_{k-2} + F_k) \qquad (*)$$
$$= (F_{k-1} + F_{k-2}) + (F_{k+1} + F_k) = F_k + F_{k+2} = F_{(k+1)-1} + F_{(k+1)+1}.$$

因此，由數學歸納法原理的替代型得 $L_n = F_n + F_{n-1}$ 對所有 $n \in \mathbf{Z}^+$。[讀者應觀察在 (*) 的計算中，我們是如何對 Fibonacci 數列及 Lucas 數列兩者使用遞迴定義。]

例題 4.21　在 1.3 節，我們介紹了二項式係數 $\binom{n}{r}$ 對 $n, r \in \mathbf{N}$，其中 $n \geq r \geq 0$。該節的系理 1.1 顯示 $\sum_{r=0}^{n} \binom{n}{r} = \sum_{r=0}^{n} C(n, r) = 2^n$，為一個大小為 n 的集合之子集合總個數。由例題 3.12 結果之助，我們現在可遞迴定義這些二項

式係數為

$$\binom{n+1}{r} = \binom{n}{r} + \binom{n}{r-1}, \quad n \geq r \geq 0,$$

$$\binom{0}{0} = 1, \qquad \binom{n}{r} = 0, \quad r > n, \qquad \binom{n}{r} = 0, \quad r < 0.$$

此刻我們給了第二個數的集合，其中每個數亦依賴兩個整數。對 m，$k \in$ **N**，**Eulerian 數** (Eulerian numbers) $a_{m,k}$ 被遞迴定義為

$$a_{m,k} = (m-k)a_{m-1,k-1} + (k+1)a_{m-1,k}, \quad 0 \leq k \leq m-1, \qquad (*)$$
$$a_{0,0} = 1, \qquad a_{m,k} = 0, \quad k \geq m, \qquad a_{m,k} = 0, \quad k < 0.$$

(在本節習題 18 裡，我們將檢視一種情形來證明這個遞迴定義是如何產生的。) $a_{m,k}$ 的值，其中 $1 \leq m \leq 5$ 且 $0 \leq k \leq m-1$，被給為如下：

						列和
($m=1$)			1			$1 = 1!$
($m=2$)		1	1			$2 = 2!$
($m=3$)		1	4	1		$6 = 3!$
($m=4$)	1	11	11	1		$24 = 4!$
($m=5$)	1	26	66	26	1	$120 = 5!$

這些結果建議對固定的 $m \in \mathbf{Z}^+$，$\sum_{k=0}^{m-1} a_{m,k} = m!$，為 m 個物體中一次取 m 個的排列數。我們看到這個結果是真的，對 $1 \leq m \leq 5$。假設這個結果為真對某些固定的 m (≥ 1)，則使用 (*) 的遞迴定義，我們發現

$$\sum_{k=0}^{m} a_{m+1,k} = \sum_{k=0}^{m} [(m+1-k)a_{m,k-1} + (k+1)a_{m,k}]$$
$$= [(m+1)a_{m,-1} + a_{m,0}] + [ma_{m,0} + 2a_{m,1}] + [(m-1)a_{m,1} + 3a_{m,2}] + \cdots$$
$$+ [3a_{m,m-3} + (m-1)a_{m,m-2}] + [2a_{m,m-2} + ma_{m,m-1}]$$
$$+ [a_{m,m-1} + (m+1)a_{m,m}].$$

因為 $a_{m,-1} = 0 = a_{m,m}$，我們可寫

$$\sum_{k=0}^{m} a_{m+1,k} = [a_{m,0} + ma_{m,0}] + [2a_{m,1} + (m-1)a_{m,1}] + \cdots$$
$$+ [(m-1)a_{m,m-2} + 2a_{m,m-2}] + [ma_{m,m-1} + a_{m,m-1}]$$
$$= (m+1) \sum_{k=0}^{m-1} a_{m,k} = (m+1)m! = (m+1)!$$

因此，由數學歸納法原理，結果為真對所有 $m \geq 1$。(我們將在 9.2 節再次見到 Eulerian 數。)

我們將介紹一個遞迴定義的集合 X 的概念，做為本節的結束。這裡我們以 X 的元素所成的一個初始群體開始且這個提供遞迴基底。接著我們提供一個規則或規則表列來告訴我們如何由 X 上的其它已知元素求 X 上的新元素。這個規則 (或規則表) 組成遞迴過程。但現在 (這個部份是新的) 我們亦被給一個隱限制，即一個敘述強調此元素可被發現在集合 X 裡，除非對那些已被給在初始群體內的元素或那些可使用遞迴過程上所描述之規則得到的元素。

我們展示這裡所給的概念於下面例題。

例題 4.22　　遞迴定義集合 X 為

1) $1 \in X$；且
2) 對每個 $a \in X$，$a + 2 \in X$。

則我們要求 X (確) 為由所有正奇數組成。

證明：若我們令 Y 表所有正奇數所成的集合，即 $Y = \{2n+1 | n \in \mathbf{N}\}$，則我們想證明 $Y = X$。這意謂著，如我們在 3.1 節所學的，我們必須證明 $Y \subseteq X$ 及 $X \subseteq Y$ 兩者。

為要建立 $Y \subseteq X$，我們必須證明每個正奇數均在 X 上。這個可由兩數學歸納法原理來完成。我們首先考慮開放敘述

$$S(n): \quad 2n + 1 \in X,$$

其被定義在宇集 $\mathbf{N}$ 上。基底步驟，即 $S(0)$，為真，因為由 X 的遞迴定義的 (1) 知 $1 = 2(0)+1 \in X$。對於歸納步驟，我們假設 $S(k)$ 為真對某些 $k \geq 0$；此告訴我們 $2k+1$ 為 X 的元素。以 $2k+1 \in X$ 及由 X 的遞迴定義的 (2) 得 $(2k+1)+2 = (2k+2)+1 = 2(k+1)+1 \in X$，所以 $S(k+1)$ 亦為真。因此，(由數學歸納法原理) 對所有 $n \in \mathbf{N}$，$S(n)$ 為真且我們有 $Y \subseteq X$。

對於逆向包含的證明 (即 $X \subseteq Y$)，我們使用 X 的遞迴定義。首先我們考慮定義的 (1)。因為 $1 (= 2 \cdot 0 + 1)$ 是一個正奇數，所以 $1 \in Y$。欲完成證明，我們必須證明任何由遞迴定義的 (2) 所得到的 X 上之任何整數亦為 Y 之元素。這個可由證明每當 $a \in X$ (亦為 Y 的元素) 則 $a+2 \in Y$ 得證。因為若 $a \in Y$，則 $a = 2r+1$，其中 $r \in \mathbf{N}$，這是正奇數的定義。因此 $a + 2 = (2r+1)+2 = (2r+2)+1 = 2(r+1)+1$，其中 $r+1 \in \mathbf{N}$ (事實上是 $\mathbf{Z}^+$)。且所以 $a+2$ 為一正奇數。這個得 $a+2 \in Y$ 且證明了 $X \subseteq Y$。

由前面之兩個包含，即 $Y \subseteq X$ 及 $X \subseteq Y$，得 $X = Y$。

習題 4.2

1. 整數數列 $a_1, a_2, a_3, \cdots$ 被顯式定義為公式 $a_n = 5n$ 對 $n \in \mathbf{Z}^+$，亦可被遞迴定義為
   1) $a_1 = 5$；且
   2) $a_{n+1} = a_n + 5$，對 $n \geq 1$。

   對整數數列 $b_1, b_2, b_3, \cdots$，其中 $b_n = n(n+2)$ 對所有 $n \in \mathbf{Z}^+$，我們亦可給遞迴定義：
   1)' $b_1 = 3$；且
   2)' $b_{n+1} = b_n + 2n + 3$，對 $n \geq 1$。

   對下面各個整數數列 $c_1, c_2, c_3, \cdots$，給一個遞迴定義，其中對所有 $n \in \mathbf{Z}^+$，我們有
   a) $c_n = 7n$ b) $c_n = 7^n$
   c) $c_n = 3n + 7$ d) $c_n = 7$
   e) $c_n = n^2$ f) $c_n = 2 - (-1)^n$

2. a) 對敘述 $p_1, p_2, \cdots, p_n, p_{n+1}, n \geq 1$，的析取給一個遞迴定義。
   b) 證明若 $n, r \in \mathbf{Z}^+$，且 $n \geq 3$ 及 $1 \leq r < n$，則
   $(p_1 \vee p_2 \vee \cdots \vee p_r) \vee (p_{r+1} \vee \cdots \vee p_n)$
   $\Leftrightarrow p_1 \vee p_2 \vee \cdots \vee p_r \vee p_{r+1} \vee \cdots \vee p_n.$

3. 使用例題 4.16 的結果證明若 $p, q_1, q_2, \cdots, q_n$ 為敘述且 $n \geq 2$，則
   $p \vee (q_1 \wedge q_2 \wedge \cdots \wedge q_n)$
   $\Leftrightarrow (p \vee q_1) \wedge (p \vee q_2) \wedge \cdots \wedge (p \vee q_n).$

4. 對 $n \in \mathbf{Z}^+, n \geq 2$，證明對任意敘述 $p_1, p_2, \cdots, p_n$
   a) $\neg(p_1 \vee p_2 \vee \cdots \vee p_n) \Leftrightarrow \neg p_1 \wedge \neg p_2 \wedge \cdots \wedge \neg p_n.$
   b) $\neg(p_1 \wedge p_2 \wedge \cdots \wedge p_n) \Leftrightarrow \neg p_1 \vee \neg p_2 \vee \cdots \vee \neg p_n.$

5. a) 對集合 $A_1, A_2, \cdots, A_n, A_{n+1} \subseteq \mathcal{U}, n \geq 1$，給一個遞迴定義。
   b) 使用 (a) 之結果證明對所有 $n, r \in \mathbf{Z}^+$ 且 $n \geq 3$ 及 $1 \leq r < n$。
   $(A_1 \cap A_2 \cap \cdots \cap A_r) \cap (A_{r+1} \cap \cdots \cap A_n)$
   $= A_1 \cap A_2 \cap \cdots \cap A_r \cap A_{r+1} \cap \cdots \cap A_n.$

6. 對 $n \geq 2$ 及任意集合 $A_1, A_2, \cdots, A_n \subseteq \mathcal{U}$，證明
   $\overline{A_1 \cup A_2 \cup \cdots \cup A_n} = \overline{A_1} \cap \overline{A_2} \cap \cdots \cap \overline{A_n}.$

7. 使用例題 4.17 的結果，證明若集合 $A, B_1, B_2, \cdots, B_n \subseteq \mathcal{U}$ 且 $n \geq 2$，則
   $A \cap (B_1 \cup B_2 \cup \cdots \cup B_n)$
   $= (A \cap B_1) \cup (A \cap B_2) \cup \cdots \cup (A \cap B_n).$

8. a) 對 n 個實數 x_1, x_2 及 x_n，其中 $n \geq 2$ 的乘法發展一個遞迴定義。
   b) 對所有實數 x_1, x_2 及 x_3，加法結合律敘述 $x_1 + (x_2 + x_3) = (x_1 + x_2) + x_3$。證明若 $n, r \in \mathbf{Z}^+$，其中 $n \geq 3$ 且 $1 \leq r < n$，則
   $(x_1 + x_2 + \cdots + x_r) + (x_{r+1} + \cdots + x_n)$
   $= x_1 + x_2 + \cdots + x_r + x_{r+1} + \cdots + x_n.$

9. a) 對 n 個實數 $x_1, x_2, \cdots, x_n$，其中 $n \geq 2$，的乘法發展一個遞迴定義。
   b) 對所有實數 x_1, x_2 及 x_3，乘法結合律敘述 $x_1(x_2 x_3) = (x_1 x_2) x_3$。證明若 $n, r \in \mathbf{Z}^+$，其中 $n \geq 3$ 且 $1 \leq r < n$，則

$(x_1 x_2 \cdots x_r)(x_{r+1} \cdots x_n) = x_1 x_2 \cdots x_r x_{r+1} \cdots x_n$.

10. 對所有 $x \in \mathbf{R}$，
$$|x| = \sqrt{x^2} = \begin{cases} x, & 若\ x \geq 0 \\ -x, & 若\ x < 0 \end{cases},\ 且$$
$-|x| \leq x \leq |x|$。因此 $|x+y|^2 = (x+y)^2 = x^2 + 2xy + y^2 \leq x^2 + 2|x||y| + y^2 = |x|^2 + 2|x||y| + |y|^2 = (|x|+|y|)^2$ 且 $|x+y|^2 \leq (|x|+|y|)^2$ $\Rightarrow |x+y| \leq |x|+|y|$，對所有 $x, y \in \mathbf{R}$。
證明若 $x \in \mathbf{Z}^+$，$n \geq 2$ 且 $x_1, x_2, \cdots, x_n \in \mathbf{R}$，則
$|x_1 + x_2 + \cdots + x_n| \leq |x_1| + |x_2| + \cdots + |x_n|$.

11. 遞迴定義整數數列 $a_0, a_1, a_2, a_3, \cdots$，為
1) $a_0 = 1, a_1 = 1, a_2 = 1$；且
2) 對 $n \geq 3, a_n = a_{n-1} + a_{n-3}$.
證明 $a_{n+2} \geq (\sqrt{2})^n$ 對所有 $n \geq 0$。

12. 對 $n \geq 0$，令 F_n 表第 n 個 Fibonacci 數，證明
$$F_0 + F_1 + F_2 + \cdots + F_n = \sum_{i=0}^{n} F_i = F_{n+2} - 1.$$

13. 證明對任意正整數 n，
$$\sum_{i=1}^{n} \frac{F_{i-1}}{2^i} = 1 - \frac{F_{n+2}}{2^n}.$$

14. 如例題 4.20，令 $L_0, L_1, L_2, \cdots$ 表 Lucas 數列，其中 (1) $L_0 = 2, L_1 = 1$；且 (2) $L_{n+2} = L_{n+1} + L_n$，對 $n \geq 0$。當 $n \geq 1$，證明
$L_1^2 + L_2^2 + L_3^2 + \cdots + L_n^2 = L_n L_{n+1} - 2$.

15. 若 $n \in \mathbf{N}$，證明 $5F_{n+2} = L_{n+4} - L_n$。

16. 對下面各集合給一個遞迴定義。
a) 所有正偶數所成的集合。
b) 所有非負偶數所成的集合。

17. 集合的遞迴定義中使用最普遍的是定義各種數學系統中**良好形成的公式** (well-formed formulae)。例如，在研究邏輯時，我們可定義良好形成的公式如下：
1) 每個原本敘述 p，重言 T_0 及矛盾 F_0 為良好形成的公式；且
2) 若 p, q 為良好形成的公式，則

  i) $(\neg p)$ ii) $(p \vee q)$ iii) $(p \wedge q)$
  iv) $(p \rightarrow q)$ v) $(p \leftrightarrow q)$

均為良好形成的公式。使用這個遞迴定義，我們發現對原本敘述 p, q, r，複合敘述 $((p \wedge (\neg q)) \rightarrow (r \vee T_0))$ 是一個良好形成的公式。我們可以導這個良好形成的公式如下：

步驟	理由
1) p, q, r, T_0	定義的 (1)
2) $(\neg q)$	步驟的 (1) 及定義的 (2i)
3) $(p \wedge (\neg q))$	步驟 (1) 和 (2) 及定義的 (2iii)
4) $(r \vee T_0)$	步驟 (1) 及定義的 (2ii)
5) $((p \wedge (\neg q)) \rightarrow (r \vee T_0))$	步驟 (3) 和 (4) 及定義的 (2iv)

對原本敘述 p, q, r 及 s，提供導法來證明下面各個是一個良好形成的公式。
a) $((p \vee q) \rightarrow (T_0 \wedge (\neg r)))$
b) $(((\neg p) \leftrightarrow q) \rightarrow (r \wedge (s \vee F_0)))$

18. 考慮 1，2，3，4 的所有排列。排列 1432，例如，被稱為有一個**遞升** (ascent)，即 14 (因為 $1 < 4$)。這個排列亦有二個**遞降** (descent)，即 43 (因為 $4 > 3$) 和 32 (因為 $3 > 2$)。而排列 1423 有兩個遞升，在 14 和 23，且一個遞降 42。
a) 有多少個 1，2，3 的排列有 k 個遞升，對 $k = 0, 1, 2$？
b) 有多少個 1，2，3，4 的排列有 k 個遞升，對 $k = 0, 1, 2, 3$？

c) 若某個 1，2，3，4，5，6，7 的排列有四個遞升，則它有多少個遞降？

d) 假設某個 1，2，3，…，m 的排列有 k 個遞升，對 $0 \leq k \leq m-1$，則這個排列有多少個遞降？

e) 考慮排列 $p = 12436587$。這個 1，2，3，…，8 的排列有四個遞升。在 p 的 9 個位置中 (首尾及任兩數間)，有多少個位置可擺 9 使得其為 1，2，3，…，8，9 的一個排列且具 (i) 四個遞升；(ii) 五個遞升？

f) 令 $\pi_{m,k}$ 表 1，2，3，…，m 的排列中具有 k 個遞升的排列數。注意為何 $\pi_{4,2} = 11 = 2(4) + 3(1) = (4-2)\pi_{3,1} + (2+1)\pi_{3,2}$。試問 $\pi_{m,k}$ 和 $\pi_{m-1,k-1}$ 及 $\pi_{m-1,k}$ 之間有何關係？

19. a) 對 $k \in \mathbf{Z}^+$，證明 $k^2 = \binom{k}{2} + \binom{k+1}{2}$。

b) 固定 $n \in \mathbf{Z}^+$，因為 (a) 的結果對所有 $k = 1, 2, 3, \cdots n$ 為真，將 n 個方程

$$1^2 = \binom{1}{2} + \binom{2}{2}$$
$$2^2 = \binom{2}{2} + \binom{3}{2}$$
$$\vdots \quad \vdots \quad \vdots$$
$$n^2 = \binom{n}{2} + \binom{n+1}{2}$$

加起來，我們有 $\sum_{k=1}^{n} k^2 = \sum_{k=1}^{n} \binom{k}{2} + \sum_{k=1}^{n} \binom{k+1}{2} = \binom{n+1}{3} + \binom{n+2}{3}$。[由 3.1 節習題 26 得最後等式，因為 $\sum_{k=1}^{n} \binom{k}{2} = \binom{1}{2} + \binom{2}{2} + \binom{3}{2} + \cdots + \binom{n}{2} = 0 + \binom{2}{2} + \binom{3}{2} + \cdots + \binom{n}{2} = \binom{n+1}{n-2} = \binom{n+1}{3}$ 且 $\sum_{k=1}^{n} \binom{k+1}{2} = \binom{2}{2} + \binom{3}{2} + \binom{4}{2} + \cdots + \binom{n+1}{2} = \binom{2}{2} + \binom{3}{2} + \binom{4}{2} + \cdots + \binom{n+1}{2} = \binom{n+2}{n-1} = \binom{n+2}{3}$。證明

$$\binom{n+1}{3} + \binom{n+2}{3} = \frac{n(n+1)(2n+1)}{6}.$$

c) 對 $k \in \mathbf{Z}^+$，證明 $k^3 = \binom{k}{3} + 4\binom{k+1}{3} + \binom{k+2}{3}$。

d) 使用 (c) 及 3.1 節習題 26 的結果，證明

$$\sum_{k=1}^{n} k^3 = \binom{n+1}{4} + 4\binom{n+2}{4} + \binom{n+3}{4}$$
$$= \frac{n^2(n+1)^2}{4}$$

e) 求 $a, b, c, d \in \mathbf{Z}^+$ 使得對任意 $k \in \mathbf{Z}^+$，

$$k^4 = a\binom{k}{4} + b\binom{k+1}{4} + c\binom{k+2}{4} + d\binom{k+3}{4}.$$

20. a) 對 $n \geq 2$，若 $p_1, p_2, p_3, \cdots, p_n, p_{n+1}$ 為敘述，證明
$[(p_1 \to p_2) \wedge (p_2 \to p_3) \wedge \cdots \wedge (p_n \to p_{n+1})]$
$\Rightarrow [(p_1 \wedge p_2 \wedge p_3 \wedge \cdots \wedge p_n) \to p_{n+1}]$.

b) 證明定理 4.2 蘊涵定理 4.1。

c) 使用定理 4.1 建立下面：若 $\emptyset \neq S \subseteq \mathbf{Z}^+$，使得 $n \in S$ 對某些 $n \in \mathbf{Z}^+$，則 S 包含一個最小元素。

d) 證明定理 4.1 蘊涵定理 4.2。

4.3 除法演算法：質數

雖然集合 **Z** 在非零除法下不封閉，但在許多例證裡，一個整數 (恰) 可整除另一個整數。例如，2 整除 6 且 7 整除 21。這裡的除法是整除且沒有餘數。因此 2 整除 6 蘊涵一個商的存在，即 3，滿足 $6 = 2 \cdot 3$。我們將

這個概念正式化如下。

定義 4.1 若 $a, b \in \mathbf{Z}$ 且 $b \neq 0$，我們稱 b **整除** (divides) a，且記 $b|a$，若存在整數 n 使得 $a = bn$。當這個發生，我們稱 b 是 a 的**因數** (divisor)，或 a 是 b 的**倍數** (multiple)。

由這個定義，我們可以在 $\mathbf{Z}$ 的內部談除法而不必走到 $\mathbf{Q}$ 裡面。更而，當 $ab=0$，對 $a, b \in \mathbf{Z}$，則不是 $a=0$ 就是 $b=0$，且我們說 $\mathbf{Z}$ 沒有 0 的**真因數** (proper divisors)。這個性質可使我們使用**消去法**，如 $2x=2y \Rightarrow x = y$，對 $x, y \in \mathbf{Z}$，因為 $2x=2y \Rightarrow 2(x-y)=0 \Rightarrow 2 = 0$ 或 $x-y=0 \Rightarrow x=y$。(注意我們並沒有提到對方程式 $2x = 2y$ 的兩邊乘以 $\frac{1}{2}$。$\frac{1}{2}$ 這個數不在系統 $\mathbf{Z}$ 內。)

我們現在整理這個除法運算的一些性質。每當我們除以一個整數 a 時，我們假設 $a \neq 0$。

定理 4.3 對所有 $a, b, c \in \mathbf{Z}$

a) $1|a$ 且 $a|0$.   b) $[(a|b) \wedge (b|a)] \Rightarrow a = \pm b$.
c) $[(a|b) \wedge (b|c)] \Rightarrow a|c$.   d) $a|b \Rightarrow a|bx$ 對所有 $x \in \mathbf{Z}$
e) 若 $x = y + z$，對某些 $x, y, z \in \mathbf{Z}$，且 a 整除三個變數 x, y 及 z 中的兩個，則 a 整除剩下的另一個整數。
f) $[(a|b) \wedge (a|c)] \Rightarrow a|(bx + cy)$，對所有 $x, y \in \mathbf{Z}$。(表示式 $bx+cy$ 被稱為 b, c 的一個**線性組合** (linear combination)。)
g) 對 $1 \leq i \leq n$，令 $c_i \in \mathbf{Z}$。若 a 整除每個 c_i，則 $a|(c_1x_1 + c_2x_2 + \cdots + c_nx_n)$，其中 $x_i \in \mathbf{Z}$ 對所有 $1 \leq i \leq n$。

證明：我們證明 (f) 而將其餘的留給讀者證明。

若 $a|b$ 且 $a|c$，則 $b=am$ 且 $c=an$，對某些 $m, n \in \mathbf{Z}$。所以 $bx+cy = (am)x + (an)y = a(mx+ny)$ (由乘法結合律對加法分配律，因為 $\mathbf{Z}$ 的元素滿足這兩個定律。) 因為 $bx+cy=a(mx+ny)$，且 $mx+ny \in \mathbf{Z}$，所以 $a|(bx+cy)$。

當我們考慮下面問題時，我們發現定理的 (g) 是有用的。

例題 4.23 是否存在整數 x, y, z (正的、負的、或為零) 使得 $6x+9y+15z = 107$？假設此類整數存在，則因為 $3|6$，$3|9$ 且 $3|15$，由定理 4.3(g)，3 是 $6x+9y+15z$ 的因數，且因此 3 是 107 的因數，但這不是如此。因此，不存在此類整數 x, y, z。

定理 4.3 的幾個結果助我們於下。

> 令 a, $b \in \mathbf{Z}$ 使得 $2a+3b$ 是 17 的倍數。(例如，我們可能有 $a=7$ 且 $b=1$ 及 $a=4$, $b=3$ 亦可。) 證明 17 整除 $9a+5b$。

例題 4.24

證明： 我們觀察 $17|(2a+3b) \Rightarrow 17|(-4)(2a+3b)$，由定理 4.3(d)。而且，因為 $17|17$，由定理 4.3(f) 得 $17|(17a+17b)$。因此，$17|[(17a+17b)+(-4)(2a+3b)]$，由定理 4.3(e)。因此，因為 $[(17a+17b)+(-4)(2a+3b)] = [(17-8)a+(17-12)b] = 9a+5b$，我們有 $17|(9a+5b)$。

使用這個整數除法的二元運算，我們發現我們已在所謂**數論** (number theory) 的數學領域裡，其檢視整數性質及其它數的集合。一旦考慮嚴格的純 (抽象) 數學，數學是一個主要應用工具，尤其，在處理電腦及網路安全時。但現在，當我們繼續進一步檢視集合 $\mathbf{Z}^+$ 時，我們注意到對所有 $n \in \mathbf{Z}^+$，其中 $n>1$，整數 n 至少有兩個正因數，即 1 和 n 本身。有些整數，如 2, 3, 5, 7, 11, 13 和 17 恰有兩個正因數。這些整數被稱為**質數** (primes)。所有其它正整數 (大於 1 且非質數) 被稱為**合成數** (composite)。一個質數及合成數之間的連結被表示在下面引理裡。

> 若 $n \in \mathbf{Z}^+$ 且 n 為合成數，則存在一個質數 p 使得 $p|n$。

引理 4.1

證明： 若非如此，令 S 為所有沒有質因數的合成數所成的集合。若 $S \neq \emptyset$，則由良序原理，S 有一個最小元素 m。但若 m 為合成數，則 $m = m_1 m_2$，其中 m_1, $m_2 \in \mathbf{Z}^+$ 具 $1 < m_1 < m$ 且 $1 < m_2 < m$，因為 $m_1 \notin S$，m_1 為質數或可被某質數整除。所以，存在一質數 p 使得 $p|m_1$。因為 $m = m_1 m_2$，由定理 4.3(d)，得 $p|m$，所以 $S = \emptyset$。

為何我們稱前面結果為**引理** (lemma) 而非定理？畢竟，到目前為止，它被像書上其它定理的方式來證明。理由是引理雖然本身是一個定理，但其主要角色是幫助證明其它定理。

在列出質數這方面，我們傾向相信有無限多個此類的數。我們現在證明這個為真。

> **(歐幾里得) 有無限多個質數。**

定理 4.4

證明： 若非如此，令 p_1, p_2, $\cdots$, p_k 為所有質數的有限表列，且令 $B = p_1 p_2 \cdots p_k + 1$。因為 $B > p_i$，對所有 $1 \leq i \leq k$，B 不是質數。因此 B 為合成數，所以由引理 4.1，存在一質數 p_j，其中 $1 \leq j \leq k$ 且 $p_j|B$。因為 $p_j|B$ 且 $p_j|p_1 p_2 \cdots p_k$，由定理 4.3(e)，得 $p_j|1$。這個矛盾是由於假設僅有有限個質數；結果成立。

是的，這就是西元前四世紀的歐幾里得，其**原本** (Elements)，寫成十三卷，包含第一個有組織的幾何材料，而這些幾何我們在高中學過。然而，吾人發現，這十三卷書亦關心數論。特別在第七、八及九卷書上。前面定理 (含證明) 被發現在第九卷書上。

我們現在轉向本節的主要概念。這個結果可使我們處理 **Z** 上的非零除法當除法不是整除時。

定理 4.5　　**除法演算法** (The Division Algorithm)。若 $a, b \in \mathbf{Z}$，則 $b > 0$，則存在唯一的 $q, r \in \mathbf{Z}$ 滿足 $a = qb + r$，$0 \leq r < b$。

證明：若 $b|a$，則結果成立且 $r = 0$，所以考慮 $b \nmid a$ (亦即 b 不整除 a) 的情形。

令 $S = \{a - tb | t \in \mathbf{Z}, a - tb > 0\}$。若 $a > 0$ 且 $t = 0$，則 $a \in S$ 且 $S \neq \emptyset$。對 $a \leq 0$，令 $t = a - 1$，則 $a - tb = a - (a-1)b = a(1-b) + b$，且 $(1-b) \leq 0$，因為 $b \geq 1$。所以 $a - tb > 0$ 且 $S \neq \emptyset$。因此，對任意 $a \in \mathbf{Z}$，S 是 $\mathbf{Z}^+$ 的非空子集合。由良序原理，S 有一個最小元素 r，其中 $0 < r = a - qb$，對某些 $q \in \mathbf{Z}$。若 $r = b$，則 $a = (q+1)b$ 且 $b|a$，和 $b \nmid a$ 矛盾。若 $r > b$，則 $r = b + c$，對某些 $c \in \mathbf{Z}^+$，且 $a - qb = r = b + c \Rightarrow c = a - (q+1)b \in S$，這和 r 為 S 的最小元素矛盾。因此，$r < b$。

這個現在建立一個商 q 及餘數 r，其中 $0 \leq r < b$，給定理。但是否存在其它的 q 及 r 亦滿足？若是，令 $q_1, q_2, r_1, r_2 \in \mathbf{Z}$ 且滿足 $a = q_1 b + r_1$，對 $0 \leq r_1 < b$ 及 $a = q_2 b + r_2$，對 $0 \leq r_2 < b$。則 $q_1 b + r_1 = q_2 b + r_2 \Rightarrow b|q_1 - q_2| = |r_2 - r_1| < b$，因為 $0 \leq r_1, r_2 < b$。若 $q_1 \neq q_2$，我們有 $b|q_1 - q_2| < b$ 這個矛盾。因此 $q_1 = q_2$，$r_1 = r_2$，且商和餘數均為唯一。

如我們在前面證明裡所提的，當 $a, b \in \mathbf{Z}$ 且 $b > 0$，則存在一個唯一的**商** (quotient) q 及一個唯一的**餘數** (remainder) r，其中 $a = qb + r$，滿足 $0 \leq r < b$。更而，在這些環境之下，整數 b 被稱為**除數** (divisor) 而 a 被稱為**被除數** (dividend)。

例題 4.25

a) 當 $a = 170$ 且 $b = 11$ 在除法演算法裡，我們發現 $170 = 15 \cdot 11 + 5$，其中 $0 \leq 5 < 11$。所以當 170 被 11 除時，商為 15 且餘數為 5。

b) 若被除數是 98 且除數是 7，則我們發現 $98 = 14 \cdot 7$。所以此時商為 14 且餘數為 0，且 7 整除 98。

c) 對 $a = -45$ 及 $b = 8$ 的情形，我們有 $-45 = (-6)8 + 3$，其中 $0 \leq 3 < 8$。因此，商為 -6 且餘數為 3 當被除數是 -45 及除數是 8 時。

d) 令 $a, b \in \mathbf{Z}^+$。

1) 若 $a = qb$ 對某些 $q \in \mathbf{Z}^+$，則 $-a = (-q)b$。所以此時，當 $-a\,(<0)$ 被 $b\,(>0)$ 除時，商為 $-q\,(<0)$ 且餘數為 0。

2) 若 $a = qb + r$ 對某些 $q \in \mathbf{N}$ 且 $0 < r < b$，則 $-a = (-q)b - r = (-q)b - b + b - r = (-q-1)b + (b-r)$。此時，當 $-a\,(<0)$ 被 $b\,(>0)$ 除時，商為 $-q-1\,(<0)$ 且餘數為 $b-r$，其中 $0 < b-r < b$。

不管定理 4.5 的證明及例題 4.25 的結果，我們實在沒有任何有系統的方法來計算商 q 及餘數 r，當整數 a (被除數) 被正整數 b (除數) 除時。定理 4.5 的證明保證此類整數 q 及 r 的存在，但證明不是構造的。它並沒有出現告訴我們如何確實計算 q 及 r，而且並沒提任何使用乘法表或執行長除法的能力。欲救濟這個情形，我們提供圖 4.10 的程序 (以擬編碼寫成)。我們的下一個例題說明這個程序所提供的部份概念。

例題 4.26

正如正整數的乘法可被看成是累加，同樣的 (整數) 除法亦可被看成累減。我們看到在定理 4.5 的證明裡集合 S 的定義中減法扮演著一個重要的角色。

當計算 $4 \cdot 7$，例如，我們可以累加來思考且寫為

$$2 \cdot 7 = 7 + 7 = 14$$
$$3 \cdot 7 = (2+1) \cdot 7 = 2 \cdot 7 + 1 \cdot 7 = (7+7) + 7 = 14 + 7 = 21$$
$$4 \cdot 7 = (3+1) \cdot 7 = 3 \cdot 7 + 1 \cdot 7 = ((7+7)+7) + 7 = 21 + 7 = 28.$$

反之，若想以 8 除 37，則我們應將商 q 思考為 8 的個數且包含在 37 之內。當這些 8 的每一個被移走時 (即減去) 且在不得負的結果之下沒有其它的 8 可被移走，則剩下的 (留下的) 整數為餘數 r。所以我們可以累減的想法來計算 q 及 r 如下：

$$37 - 8 = 29 \geq 8,$$
$$29 - 8 = (37-8) - 8 = 37 - 2 \cdot 8 = 21 \geq 8,$$
$$21 - 8 = ((37-8) - 8) - 8 = 37 - 3 \cdot 8 = 13 \geq 8,$$
$$13 - 8 = (((37-8)-8)-8) - 8 = 37 - 4 \cdot 8 = 5 < 8.$$

最後直線證明在我們得一個非負結果之前，即為 5 且小於 8，有四個 8 可由 37 減走。因此，在本例題我們有 $q = 4$ 及 $r = 5$。

使用除法演算法，我們考慮一些以非 10 為基底所代表的整數。

```
procedure                  整數除法(a, b: 整數)
begin
  if a = 0 then
    begin
      quotient := 0
      remainder := 0
    end
  else
    begin
      r := abs(a) { a 的絕對值 }
      q := 0
      while r ≥ b do
        begin
          r := r - b
          q := q + 1
        end
      if a > 0 then
        begin
          quotient := q
          remainder := r
        end
      else if r = 0 then
        begin
          quotient := -q
          remainder := 0
        end
      else
        begin
          quotient := -q - 1
          remainder := b - r
        end
    end
end
```

◦ 圖 4.10

例題 4.27 　以八進位（基底為 8）表示 6137。這裡我們將找非負整數 r_0, r_1, r_2, $\cdots$, r_k，且 $0 < r_k < 8$，使得 $6137 = (r_k \cdots r_2 r_1 r_0)_8$。

以 $6137 = r_0 + r_1 \cdot 8 + r_2 \cdot 8^2 + \cdots + r_k \cdot 8^k = r_0 + 8(r_1 + r_2 \cdot 8 + \cdots + r_k \cdot 8^{k-1})$，$r_0$ 為當 6137 除以 8 在除法算則中所得的餘數。

因此，因為 $6137 = 1 + 8 \cdot 767$，我們有 $r_0 = 1$ 且 $767 = r_1 + r_2 \cdot 8 + \cdots + r_k \cdot 8^{k-1} = r_1 + 8(r_2 + r_3 \cdot 8 + \cdots + r_k \cdot 8^{k-2})$。此得 $r_1 = 7$ (767 除以 8 的餘數) 且 $95 = r_2 + r_3 \cdot 8 + \cdots + r_k \cdot 8^{k-2}$。繼續此法，我們發現 $r_2 = 7$，$r_3 = 3$，$r_4 = 1$ 且 $r_i = 0$ 對所有 $i \geq 5$，所以

$$6137 = 1 \cdot 8^4 + 3 \cdot 8^3 + 7 \cdot 8^2 + 7 \cdot 8 + 1 = (13771)_8.$$

我們可以安排連續除以 8 的除法如下：

```
                      餘數
         8 ⌊6137
         8 ⌊767      1(r_0)
         8 ⌊95       7(r_1)
         8 ⌊11       7(r_2)
         8 ⌊1        3(r_3)
           0         1(r_4)
```

在電腦科學領域裡，二進位制 (基底為 2) 是非常重要的。這裡唯一可被使用的符號為位元 0 和 1。表 4.3 列出由 0 到 15 的整數 (基底為 10) 的二進位表示法。這裡我們包含首項為 0 且我們發現需四個位元，因為整數由 8 到 15 的表示法均有首項 1。對五位元我們可以繼續到 31 ($= 32 - 1 = 2^5 - 1$)；六位元必須進行到 63 ($= 64 - 1 = 2^6 - 1$)。一般來講，若 $x \in \mathbf{Z}$ 且 $0 \leq x < 2^n$，對 $n \in \mathbf{Z}^+$，則我們可使用 n 位元將 x 表示為二進位。當 $0 \leq x < 2^{n-1} - 1$ 時，首項為零，且對 $2^{n-1} \leq x \leq 2^n - 1$ 時，第一 (最有意義的) 位元為 1。

資訊是以所謂的位元組 (八個位元) 為單位的方式儲存在機器裡，所以對以一個位元組為記憶胞的機器，我們可以儲存任一個由 0 到 $2^8 - 1 = 255$ 的整數之二進位等價在一個單記憶胞裡。對一個具二個位元組記憶胞的機器，任一個由 0 到 $2^{16} - 1 = 65,535$ 的整數可被以二進位形式儲存在每個記憶胞裡。一個以具四個位元組記憶胞的機器，將帶給我們到 $2^{32} - 1 = 4,294,967,295$。

●表 4.3

基底 10	基底 2	基底 10	基底 2
0	0 0 0 0	8	1 0 0 0
1	0 0 0 1	9	1 0 0 1
2	0 0 1 0	10	1 0 1 0
3	0 0 1 1	11	1 0 1 1
4	0 1 0 0	12	1 1 0 0
5	0 1 0 1	13	1 1 0 1
6	0 1 1 0	14	1 1 1 0
7	0 1 1 1	15	1 1 1 1

當人類處理 0 和 1 的長序列時，工作馬上變得非常令人生厭，且由於厭煩而增加錯誤的機會。因此，通常 (特別在研究機器及組合語言) 將以另一種記號來表示此類長序列。此類記號之一是**十六進位** (hexadecimal) (以 16 為底)。這裡有十六個符號，且在標準的十進位制裡我們僅有十個

符號，我們引進下面六個新的符號：

A　(Alfa)　　C　(Charlie)　　E　(Echo)
B　(Bravo)　　D　(Delta)　　　F　(Foxtrot)

表 4.4 將 0 到 15 的整數分別以二進位制及十六進位制呈現。

○ 表 4.4

基底 10	基底 2	基底 16	基底 10	基底 2	基底 16
0	0000	0	8	1000	8
1	0001	1	9	1001	9
2	0010	2	10	1010	A
3	0011	3	11	1011	B
4	0100	4	12	1100	C
5	0101	5	13	1101	D
6	0110	6	14	1110	E
7	0111	7	15	1111	F

欲將十進位轉成十六進位，我們可使用像例題 4.27 所列出的方法。這裡我們對連續除以 16 的餘數有興趣。因此，若我們想將整數 13,874,945 (基底為 10) 表為十六進位制，我們做下面計算：

$$
\begin{array}{rrll}
 & & \text{餘數} & \\
16 \,\lfloor\, & 13{,}874{,}945 & & \\
16 \,\lfloor\, & 867{,}184 & 1 & (r_0) \\
16 \,\lfloor\, & 54{,}199 & 0 & (r_1) \\
16 \,\lfloor\, & 3{,}387 & 7 & (r_2) \\
16 \,\lfloor\, & 211 & 11\,(=B) & (r_3) \\
16 \,\lfloor\, & 13 & 3 & (r_4) \\
 & 0 & 13\,(=D) & (r_5)
\end{array}
$$

因此，$13{,}874{,}945 = (D3B701)_{16}$。

然而，有一個較簡單的方法來將基底 2 和基底 16 互轉。例如，若我們想將二進位整數 01001101 (一個位元組) 轉成十六進位的表示型，我們以四個位元為一組將這個數分開：

$$\underline{0100}\quad \underline{1101}$$
$$\;\;4\qquad\;\;D$$

接著我們將每四個位元轉成十六進位表示型 (如表 4.4 所示)，且我們有 $(01001101)_2 = (4D)_{16}$。若我們以 (二個位元組) 數 $(A13F)_{16}$ 開始且想轉成二進位表示，我們將每個十六進位符號取代為其 (四個位元) 二進位等價 (亦如表 4.4 所示)：

$$\underbrace{A}_{1010} \quad \underbrace{1}_{0001} \quad \underbrace{3}_{0011} \quad \underbrace{F}_{1111}$$

得 $(A13F)_{16} = (1010000100111111)_2$。

例題 4.29

為了要利用加法來執行減法的二元運算， [即 $(a-b) = a+(-b)$]，我們需要負的整數。當我們處理整數的二進位表示式時，我們可以使用一個普通的方法，此方法可使我們執行加法、減法、乘法及 (整數) 除法：它是**二的補數法** (two's complement method)。這個方法的名氣是在於僅以兩個電子電路即可完成工作——一個為轉換而另一個為增加。

由 -8 到 7 的整數之四位型表示式被示於表 4.5 裡。非負整數被表為它們如在表 4.3 及 4.4 的表示式。欲得 $-8 \leq n \leq -1$ 的結果，首先考慮 $|n|$ (n 的絕對值) 的二進位表示式。我們處理如下：

1) 將 $|n|$ 的二進位表示式裡每個 0(1) 取代為 1(0)；這個結果被稱為 $|n|$ (的二進位表示式) 的**一的補數** (one's complement)。

2) 加 1 (此時 $=0001$) 至步驟 (1) 的結果。這個結果被稱為 n 的**二的補數** (two's complement)。

例如，欲得 -6 (表示式) 的二的補數，我們進行如下：

1) 以 6 的二進位表示式開始。
2) 所有的 0 和 1 互換；這個結果是 0110 的一的補數。
3) 加 1 至前面結果。

$$6$$
$$\downarrow$$
$$0110$$
$$\downarrow$$
$$1001$$
$$\downarrow$$
$$1001 + 0001 = 1010$$

我們亦可使用整數 0 到 7 的四位元型並執行 (互換 0 和 1) 如表 4.5 所示的四對此類型的表示式以得 $-8 \leq n \leq -1$ 的四位元型。注意表 4.5 裡的四位元型中，負整數是以 0 開始，而表中的負整數的第一個位元是 1。

●表 4.5

二的補數記法	
被表示的值	四位元型
7	0 1 1 1
6	0 1 1 0
5	0 1 0 1
4	0 1 0 0
3	0 0 1 1
2	0 0 1 0
1	0 0 0 1
0	0 0 0 0
−1	1 1 1 1
−2	1 1 1 0
−3	1 1 0 1
−4	1 1 0 0
−5	1 0 1 1
−6	1 0 1 0
−7	1 0 0 1
−8	1 0 0 0

例題 4.30 　使用具八位元 (一個位元組) 型的二的補數法，我們如何以二進位制來執行減法 33−15？

我們想求 33−15＝33＋(−15)。我們發現 33＝(00100001)$_2$，且 15＝(00001111)$_2$。因此我們表 −15 為

$$11110000 + 00000001 = 11110001.$$

被表為二的補數記法的整數加法和通常的二元加法一樣，除了所有結果必須要有相同大小的位元型。這意味著當兩個整數以二的補數法來做相加，任何在答案的左邊多出來的位元必被拋棄。我們說明這個於下面的計算。

```
  33           00100001
− 15         + 11110001
           → 100010010
```
這個位元被拋棄　　答案＝(00010010)$_2$＝18
　　　　　　　　　這個位元指示答案是負的

欲求 15−33，我們使用 15＝(00001111)$_2$ 及 33＝(00100001)$_2$。接著，欲以 15＋(−33) 來計算 15−33 我們表 −33 為 11011110＋00000001＝11011111。這給我們下面結果：

```
      15              00001111
    − 33    ⟶      + 11011111
                     11101110
                     ↑ 這個位元指示
                       答案是負的
```

為得答案的正型，我們進行如下：

```
              11101110
1) 取一的補數。    ↓
              00010001
2) 加 1 至前面結果。 ↓
              00010010
```

因為 $(00010010)_2 = 18$，所以答案是 -18。

在前面兩個計算中，有個問題我們需要避免的，即我們可以八位元型表示的整數的大小。不管我們用的是多大的型，可被表示的整數之大小是有限制的。當我們超出這個大小，將得一個**溢出錯誤** (overflow error) 的結果。例如，若我們工作在八位元型且試著加 117 和 88，我們得

```
     117             01110101
   +  88   ⟶     + 01011000
                     11001101
                     ↑ 這個位元指示
                       答案是負的
```

這個結果說明當兩數相加時我們可以如何來偵測一個溢出錯誤。這裡有一個溢出錯誤：兩個正整數的八位元型的和得到一個負整數的八位元型。同理，當兩個負整數 (的八位元型) 相加得一個正整數的八位型時，一個溢出錯誤被偵測出來。

欲知為何例題 4.30 的程序在一般情形亦可行，令 x, $y \in \mathbf{Z}^+$ 具 $x > y$。

令 $2^{n-1} \leq x < 2^n$。則 x 的二進位表示式是由 n 個位元組成 (且首項位元為 1)。2^n 的二進位表示式由 $n+1$ 個位元組成：一個首項 1 後面跟著 n 個 0。$2^n - 1$ 的二進位表示式由 n 個 1 組成。

當我們由 $2^n - 1$ 減去 y，我們有

$$(2^n - 1) - y = \underbrace{11\ldots 1}_{n \text{ 個 } 1} - y, y \text{ 的一個補數}$$

則 $(2^n-1)-y+1$ 給我們的二的補數，且

$$x - y = x + [(2^n - 1) - y + 1] - 2^n,$$

其中最後一項，-2^n，導致答案左邊額外的位元的除去。

我們以合成數方面的一個最後結果做為本節的結束。

例題 4.31 若 $n \in \mathbf{Z}^+$ 且 n 為合成數，則存在一個質數 p 使得 $p|n$ 且 $p \leq \sqrt{n}$。

證明：因為 n 為合成數，我們可寫 $n = n_1 n_2$，其中 $1 < n_1 < n$ 且 $1 < n_2 < n$。我們要求整數 n_1，n_2 中的一個必小於或等於 $\sqrt{n}$。若不，則 $n_1 > \sqrt{n}$ 且 $n_2 > \sqrt{n}$ 給我們 $n = n_1 n_2 > (\sqrt{n})(\sqrt{n}) = n$ 的矛盾。不失一般性，我們將假設 $n_1 \leq \sqrt{n}$。若 n_1 為質數，結果成立。若 n_1 不是質數，則由引理 4.1，存在一個質數 $p < n_1$，其中 $p|n_1$。所以 $p|n$ 且 $p \leq \sqrt{n}$。

習題 4.3

1. 證明定理 4.3 的剩餘部份。
2. 令 a，b，c，$d \in \mathbf{Z}^+$，證明 (a) $[(a|b) \wedge (c|d)] \Rightarrow ac|bd$；(b) $a|b \Rightarrow ac|bc$；且 (c) $ac|bc \Rightarrow a|b$。
3. 若 p，q 為質數，證明 $p|q$ 若且唯若 $p = q$。
4. 若 a，b，$c \in \mathbf{Z}^+$ 且 $a|bc$，是否可得 $a|b$ 或 $a|c$？
5. 對所有整數 a，b 及 c，證明若 $a \nmid bc$，則 $a \nmid b$ 且 $a \nmid c$。
6. 令 $n \in \mathbf{Z}^+$，其中 $n \geq 2$。證明若 a_1, a_2, $\cdots$, a_n, b_1, b_2, $\cdots$, $b_n \in \mathbf{Z}^+$ 且 $a_i | b_i$ 對所有 $1 \leq i \leq n$，則 $(a_1 a_2 \cdots a_n)|(b_1 b_2 \cdots b_n)$。
7. a) 求三個正整數 a，b，c 滿足 $31|(5a + 7b + 11c)$。

   b) 若 a，b，$c \in \mathbf{Z}$ 且 $31|(5a + 7b + 11c)$，證明 $31|(21a + 17b + 9c)$。
8. 某雜貨店做一個星期的大促銷以提升銷售額。每位顧客購買超過 \$20 價值的雜貨將得一張有 12 個號碼的遊戲卡；若這些數字中的幾個和恰為 500，則顧客可得一個 \$500 的購買遊戲 (在雜貨店)。Eleanor 得到她的遊戲卡，且卡片上的 12 個數字為：144，336，30，66，138，162，318，54，84，288，126 及 456。試問 Eleanor 有贏得一個 \$500 的購買遊戲嗎？
9. 令 a，$b \in \mathbf{Z}^+$。若 $b|a$ 且 $b|(a+2)$，證明 $b = 1$ 或 $b = 2$。
10. 若 $n \in \mathbf{Z}^+$，且 n 為奇數，證明 $8|(n^2 - 1)$。
11. 若 a，$b \in \mathbf{Z}^+$，且兩者均為奇數，證明 $2|(a^2 + b^2)$ 但 $4 \nmid (a^2 + b^2)$。
12. 對下各題求商 q 及餘數 r，其中 a 為被除數且 b 為除數。

    a) $a = 23$，$b = 7$　　b) $a = -115$，$b = 12$
    c) $a = 0$，$b = 42$　　d) $a = 434$，$b = 31$
13. 若 $n \in \mathbf{N}$，證明 $3|(7^n - 4^n)$。
14. 將下面各題 (以 10 為底) 的整數分別寫成以 2 為底、以 4 為底及以 8 為底的整數。

    a) 137　　b) 6243　　c) 12,345
15. 將下面各題 (以 10 為底) 的整數分別寫

成以 2 為底及以 16 為底的整數。

a) 22　b) 527　c) 1234　d) 6923

16. 將下面各個十六進位數分別轉成以 2 為底及以 10 為底的整數。

a) A7　b) 4C2　c) 1C2B　d) A2DFE

17. 將下面各個二進位數轉成以 10 為底及以 16 為底的整數。

a) 11001110　b) 00110001
c) 11110000　d) 01010111

18. 對什麼樣的底我們可得 251+445=1026？

19. 求所有 $n \in \mathbf{Z}^+$ 使得 n 整除 $5n+18$。

20. 寫出下面各個整數的二的補數表示式。這裡的結果為八位元型。

a) 15　b) -15　c) 100
d) -65　e) 127　f) -128

21. 若某機器以二的補數法儲存整數，則它可儲存的最大及最小整數是什麼？若其使用的位元型為 (a) 4 位元？(b) 8 位元？(c) 16 位元？(d) 32 位元？(e) 2^n 位元，$n \in \mathbf{Z}^+$？

22. 在下面各個問題裡，我們對 -8 到 7 的整數的二的補數表示式使用四位元型。解每個問題 (若可能)，並將結果轉成以 10 為底的整數來檢查您的答案。注意任何的溢出錯誤。

a)　0101　　　b)　1101
　+0001　　　　+1110

c)　0111　　　d)　1101
　+1000　　　　+1010

23. 若 $a, x, y \in \mathbf{Z}$，且 $a \neq 0$，證明 $ax = ay \Rightarrow x = y$。

24. 寫一個電腦程式 (或一演算法) 將以 10 為底的正整數轉成以 b 為底的整數，其中 $2 \leq b \leq 9$。

25. 除法算則可被一般化如下：對 $a, b \in \mathbf{Z}$，$b \neq 0$，存在唯一的 $q, r \in \mathbf{Z}$ 使得 $a = qb + r$，$0 \leq r < |b|$。使用定理 4.5，證明這個演算法的一般型對 $b < 0$。

26. 寫一個電腦程式 (或一演算法) 將以 10 為底的正整數轉成以 16 為底的整數。

27. 對 $n \in \mathbf{Z}^+$，寫一電腦程式 (或一演算法) 列出 n 的所有正因數。

28. 遞迴定義集合 $X \subseteq \mathbf{Z}^+$ 如下：
1) $3 \in X$；且
2) 若 $a, b \in X$，則 $a+b \in X$。

證明 $X = \{3k | k \in \mathbf{Z}^+\}$，可被 3 整除的所有正整數所成的集合。

29. 令 $n \in \mathbf{Z}^+$ 且 $n = r_k \cdot 10^k + \cdots + r_2 \cdot 10^2 + r_1 \cdot 10 + r_0$ (n 以 10 為底的表示式)。證明

a) $2|n$ 若且唯若 $2|r_0$。
b) $4|n$ 若且唯若 $4|(r_1 \cdot 10 + r_0)$。
c) $8|n$ 若且唯若 $8|(r_2 \cdot 10^2 + r_1 \cdot 10 + r_0)$。

敘述一個由這些結果所建議的定理。

4.4　最大公因數：歐幾里得演算法

繼續 4.3 節所發展的除法運算，我們將注意力轉向兩個整數的因數。

對 $a, b \in \mathbf{Z}$，正整數 c 被稱為 a 和 b 的**公因數** (common divisor) 若

定義 4.2

$c|a$ 且 $c|b$。

例題 4.32　42 和 70 的公因數為 1，2，7 及 14，且 14 為所有公因數中最大的。

定義 4.3　令 a，$b \in \mathbf{Z}$，其中不是 $a \neq 0$ 就是 $b \neq 0$，則 $c \in \mathbf{Z}^+$ 被稱為 a，b 的**最大公因數** (greatest common divisor) 若
  a) $c|a$ 且 $c|b$ (即 c 是 a，b 的公因數)，且
  b) 對 a 和 b 的任意因數 d，我們有 $d|c$。

例題 4.32 的結果滿足這些條件。即 14 同時整除 42 和 70，且 42 和 70 的任意公因數，即 1，2，7 及 14 均整除 14。然而，這個例題處理兩個小的整數。若兩個整數每個有 20 位數，則我們將做什麼呢？

1) 給 a，$b \in \mathbf{Z}$，其中 a，b 至少有一個非 0，則 a 和 b 的最大公因數是否總是存在？若是，吾人將如何求此一整數？
2) 兩個整數可有多少個最大公因數？

在處理這些問題時，我們集中注意在 a，$b \in \mathbf{Z}^+$。

定理 4.6　對所有 a，$b \in \mathbf{Z}^+$，存在一個唯一的 $c \in \mathbf{Z}^+$ 為 a，b 的最大公因數。
證明：給 a，$b \in \mathbf{Z}^+$，令 $S = \{as+bt | s, t \in \mathbf{Z}, as+bt > 0\}$。因為 $S \neq \emptyset$，由良序原理 S 有一個最小元素 c。我們要求 c 為 a，b 的最大公因數。

因為 $c \in S$，$c = ax + by$，對某些 x，$y \in \mathbf{Z}$。因此，$d \in \mathbf{Z}$ 且 $d|a$ 及 $d|b$，則由定理 4.3(f)，$d|(ax+by)$，所以 $d|c$。

若 $c \nmid a$，我們可以使用除法演算寫 $a = qc + r$，其中 q，$r \in \mathbf{Z}^+$ 且 $0 < r < c$。則 $r = a - qc = a - q(ax+by) = (1-qx)a + (-qy)b$，所以 $r \in S$，這個和 c 為 S 的最小元素矛盾。因此，$c|a$，且同理，$c|b$。

因此，所有 a，$b \in \mathbf{Z}^+$ 有一個最大公因數。若 c_1，c_2 同時滿足定義 4.3 的兩個條件，則以 c_1 為最大公因數且 c_2 為一公因數，得 $c_2|c_1$。角色互換，我們發現 $c_1|c_2$ 且所以由定理 4.3(b) 得 $c_1 = c_2$ 因為 c_1，$c_2 \in \mathbf{Z}^+$。

我們現在知道對所有 a，$b \in \mathbf{Z}^+$，a，b 的最大公因數存在且為唯一。這個數將被表為 $\gcd(a, b)$。這裡 $\gcd(a, b) = \gcd(b, a)$；且對每個 $a \in \mathbf{Z}$，若 $a \neq 0$，則 $\gcd(a, 0) = |a|$。而且當 a，$b \in \mathbf{Z}^+$，我們有 $\gcd(-a, b) = \gcd(a, -b) = \gcd(-a, -b) = \gcd(a, b)$。最後，$\gcd(0, 0)$ 無意義且我們對它沒興趣。

由定理 4.6，我們看到不僅 gcd(a, b) 存在而且 gcd(a, b) 為可被寫為 a 和 b 的**線性組合** (linear combination) 中的**最小正整數** (smallest positive integer)。然而，我們必須明白若 a，b，$c \in \mathbf{Z}^+$ 且 $c = ax + by$ 對某些 x，$y \in \mathbf{Z}$，則我們不必要知道 c 為 gcd(a, b)，除非我們亦知道 c 為可被寫為 a 和 b 之線性組合中的最小正整數。

最後，整數 a 和 b 被稱為**互質** (relatively prime) 當 gcd(a, b) = 1，亦即當存在 x，$y \in \mathbf{Z}$，滿足 $ax + by = 1$。

例題 4.33

因為 gcd(42, 70) = 14，我們可求 x，$y \in \mathbf{Z}$ 滿足 $42x + 70y = 14$ 或 $3x + 5y = 1$。由觀察法，$x = 2$，$y = -1$ 為一解；$3(2) + 5(-1) = 1$。但若 $k \in \mathbf{Z}$，$1 = 3(2 - 5k) + 5(-1 + 3k)$，所以 $14 = 42(2 - 5k) + 70(-1 + 3k)$，所以 x，y 的解不是唯一。

一般來講，若 gcd(a, b) = d，則 gcd(a/d, b/d) = 1 (證明之)。若 $(a/d)x_0 + (b/d)y_0 = 1$，則 $1 = (a/d)(x_0 - (b/d)k) + (b/d)(y_0 + (a/d)k)$，對每個 $k \in \mathbf{Z}$。所以 $d = a(x_0 - (b/d)k) + b(y_0 + (a/d)k)$，產生無窮組解給 $ax + by = d$。

當 a，b 十分小時，前例和前面的觀察進行得夠好。但對任意的 a，$b \in \mathbf{Z}^+$，我們如何來求 gcd(a, b) 呢？若 $a|b$，則 gcd(a, b) = a；且若 $b|a$，則 gcd(a, b) = b，否則，我們轉到下面結果，其歸功於歐幾里得。

定理 4.7

歐幾里得演算法 (Euclidean Algorithm)。令 a，$b \in \mathbf{Z}^+$。令 $r_0 = a$ 及 $r_1 = b$ 且應用 n 次除法演算法如下：

$$r_0 = q_1 r_1 + r_2, \qquad 0 < r_2 < r_1$$
$$r_1 = q_2 r_2 + r_3, \qquad 0 < r_3 < r_2$$
$$r_2 = q_3 r_3 + r_4, \qquad 0 < r_4 < r_3$$
$$\cdots\cdots\cdots$$
$$r_i = q_{i+1} r_{i+1} + r_{i+2}, \qquad 0 < r_{i+2} < r_{i+1}$$
$$\cdots\cdots\cdots$$
$$r_{n-2} = q_{n-1} r_{n-1} + r_n, \qquad 0 < r_n < r_{n-1}$$
$$r_{n-1} = q_n r_n.$$

則 r_n，最後的非零餘數，等於 gcd(a, b)。

證明：欲證明 r_n = gcd(a, b)，我們建立定義 4.3 的兩個條件。

以所列的第一個除法過程開始 (其中 $r_0 = a$ 且 $r_1 = b$)。若 $c|r_0$ 且 $c|r_1$，則以 $r_0 = q_1 r_1 + r_2$，得 $c|r_2$。其次 $[(c|r_1) \wedge (c|r_2)] \Rightarrow c|r_3$，因為 $r_1 = q_2 r_2 + r_3$。

繼續下面的除法過程，我們得到 $c|r_{n-2}$ 及 $c|r_{n-1}$。由倒數第二個方程式，得 $c|r_n$，且證明了定理 4.3 的條件 (b)。

欲證明條件 (a)，我們以反方向來走。由最後方程式，$r_n|r_{n-1}$，所以 $r_n|r_{n-2}$，因為 $r_{n-2} = q_{n-1}r_{n-1} + r_n$。繼續上面的方程式，得 $r_n|r_4$ 且 $r_n|r_3$，所以 $r_n|r_2$。則 $[(r_n|r_3) \wedge (r_n|r_2)] \Rightarrow r_n|r_1$ (即 $r_n|b$)，且最後 $[(r_n|r_2) \wedge (r_n|r_1)] \Rightarrow r_n|r_0$ (即 $r_n|a$)。因此 $r_n = \gcd(a, b)$。

在定理 4.5 及 4.7 的敘述描述裡我們已使用了**演算法** (algorithm) 這個字。這個名詞在本書的其它章節裡得經常再被使用，所以考慮其真正的內涵是一個不錯的想法。

首先，一個演算法是一個前提指令表列，被設計來解一個特殊型態的問題，不僅是解一特殊情形而已。一般來講，我們期望所有的演算法接受輸入且提供需要的結果做為**輸出**。而且，每當我們重複輸入相同的值，演算法應提供相同的結果。這個可發生，當指令表列滿足每個指令執行後所得的立刻結果是唯一的，僅和輸入有關且和已被任何前指令所導出的結果有關。為了達到這個目標，任何含糊必須由演算法終止；指令必須以簡單不含糊的方法描寫，這個方法可被某個機器執行。最後，演算法不可以不確定的繼續。它們必須在執行有限個指令之後停止。

在定理 4.7，我們遭遇任兩個正整數的最大公因數的決定。因此，這個演算法接受兩個正整數 a，b 為其輸入且產生它們的最大公因數做為輸出。

定理 4.5 的演算法這個字是基於傳統。如定理敘述，它沒有提供前提指令來決定我們想要的輸出。(我們在例題 4.26 之前提到這個事實。) 為清除定理 4.5 的這個缺失，然而，我們把指令給在圖 4.10 的擬編碼程序裡。

我們現在應用歐幾里得演算法於下面五個例題。

例題 4.34 求 250 及 111 的最大公因數，並將結果表為這兩個整數的一線性組合。

$$250 = 2(111) + 28, \quad 0 < 28 < 111$$
$$111 = 3(28) + 27, \quad 0 < 27 < 28$$
$$28 = 1(27) + 1, \quad 0 < 1 < 27$$
$$27 = 27(1) + 0.$$

所以 1 是最後的非零餘數。因此，$\gcd(250, 111) = 1$ 且 250 和 111 為互質。由第三個方程式往回算，我們有 $1 = 28 - 1(27) = 28 - 1[111 - 3(28)]$

= (−1)(111) + 4(28) = (−1)(111) + 4[250 − 2(111)] = 4(250) − 9(111) = 250(4) + 111(−9)，為 250 和 111 的一個線性組合。

1 表為 250 和 111 的線性組合表示式是不唯一的，因為 1 = 250[4 − 111k] + 111[−9 + 250k]，對任意 k ∈ **Z**。

我們亦有

gcd(−250, 111) = gcd(250, −111) = gcd(−250, −111) = gcd(250, 111) = 1.

下一個例題更具一般性，其考慮無限多對整數的最大公因數。

例題 4.35 對任意 n ∈ **Z**$^+$，證明整數 8n+3 和 5n+2 互質。
當 n=1，我們發現 gcd(8n + 3, 5n + 2) = gcd(11, 7) = 1。
對 n ≥ 2，我們有 8n+3 > 5n+2，且如前例，我們可寫

$$
\begin{aligned}
8n + 3 &= 1(5n + 2) + (3n + 1), & 0 < 3n + 1 < 5n + 2 \\
5n + 2 &= 1(3n + 1) + (2n + 1), & 0 < 2n + 1 < 3n + 1 \\
3n + 1 &= 1(2n + 1) + n, & 0 < n < 2n + 1 \\
2n + 1 &= 2(n) + 1, & 0 < 1 < n \\
n &= n(1) + 0.
\end{aligned}
$$

因此，最後的非零餘數為 1，所以 gcd(8n+3, 5n+2) = 1 對所有 n ≥ 1。但我們亦可達到這個結論若我們已注意到

$$(8n + 3)(-5) + (5n + 2)(8) = -15 + 16 = 1.$$

且因為 1 被表為 8n+3 和 5n+2 的線性組合，且沒有更小的正整數可有這個性質，所以 8n+3 和 5n+2 的最大公因數為 1，對任意正整數 n。

例題 4.36 此刻我們將使用歐幾里得演算法來發展一個程序 (以擬編碼) 以求 gcd(a, b) 對所有 a，b ∈ **Z**$^+$。圖 4.11 的程序使用二元運算 **mod**，其中對 x，y ∈ **Z**$^+$，x **mod** y = x 被 y 除去後的餘數。例如，7 **mod** 3 是 1，且 18 **mod** 5 是 3。(我們將在第 14 章更詳細的來處理 "餘數算術"。)

同時，我們以 a=168 及 b=456 叫這個程序，則程序首先指定 r 值為 168 **mod** 456 = 168 且 d 值為 456。因為 r > 0 在 **while** 迴圈裡的編碼被執行 (第一次) 且我們得：c=456，d=168。r=456 **mod** 168=120。然後我們發現在 **while** 迴圈的編碼再被執行三次且得下面結果：

(第二回)：c = 168, d = 120, r = 168 **mod** 120 = 48
(第三回)：c = 120, d = 48, r = 120 **mod** 48 = 24

```
procedure gcd(a, b: 正整數)
begin
  r := a mod b
  d := b
  while r > 0 do
    begin
      c := d
      d := r
      r := c mod d
    end
end {gcd(a,b) 是 d, 最後非零餘數}
```

◎圖 4.11

(第四回)：$c = 120, d = 48, r = 120 \bmod 48 = 24$

因為現在 r 為 0，這個程序告訴我們 $\gcd(a, b) = \gcd(168, 456) = 24$，為最後的 d 值 (最後的非零餘數)。

例題 4.37　　Griffin 有兩個沒有刻度的容器。其中一個容器可容 17 盎司而另一個容器可容 55 盎司。試解釋 Griffin 如何使用這兩個容器來測量恰為 1 盎司的水。

由歐幾里得演算法，我們發現

$$55 = 3(17) + 4, \quad 0 < 4 < 17$$
$$17 = 4(4) + 1, \quad 0 < 1 < 4.$$

因此，$1 = 17 - 4(4) = 17 - 4[55 - 3(17)] = 13(17) - 4(55)$。所以，Griffin 必須填滿他較小的 (17 盎司) 容器十三次且 (在前十二次) 把小容器內的水全倒入大容器。(當大容器滿時，Griffin 亦倒光大容器。) 在他第十三次倒入小容器時，Griffin 有 $12(17) - 3(55) = 204 - 165 = 39$ 盎斯的水在大 (55 盎斯) 容器內。在他第十三次填滿小容器之後，他將由小容器倒出 16 ($= 55 - 39$) 盎斯進入大容器。此時恰有一盎斯留在小容器裡。

例題 4.38　　在寫程式課堂上幫助學生，Brian 發現他平均 6 分鐘可幫一位學生除錯一個 Java 程式，但需 10 分鐘除錯 C++ 的程式。假若他連續工作 104 分鐘且沒浪費任何時間，則對各個語言他可除錯多少個程式？

這裡我們找整數 $x, y \geq 0$，其中 $6x + 10y = 104$，或 $3x + 5y = 52$。因 $\gcd(3, 5) = 1$，我們可寫 $1 = 3(2) + 5(-1)$，所以 $52 = 3(104) + 5(-52) = 3(104 - 5k) + 5(-52 + 3k)$，$k \in \mathbf{Z}$。為得 $0 \leq x = 104 - 5k$ 及 $0 \leq y = -52 + 3k$，我們必須有 $(52/3) \leq k \leq (104/5)$。所以 $k = 18, 19, 20$ 且有三種可能

解：

a) ($k = 18$):　　$x = 14$,　　$y = 2$　　　b) ($k = 19$):　　$x = 9$,　　$y = 5$
c) ($k = 20$):　　$x = 4$,　　$y = 8$

例題 4.38 裡的方程式為 *Diophantine* 方程式的一例；一個需要整數解的線性方程式。這種型態的方程式首先由希臘代數學家 Diophantus 所探討的，他活在西元後三世紀。

解了一個此類方程式之後，我們將探討何時一個 *Diophantine* 方程式有解。證明留給讀者。

定理 4.8　若 a，b，$c \in \mathbf{Z}^+$，Diophantine方程式 $ax+by=c$ 有一個整數解 $x = x_0$，$y = y_0$ 若且唯若 $\gcd(a, b)$ 整除 c。

我們以一個和最大公因數有關的概念做為本節的結束。

定義 4.4　對 a，b，$c \in \mathbf{Z}^+$，c 為 a，b 的公倍數若 c 同時為 a 和 b 的倍數。更而，c 是 a，b 的**最小公倍數** (least common mutiple) 若它是 a，b 的所有正公倍數中最小的。我們表 c 為 $\mathrm{lcm}(a, b)$。

若 a，$b \in \mathbf{Z}^+$，則乘積 ab 是 a 和 b 的公倍數。因此，a，b 的所有 (正) 公倍數所成的集合非空。所以由良序原理知 $\mathrm{lcm}(a, b)$ 實存在。

例題 4.39

a) 因 $12 = 3 \cdot 4$ 且沒有更小的正整數是 3 和 4 的倍數，我們有 $\mathrm{lcm}(3, 4) = 2 = \mathrm{lcm}(4, 3)$。然而，$\mathrm{lcm}(6, 15) \neq 90$，因為雖然 90 是 6 和 15 的公倍數，但存在一個較小的倍數，即為 30。且因為 6 和 15 的公倍數中沒有一個小於 30，所以 $\mathrm{lcm}(6, 15) = 30$。
b) 對所有 $n \in \mathbf{Z}^+$，我們發現 $\mathrm{lcm}(1, n) = \mathrm{lcm}(n, 1) = n$。
c) 當 a，$n \in \mathbf{Z}^+$，我們有 $\mathrm{lcm}(a, na) = na$。[這個敘述是 (b) 的一般化。當 $a=1$ 時，由這個敘述可得前一個敘述。]
d) 若 a，m，$n \in \mathbf{Z}^+$ 且 $m \leq n$，則 $\mathrm{lcm}(a^m, a^n) = a^n$。[且 $\gcd(a^m, a^n) = a^m$。]

定理 4.9　令 a，b，$c \in \mathbf{Z}^+$ 且 $c = \mathrm{lcm}(a, b)$。若 d 是 a 和 b 的公倍數，則 $c|d$。

證明：若否，則由除法演算法，我們可寫 $d = qc + r$，其中 $0 < r < c$。因為 $c = \mathrm{lcm}(a, b)$，得 $c = ma$ 對某些 $m \in \mathbf{Z}^+$。而且，$d = na$ 對某些 $n \in \mathbf{Z}^+$，

因為 d 是 a 的倍數。因此，$na = qma + r \Rightarrow (n-qm)a = r > 0$，且 r 是 a 的倍數。同理 r 為 b 的倍數，所以，r 是 a，b 的公倍數。但因 $0 < r < c$，這個和 c 是 a 的最小公倍數矛盾。因此 $c|d$。

本節的最後結果將最大公因數和最小公倍數聯結在一起。更而，它提供一個計算 $\text{lcm}(a, b)$ 的方法對所有 $a, b \in \mathbf{Z}^+$。這個結果的證明留給讀者。

定理 4.10　　對所有 $a, b \in \mathbf{Z}^+$，$ab = \text{lcm}(a, b) \cdot \gcd(a, b)$。

例題 4.40　　由定理 4.10，我們有下面：

a) 對所有 $a, b \in \mathbf{Z}^+$，若 a, b 互質，則 $\text{lcm}(a, b) = ab$。
b) 例題 4.36 的計算建立 $\gcd(168, 456) = 24$ 的事實。由此結果我們發現

$$\text{lcm}(168, 456) = \frac{(168)(456)}{24} = 3{,}192.$$

習題 4.4

1. 對下面各對 $a, b \in \mathbf{Z}^+$，求 $\gcd(a, b)$ 並將它表為 a, b 的一線性組合。
   a) 231, 1820　b) 1369, 2597　c) 2689, 4001

2. 對 $a, b \in \mathbf{Z}^+$ 且，$s, t \in \mathbf{Z}$，我們能對 $\gcd(a, b)$ 說些什麼若
   a) $as + bt = 2$?　　b) $as + bt = 3$?
   c) $as + bt = 4$?　　d) $as + bt = 6$?

3. 對 $a, b \in \mathbf{Z}^+$ 且 $d = \gcd(a, b)$，證明
   $$\gcd\left(\frac{a}{d}, \frac{b}{d}\right) = 1.$$

4. 對 $a, b, n \in \mathbf{Z}^+$，證明 $\gcd(na, nb) = n \gcd(a, b)$。

5. 令 $a, b, c \in \mathbf{Z}^+$ 且 $c = \gcd(a, b)$，證明 c^2 整除 ab。

6. 令 $n \in \mathbf{Z}^+$。
   a) 證明 $\gcd(n, n+2) = 1$ 或 2。
   b) $\gcd(n, n+3)$ 的可能值為何？$\gcd(n, n+4)$ 的可能值為何？
   c) 若 $k \in \mathbf{Z}^+$，則 $\gcd(n, n+k)$ 的值為何？

7. 對 $a, b, c, d \in \mathbf{Z}^+$，證明若 $d = a + bc$，則 $\gcd(b, d) = \gcd(a, b)$。

8. 令 $a, b, c \in \mathbf{Z}^+$ 且 $\gcd(a, b) = 1$。若 $a|c$ 且 $b|c$，證明 $ab|c$。若 $\gcd(a, b) \neq 1$，結果是否成立？

9. 令 $a, b \in \mathbf{Z}$，其中 a, b 至少有一非零。
   a) 使用量詞，對 $c = \gcd(a, b)$，其中 $c \in \mathbf{Z}^+$ 重給定義。
   b) 使用 (a) 之結果以決定何時 $c \neq \gcd$

(a, b) 對某些 $c \in \mathbf{Z}^+$。

10. 若 a，b 互質且 $a>b$，證明 gcd $(a-b, a+b) = 1$ 或 2。

11. 令 a，b，$c \in \mathbf{Z}^+$ 且 gcd$(a, b)=1$。若 $a|bc$，證明 $a|c$。

12. 令 a，$b \in \mathbf{Z}^+$ 且 $a \geq b$。證明 gcd(a, b) = gcd $(a-b, b)$。

13. 證明對任一 $n \in \mathbf{Z}^+$，gcd$(5n+3, 7n+4) = 1$。

14. 某主管買價值 \$2490 的禮物送給她的職員的小孩。每個女孩得一隻值 \$33 的藝術風箏；每個男孩得一套值 \$29 的工具，則這兩種禮物她各可買多少個？

15. 在 Mohegan Sun 賭場渡過一個周末後，Gary 發現他贏了 \$1020 —— 分別為 \$20 及 \$50 的籌碼。若 \$50 的籌碼比 \$20 的籌碼多，則他有多少個各種面額的籌碼？

16. 令 a，$b \in \mathbf{Z}^+$。證明存在 c，$d \in \mathbf{Z}^+$ 滿足 $cd=a$ 且 gcd$(c, d)=b$ 若且唯若 $b^2|a$。

17. 決定那些 $c \in \mathbf{Z}^+$ 值，$10<c<20$，使得 Diophantine 方程式 $84x+990y=c$ 無解。對剩下的 c 值求解。

18. 證明定理 4.8 和 4.10。

19. 若 a，$b \in \mathbf{Z}^+$ 且 $a=630$，gcd$(a, b)=105$，且 lcm$(a, b)=242, 550$，求 b？

20. 對習題 1 的每對 a，b，求 lcm(a, b)。

21. 對每個 $n \in \mathbf{Z}^+$，求 gcd$(n, n+1)$ 及 lcm$(n, n+1)$？

22. 證明 lcm$(na, nb)=n$ lcm(a, b) 對所有 n，a，$b \in \mathbf{Z}^+$。

4.5 算術基本定理

本節我們將擴大引理 4.1 且證明對每個 $n \in \mathbf{Z}^+$，$n>1$，n 不是質數就是可被表為質數的乘積，其中表示式若依序排列是唯一的。這個結果為著名的**算術基本定理** (Fundamental Theorem of Arithmetic) 可被發現在歐幾里得幾何原本的第九卷。

下面兩個引理將助我們完成我們的目標。

若 a，$b \in \mathbf{Z}^+$ 且 p 為質數，則 $p|ab \Rightarrow p|a$ 或 $p|b$。　　　　　　　　　引理 4.2

證明：若 $p|a$，則完成。若不，則因為 p 為質數，得 gcd$(p, a)=1$，且所以存在整數 x，y 滿足 $px+ay=1$。則 $b=p(bx)+(ab)y$，其中 $p|p$ 且 $p|ab$。所以由定理 4.3 的 (d) 及 (e) 得 $p|b$。

令 $a_i \in \mathbf{Z}^+$ 對所有 $1 \leq i \leq n$。若 p 為質數且 $p|a_1 a_2 \cdots a_n$，則 $p|a_i$ 對某　　引理 4.3
些 $1 \leq i \leq n$。

證明： 我們將證明留給讀者。

使用引理 4.2，我們現在有另外一個機會利用矛盾證法來建立一個結果。

例題 4.41 我們想證明 $\sqrt{2}$ 為無理數。

若否，我們可寫 $\sqrt{2} = a/b$，其中 $a, b \in \mathbf{Z}^+$ 且 $\gcd(a, b) = 1$。則 $\sqrt{2} = a/b \Rightarrow 2 = a^2/b^2 \Rightarrow 2b^2 \Rightarrow a^2 \Rightarrow 2|a^2 \Rightarrow 2|a$。(為什麼？)。而且，$2|a \Rightarrow a = 2c$ 對某些 $c \in \mathbf{Z}^+$，所以 $2b^2 = a^2 = (2c)^2 = 4c^2$ 且 $b^2 = 2c^2$，則 $2|b^2 \Rightarrow 2|b$。因為 2 同時整除 a 和 b，所以 $\gcd(a, b) \geq 2$，但這個和 $\gcd(a, b) = 1$ 矛盾。[注意：$\sqrt{2}$ 的無理性的早先證明被認為是亞里斯多德 (Aristotle) (384－322 B.C.) 所證的且和歐幾里得幾何原本第十卷所給的證明相似。]

在轉向本節的主要結果之前，讓我們指出在前例中的整數 2 不是特殊的。讀者在本節習題裡將被要求證明事實上 $\sqrt{p}$ 為無理數對每個質數 p。現在我們已提到這個事實，現在是提出算術基本定理的時候了。

定理 4.11 每個整數 $n > 1$ 可被唯一的表為質數的乘積，此唯一係依據質數的順序。(這裡單一個質數被考慮為一個因子的乘積。)

證明： 證明分成兩個部份：第一部份涵蓋質因數分解的存在性，且第二部份處理唯一性。

若第一部份不為真，令 $m > 1$ 為不可被表為質數乘積的最小整數。因為 m 不是質數，我們可以寫 $m = m_1 m_2$，其中 $1 < m_1 < m$，$1 < m_2 < m$。則 m_1, m_2 可被表為質數的乘積，因為它們小於 m。因此，以 $m = m_1 m_2$ 我們可得 m 的一個質因數分解。

為建立一個質因數分解的唯一性，我們將使用數學歸納法原理替代型 (定理 4.2)。對整數 2，我們有一個唯一的質因數分解，且假設 3，4，5，…，$n-1$ 的唯一表示均成立，我們假設 $n = p_1^{s_1} p_2^{s_2} \cdots p_k^{s_k} = q_1^{t_1} q_2^{t_2} \cdots q_r^{t_r}$，其中每個 p_i，$1 \leq i \leq k$ 且每個 q_j，$1 \leq j \leq r$，為質數。而且，$p_1 < p_2 < \cdots < p_k$，且 $q_1 < q_2 < \cdots q_r$，且 $s_i > 0$ 對所有 $1 \leq i \leq k$，$t_j > 0$ 對所有 $1 \leq j \leq r$。

因為 $p_1 | n$，我們有 $p_1 | q_1^{t_1} q_2^{t_2} \cdots q_r^{t_r}$。由引理 4.3，$p | q_j$ 對某些 $1 \leq j \leq r$。因為 p_1 及 q_j 為質數，我們有 $p_1 = q_j$。事實上，$j = 1$，否則 $q_1 | n \Rightarrow q_1 = p_e$ 對某些 $1 \leq e \leq k$ 且 $p_1 < p_e = q_1 < q_j = p_1$。以 $p_1 = q_1$，我們發現 $n_1 = n / p_1 = p_1^{s_1-1} p_2^{s_2} \cdots p_k^{s_k} = q_1^{t_1-1} q_2^{t_2} \cdots q_r^{t_r}$。因為 $n_1 < n$，由歸納法假設，得 $k = r$，$p_i = q_i$ 對 $1 \leq i \leq k$，$s_1 - 1 = t_1 - 1$ (所以 $s_1 = t_1$)，且 $s_i = t_i$ 對 $2 \leq i \leq k$。因此 n 的質因數分解是唯一的。

第四章 整數的性質：數學歸納法

這個結果現在被使用在下面五個例題裡。

例題 4.42 對整數 980,220，我們可求質因數分解如下：

$$980{,}220 = 2^1(490{,}110) = 2^2(245{,}055) = 2^2 3^1(81{,}685) = 2^2 3^1 5^1(16{,}337)$$
$$= 2^2 3^1 5^1 17^1(961) = 2^2 \cdot 3 \cdot 5 \cdot 17 \cdot 31^2$$

例題 4.43 假設 $n \in \mathbf{Z}^+$ 且

$$(*) \qquad 10 \cdot 9 \cdot 8 \cdot 7 \cdot 6 \cdot 5 \cdot 4 \cdot 3 \cdot 2 \cdot n = 21 \cdot 20 \cdot 19 \cdot 18 \cdot 17 \cdot 16 \cdot 15 \cdot 14.$$

因為 17 為方程式 (*) 右邊整數的質因數，它必亦為左邊的因數 (由算術基本定理的唯一性。) 但 17 不能整除因數 10，9，8，⋯，3 或 2 中的任一個，所以 $17|n$。(同理可證 $19|n$)

例題 4.44 對 $n \in \mathbf{Z}^+$，我們想計數 n 的正因數個數。例如，2 有兩個正因數：1 及本身。同樣的，1 和 3 為 3 的唯一正因數。而對 4，我們發現有三個正因數 1，2 及 4。

欲求每個 $n \in \mathbf{Z}^+$，$n \geq 1$ 的結果，我們使用定理 4.11，且表 $n = p_1^{e_1} p_2^{e_2} \cdots p_k^{e_k}$，其中對每個 $1 \leq i \leq k$，p_i 為質數且 $e_i > 0$。若 $m|n$，則 $m = p_1^{f_1} p_2^{f_2} \cdots p_k^{f_k}$，其中 $0 \leq f_i \geq e_i$ 對所有 $1 \leq i \leq k$。所以由乘積法則，n 的正因數個數為

$$(e_1 + 1)(e_2 + 1) \cdots (e_k + 1).$$

例如，因為 $29{,}338{,}848{,}000 = 2^8 3^5 5^3 7^3 11$，我們發現 29,338,848,000 有 $(8+1)(5+1)(3+1)(3+1)(1+1) = (9)(6)(4)(4)(2) = 1728$ 個正因數。

我們若想知道這 1728 個因數中有多少個是 $360 = 2^3 3^2 5$ 的倍數，則我們必須明白我們想計數型如 $2^{t_1} 3^{t_2} 5^{t_3} 7^{t_4} 11^{t_5}$ 的整數個數，其中

$$3 \leq t_1 \leq 8, \quad 2 \leq t_2 \leq 5, \quad 1 \leq t_3 \leq 3, \quad 0 \leq t_4 \leq 3, \quad \text{及} \quad 0 \leq t_5 \leq 1.$$

因此，29,338,848,000 的正因數可被 360 整除的個數為

$$[(8-3)+1][(5-2)+1][(3-1)+1][(3-0)+1][(1-0)+1]$$
$$= (6)(4)(3)(4)(2) = 576$$

欲求，29,338,848,000 的 1728 個正因數中有多少個為完全平方數，我們需考慮所有型如 $2^{s_1} 3^{s_2} 5^{s_3} 7^{s_4} 11^{s_5}$ 的因數，其中每個 s_1，s_2，s_3，s_4，s_5 為非負偶數。因此，我們有

s_1 有五個選擇，即為 0，2，4，6，8；

s_2 有三個選擇,即為 0,2,4;

每個 s_3,s_4 均有二個選擇,即為 0,2;且

s_5 有一個選擇,即為 0。

所以 29,338,848,000 的正因數中為完全平方數的個數為 $(5)(3)(2)(2)(1) = 60$。

對下一個例題,我們將需要乘法的 Sigma 記號 (對加法),我們最先在 1.3 節見過。這裡我們使用大寫的希臘字母 Π 來表示 Pi 記號。

我們可以使用 P_i 記號來表示乘積 $x_1 x_2 x_3 x_4 x_5 x_6$,例如 $\prod_{i=1}^{6} x_i$。一般來講,吾人可表示 $n - m + 1$ 個項 x_m,x_{m+1},x_{m+2},$\cdots$,x_n 的乘積,其中 $m,n \in \mathbf{Z}$ 且 $m \leq n$,為 $\prod_{i=m}^{n} x_i$。如 Sigma 記號,字母 i 被稱為乘積的**指標** (index),且這裡這個指標計數所有 $n-m+1$ 個整數,以下極限 m 開始且繼續至 (並包含) 上極限 n。

這個記號被展示於下:

1) $\prod_{i=3}^{7} x_i = x_3 x_4 x_5 x_6 x_7 = \prod_{j=3}^{7} x_j$,因為對於字母 i 並沒有什麼特別的。
2) $\prod_{i=3}^{6} i = 3 \cdot 4 \cdot 5 \cdot 6 = 6!/2!$;
3) $\prod_{i=m}^{n} i = m(m+1)(m+2) \cdots (n-1)(n) = n!/(m-1)!$,對所有 m,$n \in \mathbf{Z^+}$ 具 $m \leq n$;且
4) $\prod_{i=7}^{11} x_i = x_7 x_8 x_9 x_{10} x_{11} = \prod_{j=0}^{4} x_{7+j} = \prod_{j=0}^{4} x_{11-j}$。

例題 4.45 若 m,$n \in \mathbf{Z^+}$,令 $m = p_1^{e_1} p_2^{e_2} \cdots p_t^{e_t}$ 且 $n = p_1^{f_1} p_2^{f_2} \cdots p_t^{f_t}$,其中每個 p_i 為質數且 $0 \leq e_i$ 且 $0 \leq f_i$ 對所有 $1 \leq i \leq t$。則若 $a_i = \min\{e_i, f_i\}$,即 e_i 和 f_i 的最小值,和 $b_i = \max\{e_i, f_i\}$,即 e_i 和 f_i 的最大值,對所有 $1 \leq i \leq t$,我們有

$$\gcd(m,n) = p_1^{a_1} p_2^{a_2} \cdots p_t^{a_t} = \prod_{i=1}^{t} p_i^{a_i} \quad \text{且} \quad \text{lcm}(m,n) = p_1^{b_1} p_2^{b_2} \cdots p_t^{b_t} = \prod_{i=1}^{t} p_i^{b_i}$$

例如,令 $m = 491,891,400 = 2^3 3^3 5^2 7^2 11^1 13^2$ 且令 $n = 1,138,845,708 = 2^2 3^2 7^1 11^2 13^3 17^1$。則以 $p_1 = 2$,$p_2 = 3$,$p_3 = 5$,$p_4 = 7$,$p_5 = 11$,$p_6 = 13$ 及 $p_7 = 17$,我們發現 $a_1 = 2$,$a_2 = 2$,$a_3 = 0$ (在 n 的質因數分解中 5 的指數必為 0,因為 5 不出現在質因數分解裡。) $a_4 = 1$,$a_5 = 1$,$a_6 = 2$,且 $a_7 = 0$。所以,

$$\gcd(m,n) = 2^2 3^2 5^0 7^1 11^1 13^2 17^0 = 468,468.$$

我們亦有

$$\text{lcm}(m, n) = 2^3 3^3 5^2 7^2 11^2 13^3 17^1 = 1,195,787,993,400.$$

本節的最後結果是將算術基本定理和任兩個連續整數為互質的事實（見 4.4 節習題 21）結合在一起。

例題 4.46 這裡我們對下面問題找一個答案。我們可以找到三個連續正整數的乘積是一個完全平方數嗎？即是否存在 m，$n \in \mathbf{Z}^+$ 使得 $m(m+1)(m+2) = n^2$？

假設此類正整數 m，n 確實存在。我們記得 $\gcd(m, m+1) = 1 = \gcd(m+1, m+2)$，所對任一質數 p，若 $p|(m+1)$，則 $p \nmid m$ 且 $p \nmid (m+2)$。更而，若 $p|(m+1)$，得 $p|n^2$。且因為 n^2 是一個完全平方數，由算術基本定理，我們發現在 $m+1$ 和 n^2 兩者的質因數分解中 p 的指數必為相同偶數。這個對 $m+1$ 的每個質因數為真，所以 $m+1$ 為一個完全平方數。以 n^2 及 $m+1$ 兩者均為完全平方數，我們結論 $m(m+2)$ 亦為完全平方數。然而，乘積 $m(m+2)$ 滿足 $m^2 < m^2 + 2m = m(m+2) < m^2 + 2m + 1 = (m+1)^2$。因此，我們發現 $m(m+2)$ 是被插入兩個連續完全平方數之間，且不等於它們兩個中任何一個。所以 $m(m+2)$ 不可能是一個完全平方數，且沒有三個連續正整數的乘積是一個完全平方數。

習題 4.5

1. 將下面各個整數寫為一個質數乘積 $p_1^{n_1} p_2^{n_2} \cdots p_k^{n_k}$，其中 $0 < n_i$ 對所有 $1 \leq i \leq k$ 且 $p_1 < p_2 < \cdots < p_k$。
   a) 148,500   b) 7,114,800   c) 7,882,875

2. 求習題 1 中每兩個整數的最大公因數及最小公倍。

3. 令 $t \in \mathbf{Z}^+$ 且 p_1，p_2，p_3，$\cdots$，p_t 為相異質數，若 $m \in \mathbf{Z}^+$ 有質因數分解 $p_1^{e_1} p_2^{e_2} p_3^{e_3} \cdots p_t^{e_t}$，則 (a) m^2 的質因數分解為何？(b) m^3 的質因數分解為何？

4. 證明引理 4.3。

5. 證明 $\sqrt{p}$ 為無理數，對任一質數 p。

6. Cheryll's 洗衣店的換零錢機器有 n 個 25 分錢，$2n$ 個五分錢及 $4n$ 個十分錢，其中 $n \in \mathbf{Z}^+$。求 n 的所有值使得這些硬幣之和為 k 元，其中 $k \in \mathbf{Z}^+$。

7. 求習題 1 每個整數的正因數個數。

8. a) $n = 2^{14} 3^9 5^8 7^{10} 11^3 13^5 37^{10}$ 有多少個正因數？
   b) 對 (a) 的所有因數中，有多少個因數為
   i) 可被 $2^3 3^4 5^7 11^2 37^2$ 整除？

ii) 可被 1,166,400,000 整除？
iii) 完全平方數？
iv) 可被 $2^2 3^4 5^2 11^2$ 整除的完全平方數？
v) 完全立方數？
vi) 全立方數且為 $2^{10} 3^9 5^2 7^5 11^2 13^2 37^2$ 的倍數。
vii) 完全平方數及完全立方數？

9. 令 $m, n \in \mathbf{Z}^+$ 且 $mn = 2^4 3^4 5^3 7^1 11^3 13^1$。若 $\mathrm{lcm}(m, n) = 2^2 3^3 5^2 7^1 11^2 13^1$，則 $\gcd(m, n)$ 為何？

10. 擴大例題 4.45 的結果並求習題 1 裡三個整數的最大公因及最小公倍數。

11. 有多少個正整數 n 整除 $100137n + 248396544$？

12. 令 $a \in \mathbf{Z}^+$，求 a 的最小值使得 $2a$ 為完全平方數且 $3a$ 為完全立方數。

13. a) 令 $a \in \mathbf{Z}^+$，證明或不證明：(i) 若 $10|a^2$，則 $10|a$；且 (ii) 若 $4|a^2$，則 $4|a$。
    b) 將 (a) 中成立的結果一般化。

14. 令 $a, b, c \in \{0, 1, 2, \cdots, 9\}$ 且 a, b, c 中至少有一個非零。證明六位整數 $abcabc$ 至少可被三個不同質數整除。

15. 求可被 7! 整除的最小完全平方數。

16. 對所有 $n \in \mathbf{Z}^+$，證明 n 是一個完全平方數若且唯若 n 有奇數個正因數。

17. 求滿足乘積 $1260 \times n$ 為一個完全立方數的最小正整數 n。

18. 編號 1 到 200 的兩佰個硬幣排成一列擺在自動餐桌上。二百位學生被編號 (由 1 到 200) 且被要求去翻某個硬幣。編號 1 號的學生須翻所有硬幣。編號 2 號的學生每隔一個翻一個硬幣，且從第二個硬幣開始。一般來講，編號為 n 的學生，對每個 $1 \leq n \leq 200$，每 n 個硬幣翻一個，且從第 n 個硬幣開始。

a) 第 200 個硬幣被翻了多少次？
b) 任何隔一個翻一個的硬幣被翻的次數和第 200 個硬幣被翻的次數一樣多嗎？
c) 任何硬幣被翻的次數多於第 200 個硬幣被翻的次數嗎？

19. 分別於下列各集合取兩個 (相異) 整數相乘則分別可得多少個不同乘積？
a) $\{4, 8, 16, 32\}$？
b) $\{4, 8, 16, 32, 64\}$？
c) $\{4, 8, 9, 16, 27, 32, 64, 81, 243\}$？
d) $\{4, 8, 9, 16, 25, 27, 32, 64, 81, 125, 243, 625, 729, 3125\}$？
e) $\{p^2, p^3, p^4, p^5, p^6, q^2, q^3, q^4, q^5, q^6, r^2, r^3, r^4, r^5\}$，其中 p, q 及 r 為相異質數？

20. 寫一個電腦程式 (或開發一個演算法) 求整數 $n > 1$ 的質因數分解。

21. 在三角形 ABC 中，邊 BC 的長為 293。若邊 AB 的長為一個完全平方數，邊 AC 的長為 2 的冪次，且邊 AC 的長是邊 AB 長的二倍，求這個三角形的周長。

22. 將下面各個表成最簡形式。

a) $\prod_{i=1}^{10} (-1)^i$

b) $\prod_{i=1}^{2n+1} (-1)^i$，其中 $n = \mathbf{Z}^+$

c) $\prod_{i=4}^{8} \frac{(i+1)(i+2)}{(i-1)(i)}$

d) $\prod_{i=n}^{2n} \frac{i}{2n-i+1}$，其中 $n = \mathbf{Z}^+$

23. a) 令 $n = 88{,}200$。則有多少種方法可將 n 分成 ab，其中 $1 < a < n$，$1 < b < n$，且 $\gcd(a, b) = 1$。(注意：這裡順序是無關的，所以，例如，$a = 8$，$b = 11{,}025$，及 $a = 11{,}025$，$b = 8$ 得到相同

無序的分解。)
b) 以 $n = 970,200$ 重做 (a)。
c) 一般化 (a) 和 (b) 的結果。

24. 使用 P_i 記號表示下面各題。
    a) $(1^2 + 1)(2^2 + 2)(3^2 + 3)(4^2 + 4)(5^2 + 5)$
    b) $(1 + x)(1 + x^2)(1 + x^3)(1 + x^4)(1 + x^5)$
    c) $(1 + x)(1 + x^3)(1 + x^5)(1 + x^7)(1 + x^9)(1 + x^{11})$

25. 證明若 $n \in \mathbf{Z}^+$ 且 $n \geq 2$，則
$$\prod_{i=2}^{n}\left(1 - \frac{1}{i^2}\right) = \frac{n+1}{2n}.$$

26. 什麼時候正整數 n 恰有
    a) 兩個正因數？　b) 三個正因數？
    c) 四個正因數？　d) 五個正因數？

27. 令 $n \in \mathbf{Z}^+$。我們稱 n 為**完全數** (perfect integer) 若 $2n$ 等於 n 的所有正因數和。例如，因為 $2(6) = 12 = 1 + 2 + 3 + 6$，得 6 為一個完全數。
    a) 證明 28 和 496 為完全數。
    b) 若 $m \in \mathbf{Z}^+$，且 $2^m - 1$ 為質數，證明 $2^{m-1}(2^m - 1)$ 為一個完全數。[您可能發現 4.1 節習題 2(a) 在這裡有用。]

4.6 總結及歷史回顧

根據普魯士數學家 Leopold Kronecker (1823-1891)，"上帝創造整數，剩下的全是男人的工作 …… 所有最深奧的數學探討結果最後必可表為整數性質的簡單型。"在這個語錄裡的精神，在本章我們發現在過去的 24 世紀裡，全能的手工作品已被男人和女人更進一步的來發展。

在西元前第四世紀開始，我們發現歐幾里得的**原本** (Elements) 不僅是我們高中經驗的幾何也是數論的基本概念。歐幾里得書的第七卷的命題 1 和 2 已包含一個求兩個正整數的最大公因數之演算法的例子，其以一個有限個步驟的有效技巧來解一個特殊型態的問題。

演算法 (algorithm) 這個名詞，像它的先輩**算法** (algorism)，歐幾里得是不知道的。事實上，這個名詞並沒有進入多數人的字彙裡，直到 1950 年代末期當電腦革命發揮它對社會的影響力時。這個字來自著名的伊斯蘭教數學家、天文學家及教科書作者Abu Ja'far Mohammed ibn Mûsâ al-Khowârizmî (c. 780-850) 的名字。他的名字的最後部份 al-Khowârizmî 被譯為 "來自 Khowârizm 城的男人" 給了名詞**算法** (algorism)。**代數** (algebra) 這個字來自 al-jabr，其被含在 al-Khowârizmî 的教科書 *Kitab al-jabr w'al muquabala* 的書名裡。這本書在 13 世紀被譯成拉丁文，在歐洲文藝復興時期，這本書深遠的影響數學的發展。

Euclid (c. 400 B.C.)　　　　Al-Khowârizmî (c. 780-850)

　　如同在 4.4 節所提的，*演算法* (algorithm) 這個字的使用，意味一個清晰的一個步驟接著一個步驟的方法。以有限個步驟來解一個問題。首位開發電腦演算法概念有功的是 Augusta Ada Byron (1815-1852)，Lovelace 女伯爵。身為著名的詩人 Lord Byron 和 Annabella Millbanke 的唯一小孩，Augusta Ada 由一位教母教育，該位教母激起她的智慧才能。由於 Augustus DeMorgan (1806-1871) 的愛好，她在數學上受訓練，她以幫助有天賦的英國數學家 Charles Babbage (1792-1871) 給一個早期的計算機器——"解析解器"的設計發展來繼續她的研究。這個機器最完整的價值被發現於她的作品裡，其中吾人發現偉大的文學才能及現代電腦演算法的要素。Charles Babbage 和 Augusta Ada Byron Lovelace 作品上的更進一步細節，可被發現於 S. Augarten [1] 著作的第 2 章。

　　在歐幾里得之後的世紀裡，我們在 Eratosthenes 的作品裡發現一些數論。然而，之後並沒有什麼發展，直到五世紀後，在該領域的第一個主要新成就是由 Alexandria 的 Diophantus 所創造。在他的作品 *Arithmetica* 裡，他的線性 (且高階) 方程式的整數解宛如為數論上的一個數學燈塔，直到法國數學家 Pierre de Fermat (1601-1665) 出現在數學舞台上。

　　我們在定理 4.8 所敘述的問題係由 Diophantus 所探討的，且在第七世紀期間由印度數學家做進一步的解析，但並沒有完全解出，直到 1860 年代才由 Henry John Stephen Smith (1826-1883) 所解。

　　關於這些數學家的某幾位和工作於數論方面的其它數學家的更多資料可參考 L. Dickson [4]。I. Niven，H. S. Zuckerman 及 H. L. Montgomery [10] 的第 5 章處理 Diophantine 方程式的解及其應用。

Augusta Ada Byron,
Countess of Lovelace (1815-1852)

在作品 *Formulario Matematico* 裡，發表於 1889 年，Giuseppe Peano (1858-1932) 基於三個未定義的名詞：零、數及後繼元素來明確陳述非負整數的集合。他的公式化如下：

a) 零是一個數。
b) 對每個數 n，它的後繼元素是一個數。
c) 零不是任何一個數的後繼元素。
d) 若兩個數 m，n 有相同的後繼元素，則 $m=n$。
e) 若 T 是一個數的集合，其中 $0 \in T$，且 n 的後繼元素在 T 裡每當 n 在 T 裡，則 T 是所有數的集合。

在這些公設裡，順序 (後繼元素) 的觀念及技巧被稱是數學歸納法，似乎和數 (即為非負整數) 的概念有密切的關連。Peano 把這個公式化歸因於 Richard Dedekind (1831-1916)，他是第一位發展這些概念的數學家；雖然如此，這些公設被普遍的認知為"Peano公設"。

第一位應用數學歸納法於證明裡的歐洲人是威尼斯科學家 Francisco Maurocylus (1491-1575)。他的書，*Arithmeticorum Libri Duo* (發表於 1575 年)，含有一個證明，利用數學歸納法，證明前 n 個正奇數的和是 n^2。在下一個世紀裡，Pierre de Fermat 在技巧上做進一步的改進於他的作品裡，其含有"無限下降法"。Blaise Pascal (c.1653)，在證明如 $C(n, k)/C(n, k+1) = (k+1) / (n-k)$，$0 \leq k \leq n-1$ 時，使用歸納法且稱這個技巧為 Maurocylus 的成就。真正的名詞**數學歸納法**沒有被使用，然而，直到第 19 世紀它才出現在 Augustus DeMorgan (1806-1871) 的作品裡。在 1838

年，他非常小心的描述這個方法並將它命名為**數學歸納法** (mathematical induction)。(一個有趣的對這個主題的調查被發現於 W. H. Bussey [2] 的文章裡。)

B. K. Youse [13] 所著的書說明許多多采多姿的數學歸納法原理在代數、幾何及三角學上的應用。欲多瞭解這個證明方法和程式問題及演算法的開發之間的關聯，M. Wand [12] 所著的教科書 (尤其第 2 章) 提供足夠的背景和例子。

更多的數論的內容可被發現於 G. H. Hardy 及 E. M. Wright [5]，W. J. LeVeque [7, 8]，及 I. Niven，H. S. Zuckerman 和 H. L. Montgomery [10] 等所著的教科書。和本章教材在某個層次的類比，V. H. Larney [6] 的第 3 章對這個教材提供一個有趣的介紹。K. H. Rosen [11] 所著的教科書整合密碼學及電腦科學的應用於這個主題上的開發。M. J. Collison [3] 所著的學報文章檢視算術基本定理的歷史。[9] 裡的文章詳述數論上一些有趣的發展。

參考資料

1. Augarten, Stan. *BIT by BIT, An Illustrated History of Computers*. New York: Ticknor & Fields, 1984.
2. Bussey, W. H. "Origins of Mathematical Induction." *American Mathematical Monthly* 24 (1917): pp. 199–207.
3. Collison, Mary Joan. "The Unique Factorization Theorem: From Euclid to Gauss." *Mathematics Magazine* 53 (1980): pp. 96–100.
4. Dickson, L. *History of the Theory of Numbers*. Washington, D.C.: Carnegie Institution of Washington, 1919. Reprinted by Chelsea, in New York, in 1950.
5. Hardy, Godfrey Harold, and Wright, Edward Maitland. *An Introduction to the Theory of Numbers*, 5th ed. Oxford: Oxford University Press, 1979.
6. Larney, Violet Hachmeister. *Abstract Algebra: A First Course*. Boston: Prindle, Weber & Schmidt, 1975.
7. LeVeque, William J. *Elementary Theory of Numbers*. Reading, Mass.: Addison-Wesley, 1962.
8. LeVeque, William J. *Topics in Number Theory*, Vols. I and II. Reading, Mass.: Addison-Wesley, 1956.
9. LeVeque, William J., ed. *Studies in Number Theory*. MAA Studies in Mathematics, Vol. 6. Englewood Cliffs, N.J.: Prentice-Hall, 1969. Published by the Mathematical Association of America.
10. Niven, Ivan, Zuckerman, Herbert S., and Montgomery, Hugh L. *An Introduction to the Theory of Numbers*, 5th ed. New York: Wiley, 1991.
11. Rosen, Kenneth H. *Elementary Number Theory*, 4th ed. Reading, Mass.: Addison-Wesley, 2000.
12. Wand, Mitchell. *Induction, Recursion, and Programming*. New York: Elsevier North Holland, 1980.
13. Youse, Bevan K. *Mathematical Induction*. Englewood Cliffs, N.J.: Prentice-Hall, 1964.

補充習題

1. 令 a，d 為固定整數，求一個和公式給 $a + (a+d) + (a+2d) + \cdots + (a+(n-1)d)$，對 $n \in \mathbf{Z}^+$。用數學歸納法證明您的結果。

2. 在下面擬編碼程式片段裡，變數 n 和 sum 為整數變數。這個程式片段執行完後，印出的 n 值為何？

   ```
   n := 3
   sum := 0
   while sum < 10,000 do
     begin
       n := n + 7
       sum := sum + n
     end
   print n
   ```

3. 考慮下面五個方程式。
   1) $1 = 1$
   2) $1 - 4 = -(1+2)$
   3) $1 - 4 + 9 = 1+2+3$
   4) $1 - 4 + 9 - 16 = -(1+2+3+4)$
   5) $1 - 4 + 9 - 16 + 25 = 1+2+3+4+5$

   猜想由這五個方程式所建議的一般公式，並證明您的猜想。

4. 對 $n \in \mathbf{Z}^+$，利用數學歸納法證明下面各題：
   a) $5 | (n^5 - n)$ b) $6 | (n^3 + 5n)$

5. 對所有 $n \in \mathbf{Z}^+$，令 $S(n)$ 為開放敘述：$n^2 + n + 41$ 為質數。
   a) 證明 $S(n)$ 為真，對所有 $1 \leq n \leq 9$。
   b) $S(k)$ 為真是否蘊涵 $S(k+1)$ 為真，對所有 $k \in \mathbf{Z}^+$？

6. 對 $n \in \mathbf{Z}^+$，定義和 s_n 為公式
   $$s_n = \frac{1}{2!} + \frac{2}{3!} + \frac{3}{4!} + \cdots + \frac{(n-1)}{n!} + \frac{n}{(n+1)!}$$
   a) 證明 $s_1 = \frac{1}{2}$，$s_2 = \frac{5}{6}$，且 $s_3 = \frac{23}{24}$。
   b) 計算 s_4，s_5 及 s_6。

   c) 基於 (a) 及 (b) 的結果，猜想一公式給 s_n 中各項的和。
   d) 利用數學歸納法原理證明寫在 (c) 中的猜想，對所有 $n \in \mathbf{Z}^+$。

7. 對所有 $n \in \mathbf{Z}$，$n \geq 0$，證明
   a) $2^{2n+1} + 1$ 可被 3 整除。
   b) $n^3 + (n+1)^3 + (n+2)^3$ 可被 9 整除。

8. 令 $n \in \mathbf{Z}^+$，其中 n 為奇數且 n 不被 5 整除。證明存在 n 的一個冪次方，其單位數字是 1。

9. 求數字 x，y，z 滿足 $(xyz)_9 = (zyx)_6$。

10. 若 $n \in \mathbf{Z}^+$，則 $\gcd(n, n+300)$ 有多少個可能值？

11. 若 $n \in \mathbf{Z}^+$ 且 $n \geq 2$，證明 $2^n < \binom{2n}{n} < 4^n$。

12. 若 $n \in \mathbf{Z}^+$，證明 57 整除 $7^{n+2} + 8^{2n+1}$。

13. 對所有 $n \in \mathbf{Z}^+$，證明若 $n \geq 64$，則 n 可被表為幾個 5 和 (或) 幾個 17 的和。

14. 求所有 a，$b \in \mathbf{Z}$ 滿足 $\frac{a}{7} + \frac{b}{12} = \frac{1}{84}$。

15. $r \in \mathbf{Z}^+$，寫 $r = r_0 + r_1 \cdot 10 + r_2 \cdot 10^2 + \cdots + r_n \cdot 10^n$，其中 $0 \leq r_i \leq 9$ 對 $0 \leq i \leq n-1$，且 $0 < r_n \leq 9$。
   a) 證明 $9 | r$ 若且唯若 $9 | (r_n + r_{n-1} + \cdots + r_2 + r_1 + r_0)$。
   b) 證明 $3 | r$ 若且唯若 $3 | (r_n + r_{n-1} + \cdots + r_2 + r_1 + r_0)$。
   c) 若 $t = 137486\underline{x}225$，其中 x 是一個單一數字，求 x 的所有值滿足 $3 | t$。那些 x 值可使 t 被 9 整除？

16. Frances 花 \$6.20 買糖果做為某競賽的獎品。若一盒 10 盎斯的這種糖果值 \$0.50 且一盒 3 盎斯的值 \$0.20，則她各可買幾盒糖果？

17. a) 有多少個正整數可被表為 9 個質數

(可重複且順序無關) 的乘積，其中質數可由 {2, 3, 5, 7, 11} 選出？

b) 有多少個 (a) 中的正整數滿足這五個質數中的每一個至少出現一次？

18. 求下面各小題的所有 (正) 因數的乘積：(a) 1000；(b) 5000；(c) 7000；(d) 9000；(e) $p^m q^n$，其中 p，q 為相異質數且 $m, n \in \mathbf{Z}^+$；及 (f) $p^m q^n r^k$，其中 p，q，r 為相異質數且 $m, n, k \in \mathbf{Z}^+$。

19. a) 10 個學生進入一個有鎖的房間，裡面有 10 把鎖。第一個學生打開所有的鎖，第二個學生改變每隔一個鎖的狀態 (由鎖住變為打開，或由打開變為鎖住)，以第二個鎖開始。第三個學生則改變每第三個鎖的狀態，在第三個鎖開始。一般來講，對 $1 < k \leq 10$，第 k 個學生改變每第 k 個鎖的狀態，以第 k 個鎖開始。在第 10 個學生走完所有的鎖，那些鎖仍舊是開的？

b) 回答 (a) 若 10 被取代為 $n \in \mathbf{Z}^+$，$n \geq 2$。

20. 令 $A = \{a_1, a_2, a_3, a_4, a_5\} \subseteq \mathbf{Z}^+$。證明 A 包含一個非空子集合 S，其中 S 上的所有元素和為 5 的倍數。(這裡有可能有一個和僅由一個被加數組成。)

21. 考慮集合 {1, 2, 3}。這裡我們可寫 {1, 2, 3} = {1, 2}∪{3}，其中 1 + 2 = 3。對集合 {1, 2, 3, 4}，我們發現 {1, 2, 3, 4} = {1, 4}∪{2, 3}，其中 1 + 4 = 2 + 3。然而，當我們檢視集合 {1, 2, 3, 4, 5} 時，事情改變了。對此情形，若 $C \subseteq \{1, 2, 3, 4, 5\}$ 且我們令 s_C 表 C 上的所有元素之和，則我們發現無法寫 {1, 2, 3, 4, 5} = $A \cup B$ 滿足 $A \cap B = \emptyset$ 及 $s_A = s_B$。

a) 對那些 $n \in \mathbf{Z}^+$，$n \geq 3$，我們可寫 {1, 2, 3, $\cdots$, n} = $A \cup B$ 滿足 $A \cap B = \emptyset$ 及 $s_A = s_B$？(如上，s_A 和 s_B 分別表 A 和 B 上的所有元素和。)

b) 令 $n \in \mathbf{Z}^+$ 且 $n \geq 3$。若我們可寫 {1, 2, 3, $\cdots$, n} = $A \cup B$ 滿足 $A \cap B = \emptyset$ 及 $s_A = s_B$，描述此類集合 A 和 B 是如何可被決定的。

22. 求那些整數 n 滿足 $\frac{5n-4}{6}$ 和 $\frac{7n+1}{4}$ 亦為整數。

23. 令 $a, b \in \mathbf{Z}^+$。
a) 證明若 $a^2 | b^2$，則 $a | b$。
b) 若 $a^2 | b^3$ 則 $a | b$ 為真嗎？

24. 令 n 為一個固定的正整數滿足性質：對所有 $a, b \in \mathbf{Z}^+$，若 $n | ab$，則 $n | a$ 或 $n | b$。證明 $n = 1$ 或 n 為質數。

25. 假設 $a, b, k \in \mathbf{Z}^+$ 且 k 不是 2 的冪次方。
a) 證明若 $a^k + b^k \neq 2$，則 $a^k + b^k$ 是合成數。
b) 若 $n \in \mathbf{Z}^+$ 且 n 不是 2 的冪次方，證明若 $2^n + 1$ 是質數，則 n 是質數。

對下面三個習題，回憶 H_n，F_n 及 L_n 分別表第 n 個調和數、Fibonacci 數及 Lucas 數。

26. 證明對所有 $n \in \mathbf{N}$，$H_{2^n} \leq 1 + n$。

27. 證明 $F_n \leq (5/3)^n$ 對所有 $n \in \mathbf{N}$。

28. 對 $n \in \mathbf{N}$，證明
$$L_0 + L_1 + L_2 + \cdots + L_n = \sum_{i=0}^{n} L_i = L_{n+2} - 1.$$

29. a) 對五位整數 (由 10000 到 99999)，有多少個是回文及它們的和是多少？
b) 寫一個電腦程式來檢查 (a) 中的和答案。

30. 令 a, b 為奇數且 $a > b$。證明 gcd(a, b)

$= \gcd\left(\frac{a-b}{2}, b\right)$。

31. 令 $n \in \mathbf{Z}^+$ 且 n 有 u 個單位數字。證明 $7|n$ 若且唯若 $7|(\frac{n-u}{10} - 2u)$。

32. 令 m，$n \in \mathbf{Z}^+$ 且 $19m + 90 + 8n = 1998$。決定 m，n 使得 (a) n 是極小的；(b) m 是極小的。

33. Catrina 由 {0, 1, 2, 3, 4, 5, 6, 7, 8, 9} 選三個整數並由它們組成 6 個可能的三位整數 (首項允許有 0)。例如，若選 1，3 和 7，她將組成整數 137，173，317，371，713 及 731。證明不管她初選的三個整數是什麼，所得的 6 個三位整數不可能全為質數。

34. 考慮三列四行的表，其示於圖 4.12。證明可由九個整數 2，3，4，7，10，11，12，13，15 中選八個擺進表中剩餘的空格，使得每一列的所有整數的平均值為相同整數，且每一行的所有整數的平均值為相同整數。明述九個整數中的何者不可被使用，並顯示另外八個整數如何被擺進表中。

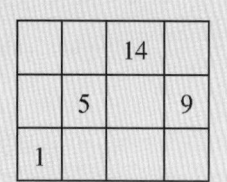

		14	
	5		9
1			

● 圖 4.12

35. Allen 寫連續整數 1，2，3，$\cdots$，n 在黑板上，接著 Barbara 擦掉這些整數中的一個。若剩下整數的平均值是 $35\frac{7}{17}$，則 n 值是多少？被擦掉的整數是什麼？

36. Leslie 由 1 到 100 (含) 中隨機選一個整數。求她所選的整數 (a) 可被 2 或 3 整除的機率？(b) 可被 2，3 或 5 整除的機率？

37. 令 $m = p_1^{e_1} p_2^{e_2} p_3^{e_3} p_4^{e_4}$ 且 $n = p_1^{f_1} p_2^{f_2} p_3^{f_3} p_5^{f_5}$，其中 p_1，p_2，p_3，p_4，p_5 為相異質數，且 e_1，e_2，e_3，e_4，f_1，f_2，f_3，$f_5 \in \mathbf{Z}^+$，則 m，n 有多少個公因數？

第 5 章

關係和函數

在本章我們將把第 3 章的集合論擴大到包含關係和函數的概念。代數、三角學及微積分均含有函數。然而,這裡我們將由集合論方法來研究函數,其包含有限函數,且我們將介紹一些新的計數概念於本章。進而,我們將多方檢視函數概念及其在演算法分析的學習裡所扮演的角色。

我們將以求下面 (有關的) 六個問題之答案做為研究的路徑:

1) 國防部有七種處理高機密計畫的不同合約。有四家公司可製造每個合約所要求的不同部份,且為了要極大化所有合約的安全性,最好是要求所有四家公司各自做某一部份。試問有多少種方法來授與這些合約使得每家公司均參與?

2) 有多少個七個符號的四元 (0,1,2,3) 序列,其中每個四元序列中至少有一個符號為 0,1,2,3 之一?

3) 一個 $m \times n$ **零壹矩陣** (zero-one matrix) 是一個 m 列 n 行的矩陣,滿足在第 i 列,對所有 $1 \leq i \leq m$,及第 j 行,對所有 $1 \leq j \leq n$,元素 a_{ij} 為 0 或 1。有多少個在每列恰有一個 1 且在每行至少有一個 1 的 7×4 零壹矩陣?(零壹矩陣是出現在電腦科學裡的一種資料結構。我們將在稍後幾章多學一點。)

4) 七個 (不相關的) 人進入一棟建物的大廳。此棟建物上有四層樓,且七人均進入電梯。為使乘客可下電梯,電梯在每層樓均停的機率為何?

5) 對正整數 m,n 且 $m<n$,證明

$$\sum_{k=0}^{n}(-1)^k \binom{n}{n-k}(n-k)^m = 0.$$

6) 對每個正整數 n，證明

$$n! = \sum_{k=0}^{n}(-1)^k \binom{n}{n-k}(n-k)^n.$$

你辨識出前四個問題間的關聯嗎？前三個是不同設計的相關問題。然而，看不出後兩個問題間有相關或後兩個和前四個間有關聯。這些等式，然而，我們將使用被發展來解前四個問題的相同計數技巧來建立。

5.1 笛卡兒積和關係

我們以早先在定義 3.11 介紹過的概念開始。然而，我們現在重述這個定義是為了要使這裡的陳述和先前的無關。

定義 5.1　　對集合 A，B，A 和 B 的**笛卡兒積** (Cartesian product) 或**叉積** (cross product) 被表為 $A \times B$，且等於 $\{(a, b) \mid a \in A, b \in B\}$。

我們稱 $A \times B$ 的元素為**序對** (ordered pairs)。對 (a, b)，$(c, d) \in A \times B$，我們有 $(a, b) = (c, d)$ 若且唯若 $a = c$ 且 $b = d$。

若 A，B 為有限，則由乘積規則，得 $|A \times B| = |A| \cdot |B|$。雖然一般來講我們將沒有 $A \times B = B \times A$，但我們將有 $|A \times B| = |B \times A|$。

這裡 $A \subseteq \mathcal{U}_1$，且 $B \subseteq \mathcal{U}_2$，且我們可能發現宇集是不同的，即 $\mathcal{U}_1 \neq \mathcal{U}_2$。而且，甚至若 $A, B \subseteq \mathcal{U}$，未必 $A \times B \subseteq \mathcal{U}$，不像聯集及交集。這裡在這個二元運算之下，$\mathcal{P}(\mathcal{U})$ 未必是封閉的。

我們可擴大笛卡兒積或叉積的定義至兩個集合以上。令 $n \in \mathbf{Z}^+$，$n \geq 3$。對集合 A_1，A_2，$\cdots$，A_n，A_1，A_2，$\cdots$，A_n 的 (**n-摺積**) ((n-fold) product) 被表為 $A_1 \times A_2 \times \cdots \times A_n$ 且等於 $\{(a_1, a_2, \cdots, a_n) \mid a_i \in A_i, 1 \leq i \leq n\}^\dagger$。$A_1 \times A_2 \times \cdots \times A_n$ 的元素被稱為 **n - 序元** (n-tuples)，雖然我們一般使用"三倍"這個名詞代替三序元。以序對來看，若 $(a_1, a_2, \cdots, a_n)$，$(b_1, b_2, \cdots, b_n) \in A_1 \times A_2 \times \cdots \times A_n$，則 $(a_1, a_2, \cdots, a_n) = (b_1, b_2, \cdots, b_n)$ 若且唯若 $a_i = b_i$ 對所有 $1 \leq i \leq n$。

$\dagger$ 當處理三個或更多個集合的笛卡兒積時，我們必須小心關於結合律的缺乏。例如，在三個集合的情形，在 $A_1 \times A_2 \times A_3$，$(A_1 \times A_2) \times A_3$ 及 $A_1 \times (A_2 \times A_3)$ 三個集合中的任兩個集合間均有差異，因為它們的個別元素為有序的三序元 (a_1, a_2, a_3) 及不同的序對 ($(a_1, a_2), a_3)$ 和 $(a_1, (a_2, a_3))$)。雖然這些差異在某種情形是重要的，但我們在此將不關心它們，且將總是使用不括弧的 $A_1 \times A_2 \times A_3$。對四個或更多個的笛卡兒積的處理也是一樣。

例題 5.1

令 $A=\{2, 3, 4\}$，$B=\{4, 5\}$，則

a) $A \times B = \{(2, 4), (2, 5), (3, 4), (3, 5), (4, 4), (4, 5)\}$.
b) $B \times A = \{(4, 2), (4, 3), (4, 4), (5, 2), (5, 3), (5, 4)\}$.
c) $B^2 = B \times B = \{(4, 4), (4, 5), (5, 4), (5, 5)\}$.
d) $B^3 = B \times B \times B = \{(a, b, c) | a, b, c \in B\}$；例如 $(4, 5, 5) \in B^3$。

例題 5.2

集合 $\mathbf{R} \times \mathbf{R} = \{(x, y) | x, y \in \mathbf{R}\}$ 被認為是實坐標幾何平面及二維微積分。子集合 $\mathbf{R}^+ \times \mathbf{R}^+$ 為這個平面的第一象限內部。同樣的，$\mathbf{R}^3$ 表示歐幾里得三維空間，其中任何 (正半徑的) 球的三維內部、二維平面及一維直線均為重要的子集合。

例題 5.3

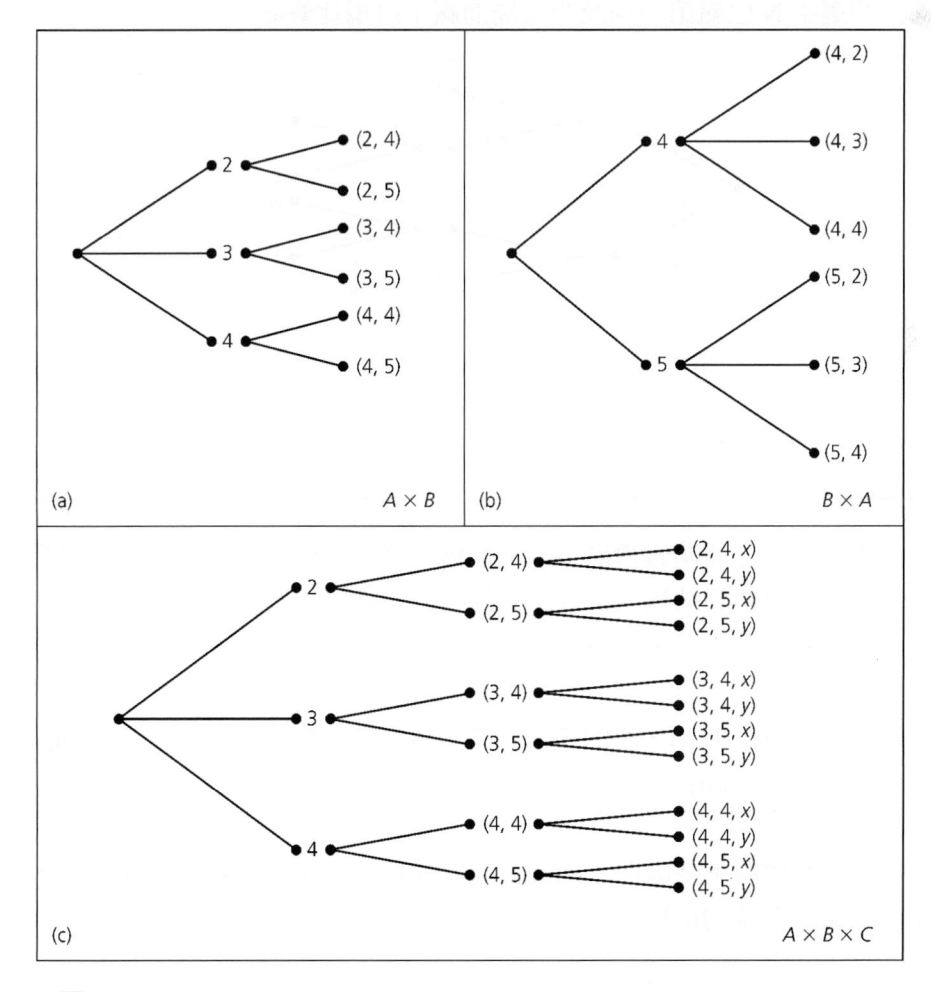

再次如例題 5.1，令 $A=\{2, 3, 4\}$ 及 $B=\{4, 5\}$，且令 $C=\{x, y\}$。笛卡

●圖 5.1

兒積 $A \times B$ 的構造可藉由**樹形圖** (tree diagram) 之助來繪圖表示，如圖 5.1 (a)。這個圖由左至右。由最左端點，有三個原始分支——每個分支代表 A 的一個元素。接著由標示 2，3，4 的每一點，有兩個分支發出——每個分支對應 B 的元素 4，5 中的每一個。在右端點的 6 個序對組成 $A \times B$ 的元素 (序對)。圖 (b) 提供一個樹形圖說明 $B \times A$ 的構造。最後，圖 5.1(c) 的樹形圖告訴我們如何想像 $A \times B \times C$ 的構造，且說明 $|A \times B \times C| = 12 = 3 \times 2 \times 2 = |A| |B| |C|$。

除了笛卡兒積合在一起外，樹形圖亦在其它情形裡出現。

例題 5.4　溫布敦網球公開賽，女子組每場比賽至多三局。先贏兩局者為得勝。假若我們令 N 和 E 表兩位選手，圖 5.2 的樹形圖指示在這比賽裡有六種贏的方式。例如，有星號的線段 (邊) 說明選手 E 贏第一局。有雙星號的邊說明選手 N 已贏第一局及第三局而贏了這場比賽。

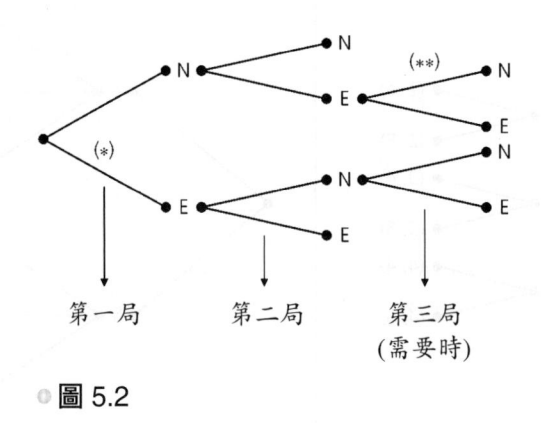

●圖 5.2

樹形圖是一種叫做**樹形** (tree) 結構的例子。樹形和圖是電腦科學及最佳化理論裡重要的結構。這些將被探討於稍後的章節裡。

對兩個集合的叉積，我們發現這個滿有趣的結構的子集合。

定義 5.2　對集合 A，B，$A \times B$ 的任一子集合被稱為一個由 A 到 B 的 (**二元**) **關係** [(binary) relation]。$A \times A$ 的任一子集合被稱為 A 上的 (二元) 關係。

因為我們將主要處理二元關係，"關係"這個字將意指二元關係，除了其它某些明確的情形之外。

以例題 5.1 的 A，B，下面為一些由 A 到 B 的關係。

例題 5.5

a) ∅
b) {(2, 4)}
c) {(2, 4), (2, 5)}
d) {(2, 4), (3, 4), (4, 4)}
e) {(2, 4), (3, 4), (4, 5)}
f) $A \times B$

因為 $|A \times B| = 6$，由定義 5.2 得共有 2^6 個由 A 到 B 的可能關係 (因為 $A \times B$ 有 2^6 個可能子集合)。

> 對有限集合 A，B 具 $|A| = m$ 且 $|B| = n$，共有 2^{mn} 個由 A 到 B 的關係，包括空關係及關係 $A \times B$ 本身。
>
> 亦有 2^{nm} ($= 2^{mn}$) 個由 B 到 A 的關係，其中亦含有 ∅ 及 $B \times A$。由 B 到 A 的關係個數和由 A 到 B 的關係個數相同的理由是由 B 到 A 的任一個關係 $\mathcal{R}_1$ 可由由 A 到 B 的一個唯一關係 $\mathcal{R}_2$ 得到，其方法僅是簡單的將 $\mathcal{R}_2$ 上的每個序對的分量對調即可 (且反過來亦可)。

對 $B = \{1, 2\}$，令 $A = \mathcal{P}(B) = \{∅, \{1\}, \{2\}, \{1, 2\}\}$。下面是 A 上關係 $\mathcal{R} = \{(∅, ∅), (∅, \{1\}), (∅, \{2\}), (∅, \{1, 2\}), (\{1\}, \{1\}), (\{1\}, \{1, 2\}), (\{2\}, \{2\}), (\{2\}, \{1, 2\}), (\{1, 2\}, \{1, 2\})\}$ 的一個例子。我們可稱這個關係 $\mathcal{R}$ 是**子集合關係** (subset relation)，其中 $(C, D) \in \mathcal{R}$ 若且唯若 C，$D \subseteq B$ 且 $C \subseteq D$。

例題 5.6

以 $A = \mathbf{Z}^+$，我們可定義集合 A 上的一個關係 $\mathcal{R}$ 為 $\{(x, y) \mid x \leq y\}$。這是熟悉的正整數集合的"小於或等於"關係。它可被圖表為點集合，具正整數分量，位在歐幾里得平面上直線 $y = x$ 的上面或上方，如圖 5.3 的部份說明。這裡我們無法如例題 5.6 所做的列出所有關係，但我們注意，例

例題 5.7

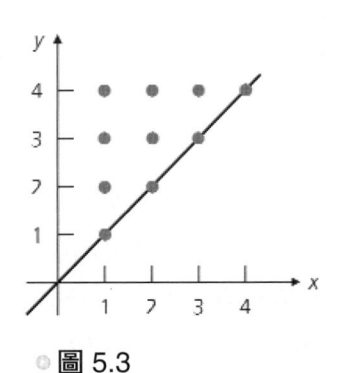

◦ 圖 5.3

如，(7, 7)，(7, 11) ∈ $\mathcal{R}$，但 (8, 2) ∉ $\mathcal{R}$。(7, 11) ∈ $\mathcal{R}$ 亦可被表為 7 $\mathcal{R}$ 11； (8, 2) ∉ $\mathcal{R}$ 變為 8 $\mathcal{R}$ 2。此處 7 $\mathcal{R}$ 11 及 8 $\mathcal{R}$ 2 為關係**深植** (infix) 記號的例子。

最後的例題助我們複習遞迴定義集合的概念。

例題 5.8　令 $\mathcal{R}$ 為 **N**×**N** 的子集合，其中 $\mathcal{R}$ = {(m, n) | n=7m}。因此，在 $\mathcal{R}$ 的序對中，吾人發現 (0, 0)，(1, 7)，(11, 77) 及 (15, 105)。**N** 上的這個關係 $\mathcal{R}$ 亦可被遞迴給為

1) (0, 0) ∈ $\mathcal{R}$; 且
2) 若 (s, t) ∈ $\mathcal{R}$，則 (s + 1, t + 7) ∈ $\mathcal{R}$.

我們使用遞迴定義證明序對 (3, 21) (由 **N**×**N**) 是在 $\mathcal{R}$ 上。我們的導法如下：由遞迴定義的 (1)，我們以 (0, 0) ∈ $\mathcal{R}$ 開始。定義的 (2) 給我們

　i) (0, 0) ∈ $\mathcal{R}$ ⇒ (0 + 1, 0 + 7) = (1, 7) ∈ $\mathcal{R}$;
　ii) (1, 7) ∈ $\mathcal{R}$ ⇒ (1 + 1, 7 + 7) = (2, 14) ∈ $\mathcal{R}$; 及
　iii) (2, 14) ∈ $\mathcal{R}$ ⇒ (2 + 1, 14 + 7) = (3, 21) ∈ $\mathcal{R}$.

我們以這些最後觀察作為本節的結束。

1) 對任意集合 A，A×∅ = ∅。(若 A×∅ ≠ ∅，令 (a, b) ∈ A×∅，則 a ∈ A 且 b ∈ ∅，這是不可能的！) 同樣的，∅×A = ∅。
2) 笛卡兒積和聯集及交集的二元運算的互相關係述於下面定理。

定理 5.1　對任意集合 A，B，C ⊆ $\mathcal{U}$：

a) $A \times (B \cap C) = (A \times B) \cap (A \times C)$
b) $A \times (B \cup C) = (A \times B) \cup (A \times C)$
c) $(A \cap B) \times C = (A \times C) \cap (B \times C)$
d) $(A \cup B) \times C = (A \times C) \cup (B \times C)$

證明： 我們證明 (a) 而將其它部份留給讀者。我們使用集合相等 (如 3.1 節定義 3.2) 的相同概念，甚至這裡的元素為序對。對所有 a，b ∈ $\mathcal{U}$，(a, b) ∈ A×(B ∩ C) ⇔ a ∈ A 且 b ∈ B ∩ C ⇔ a ∈ A，且 b ∈ B，C ⇔ a ∈ A，b ∈ B 且 a ∈ A，b ∈ C ⇔ (a, b) ∈ A×B 且 (a, b) ∈ A×C ⇔ (a, b) ∈ (A×B) ∩ (A×C)。

習題 5.1

1. 若 $A=\{1, 2, 3, 4\}$，$B=\{2, 5\}$ 及 $C=\{3, 4, 7\}$，求 $A \times B$；$B \times A$；$A \cup (B \times C)$；$(A \cup B) \times C$；$(A \times C) \cup (B \times C)$。

2. 若 $A=\{1, 2, 3\}$ 及 $B=\{2, 4, 5\}$。(a) 給由 A 到 B 的三個非空關係的例題；(b) 給 A 上三個非空關係的例子。

3. 對習題 2 的 A，B，分別求下面各個：
   (a) $|A \times B|$；(b) 由 A 到 B 的關係個數；
   (c) A 上的關係個數；(d) 由 A 到 B 的關係中含 $(1, 2)$ 及 $(1, 5)$ 的關係個數；
   (e) 由 A 到 B 的關係中恰有 5 個序對的關係個數；及 (f) A 上的關係中至少含 7 個元素的關係個數。

4. 對集合 A，B，$A \times B = B \times A$ 是否為真？

5. 含 A，B，C，D 為非空集合。
   a) 證明 $A \times B \subseteq C \times D$ 若且唯若 $A \subseteq C$ 且 $B \subseteq D$。
   b) 若 (a) 中的集合 A，B，C，D 中有任一個為空集合，則 (a) 之結果將會如何？

6. 溫布敦的男子決賽是先贏得每場五局中的三局為勝。令 C 及 M 表示選手。劃一樹形圖顯示比賽的所有方式。

7. a) 若 $A=\{1, 2, 3, 4, 5\}$ 及 $B=\{w, x, y, z\}$，則 $\mathcal{P}(A \times B)$ 共有多少個元素？

   b) 一般化 (a) 之結果。

8. 由容器內取出邏輯晶片，個別測試，並標示為壞或好的。測試過程繼續直到有兩個壞晶片被發現或已測試五個晶片為止。使用樹形圖發展出這個過程的樣本空間。

9. 完成定理 5.1 的證明。

10. 一個謠言被如下散播。最初者打電話給兩個人，這兩個人中的每一個打電話給三個人，這三個人中的每一個打電話給五個人。若無人接到多於一個電話，且無人打電話給最初者，則現在有多少人知道這個謠言？多少通電話被打？

11. 對 A，B，$C \subseteq \mathcal{U}$，證明
    $$A \times (B-C) = (A \times B) - (A \times C).$$

12. 令 A，B 為集合且 $|B|=3$。若有 4096 個由 A 到 B 的關係，則 $|A|$ 為何？

13. 令 $\mathcal{R} \subseteq \mathbf{N} \times \mathbf{N}$，其中 $(m, n) \in \mathcal{R}$ 若 (且唯若) $n=5m+2$。(a) 對 $\mathcal{R}$ 給一個遞迴定義。(b) 使用 (a) 的遞迴定義證明 $(4, 22) \in \mathcal{R}$。

14. a) 對關係 $\mathcal{R} \subseteq \mathbf{Z}^+ \times \mathbf{Z}^+$ 給一個遞迴定義，其中 $(m, n) \in \mathcal{R}$ 若 (且唯若) $m \geq n$。

    b) 由 (a) 的定義證明 $(5, 2)$ 及 $(4, 4)$ 在 $\mathcal{R}$ 裡。

5.2 函數：容易的及一對一

本節我們將集中在一種特殊的關係，此關係叫做**函數** (function)。吾人發現在整個數學及電腦科學裡，函數被以許多種不同方式設定。做為一般的關係，它們將再出現於第 7 章，屆時我們將更徹底的來檢視它們。

定義 5.3 對非空集合 A，B，一個**函數** (function)，或**映射** (mapping)，f 由 A 到 B，被表為 $f: A \to B$，是一個由 A 到 B 的關係，其中 A 的每個元素恰出現一次做為關係中序對的第一個分量。

我們經常寫 $f(a)=b$，當 (a, b) 為函數 f 的一個序對時。若 $(a, b) \in f$，則 b 被稱為 a 在 f 之下的**像** (image)，稱 a 為 b 的**先像** (preimage)。而且，以定義建議 f 是一個方法，其對每個 $a \in A$ 結合唯一的元素 $f(a)=b \in B$。因此，(a, b)，$(a, c) \in f$ 蘊涵 $b=c$。

例題 5.9 對 $A=\{1, 2, 3\}$ 且 $B=\{w, x, y, z\}$，$f=\{(1, w), (2, x), (3, x)\}$ 是一個函數，且因此為一個由 A 到 B 的關係。$\mathcal{R}_1=\{(1, w), (2, x)\}$ 及 $\mathcal{R}_2=\{(1, w), (2, w), (2, x), (3, z)\}$ 是由 A 到 B 的關係，但不是函數(為什麼？)。

定義 5.4 對函數 $f: A \to B$，A 被稱為 f 的**定義域** (domain) 且 B 被稱為 f 的**對應域** (codomain)。由 f 的所有序對中第二個分量所組成的 B 之子集合被稱為 f 的**值域** (range) 亦被表為 $f(A)$，因為它是 (A 的所有元素) 在 f 之下的像所成的集合。

在例題 5.9 中，f 的定義域 $=\{1, 2, 3\}$，f 的對應域 $=\{w, x, y, z\}$，且 f 的值域 $f=f(A)=\{w, x\}$。

圖 5.4 為這些概念的圖形表示。這個圖建議 a 可被視為一個**輸入** (input)，其經由 f **轉換** (transformed) 為對應的**輸出** (output)，$f(a)$。在這個背景裡，一個 C++ 編輯器可被思考為一個函數，其將原始程式 (輸入) 轉換成對應的目標程式 (輸出)。

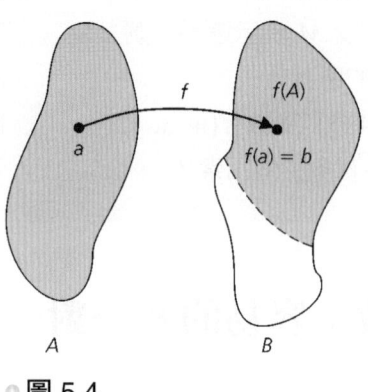

圖 5.4

許多有趣的函數出現在電腦科學裡。

例題 5.10

a) 一個普通的函數為**最大整數函數** (greatest integer function)，或**樓梯函數** (floor function)。這個函數 $f: \mathbf{R} \to \mathbf{Z}$ 被給為

$$f(x) = \lfloor x \rfloor = \text{小於或等於 } x \text{ 的最大整數。}$$

因此，$f(x)=x$，若 $x \in \mathbf{Z}$；且，當 $x \in \mathbf{R}-\mathbf{Z}$，$f(x)$ 為在實數線上緊在 x 左邊的整數。

對這個函數，我們發現

1) $\lfloor 3.8 \rfloor = 3$, $\lfloor 3 \rfloor = 3$, $\lfloor -3.8 \rfloor = -4$, $\lfloor -3 \rfloor = -3$;
2) $\lfloor 7.1 + 8.2 \rfloor = \lfloor 15.3 \rfloor = 15 = 7 + 8 = \lfloor 7.1 \rfloor + \lfloor 8.2 \rfloor$; 且
3) $\lfloor 7.7 + 8.4 \rfloor = \lfloor 16.1 \rfloor = 16 \neq 15 = 7 + 8 = \lfloor 7.7 \rfloor + \lfloor 8.4 \rfloor$.

b) 第二個函數，類似 (a) 的樓梯函數——稱為**天花板函數** (ceiling function)。這個函數 $g: \mathbf{R} \to \mathbf{Z}$ 被定義為

$$g(x) = \lceil x \rceil = \text{大於或等於 } x \text{ 的最小整數。}$$

所以 $g(x)=x$ 當 $x \in \mathbf{Z}$，但當 $x \in \mathbf{R}-\mathbf{Z}$，則 $g(x)$ 為在實數線上緊在 x 右邊的整數。在處理天花板函數時，我們發現

1) $\lceil 3 \rceil = 3$, $\lceil 3.01 \rceil = \lceil 3.7 \rceil = 4 = \lceil 4 \rceil$, $\lceil -3 \rceil = -3$, $\lceil -3.01 \rceil = \lceil -3.7 \rceil = -3$;
2) $\lceil 3.6 + 4.5 \rceil = \lceil 8.1 \rceil = 9 = 4 + 5 = \lceil 3.6 \rceil + \lceil 4.5 \rceil$; 且
3) $\lceil 3.3 + 4.2 \rceil = \lceil 7.5 \rceil = 8 \neq 9 = 4 + 5 = \lceil 3.3 \rceil + \lceil 4.2 \rceil$.

c) 函數 trunc (截尾) 是另一個定義在 $\mathbf{R}$ 上的整數值函數。這個函數截掉一個實數的分數部份。例如，trunc(3.78)＝3，trunc(5)＝5，trunc($-$7.22)＝$-$7。注意 trunc(3.78)＝$\lfloor 3.78 \rfloor$＝3 而 trunc($-$3.78)＝$\lceil -3.78 \rceil$＝$-$3。

d) 在以一個一維陣列儲存一個矩陣時，許多電腦語言使用以列為主的執行法。這裡，若 $A=(a_{ij})_{m \times n}$ 是一個 $m \times n$ 矩陣，A 的第一列被儲存在陣列的位置 $1, 2, 3, \cdots, n$ 若我們以 a_{11} 在位置 1 開始。元素 a_{21} 被發現在位置 $n+1$，而元素 a_{34} 佔據陣列的位置 $2n+4$。為決定 A 的元素 a_{ij} 的位置，其中 $1 \leq i \leq m$，$1 \leq j \leq n$，我們定義由 A 的元素到陣列的位置 $1, 2, 3, \cdots, mn$ 的**通道函數** (access function) f。這裡的通道函數公式為 $f(a_{ij}) = (i-1)n+j$。

a_{11}	a_{12}	$\cdots$	a_{1n}	a_{21}	a_{22}	$\cdots$	a_{2n}	a_{31}	$\cdots$	a_{ij}	$\cdots$	a_{mn}
1	2	$\cdots$	n	$n+1$	$n+2$	$\cdots$	$2n$	$2n+1$	$\cdots$	$(i-1)n+j$	$\cdots$	$(m-1)n+n \,(=mn)$

例題 5.11 我們可分別使用例題 5.10(a) 和 (b) 的樓梯及天花板函數來重述我們在第 4 章所檢視的一些概念。

a) 在學除法演算法時，我們學到對所有 $a,b \in \mathbf{Z}$，其中 $b>0$，可能找到唯一的 $q, r \in \mathbf{Z}$ 使得 $a = qb+r$ 及 $0 \leq r < b$。現在我們可加上 $q = \lfloor \frac{a}{b} \rfloor$ 且 $r = a - \lfloor \frac{a}{b} \rfloor b$。

b) 在例題 4.44，我們發現正整數

$$29{,}338{,}848{,}000 = 2^8 3^5 5^3 7^3 11$$

有

$$60 = (5)(3)(2)(2)(1) = \left\lceil \frac{8+1}{2} \right\rceil \left\lceil \frac{5+1}{2} \right\rceil \left\lceil \frac{3+1}{2} \right\rceil \left\lceil \frac{3+1}{2} \right\rceil \left\lceil \frac{1+1}{2} \right\rceil$$

個正因數為完全平方數。一般來講，若 $n \in \mathbf{Z}^+$ 且 $n > 1$，我們知道我們可寫

$$n = p_1^{e_1} p_2^{e_2} \cdots p_k^{e_k}$$

其中 $k \in \mathbf{Z}^+$，p_i 為質數對所有 $1 \leq i \leq k$，$p_i \neq p_j$ 對所有 $1 \leq i < j \leq k$，且 $e_i \in \mathbf{Z}^+$ 對所有 $1 \leq i \leq k$。這是由於算術基本定理。則若 $r \in \mathbf{Z}^+$，我們發現 n 的正因數中為完全 r 次方的個數為 $\prod_{i=1}^{k} \left\lceil \frac{e_i + 1}{r} \right\rceil$。當 $r = 1$，我們得 $\prod_{i=1}^{k} \lceil e_i + 1 \rceil = \prod_{i=1}^{k} (e_i + 1)$，其為 n 的正因數個數。

例題 5.12 在 4.1 及 4.2 節，我們介紹了數列併用遞迴定義的概念。我們現在應明白一個實數列 $r_1, r_2, r_3, \cdots$ 可被思考為一個函數 $f: \mathbf{Z}^+ \to \mathbf{R}$，其中 $f(n) = r_n$，對所有 $n \in \mathbf{Z}^+$。同樣的，一個整數列 $a_0, a_1, a_2, \cdots$ 可被以函數 $g: \mathbf{N} \to \mathbf{Z}$，其中 $g(n) = a_n$，對所有 $n \in \mathbf{Z}$，來定義。

在例題 5.9 裡有 $2^{12} = 4096$ 個由 A 到 B 的關係。我們已檢視過這些關係間的一個函數，而現在我們想計數由 A 到 B 的函數總個數。

> 對一般情形，令 A, B 為非空集合具 $|A| = m$，$|B| = n$。因此，若 $A = \{a_1, a_2, a_3, \cdots, a_n\}$，且 $B = \{b_1, b_2, b_3, \cdots, b_n\}$，則一個典型的函數可被描述為 $\{(a_1, x_1), (a_2, x_2), (a_3, x_3), \cdots, (a_m, x_m)\}$。我們可由 B 的 n 個元素中選任一個給 x_1，且可選任一個給 x_2。(我們可選 B 的任一個元素給 x_2，所以 B 的同一個元素可被選給 x_1 及 x_2 兩個。) 繼續這個選取過程，直到 B 的 n 個元素之一最後選給 x_m。依此法，使用乘積規則，共有 $n^m = |B|^{|A|}$ 個由 A 到 B 的函數。

因此，對例題 5.9 的 A，B，有 $4^3=|B|^{|A|}=64$ 個由 A 到 B 的函數，且 $3^4=|A|^{|B|}=81$ 個由 B 到 A 的函數。一般來講，我們不期待 $|A|^{|B|}$ 等於 $|B|^{|A|}$。不像處理關係的情形，我們不能簡單的將由 A 到 B 的函數之所有序對中的分量互換來得由 B 到 A 的函數 (或反之)。

現在我們有了函數為關係的一個特殊型態之概念，我們將我們的注意力轉向一個特殊型態的函數。

定義 5.5

函數 $f: A \to B$ 被稱為**一對一** (one-to-one) 或**嵌射** (injective)，若 B 的每個元素至多出現一次做為 A 的某個元素之像。

若 $f: A \to B$ 為一對一，且 A，B 有為限，我們必為有 $|A| \leq |B|$。對任意集合 A，B，$f: A \to B$ 為一對一若且唯若對所有 a_1，$a_2 \in A$，$f(a_1)=f(a_2) \Rightarrow a_1=a_2$。

例題 5.13

考慮函數 $f: \mathbf{R} \to \mathbf{R}$，其中 $f(x)=3x+7$ 對所有 $x \in \mathbf{R}$，則對所有 x_1，$x_2 \in \mathbf{R}$，我們發現

$$f(x_1) = f(x_2) \Rightarrow 3x_1 + 7 = 3x_2 + 7 \Rightarrow 3x_1 = 3x_2 \Rightarrow x_1 = x_2,$$

所以所給函數 f 為一對一。

反之，假設函數 $g: \mathbf{R} \to \mathbf{R}$ 被定義為 $g(x)= x^4-x$ 對每個實數 x，則

$$g(0) = (0)^4 - 0 = 0 \quad 且 \quad g(1) = (1)^4 - (1) = 1 - 1 = 0.$$

因此，g 非一對一，因為 $g(0)=g(1)$ 但 $0 \neq 1$，即 g 不是一對一，因為存在實數 x_1，x_2，其中 $g(x_1)=g(x_2) \not\Rightarrow x_1=x_2$。

例題 5.14

令 $A=\{1, 2, 3\}$ 且 $B=\{1, 2, 3, 4, 5\}$。函數

$$f = \{(1, 1), (2, 3), (3, 4)\}$$

為由 A 到 B 的一對一函數；

$$g = \{(1, 1), (2, 3), (3, 3)\}$$

為由 A 到 B 的函數，但它不是一對一，因為 $g(2)=g(3)$，但 $2 \neq 3$。

對例題 5.14 裡的 A，B，共有 2^{15} 個由 A 到 B 的關係，且這些關係中有 5^3 個為由 A 到 B 的函數。下一個問題我們想要回答的是有多少個 $f: A$

→B 的函數為一對一。我們再次對一般有限集合做討論。

> 以 $A=\{a_1, a_2, a_3, \cdots, a_m\}$，$B=\{b_1, b_2, b_3, \cdots, b_n\}$，且 $m \leq n$，一個一對一的函數 $f: A \to B$ 的形式為 $\{(a_1, x_1), (a_2, x_2), (a_3, x_3), \cdots, (a_m, x_m)\}$，其中對 x_1（為 B 的任一元素）有 n 個選法，對 x_2（為 B 的任一元素但不是已選給 x_1 的元素）有 $n-1$ 個選法，$n-2$ 個選法給 x_3，以此繼續且以 $n-(m-1)=n-m+1$ 個選法給 x_m 為結束。由乘積規則，由 A 到 B 的一對一函數個數為
>
> $$n(n-1)(n-2)\cdots(n-m+1) = \frac{n!}{(n-m)!} = P(n, m) = P(|B|, |A|).$$

因此，對例題 5.14 的 A，B，共有 $5 \cdot 4 \cdot 3 = 60$ 個一對一的函數 $f: A \to B$。

定義 5.6 若 $f: A \to B$ 且 $A_1 \subseteq A$，則

$$f(A_1) = \{b \in B | b = f(a)，對某些 a \in A_1\}，$$

且 $f(A_1)$ 被稱為 A_1 **在 f 之下的像集** (image of A_1 under f)。

例題 5.15 對 $A=\{1, 2, 3, 4, 5\}$ 且 $B=\{w, x, y, z\}$，令 $f: A \to B$ 被給為 $f=\{(1, w), (2, x), (3, x), (4, y), (5, y)\}$，則對 $A_1=\{1\}$，$A_2=\{1, 2\}$，$A_3=\{1, 2, 3\}$，$A_4=\{2, 3\}$，及 $A_5=\{2, 3, 4, 5\}$，我們發現下面它們在 f 之下對應的像集。

$f(A_1) = \{f(a) | a \in A_1\} = \{f(a) | a \in \{1\}\} = \{f(a) | a = 1\} = \{f(1)\} = \{w\}$；
$f(A_2) = \{f(a) | a \in A_2\} = \{f(a) | a \in \{1, 2\}\} = \{f(a) | a = 1 \text{ 或 } 2\}$
$\quad\quad\quad = \{f(1), f(2)\} = \{w, x\}$；
$f(A_3) = \{f(1), f(2), f(3)\} = \{w, x\}$，且 $f(A_3) = f(A_2)$ 因為 $f(2) = x = f(3)$；
$f(A_4) = \{x\}$；且 $f(A_5) = \{x, y\}$。

例題 5.16

a) 令 $g: \mathbf{R} \to \mathbf{R}$ 被給為 $g(x) = x^2$。則 $g(\mathbf{R}) = g$ 的值域 $= [0, +\infty)$。$\mathbf{Z}$ 在 g 之下的像集為 $g(\mathbf{Z}) = \{0, 1, 4, 9, 16, \cdots\}$ 且對 $A_1 = [-2, 1]$，我們得 $g(A_1) = [0, 4]$。

b) 令 $h: \mathbf{Z} \times \mathbf{Z} \to \mathbf{Z}$，其中 $h(x, y) = 2x + 3y$。h 的定義域是 $\mathbf{Z} \times \mathbf{Z}$ 而非 $\mathbf{Z}$ 且對應域為 $\mathbf{Z}$。我們發現，例如，$h(0, 0) = 2(0) + 3(0) = 0$ 且 $h(-3, 7) = 2(-3) + 3(7) = 15$。另外，$h(2, -1) = 2(2) + 3(-1) = 1$，且對每個 $n \in \mathbf{Z}$，$h(2n, -n) = 2(2n) + 3(-n) = 4n - 3n = n$。因此，$h(\mathbf{Z} \times \mathbf{Z}) = h$ 的值域 $= \mathbf{Z}$。對 $A_1 = \{(0, n) | n \in \mathbf{Z}^+\} = \{0\} \times \mathbf{Z}^+ \subseteq \mathbf{Z} \times \mathbf{Z}$，$A_1$ 在 h 之下的

像集為 $h(A_1) = \{3, 6, 9, \cdots\} = \{3n | n \in \mathbf{Z}^+\}$。

我們下一個結果處理 (定義域的) 子集合在 f 之下的像集和聯集及交集的集合運算之間的互相作用。

定理 5.2 令 $f: A \to B$ 且 $A_1, A_2 \subseteq A$，則

a) $f(A_1 \cup A_2) = f(A_1) \cup f(A_2)$;   b) $f(A_1 \cap A_2) \subseteq f(A_1) \cap f(A_2)$;
c) $f(A_1 \cap A_2) = f(A_1) \cap f(A_2)$ 當 f 是一對一。

證明： 我們證明 (b) 且將其餘部份留給讀者。

對每個 $b \in B$，$b \in f(A_1 \cap A_2) \Rightarrow b = f(a)$，對某些 $a \in A_1 \cap A_2 \Rightarrow [b = f(a)$ 對某些 $a \in A_1]$ 且 $[b = f(a)$ 對某些 $a \in A_2] \Rightarrow b \in f(A_1)$ 且 $b \in f(A_2) \Rightarrow b \in f(A_1) \cap f(A_2)$，所以 $f(A_1 \cap A_2) \subseteq f(A_1) \cap f(A_2)$。

定義 5.7 若 $f: A \to B$ 且 $A_1 \subseteq A$，則 $f|_{A_1} : A_1 \to B$ 被稱為 f 到 A_1 的**制限** (restriction) 若 $f|_{A_1}(a) = f(a)$ 對所有 $a \in A_1$。

定義 5.8 令 $A_1 \subseteq A$ 且 $f: A_1 \to B$。若 $g: A \to B$ 且 $g(a) = f(a)$ 對所有 $a \in A_1$，則我們稱 g 為 f 到 A 的**延拓** (extension)。

例題 5.17 對 $A = \{1, 2, 3, 4, 5\}$，令 $f: A \to B$ 被定義為 $f = \{(1, 10), (2, 13), (3, 16), (4, 19), (5, 22)\}$。令 $g: \mathbf{Q} \to \mathbf{R}$，其中 $g(q) = 3q + 7$ 對所有 $q \in \mathbf{Q}$。最後，令 $h: \mathbf{R} \to \mathbf{R}$ 具 $h(r) = 3r + 7$ 對所有 $r \in \mathbf{R}$，則

i) g 為 f (由 A) 到 $\mathbf{Q}$ 的延拓；
ii) f 為 g (由 $\mathbf{Q}$) 到 A 的制限；
iii) h 為 f (由 A) 到 $\mathbf{R}$ 的延拓；
iv) f 為 h (由 $\mathbf{R}$) 到 A 的制限；
v) h 為 g (由 $\mathbf{Q}$) 到 $\mathbf{R}$ 的延拓； 且
vi) g 為 h (由 $\mathbf{R}$) 到 $\mathbf{Q}$ 的制限。

例題 5.18 令 $A = \{w, x, y, z\}$，$B = \{1, 2, 3, 4, 5\}$ 且 $A_1 = \{w, y, z\}$。令 $f: A \to B$，$g: A_1 \to B$ 如圖 5.5 所表示的。則 $g = f|_{A_1}$ 且 f 是 g 由 A_1 到 A 的延拓。我們注意對已知函數 $g: A_1 \to B$，共有 5 種方法將 g 由 A_1 延拓到 A。

圖 5.5

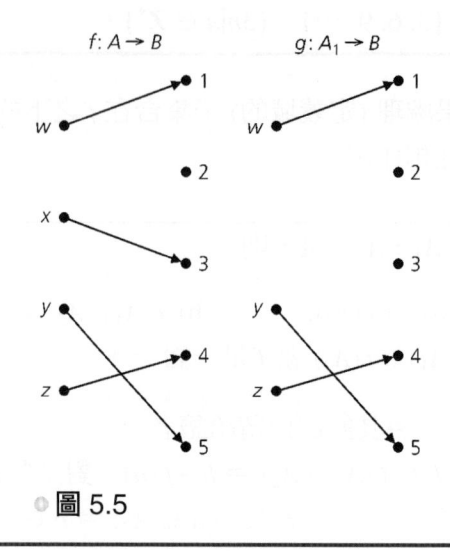

習題 5.2

1. 試決定下面各個關係是否為一函數，若為函數，則求其值域。

   a) $\{(x, y) \mid x, y \in \mathbf{Z}, y = x^2 + 7\}$，一個由 $\mathbf{Z}$ 到 $\mathbf{Z}$ 的關係。

   b) $\{(x, y) \mid x, y \in \mathbf{R}, y^2 = x\}$，一個由 $\mathbf{R}$ 到 $\mathbf{R}$ 的關係。

   c) $\{(x, y) \mid x, y \in \mathbf{R}, y = 3x + 1\}$，一個由 $\mathbf{R}$ 到 $\mathbf{R}$ 的關係。

   d) $\{(x, y) \mid x, y \in \mathbf{Q}, x^2 + y^2 = 1\}$，一個由 $\mathbf{Q}$ 到 $\mathbf{Q}$ 的關係。

   e) $\mathcal{R}$ 是一個由 A 到 B 的關係，其中 $|A| = 5$，$|B| = 6$，且 $|\mathcal{R}| = 6$。

2. 公式 $f(x) = 1/(x^2 - 2)$ 定義一個 $f : \mathbf{R} \to \mathbf{R}$ 的函數嗎？定義一個 $f : \mathbf{Z} \to \mathbf{R}$ 的函數嗎？

3. 令 $A = \{1, 2, 3, 4\}$ 且 $B = \{x, y, z\}$。(a) 列出 5 個由 A 到 B 的函數。(b) 共有多少個函數 $f : A \to B$？(c) 有多少個函數 $f : A \to B$ 為一對一？(d) 共有多少個函數 $g : B \to A$？(e) 有多少個函數 $g : B \to A$ 是一對一？(f) 多少個函數 $f : A \to B$ 滿足 $f(1) = x$？(g) 多少個函數 $f : A \to B$ 滿足 $f(1) = f(2) = x$？(h) 多少個函數 $f : A \to B$ 滿足 $f(1) = x$ 及 $f(2) = y$？

4. 若有 2187 個函數 $f : A \to B$ 且 $|B| = 3$，則 $|A|$ 值為何？

5. 令 $A, B, C \subseteq \mathbf{R}^2$，其中 $A = \{(x, y) \mid y = 2x + 1\}$，$B = \{(x, y) \mid y = 3x\}$，且 $C = \{(x, y) \mid x - y = 7\}$，求下面各題：

   a) $A \cap B$　　b) $B \cap C$
   c) $\overline{A \cup C}$　　d) $\overline{B \cup C}$

6. 令 $A, B, C \subseteq \mathbf{Z}^2$，其中 $A = \{(x, y) \mid y = 2x + 1\}$，$B = \{(x, y) \mid y = 3x\}$，且 $C = \{(x, y) \mid x - y = 7\}$。

   a) 求

   i) $\overline{A \cup C}$　　ii) $B \cap C$
   iii) $\overline{A \cup C}$　　iv) $\overline{B \cup C}$

b) 若 $A, B, C \subseteq \mathbf{Z}^+ \times \mathbf{Z}^+$，則 (i) — (iv) 的答案將如何受影響？

7. 求下面各題：
   a) $\lfloor 2.3 - 1.6 \rfloor$ b) $\lfloor 2.3 \rfloor - \lfloor 1.6 \rfloor$ c) $\lceil 3.4 \rceil \lfloor 6.2 \rfloor$
   d) $\lfloor 3.4 \rfloor \lceil 6.2 \rceil$ e) $\lfloor 2\pi \rfloor$ f) $2\lceil \pi \rceil$

8. 決定下面各敘述的真假。若敘述為假，請給一個反例。
   a) $\lfloor a \rfloor = \lceil a \rceil$ 對所有 $a \in \mathbf{Z}$。
   b) $\lfloor a \rfloor = \lceil a \rceil$ 對所有 $a \in \mathbf{R}$。
   c) $\lfloor a \rfloor = \lceil a \rceil - 1$ 對所有 $a \in \mathbf{R} - \mathbf{Z}$。
   d) $-\lceil a \rceil = \lceil -a \rceil$ 對所有 $a \in \mathbf{R}$。

9. 求所有實數 x 滿足
   a) $7\lfloor x \rfloor = \lfloor 7x \rfloor$ b) $\lfloor 7x \rfloor = 7$
   c) $\lfloor x + 7 \rfloor = x + 7$ d) $\lfloor x + 7 \rfloor = \lfloor x \rfloor + 7$

10. 求所有實數 $x \in \mathbf{R}$ 滿足 $\lfloor x \rfloor + \lfloor x + \frac{1}{2} \rfloor = \lfloor 2x \rfloor$。

11. a) 求所有實數 x 滿足 $\lceil 3x \rceil = 3\lceil x \rceil$。
    b) 令 $n \in \mathbf{Z}^+$，其中 $n > 1$，求所有 $x \in \mathbf{R}$ 滿足 $\lceil nx \rceil = n\lceil x \rceil$。

12. 對 $n, k \in \mathbf{Z}^+$，證明 $\lceil n/k \rceil = \lfloor (n-1)/k \rfloor + 1$。

13. a) 令 $a \in \mathbf{R}^+$，其中 $a \geq 1$，證明 (i) $\lfloor \lfloor a \rfloor / a \rfloor = 1$ 且 (ii) $\lceil \lceil a \rceil / a \rceil = 1$。
    b) 若 $a \in \mathbf{R}^+$ 且 $0 < a < 1$，則 (a) 的兩個結果中何者為真？

14. 令 $a_1, a_2, a_3, \cdots$ 為整數數列被遞迴定義為
    1) $a_1 = 1$；且
    2) 對所有 $n \in \mathbf{Z}^+$，其中 $n \geq 2$，$a_n = 2a_{\lfloor n/2 \rfloor}$，
    a) 求 a_n 對所有 $2 \leq n \leq 8$。
    b) 證明 $a_n \leq n$ 對所有 $n \in \mathbf{Z}^+$。

15. 對下面各函數，決定是否為一對一函數並求其值域。
    a) $f: \mathbf{Z} \to \mathbf{Z}, f(x) = 2x + 1$
    b) $f: \mathbf{Q} \to \mathbf{Q}, f(x) = 2x + 1$
    c) $f: \mathbf{Z} \to \mathbf{Z}, f(x) = x^3 - x$
    d) $f: \mathbf{R} \to \mathbf{R}, f(x) = e^x$
    e) $f: [-\pi/2, \pi/2] \to \mathbf{R}, f(x) = \sin x$
    f) $f: [0, \pi] \to \mathbf{R}, f(x) = \sin x$

16. 令 $f: \mathbf{R} \to \mathbf{R}$，其中 $f(x) = x^2$。對下面各個取自定義域 $\mathbf{R}$ 的子集合 A，求 $f(A)$。
    a) $A = \{2, 3\}$ b) $A = \{-3, -2, 2, 3\}$
    c) $A = (-3, 3)$ d) $A = (-3, 2]$
    e) $A = [-7, 2]$ f) $A = (-4, -3] \cup [5, 6]$

17. 令 $A = \{1, 2, 3, 4, 5\}$，$B = \{w, x, y, z\}$，$A_1 = \{2, 3, 5\} \subseteq A$，且 $g: A_1 \to B$，有多少種方法可將 g 延拓到一個函數 $f: A \to B$？

18. 給一個函數 $f: A \to B$ 的例子且 $A_1, A_2 \subseteq A$ 滿足 $f(A_1 \cap A_2) \neq f(A_1) \cap f(A_2)$。[定理 5.2 (b) 的包含可能為真包含。]

19. 證明定理 5.2(a) 及 (c)。

20. 若 $A = \{1, 2, 3, 4, 5\}$ 且有 6720 個嵌射函數 $f: A \to B$，則 $|B|$ 之值為何？

21. 令 $f: A \to B$，其中 $A = X \cup Y$ 且 $X \cap Y = \emptyset$。若 $f|_X$ 和 $f|_Y$ 均為一對一，是否可得 f 為一對一？

22. 對 $n \in \mathbf{Z}^+$，定義 $X_n = \{1, 2, 3, \cdots, n\}$。給 $m, n \in \mathbf{Z}^+, f: X_m \to X_n$ 被稱為**單調遞增** (monotone increasing) 若對所有 $i, j \in X_m, 1 \leq i < j \leq m \Rightarrow f(i) \leq f(j)$。(a) 有多少個單調遞增函數具定義域 X_7 及對應域 X_5？(b) 若定義域為 X_6 及對應域為 X_9，回答 (a)。(c) 一般化 (a) 和 (b) 的結果。(d) 求單調遞增函數 $f: X_{10} \to X_8$ 的個數，其中 $f(4) = 4$。(e) 有多少個單調遞增函數 $f: X_7 \to X_{12}$ 滿足 $f(5) = 9$？(f) 一般化 (d) 和 (e) 的結果。

23. 求通道函數 $f(a_{ij})$，如例題 5.10(d) 所描述的，給矩陣 $A=(a_{ij})_{m\times n}$，其中 (a) $m=12$，$n=12$；(b) $m=7$，$n=10$；(c) $m=10$，$n=7$。

24. 對例題 5.10(d) 所發展的通道函數，使用以列為主的執行，矩陣 $A=(a_{ij})_{m\times n}$ 被儲存在一個一維陣列裡。亦可能使用以行為主的執行來儲存這個矩陣，其中 A 的第一行的每個元素 a_{i1}，$1\leq i\leq m$，被分別儲存在陣列的位置 1，2，3，$\cdots$，m，而 a_{11} 被儲存在位置 1。則 A 的第二行元素 a_{i2}，$1\leq i\leq m$，被分別儲存在陣列的位置 $m+1$，$m+2$，$m+3$，$\cdots$，$2m$，且以此繼續。在這些條件下，找一個公式給通道函數 $g(a_{ij})$。

25. a) 令 A 為一個 $m\times n$ 矩陣被儲存 (以連續方式) 在一個一維的 r 個元素陣列。求一個公式給通道函數若 a_{11} 被儲存在陣列的位置 k (≥ 1) [相對的在例題 5.10(d) 是位置 1] 且我們使用 (i) 以列為主的執行；(ii) 以行為主的執行。

b) 敘述任意含 m，n，r 及 k 的條件以使 (a) 的結果為真。

26. 下面習題提供一個和公式的組合證明，這個和公式我們在早先的四個結果見過：(1) 1.4 節的習題 22，(2) 例題 4.4，(3) 4.1 節的習題 3 及 (4) 4.2 節的習題 19。

令 $A=\{a, b, c\}$，$B=\{1, 2, 3, \cdots, n, n+1\}$，且 $S=\{f: A\to B | f(a)<f(c)$ 且 $f(b)<f(c)\}$。

a) 若 $S_1=\{f: A\to B | f\in S$ 且 $f(c)=2\}$，$|S_1|$ 值為何？

b) 若 $S_2=\{f: A\to B | f\in S$ 且 $f(c)=3\}$，$|S_2|$ 值為何？

c) 對 $1\leq i\leq n$，令 $S_i=\{f: A\to B | f\in S$ 且 $f(c)=i+1\}$，$|S_i|$ 值為何？

d) 令 $T_1=\{f: A\to B | f\in S$ 且 $f(a)=f(b)\}$。解釋為何 $|T_1|=\binom{n+1}{2}$。

e) 令 $T_2=\{f: A\to B | f\in S$ 且 $f(a)<f(b)\}$ 且 $T_3=\{f: A\to B | f\in S$ 且 $f(a)>f(b)\}$。解釋為何 $|T_2|=|T_3|=\binom{n+1}{3}$。

f) 我們對集合
$S_1\cup S_2\cup S_3\cup\cdots\cup S_n$ 及 $T_1\cup T_2\cup T_3$?
能做什麼結論？

g) 使用 (c)，(d)，(e) 及 (f) 的結果證明
$$\sum_{i=1}^{n}i^2=\frac{n(n+1)(2n+1)}{6}.$$

27. 對 m，$n\in \mathbf{N}$，Ackermann 函數 $A(m, n)$ 被遞迴定義為

$A(0, n)=n+1, n\geq 0$；
$A(m, 0)=A(m-1, 1), m>0$；及
$A(m, n)=A(m-1, A(m, n-1)), m, n>0$。

[此類函數是 1920 年代由德國數學家及邏輯學家 Wilhelm Ackermann (1896-1962) 所定義的，他是 David Hilbert (1862-1943) 的學生。這些函數在電腦科學裡扮演一個重要的角色，尤其在遞迴函數理論及含集合聯集的演算法分析裡。]

a) 計算 $A(1, 3)$ 及 $A(2, 3)$。
b) 證明 $A(1, n)=n+2$ 對所有 $n\in \mathbf{N}$。
c) 對所有 $n\in \mathbf{N}$ 證明 $A(2, n)=3+2n$。
d) 證明 $A(3, n)=2^{n+3}-3$ 對所有 $n\in \mathbf{N}$。

28. 給集合 A，B，我們定義以定義域 A 及對應域 B 的一個**部份函數** (partial function) f 為一個由 A' 到 B 的函數，其中 $A'\subset A$。[此處 $f(x)$ 對 $x\in A-A'$ 沒有定義。] 例如，$f: \mathbf{R}^*\to \mathbf{R}$，其中

$f(x)=1/x$，為 **R** 上的一個部份函數，因為 $f(0)$ 沒有定義。在有限方面，{ (1, x), (2, x), (3, y) } 是一個對定義域 $A=\{1, 2, 3, 4, 5\}$ 及對應域 $B=\{w, x, y, z\}$ 的部份函數。更而，一個電腦程式可被思考為一個部份函數。程式的輸入為部份函數的輸入，而程式的輸出為函數的輸出。程式無法停下來，或異常停下來，則部份函數被考慮為對那個輸入沒有定義。(a) 對 $A=\{1, 2, 3, 4, 5\}$，$B=\{w, x, y, z\}$，有多少個部份和具有定義域 A 及對應域 B？(b) 令 A，B 為集合，其中 $|A|=m>0$，$|B|=n>0$，有多少個部份函數具有定義域 A 及對應域 B？

5.3 映成函數：第二型 Stirling 數

本節所發展的結果將提供答案給本章一開始所提的五個問題。我們發現**映成** (onto) 函數為所有答案的關鍵。

定義 5.9 函數 $f: A \to B$ 被稱為**映成** (onto) 或**蓋射** (surjective)，若 $f(A)=B$，即若對所有 $b \in B$，至少存在一個 $a \in A$ 使得 $f(a)=b$。

例題 5.19 函數 $f: \mathbf{R} \to \mathbf{R}$ 被定義為 $f(x)=x^3$ 是一個映成函數。因為這裡我們發現 r 為 f 的對應域裡的任一個實數，則實數 $\sqrt[3]{r}$ 在 f 的定義域裡且 $f(\sqrt[3]{r})=(\sqrt[3]{r})^3=r$。因此，$f$ 的對應域＝**R**＝f 的值域，且函數 f 為映成。

函數 $g: \mathbf{R} \to \mathbf{R}$，其中 $g(x)=x^2$ 對每個實數 x，不是一個映成函數。此時沒有負實數出現在 g 的值域裡。例如，為 -9 要在 g 的值域裡，我們將必須能找一個實數 r 使得 $g(r)=r^2=-9$。不幸地，$r^2=-9 \Rightarrow r=3i$，或 $r=-3i$，$-3i \in \mathbf{C}$，但 $3i$，$-3i \notin \mathbf{R}$。所以 g 的值域＝$g(\mathbf{R})=[0, +\infty) \subset \mathbf{R}$，且函數 g 不是映成。注意，然而，函數 $h: \mathbf{R} \to [0, +\infty)$ 定義為 $h(x)=x^2$ 是一個映成函數。

例題 5.20 考慮函數 $f: \mathbf{Z} \to \mathbf{Z}$，其中 $f(x)=3x+1$ 對每個 $x \in \mathbf{Z}$。這裡 f 的值域＝$\{\cdots, -8, -5, -2, 1, 4, 7, \cdots\} \subset \mathbf{Z}$，所以 f 不是一個映成函數。若我們稍微更密切的檢視其情形，我們發現整數 8，例如，不在 f 的值域裡，甚至方程式

$$3x+1=8$$

可被容易解之，得 $x=7/3$。但這就是問題，因為有理數 7/3 不是一個整數，所以沒有 x 在 **Z** 的定義域內使得 $f(x)=8$。

反之，下面每個函數

1) $g：\mathbf{Q} \rightarrow \mathbf{Q}$，其中 $g(x)=3x+1$ 對 $x \in \mathbf{Q}$；且
2) $h：\mathbf{R} \rightarrow \mathbf{R}$，其中 $h(x)=3x+1$ 對 $x \in \mathbf{R}$

為映成函數。進而，$3x_1+1=3x_2+1 \Rightarrow 3x_1=3x_2 \Rightarrow x_1=x_2$。不管 x_1 和 x_2 是否為整數、有理數，或為實數。因此，f，g 及 h 三個函數均為一對一。

例題 5.21 若 $A=\{1, 2, 3, 4\}$ 且 $B=\{x, y, z\}$ 則

$$f_1 = \{(1, z), (2, y), (3, x), (4, y)\} \text{ 且 } f_2 = \{(1, x), (2, x), (3, y), (4, z)\}$$

兩者均為由 A 映成 B 的函數。然而，函數 $g=\{(1, x), (2, x), (3, y), (4, y)\}$ 不是映成，因為 $g(A)=\{x, y\} \subset B$。

若 A，B 為有限集合，則映成函數 $f：A \rightarrow B$ 若要存在我們必須要有 $|A| \geq |B|$。考慮本章前面兩節的發展，讀者會毫無疑問的感覺到是再次使用乘積規則及計數映成函數 $f：A \rightarrow B$ 個數的時候了，其中 $|A|=m \geq n=|B|$。不幸地，此處乘積規則不適用。我們將對某些特殊的例子，來得所需要的結果，然後猜想一個一般公式。我們將在第 8 章使用包含及互斥原理來建立這個猜想。

例題 5.22 若 $A=\{x, y, z\}$ 且 $B=\{1, 2\}$，則所有函數 $f：A \rightarrow B$ 為映成除了**常數函數** (constant function) $f_1=\{(x, 1), (y, 1), (z, 1)\}$ 及 $f_2=\{(x, 2), (y, 2), (z, 2)\}$ 以外。所以共有 $|B|^{|A|}-2=2^3-2=6$ 個由 A 到 B 的映成函數。

一般來講，若 $|A|=m \geq 2$ 且 $|B|=2$，則有 2^m-2 個由 A 到 B 的映成函數。(當 $m=1$ 時，這個公式告訴我們任何事嗎？)

例題 5.23 對 $A=\{w, x, y, z\}$ 且 $B=\{1, 2, 3\}$ 有 3^4 個由 A 到 B 的函數。考慮大小為 2 的 B 之子集合，則有 2^4 個由 A 到 $\{1, 2\}$ 的函數、有 2^4 個由 A 到 $\{2, 3\}$ 的函數，及 2^4 個由 A 到 $\{1, 3\}$ 的函數。所以我們有 $3(2^4) = \binom{3}{2}2^4$ 個由 A 到 B 的函數肯定不是映成。然而，在我們把 $3^4 - \binom{3}{2}2^4$ 視為最後答案之前，我們必須明白並非所有這些 $\binom{3}{2}2^4$ 個函數為相異。當我們考慮所有由 A 到 $\{1, 2\}$ 的函數時，我們將其間的函數 $\{(w, 2), (x, 2), (y, 2), (z, 2)\}$ 移走了。接著考慮由 A 到 $\{2, 3\}$ 的函數時，亦移走了相同函數：$\{(w, 2), (x, 2),$

$(y, 2)$, $(z, 2)\}$。因此,在 $3^4 - \binom{3}{2}2^4$ 的結果裡,我們把每個常數函數 $f: A \to B$ 移走兩次,其中 $f(A)$ 為集合 $\{1\}$,$\{2\}$ 或 $\{3\}$ 中之一。對這個調整我們目前的結果,我們發現共有 $3^4 - \binom{3}{2}2^4 + 3 = \binom{3}{3}3^4 - \binom{3}{2}2^4 + \binom{3}{1}1^4 = 36$ 由 A 到 B 的映成函數。

保持 $B = \{1, 2, 3\}$,對任意集合 A 具 $|A| = m \geq 3$,則有 $\binom{3}{3}3^m - \binom{3}{2}2^m + \binom{3}{1}1^m$ 個由 A 映成 B 的函數。(當 $m = 1$ 時這個公式產生什麼結果?$m = 2$ 呢?)

最後兩個例題建議一個模型,我們現在敘述它,不證明,做為我們的一般公式。

對有限集合 A,B 具 $|A| = m$ 且 $|B| = n$,有

$$\binom{n}{n}n^m - \binom{n}{n-1}(n-1)^m + \binom{n}{n-2}(n-2)^m - \cdots$$
$$+ (-1)^{n-2}\binom{n}{2}2^m + (-1)^{n-1}\binom{n}{1}1^m = \sum_{k=0}^{n-1}(-1)^k\binom{n}{n-k}(n-k)^m$$
$$= \sum_{k=0}^{n}(-1)^k\binom{n}{n-k}(n-k)^m$$

個由 A 到 B 的映成函數。

令 $A = \{1, 2, 3, 4, 5, 6, 7\}$ 且 $B = \{w, x, y, z\}$。以 $m = 7$ 及 $n = 4$ 應用一般公式,我們發現有

例題 5.24

$$\binom{4}{4}4^7 - \binom{4}{3}3^7 + \binom{4}{2}2^7 - \binom{4}{1}1^7 = \sum_{k=0}^{3}(-1)^k\binom{4}{4-k}(4-k)^7$$
$$= \sum_{k=0}^{4}(-1)^k\binom{4}{4-k}(4-k)^7 = 8400$$

個由 A 映成 B 的函數。

例題 5.24 的結果亦回答本章開始所提的前三個問題。一旦我們去掉不必要的字彙,我們瞭解,在這三種情形裡,我們想將 7 個不同物體分配至 4 個不同容器內且無容器是空的。我們可藉由映成函數來處理這個問題。

對問題 4,我們有一個由 $4^7 = 16,384$ 個方法所組成的樣本空間 $\mathscr{S}$,其中 7 個人中每個人選 4 個樓層中的一個樓層。(注意 4^7 亦為函數 $f: A \to B$

的總個數,其中 $|A|=7$,$|B|=4$。) 我們所關心的事件含 8400 種選法,所以電梯每層樓必停的機率是 $8400/16384 \doteq 0.5127$,稍大於半次。

最後,對問題 5,因為 $\sum_{k=0}^{n}(-1)^k \binom{n}{n-k}(n-k)^m$ 為映成函數 $f: A \to B$ 的個數對 $|A|=m$,$|B|=n$,而在 $m<n$ 時則沒有映成函數且和為 0。

問題 6 將被寫在 5.6 節。

在繼續任何新的問題之前,然而,我們多考慮一個問題。

例題 5.25

在 CH 公司,Joan,一位管理者,有一個祕書叫 Teresa,及另外三個行政助理。若有七個帳目要做,有多少種方法 Joan 可來分派這些帳目,使得每個助理至少負責一個帳目且 Teresa 的工作包含最貴的帳目?

首先,答案並不是如例題 5.24 的 8400。這裡我們必須考慮兩個互斥的子情形,然後再應用和規則。

a) 若 Teresa 祕書,僅負責最貴的帳目,則其它 6 個帳目分配給 3 個行政助理的方法數為 $\sum_{k=0}^{3}(-1)^k \binom{3}{3-k}(3-k)^6 = 540$。($540=$ 映成函數 $f: A \to B$ 的個數,其中 $|A|=6$,$|B|=3$。)

b) 若 Teresa 不僅只做最貴的帳目,則分配方法數為 $\sum_{k=0}^{4}(-1)^k \binom{4}{4-k}(4-k)^6 = 1560$。($1560=$ 映成函數 $g: C \to D$ 的個數,其中 $|C|=6$,$|D|=4$。)

因此,在所描述的條件下,指派方法共有 $540+1560=2100$ 種。[我們稍早提過這個答案不是 8400,但它是 $(1/4)(8400)=(1/|B|)(8400)$,其中 8400 為映成函數 $f: A \to B$ 的個數,且 $|A|=7$,$|B|=4$。這是不符合我們將要學的,當我們討論定理 5.3 時。]

我們現在繼續討論不同物體放入容器且無容器是空的分配問題,但現在容器變為相同。

例題 5.26

若 $A=\{a, b, c, d\}$ 且 $B=\{1, 2, 3\}$,則有 36 個由 A 到 B 的映成函數,或等價地,36 種方法將 4 個不同物體分配至 3 個不同容器且無容器是空的 (且不考慮物體在容器內的位置)。在這 36 種分配中,我們發現下面 6 個群體 (6 個此類可能的 6 的群體之一):

1) $\{a, b\}_1$ $\{c\}_2$ $\{d\}_3$ 2) $\{a, b\}_1$ $\{d\}_2$ $\{c\}_3$
3) $\{c\}_1$ $\{a, b\}_2$ $\{d\}_3$ 4) $\{c\}_1$ $\{d\}_2$ $\{a, b\}_3$
5) $\{d\}_1$ $\{a, b\}_2$ $\{c\}_3$ 6) $\{d\}_1$ $\{c\}_2$ $\{a, b\}_3$,

其中,例如,記號 $\{c\}_2$ 表 c 是在第二個容器。現在我們不再區分容器,這些 6＝3! 個分配變成相同，所以有 36/(3!)＝6 種方法分配不同物體 a，b，c，d 至三個相同容器且無容器是空的。

對 $m \geq n$，有 $\sum_{k=0}^{n}(-1)^k \binom{n}{n-k}(n-k)^m$ 種方法分配 m 個不同物體至 n 個有編號(否則為相同)的容器且無容器是空的。把容器上的號碼移去，使得容器在外貌上是相同的，我們發現進入這 n 個 (非空) 容器的一個分配對應 $n!$ 個進入有編號容器的分配。所以分配 m 個不同物體至 n 個相同容器且無容器是空的的方法數為

$$\frac{1}{n!}\sum_{k=0}^{n}(-1)^k \binom{n}{n-k}(n-k)^m.$$

這個將被表為 $S(m, n)$ 且被稱為**第二型的 Stirling 數** (Stirling number of the second kind)。

我們注意對 $|A|＝m \geq n＝|B|$，共有 $n! \cdot S(m, n)$ 個由 A 到 B 的映成函數。

表 5.1 列出一些第二型的 Stirling 數。

對 $m \geq n$，$\sum_{i=1}^{n} S(m, i)$ 為將 m 個不同物體分配至 n 個相同容器，且允許容器是空的的方法數。由表 5.1 的第四列，我們看出有 1＋7＋6＝14 種方法將物體 a，b，c，d 分至三個相同容器，且有些容器可能是空的。

例題 5.27

○表 5.1

m \ n	1	2	3	4	5	6	7	8
				$S(m, n)$				
1	1							
2	1	1						
3	1	3	1					
4	1	7	6	1				
5	1	15	25	10	1			
6	1	31	90	65	15	1		
7	1	63	301	350	140	21	1	
8	1	127	966	1701	1050	266	28	1

我們以一個含第二型 Stirling 數的等式之導法繼續，其證明本質上是組合的。

定理 5.3 令 m，n 為正整數且 $1 < n \leq m$，則

$$S(m+1, n) = S(m, n-1) + nS(m, n).$$

證明： 令 $A = \{a_1, a_2, \cdots, a_m, a_{m+1}\}$，則 $S(m+1, n)$ 計數 A 的物體被分配至 n 個相同容器且無容器是空的的方法數。

有 $S(m, n-1)$ 種方法將 a_1，a_2，$\cdots$，a_m 分配至 $n-1$ 個相同容器且無容器是空的。接著將 a_{m+1} 擺進剩下的空容器而得計數在 $S(m+1, n)$ 內的 $S(m, n-1)$ 種分配法，即 a_{m+1} 單獨在一個容器的那些分配。另外，將 a_1，a_2，$\cdots$，a_m 分配至 n 個相同容器且無容器是空的，則有 $S(m, n)$ 種分配。現在，然而，這些 $S(m, n)$ 種分配中的每一個分配將因它們的容器內容物不同而變得不同。選過 n 個不同容器中的任一個給 a_{m+1}，我們有總方法數 $S(m+1, n)$ 中的 $nS(m, n)$ 種分配法，即 a_{m+1} 和 A 的另一個物體在同一個容器的那些分配。最後由和法則，結果成立。

欲說明定理 5.3，考慮表 5.1 所示的三角形。這裡的最大數對應 $S(m+1, n)$，對 $m=7$ 及 $n=3$，且我們看出 $S(7+1, 3) = 966 = 63 + 3(301) = S(7, 2) + 3S(7, 3)$。定理 5.3 的等式若需要時可被用來擴大表 5.1。

若我們將定理 5.3 的結果乘上 $(n-1)!$，我們有

$$\left(\frac{1}{n}\right)[n!S(m+1, n)] = [(n-1)!S(m, n-1)] + [n!S(m, n)].$$

這個新方程式告訴我們一些關於映成函數個數的問題。若 $A = \{a_1, a_2, \cdots, a_m, a_{m+1}\}$ 且 $B = \{b_1, b_2, \cdots, b_{n-1}, b_n\}$ 且 $m \geq n-1$，則

$$\left(\frac{1}{n}\right) (\text{映成函數 } h : A \to B \text{ 的個數})$$

$= (\text{映成函數 } f : A - \{a_{m+1}\} \to B - \{b_n\} \text{ 的個數})$。

$+ (\text{映成函數 } g : A - \{a_{m+1}\} \to B \text{ 的個數})$

因此，例題 5.25 之末的關係式不只是一種巧合。

我們以處理一個計數問題的應用做為本節的結果，其中應用到第二型的 Stirling 數和算術基本定理。

例題 5.28

考慮正整數 $30{,}030 = 2 \times 3 \times 5 \times 7 \times 11 \times 13$。在這個數的無序分解中，我們發現

i) $30 \times 1001 = (2 \times 3 \times 5)(7 \times 11 \times 13)$

ii) $110 \times 273 = (2 \times 5 \times 11)(3 \times 7 \times 13)$

iii) $2310 \times 13 = (2 \times 3 \times 5 \times 7 \times 11)(13)$

iv) $14 \times 33 \times 65 = (2 \times 7)(3 \times 11)(5 \times 13)$
v) $22 \times 35 \times 39 = (2 \times 11)(5 \times 7)(3 \times 13)$

(i)，(ii) 及 (iii) 的結果說明將六個不同物體 2，3，5，7，11，13 分配至兩個相同容器且無容器是空的其中三種方法。所以前三個例子為 30,030 的 $S(6, 2) = 31$ 種無序的兩因數分解中的三個，即有 $S(6, 2)$ 種方法將 30,030 因數分解成 mn，其中 $m, n \in \mathbf{Z}^+$，對 $1 < m, n < 30,030$ 且其中順位是無關的。同樣的，(iv) 和 (v) 的結果為將 30,030 分解成三個整數的 $S(6, 3) = 90$ 種無序方法中的兩個，其中每個整數均大於 1。在這些無序的因數分解中，至少有兩個因數共有 $\sum_{i=2}^{6} S(6, i) = 202$ 個分解法。若我們加上單因數分解 30,030，即將六個不同物體 2，3，5，7，11，13 分配至一個 (相同的) 容器，即我們總共有 203 種分解法。

習題 5.3

1. 給一個有限集合 A 和 B 的例子，其中 $|A|, |B| \geq 4$，及給一個函數 $f: A \to B$ 滿足 (a) f 既不是一對一也不是映成；(b) f 是一對一但非映成； (c) f 是映成但非一對一； (d) f 是映成且一對一。

2. 對下面各個函數 $f: \mathbf{Z} \to \mathbf{Z}$，決定是否為一對一及是否為映成。若函數不是映成，求其值域 $f(\mathbf{Z})$。

   a) $f(x) = x + 7$ b) $f(x) = 2x - 3$
   c) $f(x) = -x + 5$ d) $f(x) = x^2$
   e) $f(x) = x^2 + x$ f) $f(x) = x^3$

3. 對下面各個函數 $g: \mathbf{R} \to \mathbf{R}$，決定是否為一對一及是否為映成。若函數不是映成，求其值域 $g(\mathbf{R})$。

   a) $g(x) = x + 7$ b) $g(x) = 2x - 3$
   c) $g(x) = -x + 5$ d) $g(x) = x^2$
   e) $g(x) = x^2 + x$ f) $g(x) = x^3$

4. 令 $A = \{1, 2, 3, 4\}$ 及 $B = \{1, 2, 3, 4, 5, 6\}$。(a) 有多少個由 A 到 B 的函數？這些函數中有多少個為一對一？多少個為映成？(b) 有多少個由 B 到 A 的函數？這些函數中有多少個為映成？多少個為一對一？

5. 證明 $\sum_{k=0}^{n}(-1)^k \binom{n}{n-k}(n-k)^m = 0$ 對 $n = 5$ 及 $m = 2, 3, 4$。

6. a) 證明 $5^7 = \sum_{i=1}^{5} \binom{5}{i}(i!)S(7, i)$。
   b) 給一個組合論證證明對所 $m, n \in \mathbf{Z}^+$，
   $$m^n = \sum_{i=1}^{m} \binom{m}{i}(i!)S(n, i).$$

7. a) 令 $A = \{1, 2, 3, 4, 5, 6, 7\}$ 及 $B = \{v, w, x, y, z\}$。求函數 $f: A \to B$ 的個數，其中 (i) $f(A) = \{v, x\}$；(ii) $|f(A)| = 2$；(iii) $f(A) = \{w, x, y\}$；(iv) $|f(A)| = 3$；(v) $f(A) = \{v, x, y, z\}$；及 (vi) $|f(A)| = 4$。
   b) 令 A, B 為集合且 $|A| = m \geq n = |B|$。若 $k \in \mathbf{Z}^+$ 且 $1 \leq k \leq n$，有多少個函數 $f: A \to B$ 滿足 $|f(A)| = k$？

8. 某化學家有 5 個助理忙著一個研究計畫，此計畫要求將 9 個化合物合成。化學家有多少個方法可將這些合成工作分

給 5 個助理，使得每個助理至少負責一個合成工作？

9. 使用具實係數且奇次數的多項方程式有一個實根的事實證明函數 $f: \mathbf{R} \to \mathbf{R}$，定義為 $f(x) = x^5 - 2x^2 + x$，為一個映成函數。f 是否為一對一？

10. 假設我們有 7 個不同的彩色球及編號為 I，II，III 及 IV 的四個容器。(a) 有多少個方法我們可分配這些球，使得無容器是空的？(b) 在這 7 個彩色球中，有一個是藍色的，有多少種方法我們可分配這些球，使得無容器是空的且藍色球在第二個容器裡？(c) 若我們拿掉容器上的號碼使得我們不能再區分它們，則有多少種方法我們可分配這 7 個彩色球進 4 個相同容器裡且某些容器可能是空的？

11. 求表 5.1 中兩緊接列 ($m = 9, 10$) 的 Stirling 數 $S(m, n)$，其中 $1 \le n \le m$。

12. a) 有多少種方法可將 31,100,905 分解為三個因數，其中每個均大於 1，若因數的順位無關？
    b) 假設三個因數的順位有關，回答 (a)。
    c) 有多少種方法可將 31,100,905 分解為兩個或更多個因數，其中每個因數均大於且因數的順位無關？
    d) 假設因數的順位需考慮，回答 (c)。

13. a) 156,009 有多少個兩因數的無序分解，其中每個因數均大於 1？
    b) 有多少個方法可將 156,009 分解成兩個或更多個因數，其中每個均大於 1，且不考慮因數順位？
    c) 令 $p_1, p_2, p_3, \dots, p_n$ 為 n 個相異質數。有多少個方法可將乘積 $\prod_{i=1}^{n} p_i$ 分解成兩個或更多個因數，其中每個因數均大於 1，且因數的順位無關？

14. 寫一個電腦程式 (或開發一個演算法) 計算 Stirling 數 $S(m, n)$，其中 $1 \le m \le 12$ 及 $1 \le n \le m$。

15. 某個鎖有標示為 $1, 2, \dots, n$ 的 n 個按鈕。欲打開這個鎖，我們對這 n 個按鈕中的每一個恰按一次。若沒有兩個或更多個按鈕同時被按，則有 $n!$ 個方法來打開鎖。然而，若同時按兩個或更多個按鈕，則有超過 $n!$ 種方法來按所有的按鈕。例如，若 $n = 3$，則有 6 種一次按一個按鈕的方法。但若亦可同時按兩個或更多個按鈕，則我們發現有 13 種情形，即

(1) 1, 2, 3   (2) 1, 3, 2   (3) 2, 1, 3
(4) 2, 3, 1   (5) 3, 1, 2   (6) 3, 2, 1
(7) {1, 2}, 3   (8) 3, {1, 2}   (9) {1, 3}, 2
(10) 2, {1, 3}   (11) {2, 3}, 1   (12) 1, {2, 3}
(13) {1, 2, 3}.

[這裡，例如，情形 (12) 說明先按按鈕 1 然後同按按鈕 2, 3。] (a) 有多少種方法來按按鈕，當 $n = 4$？$n = 5$？有多少種方法對一般的 n？(b) 假設某鎖有 15 個按鈕。欲打開這個鎖，吾人必須按 12 個不同按鈕 (一次一個，或同時按兩個或更多個)。有多少種方法可完成這個呢？

16. St. Xavier 高中有 10 個候選人 $C_1, C_2, \dots, C_{10}$，競選高四班主席。
    a) 有多少種可能結果，其中 (i) 無同票？(即沒有兩個或更多候選人得到相同選票) (ii) 允許同票？[這裡的結果可能為 $\{C_2, C_3, C_7\}$，$\{C_1, C_4, C_9, C_{10}\}$，$\{C_5\}$，$\{C_6, C_8\}$，其中 C_2, C_3, C_7 為最高票同票，C_1, C_4, C_9, C_{10} 為第四高

票同票，C_5 為第八高票及 C_6，C_8 為第九高票同票。] (iii) 三個候選人為第一高票同票 (及允許其它同票)？

b) 若 C_3 為 (a) (iii) 中最高票之一，則有多少個結果？

c) C_3 為最高票有多少種輸出 (單獨，或與其它人同票)？

17. 對 m，n，$r \in \mathbf{Z}^+$ 具 $m \geq rn$，令 $S_r(m, n)$ 表將 m 個不同物體分配至 n 個相同容器，其中每個容器至少有 r 個物體的方法數。證明

$$S_r(m+1, n) = nS_r(m, n) + \binom{m}{r-1} S_r(m+1-r, n-1).$$

18. 我們使用 $s(m, n)$ 表 m 個人坐在 n 張圓桌的方法數，其中每張桌子至少有一個人。在任一張桌子的安排間是不區分的若某張桌子的坐法可被旋轉成另一張桌子的坐法 (如例題 1.16)。桌子的順位不被考量。例如，圖 5.6 的 (a)，(b)，(c) 被考慮為相同；而 (a)，(d)，(e) 為相異 (以兩張桌子來講。)

$s(m, n)$ 被引述為第一型的 Stirling 數。

a) 若 $n > m$，則 $s(m, n)$ 值為何？

b) 對 $m \geq 1$，則 $s(m, n)$ 及 $s(m, 1)$ 值為何？

c) 求 $s(m, m-1)$ 對 $m \geq 2$。

d) 證明對 $m \geq 3$，
$$s(m, m-2) = \left(\frac{1}{24}\right)m(m-1)(m-2)(3m-1).$$

19. 如前一個習題，$s(m, n)$ 表一個第一型的 Stirling 數。

a) 對 $m \geq n > 1$，證明
$$s(m, n) = (m-1)s(m-1, n) + s(m-1, n-1).$$

b) 證明對 $m \geq 2$，
$$s(m, 2) = (m-1)! \sum_{i=1}^{m-1} \frac{1}{i}.$$

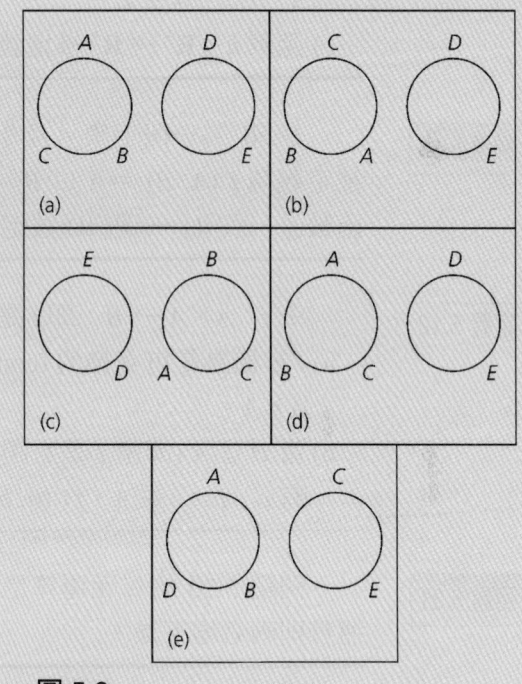

圖 5.6

5.4 特殊函數

在第 3 章第 2 節裡，我們提過在集合 $\mathbf{Z}^+$ 上，加法是一個封閉的二元運算，且 $\cap$ 是 $\mathcal{P}(\mathcal{U})$ 上的一個封閉的二元運算，對任意已知字集 $\mathcal{U}$。我們在該節亦注意到對整數 "取負號" 是 $\mathbf{Z}$ 上的一個一元運算。現在是利用函數使這些 (封閉的) 二元及一元運算更清楚的時刻。

定義 5.10　對任意非空集合 A，B，任意函數 $f: A \times A \to B$ 被稱為 A 上的一個**二元運算** (binary operation)。若 $B \subseteq A$，則二元運算被稱 (在 A 上) 是**封閉的** (closed)。(當 $B \subseteq A$，我們亦稱 A 在 f 之下是封閉的。)

定義 5.11　函數 $g: A \to A$ 被稱是 A 上的**一元** (unary) 或**單元** (monary) 運算。

例題 5.29
a) 函數 $f: \mathbf{Z} \times \mathbf{Z} \to \mathbf{Z}$ 被定義為 $f(a,b) = a-b$，是 $\mathbf{Z}$ 上的一個封閉的二元運算。

b) 若 $g: \mathbf{Z}^+ \times \mathbf{Z}^+ \to \mathbf{Z}$ 為函數，其中 $g(a,b) = a-b$，則 g 是 $\mathbf{Z}^+$ 上的一個二元運算，但不是封閉的。例如，我們發現 $3, 7 \in \mathbf{Z}^+$，但 $g(3, 7) = 3-7 = -4 \notin \mathbf{Z}^+$。

c) 函數 $h: \mathbf{R}^+ \to \mathbf{R}^+$ 被定義為 $h(a) = 1/a$ 是一個在 $\mathbf{R}^+$ 上的一元運算。

例題 5.30　令 $\mathcal{U}$ 為一個宇集，且令 $A, B \subseteq \mathcal{U}$。(a) 若 $\mathcal{P}(\mathcal{U}) \times \mathcal{P}(\mathcal{U}) \to \mathcal{P}(\mathcal{U})$ 被定義為 $f(A, B) = A \cup B$，則 f 是 $\mathcal{P}(\mathcal{U})$ 上的一個封閉的二元運算。(b) 函數 $g: \mathcal{P}(\mathcal{U}) \to \mathcal{P}(\mathcal{U})$ 被定義為 $g(A) = \overline{A}$ 是 $\mathcal{P}(\mathcal{U})$ 上的一個一元運算。

定義 5.12　令 $f: A \times A \to B$；即 f 是 A 上的一個二元運算。
a) f 被稱為是**可交換的** (commutative) 若 $f(a,b) = f(b,a)$，對所有 $(a, b) \in A \times A$。
b) 當 $B \subseteq A$ (即當 f 是封閉的)，f 被稱為是**可結合的** (associative) 若對所有 $a, b, c \in A$，$f((a,b), c) = f(a, f(b,c))$。

例題 5.31　例題 5.30 的二元運算是可交換的及可結合的，而例題 5.29(a) 的二元運算則兩者均不是。

例題 5.32
a) 定義封閉的二元運算 $f: \mathbf{Z} \times \mathbf{Z} \to \mathbf{Z}$ 為 $f(a,b) = a+b-3ab$。因為整數的加法及乘法均為可交換的二元運算，得

$$f(a,b) = a+b-3ab = b+a-3ba = f(b,a),$$

所以 f 是可交換的。

　　欲決定 f 是否為可結合的，考慮 $a, b, c \in \mathbf{Z}$，則

$$f(a,b) = a+b-3ab \text{ 且 } f(f(a,b),c) = f(a,b)+c-3f(a,b)c$$
$$= (a+b-3ab)+c-3(a+b-3ab)c$$
$$= a+b+c-3ab-3ac-3bc+9abc,$$

而
$$f(b, c) = b + c - 3bc \text{ 且 } f(a, f(b, c)) = a + f(b, c) - 3af(b, c)$$
$$= a + (b + c - 3bc) - 3a(b + c - 3bc)$$
$$= a + b + c - 3ab - 3ac - 3bc + 9abc.$$

因為 $f(f(a, b), c) = f(a, f(b, c))$ 對所有 a，b，$c \in \mathbf{Z}$，所以封閉的二元運算 f 是可結合的且為可交換的。

b) 考慮封閉的二元運算 $h: \mathbf{Z} \times \mathbf{Z} \to \mathbf{Z}$，其中 $h(a, b) = a|b|$。則 $h(3, -2) = 3|-2| = 3(2) = 6$，但 $h(-2, 3) = -2|3| = -6$。因此，h 是不可交換的。然而，對結合性質，若 a，b，$c \in \mathbf{Z}$，我們發現

$$h(h(a, b), c) = h(a, b)|c| = a|b||c| \text{ 且}$$
$$h(a, h(b, c)) = a|h(b, c)| = a||b|c|| = a|b||c|,$$

所以封閉的二元運算 h 是可結合的。

例題 5.33

若 $A = \{a, b, c, d\}$，則 $|A \times A| = 16$。因此，有 4^{16} 個函數 $f: A \times A \to A$；即有 4^{16} 個封閉的二元運算在 A 上。

欲求在 A 上的可交換封閉的二元運算 g 的個數，我們明白有 4 種選法給 $g(a, a)$，$g(b, b)$，$g(c, c)$ 及 $g(d, d)$ 的每一個值，剩下的有 $4^2 - 4 = 16 - 4 = 12$ 個形如 (x, y)，$x \neq y$，其它 ($A \times A$ 的) 有序對。為了確定交換性，這 12 個有序對必須以兩個一組來考慮。例如，我們需要 $g(a, b) = g(b, a)$ 且選 A 的 4 個元素中的一個給 $g(a, b)$。但這個選法亦必指定給 $g(b, a)$。因此，因為有 4 個選法給這 $12/2 = 6$ 組兩個有序對為一組中的每一組，我們發現 A 上可交換封閉的二元運算 g 的個數為 $4^4 \cdot 4^6 = 4^{10}$。

定義 5.13

令 $f: A \times A \to B$ 是 A 上的一個二元運算。元素 $x \in A$ 被稱為 f 的**么元** (identity) (或**單位元素** (identity element) 若 $f(a, x) = f(x, a) = a$，對所有 $a \in A$。

例題 5.34

a) 考慮 (封閉的) 二元運算 $f: \mathbf{Z} \times \mathbf{Z} \to \mathbf{Z}$，其中 $f(a, b) = a + b$。這裡整數 0 為么元，因為 $f(a, 0) = a + 0 = 0 + a = f(0, a) = a$，對每個整數 a。

b) 我們發現例題 5.29(a) 的函數沒有么元。因為若 f 有一個么元 x，則對任一 $a \in \mathbf{Z}$，$f(a, x) = a \Rightarrow a - x = a \Rightarrow x = 0$。但 $f(x, a) = f(0, a) = 0 - a \neq a$，除非 $a = 0$。

c) 令 $A = \{1, 2, 3, 4, 5, 6, 7\}$，且令 $g: A \times A \to A$ 為 (封閉的) 二元運算，

定義為 $g(a, b)=\min\{a, b\}$，即 a，b 的極小值 (或最小值)。這個二元運算是可交換的且是可結合的，且對任一 $a \in A$，我們有 $g(a,7)=\min\{a, 7\}=a=\min\{7, a\}=g(7, a)$，所以 7 是 g 的一個么元。

在例題 5.34 的 (a) 及 (c)，我們檢視兩個 (封閉的) 二元運算，每一個均有一個么元。該例的 (b) 說明一個運算未必有么元。一個二元運算可有兩個以上的么元嗎？當我們考慮下面定理時，我們發現答案是否定的。

定理 5.4 令 $f: A \times A \to B$ 為一個二元運算。若 f 有一個么元，則其么元是唯一的。

證明： 若 f 有多於一個么元，令 x_1, $x_2 \in A$ 滿足

$$f(a, x_1)=a=f(x_1, a)，對所有 a \in A，且$$
$$f(a, x_2)=a=f(x_2, a)，對所有 a \in A。$$

考慮 x_1 為 A 的一元素且 x_2 為一個么元，則 $f(x_1, x_2)=x_1$。現在互換 x_1 及 x_2 的角色，即考慮 x_2 為 A 的一元素且 x_1 為一個么元。我們發現 $f(x_1, x_2)=x_2$。因此，$x_1=x_2$，且 f 至多有一個么元。

現在我們已確定單位元素的唯一性，讓我們看看這種型態的元素如何進入另一個計數問題。

例題 5.35 若 $A=\{x, a, b, c, d\}$，則在 A 上有多少個封閉的二元運算以 x 為么元？

令 $f: A \times A \to A$ 滿足 $f(x, y)=y=f(y, x)$ 對所有 $y \in A$。則我們可將 f 表為一個表，如表 5.2。這裡有 9 個值，其中 x 為第一個分量，如 (x, c)，或為第二個分量，如 (d, x)，由 x 是單位元素的事實來決定。表 5.2 中剩下的 16 個 (空白) 位置中的每一個可被填上 A 的五個元素中的任何一個。

◎ 表 5.2

f	x	a	b	c	d
x	x	a	b	c	d
a	a	—	—	—	—
b	b	—	—	—	—
c	c	—	—	—	—
d	d	—	—	—	—

因此，在 A 上有 5^{16} 個封閉的二元運算以 x 為其么元。這些二元運算中有 $5^{10}=5^4 \cdot 5^{(4^2-4)/2}$ 個為可交換的。我們亦瞭解在 A 上有 5^{16} 個封閉的

二元運算以 b 為其么元。所以，A 上共有 $5^{17}=\binom{5}{1}5^{16}=\binom{5}{1}5^{5^2-[2(5)-1]}=\binom{5}{1}5^{(5-1)^2}$ 個封閉的二元運算有一么元，且這些運算中有 $5^{11}=\binom{5}{1}5^{10}=\binom{5}{1}5^4 5^{(4^2-4)/2}$ 個為可交換的。

在看過幾個以集合的叉積為定義域的函數例題 (在例題 5.16(b)，5.29，5.30，5.32，5.33，5.34 及 5.35) 之後，我們現在來探討以叉積的子集合為定義域的函數。

定義 5.14 對集合 A 和 B，若 $D \subseteq A \times B$，則 $\pi_A : D \to A$，定義為 $\pi_A(a, b)=a$，被稱是在第一個坐標的**投影** (projection)。函數 $\pi_B : D \to B$，定義為 $\pi_B(a, b)=b$，被稱是在第二個坐標的投影。

我們注意到若 $D=A \times B$ 則 π_A 及 π_B 兩者均為映成。

例題 5.36 若 $A=\{w, x, y\}$ 且 $B=\{1, 2, 3, 4\}$，令 $D=\{(x, 1), (x, 2), (x, 3), (y, 1), (y, 4)\}$。則投影 $\pi_A : D \to A$ 滿足 $\pi_A(x, 1)=\pi_A(x, 2)=\pi_A(x, 3)=x$ 且 $\pi_A(y, 1)=\pi_A(y, 4)=y$。因為 $\pi_A(D)=\{x, y\} \subset A$，這個函數不是映成。

對 $\pi_B : D \to B$，我們發現 $\pi_B(x, 1)=\pi_B(y, 1)=1$，$\pi_B(x, 2)=2$，$\pi_B(x, 3)=3$ 及 $\pi_B(y, 4)=4$，所以 $\pi_B(D)=B$ 且這個投影是一個映成函數。

例題 5.37 令 $A=B=\mathbf{R}$ 且考慮集合 $D \subseteq A \times B$，其中 $D=\{(x, y) \mid y=x^2\}$。則 D 表在拋物線 $y=x^2$ 上的點所成的歐幾里得平面子集合。

在 D 上的無窮多點中，我們發現點 $(3, 9)$。這裡 $\pi_A(3, 9)=3$，$(3, 9)$ 的 x 坐標，而 $\pi_B(3, 9)=9$，點的 y 坐標。

對這個例題，$\pi_A(D)=\mathbf{R}=A$，所以 π_A 是映成。(投影 π_A 亦是一對一。) 然而，$\pi_B(D)=[0, +\infty) \subset \mathbf{R}$，所以 π_B 不是映成。[也不是一對一，例如，$\pi_B(2, 4)=4=\pi_B(-2, 4)$]。

我們擴大投影的觀念如下：令 $A_1, A_2, \cdots, A_n$ 為集合，且 $\{i_1, i_2, \cdots, i_m\} \subseteq \{1, 2, \cdots, n\}$ 滿足 $i_1 < i_2 < \cdots < i_m$ 且 $m \leq n$。若 $D \subseteq A_1 \times A_2 \times \cdots \times A_n = \times_{i=1}^{n} A_i$，則函數 $\pi : D \to A_{i_1} \times A_{i_2} \times \cdots \times A_{i_m}$ 被定義為 $\pi(a_1, a_2, \cdots, a_n) = (a_{i_1}, a_{i_2}, \cdots, a_{i_m})$ 為 D 在第 i_1，第 i_2，$\cdots$，第 i_m 的投影坐標。D 的元素被稱為 (有序的) n 序元；$\pi(D)$ 的元素為 (有序的) m **序元**。

在研究**相關資料基底** (relational data bases) 時，這些投影以自然的方式產生，相關資料基底是一個標準的技巧，以現代大型的計算系統來組織及描述大量的資料。像信用卡的處理情形，不僅可儲存資料分類也可輸入新資料,當信用卡被製作給新持卡者時。當存在帳號上的帳單被付時,或當這些帳號有新的購買發生時,資料必須要更新,當為特殊考量來找尋記錄時。另外一個例子產生,如當某學院入學辦公室在做教育記錄搜尋,搜尋數學成績達到某種程度的高中生的郵寄目錄表。

下面例題說明投影在某個方法上的使用,此方法係以一個較小型的方式來組織及描述資料。

例題 5.38　在某個大學,下面各集合跟註冊有關:

A_1＝數學方面的課程號碼所成的集合。
A_2＝數學方面的課程名稱所成的集合。
A_3＝數學教授所成的集合。
A_4＝英文字母所成的集合。

考慮**表** (table) 或**關係**[†],給在表 5.3 的 $D \subseteq A_1 \times A_2 \times A_3 \times A_4$。

●表 5.3

課程號碼	課程名稱	教授	組別
MA 111	微積分 I	P. Z. Chinn	A
MA 111	微積分 I	V. Larney	B
MA 112	微積分 II	J. Kinney	A
MA 112	微積分 II	A. Schmidt	B
MA 112	微積分 II	R. Mines	C
MA 113	微積分 III	J. Kinney	A

集合 A_1,A_2,A_3,A_4 被稱為**相關資料基底的定義域** (domains of the relational data base),且表 D 被稱為具有**次數** (degree) 4。D 的每個元素經常被稱為**目錄表** (list)。

D 在 $A_1 \times A_3 \times A_4$ 的投影被說明在表 5.4。表 5.5 說明 D 在 $A_1 \times A_2$ 的投影。

●表 5.4

課程號碼	教授	組別
MA 111	P. Z. Chinn	A
MA 111	V. Larney	B
MA 112	J. Kinney	A
MA 112	A. Schmidt	B
MA 112	R. Mines	C
MA 113	J. Kinney	A

●表 5.5

課程號碼	課程名稱
MA 111	微積分 I
MA 112	微積分 II
MA 113	微積分 III

[†] 這裡的關係 D 不是二元的。事實上,D 是一個四元關係。

表 5.4 及 5.5 是表示表 5.3 上相同資料的另一種表示方法。給表 5.4 及 5.5，吾人可再得表 5.3。

相關資料基底理論是關心以不同方法來表示資料及運算，例如投影，對此類表示式所需的。此類技巧的電腦執行亦被考慮。有關這個主題的更多訊息被提供在習題及參考資料的章節裡。

習題 5.4

1. 對 $A=\{a, b, c\}$，令 $f: A \times A \to A$ 為給在表 5.6 的封閉二元運算。給一個例子證明 f 不是可結合的。

   表 5.6

f	a	b	c
a	b	a	c
b	a	c	b
c	c	b	a

2. 令 $f: \mathbf{R} \times \mathbf{R} \to \mathbf{Z}$ 為定義為 $f(a, b) = \lceil a+b \rceil$ 的封閉二元運算。(a) f 為可交換的嗎？(b) f 為可結合的嗎？(c) f 有一個單位元素嗎？

3. 下面每個函數 $f: \mathbf{Z} \times \mathbf{Z} \to \mathbf{Z}$ 是 $\mathbf{Z}$ 上的封閉二元運算。對各情形決定 f 是否為可交換的及 (或) 可結合的。

   a) $f(x, y) = x + y - xy$
   b) $f(x, y) = \max\{x, y\}$，x，y 的極大值 (或較大值)
   c) $f(x, y) = x^y$
   d) $f(x, y) = x + y - 3$

4. 習題 3 裡哪一個封閉二元運算有一個么元？

5. 令 $|A| = 5$。(a) $|A \times A|$ 值為何？(b) 有多少個函數 $f: A \times A \to A$？(c) 在 A 上有多少個封閉二元運算？(d) 這些封閉二元運算中有多少個為可交換的？

6. 令 $A = \{x, a, b, c, d\}$
   a) 在 A 上有多少個封閉二元運算滿足 $f(a, b) = c$？
   b) 在 (a) 中的函數 f 有多少個以 x 為么元？
   c) 在 (a) 中的函數 f 有多個有一個么元？
   d) 在 (c) 中的函數 f 有多少個為可交換的？

7. 令 $f: \mathbf{Z}^+ \times \mathbf{Z}^+ \to \mathbf{Z}^+$ 為定義 $f(a, b) = \gcd(a, b)$ 的封閉二元運算。(a) f 為可交換的嗎？(b) f 為可結合的嗎？(c) f 有一個么元嗎？

8. 令 $A = \{2, 4, 8, 16, 32\}$，及考慮封閉二元運算 $f: A \times A \to A$，其中 $f(a, b) = \gcd(a, b)$。f 是否有單位元素？

9. 對相異質數 p，q，令 $A = \{p^m q^n \mid 0 \leq m \leq 31, 0 \leq n \leq 37\}$。(a) $|A|$ 值為何？(b) 若 $f: A \times A \to A$ 為定義為 $f(a, b) = \gcd(a, b)$ 的封閉二元運算，f 有單位元素嗎？

10. 敘述一結果來一般化前兩個習題所提的概念。

11. 對 $\emptyset \neq A \subseteq \mathbf{Z}^+$，令 $f, g: A \times A \to A$ 為定義為 $f(a, b) = \min\{a, b\}$ 的封閉二元運

算。f 有一個單位元素嗎？g 有嗎？

12. 令 $A=B=\mathbf{R}$，對下面各個集合 $D \subseteq A \times B$，求 $\pi_A(D)$ 及 $\pi_B(D)$。

   a) $D = \{(x, y) | x = y^2\}$
   b) $D = \{(x, y) | y = \sin x\}$
   c) $D = \{(x, y) | x^2 + y^2 = 1\}$

13. 令 A_i，$1 \leq i \leq 5$，為表 $D \subseteq A_1 \times A_2 \times A_3 \times A_4 \times A_5$ 的定義域，其中 $A_1 = \{U, V, W, X, Y, Z\}$（被用來做為某測試中不同穀物的編碼名字。）且 $A_2 = A_3 = A_4 = A_5 = \mathbf{Z}^+$。表 D 被給為如表 5.7。

   a) 這個表的次數為何？
   b) 求 D 在 $A_3 \times A_4 \times A_5$ 上的投影。
   c) 一個表的定義域被稱為表的**主要鍵** (primary key) 若其值唯一確認 D 的每一個目錄表。求這個表的主要鍵。

14. 令 A_i，$1 \leq i \leq 5$，為表 $D \subseteq A_1 \times A_2 \times A_3 \times A_4 \times A_5$ 的定義域，其中 $A_1 = \{1, 2\}$（被用來確認由兩家製藥公司所生產的日常維他命膠囊），$A_2 = \{A, D, E\}$，且 $A_3 = A_4 = A_5 = \mathbf{Z}^+$。表 D 被給如表 5.8。

   a) 這個表的次數為何？
   b) D 在 $A_1 \times A_2$ 上的投影為何？在 $A_3 \times A_4 \times A_5$ 上的投影為何？
   c) 這個表沒有主要鍵。(參見習題13。) 然而，我們可以定義一個**合成主要鍵** (composite primary key) 為表的定義域最小的個數的叉積，其各分量，共同的用來唯一確認 D 的各個目錄表。求這個表的某些合成主要鍵。

表 5.7

穀物編碼名稱	每盎斯量的糖份公克數	每盎斯量的維他命 A 的 RDA[a]百分比	每盎斯量的維他命 C 的 RDA百分比	每盎斯量的蛋白質的 RDA百分比
U	1	25	25	6
V	7	25	2	4
W	12	25	2	4
X	0	60	40	20
Y	3	25	40	10
Z	2	25	40	10

[a]RDA＝建議的日常允許量

表 5.8

維他命膠囊	膠囊內的維他命	膠囊內維他命的國際單位量[a]	服用量：每天的膠囊數	每瓶的膠囊個數
1	A	10,000	1	100
1	D	400	1	100
1	E	30	1	100
2	A	4,000	1	250
2	D	400	1	250
2	E	15	1	250

[a]IU＝國際單位

5.5 鴿洞原理

有一個步調的改變,當我們介紹一個有趣的分配原理時。這個原理似乎和我們目前所做的沒有什麼共通的地方,但它將被證明是有用的。

在數學上,吾人有時發現一個幾乎明顯的概念,當應用在一個頗複雜的場合裡,卻是解一個不易處理問題所需的關鍵。在此類明顯概念的目錄表中,許多人將毫無疑問的選下面法則,著名的**鴿洞原理** (pigeonhole principle)。

> **鴿洞原理**:若 m 隻鴿子佔據 n 個鴿洞且 $m > n$,則至少有一個鴿洞有兩隻或更多的鴿子棲息於內。

對 6 ($= m$) 隻鴿子及 4 ($= n$) 個鴿洞 (事實上是鳥巢) 的情形被顯示於圖 5.7。一般結果由矛盾證法證明成立。若結果不是真的,則每個鴿洞至多有一隻鴿子棲息於內──給總數至多 n ($< m$) 隻鴿子。(在某些地方我們至少丟掉 $m - n$ 隻鴿子!)

但現在鴿子棲息在鴿洞內能對數學──離散、組合或其它,做些什麼呢?事實上,這個原理可被應用在許多問題裡,其中我們尋找建立某種情形是否能確實發生。我們說明這個原理於下面例題裡,並將發現它在 5.6 節及本書的其它地方的用處。

◉ 圖 5.7

例題 5.39
某辦公室雇用 13 位檔案文書,所以他們之中至少有兩位有相同月的生日。這裡我們有 13 隻鴿子 (檔案文書) 及 12 個鴿洞 (年的月份)。

這裡是我們的原理的第二個頗直接的應用。

例題 5.40   Larry 提著裝有 12 雙襪子 (每雙顏色相異) 的洗衣袋從洗衣店回來。從袋中隨機抽出襪子，他將必須至少多抽出 13 隻襪子以得到配對的一雙。

由此刻起，鴿洞原理的應用可是更不可思議的。

例題 5.41   Wilma 以一磁帶機操作一台電腦。有一天她被給一磁帶，帶中有 500,000 個"字"，每個字由 4 個或少於 4 個的小寫字母組成。(帶中連續的字被以空白字元隔開。) 這 500,000 個字可能均相異嗎？

由和及乘積法則，不同字的總數，使用 4 個或更少的字母，為

$$26^4 + 26^3 + 26^2 + 26 = 475,254$$

以這 475,254 個字為鴿洞，且以磁帶上的 500,000 個字為鴿子，得磁帶上至少有一個字是重複的。

例題 5.42   令 $S \subset \mathbf{Z}^+$，其中 $|S| = 37$，則 S 中有兩個元素被 36 除有相同餘數。

這裡的鴿子為 S 中的 37 個正整數。由除法演算法 (定理 4.5)，我們知道當任一正整數 n 被 36 除，存在一個唯一的商 q 及唯一的餘數 r，其中

$$n = 36q + r, \qquad 0 \le r < 36.$$

36 個可能的 r 值組成鴿洞，且結果由鴿洞原理建立。

例題 5.43   證明若從集合 $S = \{1, 2, 3, \cdots, 200\}$ 中選出 101 個整數，則有兩個整數滿足其中一個整除另一個。

對每個 $x \in S$，我們可寫 $x = 2^k y$，其中 $k \ge 0$ 且 $\gcd(2, y) = 1$。(這個結果可由算術基本定理得到。) 則 y 必為奇數，所以 $y \in T = \{1, 3, 5, \cdots, 199\}$，且 $|T| = 100$。因為由 S 選出 101 個整數，由鴿洞原理，存在兩個形如 $a = 2^m y$，$b = 2^n y$ 的相異整數，對某些 (相同的) $y \in T$。若 $m < n$，則 $a \mid b$；否則，我們有 $m > n$ 且則 $b \mid a$。

例題 5.44   任何由集合 $S = \{1, 2, 3, \cdots, 9\}$ 中取出的大小為 6 的子集合必含兩個元素其和為 10。

這裡的鴿子組成一個 $\{1, 2, 3, \cdots, 9\}$ 的六個元素子集合，且鴿洞為子集合 $\{1, 9\}$，$\{2, 8\}$，$\{3, 7\}$，$\{4, 6\}$，$\{5\}$。當這六隻鴿子進入它們的個別鴿洞，它們必須至少進一個和為 10 的兩個元素子集合。

三角形 ACE 為等邊三角形且 AC=1。若由這個三角形內部選五點，則至少有兩點之間的距離小於 1/2。

例題 5.45

對圖 5.8 的三角形，4 個較小的三角形為全等等邊三角形且 AB=1/2。我們將三角形 ACE 的內部打破成下面四個區域，其中兩兩互斥：

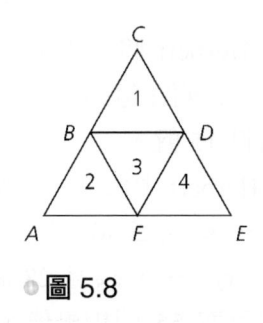

◉ 圖 5.8

R_1：三角形 BCD 的內部及線段 BD 上的點，不含 B 及 D。
R_2：三角形 ABF 的內部。
R_3：三角形 BDF 的內部及線段 BF 及 DF 上的點，不含 B，D 及 F。
R_4：三角形 FDE 的內部。

現在我們應用鴿洞原理。在三角形 ACE 內部的 5 點必滿足至少有兩點位在四個區域 R_i 之一，$1 \leq i \leq 4$，其中任兩點之間的距離小於 1/2。

令 S 為六個正整數的集合，其中極大值最多是 14。證明 S 的所有非空子集合內的元素和不可能均相異。

例題 5.46

對 S 的每個非空子集合 A，A 中的元素和，表為 s_A，滿足 $1 \leq s_A \leq 9+10+\cdots+14=69$，且有 $2^6-1=63$ 個 S 的非空子集合。我們將由鴿洞原理得到結論，利用令可能的和，由 1 到 69，為鴿洞，以 63 個 S 的非空子集合為鴿子，但我們有較少的鴿子。

所以不考慮 S 的所有非空子集合，我們考慮 S 的那些非空子集合 A，其中 $|A| \leq 5$。則對每個此類子集合 A，得 $1 \leq s_A \leq 10+11+\cdots+14=60$。有 62 個 S 的非空子集合 A 具 $|A| \leq 5$，即 S 的所有子集合除了 ∅ 及集合 S 本身。以 62 隻鴿子 (S 的非空子集合 A 且 $|A| \leq 5$) 及 62 個鴿洞 (所有可能和 s_A)，由鴿洞原理，得這 62 個子集合中至少有兩個子集合的元素必產生相同的和。

令 $m \in \mathbf{Z}^+$ 且 m 為奇數。證明存在一個正整數 n 滿足 m 整除 2^n-1。

例題 5.47

考慮 $m+1$ 個正整數 2^1-1，2^2-1，2^3-1，$\cdots$，2^m-1，$2^{m+1}-1$。由鴿洞原理及除法演算法，存在 $s,t \in \mathbf{Z}^+$ 且 $1 \leq s < t \leq m+1$，其中 2^s-1

及 2^t-1 被 m 除有相同的餘數。因此，$2^s-1=q_1m+r$ 且 $2^t-1=q_2m+r$，對 q_1，$q_2 \in \mathbf{N}$ 且 $(2^t-1)-(2^s-1)=(q_2m+r)-(q_1m+r)$，所以 $2^t-2^s=(q_2-q_1)m$。但 $2^t-2^s=2^s(2^{t-s}-1)$；且因 m 為奇數，我們有 $\gcd(2^s, m)=1$。因此 $m\,|\,(2^{t-s}-1)$，且以 $n=t-s$ 結果成立。

例題 5.48　在四個星期的假期中，Herbert 將每天至少打一盤網球，但他不打算在這段時間內打超過 40 盤。證明在這四星期中不管他如何分配盤數，存在幾個連續天，他在其間恰打 15 盤。

對 $1 \le i \le 28$，令 x_i 為 Herbert 由假期的開始至第 i 天結束，他將打的網球盤數。則 $1 \le x_1 < x_2 < \cdots < x_{28} \le 40$，且 $x_1+15 < \cdots < x_{28}+15 \le 55$。我們現在有 28 個相異數 x_1，x_2，$\cdots$，x_{28} 且 28 個相異數 x_1+15，x_2+15，$\cdots$，$x_{28}+15$。這 56 個數僅可取 55 個相異值，所以它們之中至少有兩個必相同，且我們得到存在 $1 \le j < i \le 28$ 滿足 $x_i=x_j+15$。因此，由第 $j+1$ 天開始至第 i 天結束，Herbert 將恰打 15 盤網球。

本節最後的例題處理一個優秀的結果，此結果首先由 Paul Erdös 和 George Szekeres 於 1935 年發現的。

例題 5.49　讓我們以考慮兩個特別的例子開始：

1) 注意 (長度為 5 的) 數列 6，5，8，3，7 如何包含 (長度為 3 的) 遞減子數列 6，5，3。
2) 注意 (長度為 10 的) 數列 11，8，7，1，9，6，5，10，3，12 如何包含 (長度為 4 的) 遞增子數列 8，9，10，12。

這兩個例子說明一般結果：對每個 $n \in \mathbf{Z}^+$，一個含 n^2+1 個不同實數的數列包含一個 (長度為 $n+1$ 的) 遞減或遞增數列。

欲證明這個要求，令 a_1，a_2，$\cdots$，a_{n^2+1} 為 n^2+1 個相異實數的數列。對 $1 \le k \le n^2+1$，令

$x_k=$ 以 a_k 結尾的遞減數列的最大長度，且
$y_k=$ 以 a_k 結尾的遞增數列的最大長度。

例如，我們的第二個特別例子將提供

k	1	2	3	4	5	6	7	8	9	10
a_k	11	8	7	1	9	6	5	10	3	12
x_k	1	2	3	4	2	4	5	2	6	1
y_k	1	1	1	1	2	2	2	3	2	4

若，一般來講，沒有長度 $n+1$ 的遞減或遞增數列，則 $1 \leq x_k \leq n$ 且 $1 \leq y_k \leq n$ 對所有 $1 \leq k \leq n^2+1$。因此，至多有 n^2 個相異序對 (x_k, y_k)。但我們有 n^2+1 個序對 (x_k, y_k)，因為 $1 \leq k \leq n^2+1$。所以鴿洞原理蘊涵有兩個相等序對 (x_i, y_i)，(x_j, y_j)，其中 $i \neq j$，令 $i < j$。現在實數 $a_1, a_2, \cdots, a_{n^2+1}$ 均相異，所以若 $a_i < a_j$，則 $y_i < y_j$，而若 $a_j < a_i$，則 $x_j > x_i$。不管那一種情形，我們均不再有 $(x_i, y_i) = (x_j, y_j)$。這個矛盾告訴我們 $x_k = n+1$ 或 $y_k = n+1$ 對某些 $n+1 \leq k \leq n^2+1$；所以結果成立。

給一個這結果有趣的應用，考慮 n^2+1 個相撲選手面向前且肩並肩站著。(無兩位選手有相同體重。) 我們可由這些相撲手中選 $n+1$ 位向前站一步使得由左到右掃描他們，他們的逐步體重不是遞增就是遞減。

習題 5.5

1. 在例題 5.40 裡，什麼扮演鴿子角色及什麼扮演鴿洞角色？

2. 證明若 8 個人在一間房裡，則其中至少有兩位的生日出現在星期中的同一天。

3. 某禮堂有 800 個座位容量，須使用多少個座位以保證至少有兩位坐在禮堂的人有相同的第一個及最後一個姓名首字母？

4. 令 $S = \{3, 7, 11, 15, 19, \cdots, 95, 99, 103\}$。我們須從 S 裡選出多少個元素以保證至少有兩個元素的和為 110？

5. a) 證明若由 $\{1, 2, 3, \cdots, 300\}$ 選出 151 個整數，則這個選法必含兩個整數滿足 $x|y$ 或 $y|x$。

   b) 寫一敘述來一般化 (a) 的結果及例題 5.43。

6. 證明若由 $S = \{1, 2, 3, \cdots, 200\}$ 選出 101 個整數，則存在 m，n 在選法裡滿足 $\gcd(m, n) = 1$。

7. a) 證明若由集合 $S = \{1, 2, 3, \cdots, 25\}$ 中選出任意 14 個整數，則至少有兩個整數之名為 26。

   b) 寫一敘述來一般化 (a) 的結果及例題 5.44。

8. a) 若 $S \subseteq \mathbf{Z}^+$ 且 $|S| \geq 3$，證明存在相異的 x，$y \in S$ 滿足 $x+y$ 為偶數。

   b) 令 $S \subseteq \mathbf{Z}^+ \times \mathbf{Z}^+$。求 $|S|$ 的最小值以保證存在相異序對 (x_1, x_2)，$(y_1, y_2) \in S$ 滿足 x_1+y_1 及 x_2+y_2 均為偶數。

   c) 擴大 (a) 及 (b) 的概念，考慮 $S \subseteq \mathbf{Z}^+ \times \mathbf{Z}^+ \times \mathbf{Z}^+$。$|S|$ 的大小應為多少以保證存在相異三序對 (x_1, x_2, x_3)，$(y_1, y_2, y_3) \in S$ 滿足 x_1+y_1，x_2+y_2 及 x_3+y_3 均為偶數？

   d) 一般化 (a)，(b) 及 (c) 的結果。

   e) 笛卡兒平面上的點 $P(x, y)$ 被稱為**格子點** (lattice points) 若 x，$y \in \mathbf{Z}$。給相異的格子點 $P_1(x_1, y_1)$，$P_2(x_2, y_2)$，$\cdots$，$P_n(x_n, y_n)$，求 n 的最小值以保證存在 $P_i(x_i, y_i)$，$P_j(x_j, y_j)$，$1 \leq i < j \leq n$，滿足連接 $P_i(x_i, y_i)$ 及 $P_j(x_j, y_j)$ 線段的中點亦是一個格子點。

9. a) 若由 $\{1, 2, 3, \cdots, 100\}$ 選出 11 個整數，證明至少存在兩個整數，稱 x 及

y，滿足 $0 < |\sqrt{x} - \sqrt{y}| < 1$。

b) 寫一敘述來一般化 (a) 的結果。

10. 令三角形 ABC 為一正方形且 $AB=1$。證明若我們由這個正方形的內部選出 10 點，則至少必有兩點其間的距離小於 1/3。

11. 令 $ABCD$ 為一正方形且 $AB=1$。證明若我們由這個正方形的內部選出 5 點，則至少存在兩點間之距離小於 $1/\sqrt{2}$。

12. 令 $A \subseteq \{1, 2, 3, \cdots, 25\}$ 且 $|A|=9$。對 A 的任一子集合 B，令 s_B 表 B 中元素的和。證明存在 A 的相異子集合 C，D 滿足 $|C|=|D|=5$ 且 $s_C = s_D$。

13. 令 S 為一個 5 個正整數的集合，其中的最大值至多是 9。證明 S 的所有非空子集合中的元素和不可能全為相異。

14. 在學院第四年的前六個星期，Brace 每天至少寄出一封履歷表，但總數不超過 60 封履歷表。證明有連續幾天，其間他恰寄出 23 封履歷表。

15. 令 $S \subset \mathbf{Z}^+$ 且 $|S|=7$。對 $\emptyset \neq A \subseteq S$，令 s_A 表 A 中元素的和。若 m 是 S 中最大的元素，求 m 的可能值使得存在相異的 S 的子集合 B，C 滿足 $s_B = s_C$。

16. 令 $k \in \mathbf{Z}^+$。證明存在一正整數 n 滿足 $k \mid n$ 且 n 上的數字僅為 0 和 3。

17. a) 求一個含 4 個相異實數的數列滿足沒有長度為 3 的遞減或遞增數列。

b) 求一個含 9 個相異實數的數列滿足沒有長度為 4 的遞減或遞增數列。

c) 一般化 (a) 和 (b) 的結果。

d) 這個習題的前面結果告訴我們關於例題 5.49 什麼？

18. Nardine 的有氧運動班上的 50 位學員排成一直線來取他們的裝備。假設這些人當中無兩人有相同高度，證明他們之中 (如領裝備的直線由第一個到最後一個) 有 8 個有逐次的高度不是遞減就是遞增。

19. 對 k，$n \in \mathbf{Z}^+$，證明若 $kn+1$ 隻鴿子佔據 n 個鴿洞，則至少有一個鴿洞有 $k+1$ 隻或更多的鴿子棲息於內。

20. 我們應擲一個骰子多少次以得相同的點數 (a) 至少兩次？(b) 至少三次？(c) 至少 n 次，對 $n \geq 4$？

21. a) 令 $S \subset \mathbf{Z}^+$。$|S|$ 的最小值為何以保證存在兩個元素 x，$y \in S$ 滿足 x 及 y 被 1000 除有相同的餘數？

b) n 的最小值為何以使得當 $S \subseteq \mathbf{Z}^+$ 且 $|S|=n$，則存在三個元素 x，y，$z \in S$ 滿足三個被 1000 除均有相同的餘數？

c) 寫一敘述一般化 (a) 和 (b) 的結果及例題 5.42。

22. 對 m，$n \in \mathbf{Z}^+$，證明若 m 隻鴿子佔據 n 個鴿洞，則至少有一個鴿洞有 $\lfloor (m-1)/n \rfloor + 1$ 隻或更多的鴿子棲息於內。

23. 令 p_1，p_2，$\cdots$，$p_n \in \mathbf{Z}^+$。證明若 $p_1 + p_2 + \cdots + p_n - n + 1$ 隻鴿子佔據 n 個鴿洞，則不是第一個鴿洞有 p_1 隻或更多隻鴿子棲息於內，就是第二個鴿洞有 p_2 隻或更多隻鴿子棲息於內，$\cdots$，或是第 n 個鴿洞有 p_n 隻或更多隻鴿子棲息於內。

24. 給 8 本 Perl 書，17 本 Visual BASIC[†] 書，6 本 Java 書，12 本 SQL 書及 20 本 C++ 書，我們必須由這些書中選出多少本書以保證我們有 10 本書處理相同的電腦語言？

[†] Visual BASIC 是微軟公司的一個商標。

5.6 函數合成及反函數

當以 **Z** 的元素做計算時，我們發現 (封閉的二元) 運算提供一個將兩個整數，稱 a 及 b，合成第三個數，即 $a+b$ 的方法。更而，對每個整數 c，存在第二個整數 d 滿足 $c+d=d+c=0$，且我們稱 d 為 c 的加法**反元素** (inverse)。(c 亦為 d 的加法反元素。)

轉向 **R** 的元素及 (封閉的二元) 乘法運算，我們有一個將任意 $r, s \in$ **R** 合成它們的乘積 rs 的方法。且這裡，對每個 $t \in$ **R**，若 $t \neq 0$，則存在一個實數 u 使得 $ut=tu=1$。實數 u 被稱為 t 的乘法反元素。(實數 t 亦為 u 的乘法反元素。)

本節我們將首先學習一個將兩個函數合成一個單一函數的方法，接著對具有某種性質的函數發展反函數的概念。欲達成這個目標，我們需要下面初步的概念。

在檢視完一對一函數及映成函數之後，我們現在轉向同時具有這兩種性質的函數。

> 若 $f: A \to B$，則 f 被稱為**單蓋射** (bijective)，或為**一對一對應** (one-to-one correspondence)，若 f 同時為一對一且映成。

定義 5.15

> 若 $A=\{1, 2, 3, 4\}$ 且 $B=\{w, x, y, z\}$，則 $f = \{(1, w), (2, x), (3, y), (4, z)\}$ 是一個由 A 到 B 的一對一對應，且 $g = \{(w, 1), (x, 2), (y, 3), (z, 4)\}$ 是一個由 B 到 A 的一對一對應。

例題 5.50

這裡應指出每當**對應** (correspondence) 這個名詞被用在第 1 章及在例題 3.11 和例題 4.12 時，形容**一對一** (one-to-one) 被蘊函，雖然從未被提及。

對任意非空集合 A，總是存在一個非常簡單但重要的一對一對應，如下面定義所見到的。

> 函數 $1_A: A \to A$，定義為 $1_A(a)=a$ 對所有 $a \in A$，被稱為 A 的**恆等函數** (identity function)。

定義 5.16

> 若 $f, g: A \to B$，我們稱 f 和 g 為**相等** (equal) 且記 $f=g$，若 $f(a)=g(a)$ 對所有 $a \in A$。

定義 5.17

當 f 和 g 為具有共同的定義域 A 的函數且 $f(a)=g(a)$ 對所有 $a \in A$。在處理函數相等時,一個普通的陷阱發生。它可能不是 $f=g$ 的情形。這個陷阱是由於不注意函數的對應域所導致的。

例題 5.51 令 $f: \mathbf{Z} \to \mathbf{Z}$,$g: \mathbf{Z} \to \mathbf{Q}$,其 $f(x)=x=g(x)$,對所有 $x \in \mathbf{Z}$。則 f, g 有共同的定義域 $\mathbf{Z}$,有相同的值域 $\mathbf{Z}$,且對 $\mathbf{Z}$ 的每個元素有相同的值。然而 $f \neq g$!這裡 f 是一個一對一對應,而 g 是一對一但非映成;所以對應域確實有一差異。

例題 5.52 考慮函數 $f, g: \mathbf{R} \to \mathbf{Z}$ 被定義如下:

$$f(x) = \begin{cases} x, & \text{若 } x \in \mathbf{Z} \\ \lfloor x \rfloor + 1, & \text{若 } x \in \mathbf{R} - \mathbf{Z} \end{cases} \qquad g(x) = \lceil x \rceil, \text{對所有 } x \in \mathbf{R}$$

若 $x \in \mathbf{Z}$,則 $f(x)=x=\lceil x \rceil =g(x)$。

對 $x \in \mathbf{R} - \mathbf{Z}$,寫 $x=n+r$,其中 $n \in \mathbf{Z}$ 且 $0<r<1$。(例如,若 $x=2.3$,我們寫 $2.3=2+0.3$,以 $n=2$ 且 $r=0.3$;對 $x=-7.3$ 我們有 $-7.3=-8+0.7$,其中 $n=-8$ 且 $r=0.7$) 則

$$f(x) = \lfloor x \rfloor + 1 = n + 1 = \lceil x \rceil = g(x).$$

因此,甚至函數 f, g 被定義為相異公式,我們承認它們為相同函數;因為它們有相同的定義域及對應域,且 $f(x)=g(x)$ 對所有 x 定義域 $\mathbf{R}$。

現在我們已施與必要的預備知識,目前是檢視一個運算以便合成兩個合適函數的時候。

定義 5.18 若 $f: A \to B$ 且 $g: B \to C$,我們定義**合成函數** (composite function),其被表為 $g \circ f: A \to C$,為 $(g \circ f)(a)=g(f(a))$,對每個 $a \in A$。

例題 5.53 令 $A=\{1, 2, 3, 4\}$,$B=\{a, b, c\}$ 且 $C=\{w, x, y, z\}$,其中 $f: A \to B$ 且 $g: B \to C$ 被給為 $f=\{(1, a), (2, a), (3, b), (4, c)\}$ 及 $g=\{(a, x), (b, y), (c, z)\}$。對 A 的每個元素,我們發現:

$(g \circ f)(1) = g(f(1)) = g(a) = x \qquad (g \circ f)(3) = g(f(3)) = g(b) = y$

$(g \circ f)(2) = g(f(2)) = g(a) = x \qquad (g \circ f)(4) = g(f(4)) = g(c) = z$

所以

$$g \circ f = \{(1, x), (2, x), (3, y), (4, z)\}.$$

注意：合成 $f \circ g$ 沒有定義。

令 $f：\mathbf{R} \to \mathbf{R}$，$g：\mathbf{R} \to \mathbf{R}$ 被定義為 $f(x)=x^2$，$g(x)=x+5$，則 　　例題 5.54

$$(g \circ f)(x) = g(f(x)) = g(x^2) = x^2 + 5,$$

然而

$$(f \circ g)(x) = f(g(x)) = f(x+5) = (x+5)^2 = x^2 + 10x + 25.$$

這裡 $g \circ f：\mathbf{R} \to \mathbf{R}$ 且 $f \circ g：\mathbf{R} \to \mathbf{R}$，但 $(g \circ f)(1)=6 \neq 36=(f \circ g)(1)$，所以即使合成函數 $f \circ g$ 和 $g \circ f$ 兩者均可形成，我們沒有 $f \circ g = g \circ f$。因此，一般來講，函數的合成不是一個可交換的運算。

合成函數的定義域及例子需要 f 的對應域＝g 的定義域。若 f 的值域 $\subseteq g$ 的定義域，則這個將確實足夠產生合成函數 $g \circ f：A \to C$。而且，對任一 $f：A \to B$，我們觀察到 $f \circ 1_A = f = 1_B \circ f$。

數學上一個重要的循環概念是探討將具有一共同性質的兩元素合成一個新元素，所得的結果是否仍具有這個性質。例如，若 A 和 B 為有限集合，則 $A \cap B$ 和 $A \cup B$ 亦為有限。然而，對無限集合 A 及 B，我們有 $A \cup B$ 為無限集合但 $A \cap B$ 可能為有限。

對函數的合成，我們有下面的結果。

令 $f：A \to B$ 且 $g：B \to C$。　　定理 5.5

a) 若 f 和 g 為一對一，則 $g \circ f$ 為一對一。
b) 若 f 和 g 為映成，則 $g \circ f$ 為映成。

證明：

a) 欲證明 $g \circ f：A \to C$ 為一對一，令 a_1，$a_2 \in A$ 有 $(g \circ f)(a_1) = (g \circ f)(a_2)$，則 $(g \circ f)(a_1) = (g \circ f)(a_2) \Rightarrow g(f(a_1)) = g(f(a_2)) \Rightarrow f(a_1) = f(a_2)$，因為 g 為一對一。而且，$f(a_1) = f(a_2) \Rightarrow a_1 = a_2$，因為 f 是一對一。因此，$g \circ f$ 為一對一。

b) 對 $g \circ f：A \to C$，令 $z \in C$。因為 g 為映成，存在 $y \in B$ 使得 $g(y) = z$。以 f 為映成及 $y \in B$，存在 $x \in A$ 滿足 $f(x)=y$。因此 $z=g(y) = g(f(x)) = (g \circ f)(x)$，所以 $g \circ f$ 的值域＝C＝$g \circ f$ 的對應域，且 g

∘ f 為映成。

雖然函數合成是不可交換的，若 $f: A \to B$，$g: B \to C$，且 $h: C \to D$，我們能對函數 $(h \circ g) \circ f$ 及 $h \circ (g \circ f)$ 說些什麼嗎？特別地，是否有 $(h \circ g) \circ f = h \circ (g \circ f)$？即函數合成是可能結合的嗎？

在考慮一般結果之前，讓我們首先探討一個特別的例題。

例題 5.55　令 f，g，$h: \mathbf{R} \to \mathbf{R}$，其中 $f(x) = x^2$，$g(x) = x+5$ 且 $h(x) = \sqrt{x^2+2}$。則 $(h \circ g) \circ f)(x) = (h \circ g)(f(x)) = (h \circ g)(x^2) = h(g(x^2)) = h(x^2+5) = \sqrt{(x^2+5)^2+2} = \sqrt{x^4+10x^2+27}$。

另一方面，我們看出 $(h \circ (g \circ f))(x) = h((g \circ f)(x)) = h(g(f(x))) = h(g(x^2)) = h(x^2+5) = \sqrt{(x^2+5)^2+2} = \sqrt{x^4+10x^2+27}$，如上面。

所以在這個特別例題裡，$(h \circ g) \circ f$ 及 $h \circ (g \circ f)$ 為兩個函數具有相同的定義域及對應域，且對所有 $x \in \mathbf{R}$，$((h \circ g) \circ f)(x) = \sqrt{x^4+10x^2+27} = (h \circ (g \circ f))(x)$。因此，$(h \circ g) \circ f = h \circ (g \circ f)$。

我們現在發現例題 5.55 的一般結果為真。

定理 5.6　若 $f: A \to B$，$g: B \to C$，且 $h: C \to D$，則 $(h \circ g) \circ f = h \circ (g \circ f)$。
證明： 因為這兩個函數有相同的定義域 A 及對應域 D，結果將成立若證明對每個 $x \in A$，$((h \circ g) \circ f)(x) = (h \circ (g \circ f))(x)$。(參見圖 5.9 所示的圖。)

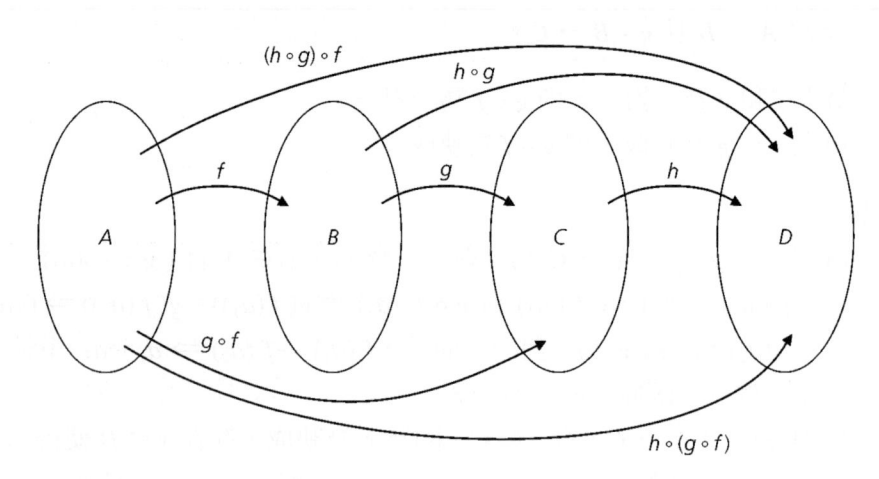

●圖 5.9

利用合成函數的定義，我們知道對每個 $x \in A$ 需兩個步驟來求 $(g \circ f)(x)$。首先我們求 $f(x)$，x 在 f 之下的像。這是 B 的一個元素。接著我們應用函數 g 至元素 $f(x)$ 以求 $g(f(x))$，$f(x)$ 在 g 之下的像。這個得到 C 的一個元素。在此刻我們應用函數 h 至元素 $g(f(x))$ 以求 $h(g(f(x)))=h((g \circ f)(x)=(h \circ (g \circ f))(x)$。這個結果是 D 的元素。同理，再次以 $x \in A$ 開始，我們有 $f(x)$ 在 B，且現在我們應用合成函數 $h \circ g$ 至 $f(x)$。這個給我們 $((h \circ g) \circ f)(x)=(h \circ g)(f(x))=h(g(f(x)))$。

因為 $((h \circ g) \circ f)(x)=h(g(f(x)))=(h \circ (g \circ f))(x)$，對每個 x 在 A，現在得

$$(h \circ g) \circ f = h \circ (g \circ f).$$

因此，函數的合成是一個可結合的運算。

由於函數合成的結合性質之美，我們可寫 $h \circ g \circ f$，$(h \circ g) \circ f$ 或 $h \circ (g \circ f)$ 而不會產生任何模稜兩可的問題。此外，這個性質可使我們對合適的函數定義函數的冪次方。

若 $f: A \to A$，我們定義 $f^1 = f$，且對 $n \in \mathbf{Z}^+$，$f^{n+1} = f \circ (f^n)$。 **定義 5.19**

這個定義是遞迴定義的一個例子。以 $f^{n+1} = f \circ (f^n)$，我們看到 f^{n+1} 依賴前一個冪次方，即 f^n。

以 $A = \{1, 2, 3, 4\}$ 及 $f: A \to A$ 被定義為 $f = \{(1, 2), (2, 2), (3, 1), (4, 3)\}$，我們有 $f^2 = f \circ f = \{(1, 2), (2, 2), (3, 2), (4, 1)\}$ 及 $f^3 = f \circ f^2 = f \circ f \circ f = \{(1, 2), (2, 2), (3, 2), (4, 2)\}$。$f^4$，$f^5$ 的值如何呢？ **例題 5.56**

我們現在回到本節的最後新概念：可逆函數的存在及它的一些性質。

對集合 A，B，若 $\mathcal{R}$ 是由 A 到 B 的關係，則 $\mathcal{R}$ 的**逆** (converse)，表為 $\mathcal{R}^c$，為由 B 到 A 的關係，被定義為 $\mathcal{R}^c = \{(b, a) | (a, b) \in \mathcal{R}\}$。 **定義 5.20**

欲由 $\mathcal{R}$ 得 $\mathcal{R}^c$，我們簡單互換 $\mathcal{R}$ 上每個序對的分量。所以若 $A = \{1, 2, 3, 4\}$，$B = \{w, x, y\}$，且 $\mathcal{R} = \{(1, w), (2, w), (3, x)\}$，則 $\mathcal{R}^c = \{(w, 1), (w, 2), (x, 3)\}$，一個由 B 到 A 的關係。

因為函數是一個關係，我們亦可得函數的逆。對相同的前述集合 A，

B，令 $f: A \to B$，其中 $f = \{(1, w), (2, x), (3, y), (4, x)\}$ 則 $f^c = \{(w, 1), (x, 2), (y, 3), (x, 4)\}$，一個關係，但不是一個函數，由 B 到 A。我們想探討什麼時候一個函數的逆為一個函數，但在得太抽象之前，讓我們考慮下面例題。

例題 5.57　對 $A = \{1, 2, 3\}$ 及 $B = \{w, x, y\}$，令 $f: A \to B$ 被給為 $f = \{(1, w), (2, x), (3, y)\}$ 則 $f^c = \{(w, 1), (x, 2), (y, 3)\}$ 是一個由 B 到 A 的函數，且我們觀察 $f^c \circ f = 1_A$ 且 $f \circ f^c = 1_B$。

這個有限例題引導我們下面的定義。

定義 5.21　若 $f: A \to B$，則 f 被稱為**可逆** (invertible) 若存在一個函數 $g: B \to A$ 滿足 $g \circ f = 1_A$ 及 $f \circ g = 1_B$。

注意定義 5.21 中的函數 g 亦為可逆。

例題 5.58　令 $f, g: \mathbf{R} \to \mathbf{R}$ 被定義為 $f(x) = 2x + 5$，$g(x) = (1/2)(x - 5)$。則 $(g \circ f)(x) = g(f(x)) = g(2x + 5) = (1/2)[(2x + 5) - 5] = x$，且 $(f \circ g)(x) = f(g(x)) = f((1/2)(x - 5)) = 2[(1/2)(x - 5)] + 5 = x$，所以 $f \circ g = 1_\mathbf{R}$ 且 $g \circ f = 1_\mathbf{R}$。
因此，f 和 g 兩者均為可逆函數。

在看了幾個可逆函數的例題之後，我們現在想證明定義 5.21 的函數 g 是唯一的。接著我們將找確認可逆函數的工具。

定理 5.7　若函數 $f: A \to B$ 為可逆且函數 $g: B \to A$ 滿足 $g \circ f = 1_A$ 且 $f \circ g = 1_B$，則這個函數 g 是唯一的。
證明：若 g 不是唯一的，則存在另一個函數 $h: B \to A$ 滿足 $h \circ f = 1_A$ 及 $f \circ h = 1_B$。因此 $h = h \circ 1_B = h \circ (f \circ g) = (h \circ f) \circ g = 1_A \circ g = g$。

由於這個定理的結果，我們將稱函數 g 為 f 的**反函數** (inverse) 且將採用記號 $g = f^{-1}$。定理 5.7 亦蘊涵 $f^{-1} = f^c$。

我們亦看出當 f 是一個可逆函數時，f^{-1} 亦是可逆函數，且 $(f^{-1})^{-1} = f$，再次由定理 5.7 的唯一性。但我們仍然不知道 f 上的什麼條件可使 f 為可逆。

在敘述下一個定理之前，我們注意例題 5.57 及 5.58 的可逆函數均為單蓋射。因此，這些例題提供一些動機給下面結果。

定理 5.8 函數 $f: A \to B$ 是可逆的若且唯若它是一對一且映成。

證明： 假設 $f: A \to B$ 是可逆的，我們有一個唯一的函數 $g: B \to A$ 滿足 $g \circ f = 1_A$，$f \circ g = 1_B$。若 a_1，$a_2 \in A$ 且 $f(a_1) = f(a_2)$，則 $g(f(a_1)) = g(f(a_2))$，或 $(g \circ f)(a_1) = (g \circ f)(a_2)$。以 $g \circ f = 1_A$ 得 $a_1 = a_2$，所以 f 為一對一。對映成性質，令 $b \in B$，則 $g(b) \in A$，所以我們可談 $f(g(b))$。因為 $f \circ g = 1_B$，我們有 $b = 1_B(b) = (f \circ g)(b) = f(g(b))$，所以 f 為映成。

反之，假設 $f: A \to B$ 是單蓋射。因為 f 是映成，對每個 $b \in B$，存在一個 $a \in A$ 滿足 $f(a) = b$。因此，我們定義函數 $g: B \to A$ 為 $g(b) = a$，其中 $f(a) = b$。這個定義產生一個唯一的函數。唯一可能產生的問題是若 $g(b) = a_1 \neq a_2 = g(b)$ 因為 $f(a_1) = b = f(a_2)$。然而，這個情形不可能產生，因為 f 是一對一。我們的 g 之定義滿足 $g \circ f = 1_A$ 及 $f \circ g = 1_B$，所以我們發現 f 是可逆的，且 $g = f^{-1}$。

例題 5.59 由定理 5.8，定義為 $f_1(x) = x^2$ 的函數 $f_1: \mathbf{R} \to \mathbf{R}$ 是不可逆的 (其既不是一對一也不是映成)，但定義為 $f_2(x) = x^2$ 的函數 $f_2: [0, +\infty) \to [0, +\infty)$ 是可逆的且 $f_2^{-1}(x) = \sqrt{x}$。

下一個結果結合函數合成及反函數的概念。證明留給讀者。

定理 5.9 若 $f: A \to B$，$g: B \to C$ 為可逆函數，則 $g \circ f: A \to C$ 為可逆且 $(g \circ f)^{-1} = f^{-1} \circ g^{-1}$。

在看了幾個函數及其反函數的例題之後，吾人可能會好奇的問是否有一個代數方法來求一個可逆函數。若函數為有限，我們簡單的互換所給序對的分量即可。但如例題 5.59，函數被定義為一個公式，則該如何呢？幸運地，巧妙的代數處理證明比小心分析"互換序對分量"多一點。這個被展示於下面例題。

例題 5.60 對 m，$b \in \mathbf{R}$，$m \neq 0$，函數 $f: \mathbf{R} \to \mathbf{R}$ 被定義為 $f = \{(x, y) \mid y = mx + b\}$ 是一個可逆函數，因為其為一對一且映成。

欲得 f^{-1}，我們注意

$$f^{-1} = \{(x, y) \mid y = mx + b\}^c = \{(y, x) \mid y = mx + b\}$$
$$= \underbrace{\{(x, y) \mid x = my + b\}}_{} = \{(x, y) \mid y = (1/m)(x - b)\}.$$

這裡我們重新對變數命名 (以 y 代 x 且以 x 代 y) 以便改變 f 的所有序對之分量

所以，$f: \mathbf{R} \to \mathbf{R}$ 被定義為 $f(x) = mx + b$，且 $f^{-1}: \mathbf{R} \to \mathbf{R}$ 被定義為 $f^{-1}(x) = (1/m)(x - b)$。

例題 5.61　令 $f: \mathbf{R} \to \mathbf{R}^+$ 被定義為 $f(x) = e^x$，其中 $e \doteq 2.7183$，自然對數的基底。由圖 5.10 的圖形，我們看出 f 是一對一且映成，所以 $f^{-1}: \mathbf{R}^+ \to \mathbf{R}$ 確實存在且 $f^{-1} = \{(x, y) \mid y = e^x\}^c = \{(x, y) \mid x = e^y\} = \{(x, y) \mid y = \ln x\}$，所以 $f^{-1}(x) = \ln x$。

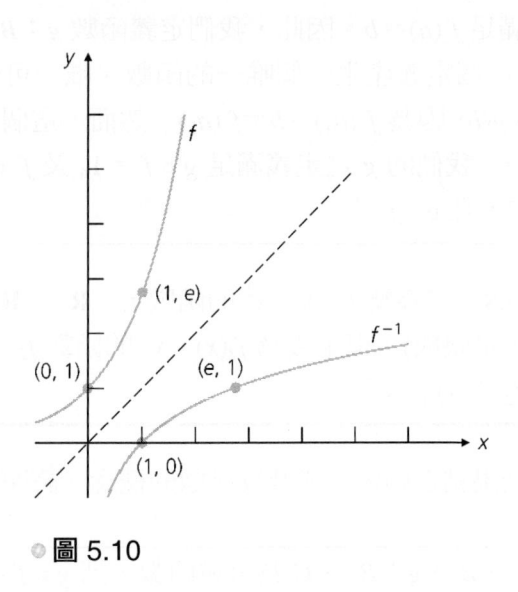

◎ 圖 5.10

我們應注意圖 5.10 所發生的在一般情形也發生。亦即，f 和 f^{-1} 的圖形對直線 $y = x$ 成對稱。例如，連結點 $(1, e)$ 和 $(e, 1)$ 的線段將被直線 $y = x$ 平分。這個對任意對應的兩點 $(x, f(x))$ 和 $(f(x), f^{-1}(f(x)))$ 亦為真。

這個例題亦得下面公式：

$$x = 1_{\mathbf{R}}(x) = (f^{-1} \circ f)(x) = \ln(e^x), \quad 對所有 \ x \in \mathbf{R}.$$
$$x = 1_{\mathbf{R}^+}(x) = (f \circ f^{-1})(x) = e^{\ln x}, \quad 對所有 \ x > 0.$$

甚至當函數 $f: A \to B$ 不可逆，我們發現以下面意義使用符號 f^{-1}。

定義 5.22　若 $f: A \to B$ 且 $B_1 \subseteq B$，則 $f^{-1}(B_1) = \{x \in A \mid f(x) \in B_1\}$。集合 $f^{-1}(B_1)$ 被稱為 B_1 在 f 之下的**前像** (preimage)。

小心！我們正在以兩種不同方式使用符號 f^{-1}。雖然我們有任一函數之前像的概念，但不是每個函數有一個反函數。因此，我們不能僅因我們

發現符號 f^{-1} 正被使用而假設函數 f 的反函數存在。稍微小心在這裡是需要的。

例題 5.62

令 $A=\{1, 2, 3, 4, 5, 6\}$ 且 $B=\{6, 7, 8, 9, 10\}$。若 $f: A \to B$ 且 $f = \{$ (1, 7), (2, 7), (3, 8), (4, 6), (5, 9), (6, 9) $\}$，則得下面結果。

a) 對 $B_1 = \{6, 8\} \subseteq B$，我們有 $f^{-1}(B_1) = \{3, 4\}$，因為 $f(3) = 8$ 且 $f(4) = 6$，且對任一 $a \in A$，$f(a) \notin B_1$ 除非 $a = 3$ 或 $a = 4$。這裡我們亦注意到 $|f^{-1}(B_1)| = 2 = |B_1|$。

b) 在 $B_2 = \{7, 8\} \subseteq B$ 的情形，因為 $f(1) = f(2) = 7$ 且 $f(3) = 8$，我們發現 B_2 在 f 之下的前像是 $\{1, 2, 3\}$。且這裡 $|f^{-1}(B_2)| = 3 > 2 = |B_2|$。

c) 現在考慮 B 的子集合 $B_3 = \{8, 9\}$。得 $f^{-1}(B_3) = \{3, 5, 6\}$ 因為 $f(3) = 8$ 及 $f(5) = f(6) = 9$。我們亦發現 $|f^{-1}(B_3)| = 3 > 2 = |B_3|$。

d) 若 $B_4 = \{8, 9, 10\} \subseteq B$，則以 $f(3) = 8$ 及 $f(5) = f(6) = 9$，我們有 $f^{-1}(B_4) = \{3, 5, 6\}$。所以 $f^{-1}(B_4) = f^{-1}(B_3)$ 即使 $B_4 \supset B_3$。這個結果成立係因為定義域 A 中不存在元素 a 滿足 $f(a) = 10$，即 $f^{-1}(\{10\}) = \emptyset$。

e) 最後，當 $B_5 = \{8, 10\}$，我們發現 $f^{-1}(B_5) = \{3\}$ 因為 $f(3) = 8$ 且如 (d)，$f^{-1}(\{10\}) = \emptyset$。此時 $|f^{-1}(B_5)| = 1 < 2 = |B_5|$。

每當 $f: A \to B$，則對每個 $b \in B$，我們將寫 $f^{-1}(b)$ 代替 $f^{-1}(\{b\})$。對例題 5.62 的函數，我們發現

$$f^{-1}(6) = \{4\} \quad f^{-1}(7) = \{1, 2\} \quad f^{-1}(8) = \{3\} \quad f^{-1}(9) = \{5, 6\} \quad f^{-1}(10) = \emptyset.$$

例題 5.63

令 $f: \mathbf{R} \to \mathbf{R}$ 被定義為

$$f(x) = \begin{cases} 3x - 5, & x > 0 \\ -3x + 1, & x \leq 0. \end{cases}$$

a) 求 $f(0)$，$f(1)$，$f(-1)$，$f(5/3)$ 及 $f(-5/3)$。
b) 求 $f^{-1}(0)$，$f^{-1}(1)$，$f^{-1}(-1)$，$f^{-1}(3)$，$f^{-1}(-3)$ 及 $f^{-1}(-6)$。
c) $f^{-1}([-5, 5])$ 和 $f^{-1}([-6, 5])$ 的值為何？

a) $f(0) = -3(0) + 1 = 1$ $\quad f(5/3) = 3(5/3) - 5 = 0$
$f(1) = 3(1) - 5 = -2$ $\quad f(-5/3) = -3(-5/3) + 1 = 6$
$f(-1) = -3(-1) + 1 = 4$

b) $f^{-1}(0) = \{x \in \mathbf{R} | f(x) \in \{0\}\} = \{x \in \mathbf{R} | f(x) = 0\}$

$= \{x \in \mathbf{R} | x > 0 \text{ 且 } 3x - 5 = 0\} \cup \{x \in \mathbf{R} | x \leq 0 \text{ 且 } -3x + 1 = 0\}$
$= \{x \in \mathbf{R} | x > 0 \text{ 且 } x = 5/3\} \cup \{x \in \mathbf{R} | x \leq 0 \text{ 且 } x = 1/3\}$
$= \{5/3\} \cup \emptyset = \{5/3\}$

[注意水平線 $y=0$，即 x 軸，是如何和圖 5.11 的圖形僅相交在點 (5/3, 0)。]

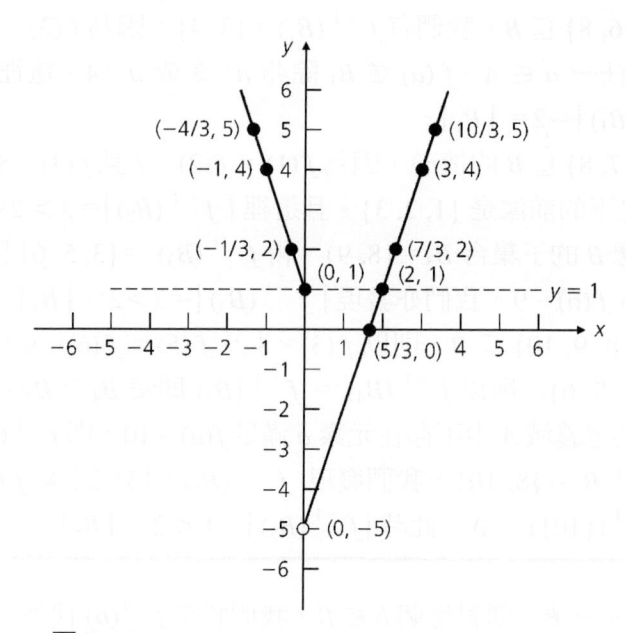

◎ 圖 5.11

$f^{-1}(1) = \{x \in \mathbf{R} | f(x) \in \{1\}\} = \{x \in \mathbf{R} | f(x) = 1\}$
$= \{x \in \mathbf{R} | x > 0 \text{ 且 } 3x - 5 = 1\} \cup \{x \in \mathbf{R} | x \leq 0 \text{ 且 } -3x + 1 = 1\}$
$= \{x \in \mathbf{R} | x > 0 \text{ 且 } x = 2\} \cup \{x \in \mathbf{R} | x \leq 0 \text{ 且 } x = 0\}$
$= \{2\} \cup \{0\} = \{0, 2\}$

[這裡我們注意虛線 $y=1$ 是如何和圖 5.11 的圖形相交於點 (0, 1) 和 (2, 1)。]

$f^{-1}(-1) = \{x \in \mathbf{R} | x > 0 \text{ 且 } 3x - 5 = -1\} \cup \{x \in \mathbf{R} | x \leq 0 \text{ 且 } -3x + 1 = -1\}$
$= \{x \in \mathbf{R} | x > 0 \text{ 且 } x = 4/3\} \cup \{x \in \mathbf{R} | x \leq 0 \text{ 且 } x = 2/3\}$
$= \{4/3\} \cup \emptyset = \{4/3\}$

$$f^{-1}(3) = \{-2/3, 8/3\} \qquad f^{-1}(-3) = \{2/3\}$$

$f^{-1}(-6) = \{x \in \mathbf{R} | x > 0 \text{ 且 } 3x - 5 = -6\} \cup \{x \in \mathbf{R} | x \leq 0 \text{ 且 } -3x + 1 = -6\}$
$= \{x \in \mathbf{R} | x > 0 \text{ 且 } x = -1/3\} \cup \{x \in \mathbf{R} | x \leq 0 \text{ 且 } x = 7/3\}$
$= \emptyset \cup \emptyset = \emptyset$

c) $f^{-1}([-5, 5]) = \{x | f(x) \in [-5, 5]\} = \{x | -5 \leq f(x) \leq 5\}$.

(情形 1) $x > 0$：　　$-5 \leq 3x - 5 \leq 5$

　　　　　　　　　　$0 \leq 3x \leq 10$

　　　　　　　　　　$0 \leq x \leq 10/3$ ——所以我們使用 $0 < x \leq 10/3$.

(情形 2) $x \leq 0$：　　$-5 \leq -3x + 1 \leq 5$

　　　　　　　　　　$-6 \leq -3x \leq 4$

　　　　　　　　　　$2 \geq x \geq -4/3$ —— 這裡我們使用 $-4/3 \leq x \leq 0$.

因此 $f^{-1}([-5, 5]) = \{x | -4/3 \leq x \leq 0$ 或 $0 < x \leq 10/3\} = [-4/3, 10/3]$。

因為 (圖 5.11 的) 圖形上沒有點 (x, y) 滿足 $y \leq -5$，由我們前面的計算中得 $f^{-1}([-6, 5]) = f^{-1}([-5, 5]) = [-4/3, 10/3]$。

例題 5.64

a) 令 $f: \mathbf{Z} \to \mathbf{R}$ 被定義為 $f(x) = x^2 + 5$。表 5.9 對對應域 $\mathbf{R}$ 的各種子集合 B 列出 $f^{-1}(B)$。

b) 若 $g: \mathbf{R} \to \mathbf{R}$ 被定義為 $g(x) = x^2 + 5$，表 5.10 的結果說明 (由 $\mathbf{Z}$ 到 $\mathbf{R}$ 的) 定義域的改變是如何影響前像 (在表 5.9 裡)。

○ 表 5.9

B	$f^{-1}(B)$
$\{6\}$	$\{-1, 1\}$
$[6, 7]$	$\{-1, 1\}$
$[6, 10]$	$\{-2, -1, 1, 2\}$
$[-4, 5)$	$\emptyset$
$[-4, 5]$	$\{0\}$
$[5, +\infty)$	$\mathbf{Z}$

○ 表 5.10

B	$g^{-1}(B)$
$\{6\}$	$\{-1, 1\}$
$[6, 7]$	$[-\sqrt{2}, -1] \cup [1, \sqrt{2}]$
$[6, 10]$	$[-\sqrt{5}, -1] \cup [1, \sqrt{5}]$
$[-4, 5)$	$\emptyset$
$[-4, 5]$	$\{0\}$
$[5, +\infty)$	$\mathbf{R}$

下一個結果，前像的概念出現在交集、聯集和餘集的集合運算裡。讀者應注意這個定理的 (a) 和定理 5.2(b) 間的差異。

定理 5.10 若 $f: A \to B$ 且 $B_1, B_2 \subseteq B$，則 (a) $f^{-1}(B_1 \cap B_2) = f^{-1}(B_1) \cap f^{-1}(B_2)$；(b) $f^{-1}(B_1 \cup B_2) = f^{-1}(B_1) \cup f^{-1}(B_2)$；及 (c) $f^{-1}(\overline{B_1}) = \overline{f^{-1}(B_1)}$。

證明： 我們證明 (b) 且將 (a) 和 (c) 留給讀者。

對 $a \in A$，$a \in f^{-1}(B_1 \cup B_2) \Leftrightarrow f(a) \in B_1 \cup B_2 \Leftrightarrow f(a) \in B_1$ 或 $f(a) \in B_2 \Leftrightarrow a \in f^{-1}(B_1)$ 或 $a \in f^{-1}(B_2) \Leftrightarrow a \in f^{-1}(B_1) \cup f^{-1}(B_2)$。

使用前像記號，我們看出函數 $f: A \to B$ 是一對一若且唯若 $|f^{-1}(b)| \leq 1$ 對每個 $b \in B$。

340　離散與組合數學

離散數學主要是關心有限集合，且本節的最後結果將說明這個有限的性質如何可得在一般情形不為真的結果。此外，它提供一個鴿洞原理的應用。

定理 5.11　　令 $f: A \to B$ 對有限集合 A 和 B，其中 $|A|=|B|$。則下面敘述為等價：(a) f 為一對一； (b) f 為映成及 (c) f 是可逆。

證明： 我們已在定理 5.8 裡證明 (c) $\Rightarrow$ (a) 及 (b)，及 (a)，(b) $\Rightarrow$ (c)。因此，這個定理將成立當我們對這些在 A，B 上的條件證明 (a) $\Leftrightarrow$ (b)。假設 (b)，若 f 不是一對一，則存在元素 $a_1, a_2 \in A$，$a_1 \neq a_2$，但 $f(a_1)=f(a_2)$。則 $|A| > |f(A)|=|B|$，和 $|A|=|B|$ 矛盾。反之，若 f 不是映成，則 $|f(A)| < |B|$。以 $|A|=|B|$，我們有 $|A| > |f(A)|$，且由鴿洞原理知 f 不是一對一。

利用定理 5.11，我們現在證明介紹在本章之開頭問題 6 裡的等式。對若 $n \in \mathbf{Z}^+$ 且 $|A|=|B|=n$，有 $n!$ 個由 A 到 B 的一對一函數及 $\sum_{k=0}^{n}(-1)^k \binom{n}{n-k}(n-k)^n$ 個由 A 到 B 的映成函數。等式 $n! = \sum_{k=0}^{n}(-1)^k \binom{n}{n-k}(n-k)^n$ 成立係由定理 5.11 的 (a) 和 (b) 的數值等價。[這也是為何表 5.1 中的所有對角元素 $S(n, n)$，$1 \leq n \leq 8$，均等於 1 的理由。]

習題 5.6

1. a) 對 $A=\{1, 2, 3, 4, \cdots, 7\}$，有多少個單蓋射函數 $f: A \to A$ 滿足 $f(1) \neq 1$？
   b) 回答 (a)，其中 $A=\{x \mid x \in \mathbf{Z}^+, 1 \leq x \leq n\}$，對某些固定的 $n \in \mathbf{Z}^+$。

2. a) 對 $A=(-2, 7] \subseteq \mathbf{R}$，定義函數 f，$g: A \to \mathbf{R}$ 為
$$f(x) = 2x - 4 \text{ 及 } g(x) = \frac{2x^2 - 8}{x + 2}.$$
證明 $f = g$。
   b) 若我們將 A 改為 $[-7, 2)$，則 (a) 的結果有受影響嗎？

3. 令 $f, g: \mathbf{R} \to \mathbf{R}$，其中 $g(x)=1-x+x^2$ 及 $f(x)=ax+b$。若 $(g \circ f)(x)=9x^2-9x+3$，求 a，b。

4. 令 $g: \mathbf{N} \to \mathbf{N}$ 被定義為 $g(n)=2n$。若 $A=\{1, 2, 3, 4\}$，且 $f: A \to \mathbf{N}$ 被給為 $f=\{(1, 2), (2, 3), (3, 5), (4, 7)\}$，求 $g \circ f$。

5. 若 $\mathcal{U}$ 為一已知宇集且 (固定的) S，$T \subseteq \mathcal{U}$，定義 $g: \mathcal{P}(\mathcal{U}) \to \mathcal{P}(\mathcal{U})$ 為 $g(A) = T \cap (S \cup A)$ 對 $A \subseteq \mathcal{U}$。證明 $g^2 = g$。

6. 令 $f, g: \mathbf{R} \to \mathbf{R}$，其中 $f(x)=ax+b$ 及 $g(x)=cx+d$ 對所有 $x \in \mathbf{R}$，且 a，b，c，d 為實常數。a，b，c，d 必滿足什麼關係若 $(f \circ g)(x)=(g \circ f)(x)$ 對所有 $x \in \mathbf{R}$？

7. 令 $f, g, h: \mathbf{Z} \to \mathbf{Z}$ 被定義為 $f(x)=x-1$，$g(x)=3x$。

$$h(x) = \begin{cases} 0, & x \text{ 為偶數} \\ 1, & x \text{ 為奇數} \end{cases}$$

求 (a) $f \circ g$, $g \circ f$, $g \circ h$, $h \circ g$, $f \circ (g \circ h)$, $(f \circ g) \circ h$; (b) f^2, f^3, g^2, g^3, h^2, h^3, h^{500}。

8. 令 $f: A \to B$, $g: B \to C$。證明 (a) 若 $g \circ f: A \to C$ 為映成，則 g 為映成；及 (b) 若 $g \circ f: A \to C$ 為一對一，則 f 是一對一。

9. a) 求定義為 $f(x) = e^{2x+5}$ 的函數 $f: \mathbf{R} \to \mathbf{R}^+$ 之反函數。
   b) 證明 $f \circ f^{-1} = 1_{\mathbf{R}^+}$ 且 $f^{-1} \circ f = 1_{\mathbf{R}}$。

10. 對下面各函數 $f: \mathbf{R} \to \mathbf{R}$，決定 f 是否為可逆，若是，則求 f^{-1}。
    a) $f = \{(x, y) | 2x + 3y = 7\}$
    b) $f = \{(x, y) | ax + by = c, b \neq 0\}$
    c) $f = \{(x, y) | y = x^3\}$
    d) $f = \{(x, y) | y = x^4 + x\}$

11. 證明定理 5.9。

12. 若 $A = \{1, 2, 3, 4, 5, 6, 7, 8\}$, $B = \{2, 4, 6, 8, 10, 12\}$, 且 $f: A \to B$, 其中 $f = \{(1, 2), (2, 6), (3, 6), (4, 8), (5, 6), (6, 8), (7, 12)\}$, 求下面各情形的 B_1 在 f 之下的前像。
    a) $B_1 = \{2\}$ b) $B_1 = \{6\}$
    c) $B_1 = \{6, 8\}$ d) $B_1 = \{6, 8, 10\}$
    e) $B_1 = \{6, 8, 10, 12\}$ f) $B_1 = \{10, 12\}$

13. 令 $f: \mathbf{R} \to \mathbf{R}$ 被定義為
$$f(x) = \begin{cases} x + 7, & x \leq 0 \\ -2x + 5, & 0 < x < 3 \\ x - 1, & 3 \leq x \end{cases}$$
    a) 求 $f^{-1}(-10)$, $f^{-1}(0)$, $f^{-1}(4)$, $f^{-1}(6)$, $f^{-1}(7)$ 及 $f^{-1}(-8)$。
    b) 求下面各區間在 f 之下的前像：(i) [−5, −1], (ii) [−5, 0], (iii) [−2, 4], (iv) (5, 10) 及 (v) [11, 17]。

14. 令 $f: \mathbf{R} \to \mathbf{R}$ 被定義為 $f(x) = x^2$。對下面各個 $\mathbf{R}$ 的子集合 B，求 $f^{-1}(B)$。
    a) $B = \{0, 1\}$ b) $B = \{-1, 0, 1\}$
    c) $B = [0, 1]$ d) $B = [0, 1)$
    e) $B = [0, 4]$ f) $B = (0, 1] \cup (4, 9)$

15. 令 $A = \{1, 2, 3, 4, 5\}$ 及 $B = \{6, 7, 8, 9, 10, 11, 12\}$，有多少個函數 $f: A \to B$ 滿足 $f^{-1}(\{6, 7, 8\}) = \{1, 2\}$？

16. 令 $f: \mathbf{R} \to \mathbf{R}$ 被定義為 $f(x) = \lfloor x \rfloor$, x 的最大整數。對下面各個 $\mathbf{R}$ 的子集合 B 求 $f^{-1}(B)$。
    a) $B = \{0, 1\}$ b) $B = \{-1, 0, 1\}$
    c) $B = [0, 1)$ d) $B = [0, 2)$
    e) $B = [-1, 2]$ f) $B = [-1, 0) \cup (1, 3]$

17. 令 $f, g: \mathbf{Z}^+ \to \mathbf{Z}^+$，其中對所有 $x \in \mathbf{Z}^+$, $f(x) = x + 1$, 且 $g(x) = \max\{1, x - 1\}$, 1 和 $x - 1$ 的最大值。
    a) f 的值域為何？
    b) f 為映成函數嗎？
    c) f 是一對一嗎？
    d) g 的值域為何？
    e) g 是映成函數嗎？
    f) g 是一對一嗎？
    g) 證明 $g \circ f = 1_{\mathbf{Z}^+}$。
    h) 求 $(f \circ g)(x)$ 對 $x = 2, 3, 4, 7, 12$ 及 25。
    i) (b), (g) 及 (h) 的答案有和定理 5.8 的結果矛盾嗎？

18. 令 f, g, h 表下面在 $\mathcal{P}(\mathbf{Z}^+)$ 上的封閉二元運算。對 $A, B \subseteq \mathbf{Z}^+$, $f(A, B) = A \cap B$, $g(A, B) = A \cup B$, $h(A, B) = A \triangle B$。
    a) 任何函數是一對一嗎？
    b) f, g 及 h 的任一個是映成函數嗎？

c) 任何一個已給函數是可逆嗎？
d) 下面任何集合是無限嗎？

(1) $f^{-1}(\emptyset)$ (2) $g^{-1}(\emptyset)$
(3) $h^{-1}(\emptyset)$ (4) $f^{-1}(\{1\})$
(5) $g^{-1}(\{2\})$ (6) $h^{-1}(\{3\})$
(7) $f^{-1}(\{4, 7\})$ (8) $g^{-1}(\{8, 12\})$
(9) $h^{-1}(\{5, 9\})$

e) 求 (d) 中每個有限集合的元素個數。

19. 證明定理 5.10 的 (a) 和 (c)。
20. a) 給一個函數 $f: \mathbf{Z} \to \mathbf{Z}$ 的例子，其中 (i) f 是一對一但非映成；及 (ii) f 是映成但非一對一。
    b) (a) 中的例子和定理 5.11 矛盾嗎？
21. 令 $f: \mathbf{Z} \to \mathbf{N}$ 被定義為

$$f(x) = \begin{cases} 2x - 1, & \text{若 } x > 0 \\ -2x, & \text{對 } x \leq 0. \end{cases}$$

a) 證明 f 是一對一且映成。
b) 求 f^{-1}。

22. 若 $|A|=|B|=5$，有多少個函數 $f: A \to B$ 為可逆？
23. 令 $f, g, h, k: \mathbf{N} \to \mathbf{N}$，其中 $f(n)=3n$，$g(n)=\lfloor n/3 \rfloor$，$h(n)=\lfloor (n+1)/3 \rfloor$，且 $k(n)=\lfloor (n+2)/3 \rfloor$，對每個 $n \in \mathbf{N}$。(a) 對每個 $n \in \mathbf{N}$，$(g \circ f)(n)$，$(h \circ f)(n)$ 及 $(k \circ f)(n)$ 的值為何？(b)(a) 的結果和定理 5.7 矛盾嗎？

5.7 計算的複雜度[†]

在 4.4 節，我們介紹了演算法的概念，接著給了幾個利用除法演算法 (4.3 節) 及歐幾里得演算法 (4.4 節)。此刻我們來關心一般演算法的幾個性質：

- 一步接著一步的個別指令的精確度。
- 給演算法提供輸入且演算法提供輸出。
- 演算法解某種類型問題的能力，不只是特例問題。
- 中間及最後結果的唯一性，基於輸入。
- 演算法的有限本質，在執行有限個指令之後它將終止。

當一個演算法正確地解某一種類型問題且滿足這五個條件時，接著我們可能發現自己正進一步以下面方法檢視演算法。

1) 我們可以測量演算法解某種大小的問題時所需的時間嗎？例如，我們是否可非常依賴所使用的編譯器，所以我們想發展一個測量法而不必

[†] 5.7 節及 5.8 節的教材此刻可被跳過。在第 10 章之前很少被使用。在第 10 章之前這個教材唯一出現的地方是在例題 7.13，但該例題可被省略而不失一般性。

真正的依賴編譯器、執行速度,或電腦的其它特性。

例如,若我們想計算 a^n 對 $a \in \mathbf{R}$ 且 $n \in \mathbf{Z}^+$,是否存在某些"n 的函數"來描述一個可達成此類指數的演算法的速度有多快?

2) 假設我們可以回答諸如以第 1 項開始的問題。接著假若我們有兩個 (或更多個) 演算法解一已知問題,是否有一種方法來決定是否某演算法比另一個演算法"好"?

特別地,假設我們考慮決定某個實數 x 是否在 n 個實數 a_1,a_2,$\cdots$,a_n 的表列中的問題。這裡我們有一個大小為 n 的問題。

假若有一個演算法來解此問題,則它須多久來做這個問題?欲測量這個,我們找一個函數 $f(n)$,稱之為演算法的**時間複雜度函數**[†] (time-complexity function)。我們期望 (這裡和一般情形) $f(n)$ 的值將增加當 n 增加時。而且,我們在處理任何演算法主要關心的是對**大**值的 n,演算法是如何執行的。

現在為了要學習以稍微非正式方式描述的東西,我們需介紹下面基本概念。

定義 5.23 令 f,$g: \mathbf{Z}^+ \to \mathbf{R}$。我們稱 g **優控** (dominates) f (或 f 被 g 優控) 若存在常數 $m \in \mathbf{R}^+$ 及 $k \in \mathbf{Z}^+$ 使得 $|f(n)| \leq m|g(n)|$ 對所有 $n \in \mathbf{Z}^+$,其中 $n \geq k$。

注意當我們考慮 $f(1)$,$g(1)$,$f(2)$,$g(2)$,$\cdots$ 的值,存在一點 (即 k),在該點之後,$f(n)$ 的大小是上面界於 $g(n)$ 的大小的正 (m) 倍數。而且,當 g 優控 f,則 $|f(n)/g(n)| \leq m$ [即商 $f(n)/g(n)$ 的大小是面界於 m],對這些 $n \in \mathbf{Z}^+$ 滿足 $n \geq k$ 且 $g(n) \neq 0$。

當 f 被 g 優控,則我們稱 f 是 (至多) g 階,且我們使用所謂的 "大 O" 記號表示這個。我們寫 $f \in O(g)$,其中 $O(g)$ 被讀做 "g 階"或 "g 的大 O"。當以記號 "$f \in O(g)$"建議時,$O(g)$ 表具定義域 $\mathbf{Z}^+$ 及對應域 $\mathbf{R}$ 且被 g 優控的所有函數所成的集合。這些概念被說明於下面例題裡。

例題 5.65 令 f,$g: \mathbf{Z}^+ \to \mathbf{R}$ 被給為 $f(n) = 5n$,$g(n) = n^2$,對 $n \in \mathbf{Z}^+$。若我們計算 $f(n)$ 及 $g(n)$ 對 $1 \leq n \leq 4$,則我們發現 $f(1) = 5$,$g(1) = 1$;$f(2) = 10$,$g(2) = 4$;$f(3) = 15$,$g(3) = 9$;及 $f(4) = 20$,$g(4) = 16$。然而,$n \geq 5 \Rightarrow n^2 \geq 5n$,且我們有 $|f(n)| = 5n \leq n^2 = |g(n)|$。所以,以 $m = 1$ 及 $k = 5$,我們發現對

[†] 我們亦可學習演算法的空間—複雜度函數 (space-complexity functim),其在我們企圖測量執行一演算法在大小為 n 的問題上的記憶容量時需要。然而,本書將僅學習時間—複雜性函數。

$n \geq k$，$|f(n)| \leq m|g(n)|$。因此，g 優控 f 且 $f \in O(g)$。[注意 $|f(n)/g(n)|$ 是囿界於 1 對所有 $n \geq 5$。]

我們亦承認對所有 $n \in \mathbf{Z}^+$，$|f(n)| = 5n \leq 5n^2 = 5|g(n)|$。所以 f 被 g 優控被證明了其中 $k=1$ 且 $m=5$。這個足夠說明定義 5.23 的常數 k 及 m 不必是唯一的。

更而，我們可以一般化這個結果，若我們現在考慮函數 f_1，$g_1 : \mathbf{Z}^+ \to \mathbf{R}$ 且定義為 $f_1(n) = an$，$g_1(n) = bn^2$，其中 a，b 為非零實數。因為若 $m \in \mathbf{R}^+$ 且 $m|b| \geq |a|$，則對所有 $n \geq 1 (=k)$，$|f_1(n)| = |an| = |a|n \leq m|b|n \leq m|b|n^2 = m|bn^2| = m|g_1(n)|$，所以 $f_1 \in O(g_1)$。

在例題 5.65，我們觀察出 $f \in O(g)$。再看一遍函數 f 和 g，我們現在想證明 $g \notin O(f)$。

例題 5.66 再次令 f，$g : \mathbf{Z}^+ \to \mathbf{R}$ 被定義為 $f(n) = 5n$，$g(n) = n^2$，對 $n \in \mathbf{Z}^+$。
若 $g \in O(f)$，則利用量詞，我們將有

$$\exists m \in \mathbf{R}^+ \; \exists k \in \mathbf{Z}^+ \; \forall n \in \mathbf{Z}^+ \; [(n \geq k) \Rightarrow |g(n)| \leq m|f(n)|].$$

因此，欲證明 $g \in O(f)$，我們需要證明

$$\forall m \in \mathbf{R}^+ \; \forall k \in \mathbf{Z}^+ \; \exists n \in \mathbf{Z}^+ \; [(n \geq k) \wedge (|g(n)| > m|f(n)|)].$$

欲達成這個，我們首先應瞭解 m 和 k 為任意的，所以我們沒有控制其值。唯一我們有控制的數量是我們所選的正整數 n。現在不管 m 和 k 的值為何，我們可以選 $n \in \mathbf{Z}^+$ 使得 $n > \max\{5m, k\}$。則 $n \geq k$ (事實上是 $n > k$) 且 $n > 5m \Rightarrow n^2 > 5mn$，所以 $|g(n)| = n^2 > 5mn = m|5n| = m|f(n)|$ 且 $g \notin O(f)$。

對那些喜歡矛盾證法的讀者，我們提出第二個方法。若 $g \in O(f)$，則我們將有

$$n^2 = |g(n)| \leq m|f(n)| = mn$$

對所有 $n \geq k$，其中 k 是某個固定正整數且 m 為一個 (實) 常數。但由 $n^2 \leq mn$，我們導出 $n \leq m$。這是不可能的，因為 $n (\in \mathbf{Z}^+)$ 是一個變數，其可無界的增加而 m 依舊是一個常數。

例題 5.67 a) 令 f，$g : \mathbf{Z}^+ \to \mathbf{R}$ 且 $f(n) = 5n^2 + 3n + 1$ 及 $g(n) = n^2$。則 $|f(n)| = |5n^2 + 3n + 1| = 5n^2 + 3n + 1 \leq 5n^2 + 3n^2 + n^2 = 9n^2 = 9|g(n)|$。因此，對所有 n

≥ 1 (=k)，| f(n) | ≤ m | g(n) | 對任一 m ≥ 9，且 f ∈ O(g)。此時我們亦可寫 f ∈ O(n²)。

此外，| g(n) | = n² ≤ 5n² ≤ 5n² + 3n + 1 = | f(n) | 對所有 n ≥ 1。所以 | g(n) | ≤ m | f(n) | 對任一 m ≥ 1 及所有 n ≥ k ≥ 1。因此，g ∈ O(f)。[事實上，O(g) = O(f)；即任何由 **Z⁺** 到 **R** 的函數其被 f，g 中之一優控，亦必為另一者優控。我們將在本節習題裡對一般情形檢視這個結果。]

b) 現在考慮 f，g：**Z⁺** → **R** 具 f(n) = 3n³ + 7n² − 4n + 2 及 g(n) = n³。這裡我們將有 | f(n) | = | 3n³ + 7n² − 4n + 2 | ≤ | 3n³ | + | 7n² | + | −4n | + | 2 | ≤ 3n³ + 7n³ + 4n³ + 2n³ = 16n³ = 16 | g(n) |，對所有 n ≥ 1。所以，以 m = 16 及 k = 1，我們發現 f 是被 g 優控，且 f ∈ O(g) 或 f ∈ O(n³)。

因為 7n − 4 > 0 對所有 n ≥ 1，我們可寫 n³ ≤ 3n³ ≤ 3n³ + (7n − 4)n + 2，每當 n ≥ 1。則 | g(n) | ≤ | f(n) | 對所有 n ≥ 1，且 g ∈ O(f)。[如 (a)，此時我們亦有 O(f) = O(g) = O(n³)。]

我們一般化例題 5.67 的結果如下。令 f：**Z⁺** → **R** 為多項式函數，其中 f(n) = $a_t n^t + a_{t-1} n^{t-1} + \cdots + a_2 n^2 + a_1 n + a_0$，對 $a_t, a_{t-1}, \cdots a_2, a_1, a_0$ ∈ **R**，$a_t \neq 0$，t ∈ **N**，則

$$
\begin{aligned}
|f(n)| &= |a_t n^t + a_{t-1} n^{t-1} + \cdots + a_2 n^2 + a_1 n + a_0| \\
&\leq |a_t n^t| + |a_{t-1} n^{t-1}| + \cdots + |a_2 n^2| + |a_1 n| + |a_0| \\
&= |a_t| n^t + |a_{t-1}| n^{t-1} + \cdots + |a_2| n^2 + |a_1| n + |a_0| \\
&\leq |a_t| n^t + |a_{t-1}| n^t + \cdots + |a_2| n^t + |a_1| n^t + |a_0| n^t \\
&= (|a_t| + |a_{t-1}| + \cdots + |a_2| + |a_1| + |a_0|) n^t.
\end{aligned}
$$

在定義 5.23，令 m = $|a_t| + |a_{t-1}| + \cdots + |a_2| + |a_1| + |a_0|$ 及 k = 1，且令 g：**Z⁺** → **R** 為 g(n) = n^t。則 | f(n) | ≤ m | g(n) | 對所有 n ≥ k，所以 f 被 g 優控，或 f ∈ O(n^t)。

g ∈ O(f) 及 O(f) = O(g) = O(n^t) 亦成立。

這個一般化提供下面有關和的特殊結果。

例題 5.68

a) 令 g：**Z⁺** → **R** 為 f(n) = 1 + 2 + 3 + ⋯ + n。則 (由例題 1.40 及 4.1) f(n) = $(\frac{1}{2})(n)(n+1) = (\frac{1}{2})n^2 + (\frac{1}{2})n$，所以 f ∈ O(n²)。
b) 若 g：**Z⁺** → **R** 且 g(n) = $1^2 + 2^2 + 3^2 + \cdots + n^2 = (\frac{1}{6})(n)(n+1)(2n+1)$ (由例題 4.4)，則 g(n) = $(\frac{1}{3})n^3 + (\frac{1}{2})n^2 + (\frac{1}{6})n$ 且 g ∈ O(n³)。
c) 若 t ∈ **Z⁺**，且 h：**Z⁺** → **R** 被定義為 h(n) = $\sum_{i=1}^{n} i^t$，則 h(n) = $1^t + 2^t + 3^t + \cdots + n^t \leq n^t + n^t + n^t + \cdots + n^t = n(n^t) = n^{t+1}$，所以 h ∈ O($n^{t+1}$)。

現在我們已檢視幾個函數優控的例題，我們將以兩個最後的觀察做為本節的結束。在下一節，我們將應用函數優控的概念於演算法的分析裡。

1) 當在處理函數優控的概念時，我們以下面意義尋找最佳的 (或最緊的) 界限。假設 $f, g, h : \mathbf{Z}^+ \to \mathbf{R}$，其中 $f \in O(g)$ 及 $g \in O(h)$。則我們亦有 $f \in O(h)$。(證明留在習題裡。) 若 $h \notin O(g)$，然而，敘述 $f \in O(g)$ 提供一個比敘述 $f \in O(h)$ "較佳的" $|f(n)|$ 上的界限。例如，若 $f(n) = 5$，$g(n) = 5n$，且 $h(n) = n^2$，對所有 $n \in \mathbf{Z}^+$，則 $f \in O(g)$，$g \in O(h)$，且 $f \in O(h)$，但 $h \notin O(g)$。因此，敘述 $f \in O(g)$ 比敘述 $f \in O(h)$ 提供我們更多的訊息。

2) 某種階數，如 $O(n)$ 及 $O(n^2)$，經常發生當我們處理函數優控時。因此，它們被以特殊名字設計。一些最重要的階數被表列於表 5.11 裡。

◦表 5.11

大 O 形式	名字
$O(1)$	常數
$O(\log_2 n)$	對數
$O(n)$	線性
$O(n \log_2 n)$	$n \log_2 n$
$O(n^2)$	二次
$O(n^3)$	三次
$O(n^m), m = 0, 1, 2, 3, \ldots$	多項式
$O(c^n), c > 1$	指數
$O(n!)$	階乘

習題 5.7

1. 使用表 5.11 的結果，對下面各個函數 $f : \mathbf{Z}^+ \to \mathbf{R}$，求最好的 "大 O" 形式。

   a) $f(n) = 3n + 7$
   b) $f(n) = 3 + \sin(1/n)$
   c) $f(n) = n^3 - 5n^2 + 25n - 165$
   d) $f(n) = 5n^2 + 3n \log_2 n$
   e) $f(n) = n^2 + (n-1)^3$
   f) $f(n) = \dfrac{n(n+1)(n+2)}{(n+3)}$
   g) $f(n) = 2 + 4 + 6 + \cdots + 2n$

2. 令 $f, g : \mathbf{Z}^+ \to \mathbf{R}$，其中 $f(n) = n$ 及 $g(n) = n + (1/n)$，對 $n \in \mathbf{Z}^+$。使用定義 5.23，證明 $f \in O(g)$ 及 $g \in O(f)$。

3. 對下面各個函數 $f, g : \mathbf{Z}^+ \to \mathbf{R}$。使用定義 5.23 證明 g 優控 f。

   a) $f(n) = 100 \log_2 n$, $g(n) = \left(\frac{1}{2}\right) n$
   b) $f(n) = 2^n$, $g(n) = 2^{2n} - 1000$
   c) $f(n) = 3n^2$, $g(n) = 2^n + 2n$

4. 令 $f, g : \mathbf{Z}^+ \to \mathbf{R}$ 被定義為 $f(n) = n + 100$，$g(n) = n^2$。使用定義 5.23，證明 $f \in O(g)$ 但 $g \notin O(f)$。

5. 令 f, $g: \mathbf{Z}^+ \to \mathbf{R}$, 其中 $f(n)=n^2+n$ 及 $g(n)=(\frac{1}{2})n^3$, 對 $n \in \mathbf{Z}^+$。使用定義 5.23, 證明 $f \in O(g)$ 但 $g \notin O(f)$。

6. 令 f, $g: \mathbf{Z}^+ \to \mathbf{R}$ 被定義如下:
$$f(n) = \begin{cases} n, & n \text{ 為奇數} \\ 1, & n \text{ 為偶數} \end{cases}$$
$$g(n) = \begin{cases} 1, & n \text{ 為奇數} \\ n, & n \text{ 為偶數} \end{cases}$$
證明 $f \notin O(g)$ 及 $g \notin O(f)$。

7. 令 f, $g: \mathbf{Z}^+ \to \mathbf{R}$, 其中 $f(n)=n$ 且 $g(n)=\log_2 n$, 對 $n \in \mathbf{Z}^+$。證明 $g \in O(f)$ 但 $f \notin O(g)$。
(提示:
$$\lim_{n \to \infty} \frac{n}{\log_2 n} = +\infty.$$
這個需使用微積分。)

8. 令 f, g, $h: \mathbf{Z}^+ \to \mathbf{R}$, 其中 $f \in O(g)$ 且 $g \in O(h)$。證明 $f \in O(h)$。

9. 若 $g: \mathbf{Z}^+ \to \mathbf{R}$ 且 $c \in \mathbf{R}$, 我們定義函數 $cg = \mathbf{Z}^+ \to \mathbf{R}$ 為 $(cg)(n)=c(g(n))$, 對每個 $n \in \mathbf{Z}^+$。證明若 f, $g: \mathbf{Z}^+ \to \mathbf{R}$ 具有 $f \in O(g)$, 則 $f \in O(cg)$ 對所有 $c \in \mathbf{R}$, $c \ne 0$。

10. a) 證明 $f \in O(f)$ 對所 $f: \mathbf{Z}^+ \to \mathbf{R}$。
    b) 令 f, $g: \mathbf{Z}^+ \to \mathbf{R}$。若 $f \in O(g)$ 且 $g \in O(f)$, 證明 $O(f)=O(g)$。即證明對所有 $h: \mathbf{Z}^+ \to \mathbf{R}$ 若 h 被 f 優控, 則 h 被 g 優控, 且反之亦然。
    c) 若 f, $g: \mathbf{Z}^+ \to \mathbf{R}$, 證明 $O(f)=O(g)$, 則 $f \in O(g)$ 且 $O \in O(f)$。

11. 下面是類比"大 O"記號並用定義 5.23。

對 f, $g: \mathbf{Z}^+ \to \mathbf{R}$, 我們稱 f 是至少 g 階 若存在常數 $M \in \mathbf{R}^+$ 及 $k \in \mathbf{Z}^+$ 滿足 $|f(n)| \ge M|g(n)|$ 對所有 $n \in \mathbf{Z}^+$, 其中 $n \ge k$。在此情形我們寫 $f \in \Omega(g)$ 且稱 f 是 "g 的大 Ω"。所以, $\Omega(g)$ 表具有定義域 $\mathbf{Z}^+$ 及對應域 $\mathbf{R}$ 且優控 g 的所有函數所成的集合。

假設 f, g, $h: \mathbf{Z}^+ \to \mathbf{R}$, 其中 $f(n)=5n^2+3n$, $g(n)=n^2$, $h(n)=n$, 對所有 $n \in \mathbf{Z}^+$。證明 (a) $f \in \Omega(g)$; (b) $g \in \Omega(f)$; (c) $f \in \Omega(h)$; 及 (d) $h \notin \Omega(f)$, 即 h 不是 "f 的大 Ω"。

12. 令 f, $g: \mathbf{Z}^+ \to \mathbf{R}$。證明 $f \in \Omega(g)$ 若且唯若 $g \in O(f)$。

13. a) 令 $f: \mathbf{Z}^+ \to \mathbf{R}$, 其中 $f(n) = \sum_{i=1}^{n} i$。例如, 當 $n=4$, 我們有 $f(n)=f(4)=1+2+3+4 > 2+3+4 > 2+2+2=3 \cdot 2 = \lceil (4+1)/2 \rceil 2 = 6 > (4/2)^2 = (n/2)^2$, 對 $n=5$, 我們發現 $f(n)=f(5)=1+2+3+4+5 > 3+4+5 > 3+3+3=3 \cdot 3 = \lceil (5+1)/2 \rceil 3 = 9 > (5/2)^2=(n/2)^2$。一般來講, $f(n)=1+2+\cdots+n > \lceil n/2 \rceil + \cdots + n > \lceil n/2 \rceil + \cdots + \lceil n/2 \rceil = \lceil (n+1)/2 \rceil \lceil n/2 \rceil > n^2/4$。
因此 $f \in \Omega(n^2)$。
使用
$$\sum_{i=1}^{n} i = \frac{n(n+1)}{2}$$
提供 $f \in \Omega(n^2)$ 的另一個證明。
b) 令 $g: \mathbf{Z}^+ \to \mathbf{R}$, 其中 $g(n) = \sum_{i=1}^{n} i^2$。證明 $g \in \Omega(n^3)$。
c) 對 $t \in \mathbf{Z}^+$, 令 $h: \mathbf{Z}^+ \to \mathbf{R}$, 其中 $h(n) = \sum_{i=1}^{n} i^t$。證明 $h \in \Omega(n^{t+1})$。

14. 對 f, $g: \mathbf{Z}^+ \to \mathbf{R}$, 我們稱 f 是 "g 的大 Θ" 且記為 $f \in \Theta(g)$, 當存在常數 m_1, $m_2 \in \mathbf{R}^+$ 及 $k \in \mathbf{Z}^+$ 滿足 $m_1|g(n)| \le |f(n)| \le m_2|g(n)|$, 對所有 $n \in \mathbf{Z}^+$, 其中 $n \ge k$。證明 $f \in \Theta(g)$ 若且唯若 $f \in \Omega$

(g) 及 $f \in O(g)$。

15. 令 f, $g : \mathbf{Z}^+ \to \mathbf{R}$。證明
    $f \in \Theta(g)$ 若且唯若 $g \in \Theta(f)$。

16. a) 令 $g : \mathbf{Z}^+ \to \mathbf{R}$，其中 $f(n) = \sum_{i=1}^{n} i$。
    證明 $f \in \Theta(n^2)$。

b) 令 $g : \mathbf{Z}^+ \to \mathbf{R}$，其中 $g(n) = \sum_{i=1}^{n} i^2$。
   證明 $g \in \Theta(n^3)$。

c) 對 $t \in \mathbf{Z}^+$，令 $h : \mathbf{Z}^+ \to \mathbf{R}$，其中 $h(n) = \sum_{i=1}^{n} i^t$。證明 $h \in \Theta(n^{t+1})$。

5.8 演算法分析

現在讀者已被介紹函數優控的概念，現在是來看這個概念是如何被用在演算法學習的時刻了。本節我們以擬編號程序提出演算法。(我們亦將以指令表目呈現演算法。讀者在稍後幾章將發現就是這種情形。)

我們以求一個儲金帳戶結算的程序開始。

例題 5.69　在圖 5.12 裡，我們有一個程序 (以擬編碼編寫)，其用來計算自開戶起 n 個月 ($n \in \mathbf{Z}^+$) 後的儲金帳戶之結算。(這個結算是程序的輸出。) 這裡使用者供應 n 的值，做為程式的輸入。變數 *deposit* (儲金)，*balance* (結算) 及 *rate* (利率) 為實變數，而 i 是一個整數變數 (年利率是 0.06)。

```
procedure AccountBalance (n：整數)
begin
  deposit := 50.00      {月儲金}
  i := 1                {初始化計數器}
  rate := 0.005         {月利率}
  balance := 100.00     {初始化結算}
  while i ≤ n do
    begin
      balance := deposit + balance + balance * rate
      i := i + 1
    end
end
```

圖 5.12

考慮下面特殊情形。Nathan 在 1 月 1 日放 $100.00 進一個新的帳戶。每個月銀行將利息 (*balance* * *rate*) 加進 Nathan 的帳戶──在每月的第一天。此外，Nathan 在每個月的第一天再儲存 $50.00 (2 月 1 日開始)。這個程式告訴 Nathan 在經過 n 個月後 (假設利率不變)，他的帳戶的結算值。[注意：一個月之後，$n = 1$ 且結算是 $50.00 (新儲金) + $100.00 (最初儲金)

+($100.00)(0.005) (利息)＝$150.50。當 $n=2$，新的結算是 $50.00 (新儲金)+$150.50 (前次結算) + ($150.50)(0.005) (新利息) ＝$201.25]。

我們的目標是計數 (測量) 這個計算自開戶起 n 個月後 Nathan 帳戶結算的程式片段的運算總次數 (例如指派、加法、乘法及比較)。我們將令 $f(n)$ 表這些運算的總次數。[則 $f: \mathbf{Z}^+ \to \mathbf{R}$。(事實上，$f(\mathbf{Z}^+) \subseteq \mathbf{Z}^+$。)]

程式片段以四個指派敘述開始，其中整數變數 i 及實數變數 *balance* 被初始化，且實變數 *deposit* 及 *rate* 的值被宣佈。接著 **while** 迴圈被執行 n 次。每個迴圈的執行包含下面七個運算：

1) 計數器 i 的現在值和 n 做比較。
2) 將 *balance* 的現在值增加為 *deposit*＋*balance*＋*balance* * *rate*；這個包含一個乘法、兩個加法及一個指派。
3) 計數器的增加量為 1；這個包含一個加法及一個指派。

最後，還有一個比較。這個是發生在當 $i=n+1$ 時，所以 **while** 迴圈終止且其它 6 個運算 (在步驟 2 及 3) 未被執行。

因此，$f(n)=4+7n+1=7n+5 \in O(n)$。因此，我們說 $f \in O(n)$。因為當 n 變大時，$7n+5$ 的"階級大小"主要依賴 n 值，**while** 迴圈被執行的次數。因此，我們可以簡單的計數 **while** 迴圈被執行的次數而得 $f \in O(n)$。這樣的捷徑將被使用在剩下的例題的計算裡。

下一個例題引導我們至下一個情形，其中三種型態的複雜度被決定。這些測量法被稱為最佳情形複雜度、最差情形複雜度，及平均情形複雜度。

例題 5.70 在本例我們檢視一個基本的**搜尋** (searching) 方法。這裡一個 $n (\geq 1)$ 個整數 $a_1, a_2, a_3, \cdots, a_n$ 的陣列被搜尋，以得某個被稱為**鍵** (key) 的整數的存在。若這個整數被發現，則**位置** (location) 值說明其在陣列的第一個位置；若沒發現這個字，則位置值為 0，說明這是一個未成功的搜尋。

我們不能假設陣列裡的元素有任何特別順序。(若它們有，則問題將較簡單且一個更有效的演算法可被發展。) 這個演算法的輸入由陣列組成 (其由使用者讀入或提供，或許，由外面的檔案讀入)，陣列的元素個數 n 及整數鍵的值。

這個演算法被提供在圖 5.13 的擬編碼程序裡。

我們將定義這個演算法的複雜度函數 $f(n)$ 為檢視陣列直到鍵被發現或陣列被用盡 (即 **while** 迴圈被執行的次數。) 時被檢視的陣列元數個數。

在我們搜尋鍵時，什麼最佳的事情可能發生？若鍵＝a_1，則我們發現

```
procedure LinearSearch(key, n: 整數 ; a_1, a_2, a_3, …, a_n: 整數 )
begin
  i := 1                              {初始化計數器}
  while (i ≤ n and key ≠ a_i) do
    i := i + 1
  if i ≤ n then location := i         {搜尋成功}
  else location := 0                  {搜尋未成功}
end {位置是等於鍵的第一個陣列元素之足碼；若沒發現鍵則位置為 0}
```

●圖 5.13

鍵為陣列的第一個元素，且我們僅以陣列的一個元素和鍵比較。在這個情形，我們有 $f(n)=1$，且我們稱演算法的最佳情形複雜度是 $O(1)$（即其為常數且和陣列的大小無關）。不幸的，我們無法期望此類情形經常發生。

我們現在由最佳情形轉向最差情形。我們看出我們必須檢視陣列的所有 n 個元素若 (1) 第一次出現鍵的是 a_n 或 (2) 無法在陣列裡找到鍵值。在這兩種情形，我們均有 $f(n)=n$，且最差情形複雜度是 $O(n)$。(最差情形複雜度在整個教材裡將典型的被考慮。)

最後，我們想得一個被檢視陣列元素的平均數之估計。我們將假設陣列的所有 n 個元素為相異且均等機會 (具機率 p) 等於鍵值，且鍵不在陣列的機率為 q。因此，我們有 $np+q=1$ 且 $p=(1-q)/n$。

對每個 $1 \leq i \leq n$，若鍵等於 a_i，則陣列有 i 個元素被檢視過。若鍵不在陣列裡，則所有 n 個陣列元素被檢視過。因此，平均情形複雜度被決定於被檢視的陣列元素的平均數。其為

$$f(n) = (1 \cdot p + 2 \cdot p + 3 \cdot p + \cdots + n \cdot p) + n \cdot q = p(1+2+3+\cdots+n) + nq$$
$$= \frac{pn(n+1)}{2} + nq.$$

若 $q=0$，則鍵在陣列裡，$p=1/n$ 且 $f(n)=(n+1)/2 \in O(n)$。對 $q=1/2$，則鍵有一半機會在陣列裡且 $f(n)=(1/(2n))[n(n+1)/2]+(n/2)=(n+1)/4+(n/2) \in O(n)$。[一般來講，對所有 $0 \leq q \leq 1$，我們有 $f(n) \in O(n)$。]

例題 5.71[†]

例題 5.70 之線性搜尋演算法裡被檢視的陣列元素的平均數之結果亦可使用隨機變數的概念來計算。當演算法被應用至陣列 a_1，a_2，a_3，…，a_n (n 個相異整數)，我們令離散隨機變數 X 計數在搜尋整數鍵時被檢視的陣列元素個數。這裡樣本空間可被考慮為 $\{1, 2, 3, \cdots, n, n^*\}$，其中對 $1 \leq i$

$\le n$，我們有鍵被發現是 a_i 的情形——使得 i 個元素 a_1，a_2，a_3，…，a_i 被檢視過。元素 n^* 表示所有 n 個元素被檢視過但無法在陣列元素 a_1，a_2，a_3，…，a_n 中找到鍵值。

再次假設每個陣列元素有相同的等於鍵的機率 p 且 q 是鍵不在陣列的機率。則 $np+q=1$ 且我們有 $Pr(X=i)=p$，對 $1 \le i \le n$，及 $Pr(X=n^*)=q$。因此，在線性搜尋演算法的執行中被檢視的陣列元素平均數為

$$
\begin{aligned}
E(X) &= \sum_{i=1}^{n} iPr(X=i) + nPr(X=n^*) \\
&= \sum_{i=1}^{n} ip + np = p(1+2+3+\cdots+n) + nq \\
&= \frac{pn(n+1)}{2} + nq.
\end{aligned}
$$

在前一節的稍早討論裡，我們提過我們如何想比較兩個可正確解已知型態問題的演算法。此類比較可使用演算法的時間複雜度函數來達成。我們說明這個於下兩個例題。

例題 5.72

在圖 5.14 的擬編碼程序所執行的演算法輸出 a^n 的值對輸入值 a，n，其中 a 是一個實數且 n 是一個正整數。初始設定實變數 x 為 1.0 且接著被用來在 **for** 迴圈的執行期間儲存 a，a^2，a^3，…，a^n 值。這裡我們定義演算法的時間複雜度函數 $f(n)$ 為在 **for** 迴圈裡所發生的乘法次數。因此，我們有 $f(n)=n \in O(n)$。

```
procedure Power1(a:實數 ; n: 正整數 )
begin
  x := 1.0
  for i := 1 to n do
    x := x * a
end
```

圖 5.14

---

† 這個例題使用離散隨機變數的概念，其被介紹在 3.7 節的可選擇的教材裡。它可被跳過而不失一般性。

例題 5.73 在圖 5.15 裡，我們有第二個計算 a^n 的擬編碼程序，對所有 $a \in \mathbf{R}$，$n \in \mathbf{Z}^+$。記得 $\lfloor i/2 \rfloor$ 為在 $i/2$ 的最大整數 (或樓梯函數)。

```
procedure Power2(a:實數 ; n:正整數 )
begin
    x := 1.0
    i := n
    while i > 0 do
      begin
        if i ≠ 2 * ⌊i/2⌋ then    {i為奇數}
          x := x * a
        i := ⌊i/2⌋
        if i > 0 then
          a := a * a
      end
end
```

◎ 圖 5.15

對這個程序，實變數 x 的初始值為 1.0 且被用來儲存 a 的適合的冪次方，直到它含有 a^n 的值。圖 5.16 所示的結果說明對 x (和 a) 所發生的情形，其中 $n=7$ 及 8。數 1，2，3 及 4 指示 **while** 迴圈裡的第一、第二、第三及第四次敘述 (特別，敘述 $i := \lfloor i/2 \rfloor$) 被執行。若 $n=7$，則因為 $2^2 < 7 < 2^3$，我們有 $2 < \log_2 7 < 3$，這裡 **whlie** 迴圈被執行三次且

$$3 = \lfloor \log_2 7 \rfloor + 1 < \log_2 7 + 1,$$

其中 $\lfloor \log_2 7 \rfloor$ 表示 $\log_2 7$ 的最大整數，其為 2。而且，當 $n=8$，**while** 迴圈被執行的次數是。

$$4 = \lfloor \log_2 8 \rfloor + 1 = \log_2 8 + 1,$$

因為 $\log_2 8 = 3$。

我們將定義這個指數演算法 (的執行) 的時間複雜度函數 $g(n)$ 為 **while** 迴圈被執行的次數。這亦是敘述 $i := \lfloor i/2 \rfloor$ 被執行的次數。(這裡我們假設對每個 $\lfloor i/2 \rfloor$ 的計算之時間區間和 i 的大小無關。) 基於前面兩個觀察，我們想建立對所有 $n \geq 1$，$g(n) \leq \log_2 n + 1 \in O(\log_2 n)$。我們將利用在 n 值上的數學歸納法原理 (替代型──定理 4.2) 來建立這個。

當 $n=1$，在圖 5.15 我們看到 i 為奇數，x 被指派為 $a=a^1$ 的值，且 **while** 迴圈僅執行 $1 = \log_2 1 + 1$ 以後決定 a^1。所以 $g(1) = 1 \leq \log_2 1 + 1$。

現在假設對所有 $1 \leq n \leq k$，$g(n) \leq \log_2 n + 1$。則對 $n=k+1$，在第一次通過 **while** 迴圈期間，i 值被改為 $\left\lfloor \dfrac{k+1}{2} \right\rfloor$。因為 $1 \leq \left\lfloor \dfrac{k+1}{2} \right\rfloor \leq k$，由歸

```
n = 7              n = 8
x := 1.0           x := 1.0
i := 7             i := 8
   ⎧ x := x * a  {x = a}      ⎧ i := 4
 1 ⎨ i := 3              1 ⎨
   ⎩ a := a * a              ⎩ a := a * a

   ⎧ x := x * a  {x = a³}     ⎧ i := 2
 2 ⎨ i := 1              2 ⎨
   ⎩ a := a * a              ⎩ a := a * a

                             ⎧ i := 1
                          3 ⎨
                             ⎩ a := a * a

   ⎧ x := x * a  {x = a⁷}     ⎧ x := x * a   {x = a⁸}
 3 ⎨ i := 0              4 ⎨ i := 0
   ⎩                         ⎩
   [x = a⁷ = a · a² · a⁴]    [x = (((a)²)²)²]
```

◉ 圖 5.16

納法假設，我們將再執行 **while** 迴圈 $g\left(\left\lfloor\frac{k+1}{2}\right\rfloor\right)$ 次，其中 $g\left(\left\lfloor\frac{k+1}{2}\right\rfloor\right) \leq \log_2\left\lfloor\frac{k+1}{2}\right\rfloor + 1$。

因此，

$$g(k+1) \leq 1 + \left[\log_2\left\lfloor\frac{k+1}{2}\right\rfloor + 1\right] \leq 1 + \left[\log_2\left(\frac{k+1}{2}\right) + 1\right]$$

$$= 1 + [\log_2(k+1) - \log_2 2 + 1] = \log_2(k+1) + 1$$

對例題 5.72 的時間複雜度函數，我們發現 $f(n) \in O(n)$。此處我們有 $g(n) \in (\log_2 n)$。我們可證明 g 被 f 優控，但 f 不被 g 優控。因此，對大的 n，第二個演算法被認為比第一個演算法 (例題 5.72) 更有效率。(然而，注意圖 5.14 的擬編碼比圖 5.15 的程序是如何的更加容易。)

我們將以下面的觀察來總結我們所學習的，做為本節的結束。

1) 我們在例題 5.69，5.70，5.72 及 5.73 所建立的結果是有用的當我們處理適當大的 n 值時。對小的 n 值，關於時間複雜度函數的考量是較少有目的。

2) 假設演算法 A_1 及 A_2 分別有時間複雜度函數 $f(n)$ 及 $g(n)$，其中 $f(n) \in O(n)$ 且 $g(n) \in O(n^2)$。此處我們必須小心。我們也許期望具線性複雜度的演算法會比具二次複雜度的演算法 "或許更有效率"。但我們實在需要更多資訊。若 $f(n)=1000n$ 且 $g(n)=n^2$，則演算法 A_2 是美好的，直到問題大小超過 1000。若問題大小滿足從未超過 1000，則演算法 A_2 是較好的選擇。然而，如我們在觀察 1 所提的，當 n 變大時，線性複雜度的演算法變成比較好。

3) 在圖 5.17，我們繪了一個對數線性圖給結合一些表 5.11 所給的階數的函數。[此處我們已以 (連續的) 實變數 n 取代 (離散的) 整數變數 n。] 這個將助我們對它們的相對成長率 (尤其對大的 n 值) 發展一些感覺。

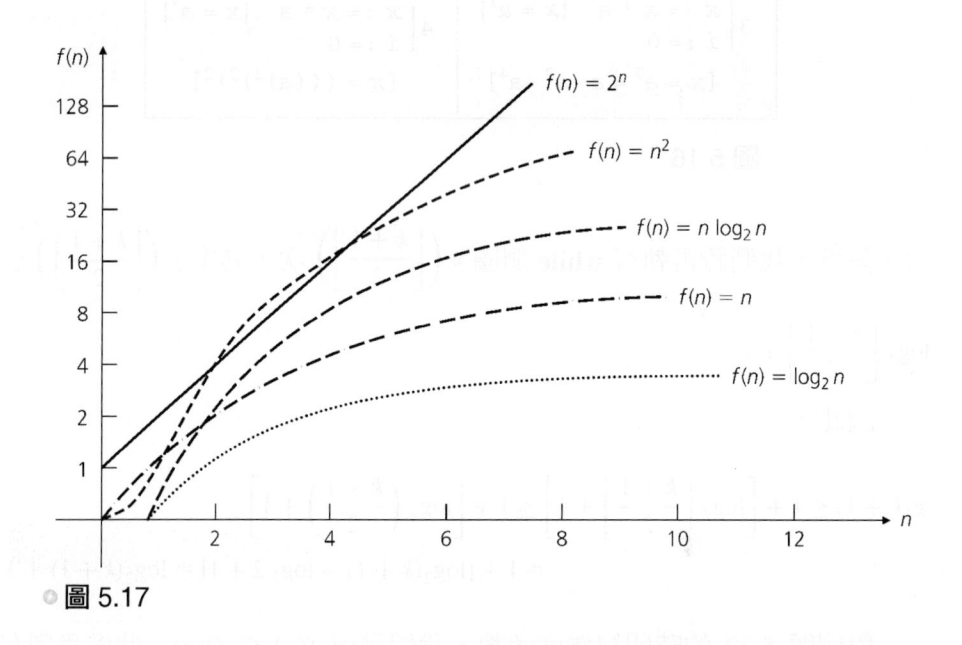

◉ 圖 5.17

表 5.12 的資料提供演算法對複雜度的某種階數所跑的時間做估計。此處的問題大小為 $n=2$，16 及 64，且我們假設電腦每 10^{-6} 秒＝1 微秒 (平均) 可執行一個運算。表中的元素是以微秒為單位估計電腦所跑的時間。例如，當問題大小是 16 且複雜度的階數是 $n\log_2 n$，則所跑的時間非常短，是為 $16\log_2 16=16\cdot 4=64$ 微秒；對複雜度的階數為 2^n 時，所跑的時間是 6.5×10^4 微秒＝0.065 秒。因為這兩個時間區間均是如此的短，分辨這兩個執行時間間的差異，對人類來講是困難的。這兩種情形的結果均出現得太短暫。

● 表 5.12

問題大小為 n	複雜度的階數					
	$\log_2 n$	n	$n \log_2 n$	n^2	2^n	$n!$
2	1	2	2	4	4	2
16	4	16	64	256	6.5×10^4	2.1×10^{13}
64	6	64	384	4096	1.84×10^{19}	$>10^{89}$

然而，此類估計可成長的頗快速。例如，假設我們跑一個程式，其中的輸入是一個 n 個不同整數的陣列。這個程式的結果被分成兩個部份：

1) 首先程式執行一個演算法來求大小為 1 的 A 的所有子集合。共有 n 個此類子集合。
2) 接著第二個演算法被執行來求 A 的所有子集合。共有 2^n 個此類子集合。

讓我們假設我們有一個電腦，其可在一微秒內決定 A 的每個子集合。對 $|A|=64$ 的情形，第一個部份的輸出幾乎是瞬時的——大概 64 微秒內。然而，對第二個部份，表 5.12 指示決定 A 的所有子集合所需的時間量將大約為 1.84×10^{19} 微秒。然而，我們不能太滿足這個結果，因為

$$1.84 \times 10^{19} \text{ 微秒} \doteq 2.14 \times 10^8 \text{ 天} \doteq 5845 \text{ 世紀}$$

習題 5.8

1. 在下面各個擬編碼程式片段，整數變數 i、j、n 及 sum 已在程式的稍早被宣告。n 的值 (一個正整數) 在這個片段執行前已由使用者給之。在各個情形裡，我們定義時間複雜度函數 $f(n)$ 為敘述 $sum := sum+1$ 被執行的次數。求最佳的 "大 O" 形式給 f。

a) ```
begin
    sum := 0
    for i := 1 to n do
        for j := 1 to n do
            sum := sum + 1
end
```

b) ```
begin
    sum := 0
    for i := 1 to n do
        for j := 1 to n * n do
            sum := sum + 1
end
```

c) ```
begin
    sum := 0;
    for i := 1 to n do
        for j := i to n do
            sum := sum + 1
end
```

d) ```
begin
    sum := 0
    i := n
```

```
        while i > 0 do
          begin
            sum := sum + 1
            i := ⌊i/2⌋
          end
      end
  e) begin
      sum := 0
      for i := 1 to n do
        begin
          j := n
          while j > 0 do
            begin
              sum := sum + 1
              j := ⌊j/2⌋
            end
        end
    end
```

2. 下面的擬編碼程序執行一個演算法，用來求一個整數陣列 a_1，a_2，a_3，$\cdots$，a_n 的最大值。此處 $n \geq 2$ 且陣列裡的元素未必相異。

```
procedure Maximum (n: 整數;
    a₁,a₂,a₃,...,aₙ: 整數)
begin
  max := a₁
  for i := 2 to n do
    if aᵢ > max then
      max := aᵢ
end
```

a) 若對這個片段的最差情形複雜度函數 $f(n)$ 是比較 $a_i >$ max 的執行次數，求合適的 "大 O" 形式給 f。

b) 對這個執行的最佳情形及平均情形複雜度又是如何呢？

3. a) 寫一個電腦程式 (或開發一個演算法) 來指出一個整數陣列 a_1，a_2，a_3，$\cdots$，a_n 的最大值第一次出現的位置。(這裡 $n \in \mathbf{Z}^+$ 且陣列的所有元素未必相異。)

b) 求 (a) 中所發展的執行的最差情形複雜度函數。

4. a) 寫一個電腦程式 (或開發一個演算法) 來求一個整數陣列的最小及最大值。(這裡 $n \in \mathbf{Z}^+$ 且 $n \geq 2$，陣列裡的所有元素未必相異。)

b) 求最差情形複雜度函數給 (a) 中所發展的執行。

5. 下面的擬編碼程序可被用來計算多項式
$$8 - 10x + 7x^2 - 2x^3 + 3x^4 + 12x^5,$$
當 x 被以一個任意 (但固定) 的實數 r 代替時。對這個特別情形，$n = 5$ 及 $a_0 = 8$，$a_1 = -10$，$a_2 = 7$，$a_3 = -2$，$a_4 = 3$ 及 $a_5 = 12$。

```
procedure PolynomialEvaluation1
    (n: 非負整數;
     r,a₀,a₁,a₂,...,aₙ: 實數)
begin
  product := 1.0
  value := a₀
  for i := 1 to n do
    begin
      product := product * r
      value := value + aᵢ * product
    end
end
```

a) 在所給的多項式計算裡有多少個加法？(不包括增加迴圈變數 i 所需的 $n-1$ 個加法。) 多少個乘法呢？

b) 對一般多項式

$$a_0 + a_1 x + a_2 x^2 + a_3 x^3 + \cdots + a_{n-1} x^{n-1} + a_n x^n,$$

回答 (a) 的問題，其中 a_1，a_2，a_3，$\cdots$，a_{n-1}，a_n 均為實數且 n 為正整數。

6. 我們首先注意前面習題的多項式如何可被以巢式乘法方法改寫：

$$8 + x(-10 + x(7 + x(-2 + x(3 + 12x)))).$$

使用這個表示式，下面的擬編碼程序 (執行 Horner 的方式) 可被用來求所給的多項式。

```
procedure PolynomialEvaluation2
    (n: 非負整數；
    r, a_0, a_1, a_2, ..., a_n: 實數)
begin
    value := a_n
    for j := n - 1 down to 0 do
        value := a_j + r * value
end
```

對這裡所給的新程序回答習題 5 的 (a) 及 (b) 之問題。

7. 令 a_1，a_2，a_3，… 為整數數列且被遞迴定義如下。
   1) $a_1 = 0$；且
   2) 對 $n > 1$，$a_n = 1 + a_{\lfloor n/2 \rfloor}$。
   證明 $a_n = \lfloor \log_2 n \rfloor$ 對所有 $n \in \mathbf{Z}^+$。

8. 令 a_1，a_2，a_3，… 為整數數列且被遞迴定義為
   1) $a_1 = 0$；且
   2) 對 $n > 1$，$a_n = 1 + a_{\lceil n/2 \rceil}$。
   求一個明顯公式給 a_n 並證明您的公式是正確。

9. 假設整數鍵值在 (n 個相異整數) a_1，a_2，a_3，…，a_n 陣列中的機率是 3/4 且每個陣列元素有相同機率等於這個值。若例題 5.70 的線性搜尋演算法被應用到這個陣列及鍵，則被檢視的陣列元素的平均數是多少？

10. 當線性搜尋演算法被應用到 (相異整數) a_1，a_2，a_3，…，a_n 的陣列來求整數鍵時，假設鍵為 a_i 的機率是 $i/[n(n+1)]$，對 $1 \leq i \leq n$。在這些環境下，陣列元素被檢視的平均數為何？

11. a) 寫一個電腦程式 (或開發一個演算法) 指出整數陣列 a_1，a_2，a_3，…，a_n 中第一個和陣列中前面某元素相等的元素位置。
    b) 求最差情形複雜度給 (a) 中所發展的執行。

12. a) 寫一個電腦程式 (或開發一個演算法) 求整數陣列 a_1，a_2，a_3，…，a_n 中第一個元素 a_i，滿足 $a_i < a_{i-1}$，的位置。
    b) 求最差情形複雜度給 (a) 中所發展的執行。

5.9 總結及歷史回顧

在本章我們發展了函數概念，它在所有的數學領域裡是非常重要的。雖然我們主要關心的是有限函數，但定義域亦應用至無限集合且包含三角函數及微積分的函數。然而，我們確實強調有限函數的角色，當我們將一個有限集合變換至一個有限集合時。在這個設計下，電腦輸出 (終止) 可被認為是電腦輸入的一個函數，且編譯器可被視為一個函數，其將一個 (源頭) 程式轉換進一個機器 - 語言指令的集合裡 (目標程式)。

函數 (function) 真正的字是拉丁文，於 1694 年被 Gottfried Wilhelm Leibniz (1646-1716) 所介紹的，其表示一個量與一條曲線的關聯 (例如曲

Gottfried Wilhelm Leibniz (1646–1716)

Peter Gustav Lejeune Dirichlet (1805–1859)

線的斜率或曲線的點坐標)。於 1718 年,在 Johann Bernoulli (1667-1748) 的引導下,函數被視為是一個由常數及一個變數所組成的代數表示式。含有常數及變數的方程式和公式稍後被 Leonhard Euler (1707-1783) 引用。他的"函數"定義被普遍的發現在高中數學裡。而且,在大約 1734 年,我們在 Euler 和 Alexis Clairaut (1713-1765) 的作品裡發現記號 $f(x)$,至今仍舊在使用。

Euler 的概念保持原封不動,直到 Jean Baptiste Joseph Fourier (1768-1830) 的時代,他發現在他的三角函數級數的探討裡,有一個更一般型的函數需要。在 1837 年,Peter Gustav Lejeune Dirichlet (1805-1859) 定下一個更嚴密的變數,函數概念的陳述,及自變數 x 和應變數 y 間的對應,當 $y = f(x)$。Dirichlet 的工作強調兩個數的集合間的關係,且不要求聯結這兩個集合的公式或表示式的存在。由於在 19 世紀及 20 世紀間集合論的發展,得到函數的一般化為關係的一個特殊型態。

他在函數定義域的基本工作外,Dirichlet 在應用數學及在數論方面亦非常活躍,他發現需要性且是第一個正式敘述鴿洞原理的人。因此,這個原理有時候被認為 Dirichlet 抽雇原理或 Dirichlet 盒子原理。

19 世紀及 20 世紀在研究無限時,見到特殊函數、一對一對應的使用。大約在 1888 年,Richard Dedekind (1831-1916) 定義一個無限集合為一個可被擺成和自己的真子集成一個一對一的對應。[Galileo (1564-1642) 已對集合 $\mathbf{Z}^+$ 發現這個。] 兩個可互相被擺成一個一對一對應的無限集合被稱有相同的**超限基數** (transfinite cardinal number)。在一系列的文章裡,Georg Cantor (1845-1918) 發展無限層級的概念並證明 $|\mathbf{Z}| = |\mathbf{Q}|$ 但 $|\mathbf{Z}| <$

|**R**|。具 |A|=|**Z**| 的集合 A 被稱為**可數的** (countable 或 denumerable) 且我們寫 |**Z**| = $\aleph_0$。如 Cantor 所寫的，使用希伯來字母，以是下標 0 表示第一個層級的無限。欲證明 |**Z**| < |**R**|，或實數是**不可數的** (uncountable)，Cantor 設計一個技巧且這個技巧現被稱為 Cantor 對角方法。(更多的可數及不可數集合可被發現在附錄 3 裡。)

第二型的 Stirling 數 (在 5.3 節) 是被用來紀念 James Stirling (1692-1770)，他是一位發展生成函數的開拓者，我們將於稍後探討生成函數。這些數出現在他的作品 *Methodus Differentialis* 裡，且於 1730 年在倫敦發表。Stirling 是 Isaac Newton (1642-1727) 爵士的夥伴且在 Colin Maclaurin (1698-1746) 前 25 年使用 Maclaurin 級數於他的作品裡。然而，雖然他的名字沒附在這個級數，但它出現在近似著名的 Stirling 公式：$n! \doteq (2\pi n)^{1/2} e^{-n} n^n$，以該有的正義，事實上它是由 Abraham DeMoivre (1667-1754) 所發展的。

利用 5.3 節所發展的計數原理，表 5.13 的結果擴大表 1.11 所整理的概念。這裡我們計數將 m 個物體分配至 n 個容器的方法數，在表中前三行所描述的條件之下。(物體非相異且容器非相異的情形將在第 9 章裡討論。)

○ 表 5.13

物體相異	容器相異	有些容器可能是空的	分配數
是	是	是	n^m
是	是	否	$n! S(m, n)$
是	否	是	$S(m, 1) + S(m, 2) + \cdots + S(m, n)$
是	否	否	$S(m, n)$
否	是	是	$\binom{n+m-1}{m}$
否	是	否	$\binom{n+(m-n)-1}{(m-n)} = \binom{m-1}{m-n} = \binom{m-1}{n-1}$

最後，5.7 節的 "大 O" 記號，是由 Paul Gustav Heinrich Bachmann (1837-1920) 在他的 *Analytische Zahlentheorie* 書裡介紹的，該書是數論上一本重要的作品，出版於 1892 年。這個記號在近似理論、數值分析及演算法分析裡已變得非常著名。一般來講，記號 $f \in O(g)$ 表示我們不明顯的

知道函數 f 但確實知道一個依其階數大小的上界。"大 O"符號有時候被稱為 Landau 符號，以紀念 Edmund Landau (1877-1938)，他使用這個符號在他的所有作品裡。

更進一步的第二型 Stirling 數的性質被給在 D. I. A. Cohen [3] 的第 4 章及 R. L. Grahan，D. E. Knuth 及 O. Patashnik [7] 書裡的第 6 章。D. J. Velleman 及 G. S. Call [11] 的文章裡對第二型的 Stirling 數及例題 4.21 的 Eulerian 數提供一個非常有趣的介紹。對更多有關無限集合及 Georg Cantor 的作品，請參考 H. Eves 和 C. V. Newsom [6] 的第 8 章或 R. L. Wilder [12] 的第 4 章。J. W. Dauben [5] 的書涵蓋世紀之初圍繞集合論的辯論，並說明 Cantor 個人生活的某種方面如何在他對集合論的理解及辯護方面扮演一個主要的部份。

更多說明如何應用鴿洞原理的例子被給在 K. R. Rebman [9] 及 A. Soifer 和 E. Lozansky [10] 的文章裡。由這個原理所產生的更進一步結果和擴大被含在由 D. S. Clark 及 J. T. Lewis [2] 所著的文章裡。在 20 世紀期間，許多研究投注於鴿洞原理的一般化，達到 Ramsey 理論主題的最高點，Ramsey 理論是用來紀念 Frank Plumpton Ramsey (1903-1930)。一個對 Ramsey 理論有趣的介紹可被發現在 D. I. A. Cohen [3] 的第 5 章裡。R. L. Graham，B. L. Rothschild 及 J. H. Spencer [8] 所著的書裡提供進一步值得探討的資料。

有關關係資料基底題材多方面的報導可發現於 C. J. Date [4] 的作品。最後，S. Baase 及 A. Van Gelder [1] 所著的書是一本繼續研究演算法分析的好書。

參考資料

1. Baase, Sara, and Van Gelder, Allen. *Computer Algorithms: Introduction to Design & Analysis*, 3rd ed. Reading, Mass.: Addison-Wesley, 2000.
2. Clark, Dean S., and Lewis, James T. "Herbert and the Hungarian Mathematician: Avoiding Certain Subsequence Sums." *The College Mathematics Journal* 21 (March 1990): pp. 100–104.
3. Cohen, Daniel I. A. *Basic Techniques of Combinatorial Theory*. New York: Wiley, 1978.
4. Date, C. J. *An Introduction to Database Systems*, 7th ed. Boston, Mass.: Addison-Wesley, 2002.
5. Dauben, Joseph Warren. *Georg Cantor: His Mathematics and Philosophy of the Infinite*. Lawrenceville, N. J.: Princeton University Press, 1990.
6. Eves, Howard, and Newsom, Carroll V. *An Introduction to the Foundations and Fundamental Concepts of Mathematics*, rev. ed. New York: Holt, 1965.
7. Graham, Ronald L., Knuth, Donald E., and Patashnik, Oren. *Concrete Mathematics*, 2nd ed. Reading, Mass.: Addison-Wesley, 1994.
8. Graham, Ronald L., Rothschild, Bruce L., and Spencer, Joel H. *Ramsey Theory*, 2nd ed. New York: Wiley, 1980.
9. Rebman, Kenneth R. "The Pigeonhole Principle (What it is, how it works, and how it applies to map coloring)." *The Two-Year College Mathematics Journal*, vol. 10, no. 1 (January 1979): pp. 3–13.

10. Soifer, Alexander, and Lozansky, Edward, "Pigeons in Every Pigeonhole." *Quantum* (January 1990): pp. 25–26, 32.
11. Velleman, Daniel J., and Call, Gregory S. "Permutations and Combination Locks." *Mathematics Magazine* 68 (October 1995): pp. 243–253.
12. Wilder, Raymond L. *Introduction to the Foundations of Mathematics*, 2nd ed. New York: Wiley, 1965.

補充習題

1. 令 A, $B \subseteq \mathcal{U}$, 證明
   a) $(A \times B) \cap (B \times A) = (A \cap B) \times (A \cap B)$; 及
   b) $(A \times B) \cup (B \times A) \subseteq (A \cup B) \times (A \cup B)$.

2. 決定下面各敘述的真假。對每個假的敘述給一反例。
   a) 若 $f: A \to B$ 且 (a, b), $(a, c) \in f$, 則 $b = c$.
   b) 若 $f: A \to B$ 為一對一對應且 A, B 為有限, 則 $A = B$.
   c) 若 $f: A \to B$ 為一對一, 則 f 是可逆的。
   d) 若 $f: A \to B$ 為可逆, 則 f 是一對一。
   e) 若 $f: A \to B$ 是一對一且 g, $h: B \to C$ 滿足 $g \circ f = h \circ f$, 則 $g = h$.
   f) 若 $f: A \to B$ 且 A_1, $A_2 \subseteq A$, 則 $f(A_1 \cap A_2) = f(A_1) \cap f(A_2)$.
   g) 若 $f: A \to B$ 且 B_1, $B_2 \subseteq B$, 則 $f^{-1}(B_1 \cap B_2) = f^{-1}(B_1) \cap f^{-1}(B_2)$.

3. 令 $f: \mathbf{R} \to \mathbf{R}$, 其中 $f(ab) = af(b) + bf(a)$, 對所有 a, $b \in \mathbf{R}$. (a) $f(1)$ 值為何? (b) $f(0)$ 值為何? 若 $n \in \mathbf{Z}^+$, $a \in \mathbf{R}$, 證明 $f(a^n) = na^{n-1}f(a)$.

4. 令 A, $B \subseteq \mathbf{N}$ 且 $1 < |A| < |B|$. 若有 262,144 個由 A 到 B 的關係, 求 $|A|$ 和 $|B|$ 的所有可能值。

5. 若 $\mathcal{U}_1$, $\mathcal{U}_2$ 為宇集且 A, $B \subseteq \mathcal{U}_1$, 及 C, $D \subseteq \mathcal{U}_2$, 證明 $(A \cap B) \times (C \cap D) = (A \times C) \cap (B \times D)$.

6. 令 $A = \{1, 2, 3, 4, 5\}$ 且 $B = \{1, 2, 3, 4, 5, 6\}$, 有多少個一對一函數 $f: A \to B$ 滿足 (a) $f(1) = 3$? (b) $f(1) = 3$, $f(2) = 6$?

7. 求所有實數 x 滿足
$$x^2 - \lfloor x \rfloor = 1/2.$$

8. 令 $\mathcal{U} \subseteq \mathbf{Z}^+ \times \mathbf{Z}^+$ 為由下面遞迴定義所給的關係。
   1) $(1, 1) \in \mathcal{R}$; 且
   2) 對所有 $(a, b) \in \mathcal{R}$, 三個序對 $(a+1, b)$, $(a+1, b+1)$ 及 $(a+1, b+2)$ 亦在 $\mathcal{R}$ 中。

   證明 $2a \geq b$ 對所有 $(a, b) \in \mathcal{R}$.

9. 令 a, b 表固定的實數且假設 $f: \mathbf{R} \to \mathbf{R}$ 被定義為 $f(x) = a(x+b) - b$, $x \in \mathbf{R}$. (a) 求 $f^2(x)$ 及 $f^3(x)$. (b) 猜想一個公式給 $f^n(x)$, 其中 $n \in \mathbf{Z}^+$. 現在建立您的猜想的有效性。

10. 令 A_1, A 及 B 為集合且 $\{1, 2, 3, 4, 5\} = A_1 \subset A$, $B = \{s, t, u, v, w, x\}$, 且 $f: A_1 \to B$. 若 f 可以以 216 種方法擴大到 A, 則 $|A|$ 值為何?

11. 令 $A = \{1, 2, 3, 4, 5\}$ 且 $B = \{t, u, v, w, x, y, z\}$. (a) 若一函數 $f: A \to B$ 被隨機產生, 則其為一對一的機率為何? (b) 寫

一個電腦程式 (或開發一個演算法) 來生成隨機函數 $f: A \to B$ 且令程式印出它生成多少個函數直到它生成一個一對一為止。

12. 令 S 為一個七個正整數所成的集合，其中最大值至多是 24。證明 S 的所有非空子集合的元素和不可能相異。

13. 在一個十天的週期裡，Rosatone 太太打了 84 封信給不同的顧客。她在第一天打了 12 封這些信，第二天 7 封，第九天 3 封，及她在第十天完成最後的 8 封。證明在一個三連續天的週期裡，Rosatone 太太至少打了 25 封信。

14. 若 $\{x_1, x_2, \cdots, x_7\} \subseteq \mathbf{Z}^+$，證明對某些 $i \neq j$，不是 $x_i + x_j$ 被 10 整除就是 $x_i - x_j$ 被 10 整除。

15. 令 $n \in \mathbf{Z}^+$，n 為奇數。若 $i_1, i_2, \cdots, i_n$ 為整數 1，2，$\cdots$，n 的一個排列，證明 $(1-i_1)(2-i_2) \cdots (n-i_n)$ 是一個偶數。(哪一種計數原理在這裡被用到？)

16. 由於雙親均就業，Thomas，Stuart 及 Craig 三人必須負責 10 個一週的家事。(a) 他們有多少種方法來分配工作使得每一個人至少負責一個家事？(b) 若 Thomas 年紀最大必須負責除草 (10 個一週家事之一) 且無人不做事，則有多少種方法分配家事。

17. 令 $n \in \mathbf{N}$，$n \geq 2$，證明 $S(n, 2) = 2^{n-1} - 1$。

18. Blasi 太太有五個兒子 (Michael，Rick，David，Kenneth 及 Donald)，他們喜歡閱讀運動書籍。聖誕節將近，她訪問一家書店，在那裡她發現 12 本不同的運動書籍。
    a) 有多少種方法她可由這 12 本書中選 9 本。
    b) 在她買完書後，有多少種方法她可以分配這 9 本書給她的兒子們使得每個兒子至少有一本？
    c) Blasi 太太所買的 9 本書中有兩本談籃球，是 Donald 喜歡的運動，那麼她有多少種方法可將這 9 本書分給他的兒子們，使得 Donald 至少可得兩本有關籃球的書？

19. 令 $m, n \in \mathbf{Z}^+$ 且 $n \geq m$。(a) 有多少種方法可將 n 個相異物體分配至 m 個不同容器，使得無容器是空的？(b) 在 $(x_1 + x_2 + \cdots + x_m)^n$ 的展開式中，所有多項式係數 $\binom{n}{n_1, n_2, \ldots, n_m}$ 的和是多少？其中 $n_1 + n_2 + \cdots + n_m = n$ 及 $n_i > 0$ 對所有 $1 \leq i \leq m$。

20. 若 $n \in \mathbf{Z}^+$ 且 $n \geq 4$，證明 $S(n, n-2) = \binom{n}{3} + 3\binom{n}{4}$。

21. 若 $f: A \to A$，證明對所有 $m, n \in \mathbf{Z}^+$，$f^m \circ f^n = f^n \circ f^m$。(首先令 $m = 1$ 並對 n 做歸納法，接著對 m 做歸納法。這個技巧叫做雙歸納法。)

22. 令 $f: X \to Y$，且對每個 $i \in I$，令 $A_i \subseteq X$。證明
    a) $f(\bigcup_{i \in I} A_i) = \bigcup_{i \in I} f(A_i)$.
    b) $f(\bigcap_{i \in I} A_i) \subseteq \bigcap_{i \in I} f(A_i)$.
    c) $f(\bigcap_{i \in I} A_i) = \bigcap_{i \in I} f(A_i)$，對 f 一對一。

23. 給一非空集合 A，令 $f: A \to A$ 且 $g: A \to A$ 其中
    $$f(a) = g(f(f(a))) \text{ 及 } g(a) = f(g(g(a)))$$
    對所有 $a \in A$。證明 $f = g$。

24. 令 A 為一集合且 $|A| = n$。
    a) 在 A 上有多少個封閉的二元運算？
    b) A 上的三元封閉運算是一個函數 $f: A \times A \times A \to A$，則 A 上有多少個封閉的

三元運算？

c) A 上的 k 元封閉運算是一個函數 $f: A_1 \times A_2 \times \cdots \times A_k \to A$，其中 $A_i = A$，對所有 $1 \leq i \leq k$，則 A 上有多少個封閉的 k 元運算？

d) 一個 A 的 k 元運算被稱為是**可交換的**若
$$f(a_1, a_2, \ldots, a_k) = f(\pi(a_1), \pi(a_2), \ldots, \pi(a_k)),$$
其中 $a_1, a_2, \cdots, a_k \in A$ (允許重複)，且 $\pi(a_1), \pi(a_2), \cdots, \pi(a_k)$ 是 $a_1, a_2, \cdots, a_k$ 的一個重排。則 A 上有多少個封閉 k 元運算是可交換的？

25. a) 令 $S = \{2, 16, 128, 1024, 8192, 65536\}$。若由 S 中選出四個數字，證明這四個數字中必有兩個的乘積是 131072。

b) 一般化 (a) 之結果。

26. 若 $\mathcal{U}$ 為一宇集且 $A \subseteq \mathcal{U}$，我們定義 A 的**特徵函數** (characteristic function) 為 $\chi_A = \mathcal{U} \to \{0, 1\}$，其中
$$\chi_A(x) = \begin{cases} 1, & x \in A \\ 0, & x \notin A \end{cases}$$

對集合 $A, B \subseteq \mathcal{U}$，證明下面各題：

a) $\chi_{A \cap B} = \chi_A \cdot \chi_B$，其中 $(\chi_A \cdot \chi_B)(x) = \chi_A(x) \cdot \chi_B(x)$

b) $\chi_{A \cup B} = \chi_A + \chi_B - \chi_{A \cap B}$

c) $\chi_{\overline{A}} = 1 - \chi_A$，其中 $(1 - \chi_A)(x) = 1(x) - \chi_A(x) = 1 - \chi_A(x)$

(對 $\mathcal{U}$ 為有限，則將 $\mathcal{U}$ 的元素以一個固定的順序擺置以得一個介於 $\mathcal{U}$ 的子集合 A 和由 0, 1 所形成的陣列間的一對一對應，其中 0, 1 是 $\mathcal{U}$ 在 χ_A 之下的像。這些陣列可被用來給電腦儲存及處理 $\mathcal{U}$ 的某種子集合。)

27. 以 $A = \{x, y, z\}$，令 $f, g: A \to A$ 被給為 $f = \{(x, y), (y, z), (z, x)\}$，$g = \{(x, y), (y, x), (z, z)\}$。求下面各個：$f \circ g$，$g \circ f$，$f^{-1}$，$g^{-1}$，$(g \circ f)^{-1}$，$f^{-1} \circ g^{-1}$ 及 $g^{-1} \circ f^{-1}$。

28. a) 若 $f: \mathbf{R} \to \mathbf{R}$ 被定義為 $f(x) = 5x + 3$，求 $f^{-1}(8)$。

b) 若 $g: \mathbf{R} \to \mathbf{R}$，其中 $g(x) = |x^2 + 3x + 1|$，求 $g^{-1}(1)$。

c) 對 $h: \mathbf{R} \to \mathbf{R}$ 被給為
$$h(x) = \left| \frac{x}{x+2} \right|,$$
求 $h^{-1}(4)$。

29. 若 $A = \{1, 2, 3, \cdots, 10\}$，有多少個函數 $f: A \to A$ (同時) 滿足 $f^{-1}(\{1, 2, 3\}) = \emptyset$，$f^{-1}(\{4, 5\}) = \{1, 3, 7\}$ 及 $f^{-1}(\{8, 10\}) = \{8, 10\}$？

30. 令 $f: A \to A$ 為一個可逆函數。對 $n \in \mathbf{Z}^+$，證明 $(f^n)^{-1} = (f^{-1})^n$。[這個結果可被用來定義 f^{-n} 為 $(f^n)^{-1}$ 或 $(f^{-1})^n$。]

31. 在某種程式語言裡，函數 pred 及 succ (分別表前任及後繼者) 為由 $\mathbf{Z}$ 到 $\mathbf{Z}$ 的函數，其中 $\text{pred}(x) = \pi(x) = x - 1$ 且 $\text{succ}(x) = \sigma(x) = x + 1$。

a) 求 $(\pi \circ \sigma)(x)$，$(\sigma \circ \pi)(x)$。

b) 求 π^2，π^3，π^n $(n \geq 2)$。σ^2，σ^3，σ^n $(n \geq 2)$。

c) 求 π^{-2}，π^{-3}，π^{-n} $(n \geq 2)$，σ^{-2}，σ^{-3}，σ^{-n} $(n \geq 2)$，其中，例如 $\sigma^{-2} = \sigma^{-1} \circ \sigma^{-1} = (\sigma \circ \sigma)^{-1} = (\sigma^2)^{-1}$。(見補充習題 30)。

32. 對 $n \in \mathbf{Z}^+$，定義 $\tau: \mathbf{Z}^+ \to \mathbf{Z}^+$ 為 $\tau(n) = n$ 的正因數個數。

a) 令 $n = p_1^{e_1} p_2^{e_2} p_3^{e_3} \cdots p_k^{e_k}$，其中 $p_1, p_2, p_3, \cdots, p_k$ 為相異質數且 e_i 是正整數，對所有 $1 \leq i \leq k$。則 $\tau(n)$ 值為何？

b) 求 $n \in \mathbf{Z}^+$ 的三個最小值使得 $\tau(n) = k$，其中 $k=2, 3, 4, 5, 6$。

c) 對所有 $k \in \mathbf{Z}^+$，$k > 1$，證明 $\tau^{-1}(k)$ 為無限。

d) 若 $a, b \in \mathbf{Z}^+$ 且 $\gcd(a, b) = 1$，證明 $\tau(ab) = \tau(a)\tau(b)$。

33. a) 有多少個子集合 $A = \{a, b, c, d\} \subseteq \mathbf{Z}^+$，其中 $a, b, c, d > 1$，滿足性質 $a \cdot b \cdot c \cdot d = 2 \cdot 3 \cdot 5 \cdot 7 \cdot 11 \cdot 13 \cdot 17 \cdot 19$？

b) 有多少個子集合 $A = \{a_1, a_2, \cdots, a_m\} \subseteq \mathbf{Z}^+$，其中 $a_i > 1$，$1 \leq i \leq m$，滿足性質 $\prod_{i=1}^{m} a_i = \prod_{j=1}^{n} p_j$，其中 p_j，$1 \leq j \leq n$，為相異質數且 $n \geq m$？

34. 給一個函數 $f: \mathbf{Z}^+ \to \mathbf{R}$ 滿足 $f \in O(1)$ 且 f 是一對一的例子。(因此 f 不是常數函數。)

35. 令 $f, g: \mathbf{Z}^+ \to \mathbf{R}$，其中

$$f(n) = \begin{cases} 2, & \text{對 } n \text{ 為偶數} \\ 1, & \text{對 } n \text{ 為奇數} \end{cases}$$

$$g(n) = \begin{cases} 3, & \text{對 } n \text{ 為偶數} \\ 4, & \text{對 } n \text{ 為奇數} \end{cases}$$

證明或不證明下面各題： (a) $f \in O(g)$；且 (b) $g \in O(f)$。

36. 對 $f, g: \mathbf{Z}^+ \to \mathbf{R}$，我們定義 $f+g: \mathbf{Z}^+ \to \mathbf{R}$ 為 $(f+g)(n) = f(n) + g(n)$，對 $n \in \mathbf{Z}^+$。[注意：在 $f+g$ 裡的加號是函數 f 和 g 的相加，然而 $f(n)+g(n)$ 裡的加號是實數 $f(n)$ 和 $g(n)$ 的相加。]

a) 令 $f_1, g_1: \mathbf{Z}^+ \to \mathbf{R}$ 具 $f \in O(f_1)$ 及 $g \in O(g_1)$。若 $f_1(n) \geq 0$，$g_1(n) \geq 0$，對所有 $n \in \mathbf{Z}^+$，證明 $(f+g) \in O(f_1+g_1)$。

b) 若條件 $f_1(n) \geq 0$，$g_1(n) \geq 0$，對所有 $n \in \mathbf{Z}^+$，不被滿足，如 (a) 中，給一個反例證明

$f \in O(f_1), g \in O(g_1) \not\Rightarrow (f+g) \in O(f_1+g_1).$

37. 令 $a, b \in \mathbf{R}^+$，具 $a, b > 1$。令 $f, g: \mathbf{Z}^+ \to \mathbf{R}$ 被定義為 $f(n) = \log_a n$，$g(n) = \log_b n$。證明 $f \in O(g)$ 且 $g \in O(f)$。[因此 $O(\log_a n) = O(\log_b n)$。]

第 **6** 章

語言：有限狀態機器

在這個電腦及電訊的時代，我們發現自己每天面對輸入-輸出的各種狀況。例如，在由販賣機買一包口香糖時，我們**輸入** (input) 一些硬幣然後按一個按鈕取出我們期待的**輸出** (output)，即我們想要的那包口香糖。我們輸入的第一個硬幣令機器開始動。雖然我們通常不在意機器內部的情形 (除非有某故障發生且我們有所損失)，我們是瞭解機器掌握我們所輸入的硬幣線索，直到輸入正確的總數，只有在那個時候，且不在之前，販賣機輸出我們想要的那包口香糖。因此，商人對每包口香糖制定期望利益，機器必須**內部記住** (internally remember)，當每個硬幣被輸入時，已被儲存的錢數和。

電腦是另一個輸入-輸出設計的例子。這時輸入一般是某種型態的資訊，且輸出是這個資訊經過處理後所得的結果。輸入如何被處理是依賴電腦的內部工作；它必有能力記住過去的資訊，當它正在處理目前的資訊時。

使用我們稍早所發展的集合及函數概念。本章我們將探討一個抽象的模型，稱之為**有限狀態機器** (finite state machine) 或**順序電路** (sequential circuit)。此類電器為數位電腦裡兩種基本型態的控制電路之一。(另一種型態是**組合電路** (combinational circuit) 或**門網路** (gating network)，將在第 15 章檢視。) 它們亦被發現在其它系統，例如我們的販賣機，及電梯和紅綠燈的控制系統。

如同名字所示，一個有限狀態機器有有限個內部狀態，其中機器記住某種資訊，當它是在一個特別狀態時。然而，在進入這個概念之前，我們需要一些集合論材料，以便討論對此一機器有效的輸入。

6.1 語言：串的集合論

在電腦處理資料時，符號或字元序列扮演一個重要的角色。因此當電腦程式可以有限字元序列表示時，需要一些代數方法來處理此類序列，或**串** (strings)。

本節我們將使用 Σ 來表示一個非零的有限符號集合。稱之為**字母** (alphabet)。例如，我們有 $\Sigma = \{0, 1\}$ 或 $\Sigma = \{a, b, c, d, e\}$。

在任一個字母集 Σ，我們不列出那些可由 Σ 的其它元素以並列方式所得到的元素 (即若 $a, b \in \Sigma$，則串 ab 為符號 a 和 b 的並列)。由於這個規矩，如 $\Sigma = \{0, 1, 2, 11, 12\}$ 及 $\Sigma = \{a, b, c, ba, aa\}$ 的字母集將不被考慮。(而且，這個規矩將在稍後的 6.5 節有助於我們，當我們在討論串的長度時。)

以字母集 Σ 做為出發點，我們使用下面概念可以有系統的方法，由 Σ 內的符號來構造串。

定義 6.1 若 Σ 是一個字母集且 $n \in \mathbf{Z}^+$，我們遞迴定義 Σ 的**冪次方** (powers) 如下：

1) $\Sigma^1 = \Sigma$；且
2) $\Sigma^{n+1} = \{xy \mid x \in \Sigma, y \in \Sigma^n\}$，其中 xy 表 x 和 y 的並列。

例題 6.1 令 Σ 為一個字母集。

若 $n = 2$，則 $\Sigma^2 = \{xy \mid x, y \in \Sigma\}$。例如，以 $\Sigma = \{0, 1\}$，我們發現 $\Sigma^2 = \{00, 01, 10, 11\}$

當 $n = 3$，Σ^3 的元素之型態為 uv，其中 $u \in \Sigma$ 且 $v \in \Sigma^2$。但因我們知道 Σ^2 的元素之型態，我們亦可視 Σ^3 內的串為型如 uxy 的序列，其中 $u, x, y \in \Sigma$。做為這個情形的例子，假設 $\Sigma = \{a, b, c, d, e\}$，則 Σ^3 將有 $5^3 = 125$ 個三符號的串，它們之中有 aaa，acb，ace，cdd 及 eda。

一般來講，對所有 $n \in \mathbf{Z}^+$，我們發現 $|\Sigma^n| = |\Sigma|^n$，因為我們正在處理 (大小為 n 的) 安排，其中我們可重複 $|\Sigma|$ 個物體中的任一個。

現在我們已檢視 Σ^n 對 $n \in \mathbf{Z}^+$，我們將再多調查一個 Σ 的冪次方。

定義 6.2 對一個字母集 Σ，我們定義 $\Sigma^0 = \{\lambda\}$，其中 λ 表**空串** (empty string)，即不含 Σ 中之符號的串。

符號 λ 從未是我們的字母集 Σ 中的元素，但我們不會搞錯，因為空白被發現在許多字母集裡。

然而，雖然 λ∉Σ，我們確有 ∅ ⊆ Σ，所以這裡我們須小心。我們觀察到 (1) {λ} ⊄ Σ，因為 λ ∉ Σ；且 (2) {λ} ≠ ∅，因為 |{λ}|=1≠0=|∅|。

為了聚集地說集合 $\Sigma^0, \Sigma^1, \Sigma^2, \ldots$，我們介紹下面此類集合之聯集的記號。

若 Σ 是一個字母集，則

定義 6.3

a) $\Sigma^+ = \bigcup_{n=1}^{\infty} \Sigma^n = \bigcup_{n \in \mathbf{Z}^+} \Sigma^n$；　　且　　b) $\Sigma^* = \bigcup_{n=0}^{\infty} \Sigma^n$.

我們看出集合 Σ^+ 和 Σ^* 之間的唯一差異，在於元素 λ 的存在，因為 $\lambda \in \Sigma^n$ 僅當 $n=0$ 時。而且 $\Sigma^* = \Sigma^+ \cup \Sigma^0$。

使用串這個名詞之外，我們將亦稱 Σ^+ 或 Σ^* 的元素為**字** (words) 且有時候稱為**句子** (sentences)。對 Σ={0, 1, 2}，我們發現此類的字，如 0，01，102 及 112 均在 Σ^+ 及 Σ^* 兩者裡。

最後，我們注意到即使集合 Σ^+ 及 Σ^* 為無限，這兩個集合的所有元素均為有限的符號串。

對 Σ={0, 1}，則集合 Σ^* 係由所有由 0 和 1 所組成的有限串和空串的集合。對合理小的 n，我們可真正的列出 Σ^n 裡的所有串。

例題 6.2

若 Σ={β, 0, 1, 2, ⋯, 9, +, −, ×, /, (,)}，其中 β 表空白，則比較難描述 Σ^*，且對 $n > 2$，Σ^n 有太多的串難以全列出。在 Σ^* 中，我們發現熟悉的算術表示式如 (7+5) / (2× (3−10)) 及亂碼如+) ((7/× +3/ (。

我們現在面對一個熟悉的情況。如對敘述 (第 2 章)，集合 (第 3 章) 及函數 (第 5 章)，我們再次需要能決定何時兩個所學習的物件——此時的串——被考慮為相同。我們探討這個題材於下。

若 $w_1, w_2 \in \Sigma^+$，則我們可寫 $w_1 = x_1 x_2 \cdots x_m$ 及 $w_2 = y_1 y_2 \cdots y_n$，對 $m, n \in \mathbf{Z}^+$，且 $x_1, x_2, \cdots, x_m, y_1, y_2, \cdots, y_n \in \Sigma$。我們稱串 w_1 及 w_2 為相等，且我們寫 $w_1 = w_2$，若 $m=n$，且 $x_i = y_i$ 對所有 $1 \le i \le m$。

定義 6.4

由這個定義可知兩個 Σ^+ 中的串為相等，僅為各個串均是由 Σ 中相同個數的符號形成，且這兩個串中的相對應符號相同。

一個串裡的符號個數也被用來定義另一個性質。

定義 6.5 令 $w = x_1 x_2 \cdots x_n \in \Sigma^+$，其中 $x_i \in \Sigma$，對每個 $1 \leq i \leq n$。我們定義 w 的**長度** (length)，其被表為 $\|w\|$，為 n。對 λ，我們有 $\|\lambda\| = 0$。

由定義 6.5，我們發現對任意字母集 Σ，若 $w \in \Sigma^*$ 且 $\|w\| \geq 1$，則 $w \in \Sigma^+$，反之亦然。而且，對所有 $y \in \Sigma^*$，$\|y\| = 1$ 若且唯若 $y \in \Sigma$。Σ 包含符號 β(空白)，所以 $\|\beta\| = 1$。

若我們使用一個特別的字母集，令其為 $\Sigma = \{0, 1, 2\}$，並檢視元素 $x = 01$，$y = 212$，及 $z = 01212$ (在 Σ^*)，我們發現

$$\|z\| = \|01212\| = 5 = 2 + 3 = \|01\| + \|212\| = \|x\| + \|y\|.$$

為繼續研究串及字母集的性質，我們需要稍微擴大並列的概念。

定義 6.6 令 x, $y \in \Sigma^+$ 且 $x = x_1 x_2 \cdots x_m$ 及 $y = y_1 y_2 \cdots y_n$，使得每個 x_i，其中 $1 \leq i \leq m$，及每個 y_j，其中 $1 \leq j \leq n$，均在 Σ 裡。x 和 y 的**串聯** (concatenation)，記為 xy，為串 $x_1 x_2 \cdots x_m y_1 y_2 \cdots y_n$。

x 和 λ 的串聯是 $x\lambda = x_1 x_2 \cdots x_m \lambda = x_1 x_2 \cdots x_m = x$，且 λ 和 x 的串聯是 $\lambda x = \lambda x_1 x_2 \cdots x_m = x_1 x_2 \cdots x_m = x$。最後，$\lambda$ 和 λ 的串聯是 $\lambda \lambda = \lambda$。

這裡我們已定義一個 Σ^* (及 Σ^+) 上的封閉二元運算。這個運算是可結合的，但非可交換的 (除非 $|\Sigma| = 1$)，且因 $x\lambda = \lambda x = x$ 對所有 $x \in \Sigma^*$，元素 $\lambda \in \Sigma^*$ 為串聯運算的么元。最後兩個定義所含的概念 (串的長度及串聯的運算) 在

$$\|xy\| = \|x\| + \|y\|, \quad \text{對所有 } x, y \in \Sigma^*,$$

裡有相互關係，且由上面等式，我們得下面特殊情形

$$\|x\| = \|x\| + 0 = \|x\| + \|\lambda\| = \|x\lambda\| \; (= \|\lambda x\|).$$

最後，對每個 $z \in \Sigma$，我們有 $\|z\| = \|z\lambda\| = \|\lambda z\| = 1$，而 $\|zz\| = 2$。

封閉的串聯二元運算現在引導我們到另外一個遞迴定義。稍早我們看著字母集 Σ 的冪次方。現在我們將檢視串的冪次方。

定義 6.7 對每個 $x \in \Sigma^*$，我們定義 x 的冪次方為 $x^0 = x$，$x^1 = x$，$x^2 = xx$，$x^3 = xx^2, \ldots, x^{n+1} = xx^n, \ldots, n \in \mathbf{N}$。

這個定義是一個數學實體如何被以遞迴方法來給的另一說明。我們目前所找的數學實體是由前面已導的實體所導出的。這個定義提供我們一個

方法，來處理一個串的 n 摺串聯 [第 $n+1$ 個冪次方] 為該串和其 $(n-1)$ 摺串聯 (第 n 個冪次) 的串聯。在如此做之下，定義包括僅含一個符號的串的特殊情形。

> 若 $\Sigma=\{0, 1\}$ 且 $x=01$，則 $x^0=\lambda$，$x^1=01$，$x^2=0101$，及 $x^3=010101$。對所有 $n>0$，x^n 是由 n 個 0 和 n 個 1 所組成的串，其中第一個符號是 0 且符號交錯出現。這裡 $\|x^2\|=4=2\|x\|$，$\|x^3\|=6=3\|x\|$，且對所有 $n\in\mathbf{N}$，$\|x^n\|=n\|x\|$。 　**例題 6.3**

我們已準備好來抓住本節的主要主題，語言的概念。然而，在我們做這個之前，我們需要另外三個概念，這些概念包含串的特殊子節。

> 若 x，$y\in\Sigma^*$ 且 $w=xy$，則串 x 被稱為 w 的**前標** (prefix)，且若 $y\neq\lambda$，則 x 被稱為一個**真前標** (proper prefix)。同理，串 y 被稱為 w 的**後標** (suffix)；其為**真後標** (proper suffix) 當 $x\neq\lambda$。 　**定義 6.8**

> 令 $\Sigma=\{a, b, c\}$ 且考慮串 $w=abbcc$。則 λ，a，ab，abb，$abbc$ 及 $abbcc$，這些串中的每一個串均是 w 的前標，且除了 $abbcc$ 本身之外，其它每一個均是一個真前標。另一方面，λ，c，cc，bcc，$bbcc$ 及 $abbcc$，這些串中的每一個串均為 w 的後標，其中前五個串是真後標。
>
> 一般來講，對一個字母集 Σ，若 $n\in\mathbf{Z}^+$，且 $x_i\in\Sigma$，對所有 $1\leq i\leq n$，則每一個 λ，x_1，x_1x_2，$x_1x_2x_3$，$\cdots$ 及 $x_1x_2x_3\cdots x_n$ 為串 $x=x_1x_2x_3\cdots x_n$ 的前標。且 λ，x_n，$x_{n-1}x_n$，$x_{n-2}x_{n-1}x_n$，$\cdots$ 及 $x_1x_2x_3\cdots x_n$ 均為 x 的後標。所以 x 有 $n+1$ 個前標，其中有 n 個為真前標，且對後標的情形相同。 　**例題 6.4**

> 若 $\|x\|=5$，$\|y\|=4$，且 $w=xy$，則 w 有 x 為其真前標且 y 為其真後標。總計，w 有 9 個真前標及 9 個真後標，因為 λ 同時為 Σ^+ 內每個串的真前標及真後標。這裡 xy 同時為一個前標及為一個後標，但不是真前標也不是真後標。 　**例題 6.5**

> 對一已知字母集 Σ，令 w，a，b，c，$d\in\Sigma^*$。若 $w=ab=cd$，則
>
> 1) a 是 c 的一個前標，或 c 是 a 的一個前標；且
> 2) b 是 d 的一個後標，或 d 是 b 的一個後標。 　**例題 6.6**

> 若 x，y，$z\in\Sigma^*$ 且 $w=xyz$，則 y 被稱為 w 的一個**子串** (substring)。當 x 和 z 中至少有一個不同於 λ (所以 y 不同於 w)，我們稱 y 為一個**真子串** 　**定義 6.9**

(proper substring)。

例題 6.7 對 $\Sigma = \{0, 1\}$，令 $w = 00101110 \in \Sigma^*$，我們發現下面 w 中的子串：
1) 1011：這個僅以一種方法產生，即當 $w = xyz$ 時，其中 $x = 00$，$y = 1011$ 及 $z = 10$。
2) 10：這個來自兩個方法：
   a) $w = xyz$，其中 $x = 00$，$y = 10$ 及 $z = 1110$；且
   b) $w = xyz$，對 $x = 001011$，$y = 10$ 及 $z = \lambda$。

(b) 中的子串亦是 w 的一個 (真) 後標。

現在我們已熟悉必要的定義，是考慮語言概念的時刻了。當我們考慮標準字母集時，包括空白，許多串如 *qxio*，*the wxxy red atzl* 及 *aeytl*，不是出現在英文語言裡的字或句子的一部份，即使它們是 Σ^* 的元素。因此，為了僅考慮在英文語言裡有意義的那些字及表示式，我們專心於 Σ^* 的一個子集合。這個引導我們下面的一般化。

定義 6.10 對一已知的字母集 Σ，Σ^* 的任一子集合被稱為在 Σ 上的一個**語言** (language)。這個包含子集合 $\emptyset$，我們稱其為**空語言** (empty language)。

例題 6.8 令 $\Sigma = \{0, 1\}$，則集合 $A = \{0, 01, 001\}$ 及 $B = \{0, 01, 001, 0001, \cdots\}$ 為在 Σ 上的語言的例子。

例題 6.9 以 26 個字母，10 個數字，及用在 C++ 上的特殊符號為字母集 Σ，則可執行的程式的集合構成一個語言。在相同的情況下，每個可執行的程式可被考慮為一個語言，可執行程式的特別集合亦可被考慮為語言。

因為語言為集合，所以我們可以形成兩個語言的聯集、交集及對稱集。然而，這裡的工作，定義給串的封閉二元運算 (在定義 6.6) 的擴充是更有用的。

定義 6.11 對字母集 Σ 及語言 A，$B \subseteq \Sigma^*$，A 和 B 的**串聯** (concatenation)，表 AB，是 $\{ab \mid a \in A, b \in B\}$。

我們可對串聯和叉積做比較。一般來講，$A \times B \neq B \times A$，一般上我們亦有 $AB \neq BA$。A，B 為有限時，我們確有 $|A \times B| = |B \times A|$，但對有限語

言有可能 $|AB| \neq |BA|$。

令 $\Sigma = \{x, y, z\}$，且令 A，B 為有限語言，$A = \{x, xy, z\}$，$B = \{x, y\}$，則 $AB = \{x, xy, z, xyy, zy\}$ 且 $BA = \{x, xy, z, yx, yxy, yz\}$，所以

例題 6.10

1) $|AB| = 5 \neq 6 = |BA|$; 且
2) $|AB| = 5 \neq 6 = 3 \cdot 2 = |A\|B|$.

差異的產生是因為有兩種方法來表示 xy：(1) xy，對 $x \in A$，$y \in B$ 及 (2) $xy\lambda$，其中 $xy \in A$ 及 $\lambda \in B$。[表示法唯一的概念沒被授與。雖然在這裡不成立，但它是許多數學概念成功的關鍵。我們曾看過這個，例如，在算術基本定理裡 (定理4.11)。]

前一個例題建議對有限語言 A 和 B，$|AB| \leq |A\|B|$。這個可被證明對一般情形為真。下面定理處理語言串聯所滿足的一些性質。

對一字母集 Σ，令 A，B，$C \subseteq \Sigma^*$，則

定理 6.1

a) $A\{\lambda\} = \{\lambda\}A = A$
b) $(AB)C = A(BC)$
c) $A(B \cup C) = AB \cup AC$
d) $(B \cup C)A = BA \cup CA$
e) $A(B \cap C) \subseteq AB \cap AC$
f) $(B \cap C)A \subseteq BA \cap CA$

證明：我們證明 (d) 和 (f)，而將其餘部份留給讀者。

(d) 因為我們試著證明兩個集合相等，我們再次使用首次發現在定義 3.2 的集合相等概念。以 x 在 Σ^* 開始，我們發現 $x \in (B \cup C)A \Rightarrow x = yz$ 對 $y \in B \cup C$ 及 $z \in A \Rightarrow (x = yz$ 對 $y \in B$，$z \in A)$ 或 $(x = yz$ 對 $y \in C$，$z \in A) \Rightarrow y \in BA$ 或 $x \in CA \Rightarrow x \in BA \cup CA$，所以 $(B \cup C)A \subseteq BA \cup CA$。反之，得 $x \in BA \cup CA \Rightarrow x \in BA$ 或 $x \in CA \Rightarrow (x = ba_1$ 其中 $b \in B$ 且 $a_1 \in A)$ 或 $(x = ca_2$ 其中 $c \in C$ 且 $a_2 \in A)$。假設 $x = ba_1$ 對 $b \in B$，$a_1 \in A$。因為 $B \subseteq B \cup C$，我們有 $x = ba_1$，其中 $b \in B \cup C$ 且 $a_1 \in A$，則 $x \in (B \cup C)A$，所以 $BA \cup CA \subseteq (B \cup C)A$。(若 $x = ca_2$ 則論證相似。) 以建立的兩個包含，得 $(B \cup C)A = BA \cup CA$。

(f) 對 $x \in \Sigma^*$，我們看出 $x \in (B \cap C)A \Rightarrow x = yz$ 其中 $y \in B \cap C$ 且 $z \in A \Rightarrow (x = yz$ 對 $y \in B$ 及 $z \in A)$ 且 $(x = yz$ 對 $y \in C$ 及 $z \in A) \Rightarrow x \in BA$ 且 $x \in CA \Rightarrow x \in BA \cap CA$，所以 $(B \cap C)A \Rightarrow BA \cap CA$。

以 $\Sigma = \{x, y, z\}$，令 $B = \{x, xx, y\}$，$C = \{y, xy\}$，且 $A = \{y, yy\}$。則 $xyy \in BA \cap CA$，但 $xyy \notin (B \cap C)A$。因此，$(B \cap C)A \subset BA \cap CA$，對這些特別的語言。

類比 $\Sigma^n, \Sigma^*, \Sigma^+$ 的概念，下面定義被給，對一個任意的語言 $A \subseteq \Sigma^*$。

定義 6.12 對一已知語言 $A \subseteq \Sigma^*$，我們可構造其它語言如下：

a) $A^0 = \{\lambda\}$，$A^1 = A$ 且對所有 $n \in \mathbf{Z}^+$，$A^{n+1} = \{ab \mid a \in A, b \in A^n\}$。
b) $A^+ = \cup_{n \in \mathbf{Z}^+} A^n$，$A$ 的**正閉包** (positive closure)。
c) $A^* = A^+ \cup \{\lambda\}$。語言 A^* 被稱為 A 的 **Kleene 閉包** (Kleene closure)，以紀念美國的邏輯學家 Stephen Cole Kleene (1909-1994)。

例題 6.11 若 $\Sigma = \{x, y, z\}$ 且 $A = \{x\}$，則 (1) $A^0 = \{\lambda\}$；(2) $A^n = \{x^n\}$，對每個 $n \in \mathbf{N}$；(3) $A^+ = \{x^n \mid n \geq 1\}$；及 (4) $A^* = \{x^n \mid n \geq 0\}$。

例題 6.12 令 $\Sigma = \{x, y\}$。

a) 若 $A = \{xx, xy, yx, yy\} = \Sigma^2$，則 A^* 是 Σ^* 上所有串 w 的語言，其中 w 的長度為偶數。
b) 取 (a) 中的 A 及 $B = \{x, y\}$，語言 BA^* 包含 Σ^* 中所有奇數長度的串。此時我們亦發現 $BA^* = A^*B$ 且 $\Sigma^* = A^* \cup BA^*$。
c) 語言 $\{x\}\{x, y\}^*$ (語言 $\{x\}$ 及 $\{x, y\}^*$ 的串聯) 包含 Σ^* 中的每一個串滿足 x 為一個前標。語言 $\{x\}\{x, y\}^+$ (語言 $\{x\}$ 及 $\{x, y\}^+$ 的串聯) 包含 Σ^+ 中的每一個串滿足 x 為一個真前標。

包含所有在 Σ^* 的串滿足 yy 是一個後標的語言可被定義 $\{x, y\}^*\{y, y\}$。

在語言 $\{x, y\}^*\{xxy\}\{x, y\}^*$ 裡的每個串均有 xxy 為其子串。
d) 在語言 $\{x\}^*\{y\}^*$ 裡的每個串係由有限個 (可能為 0 個) x 後面跟著有限個 (亦可能為 0 個) y 所組成的。且雖然 $\{x\}^*\{y\}^* \subseteq \{x, y\}^*$，串 $w = xyx$ 在 $\{x, y\}^*$ 裡，但不在 $\{x\}^*\{y\}^*$ 裡。因此 $\{x\}^*\{y\}^* \subsetneq \{x, y\}^*$。

例題 6.13 在實數代數裡，若 $a, b \in \mathbf{R}$ 且 $a, b > 0$，則 $a^2 = b^2 \Rightarrow a = b$。然而，在語言裡，若 $\Sigma = \{x, y\}$，$A = \{\lambda, x, x^3, x^4, \cdots\} = \{x^n \mid n \geq 0\} - \{x^2\}$ 且 $b = \{x^n \mid n \geq 0\}$，則 $A^2 = B^2 (=B)$，但 $A \neq B$。(注意：我們從未有 $\lambda \in \Sigma$，但可能有 $\lambda \in A \subseteq \Sigma^*$。)

我們以一個引理及處理語言性質的另一個定理繼續本節。

引理 6.1 令 Σ 為一字母集，且語言 $A, B \subseteq \Sigma^*$。若 $A \subseteq B$，則對所有 $n \in \mathbf{Z}^+$，

$A^n \subseteq B^n$。

證明： 因為 $A^1 = A \subseteq B = B^1$，得對 $n=1$ 時結果為真。假設對 $n=k$ 時為真，我們有 $A \subseteq B \Rightarrow A^k \subseteq B^k$。現在考慮一個由 A^{k+1} 的串 x。由定義 6.12 (a)，我們知道 $x = x_1 x_k$，其中 $x_1 \in A$，$x_k \in A^k$。若 $A \subseteq B$，則 $A^k \subseteq B^k$ (由歸納法假設)，且我們有 $x_1 \in B$，$x_k \in B^k$。因此，$x = x_1 x_k \in BB^k = B^{k+1}$ 且 $A^{k+1} \subseteq B^{k+1}$。由數學歸納法原理，得若 $A \subseteq B$，則對所有 $n \in \mathbf{Z}^+$，$A^n \subseteq B^n$。

注意：引理 6.1 不建立 $A^+ \subseteq B^+$ 或 $A^* \subseteq B^*$。這些結果是我們下一個定理的一部份。

對一字母集 Σ 及語言 $A, B \subseteq \Sigma^*$， **定理 6.2**

a) $A \subseteq AB^*$ b) $A \subseteq B^*A$
c) $A \subseteq B \Rightarrow A^+ \subseteq B^+$ d) $A \subseteq B \Rightarrow A^* \subseteq B^*$
e) $AA^* = A^*A = A^+$ f) $A^*A^* = A^* = (A^*)^* = (A^*)^+ = (A^+)^*$
g) $(A \cup B)^* = (A^* \cup B^*)^* = (A^*B^*)^*$

證明： 我們提供 (c) 和 (g) 的證明。

(c) 令 $A \subseteq B$ 且 $x [A^+$，則 $x \in A^+ \Rightarrow x [A^n$，對某些 $n \in \mathbf{Z}^+$。由引理 6.1，得 $x \in B^n \subseteq B^+$，且我們已證明 $A^+ \subseteq B^+$。

(g) $[(A \cup B)^* = (A^* \cup B^*)^*]$。我們知道 $A \subseteq A^*$，$B \subseteq B^* \Rightarrow (A \cup B) \subseteq (A^* \cup B^*) \Rightarrow (A \cup B)^* \subseteq (A^* \cup B^*)^*$ [由 (d)]。反之，我們亦看出 $A, B \subseteq A \cup B \Rightarrow A^*, B^* \subseteq (A \cup B)^*$ [由 (d)] $\Rightarrow (A^* \cup B^*) \subseteq (A \cup B)^* \Rightarrow (A^* \cup B^*)^* \subseteq (A \cup B)^*$ [由 (d) 及 (f)]。由兩個包含，得 $(A \cup B)^* = (A^* \cup B^*)^*$。

$[(A^* \cup B^*)^* = (A^*B^*)^*]$。首先我們發現 $A^*, B^* \subseteq A^*B^*$ [由 (a) 及 (b)] $\Rightarrow (A^* \cup B^*) \subseteq A^*B^* \Rightarrow (A^* \cup B^*)^* \subseteq (A^*B^*)^*$ [由 (d)]。反之，若 $xy \in A^*B^*$，其中 $x \in A^*$ 且 $y \in B^*$，則 $x, y \in A^* \cup B^*$，所以 $xy \in (A^* \cup B^*)^*$，且 $A^*B^* \subseteq (A^* \cup B^*)^*$。再次使用 (d) 及 (f)，$(A^*B^*)^* \subseteq (A^* \cup B^*)^*$，所以結果成立。

在我們結束本節前，我們將進一步檢視一個遞迴定義集合的概念，並展示於下面三個例題。

對字母集 $\Sigma = \{0, 1\}$，考慮語言 $A \subseteq \Sigma^*$，其中 A 的每個字恰含一個符號 0。則 A 是一個無限集合，且在 A 裡的字中吾人發現 0，01，10，01111，11110111 及 11111111110。亦有無限多個字在 Σ^* 裡但不在 A **例題 6.14**

裡，例如，1，11，00，000，010 及 011111111110。我們可以遞迴定義這個語言 A 如下：

1) 我們的基底步驟告訴我們 0 ∈ A；且
2) 對遞迴過程，我們想要字 1x 及 x1 在 A 裡，對每個字 x ∈ A。

使用這個定義，下面討論證明字 1011 在 A 裡。

由我們定義的 (1)，我們知道 0 ∈ A。接著應用定義的 (2) 三次，我們發現：

i) 01 ∈ A，因為 0 ∈ A；
ii) 011 ∈ A，因為 01 ∈ A；且
iii) 因 011 ∈ A，我們 1011 ∈ A。

例題 6.15　對 Σ = { (,) }──即含左及右括弧的字母集──我們想要考慮語言 A ⊆ Σ*，其係由那些非空的括弧串所組成，而這些括弧對代數表示式是文法正確的。因此我們發現，例如，三個串 (( ))，((( ) ( ))) 及 ( ) ( ) ( ) 在這個語言裡，但我們沒發現如 (( ) ( )，( )) (( )，或) ( ) (( ))) 的串。我們看到若一個串 x (≠ λ) 欲在 A 裡，則

i) 在 x 裡，左括弧的個數必和右括弧的個數相同；且
ii) 左括弧的個數必 (永遠) 大於或等於右括弧的個數，當我們檢視 x 裡的每一個括弧時──由左至右連續的讀它們。

語言 A 可被如下遞迴給之：

1) ( ) 在 A 裡；且
2) 對所有 x, y ∈ A，我們有 (i) xy ∈ A 且 (ii) (x) ∈ A。

[如我們在例題 4.22 之前所提的，這裡我們亦有一個隱限制──即沒有括弧串在 A 裡，除非它可由上面的步驟 (1) 及 (2) 導得。]

使用這個遞迴定義，下面說明如何建立在 Σ* 裡的串 (( ) ( )) 是在語言 A 裡。

步驟	理由
1) ( ) 在 A 裡。	遞迴定義 (1)
2) ( ) ( ) 在 A 裡。	步驟 (1) 及定義 (2i)
3) (( ) ( )) 在 A 裡。	步驟 (2) 及定義 (2ii)

例題 6.16　給一個字母集 Σ，考慮 Σ* 中的串 $x = x_1 x_2 x_3 \cdots x_{n-1} x_n$，其中 $x_i \in \Sigma$ 對

每個 $1 \leq i \leq n$ 及 $n \in \mathbf{Z}^+$。x 的**逆轉** (reversal)，記為 x^R，其係由右至左讀 (x 的) 符號，由 x 得到的串，即 $x^R = x_n x_{n-1} \cdots x_3 x_2 x_1$。例如，若 $\Sigma = \{0, 1\}$ 且 $x = 01101$，則 $x^R = 10110$，且對 $w = 101101$ 我們發現 $w^R = 101101 = w$。一般來講，我們可以遞迴定義一個串 (由 Σ^*) 的逆轉如下：

1) $\lambda^R = \lambda$；且
2) 對每個 $n \in \mathbf{N}$，若 $x \in \Sigma^{n+1}$，則我們可寫 $x = zy$，其中 $z \in \Sigma$ 且 $y \in \Sigma^n$，且這裡我們定義 $x^R = (zy)^R = (y^R)z$。

使用這個遞迴定義，我們將證明若 Σ 是一個字母集且 x_1，$x_2 \in \Sigma^*$，則 $(x_1 x_2)^R = x_2^R x_1^R$。

證明：這裡的證明是利用在 $\|x_1\|$ 值上的數學歸納法。若 $\|x_1\| = 0$，則 $x_1 = \lambda$ 且 $(x_1 x_2)^R = (\lambda x_2)^R = x_2^R = x_2^R \lambda = x_2^R \lambda^R = x_2^R x_1^R$ 因為由遞迴定義 (1)，$\lambda^R = \lambda$。因此，在第一個情形的結果為真，且這建立基底步驟。對歸納步驟，我們將假設對所有 y，$x_2 \in \Sigma^*$ 結果為真，其中 $\|y\| = k$ 對某些 $k \in \mathbf{N}$。現在考慮對 x_1，$x_2 \in \Sigma^*$，其中 $x_1 = zy_1$，且 $\|z\| = 1$ 及 $\|y_1\| = k$ 的情形。此處我們發現 $(x_1 x_2)^R = (zy_1 x_2)^R = (y_1 x_2)^R z$ [由遞迴定義 (2)] $= x_2^R y_1^R z$ (由歸納假設) $= x_2^R (zy_1)^R$ [再由遞迴定義 (2)] $= x_2^R x_1^R$。因此，由數學歸納法原理，對所有 x_1，$x_2 \in \Sigma^*$，結果為真。

習題 6.1

1. 令 $\Sigma = \{a, b, c, d, e\}$。(a) $|\Sigma^2|$ 值為何？$|\Sigma^3|$ 值為何？(b) 在 Σ^* 有多少個串其長度至多是 5？

2. 對 $\Sigma = \{w, x, y, z\}$，求在 Σ^* 中長度為 5 的串的個數，其中 (a) 以 w 開始；(b) 含兩個 w；(c) 不含 w；(d) 含偶數個 w。

3. 若 $x \in \Sigma^*$ 且 $\|x^3\| = 36$，則求 $\|x\|$？

4. 令 $\Sigma = \{\beta, x, y, z\}$，其中 β 表一空白，所以 $x\beta \neq x$，$\beta\beta \neq \beta$，且 $x\beta y \neq xy$ 但 $x\lambda y = xy$。計算下面各題：
   a) $\|\lambda\|$ b) $\|\lambda\lambda\|$ c) $\|\beta\|$
   d) $\|\beta\beta\|$ e) $\|\beta^3\|$ f) $\|x\beta\beta y\|$
   g) $\|\beta\lambda\|$ h) $\|\lambda^{10}\|$

5. 令 $\Sigma = \{v, w, x, y, z\}$ 且 $A = \bigcup_{n=1}^{6} \Sigma^n$。$A$ 中有多少個串以 xy 為其真前標？

6. 令 Σ 為一字母集。令 $x_i \in \Sigma$ 對 $1 \leq i \leq 100$ (其中 $x_i \neq x_j$ 對所有 $1 \leq i < j \leq 100$)。則串 $s = x_1 x_2 \cdots x_{100}$ 有多少個非空子串？

7. 對字母集 $\Sigma = \{0, 1\}$，令 A，B，$C \subseteq \Sigma^*$ 為如下的語言：

   $A = \{0, 1, 00, 11, 000, 111, 0000, 1111\}$，
   $B = \{w \in \Sigma^* | 2 \leq \|w\|\}$，
   $C = \{w \in \Sigma^* | 2 \geq \|w\|\}$。

   求下面 Σ^* 的子集合 (語言)。
   a) $A \cap B$ b) $A - B$ c) $A \Delta B$
   d) $A \cap C$ e) $B \cup C$ f) $\overline{(A \cap C)}$

8. 令 $A=\{10, 11\}$，$B=\{00, 1\}$ 為字母集 $\Sigma=\{0, 1\}$ 的語言。求下面各題：(a) AB；(b) BA；(c) A^3；(d) B^2。

9. 若 A，B，C 及 D 為 Σ 上的語言。證明
   (a) $(A \subseteq B \wedge C \subseteq D) \Rightarrow AC \subseteq BD$；且
   (b) $A\emptyset = \emptyset A = \emptyset$。

10. 對 $\Sigma=\{x, y, z\}$，令 A，$B \subseteq \Sigma^*$ 被給為 $A=\{xy\}$ 及 $B=\{\lambda, x\}$，求 (a) AB；(b) BA；(c) B^3；(d) B^+；(e) A^*。

11. 給一個字母集 Σ，是否存在一個語言 $A \subseteq \Sigma^*$ 滿足 $A^*=A$？

12. 對 $\Sigma=\{0, 1\}$，試決定串 00010 是否在下面各個語言 (取自 Σ^*) 裡。
    a) $\{0, 1\}^*$ b) $\{000, 101\}\{10, 11\}$
    c) $\{00\}\{0\}^*\{10\}$ d) $\{000\}^*\{1\}^*\{0\}$
    e) $\{00\}^*\{10\}^*$ f) $\{0\}^*\{1\}^*\{0\}^*$

13. 對 $\Sigma=\{0, 1\}$，對下面各個語言 $A \subseteq \Sigma^*$，描述在 A^* 中的所有串。
    a) $\{01\}$ b) $\{000\}$
    c) $\{0, 010\}$ d) $\{1, 10\}$

14. 對 $\Sigma=\{0, 1\}$，求所有可能的語言 A，$B \subseteq \Sigma^*$，其中 $AB=\{01, 000, 0101, 0111, 01000, 010111\}$。

15. 給一個非空語言 $A \subseteq \Sigma^*$，證明若 $A^2=A$，則 $\lambda \in A$。

16. 對一已知字母集 Σ，令 $a \in \Sigma$ 且 a 固定。定義函數 p_a，s_a，$r: \Sigma^* \to \Sigma^*$ 及函數 $d: \Sigma^+ \to \Sigma^*$ 如下：
    i) 前標 (由 a) 函數：$p_a(x)=ax$，$x \in \Sigma^*$。
    ii) 後標 (由 a) 函數：$s_a(x)=xa$，$x \in \Sigma^*$。
    iii) 逆轉函數：$r(\lambda)=\lambda$；對 $x \in \Sigma^+$，若 $x=x_1x_2 \cdots x_{n-1}x_n$，其中 $x_i \in \Sigma$ 對所有 $1 \leq i \leq n$，則 $r(x) = x_n x_{n-1} \cdots x_2 x_1 = x^R$ (如例題 6.16 所定義的。)
    iv) 前面刪除函數：對 $x \in \Sigma^+$，若 $x=x_1x_2x_3 \cdots x_n$，則 $d(x)=x_2x_3 \cdots x_n$。
    a) 這四個函數中何者是一對一？
    b) 決定這四個函數何者是映成。若函數不是映成，求其值域。
    c) 這四個函數中任一個為可逆嗎？若是，求其反函數。
    d) 假設 $\Sigma=\{a, e, i, o, u\}$。在 Σ^4 中有多少個字 x 滿足 $r(x)=x$？在 Σ^5 中有多少個？在 Σ^n 中有多少個，其中 $n \in \mathbf{N}$？
    e) 對 $x \in \Sigma^*$，求
    $$(d \circ p_a)(x) \quad \text{及} \quad (r \circ d \circ r \circ s_a)(x).$$
    f) 若 $\Sigma=\{a, e, i, o, u\}$ 且 $B=\{ae, ei, ao, oo, eio, eiouu\} \subseteq \Sigma^*$，求 $r^{-1}(B)$，$P_a^{-1}(B)$，$s_a^{-1}(B)$ 及 $|d^{-1}(B)|$。

17. 若 $A (\neq \emptyset)$ 是一個語言且 $A^2=A$，證明 $A=A^*$。

18. 提供證明給定理 6.1 及 6.2 的其餘部份。

19. 證明對所有有限語言 A，$B \subseteq \Sigma^*$，$|AB| \leq |A\|B|$。

20. 對 $\Sigma=\{x, y\}$，使用由 Σ^* 的有限語言 (如例題 6.12)，加上集合運算，描述 Σ^* 中的串集，其中 (a) 恰含一個 x；(b) 恰含兩個 x；(c) 以 x 開始；(d) 以 yxy 結尾；(e) 以 x 開始或以 yxy 結尾或兩者；(f) 以 x 開始或以 yxy 結尾但不同時發生。

21. 對 $\Sigma=\{0, 1\}$，令 $A \subseteq \Sigma^*$ 為如下遞迴定義的語言：
    1) 符號 0，1 均在 A 裡，這是我們的定義的基底，且
    2) 對每個 A 中的字 x，字 $0x1$ 亦在 A 裡，這個構成遞迴過程。

a) 求 A 中 4 個不同的字，兩個長度為 2 且兩個長度為 5。
b) 使用所給的遞迴定義證明 0001111 在 A 裡。
c) 解釋為何 00001111 不在 A 裡。

22. 對下面各個語言 $A \subseteq \Sigma^*$ 其中 $\Sigma = \{0, 1\}$，提供一個遞迴定義。
a) $x \in A$ 若 (且唯若) 0 的個數為偶數。
b) $x \in A$ 若 (且唯若) 所有的 1 均在所有的 0 之前。

23. 使用例題 6.15 所給的遞迴定義證明下面各個串均在該例題的語言 A 裡。
a) (())( )   b) (( ))( )( )   c) ( )(( )( )

24. 對一個字母集 Σ，一個在 Σ^* 的串被稱為**回文** (palindrome) 若 $x = x^R$，即 x 等於其逆轉。若 $A \subseteq \Sigma^*$，其中 $A = \{x \in \Sigma^* \mid x = x^R\}$，我們如何可遞迴定義語言 A？

25. 對 $\Sigma = \{0, 1\}$，令 $A \subseteq \Sigma^*$，其中 $A = \{00, 1\}$。A^* 中有多少個長度為 3 的串？長度為 4 呢？長度為 5 呢？長度為 6 呢？

26. 對 $\Sigma = \{0, 1\}$，令 $A \subseteq \Sigma^*$，其中 $A = \{00, 111\}$。A^* 中有多少個長度為 19 的串？

27. 對 $\Sigma = \{0, 1\}$，令 $A, B \subseteq \Sigma^*$，其中 A 是 Σ^* 中所有偶數長度串的語言，而 B 是 Σ^* 中所有奇數長度串的語言。對語言 A，B 各給一個遞迴定義。

28. 令 $\Sigma = \{a, b, c\}$。求必須由 Σ^4 選出的字的最小個數以保證至少有兩個字其首尾字母相同。

6.2 有限狀態機器：首次相遇

我們現在回到本章開頭所提到的販賣機，並以下面環境來分析它。

在一個大都會辦公室裡，一台販賣機販售兩種口味的口香糖 (每種口味一包是 5 片包裝)：薄荷口味 (P) 及綠薄荷口味 (S)。每個口味一包的價錢是 20¢。機器接受 5 分錢、10 分錢及 25 分錢，且找回必要的零錢。有一天 Mary Jo 決定她要一包薄荷口味的口香糖。她走到販賣機，先投入兩個 5 分錢再投入一個 10 分錢並按了 W 記號的白色按鈕，出來了她的薄荷口味包裝的口香糖。(欲得一包綠薄荷口味的口香糖，吾人按 B 記號的黑色按鈕)。

Mary Jo 所做的，記錄她的購買，可被表為如表 6.1 所示的，其中 t_0 為初始時間，那時她塞入第一個 5 分錢，且 t_1，t_2，t_3，t_4 為稍後時刻，且 $t_1 < t_2 < t_3 < t_4$。

機器在狀態 s_0 是處在預備狀態。機器等待客人開始塞入總數為 20¢ 或更多的硬幣然後按一按鈕以取一包口香糖。假若在任一時刻塞入的硬幣

● 表 6.1

	t_0	t_1	t_2	t_3	t_4
狀態	(1) s_0	(4) s_1 (5¢)	(7) s_2 (10¢)	(10) s_3 (20¢)	(13) s_0
輸入	(2) 5¢	(5) 5¢	(8) 10¢	(11) W	
輸出	(3) 無	(6) 無	(9) 無	(12) P	

這個表裡的數字 (1), (2), ..., (12), (13) 指示 Mary Jo 購買薄荷口味口香糖的順序。對每個在時刻 t_i 的輸入，$0 \leq i \leq 3$，在那時刻有一個對應的輸出及一個在狀態裡的改變。在時刻 t_{i+1} 的新狀態依賴輸入及在時刻 t_i (目前) 的狀態。

總數超過 20¢，機器則提供需要找零 (在客人按按鈕得一包口香糖之前)。

　　在時刻 t_0，Mary Jo 給機器她的第一個輸入，5¢。在那時刻她沒得到東西，但在稍後的 t_1 時刻，機器是在 s_1 狀態，其中它記住她的 5¢ 總數並等待她的第二次輸入 (在 t_1 時刻的 5¢)。機器再次 (在 t_1 時刻) 沒提供輸出，但在下一個時刻，t_2，它是在狀態 s_2，記住一個 10¢ = 5¢ (在狀態 s_1 所記住的) + 5¢ (在時刻 t_1 所塞入的) 的總數。在提供她的 10 分錢 (在時刻 t_2) 做為機器的下一個輸入時，Mary Jo 在這個時刻沒有得到一包口香糖，因為機器不知道 Mary Jo 喜歡那一種口味，但它確實知道現在 (t_3) 他已塞入必要的總數 20¢ = 10¢ (在狀態 s_2 記住的) + 10¢ (在時刻 t_2 所塞入的)。最後 Mary Jo 按白色按鈕，且在時刻 t_3，機器授與輸出 (她的薄荷口味的口香糖包) 且在時刻 t_4，機器回到開始狀態 s_0，剛好 Mary Jo 的朋友 Rizzo 及時放進一個 25 分錢，找回她的 5分錢零錢，按下黑色按鈕，且得到她想要的綠薄荷口味的口香糖包。Rizzo 所做的購買被分析在表 6.2。

● 表 6.2

	t_0	t_1	t_2
狀態	(1) s_0	(4) s_3 (20¢)	(7) s_0
輸入	(2) 25¢	(5) B	
輸出	(3) 5¢ 找零	(6) S	

　　這個販賣機所發生的情形可被抽象化，以幫助某種數位電腦及電話交換系統的分析。

　　此類機器的主要特色如下：

1) 機器在一已給時刻僅能處在**有限個狀態** (finitely many states) 中的一個。這些狀態被稱為機器的**內部狀態** (internal states)，且在一已給時刻機器可用的總記憶為在那時刻機器的內部狀態的知識。

2) 機器將僅接受有限個符號做為輸入，這些有限個符號聚集為**輸入字母集** (input alphabet) $\mathcal{I}$。在販賣機例子，輸入字母集為 { 5 分錢, 10 分錢, 25 分錢, W, B }，其中的每項被每一個內部狀態辨識。

3) 輸出及下一個狀態，由輸入及內部狀態的每一個組合來決定。所有可能的輸出所成的有限集合構成機器的**輸出字母集** (output alphabet) $\mathcal{O}$。

4) 我們假設機器的序列過程在分開及不同的時鐘振動下是時間**一致的** (synchronized)，且機器以決定論的方式操作，其中輸出是完全由所提供的總輸入及機器的開始狀態決定之。

這些觀察引導我們下面的定義。

定義 6.13

一個有限狀態機器是一個 5 序對 $M = (S, \mathcal{I}, \mathcal{O}, v, w)$，其中 $S = M$ 的內部狀態集合；$\mathcal{I} = M$ 的輸入字母集；$\mathcal{O} = M$ 的輸出字母集；$v: S \times \mathcal{I} \to S$ 是**下一個狀態函數** (next state function)；且 $w: S \times \mathcal{I} \to \mathcal{O}$ 是**輸出函數** (output function)。

使用這個定義的記號，若機器在時刻 t_i 是在狀態 s，且在這個時刻我們輸入 x，則在時刻 t_i 的輸出是 $w(s, x)$。這個輸出之後是機器在時刻 t_{i+1} 到被給為 $v(s, x)$ 的下一個內部狀態的轉變。

我們假設當一個有限狀態機器接受它的第一個輸入時，我們是在時刻 $t_0 = 0$，且機器是處在一個指定的開始狀態，表為 s_0。我們的發展將主要集中在輸出及序列發生的狀態轉變，以較少或不提在時刻 $t_0, t_1, t_2, \ldots$，時鐘振動的序列。

因為集合 S，$\mathcal{I}$ 及 $\mathcal{O}$ 有限，對一已知有限狀態機器，可以一個表來列出 $v(s, x)$ 及 $w(s, x)$ 對所有 $s \in S$ 及所有 $x \in \mathcal{I}$ 的方式來表示 v 及 w。此類表被稱為已知機器的**狀態表** (state table) 或**轉變表** (transition table)。機器的第二種表示法是利用一個**狀態圖** (state diagram) 來表示。

我們提示狀態表及狀態圖於下面例題裡。

例題 6.17

考慮有限狀態機器 $M = (S, \mathcal{I}, \mathcal{O}, v, w)$，其中 $S = \{s_0, s_1, s_2\}$，$\mathcal{I} = \mathcal{O} = \{0, 1\}$，且 v，w 由表 6.3 的狀態表給之。表的第一欄列出機器 (目前的) 狀態。第二列的元素是輸入字母集 $\mathcal{I}$ 的元素，其列在 v 之下且再列在 w 之下。最後兩欄 (及最後三列) 的 6 個元素為輸出字母集 $\mathcal{O}$ 的元素。

欲計算 $v(s_1, 1)$，例如，我們在目前狀態的欄中，找到 s_1 及由 s_1 水平出發直到我們在表中 v 部份的元素 1 之下停止，這個元素給 $v(s_1, 1) = s_1$。同法，我們發現 $w(s_1, 1) = 0$。

● 表 6.3

	v		ω	
	0	1	0	1
s_0	s_0	s_1	0	0
s_1	s_2	s_1	0	1
s_2	s_0	s_1	0	1

以 s_0 為開始狀態，若提供給 M 的輸入是串 1010，則輸出是 0010，如表 6.4 所示。這裡機器是停留在狀態 s_2，使得若我們有另一個輸入串，我們將提供該串的第一個字元，這裡是 0，在狀態 s_2，除非機器是重新設定再次在 s_0 開始。

● 表 6.4

狀態	s_0	$v(s_0, 1) = s_1$	$v(s_1, 0) = s_2$	$v(s_2, 1) = s_1$	$v(s_1, 0) = s_2$
輸入	1	0	1	0	0
輸出	$\omega(s_0, 1) = 0$	$\omega(s_1, 0) = 0$	$\omega(s_2, 1) = 1$	$\omega(s_1, 0) = 0$	

因為我們的主要興趣在輸出，不是轉變狀態序列，相同的機器可以狀態圖來表示。這裡我們可得輸出串而不必真正的列出轉變狀態。在這樣的圖裡，每個內部狀態 s 被以一個圓圈表之且 s 在圓圈內。對狀態 s_i 及 s_j，若 $v(s_i, x) = s_j$ 對 $x \in \mathcal{I}$，且 $w(s_i, x) = y$ 對 $y \in \mathcal{O}$，則我們在狀態圈中以劃一個由 s_i 的圓指向 s_j 的圓的**有向邊** (directed edge) (或**弧** (arc)) 並以輸入 x 及輸出 y 來標示這個弧，如圖 6.1 所示。

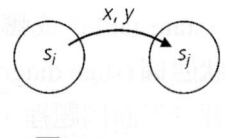

● 圖 6.1

以這些約定，表 6.3 的機器 M 之狀態圖被示於圖 6.2。雖然表是較緊緻，但狀態圖可使我們隨著一個輸入串通過圖所決定的每個轉變狀態，在每個轉變之前，選取每一個對應的輸出符號。這裡若輸入串是 00110101，則在狀態 s_0 開始，第一個輸入 0 產生一個輸出 0 且回到 s_0。下一個輸入 0 產生相同的結果，但第三個輸入 1，其輸出是 0 且我們現在是在狀態 s_1。以這個方式繼續，我們得到輸出串 00000101 且完成在狀態 s_1 (我們注意輸入串 00110101 是 $\mathscr{I}$ 的 Kleene 閉包 $\mathscr{I}^*$ 的元素，且輸出串是 $\mathscr{O}$ 的 Kleene 閉包 $\mathscr{O}^*$ 的元素。)

若在 s_0 開始，則輸入串 1100101101 的輸出串是什麼？

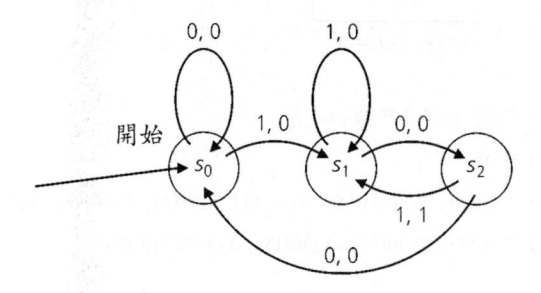

◉ 圖 6.2

對本節稍早所描述的販賣機，我們有表 6.5 的狀態表且．

例題 6.18

1) $S = \{s_0, s_1, s_2, s_3, s_4\}$，其中在狀態 s_k，$0 \leq k \leq 4$，機器記住保留的 $5k$ 分錢。

2) $\mathscr{I} = \{5¢, 10¢, 25¢, B, W\}$，其中 B 表黑色按鈕，吾人可按它以得一包綠薄荷口味的口香糖，且 W 為白色按鈕用來得一包薄荷口味的口香糖。

3) $\mathscr{O} = \{n\ (無), P\ (薄荷口香糖), S\ (綠薄荷口香糖), 5¢, 10¢, 15¢, 20¢, 25¢\}$。

◉ 表 6.5

	ν					ω				
	5¢	10¢	25¢	B	W	5¢	10¢	25¢	B	W
s_0	s_1	s_2	s_4	s_0	s_0	n	n	5¢	n	n
s_1	s_2	s_3	s_4	s_1	s_1	n	n	10¢	n	n
s_2	s_3	s_4	s_4	s_2	s_2	n	n	15¢	n	n
s_3	s_4	s_4	s_4	s_3	s_3	n	5¢	20¢	n	n
s_4	s_4	s_4	s_4	s_0	s_0	5¢	10¢	25¢	S	P

當我們觀察例題 6.18 之前的討論，對一個一般的有限狀態機器 $M = (S, \mathscr{I}, \mathscr{O}, \nu, w)$，輸入可被認為是 $\mathscr{I}^*$ 的元素，且輸出由 $\mathscr{O}^*$ 得之。因此，我們可方便的將 ν 和 w 的定義域由 $S \times \mathscr{I}$ 擴大到 $S \times \mathscr{I}^*$。對 w，我們擴大對應域至 $\mathscr{O}^*$，記得，是有需要，$\mathscr{I}^*$ 和 $\mathscr{O}^*$ 兩者均含空串 λ。以這些擴充，若 $x_1 x_2 \cdots x_k \in \mathscr{I}^*$，對 $k \in \mathbf{Z}^+$，則在任一狀態 $s_1 \in S$ 開始，我們有

$$v(s_1, x_1) = s_2^\dagger$$
$$v(s_1, x_1x_2) = v(v(s_1, x_1), x_2) = v(s_2, x_2) = s_3$$
$$v(s_1, x_1x_2x_3) = v(v(\underbrace{v(s_1, x_1)}_{s_2}, x_2), x_3) = v(s_3, x_3) = s_4$$
$$v(s_2, x_2) = s_3$$
$$\ldots\ldots$$
$$v(s_1, x_1x_2\cdots x_k) = v(s_k, x_k) = s_{k+1}, \text{ 且}$$
$$\omega(s_1, x_1) = y_1$$
$$\omega(s_1, x_1x_2) = \omega(s_1, x_1)\omega(v(s_1, x_1), x_2) = \omega(s_1, x_1)\omega(s_2, x_2) = y_1y_2$$
$$\omega(s_1, x_1x_2x_3) = \omega(s_1, x_1)\omega(s_2, x_2)\omega(s_3, x_3) = y_1y_2y_3$$
$$\ldots\ldots$$
$$\omega(s_1, x_1x_2\cdots x_k) = \omega(s_1, x_1)\omega(s_2, x_2)\cdots\omega(s_k, x_k) = y_1y_2\cdots y_k \in \mathcal{O}^*$$

而且，$v(s_1, \lambda) = s_1$，對所有 $s_1 \in S$。
(我們在第 7 章將再次使用這些擴充。)

我們以一個和電腦科學有關的例題做為本節的結束。

例題 6.19　令 $x = x_5x_4x_3x_2x_1 = 00111$ 且 $y = y_5y_4y_3y_2y_1 = 01101$ 為二進位數，其中 x_1 及 y_1 為最小的有效位元。x 和 y 的首項 0 是為了要使 x 和 y 等長度，以保證有足夠的位置來計算和。一個**順序二進位加法器** (serial binary adder) 是一個有限機器，我們可使用它來得 $x+y$。圖 6.3 的圖說明這個，其中 $z = z_5z_4z_3z_2z_1$ 有最小有效位元 z_1。

```
x = x₅x₄x₃x₂x₁ ──→  ┌─────────┐
                    │  順序   │
                    │ 二進位  │ ──→ z = z₅z₄z₃z₂z₁
y = y₅y₄y₃y₂y₁ ──→  │ 加法器  │
                    └─────────┘
```

● 圖 6.3

在 $z = x+y$ 的加法中，我們有

$$\begin{array}{r} x = & 0\ 0\ 1\ 1\ 1 \\ +y = & +0\ 1\ 1\ 0\ 1 \\ \hline z = & 1\ 0\ 1\ 0\ 0 \end{array}$$

　　　　　　　　↑　　↑
　　　　　　第三個 第一個
　　　　　　相加　 相加

---

† 狀態 s_2 是由 s_1 和 x_1 所決定的。它不只是簡單的第二個位於一個預定的狀態目錄表裡。

我們注意對第一個相加 $x_1=y_1=1$ 且 $z_1=0$，而第三個相加得 $x_3=y_3=1$ 且 $z_3=1$，因為由 x_2 和 y_2 的相加得一**進位** (carry)（且由 x_1+y_1 得一進位）。因此，每個輸出依靠兩個輸入的和及記住一個 0 或 1 的進位之能力，當進位是 1 時是有決定性的。

順序二進位加法器被一個有限狀態機器 $M=(S, \mathcal{I}, \mathcal{O}, v, w)$ 模型化如下：集合 $S=\{s_0, s_1\}$，其中 s_i 表 i 的一個進位；$\mathcal{I}=\{00, 01, 10, 11\}$，所以有一對輸入，由我們是否分別找 $0+0$，$0+1$，$1+0$，或 $1+1$ 來決定；且 $\mathcal{O}=\{0, 1\}$。函數 v, w 被給在狀態表 (表 6.6) 及狀態圖 (圖 6.4)。

表 6.6

	\multicolumn{4}{c}{v}	\multicolumn{4}{c}{ω}
	00	01	10	11	00	01	10	11
s_0	s_0	s_0	s_0	s_1	0	1	1	0
s_1	s_0	s_1	s_1	s_1	1	0	0	1

在表 6.6 我們發現，例如，$v(s_1, 01)=s_1$ 及 $w(s_1, 01)=0$，因為 s_1 表示由前面的位元相加所得的 1 的一個進位。01 輸入表示我們正在加 0 和 1 (且進位 1)。因此，和是 10 且 $w(s_0, 01)=0$ 對 0 在 10 裡。進位再次被記住在 $s_1=v(s_1, 01)$ 裡。

由狀態圖 (圖 6.4)，我們看出開始狀態必為 s_0，因為在最小有效位元相加前沒有進位。

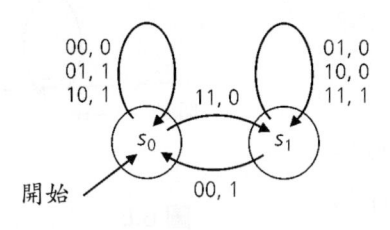

圖 6.4

圖 6.2 及 6.4 的狀態圖是**標示有向圖** (labeled directed graphs) 的例子。我們將在本書有關圖論裡見得更多，因為它不僅應用在電腦科學及電子工程上，也應用在編碼理論 (前標編碼) 及最佳化 (運輸網路) 裡。

習題 6.2

1. 使用例題 6.17 的有限狀態機器,求下面各個輸入串 $x \in \mathscr{I}^*$ 的輸出,並求在轉變過程中的最後內在狀態。(假設我們總是開始在 s_0。)
   a) $x = 1010101$ b) $x = 1001001$
   c) $x = 101001000$

2. 對例題 6.17 的有限狀態機器,一個輸入串 x,在狀態 s_0 開始,得到輸出串 00101,求 x。

3. 令 $M=(S, \mathscr{I}, \mathscr{O}, v, w)$ 為有限狀態機器,其中 $S=\{s_0, s_1, s_2, s_3\}$,$\mathscr{I}=\{a, b, c\}$,$\mathscr{O}=\{0, 1\}$,且 v,w 由表 6.7 決定之。

   表 6.7

	v			ω		
	a	b	c	a	b	c
s_0	s_0	s_3	s_2	0	1	1
s_1	s_1	s_1	s_3	0	0	1
s_2	s_1	s_1	s_3	1	1	0
s_3	s_2	s_3	s_0	1	0	1

   a) 在 s_0 開始,輸入串 $abbccc$ 的輸出是什麼?
   b) 畫這個有限狀態機器的狀態圖。

4. 對例題 6.18 的販賣機給狀態表及狀態圖,若每包口香糖(薄荷或綠薄荷)的價錢增加為 25¢。

5. 某有限狀態機器 $M=(S, \mathscr{I}, \mathscr{O}, v, w)$ 有 $\mathscr{I}=\mathscr{O}=\{0, 1\}$ 且由圖 6.5 的狀態圖決定之。

   a) 對輸入串 110111 求其輸出串,其中開始點為 s_0。最後的轉變狀態是什麼?
   b) 對同樣的輸入串但以 s_1 為出發狀態,回答 (a)。分別以 s_2 及 s_3 為開始狀態,回答 (a)。

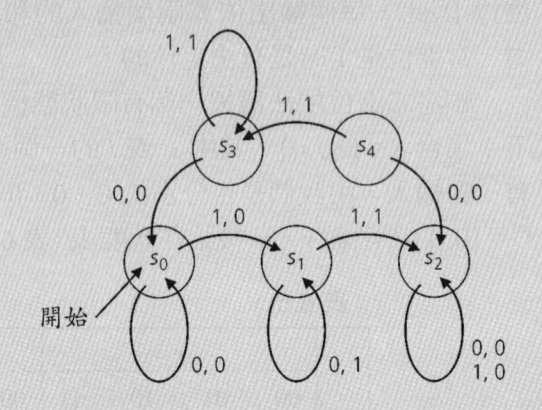

   圖 6.5

   c) 求這個機器的狀態表。
   d) 我們應以那一個狀態為開始點使得輸入串 10010 得輸出串 10000?
   e) 求最小長度的輸入串 $x \in \mathscr{I}^*$ 使得 $v(s_4, x) = s_1$,x 是唯一的嗎?

6. 機器 M 有 $\mathscr{I}=\{0, 1\}=\mathscr{O}$ 且由圖 6.6 所示的狀態圖決定之。

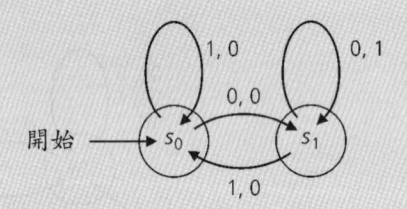

   圖 6.6

   a) 以文字敘述描述這個有限狀態機器所做的。
   b) 狀態 s_1 須記住什麼?
   c) 求兩個語言 A,$B \subseteq \mathscr{I}^*$ 使得對每個 $x \in AB$,$w(s_0, x)$ 以 1 為後標。

7. a) 若 S,$\mathscr{I}$ 及 $\mathscr{O}$ 為有限集合,具有 $|S|=3$,$|\mathscr{I}|=5$,且 $|\mathscr{O}|=2$,求 (i) $|S \times \mathscr{I}|$;(ii) 函數 $v: S \times \mathscr{I} \to S$ 的個數;

(iii) 函數 $w: S \times \mathcal{I} \to \mathcal{O}$ 的個數。
b) (a) 中的 S, $\mathcal{I}$ 及 $\mathcal{O}$ 可決定多少個有限狀態機器？

8. 令 $M=(S, \mathcal{I}, \mathcal{O}, v, w)$ 為一個有限狀態機器且 $\mathcal{I}=\mathcal{O}=\{0, 1\}$，而 S, v 及 w 由圖 6.7 的狀態圖決定之。

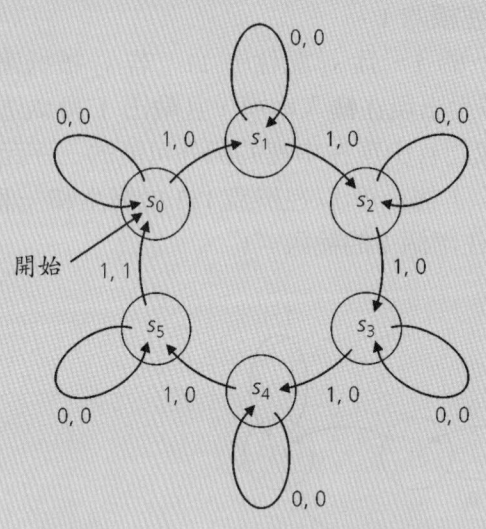

圖 6.7

a) 求輸入串為 $x=0110111011$ 的輸出。
b) 求這個有限狀態機器的轉變表。
c) 以狀態 s_0 開始，若輸入串 x 的輸出是 0000001，求所有可能的 x。

d) 以文字敘述描述這個有限狀態機器所做的。

9. a) 求圖 6.8 的有限狀態機器的狀態表，其中 $\mathcal{I}=\mathcal{O}=\{0, 1\}$。

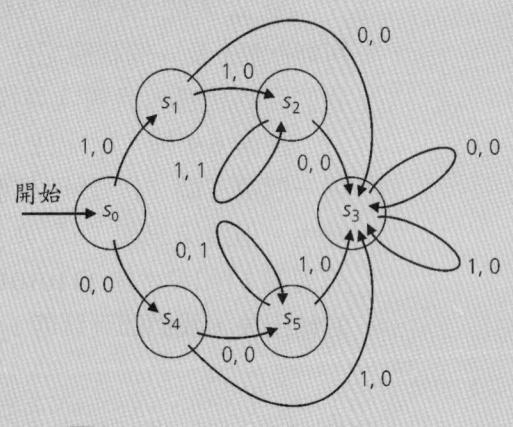

圖 6.8

b) 令 $x \in \mathcal{I}^*$ 且 $\|x\|=4$。若 1 是 $w(s_0, x)$ 的一個後標，求所有可能的串 x？
c) 令 $A \subseteq \{0, 1\}^*$ 為語言，其中 $w(s_0, x)$ 有 1 為其一個後標，對所有 x 在 A 裡，求 A。
d) 求語言 $A \subseteq \{0, 1\}^*$，其中 $w(s_0, x)$ 有 111 為其一個後標，對所有 $x \in A$。

6.3 有限狀態機器：第二次相遇

在看過一些有限狀態機器的例子之後，我們轉向研究一些另外的機器，其和電腦硬體設計有關。一個重要的機器型態是**序列辨識者** (sequence recognizer)。

這裡，$\mathcal{I}=\mathcal{O}=\{0, 1\}$，且我們想要構造一個機器來辨識序列 111 的每一個發生，當這個序列出現在一個輸入串 $x \in \mathcal{I}^*$ 裡時。例如，若 $x=$

例題 6.20

1110101111，則對應的輸出應為 0010000011，其中一個 1 在輸出的第 i 個位置說明一個 1 可被發現在 x 的第 i, $i-1$ 及 $i-2$ 個位置。這裡允許序列 111 重複發生，所以輸入串中的某些字元可被認為是多於一個 1 的三序元之字元。

令 s_0 表開始狀態，我們明白我們必須要有一個狀態來記住 1 (111 的可能狀態) 及一個狀態記住 11。而且，任何時刻當我們的輸入符號是 0，我們回到狀態 s_0 且再次尋找三個連續的 1。

在圖 6.9 裡，s_1 記住一個單一的 1，且 s_2 記住串 11。若 s_2 被抵達，則一個第三個 "1" 說明這個三序元出現在輸入串裡，且輸出 1 辨識這個發生。但這第三個 "1" 亦表示我們有出現在串裡的另外可能的三序元的前兩個 1 (如發生在 11101011 "1" 1 裡)。所以在辨識 111 的發生和一個 1 的輸出後，我們回到狀態 s_2 來記住兩個 1 的輸入 "1"。

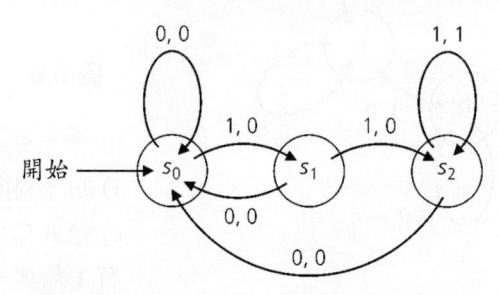

● 圖 6.9

若我們關心辨識以 111 結尾的所有的串，則對每個 $x \in \mathscr{I}^*$，機器將以最後的輸出 1 來辨識此一序列。這個機器於是是語言 $A = \{0, 1\}^*\{111\}$ 的辨識者。

另一個辨識同樣的三序元 111 的有限狀態機器被示於圖 6.10 裡。圖 6.9 及 6.10 的狀態圖所代表的兩有限狀態圖執行相同的工作且被稱為**等價的** (equivalent)。圖 6.10 的狀態圖比圖 6.9 的狀態圖多一個狀態，但目前我們不太關心得一個具最少狀態個數的有限狀態機器。在第 7 章，我們將發展一個技巧來取一個已知的有限狀態機器，並求一個和已知有限狀態機器等價的有限狀態機器，且具有最小個數的所需的內部狀態。

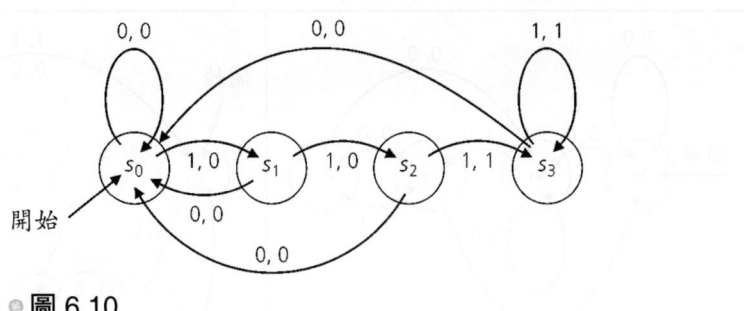

●圖 6.10

下一個例題是有點有選擇性的。

例題 6.21
現在我們不僅想要辨識 111 的發生，而且也要辨識那些發生結尾在一個 3 的倍數的位置。因此，以 $\mathscr{I} = \mathcal{O} = \{0, 1\}$，若 $x \in \mathscr{I}^*$，其中 $x = 1110111$，則我們想要 $w(s_0, x) = 0010000$，不是 0010001。而且，對 $x \in \mathscr{I}^*$，其中 $x = 111100111$，輸出 $w(s_0, x)$ 是為 001000001，不是 001100001，這裡因為長度的考量，111 序列的重複不被允許。

再次我們以 s_0 開始 (圖 6.11)，但現在 s_1 必僅記住一個第一個 1，若其發生在 x 中的位置 1，4，7，⋯。若在 s_0 的輸入是 0，我們不能如例題 6.20 簡單的回到 s_0。我們必須記住 0 是三個沒興趣的符號中的第一個。因此，由 s_0 我們走到 s_3 且接著回到 s_4，處理任意型如 0yz 的三序元，其中 0 發生在 x 中的 $3k+1$ 位置，$k \geq 0$。若輸入是 0，則相同狀況發生在 s_1。最後，在 s_2，以一個輸出 1，辨識序列 111，若它發生時。機器則回到 s_0，以輸入下一個輸入串的符號。

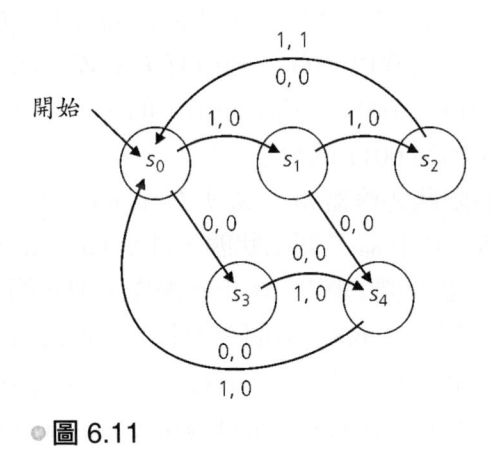

●圖 6.11

例題 6.22
圖 6.12 顯示有限狀態機器的狀態圖，其將辨識序列 0101 在一個輸入串 $x \in \mathscr{I}^*$ 的發生，其中 $\mathscr{I} = \mathcal{O} = \{0, 1\}$。圖 6.12(a) 的機器以一個輸出 1 辨識 0101 在一個輸入串中的每個發生，不管它發生在什麼位置。圖 6.12

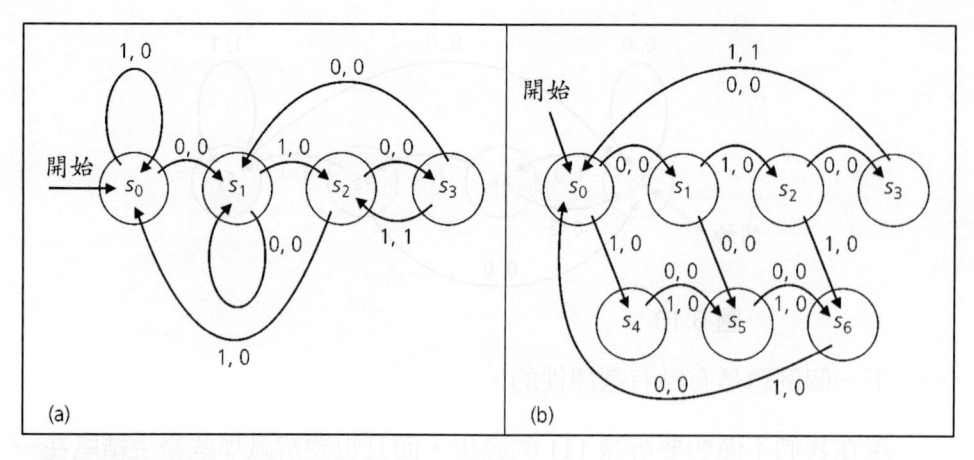

● 圖 6.12

(b)，機器以一個輸出 1 僅辨識 x 的那些前標，其長度是 4 的倍數且以 0101 結尾。(因此，這裡不允許重複。) 因此，對 $x=01010100101$，$w(s_0, x) = 00010100001$ 對 (a)，而對 (b)，$w(s_0, x) = 00010000000$。

現在我們已檢視幾個做為序列辨識者的有限狀態機器，考慮一個不能被一個有限狀態機器辨識的序列集合是合理的。這個例題給我們另一個機會來應用鴿洞原理。

例題 6.23　令 $\mathcal{I} = \mathcal{O} = \{0, 1\}$。我們可以構造一個有限狀態機器來正確地辨識那些在語言 $A = \{01, 0011, 000111, \cdots\} = \{0^i 1^i \mid i \in \mathbf{Z}^+\}$ 裡的串嗎？若我們可以，則若 s_0 表示開始狀態，我們將期望 $w(s_0, 01) = 01$，$w(s_0, 0011) = 0011$，且一般上，$w(s_0, 0^i 1^i) = 0^i 1^i$，對所有 $i \in \mathbf{Z}^+$。[注意：這裡，例如，我們想要 $w(s_0, 0011) = 0011$，其中輸出中的第一個 1 是給子串 01 的辨別，而第二個 1 是給串 0011 的辨別。]

假設有一個有限狀態機器 $M = (S, \mathcal{I}, \mathcal{O}, v, w)$，其能正確地辨識 A 中的那些串。令 $s_0 \in S$，其中 s_0 是開始狀態，且令 $|S| = n \geq 1$。現在考慮語言 A 中的串 $0^{n+1} 1^{n+1}$。若我們的機器 M 正確操作，則我們要 $w(s_0, 0^{n+1} 1^{n+1}) = 0^{n+1} 1^{n+1}$。因此，我們看表 6.8，這個有限狀態機器將處理 $n+1$ 個 0，開始在狀態 s_0，接著繼續在 n 個狀態 $s_1 = v(s_0, 0)$，$s_2 = v(s_1, 0)$，$\cdots$ 及 $s_n = v(s_{n-1}, 0)$。因為 $|S| = n$，應用鴿洞原理至 $n+1$ 個狀態 s_0，s_1，s_2，$\cdots$，s_{n-1}，s_n，我們明白有兩個狀態 s_i 及 s_j，其中 $i < j$ 但 $s_i = s_j$。

現在在表 6.9，我們看如何移去——對狀態 s_{i+1}，$\cdots$，s_j——的 $j-i$ 欄而得表 6.10。這個表告訴我們有限狀態 M 辨識串 $x = 0^{(n+1)-(j-i)} 1^{n+1}$，其中 $n+1-(j-i) < n+1$。不幸地 $x \notin A$，所以 M 辨識了一個不應辨識的串。這

個說明我們不能構造一個有限狀態機器正確地辨識在語言 $A = \{0^i 1^i \mid i \in \mathbf{Z}^+\}$ 中的那些串。

● 表 6.8

狀態	s_0	s_1	s_2	...	s_{n-1}	s_n	s_{n+1}	...	s_{2n}	s_{2n+1}
輸入	0	0	0	...	0	0	1	...	1	1
輸出	0	0	0	...	0	0	1	...	1	1

● 表 6.9

狀態	s_0	s_1	s_2	...	s_i	s_{i+1}	...	s_j	s_{j+1}	...	s_n	s_{n+1}	...	s_{2n}	s_{2n+1}
輸入	0	0	0	...	0	0	...	0	0	...	0	1	...	1	1
輸出	0	0	0	...	0	0	...	0	0	...	0	1	...	1	1

● 表 6.10

狀態	s_0	s_1	s_2	...	s_i	s_{j+1}	...	s_n	s_{n+1}	...	s_{2n}	s_{2n+1}
輸入	0	0	0		0	0	...	0	1	...	1	1
輸出	0	0	0		0	0	...	0	1	...	1	1

一類有限狀態機器在數位裝置的設計方面是重要的，其由 **k 單位延遲機器** (k-unit delay machines) 組成，其中 $k \in \mathbf{Z}^+$。對 $k=1$，我們想構造一個機器 M 使得若 $x = x_1 x_2 \cdots x_{m-1} x_m$，則對開始狀態 s_0，$w(s_0, x) = 0 x_1 x_2 \cdots x_{m-1}$，所以輸出為其輸入延遲一個時間單位 (時鐘的震動)。[0 做為 $w(s_0, x)$ 的第一個符號是慣例。]

例題 6.24

令 $\mathscr{I} = \mathscr{O} = \{0, 1\}$。以 s_0 為開始狀態，$w(s_0, x) = 0$ 對 $x = 0$ 或 1，因為第一個輸出為 0；狀態 s_1 及 s_2 (圖 6.13) 分別記住 0 和 1 的前一個輸入。在圖中，我們做標示，例如，將由 s_1 到 s_2 的弧標示 1, 0，因為以一個 1 的輸入我們需走到 s_2，其中 1 的輸入在時刻 t_i 被記住使得它們能變成在時刻 t_{i+1} 的 1 的輸出。在標示 1, 0 中的 0 是輸出，因為在 s_1 開始說明前一個輸入是 0，其變為目前的輸出。其它弧上的標示，亦可相同推理得到。

例題 6.25

觀察了一個單位延遲的結構，我們擴大我們的概念至圖 6.14 所示的 2 單位延遲機器。若 $x \in \mathscr{I}^*$，令 $x = x_1 x_2 \cdots x_m$，其中 $m > 2$；若 s_0 為開始狀

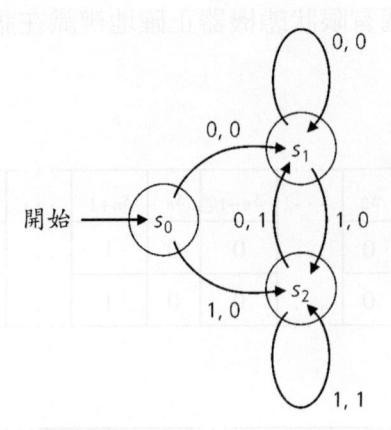

態，則 $w(s_0, x) = 00x_1 \cdots x_{m-2}$。狀態 s_0，s_1，s_2 的輸出為 0 對所有可能的輸入。狀態 s_3，s_4，s_5 及 s_6 必須分別記住前兩個輸入 00，01，10 及 11。欲得圖中的其它弧，我們將考慮一個此類的弧然後對其它的弧使用相似的推理。對圖 6.14(a) 中由 s_5 到 s_3 的弧，令輸入為 0。因為由 s_2 到 s_5 的前一個輸入是 0，我們必須走到記住前兩個輸入 00 的狀態。這個狀態是 s_3。由 s_5 回走兩個狀態到 s_2 到 s_0，我們看出輸入是 1 (由 s_0 到 s_2)。這個變成由 s_5 到 s_3 的弧的輸出 (延遲兩個單位)，完整的機器被示於圖 6.14(b)。

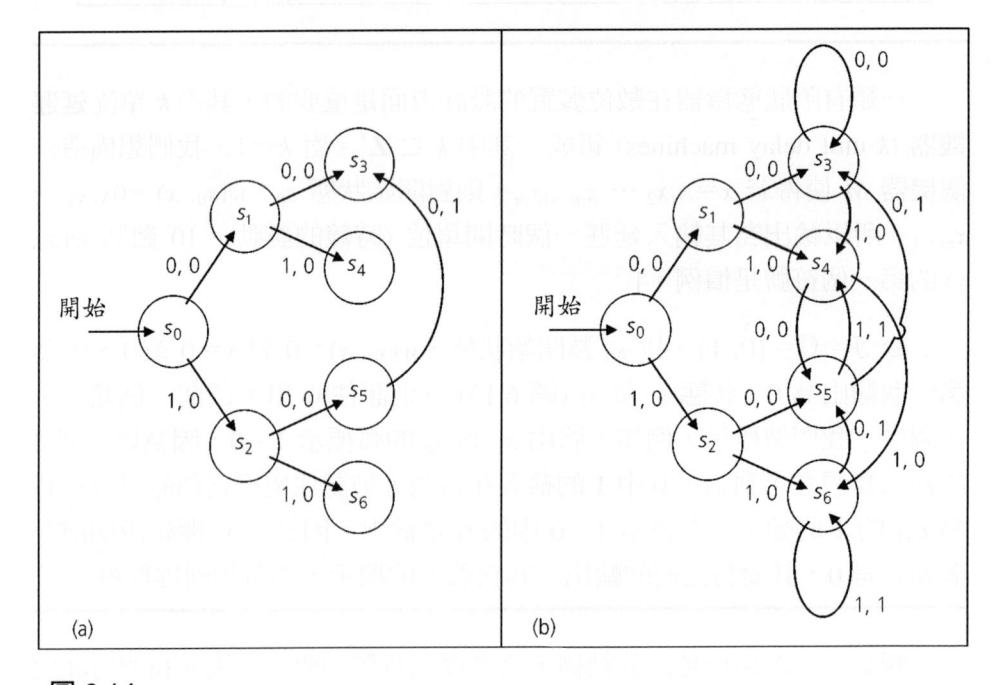

◎ 圖 6.14

第六章 語言：有限狀態機器 391

我們現在轉向出現在有限狀態機器研究中的一些其它性質。圖 6.15 的機器被用來給所定義的專有名詞的例子。

令 $M = (S, \mathcal{I}, \mathcal{O}, v, w)$ 為一個有限狀態機器。 定義 6.14

a) 對 s_i，$s_j \in S$，s_j 被稱為可由 s_i **到達** (reachable)，若 $s_i = s_j$ 或若存在一個輸入串 $x \in \mathcal{I}^+$ 滿足 $v(s_i, x) = s_j$。(圖 6.15 中，s_3 可由 s_0，s_1，s_2 及 s_3 到達但不可由 s_4，s_5，s_6 或 s_7 到達。沒有狀態可由 s_3 到達除了 s_3 本身之外。)

b) 一個狀態 $s \in S$ 被稱為**暫現的** (transient)，若 $v(s, x) = s$ 對 $x \in \mathcal{I}^*$ 蘊涵 $x = \lambda$；亦即不存在 $x \in \mathcal{I}^+$ 滿足 $v(s, x) = s$。(圖 6.15 的機器中，s_2 是唯一的暫現狀態。)

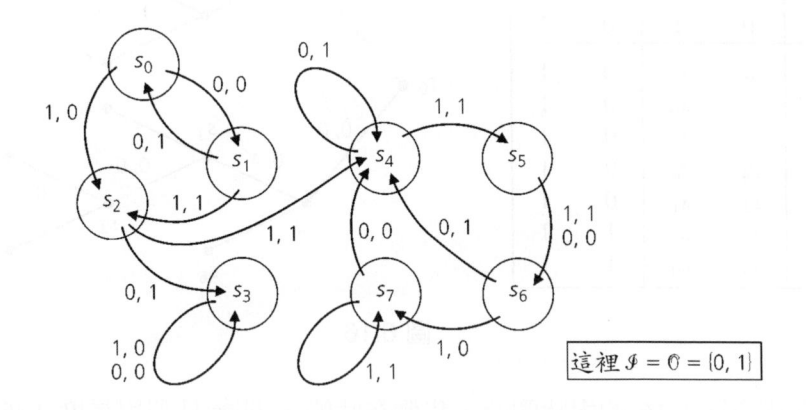

● 圖 6.15

c) 狀態 s 被稱為一個**匯點** (sink) 或**匯點狀態** (sink state)，若 $v(s, x) = s$，對所有 $x \in \mathcal{I}^*$。(圖 6.15 中，s_3 為唯一的匯點。)

d) 令 $S_1 \subseteq S$，$\mathcal{I}_1 \subseteq \mathcal{I}$。若 $v_1 = v\,|_{S_1 \times \mathcal{I}_1} : S_1 \times \mathcal{I}_1 \to S$ (亦即，v 到 $S_1 \times \mathcal{I}_1 \subseteq S \times \mathcal{I}$ 的限制) 的值域在 S_1 之內，則以 $w_1 = w\,|_{S_1 \times \mathcal{I}_1}$，$M_1 = (S_1, \mathcal{I}_1, \mathcal{O}, v_1, w_1)$ 被稱為 M 的**子機器** (submachine)。(以 $S_1 = \{s_4, s_5, s_6, s_7\}$ 及 $\mathcal{I}_1 = \{0, 1\}$，我們得圖 6.15 裡的機器 M 之子機器 M_1。)

e) 一個機器被稱為**強連通** (strongly connected)，若對任意狀態 s_i，$s_j \in S$，s_j 可由 s_i 到達。(圖 6.15 的機器不是強連通，但 (d) 中的子機器 M_1 為強連通。)

我們以使用樹狀圖的概念來結束本節。

對一有限狀態機器 M，令 s_i，s_j 為 S 中兩個相異的狀態。一個輸入串 定義 6.15
$x \in \mathcal{I}^+$ 被稱為一個由 s_i 到 s_j 的**變換序列** (transfer sequence) 或**轉移序列**

(transition sequence) 若

a) $v(s_i, x) = s_j$，且
b) $y \in \mathcal{I}^+$ 滿足 $v(s_i, y) = s_j \Rightarrow \|y\| \geq \|x\|$。

對兩個狀態 s_i，s_j，存在多於一個此類 (最短的) 序列。

例題 6.26　對圖 6.11 之狀態表所給的有限狀態機器 M，求由狀態 s_0 到狀態 s_2 的一個變換序列，其中 $\mathcal{I} = \mathcal{O} = \{0, 1\}$。

表 6.11

	v		ω	
	0	1	0	1
s_0	s_6	s_1	0	1
s_1	s_5	s_0	0	1
s_2	s_1	s_2	0	1
s_3	s_4	s_0	0	1
s_4	s_2	s_1	0	1
s_5	s_3	s_5	1	1
s_6	s_3	s_6	1	1

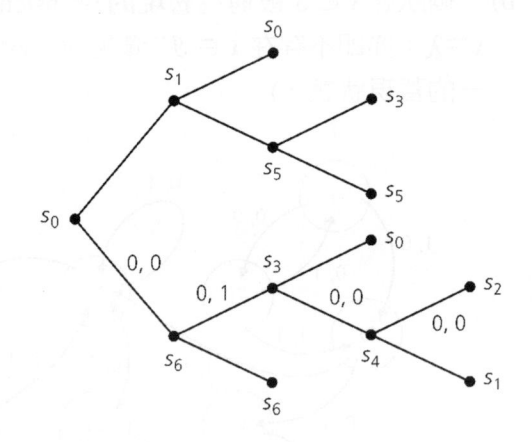

圖 6.16

在構造圖 6.16 的樹狀圖時，我們在狀態 s_0 開始且利用長度 1 的串找那些可由 s_0 到達的狀態。這裡我們找到 s_1 及 s_6。接著我們對 s_1 及 s_6 做同樣的事情，以長度 2 的輸入串找那些可由 s_0 到達的狀態。繼續由左向右擴大樹形圖，我們得到一個標示渴望狀態 s_2 的頂點。每次我們到達一個標示先前已用過的狀態之頂點時，我們停止那部份的擴充，因為我們不能到達任何新的狀態。在我們到達我們想要的狀態之後，我們尋著軌跡回到 s_0 且使用狀態表來標示所有分支，如圖 6.16 所示。因此，對 $x = 0000$，$v(s_0, x) = s_2$ 且 $w(s_0, x) = 0100$。(這裡 x 是唯一的。)

習題 6.3

1. 令 $\mathcal{I} = \mathcal{O} = \{0, 1\}$，(a) 構造一個有限狀態機器的狀態圖來辨識 0000 在串 $x \in \mathcal{I}^*$ 中的每一個發生。(這裡允許重複。) (b) 構造一個有限狀態機器的狀態圖來辨識以 0000 結尾及長度 $4k$，$k \in \mathbf{Z}^+$ 的每一個串 $x \in \mathcal{I}^*$。(這裡不允許重複。)

2. 分別對序列 0110 及 1010 回答習題 1。

3. 對 $\mathcal{I}=\mathcal{O}=\{0, 1\}$ 的有限狀態機器構造一個狀態圖來分辨語言 $\{0, 1\}^*\{00\} \cup \{0, 1\}^*\{11\}$ 的所有串。

4. 對 $\mathcal{I}=\mathcal{O}=\{0, 1\}$，某個串 $x \in \mathcal{I}^*$ 被稱為**偶對等** (even parity) 若其含有偶數個 1。構造一個有限狀態機器的狀態圖來辨識所有非空的偶對等串。

5. 表 6.12 定義 v 及 w 給一個有限狀態機器 M，其中 $\mathcal{I}=\mathcal{O}=\{0, 1\}$。

   a) 繪狀態圖給 M。

   b) 求下面各輸入序列的輸出，且各情形均在 s_0 開始：(i) $x=111$；(ii) $x=1010$；(iii) $x=00011$。

   c) 以文字敘述描述機器 M 所做的。

   d) 這個機器和圖 6.13 有何關連？

表 6.12

	v		ω	
	0	1	0	1
s_0	s_0	s_1	0	0
s_1	s_0	s_1	1	1

表 6.13

	v		ω	
	0	1	0	1
s_0	s_4	s_1	0	0
s_1	s_4	s_2	0	1
s_2	s_3	s_5	0	0
s_3	s_2	s_5	1	0
s_4	s_4	s_4	1	1
s_5	s_2	s_3	0	1

(a)

	v		ω	
	0	1	0	1
s_0	s_0	s_1	1	0
s_1	s_0	s_1	0	1
s_2	s_1	s_3	0	0
s_3	s_0	s_4	0	0
s_4	s_4	s_4	1	1

(b)

	v		ω	
	0	1	0	1
s_0	s_1	s_2	0	1
s_1	s_0	s_2	1	1
s_2	s_2	s_3	1	1
s_3	s_6	s_4	0	0
s_4	s_5	s_5	1	0
s_5	s_3	s_4	1	0
s_6	s_6	s_6	0	0

(c)

6. 證明不可能構造一個有限狀態機器來正確辨識語言 $A=\{0^i 1^j \mid i, j \in \mathbf{Z}^+, i > j\}$ 中的那些序列。(這裡 A 的字母集為 $\Sigma=\{0, 1\}$)。

7. 對表 6.13 中的每個機器，決定暫現狀態、匯點狀態、子機器 (其中 $\mathcal{I}_1=\{0, 1\}$) 及強連通子機器 (其中 $\mathcal{I}_1=\{0, 1\}$)。

8. 對習題 7(c) 的有限狀態機器，求一個由狀態 s_2 到狀態 s_5 的變換序列，且您的序列是唯一的嗎？

6.4 總結及歷史回顧

在本章我們已介紹了語言理論及所謂有限狀態機器的離散結構。使用我們先前發展的基本集合論及有限函數，我們可以將一些抽象觀念及模擬數值裝置如序列辨識者及延遲連結在一起。類比的材料出現在 L. L. Dornboff 及 F. E. Hohn [3] 的第 1 章及在 D. F. Stanat 和 D. F. McAllister [15] 的第 2 章。

我們所發展的有限狀態機器是基於 G. H. Mealy [11] 於 1955 年所提出的模型，且因此被認為是 "Mealy 機器"。這個模型是基於較早由 D. A. Huffman [8] 及 E. F. Moore [13] 所發現的概念。欲讀處理有限狀態機器的各種方面及應用的開拓作品，可參考 E. F. Moore [14] 所編的教材。關於此類機器的真正合成及相關硬體考量以及許多相關概念擴充的資訊，可被發現於 Z. Kohavi [9] 的第 9-15 章裡。

欲知更多語言及它們跟有限狀態機器的關係，可查閱 W. J. Barnier [1] 的 UMAP 基準，J. L. Gersting [4] 的第 8 章，及 A. Gill [5] 的第 7 及第 8 章。這些 (及有關的) 題材的廣大範圍給在由 J. G. Brookshear [2]，J. E. Hopcroft 及 J. D. Ullman [7]，H. R. Lewis 及 C. H. Papadimitriou [10]，M. Minsky [12] 及 D. Wood [16] 所著的教科書裡。

吾人可能會驚訝的學習自動控制理論的基本概念，其被發展來解數學基礎上頗理論的問題，這些問題於 1900 年由德國數學家 David Hillbert

David Hilbert
(1862–1943)

Alan Mathison Turing (1912–1954)

(1862-1943) 所提出的。1935 年英國數學家及邏輯學家 Alan Mathison Turing (1912-1954) 成為有興趣於 Hilbert 的決定問題，此問題是問是否有一個一般方法來判斷一個已知敘述是否為真。Turing 解這個問題之解的方法讓他發展出現在頗為有名的 Turing 機器，它是計算機器的最普遍模型。使用這個模型，他可以建立如何操作電腦非常深奧的理論結果，在任何此類機器被真正建立之前。在二次大戰其間，Turing 為位在 Bletchley Park 的外交部工作，他對納粹密碼的密碼翻譯法做了巨大的研究。他的努力貢獻出自動密碼機 *Enigma* 的出世，一個突破性的重大發展導致德意志第三帝國的挫敗。隨著大戰 (直到他過世時)，Turing 在機器能力的興趣讓他在真正 (不僅理論) 電腦發展上扮演一個主要角色。欲多瞭解這個有趣的學者，可查閱 A. Hodges [6] 所著的自傳。

參考資料

1. Barnier, William J. "Finite-State Machines as Recognizers" (UMAP Module 671). *The UMAP Journal* 7, no. 3 (1986): pp. 209–232.
2. Brookshear, J. Glenn. *Theory of Computation: Formal Languages, Automata, and Complexity*. Reading, Mass.: Benjamin/Cummings, 1989.
3. Dornhoff, Larry L., and Hohn, Franz E. *Applied Modern Algebra*. New York: Macmillan, 1978.
4. Gersting, Judith L. *Mathematical Structures for Computer Science*, 5th ed. New York: Freeman, 2003.
5. Gill, Arthur. *Applied Algebra for the Computer Sciences*, Prentice-Hall Series in Automatic Computation. Englewood Cliffs, N.J.: Prentice-Hall, 1976.
6. Hodges, Andrew. *Alan Turing: The Enigma*. New York: Simon and Schuster, 1983.
7. Hopcroft, John E., and Ullman, Jeffrey D. *Introduction to Automata Theory, Languages, and Computation*. Reading, Mass.: Addison-Wesley, 1979.
8. Huffman, D. A. "The Synthesis of Sequential Switching Circuits." *Journal of the Franklin Institute* 257 (March 1954): pp. 161–190, (April 1954): pp. 275–303. Reprinted in Moore [14].
9. Kohavi, Zvi. *Switching and Finite Automata Theory*, 2nd ed. New York: McGraw-Hill, 1978.
10. Lewis, Harry R., and Papadimitriou, Christos H. *Elements of the Theory of Computation*, 2nd ed. Englewood Cliffs, N.J.: Prentice-Hall, 1997.
11. Mealy, G. H. "A Method for Synthesizing Sequential Circuits." *Bell System Technical Journal* 34 (September 1955): pp. 1045–1079.
12. Minsky, Marvin. *Computation: Finite and Infinite Machines*. Englewood Cliffs, N.J.: Prentice-Hall, 1967.
13. Moore, E. F. "Gedanken-experiments on Sequential Machines." *Automata Studies, Annals of Mathematical Studies*, no. 34: pp. 129–153. Princeton, N.J.: Princeton University Press, 1956.
14. Moore, E. F., ed., *Sequential Machines: Selected Papers*. Reading, Mass.: Addison-Wesley, 1964.
15. Stanat, Donald F., and McAllister, David F. *Discrete Mathematics in Computer Science*. Englewood Cliffs, N.J.: Prentice-Hall, 1977.
16. Wood, Derick. *Theory of Computation*. New York: Wiley, 1987.

補充習題

1. 令 $\Sigma_1 = \{w, x, y\}$ 且 $\Sigma_2 = \{x, y, z\}$ 為字母集。若 $A_1 = \{x^i y^j \mid i, j \in \mathbf{Z}^+, j > i \geq 1\}$, $A_2 = \{w^i y^j \mid i, j \in \mathbf{Z}^+, i > j \geq 1\}$, $A_3 = \{w^i x^j y^i z^j \mid i, j \in \mathbf{Z}^+, j > i \geq 1\}$, 且 $A_4 = \{z^j (wz)^i w^j \mid i, j \in \mathbf{Z}^+, i \geq 1, j \geq 2\}$ 決定下面各個敘述的真假。
   a) A_1 是 Σ_1 上的一個語言。
   b) A_2 是 Σ_2 上的一個語言。
   c) A_3 是 $\Sigma_1 \cup \Sigma_2$ 上的一個語言。
   d) A_1 是 $\Sigma_1 \cap \Sigma_2$ 上的一個語言。
   e) A_4 是 $\Sigma_1 \triangle \Sigma_2$ 上的一個語言。
   f) $A_1 \cup A_2$ 是 Σ_1 上的一個語言。

2. 對語言 $A, B \subseteq \Sigma^*$,是否 $A^* \subseteq B^* \Rightarrow A \subseteq B$?

3. 給一個佈於字母集 Σ 上的一個語言 A 的例子,其中 $(A^2)^* \neq (A^*)^2$。

4. 對 $\Sigma = \{0, 1\}$,考慮語言 $A, B, C \subseteq \Sigma^*$,其中 $A = \{01, 11\}$, $B = \{01, 11, 111\}$ 及 $C = \{01, 11, 1111\}$。(a) A^* 和 B^* 有何關聯?(b) A^* 和 C^* 有何關聯?

5. 令 M 為圖 6.17 所示的有限狀態機器。對狀態 s_i, s_j,其中 $0 \leq i, j \leq 2$,令 $\mathcal{O}_{ij}$ 表所有非空輸出串的集合,M 可生產這些串當它由狀態 s_i 走到狀態 s_j。若 $i = 2, j = 0$,例如,$\mathcal{O}_{20} = \{0\}\{1, 00\}^*$。求 $\mathcal{O}_{02}, \mathcal{O}_{22}, \mathcal{O}_{11}, \mathcal{O}_{00}$ 及 $\mathcal{O}_{10}$。

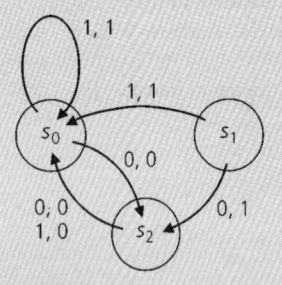

• 圖 6.17

6. 令 M 為圖 6.18 的有限狀態機器。

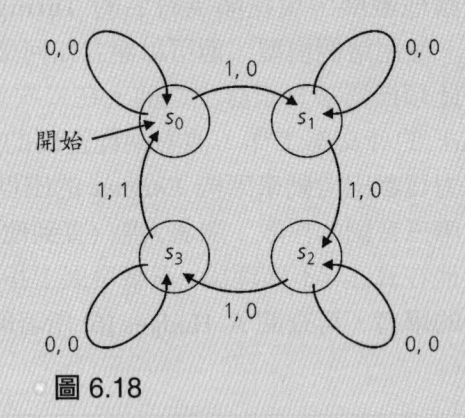

• 圖 6.18

a) 求狀態表給這個機器。
b) 解釋這個機器所做的。
c) 有多少個不同的輸入串 x 滿足 $\|x\| = 8$ 及 $v(s_0, x) = s_0$?有多少個滿足 $\|x\| = 12$?

7. 令 $M = (S, \mathcal{I}, \mathcal{O}, v, w)$ 為一個有限狀態機器且 $|S| = n$,且令 $0 \in \mathcal{I}$。
   a) 證明對輸入串 $0000\cdots$,輸出的後面是週期的。
   b) 在週期輸出開始前,我們可輸入的 0 的最大數是多少?
   c) 可發生的最大週期長度是多少?

8. 對 $\mathcal{I} = \mathcal{O} = \{0, 1\}$,令 M 為表 6.14 所給的有限狀態機器。若 M 的開始狀態不是 s_1,求一個 (最小長度) 的輸入串 x

• 表 6.14

	v		ω	
	0	1	0	1
s_1	s_4	s_3	0	0
s_2	s_2	s_4	0	1
s_3	s_1	s_2	1	0
s_4	s_1	s_4	1	1

滿足 $v(s_i, x) = s_1$，對所有 $i = 2, 3, 4$。(因 x 使機器 M 到狀態 s_1 不管開始狀態是什麼。)

9. 令 $\mathscr{I} = \mathbb{O} = \{0, 1\}$。構造一個狀態圖給一有限狀態機器來調換 (由 0 到 1 或由 1 到 0) 輸入串 $x \in \mathscr{I}^+$ 的第 4，第 8，第 12，…位置出現的符號。例如，若 s_0 為開始狀態，則 $w(s_0, 0000) = 0001$，$w(s_0, 000111) = 000011$ 及 $w(s_0, 000000111) = 000100101$。

10. 令 $\mathscr{I} = \mathbb{O} = \{0, 1\}$。令 M 為表 6.15 所給的有限狀態機器。這裡 s_0 是開始狀態。令 $A \subseteq \mathscr{I}^+$，其中 $x \in A$ 若且唯若 $w(s_0, x)$ 的最後符號是 1。[在輸出串 $w(s_0, x)$ 中可能不只一個 1。] 構造一個有限狀態機器，使輸出串的最後符號為 1，對所有的 $y \in \mathscr{I}^+ - A$。

表 6.15

	v		ω	
	0	1	0	1
s_0	s_1	s_2	1	0
s_1	s_2	s_1	0	1
s_2	s_2	s_3	0	1
s_3	s_1	s_0	1	0

11. 令 $\mathscr{I} = \mathbb{O} = \{0, 1\}$ 分別給表 6.16 及 6.17 的兩個有限狀態機器 M_1 及 M_2。M_1 的開始狀態是 s_0，而 M_2 的開始狀態是 s_3。

表 6.16

	v_1		ω_1	
	0	1	0	1
s_0	s_0	s_1	1	0
s_1	s_1	s_2	0	0
s_2	s_2	s_0	0	1

表 6.17

	v_2		ω_2	
	0	1	0	1
s_3	s_3	s_4	1	1
s_4	s_4	s_3	1	0

我們連通這兩個機器如圖 6.19 所示。這裡由 M_1 所得的每一個輸出符號變為 M_2 的一個輸入符號。例如，若我們輸入 0 到 M_1，則 $w_1(s_0, 0) = 1$ 且 $v_1(s_0, 0) = s_0$。因此，我們輸入 1 ($= w_1(s_0, 0)$) 到 M_2 以得 $w_2(s_3, 1) = 1$ 及 $v_2(s_3, 1) = s_4$。

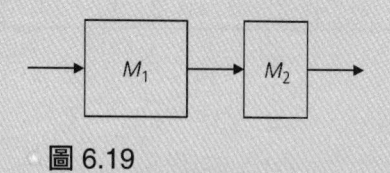

→ [M_1] → [M_2] →

圖 6.19

我們構造一個機器 $M = (S, \mathscr{I}, \mathbb{O}, v, w)$ 來表示 M_1 和 M_2 的這個連通如下：

$\mathscr{I} = \mathbb{O} = \{0, 1\}$

$S = S_1 \times S_2$，其中 S_i 是 M_i 的內部狀態集合，$i = 1, 2$。

$v : S \times \mathscr{I} \to S$，其中

$v((s, t), x) = (v_1(s, x), v_2(t, w_1(s, x)))$

對 $s \in S_1$，$t \in S_2$ 及 $x \in \mathscr{I}$。

$w : S \times \mathscr{I} \to \mathbb{O}$，其中

$w((s, t), x) = w_2(t, w_1(s, x))$

對 $s \in S_1$，$t \in S_2$ 及 $x \in \mathscr{I}$。

a) 求一個狀態表給機器 M。

b) 求輸入串 1101 的輸出串，在這個串進行之後，則 (i) 在機器 M_1 裡，是在什麼狀態？(ii) 在機器 M_2 裡，是在什麼狀態？

12. 當我們處理一個有限狀態機器 $M = (S, \mathscr{I}, \mathbb{O}, v, w)$ 時，雖然狀態圖似乎比狀態表較為方便，但當輸入串變長且 S，$\mathscr{I}$ 及 $\mathbb{O}$ 的大小增加時，狀態表證明是有幫助的，當在電腦上模擬機器時。表的街區形狀建議使用矩陣或二維陣列來儲存 v，w。使用這個觀察寫一個程式 (或

開發一個演算法) 來模擬表 6.18 中的機器。

- 表 6.18

	v		ω	
	0	1	0	1
s_1	s_2	s_1	0	0
s_2	s_3	s_1	0	0
s_3	s_3	s_1	1	1

第 7 章

關係：第二回

在第 5 章，我們介紹了一個 (二元) 關係的觀念。回到本章的關係，我們將強調在集合 A 上的關係的研究，亦即 $A \times A$ 的子集合。在第 6 章的語言及有限狀態機器理論中，我們發現許多集合 A 上的關係之例題，其中 A 表一個由一已知字母集或由一有限狀態機器的內部狀態集合中的串所成的集合。關係的各種性質及對電腦操作的有限關係表示法被發展。有向圖再次出現為表示此類關係的一個方法。最後，在集合 A 上的兩種型態的關係尤其重要，等價關係及偏序。等價關係，特別的，出現在許多數學領域裡。目前我們將使用一個等價關係在一個有限狀態機器 M 的內部狀態集合上，以便求一機器 M_1，以儘可能少的內部狀態，其執行派給 M 的工作是可執行的。這個程序是有名的最小化過程。

7.1 再談關係：關係的性質

我們以回憶稍早考慮過的一些基本概念開始。

對集合 A，B，任一 $A \times B$ 的子集合被稱為一個由 A 到 B 的 (二元) 關係。$A \times A$ 的任一子集合被稱為 A 上的一個 (二元) 關係。

定義 7.1

如定義 5.2 之後句子所提過的，我們主要關心的是二元關係。因此，"關係" 這個字再次表二元關係，除非有特別明述。

例題 7.1

a) 定義集合 $\mathbf{Z}$ 上的關係 $\mathcal{R}$ 為 $a\,\mathcal{R}\,b$，或 $(a, b) \in \mathcal{R}$，若 $a \leq b$。$\mathbf{Z} \times \mathbf{Z}$ 的這個子集合是集合 $\mathbf{Z}$ 上平常的 "小於或等於" 關係，且這個關係亦可被定義在 $\mathbf{Q}$ 或 $\mathbf{R}$ 上，但不可定義在 $\mathbf{C}$ 上。

b) 令 $n \in \mathbf{Z}^+$，對 $x, y \in \mathbf{Z}$，**以 n 為模的關係** $\mathcal{R}$ (the modulo n relation $\mathcal{R}$) 被定義為 $x\,\mathcal{R}\,y$，若 $x-y$ 是 n 的倍數。例如，以 $n=7$，我們發現 $9\,\mathcal{R}\,2$，$-3\,\mathcal{R}\,11$，$(14, 0) \in \mathcal{R}$，但 $3\,\not{\mathcal{R}}\,7$ (亦即 3 和 7 無關係)。

c) 對宇集 $\mathcal{U} = \{1, 2, 3, 4, 5, 6, 7\}$，考慮 (固定) 集合 $C \subseteq \mathcal{U}$，其中 $C = \{1, 2, 3, 6\}$。定義 $\mathcal{P}(\mathcal{U})$ 上的關係 $\mathcal{R}$ 為 $A\,\mathcal{R}\,B$，若 $A \cap C = B \cap C$。則集合 $\{1, 2, 4, 5\}$ 和 $\{1, 2, 5, 7\}$ 是有關係的，因為 $\{1, 2, 4, 5\} \cap C = \{1, 2\} = \{1, 2, 5, 7\} \cap C$。同樣的，我們發現 $X = \{4, 5\}$ 和 $Y = \{7\}$ 亦是有關係的，因為 $X \cap C = \emptyset = Y \cap C$。然而，集合 $S = \{1, 2, 3, 4, 5\}$ 和 $T = \{1, 2, 3, 6, 7\}$ 是沒有關係的，即 $S\,\not{\mathcal{R}}\,T$，因為 $S \cap C = \{1, 2, 3\} \neq \{1, 2, 3, 6\} = T \cap C$。

例題 7.2

令 Σ 為一個字母集，具有語言 $A \subseteq \Sigma^*$。對 $x, y \in A$，定義 $x\,\mathcal{R}\,y$，若 x 是 y 的一個前標。以 "後標" 或 "子串" 代替 "前標" 可定義 A 的其它關係。

例題 7.3

考慮一個有限狀態機器 $M = \{S, \mathcal{I}, \mathcal{O}, v, w\}$。

a) 對 $s_1, s_2 \in S$，定義 $s_1\,\mathcal{R}\,s_2$，若 $v(s_1, x) = s_2$，對某些 $x \in \mathcal{I}$。關係 $\mathcal{R}$ 建立**第一層可達性** (first level of reachability)。

b) 對 S，**第二層可達性** (second level of reachability) 的關係亦可被給。這裡 $s_1\,\mathcal{R}\,s_2$ 若 $v(s_1, x_1x_2) = s_2$，對某些 $x_1x_2 \in \mathcal{I}^2$。這個可被擴大到較高層次，若需要出現。對一般的可達性關係，我們有 $v(s_1, y) = s_2$，對某些 $y \in \mathcal{I}^*$。

c) 給 $s_1, s_2 \in S$，**1-等價** (equivalence) 關係，表為 $s_1\,E_1\,s_2$ 且讀作 "s_1 是 1-等價於 s_2"，被定義為當 $w(s_1, x) = w(s_2, x)$ 對所有 $x \in \mathcal{I}$。因此，$s_1\,E_1\,s_2$ 表示機器 M 不是在 s_1 就是在 s_2 開始，對每個 $\mathcal{I}$ 的元素，輸出是相同的。這個概念可被擴大至狀態是 k-等價，其中我們寫 $s_1\,E_k\,s_2$ 若 $w(s_1, y) = w(s_2, y)$ 對所有 $y \in \mathcal{I}^k$。這裡可得相同的輸出，對每個 $\mathcal{I}^k$ 中的輸入串，若我們在 s_1 或 s_2 開始。

若兩個狀態為 k-等價，對所有 $k \in \mathbf{Z}^+$，則它們被稱為等價。我們將在本章的稍後進一步調查這個概念。

我們現在開始檢視一個關係能滿足的一些性質。

定義 7.2 一個集合 A 上的關係被稱是**反身的** (reflexive)，若對所有 $x \in A$，$(x, x) \in \mathcal{R}$。

欲稱某個關係 $\mathcal{R}$ 是反身的，簡單之意為 A 的每個元素 x 和自身相關。例題 7.1 及例題 7.2 的所有關係均是反身的。例題 7.3(b) 的一般可達性關係及該例題的 (c) 部份所提的所有關係亦均是反身的。[例題 7.3(a) 及 (b) 的第一及第二層可達性關係有什麼錯嗎？]

例題 7.4 對 $A = \{1, 2, 3, 4\}$，某關係 $\mathcal{R} \subseteq A \times A$ 將是反身的若且唯若 $\mathcal{R} \supseteq \{(1, 1), (2, 2), (3, 3), (4, 4)\}$。因此，$\mathcal{R}_1 = \{(1, 1), (2, 2), (3, 3)\}$ 不是 A 上的反身關係，而 $\mathcal{R}_2 = \{(x, y) \mid x, y \in A, x \leq y\}$ 在 A 上是反身的。

例題 7.5 給一有限集合 A 具 $|A| = n$，我們有 $|A \times A| = n^2$，所以 A 上有 2^{n^2} 個關係。這些關係中有多少個是反身的？

若 $A = \{a_1, a_2, \cdots, a_n\}$，$A$ 上的關係 $\mathcal{R}$ 是反身的若且唯若 $\{(a_i, a_i) \mid 1 \leq i \leq n\} \subseteq \mathcal{R}$。考慮 $A \times A$ 中其它 $n^2 - n$ 個序對 [那些形如 (a_i, a_j) 的序對，其中 $i \neq j$，對 $1 \leq i, j \leq n$] 當我們構造 A 上的一個反身關係 $\mathcal{R}$，我們不是包含就是不包含這些序對的每一對，所以由乘積規則，A 上共有 $2^{(n^2-n)}$ 個反身關係。

定義 7.3 集合 A 上的關係 $\mathcal{R}$ 被稱為是**對稱的** (symmetric)，若 $(x, y) \in \mathcal{R} \Rightarrow (y, x) \in \mathcal{R}$，對所有 $x, y \in A$。

例題 7.6 以 $A = \{1, 2, 3\}$，我們有：

a) $\mathcal{R}_1 = \{(1, 2), (2, 1), (1, 3), (3, 1)\}$，是 A 上一個對稱的但非反身的關係；

b) $\mathcal{R}_2 = \{(1, 1), (2, 2), (3, 3), (2, 3)\}$，是 A 上一個反身的但非對稱的關係；

c) $\mathcal{R}_3 = \{(1, 1), (2, 2), (3, 3)\}$ 及 $\mathcal{R}_4 = \{(1, 1), (2, 2), (3, 3), (2, 3), (3, 2)\}$，是 A 上兩個既反身且對稱的關係；且

d) $\mathcal{R}_5 = \{(1, 1), (2, 3), (3, 3)\}$ 是 A 上一個既不反身也不對稱的關係。

欲計數 $A = \{a_1, a_2, \cdots, a_n\}$ 上的對稱關係個數，我們寫 $A \times A$ 為 $A_1 \cup A_2$，其中 $A_1 = \{(a_i, a_i) \mid 1 \leq i \leq n\}$ 且 $A_2 = \{(a_i, a_j) \mid 1 \leq i, j \leq n, i \neq j\}$，使得 A

$\times A$ 上的每個序對恰位在 A_1，A_2 中的一個。對 A_2，$|A_2|=|A\times A|-|A_1|=n^2-n=n(n-1)$，為一個偶數。集合 A_2 含有 $(1/2)(n^2-n)$ 個形如 $\{(a_i, a_j), (a_j, a_i)\}$ 的子集合 S_{ij}，其中 $1\leq i<j\leq n$。在構造 A 上的一個對稱關係 $\mathcal{R}$ 時，對 A_1 上的每個序對，我們有尋常的排斥或包含選法。對取自 A_2 的 $(1/2)(n^2-n)$ 個子集合 $S_{ij}(1\leq i<j\leq n)$ 中的每一個，我們有相同的兩種選法。所以由乘積規則，A 上共有 $2^n \cdot 2^{(1/2)(n^2-n)} = 2^{(1/2)(n^2+n)}$ 個對稱關係。

在計數 A 上同時為反身及對稱的關係個數時，對 A_1 的每一個序對，我們僅有一種選法。所以我們有 $2^{(1/2)(n^2-n)}$ 個關係在 A 上，其為既是反身的也是對稱的。

定義 7.4 對集合 A，A 上的關係 $\mathcal{R}$ 被稱是**遞移的** (transitive)，若對所有 x，y，$z\in A$ (x, y)，$(y, z)\in \mathcal{R}\Rightarrow (x, z)\in \mathcal{R}$。(所以若 x 和 y 有關係且 y 和 z 有關係，我們要 x 和 z 有關係，以 y 扮演中間媒介的角色。)

例題 7.7 例題 7.1 及 7.2 上的所有關係均是遞移的，例題 7.3(c) 的關係也是。

例題 7.8 定義集合 $\mathbf{Z}^+$ 上的關係 $\mathcal{R}$ 為 $a\mathcal{R}b$，若 a 整除 b，即 $b=ca$ 對某些 $c\in \mathbf{Z}^+$。現在若 $x\mathcal{R}y$ 且 $y\mathcal{R}z$，則我們有 $x\mathcal{R}z$ 嗎？我們知道 $x\mathcal{R}y\Rightarrow y=sx$ 對某些 $s\in \mathbf{Z}^+$ 且 $y\mathcal{R}z\Rightarrow z=ty$，其中 $t\in \mathbf{Z}^+$。因此，$z=ty=t(sx)=(ts)x$，對 $ts\in \mathbf{Z}^+$，所以 $x\mathcal{R}z$ 且 $\mathcal{R}$ 是遞移的。而且 $\mathcal{R}$ 是反身的，但非對稱，因為，例如，$2\mathcal{R}6$ 但 $6\not\mathcal{R}2$。

例題 7.9 考慮集合 $\mathbf{Z}$ 上的關係 $\mathcal{R}$，其中我們定義 $a\mathcal{R}b$ 當 $ab\geq 0$。對所有整數 x 我們有 $xx=x^2\geq 0$，所以 $x\mathcal{R}x$，且 $\mathcal{R}$ 是反身的。而且，若 x，$y\in \mathbf{Z}$ 且 $x\mathcal{R}y$，則

$$x\mathcal{R}y\Rightarrow xy\geq 0\Rightarrow yx\geq 0\Rightarrow y\mathcal{R}x,$$

所以關係 $\mathcal{R}$ 也是對稱的。然而，我們發現 $(3, 0)$，$(0, -7)\in \mathcal{R}$，因為 $(3)(0)\geq 0$ 且 $(0)(-7)\geq 0$，但 $(3, -7)\notin \mathcal{R}$，因為 $(3)(-7)<0$。因此，這個關係是非遞移的。

例題 7.10 若 $A=\{1, 2, 3, 4\}$，則 $\mathcal{R}_1=\{(1, 1), (2, 3), (3, 4), (2, 4)\}$ 是 A 上的一個遞移關係，而 $\mathcal{R}_2=\{(1, 3), (3, 2)\}$ 不是遞移的，因為 $(1, 3)$，$(3, 2)\in \mathcal{R}_2$ 但 $(1, 2)\notin \mathcal{R}_2$。

此刻讀者也許準備開始計數一個有限集合上的遞移關係的個數。但在這裡這是不可能的。因為不像處理反身及對稱性質，沒有一般公式給有限遞移關係的總個數。然而，本章的稍後，我們將有必要的概念來計數有限集合上的關係 $\mathcal{R}$ 之個數，其中 $\mathcal{R}$ (同時) 是反身的、對稱的及遞移的。

現在我們考慮關係的最後一個性質。

定義 7.5

給集合 A 上的一個關係 $\mathcal{R}$，$\mathcal{R}$ 被稱為**反對稱的** (antisymmetric)，若對所有 $a, b \in A$，$(a\,\mathcal{R}\,b$ 且 $b\,\mathcal{R}\,a) \Rightarrow a=b$。(僅有一個方法我們可同時有 a 和 b 有關係及 b 和 a 有關係，此方法是 a 和 b 為 A 上的相同元素。)

例題 7.11

對已知宇集 $\mathcal{U}$，定義 $\mathcal{P}(\mathcal{U})$ 上的關係 $\mathcal{R}$ 為 $(a, b) \in \mathcal{R}$ 若 $A \subseteq B$，對 $A, B \in \mathcal{U}$。所以 $\mathcal{R}$ 是第 3 章的子集合關係且若 $A\,\mathcal{R}\,B$ 且 $B\,\mathcal{R}\,A$，則我們有 $A \subseteq B$ 且 $B \subseteq A$，其給我們 $A=B$。因此，這個關係是反對稱的，也是反身的及遞移的，但不是對稱的。

在我們被引導錯認"不對稱"是"反對稱"的同義字之前，讓我們考慮下面。

例題 7.12

對 $A=\{1, 2, 3\}$，A 上的關係 $\mathcal{R}$ 被給為 $\mathcal{R}=\{(1, 2), (2, 1), (2, 3)\}$ 是不對稱的，因為 $(3, 2) \notin \mathcal{R}$，且它不是反對稱的，因為 $(1, 2), (2, 1) \in \mathcal{R}$ 但 $1 \neq 2$。關係 $\mathcal{R}_1 = \{(1, 1), (2, 2)\}$ 是對稱的也是反對稱的。

A 上有多少個關係是反對稱的呢？寫

$$A \times A = \{(1, 1), (2, 2), (3, 3)\} \cup \{(1, 2), (2, 1), (1, 3), (3, 1), (2, 3), (3, 2)\},$$

當我們試著構造 A 上的一個反對稱關係 $\mathcal{R}$ 時，我們做兩個觀察。

1) 每個元素 $(x, x) \in A \times A$ 可被包含亦可被排斥，跟 $\mathcal{R}$ 是不是反對稱無關。
2) 對一個形如 (x, y) 的元素，$x \neq y$，我們必須同時考慮 (x, y) 及 (y, x) 且我們注意到對 $\mathcal{R}$ 要保留反對稱，我們有三個備擇的方法：(a) 擺 (x, y) 在 $\mathcal{R}$ 裡；(b) 擺 (y, x) 在 $\mathcal{R}$ 裡；或 (c) 不把 (x, y) 也不把 (y, x) 放在 $\mathcal{R}$ 裡。[若我們同時把 (x, y) 及 (y, x) 放在 $\mathcal{R}$，會發生什麼？]

所以由乘積規則，A 上的反對稱關係個數是 $(2^3)(3^3) = (2^3)(3^{(3^2-3)/2})$。若 $|A|=n>0$，則在 A 上共有 $(2^n)(3^{(n^2-n)/2})$ 個反對稱關係。

下一個例題我們回到函數優控的概念，我們首先在 5.7 節定義它。

例題 7.13　令 $\mathscr{F}$ 表定義域為 $\mathbf{Z}^+$ 且對應域為 $\mathbf{R}$ 的所有函數所成的集合；即 $\mathscr{F} = \{f \mid f : \mathbf{Z}^+ \to \mathbf{R}\}$。對 $f, g \in \mathscr{F}$，定義 $\mathscr{F}$ 上的關係 $\mathscr{R}$ 為 $f \mathscr{R} g$，若 f 被 g 優控 (或 $f \in O(g)$)。則 $\mathscr{R}$ 是反身的且是遞移的。

若 $f, g : \mathbf{Z}^+ \to \mathbf{R}$ 被定義為 $f(n) = n$ 且 $g(n) = n+5$，則 $f \mathscr{R} g$ 且 $g \mathscr{R} f$，但 $f \neq g$，所以 $\mathscr{R}$ 不是反對稱的。而且，若 $h : \mathbf{Z}^+ \to \mathbf{R}$ 被給為 $h(n) = n^2$，則 $(f, h), (g, h) \in \mathscr{R}$，但 (h, f) 和 (h, g) 均不在 $\mathscr{R}$ 裡。因此，關係 $\mathscr{R}$ 也不是對稱的。

目前我們已有四個主要的性質出現在關係的學習裡。在結束本節之前，我們多定義兩個觀念，每一個觀念包含這四個性質中的三個。

定義 7.6　集合 A 上的一個關係 $\mathscr{R}$ 被稱為是一個**偏序** (partial order)，或是一個**偏序關係** (partial ordering relation)，若 $\mathscr{R}$ 是反身的、反對稱的及遞移的。

例題 7.14　例題 7.1(a) 的關係是一個偏序，但該例的 (b) 之關係不是，因為其不是反對稱的。例題 7.2 的所有關係均是偏序，例題 7.11 的集合關係也是。

下一個例題給我們機會來敘述偏序這個新概念和我們在第 1 及第 4 章所學習的結果間的關連。

例題 7.15　我們以集合 $A = \{1, 2, 3, 4, 6, 12\}$──即 12 的所有正因數集合──開始，且定義 A 上的關係 $\mathscr{R}$ 為 $x \mathscr{R} y$ 若 x 整除 y。如在例題 7.8 我們發現 $\mathscr{R}$ 是反身的且遞移的。而且，若 $x, y \in A$ 且我們同時有 $x \mathscr{R} y$ 及 $y \mathscr{R} x$，則

$$x \mathscr{R} y \Rightarrow y = ax, \text{ 對某些 } a \in \mathbf{Z}^+, \text{ 且}$$
$$y \mathscr{R} x \Rightarrow x = by, \text{ 對某些 } b \in \mathbf{Z}^+.$$

因此，得 $y = ax = a(by) = (ab)y$，且因 $y \neq 0$，我們有 $ab = 1$。因為 $a, b \in \mathbf{Z}^+$，$ab = 1 \Rightarrow a = b = 1$，所以 $y = x$ 且 $\mathscr{R}$ 是反對稱的，因此它定義了集合 A 的一個偏序。

現在假設我們想知道有多少個偏序發生在這個關係 $\mathscr{R}$ 裡。我們可簡單的列出組成 $\mathscr{R}$ 的 $A \times A$ 上的所有偏序：

$\mathscr{R} = \{(1, 1), (1, 2), (1, 3), (1, 4), (1, 6), (1, 12), (2, 2), (2, 4), (2, 6),$
$\qquad (2, 12), (3, 3), (3, 6), (3, 12), (4, 4), (4, 12), (6, 6), (6, 12), (12, 12)\}$

此法可得 18 個偏序在這個關係裡。但若我們想考慮同型態的偏序給 1800

的所有正因數集合，我們將肯定沒有勇氣以此法列出所有的偏序。所以讓我們稍嚴謹的來檢視這個關係。由算術基本定理，我們可寫 $12 = 2^2 \cdot 3$ 且明白若 $(c, d) \in \mathcal{R}$，則

$$c = 2^m \cdot 3^n \quad \text{且} \ d = 2^p \cdot 3^q,$$

其中 m，n，p，$q \in \mathbf{N}$ 且 $0 \le m \le p \le 2$ 及 $0 \le n \le q \le 1$。

當我們考慮 $0 \le m \le p \le 2$ 的事實時，我們發現 m，p 的每個機率是一個由大小為 3 的集合，即集合 $\{0, 1, 2\}$，選出大小為 2 的選法，允許重複。(在任一個此類選法中，若有較小的非負整數，則指定它為 m。) 在第 1 章我們學到此一選取有 $\binom{3+2-1}{2} = \binom{4}{2} = 6$ 個方法。同法，n 和 q 可有 $\binom{2+2-1}{2} = \binom{3}{2} = 3$ 個方法來選。所以，由乘積規則，應有 $(6)(3) = 18$ 個偏序在 $\mathcal{R}$ 上，如我們稍早以全部列出之法所得到的。

現在假設我們檢視一個相似的情形，$1800 = 2^3 \cdot 3^2 \cdot 5^2$ 的正因數集合。這裡我們處理 $(3+1)(2+1)(2+1) = (4)(3)(3) = 36$ 個因數，且這個偏序 (以除法給之) 的基本序對看起來像 $(2^r \cdot 3^s \cdot 5^t, 2^u \cdot 3^v \cdot 5^w)$，其中 r，s，t，u，v，$w \in \mathbf{N}$ 且 $0 \le r \le u \le 3$，$0 \le s \le v \le 2$，及 $0 \le t \le w \le 2$。所以這個關係裡的偏序個數為

$$\binom{4+2-1}{2}\binom{3+2-1}{2}\binom{3+2-1}{2} = \binom{5}{2}\binom{4}{2}\binom{4}{2} = (10)(6)(6) = 360,$$

且我們肯定不必列出關係上的所有序對以得這個結果。

一般來講，對 $n \in \mathbf{Z}^+$ 且 $n > 1$，使用算術基本定理寫 $n = p_1^{e_1} p_2^{e_2} p_3^{e_3} \cdots p_k^{e_k}$，其中 $k \in \mathbf{Z}^+$，$p_1 < p_2 < p_3 < \cdots < p_k$，且 p_i 是質數且 $e_i \in \mathbf{Z}^+$ 對每個 $1 \le i \le k$，則 n 有 $\prod_{i=1}^{k}(e_i + 1)$ 個正因數。且當我們考慮相同型態的偏序給這個 (n 的正因數的) 集合，我們發現這個關係中的偏序個數是

$$\prod_{i=1}^{k} \binom{(e_i + 1) + 2 - 1}{2} = \prod_{i=1}^{k} \binom{e_i + 2}{2}.$$

我們介紹等價關係，一個在數學學習上非常重要的概念，做為本節的結束。

集合 A 上的一個**等價關係** $\mathcal{R}$ 是一個反身的、對稱的及遞移的關係。 　**定義 7.7**

a) 例題 7.1(b) 的關係及例題 7.3(c) 的所有關係均為等價關係。　**例題 7.16**
b) 若 $A = \{1, 2, 3\}$，則

$\mathcal{R}_1 = \{(1, 1), (2, 2), (3, 3)\}$,
$\mathcal{R}_2 = \{(1, 1), (2, 2), (2, 3), (3, 2), (3, 3)\}$,
$\mathcal{R}_3 = \{(1, 1), (1, 3), (2, 2), (3, 1), (3, 3)\}$, 且
$\mathcal{R}_4 = \{(1, 1), (1, 2), (1, 3), (2, 1), (2, 2), (2, 3), (3, 1), (3, 2), (3, 3)\} = A \times A$

均為 A 上的等價關係。

c) 對一已知有限集合 A，$A \times A$ 是 A 最大的等價關係，且若 $A = \{a_1, a_2, \cdots, a_n\}$，則相等關係 $\mathcal{R} = \{(a_i, a_i) | 1 \leq i \leq n\}$ 是 A 上最小的等價關係。

d) 令 $A = \{1, 2, 3, 4, 5, 6, 7\}$，$B = \{x, y, z\}$，且 $f: A \to B$ 為映成函數

$$f = \{(1, x), (2, z), (3, x), (4, y), (5, z), (6, y), (7, x)\}.$$

定義 A 上的關係 $\mathcal{R}$ 為 $a \mathcal{R} b$ 若 $f(a) = f(b)$。則，例如，這裡我們發現 $1 \mathcal{R} 1$，$1 \mathcal{R} 3$，$2 \mathcal{R} 5$，$3 \mathcal{R} 1$ 及 $4 \mathcal{R} 6$。

對每個 $a \in A$，$f(a) = f(a)$ 因為 f 是一個函數，所以 $a \mathcal{R} a$，且 $\mathcal{R}$ 是反身的。現在假設 a，$b \in A$ 且 $a \mathcal{R} b$。則 $a \mathcal{R} b \Rightarrow f(a) = f(b) \Rightarrow f(b) = f(a) \Rightarrow b \mathcal{R} a$，所以 $\mathcal{R}$ 是對稱的。最後，若 a，b，$c \in A$ 且 $a \mathcal{R} b$ 及 $b \mathcal{R} c$，則 $f(a) = f(b)$ 且 $f(b) = f(c)$。因此，$f(a) = f(c)$，且我們看出 $(a \mathcal{R} b \wedge b \mathcal{R} c) \Rightarrow a \mathcal{R} c$，所以 $\mathcal{R}$ 是遞移的。因為 $\mathcal{R}$ 是反身的、對稱的且遞移的，它是一個等價關係。

這裡 $\mathcal{R} = \{(1, 1), (1, 3), (1, 7), (2, 2), (2, 5), (3, 1), (3, 3), (3, 7), (4, 4), (4, 6), (5, 2), (5, 5), (6, 4), (6, 6), (7, 1), (7, 3), (7, 7)\}$。

e) 若 $\mathcal{R}$ 是集合 A 上的一個關係，則 $\mathcal{R}$ 同時是 A 上的等價關係及偏序若且唯若 $\mathcal{R}$ 是 A 上的相等關係。

習題 7.1

1. 若 $A = \{1, 2, 3, 4\}$，給集合 A 上一個關係 $\mathcal{R}$ 的例子，使其為
   a) 反身及對稱的，但非遞移的。
   b) 反身及遞移的，但非對稱的。
   c) 對稱及遞移的，但非反身的。

2. 對例題 7.1(b) 的關係，決定 5 個 x 值滿足 $(x, 5) \in \mathcal{R}$。

3. 對例題 7.13 的關係 $\mathcal{R}$，令 $f: \mathbf{Z}^+ \to \mathbf{R}$ 其中 $f(n) = n$

   a) 求三個元素 f_1，f_2，$f_3 \in \mathcal{F}$ 滿足 $f_i \mathcal{R} f$ 及 $f \mathcal{R} f_i$，對所有 $1 \leq i \leq 3$。
   b) 求三個元素 g_1，g_2，$g_3 \in \mathcal{F}$ 滿足 $g_i \mathcal{R} f$ 但 $f \mathcal{R} g_i$，對所有 $1 \leq i \leq 3$。

4. a) 用量詞改述 (在集合 A 上的) 一個關係 $\mathcal{R}$ 的反身的、遞移的、對稱的及反對稱性質的定義。
   b) 使用 (a) 的結果來說明何時一個關係 $\mathcal{R}$ (在集合 A 上) 是 (i) 非反身的；(ii)

非對稱的；(iii) 非遞移的；及 (iv) 非反對稱的。

5. 對下面各個關係，決定其是否為反身的、對稱的、反對稱的，或遞移的。

   a) $\mathcal{R} \subseteq \mathbf{Z}^+ \times \mathbf{Z}^+$，其中 $a \mathcal{R} b$ 若 $a|b$ (讀做 "a 除盡 b"，如4.3節所定義的)。

   b) $\mathcal{R}$ 是 $\mathbf{Z}$ 上的關係，其中 $a \mathcal{R} b$ 若 $a|b$。

   c) 對一已知宇集 $\mathcal{U}$ 及 $\mathcal{U}$ 的一固定子集合 C，定義 $\mathcal{R}$ 在 $\mathcal{P}(\mathcal{U})$ 如下：對 $A, B \subseteq \mathcal{U}$，我們有 $A \mathcal{R} B$ 若 $A \cap C = B \cap C$。

   d) 在 $\mathbf{R}^2$ 上所有直線所成的集合 A 上，對兩直線 ℓ_1, ℓ_2 定義關係為 $\ell_1 \mathcal{R} \ell_2$ 若 ℓ_1 垂直於 ℓ_2。

   e) $\mathcal{R}$ 是 $\mathbf{Z}$ 上的關係，其中 $x \mathcal{R} y$ 若 $x+y$ 為奇數。

   f) $\mathcal{R}$ 是 $\mathbf{Z}$ 上的關係，其中 $x \mathcal{R} y$ 若 $x-y$ 為偶數。

   g) 令 T 為 $\mathbf{R}^2$ 上所有三角形所成的集合。定義 $\mathcal{R}$ 在 T 上為 $t_1 \mathcal{R} t_2$ 若 t_1 與 t_2 有一個等角度的角。

   h) $\mathcal{R}$ 是 $\mathbf{Z} \times \mathbf{Z}$ 上的關係，其中 $(a, b) \mathcal{R} (c, d)$ 若 $a \leq c$。[注意：$\mathcal{R} \subseteq (\mathbf{Z} \times \mathbf{Z}) \times (\mathbf{Z} \times \mathbf{Z})$。]

6. 習題 5 中那些關係是偏序？那些是等價關係？

7. 令 $\mathcal{R}_1$, $\mathcal{R}_2$ 為集合 A 上的關係。(a) 證明或不證明 $\mathcal{R}_1$, $\mathcal{R}_2$ 是反身的 $\Rightarrow \mathcal{R}_1 \cap \mathcal{R}_2$ 是反身的。(b) 回答 (a) 若每個 "反身的" 被取代為 (i) 對稱的；(ii) 反對稱的；及 (iii) 遞移的。

8. 回答習題 7，其中以 $\cup$ 取代 $\cap$。

9. 對下面各個關於集合 A 上關係的敘述，其中 $|A|=n$，決定敘述的真或假。若為假，請給一反例。

   a) 若 $\mathcal{R}$ 是 A 上的關係且 $|\mathcal{R}| \geq n$，則 $\mathcal{R}$ 是反身的。

   b) 若 $\mathcal{R}_1$, $\mathcal{R}_2$ 是 A 上的關係且 $\mathcal{R}_2 \supseteq \mathcal{R}_1$，則 $\mathcal{R}_1$ 是反身的 (對稱的，反對稱的，遞移的) $\Rightarrow \mathcal{R}_2$ 是反身的 (對稱的，反對稱的，遞移的)。

   c) 若 $\mathcal{R}_1$, $\mathcal{R}_2$ 是 A 上的關係且 $\mathcal{R}_2 \supseteq \mathcal{R}_1$，則 $\mathcal{R}_2$ 是反身的 (對稱的，反對稱的，遞移的) $\Rightarrow \mathcal{R}_1$ 是反身的 (對稱的，反對稱的，遞移的)。

   d) 若 $\mathcal{R}$ 是 A 上的一個等價關係，則 $n \leq |\mathcal{R}| \leq n^2$。

10. 若 $A=\{w, x, y, z\}$，則分別求具有下面性質的 A 上關係的個數 (a) 反身的；(b) 對稱的；(c) 反身及對稱的；(d) 反身的且含 (x, y)；(e) 對稱的且含 (x, y)；(f) 反對稱的；(g) 反對稱的且含 (x, y)；(h) 對稱及反對稱的；及 (i) 反身、對稱及反對稱的。

11. 令 $n \in \mathbf{Z}^+$ 且 $n > 1$，並令 A 為 n 的正因數的集合。定義 A 上的關係 $\mathcal{R}$ 為 $x \mathcal{R} y$ 若 x 整除 y。對下列分別求關係 $\mathcal{R}$ 上的序對個數當 n 是 (a) 10；(b) 20；(c) 40；(d) 200；(e) 210；及 (f) 13860。

12. 假設 p_1, p_2, p_3 為相異質數且 n, $k \in \mathbf{Z}^+$ 且 $n = p_1^5 p_2^3 p_3^k$。令 A 為 n 的正因數的集合且定義 A 上的關係 $\mathcal{R}$ 為 $x \mathcal{R} y$ 若 x 整除 y。若 $\mathcal{R}$ 上有 5880 個序對，求 k 及 $|A|$。

13. 下面論證有何錯誤？
    令 A 為一集合且 $\mathcal{R}$ 是 A 上的一個關係。若 $\mathcal{R}$ 是對稱的及遞移的，則 $\mathcal{R}$ 是反身的。

證明：令 $(x, y) \in \mathcal{R}$。由對稱性質，$(y, x) \in \mathcal{R}$。則以 (x, y)，$(y, x) \in \mathcal{R}$，由遞移性質得 $(x, x) \in \mathcal{R}$。因此，$\mathcal{R}$ 是反身的。

14. 令 A 為一集合且 $|A|=n$，並令 $\mathcal{R}$ 為 A 上的一個反對稱關係，則 $|\mathcal{R}|$ 的最大值為何？這個大小的反對稱關係有多少個？

15. 令 A 為一集合且 $|A|=n$，並令 $\mathcal{R}$ 為 A 上的一個等價關係且 $|\mathcal{R}|=r$。為何 $r-n$ 永遠為偶數？

16. 集合 A 上的關係 $\mathcal{R}$ 被稱是**非反身的** (irreflexive) 若對所有 $a \in A$，$(a, a) \notin \mathcal{R}$。

    a) 給一個 $\mathbf{Z}$ 上的關係 $\mathcal{R}$ 的例子，其中 $\mathcal{R}$ 是非反身的且遞移的，但非對稱的。

    b) 令 $\mathcal{R}$ 為集合 A 上的一個非空關係。證明若 $\mathcal{R}$ 滿足下面任兩個性質——非反身的、對稱的及遞移的——則它不可能滿足第三個。

    c) 若 $|A|=n \geq 1$，則 A 上有多少個相異關係是非反身的？有多少個既不是反身的也不是非反身的？

17. 令 $A=\{1, 2, 3, 4, 5, 6, 7\}$。則 A 上有多少個對稱關係恰含 (a) 4 個序對？(b) 5 個序對？(c) 7 個序對？(d) 8 個序對？

18. a) 令 $f: A \to B$，其中 $|A|=25$，$B=\{x, y, z\}$，且 $|f^{-1}(x)|=10$，$|f^{-1}(y)|=10$，$|f^{-1}(z)|=5$。若我們定義 A 上的關係 $\mathcal{R}$ 為 $a \mathcal{R} b$ 若 $a, b \in A$ 且 $f(a)=f(b)$，則 $\mathcal{R}$ 上有多少個序對？

    b) 對 $n, n_1, n_2, n_3, n_4 \in \mathbf{Z}^+$，令 $f: A \to B$，其中 $|A|=n$，$B=\{w, x, y, z\}$，$|f^{-1}(w)|=n_1$，$|f^{-1}(x)|=n_2$，$|f^{-1}(y)|=n_3$，$|f^{-1}(z)|=n_4$，及 $n_1+n_2+n_3+n_4=n$。若我們定義 A 上的關係 $\mathcal{R}$ 為 $a \mathcal{R} b$ 若 $a, b \in A$ 且 $f(a)=f(b)$，則 $\mathcal{R}$ 上有多少個序對？

7.2 電腦認知：零-壹矩陣及有向圖

因為我們對關係的興趣集中在有限集合上的關係，我們關心表示此類關係的方法數，使得 7.1 節的性質可被容易證明。為這個理由，我們現在發展必要的工具：關係合成、零-壹矩陣及有向圖。

類似函數的合成關係可被以下面環境來合成。

定義 7.8 若 A，B 及 C 為集合且 $\mathcal{R}_1 \subseteq A \times B$ 及 $\mathcal{R}_2 \subseteq B \times C$，則**合成關係** (composite relation) $\mathcal{R}_1 \circ \mathcal{R}_2$ 是一個由 A 到 C 的關係，被定義為 $\mathcal{R}_1 \circ \mathcal{R}_2 = \{(x, z) | x \in A, z \in C$，且存在 $y \in B$ 使得 $(x, y) \in \mathcal{R}_1, (y, z) \in \mathcal{R}_2\}$。

小心！兩個關係的合成書寫的順序和函數合成相反。我們將在例題 7.21 看看為什麼！

例題 7.17 令 $A=\{1, 2, 3, 4\}$，$B=\{w, x, y, z\}$ 及 $C=\{5, 6, 7\}$。考慮 $\mathcal{R}_1=\{(1, x), (2, x), (3, y), (3, z)\}$，一個由 A 到 B 的關係，且 $\mathcal{R}_2=\{(w, 5), (w, 6)\}$，一個由 B 到 C 的關係。則 $\mathcal{R}_1 \circ \mathcal{R}_2 = \{(1, 6), (2, 6)\}$ 是一個由 A 到 C 的關係。若 $\mathcal{R}_3=\{(w, 5), (w, 6)\}$ 是另一個由 B 到 C 的關係，則 $\mathcal{R}_1 \circ \mathcal{R}_3 = \emptyset$。

例題 7.18 令 A 為某電腦中心雇員所成的集合，而 B 表高階程式語言所成的集合，且 C 是計畫 $\{p_1, p_2, \cdots, p_8\}$ 所成的集合，其中管理者須分配工作給 A 中的人員。考慮 $\mathcal{R}_1 \subseteq A \times B$，其中一個形如 (L. Alldredge, Java) 的序對表示雇員 L. Alldredge 精通於 Java 語言 (且或許其它程式語言)。關係 $\mathcal{R}_2 \subseteq B \times C$ 由形如 (Java, p_2) 的序對組成，其中 (Java, p_2) 表示 Java 是由負責 p_2 計畫的人認為需要的主要語言。在合成關係 $\mathcal{R}_1 \circ \mathcal{R}_2$ 裡，我們發現 (L. Alldredge, p_2)。若 $\mathcal{R}_2$ 裡沒有其它序對以 p_2 為其第二個分量，我們知道若 L. Alldredge 被分配 p_2，是唯一基於他對 Java 語言的精通。(這裡 $\mathcal{R}_1 \circ \mathcal{R}_2$ 已被用來建立雇員及計畫間的配對過程，係基於雇員對特殊程式語言的知識。)

類比函數合成的結合律，下面結果對關係成立。

定理 7.1 令 A，B，C 及 D 為集合具有 $\mathcal{R}_1 \subseteq A \times B$，$\mathcal{R}_2 \subseteq B \times C$ 且 $\mathcal{R}_3 \subseteq C \times D$，則 $\mathcal{R}_1 \circ (\mathcal{R}_2 \circ \mathcal{R}_3) = (\mathcal{R}_1 \circ \mathcal{R}_2) \circ \mathcal{R}_3$。

證明： 因為 $\mathcal{R}_1 \circ (\mathcal{R}_2 \circ \mathcal{R}_3)$ 及 $(\mathcal{R}_1 \circ \mathcal{R}_2) \circ \mathcal{R}_3$ 兩者均為由 A 到 D 的關係，有一些理由相信它們是相等的。若 $(a, d) \in \mathcal{R}_1 \circ (\mathcal{R}_2 \circ \mathcal{R}_3)$，則存在一個元素 $b \in B$ 滿足 $(a, b) \in \mathcal{R}_1$ 及 $(b, d) \in (\mathcal{R}_2 \circ \mathcal{R}_3)$。而且 $(b, d) \in (\mathcal{R}_2 \circ \mathcal{R}_3) \Rightarrow (b, c) \in \mathcal{R}_2$ 及 $(c, d) \in \mathcal{R}_3$ 對某些 $c \in C$。則 $(a, b) \in \mathcal{R}_1$ 且 $(b, c) \in \mathcal{R}_2 \Rightarrow (b, c) \in \mathcal{R}_1 \circ \mathcal{R}_2$。最後 $(a, c) \in \mathcal{R}_1 \circ \mathcal{R}_2$ 且 $(c, d) \in \mathcal{R}_3 \Rightarrow (a, d) \in (\mathcal{R}_1 \circ \mathcal{R}_2) \circ \mathcal{R}_3$，且 $\mathcal{R}_1 \circ (\mathcal{R}_2 \circ \mathcal{R}_3) \subseteq (\mathcal{R}_1 \circ \mathcal{R}_2) \circ \mathcal{R}_3$。同理可得逆包含。

由於這個定理的結果，當我們對定理 7.1 的任一個關係寫為 $\mathcal{R}_1 \circ \mathcal{R}_2 \circ \mathcal{R}_3$，將不會模稜兩可。而且，我們現在可以定義一個關係 $\mathcal{R}$ 在一集合上的冪次方。

定義 7.9 給一集合 A 及 A 上的一個關係 $\mathcal{R}$，我們遞迴定義 $\mathcal{R}$ 的**冪次方** (powers) 為 (a) $\mathcal{R}^1 = \mathcal{R}$；且 (b) 對 $n \in \mathbf{Z}^+$，$\mathcal{R}^{n+1} = \mathcal{R} \circ \mathcal{R}^n$。

注意對 $n \in \mathbf{Z}^+$，$\mathcal{R}^n$ 是 A 上的一個關係。

例題 7.19 若 $A=\{1, 2, 3, 4\}$ 且 $\mathcal{R}=\{(1, 2), (1, 3), (2, 4), (3, 2)\}$，則 $\mathcal{R}^2=\{(1, 4), (1, 2), (3, 4)\}$，$\mathcal{R}^3=\{(1, 4)\}$，且對 $n \geq 4$，$\mathcal{R}^n=\emptyset$。

當集合 A 及 A 上的關係 $\mathcal{R}$ 變得較大時，例題 7.19 中的那些計算將變得生厭。欲避免這個生厭，我們需要的工具是電腦，一旦有方法告訴機器關於集合 A 及 A 上的關係 $\mathcal{R}$。

定義 7.10 一個 $m \times n$ **零-壹矩陣** (zero-one matrix) $E=(e_{ij})_{m \times n}$ 是一個被安排成 m 列 n 行的數的矩形陣列，其中每個 e_{ij}，對 $1 \leq i \leq m$ 及 $1 \leq j \leq n$，表 E 的第 i 列及第 j 行的元素，且每一個此類元素是 0 或 1。[我們亦可寫 (0, 1)-矩陣給這個型態的矩陣。]

例題 7.20 矩陣

$$E = \begin{bmatrix} 1 & 0 & 0 & 1 \\ 0 & 1 & 0 & 1 \\ 1 & 0 & 0 & 0 \end{bmatrix}$$

是一個 3×4 (0, 1)-矩陣，其中 $e_{11}=1$，$e_{23}=0$ 及 $e_{31}=1$。

在處理這些矩陣時，我們使用標準的矩陣加法及乘法運算，但規定 $1+1=1$。(因此，加法被稱為 Boolean 加法。)

例題 7.21 考慮例題 7.17 的集合 A，B 及 C 及關係 $\mathcal{R}_1$，$\mathcal{R}_2$。令 A，B 及 C 中的元素順位固定如在該例中的順位，我們定義**關係矩陣** (relation matrix) 給 $\mathcal{R}_1$，$\mathcal{R}_2$ 如下：

$$M(\mathcal{R}_1) = \begin{array}{c} \\ (1) \\ (2) \\ (3) \\ (4) \end{array} \begin{bmatrix} (w) & (x) & (y) & (z) \\ 0 & 1 & 0 & 0 \\ 0 & 1 & 0 & 0 \\ 0 & 0 & 1 & 1 \\ 0 & 0 & 0 & 0 \end{bmatrix}, \quad M(\mathcal{R}_2) = \begin{array}{c} \\ (w) \\ (x) \\ (y) \\ (z) \end{array} \begin{bmatrix} (5) & (6) & (7) \\ 1 & 0 & 0 \\ 0 & 1 & 0 \\ 0 & 0 & 0 \\ 0 & 0 & 0 \end{bmatrix}$$

在構造 $M(\mathcal{R}_1)$ 時，我們是在處理一個由 A 到 B 的關係，所以 A 的所有元素被用來記號 $M(\mathcal{R}_1)$ 的所有列且 B 的所有元素記號 $M(\mathcal{R}_1)$ 的所有行。例如，欲表示 $(2, x) \in \mathcal{R}_1$，我們擺一個 1 在記號 (2) 的列及記號 (x) 的行。這個矩陣裡的每個 0 說明一個 $A \times B$ 裡的序對不在 $\mathcal{R}_1$ 裡。例如，因為 $(3, w) \notin \mathcal{R}_1$，所以有一個 0 給矩陣 $M(\mathcal{R}_1)$ 的列 (3) 及行 (w) 的元素。相同過程被用來得 $M(\mathcal{R}_2)$。

相乘這些矩陣[†]，我們發現

$$M(\mathcal{R}_1) \cdot M(\mathcal{R}_2) = \begin{bmatrix} 0 & 1 & 0 & 0 \\ 0 & 1 & 0 & 0 \\ 0 & 0 & 1 & 1 \\ 0 & 0 & 0 & 0 \end{bmatrix} \begin{bmatrix} 1 & 0 & 0 \\ 0 & 1 & 0 \\ 0 & 0 & 0 \\ 0 & 0 & 0 \end{bmatrix} = \begin{matrix} (1) \\ (2) \\ (3) \\ (4) \end{matrix} \begin{matrix} (5) & (6) & (7) \\ \begin{bmatrix} 0 & 1 & 0 \\ 0 & 1 & 0 \\ 0 & 0 & 0 \\ 0 & 0 & 0 \end{bmatrix} \end{matrix} = M(\mathcal{R}_1 \circ \mathcal{R}_2),$$

其中 4×3 矩陣 $M(\mathcal{R}_1 \circ \mathcal{R}_2)$ 的所有列被以 A 的所有元素做記號，而其所有的行被以 C 的所有元素做記號。一般來講，我們有：若 $\mathcal{R}_1$ 是一個由 A 到 B 的關係且 $\mathcal{R}_2$ 是一個由 B 到 C 的關係，則 $M(\mathcal{R}_1) \cdot M(\mathcal{R}_2) = M(\mathcal{R}_1 \circ \mathcal{R}_2)$。亦即 $\mathcal{R}_1$ 及 $\mathcal{R}_2$ 的關係矩陣乘積，以該順序，等於合成關係 $\mathcal{R}_1 \circ \mathcal{R}_2$ 的關係矩陣。(這就是為何兩個關係的合成被以定義 7.8 所說明的順位來寫。)

讀者將被要求在本節末的習題 11 及習題 12，證明例題 7.21 的一般結果及下一個例題的一些結果。

關係矩陣的更多性質被展示在下面例題裡。

令 $A = \{1, 2, 3, 4\}$ 及 $\mathcal{R} = \{(1, 2), (1, 3), (2, 4), (3, 2)\}$，如例題 7.19。令 A 的所有元素的順序保持固定，我們定義 $\mathcal{R}$ 的關係矩陣如下：$M(\mathcal{R})$ 是 4×4 $(0, 1)$-矩陣，其元素 m_{ij}，對 $1 \leq i, j \leq 4$，被給為

例題 7.22

$$m_{ij} = \begin{cases} 1, & \text{若} (i, j) \in \mathcal{R}, \\ 0, & \text{其它} \end{cases}$$

此時我們發現

$$M(\mathcal{R}) = \begin{bmatrix} 0 & 1 & 1 & 0 \\ 0 & 0 & 0 & 1 \\ 0 & 1 & 0 & 0 \\ 0 & 0 & 0 & 0 \end{bmatrix}.$$

現在這個如何可被任何使用呢？若我們使用 $1 + 1 = 1$ 的規定計算 $(M(\mathcal{R}))^2$，則我們發現

$$(M(\mathcal{R}))^2 = \begin{bmatrix} 0 & 1 & 0 & 1 \\ 0 & 0 & 0 & 0 \\ 0 & 0 & 0 & 1 \\ 0 & 0 & 0 & 0 \end{bmatrix},$$

其恰巧為 $\mathcal{R} \circ \mathcal{R} = \mathcal{R}^2$ 的關係矩陣。(檢查例題 7.19)。更而

[†] 讀者不熟悉矩陣乘法或僅想簡略複習可參考附錄 2。

$$(M(\mathcal{R}))^4 = \begin{bmatrix} 0 & 0 & 0 & 0 \\ 0 & 0 & 0 & 0 \\ 0 & 0 & 0 & 0 \\ 0 & 0 & 0 & 0 \end{bmatrix},$$

其亦為關係 $\mathcal{R}^4$ 的關係矩陣，即 $(M(\mathcal{R}))^4 = M(\mathcal{R}^4)$。而且，記得 $\mathcal{R}^4 = \emptyset$，如我們在例題 7.19 所寫的。

這裡所發生的給了一般情形。我們現在敘述一些關於關係矩陣的結果及它們在學習關係上的使用。

令 A 為一集合且 $|A| = n$ 及 $\mathcal{R}$ 為 A 上的一個關係。若 $M(\mathcal{R})$ 為 $\mathcal{R}$ 的關係矩陣，則

a) $M(\mathcal{R}) = \mathbf{0}$ (所有元素為 0 的矩陣) 若且唯若 $\mathcal{R} = \emptyset$。
b) $M(\mathcal{R}) = \mathbf{1}$ (所有元素為 1 的矩陣) 若且唯若 $\mathcal{R} = A \times A$。
c) $M(\mathcal{R}^m) = [M(\mathcal{R})]^m$，對 $m \in \mathbf{Z}^+$。

在使用 (0, 1)-矩陣給一個關係之後，我們現在轉向反身的、對稱的、反對稱的及遞移的性質的認知。欲達成這個，我們需要下面三個定義所介紹的概念。

定義 7.11　令 $E = (e_{ij})_{m \times n}$，$F = (f_{ij})_{m \times n}$ 為兩個 $m \times n$ (0, 1)-矩陣。我們說 E 在 F 之**前** (precedes) 或 E **小於** (less than) F，且記為 $E \leq F$，若 $e_{ij} \leq f_{ij}$，對所有 $1 \leq i \leq m$，$1 \leq j \leq n$。

例題 7.23　令 $E = \begin{bmatrix} 1 & 0 & 1 \\ 0 & 0 & 1 \end{bmatrix}$ 及 $F = \begin{bmatrix} 1 & 0 & 1 \\ 0 & 1 & 1 \end{bmatrix}$，則我們有 $E \leq F$。事實上，有八個 (0, 1) 矩陣 G 滿足 $E \leq G$。

定義 7.12　對 $n \in \mathbf{Z}^+$，$I_n = (\delta_{ij})_{n \times n}$ 為 $n \times n$ 個 (0, 1)-矩陣，其中

$$\delta_{ij} = \begin{cases} 1, & \text{若 } i = j, \\ 0, & \text{若 } i \neq j. \end{cases}$$

定義 7.13　令 $A = (a_{ij})_{m \times n}$ 為一個 (0, 1)-矩陣。A 的**轉置** (transpose) 記為 A^{tr}，為矩陣 $(a^*_{ji})_{n \times m}$，其中 $a^*_{ji} = a_{ij}$，對所有 $1 \leq j \leq n$，$1 \leq i \leq m$。

對 $A = \begin{bmatrix} 0 & 1 \\ 0 & 0 \\ 1 & 1 \end{bmatrix}$，我們發現 $A^{tr} = \begin{bmatrix} 0 & 0 & 1 \\ 1 & 0 & 1 \end{bmatrix}$。

例題 7.24

這個例題說明，A 的第 i 列 (行) 等於 A^{tr} 的第 i 行 (列)。這個說明我們可使用這個方法由矩陣 A 得到矩陣 A^{tr}。

給一集合 A 具有 $|A| = n$ 及 A 上的一個關係 $\mathcal{R}$，令 M 表 $\mathcal{R}$ 的關係矩陣，則

定理 7.2

a) $\mathcal{R}$ 是反身的若且唯若 $I_n \leq M$。
b) $\mathcal{R}$ 是對稱的若且唯若 $M = M^{tr}$。
c) $\mathcal{R}$ 是遞移的若且唯若 $M \cdot M = M^2 \leq M$。
d) $\mathcal{R}$ 是反對稱的若且唯若 $M \cap M^{tr} \leq I_n$。(矩陣 $M \cap M^{tr}$ 係依據 $0 \cap 0 = 0$ $\cap 1 = 1 \cap 0 = 0$ 及 $1 \cap 1 = 1$ 的規則，即對 0 和 (或) 1 的平常乘法，操作 M 和 M^{tr} 的對應元素而得。)

證明： 結果由關係性質及 (0, 1)-矩陣的定義可得。我們說明 (c) 之結果，使用 A 的所有元素記號 M 的所有列及行，如例題 7.21 及 7.22。

令 $M^2 \leq M$。若 $(x, y), (y, z) \in \mathcal{R}$，則有 1 在 M 的列 (x)、行 (y) 及列 (y)、行 (z)。因此，M^2 的列 (x)、行 (z) 有一個 1。這個 1 必亦在 M 的列 (x)、行 (z)，因為 $M^2 \leq M$。因此 $(x, z) \in \mathcal{R}$ 且 $\mathcal{R}$ 是遞移的。

反之，若 $\mathcal{R}$ 是遞移的且 M 是 $\mathcal{R}$ 的關係矩陣，令 s_{xz} 為 M^2 的列 (x) 及行 (z) 的元素，且 $s_{xz} = 1$。對 $s_{xz} = 1$ 在 M^2 裡，必至少存在一個 $y \in A$，其中 $m_{xy} = m_{yz} = 1$ 在 M 裡。這個僅發生在 $x \mathcal{R} y$ 及 $y \mathcal{R} z$。以 $\mathcal{R}$ 是遞移的，得 $x \mathcal{R} z$。所以 $m_{xz} = 1$ 且 $M^2 \leq M$。

剩下的證明留給讀者。

關係矩陣對關係的某些性質的電腦認知是一個有用的工具。如這裡所描述的儲存資訊，這個矩陣是一個**資料結構** (data structure) 的例子。而且有趣的是關係矩陣如何被用在圖論[†]的研究裡，且圖論如何被用在關係某些性質的認知上。

目前我們將介紹圖論上的一些基本概念。這些概念經常被給在例題中而不是正式的定義。然而，在第 11 章，圖論的陳述將不採取這裡所給的，而將會是更嚴緊的且更廣泛的。

[†] 因為圖論的術語未被標準化，讀者可能發現這裡所給的定義和其它教科書間有一些差異。

定義 7.14

令 V 為一個有限非空集合。V 上的一個**有向圖** (directed graph 或 digraph) G 是由 V 的所有元素,稱為 G 的**頂點**或**節點** (vertices or nodes),及 $V \times V$ 的一個子集合 E,其包含 G 的 (**有向** (directed)) **邊** (edges) 或**弧** (arcs),所組成。集合 V 被稱為 G 的**頂點集合** (vertex set),且集合 E 被稱為**邊集合** (edge set)。我們則以 $G = (V, E)$ 來表圖形。

若 $a, b \in V$ 且 $(a, b) \in E$[‡],則存在一個由 a 到 b 的邊。頂點 a 被稱為邊的**原點** (origin) 或**源點** (source),而 b 被稱為邊的**終點** (terminus) 或**終止頂點** (terminating vertex),且我們說 b 是由 a 鄰接的且說 a 鄰接到 b。此外,若 $a \neq b$,則 $(a, b) \neq (b, a)$。一個形如 (a, a) 的邊被稱為一個 (在 a 的) **迴路** (loop)。

例題 7.25

對 $V = \{1, 2, 3, 4, 5\}$,圖 7.1 的圖是 V 上的一個有向圖 G 具有邊集合 $\{(1, 1), (1, 2), (1, 4), (3, 2)\}$。頂點 5 是這個圖的一部份,既使它不是一個邊的原點或源點。它被稱為一個**孤立** (isolated) 頂點。如我們在這裡所看到的,邊未必是直線段,且不關心邊的長度。

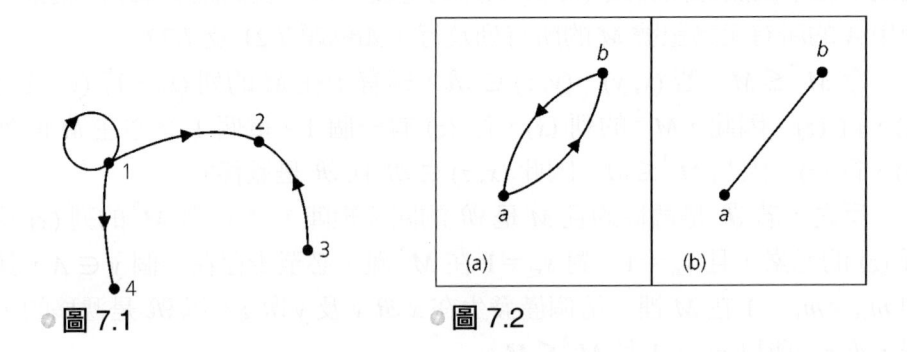

● 圖 7.1   ● 圖 7.2

當我們發展一個**流程圖** (flowchart) 來研究一個電腦程式或演算法時,我們處理一個特別型態的有向圖,其中頂點的形狀在演算法的分析裡也許是重要的。路線圖是有向圖,其中城市及城鎮以頂點表示,且連接兩個城市的高速公路以邊表之。在路線圖裡,一個邊經常是雙向導向。因此,若 G 是一個有向圖且 $a, b \in V$,具有 $a \neq b$ 且 (a, b), (b, a) 兩者均屬於 E,則圖 7.2(b) 中單一的無向邊 $\{a, b\} = \{b, a\}$ 被用來表示圖 7.2(a) 的兩個有向邊。在這個情況,a 和 b 被稱為**相鄰** (adjacent) 頂點。(迴路的方向亦可不理。)

[‡] 在本章,我們將僅允許一個邊由 a 到 b。產生多重邊的圖被稱為**多重圖** (multigraphs)。這些圖將在第 11 章討論。

在電腦科學的許多情況裡，有向圖扮演一個重要的角色。下面例題說明這些之一。

例題 7.26

電腦程式可被進行的更快速，當程式裡的某些敘述同時被執行時。但為達成這個，我們必須知道一些敘述對程式裡的一些早些敘述的依賴關係。因為我們不能執行需依靠其它敘述結果 (這些敘述尚未執行) 的敘述。

在圖 7.3(a) 裡，我們有 8 個指派敘述，其組成一個電腦程式的開頭。我們以 8 個對應的頂點 s_1，s_2，s_3，$\cdots$，s_8 表示這些敘述於圖 (b) 中，其中一個如 (s_1, s_5) 的有向邊說明敘述 s_5 不可被執行直到敘述 s_1 已被執行。所得的有向圖被稱為電腦程式的已知幾行敘述的**前趨圖** (precedence graph)。注意這個圖如何說明，例如，敘述 s_7 不可被執行直到 s_1，s_2，s_3 及 s_4 的每個敘述均已被執行。而且，我們看如敘述 s_1，如何必被執行在可能執行 s_2，s_4，s_5，s_7 或 s_8 的任一個敘述之前。一般來講，若一個頂點 (敘述) s 是鄰接於 m 個其它頂點 (且沒有其它頂點)，則這 m 個頂點所對應的敘述必被執行在敘述 s 可被執行之前。同理，一個頂點 (敘述) s 是鄰接到 n 個其它頂點，則這些頂點相對應的每一個敘述需要敘述 s 的執行在它可被執行之前。最後，由前趨圖，我們看到敘述 s_1，s_3 及 s_6 可被同時進行。跟著這個，敘述 s_2，s_4 及 s_8 可被在同一時刻執行，然後接著是 s_5 和 s_7。(或我們可以同時進行敘述 s_2 和 s_4，然後接著是 s_5，s_7 和 s_8。)

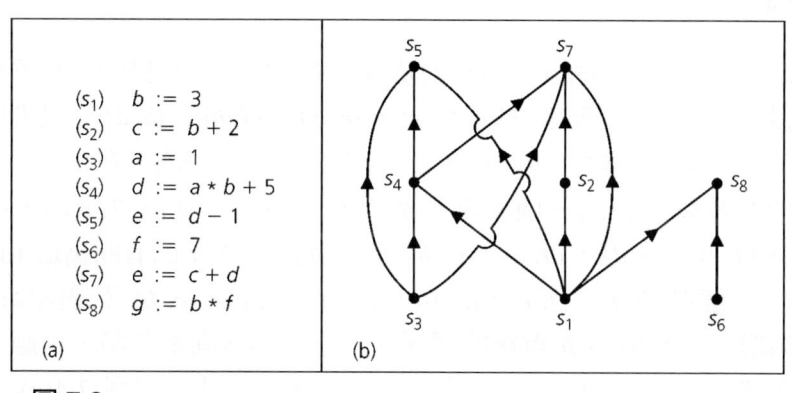

(a)
(s_1)　b := 3
(s_2)　c := b + 2
(s_3)　a := 1
(s_4)　d := a * b + 5
(s_5)　e := d − 1
(s_6)　f := 7
(s_7)　e := c + d
(s_8)　g := b * f

◎ 圖 7.3

現在我們考慮關係及有向圖之間如何互有關係的。開始，給一集合 A 及 A 上的一個關係 $\mathcal{R}$，我們可構造一個具有頂點集合 A 及邊集合 $E \subseteq A \times A$ 的有向圖 G，其中 $(a, b) \in E$ 若 a，$b \in A$ 且 $a \mathcal{R} b$。這個被說明於下面例題。

例題 7.27 對 $A = \{1, 2, 3, 4\}$，令 $\mathcal{R} = \{(1, 1), (1, 2), (2, 3), (3, 2), (3, 3), (3, 4), (4, 2)\}$ 為 A 上的一個關係。和 $\mathcal{R}$ 結合的有向圖被示於圖 7.4(a)，其中無向邊 $\{2, 3\}$ ($= \{3, 2\}$) 被用來代替一對相異的有向邊 $(2, 3)$ 及 $(3, 2)$。若圖 7.4(a) 的方向被忽略，我們得到**結合的無向圖** (associated undirected graph) 被示於圖 (b)。這裡我們看到圖是**連通的** (connected)，其意是對任兩個頂點 x，y，且 $x \neq y$，有一個開始在 x 且終止在 y 的**路徑** (path)。此類路徑由**有限無向邊序列** (finite sequence of undirected edges) 組成，所以邊 $\{1, 2\}$，$\{2, 4\}$ 提供一個由 1 到 4 的路徑，且邊 $\{3, 4\}$，$\{4, 2\}$ 及 $\{2, 1\}$ 提供一個由 3 到 1 的路徑。$\{3, 4\}$，$\{4, 2\}$ 及 $\{2, 3\}$ 的邊序列提供一個由 3 到 3 的路徑。此一**封閉** (closed) 路徑被稱為一個**循環** (cycle)。這是一個長度為 3 的無向循環的例子，因為它有三個邊。

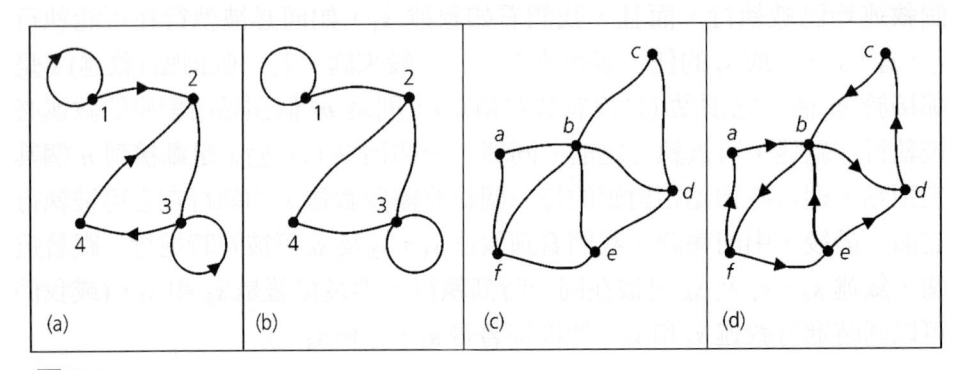

● 圖 7.4

當我們在處理路徑 (包括有向及無向圖) 時，沒有頂點可被重複。因此，圖 7.4(c) 的邊序列 $\{a, b\}$，$\{b, e\}$，$\{e, f\}$，$\{f, b\}$，$\{b, d\}$ 不被考慮是一個 (由 a 到 d 的) 路徑，因為我們通過頂點 b 不止一次。在循環的情形，路徑開始及終止在同一個頂點且至少有三個邊。在圖 7.4(d)，邊序列 (b, f)，(f, e)，(e, d)，(d, c)，(c, b) 是一個長度為 5 的**有向循環** (directed cycle)。六個邊 (b, f)，(f, e)，(e, b)，(b, d)，(d, c)，(c, b) 不是圖中的一個有向循環，因為頂點 b 重複的關係。若它們的方向被忽略，對應的六個邊，在圖 (c) 中，同樣通過頂點 b 不止一次。因此，對圖 7.4(c) 的無向圖，這些邊不被認為形成一個循環。

現在因為我們需要一個長度至少為 3 的循環，我們將不認為迴路是循環。我們亦注意迴路沒有圖形連通性。

我們選擇正式地定義下一個概念，因為它對我們早先在 6.3 節所做的有關。

第七章 關係：第二回 417

定義 7.15

V 上的一個有向圖被稱是**強連通的** (strongly connected)，若對所有 $x, y \in V$，其中 $x \neq y$，存在一個由 x 到 y 的有向邊路徑 (在 G 中)；即不是有向邊 (x, y) 在 G 中，就是對某些 $n \in \mathbf{Z}^+$ 及相異頂點 $v_1, v_2, \cdots, v_n \in V$，有向邊 (x, v_1)，(v_1, v_2)，$\cdots$，(v_n, y) 在 G 裡。

我們在第 6 章所談過的強連通機器就是這個概念。圖 7.4(a) 是連通但非強連通。例如，沒有有向路徑由 3 到 1。在圖 7.5，$V = \{1, 2, 3, 4\}$ 上的有向圖是強連通且無迴路。圖 7.4(d) 的有向圖亦為真。

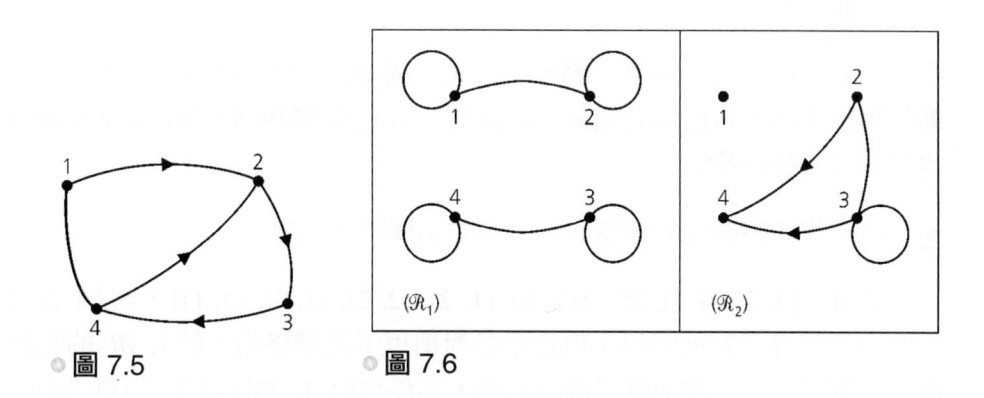

● 圖 7.5　　● 圖 7.6

例題 7.28

對 $A = \{1, 2, 3, 4\}$，考慮關係 $\mathcal{R}_1 = \{(1, 1), (1, 2), (2, 1), (2, 2), (3, 3), (3, 4), (4, 3), (4, 4)\}$ 及 $\mathcal{R}_2 = \{(2, 4), (2, 3), (3, 2), (3, 3), (3, 4)\}$。如圖 7.6 所示，這些關係的圖形是**不連通的** (disconnected)。然而，每個圖形是兩個連通片段的聯集，每個連通片段稱為圖形的**分量** (components)。對 $\mathcal{R}_1$，圖形由兩個強連通分量所組成。對 $\mathcal{R}_2$，一個分量由一個孤立頂點組成，而另一個分量是連通的但非強連通。

例題 7.29

圖 7.7 的圖是無迴路且每對相異頂點均有一個邊的無向圖例子。這些圖形為 n 個頂點上的**完全圖** (complete graphs)，被表為 K_n。在圖 7.7，我們分別有 3 個、4 個及 5 個頂點的完全圖的例子。完全圖 K_n 由兩個頂點 x，y 及一個連這兩個頂點的邊組成，而完全圖 K_1 由一個頂點組成但沒有邊，因為迴路不被允許。

在畫 K_5 的兩邊交叉時，即 $\{3, 5\}$ 和 $\{1, 4\}$。然而，沒有交點創出一個新頂點。若我們試著以不同的方式畫圖來避免邊的交叉，我們再次跑進相同的問題。這個困難將在第 11 章當我們處理圖形的平面化時被檢視。

一個頂點集合 V 上的有向圖 G 給出 V 上的一個關係 $\mathcal{R}$，其中 $x \mathcal{R} y$

(K₃)   (K₄)   (K₅)

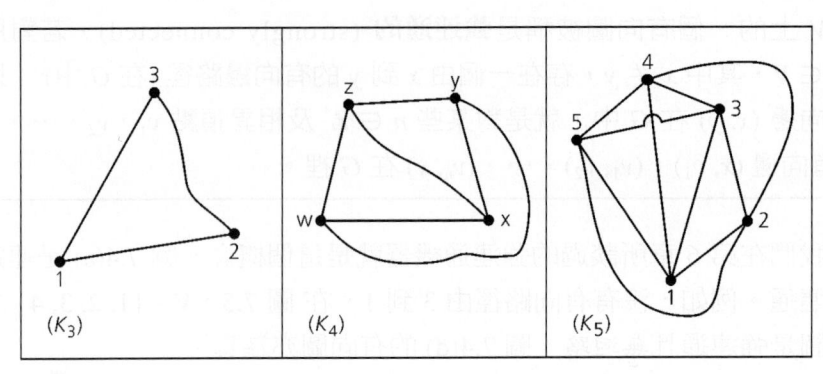

● 圖 7.7

若 (x, y) 是 G 上的一個邊。因此，存在一個 $(0, 1)$-矩陣給 G，且因為這個關係矩陣來自各對頂點的相鄰，它被稱為 G 的**毗鄰矩陣** (adjacency matrix) 也是 $\mathcal{R}$ 的關係矩陣。

目前我們將關係的性質和有向圖的結構綁在一起。

例題 7.30　若 $A = \{1, 2, 3\}$ 且 $\mathcal{R} = \{(1, 1), (1, 2), (2, 2), (3, 3), (3, 1)\}$，則 $\mathcal{R}$ 是 A 上的一個反身反對稱關係，但它不是對稱也不是遞移的。結合 $\mathcal{R}$ 的有向圖有五個邊。這些邊中有三個是迴路，其係來自 $\mathcal{R}$ 的反身性質 (圖 7.8)。一般來講，若 $\mathcal{R}$ 是有限集合 A 上的一個關係，則 $\mathcal{R}$ 是反身的若且唯若它的有向圖在每個頂點 (A 的元素) 有一個迴路。

例題 7.31　關係 $\mathcal{R} = \{(1, 1), (1, 2), (2, 1), (2, 3), (3, 2)\}$ 在 $A = \{1, 2, 3\}$ 上是對稱的，但它不是反身的、反對稱的或遞移的。$\mathcal{R}$ 的方向圖被發現在圖 7.9 裡。一般來講，一個有限集合 A 上的一個關係 $\mathcal{R}$ 是對稱的若且唯若它的有向圖可被劃為僅含迴路及無向邊。

例題 7.32　對 $A = \{1, 2, 3\}$，考慮 $\mathcal{R} = \{(1, 1), (1, 2), (2, 3), (1, 3)\}$。$\mathcal{R}$ 的有向圖被示於圖 7.10。這裡 $\mathcal{R}$ 是遞移的且是反對稱的，但非反身或對稱的。有向圖說明集合 A 上的一個關係是遞移的若且唯若它滿足下面：對所有 x，$y \in A$，若存在一個 (有向) 路徑由 x 到 y 在結合圖裡，則亦有一個邊 (x, y)。[這裡 $(1, 2)$，$(2, 3)$ 是一個 (有向) 路徑由 1 到 3，且我們亦有邊 $(1, 3)$ 給遞移性。] 注意例題 7.26 的圖 7.3 之有向圖亦有這個性質。

關係 $\mathcal{R}$ 是反對稱的，因為在 $\mathcal{R}$ 裡沒有形如 (x, y) 及 (y, x) 且 $x \neq y$ 的序對。欲使用圖 7.10 的方向圖來描述反對稱性，我們觀察對任兩個頂點 x，y 具有 $x \neq y$，圖至多包含 (x, y) 或 (y, x) 的一個邊。因此在迴路旁沒有無向邊。

◎ 圖 7.8　　　　◎ 圖 7.9　　　　◎ 圖 7.10

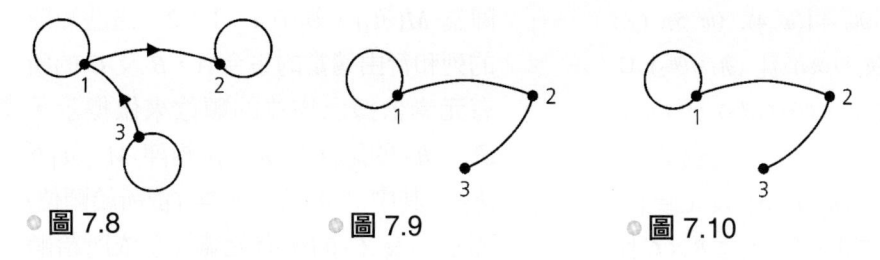

最後一個例題處理等價關係。

對 $A = \{1, 2, 3, 4, 5\}$，下面為 A 上的等價關係：

例題 7.33

$\mathscr{R}_1 = \{(1, 1), (1, 2), (2, 1), (2, 2), (3, 3), (3, 4), (4, 3), (4, 4), (5, 5)\}$，
$\mathscr{R}_2 = \{(1, 1), (1, 2), (1, 3), (2, 1), (2, 2), (2, 3), (3, 1), (3, 2), (3, 3),$
$\qquad (4, 4), (4, 5), (5, 4), (5, 5)\}$。

它們的結合圖被示於圖 7.11。若我們不理每個圖裡的迴路，我們發現圖形被分解成如 K_1、K_2 及 K_3 的分量。一般來講，有限集合 A 上的一個關係是等價關係若且唯若其結合圖是一個完全圖附加每個頂點上的迴路或由完全圖附加每個頂點上的迴路的互斥聯集組成。

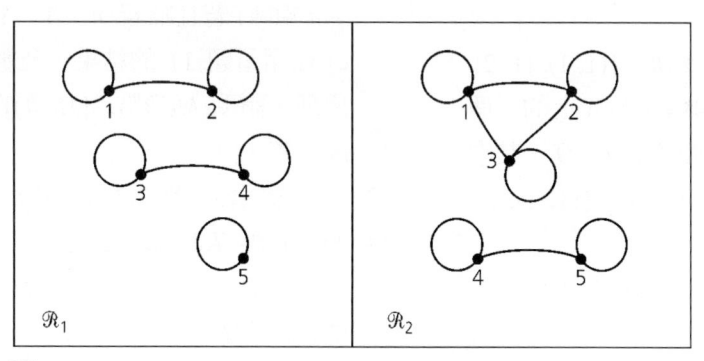

◎ 圖 7.11

習題 7.2

1. 對 $A = \{1, 2, 3, 4\}$，令 $\mathscr{R}$ 及 $\mathscr{S}$ 為 A 上的關係且被定義為 $\mathscr{R} = \{(1, 2), (1, 3), (2, 4), (4, 4)\}$ 及 $\mathscr{S} = \{(1, 1), (1, 2), (1, 3), (2, 3), (2, 4)\}$。求 $\mathscr{R} \circ \mathscr{S}$，$\mathscr{S} \circ \mathscr{R}$，$\mathscr{R}^2$，$\mathscr{R}^3$，$\mathscr{S}^2$ 及 $\mathscr{S}^3$。

2. 若 $\mathscr{R}$ 是集合 A 上的一個反身關係，證明 $\mathscr{R}^2$ 亦是在 A 上反身的。

3. 給定理 7.1 的反包含一個證明。

4. 令 $A = \{1, 2, 3\}$，$B = \{w, x, y, z\}$，$C = \{4, 5, 6\}$。定義關係 $\mathscr{R}_1 \subseteq A \times B$，$\mathscr{R}_2 \subseteq B \times C$ 及 $\mathscr{R}_3 \subseteq B \times C$，其中 $\mathscr{R}_1 = \{(1, w), (3, w), (2, x), (1, y)\}$，$\mathscr{R}_2 = \{(w, 5), (x,$

6), $(y, 4)$, $(y, 6)$} 且 $\mathcal{R}_3$ = {$(w, 4)$, $(w, 5)$, $(y, 5)$}。(a) 求 $\mathcal{R}_1 \circ (\mathcal{R}_2 \cup \mathcal{R}_3)$ 且 $(\mathcal{R}_1 \circ \mathcal{R}_2) \cup (\mathcal{R}_1 \circ \mathcal{R}_3)$。(b) 求 $\mathcal{R}_1 \circ (\mathcal{R}_2 \cap \mathcal{R}_3)$ 且 $(\mathcal{R}_1 \circ \mathcal{R}_2) \cap (\mathcal{R}_1 \circ \mathcal{R}_3)$。

5. 令 $A=\{1, 2\}$，$B=\{m, n, p\}$ 及 $C=\{3, 4\}$。定義關係 $\mathcal{R}_1 \subseteq A \times B$，$\mathcal{R}_2 \subseteq B \times C$ 且 $\mathcal{R}_3 \subseteq B \times C$ 為 $\mathcal{R}_1 = \{(1, m), (1, n), (1, p)\}$，$\mathcal{R}_2 = \{(m, 3), (m, 4), (p, 4)\}$ 及 $\mathcal{R}_3 = \{(m, 3), (m, 4), (p, 3)\}$。求 $\mathcal{R}_1 \circ (\mathcal{R}_2 \cap \mathcal{R}_3)$ 及 $(\mathcal{R}_1 \circ \mathcal{R}_2) \cap (\mathcal{R}_1 \circ \mathcal{R}_3)$。

6. 對集合 A，B 及 C，考慮關係 $\mathcal{R}_1 \subseteq A \times B$，$\mathcal{R}_2 \subseteq B \times C$ 及 $\mathcal{R}_3 \subseteq B \times C$。證明 (a) $\mathcal{R}_1 \circ (\mathcal{R}_2 \cup \mathcal{R}_3) = (\mathcal{R}_1 \circ \mathcal{R}_2) \cup (\mathcal{R}_1 \circ \mathcal{R}_3)$ 及 (b) $\mathcal{R}_1 \circ (\mathcal{R}_2 \cap \mathcal{R}_3) \subseteq (\mathcal{R}_1 \circ \mathcal{R}_2) \cap (\mathcal{R}_1 \circ \mathcal{R}_3)$。

7. 對集合 A 上的一個關係 $\mathcal{R}$，定義 $\mathcal{R}^0 = \{(a, a) \mid a \in A\}$。若 $|A|=n$，證明存在 $s, t \in \mathbf{N}$ 具有 $0 \leq s < t \leq 2^{n^2}$ 滿足 $\mathcal{R}^s = \mathcal{R}^t$。

8. 以 $A=\{1, 2, 3, 4\}$，令 $\mathcal{R}=\{(1, 1), (1, 2), (2, 3), (3, 3), (3, 4), (4, 4)\}$ 為 A 上的一個關係。求 A 上的兩個關係 $\mathcal{S}, \mathcal{T}$，其中 $\mathcal{S} \neq \mathcal{T}$，但 $\mathcal{R} \circ \mathcal{S} = \mathcal{R} \circ \mathcal{T} = \{(1, 1), (1, 2), (1, 4)\}$。

9. 有多少個 6×6 (0, 1)-矩陣 A 滿足 $A = A^{tr}$？

10. 若 $E = \begin{bmatrix} 1 & 0 & 1 & 1 \\ 0 & 0 & 0 & 1 \\ 1 & 0 & 0 & 0 \end{bmatrix}$，有多少個 (0, 1)-矩陣 F 滿足 $E \leq F$？多少個 (0, 1)-矩陣 G 滿足 $G \leq E$？

11. 考慮集合 $A=\{a_1, a_2, \cdots, a_m\}$，$B=\{b_1, b_2, \cdots, b_n\}$ 及 $C=\{c_1, c_2, \cdots, c_p\}$，其中每個集合裡的元素持現在所給的順序。令 $\mathcal{R}_1$ 為由 A 到 B 的一個關係，且令 $\mathcal{R}_2$ 為由 B 到 C 的一個關係。$\mathcal{R}_i$ 的關係矩陣為 $M(\mathcal{R}_i)$，其中 $i=1, 2$。這些矩陣的列和行由適當的集合 A，B 及 C 的所有元素依據已描述的順位來做標示。$\mathcal{R}_1 \circ \mathcal{R}_2$ 的矩陣是 $m \times p$ 矩陣 $M(\mathcal{R}_1 \circ \mathcal{R}_2)$，其中 A 的所有元素 (依所給順位) 標示列及 C 的所有元素 (亦依所給順位) 標示行。

證明對所有 $1 \leq i \leq m$ 及 $1 \leq j \leq p$，$M(\mathcal{R}_1) \cdot M(\mathcal{R}_2)$ 和 $M(\mathcal{R}_1 \circ \mathcal{R}_2)$ 兩矩陣的第 i 列及第 j 行元素相同。[因此，$M(\mathcal{R}_1) \cdot M(\mathcal{R}_2) = M(\mathcal{R}_1 \circ \mathcal{R}_2)$。]

12. 令 A 為一集合且 $|A|=n$，並考慮其元素的列出順序固定。對 $\mathcal{R} \subseteq A \times A$，令 $M(\mathcal{R})$ 表示對應的關係矩陣。

a) 證明 $M(\mathcal{R}) = \mathbf{0}$ (所有元素均為 0 的 $n \times n$ 矩陣) 若且唯若 $\mathcal{R} = \emptyset$。

b) 證明 $M(\mathcal{R}) = \mathbf{1}$ (所有元素均為 1 的 $n \times n$ 矩陣) 若且唯若 $\mathcal{R} = A \times A$。

c) 使用習題 11 的結果，及數學歸納法原理，證明 $M(\mathcal{R}^m) = [M(\mathcal{R})]^m$，對所有 $m \in \mathbf{Z}^+$。

13. 提供證明給定理 7.2 (a)、(b) 及 (d)。

14. 使用定理 7.2 寫一個電腦程式 (或開發一個演算法) 給一個有限集合上的等價關係的辨識。

15. a) 畫一個有向圖 $G_1 = (V_1, E_1)$，其中 V_1 $\{a, b, c, d, e, f\}$ 及 $E_1 = \{(a, b), (a, d), (b, c), (b, e), (d, b), (d, e), (e, c), (e, f), (f, d)\}$。

b) 繪無向圖 $G_2 = (V_2, E_2)$，其中 $V_2 = \{s, t, u, v, w, x, y, z\}$ 及 $E_2 = \{\{s, t\}, \{s, u\}, \{s, x\}, \{t, u\}, \{t, w\}, \{u, w\}, \{u, x\}, \{v, w\}, \{v, x\}, \{v, y\}, \{w, z\}, \{x, y\}\}$。

16. 對圖 7.12 的有向圖 $G=(V, E)$，分類下面各個敘述的真假。

a) 頂點 c 是 G 的兩個邊的原點。

b) 頂點 g 鄰接到頂點 h。
c) G 中有一個由 d 到 b 的有向路徑。
d) G 中有兩個有向循環。

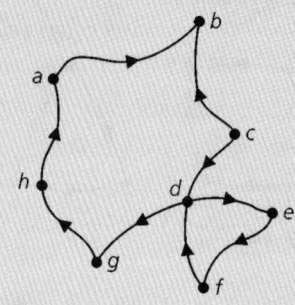

圖 7.12

17. 對 A={a, b, c, d, e, f}，圖 7.13 中的每個圖或每個有向圖表 A 上的一個關係 $\mathcal{R}$。求每種情形的關係 $\mathcal{R} \subseteq A \times A$，及其結合的關係矩陣 $M(\mathcal{R})$。

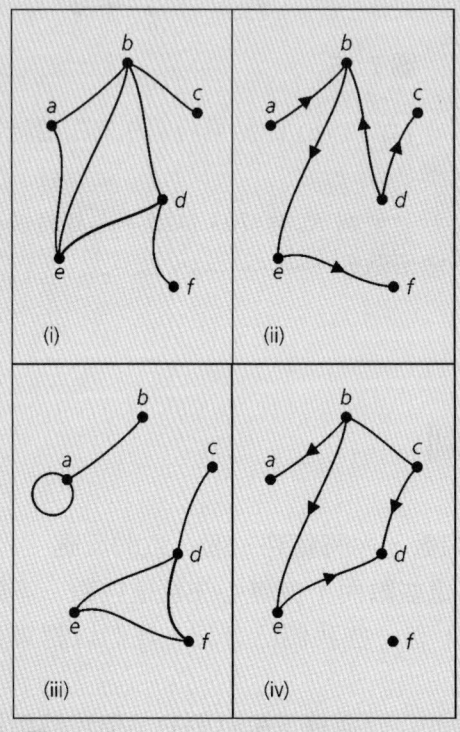

圖 7.13

18. 對 A={v, w, x, y, z}，下面各個是 A 上一個關係 $\mathcal{R}$ 的 (0, 1)-矩陣。這裡的所有列 (由上到下) 及所有行 (由左到右) 被以 v, w, x, y, z 的順位來標示。求每個情形的關係 $\mathcal{R} \subseteq A \times A$，並繪結合 $\mathcal{R}$ 的有向圖 G。

a) $M(\mathcal{R}) = \begin{bmatrix} 0 & 1 & 1 & 0 & 0 \\ 1 & 0 & 1 & 1 & 1 \\ 0 & 0 & 0 & 0 & 1 \\ 0 & 0 & 0 & 0 & 1 \\ 0 & 0 & 0 & 0 & 0 \end{bmatrix}$

b) $M(\mathcal{R}) = \begin{bmatrix} 0 & 1 & 1 & 1 & 0 \\ 1 & 0 & 1 & 0 & 0 \\ 1 & 1 & 0 & 0 & 1 \\ 1 & 0 & 0 & 0 & 1 \\ 0 & 0 & 1 & 1 & 0 \end{bmatrix}$

19. 對 A={1, 2, 3, 4}，令 $\mathcal{R}$ = {(1, 1), (1, 2), (2, 3), (3, 3), (3, 4)} 為 A 上的一個關係。繪結合 $\mathcal{R}$ 的 A 上之有向圖 G。對 $\mathcal{R}^2$、$\mathcal{R}^3$ 及 $\mathcal{R}^4$ 做相同的事情。

20. a) 令 G=(V, E) 為有向圖，其中 V={1, 2, 3, 4, 5, 6, 7} 且 E={(i, j)|1 ≤ i < j ≤ 7}。

ⅰ) 這個圖有多少個邊？

ⅱ) G 上由 1 到 7 的四個有向路徑可被給為：

1) (1, 7);
2) (1, 3), (3, 5), (5, 6), (6, 7);
3) (1, 2), (2, 3), (3, 7);及
4) (1, 4), (4, 7)。

G 上共有多少個由 1 到 7 的有向路徑？

b) 現在令 $n \in \mathbf{Z}^+$，其中 $n \geq 2$，且考慮有向圖 G=(V, E) 具有 V={1, 2, 3, …, n} 及 E={(i, j)|1 ≤ i < j ≤ n}。

ⅰ) 求 |E|。

ⅱ) G 上有多少個由 1 到 n 的有向路徑？

ⅲ) 若 a, b ∈ $\mathbf{Z}^+$ 具 1 ≤ a < b ≤ n，G 上有多少個由 a 到 b 的有向路徑？

(讀者也許可參考 3.1 節習題 20。)

21. 令 $|A|=5$。(a) 在 A 上可構造多少個有向圖？(b) (a) 中的圖中有多少個是真正無向的？

22. 對 $|A|=5$，A 上有多少個關係 $\mathcal{R}$？這些關係中有多少個是對稱的？

23. a) 元素的順位固定為 1，2，3，4，5，求例題 7.33 中每個等價關係的 (0, 1) 關係矩陣。

    b) (a) 的結果可引導出任何一般化嗎？

24. 分別在完全圖 K_6、K_7 及 K_n 裡有多少個 (無向) 邊？其中 $n \in \mathbf{Z}^+$。

25. 對下面某電腦程式的開頭片段，繪一個程序圖：

    (s_1) a := 1
    (s_2) b := 2
    (s_3) a := a + 3
    (s_4) c := b
    (s_5) a := 2 * a - 1
    (s_6) b := a * c
    (s_7) c := 7
    (s_8) d := c + 2

26. a) 令 $\mathcal{R}$ 為 $A=\{1, 2, 3, 4, 5, 6, 7\}$ 上的關係，其中結合 $\mathcal{R}$ 的有向圖由兩個分量組成，每個分量為一個有向循環，示於圖 7.14 裡。求最小的整數 $n>1$，滿足 $\mathcal{R}^n=\mathcal{R}$。$n>1$ 的最小值是多少可使 $\mathcal{R}^n$ 的圖形包含某些迴路？$\mathcal{R}^n$ 的圖形可僅由迴路組成嗎？

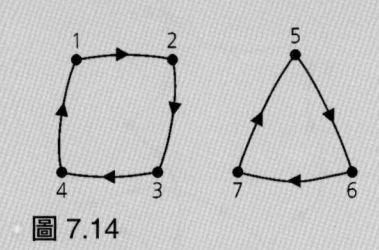

圖 7.14

b) 若 (a) 中的 $A=\{1, 2, 3, \cdots, 9, 10\}$ 且結合 $\mathcal{R}$ 的方向圖如圖 7.15 所示，回答和 (a) 相同的問題。

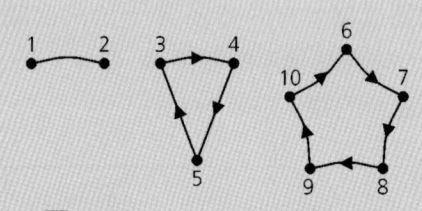

圖 7.15

c) (a) 和 (b) 的結果說明任何一般結果嗎？

27. 若完全圖 K_n 有 703 個邊，則其有多少個頂點？

7.3 偏序：Hasse 圖

若你要求小孩背誦他們所知道的數，你將聽到一個一致的反應 "1，2，3，…"。他們以遞增的順序列出這些數而不會專心注意這些數。本節我們將較嚴謹的來看這個順序概念，有一些我們已容認。我們以對集合 **N**，**Z**，**Q**，**R** 及 **C** 的觀察開始。

集合 **N** 在 (普通的) 加法及乘法的二元運算下是封閉的，但我們想找一個答案給方程式 $x+5=2$，我們發現沒有 **N** 的元素可提供一解。所以我們將 **N** 擴大到 **Z**，其中我們可執行減法和加法及乘法。然而，在我們試

著解方程式 $2x+3=4$ 時，我們馬上遇到困難。擴大到 **Q**，我們可以執行非零除法及其它運算。可是這個馬上證明是不成熟的；方程式 $x^2-2=0$ 需要實數的引入，即無理數 $\pm\sqrt{2}$。甚至在我們由 **Q** 擴大到 **R** 後，更多的困難產生當我們試著解 $x^2+1=0$ 時。最後，我們到達 **C**，複數，其中任意形如 $c_n x^n + c_{n-1} x^{n-1} + \cdots + c_2 x^2 + c_1 x + c_0 = 0$ 的多項式方程式，其中 $c_i \in$ **C** 對 $0 \leq i \leq n$，$n>0$ 且 $c_n \neq 0$，可被解。(這個結果叫做代數基本定理，其證明需要複變數函數的內容，所以這裡不給證明。) 當我們繼續由 **N** 建立到 **C**，得到更多解多項式方程式的能力，但還是有些東西失落掉當我們由 **R** 到 **C** 時。在 **R** 裡，給兩個實數 r_1，r_2，$r_1 \neq r_2$，我們知道不是 $r_1 < r_2$ 就是 $r_2 < r_1$。然而，在 **C** 裡，我們有 $(2+i) \neq (1+2i)$，但對敘述 "$(2+i)<(1+2i)$" 我們能給什麼意思呢？在這個數系裡，我們失落掉"排序"元素的能力。

當我們開始對我們在 7.1 節所進行的順序觀念做一個較緊密的觀察，且令 A 為一集合且 $\mathcal{R}$ 為 A 上的一個關係。序對 $(A, \mathcal{R})$ 被稱為**偏序集** (partially ordered set 或 poset)，若 A 上的關係 $\mathcal{R}$ 是一個偏序，或是一個偏序關係 (如定義 7.6 所給的)。若 A 是一個偏序集，我們瞭解存在一個偏序 $\mathcal{R}$ 在 A 上使 A 進入這個偏序集。例題 7.1 (a)，7.2，7.11 及 7.15 均為偏序集。

令 A 為某學院所開設的課程的集合。定義 A 上的關係 $\mathcal{R}$ 為 $x \mathcal{R} y$ 若 x，y 為相同課程或 x 為 y 的必要課程，則 $\mathcal{R}$ 使 A 成為一個偏序集。 | 例題 7.34

定義 $\mathcal{R}$ 在 $A=\{1, 2, 3, 4\}$ 為 $x \mathcal{R} y$ 若 $x|y$，即 x 整除 y，則 $\mathcal{R}=\{(1, 2), (2, 2), (3, 3), (4, 4), (1, 2), (1, 3), (1, 4), (2, 4)\}$ 是一個偏序，且 $(A, \mathcal{R})$ 是一個偏序集。(這個和例題 7.15 中所學的相似。) | 例題 7.35

在建築房屋時某些工作，例如挖地基，必須在其它建築階段可承擔之前執行。若 A 是在建造一間房子必須執行的工作所成的集合，我們可以定義 A 上的一個關係 $\mathcal{R}$ 為 $x \mathcal{R} y$ 若 x，y 表示相同工作或若工作 x 必須執行在工作 y 之前。依此法我們對 A 的所有元素給一個順位，使 A 成為一個偏序集，有時候被稱為一個 PERT (程式評估及複習技巧) 網路。(此類網路出現在 1950 年間，其為了處理在組織許多個別活動時所產生的複雜性，而那些個別活動是完成一個非常大規模的計畫所需要的。這個技巧真正由美國海軍所發展及第一次使用的，其目的是為了要協調在建造北極星潛艇所需要的許多計畫。) | 例題 7.36

考慮圖 7.16 所給的圖。若 (a) 為某個關係 $\mathcal{R}$ 所結合的方向圖的一部份，則因為 (1, 2)，(2, 1) $\in \mathcal{R}$ 且 $1 \neq 2$，$\mathcal{R}$ 不可能是反對稱的。對 (b)，若圖為某遞移關係 $\mathcal{R}$ 之圖形的一部份，則 (1, 2)，(2, 3) $\in \mathcal{R} \Rightarrow$ (1, 3) $\in \mathcal{R}$。因為 (3, 1) $\in \mathcal{R}$ 且 $1 \neq 3$，$\mathcal{R}$ 不是反對稱的，所以 $\mathcal{R}$ 不可能是一個偏序。

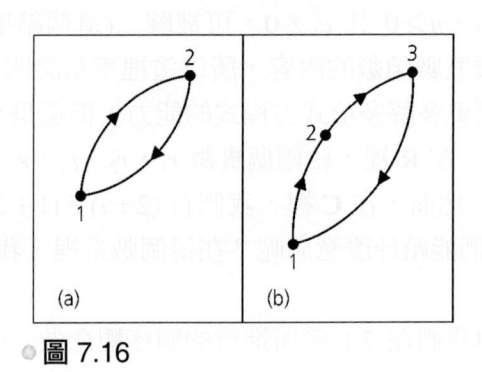

◎ 圖 7.16

由這些觀察，若我們被給一個關係 $\mathcal{R}$ 在集合 A 上，且令 G 為 $\mathcal{R}$ 所結合的方向圖，則我們發現

  i) 若 G 含一對形如 (a, b)，(b, a) 的邊，對 a，$b \in A$ 具有 $a \neq b$，或
  ii) 若 $\mathcal{R}$ 是遞移的且 G 包含一個有向循環 (長度大於或等於 3)，

則關係 $\mathcal{R}$ 不可能是反對稱的，所以 $(A, \mathcal{R})$ 不是一個偏序。

例題 7.37　考慮例題 7.35 之偏序的有向圖。圖 7.17(a) 是 $\mathcal{R}$ 的圖形表示式。在圖 (b)，我們有一個稍微較簡單的圖，其被稱為 $\mathcal{R}$ 的 **Hasse 圖** (Hasse diagram)。

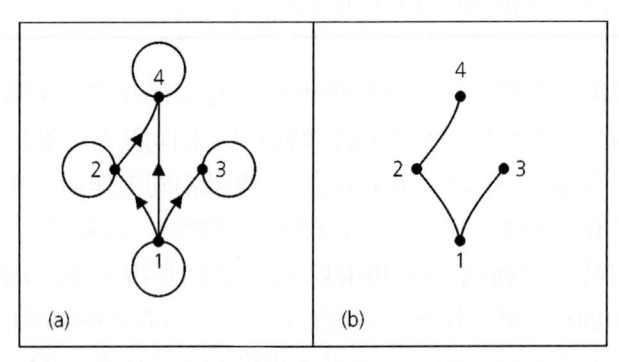

◎ 圖 7.17

當我們知道關係 $\mathcal{R}$ 是集合 A 上的一個偏序，我們可消去其有向圖上各頂點的回路。因為 $\mathcal{R}$ 亦是遞移的，有邊 (1, 2) 及 (2, 4) 的存在足夠保證

邊 (1, 4) 的存在，所以我們不必包含邊 (1, 4)。依此法，我們得圖 7.17(b) 的圖，其中我們並未損失邊上的方向──方向為由底到頂。

> 一般來講，若 $\mathcal{R}$ 是有限集合 A 上的一個偏序，我們可構造 $\mathcal{R}$ 在 A 上的一個 Hasse 圖，其構造法為由 x 畫一線段至 y，若 $x, y \in A$ 具有 $x \mathcal{R} y$，且最重要的，若沒有其它元素 $z \in A$ 滿足 $x \mathcal{R} z$ 及 $z \mathcal{R} y$。(所以，沒有東西介於 x 和 y 之間。) 若我們採用由底到頂的讀圖約定，則不必要在任一邊上給方向。

例題 7.38 圖 7.18 中，我們有 Hasse 圖分別給下面四個偏序集。(a) 具有 $\mathcal{U} = \{1, 2, 3\}$ 且 $A = \mathcal{P}(\mathcal{U})$，$\mathcal{R}$ 是 A 上的子集合關係。(b) 這裡的 $\mathcal{R}$ 是"整除"關係應用到 $A = \{1, 2, 4, 8\}$。(c) 同 (d) 的關係應用至 $\{2, 3, 5, 7\}$。(d) 同 (b) 的關係應用至 $\{2, 3, 5, 6, 7, 11, 12, 35, 385\}$。在 (c) 我們注意到一個 Hasse 圖可全為弧立頂點；它亦可有兩個 (或更多個) 連通片斷，如 (d) 所示。

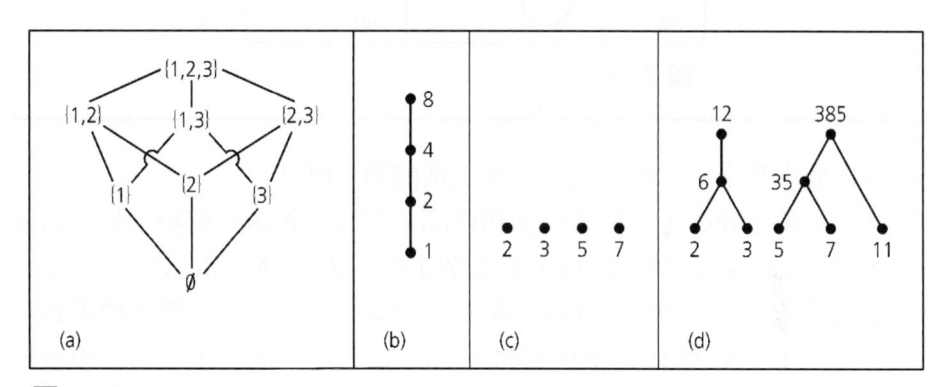

● 圖 7.18

例題 7.39 令 $A = \{1, 2, 3, 4, 5\}$。A 上的關係 $\mathcal{R}$，被定義為 $x \mathcal{R} y$ 若 $x \leq y$，是一個偏序。這個使 A 成為一個偏序集，我們可表為 $(A, \leq)$。若 $B = \{1, 2, 4\} \subset A$，則集合 $(B \times B) \cap \mathcal{R} = \{(1, 1), (2, 2), (4, 4), (1, 2), (1, 4), (2, 4)\}$ 是 B 上的一個偏序。

一般來講，若 $\mathcal{R}$ 是 A 上的一個偏序，則對 A 的每個子集合 B，$(B \times B) \cap \mathcal{R}$ 使 B 成為一個偏序集，其中 B 上的偏序是由 $\mathcal{R}$ 導出的。

我們現在轉到一個特殊型態的偏序。

定義 7.16 若 $(A, \mathcal{R})$ 是一個偏序集，我們稱 A 是**全序的** (totally ordered) (或**線性序的** (linearly ordered)) 若對所有 $x, y \in A$，不是 $x \mathcal{R} y$ 就是 $y \mathcal{R} x$。此時

$\mathcal{R}$ 被稱為一個**全序** (total order) [或**線性序**(linear order)]。

例題 7.40

a) 在集合 N 上，關係 $\mathcal{R}$ 被定義為 $x\mathcal{R}y$ 若 $x \leq y$ 是一個全序。

b) 子集合關係被應用到 $A = \mathcal{P}(\mathcal{U})$，其中 $\mathcal{U} = \{1, 2, 3\}$，是一個偏序，但不是全序，因為 $\{1, 2\}$，$\{1, 3\} \in A$ 但我們沒有 $\{1, 2\} \subseteq \{1, 3\}$，也沒有 $\{1, 3\} \subseteq \{1, 2\}$。

c) 圖 7.18(b) 的 Hasse 圖顯示一個全序。圖 7.19(a) 為這個全序的方向圖，其 Hasse 圖在圖 (b)。

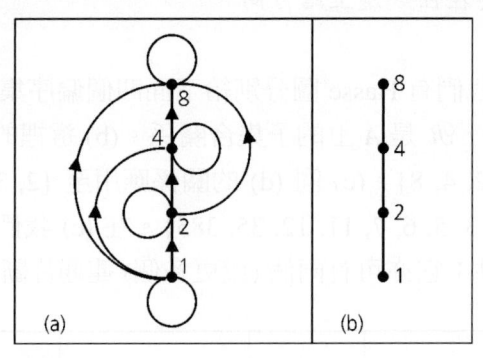

◉ 圖 7.19

這些偏序及全序的觀念曾出現在工業問題上嗎？

某玩具製造商欲上市銷售一種新產品，他必須包含一個指示集合給玩具的組合。為組合這個新玩具，有七個工作，表為 A，B，C，…，G，每一個必須依由圖 7.20 之 Hasse 圖所給的偏序來執行。這裡我們看到，例如，工作 B、A 及 E 必須在我們可工作 C 之前完成。因為指示集合是為這些工作的表列，編號為 1，2，3，…，7，而組成的，製造商如何可寫這個表列且確定 Hasse 圖的偏序被保留？

這裡我們真正要問的是是否我們可取偏序 $\mathcal{R}$，其由 Hasse 圖給之，及求在這些工作上的一個全序 $\mathcal{T}$ 滿足 $\mathcal{R} \subseteq \mathcal{T}$。答案是肯定的，且我們所需要的技巧名叫**拓樸分類** (topological sorting)。

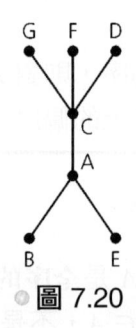

◉ 圖 7.20

拓樸分類演算法

(對集合 A 上的一個偏序 $\mathcal{R}$，且 $|A|=n$)

步驟 1：令 $k=1$，且令 H_1 為偏序的 Hasse 圖。

步驟 2：在 H_k 上選一個頂點使得沒有 H_k 上的 (隱有向) 邊在 v_k 出發。

步驟 3：若 $k=n$，則過程完成且我們有一個全序

$$\mathcal{T}: v_n < v_{n-1} < \cdots < v_2 < v_1$$

包含 $\mathcal{R}$。

若 $k<n$，則由 H_k 移去頂點 v_k 且移去 H_k 上所有終止在 v_k 的 (隱有向) 邊。稱所得結果為 H_{k+1}。把 k 增加 1 並回到步驟 (2)。

這裡我們已提出演算法做為一個清晰的指示表列，不關心稍早幾章所使用的擬編碼的特色且不論及它以一個特別電腦語言的執行。

在我們應用這個演算法[†]到目前的問題之前，我們應觀察步驟 (2) 中的"頂點"這個字之前"一個"的深思熟慮的使用。這告訴我們選法未必是唯一的且我們可以得到幾種不同的全序 $\mathcal{T}$ 包含 $\mathcal{R}$。而且，在步驟 (3)，對頂點 v_{i-1}，其中 $2 \le i \le n$，記號 $v_i < v_{i-1}$ 被使用，因為其比記號 $v_i \mathcal{T} v_{i-1}$ 更建議 v_i 在 v_{i-1} 之前。

在圖 7.21 裡，我們證明 Hasse 圖發展為我們應用拓樸分類演算法到圖 7.20 的偏序。在下面各個圖裡，全序如它所展發的被列出。

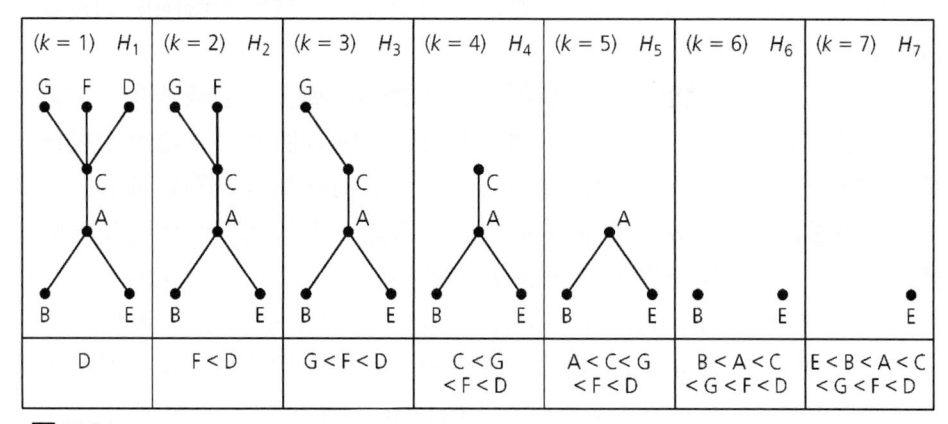

◎ 圖 7.21

[†] 這裡我們僅關心應用這個演算法。因此，我們假設其可用且我們將不給證明。更而，我們可操作它類似我們見過的其它演算法一樣。

若玩具廠商所寫的指示表列為 1-E，2-B，3-A，4-C，5-G，6-F，7-D，則他或她將有一個全序保留為正確組合所需的偏序。這個全序是 12 個可能答案之一。

做為離散及組合數學典型，這個演算法提供一個程序可逐步應用來減小問題的大小。

下一個例題提供一個情況，其中一個偏序的不同全序個數被決定。

例題 7.41† 令 p，q 為相異質數。在圖 7.22(a) 裡，我們有 Hasse 圖給 p^2q 的所有正因數之偏序 $\mathcal{R}$。應用拓樸分類演算法到這個 Hasse 圖，我們發現圖 7.22(b) 裡有 5 個全序 $\mathcal{T}_i$，其中 $\mathcal{R} \subseteq \mathcal{T}_i$，對 $1 \leq i \leq 5$。

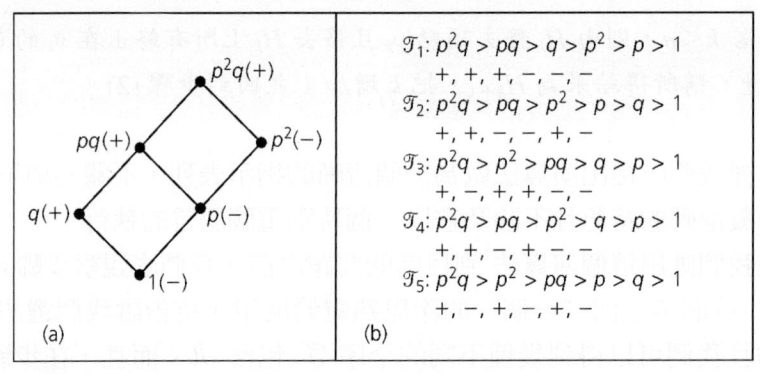

```
(a) Hasse 圖:
      p²q(+)
      /    \
   pq(+)   p²(−)
   /   \   /
  q(+)  p(−)
   \   /
    1(−)

(b)
𝒯₁: p²q > pq > q > p² > p > 1
    +, +, +, −, −, −
𝒯₂: p²q > pq > p² > p > q > 1
    +, +, −, −, +, −
𝒯₃: p²q > p² > pq > q > p > 1
    +, −, +, +, −, −
𝒯₄: p²q > pq > p² > q > p > 1
    +, +, −, +, −, −
𝒯₅: p²q > p² > pq > p > q > 1
    +, −, +, −, +, −
```

○ 圖 7.22

現在再看一次圖 7.22。這次集中注意圖 (a) 中三個加號及三個減號且圖 (b) 中每個全序之下的表列。當我們應用拓樸分類演算法到已知偏序 $\mathcal{R}$ 時，演算法的步驟 (2) 蘊涵第一個被選的因數總是為 p^2q。這個給了每個 $\mathcal{T}_i$ 中的第一個加號，$1 \leq i \leq 5$。繼續應用演算法，我們多得兩個加號及三個減號。

當一個全序被發展時，以前可有在我們的對應表列中減號多於加號？例如，我們可以 +，−，− 開始嗎？若可以，則我們無法正確應用拓樸演算法的步驟 (2)，我們將已承認在 p^2q 及 p^2 之後 pq 為唯一的候選者。事實上，對 $0 \leq k \leq 2$，p^kq 必被選在 p^k 之前。因此，對每個三個加號及三個減號的表列，至少總是加號個數和減號個數相同，當表列是由左讀到右。現在比較例題 1.43(a) 的結果，我們看到對已知偏序的全序個數為 $5 = \frac{1}{3+1}\binom{2 \cdot 3}{3}$。更而，對 $n \geq 1$，拓樸分類演算法可被應用到 $p^{n-1}q$ 的所有正因數之偏序而產生 $\frac{1}{n+1}\binom{2n}{n}$ 個全序，這是 Catalan 數產生的另一個例證。

---

† 這個例題和 1.5 節中 Catalan 數之可選擇教材有關聯，可被跳過而不失連貫性。

在拓樸分類演算法裡，我們看到 Hasse 圖如何被用來決定一個偏序集 $(A, \mathcal{R})$ 內的全序。這個演算法現在提醒我們來檢視偏序的進一步性質。一開始，將特別強調像演算法步驟 (2) 中的頂點 v_k 之頂點。由此類頂點所展示的特殊性質現在被考慮於下。

定義 7.17 若 $(A, \mathcal{R})$ 是一個偏序集，則元素 $x \in A$ 被稱為 A 的一個**極大元**(maximal element)，若對所有 $a \in A$，$a \neq x \Rightarrow x \mathcal{R} a$。元素 $y \in A$ 被稱為 A 的一個**極小元**(minimal element)，若每當 $b \in A$ 且 $b \neq y$，則 $b \mathcal{R} y$。

假若我們使用定義 7.17 中第一個敘述的質位變換，則我們可敘述 x ($\in A$) 是一個極大元，若對每個 $a \in A$，$x \mathcal{R} a \Rightarrow x = a$。同法，$y \in A$ 是一個極小元，若對每個 $b \in A$，$b \mathcal{R} y \Rightarrow b = y$。

例題 7.42 令 $\mathcal{U} = \{1, 2, 3\}$ 且 $A = \mathcal{P}(\mathcal{U})$。

a) 令 $\mathcal{R}$ 為 A 上的子集合關係。則 $\mathcal{U}$ 是偏序集 $(A, \subseteq)$ 的極大元，而 $\emptyset$ 是極小元。

b) 對 B，$\{1, 2, 3\}$ 的真子集所成的集合，令 $\mathcal{R}$ 為 B 上的子集合關係。在偏序集 $(B, \subseteq)$ 裡，集合 $\{1, 2\}$，$\{1, 3\}$ 及 $\{2, 3\}$ 均為極大元；$\emptyset$ 仍舊是唯一的極小元。

例題 7.43 以 $\mathcal{R}$ 為集合 $\mathbf{Z}$ 上的"小於或等於"關係，我們發現 $(\mathbf{Z}, \leq)$ 是一個沒有極大元也沒有極小元的偏序集。然而，偏序集 $(\mathbf{N}, \leq)$ 有極小元，但沒有極大元。

例題 7.44 當我們回看例題 7.38 (b)、(c) 及 (d) 的偏序，看到下面幾個觀察。

1) (b) 之偏序有唯一的極大元 8 及唯一的極小元 1。
2) 2，3，4，5 及 7，這四個元素中的每一個同時是例題 7.3(c) 中偏序集的極大元及極小元。
3) 在 (d)，元素 12 和 385 兩者均是極大元。2，3，5，7 及 11 中的每一個元素均是這個偏序的極小元。

是否存在任何條件說明何時一個偏序集必有一個極大元或極小元？

定理 7.3 若 $(A, \mathcal{R})$ 是一個偏序集且 A 為有限，則 A 有一個極大元且有一個極小元。

證明：令 $a_1 \in A$。若沒有元素 $a \in A$，其中 $a \neq a_1$ 且 $a_1 \mathcal{R} a$，則 a_1 是極大元。否則存在一個元素 $a_2 \in A$ 滿足 $a_2 \neq a_1$ 且 $a_1 \mathcal{R} a_2$。若沒有元素 $a \in A$，$a \neq a_2$，滿足 $a_2 \mathcal{R} a$，則 a_2 是極大元。否則我們可找 $a_3 \in A$ 使得 $a_3 \neq a_2$，$a_3 \neq a_1$ (為何？) 而 $a_1 \mathcal{R} a_2$ 且 $a_2 \mathcal{R} a_3$。以此方式繼續，因為 A 為有限，我們得到一個元素 $a_n \in A$ 滿足 $a_n \mathcal{R} a$ 對所有 $a \in A$，其中 $a \neq a_n$，所以 a_n 是極大元。

對極小元的證明可以同法得到。

我們現在回到拓樸分類演算法，我們看到演算法步驟 (2) 的每一個迭代，我們正在由原始偏序集 $(A, \mathcal{R})$ 選一個極大元，或由一個形如 $(B, \mathcal{R}')$ 的偏序集選極大元，其中 $\emptyset \neq B \subset A$ 且 $\mathcal{R}' = (B \times B) \cap \mathcal{R}$。由定理 7.3，至少有一個極大元存在 (在各個迭代裡)。則在步驟 (3) 的第二部份，若 x 是 (步驟 2 裡) 所選的極大元，我們由目前的偏序集移走所有形如 (a, x) 的元素。這個得一個較小的偏序集。

我們現在轉向研究一些含偏序集的額外概念。

定義 7.18 若 $(A, \mathcal{R})$ 是一個偏序集，則元素 $x \in A$ 被稱為**最小元** (least element)，若 $x \mathcal{R} a$ 對所有 $a \in A$。元素 $y \in A$ 被稱為**最大元** (greatest element)，若 $a \mathcal{R} y$ 對所有 $a \in A$。

例題 7.45 令 $\mathcal{U} = \{1, 2, 3\}$ 且令 $\mathcal{R}$ 為子集合關係。

a) 以 $A = \mathcal{P}(\mathcal{U})$，偏序集 $(A, \subseteq)$ 有 $\emptyset$ 為最小元及 $\mathcal{U}$ 為最大元。

b) 對 $B = \mathcal{U}$ 的非空子集合所成的集合，偏序集 $(B, \subseteq)$ 有 $\mathcal{U}$ 為最大元，它沒有最小元，但有三個極小元。

例題 7.46 對例題 7.38 的偏序，我們發現

1) (b) 中的偏序有最大元 8 及最小元 1。
2) (c) 中的偏序集沒有最大元或最小元。
3) (d) 中的偏序沒有最大元或最小元。

我們已看到一個偏序集可能有好幾個極大元及極小元。最小元及最大元也是如此嗎？

若偏序集 $(A, \mathcal{R})$ 有一個最大 (最小) 元，則該元素為唯一的。 **證明**：假設 x，$y \in A$ 且兩者均為最大元。因為 x 是一個最大元，$y \mathcal{R} x$。同樣的，$x \mathcal{R} y$ 因為 y 是一個最大元。因為 $\mathcal{R}$ 是逆對稱，得 $x = y$。 　　對最小元的證明是相似的。	定理 7.4

令 $(A, \mathcal{R})$ 為一偏序集具有 $B \subseteq A$。元素 $x \in A$ 被稱為 B 的一個**下界** (lower bound)，若 $x \mathcal{R} b$ 對所有 $b \in B$。同樣的，元素 $y \in A$ 被稱為 B 的一個**上界** (upper bound)，若 $b \mathcal{R} y$ 對所有 $b \in B$。 　　元素 $x' \in A$ 被稱為 B 的一個**最大下界** (greatest lower bound, glb)，若它是 B 的一個下界且對 B 的所有其它下界 x'' 我們有 $x'' \mathcal{R} x'$。同理，$y' \in A$ 是 B 的一個**最小上界** (least upper bound, lub)，若其為 B 的一個上界且若 $y' \mathcal{R} y''$ 對 B 的所有其它上界 y''。	定義 7.19

令 $\mathcal{U} = \{1, 2, 3, 4\}$，具有 $A = \mathcal{P}(\mathcal{U})$，且令 $\mathcal{R}$ 為 A 上的子集合關係。若 $B = \{\{1\}, \{2\}, \{1, 2\}\}$，則 $\{1, 2\}$，$\{1, 2, 3\}$，$\{1, 2, 4\}$ 及 $\{1, 2, 3, 4\}$ 均為 B (在 $(A, \mathcal{R})$) 的上界，而 $\{1, 2\}$ 是一個最小上界 (且在 B 裡)。同時，B 的最大下界是 $\emptyset$，其不在 B 裡。	例題 7.47

令 $\mathcal{R}$ 為 "小於或等於" 關係給偏序集 $(A, \mathcal{R})$。 a) 若 $A = \mathbf{R}$ 且 $B = [0, 1]$，則 B 有 glb 0 且 lub 1。注意 0，$1 \in B$。對 $C = (0, 1]$，C 有 glb 0 及 lub 1，且 $1 \in C$ 但 $0 \notin C$。 b) 繼續令 $A = \mathbf{R}$，令 $B = \{q \in \mathbf{Q} \mid q^2 < 2\}$，則 B 有 $\sqrt{2}$ 為一個 lub 及 $-\sqrt{2}$ 為一個 glb，而這兩個數無一個在 B 裡。 c) 現在令 $A = \mathbf{Q}$，且 B 為 (b) 中的 B，則 B 沒有 lub 或 glb。	例題 7.48

這些例題引導我們至下面結果。

若 $(A, \mathcal{R})$ 為一偏序集且 $B \subseteq A$，則 B 至多有一個 lub (glb)。 **證明**：我們將證明留給讀者。	定理 7.5

我們以最後一個有序結構做為本節的結束。

偏序集 $(A, \mathcal{R})$ 被稱為一個**格子** (lattice)，若對所有 x，$y \in A$，元素 lub$\{x, y\}$ 及 glb$\{x, y\}$ 均存在 A。	定義 7.20

例題 7.49 給 $A=\mathbf{N}$ 及 $x, y \in \mathbf{N}$，定義 $x \mathcal{R} y$ 為 $x \leq y$。則 $\text{lub}\{x, y\} = \max\{x, y\}$，$\text{glb}\{x, y\} = \min\{x, y\}$，且 $(\mathbf{N}, \leq)$ 為一個格子。

例題 7.50 對例題 7.45(a) 的偏序集，若 $S, T \subseteq \mathcal{U}$，具有 $\text{lub}\{S, T\} = S \cup T$ 及 $\text{glb}\{S, T\} = S \cap T$，則 $(\mathcal{P}(\mathcal{U}), \subseteq)$ 是一個格子。

例題 7.51 考慮例題 7.38(d) 的偏序集。這裡我們發現，例如

$\text{lub}\{2, 3\} = 6$, $\text{lub}\{3, 6\} = 6$, $\text{lub}\{5, 7\} = 35$, $\text{lub}\{7, 11\} = 385$, $\text{lub}\{11, 35\} = 385$,

及

$\text{glb}\{3, 6\} = 3$, $\text{glb}\{2, 12\} = 2$, $\text{glb}\{35, 385\} = 35$.

然而，即使 $\text{lub}\{2, 3\}$ 存在，沒有 glb 給元素 2 及 3。而且，我們也缺少 (在其它考量中) $\text{glb}\{5, 7\}$，$\text{glb}\{11, 35\}$，$\text{glb}\{3, 35\}$ 及 $\text{lub}\{3, 35\}$。因此，這個偏序不是一個格子。

習題 7.3

1. 繪 Hasse 圖給偏序集 $(\mathcal{P}(\mathcal{U}), \subseteq)$，其中 $\mathcal{U} = \{1, 2, 3, 4\}$。

2. 令 $A = \{1, 2, 3, 6, 9, 18\}$，且定義 $\mathcal{R}$ 在 A 上為 $x \mathcal{R} y$ 若 $x|y$。繪 Hasse 圖給偏序集 $(A, \mathcal{R})$。

3. 令 $(A, \mathcal{R}_1)$, $(B, \mathcal{R}_2)$ 為兩個偏序集。在 $A \times B$，定義關係 $\mathcal{R}$ 為 $(a, b) \mathcal{R} (x, y)$ 若 $a \mathcal{R}_1 x$ 及 $b \mathcal{R}_2 y$，證明 $\mathcal{R}$ 是一個偏序。

4. 若習題 3 的 $\mathcal{R}_1$, $\mathcal{R}_2$ 均為全序，$\mathcal{R}$ 是一個全序嗎？

5. 拓樸分類例題 7.38(a) 的 Hasse 圖。

6. 對 $A = \{a, b, c, d, e\}$，偏序集 $(A, \mathcal{R})$ 的 Hasse 圖被示於圖 7.23。(a) 求 $\mathcal{R}$ 的關係矩陣。(b) 構造結合 $\mathcal{R}$ 的 (A 上的) 有向圖 G。(c) 拓樸分類偏序集 $(A, \mathcal{R})$。

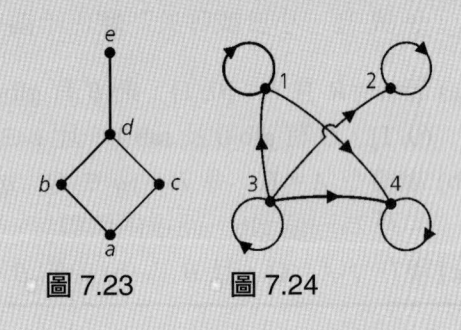

圖 7.23   圖 7.24

7. 集合 $A = \{1, 2, 3, 4\}$ 上的一個關係 $\mathcal{R}$ 之有向圖 G 示於圖 7.24。(a) 證明 $(A, \mathcal{R})$ 是一個偏序集並求其 Hasse 圖。(b) 拓樸分類 $(A, \mathcal{R})$。(c) 圖 7.24 還須多少個有向邊以擴大 $(A, \mathcal{R})$ 為一個全序？

8. 證明若偏序集 $(A, \mathcal{R})$ 有一個最小元，則其是唯一的。

9. 證明定理 7.5。

10. 給一個具有四個極大元但無最大元的偏序集例子。

11. 若 $(A, \mathcal{R})$ 是一個偏序集但不是一個全序，且 $\emptyset \neq B \subset A$，則 $(B \times B) \cap \mathcal{R}$ 可使 B 成為一個偏序集但不是一個全序嗎？

12. 若 $\mathcal{R}$ 是 A 上的一個關係，且 G 是其結合的有向圖，吾人如何由 G 辨識 $(A, \mathcal{R})$ 是一個全序？

13. 若 G 是 A 上的一個關係 $\mathcal{R}$ 之有向圖，具有 $|A|=n$，及 $(A, \mathcal{R})$ 是一個全序，則 G 有多少個邊 (包含迴路) ？

14. 令 $M(\mathcal{R})$ 為 A 上關係 $\mathcal{R}$ 的關係矩陣，具有 $|A|=n$。若 $(A, \mathcal{R})$ 是一個全序，則 $M(\mathcal{R})$ 裡有多少個 1？

15. a) 描述一個全序偏序集 $(A, \mathcal{R})$ 的 Hasse 圖，其中 $|A|=n \geq 1$。
    b) 對一集合 A，其中 $|A|=n \geq 1$，則 A 上有多少個關係為全序。

16. a) 對 $A=\{a_1, a_2, \cdots, a_n\}$，令 $(A, \mathcal{R})$ 為一個偏序集。若 $M(\mathcal{R})$ 是其對應的關係矩陣，我們如何由 $M(\mathcal{R})$ 來辨識這個偏序集的一個極大元或極小元？
    b) 吾人如何由關係矩陣 $M(\mathcal{R})$ 辨識 $(A, \mathcal{R})$ 的最大元或最小元的存在？

17. 令 $\mathcal{U}=\{1, 2, 3, 4\}$，具有 $A=\mathcal{P}(\mathcal{U})$，且令 $\mathcal{R}$ 為 A 上的子集合關係。對下面各個 (A 的) 子集合 B，求 B 的 lub 及 glb。
    a) $B = \{\{1\}, \{2\}\}$
    b) $B = \{\{1\}, \{2\}, \{3\}, \{1, 2\}\}$
    c) $B = \{\emptyset, \{1\}, \{2\}, \{1, 2\}\}$
    d) $B = \{\{1\}, \{1, 2\}, \{1, 3\}, \{1, 2, 3\}\}$
    e) $B = \{\{1\}, \{2\}, \{3\}, \{1, 2\}, \{1, 3\}, \{2, 3\}\}$

18. 令 $\mathcal{U}=\{1, 2, 3, 4, 5, 6, 7\}$ 具有 $A=\mathcal{P}(\mathcal{U})$，且令 $\mathcal{R}$ 為 A 上的子集合關係。對 $B=\{\{1\}, \{2\}, \{2, 3\}\} \subseteq A$，求下面各題。
    a) 求 B 的上界個數使其含 (i) 3 個 $\mathcal{U}$ 的元素；(ii) 4 個 $\mathcal{U}$ 的元素；(iii) 5 個 $\mathcal{U}$ 的元素。
    b) 存在 B 裡的上界個數。
    c) B 的 lub。
    d) 存在 B 裡的下界個數。
    e) B 的 glb。

19. 定義集合 $\mathbf{Z}$ 上的關係 $\mathcal{R}$ 為 $a \mathcal{R} b$ 若 $a-b$ 是一個非負的偶數。證明 $\mathcal{R}$ 定義一個偏序給 $\mathbf{Z}$，這個偏序是一個全序嗎？

20. 對 $X=\{0, 1\}$，令 $A=X \times X$。定義 A 上的關係 $\mathcal{R}$ 為 $(a, b) \mathcal{R} (c, d)$ 若 (i) $a<c$；或 (ii) $a=c$ 且 $b \leq d$。(a) 證明 $\mathcal{R}$ 是 A 的一個偏序。(b) 求這個偏序的所有極小元及極大元。(c) 是否有一個最小元？是否有一個最大元？(d) 這個偏序是一個全序嗎？

21. 令 $X=\{0, 1, 2\}$ 及 $A=X \times X$。定義 A 上的關係 $\mathcal{R}$ 如習題 20。對這個關係 $\mathcal{R}$ 及集合 A，回答習題 20 相同的問題。

22. 對 $n \in \mathbf{Z}^+$，令 $X=\{0, 1, 2, \cdots, n-1, n\}$ 及 $A=X \times X$。定義 A 上的關係 $\mathcal{R}$ 如習題 20。記住在這個全序 $\mathcal{R}$ 裡的每個元素是一個序對，其分量是序對。則 $\mathcal{R}$ 裡有多少個此類元素？

23. 令 $(A, \mathcal{R})$ 為一個偏序集。證明或不證明下面各個敘述。
    a) 若 $(A, \mathcal{R})$ 是一個格子，則它是一個全序。
    b) 若 $(A, \mathcal{R})$ 是一個全序，則它是一個格子。

24. 若 $(A, \mathcal{R})$ 是一個格子，且 A 為有限，證明 $(A, \mathcal{R})$ 有一個最大元及一個最小元。

25. 對 $A=\{a, b, c, d, e, v, w, x, y, z\}$，考慮偏序集 $(A, \mathcal{R})$，其 Hasse 圖示於圖 7.25。求
    a) glb$\{b, c\}$
    b) glb$\{b, w\}$
    c) glb$\{e, x\}$
    d) lub$\{c, b\}$
    e) lub$\{d, x\}$
    f) lub$\{c, e\}$
    g) lub$\{a, v\}$

    $(A, \mathcal{R})$ 是一個格子嗎？有一個極大元嗎？有一個極小元嗎？有最大元嗎？有最小元嗎？

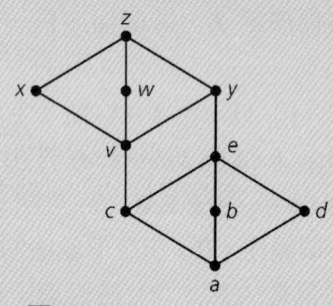

    圖 7.25

26. 給偏序 $(A, \mathcal{R})$ 及 $(B, \mathcal{S})$，函數 $f: A \to B$ 被稱為**保序** (order-preserving) 若對所有 $x, y \in A$，$x \mathcal{R} y \Rightarrow f(x) \mathcal{S} f(y)$。則下面各個小題有多少個此類的保序函數，其中 $\mathcal{R}, \mathcal{S}$ 均表 ≤ (平常的 "小於或等於" 關係)？

    a) $A = \{1, 2, 3, 4\}, B = \{1, 2\}$;
    b) $A = \{1, \ldots, n\}, n \geq 1, B = \{1, 2\}$;
    c) $A = \{a_1, a_2, \ldots, a_n\} \subset \mathbf{Z}^+, n \geq 1$, $a_1 < a_2 < \cdots < a_n, B = \{1, 2\}$;
    d) $A = \{1, 2\}, B = \{1, 2, 3, 4\}$;
    e) $A = \{1, 2\}, B = \{1, \ldots, n\}, n \geq 1$; 且
    f) $A = \{1, 2\}, B = \{b_1, b_2, \ldots, b_n\} \subset \mathbf{Z}^+$, $n \geq 1, b_1 < b_2 < \cdots < b_n$.

27. 令 p, q, r, s 為四個相異質數且 $m, n, k, \ell \in \mathbf{Z}^+$。則下面各個小題的所有正因數的 Hasse 圖中有多少個邊？
    (a) p^3; (b) p^m; (c) $p^3 q^2$; (d) $p^m q^n$; (e) $p^3 q^2 r^4$; (f) $p^m q^n r^k$; (g) $p^3 q^2 r^4 s^7$; 及 (h) $p^m q^n r^k s^\ell$?

28. 求全序下面各個小數的所有正因數之偏序的方法數：(a) 24；(b) 75 及 (c) 1701。

29. 令 p, q 為相異質數且 $k \in \mathbf{Z}^+$。若有 429 個方法來全序 $p^k q$ 的所有正因數的偏序，則對這個偏序有多少個正因數？

30. 對 $m, n \in \mathbf{Z}^+$，令 A 為所有 $m \times m$ $(0, 1)$-矩陣的集合。定義 7.11 "之前" 的關係使 A 成為一個偏序集。

7.4 等價關係及分割

如我們稍早在定義 7.7 所註解的，集合 A 上的一個關係 $\mathcal{R}$ 是一個等價關係若其是反身的、對稱的及遞移的。對任意集合 $A \neq \emptyset$，等號關係是 A 上的一個等價關係，其中 A 的兩個元素是有關連的若它們相等；因此等號建立 A 的元素間 "相同" 的性質。

若我們考慮集合 $\mathbf{Z}$ 上的關係 $\mathcal{R}$ 定義為 $x \mathcal{R} y$ 若 $x - y$ 是 2 的倍數，則 $\mathcal{R}$ 是 $\mathbf{Z}$ 上的一個等價關係，其中所有偶數均有關係，如所有奇數有關

係。這裡，例如，我們沒有 4=8，但我們有 4 $\mathcal{R}$ 8，因為我們不再關心一個數的大小而是僅關心"偶數"及"奇數"兩個性質。這個關係把 **Z** 分成奇數及偶數的兩個子集合：**Z** = {⋯, −3, −1, 1, 3, ⋯} ∪ {⋯, −4, −2, 0, 2, 4, ⋯}。**Z** 的這個分離是一個分割的例子，一個和等價關係有密切關聯的概念。本節將探討這個關係並看它如何幫我們計數一個有限集合上的等價關係的個數。

定義 7.21 給一集合 A 及指標集合 I，令 $\emptyset \neq A_i$ 對每個 $i \in I$，則 $\{A_i\}_{i \in I}$ 是 A 的一個**分割** (partition) 若

 a) $A = \bigcup_{i \in I} A_i$　 及　 b) $A_i \cap A_j = \emptyset$，對所有 $i, j \in I$，其中 $i \neq j$。

每個子集合 A_i 被稱是分割的一個**胞** (cell) 或**集區** (block)。

例題 7.52 若 $A = \{1, 2, 3, \cdots, 10\}$，則下列各題決定 A 的一個分割：

a) $A_1 = \{1, 2, 3, 4, 5\}$, $A_2 = \{6, 7, 8, 9, 10\}$
b) $A_1 = \{1, 2, 3\}$, $A_2 = \{4, 6, 7, 9\}$, $A_3 = \{5, 8, 10\}$
c) $A_i = \{i, i+5\}$, $1 \leq i \leq 5$

在這三個例子裡，我們注意到 A 的每個元素如何恰屬於每個分割裡的一個胞。

例題 7.53 令 $A = \mathbf{R}$ 且對每個 $i \in \mathbf{Z}$，令 $A_i = [i, i+1)$，則 $\{A_i\}_{i \in \mathbf{Z}}$ 是 **R** 的一個分割。

分割如何來和等價關係玩在一起呢？

定義 7.22 令 $\mathcal{R}$ 為集合 A 上的一個等價關係。對每個 $x \in A$，x 的**等價類** (equivalence class)，表為 $[x] = \{y \in A \mid y \mathcal{R} x\}$。

例題 7.54 定義集合 **Z** 上的關係 $\mathcal{R}$ 為 $x \mathcal{R} y$ 若 $4 \mid (x, y)$。因為 $\mathcal{R}$ 是反身的、對稱的及遞移的，它是一個等價關係且我們發現

$[0] = \{\ldots, -8, -4, 0, 4, 8, 12, \ldots\} = \{4k \mid k \in \mathbf{Z}\}$
$[1] = \{\ldots, -7, -3, 1, 5, 9, 13, \ldots\} = \{4k+1 \mid k \in \mathbf{Z}\}$
$[2] = \{\ldots, -6, -2, 2, 6, 10, 14, \ldots\} = \{4k+2 \mid k \in \mathbf{Z}\}$
$[3] = \{\ldots, -5, -1, 3, 7, 11, 15, \ldots\} = \{4k+3 \mid k \in \mathbf{Z}\}$.

但 [n] 是什麼呢？其中 n 是一個不是 0，1，2 或 3 的整數。例如 [6] 是什麼呢？我們要求 [6]＝[2] 且欲證明這個，我們使用定義 3.2 (對集合的相等) 如下。若 $x \in [6]$，則由定義 7.22 我們知道 $x \mathcal{R} 6$。這意味 4 整除 $(x-6)$，所以 $x-6=4k$ 對某些 $k \in \mathbb{Z}$。但則 $x-6=4k \Rightarrow x-2=4(k+1) \Rightarrow$ 4 整除 $(x-2) \Rightarrow x \mathcal{R} 2 \Rightarrow x \in [2]$，所以 $[6] \subseteq [2]$。對逆包含方向，以 [2] 裡的一個元素 y 開始，則 $y \in [2] \Rightarrow y \mathcal{R} 2 \Rightarrow$ 4 整除 $(y-2) \Rightarrow y-2=4l$ 對某些 $l \in \mathbb{Z} \Rightarrow y-6=4(l-1)$，其中 $l-1 \in \mathbb{Z} \Rightarrow$ 4 整除 $y-6 \Rightarrow y \mathcal{R} 6$ $\Rightarrow y \in [6]$，所以 $[2] \subseteq [6]$。由這兩個包含得 $[6]=[2]$，如所要求的。

更而，我們亦發現，例如 $[2]=[-2]=[-6]$，$[51]=[3]$ 及 $[17]=[1]$。最重要的，$\{[0], [1], [2], [3]\}$ 提供 $\mathbb{Z}$ 的一個分割。

[注意：這裡分割的指標集是隱藏的。若，例如，我們令 $A_0=[0]$，$A_1=[1]$，$A_2=[2]$ 及 $A_3=[3]$，則指標集 I (如定義 7.21) 是 $\{0, 1, 2, 3\}$。當一個集合的集合被稱是 (一已知集合的) 分割但沒有明示指標集時，讀者應瞭解其情況就像這裡所給的 —— 其中指標集是隱藏的。]

例題 7.55　定義集合 $\mathbb{Z}$ 上的關係 $\mathcal{R}$ 為 $a \mathcal{R} b$ 若 $a^2=b^2$ (或 $a=\pm b$)。對所有 $a \in \mathbb{Z}$，我們有 $a^2=a^2$，所以 $a \mathcal{R} a$ 且 $\mathcal{R}$ 是反身的。$a, b \in \mathbb{Z}$ 具有 $a \mathcal{R} b$，則 $a^2=b^2$ 且得 $b^2=a^2$，或 $b \mathcal{R} a$。因此，關係 $\mathcal{R}$ 是對稱的。最後，假設 $a, b, c \in \mathbb{Z}$ 具 $a \mathcal{R} b$ 及 $b \mathcal{R} c$，則 $a^2=b^2$ 且 $b^2=c^2$，所以 $a^2=c^2$ 且 $a \mathcal{R} c$。這個使所給的關係是遞移的。在建立三個需要的性質之後，我們現在知道 $\mathcal{R}$ 是一個等價關係。

我們對 $\mathbb{Z}$ 的對應分割能說些什麼呢？

這裡吾人發現 $[0] = \{0\}$，$[1] = [-1] = \{-1, 1\}$，$[2] = [-2] = \{-2, 2\}$，且一般來講，對每個 $n \in \mathbb{Z}^+$，$[n]=[-n]=\{-n, n\}$，更而，我們有分割

$$\mathbb{Z} = \bigcup_{n=0}^{\infty}[n] = \bigcup_{n \in \mathbb{N}}[n] = \{0\} \cup \left(\bigcup_{n=1}^{\infty}\{-n, n\}\right) = \{0\} \cup \left(\bigcup_{n \in \mathbb{Z}^+}\{-n, n\}\right).$$

這些例題引導我們到下面一般情況。

定理 7.6　若 $\mathcal{R}$ 是集合 A 上的一個等價關係，且 $x, y \in A$，則 (a) $x \in [x]$；(b) $x \mathcal{R} y$ 若且唯若 $[x]=[y]$；及 (c) $[x]=[y]$ 或 $[x] \cap [y] = \emptyset$。

證明：
a) 這個結果由 $\mathcal{R}$ 的反身性質可得。
b) 這裡的證明是有點回憶例題 7.54 所做的。

若 $x\mathcal{R}y$，令 $w \in [x]$，則 $w\mathcal{R}x$ 且因為 $\mathcal{R}$ 是遞移的，$w\mathcal{R}y$。因此，$w \in [y]$ 且 $[x] \subseteq [y]$。因為 $\mathcal{R}$ 是對稱的，$x\mathcal{R}y \Rightarrow y\mathcal{R}x$。所以若 $t \in [y]$，則 $t\mathcal{R}y$ 且由遞移性質，$t\mathcal{R}x$。因此，$t \in [x]$ 且 $[y] \subseteq [x]$。因此，$[x]=[y]$。

反之，令 $[x]=[y]$。因為 $x \in [x]$ 由 (a)，則 $x \in [y]$ 或 $x\mathcal{R}y$。

c) 這個性質告訴我們兩個等價類間的關係僅是兩種可能之一。一個是它們相等，另一個是它們互斥。

我們假設 $[x] \neq [y]$ 且證明 $[x] \cap [y] = \emptyset$。若 $[x] \cap [y] \neq \emptyset$，則令 $v \in A$ 具有 $v \in [x]$ 及 $v \in [y]$。則 $v\mathcal{R}x$，$v\mathcal{R}y$，且因 $\mathcal{R}$ 是對稱的，$x\mathcal{R}v$。現在 $(x\mathcal{R}v$ 及 $v\mathcal{R}y) \Rightarrow x\mathcal{R}y$，由遞移性質，而且 $x\mathcal{R}y \Rightarrow [x]=[y]$ 由 (b)。這個和 $[x] \neq [y]$ 的假設矛盾，所以我們拒絕 $[x] \cap [y] \neq \emptyset$ 的假設，且結果成立。

注意若 $\mathcal{R}$ 是 A 上的一個等價關係，則由定理 7.6 的 (a) 及 (c)，由 $\mathcal{R}$ 所決定的不同等價類提供我們一個 A 的分割。

例題 7.56

a) 若 $A=\{1, 2, 3, 4, 5\}$ 且 $\mathcal{R}=\{(1, 1), (2, 2), (2, 3), (3, 2), (3, 3), (4, 4), (4, 5), (5, 4), (5, 5)\}$，則 $\mathcal{R}$ 是 A 上的一個等價關係。這裡 $[1]=\{1\}$，$[2]=\{2, 3\}=[3]$，$[4]=\{4, 5\}=[5]$，且 $A=[1] \cup [2] \cup [4]$ 具有 $[1] \cap [2] = \emptyset$，$[1] \cap [4] = \emptyset$，且 $[2] \cap [4] = \emptyset$。所以 $\{[1], [2], [4]\}$ 決定 A 的一個分割。

b) 再次考慮例題 7.16(d)。我們有 $A=\{1, 2, 3, 4, 5, 6, 7\}$，$B=\{x, y, z\}$ 且 $f: A \to B$ 為映成函數

$$f = \{(1, x), (2, z), (3, x), (4, y), (5, z), (6, y), (7, x)\}.$$

A 上的關係 $\mathcal{R}$ 定義為 $a\mathcal{R}b$ 若 $f(a)=f(b)$，被證明為一個等價關係。這裡

$$f^{-1}(x) = \{1, 3, 7\} = [1] \ (= [3] = [7]),$$
$$f^{-1}(y) = \{4, 6\} = [4] \ (= [6]),$$ 且
$$f^{-1}(z) = \{2, 5\} = [2] \ (= [5]).$$

以 $A = [1] \cup [4] \cup [2] = f^{-1}(x) \cup f^{-1}(y) \cup f^{-1}(z)$，我們看到 $\{f^{-1}(x), f^{-1}(y), f^{-1}(z)\}$ 決定 A 的一個分割。

事實上，對任意非空集合 A，B，若 $f: A \to B$ 是一個映成函數，則 $A = \bigcup_{b \in B} f^{-1}(b)$ 且 $\{f^{-1}(b) | b \in B\}$ 提供我們一個 A 的分割。

例題 7.57　在程式語言 C++裡，一個不可執行的規則說明敘述被稱為**聯合結構** (union construct)，其允許在已知程式裡的兩個或更多個變數共享相同記憶位置。

例如，在程式敘述裡

```
union
{
 int a;
 int c;
 int p;
};
union
{
 int up;
 int down;
};
```

C++ 編譯器告知整數變數 a、c 及 p 將共享一個記憶位置，而整數變數 up 及 $down$ 將共享另一個記憶位置。這裡所有的程式變數集合被等價關係 $\mathcal{R}$ 分割，其中 $v_1 \mathcal{R} v_2$ 若 v_1 和 v_2 為共享相同記憶位置的程式變數。

例題 7.58　在看了幾個由一個等價關係引出一個集合的分割的例題之後，我們現在往回看。若一個等價關係 $\mathcal{R}$ 在 $A = \{1, 2, 3, 4, 5, 6, 7\}$ 引出 $A = \{1, 2\} \cup \{3\} \cup \{4, 5, 7\} \cup \{6\}$ 的分割，則 $\mathcal{R}$ 是什麼？

考慮分割的胞 $\{1, 2\}$。這個子集合蘊涵 $[1] = \{1, 2\} = [2]$，且所以 $(1, 1)$、$(2, 2)$、$(1, 2)$、$(2, 1) \in \mathcal{R}$。(前兩個序對對 $\mathcal{R}$ 的反身性是必要的；其它的保留對稱性。)

同法，胞 $\{4, 5, 7\}$ 蘊涵在 $\mathcal{R}$ 之下，$[4] = [5] = [7] = \{4, 5, 7\}$ 且，做為一個等價關係，$\mathcal{R}$ 必包含 $\{4, 5, 7\} \times \{4, 5, 7\}$。事實上，

$$\mathcal{R} = (\{1, 2\} \times \{1, 2\}) \cup (\{3\} \times \{3\}) \cup (\{4, 5, 7\} \times \{4, 5, 7\}) \cup (\{6\} \times \{6\}),$$

且

$$|\mathcal{R}| = 2^2 + 1^2 + 3^2 + 1^2 = 15.$$

例題 7.54、7.55、7.56 及 7.58 的結果引導我們下面結果。

定理 7.7　若 A 是一個集合，則

a) A 上的任一個等價關係 $\mathcal{R}$ 引出 A 的一個分割，且
b) A 的任一分割給出 A 上的一個等價關係 $\mathcal{R}$。

證明：(a) 由定理 7.6 的 (a) 及 (c) 成立。對 (b)，給 A 的一個分割 $\{A_i\}_{i \in I}$，定義 A 上的關係 $\mathcal{R}$ 為 $x \mathcal{R} y$，若 x 和 y 在分割的同一個胞裡。我們把證明 $\mathcal{R}$ 是一個等價關係的細節，留給讀者。

基於這個定理及我們已檢視過的例題，我們敘述下一個結果。其證明將概述於本節末的習題 16 裡。

定理 7.8 對任意集合 A，則存在一個一對一對應介於 A 上的等價關係集合及 A 的分割集合之間。

我們主要關心使用這個結果給有限集合。

例題 7.59
a) 若 $A = \{1, 2, 3, 4, 5, 6\}$，A 上有多少個關係是等價關係？

我們以計數 A 的分割來解這個問題，明白 A 的一個分割是將 A 的 (相異) 元素分配至相同容器且無容器是空的的分配。由 5.3 節我們知道，例如，有 $S(6, 2)$ 個 A 的分割法將 A 分成兩個相同非空容器。利用第二型的 Stirling 數，容器的個數由 1 變化至 6，我們有 $\sum_{i=1}^{6} S(6, i) = 203$ 個不同的 A 的分割。因此，A 上有 203 個等價關係。

b) (a) 中有多少個等價關係滿足 $1, 2 \in [4]$？

在這些等價關係之下，視 1，2 及 4 為 "相同" 元素，我們對集合 $B = \{1, 3, 5, 6\}$ 如 (a) 之法計數等價關係個數，且發現共有 $\sum_{i=1}^{4} S(4, i) = 15$ 個等價關係在 A 上滿足 $[1] = [2] = [4]$。

我們以 A 是一個有限集合具有 $|A| = n$，則對所有 $n \leq r \leq n^2$，存在一個等價關係 $\mathcal{R}$ 在 A 上具有 $|\mathcal{R}| = r$ 若且唯若存在 $n_1, n_2, \cdots, n_k \in \mathbf{Z}^+$ 具有 $\sum_{i=1}^{k} n_i = n$ 且 $\sum_{i=1}^{k} n_i^2 = r$，做為本節的結束。

習題 7.4

1. 判斷下面各個集合族是否為已知集合 A 的一個分割？若集合族不是一個分割，解釋為何不是？

    a) $A = \{1, 2, 3, 4, 5, 6, 7, 8\}$；$A_1 = \{4, 5, 6\}$，$A_2 = \{1, 8\}$，$A_3 = \{2, 3, 7\}$.

    b) $A = \{a, b, c, d, e, f, g, h\}$；$A_1 = \{d, e\}$，$A_2 = \{a, c, d\}$，$A_3 = \{f, h\}$，$A_4 = \{b, g\}$.

2. 令 $A = \{1, 2, 3, 4, 5, 6, 7, 8\}$，有多少種方法我們可將 A 分割為 $A_1 \cup A_2 \cup A_3$，其中

a) $1, 2 \in A_1$，$3, 4 \in A_2$，且 $5, 6, 7 \in A_3$?
b) $1, 2 \in A_1$，$3, 4 \in A_2$，$5, 6 \in A_3$，且 $|A_1| = 3$?
c) $1, 2 \in A_1$，$3, 4 \in A_2$，且 $5, 6 \in A_3$?

3. 若 $A=\{1, 2, 3, 4, 5\}$ 且 A 上的等價關係 $\mathcal{R}$ 引出分割 $A=\{1, 2\}\cup\{3, 4\}\cup\{5\}$，則 $\mathcal{R}$ 是什麼？

4. 對 $A=\{1, 2, 3, 4, 5, 6\}$，$\mathcal{R}=\{(1, 1), (1, 2), (2, 1), (2, 2), (3, 3), (4, 4), (4, 5), (5, 4), (5, 5), (6, 6)\}$ 是 A 上的一個等價關係。(a) 在這個等價關係下，$[1]$，$[2]$ 及 $[3]$ 是什麼？(b) $\mathcal{R}$ 引出 A 的什麼分割？

5. 若 $A = A_1 \cup A_2 \cup A_3$，其中 $A_1 = \{1, 2\}$，$A_2 = \{2, 3, 4\}$ 且 $A_3 = \{5\}$，定義 A 上的關係 $\mathcal{R}$ 為 $x \mathcal{R} y$ 若 x 和 y 在同一個子集合 A_i 裡，對 $1 \le i \le 3$，則 $\mathcal{R}$ 是一個等價關係嗎？

6. 對 $A = \mathbf{R}^2$，定義 A 上的 $\mathcal{R}$ 為 $(x_1, y_1) \mathcal{R} (x_2, y_2)$ 若 $x_1 = x_2$。
a) 證明 $\mathcal{R}$ 是 A 上的一個等價關係。
b) 幾何描述等價關係及由 $\mathcal{R}$ 引出的 A 之分割。

7. 令 $A=\{1, 2, 3, 4, 5\}\times\{1, 2, 3, 4, 5\}$，且定義 A 上的 $\mathcal{R}$ 為 $(x_1, y_1) \mathcal{R} (x_2, y_2)$ 若 $x_1 + y_1 = x_2 + y_2$。
a) 證明 $\mathcal{R}$ 是 A 上的一個等價關係。
b) 求等價類 $[(1, 3)]$，$[(2, 4)]$ 及 $[(1 ,1)]$。
c) 求由 $\mathcal{R}$ 所引出的 A 之分割。

8. 若 $A=\{1, 2, 3, 4, 5, 6, 7\}$，定義 $\mathcal{R}$ 在 A 上為 $(x, y) \in \mathcal{R}$ 若 $x-y$ 是 3 的倍數。
a) 證明 $\mathcal{R}$ 是 A 上的一個等價關係。
b) 求等價類及由 $\mathcal{R}$ 所引出的 A 之分割。

9. 對 $A = \{(-4, -20), (-3, -9), (-2, -4), (-1, -11), (-1, -3), (1, 2), (1, 5), (2, 10), (2, 14), (3, 6), (4, 8), (4, 12)\}$，定義關係 $\mathcal{R}$ 在 A 上為 $(a, b) \mathcal{R} (c, d)$ 若 $ad=bc$。
a) 證明 $\mathcal{R}$ 是 A 上的一個等價關係。
b) 求等價類 $[(1, 14)]$，$[(-3, -9)]$ 及 $[(4, 8)]$。
c) 由 $\mathcal{R}$ 所引出的 A 的分割中有多少個胞？

10. 令 A 為一非空集合且固定集合 B，其中 $B \subseteq A$。定義 $\mathcal{P}(A)$ 上的關係 $\mathcal{R}$ 為 $X \mathcal{R} Y$，對 $X, Y \subseteq A$，若 $B \cap X = B \cap Y$。
a) 證明 $\mathcal{R}$ 是 $\mathcal{P}(A)$ 上的一個等價關係。
b) 若 $A=\{1, 2, 3\}$ 及 $B=\{1, 2\}$，求由 $\mathcal{R}$ 所引出的 $\mathcal{P}(A)$ 的分割。
c) 若 $A=\{1, 2, 3, 4, 5\}$ 及 $B=\{1, 2, 3\}$，求 $[X]$ 若 $X=\{1, 3, 5\}$。
d) 對 $A=\{1, 2, 3, 4, 5\}$ 及 $B=\{1, 2, 3\}$，則由 $\mathcal{R}$ 所引出的分割中有多少個等價類？

11. 在 $A=\{a, b, c, d, e, f\}$ 上有多少個等價關係有 (a) 恰兩個大小為 3 的等價類？(b) 恰一個大小為 3 的等價類？(c) 一個大小為 4 的等價類？(d) 至少一個含三或更多個元素的等價類？

12. 令 $A=\{v, w, x, y, z\}$。求 A 上關係的個數，使得這些關係為 (a) 反身及對稱的；(b) 等價關係；(c) 反身及對稱的但非遞移的；(d) 等價關係且恰決定兩個等價類；(e) 等價關係，其中 $w \in [x]$；(f) 等價關係，其中 $v, w \in [x]$；(g) 等價關係，其中 $w \in [x]$ 及 $y \in [z]$；且 (h) 等價關係，其中 $w \in [x]$，$y \in [z]$，且 $[x] \ne [z]$。

13. 若 $|A|=30$ 且 A 上的等價關係 $\mathcal{R}$ 分割 A 成 (互斥的) 等價類 A_1，A_2 及 A_3，其中 $|A_1|=|A_2|=|A_3|$，則 $|\mathcal{R}|$ 是多少？

14. 令 $A=\{1, 2, 3, 4, 5, 6, 7\}$。對下面各個 r 值，決定 A 上的一個等價關係 $\mathcal{R}$ 具有 $|\mathcal{R}|=r$，或解釋為何無此類關係存在。 (a) $r = 6$; (b) $r = 7$; (c) $r = 8$; (d) $r = 9$; (e) $r = 11$; (f) $r = 22$; (g) $r = 23$; (h) $r = 30$; (i) $r = 31$。

15. 提供定理 7.7(b) 的證明細節。

16. 對任意集合 $A \neq \emptyset$，令 $P(A)$ 表 A 的所有分割的集合，且令 $E(A)$ 表 A 上的所有等價關係的集合。定義函數 $f: E(A) \to P(A)$ 如下：若 $\mathcal{R}$ 是 A 上的一個等價關係，則 $f(\mathcal{R})$ 是由 $\mathcal{R}$ 所引出的 A 之分割。證明 f 是一對一且映成，因此建立定理 7.8。

17. 令 $f: A \to B$。若 $\{B_1, B_2, B_3, \cdots, B_n\}$ 是 B 的一個分割。證明 $\{f^{-1}(B_i) | 1 \leq i \leq n, f^{-1}(B_i) \neq \emptyset\}$ 是 A 的一個分割。

7.5 有限狀態機器；極小化過程

在 6.3 節，我們遇到兩個有限狀態機器執行相同的工作但有不同個數的內部狀態 (見圖 6.9 及 6.10)。含較多個內部狀態的機器含有**多餘**的狀態，即可被消去的狀態，因為其它狀態將執行它們的功能。因為極小化機器內的狀態個數可簡少其複雜度及費用，我們將找一個過程來將一個已知機器轉換成一個沒有多餘內部狀態的機器。這個過程是有名的**極小化過程** (minimization process)，且它的發展將依賴等價關係及分割的概念。

以一個已知的有限狀態機器 $M = \{S, \mathcal{I}, \mathcal{O}, v, w\}$ 開始，我們定義 S 上的關係 E_1 為 $s_1\, E_1\, s_2$ 若 $w(s_1, x) = w(s_2, x)$，對所有 $x \in \mathcal{I}$。這個關係 E_1 是 S 上的一個等價關係，且將 S 分割成幾個子集合滿足兩個狀態在同一個子集合若它們生產相同的輸出，對每個 $x \in \mathcal{I}$。這裡狀態 s_1，s_2 被稱為 **1-等價** (1-equivalent)。

對每個 $k \in \mathbf{Z}^+$，我們說狀態 s_1，s_2 為 k-等價若 $w(s_1, x) = w(s_2, x)$ 對所有 $x \in \mathcal{I}^k$。這裡 w 是所給的輸出函數到 $S \times \mathcal{I}^*$ 的擴充。k-等價關係亦是 S 上的一個等價關係；它分割 S 成 k-等價狀態的集合。我們記 $s_1\, E_k\, s_2$ 來表示 s_1 和 s_2 為 k-等價。

最後，若 s_1，$s_2 \in S$ 且 s_1，s_2 為 k-等價對所有 $k \geq 1$，則我們稱 s_1 和 s_2 等價且寫 $s_1\, E\, s_2$。當這個發生，我們發現若我們保持 s_1 在我們的機器裡，則 s_2 將是多餘的且可被移去。因此，我們的目標是求由 E 所引出的 S

的分割並對每個等價類選一個狀態。則我們將有一個已知機器的極小化認知。

欲達成這個，讓我們以下面觀察開始。

a) 若機器裡的兩個狀態不是 2-等價，它們可能為 3-等價嗎？(或 k-等價，對 $k \geq 4$？)

答案是否定的。若 s_1，$s_2 \in S$ 且 $s_1 \not{E}_2 s_2$ (即 s_1 和 s_2 不是 2-等價)，則至少存在一個串 $xy \in \mathscr{I}^2$ 使得 $w(s_1, xy) = v_1v_2 \neq w_1w_2 = w(s_2, xy)$，其中 v_1，v_2，w_1，$w_2 \in \mathbb{O}$。所以注意 E_3，我們發現 $s_1 \not{E}_3 s_2$，因為對任一 $z \in \mathscr{I}$，$w(s_1, xyz) = v_1v_2v_3 \neq w_1w_2w_3 = w(s_2, xyz)$。

一般來講，欲求 $(k+1)$-等價的狀態，我們注視著 k-等價的狀態。

b) 現在假設 s_1，$s_2 \in S$ 且 $s_1 E_2 s_2$。我們想決定是否 $s_1 E_3 s_2$。亦即對所有串 $x_1x_2x_3 \in \mathscr{I}^3$，$\omega(s_1, x_1x_2x_3) = \omega(s_2, x_1x_2x_3)$ 嗎？考慮所發生的。首先我們得 $w(s_1, x_1) = (s_2, x_2)$，因為 $s_1 E_2 s_1 = s_1 E_1 s_2$，則有一個轉變到狀態 $v(s_1, x_1) = v(s_2, x_1)$。因此，$\omega(s_1, x_1x_2x_3) = \omega(s_2, x_1x_2x_3)$ 若 $\omega(v(s_1, x_1), x_2x_3) = \omega(v(s_2, x_1), x_2x_3)$ [即若 $v(s_1, x_1) E_2 v(s_2, x_1)$]。

一般來講，對 s_1，$s_2 \in S$，其中 $s_1 E_k s_2$，我們發現 $s_1 E_{k+1} s_2$ 若 (且唯若) $v(s_1, x) E_k v(s_2, x)$ 對所有 $x \in \mathscr{I}$。

有這些觀察指導我們，我們現在提供一個演算法給一個有限狀態機器 M 的極小化。

步驟 1：設 $k=1$。我們以檢視 M 的狀態表的所有列，來求 1-等價的狀態。對 s_1，$s_2 \in S$ 得 $s_1 E_1 s_2$ 當 s_1，s_2 有相同的輸出列時。

令 P_1 為由 E_1 所引出的 S 的分割。

步驟 2：在決定 P_k 之後，我們以注意若 $s_1 E_k s_2$ 則 $s_1 E_{k+1} s_2$，當 $(s_1, x) E_k v(s_2, x)$ 對所 $x \in \mathscr{I}$，來得 P_{k+1}。我們有 $s_1 E_k s_2$ 若 s_1，s_2 在分割 P_k 的同一個胞裡。同樣的，$v(s_1, x) E_k v(s_2, x)$ 對每個 $x \in \mathscr{I}$，若 $v(s_1, x)$ 及 $v(s_2, x)$ 在分割 P_k 的同一個胞裡。以此法，P_{k+1} 可由 P_k 獲得。

步驟 3：若 $P_{k+1} = P_k$，則過程完成。我們從每個等價類選一個狀態且這些狀態產生一個 M 的極小化真實感。

若 $P_{k+1} \neq P_k$，把 k 增加 1 且回到步驟 (2)。

我們在下列例題說明演算法。

例題 7.60

以 $\mathcal{I} = \mathcal{O} = \{0, 1\}$，令 M 為表 7.1 所示的狀態表所給的。注視輸出列，我們看到 s_3 和 s_4 為 1-等價，且 s_2，s_5 及 s_6 為 1-等價。這裡 E_1 分割 S 如下：

$$P_1: \{s_1\}, \{s_2, s_5, s_6\}, \{s_3, s_4\}.$$

對每個 $s \in S$ 且每個 $k \in \mathbf{Z}^+$，$s\, E_k\, s$，為了繼續這個過程來求 P_2，我們將不關心僅有一個狀態的等價類。

因為 $s_3\, E_1\, s_4$，有一個機會我們可能有 $s_3\, E_2\, s_4$。這裡 $v(s_3, 0) = s_2$，$v(s_4, 0) = s_5$ 具有 $s_2\, E_1\, s_5$，且 $v(s_3, 1) = s_4$，$v(s_4, 1) = s_3$，具有 $s_4\, E_1\, s_3$。因此 $v(s_3, x)\, E_1\, v(s_4, x)$，對所有 $x \in \mathcal{I}$，且 $s_3\, E_2\, s_4$。同理，$v(s_2, 0) = s_5$，$v(s_5, 0) = s_2$，具有 $s_5\, E_1\, s_2$，且 $v(s_2, 1) = s_2$，$v(s_5, 1) = s_5$，具有 $s_2\, E_1\, s_5$。因此 $s_2\, E_2\, s_5$。最後，$v(s_5, 0) = s_2$ 且 $v(s_6, 0) = s_1$，但 $s_2\, \cancel{E_1}\, s_1$，以 $s_5\, \cancel{E_2}\, s_6$。(為何我們不探討 $s_2\, E_2\, s_6$ 的可能性？) 等價關係 E_2 分割 S 如下：

$$P_2: \{s_1\}, \{s_2, s_5\}, \{s_3, s_4\}, \{s_6\}.$$

因為 $P_2 \neq P_1$，我們繼續過程來得 P_3。在決定是否 $s_2\, E_3\, s_5$ 時，我們看到 $v(s_2, 0) = s_5$，$v(s_5, 0) = s_2$，且 $s_5\, E_2\, s_2$。而且 $v(s_2, 1) = s_2$，$v(s_5, 1) = s_5$，且 $s_2\, E_2\, s_5$。以 $v(s_2, x)\, E_2\, v(s_5, x)$ 對所有 $x \in \mathcal{I}$，我們有 $s_2\, E_3\, s_5$。對 s_3，s_4，$(v(s_3, 0) = s_2)\, E_2\, (s_5 = v(s_4, 0))$，且 $(v(s_3, 1) = s_4)\, E_2\, (s_3 = v(s_4, 1))$，所以 $s_3\, E_3\, s_4$ 且 E_3 引出分割 $P_3: \{s_1\}$，$\{s_2, s_5\}$，$\{s_3, s_4\}$，$\{s_6\}$。

● 表 7.1

	v		ω	
	0	1	0	1
s_1	s_4	s_3	0	1
s_2	s_5	s_2	1	0
s_3	s_2	s_4	0	0
s_4	s_5	s_3	0	0
s_5	s_2	s_5	1	0
s_6	s_1	s_6	1	0

● 表 7.2

	v		ω	
	0	1	0	1
s_1	s_3	s_3	0	1
s_2	s_2	s_2	1	0
s_3	s_2	s_3	0	0
s_6	s_1	s_6	1	0

現在 $P_3 = P_2$，所以過程已完成，如演算法的步驟 (3) 所指示的。我們發現 s_5 和 s_4 可被視為多餘的狀態。將它們從表中移去，且分別以 s_2 及 s_3 取代它們所出現的各個場合，我們得到表 7.2。這是一個極小的機器，其和表 7.1 所給的機器執行相同的工作。

若我們不想讓狀態跳過一個下標，我們可重新標示這個極小機器的所有狀態。這裡我們將有 s_1，s_2，s_3，s_4 ($= s_6$)，但這個 s_4 不是表 7.1 開始的

s_4。

你也許會驚奇我們怎麼知道我們可停止這個過程當 $P_3 = P_2$ 時。儘管不可能發生 $P_4 \neq P_3$ 或 $P_4 = P_3$，但 $P_5 \neq P_4$？欲證明這個從未發生，我們定義下面概念。

定義 7.23　若 P_1，P_2 為集合 A 的分割，則 P_2 被稱為 P_1 的一個**細分** (refinement)，且我們記 $P_2 \leq P_1$，若 P_2 的每個胞被包含於 P_1 的某個胞裡。當 $P_2 \leq P_1$ 且 $P_2 \neq P_1$，我們記 $P_2 < P_1$。這個發生在 P_2 中至少有一個胞是完全地被包含於 P_1 的某個胞裡。

在例題 7.60 的極小化過程中，我們有 $P_3 = P_2 < P_1$。每當我們應用演算法，當我們由 P_k 得 P_{k+1} 時，我們總是發現 $P_{k+1} \leq P_k$，因為 $(k+1)$-等價蘊涵 k-等價。所以每個逐步分割細分前一個分割。

定理 7.9　在應用極小化過程時，若 $k \geq 1$ 且 P_k 及 P_{k+1} 為分割滿足 $P_{k+1} = P_k$，則 $P_{r+1} = P_r$，對所有 $r \geq k+1$。

證明：若否，令 $r (\geq k+1)$ 為最小的下標滿足 $P_{r+1} \neq P_r$，則 $P_{r+1} < P_r$，所以存在 s_1，$s_2 \in S$ 具有 $s_1 E_r s_2$ 但 $s_1 \not{E}_{r+1} s_2$。但 $s_1 E_r s_2 \Rightarrow v(s_1, x) E_{r-1} v(s_2, x)$，對所有 $x \in \mathcal{I}$，且具有 $P_r = P_{r-1}$，我們則發現 $v(s_1, x) E_r v(s_2, x)$，對所有 $x \in \mathcal{I}$，所以 $s_1 E_{r+1} s_2$。因此，$P_{r+1} = P_r$。

我們以下面相關概念做為本節的結束。令 M 為一個有限狀態機器具有 s_1，$s_2 \in S$ 且 s_1，s_2 不等價。若 $s_1 \not{E}_1 s_2$，則這些狀態在 M 的狀態表中產生不同的輸出列。在這個情況，吾人易於找到一個 $x \in \mathcal{I}$ 滿足 $w(s_1, x) \neq w(s_2, x)$，且這個區分這兩個不等價狀態。否則，s_1 和 s_2 在狀態表中產生相同的輸出列，但存在一個最小的整數 $k \geq 1$ 滿足 $s_1 E_k s_2$ 但 $s_1 \not{E}_{r+1} s_2$。現在若我們要區分這兩個狀態，我們需要找一個串 $x = x_1 x_2 \cdots x_k x_{k+1} \in \mathcal{I}^{k+1}$ 使得 $w(s_1, x) \neq w(s_2, x)$，即使 $w(s_1, x_1 x_2 \cdots x_k) = w(s_2, x_1 x_2 \cdots x_k)$。像這樣的串 x 被稱為狀態 s_1 及 s_2 的**判別串** (distinguishing string)。可能有多於一個這樣的串，但每個串有相同的 (極小的) 長度 $k+1$。

在我們試著找一個判別串給在一個明確的有限狀態機器上之兩個不等價的狀態之前，讓我們檢視在這裡所扮演的主要概念。所以假設 s_1，$s_2 \in S$ 及對某些 (固定的) $k \in \mathbf{Z}^+$，我們有 $s_1 E_k s_2$ 但 $s_1 \not{E}_{r+1} s_2$。我們能做什麼結論呢？

我們發現

第七章　關係：第二回　445

$s_1 \not{E}_{k+1} s_2 \Rightarrow \exists x_1 \in \mathcal{I} \ [v(s_1, x_1) \not{E}_k v(s_2, x_1)]$
$\Rightarrow \exists x_1 \in \mathcal{I} \ \exists x_2 \in \mathcal{I} \ [v(v(s_1, x_1), x_2) \not{E}_{k-1} v(v(s_2, x_1), x_2)],$
或　$\exists x_1 \in \mathcal{I} \ \exists x_2 \in \mathcal{I} \ [v(s_1, x_1 x_2) \not{E}_{k-1} v(s_2, x_1 x_2)]$
$\Rightarrow \exists x_1, x_2, x_3 \in \mathcal{I} \ [v(s_1, x_1 x_2 x_3) \not{E}_{k-2} v(s_2, x_1 x_2 x_3)]$
$\Rightarrow \ldots$
$\Rightarrow \exists x_1, x_2, \ldots, x_i \in \mathcal{I} \ [v(s_1, x_1 x_2 \cdots x_i) \not{E}_{k+1-i} v(s_2, x_1 x_2 \cdots x_i)]$
$\Rightarrow \ldots$
$\Rightarrow \exists x_1, x_2, \ldots, x_k \in \mathcal{I} \ [v(s_1, x_1 x_2 \cdots x_k) \not{E}_1 v(s_2, x_1 x_2 \cdots x_k)].$

關於 $v(s_1, x_1 x_2 \cdots x_k)$ 的最後敘述，$v(s_2, x_1 x_2 \cdots x_k)$ 不是 1-等價蘊涵，我們可找到 $x_{k+1} \in \mathcal{I}$，其中

$$\omega(v(s_1, x_1 x_2 \cdots x_k), x_{k+1}) \neq \omega(v(s_2, x_1 x_2 \cdots x_k), x_{k+1}). \tag{1}$$

亦即，由 $\mathcal{O}$ 出來的這些單一輸出符號是不同的。

方程式 (1) 所表示的結果亦蘊涵

$$\omega(s_1, x) = \omega(s_1, x_1 x_2 \cdots x_k x_{k+1}) \neq \omega(s_2, x_1 x_2 \cdots x_k x_{k+1}) = \omega(s_2, x).$$

在這個情形，我們有兩個長度 $k+1$ 的輸出串，而這兩個輸出串的前 k 個符號相同且第 $(k+1)$ 個符號不同。

我們將使用前述的觀察及極小化過程的分割 $P_1, P_2, \ldots, P_k, P_{k+1}$，來處理下面例題。

例題 7.61　由例題 7.60，我們有底下的分割。這裡 $s_2 \ E_1 \ s_6$，但 $s_2 \not{E}_2 \ s_6$。所以我們找一個長度為 2 的輸入串 x 使得 $w(s_2, x) \neq w(s_6, x)$。

1) 我們在 P_2 開始，其中對 s_2, s_6，我們發現 $v(s_2, 0) = s_5$ 及 $v(s_6, 0) = s_1$ 在 P_1 的不同胞裡，即，

$$s_5 = v(s_2, 0) \not{E}_1 v(s_6, 0) = s_1.$$

[輸入 0 及輸出 1 (對 $w(s_2, 0) = w(s_6, 0)$) 提供由 P_2 的胞指向 P_1 的胞的箭頭標示。]

$P_2: \{s_1\}, \{s_2, s_6\}, \{s_3, s_4\}, \{s_6\}$
　　　　　　 0,1　　　　　 0,1
$P_1: \{s_1\}, \{s_2, s_5, s_6\}, \{s_3, s_4\}$
　　　 0,0　　 0,1

2) 在分割 P_1 裡操作 s_1 及 s_2，我們看到

$$\omega(v(s_2, 0), 0) = \omega(s_5, 0) = 1 \neq 0 = \omega(s_1, 0) = \omega(v(s_6, 0), 0).$$

3) 因此 $x=00$ 是 s_2 及 s_6 的一個極小判別串，因為 $w(s_2, 00)=11 \neq 10 = w(s_6, 00)$。

例題 7.62 應用極小化過程至表 7.3(a) 之狀態表所給的機器，我們得到表 7.3(b) 的分割。(這裡 $P_4=P_3$)。我們發現狀態 s_1 及 s_4 是 2-等價但非 3-等價。欲對這兩個狀態構造一個極小的判別串，我們進行如下：

1) 因為 $s_1 \not\equiv_3 s_4$，我們使用分割 P_3 及 P_2 來找 $x_1 \in \mathscr{I}$ (即 $x_1=1$) 使得

$$(v(s_1, 1) = s_2) \not\equiv_2 (s_5 = v(s_4, 1)).$$

2) 接著 $v(s_1, 1) \not\equiv_2 v(s_4, 1) \Rightarrow \exists x_2 \in \mathscr{I}$ (這裡 $x_2=1$) 具有 $(v(s_1, 1), 1) \not\equiv_1 v(s_4, 1), 1)$，或 $v(s_1, 11) \not\equiv_1 v(s_4, 11)$。我們使用分割 P_2 及 P_1 來得 $x_2=1$。

3) 現在我們使用分割 P_1，其中我們發現 $x_3 = 1 \in \mathscr{I}$。

$$\omega(v(s_1, 11), 1) = 0 \neq 1 = \omega(v(s_4, 11), 1) \quad \text{或}$$
$$\omega(s_1, 111) = 100 \neq 101 = \omega(s_4, 111).$$

在表 7.3(b)，我們看到我們如何得到極小判別串 $x=111$ 給這些狀態。(而且表 7.3(b) 如何說明 11 是一個極小判別串給狀態 s_2 及 s_5，它們為 1-等價而非 2-等價。)

● 表 7.3

	v		ω	
	0	1	0	1
s_1	s_4	s_2	0	1
s_2	s_5	s_2	0	0
s_3	s_4	s_2	0	1
s_4	s_3	s_5	0	1
s_5	s_2	s_3	0	0

(a)

P_3: $\{s_1, s_3\}, \{s_2\}, \{s_4\}, \{s_5\}$
　　1, 1　　　　　　↘ 1, 1

P_2: $\{s_1, s_3, s_4\}, \{s_2\}, \{s_5\}$
　　1, 0　　　　　↓ 1, 0

P_1: $\{s_1, s_3, s_4\}, \{s_2, s_5\}$
　　1, 1↓　　　　↓ 1, 0

(b)

對有限狀態機器，我們還有許多工作可做。在其它省略之中，我們已避免提供任何嚴密的解釋或證明關於極小化過程。有興趣的讀者應參考參考資料的章節以得更多的題材。

習題 7.5

1. 應用極小化過程至表 7.4 中的每個機器。

  表 7.4

	v		ω	
	0	1	0	1
s_1	s_4	s_1	0	1
s_2	s_3	s_3	1	0
s_3	s_1	s_4	1	0
s_4	s_1	s_3	0	1
s_5	s_3	s_3	1	0

  (a)

	v		ω	
	0	1	0	1
s_1	s_6	s_3	0	0
s_2	s_5	s_4	0	1
s_3	s_6	s_2	1	1
s_4	s_4	s_3	1	0
s_5	s_2	s_4	0	1
s_6	s_4	s_6	0	0

  (b)

	v		ω	
	0	1	0	1
s_1	s_6	s_3	0	0
s_2	s_3	s_1	0	0
s_3	s_2	s_4	0	0
s_4	s_7	s_4	0	0
s_5	s_6	s_7	0	0
s_6	s_5	s_2	1	0
s_7	s_4	s_1	0	0

  (c)

2. 對表 7.4(c) 的機器，找一個 (極小) 判別串給下面的每對狀態：(a) s_1, s_5；(b) s_2, s_3；(c) s_5, s_7。

3. 令 M 為圖 7.26 所示的狀態圖所給的有限狀態機器。
   (a) 極小化機器 M。
   (b) 找一個 (極小) 判別串給下面的每對狀態：(i) s_3，s_6；(ii) s_3，s_4 及 (iii) s_1，s_2。

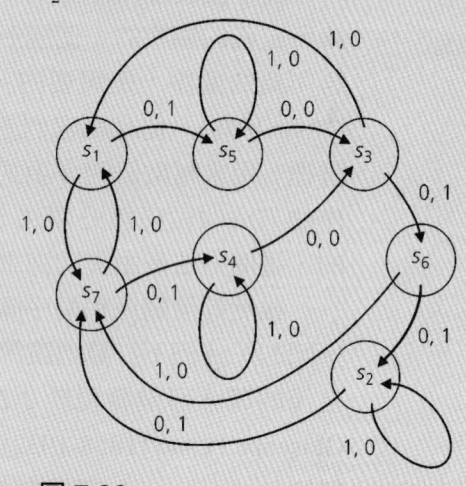

  圖 7.26

7.6 總結及歷史回顧

關係概念再次出現。在第 5 章，這個概念被介紹為函數的一個一般化。這裡，第 7 章，我們集中注意關係及其特殊的性質：反身性、對稱性、反對稱性及遞移性。我們集中在兩種特殊的關係：偏序及等價關係。

關係 $\mathcal{R}$ 在集合 A 上是一個偏序,使 A 成為一個偏序集,若 $\mathcal{R}$ 是反身的、反對稱的及遞移的。此一關係一般化熟悉的實數上的"小於或等於"關係。若沒有它,試著去想像微積分,或甚至基本代數。或取一個簡單的電腦程式並看會發生什麼事,若程式是被隨意地輸入電腦,排列敘述的順序。順序是隨時跟著我們。我們已長大習慣有時候拿它來授與。偏序集 (及格子) 的主題首先來自 19 世紀間 George Boole (1815-1864),Richard Dedekind (1831-1916),Charles Sanders Peirce (1839-1914) 及 Ernst Schröder (1841-1902) 等人的努力。Garrett Birkhoff (1911-1996) 在 1930 年代的研究,然而,其中在偏序集及格點的初始工作被發展到這些領域浮現為它們自己的主題。

對一個有限偏序集,Hasse 圖,一種特殊型態的有向圖,提供由偏序集所定義的順序的一個圖形表示;它亦證明有用的當它是一個全序時,包含所給的偏序,是需要的。這些圖用來紀念德國數論學家 Helmut Hasse (1898-1979)。他介紹它們於他的教科書 *Höhere Algebra* (出版在 1926 年) 書裡,用來幫助研究多項式方程式的解。我們用來由一個偏序導出一個全序的方法叫做拓樸分類法,且它被用在 PERT 網路的解裡。如稍早所提的,這個方法是由美國海軍發展的且首先使用。

雖然等價關係和偏序僅差異一個性質,但其在結構及應用方面是十分不同的。我們不打算追蹤等價關係的源頭,但在反身性、對稱性及遞移性之後的概念可被發現於 *I Principii di Geometria* (1889),義大利數學家 Giuseppe Peano (1858-1932) 的作品裡。Carl Friedrich Gauss (1777-1855) 在**同餘** (congruence) 方面的作品,他發展在 1790 年代,在精神上亦使用這些概念,若沒給名稱。

Giuseppe Peano (1858–1932)　　　　**Carl Friedrich Gauss (1777–1855)**

基本上，集合 A 上的一個等價關係 $\mathscr{R}$ 一般化相等：它引導出 A 的元素間"相同"的特徵。這個"相同"觀念導致集合 A 被分割成所謂**等價類** (equivalence classes) 的子集合。反之，我們發現集合 A 的一個分割引導出 A 上的一個等價關係。集合的分割出現在數學及電腦科學的許多地方。在電腦科學裡，許多搜尋演算法依賴一個技巧，此技巧逐步簡小欲搜尋的矩陣 A 之大小。將 A 分割成較小且更小的子集合，我們以一個更有效的方法應用搜尋演算法。每個逐次的分割細分它的前一個分割，所需要的關鍵，例如，有限狀態機器的極小化過程。

整章我們強調關係、有向圖及 (0,1)-矩陣間的相互作用。這些矩陣提供一個關於關係，或圖形的資訊矩形陣列，且證明在某種計算裡是有用的。像這樣以矩形陣列及以連續記憶位置方式儲存資訊，已熟練的應用於電腦科學自 1940 年代晚期及 1950 年代早期。欲知此類考量的更多歷史背景，請參考 D. E. Kunth [3] 的第 456–462 頁。儲存圖形的另一個方法是**毗鄰目錄表表示法** (adjacency list representation) (見補充習題的習題 11。) 在資料結構的研究裡，**連結目錄表** (linked lists) 及**雙重連結目錄表** (doubly linked lists) 在執行此一表示式時是卓越的。欲知更多，請參考由 A. V. Aho，J. E. Hopcroft 及 J. D. Ullman [1] 所著的教科書。

關於圖論，我們是回到 1736 年的一個數學領域，當時瑞士數學家 Leonhard Euler (1707-1783) 在解 Königsberg 的七橋問題。自從那時候起，這個領域發展出更多的內容，尤其是併用電腦科學裡的資料結構。

對本章一些題材的相似報導，請看 D. F. Stanat 及 D. F. McAllister [6] 的第 3 章。一個有趣的"等價問題"介紹可被發現於 D. E. Knuth [3] 的第 353-355 頁，其提供那些想知道更多資訊關於電腦在併用等價關係概念時所扮演的角色。

極小化過程早期的發展工作可被發現於 E. F. Moore [5] 的論文，其基於 D. A. Huffman [2] 的重要概念。Z. Kohavi [4] 的第 10 章涵蓋對不同型態的有限狀態機器的極小化過程，且包含一些硬體的設計考量。

參考資料

1. Aho, Alfred V., Hopcroft, John E., and Ullman, Jeffrey D. *Data Structures and Algorithms*. Reading, Mass.: Addison-Wesley, 1983.
2. Huffman, David A. "The Synthesis of Sequential Switching Circuits." *Journal of the Franklin Institute* 257, no. 3: pp. 161–190; no. 4: pp. 275–303, 1954.
3. Knuth, Donald E. *The Art of Computer Programming*, 2nd ed., Volume 1, *Fundamental Algorithms*. Reading, Mass.: Addison-Wesley, 1973.
4. Kohavi, Zvi. *Switching and Finite Automata Theory*, 2nd ed. New York: McGraw-Hill, 1978.
5. Moore, E. F. "Gedanken-experiments on Sequential Machines." *Automata Studies, Annals of Mathematical Studies*, no. 34: pp. 129–153. Princeton, N.J.: Princeton University Press, 1956.
6. Stanat, Donald F., and McAllister, David F. *Discrete Mathematics in Computer Science*. Englewood Cliffs, N.J.: Prentice-Hall, 1977.

補充習題

1. 令 A 為一集合且 I 為一個指標集，其中對每個 $i \in I$，$\mathcal{R}_i$ 是 A 上的一個關係。證明或不證明下面各題。
   a) $\bigcup_{i \in I} \mathcal{R}_i$ 在 A 上是反身的若且唯若每個 $\mathcal{R}_i$ 在 A 上是反身的。
   b) $\bigcap_{i \in I} \mathcal{R}_i$ 在 A 上是反身的若且唯若每個 $\mathcal{R}_i$ 在 A 上是反身的。

2. 分別將 "反身的" 取代為 (i) 對稱的；(ii) 反對稱的；(iii) 遞移的，重做習題 1。

3. 給一集合 A，令 $\mathcal{R}_1$ 及 $\mathcal{R}_2$ 為 A 上的對稱關係。若 $\mathcal{R}_1 \circ \mathcal{R}_2 \subseteq \mathcal{R}_2 \circ \mathcal{R}_1$，證明 $\mathcal{R}_1 \circ \mathcal{R}_2 = \mathcal{R}_2 \circ \mathcal{R}_1$。

4. 對下面各個集合上的關係，決定各關係是否為反身的、對稱的、反對稱的，或遞移的。而且也決定各關係是否為一個偏序或一個等價關係，且若為等價關係，則描述由這個關係所引出的分割。
   a) $\mathcal{R}$ 是 $\mathbf{Q}$ 上的關係，其中 $a \mathcal{R} b$ 若 $|a - b| < 1$。
   b) 令 T 為平面上所有三角形的集合。對 $t_1, t_2 \in T$，定義 $t_1 \mathcal{R} t_2$ 若 t_1, t_2 有相同面積。
   c) 給 T 如 (b)，定義 $\mathcal{R}$ 為 $t_1 \mathcal{R} t_2$ 若 t_1 至少有兩邊被包含在 t_2 的周邊上。
   d) 令 $A = \{1, 2, 3, 4, 5, 6, 7\}$。定義 $\mathcal{R}$ 在 A 上為 $x \mathcal{R} y$ 若 $xy \geq 10$。

5. 對集合 A，B 及 C 具有關係 $\mathcal{R}_1 \subseteq A \times B$ 及 $\mathcal{R}_2 \subseteq B \times C$，證明或不證明 $(\mathcal{R}_1 \circ \mathcal{R}_2)^c = \mathcal{R}_2^c \circ \mathcal{R}_1^c$。

6. 給集合 A，令 $C = \{P_i | P_i \text{ 是 } A \text{ 的分割}\}$。定義關係 $\mathcal{R}$ 在 C 上為 $P_i \mathcal{R} P_j$ 若 $P_i \geq P_j$，即 P_i 是 P_j 的細分。
   a) 證明 $\mathcal{R}$ 是 C 上的一個偏序。
   b) 對 $A = \{1, 2, 3, 4, 5\}$，令 P_i，$1 \leq i \leq 4$，為下面分割：P_1: $\{1, 2\}$, $\{3, 4, 5\}$；P_2: $\{1, 2\}$, $\{3, 4\}$, $\{5\}$；P_3: $\{1\}$, $\{2\}$, $\{3, 4, 5\}$；P_4: $\{1, 2\}$, $\{3\}$, $\{4\}$, $\{5\}$。繪 Hasse 圖給 $C = \{P_i | 1 \leq i \leq 4\}$，其中 C 是利用細分的偏序。

7. 給一個有 5 個極小 (極大) 元但沒有最小 (最大) 元的偏序集之例子。

8. 令 $A = \{1, 2, 3, 4, 5, 6\} \times \{1, 2, 3, 4, 5, 6\}$。定義 $\mathcal{R}$ 在 A 上為 $(x_1, y_1) \mathcal{R} (x_2, y_2)$ 若 $x_1 y_1 = x_2 y_2$。
   a) 證明 $\mathcal{R}$ 是 A 上的一個等價關係。
   b) 求等價類 $[(1, 1)]$，$[(2, 2)]$，$[(3, 2)]$ 及 $[(4, 3)]$。

9. 若完全圖 K_n 有 45 個邊，則 n 值為何？

10. 令 $\mathcal{F} = \{f : \mathbf{Z}^+ \to \mathbf{R}\}$，即 $\mathcal{F}$ 是定義域為 $\mathbf{Z}^+$ 及對應域為 $\mathbf{R}$ 的所有函數的集合。
    a) 定義關係 $\mathcal{R}$ 在 $\mathcal{F}$ 上為 $g \mathcal{R} h$，對 g, $h \in \mathcal{F}$，若 g 被 h 優控且 h 被 g 優控，即 $g \in \Theta(h)$。(見 5.7 節的習題 14，15。) 證明 $\mathcal{R}$ 是 $\mathcal{F}$ 上的一個等價關係。
    b) 對 $f \in \mathcal{F}$，令 $[f]$ 表對 (a) 之關係 $\mathcal{R}$ 的 f 之等價類。令 $\mathcal{F}'$ 為 $\mathcal{R}$ 所引出的等價類集合。定義關係 $\mathcal{S}$ 在 $\mathcal{F}'$ 為 $[g] \mathcal{S} [h]$，對 $[g]$, $[h] \in \mathcal{F}'$，若 g 被 h 優控。證明 $\mathcal{S}$ 是一個偏序。
    c) 對 (a) 中之 $\mathcal{R}$，令 f, f_1, $f_2 \in \mathcal{F}$ 具有 $f_1, f_2 \in [f]$。若 $f_1 + f_2 : \mathbf{Z}^+ \to \mathbf{R}$ 被定義為 $(f_1 + f_2)(n) = f_1(n) + f_2(n)$，對 $n \in \mathbf{Z}^+$，證明或不證明 $f_1 + f_2 \in [f]$。

11. 我們已看到毗鄰矩陣可被用來表示一個圖形。然而，此法證明為頗無效率的當有許多個 0 (即較少邊) 出現時。一個較好的方法是使用**毗鄰目錄表表示法**(adjacency list representation)，其係由每個頂點 v 的毗鄰目錄表及一個指標目錄表所組成的。對圖 7.27 所示的圖形，其表示法被給為表 7.5 裡的兩個目錄表。

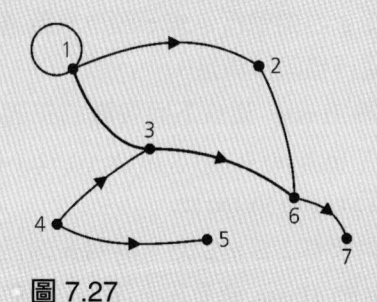

圖 7.27

表 7.5

毗鄰目錄表		指標目錄表	
1	1	1	1
2	2	2	4
3	3	3	5
4	6	4	7
5	1	5	9
6	6	6	9
7	3	7	11
8	5	8	11
9	2		
10	7		

對圖形上的每個頂點 v，我們列出，喜歡以數的順序，和 v 毗鄰的每個頂點 w。因此對 1，我們列出 1，2，3 為我們的毗鄰目錄表中的前三個毗鄰。在指標目錄中 2 的隔壁，我們擺一個 4，其告訴我們在毗鄰目錄表中何處開始找由 2 出來的毗鄰。因為在指標目錄表中 3 的右邊有一個 5，我們知道由 2 出來的唯一毗鄰是 6。同樣的，在指標目錄表中 4 的右邊的 7 引導我們到毗鄰目錄表中的第七個元素，即 3，且我們發現頂點 4 是毗鄰頂點 3 (毗鄰目錄表中的第 7 個頂點) 及頂點 5 (毗鄰目錄表中的第八個頂點)。我們停在頂點 5，因為在指標目錄表中，9 是在頂點 5 的右邊。指標目錄表中 5 和 6 隔壁的兩個 9 說明沒有頂點毗鄰於 5。同法，指標目錄表中 7 和 8 隔壁的兩個 11 告訴我們頂點 7 不和所給的有向圖上的任一個頂點相鄰。

一般來講，這個方法提供一個簡易的方法來求和頂點 v 毗鄰的頂點。它們在毗鄰目錄表中以位置 $\text{index}(v)$，$\text{index}(v)+1$，$\cdots$，$\text{index}(v+1)-1$ 的方式被列出。

最後，指標目錄表中的最後一對元素，即 8 和 11，是一個"虛構"，其說

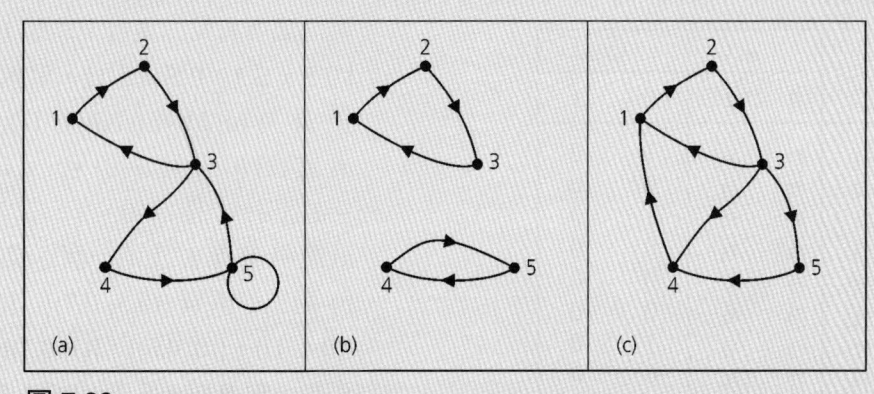

圖 7.28

明毗鄰目錄表將選的號若圖形中有第八個頂點。

以此法表示圖 7.28 的每個圖。

12. 有向圖 G 的毗鄰目錄表表示式被給在表 7.6 的目錄表裡。請由此表示式構造 G。

表 7.6

毗鄰目錄表		指標目錄表	
1	2	1	1
2	3	2	4
3	6	3	5
4	3	4	5
5	3	5	8
6	4	6	10
7	5	7	10
8	3	8	10
9	6		

13. 令 G 為一個無向圖具有頂點集合 V。定義 V 上的關係 $\mathcal{R}$ 為 $v \mathcal{R} w$ 若 $v=w$ 或存在一條由 v 到 w 的路徑 (或由 w 到 v 因為 G 是無向的)。(a) 證明 $\mathcal{R}$ 是 V 上的一個等價關係。(b) $\mathcal{R}$ 所結合的分割是什麼？

14. a) 對表 7.7 所給的有限狀態機器，求等價到它的極小機器。
    b) 求一個極小串來判別狀態 s_4 及 s_6。

表 7.7

	v		ω	
	0	1	0	1
s_1	s_7	s_6	1	0
s_2	s_7	s_7	0	0
s_3	s_7	s_2	1	0
s_4	s_2	s_3	0	0
s_5	s_3	s_7	0	0
s_6	s_4	s_1	0	0
s_7	s_3	s_5	1	0
s_8	s_7	s_3	0	0

15. 在電腦中心，Maria 面對正在跑的 10 個電腦程式，因為權限的關係，它們受到下列條件的限制：(a) $10 > 8, 3$；(b) $8 > 7$；(c) $7 > 5$；(d) $3 > 9, 6$；(e) $6 > 4, 1$；(f) $9 > 4, 5$；(g) $4, 5, 1 > 2$；其中，例如，$10 > 8, 3$ 意味著編號 10 的程式必須在程式 8 及 3 之前執行。求一順位來跑這些程式使得權限被滿足。

16. a) 繪 Hasse 圖給下面各數的正因數集合：(i) 2; (ii) 4; (iii) 6; (iv) 8; (v) 12; (vi) 16; (vii) 24; (viii) 30; (ix) 32。

    b) 對所有 $2 \leq n \leq 35$，證明 n 的正因數集合的 Hasse 圖看起來像 (a) 中的九個圖之一。(不管所有頂點的號碼並集中注意由頂點及邊所給的結構。) 試問 $n=36$ 的情形如何？

    c) 對 $n \in \mathbf{Z}^+$，$\tau(n)=n$ 的正因數個數。(見第 5 章的補充習題 32。) 令 $m, n \in \mathbf{Z}^+$ 及 S, T 分別為 m, n 的所有正因數集合。(a) 和 (b) 的結果蘊涵若 S, T 的 Hasse 圖是結構相同，則 $\tau(m)=\tau(n)$。但反過來為真嗎？

    d) 證明 (a) 中的每個 Hasse 圖是一個格子若我們定義 $\text{glb}\{x, y\}=\gcd\{x, y\}$ 及 $\text{lub}\{x, y\}=\text{lcm}\{x, y\}$。

17. 令 U 為圖 7.29 所示的單位正方形上及其內部所有點的集合。亦即 $U=\{(x, y) | 0 \leq x \leq 1, 0 \leq y \leq 1\}$。定義 U 上的關係 $\mathcal{R}$ 為 $(a, b) \mathcal{R} (c, d)$ 若 (1) $(a, b)=(c, d)$ 或 (2) $b=d$ 且 $a=0$ 且 $c=1$，或 (3) $b=d$ 且 $a=1$ 且 $c=0$。

    a) 證明 $\mathcal{R}$ 是 U 上的一個等價關係。
    b) 列出等價類 $[(0.3, 0.7)]$，$[(0.5, 0)]$，$[(0.4, 1)]$，$[(0, 0.6)]$，$[(1, 0.2)]$ 中的所有序對。對 $0 \leq a \leq 1, 0 \leq b \leq 1$，有多

圖 7.29

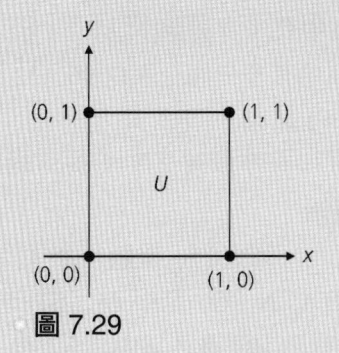

少個序對在 $[(a, b)]$ 裡？
c) 若我們在每個等價類中的所有序對"黏在一起"，則什麼型態的曲面將出現？

18. a) 對 $\mathcal{U}=\{1, 2, 3\}$，令 $A=\mathcal{P}(\mathcal{U})$。定義 A 上的關係 $\mathcal{R}$ 為 $B \mathcal{R} C$ 若 $B \subseteq C$。則關係 $\mathcal{R}$ 中有多少個序對？
b) 若 $\mathcal{U}=\{1, 2, 3, 4\}$，回答 (a)。
c) 一般化 (a) 和 (b) 的結果。

19. 對 $n \in \mathbf{Z}^+$，令 $\mathcal{U}=\{1, 2, 3, \cdots, n\}$。定義 $\mathcal{P}(\mathcal{U})$ 上的關係 $\mathcal{R}$ 為 $A \mathcal{R} B$ 若 $A \not\subseteq B$ 且 $B \not\subseteq A$，則這個關係裡有多少個序對？

20. 令 A 為一個有限非空集合具有 $B \subseteq A$ (B 固定)，且 $|A|=n$，$|B|=m$。定義 $\mathcal{P}(A)$ 上的關係 $\mathcal{R}$ 為 $X \mathcal{R} Y$，對 X，$Y \subseteq A$，若 $X \cap B = Y \cap B$。則 $\mathcal{R}$ 是一個等價關係，如 7.4 節習題 10 所證明的。(a) 由 $\mathcal{R}$ 所引出的 $\mathcal{P}(A)$ 的分割中有多少個等價類？(b) 由 $\mathcal{R}$ 所引出的分割的每個等價類中各有多少個 A 的子集合？

21. 對 $A \neq \emptyset$，令 $(A, \mathcal{R})$ 為一個偏序集，且令 $\emptyset \neq B \subseteq A$ 使得 $\mathcal{R}'=(B \times B) \cap \mathcal{R}$。若 $(B, \mathcal{R}')$ 是全序，我們稱 $(B, \mathcal{R}')$ 是 $(A, \mathcal{R})$ 上的一個鏈 (chain)。當 B 是有限時，我們可以 $b_1 \mathcal{R}' b_2 \mathcal{R}' b_3 \mathcal{R}' \cdots \mathcal{R}'$ $b_{n-1} \mathcal{R}' b_n$ 來排序 B 的元素且稱這個鏈的長度 (length) 為 n。一個 (長度為 n) 的鏈被稱為極大的 (maximal) 若沒有元素 $a \in A$ 其中 $a \notin \{b_1, b_2, b_3, \cdots, b_n\}$ 且 $a \mathcal{R} b_1$，$b_n \mathcal{R} a$ 或 $b_i \mathcal{R} a \mathcal{R} b_{i+1}$，對某些 $1 \leq i \leq n-1$。

a) 求兩個長度為 3 的鏈給圖 7.20 之 Hasse 圖的偏序集。找一個極大鏈給這個偏序集。它有多少個像這樣的極大鏈？
b) 對圖 7.18(d) 之 Hasse 圖所給的偏序集，求兩個不同長度的極大鏈。這個偏序集的最長的 (極大) 鏈的長度是多少？
c) 令 $\mathcal{U}=\{1, 2, 3, 4\}$ 且 $A=\mathcal{P}(\mathcal{U})$。對偏序集 $(A, \subseteq)$，求兩個極大鏈。這個偏序集有多少個像這樣的極大鏈？
d) 若 $\mathcal{U}=\{1, 2, 3, \cdots, n\}$，偏序 $(\mathcal{P}(\mathcal{U}), \subseteq)$ 中有多少個極大鏈？

22. 對 $\emptyset \neq C \subseteq A$，令 $(C, \mathcal{R}')$ 為偏序集 $(A, \mathcal{R})$ 中的一極大鏈，其中 $\mathcal{R}'=(C \times C) \cap \mathcal{R}$。若 C 的所有元素被排序為 $c_1 \mathcal{R}' c_2 \mathcal{R}' \cdots \mathcal{R}' c_n$，證明 c_1 是 $(A, \mathcal{R})$ 的一個極小元且 c_n 是 $(A, \mathcal{R})$ 的極大元。

23. 令 $(A, \mathcal{R})$ 為一偏序集，其中最長的 (極大) 鏈的長度是 $n \geq 2$。令 M 為 $(A, \mathcal{R})$ 中所有極大元的集合，且令 $B=A-M$。若 $\mathcal{R}'=(B \times B) \cap \mathcal{R}$，證明 $(B, \mathcal{R}')$ 裡最長的鏈的長度是 $n-1$。

24. 令 $(A, \mathcal{R})$ 為一個偏序集，且令 $\emptyset \neq C \subseteq A$。若 $(C \times C) \cap \mathcal{R}=\emptyset$，則對所有的相異 x，$y \in C$ 我們有 $x \not{\mathcal{R}} y$ 且 $y \not{\mathcal{R}} x$。C 的所有元素被稱為在偏序集 $(A, \mathcal{R})$ 裡形成一個反鏈 (antichain)。

a) 對圖 7.18(d) 的 Hasse 圖所給的偏序

集找一個三個元素的反鏈。求一個含元素 6 的最大的反鏈。決定一個最大的反鏈給這個偏序集。

b) 若 $\mathcal{U}=\{1, 2, 3, 4\}$，令 $A = \mathcal{P}(\mathcal{U})$。找兩個不同的反鏈給偏序集 $(A, \subseteq)$。這個偏序集的最大反鏈有多少個元素？

c) 證明在任一個偏序集 $(A, \mathcal{R})$ 裡，所有極大元的集合及所有極小元的集合均是反鏈。

25. 令 $(A, \mathcal{R})$ 為一偏序集，其中最長的鏈之長度是 n。使用數學歸納法證明 A 的所有元素可被分割成 n 個反鏈 C_1, $C_2, \cdots, C_n$ (其中 $C_i \cap C_j = \emptyset$，對 $1 \leq i \leq j \leq n$)。

26. a) 有多少個方法可來全序 96 個正因數之偏序？

    b) (a) 中有多少個全序以 96>32 開始？

    c) (a) 中有多少個全序以 3>1 結束？

    d) (a) 中有多少個全序以 96>32 開始及以 3>1 結束？

    e) (a) 中有多少個全序以 96>48>32>16 開始？

27. 令 n 為一固定的正整數且令 $A_n = \{0, 1, \cdots, n\} \subseteq \mathbf{N}$。(a) 全序 $(A_n, \leq)$ 的 Hasse 圖中有多少個邊？其中"$\leq$"是平常的"小於或等於"關係。(b) 有多少個方法可將 (a) 之 Hasse 圖的邊分割使得在 (分割的) 每個胞裡的所有邊提供一個 (單邊或多邊的) 路徑？(c) 有多少個方法可將 $(A_{12}, \leq)$ 的 Hasse 圖之所有邊分割使得 (分割的) 每個胞裡的所有邊提供一個 (單邊或多邊的) 路徑及其中有一個胞是 $\{(3, 4), (4, 5), (5, 6), (6, 7)\}$？

第二部份

枚舉問題的進一步題材

第 8 章

包含及互斥原理

當我們探討**包含及互斥原理** (Principle of Inclusion and Exclusion) 時，我們回到枚舉的題材。擴大第 3 章范恩圖上之計數問題的概念，這個原理將助我們建立 5.3 節的猜想，即求映成函數 $f：A \rightarrow B$ 的個數公式，其中 A, B 為有限的 (非空) 集合。這個原理的其它應用將展示它多用途的本質於組合數學裡。

8.1 包含及互斥原理

本節我們將發展一些符號來敘述這個新的計數原理。接著我們以組合論證來建立這個原理。隨著這個，廣泛的例題將說明這個原理如何可被應用。

我們將以三個一系列的例題來刺激包含及互斥原理，前兩個例題將回憶在 3.3 節的范恩圖及計數的工作。

令 S 為 100 個學生的集合，其中每位學生均參加中央學院的新生工程學程。則 $|S|=100$。現在令 c_1，c_2 表下面 S 的某些元素所滿足的條件 (或性質)： | 例題 8.1

c_1：100 個參加中央學院新生工程學程的學生中之一位學生且選修大一作文。

c_2：100 個參加中央學院新生工程學程的學生中之一位學生且選修經濟學入門。

假設這 100 個學生中有 35 位選修大一作文且有 0 位選修經濟學入門。我們將表這個為

$$N(c_1) = 35 \quad 及 \quad N(c_2) = 30.$$

若這 100 個學生中有 9 位同時選修大一作文及經濟學入門,則我們寫 $N(c_1c_2)=9$。

更而,這 100 個學生中,有 $100-35=65$ 個沒選大一作文。以 N 表 $|S|$,我們可以指派這個為 $N(\overline{c_1})=N-N(c_1)$。同法,我們指派 $N(\overline{c_2})=N-N(c_2)=100-30=70$ 位這些學生中沒選經濟學入門。有選大一作文但沒經濟學入門的有 $N(c_1\overline{c_2})=N(c_1)-N(c_1c_2)=35-9=26$。同樣的,這 100 個學生中,有 $N(\overline{c_1}c_2)=N(c_2)-N(c_1c_2)=30-9=21$ 位學生選經濟學入門但沒選大一作文。特別有趣的是那些學生 (在這 100 個新生中),既沒選大一作文也沒選經濟學入門,亦即,他們沒選大一作文且沒選經濟學入門。這些學生是 $N(\overline{c_1}\overline{c_2})$。且因為 $N(\overline{c_1})=N(\overline{c_1}c_2)+N(\overline{c_1}\overline{c_2})$,我們知道 $N(\overline{c_1}\overline{c_2})=N(\overline{c_1})-N(\overline{c_1}c_2)=65-21=44$。

前面的觀察亦可說明為

$$\begin{aligned}N(\overline{c_1}\overline{c_2}) &= N(\overline{c_1}) - N(\overline{c_1}c_2) = [N - N(c_1)] - [N(c_2) - N(c_1c_2)] \\ &= N - N(c_1) - N(c_2) + N(c_1c_2) = N - [N(c_1) + N(c_2)] + N(c_1c_2) \\ &= 100 - [35 + 30] + 9 = 44, \text{如我們上面所見的}\end{aligned}$$

由圖 8.1 的范恩圖,我們看到若 $N(c_1)$ 表 S 在左手邊圓的元素個數且 $N(c_2)$ 表右手邊圓的元素個數,則 $N(c_1c_2)$ 為重疊的 S 元素個數,而 $N(\overline{c_1}\overline{c_2})$ 計數那些在這兩個圓聯集外的 S 的元素個數。因此,我們再看一次,這次由圖看,得

$$N(\overline{c_1}\overline{c_2}) = N - [N(c_1) + N(c_2)] + N(c_1c_2),$$

其中最後一項被加上,是因為它在 $[N(c_1)+N(c_2)]$ 項中被消去兩次。 (而且,此刻,讀者可回顧例題 3.25 所得的第二個公式,找到以不同記號呈

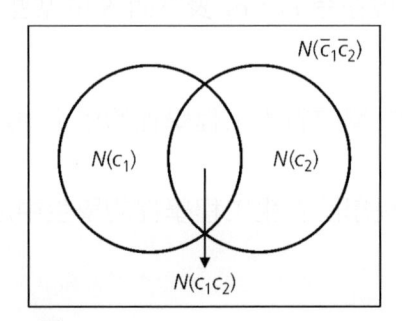

● 圖 8.1

現的相同結果。)

[在我們前進下一個例題之前,我們將介紹第三個條件中於該例題中,讓我們注意 $N(\overline{c_1}\overline{c_2})$ 和 $N(\overline{c_1 c_2})$ 不一樣。因為 $N(\overline{c_1 c_2})=N-N(c_1,c_2)=100-9=81$,而本例中 $N(\overline{c_1}\overline{c_2})=44$,如我們稍早所學的。然而,$N(\overline{c_1}$ 或 $\overline{c_2})=N(\overline{c_1 c_2})=91=65+70-44=N(\overline{c_1})+N(\overline{c_2})-N(\overline{c_1}\overline{c_2})$。]

我們以例題 8.1 的 100 位學生及相同條件 c_1,c_2 開始,但現在我們考慮第三個條件,被給如下

例題 8.2

c_3:100 位參加中央學院新生工程學程的學生中之一位學生且選修電腦程式基礎。

仍然是 $N(c_1)=35$,$N(c_2)=30$,且 $N(c_1 c_2)=9$,但現在我們亦有 $N(c_3)=30$,$N(c_1 c_3)=11$,$N(c_1 c_3)=10$,及 $N(c_1 c_2 c_3)=5$ (亦即這 100 個新生中有 5 位同時選大一作文、經濟學入門及電腦程式基礎)。看看圖 8.2,我們知道

$$N(\overline{c_1}\overline{c_2}\overline{c_3}) = N - [N(c_1)+N(c_2)+N(c_3)] + [N(c_1 c_2)+N(c_1 c_3)+N(c_2 c_3)] - N(c_1 c_2 c_3).$$

所以這裡我們有 $N(\overline{c_1}\overline{c_2}\overline{c_3})=100-[35+30+30]+[9+11+10]-5=30$。亦即,這 100 個學生中有 30 位不選下列課程中的任何一門:(i) 大一作文;(ii) 經濟學入門;或 (iii) 電腦程式基礎。

[我們亦知悉 $N(\overline{c_3})=70=100-30=N-N(c_3)$,$N(\overline{c_1}\overline{c_3})=46=100-[35+30]+11=N-[N(c_1)+N(c_3)]+N(c_1 c_3)$ 及 $N(\overline{c_2}\overline{c_3})=50=100-[30+30]+10=N-[N(c_2)+N(c_3)]+N(c_2 c_3)$。更而,我們注意這裡和 $|\overline{A}\cap\overline{B}\cap\overline{C}|$ 的相似性,其被給在例題 3.26 所得的第二個公式裡。]

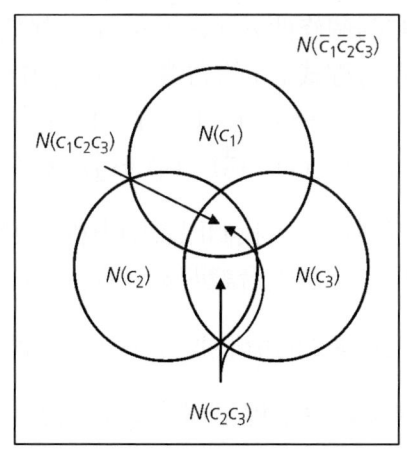

◉ 圖 8.2

例題 8.3　基於前面兩個例題的結果 c_1，c_2，c_3，c_4，我們現在可感覺出來，對一個已知的有限集合 S (具有 $|S|=N$) 及四個條件，我們將有

$$N(\bar{c}_1\bar{c}_2\bar{c}_3\bar{c}_4) = N - [N(c_1) + N(c_2) + N(c_3) + N(c_4)] \qquad (*)$$
$$+ [N(c_1c_2) + N(c_1c_3) + N(c_1c_4) + N(c_2c_3) + N(c_2c_4) + N(c_3c_4)]$$
$$- [N(c_1c_2c_3) + N(c_1c_2c_4) + N(c_1c_3c_4) + N(c_2c_3c_4)]$$
$$+ N(c_1c_2c_3c_4).$$

欲證明這個，我們考慮 S 的任意元素 x，並證明它在上述方程式的兩邊被計數相同的次數。

0) 若 x 不滿足這四個條件的任何一個，則它在方程式 (*) 的左邊被計數一次 [在 $N(\bar{c}_1\bar{c}_2\bar{c}_3\bar{c}_4)$ 裡] 且在方程式 (*) 的右邊被計數一次 [在 N 裡]。

1) 若 x 僅滿足這四個條件之一，令其為 c_1，則它在方程式 (*) 的左邊根本不被計數。但在方程式 (*) 的右邊，x 在 N 裡被計數一次且在 $N(c_1)$ 裡計數一次，所以總數為 $1-1=0$ 次。

2) 現假設 x 滿足條件 c_2，c_4 但不滿足條件 c_1，c_3。x 再次不被計數在方程式 (*) 的左邊。對方程式 (*) 的右邊，x 在 N 裡被計數一次，在 $N(c_2)$ 及 $N(c_4)$ 裡各被計數一次，且在 $N(c_2c_4)$ 被計數一次，總數為 $1-[1+1]+1=1-\binom{2}{1}+\binom{2}{2}=0$ 次。

3) 繼續對三個條件的情形，我們假設 x 滿足條件 c_1，c_2 及 c_4，但不滿足 c_3。如前面兩種情形，x 在方程式 (*) 的左邊不被計數。在方程式 (*) 的右邊，x 在 N 裡被計數一次，在 $N(c_1)$，$N(c_2)$ 及 $N(c_4)$ 各被計數一次，在 $N(c_1c_2)$，$N(c_1c_4)$ 及 $N(c_2c_4)$ 裡各被計數一次，且最後在 $N(c_1c_2c_4)$ 裡被計數一次。所以在方程式 (*) 的右邊，x 總共被計數 $1-[1+1+1]+[1+1+1]-1=1-\binom{3}{1}+\binom{3}{2}-\binom{3}{3}=0$ 次。

4) 最後，若 x 滿足所有四個條件 c_1，c_2，c_3，c_4，則它在方程式 (*) 的左邊再次不被計數。在方程式 (*) 的右邊，x 在這方程式右邊 16 項中的每一項裡均被計數一次，總共 $1-[1+1+1+1]+[1+1+1+1+1+1]-[1+1+1+1]+1=1-\binom{4}{1}+\binom{4}{2}-\binom{4}{3}+\binom{4}{4}=0$ 次。

因此，由前面五種情形，我們已證明方程式 (*) 的兩邊計數 S 中相同的元素，且這提供一個組合證明給 $N(\bar{c}_1\bar{c}_2\bar{c}_3\bar{c}_4)$ 之公式。

現在我們將再考慮例題 8.2 的情形並再介紹第四個條件如下：

c_4：100 位參加中央學院新生工程學程的學生中之一位學生並選修設計入門。

我們已經知道 $N(c_1)=35$，$N(c_2)=30$，$N(c_3)=30$，$N(c_1c_2)=9$，$N(c_1c_3)=11$，$N(c_2c_3)=10$，且 $N(c_1c_2c_3)=5$。若 $N(c_4)=41$，$N(c_1c_4)=13$，$N(c_2c_4)=14$，$N(c_3c_4)=10$，$N(c_1c_2c_4)=6$，$N(c_1c_3c_4)=6$，$N(c_2c_3c_4)=6$，且 $N(c_1c_2c_3c_4)=4$，則使用我們上面所導的等式，得 $N(\overline{c_1c_2c_3c_4})=100-[35+30+30+41]+[9+11+13+10+14+10]-[5+6+6+6]+4=100-136+67-23+4=12$。因此，中央學院的 100 位參加新生工程學程的學生中，有 12 位學生不選下面四門課程中的任何一門：大一作文、經濟學入門、電腦程式基礎，或設計入門。

若我們有興趣來計數 (這 100 位學生中) 有修大一作文，但不修其它三門課任何一門的學生數，則我們將要計算 $N(c_1\overline{c_2}\overline{c_3}\overline{c_4})$。欲計算這個，我們以觀察

$$N(\overline{c_2}\overline{c_3}\overline{c_4}) = N(c_1\overline{c_2}\overline{c_3}\overline{c_4}) + N(\overline{c_1}\overline{c_2}\overline{c_3}\overline{c_4}),$$

開始，可利用和 $N(\overline{c_1}\overline{c_2}\overline{c_3}\overline{c_4})$ 相似之論證證明它。這引導我們

$$N(c_1\overline{c_2}\overline{c_3}\overline{c_4}) = N(\overline{c_2}\overline{c_3}\overline{c_4}) - N(\overline{c_1}\overline{c_2}\overline{c_3}\overline{c_4}).$$

使用例題 8.2 的結果，我們發現

$$\begin{aligned}N(\overline{c_2}\overline{c_3}\overline{c_4}) &= N - [N(c_2) + N(c_3) + N(c_4)] + [N(c_2c_3) + N(c_2c_4) + N(c_3c_4)] \\ &\quad - N(c_2c_3c_4) \\ &= 100 - [30+30+41] + [10+14+10] - 6 = 27, \text{且} \\ N(c_1\overline{c_2}\overline{c_3}\overline{c_4}) &= N(\overline{c_2}\overline{c_3}\overline{c_4}) - N(\overline{c_1}\overline{c_2}\overline{c_3}\overline{c_4}) = 27 - 12 = 15.\end{aligned}$$

所以在這 100 位學生中有 15 位選修大一作文，而不修底下任何課程：經濟學入門、電腦程式基礎，或設計入門。

更而，我們亦觀察到

$$\begin{aligned}N(c_1\overline{c_2}\overline{c_3}\overline{c_4}) &= N(\overline{c_2}\overline{c_3}\overline{c_4}) - N(\overline{c_1}\overline{c_2}\overline{c_3}\overline{c_4}) \\ &= \{N - [N(c_2) + N(c_3) + N(c_4)] + [N(c_2c_3) + N(c_2c_4) + N(c_3c_4)] \\ &\quad - N(c_2c_3c_4)\} - \{N - [N(c_1) + N(c_2) + N(c_3) + N(c_4)] \\ &\quad + [N(c_1c_2) + N(c_1c_3) + N(c_1c_4) + N(c_2c_3) + N(c_2c_4) + N(c_3c_4)] \\ &\quad - [N(c_1c_2c_3) + N(c_1c_2c_4) + N(c_1c_3c_4) + N(c_2c_3c_4)] + N(c_1c_2c_3c_4)\}, \text{或} \\ N(c_1\overline{c_2}\overline{c_3}\overline{c_4}) &= N(c_1) - [N(c_1c_2) + N(c_1c_3) + N(c_1c_4)] \\ &\quad + [N(c_1c_2c_3) + N(c_1c_2c_4) + N(c_1c_3c_4)] - N(c_1c_2c_3c_4).\end{aligned}$$

所以 $N(c_1\overline{c_2}\overline{c_3}\overline{c_4})=35-[9+11+13]+[5+6+6]-4=35-33+17-4=15$，如我們上面所發現的。

在看了例題 8.1，8.2 及 8.3 的結果之後，現在是來一般化這些結果且建立包含及互斥原理的時候。欲如此做，我們再次令 S 為一集合具 $|S|=N$，且令 c_1，c_2，$\cdots$，c_t 為 t 個條件或性質的群體——每一個可能被 S 的一些元素滿足。S 的某些元素可能滿足一個以上的條件，也有一些不滿足任何一個條件。對所有 $1 \leq i \leq t$，$N(c_i)$ 表滿足條件 c_i 的 S 中之元素個數。(這裡被計數的 S 元素僅當它們滿足條件 c_i，和當它們滿足 c_i 及其它條件 c_j 時，對 $j \neq i$。) 對所有 $i, j \in \{1, 2, 3, \cdots, t\}$，其中 $i \neq j$，$N(c_i c_j)$ 表滿足 c_i，c_j 兩條件的 S 中之元素個數，且或許還滿足其它條件。[$N(c_i c_j)$ 不只計數僅滿足 c_i，c_j 的 S 的元素個數。] 繼續此法，若 $1 \leq i, j, k \leq t$ 為三個相異整數，則 $N(c_i c_j c_k)$ 表 S 中的元素個數其中每個元素滿足，或許還有其它條件，c_i，c_j 及 c_k 每個條件。

對每個 $1 \leq i \leq t$，$N(\overline{c_i}) = N - N(c_i)$ 表 S 中不滿足條件 c_i 的元素個數。若 $1 \leq i, j \leq t$，且 $i \neq j$，$N(\overline{c_i c_j}) = S$ 中不滿足條件 c_i 或 c_j 中的任一個。[這個和 $N(\overline{c_i c_j})$ 不同，如我們在例題 8.1 末所觀察的。]

有了必要的預備知識在手，我們敘述下面定理。

定理 8.1　**包含及互斥原理** (The Principle of Inclusion and Exclusion)。考慮一集合 S，具 $|S| = N$，及條件 c_i，$1 \leq i \leq t$，其中每一個條件均被 S 的一些元素滿足。S 中元素不滿足條件 c_i，$1 \leq i \leq t$，中的任一個的個數，被表為 $\overline{N} = N(\overline{c_1}\overline{c_2}\overline{c_3}\cdots\overline{c_t})$，其中

$$\overline{N} = N - [N(c_1) + N(c_2) + N(c_3) + \cdots + N(c_t)] \qquad (1)$$
$$+ [N(c_1 c_2) + N(c_1 c_3) + \cdots + N(c_1 c_t) + N(c_2 c_3) + \cdots + N(c_{t-1} c_t)]$$
$$- [N(c_1 c_2 c_3) + N(c_1 c_2 c_4) + \cdots + N(c_1 c_2 c_t) + N(c_1 c_3 c_4) + \cdots$$
$$+ N(c_1 c_3 c_t) + \cdots + N(c_{t-2} c_{t-1} c_t)] + \cdots + (-1)^t N(c_1 c_2 c_3 \cdots c_t),$$

或

$$\overline{N} = N - \sum_{1 \leq i \leq t} N(c_i) + \sum_{1 \leq i < j \leq t} N(c_i c_j) - \sum_{1 \leq i < j < k \leq t} N(c_i c_j c_k) + \cdots \qquad (2)$$
$$+ (-1)^t N(c_1 c_2 c_3 \cdots c_t).$$

證明：雖然這個結果可對條件的個數 t 以數學歸納法原理來獲得，但我們將給一個組合證明。我們在例題 8.3 建立 $N(\overline{c_1}\overline{c_2}\overline{c_3}\overline{c_4})$ 公式時所見到的概念論證是值得回憶的。

對每個 $x \in S$，我們將證明 x 貢獻相同的計數，不是 0，就是 1，給方程式 (2) 的兩邊。

若 x 不滿足任何條件，則 x 在 $\overline{N}$ 裡被計數一次且在 N 裡被計數一次，但在方程式 (2) 的任何其它項不被計數。因此，x 貢獻一個計數給方程式的每一邊。

其它可能性是 x 恰滿足 r 個條件，其中 $1 \leq r \leq t$。此時，x 對 $\overline{N}$ 沒貢獻。但在方程式 (2) 的右邊，x 被計數。

(1) 在 N 裡一次。

(2) 在 $\sum_{1 \leq i \leq t} N(c_i)$ 裡 r 次。（r 個條件中的每個條件一次。）

(3) 在 $\sum_{1 \leq i < j \leq t} N(c_i c_j)$ 裡 $\binom{r}{2}$ 次。（由所滿足的 r 個條件中選出的每對條件均有一次。）

(4) 在 $\sum_{1 \leq i < j < k \leq t} N(c_i c_j c_k)$ 裡 $\binom{r}{3}$ 次。（為何？）

....

(r + 1) 在 $\sum N(c_{i_1} c_{i_2} \cdots c_{i_r})$ 裡 $\binom{r}{r} = 1$ 次，其中和是加完所有由 t 個條件選出大小為 r 的所有選擇。

因此，在方程式 (2) 的右邊，x 被計數

$$1 - r + \binom{r}{2} - \binom{r}{3} + \cdots + (-1)^r \binom{r}{r} = [1 + (-1)]^r = 0^r = 0 \text{ 次}$$

由二項式定理。因此，方程式 (2) 的兩邊計數 S 中相同的元素，且等式被證明成立。

這個原理的一個直接系理被給如下：

在定理 8.1 的假設之下，S 中至少滿足條件 c_i，$1 \leq i \leq t$，中的一個條件的元素個數，被給為 $N(c_1 \text{ 或 } c_2 \text{ 或} \cdots \text{或 } c_t) = N - \overline{N}$。

系理 8.1

在解一些例題之前，我們再多檢視一些記號來簡化定理 8.1 的敘述。

我們寫

$S_0 = N$,
$S_1 = [N(c_1) + N(c_2) + \cdots + N(c_t)]$,
$S_2 = [N(c_1 c_2) + N(c_1 c_3) + \cdots + N(c_1 c_t) + N(c_2 c_3) + \cdots + N(c_{t-1} c_t)]$,

且，一般來講

$$S_k = \sum N(c_{i_1} c_{i_2} \cdots c_{i_k}), 1 \leq k \leq t,$$

其中和是加遍所有由 t 個條件中選出大小為 k 的所有選擇。因此，S_k 裡有 $\binom{t}{k}$ 個被加數。

使用這些記號，我們可重寫方程式 (2) 的結果為

$$\overline{N} = S_0 - S_1 + S_2 - S_3 + \cdots + (-1)^t S_t.$$

現在讓我們看看這個原理如何被用來解某些枚舉問題。

例題 8.4

求正整數 n 的個數，其中 $1 \le n \le 100$ 且 n 不被 2, 3 或 5 整除。

此處 $S = \{1, 2, 3, \cdots, 100\}$ 且 $N = 100$。對 $n \in S$，n 滿足

a) 條件 c_1 若 n 被 2 整除，

b) 條件 c_2 若 n 被 3 整除，及

c) 條件 c_3 若 n 被 5 整除。

則本問題的答案是 $N(\overline{c_1}\overline{c_2}\overline{c_3})$。

如在 5.2 節，我們使用記號 $\lfloor r \rfloor$ 表示小於或等於 r 的最大整數，對任意實數 r。這個函數證明對本問題是有助益的，當我們發現

$N(c_1) = \lfloor 100/2 \rfloor = 50$ [因為 $50 (= \lfloor 100/2 \rfloor)$ 個正整數 $2, 4, 6, 8, \ldots, 96, 98 (= 2 \cdot 49), 100 (= 2 \cdot 50)$ 均被 2 整除];

$N(c_2) = \lfloor 100/3 \rfloor = \lfloor 33\ 1/3 \rfloor = 33$ [因為 $33 (= \lfloor 100/3 \rfloor)$ 個正整數 $3, 6, 9, 12, \ldots, 96 (= 3 \cdot 32), 99 (= 3 \cdot 33)$ 均被 3 整除];

$N(c_3) = \lfloor 100/5 \rfloor = 20$;

$N(c_1 c_2) = \lfloor 100/6 \rfloor = 16$ [因為 S 中有 $16 (= \lfloor 100/6 \rfloor)$ 個元素同時被 2 和 3 整除，因此被 $\text{lcm}(2, 3) = 2 \cdot 3 = 6$ 整除];

$N(c_1 c_3) = \lfloor 100/10 \rfloor = 10$;

$N(c_2 c_3) = \lfloor 100/15 \rfloor = 6$; 及

$N(c_1 c_2 c_3) = \lfloor 100/30 \rfloor = 3$.

應用包含及互斥原理，我們發現

$$\begin{aligned} N(\overline{c_1}\overline{c_2}\overline{c_3}) &= S_0 - S_1 + S_2 - S_3 = N - [N(c_1) + N(c_2) + N(c_3)] \\ &\quad + [N(c_1 c_2) + N(c_1 c_3) + N(c_2 c_3)] - N(c_1 c_2 c_3) \\ &= 100 - [50 + 33 + 20] + [16 + 10 + 6] - 3 = 26. \end{aligned}$$

(這 26 個數為 1, 7, 11, 13, 17, 19, 23, 29, 31, 37, 41, 43, 47, 49, 53, 59, 61, 67, 71, 73, 77, 79, 83, 89, 91 及 97。)

第八章　包含及互斥原理　465

在第 1 章，我們發現方程式 $x_1+x_2+x_3+x_4=18$ 的非負整數解的個數。我們加上 $x_i \leq 7$，對所有 $1 \leq i \leq 4$，的限制，回答同樣問題。

例題 8.5

這裡 S 是 $x_1+x_2+x_3+x_4=18$ 的解集合，其中 $0 \leq x_i$，對所有 $1 \leq i \leq 4$。所以 $|S|=N=S_0=\binom{4+18-1}{18}=\binom{21}{18}$。

我們稱一組解 x_1, x_2, x_3, x_4 滿足條件 c_i，其中 $1 \leq i \leq 4$，若 $x_i>7$（或 $x_i \geq 8$），則本問題的答案是 $N(\bar{c}_1\bar{c}_2\bar{c}_3\bar{c}_4)$。

由對稱性知，$N(c_1)=N(c_2)=N(c_3)=N(c_4)$。欲計算 $N(c_1)$，我們考慮 $x_1+x_2+x_3+x_4=10$ 的整數解，其中每個 $x_i \geq 0$，對所有 $1 \leq i \leq 4$。則我們加 8 給 x_1 且得 $x_1+x_2+x_3+x_4=18$ 的解滿足條件 c_1。因此，$N(c_i)=\binom{4+10-1}{10}=\binom{13}{10}$，對每個 $1 \leq i \leq 4$，且 $S_1=\binom{4}{1}\binom{13}{10}$。

同樣的，$N(c_1c_2)$ 為 $x_1+x_2+x_3+x_4=2$ 的整數解個數，其中 $x_i \geq 0$，對所有 $1 \leq i \leq 4$。所以，$N(c_1c_2)=\binom{4+2-1}{2}=\binom{5}{2}$，且 $S_2=\binom{4}{2}\binom{5}{2}$。

因為 $N(c_ic_jc_k)=0$ 對三個條件的每一種選擇，且 $N(c_1c_2c_3c_4)=0$，我們有

$$N(\bar{c}_1\bar{c}_2\bar{c}_3\bar{c}_4) = S_0 - S_1 + S_2 - S_3 + S_4$$

$$= \binom{21}{18} - \binom{4}{1}\binom{13}{10} + \binom{4}{2}\binom{5}{2} - 0 + 0 = 246.$$

所以，$x_1+x_2+x_3+x_4=18$ 的 1330 個非負整數解中，僅有 246 個滿足 $x_i \leq 7$，$\forall 1 \leq i \leq 4$。

下一個例題將建立 5.3 節對計數映成函數所做的猜想公式。

例題 8.6

對有限集合 A，B，其中 $|A|=m \geq n=|B|$，令 $A=\{a_1, a_2, \cdots, a_m\}$，$B=\{b_1, b_2, \cdots, b_n\}$，且 $S=$ 所有函數 $f: A \to B$ 的集合，則 $N=S_0=|S|=n^m$。

對所有 $1 \leq i \leq n$，令 c_i 表 S 上的條件，其中函數 $f: A \to B$ 滿足 c_i 若 b_i 不在 f 的值域裡。（注意這裡的 c_i 和例題 8.4 及 8.5 的 c_i 的差別。）則 $N(\bar{c}_i)$ 是 S 中值域涵蓋 b_i 的函數個數，且 $N(\bar{c}_1\bar{c}_2\cdots\bar{c}_n)$ 計數映成函數 $f: A \to B$ 的個數。

對所有 $1 \leq i \leq n$，$N(c_i)=(n-1)^m$，因為 B 的每一個元素，除了 b_i，均可被用為函數 $f: A \to B$ 裡某一序對的第二個分量，其中 b_i 不在 f 的值域裡。同樣的，對所有 $1 \leq i < j \leq n$，共有 $(n-2)^m$ 個函數 $f: A \to B$，它們的值域不含 b_i 也不含 b_j。由這些觀察我們有 $S_1=[N(c_1)+N(c_2)+\cdots+N(c_n)]=n(n-1)^m=\binom{n}{1}(n-1)^m$，且 $S_2=[N(c_1c_2)+N(c_1c_3)+\cdots+N(c_1c_n)+N(c_2c_3)+\cdots+N(c_2c_n)+\cdots+N(c_{n-1}c_n)]=\binom{n}{2}(n-2)^m$。一般來講，對每個 $1 \leq k \leq n$，

$$S_k = \sum_{1 \leq i_1 < i_2 < \cdots < i_k \leq n} N(c_{i_1} c_{i_2} \cdots c_{i_k}) = \binom{n}{k}(n-k)^m.$$

由包含及互斥原理得由 A 到 B 的映成函數個數為

$$N(\overline{c_1}\overline{c_2}\overline{c_3}\cdots\overline{c_n}) = S_0 - S_1 + S_2 - S_3 + \cdots + (-1)^n S_n$$

$$= n^m - \binom{n}{1}(n-1)^m + \binom{n}{2}(n-2)^m - \binom{n}{3}(n-3)^m$$

$$+ \cdots + (-1)^n(n-n)^m = \sum_{i=0}^{n}(-1)^i\binom{n}{i}(n-i)^m$$

$$= \sum_{i=0}^{n}(-1)^i\binom{n}{n-i}(n-i)^m.$$

在我們完成討論這個例題之前,讓我們注意

$$\sum_{i=0}^{n}(-1)^i\binom{n}{n-i}(n-i)^m$$

亦可被計算甚至若 $m<n$。更而,對 $m<n$,表示式

$$N(\overline{c_1}\overline{c_2}\overline{c_3}\cdots\overline{c_n})$$

仍然計數函數 $f: A \to B$ 的個數,其中 $|A|=m$,$|B|=n$,且 B 的每個元素均在 f 的值域。但現在這個數是 0。

例如,假設 $m=3<7=n$,則 $N(\overline{c_1}\overline{c_2}\overline{c_3}\cdots\overline{c_7})$ 計數映成函數 $f: A \to B$ 的個數,其中 $|A|=3$ 且 $|B|=7$。我們知道這個數是 0,且我們亦發現

$$\sum_{i=0}^{7}(-1)^i\binom{7}{7-i}(7-i)^3 = \binom{7}{7}7^3 - \binom{7}{6}6^3 + \binom{7}{5}5^3 - \binom{7}{4}4^3 + \binom{7}{3}3^3 - \binom{7}{2}2^3 + \binom{7}{1}1^3 - \binom{7}{0}0^3$$
$$= 343 - 1512 + 2625 - 2240 + 945 - 168 + 7 - 0 = 0.$$

因此,對所有 m,$n \in \mathbf{Z}^+$,若 $m<n$,則

$$\sum_{i=0}^{n}(-1)^i\binom{n}{n-i}(n-i)^m = 0.$$

我們現在來解一個問題,其類似第 3 章中以范恩圖所處理的問題。

例題 8.7 有多少種方法可將 26 個字母排列,使得不出現含 *car*,*dog*,*pun* 或 *byte* 的類型?

令 S 表 26 個字母的所有排列的集合。則 $|S|=26!$。對每個 $1 \leq i \leq 4$,S 上的某排列被稱為滿足條件 c_i 若該排列分別為含 *car*,*dog*,*pun* 或 *byte* 的類型。

欲求 $N(c_1)$，例如，我們計數 24 個符號 car，b，d，e，f，…，p，q，s，t，…，x，y，z 可被排列的方法數。所以 $N(c_1)=24!$，且同理我們得

$$N(c_2) = N(c_3) = 24!, \quad \text{而} \quad N(c_4) = 23!$$

對 $N(c_1c_2)$ 我們處理 22 個符號 car, dog, b, e, f, h, i, …, m, n, p, q, s, t, …x, y, z，其可被排成 22! 個方法。因此 $N(c_1c_2)=22!$，且類比計算得

$$N(c_1c_3) = N(c_2c_3) = 22!, \qquad N(c_ic_4) = 21!, \quad i \neq 4.$$

更而，

$$N(c_1c_2c_3) = 20!, \qquad N(c_ic_jc_4) = 19!, \qquad 1 \leq i < j \leq 3,$$
$$N(c_1c_2c_3c_4) = 17!$$

所以 S 中不含所給之類型的排列數為

$$N(\bar{c}_1\bar{c}_2\bar{c}_3\bar{c}_4) = 26! - [3(24!) + 23!] + [3(22!) + 3(21!)] - [20! + 3(19!)] + 17!$$

下一個例題處理一個數論問題。

例題 8.8

對 $n \in \mathbf{Z}^+$，$n \geq 2$，令 $\phi(n)$ 為正整數 m 的個數，其中 $1 \leq m \leq n$ 且 $\gcd(m, n)=1$，即 m，n 為互質。這個函數為著名的**尤拉 ϕ 函數** (Euler's phi function) 且其出現在抽象代數含枚舉的幾個情形裡。我們發現 $\phi(2)=1$，$\phi(3)=2$，$\phi(4)=2$，$\phi(5)=4$ 且 $\phi(6)=2$。對每個質數 p，$\phi(p)=p-1$。我們想導一個公式給 $\phi(n)$，其和 n 有關，使得我們不必對著整數 n，對每個 m，$1 \leq m < n$，一一的做比較。

我們公式的導法將使用例題 8.4 的包含及互斥原理。我們進行如下：對 $n \geq 2$，利用算術基本定理表 $n=p_1^{e_1}p_2^{e_2}\cdots p_t^{e_t}$，其中 $p_1, p_2, \cdots, p_t$ 為相異質數且 $e_i \geq 1$，對所有 $1 \leq i \leq t$。我們考慮 $t=4$ 的情形，這個將足夠說明一般概念。

以 $S=\{1, 2, 3, \cdots, n\}$，我們有 $N=S_0=|S|=n$，且對每個 $1 \leq i \leq 4$，我們說 $k \in S$ 滿足條件 c_i 若 k 被 p_i 整除。對 $1 \leq k < n$，$\gcd(k, n)=1$ 若 k 不被任一個質數 p_i 整除，其中 $1 \leq i \leq 4$，因此 $\phi(n)=N(\bar{c}_1\bar{c}_2\bar{c}_3\bar{c}_4)$。

對每個 $1 \leq i \leq 4$，我們有 $N(c_i) = n/p_i$；$N(c_ic_j) = n/(p_ip_j)$，對所有 $1 \leq i < j \leq 4$。而且，$N(c_ic_jc_\ell) = n/(p_ip_jp_\ell)$，對所有 $1 \leq i < j < \ell \leq 4$，且 $N(c_1c_2c_3c_4) = n/(p_1p_2p_3p_4)$。所以

$$\phi(n) = S_0 - S_1 + S_2 - S_3 + S_4$$

$$= n - \left[\frac{n}{p_1} + \cdots + \frac{n}{p_4}\right] + \left[\frac{n}{p_1 p_2} + \frac{n}{p_1 p_3} + \cdots + \frac{n}{p_3 p_4}\right]$$

$$\quad - \left[\frac{n}{p_1 p_2 p_3} + \cdots + \frac{n}{p_2 p_3 p_4}\right] + \frac{n}{p_1 p_2 p_3 p_4}$$

$$= n\left[1 - \left(\frac{1}{p_1} + \cdots + \frac{1}{p_4}\right) + \left(\frac{1}{p_1 p_2} + \frac{1}{p_1 p_3} + \cdots + \frac{1}{p_3 p_4}\right)\right.$$

$$\quad \left. - \left(\frac{1}{p_1 p_2 p_3} + \cdots + \frac{1}{p_2 p_3 p_4}\right) + \frac{1}{p_1 p_2 p_3 p_4}\right]$$

$$= \frac{n}{p_1 p_2 p_3 p_4}[p_1 p_2 p_3 p_4 - (p_2 p_3 p_4 + p_1 p_3 p_4 + p_1 p_2 p_4 + p_1 p_2 p_3)$$

$$\quad + (p_3 p_4 + p_2 p_4 + p_2 p_3 + p_1 p_4 + p_1 p_3 + p_1 p_2)$$

$$\quad - (p_4 + p_3 + p_2 + p_1) + 1]$$

$$= \frac{n}{p_1 p_2 p_3 p_4}[(p_1 - 1)(p_2 - 1)(p_3 - 1)(p_4 - 1)]$$

$$= n\left[\frac{p_1 - 1}{p_1} \cdot \frac{p_2 - 1}{p_2} \cdot \frac{p_3 - 1}{p_3} \cdot \frac{p_4 - 1}{p_4}\right] = n\prod_{i=1}^{4}\left(1 - \frac{1}{p_i}\right).$$

一般來講，$\phi(n) = n\prod_{p|n}(1 - (1/p))$，其中乘積是取遍所有整除 n 的質數 p。當 $n = p$ 是一個質數，$\phi(n) = \phi(p) = p[1 - (1/p)] = p - 1$，如我們稍早所觀察的。若 $n = 23{,}100$，例如，我們發現

$$\phi(23{,}100) = \phi(2^2 \cdot 3 \cdot 5^2 \cdot 7 \cdot 11)$$
$$= (23{,}100)(1 - (1/2))(1 - (1/3))(1 - (1/5))(1 - (1/7))(1 - (1/11))$$
$$= 4800.$$

尤拉 ϕ 函數有許多有趣的性質。我們將在本節習題及補充習題裡探討其中的一些性質。

下一個例題提供第 1 章所介紹的圓形安排的另一個相遇。

例題 8.9 6 對夫妻被安排坐在一個圓桌，則他們有多少種方法可安排使得沒有太太坐在先生旁邊？(這裡，如例題 1.16，兩種坐位安排被考慮為相同若一個是另外一個的旋轉。)

對 $1 \leq i \leq 6$，我們令 c_i 表示的條件為某個坐位安排有第 i 對夫妻相鄰而坐。

欲求 $N(c_1)$，例如，我們考慮安排 11 個相異物體，即第一對夫妻 (被考慮為一個物體) 和另外 10 個人。11 個相異物體圍著一圓桌安排的方法數有 $(11-1)! = 10!$。然而，這裡 $N(c_1) = 2(10!)$，其中 2 是因為第一對夫妻

的太太可坐在先生的左邊或右邊。同理，$N(c_i) = 2(10!)$，對 $2 \leq i \leq 6$，且 $S_1 = \binom{6}{1}2(10!)$。

現在讓我們繼續計算 $N(c_i c_j)$，對 $1 \leq i < j \leq 6$。這時我們正在安排 10 個相異物體；第 i 對夫妻 (視為一個物體)，第 j 對夫妻 (同樣視為一個物體)，及其它 8 個人。10 個相異物體圍著一圓桌安排的方法數有 $(10-1)! = 9!$。所以 $N(c_i c_j) = 2^2(9!)$，因為有兩種方法第 i 對夫妻的太太和其先生鄰坐，且有兩種方法第 j 對夫妻的太太坐在先生旁邊。因此，$S_2 = \binom{6}{2}2^2(9!)$。

同理告訴我們

$N(c_1 c_2 c_3) = 2^3(8!)$, $S_3 = \binom{6}{3}2^3(8!)$ $N(c_1 c_2 c_3 c_4) = 2^4(7!)$, $S_4 = \binom{6}{4}2^4(7!)$
$N(c_1 c_2 c_3 c_4 c_5) = 2^5(6!)$, $S_5 = \binom{6}{5}2^5(6!)$ $N(c_1 c_2 c_3 c_4 c_5 c_6) = 2^6(5!)$, $S_6 = \binom{6}{6}2^6(5!)$.

以 S_0 (12 個人的總安排數) $= (12-1)! = 11!$，我們發現沒有一對夫妻坐在一起的總安排數為

$$\begin{aligned} N(\overline{c}_1 \overline{c}_2 \cdots \overline{c}_6) &= \sum_{i=0}^{6}(-1)^i S_i = \sum_{i=0}^{6}(-1)^i \binom{6}{i} 2^i (11-i)! \\ &= 39{,}916{,}800 - 43{,}545{,}600 + 21{,}772{,}800 - 6{,}451{,}200 \\ &\quad + 1{,}209{,}600 - 138{,}240 + 7680 \\ &= 12{,}771{,}840. \end{aligned}$$

最後一個例題回憶一些第 7 章所學的圖論。

例題 8.10 某個鄉下區域有五個村莊。某工程師準備設計一個雙向道路系統，使得在這系統完成後，沒有村莊是孤立。他可有多少種方法來做？

稱這些村莊為 a，b，c，d 及 e，我們尋找以這些點為頂點的無迴路無向圖的個數，其中沒有頂點是孤立的。因此，我們要計數的狀況正如圖 8.3 的 (a) 及 (b) 所示的，但無 (c) 及 (d) 所示的那些狀況。

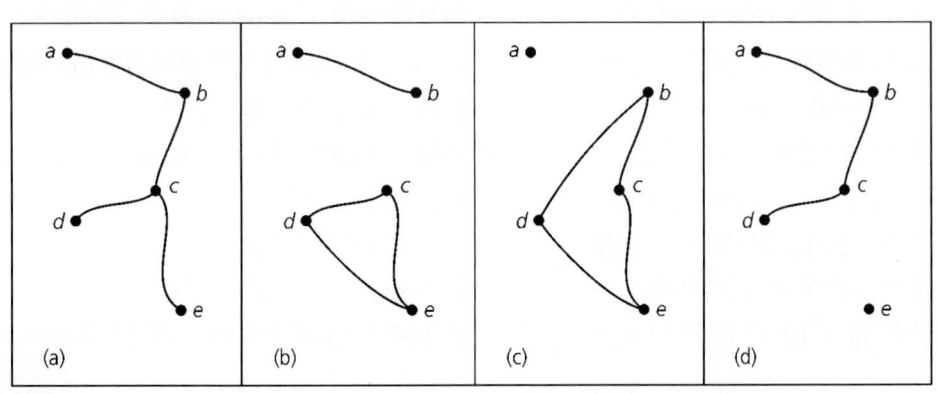

圖 8.3

令 S 為 $V=\{a, b, c, d, e\}$ 上無迴路之無向圖 G 所成的集合。則 $N=S_0=|S|=2^{10}$，因為有 $\binom{5}{2}=10$ 種可能的雙向道路給這五個村莊，且每條路可為不是可進入就是不可進入。

對每個 $1 \leq i \leq 5$，令 c_i 分別為馬路系統孤立村莊 a，b，c，d 及 e 的條件，則本問題的答案是 $N(\overline{c_1}\overline{c_2}\overline{c_3}\overline{c_4}\overline{c_5})$。

對條件 c_1，村莊 a 是孤立的，所以我們考慮 6 個邊 (馬路) $\{b, c\}$，$\{b, d\}$，$\{b, e\}$，$\{c, d\}$，$\{c, e\}$，$\{d, e\}$。以每個邊有兩個選擇──即邊在圖裡或邊不在圖裡──我們發現 $N(c_1)=2^6$。則由對稱性知 $N(c_i)=2^6$ 對所有 $2 \leq i \leq 5$，所以 $S_1=\binom{5}{1}2^6$。

當村莊 a 和 b 為孤立時，$\{c, d\}$，$\{d, e\}$，$\{c, e\}$ 各個邊可在或不在圖上。這個有 2^3 種可能性，所以 $N(c_1c_2)=2^3$，且 $S_2=\binom{5}{2}2^3$。

類似論證告訴我們 $N(c_1c_2c_3)=2^1$ 且 $S_3=\binom{5}{3}2^1$；$N(c_1c_2c_3c_4)=2^0$ 及 $S_4=\binom{5}{4}2^0$；且 $N(c_1c_2c_3c_4c_5)=2^0$ 及 $S_5=\binom{5}{5}2^0$。

因此，

$$N(\overline{c_1}\overline{c_2}\overline{c_3}\overline{c_4}\overline{c_5}) = 2^{10} - \binom{5}{1}2^6 + \binom{5}{2}2^3 - \binom{5}{3}2^1 + \binom{5}{4}2^0 - \binom{5}{5}2^0 = 768.$$

習題 8.1

1. 令 S 為一有限集合具 $|S|=N$ 且令 c_1，c_2，c_3，c_4 為四個條件，每個條件被 S 的一個或多個元素滿足。證明 $N(\overline{c_2c_3c_4})=N(c_1\overline{c_2c_3c_4})+N(\overline{c_1}\overline{c_2c_3c_4})$。

2. 應用對條件數 t 的數學歸納法原理，建立包含及互斥原理。

3. 在例題 8.3 的 100 位學生中，有多少位 (a) 修電腦程式基礎但不修任何其它三門課程；(b) 修電腦程式基礎及經濟學入門，但不修其它兩門課程？

4. 每年 65 位保養員工贊助一個 "聖誕在七月" 野餐給他們公司的 400 位暑期雇工。這 65 位中，21 位帶熱狗，35 位帶炸雞，28 位帶沙拉，32 位帶甜點，13 位帶熱狗及炸雞，10 位帶熱狗及沙拉，9 位帶熱狗及甜點，12 位帶炸雞及沙拉，17 位帶炸雞及甜點，14 位帶沙拉及甜點，4 位帶熱狗、炸雞及沙拉，6 位帶熱狗、炸雞及甜點，5 位帶熱狗、沙拉及甜點，7 位帶炸雞、沙拉及甜點，且 2 位四種食物全帶。這 65 位中不帶任何這四種食物的人負責佈置及野餐後清理。這 65 位保養工中有多少位 (a) 幫忙佈置及野餐清理員？(b) 僅帶熱狗？(c) 恰帶一種食物？

5. 分別對下面各題求正整數 n 的個數，$1 \leq n \leq 2000$，其中
    a) 不被 2，3 或 5 整除。
    b) 不被 2，3，5 或 7 整除。
    c) 不被 2，3 或 5 整除，但被 7 整除。

6. $x_1+x_2+x_3+x_4=19$ 有多少個整數解，若
   a) $0 \leq x_i$ 對所有 $1 \leq i \leq 4$。
   b) $0 \leq x_i < 8$ 對所有 $1 \leq i \leq 4$。
   c) $0 \leq x_1 \leq 5$，$0 \leq x_2 \leq 6$，$3 \leq x_3 \leq 7$，$3 \leq x_4 \leq 8$。

7. 在單字 INFORMATION 中有多少種安排使得兩個相鄰字母不得重複出現超過一次。[這裡我們想要計數的安排為 IINNOOFRMTA 及 FORTMAIINON 但非 INFORINMOTA (因為 "IN" 出現兩次) 或 NORTFNOIAMI (因為 "NO" 出現二次)。]

8. 求 $x_1+x_2+x_3+x_4=19$ 的整數解，其中 $-5 \leq x_i \leq 10$ 對所有 $1 \leq i \leq 4$。

9. 求正整數 x 的個數，其中 $x \leq 9{,}999{,}999$ 及 x 的數字和是 31。

10. Bailey 教授剛出好他的高等工程數學的期末考考卷。考卷中共有 12 題，共 200 分。Bailey 教授有多少種方法來分配這 200 分若每個問題必至少 10 分，但不超過 25 分，且每個問題的分數是 5 的倍數？

11. 在 Flo 的花店，Flo 想安排 15 種不同植物在 5 個架子上做廚窗展示。她有多少種方法來安排使得每個架子上至少一種但不超過 4 種植物？

12. Troy 有多少種選法從裝有 12 個彈珠的袋中 (大小相同但顏色不同) 取出 9 個彈珠？這 12 個彈珠中有 3 個是紅色的，3 個是藍色的，3 個是白色的，3 個是綠色的。

13. 求 a，b，c，$\cdots$，x，y，z 的排列數，不含 spin，game，path 或 net 的類型。

14. 對六個村莊的情形回答例題 8.10 的問題。

15. 擲八個相異骰子，所有的六均出現的機率為何？

16. 有多少個社會保險號碼 (9 個數字)，其中 1，3 及 7 每個至少出現一次？

17. 有多少個方法可安排三個 x，三個 y，及三個 z，使得無連續三個相同字母出現？

18. Frostburg 鎮贊助四支男童子軍，每支 20 位男生。若總隊長由這些男生中選出 50 位代表這個鎮出席州童子軍大會，則四支童子軍的每一支至少有一個男生在他的選法裡的機率是多少？

19. 若 Zachary 擲一個均勻骰子五次，則他五次所擲的點數和為 20 的機率是多少？

20. 在一個 12 週的數學研討會裡，Sharon 見到 7 位她在學校的朋友。在研討會期間的午餐上，她見到每個朋友 35 次，每兩個朋友 16 次，每三個朋友 8 次，每四個朋友 4 次，每五個朋友 2 次，且每六個朋友 1 次，但從未一次見到所有七個朋友。若她在這 84 天的研討會中每天吃午餐，則她曾單獨吃午餐嗎？

21. 計算 $\phi(n)$，其中 n 等於 (a) 51；(b) 420；(c) 12300。

22. 計算 $\phi(n)$，其中 n 等於 (a) 5186；(b) 5187；(c) 5188。

23. 令 $n \in \mathbf{Z}^+$，(a) 求 $\phi(2^n)$。(b) 求 $\phi(2^n p)$，其中 p 是奇質數。

24. 什麼樣的 $n \in \mathbf{Z}^+$，$\phi(n)$ 是奇數？

25. 有多少個小於 6000 的正整數滿足 (a) $\gcd(n, 6000)=1$？(b) 和 6000 有一個共同的質因數？

26. 若 m，$n \in \mathbf{Z}^+$，證明 $\phi(n^m) = n^{m-1} \phi$

(n)。

27. 求滿足 $\phi(n)=16$ 的三個 $n \in \mathbf{Z}^+$ 值。
28. 什麼樣的正整數 n，$\phi(n)$ 是 2 的一個冪次方？
29. 什麼樣的正整數 n，4 會整除 $\phi(n)$？
30. 在一個即將來臨的家庭聚會，有 5 個家庭，每個家庭由丈夫、太太及一個小孩組成，圍著圓桌而坐。這 15 個人有多少種方法圍著圓桌安排使得無一個家庭的所有成員坐在一起？(這裡，如在例題 8.9，兩個坐位安排被視為一樣若一個是另一個的旋轉。)

8.2 原理的一般化

考慮一個集合 S 具 $|S|=N$，及條件 c_1，c_2，$\cdots$，c_t 被 S 的某些元素滿足。在 8.1 節，我們見過包含及互斥原理如何提供方法來求 $N(\bar{c}_1\bar{c}_2\cdots\bar{c}_t)$，$S$ 中的元素不滿足 t 個條件中的任何一個。若 $m \in \mathbf{Z}^+$ 且 $1 \le m \le t$，我們想求 E_m，其表示 S 中的元素它們恰滿足 t 個條件中的 m 個。(目前我們可得 E_0。)

我們可寫公式如

$$E_1 = N(c_1\bar{c}_2\bar{c}_3\cdots\bar{c}_t) + N(\bar{c}_1c_2\bar{c}_3\cdots\bar{c}_t) + \cdots + N(\bar{c}_1\bar{c}_2\bar{c}_3\cdots\bar{c}_{t-1}c_t),$$

及

$$E_2 = N(c_1c_2\bar{c}_3\cdots\bar{c}_t) + N(c_1\bar{c}_2c_3\cdots\bar{c}_t) + \cdots + N(\bar{c}_1\bar{c}_2\bar{c}_3\cdots\bar{c}_{t-2}c_{t-1}c_t),$$

雖然這些結果幫助我們的沒有我們喜歡的那麼多，但它們將是一個有用的起點，當我們檢視 $t=3$ 及 4 的范恩圖時。

對圖 8.4，其中 $t=3$，我們擺一個有編號的條件在表示滿足該條件的 S 之元素的圓旁邊且亦對所示的各個區域編號。則 E_1 等於在區域 2，3 及 4 的元素個數。但我們亦可寫

$$E_1 = N(c_1) + N(c_2) + N(c_3) - 2[N(c_1c_2) + N(c_1c_3) + N(c_2c_3)] + 3N(c_1c_2c_3).$$

在 $N(c_1)+N(c_2)+N(c_3)$ 裡，我們計數了區域 5，6 及 7 的元素兩次且計數區域 8 的元素三次。接下來的項裡，區域 5，6 及 7 的元素被移去兩次。我們在 $2[N(c_1c_2)+N(c_1c_3)+N(c_2c_3)]$ 裡移走區域 8 的元素六次，所以我們接著加上 $3N(c_1c_2c_3)$，且最後根本不必計數區域 8 的元素。因此，我們有 $E_1 = S_1 - 2S_2 + 3S_3 = S_1 - \binom{2}{1}S_2 + \binom{3}{2}S_3$。

當我們轉向 E_2 時，我們稍早的公式說明我們想計數在區域 5，6 及 7

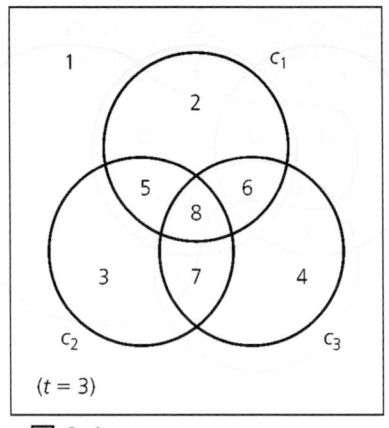

第八章　包含及互斥原理　473

```
        1        c₁
           2
        5    6
           8
        3    7    4
       c₂         c₃
(t = 3)
```
● 圖 8.4

之 S 元素。由范恩圖，

$$E_2 = N(c_1c_2) + N(c_1c_3) + N(c_2c_3) - 3N(c_1c_2c_3) = S_2 - 3S_3 = S_2 - \binom{3}{1}S_3,$$

且

$$E_3 = N(c_1c_2c_3) = S_3.$$

在圖 8.5 裡，條件 c_1，c_2，c_3 與 S 的圓形子集合結合，其中 c_4 是配給由區域 4，8，9，11，12，13，14 及 16 所組成的頗不規則形狀之區域。對每個 $1 \leq i \leq 4$，E_i 被決定如下：

E_i [區域 2，3，4，5]：

$$\begin{aligned}E_1 =\ & [N(c_1) + N(c_2) + N(c_3) + N(c_4)] \\& - 2\,[N(c_1c_2) + N(c_1c_3) + N(c_1c_4) + N(c_2c_3) + N(c_2c_4) + N(c_3c_4)] \\& + 3\,[N(c_1c_2c_3) + N(c_1c_2c_4) + N(c_1c_3c_4) + N(c_2c_3c_4)] \\& - 4N(c_1c_2c_3c_4) \\=\ & S_1 - 2S_2 + 3S_3 - 4S_4 = S_1 - \binom{2}{1}S_2 + \binom{3}{2}S_3 - \binom{4}{3}S_4.\end{aligned}$$

注意：取區域 3 的一個元素，我們發現它在 E_1 裡被計數一次且在 S_1 裡 [在 $N(c_3)$ 裡] 計數一次。取區域 6 的一個元素，我們發現它在 E_1 裡不被計數；它在 S_1 裡計數兩次 [即在 $N(c_2)$ 及 $N(c_3)$ 裡] 但在 $2S_2$ 裡移走兩次 [因為它在 S_2 (即在 $N(c_2c_3)$ 裡) 被計數一次]，所以全部加起來，它並未被計數。讀者現應考慮區域 12 的元素及區域 16 的元素，且證明該兩區域的每個元素貢獻一個 0 次的計數給 E_1 公式的兩邊。

E_1 [區域 6-11]：

474 離散與組合數學

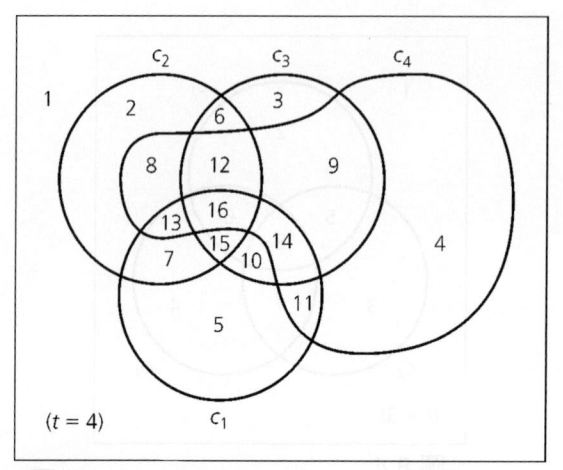

圖 8.5

由圖 8.5，$E_2 = S_2 - 3S_3 + 6S_4 = S_2 - \binom{3}{1}S_3 + \binom{4}{2}S_4$。對於這個公式的細節，我們檢視表 8.1 的結果，其中在 S_2，S_3 及 S_4 的各個被加數旁，我們列出其元素被計數來求某特定被加數的區域。在計算 $S_2 - 3S_3 + 6S_4$ 時，我們發現在區域 6-11 裡的元素，就是計數 E_2 的那些元素。

表 8.1

S_2	S_3	S_4
$N(c_1c_2)$: 7, 13, 15, 16 $N(c_1c_3)$: 10, 14, 15, 16 $N(c_1c_4)$: 11, 13, 14, 16 $N(c_2c_3)$: 6, 12, 15, 16 $N(c_2c_4)$: 8, 12, 13, 16 $N(c_3c_4)$: 9, 12, 14, 16	$N(c_1c_2c_3)$: 15, 16 $N(c_1c_2c_4)$: 13, 16 $N(c_1c_3c_4)$: 14, 16 $N(c_2c_3c_4)$: 12, 16	$N(c_1c_2c_3c_4)$: 16

最後，計數 E_3 的元素被發現在區域 12-15 裡，且 $E_3 = S_3 - 4S_4 = S_3 - \binom{4}{1}S_4$；計數 E_4 的元素是在區域 16 裡，且 $E_4 = S_4$。

這些結果建議下面定理。

定理 8.2　在定理 8.1 的假設之下，對每個 $1 \leq m \leq t$，S 中的元素恰滿足條件 c_1，c_2，$\cdots$，c_t 中的 m 個的元素個數被給為

$$E_m = S_m - \binom{m+1}{1}S_{m+1} + \binom{m+2}{2}S_{m+2} - \cdots + (-1)^{t-m}\binom{t}{t-m}S_t. \quad (1)$$

(若 $m = 0$，我們得定理 8.1。)

證明：如同定理 8.1 的證明，令 $x \in S$ 且考慮下面三種情形。

a) 當 x 滿足少於 m 個條件，它對 E_m，S_m，S_{m+1}，$\cdots$，S_t 每個項貢獻 0 計次，所以它沒被計數在方程式的各邊。

b) 當 x 恰滿足 m 個條件，它在 E_m 裡被計數一次且在 S_m 裡一次，但不在 S_{m+1}，$\cdots$，S_t 裡。因此，它在方程式的兩邊各被計數一次。

c) 假設 x 滿足 r 個條件，其中 $m < r \leq t$。則 x 沒有貢獻給 E_m。它在 S_m 裡計數 $\binom{r}{m}$ 次，在 S_{m+1} 裡計數 $\binom{r}{m+1}$ 次，$\cdots$，且在 S_r 裡計數 $\binom{r}{r}$ 次，但對任何 S_r 以上的項均為 0 次。所以在方程式的右邊，x 被計數 $\binom{r}{m} - \binom{m+1}{1}\binom{r}{m+1} + \binom{m+2}{2}\binom{r}{m+2} - \cdots + (-1)^{r-m}\binom{r}{r-m}\binom{r}{r}$ 次。

對 $0 \leq k \leq r-m$，

$$\binom{m+k}{k}\binom{r}{m+k} = \frac{(m+k)!}{k!\,m!} \cdot \frac{r!}{(m+k)!(r-m-k)!}$$

$$= \frac{r!}{m!} \cdot \frac{1}{k!(r-m-k)!} = \frac{r!}{m!(r-m)!} \cdot \frac{(r-m)!}{k!(r-m-k)!}$$

$$= \binom{r}{m}\binom{r-m}{k}.$$

因此，在方程式 (1) 的右邊，x 被計數

$$\binom{r}{m}\binom{r-m}{0} - \binom{r}{m}\binom{r-m}{1} + \binom{r}{m}\binom{r-m}{2} - \cdots + (-1)^{r-m}\binom{r}{m}\binom{r-m}{r-m}$$

$$= \binom{r}{m}\left[\binom{r-m}{0} - \binom{r-m}{1} + \binom{r-m}{2} - \cdots + (-1)^{r-m}\binom{r-m}{r-m}\right]$$

$$= \binom{r}{m}[1-1]^{r-m} = \binom{r}{m} \cdot 0 = 0 \text{ 次}。$$

且證明了公式。

基於這個結果，若 L_m 表 (在定理 8.1 的假設之下) 至少滿足 t 個條件中的 m 個的 S 元素個數，則我們有下面公式。

$$L_m = S_m - \binom{m}{m-1}S_{m+1} + \binom{m+1}{m-1}S_{m+2} - \cdots + (-1)^{t-m}\binom{t-1}{m-1}S_t.$$

系理 8.2

證明：概略的證明在本節末的習題裡。

當 $m=1$，系理 8.2 的結果變成

$$L_1 = S_1 - \binom{1}{0}S_2 + \binom{2}{0}S_3 - \cdots + (-1)^{t-1}\binom{t-1}{0}S_t$$

$$= S_1 - S_2 + S_3 - \cdots + (-1)^{t-1}S_t.$$

這個結果和定理 8.1 的結果比較，我們發現

$$L_1 = N - \overline{N} = |S| - \overline{N}.$$

這個結果不會很驚奇，因為 S 的元素 x 被計數在 L_1 裡，若它至少滿足條件 c_1，c_2，c_3，$\cdots$，c_t 中的一個條件，即若 $x \in S$ 且 x 不被計數在 $\overline{N} = N(\overline{c_1}, \overline{c_2}, \overline{c_3}, \cdots, \overline{c_t})$ 裡。

例題 8.11 回看例題 8.10，我們將發現在雙向馬路系統個數中恰有 (E_2) 及至少有 (L_2) 個系統使兩個村莊是孤立的。

前面的計算結果得

$$E_2 = S_2 - \binom{3}{1}S_3 + \binom{4}{2}S_4 - \binom{5}{3}S_5 = 80 - 3(20) + 6(5) - 10(1) = 40,$$
$$L_2 = S_2 - \binom{2}{1}S_3 + \binom{3}{1}S_4 - \binom{4}{1}S_5 = 80 - 2(20) + 3(5) - 4(1) = 51.$$

習題 8.2

1. 對例題 8.10 及 8.11 的情形，計算 E_i，對 $0 \le i \le 5$，並證明 $\sum_{i=0}^{5} E_i = N = |S|$。

2. a) 有多少個方法可排列 ARRANGEMENT 中的字母使得恰有兩對連續相同字母？至少有兩對連續相同字母？
   b) 將兩對改為三對，回答 (a)。

3. 有多少個方法可排列 CORRESPONDENTS 中的字母使得 (a) 沒有一對連續相同字母？(b) 恰有兩對連續相同字母？(c) 至少有三對連續相同字母？

4. 令 $A = \{1, 2, 3, \cdots, 10\}$ 且 $B = \{1, 2, 3, \cdots, 7\}$。有多少個函數 $f: A \rightarrow B$ 滿足 $|f(A)| = 4$？多少個滿足 $|f(A)| \le 4$？

5. 有多少種方法可將 10 個相異獎品分給 4 位學生使得恰有兩位學生沒得到獎品？多少種方法使至少有兩位學生沒得到獎品？

6. Zelma 給她自己及 9 位她的網球聯盟的女球友準備午餐。在午餐的早上，她將名牌擺在桌上的 10 個位置且離開去做最後的準備。她的先生 Hebert，由他的早晨網球比賽回家且不幸地忘了關後門。一陣風吹亂了 10 張名牌。有多少種方法 Herbert 可將 10 張名牌重擺回桌上的位置，使得這 10 位女士中恰有 4 位被安排至 Zelma 原先安排的位置？有多少種方法可使至少有 4 位被安排在他們應被安排的位置？

7. 若從一付標準的 52 張牌中發出 13 張牌，則這 13 張牌中 (a) 每一花色牌至少有一張的機率為何？(b) 恰有一花色是空的 (例如，沒有梅花) 的機率為何？(c) 恰有兩花色是空的的機率為何？

8. 下面提供一個證明系理 8.2 的概述。請填上所需要的細節。
   a) 首先注意 $E_t = L_t = S_t$。
   b) E_{t-1} 是什麼？且 L_t 和 L_{t-1} 有何關

連？
c) 證明 $L_{t-1} = S_{t-1} - \binom{t-1}{t-2} S_t$。
d) 對所有 $1 \leq m \leq t-1$，L_m，L_{m+1} 及 E_m 有何關連？

e) 利用步驟 (a) 到 (d) 的結果，使用倒回型的歸納法建立系理。

8.3 重排：沒有物件在正確位置

在基本微積分裡，指數函數的 Maclaurin 級數被給為

$$e^x = 1 + x + \frac{x^2}{2!} + \frac{x^3}{3!} + \cdots = \sum_{n=0}^{\infty} \frac{x^n}{n!},$$

所以

$$e^{-1} = \sum_{n=0}^{\infty} \frac{(-1)^n}{n!} = 1 - 1 + \frac{1}{2!} - \frac{1}{3!} + \cdots.$$

到小數點第 5 位，$e^{-1} = 0.36788$ 且 $1 - 1 + (1/2!) - (1/3!) + \cdots - (1/7!) \doteq 0.36786$。因此，對所有 $k \in \mathbf{Z}^+$，若 $k \geq 7$，則 $\sum_{n=0}^{k} ((-1)^n)/n!$ 對 e^{-1} 是一個非常好的近似。

我們發現這些概念在處理下面例題是有幫助的。

例題 8.12 在賽馬跑道，Ralph 對競賽的 10 匹馬的每一匹下賭注，其依據這些馬被喜歡的程度下賭注。這些馬有多少種方式到達底線使得 Ralph 的下的賭注全輸？

將問題裡的 "馬" 及 "賽馬跑道" 移走，我們真正想知道的是有多少種方法可排列數字 $1, 2, 3, \ldots, 10$ 使得 1 不在第一個位置 (它的自然位置)，2 不在第二個位置 (它的自然位置)，$\ldots$，及 10 不在第十個位置 (它的自然位置)。這些安排被稱為 $1, 2, 3, \ldots, 10$ 的**重排** (derangement)。

包含及互斥原理提供關鍵來計算重排的個數。對每個 $1 \leq i \leq 10$，$1, 2, 3, \ldots, 10$ 的某個排列被稱為滿足條件 c_i，若整數 i 在第 i 個位置。我們得重排的個數，以 d_{10} 表之，如下：

$$d_{10} = N(\bar{c}_1 \bar{c}_2 \bar{c}_3 \cdots \bar{c}_{10}) = 10! - \binom{10}{1} 9! + \binom{10}{2} 8! - \binom{10}{3} 7! + \cdots + \binom{10}{10} 0!$$
$$= 10! [1 - \binom{10}{1}(9!/10!) + \binom{10}{2}(8!/10!) - \binom{10}{3}(7!/10!) + \cdots + \binom{10}{10}(0!/10!)]$$
$$= 10![1 - 1 + (1/2!) - (1/3!) + \cdots + (1/10!)] \doteq (10!)(e^{-1}).$$

這裡的樣本空間由所有馬到達終點的 10! 種方法所組成。所以 Ralph 下賭注全輸的機率大約是 $(10!)(e^{-1})/(10!) = e^{-1}$。這個機率保持 (或多或少) 相同若競賽的馬匹數是 11，12，…。反之，對 n 匹馬，其中 $n \geq 10$，賭者至少贏一場的機率大約是 $1 - e^{-1} \doteq 0.63212$。

例題 8.13　1，2，3，4 的重排個數是

$$d_4 = 4![1 - 1 + (1/2!) - (1/3!) + (1/4!)]$$
$$= 4![(1/2!) - (1/3!) + (1/4!)] = (4)(3) - 4 + 1 = 9.$$

這九個重排數是

2143	3142	4123
2341	3412	4312
2413	3421	4321.

1，2，3，4 的排列中有 24－9＝15 個排列不是重排，吾人可發現 1234，2314，3241，1342，2431 及 2314 不是重排。

例題 8.14　Peggy 替 C-H 公司複審七本書，所以她雇用 7 個人來複審這 7 本書。她希望每本書複審兩次，所以第一週她給每個人一本書閱讀且在第二週開始再重新分配書。有多次種方法她可做這兩次分配，使得她的每本書有兩個 (不同人之) 複審？

第一週她可有 7! 種方法分配這些書。對這些書及 (第一週) 複審者編號為 1，2，…，7，而對第二個分配她必須排列這些數字使得這些數字中無一個在其自然位置。這個她可有 d_7 種方法來做。由乘積法則，她可有 $(7!)d_7 \doteq (7!)^2(e^{-1})$ 種方法來做這兩個分配。

習題 8.3

1. 整數 1，2，3，…，10 有多少種方法排成一列使得無偶數在其自然位置？
2. a) 以某種順序列出 1，2，3，4，5 的所有重排，其中前三數是 1，2 及 3。
   b) 以某種順序列出 1，2，3，4，5，6 的所有重排，其中前三數是 1，2 及 3。
3. 1，2，3，4，5 有多少個重排？
4. 1，2，3，4，5，6，7 有多少個排列不是重排？
5. a) 令 $A = \{1, 2, 3, \cdots, 7\}$，函數 $f: A \to A$ 被稱為有一個**定點** (fixed point) 若對某些 $x \in A$，$f(x) = x$。有多少個一對一函數 $f: A \to A$ 至少有一個定點？

b) 有多少種方法我們可設計一密碼，其設計法係對每個字母指定一個不同字母來代表。

6. 1，2，3，4，5，6，7，8 有多少種重排？其中 (a) 以某種順序以 1，2，3 及 4 開始。(b) 以某種順序以 5，6，7 及 8 開始。

7. 正整數 1，2，3，…，$n-1$，n 有 11,660 個重排，其中 1，2，3，4 及 5 出現在前五個位置，則 n 的值為何？

8. 某個工作的 4 位申請者準備接受每位 30 分鐘的面談：接受督導 Nacy 及 Yolanda 各 15 分鐘的面談。(面談在不同房間進行，且在早上 9：00 開始面談) (a) 在一個一小時的週期內，這些面談有多少種方法來安排？(b) 有位申請者，名叫 Josephine，早上 9：00 到達。她的兩次面談是一個緊接著一個的機率是多少？(c) Regina，另一位申請者，在早上 9：00 到達，且希望能及時完成且在早上 9：50 以前離開赴另一個約會。Regina 能準時離開的機率是多少？

9. Ford 太太有多少種方法可分配 10 本不同的書給她的 10 個小孩 (一位小孩一本書) 並收回再重新分配這些書使得每位小孩有機會閱讀兩本不同的書？

10. a) 編號 1，2，3，…，n 的 n 個球逐次由一個容器內取出，一個**偶遇** (rencontre) 發生若取出的第 m 個球之編號為 m，對某些 $1 \le m \le n$。求 (i) 無偶遇的機率；(ii) (恰有) 一個偶遇的機率；(iii) 至少有一個偶遇的機率；及 (iv) r 個偶遇的機率，其中 $1 \le r \le n$。

b) 對 (a) 中問題的答案求近似值。

11. 10 位女士參加一個商業午餐。每位女士檢查她的外套及公文箱。在離開時，每位女士被隨機給一外套及一公文箱。
a) 有多少種方法可分配外套及公文箱使得沒有女士得到自己的東西之一？
b) 有多少種方法分配使得沒有女士取回她自己的兩件東西。

12. Pezzulo 太太在一間僅有 12 張桌子的教室教授 12 位高材生的幾何及生物。有多少種方法她可指派這些學生到那些桌子使得 (a) 無學生在這兩堂課坐在同一張桌子？(b) 恰有 6 位學生兩堂課均坐在同一張桌子？

13. 給一個組合論證證明對所有 $n \in \mathbf{Z}^+$，

$$n! = \binom{n}{0}d_0 + \binom{n}{1}d_1 + \binom{n}{2}d_2 + \cdots + \binom{n}{n}d_n$$

$$= \sum_{k=0}^{n} \binom{n}{k}d_k.$$

(對每個 $1 \le k \le n$，$d_k=$1，2，3，…，k 的重排數；$d_0=1$)。

14. a) 整數 1，2，3，…，n 有多少種方法可被排成一列使得當中沒有任何一個含 12，23，34，…，$(n-1)n$ 的類型發生？
b) 證明 (a) 中的結果等於 $d_{n-1}+d_n$。($d_n=$1，2，3，…，n 的重排數。)

15. 回答習題 14(a) 若那些數被排成一個圓，且我們對圓以順時針方向計數，沒有任何一個含 12，23，34，…，$(n-1)n$，$n1$ 的類型發生？

16. 例題 8.12 的賭者贏的機率是多少？其中 (a) 恰贏五個賭注？(b) 至少贏五個賭注？

8.4 車多項式

考慮圖 8.6 所示的六個方格的"棋盤"（注意：有陰影的正方形不是棋盤的部份。）棋盤中的一個棋子，被稱為**車** (rook 或 castle)，被允許一次水平移動或垂直移動至它想走多少個就走多少個未被佔用的方格。這裡在圖之方格 3 的車一次可走到方格 1，2 或 4。在方格 5 的車可移至方格 6 或方格 2 (即使在方格 5 及 2 之間沒有方格)。

對 $k \in \mathbf{Z}^+$，我們想求 k 個車可被擺在這個棋盤上沒陰影的方格上的方法數，使得它們之間沒有任何兩個車可互相吃掉對方，即沒有任兩個車被擺在棋盤的同一列或同一行。這個數被表為 r_k，或 $r_k(C)$ 若我們強調我們是在一個特別的棋盤 C 上工作。

對任一棋盤，r_1 是棋盤上的方格數。這裡 $r_1 = 6$。兩個不互相吃掉對方的車可被擺在下面的兩個位置：{1, 4}，{1, 5}，{2, 4}，{2, 6}，{3, 5}，{3, 6}，{4, 5} 及 {4, 6}，所以 $r_2 = 8$。繼續，我們發現 $r_3 = 2$，使用位置 {1, 4, 5} 及 {2, 4, 6}；$r_k = 0$ 對 $k \geq 4$。

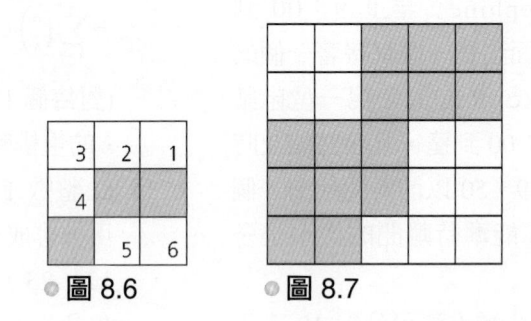

● 圖 8.6　● 圖 8.7

以 $r_0 = 1$，**車多項式** (rook polynomial)，$r(C, x)$，對圖 8.6 的棋盤，被定義為 $r(C, x) = 1 + 6x + 8x^2 + 2x^3$。對每個 $k \geq 0$，x^k 的係數是擺 k 個不相互吃掉的車在棋盤 C 上的方法數。

我們這裡所做的 (使用個案分析) 馬上證明是沈悶的。當棋盤的大小增加時，我們必須考慮諸如 r_4 及 r_5 非零的情形。因此，我們目前將做一些觀察來允許我們可使用小棋盤，且將大棋盤打破成一些較小的**子棋盤** (subboard)。

圖 8.7 的棋盤 C 是由 11 個無陰影的方格所組成。我們注意到 C 有一個 2×2 的子棋盤 C_1 位在左上角及一個 7 個方格的子棋盤 C_2 位在右下角。這兩個子棋盤是**互斥的** (disjoint)，因為它們沒有方格在 C 的同一列或同一行。

如我們對第一個棋盤所做的計算，我們發現

$$r(C_1, x) = 1 + 4x + 2x^2, \qquad r(C_2, x) = 1 + 7x + 10x^2 + 2x^3,$$
$$r(C, x) = 1 + 11x + 40x^2 + 56x^3 + 28x^4 + 4x^5 = r(C_1, x) \cdot r(C_2, x).$$

因此，$r(C, x) = r(C_1, x) \cdot r(C_2, x)$。但做這個要靠運氣或這裡所發生的一些事情我們應更嚴密檢視呢？例如，欲對 C 得 r_3，我們需知道有多少種方法可將三個不相互吃掉的車擺在棋盤 C 上。這些可分成三種情形：

a) 三個車均在子棋盤 C_2 上 (無一個在 C_1 上)：(2)(1)＝2 種方法。
b) 二個車在子棋盤 C_2 上且一個在 C_1 上：(10)(4)＝40 種方法。
c) 一個車在子棋盤 C_2 上且兩個在 C_1 上：(7)(2)＝14 種方法。

因此，三個不相互吃掉的車可被擺在棋盤 C 上的方法數為 (2)(1)＋(10)(4)＋(7)(2)＝56 種方法。我們發現這個 56 正是在乘積 $r(C_1, x) \cdot r(C_2, x)$ 的 x^3 之係數。

> 一般來講，若 C 是一個由兩兩互斥的子棋盤 C_1，C_2，$\cdots$，C_n 所組成的棋盤，則 $r(C, x) = r(C_1, x)r(C_2, x) \cdots r(C_n, x)$。

本節最後結果將展示我們所見到的原則在組合及離散數學方面的其它結果。給一個大的棋盤，將它打破成幾個較小的子棋盤，使其車多項式可由視察法得之。

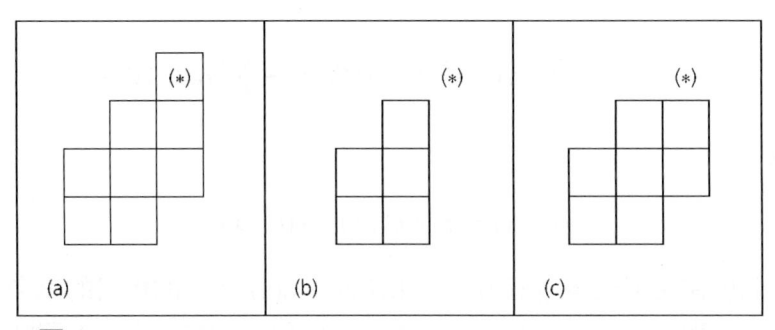

圖 8.8

考慮圖 8.8(a) 的棋盤 C。對 $k \geq 1$，假設我們想擺 k 個不相互吃掉的車在 C 上。對 C 的每個方格，如給 (*) 的指定方格，有兩種可能性待檢視。

a) 擺一個車在指定的方格上。接著我們移動，如給其它 $k-1$ 個車的可能位置，C 上所有和被指定方格同一列或同一行的其它方格。我們使用 C_s 表示剩下較小的子棋盤 [見圖 8.8(b)]。

b) 我們根本不使用指定方格。k 個車被擺在子棋盤 C_e 上 [將 C 上的指定方格消去後的棋盤，如圖 8.8(c) 所示的。]

因為這兩種情形均是全包含及互斥，

$$r_k(C) = r_{k-1}(C_s) + r_k(C_e).$$

由這個我們看到

$$r_k(C)x^k = r_{k-1}(C_s)x^k + r_k(C_e)x^k. \tag{1}$$

若 n 是棋盤的方格數 (這裡的 n 是 8)，則方程式 (1) 為真對所有 $1 \leq k \leq n$，且我們寫

$$\sum_{k=1}^{n} r_k(C)x^k = \sum_{k=1}^{n} r_{k-1}(C_s)x^k + \sum_{k=1}^{n} r_k(C_e)x^k. \tag{2}$$

對方程式 (2)，我們知道和在 $k=n$ 之前可能停止。我們已看到情形，如圖 8.6 中，其中 r_n 及某些之前的 r_k 均為 0。和在 $k=1$ 開始，否則在方程式 (2) 的右邊的第一個被加數可能會出現 $r_{-1}(C_s)x^0$。

方程式 (2) 可被改寫為

$$\sum_{k=1}^{n} r_k(C)x^k = x\sum_{k=1}^{n} r_{k-1}(C_s)x^{k-1} + \sum_{k=1}^{n} r_k(C_e)x^k \tag{3}$$

或

$$1 + \sum_{k=1}^{n} r_k(C)x^k = x \cdot r(C_s, x) + \sum_{k=1}^{n} r_k(C_e)x^k + 1,$$

由此得

$$r(C, x) = x \cdot r(C_s, x) + r(C_e, x). \tag{4}$$

我們現在使用最後這個方程式來求圖 8.8(a) 所示的棋盤的車多項式。每次使用方程式 (4) 的概念時，我們對所使用的方格做上 (*) 記號。每個棋盤的小括弧表示該棋盤的車多項式。

$$= x^2 \left(\boxminus\right) + 2x \left(\boxplus\right) + \left[x \left(\begin{smallmatrix}\square\\ \boxminus\end{smallmatrix}\right) + \left(\boxplus^{(*)}\right)\right]$$

$$= x^2(1+2x) + 2x(1+4x+2x^2) + x(1+3x+x^2)$$

$$+ \left[x \left(\boxminus\right) + \left(\boxplus\right)\right]$$

$$= 3x + 12x^2 + 7x^3 + x(1+2x) + (1+4x+2x^2) = 1 + 8x + 16x^2 + 7x^3.$$

8.5 具被禁止位置的安排

前節的車多項式似乎只對它們自己有興趣。現在我們將發現它們對解下面問題是有用的。

例題 8.15 為他們兒子婚禮接待在做座位安排時，Grace 和 Nick 被 4 個親戚，表為 R_i, $1 \leq i \leq 4$，打倒，這些親戚不想互相坐在一起。五張桌子 T_j, $1 \leq j \leq 5$，各有一個空位。因為家庭差別，

a) R_1 不坐在 T_1 或 T_2。　　b) R_2 不坐在 T_2。
c) R_3 不坐在 T_3 或 T_4。　　d) R_4 不坐在 T_4 或 T_5。

這個情形被表示於圖 8.9 裡。我們可將這 4 個人安排在 4 張不同的桌子，且滿足條件 (a) 到 (d) 的方法數，是將 4 個不相互吃掉的車擺在由沒有陰影的方格所組成的棋盤上的方法數。然而，因為僅有 7 個陰影格子，而相對的有 13 個沒有陰影格子，所以拿陰影的棋盤工作將較為容易。

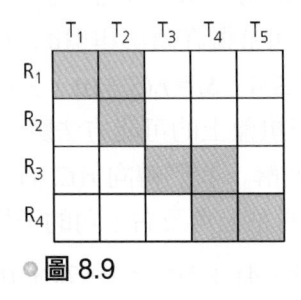

圖 8.9

我們以 4 個所需求的條件，應用包含及互斥原理開始：對每個 $1 \leq i \leq 4$，令 c_i 為這 4 個人 (在不同桌子) 的坐位安排，滿足親戚 R_i 在一個被禁止的 (陰影) 位置的條件。如往常，$|S|$ 表我們可擺這 4 位親戚一人一張桌子的總方法數。則 $|S| = N = S_0 = 5!$。

欲求 S_1，我們考慮下面各個：

- $N(c_1)=4!+4!$，因為有 $4!$ 個方法來安排 R_2，R_3 及 R_4 的座位，若 R_1 是在被禁止位置 T_1 上，且有另一個 $4!$ 方法若 R_1 在 T_2 桌，其它人的被禁止的位置。
- $N(c_2)=4!$，因為在將 R_2 擺在被禁止桌 T_2 之後，我們必須擺 R_1，R_3 及 R_4 在 T_1，T_3，T_4 及 T_5，一人一張桌子。
- $N(c_3)=4!+4!$，R_3 的一個被加數是在被禁止位置 T_3，且 R_3 的另一個被加數是在被禁止位置 T_4。
- $N(c_4)=4!+4!$，當每個被加數發生在 R_4 被擺在兩個被禁止位置 T_4 及 T_5 的每一個時。

因此，$S_1=7(4!)$。

轉向 S_2，我們有這些考量：

- $N(c_2)=3!$，因為在我們將 R_1 擺在 T_1 及 R_2 擺在 T_2 之後，有三張桌子 (T_3，T_4 及 T_5) R_3 及 R_4 可被安排座位。
- $N(c_1c_3)=3!+3!+3!+3!$，因為有 4 種情形 R_1 及 R_3 位在被禁止的位置：

  i) R_1 在 T_1；R_3 在 T_3。　　ii) R_1 在 T_2；R_3 在 T_3。
  iii) R_1 在 T_1；R_3 在 T_4。　　iv) R_1 在 T_2；R_3 在 T_4。

同法，我們發現 $N(c_1c_4) = 4(3!)$，$N(c_2c_3) = 2(3!)$，$N(c_2c_4) = 2(3!)$ 及 $N(c_3c_4) = 3(3!)$。因此，$S_2=16(3!)$。

在繼續之前，我們對 S_1 及 S_2 稍做一點觀察。對 S_1 我們有 $7(4!)=7(5-1)!$，其中 7 是圖 8.9 的陰影方格數。而且，$S_2=16(3!)=16(5-2)!$，其中 16 是兩個不相互吃掉的車可被擺在陰影棋盤的方法數。

一般來講，對所有 $0 \le i \le 4$，$S_i=r_i(5-i)!$，其中 r_i 為將 i 個不相互吃掉的車擺在圖 8.9 所示的陰影棋盤上的可能方法數。

因此，為加快這個問題的解，我們轉向 $r(C, x)$，這個陰影棋盤的車多項式。利用 C 的分解成互斥的左上角及右下角的子棋盤，我們發現

$$r(C, x) = (1 + 3x + x^2)(1 + 4x + 3x^2) = 1 + 7x + 16x^2 + 13x^3 + 3x^4,$$

所以

$$N(\overline{c}_1\overline{c}_2\overline{c}_3\overline{c}_4) = S_0 - S_1 + S_2 - S_3 + S_4 = 5! - 7(4!) + 16(3!) - 13(2!) + 3(1!)$$

$$= \sum_{i=0}^{4}(-1)^i r_i (5-i)! = 25.$$

Grace 和 Nick 可鬆一口氣。他們有 25 種方法來安排這 4 位親戚在接待會的座位而不會有任何爭論。

下一個例題說明棋盤的一點小重新安排如何可幫助我們的計算。

例題 8.16 我們有一對骰子；一個是紅的，另一個是綠的。我們擲這兩個骰子 6 次，則分別出現在紅骰子及綠骰子上的所有 6 個值的機率是多少？若我們知道序對 (1, 2)，(2, 1)，(2, 5)，(3, 4)，(4, 1)，(4, 5) 及 (6, 6) 不出現。[這裡的序對 (a, b) 表示 a 是紅骰子的值且 b 是綠骰子的值。]

將這個問題視為處理排列及被禁止位置的問題。我們構造圖 8.10(a) 所示的棋盤，其中列標表示紅骰子上的結果且行標是綠骰子的結果，且陰影方格組成被禁止位置。圖中的陰影方格是散亂的。重新標示列和行，我們可重繪棋盤，如圖 8.10(b) 所示的，其中我們已取圖 (a) 所示棋盤的同一列 (或行) 上的陰影方格且令它們互斥。在圖 8.10(b)，(7 個陰影方格的) 棋盤 C 是 4 個兩兩互斥子棋盤的聯集，所以

$$r(C, x) = (1 + 4x + 2x^2)(1 + x)^3 = 1 + 7x + 17x^2 + 19x^3 + 10x^4 + 2x^5.$$

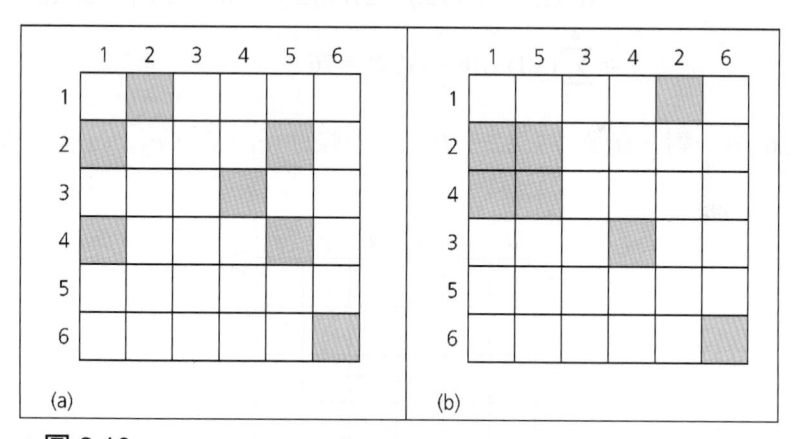

● 圖 8.10

對每個 $1 \leq i \leq 6$，定義條件 c_i 為，已擲骰子 6 次，我們發現分別出現在紅骰子及綠骰子的所有 6 個值，但紅骰子上的 i 和綠骰子上的一個被禁止的數配對。[注意 $N(c_5) = 0$。] 則對我們有興趣的事件，6 次擲骰子所得的 (有序) 數列的個數為

$$(6!)N(\bar{c}_1\bar{c}_2\bar{c}_3\bar{c}_4\bar{c}_5\bar{c}_6) = (6!)\sum_{i=0}^{6}(-1)^i S_i = (6!)\sum_{i=0}^{6}(-1)^i r_i (6-i)!$$

$$= 6![6! - 7(5!) + 17(4!) - 19(3!) + 10(2!) - 2(1!) + 0(0!)]$$

$$= 6![192] = 138{,}240.$$

因為樣本空間係由所有 6 個序對的數列所組成的,其中 6 個序對是由棋盤的 29 個沒有陰影方格以允許重複的方式選出的,所以這個事件的機率是 $138{,}240/(29)^6 \doteq 0.00023$。

最後一個例題提供一個合一的概念給我們在本節所做的。

例題 8.17 令 $A = \{1, 2, 3, 4\}$ 且 $B = \{u, v, w, x, y, z\}$。有多少個一對一函數 $f: A \to B$ 不滿足下面任何一個條件:

$c_1: f(1) = u$ 或 v $c_2: f(2) = w$ $c_3: f(3) = w$ 或 x $c_4: f(4) = x, y$ 或 z

如前面兩個例題,我們構造一個棋盤,如圖 8.11 所示。這裡我們真正興趣的是由 8 個陰影方格所組成的棋盤 C (其包含兩個互斥的子棋盤)。現在

$$r(C, x) = (1 + 2x)(1 + 6x + 9x^2 + 2x^3) = 1 + 8x + 21x^2 + 20x^3 + 4x^4.$$

所以

$$N(\overline{c_1}\overline{c_2}\overline{c_3}\overline{c_4}) = S_0 - S_1 + S_2 - S_3 + S_4$$
$$= (6!/2!) - 8(5!/2!) + 21(4!/2!) - 20(3!/2!) + 4(2!/2!)$$
$$= \sum_{i=0}^{4} (-1)^i r_i (6-i)!/2! = 76$$

且有 76 個一對一函數 $f: A \to B$,其中條件 c_1, c_2, c_3, c_4 無一個被滿足。

	u	v	w	x	y	z
1	▓	▓				
2			▓			
3			▓	▓		
4				▓	▓	▓

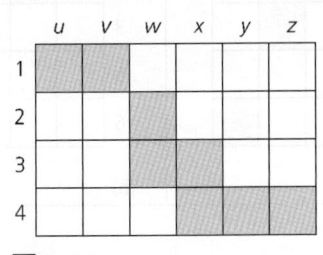

● 圖 8.11

甚至更多如此,回顧例題 8.15 的 $N(\overline{c_1}\overline{c_2}\overline{c_3}\overline{c_4})$。不理"親戚"及"桌子"這幾個字眼,我們明白我們正在計數一對一函數 $g = \{R_1, R_2, R_3, R_4\} \to \{T_1, T_2, T_3, T_4, T_5\}$ 的個數,使得條件 c_1, c_2, c_3, c_4 中無一個被滿足。(例題 8.16 的 $N(\overline{c_1}\overline{c_2}\overline{c_3}\overline{c_4}\overline{c_5}\overline{c_6})$ 也類似。)

最後,對 $A = \{1, 2, 3, 4, 5, 6, 7, 8\}$,假設我們想計數一對一函數 $h: A \to A$ 的個數,其中 $h(i) \neq i$ 對所有 $i \in A$。這裡的車多項式為

$$r(C, x) = (1+x)^8 = \sum_{k=0}^{8} \binom{8}{k} x^k$$

且我們發現這樣的一對一函數 h 的個數是

$$\binom{8}{0}8! - \binom{8}{1}7! + \binom{8}{2}6! - \binom{8}{3}5! + \cdots + \binom{8}{8}0!$$
$$= 8!\left[1 - 1 + \frac{1}{2!} - \frac{1}{3!} + \cdots + \frac{1}{8!}\right]$$
$$= d_8, 1, 2, 3, \cdots, 8 \text{ 的重排數。}$$

習題 8.4 及 8.5

1. 分別對 (a) 圖 8.7 及 8.8(a) 的沒有陰影棋盤及 (b) 圖 8.9 及 8.10(b) 的陰影棋盤直接證明其車多項式。

2. 構造或描述一個最小的 (最少方格數) 棋盤使得 $r_{10} \neq 0$。

3. a) 對標準的 8×8 棋盤求車多項式。
   b) 以 n 代 8，$n \in \mathbf{Z}^+$，回答 (a)。

4. 求圖 8.12 陰影棋盤的車多項式。

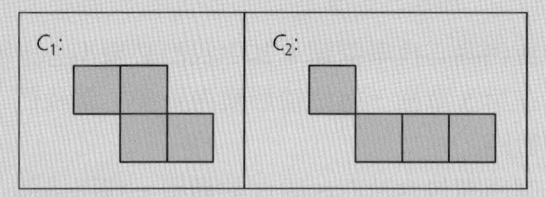

圖 8.12

5. a) 求圖 8.13 陰影棋盤的車多項式。
   b) 一般化棋盤 (及車多項式) 給圖 8.13 (i)。

6. a) 令 C 為 m 列 n 行的棋盤具 $m \leq n$ (共有 mn 個方格)。對 $0 \leq k \leq m$，有多少種方法我們可安排 k 個 (相同) 不相互吃掉的車在 C 上？
   b) 對 (a) 中的棋盤 C，求車多項式 $r(C, x)$。

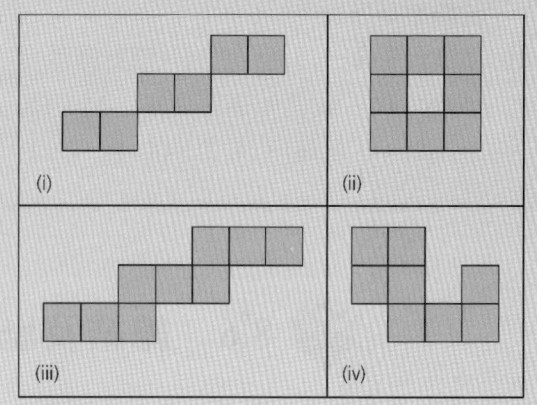

圖 8.13

7. Ruth 教授有五位閱卷評分者來評閱她在 Jave，C++，SQL，Perl 及 VHDL 等課堂上的程式。評閱者 Jeanne 和 Charles 均不喜歡 SQL，Sandra 想逃避 C++ 及 VHDL。Paul 討厭 Java 及 C++，且 Todd 拒絕看 SQL 及 Perl。有多少種方法 Ruth 教授可指派每位評閱者以一種語言來評閱程式，須涵蓋所有五種語言，且保持每個人的喜好？

8. 在例題 8.16 的解中，為什麼我們在 (6!) $N(\bar{c}_1\bar{c}_2\cdots\bar{c}_6)$ 項中有 6!。

9. 有五位名叫 Al，Violet，Lynn，Jack 及 Mary Lou 的教授被指派任教微積分Ⅰ、微積分Ⅱ、微積分Ⅲ、統計學及組合學等五門中的一門課。Al 不想教微積分Ⅱ或組合學，Lynn 不能忍受統計學，Violet 和 Mary Lou 均拒絕教微積分Ⅰ或微積分Ⅲ，且 Jack 討厭微積分Ⅱ。

a) 有多少種方法數學系系主任可指派每位教授任教這五門課中的一門課且可保持系裡的和諧？

b) 對 (a) 的指派，Violet 得到教組合學的機率是多少？

10. 兩個骰子，一個紅色而另一個為綠色，被擲六次。我們知道序對 (1, 1)，(1, 5)，(2, 4)，(3, 6)，(4, 2)，(4, 4)，(5, 1) 及 (5, 5) 不出現。出現在紅色骰子及綠色骰子的每個值的機率為何？

11. 某電腦約會服務想對 4 位女士配對 6 位男士。根據申請者參加服務時所提供的資料，我們可繪出下面結論。
   · 女士 1 不適合男士 1，3 或 6。
   · 女士 2 不適合男士 2 或 4。
   · 女士 3 不適合男士 3 或 6。
   · 女士 4 不適合男士 4 或 5。
   有多少種方法這個服務可對 4 位女士中的每一位配對一個合適的伴侶？

12. 對 $A = \{1, 2, 3, 4, 5\}$ 且 $B = \{u, v, w, x, y, z\}$，求一對一函數 $f: A \to B$ 的個數，其中 $f(1) \neq v$，w；$f(2) \neq u$，w；$f(3) \neq x$；且 $f(4) \neq v$，x，y。

8.6 總結及歷史回顧

在本書的第 1 及第 3 章裡，我們關心枚舉問題，其中我們必須小心，安排或選擇被重複計數的情形。在第 5 章裡，這個情形變得更多，當我們試著計數有限集合的映成函數個數時。

以范恩圖做引導，本章得一個所謂包含及互斥原理的類型。利用這個原理，我們以條件及子集合重新敘述每個問題。使用早先所發展的排列及組合上的枚舉公式，我們解一些較簡單的子問題，並令原則來處理我們所關心的重複計數問題。因而，我們可解許多問題，一些處理數論且一些處理圖論。我們亦證明在 5.3 節對兩個有限集合的映成函數個數所做的猜想。

這個原理有一個有趣的歷史，在不同手稿中發現這個原理，如在 "Sieve Method" 或在 "Principle of Cross Classification" 裡。這個原理的一個集合論看法，其關心集合的聯集和交集被發現於：*Doctrine of Chances* (1718) 裡，一本由 Abraham DeMoivre (1667-1754) 所寫的機率教材。稍早，在 1708 年，Pierre Rémond de Montmort (1678-1719) 使用這個

原則之後的概念在他著名的 *le problé me des rencontres* (配對) 問題的解裡。(在這個老法國紙牌遊戲裡，第一付 52 張牌面向上排成一列——或許在一張桌子上。接著拿第二付 52 張牌，將每張牌擺在先前排在桌上 52 張牌的一張上。遊戲的得分是由計數所得的配對數來決定，其中配對的兩張必須花樣和面值均相同。)

我們所發展的及所處理的包含及互斥原理的著作權屬於 James Joseph Sylvester (1814-1897)。[這位多彩多姿英國出生的數學家亦對方程式論、矩陣及行列式論，及不變理論等方面做許多主要的貢獻，其中不變理論是他與 Arthur Cayley (1821-1895) 共同發現的。而且 Sylvester 創辦了美國數學雜誌 (*American Journal of Mathematics*)，第一份專著於數學研究的雜誌。] 包含-互斥技巧的重要性未受普遍賞識，然而，直到稍後，當 W. A. Whitworth [10] 所著的 Choice and Chance 書出版後，數學家才更加知道其潛能及使用。

James Joseph Sylvester (1814–1897)

欲知這個原理的更多應用，請檢視 C. L. Liu [4] 的第 4 章，H. J. Ryser [8] 的第 2 章，或 A. Tucker [9] 的第 8 章。更多和這個原理有關的數論結果，包括 Möbius 逆公式，可被發現於 M. Hall [1] 的第 2 章，C. L. Liu [5] 的第 10 章，及 G. H. Hardy 和 E. M. Wright 的第 16 章。這個公式的一個擴大被給在 G. C. Rota [7] 所著的文章裡。

D. Hanson，K. Seyffarth 和 J. H. Weston [2] 對 8.3 節所討論的重排問題提供一個有趣的一般化。車多項式之後的概念及應用被發展於 1930 年代末及 1940 和 1950 年代間。有關這個主題的其它材料可發現於 J. Riordan [6] 的第 7 章及第 8 章。

參考資料

1. Hall, Marshall, Jr. *Combinatorial Theory*. Waltham, Mass.: Blaisdell, 1967.
2. Hanson, Denis, Seyffarth, Karen, and Weston, J. Harley. "Matchings, Derangements, Rencontres." *Mathematics Magazine* 56, no. 4 (September 1983): pp. 224–229.
3. Hardy, Godfrey Harold, and Wright, Edward Maitland. *An Introduction to the Theory of Numbers*, 5th ed. Oxford: Oxford University Press, 1979.
4. Liu, C. L. *Introduction to Combinatorial Mathematics*. New York: McGraw-Hill, 1968.
5. Liu, C. L. *Topics in Combinatorial Mathematics*. Mathematical Association of America, 1972.
6. Riordan, John. *An Introduction to Combinatorial Analysis*. Princeton, N.J.: Princeton University Press, 1980. (Originally published in 1958 by John Wiley & Sons.)
7. Rota, Gian Carlo. "On the Foundations of Combinatorial Theory, I. Theory of Möbius Functions." *Zeitschrift für Wahrscheinlichkeits Theorie 2* (1964): pp. 340–368.
8. Ryser, Herbert J. *Combinatorial Mathematics*. Carus Mathematical Monograph, No. 14. Published by the Mathematical Association of America, distributed by John Wiley & Sons, New York, 1963.
9. Tucker, Alan. *Applied Combinatorics*, 4th ed. New York: Wiley, 2002.
10. Whitworth, William Allen. *Choice and Chance*. Originally published at Cambridge in 1867. Reprint of the 5th ed. (1901), Hafner, New York, 1965.

補充習題

1. 有多少個 $n \in \mathbf{Z}^+$ 滿足 $n \le 500$ 且不被 2，3，5，6，8 或 10 整除？

2. 有多少個整數 n 滿足 $0 \le n < 1,000,000$ 且 n 的數學和小於或等於 37？

3. 在下週的教會義賣時，Joseph 和他的表弟 Jeffrey 必須安排 6 個籃球、6 個美式足球、6 個足球及 6 個排球於由男童軍所提供的運動室的 4 個架子上。有多少種方法他們可安排使得每個架子上至少有 2 個球但不超過 7 個球？(這四種球類中的任何一種的 6 個球外貌均相同。)

4. 求正整數 n 的個數，其中 $1 \le n \le 1000$ 且 n 不是一個完全平方、立方或四次方。

5. 有多少種方法我們可將整數 1，2，3，…，8 排成一直線使得不出現 12，23，…，78，81 的類型？

6. a) 若我們有 k 個不同顏色可用，有多少種方法我們可來漆五邊形房間的牆，若相鄰兩牆將塗不同顏色？
  b) k 的最小值是多少可使此一塗色可行？

7. 10 位學生在某間教室參加物理考試。當考試結束時，學生休息一下馬上回到教室討論他們對試卷所做的答案。若這間教室有 14 張椅子，在休息後學生有多少種方法可坐，使得沒有一位學生坐在其在考試時所坐的同一張椅子？

8. 使用定理 8.2 的結果，證明我們可擺 s 個不同物體於 n 個不同容器內，使得有 m 個容器每個均恰有 r 個物體的方法數為

$$\frac{(-1)^m n! s!}{m!} \sum_{i=m}^{n} \frac{(-1)^i (n-i)^{s-ir}}{(i-m)!(n-i)!(s-ir)!(r!)^i}$$

9. 在 SURREPTITIOUS 的字母排列中隨機選出一個排列，則 (a) 其 (恰) 有三對連續相同字母的機率為何？(b) 至多三

對連續相同字母的機率為何？

10. 有多少種方法我們可排列 4 個 w，4 個 x，4 個 y 及 4 個 z，使得無連續 4 個相同的字母？

11. a) 給 n 個不同物體，有多少種方法我們可由這些物體中選出 r 個，使得每次選法中均包含這 n 個物體中某些特別的 m 個？(這裡 $m \leq r \leq n$)。
   b) 使用包含及互斥原理證明對 $m \leq r \leq n$，
   $$\binom{n-m}{n-r} = \sum_{i=0}^{m}(-1)^i \binom{m}{i}\binom{n-i}{r}.$$

12. a) 令 $\lambda \in \mathbf{Z}^+$。若我們有 λ 個相異顏色可用，有多少種方法我們可對圖 8.14(a) 的圖形之頂點塗顏色，使得無相鄰頂點有相同顏色？這個含 λ 的結果被稱為**圖形的色數多項式** (chromatic polynomial)，滿足這個多項式是正的最小 λ 值被稱是這個**圖形的色數** (chromatic number)。這個圖形的色數是多少？（我們將在第 11 章貫徹這個概念。）
   b) 若有 6 個顏色可用，有多少種方法圖 8.14(b) 所示的房間 R_i，$1 \leq i \leq 5$，可被漆使得有一共同門道 D_j，$1 \leq j \leq 5$，的房間被漆不同顏色？

13. 有多少種方法可將 LAPTOP 的字母排列使得字母 L，A，T，O 無一個在它的原先位置且字母 P 不在第三或第六個位置？

14. 對 $n \in \mathbf{Z}^+$，證明若 $\phi(n) = n-1$，則 n 為質數。

15. 令 D_{18} 表 18 的正因數集合。對 $d \in D_{18}$，令 $S_d = \{n \mid 0 < n \leq 18$ 且 $\gcd(n, 18) = d\}$。(a) 證明集合 S_d，$d \in D_{18}$，提供 $\{1, 2, 3, 4, \cdots, 17, 18\}$ 的一個分割。(b) 注意 $|S_1| = 6 = \phi(18)$ 且 $|S_2| = 6 = \phi(9)$。對每個 $d \in D_{18}$，將 $|S_d|$ 表為尤拉 ϕ 函數。

16. 對 $m \in \mathbf{Z}^+$，令 $D_m = \{d \in \mathbf{Z}^+ \mid d$ 整除 $m\}$。對 $d \in D_m$，令 $S_d = \{n \mid 0 < n \leq m$ 且 $\gcd(n, m) = d\}$。(a) 證明集合 S_d，$d \in D_m$ 提供 $\{1, 2, 3, 4, \cdots, m-1, m\}$ 的一個分割。(b) 對每個 $d \in D_m$，求 $|S_d|$。

17. 若 $n \in \mathbf{Z}^+$，證明 (a) $\phi(n) = 2\phi(n)$ 當 n 為偶數時；且 (b) $\phi(2n) = \phi(n)$ 當 n 為奇數時。

18. 令 a，b，$c \in \mathbf{Z}^+$ 且 $c = \gcd(a, b)$，證明 $\phi(ab)\phi(c) = \phi(a)\phi(b)c$。

19. Caitlyn 有 48 本不同的書；數學、化學、物理及電腦科學各 12 本。這些書被安排在她辦公室內的 4 個架子上，使

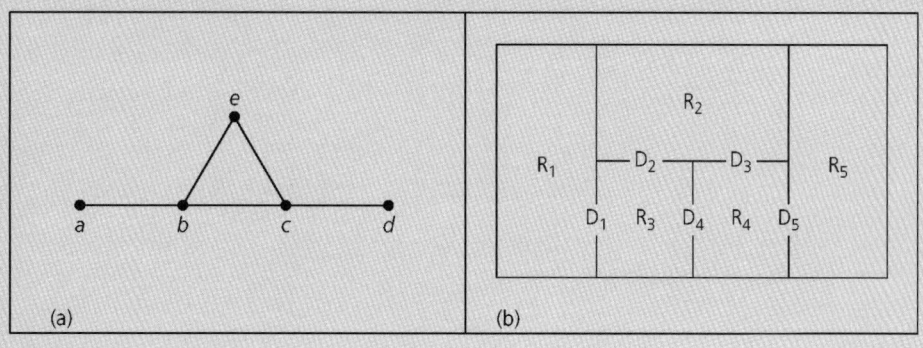

圖 8.14

得任何一科門所有的書均位在自己科門的架上。當她的辦公室被打掃時，48 本書被打亂且再被擺回架子上，所有任何一科門的 12 本書再次被放在自己科門的架上子。有多少種方法可如此做使得 (a) 沒有一科門擺在自己原來的架子？(b) 有一科門擺在自己原來的架子？(c) 沒有一科門擺在自己原先的架子且沒有一本書在原先的位置？[例如，書原先擺在第一個架子上的第三個 (由左邊算起) 位置不必被擺回第一個架子且必不在它被擺的架子的第三 (由左邊算起) 個位置。]

第 9 章

生成函數

在本章及下一章，我們將繼續研究枚舉問題，這次所介紹的是重要的**生成函數** (generating function) 概念。

取法問題，允許重複，在第 1 章學習過。那裡我們尋找，例如，方程式 $c_1+c_2+c_3+c_4=25$ 的整數解個數，其中 $c_i \geq 0$ 對所有 $1 \leq i \leq 4$。利用第 8 章的包含及互斥原理，我們可解一個更具限制的問題，如 $c_1+c_2+c_3+c_4=25$ 具 $0 \leq c_i < 10$ 對所有 $1 \leq i \leq 4$。而且，若我們想要 c_2 為偶數且 c_3 為 3 的倍數，我們可應用第 1 及 8 章的結果至幾個子情形。

生成函數的威力在於其功能不僅可解多種我們目前已考慮的問題，且可幫我們解一些另含限制的新情況。

9.1 前導例題

此刻先不定義生成函數，我們將檢視刺激這個概念的一些例題。

在某個週六購物時，Mildred 買了 12 個橘子給她的小孩—— Grace，Mary 和 Frank。有多少種方法她可分配這些橘子使得 Grace 至少得到 4 個，且 Mary 和 Frank 至少得 2 個，但 Frank 不得超過 5 個？表 9.1 列出所有可能的分配。我們看到我們有方程式 $c_1+c_2+c_3=12$ 的所有整數解，其中 $4 \leq c_1$，$2 \leq c_2$，且 $2 \leq c_3 \leq 5$。

| 例題 9.1 |

考慮表中的前兩個情形，我們發現解 $4+3+5=12$ 且 $4+4+4=12$。在我們先前的代數經驗中何處所做的像這個呢？當多項式相乘時，我們把變數的冪次方相加，且在這裡，當我們乘三個多項式時，

493

● 表 9.1

G	M	F	G	M	F
4	3	5	6	2	4
4	4	4	6	3	3
4	5	3	6	4	2
4	6	2	7	2	3
5	2	5	7	3	2
5	3	4	8	2	2
5	4	3			
5	5	2			

$$(x^4+x^5+x^6+x^7+x^8)(x^2+x^3+x^4+x^5+x^6)(x^2+x^3+x^4+x^5),$$

有如下的兩個方法得 x^{12}：

1) 由乘積 $x^4x^3x^5$，其中 x^4 取自 $(x^4+x^5+x^6+x^7+x^8)$，x^3 取自 $(x^2+x^3+x^4+x^5+x^6)$ 且 x^5 取自 $(x^2+x^3+x^4+x^5)$。

2) 由乘積 $x^4x^4x^4$，其中第一個 x^4 取自第一個多項式，第二個 x^4 取自第二個多項式，第三個 x^4 取自第三個多項式。

更嚴謹地檢視乘積

$$(x^4+x^5+x^6+x^7+x^8)(x^2+x^3+x^4+x^5+x^6)(x^2+x^3+x^4+x^5)$$

我們知道，對表 9.1 的每個三序列 (i, j, k)，我們得 $x^ix^jx^k$。因此，在

$$f(x) = (x^4+x^5+x^6+x^7+x^8)(x^2+x^3+x^4+x^5+x^6)(x^2+x^3+x^4+x^5)$$

裡的 x^{12} 的係數計數分配的次數，即 14，是我們所要找的。函數 $f(x)$ 被稱是這個分配的一個**生成函數** (generating function)。

但這個乘積裡的所有因式來自那裡呢？

因式 $x^4+x^5+x^6+x^7+x^8$，例如，說明我們可給 Grace 4 個或 5 個或 7 個或 8 個橘子。我們再次使用互斥 (或) 及尋常加法間的互相作用。x 的每冪次方的係數為 1，因為考慮橘子為相同物體，只有一個方法給 Grace 4 個橘子，一個方法給她 5 個橘子，且如此繼續。因為 Mary 和 Frank 每個人一定要至少 2 個橘子，其它項 $(x^2+x^3+x^4+x^5+x^6)$ 和 $(x^2+x^3+x^4+x^5)$ 以 x^2 開始，且對 Frank 我們停在 x^5 使得他無法得超過 5 個橘子。(為何對 Mary 的項停在 x^6？)

現在我們之中多數人合理的相信 $f(x)$ 中 x^{12} 的係數產生答案。然而，有些人對這個新概念可能有點小懷疑。似乎是我們能列出表 9.1 的情形比將 $f(x)$ 中的三個因式乘開或計算 $f(x)$ 中 x^{12} 的係數還快。目前似乎是真

的。但當我們以更多的未知數來進行問題且較大量來分配時,生成函數將超過它所展現的價值。(讀者可能明白第 8 章的車多項式即為生成函數的例子。) 現在我們多考慮兩個例題。

若有無限個 (或每種顏色至少 24 個) 紅色、綠色、白色及黑色果凍豆子,Douglas 有多少種方法可由這些豆子中選出 24 個,使得他有偶數個白色豆子及至少 6 個黑色豆子? | 例題 9.2

果凍豆子顏色的多項式如下所示:

- 紅色 (綠色):$1+x+x^2+\cdots+x^{24}$,其中首項 1 是給 $1x^0$,因為一種可能性給紅色 (及綠色) 果凍豆子的是該顏色中無一個被選上。
- 白色:$(1+x^2+x^4+x^6+\cdots+x^{24})$
- 黑色:$(x^6+x^7+x^8+\cdots+x^{24})$

所以這個問題的答案是生成函數

$$f(x) = (1+x+x^2+\cdots+x^{24})^2(1+x^2+x^4+\cdots+x^{24})(x^6+x^7+\cdots+x^{24}).$$

裡的 x^{24} 的係數。

一個此類選法是 5 個紅色、3 個綠色、8 個白色及 8 個黑色果凍豆子。這個來自第一個因式的 x^5,第二個因式的 x^3,及最後兩個因式的 x^8。

結束本節之前的最後一個例題!

方程式 $c_1+c_2+c_3+c_4=25$ 有多少個整數解若 $0 \le c_i$ 對所有 $1 \le i \le 4$? | 例題 9.3

我們可以另一個方式來問,有多少種方法可將 25 (相同) 分錢分給 4 個小孩?

對每個小孩,其可能性可以多項式 $1+x+x^2+x^3+\cdots+x^{25}$ 來描述。則這個問題的答案是生成函數

$$f(x) = (1+x+x^2+\cdots+x^{25})^4$$

裡的 x^{25} 的係數。

答案亦可由生成函數

$$g(x) = (1+x+x^2+x^3+\cdots+x^{25}+x^{26}+\cdots)^4$$

裡的 x^{25} 的係數獲得,若我們以分配來改述問題,即由一個大數 (或無限) 的分錢,拿 25 分錢分給 4 個小孩。[當 $f(x)$ 是一個多項式時,$g(x)$ 是 x 的

級數 (power series)]。注意 x^k 項，對所有 $k \geq 26$，從未被使用。那為何還要困擾它們？因為以冪級數來計算比以多項式計算要來得簡單。

習題 9.1

1. 對下面各小題，決定一個生成函數並指出該函數中用來解問題的係數。(同時給生成函數的多項式及冪級數型，每逢適用時。)

   求下面方程式的整數解個數：

   a) $c_1+c_2+c_3+c_4=20$，$0 \leq c_i \leq 7$ 對所有 $1 \leq i \leq 4$。

   b) $c_1+c_2+c_3+c_4=20$，$0 \leq c_i$ 對所有 $1 \leq i \leq 4$，且 c_2 及 c_3 為偶數。

   c) $c_1+c_2+c_3+c_4+c_5=30$，$2 \leq c_1 \leq 4$ 且 $3 \leq c_i \leq 8$ 對所有 $2 \leq i \leq 5$。

   d) $c_1+c_2+c_3+c_4+c_5=30$，$0 \leq c_i$ 對所有 $1 \leq i \leq 5$，且 c_2 為偶數及 c_3 為奇數。

2. 求將 35 分錢 (錢無限供應) 分給 5 個小孩之方法數的生成函數，若 (a) 沒有限制；(b) 每個小孩至少得 1 分錢；(c) 每個小孩至少得 2 分錢；(d) 年紀最大的小孩至少得 10 分錢；且 (e) 兩個最年輕的小孩每人必至少得 10 分錢。

3. a) 求由 6 種不同種類的大供應裡選出 10 個糖果棒之方法數的生成函數。

   b) 求由 n 個不同物體中選出 r 個物體，允許重複，之方法數的生成函數。

4. a) 解釋為何以 1 分錢硬幣及 5 分錢硬幣表 n 分錢的方法數的生成函數為
   $$(1+x+x^2+x^3+\cdots)(1+x^5+x^{10}+\cdots).$$

   b) 求以 1 分錢硬幣、5 分錢硬幣及 10 分錢硬幣表 n 分錢的方法數的生成函數。

5. 求方程式 $c_1+c_2+c_3+c_4=20$ 的整數解個數之生成函數，其中 $-3 \leq c_1$，$-3 \leq c_2$，$-5 \leq c_3 \leq 5$，且 $0 \leq c_4$。

6. 對 $S=\{a, b, c\}$，考慮函數
   $$\begin{aligned}f(x) &= (1+ax)(1+bx)(1+cx)\\ &= 1+ax+bx+cx+abx^2+acx^2\\ &\quad +bcx^2+abcx^3.\end{aligned}$$
   這裡，在 $f(x)$ 裡的

   • x^0 的係數是 1——對 S 的子集合 $\emptyset$。

   • x^1 的係數是 $a+b+c$ ——對 S 的子集合 $\{a\}$，$\{b\}$ 及 $\{c\}$。

   • x^2 的係數是 $ab+ac+bc$ ——對 S 的子集合 $\{a, b\}$，$\{a, c\}$ 及 $\{b, c\}$。

   • x^3 的係數是 abc——對子集合 $\{a, b, c\}=S$。

   因此，$f(x)$ 是 S 的所有子集合的生成函數。當我們計算 $f(1)$ 時，我們得到一個和，其中和的 8 個被加數中的每個被加數對應 S 的一個子集合；被加數 1 對應 $\emptyset$。[若我們往前走一步且令 $a=b=c=1$ 於 $f(x)$ 裡，則 $f(1)=8$，為 S 的子集合個數。]

   a) 給 $S=\{a, b, c, \ldots, r, s, t\}$ 所有子集合的生成函數。

   b) 回答 (a) 中之選法，其中每個元素可被拒絕或被送 3 次。

9.2 定義和例題：計算技巧

本節我們將檢視處理冪級數的一些公式和例題。這些將被用來得生成函數中一些特別項的係數。

我們以下面概念開始。

定義 9.1

令 a_0, a_1, a_2, $\cdots$ 為一個實數數列，函數

$$f(x) = a_0 + a_1 x + a_2 x^2 + \cdots = \sum_{i=0}^{\infty} a_i x^i$$

被稱為所給數列的**生成函數** (generating function)。

這個概念來自何方呢？

例題 9.4

對任一 $n \in \mathbf{Z}^+$，

$$(1+x)^n = \binom{n}{0} + \binom{n}{1}x + \binom{n}{2}x^2 + \cdots + \binom{n}{n}x^n,$$

所以 $(1+x)^n$ 是數列

$$\binom{n}{0}, \binom{n}{1}, \binom{n}{2}, \ldots, \binom{n}{n}, 0, 0, 0, \ldots.$$

的生成函數。

例題 9.5

a) 對 $n \in \mathbf{Z}^+$，

$$(1 - x^{n+1}) = (1-x)(1 + x + x^2 + x^3 + \cdots + x^n).$$

所以

$$\frac{1 - x^{n+1}}{1 - x} = 1 + x + x^2 + \cdots + x^n,$$

且 $(1-x^{n+1})/(1-x)$ 為數列 $1, 1, 1, \cdots, 1, 0, 0, 0, \cdots$，的生成函數，其中前 $n+1$ 項為 1。

b) 擴大 (a) 中概念，我們發現

$$1 = (1-x)(1 + x + x^2 + x^3 + x^4 + \cdots),$$

所以

是數列 $1, 1, 1, 1, \cdots$ 的生成函數。[注意 $1/(1-x) = 1+x+x^2+x^3+\cdots$ 對所有 x 成立，其中 $|x|<1$；對這些值的集合，**幾何級數** (geometric series) $1+x+x^2+x^3+\cdots$ **收斂** (converges)。在我們處理生成函數的工作裡，我們主要關心 x 的冪級數的係數。然而，在稍後的例題 9.18，我們將使用這個及另兩個有關的級數來計算無窮和對集合裡的值，即該集合裡的每個值使無窮級數收斂。]

c) 以

$$\frac{1}{1-x} = 1+x+x^2+x^3+\cdots = \sum_{i=0}^{\infty} x^i,$$

取導數得

$$\frac{d}{dx}\frac{1}{1-x} = \frac{d}{dx}(1-x)^{-1} = (-1)(1-x)^{-2}(-1) = \frac{1}{(1-x)^2}$$
$$= \frac{d}{dx}(1+x+x^2+x^3+\cdots) = 1+2x+3x^2+4x^3+\cdots$$

因此，

$$\frac{1}{(1-x)^2}$$

為數列 $1, 2, 3, 4, \cdots$ 的生成函數，而

$$\frac{x}{(1-x)^2} = 0+1x+2x^2+3x^3+4x^4+\cdots$$

為數列 $0, 1, 2,, 3, \cdots$ 的生成函數。

d) 由 (c) 繼續

$$\frac{d}{dx}\frac{x}{(1-x)^2} = \frac{d}{dx}(0+x+2x^2+3x^3+\cdots),$$

或

$$\frac{x+1}{(1-x)^3} = 1+2^2x+3^2x^2+4^2x^3+\cdots.$$

因此 $\dfrac{x+1}{(1-x)^3}$

生成 $1^2, 2^2, 3^2, \cdots$ 且

$$\frac{x(x+1)}{(1-x)^3}$$

生成 $0^2, 1^2, 2^2, 3^2, \cdots$。

e) 現在讓我們多看一眼 (b), (c), (d) 的結果, 併用一些擴大。但這次我們在記號上有一點改變:

$$f_0(x) = \frac{1}{1-x} = 1 + x + x^2 + x^3 + \cdots$$

$$f_1(x) = x\frac{d}{dx}f_0(x) = \frac{x}{(1-x)^2}$$
$$= 0 + x + 2x^2 + 3x^3 + \cdots$$

$$f_2(x) = x\frac{d}{dx}f_1(x) = \frac{x^2 + x}{(1-x)^3}$$
$$= 0^2 + 1^2 x + 2^2 x^2 + 3^2 x^3 + \cdots$$

$$f_3(x) = x\frac{d}{dx}f_2(x) = \frac{x^3 + 4x^2 + x}{(1-x)^4}$$
$$= 0^3 + 1^3 x + 2^3 x^2 + 3^3 x^3 + \cdots$$

$$f_4(x) = x\frac{d}{dx}f_3(x) = \frac{x^4 + 11x^3 + 11x^2 + x}{(1-x)^5}$$
$$= 0^4 + 1^4 x + 2^4 x^2 + 3^4 x^3 + \cdots$$

現在看圖 9.1 的 Maple 程式碼的輸出。這裡我們發現 $f_0(x), f_1(x), \cdots, f_4(x)$ 的分子 [其中 $f_5(x)$ 及 $f_6(x)$ 的分母分別為 $(1-x)^6$ 及 $(1-x)^7$]。這些分子的係數恰為例題 4.21 所介紹的 Eulerian 數。這裡我們不打算追逐這個, 但有興趣的讀者, 想進一步檢視這個關聯, 可查閱參考資料 [4]。

```
> f||0(x) := 1/(1-x);
```
$$f0(x) := \frac{1}{1-x}$$
```
> for i from 1 to 6 do
>     f||i(x) := simplify(x*diff(f||(i-1)(x),x)):
>     print(sort(expand((-1)^(i+1)*mumer(f||i(x)))));
> od:
```
$$x$$
$$x^2 + x$$
$$x^3 + 4x^2 + x$$
$$x^4 + 11x^3 + 11x^2 + x$$
$$x^5 + 26x^4 + 66x^3 + 26x^2 + x$$
$$x^6 + 57x^5 + 302x^4 + 302x^3 + 57x^2 + x$$

◦ 圖 9.1

因此，x^5 的係數是

$$\binom{-7}{5}(-2)^5 = (-1)^5\binom{7+5-1}{5}(-32) = (32)\binom{11}{5} = 14{,}784 \text{。}$$

例題 9.9 對每個實數 n，$(1+x)^n$ 的 Maclaurin 級數展開式是

$$1 + nx + n(n-1)x^2/2! + n(n-1)(n-2)x^3/3! + \cdots$$
$$= 1 + \sum_{r=1}^{\infty} \frac{n(n-1)(n-2)\cdots(n-r+1)}{r!}x^r.$$

因此，

$$(1+3x)^{-1/3} = 1 + \sum_{r=1}^{\infty} \frac{(-1/3)(-4/3)(-7/3)\cdots((-3r+2)/3)}{r!}(3x)^r$$
$$= 1 + \sum_{r=1}^{\infty} \frac{(-1)(-4)(-7)\cdots(-3r+2)}{r!}x^r,$$

且 $(1+3x)^{-1/3}$ 生成數列 1，-1，$(-1)(-4)/2!$，$(-1)(-4)(-7)/3!$，$\cdots$，$(-1)(-4)(-7)\cdots(-3r+2)/r!$，$\cdots$。

例題 9.10 求 $f(x) = (x^2 + x^3 + x^4 + \cdots)^4$ 中的 x^{15} 的係數。

因為 $(x^2 + x^3 + x^4 + \cdots) = x^2(1 + x + x^2 + \cdots) = x^2/(1-x)$，在 $f(x)$ 中的 x^{15} 的係數是在 $(x^2/(1-x))^4 = x^8/(1-x)^4$ 中的 x^{15} 之係數。因此，所要找的係數是在 $(1-x)^{-4}$ 中的 x^7 的係數，即

$$\binom{-4}{7}(-1)^7 = (-1)^7\binom{4+7-1}{7}(-1)^7 = \binom{10}{7} = 120 \text{。}$$

一般來講，對 $n \in \mathbf{Z}^+$，$f(x)$ 中 x^n 的係數是 0，當 $0 \leq n \leq 7$。對所有 $n \geq 8$，$f(x)$ 中 x^n 的係數是 $(1-x)^{-4}$ 中 x^{n-8} 的係數，其為

$$\binom{-4}{n-8} \cdot (-1)^{n-8} = \binom{n-5}{n-8} \text{。}$$

在繼續之前，我們收集一些恒等式於表 9.2 裡做為未來參考。

下面兩個例題證明生成函數如何可被使用來導一些早期的結果。

例題 9.11 有多少個方法我們可由 n 個相異物體中選出 r 個？允許重複。

對這 n 個的物體中的每一個，幾何級數 $1 + x + x^2 + x^3 + \cdots$ 表對該物體（即無，一個，兩個，$\cdots$）的可能選擇。考慮所有的 n 個相異物體，生成函數是

● 表 9.2

對所有 $m, n \in \mathbf{Z}^+, a \in \mathbf{R}$,

1) $(1+x)^n = \binom{n}{0} + \binom{n}{1}x + \binom{n}{2}x^2 + \cdots + \binom{n}{n}x^n$
2) $(1+ax)^n = \binom{n}{0} + \binom{n}{1}ax + \binom{n}{2}a^2x^2 + \cdots + \binom{n}{n}a^nx^n$
3) $(1+x^m)^n = \binom{n}{0} + \binom{n}{1}x^m + \binom{n}{2}x^{2m} + \cdots + \binom{n}{n}x^{nm}$
4) $(1 - x^{n+1})/(1-x) = 1 + x + x^2 + \cdots + x^n$
5) $1/(1-x) = 1 + x + x^2 + x^3 + \cdots = \sum_{i=0}^{\infty} x^i$
6) $1/(1-ax) = 1 + (ax) + (ax)^2 + (ax)^3 + \cdots$
$\qquad = \sum_{i=0}^{\infty}(ax)^i = \sum_{i=0}^{\infty} a^i x^i$
$\qquad = 1 + ax + a^2 x^2 + a^3 x^3 + \cdots$
7) $1/(1+x)^n = \binom{-n}{0} + \binom{-n}{1}x + \binom{-n}{2}x^2 + \cdots$
$\qquad = \sum_{i=0}^{\infty} \binom{-n}{i} x^i$
$\qquad = 1 + (-1)\binom{n+1-1}{1}x + (-1)^2 \binom{n+2-1}{2}x^2 + \cdots$
$\qquad = \sum_{i=0}^{\infty}(-1)^i \binom{n+i-1}{i} x^i$
8) $1/(1-x)^n = \binom{-n}{0} + \binom{-n}{1}(-x) + \binom{-n}{2}(-x)^2 + \cdots$
$\qquad = \sum_{i=0}^{\infty} \binom{-n}{i}(-x)^i$
$\qquad = 1 + (-1)\binom{n+1-1}{1}(-x) + (-1)^2 \binom{n+2-1}{2}(-x)^2 + \cdots$
$\qquad = \sum_{i=0}^{\infty} \binom{n+i-1}{i} x^i$

若 $f(x) = \sum_{i=0}^{\infty} a_i x^i$, $g(x) = \sum_{i=0}^{\infty} b_i x^i$, 且 $h(x) = f(x)g(x)$, 則 $h(x) = \sum_{i=0}^{\infty} c_i x^i$, 其中對所有 $k \geq 0$,

$$c_k = a_0 b_k + a_1 b_{k-1} + \cdots + a_{k-1} b_1 + a_k b_0 = \sum_{j=0}^{k} a_j b_{k-j}.$$

$$f(x) = (1 + x + x^2 + x^3 + \cdots)^n,$$

且所求答案是 $f(x)$ 中 x^r 的係數。現在由表 9.2 中的等式 5 及 8,我們有

$$(1 + x + x^2 + x^3 + \cdots)^n = \left(\frac{1}{1-x}\right)^n = \frac{1}{(1-x)^n} = \sum_{i=0}^{\infty} \binom{n+i-1}{i} x^i,$$

所以 x^r 的係數是

$$\binom{n+r-1}{r},$$

如我們在第 1 章所發現的結果。

例題 9.12　我們再次考慮計數一個正整數 n 的合成問題——這次使用生成函數。以

$$\frac{x}{1-x} = x + x^2 + x^3 + x^4 + \cdots$$

開始，其中，例如，x^4 的係數是 1，對 4 的一個被加數之合成——即 4。欲得有兩個被加數之 n 的合成個數，我們需要 $(x+x^2+x^3+x^4+\cdots)^2 = [x/(1-x)]^2 = x^2/(1-x)^2$ 中 x^n 的係數。這裡，例如，我們由乘積 $x^1 \cdot x^3, x^2 \cdot x^2$ 及 $x^3 \cdot x^1$ 得 $(x+x^2+x^3+x^4+\cdots)^2$ 中的 x^4。所以在 $x^2/(1-x)^2$ 裡的 x^4 之係數是 3——給三個 4 的二個被加數之合成 1＋3，2＋2 和 3＋1。繼續三個被加數的合成，我們現在檢視 $(x+x^2+x^3+x^4+\cdots)^3 = [x/(1-x)]^3 = x^3/(1-x)^3$。我們再次看看 x^4 發生的方法，即由乘積 $x^1 \cdot x^1 \cdot x^2, x^1 \cdot x^2 \cdot x^1, x^2 \cdot x^1 \cdot x^1$。所以這裡 x^4 的係數是 3，其計數 4 的合成 1＋1＋2，1＋2＋1，2＋1＋1。最後，$(x+x^2+x^3+x^4+\cdots)^4 = [x/(1-x)]^4 = x^4/(1-x)^4$ 裡的 x^4 之係數為 1，對 4 的一個 4 個被加數的合成 1＋1＋1＋1。

前段結果告訴我們 $\sum_{i=1}^{4}[x/(1-x)]^i$ 的 x^4 之係數是 1＋3＋3＋1＝8 (＝2^3)，4 的合成個數。事實上，這也是 $\sum_{i=1}^{\infty}[x/(1-x)]^i$ 的 x^4 之係數。一般這個情形，我們發現一個正整數 n 的合成個數是在生成函數 $f(x) = \sum_{i=1}^{\infty}[x/(1-x)]^i$ 中的 x^n 之係數。但若令 $y=x/(1-x)$，則得

$$f(x) = \sum_{i=1}^{\infty} y^i = y\sum_{i=0}^{\infty} y^i = y\left(\frac{1}{1-y}\right) = \left(\frac{x}{1-x}\right)\left[\frac{1}{1-\left(\frac{x}{1-x}\right)}\right] = \left(\frac{x}{1-x}\right)\left[\frac{1}{\frac{1-x-x}{1-x}}\right]$$
$$= x/(1-2x) = x[1 + (2x) + (2x)^2 + (2x)^3 + \cdots]$$
$$= 2^0 x + 2^1 x^2 + 2^2 x^3 + 2^3 x^4 + \cdots.$$

所以正整數 n 的合成個數是 $f(x)$ 中的 x^n 之係數且為 2^{n-1}（如我們早先在例題 1.37、3.11 及 4.12 所發現的。）

例題 9.13　在看任何特殊合成之前，讓我們以檢視表 9.2 中的等式 4 開始。當這個等式中的 x 被取代為 2 時，其結果告訴我們對所有 $n \in \mathbf{Z}^+$，$1+2+2^2+\cdots+2^n = (1-2^{n+1})/(1-2) = 2^{n+1}-1$。[這個結果亦被以數學歸納法原理建立於 4.1 節的習題 2(a) 裡。] 一切均好，但吾人在何處曾使用過此一公式呢？在表 9.3 中，我們發現 6 和 7 的特殊合成，其由左念到右和由右念到左均相同。這些是 6 和 7 的回文。我們發現 7 有 $1+(1+2+4) = 1+(1+2^1+2^2) = 1+(2^3-1) = 2^3$ 個回文。有一個僅有一個被加數的回文，即 7。亦有一個回文其中間是被加數 2 且在 5 的左右兩邊各放一個 1 的合成。

表 9.3

1)	6	(1)		1)	7	(1)	
2)	1+4+1	(1)		2)	1+5+1	(1)	
3)	2+2+2	⎫(2)		3)	2+3+2	⎫(2)	
4)	1+1+2+1+1	⎭		4)	1+1+3+1+1	⎭	
5)	3+3			5)	3+1+3		
6)	1+2+2+1	⎫(4)		6)	1+2+1+2+1	⎫(4)	
7)	2+1+1+2	⎬		7)	2+1+1+1+2	⎬	
8)	1+1+1+1+1+1	⎭		8)	1+1+1+1+1+1+1	⎭	

對中間是被加數 3 的，我們在 3 的右邊擺上 2 的兩個合成之一且在 3 的左邊以相反順序擺上相配的相同合成。這個過程提供 7 的第三個及第四個回文。最後，當中間的被加數是 1 的，我們在這個 1 的右邊放上 3 的已知合成並在 1 的右邊以相反順序放上其相配的相同合成。共有 $2^{3-1}=4$ 個 3 的合成，所以這個過程得表中 7 的最後四個回文。

6 的回文之情形和 7 的情形類似，除了以一個＋號出現在中間取代 0 做為中間被加數。這裡我們得到表中最後的 $2^{3-1}=4$ 個 6 的回文，每一個給 3 的每一個合成。總之，對 $n=6$ 我們有

i) 中間被加數是 6　　1 個回文
ii) 中間被加數是 4　　1 ($=2^{1-1}$) 個回文
iii) 中間被加數是 2　　2 ($=2^{2-1}$) 個回文
iv) ＋號在中間　　4 ($=2^{3-1}$) 個回文

所以有 $1+(1+2^1+2^2)=1+(2^3-1)=2^3$ 個 6 的回文。

現在我們來看看一般解。對 $n=1$，有一個回文。若 $n=2k+1$，對 $k \in \mathbf{Z}^+$，則存在一個中間被加數為 n 的回文。對 $1 \leq t \leq k$，有 2^{t-1} 個 n 的回文具中間被加數 $n-2t$。(t 的 2^{t-1} 個合成中的每一個對應一個回文。) 因此 n 的回文總個數是 $1+(1+2^1+2^2+\cdots+2^{k-1})=1+(2^k-1)=2^k=2^{(n-1)/2}$。現考慮 n 為偶數，令 $n=2k$，對 $k \in \mathbf{Z}^+$。這裡亦有一個回文具中間被加數 n，且對 $1 \leq s \leq k-1$，有 2^{s-1} 個 n 的回文具中間被加數 $n-2s$。(s 的 2^{s-1} 個合成中的每一個對應一個回文。) 而且，有 2^{k-1} 個回文，其中一個＋號在中間。(k 的 2^{k-1} 個合成中的每一個對應一個回文。) n 共有 $1+(1+2^1+2^2+\cdots+2^{k-2}+2^{k-1})=1+(2^k-1)=2^k=2^{n/2}$ 個回文。

前述結果可被簡化。觀察對 $n \in \mathbf{Z}^+$，n 有 $2^{[n/2]}$ 個回文。

在處理完合成 (再次) 和回文後，此刻我們以一些額外的例題繼續討

論生成函數。

例題 9.14 有多少個方法警察隊長可分配 24 個來福槍架子給 4 個警官使得每位警官至少得 3 個架子，但不超過 8 個架子？

每位警官所得的架子個數的選法是由 $x^3+x^4+\cdots+x^8$ 給之。有 4 位警官，所以所得的生成函數是

$$f(x) = (x^3 + x^4 + \cdots + x^8)^4$$

我們尋求 $f(x)$ 中 x^{24} 的係數。以 $(x^3+x^4+\cdots+x^8)^4 = x^{12}(1+x+x^2+\cdots+x^5)^4 = x^{12}((1-x^6)/(1-x))^4$，答案是 $(1-x^6)^4 \cdot (1-x)^{-4} = [1 - \binom{4}{1}x^6 + \binom{4}{2}x^{12} - \binom{4}{3}x^{18} + x^{24}][\binom{-4}{0} + \binom{-4}{1}(-x) + \binom{-4}{2}(-x)^2 + \cdots]$ 中的 x^{12} 之係數，其為 $[\binom{-4}{12}(-1)^{12} - \binom{4}{1}\binom{-4}{6}(-1)^6 + \binom{4}{2}\binom{-4}{0}] = [\binom{15}{12} - \binom{4}{1}\binom{9}{6} + \binom{4}{2}] = 125$。

例題 9.15 證明對所有 $n \in \mathbf{Z}^+$，$\binom{2n}{n} = \sum_{i=0}^{n}\binom{n}{i}^2$。

因為 $(1+x)^{2n}=[(1+x)^n]^2$，由比較 (x 相同冪次方的) 係數，$(1+x)^{2n}$ 中的 x^n 之係數，是 $\binom{2n}{n}$，必等於 $[\binom{n}{0} + \binom{n}{1}x + \binom{n}{2}x^2 + \cdots + \binom{n}{n}x^n]^2$，且這個是 $\binom{n}{0}\binom{n}{n} + \binom{n}{1}\binom{n}{n-1} + \binom{n}{2}\binom{n}{n-2} + \cdots + \binom{n}{n}\binom{n}{0}$。因 $\binom{n}{r} = \binom{n}{n-r}$，對所有 $0 \leq r \leq n$，結果成立。

例題 9.16 決定 $\dfrac{1}{(x-3)(x-2)^2}$ 中 x^8 的係數。

因為對任一 $a \neq 0$，$1/(x-a) = (-1/a)(1/(1-(x/a))) = (-1/a)[1 + (x/a) + (x/a)^2 + \cdots]$，我們可藉由將 $1/[(x-3)(x-2)^2]$ 表為 $(-1/3)[1 + (x/3) + (x/3)^2 + \cdots](1/4)[\binom{-2}{0} + \binom{-2}{1}(-x/2) + \binom{-2}{2}(-x/2)^2 + \cdots]$，並求其 x^8 之係數來解這個問題。

另一個技巧是使用部份分式分解：

$$\frac{1}{(x-3)(x-2)^2} = \frac{A}{x-3} + \frac{B}{x-2} + \frac{C}{(x-2)^2}.$$

這個分解蘊涵

$$1 = A(x-2)^2 + B(x-2)(x-3) + C(x-3),$$

或

$$0 \cdot x^2 + 0 \cdot x + 1 = 1 = (A+B)x^2 + (-4A-5B+C)x + (4A+6B-3C).$$

比較係數 (分別對 x^2，x 及 1)，我們發現 $A+B=0$，$-4A-5B+C=0$ 及 $4A+6B-3C=1$。解這些方程式得 $A=1$，$B=-1$ 及 $C=-1$。因此

$$\frac{1}{(x-3)(x-2)^2} = \frac{1}{x-3} - \frac{1}{x-2} - \frac{1}{(x-2)^2}$$
$$= \left(\frac{-1}{3}\right)\frac{1}{1-(x/3)} + \left(\frac{1}{2}\right)\frac{1}{1-(x/2)} + \left(\frac{-1}{4}\right)\frac{1}{(1-(x/2))^2}$$
$$= \left(\frac{-1}{3}\right)\sum_{i=0}^{\infty}\left(\frac{x}{3}\right)^i + \left(\frac{1}{2}\right)\sum_{i=0}^{\infty}\left(\frac{x}{2}\right)^i$$
$$+ \left(\frac{-1}{4}\right)\left[\binom{-2}{0} + \binom{-2}{1}\left(\frac{-x}{2}\right) + \binom{-2}{2}\left(\frac{-x}{2}\right)^2 + \cdots\right].$$

x^8 的係數是

$$(-1/3)(1/3)^8 + (1/2)(1/2)^8 + (-1/4)\binom{-2}{8}(-1/2)^8 = -[(1/3)^9 + 7(1/2)^{10}] \text{ 。}$$

例題 9.17 使用生成函數決定 $S = \{1, 2, 3, \cdots, 15\}$ 有多少個不含連續整數的 4 元素的子集合。

a) 考慮一個此類的子集合 (令其為 $\{1, 3, 7, 10\}$)，且記 $1 \leq 1 < 3 < 7 < 10 < 15$。我們看到這個不等式集合決定 $1 - 1 = 0$，$3 - 1 = 2$，$7 - 3 = 4$，$10 - 7 = 3$，及 $15 - 10 = 5$ 等諸差，且這些差的和為 14。考慮另外一個此類子集合，令其為 $\{2, 5, 11, 15\}$，我們記 $1 \leq 2 < 5 < 11 < 15 \leq 15$；這些不等式產生差 1，3，6，4 及 0，且其和亦為 14。

繞著這些事實轉一轉，我們發現非負整數 0，2，3，2 和 7 之和為 14，且它們分別為來自不等式 $1 \leq 1 < 3 < 6 < 8 \leq 15$ (對子集合 $\{1, 3, 6, 8\}$) 的差。

這幾個例子建議被計數的 4 元素子集合和 $c_1 + c_2 + c_3 + c_4 + c_5 = 14$ 之整數解間的一對一對應，其中 $0 \leq c_1, c_5$，且 $2 \leq c_2, c_3, c_4$。(注意：這裡 $c_2, c_3, c_4 \geq 2$ 保證子集合裡沒有連續的整數。) 答案是

$$f(x) = (1 + x + x^2 + x^3 + \cdots)(x^2 + x^3 + x^4 + \cdots)^3(1 + x + x^2 + x^3 + \cdots)$$
$$= x^6(1-x)^{-5}.$$

裡 x^{14} 的係數，也是 $(1-x)^{-5}$ 中的 x^8 係數，其為 $\binom{-5}{8}(-1)^8 = \binom{5+8-1}{8} = \binom{12}{8} = 495$ 。

b) 這個問題的另一個看法如下：

對子集合 $\{1, 3, 7, 10\}$，我們檢視嚴格不等式 $0 < 1 < 3 < 7 < 10 < 16$ 且考慮有多少個整數嚴格介於這些數的任何兩個連續數之間。這裡我們得 0，1，3，2 和 5；0 是因為沒有整數介於 0 和 1 之間，1 是因為有整數 2 介於 1 和 3 之間，3 是因為有整數，4，5，6 介於 3 和

7 之間，且如此繼續。這五個整數的和為 11。當我們對子集合 {2, 5, 11, 15} 做同樣的事，嚴格不等式 0＜2＜5＜11＜15＜16 產生結果 1，2，5，3 和 0，其和亦為 11。

另一方面，我們發現非負整數 0，1，2，1 及 7 之和為 11，它們分別是 5 個連續嚴格不等式 0＜1＜3＜6＜8＜16 之整數間的相異整數個數。這些對應子集合 {1, 3, 6, 8}。

這些結果建議所渴望的子集合和 $b_1+b_2+b_3+b_4+b_5=11$ 之整數解間的一個一對一對應，其中 $0 \leq b_1$, b_5 及 $1 \leq b_2$, b_3, b_4。(注意：這裡 b_1, b_2, $b_3 \geq 1$ 保證子集合裡沒有連續整數。) 這些解的個數是

$$g(x) = (1+x+x^2+\cdots)(x+x^2+x^3+\cdots)^3(1+x+x^2+\cdots)$$
$$= x^3(1-x)^{-5}.$$

裡 x^{11} 的係數。答案是 $\binom{-5}{8}(-1)^8 = 495$，如上所述。(讀者現在也許願回顧第 3 章補充習題 15。)

下一個例題帶我們回到第 3 章可選擇的教材，那裡我們第一次遇到樣本空間概念。但現在我們已經知道生成函數，我們將可以處理離散但非有限的樣本空間，即一個可數無限[†] 樣本空間。

例題 9.18[‡]

a) 假設 Brianna 參加一個精算考試直到通過為止。更而，假設 Brianna 的任何已給嘗試通過考試的機率是 0.8 且每次嘗試結果，第一次之後，和任何前面嘗試是獨立的。若我們令 P 表 "通過" 且 F 表 "失敗"，對任何已給嘗試，則這裡我們的樣本空間可被表為 $\mathcal{S} = $ {P, FP, FFP, FFFP, $\cdots$}，其中，例如，Pr(FFP) 為 Brianna 在通過考試之前有兩次未通過考試的機率，其被給為 $(0.2)^2(0.8)$。而且，$\mathcal{S}$ 中所有結果的機率和為 $(0.8)+(0.2)(0.8)+(0.2)^2(0.8)+(0.2)^3(0.8)+\cdots = \sum_{i=0}^{\infty}(0.2)^i(0.8) = (0.8)\sum_{i=0}^{\infty}(0.2)^i = (0.8)\left(\frac{1}{1-0.2}\right) = (0.8)\left(\frac{1}{0.8}\right) = 1$，如它所應該是的，因為根據機率的第二個公理 (在 3.5 節)，我們期望 $Pr(\mathcal{S})=1$。[注意由例題 9.5(b) 的結果得 $\sum_{i=0}^{\infty}(0.2)^i = \frac{1}{1-0.2}$。這個幾何級數收斂至 $\frac{1}{1-0.2}$，因為 $|0.2|<1$。]

b) 現在假設我們想知道 Brianna 以一個偶數個嘗試通過考試的機率。亦即，我們想要 $Pr(A)$，其中 A 是事件 {FP, FFFP, $\cdots$}。

此刻讓我們介紹離散隨機變數 Y，其中 Y 計數直到且包含 Brianna 通過考試的那一次之嘗試個數。則 Y 的機率分配被給為 $Pr(Y$

[†] 讀者可由附錄 3 的教材學習更多有關可數無限集合。

[‡] 這個例題使用第 3 章可選擇的章節之教材。它可被跳過而不失一般性。

$=y) = (0.2)^{y-1}(0.8)$，$y \geq 1$。所以 $Pr(A)$ 可被決定如下 $Pr(A) = \sum_{i=1}^{\infty} Pr(Y=2i) = \sum_{i=1}^{\infty} (0.2)^{2i-1}(0.8) = 0.8 \sum_{i=1}^{\infty} (0.2)^{2i-1} = (0.8)[(0.2)+(0.2)^3+(0.2)^5 \cdots] = (0.8)(0.2)[1+(0.2)^2+(0.2)^4+\cdots] = (0.8)(0.2)\frac{1}{1-(0.2)^2} = \frac{(0.8)(0.2)}{0.96} = \frac{1}{6}$。且再次使用例題 9.5(b) 的結果，這次以 $x=(0.2)^2$，其中 $|(0.2)^2| = |0.04| < 1$。

c) 繼續 Y，現在我們將求 $E(Y)$，在 Brianna 通過考試之前她所參加的精算考試次數。欲求 $E(Y)$，我們將以公式 $1/(1-t) = 1+t+t^2+t^3+\cdots$ 開始且向前走一步驟，對等式兩邊取導數，我們發現 (如例題 9.5(c))

$$(-1)(1-t)^{-2}(-1) = \frac{1}{(1-t)^2} = \frac{d}{dt}\left[\frac{1}{1-t}\right] = 1+2t+3t^2+4t^3+\cdots,$$

其中這個級數同樣的收斂† 對 $|t|<1$。因此，

$$E(Y) = \sum_{y=1}^{\infty} y Pr(Y=y) = \sum_{y=1}^{\infty} y(0.2)^{y-1}(0.8)$$
$$= (0.8)\sum_{y=1}^{\infty} y(0.2)^{y-1} = (0.8)[1+2(0.2)+3(0.2)^2+4(0.2)^3+\cdots]$$
$$= (0.8)\frac{1}{(1-0.2)^2} = (0.8)\frac{1}{(0.8)^2} = \frac{1}{0.8} = \frac{5}{4} = 1.25.$$

所以 Brianna 期待在她通過考試之前參加 1.25 次考試。

d) 最後，欲求 $Var(Y)$，我們首先求 $E(Y^2)$。為達如此，我們首先對 (c) 的結果乘上 t 且發現 (如例題 9.5(c))

$$\frac{t}{(1-t)^2} = t+2t^2+3t^3+4t^4+\cdots.$$

對這個等式的兩邊微分得

$$\frac{(1-t)^2(1)-t(2)(1-t)(-1)}{(1-t)^4} = \frac{1+t}{(1-t)^3} = \frac{d}{dt}\left[\frac{t}{(1-t)^2}\right]$$
$$= 1^2+2^2 t+3^2 t^2+4^2 t^3+\cdots,$$

且這個級數亦是收斂† 對 $|t|<1$，所以現在我們有

---

† 使用微積分的比率測試法，吾人發現

$$\lim_{n\to\infty}\left|\frac{(n+1)t^n}{nt^{n-1}}\right| = |t|\lim_{n\to\infty}\frac{n+1}{n} = |t|\lim_{n\to\infty}\left(1+\frac{1}{n}\right) = |t|(1) = |t|.$$

當 $t=\pm 1$，$\lim_{n\to\infty} nt^{n-1} \neq 0$，所以級數對 $t=\pm 1$ 不收斂。因此，這個無限級數對 $|t|<1$ 收斂。

$$E(Y^2) = \sum_{y=1}^{\infty} y^2 Pr(Y = y) = \sum_{y=1}^{\infty} y^2 (0.2)^{y-1}(0.8)$$

$$= (0.8)\sum_{y=1}^{\infty} y^2 (0.2)^{y-1} = (0.8)[1^2 + 2^2(0.2) + 3^2(0.2)^2 + 4^2(0.2)^3 + \cdots]$$

$$= (0.8)\left[\frac{1+0.2}{(1-0.2)^3}\right] = \frac{1.2}{(0.8)^2} = \frac{15}{8}.$$

因此，

$$\text{Var}(Y) = E(Y^2) - [E(Y)]^2 = \frac{15}{8} - \left(\frac{5}{4}\right)^2 = \frac{30-25}{16} = \frac{5}{16}.$$

前一個例題引薦我們一個新的離散隨機變數，即**幾何隨機變數** (geometric random variable)。在這個情況我們執行一個 Bernoulli 試驗直到成功 (第一次)。當以二項式隨機變數時，每次試驗的結果，在第一次之後，和前面任何一次的試驗結果獨立。更而，對每個 Bernoulli 試驗的成功機率是 p，且失敗機率是 $q=1-p$。

若令隨機變數 Y 計數直到我們最後成功的試驗次數，則 Y 是一個離散隨機變數且其機率分配為

$$Pr(Y = y) = q^{y-1}p, \quad y = 1, 2, 3, \ldots.$$

而且，我們發現

$$E(Y) = \frac{1}{p} \text{ 且 } \text{Var}(Y) = \frac{q}{p^2}.$$

下一個例題使用表 9.2 的最後等式。(這個等式稍早在例題 9.14 及 9.15 使用過，但頗隱匿的。)

例題 9.19 令 $f(x)=x/(1-x)^2$。這是數列 a_0, a_1, a_2, $\cdots$ 的生成函數，其中 $a_k=k$ 對所有 $k \in \mathbf{N}$。函數 $g(x)=x(x+1)/(1-x)^3$ 生成數列 b_0, b_1, b_2, $\cdots$，對 $b_k=k^2$, $k \in \mathbf{N}$。

因此，函數 $h(x)=f(x)g(x)$ 給我們 $a_0b_0 + (a_0b_1+a_1b_0)x + (a_0b_2+a_1b_1+a_2b_0)x^2+\cdots$，所以 $h(x)$ 為數列 c_0, c_1, c_2, $\cdots$ 的生成函數，其中對每個 k

---

† 我們再次使用微積分的比率測試法。這裡

$$\lim_{n\to\infty}\left|\frac{(n+1)^2 t^n}{n^2 t^{n-1}}\right| = |t|\lim_{n\to\infty}\frac{(n+1)^2}{n^2} = |t|\lim_{n\to\infty}\left(1+\frac{1}{n}\right)^2 = |t|(1)^2 = |t|.$$

當 $t=\pm 1$, $\lim_{n\to\infty} n^2 t^{n-1} \neq 0$，所以級數對 $t=\pm 1$ 不收斂。因此，這個無限級數對 $|t|<1$ 收斂。

∈ **N**。

$$c_k = a_0 b_k + a_1 b_{k-1} + a_2 b_{k-2} + \cdots + a_{k-2} b_2 + a_{k-1} b_1 + a_k b_0.$$

這裡，例如，我們發現

$$c_0 = 0 \cdot 0^2 = 0$$
$$c_1 = 0 \cdot 1^2 + 1 \cdot 0^2 = 0$$
$$c_2 = 0 \cdot 2^2 + 1 \cdot 1^2 + 2 \cdot 0^2 = 1$$
$$c_3 = 0 \cdot 3^2 + 1 \cdot 2^2 + 2 \cdot 1^2 + 3 \cdot 0^2 = 6$$

且一般來講 $c_k = \sum_{i=0}^{k} i(k-i)^2$。（我們將在本節習題裡簡化這個和公式。）

每當一個數列 $c_0, c_1, c_2, \cdots$ 來自兩個生成函數 $f(x)$ [對 $a_0, a_1, a_2, \cdots$] 及 $g(x)$ [對 $b_0, b_1, b_2, \cdots$]，如本例，數列 $c_0, c_1, c_2, \cdots$ 被稱為數列 $a_0, a_1, a_2, \cdots$ 及 $b_0, b_1, b_2, \cdots$ 的**摺積** (convolution)。

最後一個例題提供另一個數列摺積的例證。

例題 9.20 對 $f(x) = 1/(1-x) = 1 + x + x^2 + x^3 + \cdots$ 及 $g(x) = 1/(1+x) = 1 - x + x^2 - x^3 + \cdots$，我們發現

$$f(x)g(x) = 1/[(1-x)(1+x)] = 1/(1-x^2) = 1 + x^2 + x^4 + x^6 + \cdots.$$

因此，數列 $1, 0, 1, 0, 1, 0, \cdots$ 是數列 $1, 1, 1, 1, 1, 1, \cdots$ 及 $1, -1, 1, -1, 1, -1\cdots$ 的摺積。

習題 9.2

1. 對下列各數列求生成函數。[例如，對數列 $0, 1, 3, 9, 27, \cdots$，所求答案是 $x/(1-3x)$，而非 $\sum_{i=0}^{\infty} 3^i x^{i+1}$ 或簡單的為 $0 + x + 3x^2 + 9x^3 + \cdots$。]
   a) $\binom{8}{0}, \binom{8}{1}, \binom{8}{2}, \ldots, \binom{8}{8}$
   b) $\binom{8}{1}, 2\binom{8}{2}, 3\binom{8}{3}, \ldots, 8\binom{8}{8}$
   c) $1, -1, 1, -1, 1, -1, \ldots$
   d) $0, 0, 0, 6, -6, 6, -6, \ldots$
   e) $1, 0, 1, 0, 1, 0, 1, \ldots$
   f) $0, 0, 1, a, a^2, a^3, \ldots, a \neq 0$

2. 求下列各個生成函數所生成的數列。
   a) $f(x) = (2x - 3)^3$ b) $f(x) = x^4/(1-x)$
   c) $f(x) = x^3/(1-x^2)$ d) $f(x) = 1/(1+3x)$
   e) $f(x) = 1/(3-x)$
   f) $f(x) = 1/(1-x) + 3x^7 - 11$

3. 下面各個函數 $f(x)$ 是數列 $a_0, a_1, a_2, \cdots$ 的生成函數，而數列 $b_0, b_1, b_2, \cdots$ 是由函數 $g(x)$ 所生成的。試以 $f(x)$ 來表 $g(x)$。

a) $b_3 = 3$
$b_n = a_n, n \in \mathbf{N}, n \neq 3$
b) $b_3 = 3$
$b_7 = 7$
$b_n = a_n, n \in \mathbf{N}, n \neq 3, 7$
c) $b_1 = 1$
$b_3 = 3$
$b_n = 2a_n, n \in \mathbf{N}, n \neq 1, 3$
d) $b_1 = 1$
$b_3 = 3$
$b_7 = 7$
$b_n = 2a_n + 5, n \in \mathbf{N}, n \neq 1, 3, 7$

4. 求 $(3x^2 - (2/x))^{15}$ 中的常數項 (即 x^0 的係數)。

5. a) 求 $(1 + x + x^2 + x^3 + \cdots)^{15}$ 中 x^7 的係數。
   b) 求 $(1 + x + x^2 + x^3 + \cdots)^n$ 中 x^7 的係數，$n \in \mathbf{Z}^+$。

6. 求 $(x^7 + x^8 + x^9 + \cdots)^6$ 中 x^{50} 的係數。

7. 求 $(x^2 + x^3 + x^4 + x^5 + x^6)^5$ 中 x^{20} 的係數。

8. 對 $n \in \mathbf{Z}^+$，求 $(1 + x + x^2)(1 + x)^n$ 中的
   (a) x^7 的係數；(b) x^8 的係數；及 (c) x^r 的係數，對 $0 \leq r \leq n+2$，$r \in \mathbf{Z}$。

9. 求下面各式中的 x^{15} 的係數。
   a) $x^3(1-2x)^{10}$
   b) $(x^3 - 5x)/(1-x)^3$
   c) $(1+x)^4/(1-x)^4$

10. 有多少個方法兩打相同的機器人可被指派給 4 個組合線，滿足 (a) 每條線至少被指派 3 個機器人？(b) 每條線被指派至少 3 個，但不超過 9 個機器人？

11. 有多少個方法可將 3000 個相同信封，以 25 個一包，包裝分給 4 個學生群，使得每個學生群至少得 150 個但不超過 1000 個封信？

12. 有兩種汽水，其中一種有 24 瓶且另一種也有 24 瓶，被分配給負責測試味道的 5 位品嘗員。有多少種方法可分配這 48 瓶使得每位品嘗員得 (a) 每種汽水至少兩瓶？(b) 某特別種汽水至少兩瓶且另一種至少 3 瓶？

13. 若一個骰子被擲 12 次，則所擲出的和為 30 的機率為何？

14. Carol 正向她的堂姊妹收錢以便為她的姑媽舉行一個派對。若堂姊妹中的 8 個中每個答應給 $2，$3，$4 或 $5，且另外兩個每人答應給 $5 或 $10，則 Carol 恰收到 $40 的機率為何？

15. 有多少個方法 Traci 可由一個含藍色、紅色及黃色彈珠 (所有均大小相同) 的大庫存中選 n 個彈珠若選法必含偶數個彈珠？

16. Mary 如何將 12 個漢堡及 16 個熱狗分給她的兒子們 Richard，Peter，Christopher 及 James 使得 James 至少得 1 個漢堡和 3 個熱狗，且他的每個兄弟得至少 2 個漢堡但至多 5 條熱狗？

17. 證明 $(1 - x - x^2 - x^3 - x^4 - x^5 - x^6)^{-1}$ 為得到和 n 的方法數之生成函數，其中 $n \in \mathbf{N}$，為一個骰子被擲任意次數所出現的和。

18. 證明 $(1-4x)^{-1/2}$ 生成數列 $\binom{2n}{n}$，$n \in \mathbf{N}$。

19. a) 若某電腦產生 8 的一個隨機合成，則這個合成是一個回文的機率為何？
    b) 若將 (a) 中之 8 改為 n，一個固定的正整數，回答 (a)。

20. a) 有多少個 11 的回文中係以 1 開始？以 2 開始？以 3 開始？以 4 開始？
    b) 有多少個 12 的回文中係以 1 開始？以 2 開始？以 3 開始？以 4 開始？

21. 令 n 為一個 (固定的) 正整數，且 $n \geq 2$。若 $1 \leq t \leq \lfloor n/2 \rfloor$，有多少個 n 的回文以 t 開始？

22. 令 $n \in \mathbf{Z}^+$，n 為奇數，n 的某個回文可有偶數個被加數？

23. 令 $n \in \mathbf{Z}^+$，n 為偶數。有多少個 n 的回文有偶數個被加數？有多少個有奇數個被加數？

24. 求 n 的回文個數，其中所有被加數均為偶數，對 (a) $n = 10$；(b) $n = 12$；及 (c) n 為偶數。

25. Shay 擲一個均勻骰子直到她得到一個 6 點。若隨機變數 Y 計數 Shay 擲骰子直到她得到第一個 6 點為止所擲的次數，求 (a) Y 的機率分配；(b) $E(Y)$；及 (c) σ_Y。

26. 同前題，Shay 擲偶數次數得到她的第一個 6 點的機率為何？

27. Leroy 有一個不公正的硬幣，其中 $Pr(H) = \frac{2}{3}$ 且 $Pr(T) = \frac{1}{3}$。假設每次丟，在第一次之後，和前面任何結果無關，若 Leroy 丟硬幣直到他得到一個 T（反面），則他所丟的次數是奇數的機率為何？

28. 若 Y 是一個幾何隨機變數具 $E(Y) = \frac{7}{3}$，求 (a) $Pr(Y = 3)$；(b) $Pr(Y \geq 3)$；(c) $Pr(Y \geq 5)$；(d) $Pr(Y \geq 5 | Y \geq 3)$；(e) $Pr(Y \geq 6 | Y \geq 4)$；及 (f) σ_Y。

29. 考慮例題 9.17(a)。
    a) 求由 S 的子集合 $\{3, 6, 8, 15\}$ 所得的不等式的所有差，並證明這些差加起來為正確和。
    b) 求決定所有差為 2，2，3，7 及 0 的 S 之子集合。
    c) 求 S 的子集合使其決定差 a，b，c，d 及 e，其中 $0 \leq a$，e，且 $2 \leq b$，c，d。

30. 有多少個方法我們可由 $\{1, 2, 3, \cdots, 50\}$ 中選出 7 個不連續的整數。

31. 使用下面和公式來簡化例題 9.19 中的 c_k 表示式：
$$\sum_{i=0}^{k} i = \sum_{i=1}^{k} i = \frac{k(k+1)}{2},$$
$$\sum_{i=0}^{k} i^2 = \sum_{i=1}^{k} i^2 = \frac{k(k+1)(2k+1)}{6}, \text{ 及}$$
$$\sum_{i=0}^{k} i^3 = \sum_{i=1}^{k} i^3 = \frac{k^2(k+1)^2}{4}.$$

32. a) 求下面各對數列的摺積之前四項 c_0，c_1，c_2 及 c_3。
    i) $a_n = 1$，$b_n = 1$，對所有 $n \in \mathbf{N}$
    ii) $a_n = 1$，$b_n = 2^n$，對所有 $n \in \mathbf{N}$
    iii) $a_0 = a_1 = a_2 = a_3 = 1$；$a_n = 0$，$n \in \mathbf{N}$，$n \neq 0, 1, 2, 3$；$b_n = 1$，對所有 $n \in \mathbf{N}$
    b) 對 (a) 中的每個結果，找一個一般公式給 c_n。

33. 對下面各對數列找一個公式給其摺積。
    a) $a_n = 1$，$0 \leq n \leq 4$，$a_n = 0$，對所有 $n \geq 5$；$b_n = n$，對所有 $n \in \mathbf{N}$
    b) $a_n = (-1)^n$，$b_n = (-1)^n$，對所有 $n \in \mathbf{N}$

9.3 整數的分割

在數論裡，我們曾遇到將一個正整數 n 分割成正被加數並尋找此類分割的個數，不考慮順位。這個數被表為 $p(n)$。例如，

$$p(1) = 1: \quad 1$$
$$p(2) = 2: \quad 2 = 1+1$$
$$p(3) = 3: \quad 3 = 2+1 = 1+1+1$$
$$p(4) = 5: \quad 4 = 3+1 = 2+2 = 2+1+1 = 1+1+1+1$$
$$p(5) = 7: \quad 5 = 4+1 = 3+2 = 3+1+1 = 2+2+1$$
$$= 2+1+1+1 = 1+1+1+1+1$$

我們將對已知 n 求 $p(n)$ 而不列出所有分割。我們需要一個工具來保有被用來做為 n 的被加數之 1，2，…，n 的個數蹤跡。

若 $n \in \mathbf{Z}^+$，我們可使用的 1 的個數是 0 或 1 或 2 或 …。冪級數 $1+x+x^2+x^3+x^4\cdots$ 保存這個計數給我們。同法，$1+x^2+x^4+x^6+\cdots$ 保存在 n 的分割中 2 的個數之蹤跡，而 $1+x^3+x^6+x^9+\cdots$ 計數 3 的個數。因此，欲求 $p(10)$，例如，我們要 $f(x) = (1+x+x^2+x^3+\cdots)(1+x^2+x^4+x^6+\cdots)(1+x^3+x^6+x^9+\cdots)\cdots(1+x^{10}+x^{20}+\cdots)$ 或在 $g(x) = (1+x+x^2+x^3+\cdots+x^{10})(1+x^2+x^4+\cdots+x^{10})(1+x^3+x^6+x^9)\cdots(1+x^{10})$ 中 x^{10} 的係數。

我們喜歡以 $f(x)$ 工作，因為它可被寫為更緊緻型

$$f(x) = \frac{1}{(1-x)} \frac{1}{(1-x^2)} \frac{1}{(1-x^3)} \cdots \frac{1}{(1-x^{10})} = \prod_{i=1}^{10} \frac{1}{(1-x^i)}.$$

若這個積被擴大超過 $i=10$，我們得 $P(x) = \prod_{i=1}^{\infty}[1/(1-x^i)]$，其生產數列 $p(0)$，$p(1)$，$p(2)$，$p(3)$，…，其中我們定義 $P(0)=1$。

不幸地，不可能來真正計算乘積 $P(x)$ 中所有無限多項。若我們僅考慮 $\prod_{i=1}^{r}[1/(1-x^i)]$ 對某些固定的 r，則 x^n 的係數為將 n 分割成被加數的分割個數，其中所有被加數不超過 r。

不管由 $P(x)$ 計算 $p(n)$ 的困難對大的 n 值，生成函數的概念在研究某種分割上是有用的。

例題 9.21 求某廣告代理商可購買 n 分鐘 ($n \in \mathbf{Z}^+$) 空中廣告時間的方法數之生成函數，若廣告的時間是以 30，60 或 120 秒的區段方式進行。

令 30 秒表一個時間單位，則答案是方程式 $a+2b+4c=2n$ 的整數解個數，其中 $0 \leq a, b, c$。

所結合的生成函數是

$$f(x) = (1+x+x^2+\cdots)(1+x^2+x^4+\cdots)(1+x^4+x^8+\cdots)$$
$$= \frac{1}{1-x} \frac{1}{1-x^2} \frac{1}{1-x^4},$$

且 x^{2n} 的係數是將 $2n$ 分成幾個 1、幾個 2 及幾個 4 的分割數，且為本例題

之答案。

> 求 $p_d(n)$ 為將正整數 n 分割成相異被加數的分割數。
> 在我們開始解答之前，讓我們考慮 6 的 11 個分割：
>
> 1) $1+1+1+1+1+1$ 2) $1+1+1+1+2$
> 3) $1+1+1+3$ 4) $1+1+4$
> 5) $1+1+2+2$ 6) $1+5$
> 7) $1+2+3$ 8) $2+2+2$
> 9) $2+4$ 10) $3+3$
> 11) 6
>
> 分割 (6)，(7)，(9) 及 (11) 具有相異的被加數，所以 $p_d(6)=4$。
>
> 在計算 $p_d(n)$ 上，對每個 $k \in \mathbf{Z}^+$ 有兩種選法：不是 k 不是 n 的一個被加數，就是 k 是 n 的一個被加數。這個可由多項式 $1+x^k$ 來說明，且因此，這些分割的生成函數是
>
> $$P_d(x) = (1+x)(1+x^2)(1+x^3)\cdots = \prod_{i=1}^{\infty}(1+x^i).$$
>
> 對每個 $n \in \mathbf{Z}^+$，$p_d(n)$ 是 $(1+x)(1+x^2)+\cdots(1+x^n)$ 中 x^n 的係數。[我們定義 $p_d(0)=1$。] 當 $n=6$，$(1+x)(1+x^2)\cdots(1+x^6)$ 中 x^6 的係數是 4。

例題 9.22

> 考慮例題 9.22 中的所有分割，我們看到有四個分割時將 6 分割成奇被加數之和：即 (1)，(3)，(6) 及 (10)。我們亦有 $p_d(6)=4$。這是巧合嗎？
>
> 令 $p_o(n)$ 為將 n 分割成奇被加數的分割數，當 $n \geq 1$ 我們定義 $p_o(0)=1$。對數列 $p_o(0)$，$p_o(1)$，$p_o(2)$，$\cdots$ 的生成函數被給為
>
> $$\begin{aligned} P_o(x) &= (1+x+x^2+x^3+\cdots)(1+x^3+x^6+\cdots)(1+x^5+x^{10}+\cdots) \cdot \\ & \quad (1+x^7+\cdots)\cdots \\ &= \frac{1}{1-x}\frac{1}{1-x^3}\frac{1}{1-x^5}\frac{1}{1-x^7}\cdots. \end{aligned}$$

例題 9.23

因

$$1+x = \frac{1-x^2}{1-x}, \qquad 1+x^2 = \frac{1-x^4}{1-x^2}, \qquad 1+x^3 = \frac{1-x^6}{1-x^3}, \qquad \ldots,$$

我們有

$$P_d(x) = (1+x)(1+x^2)(1+x^3)(1+x^4)\cdots$$
$$= \frac{1-x^2}{1-x}\frac{1-x^4}{1-x^2}\frac{1-x^6}{1-x^3}\frac{1-x^8}{1-x^4}\cdots$$
$$= \frac{1}{1-x}\frac{1}{1-x^3}\cdots = P_o(x).$$

由生成函數的相等，$p_d(n)=p_o(n)$，對所有 $n \geq 0$。

例題 9.24　我們將再次僅允許奇被加數，但本例中的每個此類 (奇) 被加數必發生奇數次，或根本不發生。這裡，例如，整數 1 有一個這樣的分割，即 1，但整數 2 沒有這樣的分割。對整數 3 我們有兩個這樣的分割：3 及 1＋1＋1。當我們檢視 4 的可能性時，我們發現一個分割 3＋1。

對這裡所描述的分割之生成函數為

$$f(x) = (1+x+x^3+x^5+\cdots)(1+x^3+x^9+x^{15}+\cdots)(1+x^5+x^{15}+x^{25}+\cdots)\cdots$$
$$= \prod_{k=0}^{\infty}\left(1 + \sum_{i=0}^{\infty} x^{(2k+1)(2i+1)}\right).$$

生成函數不是為

$$(x+x^3+x^5+\cdots)(x^3+x^9+x^{15}+\cdots)(x^5+x^{15}+x^{25}+\cdots)\cdots \quad (*)$$

若是的話，則乘積不能包含任何含 x 出現有限冪次方的項。方程式 (*) 所給的情形將發生若我們相信每個奇正整數必至少出現一次做為一個被加數。且此類"分割"將使被加數的個數及和變為無限。因此，不管它是否被提到，我們必須瞭解並不是每個被加數定要出現，且由 (第一個) 被加數，$1=x^0$，來說明，其出現在 $f(x)$ 的每一個因式裡。事實上，除了有限個奇被加數外，所有的奇被加數均是如此。當然，當一個奇被加數出現在一個分割裡，它出現奇數次。

我們以所謂的 **Ferrers 圖** (Ferrers graph) 來結束本節。這個圖使用點列來表示一個整數的分割，其中當我們由任一列往下走時，每列的點數將不增加。

在圖 9.2 裡，我們發 14 的兩個分割：(a) 4＋3＋3＋2＋1＋1 及 (b) 6＋4＋3＋1 的 Ferres 圖。(b) 中之圖被稱為 (a) 圖的**轉置** (transposition)，且 (a) 圖亦被稱為 (b) 圖的轉置，因為其中的一圖可由另一圖的行列互換而得。

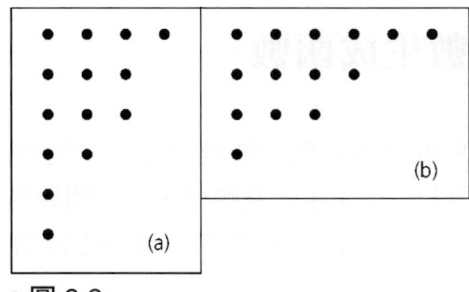

◉ 圖 9.2

這些圖經常建議一些關於分割的結果。這裡我們有看到將 14 分割成被加數之和的一個分割，其中 4 是最大的被加數，及將 14 恰分割成四個被加數的第二個分割。Ferrers 圖和其轉置間有一個一對一對應，所以這個例子說明一般結果中的一個特別情形，一般結果為：將整數 n 分割成 m 個被加數的分割個數等於將 n 分割成被加數之和的分割個數，其中 m 是最大被加數。

習題 9.3

1. 求 7 的所有分割。

2. 求數列 $a_0, a_1, a_2, \cdots$ 的生成函數，其中 a_n 將非負整數 n 分割成 (a) 偶被加數；(b) 相異偶被加數及 (c) 相異奇被加數的分割個數。

3. 在 $f(x) = [1/(1-x)][1/(1-x^2)][1/(1-x^3)]$ 中 x^6 的係數是 7，試以 6 的分割來解釋這個結果。

4. 求生成函數給

    a) $2w + 3x + 5y + 7z = n, 0 \le w, x, y, z$

    b) $2w + 3x + 5y + 7z = n, 0 \le w, 4 \le x, y, 5 \le z$

    之整數解個數。

5. 求生成函數給將非負整數 n 分割成被加數的分割個數，其中 (a) 每個被加數必出現偶數次；及 (b) 每個被加數必為偶數。

6. 將 $n \in \mathbf{N}$ 分割成被加數的分割個數之生成函數是什麼，其中 (a) 每個被加數出現不超過五次；及 (b) 每個被加數不超過 12 且出現不超過五次。

7. 證明無被加數出現超過兩次的正整數 n 之分割個數等於無被加數被 3 整除的 n 之分割個數。

8. 證明無被加數可被 4 整除的 $n \in \mathbf{Z}^+$ 之分割個數等於無偶被加數重複出現 (雖然奇被加數有重複或不重複) 的分 n 之分割個數。

9. 使用 Ferrers 圖，證明將整數 n 分割成被加數的分割個數，其中每個被加數不超過 m，等於將 n 分割成至多 m 個被加數的分割個數。

10. 使用 Ferrers 圖，證明 n 的分割個數等於 $2n$ 分割成 n 個被加數的分割個數。

9.4 指數生成函數

目前我們已處理的生成函數型態經常是尋常的生成函數給一已知數列。這個函數在選擇問題中產生，其順序是沒有關聯的。然而，現轉向排列問題，其順位是有決定性的，我們找一個可比較的工具。欲求此一工具，我們回到二項式定理。

對每個 $n \in \mathbf{Z}^+$，$(1+x)^n = \binom{n}{0} + \binom{n}{1}x + \binom{n}{2}x^2 + \cdots + \binom{n}{n}x^n$，所以 $(1+x)^n$ 是 (尋常的) 生成函數給數列 $\binom{n}{0}, \binom{n}{1}, \binom{n}{2}, \ldots, \binom{n}{n}, 0, 0, \ldots$。當我們在第 1 章處理這個概念時，我們亦寫 $\binom{n}{r} = C(n, r)$ 來強調 $\binom{n}{r}$ 表 n 個物體中一次取 r 個的組合個數，其中 $0 \le r \le n$。因此，$(1+x)^n$ 生成數列 $C(n, 0)$，$C(n, 1)$，$C(n, 2)$，$\cdots$，$C(n, n)$，0，0，$\cdots$。

現在對所有 $0 \le r \le n$，

$$C(n, r) = \frac{n!}{r!(n-r)!} = \left(\frac{1}{r!}\right) P(n, r),$$

其中 $P(n, r)$ 表 n 個物體中一次取 r 個的排列個數。所以

$$(1+x)^n = C(n, 0) + C(n, 1)x + C(n, 2)x^2 + C(n, 3)x^3 + \cdots + C(n, n)x^n$$
$$= P(n, 0) + P(n, 1)x + P(n, 2)\frac{x^2}{2!} + P(n, 3)\frac{x^3}{3!} + \cdots + P(n, n)\frac{x^n}{n!}.$$

因此，若在 $(1+x)^n$ 中我們考慮 $x^r/r!$ 的係數，且 $0 \le r \le n$，得 $P(n, r)$。基於這個觀察，我們有下面定義。

定義 9.2 給實數數列 a_0，a_1，a_2，a_3，$\cdots$，

$$f(x) = a_0 + a_1 x + a_2 \frac{x^2}{2!} + a_3 \frac{x^3}{3!} + \cdots = \sum_{i=0}^{\infty} a_i \frac{x^i}{i!},$$

被稱為所給數列的**指數生成函數** (exponential generating function)。

例題 9.25 檢視 e^x 的 Maclaurin 級數，我們發現

$$e^x = 1 + x + \frac{x^2}{2!} + \frac{x^3}{3!} + \frac{x^4}{4!} + \cdots = \sum_{i=0}^{\infty} \frac{x^i}{i!},$$

所以 e^x 是數列 1，1，1，$\cdots$ 的指數生成函數。(函數 e^x 是數列 1，1，$1/2!$，$1/3!$，$1/4!$，) 的尋常生成函數。

下一個例題將說明這個概念如何來幫助我們計數某種型態的排列。

例題 9.26 有多少種方法可由 ENGINE 中取 4 個字母出來排列？

在表 9.4 中，我們列出由字母 E，N，G，I，N，E 中取出大小為 4 的可能選法，及所取的 4 個字母所決定的排列數。

我們現在利用一個指數生成函數來得這個答案。對字母 E，我們使用 $[1+x+(x^2/2!)]$，因為有 0 個、1 個或 2 個 E 要被排列。注意 $x^2/2!$ 的係數是 1，是 (僅) 排列兩個 E 的不同方法數。同法，我們有 $[1+x+(x^2/2!)]$ 給 0 個、1 個或 2 個 N 的排列。G 和 I 的各個排列被表為 $(1+x)$。

○ 表 9.4

E E N N	4!/(2! 2!)	E G N N	4!/2!
E E G N	4!/2!	E I N N	4!/2!
E E I N	4!/2!	G I N N	4!/2!
E E G I	4!/2!	E I G N	4!

因此，我們發現這裡的指數生成函數是

$$f(x) = [1+x+(x^2/2!)]^2(1+x)^2,$$

且我們要求所求答案是 $f(x)$ 中 $x^4/4!$ 的係數。

為了刺激我們的要求，讓我們考慮 $x^4/4!$ 出現在

$$f(x) = [1+x+(x^2/2!)][1+x+(x^2/2!)](1+x)(1+x).$$

展開式中的八個方法中的兩個。

1) 由乘積 $(x^2/2!)(x^2/2!)(1)(1)$，其中 $(x^2/2!)$ 是取自前兩個因式中的每一個 (即 $[1+x+(x^2/2!)]$) 及 1 取自最後兩個因式中的每一個 [即 $(1+x)$]。則 $(x^2/2!)(x^2/2!)(1)(1) = x^4/(2!\ 2!) = (4!/2!\ 2!) \cdot (x^4/4!)$，且 $x^4/4!$ 的係數 $4!/(2!\ 2!)$——為我們可排列四個字母 E，E，N，N 的方法數。

2) 由乘積 $(x^2/2!)(1)(x)(x)$，其中 $(x^2/2!)$ 是取自第一個因式 (即 $[1+x+(x^2/2!)]$)，1 是取自第二個因式 (亦是 $[1+x+(x^2/2!)]$)，且 x 是取自最後兩個因式中的每一個 [即 $(1+x)$]。這裡 $(x^2/2!)(1)(x)(x) = x^4/2! = (4!/2!)(x^4/4!)$，所以 $x^4/4!$ 的係數是 $4!/2!$——E，E，G，I 四個字母可被排列的方法數。

在 $f(x)$ 的完全展開式中，含 x^4 (因此 $x^4/4!$) 的項是

$$\left(\frac{x^4}{2!\,2!} + \frac{x^4}{2!} + \frac{x^4}{2!} + \frac{x^4}{2!} + \frac{x^4}{2!} + \frac{x^4}{2!} + \frac{x^4}{2!} + x^4 \right)$$

$$= \left[\binom{4!}{2!\,2!} + \binom{4!}{2!} + \binom{4!}{2!} + \binom{4!}{2!} + \binom{4!}{2!} + \binom{4!}{2!} + \binom{4!}{2!} + 4!\right]\left(\frac{x^4}{4!}\right),$$

其中 $x^4/4!$ 的係數是由表中八個結果所產生的答案 (102 個排列)。

例題 9.27 考慮 e^x 和 e^{-x} 的 Maclaurin 級數展開式。

$$e^x = 1 + x + \frac{x^2}{2!} + \frac{x^3}{3!} + \frac{x^4}{4!} + \cdots \qquad e^{-x} = 1 - x + \frac{x^2}{2!} - \frac{x^3}{3!} + \frac{x^4}{4!} - \cdots$$

將這兩個級數相加,我們發現

$$e^x + e^{-x} = 2\left(1 + \frac{x^2}{2!} + \frac{x^4}{4!} + \cdots\right),$$

或

$$\frac{e^x + e^{-x}}{2} = 1 + \frac{x^2}{2!} + \frac{x^4}{4!} + \cdots.$$

由 e^x 減去 e^{-x} 得

$$\frac{e^x - e^{-x}}{2} = x + \frac{x^3}{3!} + \frac{x^5}{5!} + \cdots.$$

這些結果有助我們於下面例題。

例題 9.28 船上帶有 48 面旗,其中紅、白、藍及黑各色旗各有 12 面。這些旗子中的 12 面被掛在垂直的旗杆上用來傳遞訊號給其它船隻。

a) 這些訊號中有多少個使用偶數個藍色旗及奇數個黑色旗?
指數生成函數

$$f(x) = \left(1 + x + \frac{x^2}{2!} + \frac{x^3}{3!} + \cdots\right)^2 \left(1 + \frac{x^2}{2!} + \frac{x^4}{4!} + \cdots\right)\left(x + \frac{x^3}{3!} + \frac{x^5}{5!} + \cdots\right)$$

考慮由 n 面旗所組成的所有此類訊號,其中 $n \geq 1$。$f(x)$ 中的最後兩個因式分別限制訊號為偶數個藍旗及奇數個黑旗。
因為

$$f(x) = (e^x)^2 \left(\frac{e^x + e^{-x}}{2}\right)\left(\frac{e^x - e^{-x}}{2}\right) = \left(\frac{1}{4}\right)(e^{2x})(e^{2x} - e^{-2x}) = \frac{1}{4}(e^{4x} - 1)$$

$$= \frac{1}{4}\left(\sum_{i=0}^{\infty} \frac{(4x)^i}{i!} - 1\right) = \left(\frac{1}{4}\right)\sum_{i=1}^{\infty} \frac{(4x)^i}{i!},$$

$f(x)$ 中 $x^{12}/12!$ 的係數產生 $(1/4)(4^{12}) = 4^{11}$ 個由 12 面旗所組成的訊號，其中含偶數個藍旗及奇數個黑旗。

b) 這些訊號中有多少個至少有 3 面白旗或根本沒有白旗？這個情況我們使用指數生成函數

$$g(x) = \left(1 + x + \frac{x^2}{2!} + \frac{x^3}{3!} + \cdots\right)\left(1 + \frac{x^3}{3!} + \frac{x^4}{4!} + \cdots\right)\left(1 + x + \frac{x^2}{2!} + \frac{x^3}{3!} + \cdots\right)^2$$

$$= e^x\left(e^x - x - \frac{x^2}{2!}\right)(e^x)^2 = e^{3x}\left(e^x - x - \frac{x^2}{2!}\right) = e^{4x} - xe^{3x} - \left(\frac{1}{2}\right)x^2 e^{3x}$$

$$= \sum_{i=0}^{\infty} \frac{(4x)^i}{i!} - x\sum_{i=0}^{\infty} \frac{(3x)^i}{i!} - \left(\frac{x^2}{2}\right)\left(\sum_{i=0}^{\infty} \frac{(3x)^i}{i!}\right).$$

$g(x)$ 中的因式 $(1 + \frac{x^3}{3!} + \frac{x^4}{4!} + \cdots) = e^x - x - \frac{x^2}{2!}$ 限制訊號為含 12 面白旗中的 3 面或更多面，或根本無白旗。這裡所找的訊號個數為 $g(x)$ 中 $x^{12}/12!$ 的係數。當我們考慮每個被加數 (含一個無限和) 時，我們發現

i) $\sum_{i=0}^{\infty} \frac{(4x)^i}{i!}$，其中我們有 $\frac{(4x)^{12}}{12!} = 4^{12}\left(\frac{x^{12}}{12!}\right)$ 項，所以 $x^{12}/12!$ 的係數是 4^{12}。

ii) $x\left(\sum_{i=0}^{\infty} \frac{(3x)^i}{i!}\right)$，我們看出欲得 $x^{12}/12!$，我們須考慮 $x[(3x)^{11}/11!] = 3^{11}(x^{12}/11!) = (12)(3^{11})(x^{12}/12!)$，且 $x^{12}/12!$ 的係數是 $(12)(3^{11})$；且

iii) $(x^2/2)\left(\sum_{i=0}^{\infty} \frac{(3x)^i}{i!}\right)$，對這個最後被加數，我們觀察 $(x^2/2)[(3x)^{10}/10!] = (1/2)(3^{10})(x^{12}/10!) = (1/2)(12)(11)(3^{10})(x^{12}/12!)$，其中 $x^{12}/12!$ 的係數這次是 $(1/2)(12)(11)(3^{10})$。

因此，12 面旗訊號，其中至少 3 面白旗或根本無白旗的個數是

$$4^{12} - 12(3^{11}) - (1/2)(12)(11)(3^{10}) = 10,754,218.$$

最後一個例題是過去結果的回憶。

例題 9.29 某公司雇用 11 位新雇員，每位新雇員將被指派到 4 個小單位中的一個單位。每個小單位將至少有一個新雇員。有多少種方法可完成這些指

派？

稱小單位為 A，B，C 及 D，我們可等價的計數 11 個字母數列的個數，其中字母 A，B，C 及 D 中的每一個均至少出現一次。對這些排列的指數生成函數為

$$f(x) = \left(x + \frac{x^2}{2!} + \frac{x^3}{3!} + \frac{x^4}{4!} + \cdots\right)^4 = (e^x - 1)^4 = e^{4x} - 4e^{3x} + 6e^{2x} - 4e^x + 1.$$

則答案為 $f(x)$ 中 $x^{11}/11!$ 的係數：

$$4^{11} - 4(3^{11}) + 6(2^{11}) - 4(1^{11}) = \sum_{i=0}^{4} (-1)^i \binom{4}{i}(4-i)^{11}.$$

這樣的答案將帶我們回憶第 5 章中的一些枚舉問題。一旦把語彙擺一邊，我們是正在計數映成函數 $g: X \to Y$ 的個數，其中 $|X| = 11$，$|Y| = 4$。

習題 9.4

1. 求下面各數列的指數生成函數。
   a) $1, -1, 1, -1, 1, -1, \ldots$
   b) $1, 2, 2^2, 2^3, 2^4, \ldots$
   c) $1, -a, a^2, -a^3, a^4, \ldots,\quad a \in \mathbf{R}$
   d) $1, a^2, a^4, a^6, \ldots,\quad a \in \mathbf{R}$
   e) $a, a^3, a^5, a^7, \ldots,\quad a \in \mathbf{R}$
   f) $0, 1, 2(2), 3(2^2), 4(2^3), \ldots$

2. 求由下面各指數生成函數所生成的數列。
   a) $f(x) = 3e^{3x}$
   b) $f(x) = 6e^{5x} - 3e^{2x}$
   c) $f(x) = e^x + x^2$
   d) $f(x) = e^{2x} - 3x^3 + 5x^2 + 7x$
   e) $f(x) = 1/(1-x)$
   f) $f(x) = 3/(1-2x) + e^x$

3. 在下面各小題裡，函數 $f(x)$ 是數列 $a_0, a_1, a_2, \ldots$ 的指數生成函數，而函數 $g(x)$ 是數列 $b_0, b_1, b_2, \ldots$ 的指數生成函數。試以 $f(x)$ 來表示 $g(x)$ 若

   a) $b_3 = 3$
      $b_n = a_n, n \in \mathbf{N}, n \neq 3$
   b) $a_n = 5^n, n \in \mathbf{N}$
      $b_3 = -1$
      $b_n = a_n, n \in \mathbf{N}, n \neq 3$
   c) $b_1 = 2$
      $b_2 = 4$
      $b_n = 2a_n, n \in \mathbf{N}, n \neq 1, 2$
   d) $b_1 = 2$
      $b_2 = 4$
      $b_3 = 8$
      $b_n = 2a_n + 3, n \in \mathbf{N}, n \neq 1, 2, 3$

4. a) 對例題 9.28 的船，有多少個訊號使用各種顏色至少一面旗呢？（以指數生成函數來解這個。）
   b) 以映成函數的概念改述 (a)。
   c) 例題 9.28 中有多少個訊號，其中藍色旗子的總數和黑色旗子一樣多。

5. 求指數生成函數給數列 $0!, 1!, 2!, 3!, \ldots$。

6. a) 找指數生成函數給排列 n 個字母的方法數，$n \geq 0$，其中 n 個字母是從下面各個字中選出。

i) HAWAII
   ii) MISSISSIPPI
   iii) ISOMORPHISM
   b) 對 (a) 中之 (ii)，其指數生成函數是什麼若其排列必至少含兩個 I？

7. 若例題 9.29 中的公司雇用 25 位新雇員。找指數生成函數給指派這些人到 4 個小單位的方法數使得每個小單位至少得 3 位，但至多不超過 10 位新人。

8. 數列 $a_0, a_1, a_2, \cdots$ 及 $b_0, b_1, b_2, \cdots$ 分別具有指數生成函數 $f(x), g(x)$，證明若 $h(x)=f(x)g(x)$，則 $h(x)$ 是數列 $c_0, c_1, c_2, \cdots$ 的指數生成函數，其中 $c_n = \sum_{i=0}^{n} \binom{n}{i} a_i b_{n-i}$，對每個 $n \geq 0$。

9. 若某個 20 個數字的三進位元 (0, 1, 2) 數列被隨機產生，則求下面各題的機率：(a) 有偶數個 1？(b) 有偶數個 1 且有偶數個 2？(c) 有奇數個 0？(d) 0 和 1 的總個數為奇數？(e) 0 和 1 的總個數為偶數？

10. 有多少個 20 個數字的四進位元 (0, 1, 2, 3) 數列，其中 (a) 至少有一個 2 及奇數個 0？(b) 沒有一個數字恰出現兩次？(c) 沒有一個數字恰出現三次？(d) 恰有兩個 3 或根本沒有？

9.5 求和算子

本末節介紹一個技巧來助我們由數列 $a_0, a_1, a_2, \cdots$ 的 (尋常) 生成函數走向數列 $a_0, a_0+a_1, a_0+a_1+a_2, \cdots$ 的生成函數。

對 $f(x) = a_0 + a_1 x + a_2 x^2 + a_3 x^3 + \cdots$，考慮函數 $f(x)/(1-x)$。

$$\frac{f(x)}{1-x} = f(x) \cdot \frac{1}{1-x} = [a_0 + a_1 x + a_2 x^2 + a_3 x^3 + \cdots][1 + x + x^2 + x^3 + \cdots]$$
$$= a_0 + (a_0 + a_1)x + (a_0 + a_1 + a_2)x^2 + (a_0 + a_1 + a_2 + a_3)x^3 + \cdots,$$

所以 $f(x)/(1-x)$ 生成數列 $a_0, a_0+a_1, a_0+a_1+a_2, a_0+a_1+a_2+a_3, \cdots$。這是為何我們說 $1/(1-x)$ 為**求和算子** (summation operator) 的原因。更而，我們看出數列 $a_0, a_0+a_1, a_0+a_1+a_2, a_0+a_1+a_2+a_3, \cdots$，為數列 $a_0, a_1, a_2, \cdots$ 及數列 $b_0, b_1, b_2, \cdots$ 的摺積，其中 $b_n = 1$ 對所 $n \in \mathbf{N}$。

我們就近發現這個技巧於下面例題裡。

例題 9.30

a) 由例題 9.5(b) 得知 $1/(1-x)$ 是數列 $1, 1, 1, \cdots$ 的生成函數。因此，應用求和算子，$1/(1-x)$，我們看出 $(1/(1-x))(1/(1-x))$ 為數列 $1, 1+1, 1+1+1, \cdots$ 的生成函數，亦即 $1/(1-x)^2$ 為數列 $1, 2, 3, \cdots$ 的生成函數，如我們在例題 9.5(c) 所發現的。

b) 現在讓我們以多項式 $x+x^2$，即數列 $0, 1, 1, 0, 0, 0, \cdots$ 的生成函

數開始。應用求和算子，我們有 $(x+x^2)(1/(1-x)) = (x+x^2)/(1-x)$，為數列 $0, 0+1, 0+1+1, 0+1+1+0, \cdots$ ——亦即數列 $0, 1, 2, 2, \cdots$ 的生成函數。求和算子的第二個應用告訴我們 $(x+x^2)/(1-x)^2$ 為數列 $0, 0+1, 0+1+2, 0+1+2+2, \cdots$ ——亦即數列 $0, 1, 3, 5, \cdots$ 的生成函數。求和算子的最後一個應用告訴我們 $(x+x^2)/(1-x)^3$ 為數列 $0, 0+1, 0+1+3, 0+1+3+5, \cdots$ ——亦即數列 $0, 1, 4, 9, \cdots$ 的生成函數。這個建議，對 $n \geq 1$, $\sum_{k=1}^{n}(2k-1) = n^2$。欲證明這個建議，我們看看 $(x+x^2)/(1-x)^3 = x(1-x)^{-3} + x^2(1-x)^{-3}$ 中 x^n 的係數。$(1-x)^{-3}$ 中 x^{n-1} 的係數 [即 $x(1-x)^{-3}$ 中 x^n 的係數] 是

$$\binom{-3}{n-1}(-1)^{n-1} = (-1)^{n-1}\binom{3+(n-1)-1}{n-1}(-1)^{n-1} = \binom{n+1}{n-1} = \frac{1}{2}(n+1)(n).$$

$(1-x)^{-3}$ 中 x^{n-2} 的係數 [即 $x^2(1-x)^{-3}$ 中 x^n 的係數] 是 $\binom{-3}{n-2}(-1)^{n-2} = (-1)^{n-2}\binom{3+(n-2)-1}{n-2}(-1)^{n-2} = \binom{n}{n-2} = \frac{1}{2}(n)(n-1)$。因此，對 $n \geq 1$, $\sum_{k=1}^{n}(2k-1) = (x+x^2)/(1-x)^3$ 中 x^n 的係數 $= \frac{1}{2}(n+1)(n) + \frac{1}{2}(n)(n-1) = \frac{1}{2}(n)[(n+1)+(n-1)] = n^2$，如我們早先在例題 4.7 所學的，使用數學歸納法原理。

最後一個例題提供我們一個方法來導一些我們在早先幾章所遇到的求和公式。

例題 9.31 找一公式來將 $0^2 + 1^2 + 2^2 + \cdots + n^2$ 表為 n 的函數。

如在 9.2 節，我們以 $g(x) = 1/(1-x) = 1 + x + x^2 + \cdots$，則

$$(-1)(1-x)^{-2}(-1) = \frac{1}{(1-x)^2} = \frac{dg(x)}{dx} = 1 + 2x + 3x^2 + 4x^3 + \cdots,$$

所以 $x/(1-x)^2$ 為 $0, 1, 2, 3, 4, \cdots$ 的生成函數。重複這個技巧，我們發現

$$x\frac{d}{dx}\left[x\left(\frac{dg(x)}{dx}\right)\right] = \frac{x(1+x)}{(1-x)^3} = x + 2^2 x^2 + 3^2 x^3 + \cdots,$$

所以 $x(1+x)/(1-x)^3$ 生成 $0^2, 1^2, 2^2, 3^2, \cdots$，如我們早先對於求和算子所觀察的結果，我們發現

$$\frac{x(1+x)}{(1-x)^3} \frac{1}{(1-x)} = \frac{x(1+x)}{(1-x)^4}$$

為 0^2，0^2+1^2，$0^2+1^2+2^2$，$0^2+1^2+2^2+3^2$，$\cdots$ 的生成函數。因此 $[x(1+x)]/(1-x)^4$ 中 x^n 的係數是 $\sum_{i=0}^{n} i^2$。但 $[x(1+x)]/(1-x)^4$ 中 x^n 的係數亦可被計算如下：

$$\frac{x(1+x)}{(1-x)^4} = (x+x^2)(1-x)^{-4} = (x+x^2)\left[\binom{-4}{0} + \binom{-4}{1}(-x) + \binom{-4}{2}(-x)^2 + \cdots\right],$$

所以 x^n 的係數是

$$\binom{-4}{n-1}(-1)^{n-1} + \binom{-4}{n-2}(-1)^{n-2}$$

$$= (-1)^{n-1}\binom{4+(n-1)-1}{n-1}(-1)^{n-1} + (-1)^{n-2}\binom{4+(n-2)-1}{n-2}(-1)^{n-2}$$

$$= \binom{n+2}{n-1} + \binom{n+1}{n-2} = \frac{(n+2)!}{3!(n-1)!} + \frac{(n+1)!}{3!(n-2)!}$$

$$= \frac{1}{6}[(n+2)(n+1)(n) + (n+1)(n)(n-1)]$$

$$= \frac{1}{6}(n)(n+1)[(n+2) + (n-1)] = \frac{n(n+1)(2n+1)}{6}.$$

習題 9.5

1. 求數列 (a) 1，2，3，3，3，$\cdots$；(b) 1，2，3，4，4，4，$\cdots$；(c) 1，4，7，10，13，$\cdots$ 的生成函數。

2. a) 求生成函數給數列 (i) 0，1，0，0，0，$\cdots$；(ii) 0，1，1，1，1，$\cdots$；(iii) 0，1，2，3，4，$\cdots$；(iv) 0，1，3，6，10，$\cdots$；。

   b) 使用 (a) 之 (iv) 的結果來求一公式給 $\sum_{k=1}^{n} k$。

3. 繼續例題 9.31 所發展的概念並導公式 $\sum_{i=0}^{n} i^3 = [n(n+1)/2]^2$。

4. 若 $f(x) = \sum_{n=0}^{\infty} a_n x^n$，則數列 a_0，a_0+a_1，a_1+a_2，a_2+a_3，$\cdots$ 的生成函數是什麼？數列 a_0，a_0+a_1，$a_0+a_1+a_2$，$a_1+a_2+a_3$，$a_2+a_3+a_4$，$\cdots$ 的生成函數是什麼？數列 $\frac{a_0}{4}$，$\frac{a_0}{2}+\frac{a_1}{4}$，$\frac{a_0}{1}+\frac{a_1}{2}+\frac{a_2}{4}$，$\frac{a_1}{1}+\frac{a_2}{2}+\frac{a_3}{4}$，$\cdots$ 的生成函數是什麼？

5. 令 $f(x)$ 為數列 a_0，a_1，a_2，$\cdots$ 的生成函數，則 $(1-x)f(x)$ 是什麼樣的數列之生成函數？

6. 令 $f(x) = \sum_{i=0}^{\infty} a_i x^i$ 具 $f(1) = \sum_{i=0}^{\infty} a_i$，為一有限數。證明商 $[f(x)-f(1)]/(x-1)$ 為數列 s_0，s_1，s_2，$\cdots$ 的生成函數，其中 $s_n = \sum_{i=n+1}^{\infty} a_i$，$n \in \mathbf{N}$。

7. 求數列 a_0，a_1，a_2，$\cdots$ 的生成函數，其中 $\sum_{i=0}^{\infty}(1/i!)$，$n \in \mathbf{N}$。

8. a) 求數列 0，1，3，6，10，15，$\cdots$ 的生成函數 (其中 1，3，6，10，15，$\cdots$

為例題 4.5 的三角形數)。

b) 對 $n \in \mathbf{Z}^+$，求一公式給前 n 個三角形數的和。

9.6 總結及歷史回顧

在 13 世紀初期，義大利數學家 Leonardo of Pisa (c.1175-1250) 在他的 *Liber Abaci* 著作裡，將印度、阿拉伯數字記號及算術演算法引薦至歐洲世界。在他的書裡，他亦開始研究數列 0，1，1，2，3，5，8，13，21，…，其可以 $F_0=0$，$F_1=1$ 及 $F_{n+2}=F_{n+1}+F_n$，$n \geq 0$，遞迴給之。因為 Leonardo 是 Bonaccio 的兒子，所以這個數列被稱為 Fibonacci 數。(Filius Bonaccii 在拉丁字裡的意思是"Bonaccio 的兒子"。)

若我們考慮公式

$$F_n = \frac{1}{\sqrt{5}} \left[\left(\frac{1+\sqrt{5}}{2}\right)^n - \left(\frac{1-\sqrt{5}}{2}\right)^n \right], \quad n \geq 0,$$

我們發現 $F_0=0$，$F_1=1$，$F_2=1$，$F_3=2$，$F_4=3$，… 是的，這個公式決定每個 Fibonacci 數是 n 的一個函數。(這裡我們有遞迴 Fibonacci 關係的解。關於這個我們將在下一章多學一些。) 這個公式沒被導過，然而，直到 1718 年，Abraham DeMoiv (1667-1754) 由生成函數

$$f(x) = \frac{x}{1-x-x^2} = \frac{1}{\sqrt{5}} \left[\frac{1}{1-\left(\frac{1+\sqrt{5}}{2}\right)x} - \frac{1}{1-\left(\frac{1-\sqrt{5}}{2}\right)x} \right].$$

得到這個結果。

擴大生成函數的存在技巧，Leonhard Euler (1707-1783) 進一步研究整數的分割於他在 1748 年的兩冊作品，*Introductio in Analysin Infinitorum*。以

$$P(x) = \frac{1}{1-x} \frac{1}{1-x^2} \frac{1}{1-x^3} \cdots = \prod_{i=1}^{\infty} \frac{1}{1-x^i},$$

我們有生成函數給 $p(0)$，$p(1)$，$p(2)$，…，其中 $p(n)$ 是將 n 分割成正被加數的分割個數且 $p(0)$ 被定義為 1。

Leonhard Euler (1707-1783)

18 世紀末，在生成函數併用機率理論概念方面出現進一步的發展，尤其是現在所稱的"瞬時生成函數"。這些相關觀念由偉大的學者 Pierre-Simon de Laplace (1749-1827) 於 1812 年在他所出版的 *Théorie Analytique des Probabilités* 書中完整的提出。

最後，我們提到 Norman Macleod Ferrers (1829-1903)，在他之後我們所稱的 Ferrers 圖是為了紀念他。

尋常及指數生成函數提供一個強有力的方法來將第 1，5 及 8 章所發現的概念合一。擴大多項式至冪級數的先前經驗，及擴大對 $(1+x)^n$ 的二項式定理之 n 未必為正的或甚至未必為偶數，我們發現計算這些生成函數中之係數的必要工具。這是值得的，因為我們所執行的代數計算說明我們試著去考慮的所有選取過程的理由。我們亦發現我們已在先前的某章裡見過一些生成函數，並見到它們是如何出現在分割的學習裡。

正整數的分割概念使我們能夠完成我們早先在分配上所討論的摘要，如表 1.11 及 5.13 所給的。現在我們可以處理將 m 個物體分進 n ($\leq m$) 個容器的分配，其中物體不是相異的，容器也不是相異的。這些被涵蓋在表 9.5 的第二列及第四列的元素裡，出現在最後一欄的記號 $p(m, n)$，是被用來表示將正整數 m 恰分割成 n 個 (正) 被加數的分割個數。(我們將在下一章補充習題 3 裡對這個概念做進一步檢視。) 表 9.5 中的第一及第三列之分配型態亦被列在表 5.13 裡。我們第二次在這裡提出是為了比較及完備性。

● 表 9.5

物體是相異	容器是相異	某些容器可能是空的	分配個數
否	是	是	$\binom{n+m-1}{m}$
否	否	是	(1) $p(m)$，對 $n=m$ (2) $p(m, 1)+p(m, 2)+\cdots+p(m, n)$，對 $n<m$
否	是	否	$\binom{n+(m-n)-1}{(m-n)} = \binom{m-1}{m-n} = \binom{m-1}{n-1}$
否	否	否	$p(m, n)$

欲知一些類比本章所提的材料，有興趣的讀者可參考 C. L. Liu [3] 的第 2 章及 A. Tucker [8] 的第 6 章。J. Riordan [6] 所著的書裡有廣泛的尋常及指數生成函數教材。一篇在生成函數方面有趣的調查文章，由 Richard P. Stanley 所著，可被發現於由 G. C. Rota [7] 所編的書裡。H. S. Wilf [9] 所著的書處理生成函數及一些它們被應用在離散數學的方法。該書亦說明這些函數如何提供一個介於離散數學及連續分析 (特別是複變數函數理論) 間的橋樑。

若讀者有趣想多讀一些分割理論，可參考 I. Niven，H. Zuckerman 及 H. Montgomery [5] 的第 10 章。

最後，許多關於瞬時生成函數及其在機率理論上的使用可被發現於 H. J. Larson [2] 的第 3 章及 W. Feller [1] 的巨著之第 11 章。

參考資料

1. Feller, William. *An Introduction to Probability Theory and Its Applications*, Vol. I, 3rd ed. New York: Wiley, 1968.
2. Larson, Harold J. *Introduction to Probability Theory and Statistical Inference*, 2nd ed. New York: Wiley, 1969.
3. Liu, C. L. *Introduction to Combinatorial Mathematics*. New York: McGraw-Hill, 1968.
4. Neal, David. "The Series $\sum_{n=1}^{\infty} n^m x^n$ and a Pascal-like Triangle." *The College Mathematics Journal* 25, No. 2 (March 1994): pp. 99–101.
5. Niven, Ivan, Zuckerman, Herbert, and Montgomery, Hugh. *An Introduction to the Theory of Numbers*, 5th ed. New York: Wiley, 1991.
6. Riordan, John. *An Introduction to Combinatorial Analysis*. Princeton, N.J.: Princeton University Press, 1980. (Originally published in 1958 by John Wiley & Sons.)
7. Rota, Gian-Carlo, ed. *Studies in Combinatorics*, Studies in Mathematics, Vol. 17. Washington, D.C.: The Mathematical Association of America, 1978.
8. Tucker, Alan. *Applied Combinatorics*, 4th ed. New York: Wiley, 2002.
9. Wilf, Herbert S. *Generatingfunctionology*, 2nd ed. San Diego, Calif.: Academic Press, 1994.

補充習題

1. 對下面各數列求生成函數。
    a) $7, 8, 9, 10, \ldots$
    b) $1, a, a^2, a^3, a^4, \ldots,\quad a \in \mathbf{R}$
    c) $1, (1+a), (1+a)^2, (1+a)^3, \ldots,\quad a \in \mathbf{R}$
    d) $2, 1+a, 1+a^2, 1+a^3, \ldots,\quad a \in \mathbf{R}$

2. 求 $f(x) = (x^5 + x^8 + x^{11} + x^{14} + x^{17})^{10}$ 中 x^{83} 的係數。

3. Bueti 警官必須分配 40 發子彈 (20 發來福槍的及 20 發手槍的) 給 4 位警官使得每位警官所得的各種型態子彈至少 2 發，但不超過 7 發。有多少種方法他可如此做？

4. 找一個生成函數給將正整數 n 分割成正整數被加數的方法數，其中每個被加數出現奇數次或根本不出現。

5. 對 $n \in \mathbf{Z}^+$ 證明 n 的分割數，其中無偶被加數重複 (奇被加數可重複或不可重複)，等於 n 的分割數，其中無被加數出現超過 3 次。

6. 有多少個 10 個數字的電話號碼，其中僅使用數字 1，3，5 及 7 且每個數字至少出現兩次或根本不出現。

7. a) 什麼數列的指數生成函數是 $g(x) = (1-2x)^{-5/2}$。
    b) 求 a 和 b 使得 $(1-ax)^b$ 是數列 $1, 7, 7 \cdot 11, 7 \cdot 11 \cdot 15, \ldots$ 的生成函數。

8. 對整數 n，$k \geq 0$，令
    - P_1 為 n 的分割數。
    - P_2 為 $2n+k$ 的分割數，其中 $n+k$ 是最大的被加數。
    - P_3 為 $2n+k$ 恰分割成 $n+k$ 個被加數的分割數。

    使用 Ferrers 圖概念，證明 $P_1 = P_2$ 且 $P_2 = P_3$，因此將 $2n+k$ 恰分割成 $n+k$ 個被加數的分割數均相同對所有 k。

9. 化簡下面的和，其中 $n \in \mathbf{Z}^+$：$\binom{n}{1} + 2\binom{n}{2} + 3\binom{n}{3} + \cdots + n\binom{n}{n}$。(提示：您可以二項式定理開始。)

10. 求生成函數給 $n \in \mathbf{N}$ 的分割數，其中 1 至多出現一次，2 至多兩次，3 至多三次，且一般上，k 至多 k 次，對每個 $k \in \mathbf{Z}^+$。

11. 在某個鄉下區域，有 12 個信箱位在一個普通商店。
    a) 若郵差有 20 張相同小傳單，她有多少個方法可分配這些傳單使得每個信箱至少有一張傳單？
    b) 若信箱排成兩列，每列 6 個，則在 (a) 的分配中，10 張傳單被分至上 6 個信箱及 10 張傳單被分至下 6 個信箱的機率為何？

12. 令 S 為含 n 個相異物體的集合。證明 $e^x/(1-x)^k$ 為 S 中送出 m 個物體，$0 \leq m \leq n$，並將這 m 個物體分配至 k 個相異容器的方法之指數生成函數，其中物體在任何容器內的順位有關。

13. a) 對 a，$d \in \mathbf{R}$，求數列 $a, a+d, a+2d, a+3d, \cdots$ 的生成函數。
    b) 對 $n \in \mathbf{Z}^+$，利用 (a) 之結果，求一公式給算術數列 $a, a+d, a+2d, a+3d, \cdots$ 的前 n 項和。

14. a) 對字母集 $\Sigma = \{0, 1\}$，令 a_n 計數在 Σ^* 中長度為 n 的串數，亦即，對 $n \in \mathbf{N}$，$a_n = |\Sigma^n|$。求數列 $a_0, a_1, a_2, \cdots$ 的生成函數。
    b) 若 $|\Sigma| = k$，一個固定的正整數，回

答 (a) 之問題。

15. 令 $f(x)=a_0+a_1x+a_2x^2+a_3x^3+\cdots$ 為數列 $a_0,a_1,a_2,a_3,\cdots$ 的生成函數。現在令 $n\in \mathbf{Z}^+$，n 固定。
    a) 求數列 $0,0,0,\cdots 0,a_0,a_1,a_2,a_3,\cdots$ 的生成函數，其中有 n 個首項 0。
    b) 求數列 $a_n,a_{n+1},a_{n+2},\cdots$ 的生成函數。

16. 假設 X 為一離散隨機變數且機率分配為
$$Pr(X=x)=\begin{cases} k\left(\frac{1}{4}\right)^x, & x=0,1,2,3,\ldots \\ 0, & 其它 \end{cases}$$
    其中 k 為常數。求 (a) k 值；(b) $Pr(X=3)$, $Pr(X\leq 3)$, $Pr(X>3)$, $Pr(X\geq 2)$；及 (c) $Pr(X\geq 4|X\geq 2)$, $Pr(X\geq 104|X\geq 102)$。

17. 假設 Y 是一個幾何隨機變數，其中對每個 Bernoulli 試驗成功的機率是 p。若 $m,n\in\mathbf{Z}^+$，且 $m>n$，求 $Pr(Y\geq m|Y\geq n)$。

18. 某測試車沿一條直的高速公路開一個固定的 n 英哩之距離。這輛車在第一英哩時的速度是每小時 1 英哩，第二英哩時是每小時 2 英哩，第三英哩時是每小時 4 英哩，$\cdots$ 且在第 n 英哩時是每小時 2^{n-1} 英哩。
    a) 前四英哩車子的平均速度是多少？
    b) 對一已知 n 值，則前 n 英哩車子的平均速度是多少？
    c) 求最小的 n 值使得在前 n 英哩車子的平均速度超過每小時 10 英哩。

第 10 章

遞迴關係

在本書的早先幾個節次裡，我們見過遞迴定義及其結構。在定義 5.19，6.7，6.12 及 7.9 裡，建立在第一個 n 值，如 0 或 1 的概念之後，我們由在第 n 層 (或大小為 n) 的類比概念得到在第 $n+1$ 層 (或大小為 $n+1$) 的概念。當我們在 4.2 節處理 Fibonacci 及 Lucas 數時，第 $n+1$ 層的結果係依賴第 n 及第 $n-1$ 層的結果而得，且這兩個整數數列中的每一個基底步驟由 (數列的) 前兩個整數組成。現在我們將發現我們是在一個有點類似的情形。我們將探討函數 $a(n)$，比較喜歡寫為 a_n (對 $n \geq 0$)，其中 a_n 依賴前項 a_{n-1}，a_{n-2}，$\cdots$，a_1，a_0 中的某些項。這個被稱為**遞迴關係** (recurrence relations) 或**差分方程** (difference equations) 的東西是應用在常微分方程中一些概念的副本。

我們的發展將不引用微分方程中的任何概念，而是以幾何數列的觀念開始。當進一步的概念被發展後，我們將看到許多應用，證明這個主題是如此的重要。

10.1 一階線性遞迴關係

一個**幾何數列** (geometric progression) 是一個無窮數列，如 5，15，45，135，$\cdots$，其中每一項，第一項除外，被它的緊接前項來除所得的商是一個常數，此常數被稱為**公比** (common ratio)。這個數列的公比是 3：$15=3(5)$，$45=3(15)$，且依序如此。若 a_0，a_1，a_2，$\cdots$ 是一個幾何數列，則 $a_1/a_0 = a_2/a_1 = \cdots = a_{n+1}/a_n = \cdots = r$，即公比。在我們的特別幾何數列中，我們有 $a_{n+1} = 3a_n$，$n \geq 0$。

遞迴關係 (recurrence relation) $a_{n+1}=3a_n$，$n \geq 0$，無法定義一個唯一的幾何數列。數列 7，21，63，189，⋯ 亦滿足這個關係。欲精確地指出以 $a_{n+1}=3a_n$ 所描述的數列，我們需要知道該數列中的某一項。因此

$$a_{n+1} = 3a_n, \qquad n \geq 0, \qquad a_0 = 5,$$

唯一定義數列 5，15，45，⋯，而

$$a_{n+1} = 3a_n, \qquad n \geq 0, \qquad a_1 = 21,$$

確認 7，21，63，⋯ 為所學習的幾何數列。

方程式 $a_{n+1}=3a_n$，$n \geq 0$ 是一個遞迴關係，因為 a_{n+1} 的值 (目前考量值) 依賴 a_n 的值 (前一個考量值)。因為 a_{n+1} 僅依賴一個它的緊接前項，這個關係被稱為是**一階的** (first order)。特別的，這是一個具**常係數** (constant coefficients) 的**一階線性齊次** (first-order linear homogeneous) 遞迴關係。(這些概念我們稍後將多講一點。) 此一方程的一般型可被寫為 $a_{n+1}=da_n$，$n \geq 0$，其中 d 為一個常數。

諸如 a_0 或 a_1 值，另加給遞迴關係的，被稱為**邊界條件** (boundary conditions)。表示式 $a_0=A$，其中 A 為常數，亦被視為一個**初始條件** (initial condition)。我們的例子證明邊界條件在決定唯一解時的重要性。

讓我們現在回到遞迴關係

$$a_{n+1} = 3a_n, \qquad n \geq 0, \qquad a_0 = 5.$$

這個數列的前四項是

$$\begin{aligned}
a_0 &= 5, \\
a_1 &= 3a_0 = 3(5), \\
a_2 &= 3a_1 = 3(3a_0) = 3^2(5), \quad \text{及} \\
a_3 &= 3a_2 = 3(3^2(5)) = 3^3(5).
\end{aligned}$$

這些結果是建議對每個 $n \geq 0$，$a_n=5(3^n)$。這是所給遞迴關係的**唯一解** (unique solution)。在這個解中，a_n 的值是一個 n 的函數且不再和數列的前幾項有關，一旦我們定義 a_0。欲計算 a_{10}，例如，我們簡單的計算 $5(3^{10})=295{,}245$；不必以 a_0 開始並一直計算至 a_9 以求 a_{10}。

由這個例子我們被導向下面。(這個結果可由數學歸納法原理建立之。)

遞迴關係

$a_{n+1}=da_n$，其中 $n \geq 0$，d 為一常數，且 $a_0=A$，

的唯一解被給為

$$a_n = Ad^n,\ n \geq 0。$$

因此，解 $a_n = Ad^n$，$n \geq 0$，定義一個離散函數，其定義域為所有非負整數所成的集合 **N**。

例題 10.1

解遞迴關係 $a_n = 7a_{n-1}$，其中 $n \geq 1$ 且 $a_2 = 98$。

這正是關係 $a_{n+1} = 7a_n$，$n \geq 0$ 且 $a_2 = 98$ 的另一型。因此解的形式為 $a_n = a_0 (7^n)$。因為 $a_2 = 98 = a_0 (7^2)$，得 $a_0 = 2$，且 $a_n = 2(7^n)$，$n \geq 0$，為唯一解。

例題 10.2

某銀行付 6% (年利率) 的存款利息，按月複利率計算。若 Bonnie 在 5 月 1 日存入 $1000，則一年後這個存款將變為多少？

年利率是 6%，所以月利率是 6%/12 = 0.5% = 0.005。對 $0 \leq n \leq 12$，令 p_n 表 Bonnie 在 n 個月末的存款值。則 $p_{n+1} = p_n + 0.005p_n$，其中 $0.005p_n$ 為第 $n+1$ 個月間 p_n 所賺的利息，對 $0 \leq n \leq 11$，且 $p_0 = \$1000$。

關係 $p_{n+1} = (1.005)p_n$，$p_0 = \$1000$，有解 $p_n = p_0(1.005)^n = \$1000(1.005)^n$。因此，在一年末，Bonnie 的存款值 $\$1000(1.005)^{12} = \$1061.68$。

下個例題中，我們發現計數一個正整數的合成個數的第五個方法。讀者可能記得這種情形我們早些已在例題 1.37，3.11，4.12 及 9.12 檢視過。

例題 10.3

圖 10.1 提供 3 和 4 的合成。這裡我們看到 4 的合成 (1')-(4') 來自相對應的 3 的合成，其中係將 (3 的每一個對應合成的) 最後被加數加 1。4 的其它四個合成，即 (1″)-(4″)，由 3 的合成可得，即將 3 的每一個相對應之合成添附 "+1"。(讀者可能記得在圖 4.7 看過此類結果。)

圖 10.1 中所發生的證明了一般情形。所以若我們令 a_n 計數 n 的合成

		(1')	4
		(2')	1 + 3
(1)	3	(3')	2 + 2
(2)	1 + 2	(4')	1 + 1 + 2
(3)	2 + 1		
(4)	1+1+1	(1″)	3 + 1
		(2″)	1 + 2 + 1
		(3″)	2 + 1 + 1
		(4″)	1+1+1+1

● 圖 10.1

個數,對 $n \in \mathbf{Z}^+$,我們發現

$$a_{n+1} = 2a_n, \quad n \geq 1, \quad a_1 = 1.$$

然而,為應用這個遞迴關係唯一解的公式 (其中 $n \geq 0$),我們令 $b_n = a_{n+1}$ 則我們有

$$b_{n+1} = 2b_n, \quad n \geq 0, \quad b_0 = 1,$$

所以 $b_n = b_0(2^n) = 2^n$,且 $a_n = b_{n-1} = 2^{n-1}, n \geq 1$。

遞迴關係 $a_{n+1} - da_n = 0$ 被稱為**線性的** (linear),因為每一個含下標的項出現一次冪 (如變數 x 和 y 在平面的直線方程式裡)。在線性關係裡,沒有像 $a_n a_{n-1}$ 的乘積,其出現在非線性遞迴關係 $a_{n+1} - 3a_n a_{n-1} = 0$ 裡。然而,我們仍然可以一個適合的代數代替法將一個非線性遞迴關係轉換成一個線性的遞迴關係。

例題 10.4 求 a_{12} 若 $a_{n+1}^2 = 5a_n^2$,其中 $a_n > 0$ 對 $n \geq 0$,且 $a_0 = 2$。

雖然這個遞迴關係在 a_n 上不是線性,但我們若令 $b_n = a_n^2$,則新關係 $b_{n+1} = 5b_n$ 對 $n \geq 0$,且 $b_0 = 4$,為一個線性關係其解為 $b_n = 4 \cdot 5^n$。因此 $a_n = 2(\sqrt{5})^n$ 對 $n \geq 0$,且 $a_{12} = 2(\sqrt{5})^{12} = 31,250$。

一般具常係數的一階線性遞迴關係的形式為 $a_{n+1} = ca_n = f(n)$,$n \geq 0$,其中 c 為一常數且 $f(n)$ 為在非負整數集 $\mathbf{N}$ 上的函數。

當 $f(n) = 0$ 對所有 $n \in \mathbf{N}$,這個關係被稱為**齊次的** (homogeneous);否則,其被稱為**非齊次的** (nonhomogeneous)。至今,我們僅處理齊次關係。現在我們將解一個非齊次的關係。我們將發展一些特殊的技巧來解所有具常係數的線性齊次遞迴關係。然而,許多不同的技巧證明是有用的,當我們處理一個非齊次的問題時,雖然沒有一個技巧允許我們解每一種出現的情形。

例題 10.5 或許是最普遍的,雖然不是最有效的,排序數值資料的方法是一個所謂**泡沫排序** (bubble sort) 法。這裡的輸入是一個正整數 n 及一個實數陣列 $x_1, x_2, x_3, \cdots, x_n$,其將被排序成遞升順序。

圖 10.2 的擬編碼程序提供一個實施這個排序過程之演算法的執行。這裡的整數變數 i 是外面的 **for** 迴圈的計數器,而整數變數 j 是裡面的 **for** 迴圈之計數器。最後,實變數 *temp* 是被用來儲存所需要的值當一個交換發生時。

```
procedure BubbleSort(n: 正整數 ; x₁,x₂,x₃,...,xₙ:實數 )
begin
  for i := 1 to n − 1 do
    for j := n downto i + 1 do
      if xⱼ < xⱼ₋₁ then
        begin           {互換}
          temp := xⱼ₋₁
          xⱼ₋₁ := xⱼ
          xⱼ := temp
        end
end
```

◉ 圖 10.2

我們比較所給的陣列中之最後元素 x_n 及其緊接前項 x_{n-1}。若 $x_n < x_{n-1}$，我們互換儲存在 x_{n-1} 及 x_n 裡的值。在任一事件裡，我們現在有 $x_{n-1} \leq x_n$。接著我們比較 x_{n-1} 和其緊接前項 x_{n-2}。若 $x_{n-1} < x_{n-2}$，我們互換它們。我們繼續這個過程。經過 $n-1$ 個這樣的比較之後，表列中最小的數被儲存在 x_1 裡。接著我們對現在儲存在 (較小的) 陣列 x_2, x_3, ⋯, x_n 的 $n-1$ 個數重複做這個過程。在這個方法裡，每次 (被 i 計數) 這個過程被實施，剩餘的子表列中的最小數 "泡沫浮上" 至該子表列的前端。

一個小例子，其中 $n=5$ 且 $x_1=7$, $x_2=9$, $x_3=2$, $x_4=5$ 及 $x_5=8$ 被給在圖 10.3 裡，來證明圖 10.2 的泡沫排序法如何將一個已知數列以遞升順序排序。在這個圖裡，有做互換的比較將以符號 ♪ 表示之；而沒做互換的比較則以符號 } 表示之。

欲求時間-複雜度函數 $h(n)$ 當這個演算法被用在一個大小為 $n \geq 1$ 的輸入 (陣列) 時，我們計數**比較** (comparison) 的總次數以便排序這 n 個已知數成遞升順序。

若 a_n 表以這種方法排序 n 個數所需的比較次數，則我們得下面遞迴關係：

$$a_n = a_{n-1} + (n-1), \quad n \geq 2, \quad a_1 = 0.$$

這個如下產生。給一個 n 個數的表列，我們做了 $n-1$ 個比較來將最小數浮上這個表列的上頭。剩餘的 $n-1$ 個數的子表列則需 a_{n-1} 個比較來完成排序。

這個關係是一個具常係數的線性一階關係，但 $n-1$ 這一項使其為非齊次。因為我們沒有方法來解決此一關係，讓我們列出某些項並看看是否有一個可辨認的模型。

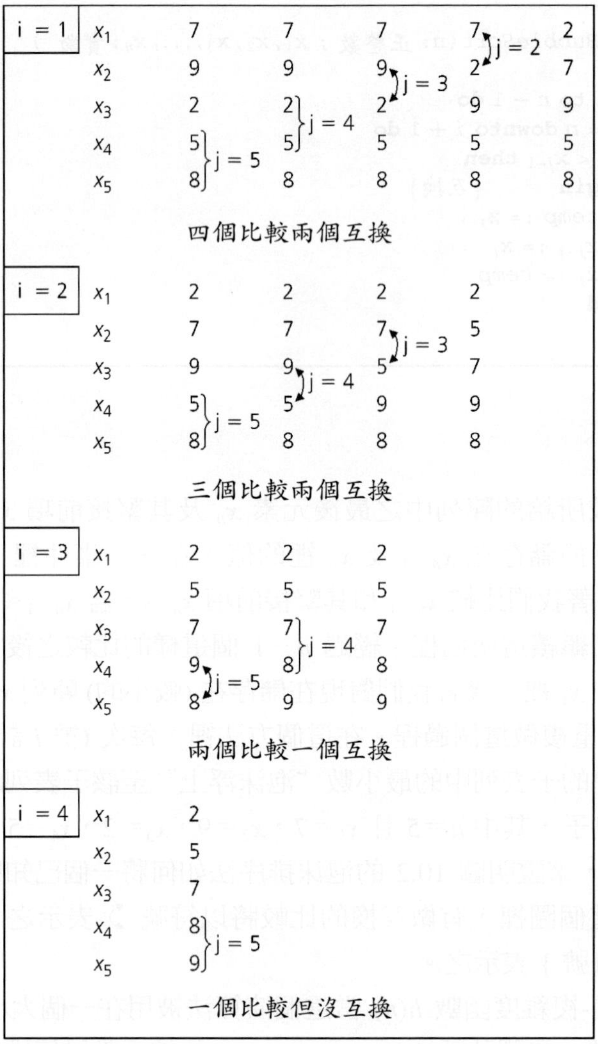

```
i = 1   x₁   7       7       7       7  ⎫j=2   2
        x₂   9       9       9  ⎫j=3  2  ⎭     7
        x₃   2       2  ⎫j=4  2       9        9
        x₄   5  ⎫j=5  5       5       5        5
        x₅   8  ⎭     8       8       8        8
```

四個比較兩個互換

```
i = 2   x₁   2       2       2       2
        x₂   7       7       7  ⎫j=3  5
        x₃   9       9  ⎫j=4  5  ⎭    7
        x₄   5  ⎫j=5  5  ⎭    9       9
        x₅   8  ⎭     8       8       8
```

三個比較兩個互換

```
i = 3   x₁   2       2       2
        x₂   5       5       5
        x₃   7       7  ⎫j=4  7
        x₄   9  ⎫j=5  9  ⎭    8
        x₅   8  ⎭     8       9
```

兩個比較一個互換

```
i = 4   x₁   2
        x₂   5
        x₃   7
        x₄   8  ⎫j=5
        x₅   9  ⎭
```

一個比較但沒互換

● 圖 10.3

$$a_1 = 0$$
$$a_2 = a_1 + (2-1) = 1$$
$$a_3 = a_2 + (3-1) = 1 + 2$$
$$a_4 = a_3 + (4-1) = 1 + 2 + 3$$
$$\cdots \quad \cdots \quad \cdots \quad \cdots$$

一般來講 $a_n = 1 + 2 + \cdots + (n-1) = [(n-1)n]/2 = (n^2 - n)/2$。

所以，泡沫排序法決定時間-複雜度函數 $h: \mathbf{Z}^+ \to \mathbf{R}$ 為 $h(n) = a_n = (n^2 - n)/2$。[這裡 $h(\mathbf{Z}^+) \subset \mathbf{N}$] 因此，做為演算法的執行時間之測度，我們寫 $h \in O(n^2)$。因此，泡沫排序法被稱為需要 $O(n^2)$ 個比較。

例題 10.6

在例題 9.6(c) 裡，我們尋找生成函數給數列 0，2，6，12，20，30，42，…且其解依賴辨認 $a_n = n^2 + n$，$n \in \mathbf{N}$ 的能力。若我們無法看出這個，或許我們可檢視所給的數列並決定是否其它模型來幫助我們。

這裡 $a_0 = 0, a_1 = 2, a_2 = 6, a_3 = 12, a_4 = 20, a_5 = 30, a_6 = 42$，且

$$a_1 - a_0 = 2 \qquad a_3 - a_2 = 6 \qquad a_5 - a_4 = 10$$
$$a_2 - a_1 = 4 \qquad a_4 - a_3 = 8 \qquad a_6 - a_5 = 12.$$

這些計算建議遞迴關係

$$a_n - a_{n-1} = 2n, \qquad n \geq 1, \qquad a_0 = 0.$$

欲解這個關係，我們以一個稍微不同於例題 10.5 中所使用的方法來進行。考慮下面 n 個方程式：

$$\begin{aligned} a_1 - a_0 &= 2 \\ a_2 - a_1 &= 4 \\ a_3 - a_2 &= 6 \\ &\vdots \quad \vdots \quad \vdots \\ a_n - a_{n-1} &= 2n. \end{aligned}$$

當我們將這些方程式加起來，左邊的和含 a_i 及 $-a_i$ 對所有 $1 \leq i \leq n-1$。所以我們得

$$\begin{aligned} a_n - a_0 &= 2 + 4 + 6 + \cdots + 2n = 2(1 + 2 + 3 + \cdots + n) \\ &= 2[n(n+1)/2] = n^2 + n. \end{aligned}$$

因為 $a_0 = 0$，得 $a_n = n^2 + n$ 對所有 $n \in \mathbf{N}$，如我們早先在例題 9.6(c) 所發現的。

此刻我們將檢視一個具變數係數的遞迴關係。

例題 10.7

解關係 $a_n = n \cdot a_{n-1}$，其中 $n \geq 1$ 且 $a_0 = 1$。

寫出這個關係所定義的前五項，我們有

$$a_0 = 1 \qquad a_2 = 2 \cdot a_1 = 2 \cdot 1 \qquad a_4 = 4 \cdot a_3 = 4 \cdot 3 \cdot 2 \cdot 1$$
$$a_1 = 1 \cdot a_0 = 1 \qquad a_3 = 3 \cdot a_2 = 3 \cdot 2 \cdot 1$$

因此 $a_n = n!$，且解為離散函數 a_n，其計數 n 個物體的排列數，$n \geq 0$。

當在討論排列的主題時，我們將檢視一個遞迴演算法來由 $\{1, 2, 3, \cdots,$

$n-1\}$ 的所有排列生成 $\{1, 2, 3, \cdots, n-1, n\}$ 的所有排列[†]。$\{1\}$ 僅有一個排列。檢視 $\{1, 2\}$ 的所有排列，

$$\begin{array}{cc} 1 & 2 \\ 2 & 1 \end{array}$$

我們看到在寫排列 1 兩次之後，我們將數值 2 纏繞著 1 得到所列的排列。再將這兩個排列中的每一個各寫三次，我們纏結數值 3 且得

$$\begin{array}{ccc} & 1 & 2 & 3 \\ & 1 & 3 & 2 \\ 3 & 1 & & 2 \\ 3 & 2 & & 1 \\ & 2 & 3 & 1 \\ & 2 & 1 & 3 \end{array}$$

　　這裡我們看到第一個排列是 123 且我們以互換兩數之法由其緊接前項得下面兩個排列的每一個：3 和 3 左邊的整數。當 3 到達這個排列的左邊，我們檢視剩餘數並依據 $\{1, 2\}$ 所產生的排列目錄表來排列它們 (這個得遞迴程序。) 我們將 3 和其右邊的整數互換直到 3 在排列的右邊。我們注意到若我們互換最後一個排列的 1 和 2 之後，我們得 123，為表列的第一個排列。

　　接著對 $S = \{1, 2, 3, 4\}$ 繼續，我們首先列出 $\{1, 2, 3\}$ 的六個排列中的每一個排列四次。以排列 1234 開始，我們以 4 纏繞表 10.1 所示的其它 23 個排列。這裡唯一的新概念如下發展。當我們由排列 (5) 到 (6) 到 (7) 到 (8) 進行，我們將 4 和右邊的整數互換。在排列 (8)，其中 4 已到達右邊，我們將 4 的位置固定且由 $\{1, 2, 3\}$ 的排列目錄表中取 312 和 132 互換，而得排列 (9)。繼續前八個排列所做的，直到我們得到排列 (16)，其中 4 再次在右邊。接著我們排列 321 以得 231 且繼續纏繞 4 直到所有 24 個排列完全被產生。再次，若將最後一個排列的 1 和 2 互換，我們得到目錄表中的第一個排列。

　　我們回到一個早先的概念——兩個正整數的最大公因數，來做為本節的結束。

[†] 由這裡到本節末的教材是離題的，其使用遞迴的概念。它並不處理解遞迴關係的方法且可被省略而不失一般性。

表 10.1

(1)	1	2	3	4
(2)	1	2 4	3	
(3)	1 4	2	3	
(4)	4 1	2	3	
(5)	4 1	3	2	
(6)	1 4	3	2	
(7)	1	3 4	2	
(8)	1	3	2	4
(9)	3	1	2	4
(10)	3	1 4	2	
(11)	3 4	1	2	
...	...	...	...	
(15)	3	2 4	1	
(16)	3	2	1	4
(17)	2	3	1	4
...	...	...	...	
(22)	2 4	1	3	
(23)	2	1 4	3	
(24)	2	1	3	4

例題 10.8

遞迴方法是離散數學領域及演算法分析的基礎。當我們想以打破問題或視它為較小類似的問題之法來解一問題時，遞迴方法將產生。在許多程式語言裡，遞迴函數及程序的使用可被執行，其被允許含括它們本身。這個例題將提供一個此類程序。

在計算 gcd(333, 84) 時，我們得到下面計算，當我們使用歐幾里得演算法時 (出現在 4.4 節)。

$$333 = 3(84) + 81 \qquad 0 < 81 < 84 \qquad (1)$$

$$84 = 1(81) + 3 \qquad 0 < 3 < 81 \qquad (2)$$

$$81 = 27(3) + 0. \qquad (3)$$

因為 3 是最後一個非零餘數，歐幾里得演算法告訴我們 gcd(333, 84) = 3。然而，若我們僅使用方程式 (2) 和 (3) 的計算，則我們發現 gcd(84, 81) = 3。且單獨方程式 (3) 蘊涵 gcd(81, 3) = 3，因為 3 整除 81。因此，

$$\gcd(333, 84) = \gcd(84, 81) = \gcd(81, 3) = 3,$$

其中，在逐步計算中的整數變小，當我們由方程式 (1) 走到方程式 (2) 再走到方程式 (3) 時。

我們也觀察到

$$81 = 333 \bmod 84 \quad 且 \quad 3 = 84 \bmod 81.$$

因此，得

$$\gcd(333, 84) = \gcd(84, 333 \bmod 84) = \gcd(333 \bmod 84, 84 \bmod (333 \bmod 84))$$

這些結果建議下面計算 $\gcd(a, b)$ 的遞迴方法,其中 $a, b \in \mathbf{Z}^+$。稱我們有輸入 $a, b \in \mathbf{Z}^+$。

步驟 1:若 $b|a$ (或 $a \bmod b=0$),則 $\gcd(a, b) = b$。

步驟 2:若 $b \nmid a$,則依明確的順序執行下面工作。

i) 令 $a=b$。

ii) 令 $b=a \bmod b$,其中這裡指派的 a 值是 a 的舊值。

iii) 回到步驟 (1)。

這些概念被用在圖 10.4 的擬編碼程序裡。(讀者可比較這個程序和圖 4.11 所給的程序。)

```
procedure gcd2(a, b: 正整數)
begin
  if a mod b = 0 then
    gcd = b
  else gcd = gcd2(b, a mod b)
end
```

●圖 10.4

習題 10.1

1. 求一個具初始條件的遞迴關係,來唯一決定下面各個幾何數列。

   a) $2, 10, 50, 250, \ldots$

   b) $6, -18, 54, -162, \ldots$

   c) $7, 14/5, 28/25, 56/125, \ldots$

2. 求下面各個遞迴關係的唯一解。

   a) $a_{n+1} - 1.5a_n = 0$, $n \geq 0$

   b) $4a_n - 5a_{n-1} = 0$, $n \geq 1$

   c) $3a_{n+1} - 4a_n = 0$, $n \geq 0$, $a_1 = 5$

   d) $2a_n - 3a_{n-1} = 0$, $n \geq 1$, $a_4 = 81$

3. 若 a_n, $n \geq 0$,是遞迴關係 $a_{n+1} - da_n = 0$ 的唯一解,且 $a_3 = 153/49$, $a_5 = 1377/2401$,求 d 值。

4. 在一個培養皿中的細菌數是 1000 (大約),且這個數每兩小時增加 250%。使用遞迴關係來求一天後的細菌數。

5. 若 Laura 以季複利率 6% 投資 \$100,則她必須等多少個月可使她的錢加倍?(在季節到之前她不能將錢領出。)

6. Paul 在 15 年前將他的股票收益以季複利率 8% 投資在一個帳戶裡。若他的帳戶裡目前有 \$7218.27,則他的最初投資是多少？

7. 令 x_1，x_2，…，x_{20} 為一表列的相異實數，將被以例題 10.5 的泡沫排序法來排序。(a) 須經過多少個比較可使原表列中 10 個最小的數被以遞增方式排列？(b) 須多做多少個比較來完成這個排序工作。

8. 對圖 10.2 所給的泡沫排序之執行，外面的 **for** 迴圈被執行 $n-1$ 次。這個發生不管是否有任何互換發生於裡面 **for** 迴圈的執行期間。因此，對 $i=k$，其中 $1 \leq k \leq n-2$，若裡面 **for** 迴圈的執行沒有互換，則所給的表列是在遞升順序狀況。所以外面的 **for** 迴圈對 $k+1 \leq i \leq n-1$ 的執行是不需要的。

a) 對這裡所描述的情形，多少個不必要的比較發生若裡面的 **for** 迴圈對 $i=k$ ($1 \leq k \leq n-2$) 的執行沒有互換？

b) 寫一個圖 10.2 之泡沫排序的改進版。(您的結果應消去討論在本題之開頭的不必要之比較。)

c) 使用比較次數做為執行時間的測度，對執行在 (b) 的演算法，求最佳情形及最差情形的時間複雜度。

9. 稱 {1, 2, 3, 4, 5} 的所有排列是由例題 10.7 之後所發展的程序所生成的。(a) 目錄表中的最後一個排列是什麼？(b) 25134 的前兩個排列是什麼？(c) 25134 的後三個排列是什麼？

10. 對 $n>1$，整數 $1, 2, 3, …, n$ 的某排列 p_1，p_2，p_3，…，p_n 被稱為**有序的** (orderly)，若對每個 $i=1, 2, 3, …, n-1$，存在一個 $j>i$ 使得 $|p_j - p_i| = 1$。[若 $n=2$，排列 1, 2 及 2, 1 均為有序的。當 $n=3$，我們發現 3, 1, 2 是一個有序的排列，而 2, 3, 1 則不是 (為何不是？)] (a) 列出所有的有序排列給 1，2，3。(b) 列出所有的有序排列給 1，2，3，4。(c) 若 p_1，p_2，p_3，p_4，p_5 為 1，2，3，4，5 的一個有序排列，則 p_1 值可為多少？(d) 對 $n>1$，令 a_n 計數 1，2，3，…，n 的有序排列數。找並解一個遞迴關係給 a_n。

10.2 常係數二階線性齊次遞迴關係

令 $k \in \mathbf{Z}^+$ 且 $C_0 (\neq 0)$，C_1，C_2，…，C_k ($\neq 0$) 為實數。若 a_n，對 $n \geq 0$，為一離散函數，則

$$C_0 a_n + C_1 a_{n-1} + C_2 a_{n-2} + \cdots + C_k a_{n-k} = f(n), \qquad n \geq k,$$

為一 k 階 (常係數) 線性遞迴關係。當 $f(n)=0$ 對所有 $n \geq 0$，則關係被稱為**齊次的** (homogeneous)；否則，被稱為**非齊次的** (nonhomogeneous)。

本節我們將集中在二階齊次關係：

$$C_0 a_n + C_1 a_{n-1} + C_2 a_{n-2} = 0, \qquad n \geq 2.$$

基於我們在 10.1 節的努力，我們尋找一個形如 $a_n = cr^n$ 的解，其中 $c \neq 0$ 且 $r \neq 0$。

將 $a_n = cr^n$ 代進 $C_0 a_n + C_1 a_{n-1} + C_2 a_{n-2} = 0$，得

$$C_0 cr^n + C_1 cr^{n-1} + C_2 cr^{n-2} = 0.$$

因為 c，$r \neq 0$，這個變成 $C_0 r^2 + C_1 r + C_2 = 0$，一個被稱為**特徵方程式** (characteristic equation) 的二次方程式。這個方程式的根 r_1，r_2 決定下面三個情形：(a) r_1，r_2 為相異實數；(b) r_1，r_2 為一共軛複數對；或 (c) r_1，r_2 為實數，但 $r_1 = r_2$。這三種情形的 r_1 和 r_2 被稱為**特徵根** (characteristic roots)。

情形 (A)：(相異實根)

例題 10.9 解遞迴關係 $a_n + a_{n-1} - 6a_{n-2} = 0$，其中 $n \geq 2$ 且 $a_0 = -1$，$a_1 = 8$。

若 $a_n = cr^n$ 具 c，$r \neq 0$，我們得 $cr^n + cr^{n-1} - 6cr^{n-2} = 0$，且由此得特徵方程式 $r^2 + r - 6 = 0$：

$$0 = r^2 + r - 6 = (r+3)(r-2) \Rightarrow r = 2, -3.$$

因為我們有兩個相異實根，$a_n = 2^n$ 且 $a_n = (-3)^n$ 均為解 [$b(2^n)$ 及 $d(-3)^n$ 亦均為解，對任意常數 b，d]。它們為**線性獨立解** (linearly independent solutions)，因為其中的一個不是另一個的倍數；亦即，不存在實常數 k 使得 $(-3)^n = k(2^n)$ 對所有 $n \in \mathbf{N}^\dagger$。我們寫 $a_n = c_1(2^n) + c_2(-3)^n$ 為**通解** (general solution)，其中 c_1，c_2 為任意常數。

以 $a_0 = -1$ 及 $a_1 = 8$，c_1 和 c_2 被決定如下：

$$-1 = a_0 = c_1(2^0) + c_2(-3)^0 = c_1 + c_2$$
$$8 = a_1 = c_1(2^1) + c_2(-3)^1 = 2c_1 - 3c_2.$$

解這個方程組，得 $c_1 = 1$，$c_2 = -2$。因此，$a_n = 2^n - 2(-3)^n$，$n \geq 0$，為所給的遞迴關係的唯一解。

讀者應明白，欲求常係數二階線性齊次遞迴關係的唯一解，吾人需要有兩個初始條件 (值)——亦即，a_n 對兩個 n 的值，經常 $n = 0$ 及 $n = 1$ 或 n

---

† 我們亦可稱解 $a_n = 2^n$ 及 $a_n = (-3)^n$ 為線性獨立當下面條件被滿足：對 k_1，$k_2 \in \mathbf{R}$，若 $k_1(2^n) + k_2(-3)^n = 0$ 對所有 $n \in \mathbf{N}$，則 $k_1 = k_2 = 0$。

=1 及 n=2。

一個有趣的二階齊次遞迴關係是 *Fibonacci* 關係。(早先在 4.2 節及 9.6 節提起過。)

例題 10.10

解遞迴關係 $F_{n+2}=F_{n+1}+F_n$，其中 $n \geq 0$ 且 $F_0=0$，$F_1=1$。

如在前例中，令 $F_n = cr^n$，對 c，$r \neq 0$，$n \geq 0$。一旦代替，我們得 $cr^{n+2}=cr^{n+1}+cr^n$。這給特徵方程式 $r^2-r-1=0$。特徵根為 $r=(1\pm\sqrt{5})/2$，所以通解為

$$F_n = c_1 \left(\frac{1+\sqrt{5}}{2}\right)^n + c_2 \left(\frac{1-\sqrt{5}}{2}\right)^n.$$

欲解 c_1，c_2，我們使用已知初始值且寫 $0=F_0=c_1+c_2$，$1=F_1=c_1[(1+\sqrt{5})/2]+c_2[(1-\sqrt{5})/2]$。因為 $-c_1=c_2$，我們有 $2=c_1(1+\sqrt{5})-c_1(1-\sqrt{5})$。通解被給為

$$F_n = \frac{1}{\sqrt{5}}\left[\left(\frac{1+\sqrt{5}}{2}\right)^n - \left(\frac{1-\sqrt{5}}{2}\right)^n\right], \qquad n \geq 0.$$

當在處理 Fibonacci 數時，吾人經常發現指派值 $\alpha=(1+\sqrt{5})/2$ 且 $\beta=(1-\sqrt{5})/2$，其中 α 為著名的**黃金比例** (golden ratio)。因此，我們發現

$$F_n = \frac{1}{\sqrt{5}}(\alpha^n - \beta^n) = \frac{\alpha^n - \beta^n}{\alpha - \beta}, \qquad n \geq 0.$$

[這個表示式被稱為 F_n 的 *Binet* 型，因為它首先由 Jacques Philippe Marie Binet (1786-1856) 於 1843 年發表的。

例題 10.11

對 $n \geq 0$，令 $S=\{1, 2, 3, \cdots, n\}$ (當 $n=0$，$S=\emptyset$)，且令 a_n 表 S 的子集合中不含連續整數的子集合個數。找並解一個遞迴關係給 a_n。

對 $0 \leq n \leq 4$，我們有 $a_0=1$，$a_1=2$，$a_2=3$，$a_3=5$ 且 $a_4=8$。[例如，$a_3=5$ 因為 $S=\{1, 2, 3\}$ 有 $\emptyset$，$\{1\}$，$\{2\}$，$\{3\}$ 及 $\{1, 3\}$ 為其不含連續整數的子集合 (且 S 無其它此類子集合。] Fibonacci 數到的前五項是有印像的。但當我們繼續時，情況是否會改變呢？

令 $n \geq 2$ 且 $S=\{1, 2, 3, \cdots, n-2, n-1, n\}$，若 $A \subseteq S$ 且 A 待被計數在 a_n 裡，有兩種可能性：

a) $n \in A$：此時 $(n-1) \notin A$，且 $A-\{n\}$ 將被計數在 a_{n-2} 裡。
b) $n \notin A$：此時 A 將被計數在 a_{n-1} 裡。

因 $n, k \in \mathbf{Z}^+$，我們有 $n < 5k+1 \Rightarrow n \leq 5k$，且最後這個不等式現在完備一個證明於下面。

Lame 定理：令 $a, b \in \mathbf{Z}^+$ 且 $a \geq b \geq 2$。則所需的除法項數，在求 $\gcd(a, b)$ 的歐幾里得演算法裡，至多是五倍的 b 中之小數點位數。

在結束這個例題之前，我們由 Lame 定理多學一個事實。因為 $b \geq 2$，得 $\log_{10} b \geq \log_{10} 2$，所以 $5 \log_{10} b \geq 5 \log_{10} 2 = \log_{10} 2^5 = \log_{10} 32 > 1$。由上我們知道 $n-1 < 5 \log_{10} b$，所以

$$n < 1 + 5 \log_{10} b < 5 \log_{10} b + 5 \log_{10} b = 10 \log_{10} b$$

且 $n \in O(\log_{10} b)$ [因此，所需的除法次數，在歐幾里得演算法，來求 $\gcd(a, b)$，對 $a, b \in \mathbf{Z}^+$ 且 $a \geq b \geq 2$，是 $O(\log_{10} b)$——亦即，依據 b 的小數點位數的階數。]

回到本節的主題，我們現在檢視一個遞迴關係在電腦科學上的應用。

例題 10.14 在許多程式語言裡，吾人可考慮那些合法的算術表示式，**不使用括弧**，那些表示式是由數字 $0, 1, 2, \cdots, 9$ 及二元運算符號 $+, *, /$ 所組成的。例如，$3+4$ 及 $2+3*5$ 為合法的算術表示式；$8+*9$ 則為不合法的算術表示式。這裡 $2+3*5=17$，因為這裡有一個運算順位：乘法和除法被執行在加法之前。同順位的運算依它們出現在表示式的順序由左至右依序執行。

對 $n \in \mathbf{Z}^+$，令 a_n 為由 n 個符號所組成的這些 (合法的) 算術表示式個數。則 $a_1 = 10$，因為一個符號的算術表示式為 10 個數字。接著 $a_2 = 100$。這個說明表示式為 $00, 01, \cdots, 09, 10, 11, \cdots, 99$ (不必要有前導+號)。當 $n \geq 3$，我們考慮兩種情形以導一個遞迴關係給 a_n：

1) 若 x 是一個 $n-1$ 個符號的算術表示式，則最後一個符號必為數字。在 x 的右邊多加一個數字，我們得 $10a_{n-1}$ 個 n 個符號的算術表示式，其中最後兩個符號均為數字。

2) 令 y 為一個 $n-2$ 個符號的算術表示式。欲得一個含 n 個符號的算術表示式 (不被計數在情形 1)，我們在 y 的右邊接上 29 個兩-符號表示式 $+1, \cdots, +9, +0, *1, \cdots, *9, *0, /1, \cdots, /9$ 中的一個。

由這兩種情形，我們有 $a_n = 10a_{n-1} + 29a_{n-2}$，其中 $n \geq 3$ 且 $a_1 = 10$，$a_2 = 100$。這裡的特徵方程式根為 $5 \pm 3\sqrt{6}$ 且解為 $a_n = (5/(3\sqrt{6})) \cdot [(5+3\sqrt{6})^n - (5-3\sqrt{6})^n]$ 對 $n \geq 1$。(證明這個結果。)

完成問題之解的另一個方法是使用遞迴關係 $a_n = 10a_{n-1} + 29a_{n-2}$ 且 $a_2 = 100$ 及 $a_1 = 10$，來計算一值給 a_0，即 $a_0 = (a_2 - 10a_1)/29 = 0$。遞迴關係

$$a_n = 10a_{n-1} + 29a_{n-2}, \quad n \geq 2, \quad a_0 = 0, \quad a_1 = 10$$

的解是

$$a_n = (5/(3\sqrt{6}))[(5 + 3\sqrt{6})^n - (5 - 3\sqrt{6})^n], \quad n \geq 0.$$

計數回文的第二個方法出現於下面例題裡。

例題 10.15

在圖 10.6，我們發現 3，4，5 及 6 的所有回文，亦即 3，4，5 及 6 的合成中由左讀到右和由右讀至左相同。(我們早先在例題 9.13 裡見過這個概念。) 首先考慮 3 和 5 的回文。欲由 3 的回文建立 5 的回文，我們如此做：

i) 將 1 加到 3 的某一個回文的第一個及最後一個被加數。這就是我們如何分別由 3 的回文 (1) 及 (2) 來得 5 的回文 (1′) 及 (2′) 之法。[注意：當我們有一個被加數的回文 n，我們得到一個被加數的回文 $n+2$。那就是我們由 3 的回文 (1) 建立 5 的回文 (1′) 之法。]

ii) 在 3 的每個回文之頭加掛上 "$1+$" 並在每個回文的末端加掛上 "$+1$"。這個方法將分別由 3 的回文 (1) 及 (2) 產生 5 的回文 (1″) 及 (2″)。

由 4 的回文建立 6 的回文是相似的。

前面之觀察引導我們至下面。對 $n \in \mathbf{Z}^+$，令 p_n 計數 n 的回文個數。則

$$p_n = 2p_{n-2}, \quad n \geq 3, \quad p_1 = 1, \quad p_2 = 2.$$

將 $p_n = cr^n$，其中 c，$r \neq 0$，$n \geq 1$，代進這個遞迴關係，所得的特徵方程式為 $r^2 - 2 = 0$。特徵根為 $r = \pm\sqrt{2}$，所以 $p_n = c_1(\sqrt{2})^n + c_2(-\sqrt{2})^n$。由

(1)	3	(1′)	5	(1)	4	(1′)	6
(2)	$1+1+1$	(2′)	$2+1+2$	(2)	$1+2+1$	(2′)	$2+2+2$
		(1″)	$1+3+1$	(3)	$2+2$	(3′)	$3+3$
		(2″)	$1+1+1+1+1$	(4)	$1+1+1+1$	(4′)	$2+1+1+2$
						(1″)	$1+4+1$
						(2″)	$1+1+2+1+1$
						(3″)	$1+2+2+1$
						(4″)	$1+1+1+1+1+1$

● 圖 10.6

$$1 = p_1 = c_1(\sqrt{2}) + c_2(-\sqrt{2})$$
$$2 = p_2 = c_1(\sqrt{2})^2 + c_2(-\sqrt{2})^2$$

我們發現 $c_1 = \left(\frac{1}{2} + \frac{1}{2\sqrt{2}}\right)$, $c_2 = \left(\frac{1}{2} - \frac{1}{2\sqrt{2}}\right)$, 所以

$$p_n = \left(\frac{1}{2} + \frac{1}{2\sqrt{2}}\right)(\sqrt{2})^n + \left(\frac{1}{2} - \frac{1}{2\sqrt{2}}\right)(-\sqrt{2})^n, \quad n \geq 1.$$

不幸的,這個看起來不像例題 9.13 所發現的結果。畢竟,答案不含根號項。然而,假設我們考慮 n 為偶數,令 $n = 2k$,則

$$p_n = \left(\frac{1}{2} + \frac{1}{2\sqrt{2}}\right)(\sqrt{2})^{2k} + \left(\frac{1}{2} - \frac{1}{2\sqrt{2}}\right)(-\sqrt{2})^{2k}$$
$$= \left(\frac{1}{2} + \frac{1}{2\sqrt{2}}\right)2^k + \left(\frac{1}{2} - \frac{1}{2\sqrt{2}}\right)2^k = 2^k = 2^{n/2}$$

對 n 為奇數,令 $n = 2k - 1$, $k \in \mathbf{Z}^+$,我們留給讀者證明 $p_n = 2^{k-1} = 2^{(n-1)/2}$。

前面結果可被表為 $p_n = 2^{\lfloor n/2 \rfloor}$, $n \geq 1$,如我們在例題 9.13 所發現的。

下例中的遞迴關係將以兩種方法來建立。在第一部份裡,我們將見到輔助變數是如何有助益的。

例題 10.16 找一個遞迴關係給長度為 n 的二進位數列個數,其中每個數列沒有連續的 0。

a) 對 $n \geq 1$,令 a_n 為長度為 n 的此類數列之個數。令 $a_n^{(0)}$ 計數以 0 為結尾的數列個數,且 $a_n^{(1)}$ 計數以 1 為結尾的數列個數,則 $a_n = a_n^{(0)} + a_n^{(1)}$。

我們導一個遞迴關係給 a_n, $n \geq 1$,其導法係藉由計算 $a_1 = 2$ 並考慮每一個長度 $n - 1(>0)$ 的數列 x,其中 x 不含連續的 0。若 x 以 1 結尾,則我們可加掛一個 0 或一個 1 給它,此給我們 $2a_{n-1}^{(1)}$ 個由 a_n 所計數的數列。若數到 x 以 0 結尾,則僅 1 可被加掛,此得 $a_{n-1}^{(0)}$ 個由 a_n 所計數的數列。因為這兩種情形窮舉所有可能性且沒有共同處,我們有

$$a_n = 2 \cdot a_{n-1}^{(1)} + 1 \cdot a_{n-1}^{(0)}$$

第 n 個位置　　第 n 個位置
可為 0 或 1　　僅可為 1

若我們考慮被計數在 a_{n-2} 的任一數列 y，我們發現數列 $y1$ 被計數在 $a_{n-1}^{(1)}$ 裡。同樣的，若數列 $z1$ 被計數在 $a_{n-1}^{(1)}$ 裡，則 z 被計數在 a_{n-2} 裡。因此 $a_{n-2} = a_{n-1}^{(1)}$ 且

$$a_n = a_{n-1}^{(1)} + [a_{n-1}^{(1)} + a_{n-1}^{(0)}] = a_{n-1}^{(1)} + a_{n-1} = a_{n-1} + a_{n-2}.$$

因此本問題的遞迴關係是 $a_n = a_{n-1} + a_{n-2}$，其中 $n \geq 3$ 且 $a_1 = 2$，$a_2 = 3$。(我們將解的細節留給讀者。)

b) 另一個替代法是，若 $n \geq 1$ 且 a_n 計數不含連續 0 的二進位數列個數，則 $a_1 = 2$ 且 $a_2 = 3$，且對 $n \geq 3$，我們考慮由 a_n 計數的二進位數列。有兩種可能性給這些數列：

(情形 1：第 n 個符號是 1) 這裡我們發現前 $n-1$ 個符號形成一個不含連續 0 的二進位數列。共有 a_{n-1} 個此類數列。

(情形 2：第 n 個符號是 0) 這裡每個此類數列確實以 10 結尾且前 $n-2$ 個符號提供一個不含連續 0 的二進位數列。此情形共有 a_{n-2} 個此類數列。

因為這種情形覆蓋所有可能性且無共同的此類數列，我們可寫

$$a_n = a_{n-1} + a_{n-2}, \qquad n \geq 3, \qquad a_1 = 2, \qquad a_2 = 3,$$

如我們在 (a) 中所發現的。

在 (a) 及在 (b) 裡，我們可使用遞迴關係及 $a_1 = 2$，$a_2 = 3$ 往回求 a_0，即 $a_0 = a_2 - a_1 = 3 - 2 = 1$。則我們可解遞迴關係

$$a_n = a_{n-1} + a_{n-2}, \qquad n \geq 2, \qquad a_0 = 1, \qquad a_1 = 2.$$

在繼續任何進一步討論之前，我們想確定讀者瞭解為何一般理論是需要的，當我們發展我們的遞迴關係時。當我們在證明一個定理時，我們並不由少許 (或甚至，或許，許多) 特例來得任何一般結論。這裡也是一樣。下例可說明將這點帶回家。

例題 10.17 我們以 n 個相同的便士 (分錢) 開始，並令 a_n 計數我們可排這些便士的方法數——在每列中是**連接的** (contiguous)，其中在底列之上的每個便士碰觸其底下列的兩個便士。(在這些安排中，我們不關心任何便士的頭是朝上或朝下。) 在圖 10.7 裡，我們有所有可能的安排給 $1 \leq n \leq 6$。由此得

$$a_1 = 1, \qquad a_2 = 1, \qquad a_3 = 2, \qquad a_4 = 3, \qquad a_5 = 5 \text{ 及 } a_6 = 8.$$

因此，這些結果可建議，一般來講，$a_n = F_n$，等 n 個 Fibonacci 數。不幸地，我們已被引導錯誤，當吾人發現，例如

$$a_7 = 12 \neq 13 = F_7, \qquad a_8 = 18 \neq 21 = F_8 \text{ 及 } a_9 = 26 \neq 34 = F_9.$$

(本例中的安排是 F. C. Auluck 在參考資料 [2] 中所研究的。)

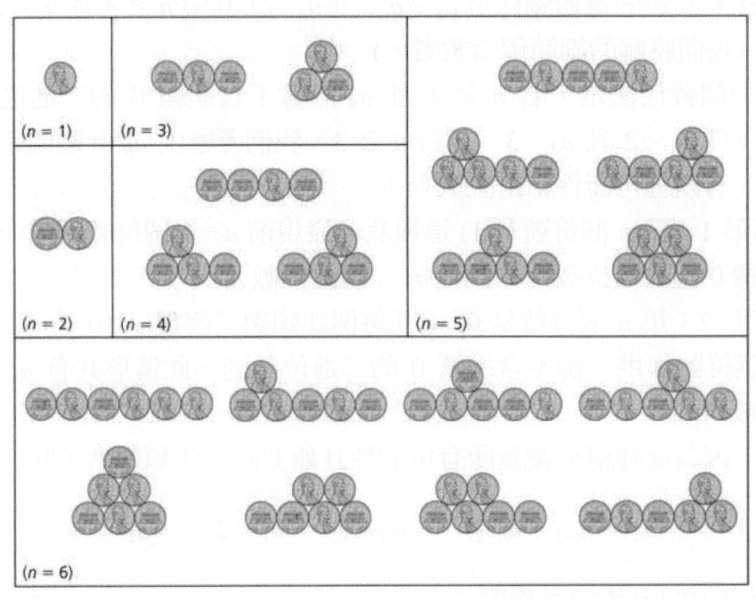

● 圖 10.7

最後兩個情形 (A) 的例題說明如何將二階遞迴關係的結果擴大至較高階。

例題 10.18　解遞迴關係

$$2a_{n+3} = a_{n+2} + 2a_{n+1} - a_n, \qquad n \geq 0, \qquad a_0 = 0, \qquad a_1 = 1, \qquad a_2 = 2.$$

令 $a_n = cr^n$，其中 $c, r \neq 0$ 且 $n \geq 0$，我們得特徵方程式 $2r^3 - r^2 - 2r + 1 = 0 = (2r-1)(r-1)(r+1)$。特徵根為 $1/2, 1$ 及 -1，所以解為 $a_n = c_1(1)^n + c_2(-1)^n + c_3(1/2)^n = c_1 + c_2(-1)^n + c_3(1/2)^n$。[解 $1, (-1)^n$，及 $(1/2)^n$ 被稱為線性獨立的，因為不可能將它們之中的任一個表為其它兩個的一線性組合。[†]] 由 $0 = a_0, 1 = a_1$ 及 $2 = a_2$，我們導得 $c_1 = 5/2, c_2 = 1/6, c_3 = -8/3$。因此，$a_n = (5/2) + (1/6)(-1)^n + (-8/3)(1/2)^n, n \geq 0$。

---

† 另一種說法，解 $1, (-1)^n$ 及 $(1/2)^n$ 為線性獨立，因為若 k_1, k_2, k_3 為實數，且，$k_1(1) + k_2(-1)^n + k_3(1/2)^n = 0$ 對所有 $n \in \mathbf{N}$，則 $k_1 = k_2 = k_3 = 0$。

例題 10.19

對 $n \geq 1$，我們想使用示於圖 10.8(a) 中兩種形式的瓷磚來貼一個 $2 \times n$ 的棋盤。令 a_n 計數此類貼法的方法數，我們發現 $a_1=1$，因為我們僅能以一種方法來貼一個 (一行的) 2×1 棋盤——使用兩個 1×1 的正方形瓷磚。圖 (b) 告訴我們 $a_2=5$。最後，對 2×3 的棋盤，有十一種可能貼法：(i) 一種，使用六個 1×1 的正方形瓷磚；(ii) 八種，使用三個 1×1 正方形瓷磚及一個較大的瓷磚；及 (iii) 兩種，使用兩個較大的瓷磚。當 $n \geq 4$，我們考慮 $2 \times n$ 棋盤的第 n 行。共有三種情形來檢視：

1) 第 n 行被以兩個 1×1 正方形瓷磚覆蓋——此情形提供 a_{n-1} 種貼法；
2) 第 $n-1$ 及第 n 行被以一個 1×1 正方形瓷磚及一個較大的瓷磚覆蓋——此情形說明有 $4a_{n-2}$ 種貼法；且
3) 第 $n-2$、第 $n-1$ 及第 n 行被以兩個較大的瓷磚覆蓋——此得 $2a_{n-3}$ 種貼法。

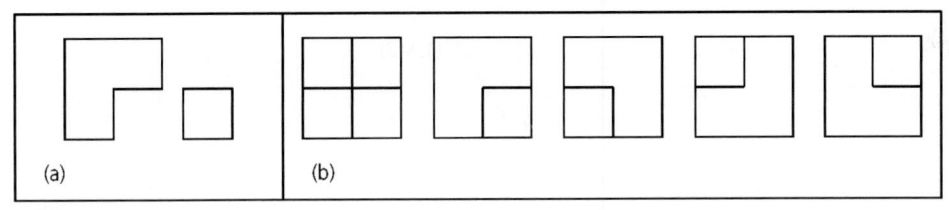

◎圖 10.8

這三種情形覆蓋所有可能性且無兩種情形有共同處，所以

$$a_n = a_{n-1} + 4a_{n-2} + 2a_{n-3}, \quad n \geq 4, \quad a_1 = 1, \quad a_2 = 5, \quad a_3 = 11.$$

特徵方程式 $x^3 - x^2 - 4x - 2 = 0$ 可被寫為 $(x+1)(x^2-2x-2)=0$，所以特徵根為 -1，$1+\sqrt{3}$ 及 $1-\sqrt{3}$。因此，$a_n = c_1(-1)^n + c_2(1+\sqrt{3})^n + c_3(1-\sqrt{3})^n$，$n \geq 1$。由 $1 = a_1 = -c_1 + c_2(1+\sqrt{3}) + c_3(1-\sqrt{3})$，$5 = a_2 = c_1 + c_2(1+\sqrt{3})^2 + c_3(1-\sqrt{3})^2$，且 $11 = a_3 = -c_1 + c_2(1+\sqrt{3})^3 + c_3(1-\sqrt{3})^3$，我們有 $c_1 = 1$，$c_2 = 1/\sqrt{3}$ 及 $c_3 = -1/\sqrt{3}$。所以

$$a_n = (-1)^n + (1/\sqrt{3})(1+\sqrt{3})^n + (-1/\sqrt{3})(1-\sqrt{3})^n, \quad n \geq 1.$$

情形 (B)：(複數根)

進入複數根情形之前，我們回憶 DeMoivre 定理：

$$(\cos \theta + i \sin \theta)^n = \cos n\theta + i \sin n\theta, \quad n \geq 0.$$

[這是 4.1 節習題 12(b) 的部份。]

若 $z = x + iy \in \mathbf{C}$，$z \neq 0$，我們可寫 $z = r(\cos\theta + i\sin\theta)$，其中 $r = \sqrt{x^2+y^2}$ 且 $(y/x) = \tan\theta$，對 $x \neq 0$。若 $x=0$，則對 $y>0$，

$$z = yi = yi\sin(\pi/2) = y(\cos(\pi/2) + i\sin(\pi/2)),$$

且對 $y<0$，

$$z = yi = |y|i\sin(3\pi/2) = |y|(\cos(3\pi/2) + i\sin(3\pi/2)).$$

所有情形由 DeMoivre 定理得 $z^n = r^n(\cos n\theta + i\sin n\theta)$，對 $n \geq 0$。

例題 10.20 求 $(1+\sqrt{3}i)^{10}$。

圖 10.9 說明一個幾何方法將複數 $1+\sqrt{3}i$ 表為 xy- 平面上的點 $(1,\sqrt{3})$。這裡 $r = \sqrt{1^2+(\sqrt{3})^2} = 2$，且 $\theta = \pi/3$。

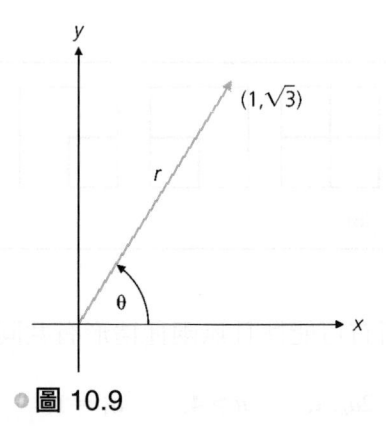

● 圖 10.9

所以 $1+\sqrt{3}i = 2(\cos(\pi/3) + i\sin(\pi/3))$，且

$$(1+\sqrt{3}i)^{10} = 2^{10}(\cos(10\pi/3) + i\sin(10\pi/3)) = 2^{10}(\cos(4\pi/3) + i\sin(4\pi/3))$$
$$= 2^{10}((-1/2) - (\sqrt{3}/2)i) = (-2^9)(1+\sqrt{3}i).$$

我們將在下個例題使用這個結果。

例題 10.21 解遞迴關係 $a_n = 2(a_{n-1} - a_{n-2})$，其中 $n \geq 2$ 且 $a_0 = 1$，$a_1 = 2$。

令 $a_n = cr^n$，其中 $c, r \neq 0$，我們得特徵方程式 $r^2 - 2r + 2 = 0$，其根為 $1 \pm i$。因此，通解為 $c_1(1+i)^n + c_2(1-i)^n$，其中 c_1 及 c_2 為任意複常數。[如情形 (A)，有兩個獨立解：$(1+i)^n$ 及 $(1-i)^n$。]

$$1+i = \sqrt{2}(\cos(\pi/4) + i\sin(\pi/4))$$

及

$$1 - i = \sqrt{2}(\cos(-\pi/4) + i\sin(-\pi/4)) = \sqrt{2}(\cos(\pi/4) - i\sin(\pi/4)).$$

這個產生

$$\begin{aligned}a_n &= c_1(1+i)^n + c_2(1-i)^n \\ &= c_1[\sqrt{2}(\cos(\pi/4) + i\sin(\pi/4))]^n + c_2[\sqrt{2}(\cos(-\pi/4) + i\sin(-\pi/4))]^n \\ &= c_1(\sqrt{2})^n(\cos(n\pi/4) + i\sin(n\pi/4)) + c_2(\sqrt{2})^n(\cos(-n\pi/4) + i\sin(-n\pi/4)) \\ &= c_1(\sqrt{2})^n(\cos(n\pi/4) + i\sin(n\pi/4)) + c_2(\sqrt{2})^n(\cos(n\pi/4) - i\sin(n\pi/4)) \\ &= (\sqrt{2})^n[k_1\cos(n\pi/4) + k_2\sin(n\pi/4)],\end{aligned}$$

其中 $k_1 = c_1 + c_2$ 且 $k_2 = (c_1 - c_2)i$。

$$1 = a_0 = [k_1\cos 0 + k_2\sin 0] = k_1$$
$$2 = a_1 = \sqrt{2}[1 \cdot \cos(\pi/4) + k_2\sin(\pi/4)] \text{，或 } 2 = 1 + k_2\text{，且 } k_2 = 1。$$

對所給的初始條件，解為

$$a_n = (\sqrt{2})^n[\cos(n\pi/4) + \sin(n\pi/4)], \qquad n \geq 0.$$

[注意：這個解不含複數。這裡有個小地方可能會困擾讀者。我們如何以複數 c_1，c_2 開始而以 $k_1 = c_1 + c_2$ 及 $k_2 = (c_1 - c_2)i$ 為實數來結尾呢？這個會發生若 c_1，c_2 為共軛複數。]

現在讓我們檢視一個線性代數上的應用。

對 $b \in \mathbf{R}^+$，考慮 $n \times n$ 的行列式[†] D_n 被給為

例題 10.22

$$\begin{vmatrix} b & b & 0 & 0 & 0 & \cdots & 0 & 0 & 0 & 0 & 0 \\ b & b & b & 0 & 0 & \cdots & 0 & 0 & 0 & 0 & 0 \\ 0 & b & b & b & 0 & \cdots & 0 & 0 & 0 & 0 & 0 \\ 0 & 0 & b & b & b & \cdots & 0 & 0 & 0 & 0 & 0 \\ \vdots & & & & & & & & & & \vdots \\ 0 & 0 & 0 & 0 & 0 & \cdots & b & b & b & 0 & 0 \\ 0 & 0 & 0 & 0 & 0 & \cdots & 0 & b & b & b & 0 \\ 0 & 0 & 0 & 0 & 0 & \cdots & 0 & 0 & b & b & b \\ 0 & 0 & 0 & 0 & 0 & \cdots & 0 & 0 & 0 & b & b \end{vmatrix}$$

求 D_n，為 n 的函數。

令 a_n，$n \geq 1$ 表 $n \times n$ 行列式 D_n 的值，則

[†] 行列式展開式被討論在附錄 2 裡。

$$a_1 = |b| = b \quad \text{且} \quad a_2 = \begin{vmatrix} b & b \\ b & b \end{vmatrix} = 0 \qquad (\text{且} \quad a_3 = \begin{vmatrix} b & b & 0 \\ b & b & b \\ 0 & b & b \end{vmatrix} = -b^3)。$$

沿著第一列展開 D_n，我們有 $D_n =$

$$b \underbrace{\begin{vmatrix} b & b & 0 & 0 & \cdots & 0 & 0 & 0 & 0 \\ b & b & b & 0 & \cdots & 0 & 0 & 0 & 0 \\ 0 & b & b & b & \cdots & 0 & 0 & 0 & 0 \\ \cdot & \cdot & \cdot & \cdot & & \cdot & \cdot & \cdot & \cdot \\ 0 & 0 & 0 & 0 & \cdots & b & b & b & 0 \\ 0 & 0 & 0 & 0 & \cdots & 0 & b & b & b \\ 0 & 0 & 0 & 0 & \cdots & 0 & 0 & b & b \end{vmatrix}}_{\text{(這是 } D_{n-1}\text{)}} - b \begin{vmatrix} b & b & 0 & 0 & \cdots & 0 & 0 & 0 & 0 \\ 0 & b & b & 0 & \cdots & 0 & 0 & 0 & 0 \\ 0 & b & b & b & \cdots & 0 & 0 & 0 & 0 \\ \cdot & \cdot & \cdot & \cdot & & \cdot & \cdot & \cdot & \cdot \\ 0 & 0 & 0 & 0 & \cdots & b & b & b & 0 \\ 0 & 0 & 0 & 0 & \cdots & 0 & b & b & b \\ 0 & 0 & 0 & 0 & \cdots & 0 & 0 & b & b \end{vmatrix}$$

當我們沿著第一行展開第二個行列式時，我們發現 $D_n = bD_{n-1} - (b)(b)D_{n-2} = bD_{n-1} - b^2 D_{n-2}$。這個轉成關係 $a_n = ba_{n-1} - b^2 a_{n-2}$，對 $n \geq 3$，$a_1 = b$，$a_2 = 0$。

若我們令 $a_n = cr^n$，其中 c，$r \neq 0$ 且 $n \geq 1$，特徵方程式產生根 $b[(1/2) \pm i\sqrt{3}/2]$。

因此

$$\begin{aligned} a_n &= c_1 [b((1/2) + i\sqrt{3}/2)]^n + c_2 [b((1/2) - i\sqrt{3}/2)]^n \\ &= b^n [c_1 (\cos(\pi/3) + i \sin(\pi/3))^n + c_2 (\cos(\pi/3) - i \sin(\pi/3))^n] \\ &= b^n [k_1 \cos(n\pi/3) + k_2 \sin(n\pi/3)]. \end{aligned}$$

$b = a_1 = b[k_1 \cos(\pi/3) + k_2 \sin(\pi/3)]$，所以 $1 = k_1(1/2) + k_2(\sqrt{3}/2)$，或 $k_1 + \sqrt{3} k_2 = 2$。

$0 = a_2 = b^2 [k_1 \cos(2\pi/3) + k_2 \sin(2\pi/3)]$，所以 $0 = (k_1)(-1/2) + k_2(\sqrt{3}/2)$，或 $k_1 = \sqrt{3} k_2$。

因此 $k_1 = 1$，$k_2 = 1/\sqrt{3}$ 且 D_n 值為

$$b^n [\cos(n\pi/3) + (1/\sqrt{3}) \sin(n\pi/3)].$$

情形 (C)：(重複實根)

例題 10.23 解遞迴關係 $a_{n+2} = 4a_{n+1} - 4a_n$，其中 $n \geq 0$ 且 $a_0 = 1$，$a_1 = 3$。

如其它兩種情形，我們令 $a_n = cr^n$，其中 c，$r \neq 0$ 且 $n \geq 0$。則特徵方程式是 $r^2 - 4r + 4 = 0$ 且兩個特徵根均為 $r = 2$。(所以 $r = 2$ 被稱為"相重數 2 的根") 不幸地，我們現在缺少兩個線性獨立解：2^n 和 2^n 肯定是互為對方的倍數。我們需要多一個獨立解。讓我們試試 $g(n)2^n$，其中 $g(n)$ 不是常

數。將這個代入所給的關係得

$$g(n+2)2^{n+2} = 4g(n+1)2^{n+1} - 4g(n)2^n$$

或

$$g(n+2) = 2g(n+1) - g(n). \tag{1}$$

吾人發現 $g(n)=n$ 滿足方程式 (1)[†]。所以 $n2^n$ 是第二個獨立解。(它是獨立的，因為不可能有 $n2^n = k2^n$ 對所有 $n \geq 0$ 若 k 為一常數。)

通解為 $a_n = c_1(2^n) + c_2 n(2^n)$。以 $a_0 = 1$，$a_1 = 3$，我們發現 $a_n = 2^n + (1/2)n(2^n) = 2^n + n(2^{n-1})$，$n \geq 0$。

一般來講，若 $C_0 a_n + C_1 a_{n-1} + C_2 a_{n-2} + \cdots + C_k a_{n-k} = 0$，滿足 $C_0 (\neq 0)$，C_1，C_2，$\cdots$，$C_k (\neq 0)$ 為實常數，且 r 為相重數 m 的特徵根，其中 $2 \leq m \leq k$，則含根 r 的通解部份為

$$A_0 r^n + A_1 n r^n + A_2 n^2 r^n + \cdots + A_{m-1} n^{m-1} r^n$$
$$= (A_0 + A_1 n + A_2 n^2 + \cdots + A_{m-1} n^{m-1}) r^n,$$

其中 A_0，A_1，A_2，$\cdots$，A_{m-1} 為任意常數。

最後一個例題包含一點點機率。

例題 10.24 若第一個麻疹病例被記錄在某一學校系統，令 p_n 表第一個記錄病例之後 n 週內至少有一個病例被報導的機率。學校記錄提供證據為 $p_n = p_{n-1} - (0.25)p_{n-2}$，其中 $n \geq 2$。因為 $p_0 = 0$ 且 $p_1 = 1$，若 (某新爆發的) 第一個病例被記錄在 2003 年 3 月 3 日星期一，什麼時候一個新病例第一次發生的機率將減到小於 0.01？

以 $p_n = cr^n$，其中 $c, r \neq 0$，遞迴關係的特徵方程式為 $r^2 - r + (1/4) = 0 = (r - (1/2))^2$。通解為 $p_n = (c_1 + c_2 n)(1/2)^n$，$n \geq 0$。因為 $p_0 = 0$，$p_1 = 1$，我們得 $c_1 = 0$，$c_2 = 2$，所以 $p_n = n2^{-n+1}$，$n \geq 0$。

滿足 $p_n < 0.01$ 的第一個整數 n 為 12。因此，它並不發生直到 2003 年 5 月 19 日的那一週，另一個新病例發生的機率是小於 0.01。

[†] 事實上，通解是 $g(n) = an + b$，對任意常數 a, b 且 $a \neq 0$。這裡我們選擇 $a = 1$ 且 $b = 0$ 使 $g(n)$ 儘可能的簡單。

習題 10.2

1. 解下面遞迴關係。(沒有一個最後答案含有複數。)
   a) $a_n = 5a_{n-1} + 6a_{n-2}$, $n \geq 2$, $a_0 = 1$, $a_1 = 3$
   b) $2a_{n+2} - 11a_{n+1} + 5a_n = 0$, $n \geq 0$, $a_0 = 2$, $a_1 = -8$
   c) $a_{n+2} + a_n = 0$, $n \geq 0$, $a_0 = 0$, $a_1 = 3$
   d) $a_n - 6a_{n-1} + 9a_{n-2} = 0$, $n \geq 2$, $a_0 = 5$, $a_1 = 12$
   e) $a_n + 2a_{n-1} + 2a_{n-2} = 0$, $n \geq 2$, $a_0 = 1$, $a_1 = 3$

2. a) 證明例題 10.14 及 10.23 的最後解。
   b) 解例題 10.16 的遞迴關係。

3. 若 $a_0=0$, $a_1=1$, $a_2=4$ 及 $a_3=37$ 滿足遞迴關係 $a_{n+2}+ba_{n+1}+ca_n=0$，其中 $n \geq 0$ 且 b, c 為常數，則求 b, c 並解 a_n。

4. 求並解一遞迴關係給機車和小型汽車停在一列 n 個停車格的方法數，若每部機車需要一個停車格且每輛小型汽車需要二個停車格。(所有機車的外貌均相同，汽車也一樣，且我們想使用所有 n 個停車格。)

5. 回答習題 4 的問題若 (a) 機車有兩種不同類型；(b) 小型汽車有三種不同顏色；(c) 機車有兩種不同類型且小型汽車有三種不同顏色。

6. 回答習題 5 的問題若空停車格被允許。

7. 在 4.2 節習題 12 裡，我們學到 $F_0 + F_1 + F_2 + \cdots + F_n = \sum_{i=0}^{n} F_i = F_{n+2} - 1$。這是 Fibonacci 數許多性質之一，其由法國數學家 François Lucas (1842-1891) 所發現的。雖然我們以數學歸納法建立這個結果，但我們看出將易於發展這個公式若加上 $n+1$ 個方程式組。

$$F_0 = F_2 - F_1$$
$$F_1 = F_3 - F_2$$
$$\cdots \quad \cdots \quad \cdots$$
$$F_{n-1} = F_{n+1} - F_n$$
$$F_n = F_{n+2} - F_{n+1}.$$

發展公式給下面各個和，並以數學歸納法原理檢查一般結果。
   a) $F_1 + F_3 + F_5 + \cdots + F_{2n-1}$，其中 $n \in \mathbf{Z}^+$
   b) $F_0 + F_2 + F_4 + \cdots + F_{2n}$，其中 $n \in \mathbf{Z}^+$

8. a) 證明
$$\lim_{n \to \infty} \frac{F_{n+1}}{F_n} = \frac{1 + \sqrt{5}}{2}.$$
(此極限為著名的**黃金比例** (golden ratio) 且經常被表為 α，如我們在例題 10.10 所提的。)

   b) 考慮一個正五邊形 $ABCDE$ 內接於一個圓，如圖 10.10 所示。

   ⅰ) 使用正弦定律及正弦的倍角公式證明 $AC/AX = 2 \cos 36°$。

   ⅱ) 因 $\cos 18° = \sin 72°$
   $= 4 \sin 18° \cos 18°(1 - 2 \sin^2 18°)$ (為何？)
   證明 $\sin 18°$ 是多項式方程式 $8x^3 - 4x + 1 = 0$ 的一根，並導出 $\sin 18° = (\sqrt{5} - 1)/4$。

   c) 證明 $AC/AX = (1 + \sqrt{5})/2$。

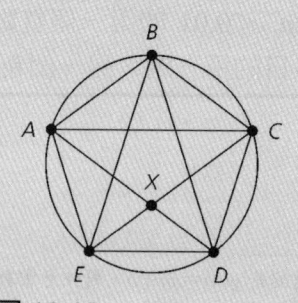

圖 10.10

9. 對 $n \geq 0$，令 a_n 計數由 1 和 2 所形成的數列個數，其中各數列和為 n。例如，$a_3 = 3$ 因為 (1) 1，1，1；(2) 1，2 及 (3) 2，1 等的和均為 3。求並解一遞迴關係給 a_n。

10. 對 $\Sigma = \{0, 1\}$，令 $A \subseteq \Sigma^*$，其中 $A = \{00, 1\}$。對 $n \geq 1$，令 a_n 計數 A^* 中長度為 n 的串個數，求並解一遞迴關係給 a_n。(讀者可參考 6.1 節習題 25。)

11. a) 對 $n \geq 1$，令 a_n 計數長度為 n 的二進位串個數，其中各串無連續的 1，求並解一個遞迴關係給 a_n。
    b) 對 $n \geq 1$，令 b_n 計數長度為 n 的二進位串個數，其中各串無連續的 1 且串的第一個及最後一個位元均不是 1，求並解一個遞迴關係給 b_n。

12. 假設撲克籌碼有四種顏色——紅、白、綠及藍色。求並解一個遞迴關係給堆 n 個撲克籌碼的方法數，其中各堆法沒有連續的藍色籌碼。

13. 字母集 Σ 係由四個數字字元 1，2，3，4 及七個字母字元 a，b，c，d，e，f，g 所組成。求並解一個遞迴關係給長度為 n 的字 (在 Σ^*) 的個數，其中各串沒有連續的 (相同或相異的) 字母字元。

14. 字母集 Σ 係由 7 個數字字元及 k 個字母字元所組成。對 $n \geq 0$，a_n 計數長度為 n 的串 (在 Σ^*) 的個數，其中各串沒有連續的 (相同或相異的) 字母字元。若 $a_{n+2} = 7a_{n+1} + 63a_n$，$n \geq 0$，則 k 值為何？

15. 解遞迴關係 $a_{n+2} = a_{n+1}a_n$，$n \geq 0$，$a_0 = 1$，$a_1 = 2$。

16. 對 $n \geq 1$，令 a_n 為將 n 表為一個有序的正整數和的方法數，其中每個被加數至少為 2。(例如，$a_5 = 3$，因為我們可能將 5 表為 5，表為 2+3 及表為 3+2。) 求並解一遞迴關係給 a_n。

17. a) 對固定的非負整數 n，有多少個 $n+3$ 的合成中沒有 1 做為被加數？
    b) (a) 的合成中，有多少個以 (i) 2；(ii) 3；(iii) k，$2 \leq k \leq n+1$，開始？
    c) (a) 的合成中，有多少個以 $n+2$ 或 $n+3$ 開始？
    d) (a)-(c) 所得的結果和習題 7 開頭所導的公式有何關係？

18. 求拋物線 $y = x^2 - 1$ 及直線 $y = x$ 的交點。

19. 求拋物線 $y = 1 + \frac{1}{x}$ 及直線 $y = x$ 的交點。

20. a) 對 $\alpha = (1 + \sqrt{5})/2$，證明 $\alpha^2 = \alpha + 1$。
    b) 若 $n \in \mathbf{Z}^+$，證明 $\alpha^n = \alpha F_n + F_{n-1}$。

21. 令 F_n 表第 n 個 Fibonacci 數，其中 $n \geq 0$，且令 $\alpha = (1 + \sqrt{5})/2$。對 $n \geq 3$，證明 (a) $F_n > \alpha^{n-2}$ 及 (b) $F_n < \alpha^{n-1}$。

22. a) 對 $n \in \mathbf{Z}^+$，令 a_n 計數 $2n$ 的回文個數，則 $a_{n+1} = 2a_n$，$n \geq 1$，$a_1 = 2$。解這個一階遞迴關係給 a_n。
    b) 對 $n \in \mathbf{Z}^+$，令 b_n 計數 $2n-1$ 的回文個數。建立並解一個一階遞迴關係給 b_n。
(你可將這裡的結果和例題 9.13 及 10.15 的結果做一比較。)

23. 考慮三進位串——亦即，串中僅使用符號 0，1，2。對 $n \geq 1$，令 a_n 計數長度為 n 的三進位串，其中各串不含連續的 1 且不含連續的 2。求並解一個遞迴關係給 a_n。

24. 對 $n \geq 1$，令 a_n 計數使用水平的 (1×2) 骨牌 [其亦可被當為垂直 (2×1) 骨牌

用] 及正方形 (2×2) 瓷磚來貼一個 2×n 的棋盤的方法數。求並解一個遞迴關係給 a_n。

25. 有多少個方法可使用骨牌及正方形瓷磚 (如習題 24 裡的) 來貼一個 2×10 的棋盤，若骨牌有 4 種顏色且正方形瓷磚有 5 種顏色？

26. 令 $\Sigma = \{0, 1\}$ 且 $A = \{0, 01, 11\} \subseteq \Sigma^*$。對 $n \geq 1$，令 a_n 計數 A^* 中長度為 n 的串數。求並解一個遞迴關係給 a_n。

27. 令 $\Sigma = \{0, 1\}$ 且 $A = \{0, 01, 011, 111\} \subseteq \Sigma^*$。對 $n \geq 1$，令 a_n 計數 A^* 中長度為 n 的串數。求並解一個遞迴關係給 a_n。

28. 令 $\Sigma = \{0, 1\}$ 且 $A = \{0, 01, 011, 0111, 1111\} \subseteq \Sigma^*$。對 $n \geq 1$，令 a_n 計數 A^* 中長度為 n 的串數。求並解一個遞迴關係給 a_n。

29. 某質點水平運動到右邊。對 $n \in \mathbf{Z}^+$，在第 $n+1$ 秒內質點所旅行的距離等於在第 n 秒間質點所旅行距離的兩倍。若 x_n，$n \geq 0$，表質點在第 $n+1$ 秒開始的位置，求並解一個遞迴關係給 x_n，其中 $x_0 = 1$，且 $x_1 = 5$。

30. 對 $n \geq 1$，令 D_n 表下面 $n \times n$ 行列式。

$$\begin{vmatrix} 2 & 1 & 0 & 0 & 0 & \cdots & 0 & 0 & 0 & 0 \\ 1 & 2 & 1 & 0 & 0 & \cdots & 0 & 0 & 0 & 0 \\ 0 & 1 & 2 & 1 & 0 & \cdots & 0 & 0 & 0 & 0 \\ \cdot & & & & & & & & & \cdot \\ \cdot & & & & & & & & & \cdot \\ \cdot & & & & & & & & & \cdot \\ 0 & 0 & 0 & 0 & 0 & \cdots & 1 & 2 & 1 & 0 \\ 0 & 0 & 0 & 0 & 0 & \cdots & 0 & 1 & 2 & 1 \\ 0 & 0 & 0 & 0 & 0 & \cdots & 0 & 0 & 1 & 2 \end{vmatrix}$$

求並解一個遞迴關係給 D_n 的值。

31. 解遞迴關係 $a_{n+2}^2 - 5a_{n+1}^2 + 4a_n^2 = 0$，其中，$n \geq 0$ 且 $a_0 = 4$，$a_1 = 13$。

32. 求常數 b 和 c 若 $a_n = c_1 + c_2(7^n)$，$n \geq 0$，為關係 $a_{n+2} + ba_{n+1} + ca_n = 0$，$n \geq 0$ 的通解。

33. 證明任兩個連續的 Fibonacci 數為互質。

34. 寫一個電腦程式 (或開發一個演算法) 來決定一個已知的非負整數是否是一個 Fibonacci 數。

10.3 非齊次遞迴關係

我們現在轉到遞迴關係

$$a_n + C_1 a_{n-1} = f(n), \qquad n \geq 1, \qquad (1)$$
$$a_n + C_1 a_{n-1} + C_2 a_{n-2} = f(n), \qquad n \geq 2, \quad (2)$$

其中 C_1 及 C_2 為常數，方程式 (1) 中的 $C_1 \neq 0$，$C_2 \neq 0$，且 $f(n)$ 不恒等於 0。雖然沒有一般解法給所有非齊次的關係，但對某種函數 $f(n)$ 我們將找到一個成功的方法。

我們以方程式 (1) 中 $C_1 = -1$ 的特別情形開始。對非齊次關係 $a_n -$

$a_{n-1}=f(n)$,我們有

$$a_1 = a_0 + f(1)$$
$$a_2 = a_1 + f(2) = a_0 + f(1) + f(2)$$
$$a_3 = a_2 + f(3) = a_0 + f(1) + f(2) + f(3)$$
$$\vdots$$
$$a_n = a_{n-1} + f(n) = a_0 + f(1) + \cdots + f(n) = a_0 + \sum_{i=1}^{n} f(i).$$

我們可以 n 來解這種型態的關係,若我們可找一個合適的和公式給 $\sum_{i=1}^{n} f(i)$。

例題 10.25 解遞迴關係 $a_n - a_{n-1} = 3n^2$,其中 $n \geq 1$ 且 $a_0 = 7$。
此處 $f(n) = 3n^2$,所以唯一解是

$$a_n = a_0 + \sum_{i=1}^{n} f(i) = 7 + 3\sum_{i=1}^{n} i^2 = 7 + \frac{1}{2}(n)(n+1)(2n+1).$$

當給和的公式未知時,下面程序將處理方程式 (1),對某種函數 $f(n)$,不管 $C_1 (\neq 0)$ 的值。它對方程式 (2) 中的二階非齊次關係亦有效——再次,對某種函數 $f(n)$。著名的**未定係數法** (method of undetermined coefficients),係依賴所結合的齊次關係,而齊次關係是將 $f(n)$ 取代為 0 而得。

對方程式 (1) 或方程式 (2) 中任何一個,我們令 $a_n^{(h)}$ 表所結合的齊次關係的通解,且 $a_n^{(p)}$ 表所給的非齊次關係的一解。$a_n^{(p)}$ 被稱為**特別解** (particular solution)。則 $a_n = a_n^{(h)} + a_n^{(p)}$ 為所給關係的通解。欲求 $a_n^{(p)}$,我們利用 $f(n)$ 的形式來建議一個形式給 $a_n^{(p)}$。

例題 10.26 解遞迴關係 $a_n - 3a_{n-1} = 5(3^n)$,其中 $n \geq 1$ 且 $a_0 = 2$。
所結合的齊次關係解為 $a_n^{(h)} = c(3^n)$。因為 $f(n) = 5(7^n)$,我們找一個形式為 $A(7^n)$ 的一個特別解 $a_n^{(p)}$。因為 $a_n^{(p)}$ 將為所給的非齊次關係的解,我們將 $a_n^{(p)} = A(7^n)$ 代進所給關係且發現 $A(7^n) - 3A(7^{n-1}) = 5(7^n)$,$n \geq 1$。除以 7^{n-1},我們發現 $7A - 3A = 5(7)$,所以 $A = 35/4$,且 $a_n^{(p)} = (35/4)7^n = (5/4)7^{n+1}$,$n \geq 0$。通解是 $a_n = c(3^n) + (5/4)7^{n+1}$。由於 $2 = a_0 = c + (5/4)(7)$,得 $c = -27/4$ 且 $a_n = (5/4)(7^{n+1}) - (1/4)(3^{n+3})$,$n \geq 0$。

例題 10.27 解遞迴關係 $a_n - 3a_{n-1} = 5(3^n)$,其中 $n \geq 1$ 且 $a_0 = 2$。
如在例題 10.26,$a_n^{(h)} = c(3^n)$,但這裡的 $a_n^{(h)}$ 和 $f(n)$ 不是線性獨立。此

時我們考慮一個形如 $Bn(3^n)$ 的特別解。(若我們將 $a_n^{(p)}=B(3^n)$ 代進所給關係，會產生什麼狀況？)

將 $a_n^{(p)}=Bn3^n$ 代進所給的關係得

$$Bn(3^n) - 3B(n-1)(3^{n-1}) = 5(3^n) \text{ 或 } Bn - B(n-1) = 5 \text{，所以 } B = 5$$

因此 $a_n = a_n^{(h)} + a_n^{(p)} = (c+5n)3^n$，$n \geq 0$。由於 $a_0 = 2$，唯一解為 $a_n = (2+5n)(3^n)$，$n \geq 0$。

由前面兩個例題，我們一般化如下。

考慮非齊次一階關係

$$a_n + C_1 a_{n-1} = kr^n,$$

其中 k 是一個常數且 $n \in \mathbf{Z}^+$。若 r^n 不是所結合的齊次關係

$$a_n + C_1 a_{n-1} = 0,$$

的解時，則 $a_n^{(p)} = Ar^n$，其中 A 為常數。當 r^n 為所結合的齊次關係的解時，則 $a_n^{(p)} = Bnr^n$，其中 B 為常數。

現在考慮非齊次二階關係

$$a_n + C_1 a_{n-1} + C_2 a_{n-2} = kr^n,$$

其中 k 為常數。這裡我們發現

a) $a_n^{(p)} = Ar^n$，其中 A 為常數，若 r^n 不是所結合的齊次關係之解；
b) $a_n^{(p)} = Bnr^n$，其中 B 為常數，若 $a_n^{(h)} = c_1 r_1^n + c_2 r^n$，其中 $r_1 \neq r$；且
c) $a_n^{(p)} = Cn^2 r^n$，其中 C 為常數，當 $a_n^{(h)} = (c_1 + c_2 n)r^n$。

例題 10.28　**Hanoi 塔**。考慮 n 個圓形的圓盤 (具不同直徑)，在它們的圓心有個洞。這些盤子可被堆疊在圖 10.11 所示的任何一根木樁上。圖中，$n=5$ 且圓盤被堆疊在木樁 1 上滿足沒有圓盤在較小的圓盤之上。目標是將這些圓盤一次一個移動，使得我們可將原來的堆疊移至木樁 3 上。木樁 1、2 及 3 中的每一個木樁可被用來做為任一個圓盤的暫時的位置，但在任一木樁上任何時刻均不允許有較大的圓盤在較小圓盤的上頭。完成 n 個圓盤遷移所需的最小移動次數是多少？

對 $n \geq 0$，令 a_n 計數將 n 個圓盤以所描述的方法將 n 個圓盤由木樁 1 移至木樁 3 的最小移動次數。則對 $n+1$ 個圓盤我們可處理下面：

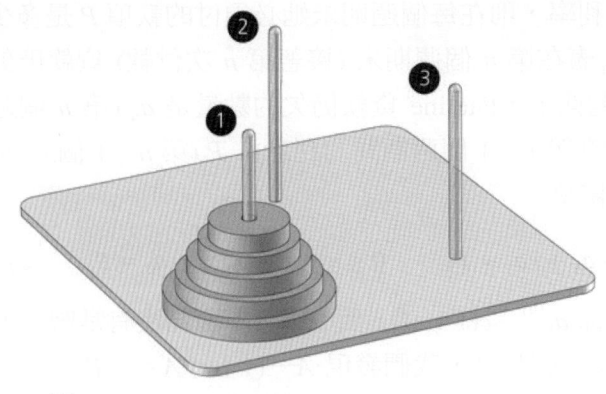

●圖 10.11

a) 將上面 n 個圓盤依所給的方向由木樁 1 移至木樁 2。此至少需 a_n 次的移動。
b) 將最大的圓盤由木樁 1 移至木樁 3。這個需要一個移動。
c) 最後將木樁 2 上的 n 個圓盤移至木樁 3 的最大圓盤上，再次依指定的方向。這個亦至少需要 a_n 次的移動。

因此，目前我們知道 a_{n+1} 不大於 $2a_n+1$，亦即 $a_{n+1} \le 2a_n+1$。但可能有一個方法使得確有 $a_{n+1} < 2a_n+1$ 嗎？哎呀！沒有。因為在某個時刻最大的圓盤 (原來堆疊底部的那一個——在木樁 1 上) 必須被移到木樁 3 上。這個移動需要木樁 3 上沒有圓盤在上面。所以這個最大的圓盤僅可在 n 個較小的圓盤已被移至木樁 2 之後才可被移至木樁 3 上 [在木樁 2 上，它們是由最小的 (在頂端) 至最大的 (在底部) 以遞增大小的方式來堆疊]。完成這 n 個較小的圓盤移動至少需 a_n 次移動。最大的圓盤必至少移動一次使其到木樁 3。則欲令 n 個較小的圓盤在較大圓盤的上端 (均在木樁 3)，依據所求條件，至少需要 a_n 個步驟。所以 $a_{n+1} \ge a_n+1+a_n=2a_n+1$。

由於 $2a_n+1 \le a_{n+1} \le 2a_n+1$，我們現在得關係 $a_{n+1}=2a_n+1$，其中 $n \ge 0$ 且 $a_0=0$。

因為 $a_{n+1}-2a_n=1$，我們知道 $a_n^{(h)}=c(2^n)$。因為 $f(n)=1=(1)^n$ 不是 $a_{n+1}-2a_n=0$ 的一解，我們令 $a_n^{(p)}=A(1)^n=A$ 且由已知關係發現 $A=2A+1$，所以 $A=-1$ 且 $a_n=c(2^n)-1$。由 $a_0=0=c-1$，得 $c=1$，所以 $a_n=2^n-1$，$n \ge 0$。

下一個例題來自財務數學。

例題 10.29

Pauline 貸出 S 元的貸款，並準備以 T 個時間週期來還清。若 r 是每個貸款週期的利率,則在每個週期末她必須付的款項 P 是多少?

我們令 a_n 表在第 n 個週期末 (接著第 n 次付款) 貸款仍欠的數量,則在第 $n+1$ 個週期末,Pauline 貸款仍欠的數量是 a_n (第 n 個週期末她仍欠的數量)$+ra_n$ (在第 $n+1$ 個週期間的利息)$-P$ (第 $n+1$ 個週期末的付款)。此給我們遞迴關係

$$a_{n+1} = a_n + ra_n - P, \quad 0 \le n \le T-1, \quad a_0 = S, \quad a_T = 0.$$

對這個關係 $a_n^{(h)} = c(1+r)^n$,而 $a_n^{(p)} = A$ 因為沒有常數是所結合的齊次關係的一解。以 $a_n^{(p)} = A$,我們發現 $A - (1+r)A = -P$,所以 $A = P/r$。由 $a_0 = S$,我們得 $a_n = (S - (P/r))(1+r)^n + (P/r)$,$0 \le n \le T$。

因為 $0 = a_T = (S - (P/r))(1+r)^T + (P/r)$,得

$$(P/r) = ((P/r) - S)(1+r)^T \quad 且 \quad P = (Sr)[1 - (1+r)^{-T}]^{-1}.$$

我們現在考慮演算法分析裡的一個問題。

例題 10.30 對 $n \ge 1$,令 S 為含 2^n 個實數的集合。

下面程序是用來決定 S 的最大及最小元素。我們想決定在這個程序的執行期間 S 的各對元素間所做的比較次數。

若 a_n 表所需的比較次數,則 $a_1 = 1$。當 $n = 2$,$|S| = 2^2 = 4$,所以 $S = \{x_1, x_2, y_1, y_2\} = S_1 \cup S_2$,其中 $S_1 = \{x_1, x_2\}$,$S_2 = \{y_1, y_2\}$。因為 $a_1 = 1$,在 S_1,S_2 各個當中,僅需做一次比較可得最大及最小元素。比較 S_1 和 S_2 的最小元素,接著比較它們的最大元素,我們得到 S 的最大及最小元素且發現 $a_2 = 4 = 2a_1 + 2$。一般來講,若 $|S| = 2^{n+1}$,我們寫 $S = S_1 \cup S_2$,其中 $|S_1| = |S_2| = 2^n$。欲決定 S_1 及 S_2 各個的最大及最小元素需 a_n 個比較。比較 S_1 和 S_2 的最大 (最小) 元素需多做一個比較;因此,$a_{n+1} = 2a_n + 2$,$n \ge 1$。

這裡 $a_n^{(h)} = c(2^n)$ 且 $a_n^{(p)} = A$,為一常數。將 $a_n^{(p)}$ 代進關係,我們發現 $A = 2A + 2$ 或 $A = -2$。所以 $a_n = c2^n - 2$,且以 $a_1 = 1 = 2c - 2$,我們得 $c = 3/2$。因此,$a_n = (3/2)(2^n) - 2$。

請注意!這個程序的存在,其需要 $(3/2)(2^n) - 2$ 個比較,不排除我們可經由一個卓越巧妙且需較少比較次數的方法來達到相同結果的可能性。

一個計數某種長度為 10 的串的例題,給四進位字母集 $\Sigma = \{0, 1, 2, 3\}$ 對我們目前所做的提供一個輕微的扭轉。

例題 10.31 對字母集 $\Sigma = \{0, 1, 2, 3\}$,有 $4^{10} = 1,048,576$ 個長度為 10 的串 (在 Σ^{10} 或 Σ^* 裡)。現在我們想知道這些超過 100 萬個串中有多少個串包含偶數個 1。

我們將不明確的討論串的長度，我們將以 a_n 計數在 Σ^n 裡 4^n 個串中的那些有偶數個 1 的串開始。欲決定被 a_n 計數的串，對 $n \geq 2$，和被 a_{n-1} 計數的串之間的關係，考慮長度為 n 的這些串 (有偶數個 1) 中的某個串的第 n 個符號。兩種情形產生：

1) 第 n 個符號是 0，2 或 3：這裡的前 $n-1$ 個符號提供一個被 a_{n-1} 計數的串。所以這種情形提供 $3a_{n-1}$ 個被 a_n 計數的串。

2) 第 n 個符號是 1：在這個情形裡，前 $n-1$ 個符號中必有奇數個 1。有 4^{n-1} 個長度為 $n-1$ 的串且我們想避免有偶數個 1 的串——有 $4^{n-1} - a_{n-1}$ 個此類的串。因此，第二個情形給我們 $4^{n-1} - a_{n-1}$ 個被 a_n 計數兩串。

這兩種情形是窮舉的且互斥，所以我們可寫

$$a_n = 3a_{n-1} + (4^{n-1} - a_{n-1}) = 2a_{n-1} + 4^{n-1}, \qquad n \geq 2.$$

此處 $a_1 = 3$ (對串 0，2 及 3)。我們發現 $a_n^{(h)} = c(2^n)$ 且 $a_n^{(p)} = A(4^{n-1})$。一旦將 $a_n^{(p)}$ 代替上面關係，我們有 $A(4^{n-1}) = 2A(4^{n-2}) + 4^{n-1}$，所以 $4A = 2A + 4$ 且 $A = 2$。因此，$a_n = c(2^n) + 2(4^{n-1})$，$n \geq 2$。由 $3 = a_1 = 2c + 2$，得 $c = 1/2$，所以 $a_n = 2^{n-1} + 2(4^{n-1})$，$n \geq 1$。

當 $n = 10$，我們學到在 Σ^{10} 的 $4^{10} = 1{,}048{,}576$ 個串中，有 $2^9 + 2(4^9) = 524{,}800$ 個串有偶數個 1。

在繼續之前，我們明白這種給 a_n 的答案，可使用指數生成函數 $f(x) = \sum_{n=0}^{\infty} a_n \frac{x^n}{n!}$ (其中 $a_0 = 1$) 來檢驗。由 9.4 節所發展的技巧，我們有

$$\begin{aligned}
f(x) &= \left(1 + x + \frac{x^2}{2!} + \cdots\right)\left(1 + \frac{x^2}{2!} + \frac{x^4}{4!} + \cdots\right)\left(1 + x + \frac{x^2}{2!} + \cdots\right)\left(1 + x + \frac{x^2}{2!} + \cdots\right) \\
&= e^x \cdot \left(\frac{e^x + e^{-x}}{2}\right) \cdot e^x \cdot e^x \\
&= \left(\frac{1}{2}\right) e^{4x} + \left(\frac{1}{2}\right) e^{2x} \\
&= \left(\frac{1}{2}\right) \sum_{n=0}^{\infty} \frac{(4x)^n}{n!} + \left(\frac{1}{2}\right) \sum_{n=0}^{\infty} \frac{(2x)^n}{n!}.
\end{aligned}$$

這裡 a_n 是 $f(x) = \left(\frac{1}{2}\right) 4^n + \left(\frac{1}{2}\right) 2^n = 2^{n-1} + 2(4^{n-1})$ 中 $\frac{x^n}{n!}$ 的係數，如上所述。

例題 10.32 在 1904 年，瑞典數學家 Helge von Koch (1870-1924) 創造有趣的曲線即現在著名的 Koch "雪花" 曲線。這個曲線的構造係以一個等邊三角

形開始，如圖10.12(a) 所示，其中三角形的邊長為 1，周長為 3，且面積為 $\sqrt{3}/4$。(邊長 s 的等邊三角形之周長為 $3s$ 且面積為 $s^2\sqrt{3}/4$。) 三角形接著被轉換成圖 10.12(b) 的 David 星狀，其轉換法係將 (原先的等邊三角形) 的每一邊的中間 1/3 部份移走並貼上一個邊長為 1/3 的新等邊三角形。所以當我們由圖 (a) 走到圖 (b) 時，長度為 1 的每邊被換成四個長度為 1/3 的邊，且我們得到一個面積為 $(\sqrt{3}/4) + (3)(\sqrt{3}/4)(1/3)^2 = \sqrt{3}/3$ 的 12 邊多邊形。繼續此法，我們將 (b) 的圖轉換成 (c) 的圖，其轉換法為將 David 星狀圖中 12 個邊的每一個邊的中間 1/3 部份移走並貼上一個邊長為 1/9 ($=(1/3)^2$) 的新等邊三角形。現在我們有 [在圖 10.12(c) 裡] 一個 $4^2(3)$ 邊的多邊形，其面積為

$$(\sqrt{3}/3) + (4)(3)(\sqrt{3}/4)[(1/3)^2]^2 = 10\sqrt{3}/27.$$

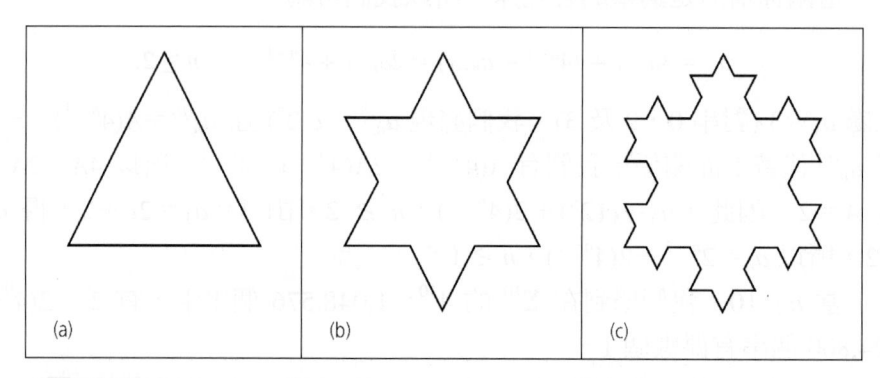

圖 10.12

對 $n \geq 0$，令 a_n 表多邊形 P_n 的面積，其中 P_n 係由原始等邊三角形經過 n 次上面所描述的型態轉換後所得的多邊形 [第一個轉換由圖 10.12(a) 的 P_0 到圖 10.12(b) 的 P_1，且第二個轉換係由圖 10.12(b) 的 P_1 到圖 10.12(c) 的 P_2。] 當我們由 P_n (有 $4^n(3)$ 個邊) 走到 P_{n+1} (有 $4^{n+1}(3)$ 個邊) 時，我們發現

$$a_{n+1} = a_n + (4^n(3))(\sqrt{3}/4)(1/3^{n+1})^2 = a_n + (1/(4\sqrt{3}))(4/9)^n$$

因為在將 P_n 轉換成 P_{n+1} 時，我們移走了 P_n 的 $4^n(3)$ 個邊的每一個邊的中間 1/3 部份，並貼上一個邊長為 $(1/3^{n+1})$ 的等邊三角形。

這個一階非齊次遞迴關係的齊次解是 $a_n^{(h)} = A(1)^n = A$。因為 $(4/9)^n$ 不是其所結合的齊次關係的一解，特別解被給為 $a_n^{(p)} = B(4/9)^n$，其中 B 為常數。將這個代進遞迴關係 $a_{n+1} = a_n + (1/(4\sqrt{3}))(4/9)^n$，我們發現 $B = (-9/5)(1/(4\sqrt{3}))$。因此，

$$a_n = A + (-9/5)(1/(4\sqrt{3}))(4/9)^n = A - (1/(5\sqrt{3}))(4/9)^{n-1}, \quad n \geq 0.$$

因為 $\sqrt{3}/4 = a_0 = A - (1/(5\sqrt{3}))(4/9)^{-1}$，得 $A = 6/(5\sqrt{3})$ 且

$$a_n = (6/(5\sqrt{3})) - (1/(5\sqrt{3}))(4/9)^{n-1} = (1/(5\sqrt{3}))[6 - (4/9)^{n-1}], \quad n \geq 0.$$

[當 n 變大，我們發現 $(4/9)^{n-1}$ 趨近 0 且 a_n 趨近 $6/(5\sqrt{3})$。我們亦可以我們以前所介紹的遞迴關係，持續計算得到這個值，因此這個極限面積亦可被給為

$$(\sqrt{3}/4) + (\sqrt{3}/4)(3)(1/3)^2 + (\sqrt{3}/4)(4)(3)(1/3^2)^2 + (\sqrt{3}/4)(4^2)(3)(1/3^3)^2 + \cdots$$
$$= (\sqrt{3}/4) + (\sqrt{3}/4)(3)\sum_{n=0}^{\infty} 4^n (1/3^{n+1})^2 = (\sqrt{3}/4) + (1/(4\sqrt{3}))\sum_{n=0}^{\infty}(4/9)^n$$
$$= (\sqrt{3}/4) + (1/(4\sqrt{3}))[1/(1 - (4/9))] = (\sqrt{3}/4) + (1/(4\sqrt{3}))(9/5)$$
$$= 6/(5\sqrt{3}),$$

其中利用例題 9.5(b) 的幾何級數和。]

例題 10.33 對 $n \geq 1$，令 $X_n = \{1, 2, 3, \cdots, n\}$；$\mathcal{P}(X_n)$ 表 X_n 的冪集合。我們想求 a_n，偏序 $(\mathcal{P}(X_n), \subseteq)$ 的 Hasse 圖的邊數。這裡 $a_1 = 1$ 且 $a_2 = 4$，由圖 10.13 得

$$a_3 = 2a_2 + 2^2.$$

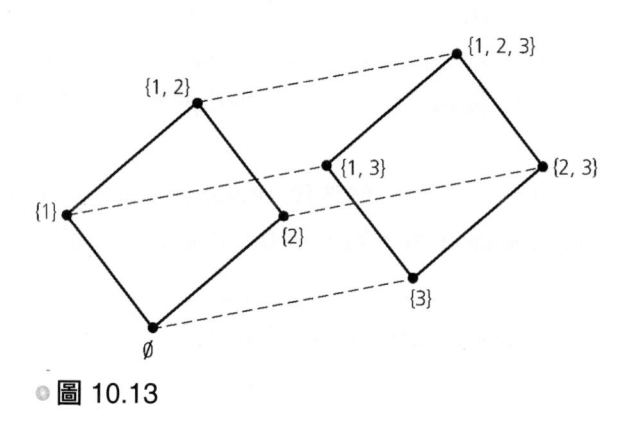

圖 10.13

這是因為 $(\mathcal{P}(X_3), \subseteq)$ 的 Hasse 圖包含 a_2 個在 $(\mathcal{P}(X_2), \subseteq)$ 之 Hasse 圖的邊及 a_2 個在偏序 $(\{\{3\}, \{1, 3\}, \{2, 3\}, \{1, 2, 3\}\}, \subseteq)$ 之 Hasse 圖的邊。[注意 $(\mathcal{P}(\{1, 2\}), \subseteq)$ 和 $(\{\{3\}, \{1, 3\}, \{2, 3\}, \{1, 2, 3\}\}, \subseteq)$ 相同結構。] 此外，尚有 2^2 個其它 (虛線) 邊──每條虛線給 $\{1, 2\}$ 的一個子集合。現在對 $n \geq 1$，考慮偏序 $(\mathcal{P}(X_n), \subseteq)$ 及 $(\{T \cup \{n+1\} | T \in \mathcal{P}(X_n)\}, \subseteq)$ 的 Hasse 圖。對每個

$S \in \mathcal{P}(X_n)$,由 $(\mathcal{P}(X_n), \subseteq)$ 的 S 到 $(\{T \cup \{n+1\}|T \in \mathcal{P}(X_n)\}, \subseteq)$ 的 $S \cup \{n+1\}$ 畫一個邊,所得結果即為 $(\mathcal{P}(X_{n+1}), \subseteq)$ 的 Hasse 圖。由構造中我們發現

$$a_{n+1} = 2a_n + 2^n, \quad n \geq 1, \quad a_1 = 1.$$

這個遞迴關係,含所給條件 $a_1 = 1$,的解為 $a_n = n\, 2^{n-1}$,$n \geq 1$。

下面兩個例題處理二階關係。

例題 10.34　解遞迴關係

$$a_{n+2} - 4a_{n+1} + 3a_n = -200, \quad n \geq 0, \quad a_0 = 3000, \quad a_1 = 3300.$$

此處 $a_n^{(h)} = c_1(3^n) + c_2(1^n) = c_1(3^n) + c_2$。因為 $f(n) = -200 = -200\,(1^n)$ 為所結合的齊次關係的一解,所以 $a_n^{(p)} = An$ 對某常數 A。這個引導我們

$$A(n+2) - 4A(n+1) + 3An = -200, \quad 所以 \quad -2A = -200, \quad A = 100.$$

因此 $a_n = c_1(3^n) + c_2 + 100n$,且 $a_0 = 3000$ 且 $a_1 = 3300$,得

$$a_n = 100(3^n) + 2900 + 100n, \quad n \geq 0.$$

在更進任何一步之前,需提一提科技在解遞迴關係的角色。當電腦代數系統可用時,我們可節省許多單調辛苦的計算。因此,我們的所有努力可被引導來分析目前的情況並建立含其初始條件的遞迴關係。一旦這個被完成,我們的工作也大約完成。線性或兩個編碼將時常做這個策略!例如,圖 10.14 的 Maple 編碼說明吾人如何可快速地解例題 10.33 及 10.34 的遞迴關係。

在圖 10.15(a) 中,我們有一個**迭代** (iterative) 演算法 (寫為擬編碼程序) 來計算第 n 個 Fibonacci 數,對 $n \geq 0$。此處的輸入是一個非負整數 n

```
> rsolve({a(n+1)=2*a(n)+2^n,a(1)=1},a(n));
```
$$-\frac{2^n}{2} + \left(\frac{n}{2} + \frac{1}{2}\right)2^n$$

```
> simplify(%);
```
$$2^{(n-1)} n$$

```
> rsolve({a(n+2)=4*a(n+1)+3*a(n)=-200,a(0)=3000,a(1)=3300},a(n));
```
$$100\, 3^n + 2900 + 100\, n$$

● 圖 10.14

且輸出為 Fibonacci 數 F_n。變數 i，fib，$last$，$next$-to-$last$ 及 $temp$ 均為整數變數。在這個演算法裡，我們以第一個指定或計算前面所有的 F_0，F_1，F_2，$\cdots$，F_{n-1} 值來計算 F_n (在這個情形 $n \geq 0$)。這裡求 F_n 的加法數個數是 0 對 $n=0$，1 及 $n-1$ (在 **for** 迴圈之內) 對 $n \geq 2$。

圖 10.15(b) 提供一個擬編碼程序來執行一個遞迴演算法給計算 F_n 對 $n \in \mathbb{N}$。這裡的變數 fib 同樣是整數變數。對這個程序我們想求 a_n，在計算 F_n，$n \geq 0$ 時所執行的加法個數。我們發現 $a_0=0$，$a_1=0$ 且由程序中陰影線——即

```
fib := FibNum2(n - 1) + FibNum2(n - 2)                  (*)
```

我們得非齊次遞迴關係

$$a_n = a_{n-1} + a_{n-2} + 1, \qquad n \geq 2,$$

其中被加數 1 係由於方程式 (*) 中的加法。

```
procedure FibNum1 (n：非負整數)
begin
  if n = 0 then
    fib := 0
  else if n = 1 then
    fib := 1
  else
    begin
      last := 1
      next_to_last := 0
      for i := 2 to n do
        begin
          temp := last
          last := last + next_to_last
          next_to_last := temp
        end
      fib := last
    end
end                                                     (a)
```

```
procedure FibNum2 (n：非負整數)
begin
  if n = 0 then
    fib := 0
  else if n = 1 then
    fib := 1
  else
    fib := FibNum2(n - 1) + FibNum2(n - 2)
end                                                     (b)
```

◦ 圖 10.15

這裡我們發現 $a_n^{(h)} = c_1\left(\frac{1+\sqrt{5}}{2}\right)^n + c_2\left(\frac{1-\sqrt{5}}{2}\right)^n$ 且 $a_n^{(p)}=A$，為一常數。一旦將 $a_n^{(p)}$ 代進非齊次遞迴關係，我們發現

$$A = A + A + 1,$$

所以 $A = -1$ 且 $a_n = c_1\left(\frac{1+\sqrt{5}}{2}\right)^n + c_2\left(\frac{1-\sqrt{5}}{2}\right)^n - 1$.

因為 $a_0=0$ 且 $a_1=0$，得

$$c_1 + c_2 = 1 \quad 且 \quad c_1\left(\frac{1+\sqrt{5}}{2}\right) + c_2\left(\frac{1-\sqrt{5}}{2}\right) = 1.$$

由這些方程式，我們得到 $c_1 = (1+\sqrt{5})/(2\sqrt{5})$，$c_2 = (\sqrt{5}-1)/(2\sqrt{5})$。因此，

$$\begin{aligned}a_n &= \left(\frac{1+\sqrt{5}}{2\sqrt{5}}\right)\left(\frac{1+\sqrt{5}}{2}\right)^n - \left(\frac{1-\sqrt{5}}{2\sqrt{5}}\right)\left(\frac{1-\sqrt{5}}{2}\right)^n - 1 \\ &= \frac{1}{\sqrt{5}}\left(\frac{1+\sqrt{5}}{2}\right)^{n+1} - \frac{1}{\sqrt{5}}\left(\frac{1-\sqrt{5}}{2}\right)^{n+1} - 1.\end{aligned}$$

當 n 變大時，$[(1-\sqrt{5})/2]^{n+1}$ 趨近 0，因為 $|(1-\sqrt{5})/2|<1$，且 $a_n \doteq (1/\sqrt{5})[(1+\sqrt{5})/2]^{n+1} = ((1+\sqrt{5})/(2\sqrt{5}))((1+\sqrt{5})/2)^n$。

因此，我們可看出，當 n 值增加時，第一個程序遠比第二個程序少計算。

我們現在整理並擴大已在例題 10.26 到 10.35 間所討論的解技巧。

給一個形如 $C_0 a_n + C_1 a_{n-1} + C_2 a_{n-2} + \cdots + C_k a_{n-k} = f(n)$，其中 $C_0 \neq 0$ 且 $C_k \neq 0$，的線性非齊次遞迴關係，令 $a_n^{(h)}$ 表解 a_n 的齊次部份。

1) 若 $f(n)$ 是表 10.2 第一欄中的某一個的常數倍數且不是所結合的齊次關係的一解時，則 $a_n^{(p)}$ 有表 10.2 第二欄中所示的形式。(此處的 A，B，A_0，A_1，A_2，$\cdots$，A_{t-1}，A_t 為常數，可由將 $a_n^{(p)}$ 代進已知關係求得；t，r 及 θ 亦為常數。)

2) 當 $f(n)$ 係由 (1) 之表中第一欄的那些項的常數倍之和所組成，且這些項中沒有一項是所結合的齊次關係的一解，則 $a_n^{(p)}$ 是由 $a_n^{(p)}$ 所領頭的欄中對應項之和所組成。例如，若 $f(n)=n^2+3\sin 2n$ 且無 $f(n)$ 的被加數是所結合的齊次關係之一解，則 $a_n^{(p)} = (A_2 n^2 + A_1 n + A_0) + (A\sin 2n + B\cos 2n)$。

● 表 10.2

	$a_n^{(p)}$
c, 為一常數	A, 為一常數
n	$A_1 n + A_0$
n^2	$A_2 n^2 + A_1 n + A_0$
$n^t, t \in \mathbf{Z}^+$	$A_t n^t + A_{t-1} n^{t-1} + \cdots + A_1 n + A_0$
$r^n, r \in \mathbf{R}$	$A r^n$
$\sin \theta n$	$A \sin \theta n + B \cos \theta n$
$\cos \theta n$	$A \sin \theta n + B \cos \theta n$
$n^t r^n$	$r^n (A_t n^t + A_{t-1} n^{t-1} + \cdots + A_1 n + A_0)$
$r^n \sin \theta n$	$A r^n \sin \theta n + B r^n \cos \theta n$
$r^n \cos \theta n$	$A r^n \sin \theta n + B r^n \cos \theta n$

3) 事情將變得更巧妙若 $f(n)$ 的一個被加數 $f_1(n)$ 是所結合的齊次關係的一解。這個發生，例如，當 $f(n)$ 包含諸如 $c r^n$ 或 $(c_1 + c_2 n) r^n$ 的被加數且 r 為一特徵根。若 $f_1(n)$ 引起這個問題，我們將對應到 $f_1(n)$ 的顯明解 $(a_n^{(p)})_1$ 乘上 n 的最小冪次方，令其為 n^s，使得沒有 $n^s f_1(n)$ 的被加數是所結合的齊次關係的一解。則 $n^s (a_n^{(p)})_1$ 是 $a_n^{(p)}$ 的對應部份。

為了檢查一些我們在前面對非齊次遞迴關係之特別解所做的簡評，下一個應用提供我們一個可以一個以上方法來解的情況。

例題 10.36

對 $n \geq 2$，假設宴會上有 n 個人且這些人中的每一個人均跟宴會中的所有其它人握手 (恰握一次且無人跟自己握手)。若 a_n 計數握手的總次數，則

$$a_{n+1} = a_n + n, \qquad n \geq 2, \qquad a_2 = 1, \tag{3}$$

因為當第 $n+1$ 個人到達時，他或她將與已到達的其它 n 個人握手。

根據表 10.2 中的結果，我們可認為方程式 (3) 的顯明 (特別) 解為 $A_1 n + A_0$，對常數 A_0 及 A_1。但這裡所結合的齊次關係是 $a_{n+1} = a_n$，或 $a_{n+1} - a_n = 0$，所以 $a_n^{(h)} = c(1^n) = c$，其中 c 表一個任意常數。因此 (在 $A_1 n + A_0$ 中的) 被加數 A_0 是所結合的齊次關係的一解。因此第三個觀察 (配合表 10.2 給之) 告訴我們，我們必須將 $A_1 n + A_0$ 乘上 n 的最小冪次方使得我們不再有任何常數被加數。將 $A_1 n + A_0$ 乘上 n^1 可完成這個，且我們發現

$$a_n^{(p)} = A_1 n^2 + A_0 n.$$

當我們將這個結果代進方程式 (3)，我們有

$$A_1 (n+1)^2 + A_0 (n+1) = A_1 n^2 + A_0 n + n,$$

或

$$A_1 n^2 + (2 A_1 + A_0) n + (A_1 + A_0) = A_1 n^2 + (A_0 + 1) n.$$

比較 n 的同次項係數，我們發現

$$(n^2): \quad A_1 = A_1;$$
$$(n): \quad 2A_1 + A_0 = A_0 + 1; 且$$
$$(n^0): \quad A_1 + A_0 = 0.$$

因此 $A_1 = 1/2$ 且 $A_0 = -1/2$，所以 $a_n^{(p)} = (1/2)n^2 + (-1/2)n$ 且 $a_n = a_n^{(h)} + a_n^{(p)} = c + (1/2)(n)(n-1)$。因為 $a_2 = 1$，由 $1 = a_2 = c + (1/2)(2)(1)$ 得 $c = 0$ 且 $a_n = (1/2)(n)(n-1)$，對 $n \geq 2$。

我們亦可考慮在房間裡的 n 個人且明白每一個可能的握手對應一個由大小為 n 的這個集合取出大小為 2 的選擇來得這個結果，共有 $\binom{n}{2} = (n!)/(2!(n-2)!) = (1/2)(n)(n-1)$ 此類選擇。[或我們可考慮 n 個人為一個無向圖的頂點 (沒有迴路) 其中一個邊對應一次握手，則我們的答案為完全圖 K_n 中的邊數，且有 $\binom{n}{2} = (1/2)(n)(n-1)$ 個此類邊。]

最後一個例題進一步說明我們可如何使用表 10.2 的結果。

例題 10.37 a) 考慮非齊次遞迴關係

$$a_{n+2} - 10a_{n+1} + 21a_n = f(n), \quad n \geq 0.$$

這裡解的齊次部份為

$$a_n^{(h)} = c_1(3^n) + c_2(7^n),$$

對任意常數 c_1，c_2。

在表 10.3，我們列出對 $f(n)$ 的某種選擇之特別解形式。這裡 11 個常數 A_i 的值，對 $0 \leq i \leq 10$，可將 $a_n^{(p)}$ 代進已給的非齊次遞迴關係求得。

● 表 10.3

$f(n)$	$a_n^{(p)}$
5	A_0
$3n^2 - 2$	$A_3 n^2 + A_2 n + A_1$
$7(11^n)$	$A_4(11^n)$
$31(r^n), r \neq 3, 7$	$A_5(r^n)$
$6(3^n)$	$A_6 n 3^n$
$2(3^n) - 8(9^n)$	$A_7 n 3^n + A_8(9^n)$
$4(3^n) + 3(7^n)$	$A_9 n 3^n + A_{10} n 7^n$

b) $a_n + 4a_{n-1} + 4a_{n-2} = f(n)$，$n \geq 2$，之解的部份為

$$a_n^{(h)} = c_1(-2)^n + c_2 n(-2)^n,$$

其中 c_1，c_2 表任意常數。因此，

1) 若 $f(n) = 5(-2)^n$，則 $a_n^{(p)} = An^2(-2)^n$；
2) 若 $f(n) = 7n(-2)^n$，則 $a_n^{(p)} = n^2(-2)^n(A_1 n + A_0)$；且
3) 若 $f(n) = -11n^2(-2)^n$，則 $a_n^{(p)} = n^2(-2)^n(B_2 n^2 + B_1 n + B_0)$。

(這裡，常數 A，A_0，A_1，B_0，B_1 及 B_2 可由將 $a_n^{(p)}$ 代進已給的非齊次遞迴關係求得。)

習題 10.3

1. 解下面各個遞迴關係。
   a) $a_{n+1} - a_n = 2n + 3$, $n \geq 0$, $a_0 = 1$
   b) $a_{n+1} - a_n = 3n^2 - n$, $n \geq 0$, $a_0 = 3$
   c) $a_{n+1} - 2a_n = 5$, $n \geq 0$, $a_0 = 1$
   d) $a_{n+1} - 2a_n = 2^n$, $n \geq 0$, $a_0 = 1$

2. 使用一個遞迴關係導公式給 $\sum_{i=0}^{n} i^2$。

3. a) 在平面上繪 n 條線使得每條線和其它各條線均相交但無三線共線。對 $n \geq 0$，令 a_n 計數平面被這 n 條線所分割出來的區域個數。求並解一個遞迴關係給 a_n。
   b) 對 (a) 中的情況，令 b_n 計數所得之無限區域的個數。求並解一個遞迴關係給 b_n。

4. 在新年的第一天，Joseph 儲存 $1000 在一個月複利利率為 6% 的帳戶裡。在每個月初他加 $200 到他的帳戶裡。若他在接著的 4 年繼續如此做 (使得他做 47 個另加的 $200 儲存)，則在他開戶後整數 4 年，他的帳戶裡將有多少錢？

5. 解下面遞迴關係。
   a) $a_{n+2} + 3a_{n+1} + 2a_n = 3^n$, $n \geq 0$, $a_0 = 0$, $a_1 = 1$
   b) $a_{n+2} + 4a_{n+1} + 4a_n = 7$, $n \geq 0$, $a_0 = 1$, $a_1 = 2$

6. 解遞迴關係 $a_{n+2} - 6a_{n+1} + 9a_n = 3(2^n) + 7(3^n)$，其中 $n \geq 0$ 且 $a_0 = 1$，$a_1 = 4$。

7. 求遞迴關係 $a_{n+3} - 3a_{n+2} + 3a_{n+1} - a_n = 3 + 5n$, $n \geq 0$ 的通解。

8. 求 n 個數字的四進位 (0, 1, 2, 3) 數列的個數，其中 3 從未出現在 0 的右邊的任何地方。

9. Meredith 以月複利利率 12% 借 $2500 買一台電腦。若貸款在兩年後付清，則他每個月的付款是多少？

10. 遞迴關係 $a_{n+2} + b_1 a_{n-1} + b_2 a_n = b_3 n + b_4$，$n \geq 0$，$b_i$ 為常數對 $1 \leq i \leq 4$，的通解為 $c_1 2^n + c_2 3^n + n - 7$。求 b_i 對每個 $1 \leq i \leq 4$。

11. 解下面遞迴關係。
    a) $a_{n+2}^2 - 5a_{n+1}^2 + 6a_n^2 = 7n$, $n \geq 0$, $a_0 = a_1 = 1$
    b) $a_n^2 - 2a_{n-1} = 0$, $n \geq 1$, $a_0 = 2$。(令 $b_n = \log_2 a_n$, $n \geq 0$.)

12. 令 $\Sigma = \{0, 1, 2, 3\}$。對 $n \geq 1$，令 a_n 計數 Σ^n 中含奇數個 1 的串數。求並解一個遞迴關係給 a_n。

由下面 x 值，我們得

$$(x = 1): \quad 1 = B(-2), \qquad B = -\frac{1}{2}.$$

$$\left(x = \frac{1}{3}\right): \quad \frac{1}{3} = C\left(\frac{2}{3}\right)^2, \qquad C = \frac{3}{4}.$$

$$(x = 0): \quad 0 = A + B + C, \qquad A = -(B + C) = -\frac{1}{4}.$$

因此，

$$f(x) = \frac{1}{1-3x} + \frac{(-1/4)}{(1-x)} + \frac{(-1/2)}{(1-x)^2} + \frac{(3/4)}{(1-3x)}$$

$$= \frac{(7/4)}{(1-3x)} + \frac{(-1/4)}{(1-x)} + \frac{(-1/2)}{(1-x)^2}.$$

我們以決定三個被加數中的每一個 x^n 的係數來求 a_n。

a) $(7/4)/(1-3x) = (7/4)[1/(1-3x)]$
$\qquad = (7/4)[1 + (3x) + (3x)^2 + (3x)^3 + \cdots]$，且 x^n 的係數是 $(7/4)3^n$
b) $(-1/4)/(1-x) = (-1/4)[1 + x + x^2 + \cdots]$，且 x^n 的係數是 $(-1/4)$
c) $(-1/2)/(1-x)^2 = (-1/2)(1-x)^{-2}$
$\qquad = (-1/2)\left[\binom{-2}{0} + \binom{-2}{1}(-x) + \binom{-2}{2}(-x)^2 + \binom{-2}{3}(-x)^3 + \cdots\right]$

且 x^n 的係數是 $(-1/2)\binom{-2}{n}(-1)^n = (-1/2)(-1)^n\binom{2+n-1}{n} \cdot (-1)^n = (-1/2)(n+1)$。

因此 $a_n = (7/4)3^n - (1/2)n - (3/4)$，$n \geq 0$。(注意這裡不特別關心 $a_n^{(p)}$。而且，利用 10.3 節的方法可得相同的答案。)

下一個例題，我們將例題 10.38 所學的擴大至二階關係。此次我們依次在一列指令間提出解答以應用生成函數法。

例題 10.39 考慮遞迴關係

$$a_{n+2} - 5a_{n+1} + 6a_n = 2, \qquad n \geq 0, \qquad a_0 = 3, \qquad a_1 = 7.$$

1) 首先將這個已給的關係乘上 x^{n+2}，因為 $n+2$ 是出現的最大下標。這個給我們

$$a_{n+2}x^{n+2} - 5a_{n+1}x^{n+2} + 6a_n x^{n+2} = 2x^{n+2}.$$

2) 將步驟 (1) 之結果所表示的所有方程式加起來且得

$$\sum_{n=0}^{\infty} a_{n+2}x^{n+2} - 5\sum_{n=0}^{\infty} a_{n+1}x^{n+2} + 6\sum_{n=0}^{\infty} a_n x^{n+2} = 2\sum_{n=0}^{\infty} x^{n+2}.$$

3) 為使 a 的每一個下標與相對應的 x 之指數相配，我們將步驟 (2) 的方程式改寫為

$$\sum_{n=0}^{\infty} a_{n+2}x^{n+2} - 5x\sum_{n=0}^{\infty} a_{n+1}x^{n+1} + 6x^2\sum_{n=0}^{\infty} a_n x^n = 2x^2\sum_{n=0}^{\infty} x^n.$$

這裡我們亦改寫方程式右邊的冪級數為可使用第 9 章第 2 節所學的形式。

4) 令 $f(x) = \sum_{n=0}^{\infty} a_n x^n$ 為解的生成函數。步驟(3)的方程式現在的形式為

$$(f(x) - a_0 - a_1 x) - 5x(f(x) - a_0) + 6x^2 f(x) = \frac{2x^2}{1-x},$$

或

$$(f(x) - 3 - 7x) - 5x(f(x) - 3) + 6x^2 f(x) = \frac{2x^2}{1-x}.$$

5) 解 $f(x)$，我們有

$$(1 - 5x + 6x^2)f(x) = 3 - 8x + \frac{2x^2}{1-x} = \frac{3 - 11x + 10x^2}{1-x},$$

且得

$$f(x) = \frac{3 - 11x + 10x^2}{(1 - 5x + 6x^2)(1-x)} = \frac{(3-5x)(1-2x)}{(1-3x)(1-2x)(1-x)} = \frac{3-5x}{(1-3x)(1-x)}.$$

部份和分解 (手算，或經由電腦代數系統) 給我們

$$f(x) = \frac{2}{1-3x} + \frac{1}{1-x} = 2\sum_{n=0}^{\infty}(3x)^n + \sum_{n=0}^{\infty} x^n.$$

因此，$a_n = 2(3^n) + 1$，$n \geq 0$。

我們考慮第三個例題，其有一個熟悉的結果。

例題 10.40

令 $n \in \mathbf{N}$。對 $r \geq 0$，令 $a(n, r) = $ 由 n 個相異的物體集中選 r 個的方法數，允許重複。

對 $n \geq 1$，令 $\{b_1, b_2, \cdots, b_n\}$ 為這些物體的集合，且考慮物體 b_1。下面兩件事中恰有一個可發生。

a) 物體 b_1 從未被選。因此這 r 個物體被選自 $\{b_2, \cdots, b_n\}$。這個我們可有 $a(n-1, r)$ 個方法。

b) 物體 b_1 至少被選一次。則我們必須由 $\{b_1, b_2, \cdots, b_n\}$ 中選 $r-1$ 個物體，除了我們已做的一個選擇外，我們可繼續選 b_1。共有 $a(n, r-1)$ 個方法來完成這個。

則 $a(n, r) = a(n-1, r) + a(n, r-1)$，因為這兩個情形涵蓋所有可能性且為互斥。

令 $f_n = \sum_{r=0}^{\infty} a(n, r)x^r$ 為數列 $a(n, 0)$，$a(n, 1)$，$a(n, 2)$，$\cdots$ 的生成函數。[f_n 是 $f_n(x)$ 的縮寫。] 由 $a(n, r) = a(n-1, r) + a(n, r-1)$，其中 $n \geq 1$ 且 $r \geq 1$，得

$$a(n, r)x^r = a(n-1, r)x^r + a(n, r-1)x^r \quad 且$$

$$\sum_{r=1}^{\infty} a(n, r)x^r = \sum_{r=1}^{\infty} a(n-1, r)x^r + \sum_{r=1}^{\infty} a(n, r-1)x^r.$$

我們知道 $a(n, 0) = 1$ 對 $n \geq 0$ 且 $a(0, r) = 0$ 對 $r > 0$，我們寫

$$f_n - a(n, 0) = f_{n-1} - a(n-1, 0) + x\sum_{r=1}^{\infty} a(n, r-1)x^{r-1},$$

所以 $f_n - 1 = f_{n-1} - 1 + xf_n$。因此，$f_n - xf_n = f_{n-1}$，或 $f_n = f_{n-1}/(1-x)$。

若 $n = 5$，例如，則

$$f_5 = \frac{f_4}{(1-x)} = \frac{1}{(1-x)} \cdot \frac{f_3}{(1-x)} = \frac{f_3}{(1-x)^2} = \frac{f_2}{(1-x)^3} = \frac{f_1}{(1-x)^4}$$
$$= \frac{f_0}{(1-x)^5} = \frac{1}{(1-x)^5},$$

因為 $f_0 = a(0, 0) + a(0, 1)x + a(0, 2)x^2 + \cdots = 1 + 0 + 0 + \cdots$。

一般來講，$f_n = 1/(1-x)^n = (1-x)^{-n}$，所以 $a(n, r)$ 為 $(1-x)^{-n}$ 中的 x^r 之係數，其為 $\binom{-n}{r}(-1)^r = \binom{n+r-1}{r}$。

[此處我們處理一個遞迴關係給 $a(n, r)$，其為兩個 (整數) 變數 n，$r \geq 0$ 的離散函數。]

最後例題說明生成函數如何可被用來解一個遞迴關係組。

例題 10.41 本例題提供一個近似模型給高及低能量中子的波及當它們撞擊核裂變材料 (例如鈾) 的核及被吸收時。這裡我們處理一個快速反應器其中沒有減速材料 (例如水)。(事實上，所有中子均有適當的高能量，且不是只有

兩個能量層。有一個連續的能量層譜，且在譜之上層的那些中子被稱為高能量中子。高能量層中子比低能量層中子有助於產生較多的新中子。)

考量反應器在時刻 0 且假設一個高能量中子被射入系統。在每個時間區間內 (大約 1 微秒，或 10^{-6} 秒) 下面事件發生。

a) 當一個高能量中子與 (核裂變材料的) 核互相作用時，依據吸收，這可得 (一個微秒後) 兩個高能量中子及一個低能量中子。
b) 對含有一個低能量中子的相互作用，每個能量層僅產生一個中子。

假設在它們創造之後，所有自由的中子和核相互作用一個微秒，求 n 的函數滿足

$a_n = n$ 個微秒後，$n \geq 0$，反應器內高能量中子個數。
$b_n = n$ 個微秒後，$n \geq 0$，反應器內低能量中子個數。

這裡我們有 $a_0 = 1$，$b_0 = 0$ 且遞迴關係組

$$a_{n+1} = 2a_n + b_n \tag{3}$$
$$b_{n+1} = a_n + b_n. \tag{4}$$

令 $f(x) = \sum_{n=0}^{\infty} a_n x^n$，$g(x) = \sum_{n=0}^{\infty} b_n x^n$ 分別為數列 $\{a_n | n \geq 0\}$ 及 $\{b_n | n \geq 0\}$ 的生成函數。由方程式 (3) 及 (4)，當 $n \geq 0$

$$a_{n+1} x^{n+1} = 2a_n x^{n+1} + b_n x^{n+1} \tag{3}'$$
$$b_{n+1} x^{n+1} = a_n x^{n+1} + b_n x^{n+1}. \tag{4}'$$

對所有的 $n \geq 0$，將方程式 (3)′ 加起來，我們有

$$\sum_{n=0}^{\infty} a_{n+1} x^{n+1} = 2x \sum_{n=0}^{\infty} a_n x^n + x \sum_{n=0}^{\infty} b_n x^n. \tag{3}''$$

同法，方程式 (4)′ 產生

$$\sum_{n=0}^{\infty} b_{n+1} x^{n+1} = x \sum_{n=0}^{\infty} a_n x^n + x \sum_{n=0}^{\infty} b_n x^n. \tag{4}''$$

此刻介紹生成函數，我們得

$$f(x) - a_0 = 2xf(x) + xg(x) \tag{3}''$$
$$g(x) - b_0 = xf(x) + xg(x), \tag{4}''$$

一個和生成函數有關的方程組。解這個方程組，我們發現

$$f(x) = \frac{1-x}{x^2 - 3x + 1} = \left(\frac{5+\sqrt{5}}{10}\right)\left(\frac{1}{\gamma - x}\right) + \left(\frac{5-\sqrt{5}}{10}\right)\left(\frac{1}{\delta - x}\right) \text{ 且}$$

$$g(x) = \frac{x}{x^2 - 3x + 1} = \left(\frac{-5 - 3\sqrt{5}}{10}\right)\left(\frac{1}{\gamma - x}\right) + \left(\frac{-5 + 3\sqrt{5}}{10}\right)\left(\frac{1}{\delta - x}\right),$$

其中

$$\gamma = \frac{3 + \sqrt{5}}{2}, \quad \delta = \frac{3 - \sqrt{5}}{2}.$$

因此

$$a_n = \left(\frac{5 + \sqrt{5}}{10}\right)\left(\frac{3 - \sqrt{5}}{2}\right)^{n+1} + \left(\frac{5 - \sqrt{5}}{10}\right)\left(\frac{3 + \sqrt{5}}{2}\right)^{n+1} \quad 且$$

$$b_n = \left(\frac{-5 - 3\sqrt{5}}{10}\right)\left(\frac{3 - \sqrt{5}}{2}\right)^{n+1} + \left(\frac{-5 + 3\sqrt{5}}{10}\right)\left(\frac{3 + \sqrt{5}}{2}\right)^{n+1}, \quad n \geq 0.$$

習題 10.4

1. 利用生成函數法解下面遞迴關係。
    a) $a_{n+1} - a_n = 3^n$, $n \geq 0$, $a_0 = 1$
    b) $a_{n+1} - a_n = n^2$, $n \geq 0$, $a_0 = 1$
    c) $a_{n+2} - 3a_{n+1} + 2a_n = 0$, $n \geq 0$, $a_0 = 1$, $a_1 = 6$
    d) $a_{n+2} - 2a_{n+1} + a_n = 2^n$, $n \geq 0$, $a_0 = 1$, $a_1 = 2$

2. 對 n 個相異物體，令 $a(n, r)$ 表我們由 n 個物體選 r 個的可選的方法數，不可重複，其中 $0 \leq r \leq n$。此處 $a(n, r) = 0$ 當 $r > n$。使用遞迴關係 $a(n, r) = a(n-1, r-1) + a(n-1, r)$，其中 $n \geq 1$ 且 $r \geq 1$，來證明 $f(x) = (1+x)^n$ 生成 $a(n, r)$，$r \geq 0$。

3. 解下面遞迴關係組。
    a) $a_{n+1} = -2a_n - 4b_n$
       $b_{n+1} = 4a_n + 6b_n$
       $n \geq 0$, $a_0 = 1$, $b_0 = 0$
    b) $a_{n+1} = 2a_n - b_n + 2$
       $b_{n+1} = -a_n + 2b_n - 1$
       $n \geq 0$, $a_0 = 0$, $b_0 = 1$

10.5 一種特別的非線性遞迴關係 (可選擇的)

目前我們的遞迴關係的學習已處理具常係數的線性因素。非線性遞迴關係及具變數係數的關係之學習不是我們將要追逐的主題，除了一種特別的非線性關係之外，此特別的非線性關係將使用生成函數法。

我們將發展資料結構上一個計數問題的方法。在處理之前，然而，我

們首先觀察若 $f(x) = \sum_{i=0}^{\infty} a_i x^i$ 為 a_0，a_1，a_2，$\cdots$ 的生成函數，則 $[f(x)]^2$ 生成 $a_0 a_0$，$a_0 a_1 + a_1 a_0$，$a_0 a_2 + a_1 a_1 + a_2 a_0$，$\cdots$，$a_0 a_n + a_1 a_{n-1} + a_2 a_{n-2} + \cdots + a_{n-1} a_1 + a_n a_0, \ldots,$，數列 a_0，a_1，a_2，$\cdots$ 和自己本身的摺積。

例題 10.42

在 3.4 節及 5.1 節，我們見過樹形圖的概念。一般來講，一個**樹形** (tree) 是一個無向圖滿足其為連通的且無迴路或循環。此處我們將檢視根二元樹形。

在圖 10.17 裡，我們看到兩個此類樹形，其中圓形頂點表根 (root)。這些樹形被稱為**二元的** (binary) 因為由每個頂點出發至多有兩個邊 (稱為**分枝** (branches) 由該頂點下降 (因為根樹形是一個有向圖形)。

特別地，這些根二元樹形是**有序的** (ordered)，其意義為由頂點下降的左分枝被考慮為不同於由該頂點下降的右分枝。對三個頂點的情形，有 5 種可能的有序根二元樹形被示於圖 10.18 裡。(若不注意順序，則最後 4 個根樹形將為相同結構。)

◉ 圖 10.17

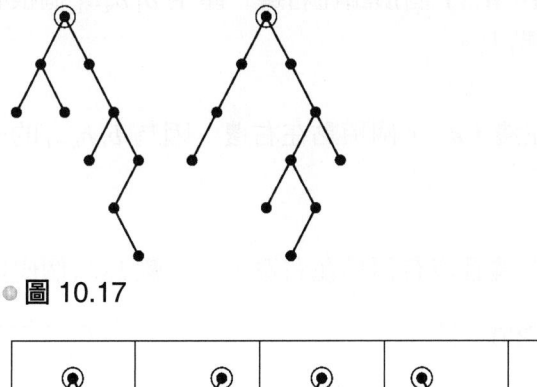

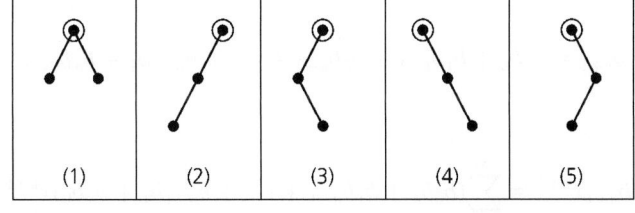

◉ 圖 10.18

我們的目標是計數，對 $n \geq 0$，n 個頂點的根有序二元樹形的個數 b_n。假設我們知道 b_i 值，對 $0 \leq i \leq n$，為得 b_{n+1} 我們選一個頂點做為根且做記號，如圖 10.19，在根的左邊及右邊下降的子結構為較小的 (根有序二元) 樹形，其頂點總數為 n。這些較小的樹形被稱為所給樹形的**子樹形** (subtree)。在這些可能的子樹形當中是空的子樹形的僅有 1 個 ($= b_0$)。

左邊子樹形　　　右邊子樹形

圖 10.19

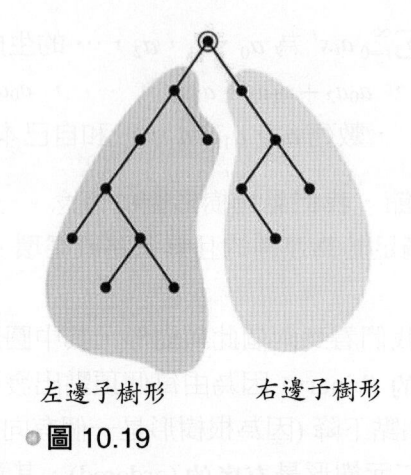

現在考慮這兩個子樹形裡的 n 個頂點如何可被分開。

(1) 0 個頂點在左邊，n 個頂點在右邊。此得 $b_0 b_n$ 全部子結構被計數在 b_{n+1} 裡。

(2) 1 個頂點在左邊，$n-1$ 個頂點在右邊，產生 $b_1 b_{n-1}$ 個根有序二元樹形在 $n+1$ 個頂點上。

……

($i+1$) i 個頂點在左邊，$n-i$ 個頂點在右邊，因為 $b_i b_{n-i}$ 的一個計數傾向 b_{n+1}。

……

($n+1$) n 個頂點在左邊且沒有頂點在右邊，此貢獻 $b_0 b_n$ 個樹形。

因此，對所有 $n \geq 0$

$$b_{n+1} = b_0 b_n + b_1 b_{n-1} + b_2 b_{n-2} + \cdots + b_{n-1} b_1 + b_n b_0,$$

且

$$\sum_{n=0}^{\infty} b_{n+1} x^{n+1} = \sum_{n=0}^{\infty} (b_0 b_n + b_1 b_{n-1} + \cdots + b_{n-1} b_1 + b_n b_0) x^{n+1}. \tag{1}$$

現在令 $f(x) = \sum_{n=0}^{\infty} b_n x^n$ 為生成函數給 b_0，b_1，b_2，$\cdots$。我們改寫方程式 (1) 為

$$(f(x) - b_0) = x \sum_{n=0}^{\infty} (b_0 b_n + b_1 b_{n-1} + \cdots + b_n b_0) x^n = x[f(x)]^2.$$

這個帶我們到二次 $[f(x)$ 的]

$$x[f(x)]^2 - f(x) + 1 = 0, \text{所以 } f(x) = [1 \pm \sqrt{1-4x}]/(2x).$$

但 $\sqrt{1-4x} = (1-4x)^{1/2} = \binom{1/2}{0} + \binom{1/2}{1}(-4x) + \binom{1/2}{2}(-4x)^2 + \cdots$，其中 x^n 的係數，$n \geq 1$，為

$$\binom{1/2}{n}(-4)^n = \frac{(1/2)((1/2)-1)((1/2)-2)\cdots((1/2)-n+1)}{n!}(-4)^n$$

$$= (-1)^{n-1}\frac{(1/2)(1/2)(3/2)\cdots((2n-3)/2)}{n!}(-4)^n$$

$$= \frac{(-1)2^n(1)(3)\cdots(2n-3)}{n!}$$

$$= \frac{(-1)2^n(n!)(1)(3)\cdots(2n-3)(2n-1)}{(n!)(n!)(2n-1)}$$

$$= \frac{(-1)(2)(4)\cdots(2n)(1)(3)\cdots(2n-1)}{(2n-1)(n!)(n!)} = \frac{(-1)}{(2n-1)}\binom{2n}{n}.$$

在 $f(x)$ 我們選負根號；否則，我們將有負值給 b_n。則

$$f(x) = \frac{1}{2x}\left[1 - \left[1 - \sum_{n=1}^{\infty}\frac{1}{(2n-1)}\binom{2n}{n}x^n\right]\right],$$

且 b_n，為 $f(x)$ 中 x^n 的係數，是 $\sum_{n=1}^{\infty}\frac{1}{(2n-1)}\binom{2n}{n}x^n$ 中 x^{n+1} 係數的一半。所以

$$b_n = \frac{1}{2}\left[\frac{1}{2(n+1)-1}\right]\binom{2(n+1)}{n+1} = \frac{(2n)!}{(n+1)!(n!)} = \frac{1}{(n+1)}\binom{2n}{n}.$$

數 b_n 被稱為 Catalan 數 —— 我們在 1.5 節見過相同的數列。如我們早先提到的 (例題 1.42 之後)，這些數在比利時數學家 Eugène Charles Catalan (1814-1894) 之後被命名的，Catalan 使用這些數來決定對表示式 $x_1 x_2 x_3 \cdots x_n$ 插入括弧的方法數。前九個 Catalan 數為 $b_0=1$，$b_1=1$，$b_2=2$，$b_3=5$，$b_4=14$，$b_5=42$，$b_6=132$，$b_7=429$ 且 $b_8=1430$。

我們現在以 Catalan 數的第二個應用繼續。這個是基於 Shimon Even 所給的一個例題。(參閱參考資料 [6] 的第 86 頁。)

出現在電腦科學裡的一個重要的資料結構稱為**棧** (stack)。這個結構依據下面限制允許資料項目的儲存。

例題 10.43

1) 所有的插入發生在結構的一端。這端被稱為棧的**頂端** (top)，且插入

過程被敘述為**推** (push) 程序。

2) 所有由 (非空) 棧的刪除亦由頂端發生。我們稱這個刪除過程為**爆** (pop) 程序。

因為插入這個結構的最後一項是可由結構爆裂出來的第一項，棧經常被敘述為"最後進最先出"(LIFO) 的結構。

給這個資料結構的直覺模型包含桌面上的一個撲克籌碼的堆積、自助餐店的盤子堆積及玩某種紙牌遊戲把堆積的籌碼放出。在所有這三種情形當中，我們僅能以 (1) 插入一個新的元素在堆積或棧的頂端或 (2) 在 (非空的) 堆積或棧的頂端取出 (刪除) 元素。

這裡我們將使用這個資料結構，以它的推及爆的程序，來幫我們排列 (有序的) 目錄表 $1, 2, 3, \cdots, n$，其中 $n \in \mathbf{Z}^+$。圖 10.20 的圖說明輸入 $1, 2, 3, \cdots, n$ 的每個整數如何被推進棧的頂端。然而，我們在任何時刻可由 (非空) 棧的頂端爆走一個元素。但一旦一元素由棧裡被爆出。它不可再回到棧的頂端或它不再是等待被推進棧的輸入。這個過程繼續直到沒有元素留在棧裡。因此由棧爆出來的有序元素數列決定一個 $1, 2, 3, \cdots, n$ 的排列。

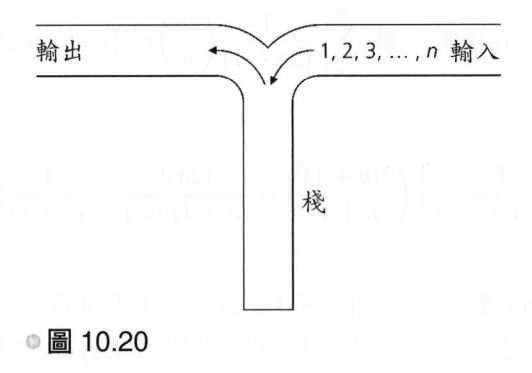

◎圖 10.20

若 $n=1$，我們的輸入目錄表僅由整數 1 組成。我們將 1 插入 (空) 棧的頂端並將它爆出。這個得排列 1。

對 $n=2$，有兩個排列可能給 1，2，且我們可使用棧來得它們兩個。

1) 欲得 1，2，我們將 1 擺在 (空) 棧的頂端並將它爆出。接著將 2 擺在 (空) 棧的頂端並將它爆出。
2) 當 1 被擺在 (空) 棧的頂端且 2 接著被推進這個 (非空) 棧的頂端可得排列 2，1。一旦首先由棧的頂端爆出 2，且接著爆出 1，得 2，1。

轉向 $n=3$ 的情形，在這種情形裡我們發現我們僅可得 1，2，3 的 3! ＝6 種可能排列中的 5 種。例如，當我們做下面步驟可得排列 2，3，1。

- 將 1 擺在 (空) 棧的頂端。
- 將 2 推進棧的頂端 (在 1 的上端)。
- 將 2 由棧中爆出。
- 將 3 推進棧的頂端 (在 1 的上端)。
- 將 3 由棧中爆出。
- 將 1 由棧中爆出，此時棧裡是空的。

我們無法得到 1, 2, 3 的所有六個排列的理由是我們無法使用棧來產生排列 3, 1, 2。因為為使 3 在排列的第一個位置，我們必須首先將 1 推進 (空) 棧裡，接著將 2 推進棧的頂端 (在 1 的上端)，且最後將 3 推進棧 (在 2 的上端) 之法來建立棧。在 3 被由棧的頂端爆出來之後，我們得到 3 為我們的排列的第一個數。但因 2 現在在棧的頂端，我們無法將 1 爆出直到 2 已被爆出之後，所以排列 3, 2, 1 無法被產生出來。

當 $n=4$，有 14 個 (有序) 目錄表 1, 2, 3, 4 的排列可被利用棧法生成出來。我們依據 1 在排列的位置，將它們列在表 10.4 的四欄裡。

○ **表 10.4**

1, 2, 3, 4	2, 1, 3, 4	2, 3, 1, 4	2, 3, 4, 1
1, 2, 4, 3	2, 1, 4, 3	3, 2, 1, 4	2, 4, 3, 1
1, 3, 2, 4			3, 2, 4, 1
1, 3, 4, 2			3, 4, 2, 1
1, 4, 3, 2			4, 3, 2, 1

1) 有五個排列以 1 在第一個位置，因為在 1 被推進棧及被由棧爆出之後，有五個方法使用棧來排列 2, 3, 4。

2) 當 1 在第二個位置時，2 必在第一個位置。這是因為我們將 1 推進 (空) 棧，接著將 2 推進棧的頂端，然後將 2 爆出再將 1 爆出。第二欄有兩個排列，因為 3, 4 在棧中可被以兩種方法排列。

3) 對第三欄我們有 1 在位置三。我們注意唯一可在 1 之前的數為 2 和 3，其在棧中 (以 1 在棧底) 可被以兩種方法排列。接著 1 被爆出，且我們將 4 推進 (空) 棧並再將它爆出。

4) 在最後一欄，我們得到五個排列：我們將 1 推進 (空) 棧的頂端之後，有五個方法使用棧 (以 1 在棧底) 來排列 2, 3, 4，接著 1 被由棧中爆出而完成排列。

基於這些觀察，對 $1 \leq i \leq 4$，令 a_i 計數使用棧來排列整數 1, 2, 3, $\cdots$, i (或任意 i 個連續整數的目錄表) 的方法數。而且，我們定義 $a_0 = 1$，因為僅有一種方法來排列無物，使用棧，則

$$a_4 = a_0a_3 + a_1a_2 + a_2a_1 + a_3a_0,$$

其中

a) 每個被加數 $a_j a_k$ 滿足 $j + k = 3$。

b) 下標 j 告訴我們排列中有 j 個整數在 1 的左邊──特別，對 $j \geq 1$，這些數為由 2 到 $j+1$ 的整數，含兩端。

c) 下標 k 說明在排列中有 k 個整數在 1 的右邊 ── 對 $k \geq 1$，這些數為由 $4-(k-1)$ 到 4 的整數。

對任一 $n \in \mathbf{N}$，這個排列問題現在可被一般化，使得

$$a_{n+1} = a_0 a_n + a_1 a_{n-1} + a_2 a_{n-2} + \cdots + a_{n-1} a_1 + a_n a_0,$$

其中 $a_0 = 1$。由例題 10.42 的結果，我們知道

$$a_n = \frac{1}{(n+1)}\binom{2n}{n}.$$

現在讓我們做最後一個觀察給表 10.4 的所有排列。考慮，例如，排列 3，2，4，1。這個排列是怎麼來的？首先 1 被推進空棧。接著將 2 推進在 1 的上端且接著將 3 推進在 2 的上端。現在 3 被由棧的上端爆出，留下 2 和 1；接著 2 被由棧的頂端爆出，僅留下 1。此刻 4 被推進 1 的頂端且接著被爆出，留下 1 在棧裡。最後，1 被由棧 (的頂端) 爆出，留下空棧。所以排列 3，2，4，1 來自下面四個推及四個爆的序列：

推，推，推，爆，爆，推，爆，爆

現在將每個"推"取代為"1"且將每個"爆"取代為"0"，此得數列

1 1 1 0 0 1 0 0

同理，排列 1，3，4，2 由序列

推，爆，推，推，爆，推，爆，爆

決定出這個對應數列

1 0 1 1 0 1 0 0

事實上，表 10.4 的每個排列產生一個四個 1 及四個 0 的數列。但共有 8!/(4! 4!) = 70 個方法來列出四個 1 及四個 0。這十四個數列有一些特殊性質嗎？是的，當我們對這些數列中的每一個由左看到右時，1 (推) 的個數從未被 0 (爆) 的個數超過 [就像例題 1.43(b)──被由 Catalan 數計數的另

一種情況]。

本節的最後一個例題是和例題 10.17 可比擬的。再次我們看到，我們必須警戒反對沒有一般理論而試著要得一般結果——不管是否有一點特殊情形可建議。

此處我們以 n 個相異物體開始，且對 $n \geq 1$，我們將它們分配至至多 n 個相同容器，但我們不允許任何容器內超過 3 個物體，且我們不關心物體是如何被安排在任一容器裡。令 a_n 計數這些分配的個數，且由圖 10.21，我們看出

例題 10.44

$$a_0 = 1, \quad a_1 = 1, \quad a_2 = 2, \quad a_3 = 5, \quad 且 \quad a_4 = 14.$$

其顯示我們可能有 Catalan 數列的前五項。

不幸地，這個模型破局且我們發現，例如，

$$a_5 = 46 \neq 42 \text{ (第六個 Catalan 數)} \quad 且$$
$$a_6 = 166 \neq 132 \text{ (第七個 Catalan 數)}。$$

(本例的分配係由 F. L. Miksa，L. Moser 及 M. Wyman 研究於參考資料 [22] 裡。)

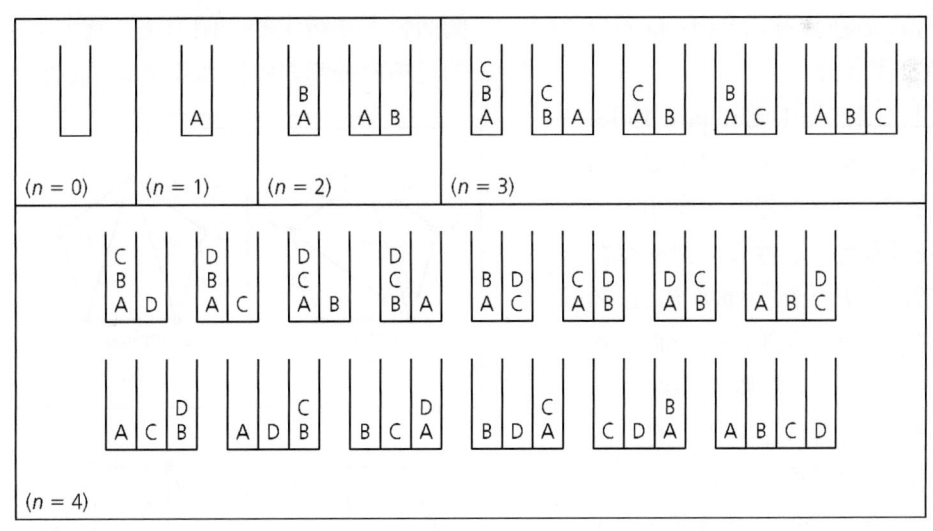

圖 10.21

其它含 Catalan 數的例題可被發現於參考資料的章節裡。

習題 10.5

1. 對例題 10.42 的根有序二元樹形，計算 b_4 並繪出所有這 4 個頂點的結構。

2. 證明對所有 $n \geq 0$，
$$\frac{1}{2}\left(\frac{1}{2n+1}\right)\binom{2n+2}{n+1} = \left(\frac{1}{n+1}\right)\binom{2n}{n}.$$

3. 證明對所有 $n \geq 2$，
$$\binom{2n-1}{n} - \binom{2n-1}{n-2} = \frac{1}{(n+1)}\binom{2n}{n}.$$

4. 下面 1，2，3，4，5，6，7，8 的排列中，何者可使用 (例題 10.43 的) 棧來得到？
   a) 4, 2, 3, 1, 5, 6, 7, 8   b) 5, 4, 3, 6, 2, 1, 8, 7
   c) 4, 5, 3, 2, 1, 8, 6, 7   d) 3, 4, 2, 1, 7, 6, 8, 5

5. 假設整數 1，2，3，4，5，6，7，8 被使用 (例題 10.43 的) 棧來排列。(a) 有多少個排列是可能的？(b) 有多少個排列的 1 在位置四及 5 在位置八？(c) 有多少個排列的 1 在位置六？(d) 有多少個排列以 321 開始？

6. 本習題處理一個首先由 Leonard Euler 所提出的一個問題。這個問題檢視一個已知的 n (≥ 3) 邊凸多邊形，亦即，一個 n 邊多邊形滿足下面性質：對所有在多邊形內部的點 P_1，P_2，連接 P_1 及 P_2 的線段亦位在多邊形內部。給一個 n 邊的凸多邊形，Euler 想計數將多邊形內部三角形分割 (細分成三角形) 的方法數，其分割法係畫不相交的對角線。

   對一個 $n \geq 3$ 邊的凸多邊形，令 t_n 計數將多邊形內部利用畫不相交的對角線來做三角形分割的方法數。

   a) 定義 $t_2 = 1$ 並證明
   $$t_{n+1} = t_2 t_n + t_3 t_{n-1} + \cdots + t_{n-1} t_3 + t_n t_2.$$

   b) 將 t_n 表為 n 的函數。

7. 在圖 10.22 裡，我們有五個以不相交對角線將一個凸多邊形做三角形分割的方法中的兩個。此處我們標示四個邊為 a，b，c，d 並標示五個頂點。在 (i) 中，我們使用邊 a 和 b 上的標示得連接頂點 2 和 4 的對角線之標示 ab。這是因為這個對角線 (標示為 ab)，及邊 a 和 b，提供我們這個凸多邊形三角形分割的內部三角形中的一個三角形。接著對角線 ab 和邊 c 給由頂點 2 和 5 所決定的對角線之標示 $(ab)c$，且標示為 ab，c 及 $(ab)c$ 的邊提供了這個三角形分割的第二個內部三角形。依此法繼續，我們標示連接頂點 1 和 2 的基底為 $((ab)c)d$，其為我們在計算 $abcd$ 時為得三個 (一次兩個數的) 乘積所引進的五個括弧方法數中的一個方法。圖 (ii) 中的三角形分割對應括弧乘積 $(ab)(cd)$。

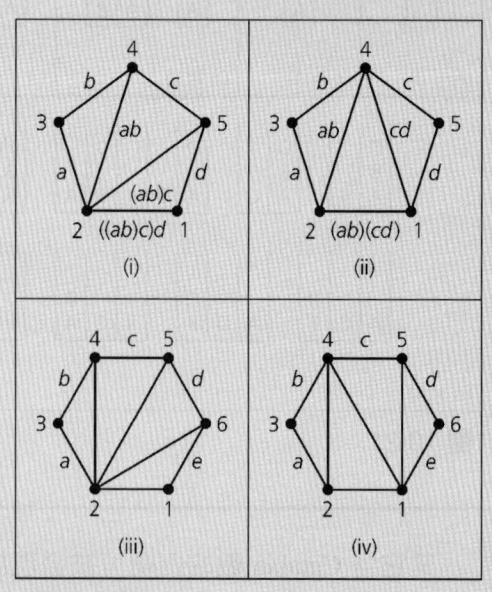

圖 10.22

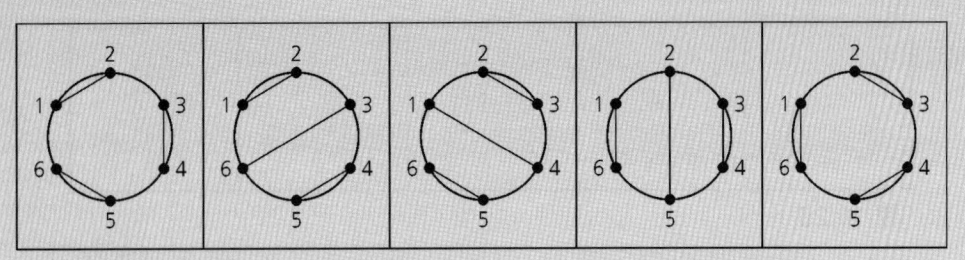

圖 10.23

a) 對其它三個凸多邊形的三角形分割決定含 a, b, c, d 的括弧乘積。

b) 對圖 10.22 (iii) 及 (iv) 中的各個三角形分割凸六邊形，求括弧乘積。

[由 (a)，我們學到有五個方法來括弧表示式 $abcd$ (且有五個方法來三角形分割一個凸多邊形)。(b) 部份說明 14 個可括弧表示式 $abcde$ (及三角形分割一個凸六邊形) 方法中的兩個。一般來講，有 $\frac{1}{n+1}\binom{2n}{n}$ 個方法來括弧表示式 $x_1 x_2 x_3 \cdots x_{n-1} x_n x_{n+1}$。Eugène Charles Catalan 在解這個問題時發現這個數列，所以現在以他的名字來命名這個數列。]

8. 對 $n \geq 0$

$$b_n = \left(\frac{1}{n+1}\right)\binom{2n}{n}$$

是第 n 個 Catalan 數。

a) 證明對所有 $n \geq 0$，

$$b_{n+1} = \frac{2(2n+1)}{(n+2)} b_n.$$

b) 使用(a)之結果寫一個電腦程式 (或開發一個演算法) 來計算前 15 個 Catalan 數。

9. 對 $n \geq 0$，平均分配 $2n$ 個點在圓的圓周上，且依序將這些點標示為整數 $1, 2, 3, \cdots, 2n$。令 a_n 計數將這 $2n$ 個點以一對一對的組成 n 個弦且無兩弦相交的方法數。($n = 3$ 的情形被示於圖 10.23)。求並解一遞迴關係給 a_n，$n \geq 0$。

10. 對 $n \in \mathbf{N}$，使用移動 $N: (x, y) \to (x+1, y+1)$ 及 $S: (x, y) \to (x+1, y-1)$，考慮所有 $(0, 0)$ 到 $(2n, 0)$ 的路徑，其中任何路徑從未落在 x 軸的下方。$n = 3$ 的 5 個路徑 (一般稱為**山值域** (mountain-range)) 被示於圖 10.24。對每個 $n \in \mathbf{N}$，有多少個山值域？(證明您的答案！)

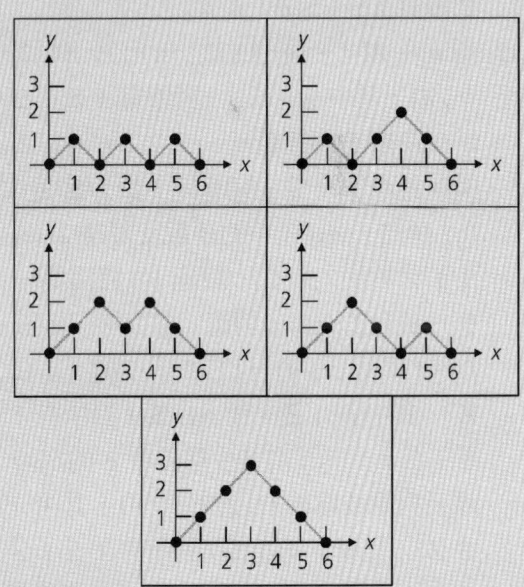

圖 10.24

11. 對 $n \in \mathbf{Z}^+$，令 $f: \{1, 2, \cdots, n\} \to \{1, 2, \cdots, n\}$，其中 f 是單調遞增 [亦即，$1 \leq i < j \leq n \Rightarrow f(i) \leq f(j)$] 且 $f(i) \geq i$ 對所有 $1 \leq i \leq n$。(a) 求五個單調遞增函數

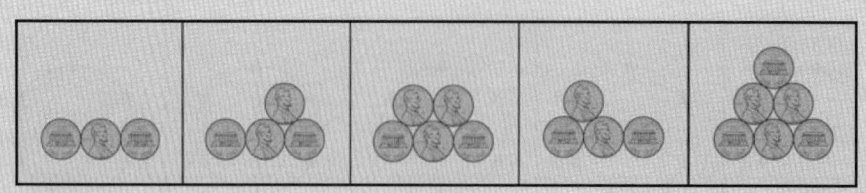

圖 10.25

$f: \{1, 2, 3\} \to \{1, 2, 3\}$，其中 $f(i) \geq i$ 對所有 $1 \leq i \leq 3$。(b) 利用 (a) 的函數圖形建立一個和路徑 $(0, 0)$ 到 $(3, 3)$ 的一對一對應，其中使用移動 R：$(x, y) \to (x+1, y)$，U：$(x, y) \to (x, y+1)$，且每一個路徑從未落在直線 $y=x$ 的下方。(讀者可檢查 1.5 節的習題 3。) (c) 若將 (b) 中的路徑順時針方向旋轉 $45°$，則我們發現什麼結果？(d) 有多少個單調遞增函數 f 的定義域及對應域均為 $\{1, 2, 3, \cdots, n\}$，其中 $n \in \mathbf{Z}^+$，且滿足 $f(i) \geq i$ 對所有 $1 \leq i \leq n$？

12. 對 $n \in \mathbf{Z}^+$，令 $g: \{1, 2, \cdots, n\} \to \{1, 2, \cdots, n\}$，其中 $g(i) \leq i$，對所有 $1 \leq i \leq n$。(a) 求 5 個函數 $g: \{1, 2, 3\} \to \{1, 2, 3\}$，其中 $g(i) \leq i$ 對所有 $1 \leq i \leq 3$。(b) 建立一個 (a) 中的函數及習題 11(a) 中的函數間的一對一對應 [你將需要一個一般化的一對一對應，當你檢視函數 $f, g\{1, 2, \cdots, n\} \to \{1, 2, \cdots, n\}$，$n \in \mathbf{Z}^+$，其中 $f(i) \geq i$ 且 $g(i) \leq i$ 對所有 $1 \leq i \leq n$。] (c) 有多少個函數 g 的定義域及對應域均為 $\{1, 2, 3, \cdots, n\}$，其中 $n \in \mathbf{Z}^+$，且滿足 $g(i) \leq i$ 對所有 $1 \leq i \leq n$？

13. 對 $n \in \mathbf{N}$，考慮一個連續的 n 個分錢列的分錢安排。每個不在 (n 個分錢的) 底列的分錢有兩個分錢在其下面，且不關心出現頭或尾。$n=3$ 的情形被示於圖 10.25。有多少個此類安排給一個連續的 n 個分錢列，$n \in \mathbf{N}$？

14. 對 $n \in \mathbf{N}$，令 s_n 計數吾人可由 $(0, 0)$ 走到 (n, n) 的方法數，其中使用移動 R：$(x, y) \to (x+1, y)$，U：$(x, y) \to (x, y+1)$，D：$(x, y) \to (x+1, y+1)$，且路徑從未上升到直線 $y=x$ 的上方。(a) 求 s_2。(b) s_2 和 Catalan 數 b_0, b_1, b_2 有何關係？(c) s_3 和 b_0, b_1, b_2, b_3 有何關係？s_3 是多少？(d) 對 $n \in \mathbf{N}$，s_n 和 $b_0, b_1, b_2, \cdots, b_n$ 有何關係？(數 $s_0, s_1, s_2, \cdots$ 為著名的 Schröder 數。)

15. 一個一對一函數 $f: \{1, 2, 3, \cdots, n\} \to \{1, 2, 3, \cdots, n\}$ 經常被稱為是一個排列。此一排列被稱為上升/落下排列當 $f(1) < f(2), f(2) > f(3), f(3) < f(4), \cdots$。例如，若 $n=4$，有五個排列 1324 (其中 $f(1)=1, f(2)=3, f(3)=2, f(4)=4$)，1423，2314，2413 及 3412 為上升/落下排列 (對 1, 2, 3, 4)。這個我們以 $E_4=5$ 表示，其中，一般來講，E_n 計數 $1, 2, 3, \cdots, n$ 的上升/落下排列的個數。數 $E_0, E_1, E_2, E_3, \cdots$ 被稱 Euler 數 (勿跟例題 4.21 的 Eulerian 數搞混)。我們定義 $E_0=1$ 且發現 $E_1=1, E_2=1$。

a) 求 $1, 2, 3$ 的所有上升/落下排列並求 E_3。

b) 求 $1, 2, 3, 4, 5$ 的所有上升/落下排列並求 E_5。

c) 解釋為何在 $1, 2, 3, \ldots, n$ 的每個上升/落下排列裡，我們發現 n 在位置 $2i$ 對某些 $1 \le i \le \lfloor n/2 \rfloor$，若 $n > 1$。

d) 對 $n \ge 2$ 證明

$$E_n = \sum_{i=1}^{\lfloor n/2 \rfloor} \binom{n-1}{2i-1} E_{2i-1} E_{n-2i}, \quad E_0 = E_1 = 1.$$

e) 在 $1, 2, 3, \ldots, n$ 的上升/落下排列中，1 在那個位置？

f) 對 $n \ge 1$，證明

$$E_n = \sum_{i=0}^{\lfloor (n-1)/2 \rfloor} \binom{n-1}{2i} E_{2i} E_{n-2i-1}, \quad E_0 = 1.$$

g) 證明對 $n \ge 2$

$$E_n = \left(\frac{1}{2}\right) \sum_{i=0}^{n-1} \binom{n-1}{i} E_i E_{n-i-1}, \quad E_0 = E_1 = 1$$

h) 使用 (g) 之結果求 E_6 及 E_7。

i) 求 $f(x) = \sec x + \tan x$ 的 Maclaurin 級數展開式。猜想 (不需證明) 一個數列使得函數 $f(x)$ 為這個數列的指數生成函數。

10.6 分割及克服演算法 (可選擇的)†

最重要的且廣被應用的有效率演算法類型之一的是基於一個**分割及克服** (divide-and-conquer) 法。此處之技巧，一般來講，係以

1) 對一個小的 n 值直接解問題 (這個提供所得的遞迴關係一個初始條件)。
2) 將大小為 n 的一般問題打破成 a 個同型態但較小的問題且 (大約) 同大小──不是 $\lceil n/b \rceil$ 就是 $\lfloor n/b \rfloor$‡，其中 $a, b \in \mathbf{Z}^+$ 且 $1 \le a < n$ 及 $1 < b < n$。

之法來解一個已知的大小為 n ($n \in \mathbf{Z}^+$) 的問題，接著我們解 a 個較小的問題，並使用它們的解來構造一個解給大小為 n 的原始問題。我們將特別喜歡 n 為 b 的冪次且 $b = 2$ 的情形。

我們將研究那些分割及克服演算法，其中

---

† 本節教材可被跳過而不失連續性。它將被使用在 12.3 節以求合併分類演算法的時間-複雜度函數。然而，那裡的結果亦可利用另外方法對一特殊的合併分類情形來得到，而不必使用本節所發展的教材。

‡ $\forall x \in \mathbf{R}$，記得 $\lceil x \rceil$ 表 x 的**天花板函數** (ceiling) 且 $\lfloor x \rfloor$ 表 x 的**樓梯函數** (floor)，或 x 的最大整數，其中

a) $\lfloor x \rfloor = \lceil x \rceil = x$，對 $x \in \mathbf{Z}$。
b) $\lfloor x \rfloor =$ 緊在 x 左邊的整數，對 $x \in \mathbf{R} - \mathbf{Z}$。
c) $\lceil x \rceil =$ 緊在 x 右邊的整數，對 $x \in \mathbf{R} - \mathbf{Z}$。

1) 解大小為 $n=1$ 的初始問題的時間是一個常數 $c \geq 0$，且
2) 將大小為 n 的已知問題打破成 a 個較小 (相似) 問題的時間，加上將這些較小問題的解答組成已知問題之一解答的時間，為 $h(n)$，n 的一個函數。

此處我們真正關心的是這些演算法的時間-複雜度函數 $f(n)$。因此，此處我們將使用記號 $f(n)$，代替下標記號 a_n——本章稍早幾節所使用的。

現在已被敘述的條件引出下面遞迴關係

$$f(1) = c,$$
$$f(n) = af(n/b) + h(n), \quad 對 n = b^k, \quad k \geq 1.$$

我們注意 f 的定義域是 $\{1, b, b^2, b^3, \cdots\} = \{b^i | i \in \mathbf{N}\} \subset \mathbf{Z}^+$。

在我們的第一個結果裡，這個遞迴關係的解被導出給 $h(n)$ 為常數 c 的情形。

定理 10.1 令 a，b，$c \in \mathbf{Z}^+$，其中 $b \geq 2$ 且令 $f: \mathbf{Z}^+ \to \mathbf{R}$。若

$$f(1) = c, \quad 且$$
$$f(n) = af(n/b) + c, \quad 對 n = b^k, \quad k \geq 1,$$

則對所有 $n = 1$，b，b^2，b^3，$\cdots$

1) $f(n) = c(\log_b n + 1)$，當 $a = 1$，且
2) $f(n) = \dfrac{c(an^{\log_b a} - 1)}{a - 1}$，當 $a \geq 2$.

證明： 對 $k \geq 1$ 且 $n = b^k$，我們寫下面 k 的方程式的方程組。[從第二個方程式開始，我們由每個方程式的直接前一個方程式得該方程式，其方法係 (i) 將前一個方程式裡的每個 n 取代為 n/b 且 (ii) 將 (i) 中所得的方程式乘以 a。]

$$f(n) = af(n/b) + c$$
$$af(n/b) = a^2 f(n/b^2) + ac$$
$$a^2 f(n/b^2) = a^3 f(n/b^3) + a^2 c$$
$$\vdots \quad \vdots \quad \vdots$$
$$a^{k-2} f(n/b^{k-2}) = a^{k-1} f(n/b^{k-1}) + a^{k-2} c$$
$$a^{k-1} f(n/b^{k-1}) = a^k f(n/b^k) + a^{k-1} c$$

我們看到 $af(n/b)$，$a^2 f(n/b^2)$，$\cdots$，$a^{k-1} f(n/b^{k-1})$ 各項在這些方程式的左邊及右邊各出現一次做為一個被加數。因此，將 k 的方程式的兩邊相加並消

去這些相同的被加數,我們得

$$f(n) = a^k f(n/b^k) + [c + ac + a^2 c + \cdots + a^{k-1} c].$$

因為 $n = b^k$ 且 $f(1) = c$,我們有

$$f(n) = a^k f(1) + c[1 + a + a^2 + \cdots + a^{k-1}]$$
$$= c[1 + a + a^2 + \cdots + a^{k-1} + a^k].$$

1) 若 $a = 1$,則 $f(n) = c(k+1)$。但 $n = b^k \Leftrightarrow \log_b n = k$,所以 $f(n) = c(\log_b n + 1)$,對 $n \in \{b^i | i \in \mathbf{N}\}$。

2) 當 $a \geq 2$,則 $f(n) = \dfrac{c(1 - a^{k+1})}{1 - a} = \dfrac{c(a^{k+1} - 1)}{a - 1}$,由表 9.2 恒等式 4 現在 $n = b^k \Leftrightarrow \log_b n = k$,所以

$$a^k = a^{\log_b n} = (b^{\log_b a})^{\log_b n} = (b^{\log_b n})^{\log_b a} = n^{\log_b a},$$

且

$$f(n) = \frac{c(an^{\log_b a} - 1)}{(a - 1)}, \qquad 對 n \in \{b^i | i \in \mathbf{N}\}.$$

例題 10.45

a) 令 $f: \mathbf{Z}^+ \to \mathbf{R}$,其中

$$f(1) = 3, \quad 且$$
$$f(n) = f(n/2) + 3, \qquad 對 n = 2^k, \quad k \in \mathbf{Z}^+。$$

所以由定理 10.1 的 (1),其中 $c = 3$,$b = 2$ 且 $a = 1$,得 $f(n) = 3(\log_2 n + 1)$ 對 $n \in \{1, 2, 4, 8, 16, \ldots\}$。

b) 假設 $g : \mathbf{Z}^+ \to \mathbf{R}$ 具

$$g(1) = 7 且$$
$$g(n) = 4g(n/3) + 7, \qquad 對 n = 3^k, \quad k \in \mathbf{Z}^+。$$

則以 $c = 7$,$b = 3$ 及 $a = 4$,定理 10.1 的 (2) 蘊涵 $g(n) = (7/3)(4n^{\log_3 4} - 1)$,當 $n \in \{1, 3, 9, 27, 81, \ldots\}$。

c) 最後,考慮 $h : \mathbf{Z}^+ \to \mathbf{R}$,其中

$$h(1) = 5, \quad 且$$
$$h(n) = 7h(n/7) + 5, \qquad 對 n = 7^k, \quad k \in \mathbf{Z}^+。$$

再次使用定理 10.1 的 (2),此次以 $a = b = 7$ 且 $c = 5$。這裡我們學到 $h(n) = (5/6)(7n^{\log_7 7} - 1) = (5/6)(7n - 1)$ 對 $n \in \{1, 7, 49, 343, \ldots\}$。

考慮定理 10.1，我們必須不幸地明白雖然我們知道 f 對 $n \in \{1, b, b^2, \ldots\}$ 的狀況，但我們不能知道 f 對 $\mathbf{Z}^+ - \{1, b, b^2, \ldots\}$ 中整數的函數值。所以此刻我們不能以時間、複雜性函數來處理 f 的概念。欲克服這個，我們現在一般化定義 5.23，其中函數優控的概念首先被介紹。

定義 10.1　令 $f, g: \mathbf{Z}^+ \to \mathbf{R}$，且 S 為 $\mathbf{Z}^+$ 的無限子集合。我們說 g 在 S 上優控 f 或 f 在 S 上被 g 優控若存在常數 $m \in \mathbf{R}^+$ 且 $k \in \mathbf{Z}^+$ 滿足 $|f(n)| \le m|g(n)|$ 對所有 $n \in S$，其中 $n \ge k$。

在這些條件下，我們亦稱 $f \in O(g)$ 在 S 上。

例題 10.46　令 $f: \mathbf{Z}^+ \to \mathbf{R}$ 被定義使得

$$f(n) = n, \quad 對 n \in \{1, 3, 5, 7, \ldots\} = S_1,$$
$$f(n) = n^2, \quad 對 n \in \{2, 4, 6, 8, \ldots\} = S_2.$$

則 $f \in O(n)$ 在 S_1 上且 $f \in O(n^2)$ 在 S_2 上。然而，我們不能結論 $f \in O(n)$。

例題 10.47　由例題 10.45，現在由定義 10.1 得

a) $f \in O(\log_2 n)$ 在 $\{2^k | k \in \mathbf{N}\}$ 上　　　　b) $g \in O(n^{\log_3 4})$ 在 $\{3^k | k \in \mathbf{N}\}$ 上
c) $h \in O(n)$ 在 $\{7^k | k \in \mathbf{N}\}$ 上

使用定義 10.1，我們現在考慮下面的系理給定理 10.1。第一個系理是例題 10.47 之前兩個結果的一般化。

系理 10.1　令 $a, b, c \in \mathbf{Z}^+$ 具 $b \ge 2$ 且令 $f: \mathbf{Z}^+ \to \mathbf{R}$ 若

$$f(1) = c, \quad 且$$
$$f(n) = af(n/b) + c, \quad 對 n = b^k, \quad k \ge 1,$$

則

1) $f \in O(\log_b n)$ 在 $\{b^k | k \in \mathbf{N}\}$ 上，當 $a = 1$，且
2) $f \in O(n^{\log_b a})$ 在 $\{b^k | k \in \mathbf{N}\}$ 上，當 $a \ge 2$。

證明：證明留給讀者作為習題。

第二個系理將定理 10.1 的等號改為不等號。因此，f 的對應域必被由 $\mathbf{R}$ 限制為 $\mathbf{R}^+ \cup \{0\}$。

系理 10.2　對 a，b，$c \in \mathbf{Z}^+$ 具 $b \geq 2$，令 $f: \mathbf{Z}^+ \to \mathbf{R}^+ \cup \{0\}$。若

$$f(1) \leq c, \quad \text{且}$$
$$f(n) \leq af(n/b) + c, \quad \text{對 } n = b^k, \quad k \geq 1,$$

則對所有 $n = 1$，b，b^2，b^3，$\cdots$

1) $f \in O(\log_b n)$，當 $a = 1$，且
2) $f \in O(n^{\log_b a})$，當 $a \geq 2$。

證明： 考慮函數 $g: \mathbf{Z}^+ \to \mathbf{R}^+ \cup \{0\}$，其中

$$g(1) = c, \quad \text{且}$$
$$g(n) = ag(n/b) + c, \quad \text{對 } n \in \{1, b, b^2, \ldots\}.$$

由系理 10.1

$$g \in O(\log_b n) \quad \text{在} \quad \{b^k | k \in \mathbf{N}\} \text{上，當 } a = 1，\text{且}$$
$$g \in O(n^{\log_b a}) \quad \text{在} \quad \{b^k | k \in \mathbf{N}\} \text{上，當 } a \geq 2。$$

我們要求 $f(n) \leq g(n)$ 對所有 $n \in \{1, b, b^2, \cdots\}$。欲證明我們的要求，我們對 k 做歸納，其中 $n = b^k$。若 $k = 0$，則 $n = b^0 = 1$ 且 $f(1) \leq c = g(1)$，所以第一個情形的結果為真。假設結果對某些 $t \in \mathbf{N}$ 為真，我們有 $f(n) = f(b^t) \leq g(b^t) = g(n)$，對 $n = b^t$。則對 $k = t+1$ 且 $n = b^k = b^{t+1}$，我們發現

$$f(n) = f(b^{t+1}) \leq af(b^{t+1}/b) + c = af(b^t) + c \leq ag(b^t) + c = g(b^{t+1}) = g(n).$$

因此，由數學歸納法原理得 $f(n) \leq g(n)$ 對所有 $n \in \{1, b, b^2, \cdots\}$。因此，$f \in O(g)$ 在 $\{b^k | k \in \mathbf{N}\}$ 上，且由於早先對 g 的敘述，系理成立。

至今，我們的分割及克服演算法的研究已被卓越的理論化。現在是我們該給例題的時候了，其中這些概念可被應用。下面結果將證實我們早先的例題之一。

例題 10.48　對 $n = 1$，2，4，8，16，$\cdots$，令 $f(n)$ 計數比較的次數，其被用來求集合 $S \subset \mathbf{R}$ 中的最大及最小元素所需做的比較，其中 $|S| = n$ 且例題 10.30 裡的程序被使用。

若 $n = 1$，則最大及最小元素為相同元素。因此，沒有比較是必要的且 $f(1) = 0$。

若 $n > 1$，則 $n = 2^k$ 對某些 $k \in \mathbf{Z}^+$，且我們將 S 分割為 $S_1 \cup S_2$，其中 $|S_1| = |S_2| = n/2 = 2^{k-1}$。它需 $f(n/2)$ 個比較來求最大元素 M_i 及最小元素 m_i，對每個子集合 S_i，$i = 1$，2。對 $n \geq 4$，知道 m_1，M_1，m_2 及 M_2，我們

則比較 m_1 和 m_2 及 M_1 和 M_2 來求 S 的最大及最小元素。因此，

$$f(n) = 2f(n/2) + 1, \quad \text{當 } n = 2, \quad \text{且}$$
$$f(n) = 2f(n/2) + 2, \quad \text{當 } n = 4, 8, 16, \ldots.$$

不幸地，這些結果不提供定理 10.1 的假設。然而，若我們將方程式改為不等式

$$f(1) \leq 2$$
$$f(n) \leq 2f(n/2) + 2, \quad \text{對 } n = 2^k, \quad k \geq 1,$$

則由系理 10.2 時間-複雜度函數 $f(n)$，由這個遞迴程序所做的比較次數來測度，滿足 $f \in O(n^{\log_2 2}) = O(n)$，對所有 $n = 1, 2, 4, 8, \ldots$。

我們甚至可進一步檢視本例和例題 10.30 之間的關係。由早先的結果，我們知道若 $|S| = n = 2^k$, $k \geq 1$，則用來求 S 的最大及最小元素所需的比較次數 $f(n)$ 為 $(3/2)(2^k) - 2$。(注意：我們這裡的敘述將例題 10.30 的變數 n 取代為變數 k。)

因為 $n = 2^k$，我們發現我們現在可寫

$$f(1) = 0$$
$$f(n) = f(2^k) = (3/2)(2^k) - 2 = (3/2)n - 2, \quad \text{對 } n = 2, 4, 8, 16, \ldots.$$

因此 $f \in O(n)$ 對 $n \in \{2^k | k \in \mathbf{N}\}$，正如上面使用系理 10.2 所得的。

我們的所有結果需要 $n = b^k$，對某些 $k \in \mathbf{N}$，所以自然的會問是否我們可做任何事當 n 被允許為一個任意正整數時。欲找答案，我們介紹下面概念。

定義 10.2 函數 $f : \mathbf{Z}^+ \to \mathbf{R}^+ \cup \{0\}$ 被稱為是**單調遞增的** (monotone increasing)，若對所有 $m, n \in \mathbf{Z}^+$, $m < n \Rightarrow f(m) \leq f(n)$。

這個允許我們考慮對所有 $n \in \mathbf{Z}^+$ 的結果——在某種環境之下。

定理 10.2 令 $f : \mathbf{Z}^+ \to \mathbf{R}^+ \cup \{0\}$ 為單調遞增，且令 $g : \mathbf{Z}^+ \to \mathbf{R}$。對 $b \in \mathbf{Z}^+$, $b \geq 2$，假設 $f \in O(g)$ 對所有 $n \in S = \{b^k | k \in \mathbf{N}\}$。在這些條件之下，

 a) 若 $g \in O(\log n)$，則 $f \in O(\log n)$。
 b) 若 $g \in O(n \log n)$，則 $f \in O(n \log n)$。
 c) 若 $g \in O(n^r)$，則 $f \in O(n^r)$，對 $r \in \mathbf{R}^+ \cup \{0\}$。

證明：我們將證明 (a)，而將 (b) 和 (c) 留作為本節習題。在開始之前，我們應注意 (a) 及 (b) 中的對數函數之基底為大於 1 的任意正實數。

因為 $f \in O(g)$ 在 S 上，且 $g \in O(\log n)$，我們至少有 $f \in O(\log n)$ 在 S 上。因此，由定義 10.1，存在常數 $m \in \mathbf{R}^+$ 及 $s \in \mathbf{Z}^+$ 滿足 $f(n) = |f(n)| \leq m|\log n| = m \log n$ 對所有 $n \in S$，$n \geq s$。我們需找一個常數 $M \in \mathbf{R}^+$ 使得 $f(n) \leq M \log n$ 對所有 $n \geq s$，不僅對那些 $n \in S$。

首先讓我們同意選 s 足夠大使得 $\log s \geq 1$。現在令 $n \in \mathbf{Z}^+$，其中 $n \geq s$ 但 $n \notin S$。則存在 $k \in \mathbf{Z}^+$ 滿足 $s \leq b^k < n < b^{k+1}$。因為 f 是單調遞增且為正的，

$$\begin{aligned} f(n) &\leq f(b^{k+1}) \leq m \log(b^{k+1}) = m[\log(b^k) + \log b] \\ &= m \log(b^k) + m \log b \\ &< m \log(b^k) + m \log b \log(b^k) \\ &= m(1 + \log b) \log(b^k) \\ &< m(1 + \log b) \log n. \end{aligned}$$

所以，以 $M = m(1 + \log b)$，我們發現對所有 $n \in \mathbf{Z}^+ - S$，若 $n \geq s$ 則 $f(n) < M \log n$。因此，$f(n) \leq M \log n$ 對所有 $n \in \mathbf{Z}^+$，其中 $n \geq s$，且 $f \in O(\log n)$。

我們現在將使用定理 10.2 的結果，來決定時間-複雜度函數 $f(n)$ 給一個搜尋演算法，此演算法為著名的**二元搜尋** (binary search)。

在例題 5.70，我們分析了一個演算法，其中我們搜尋一個整數陣列 a_1，a_2，a_3，$\cdots$，a_n 中一個叫做**鍵** (key) 的特別整數之存在。當時陣列元素不以任何特別順位來給，所以我們僅簡單的拿鍵值和陣列元素 a_1，a_2，a_3，$\cdots$，a_n 的值做比較。這個將非常沒有效率，然而，若我們知道 $a_1 < a_2 < a_3 < \cdots < a_n$。(畢竟，要找某特定人士的電話號碼，吾人不會從第一頁開始並逐次檢視每個名字的方式來搜尋電話簿。姓氏的字母順位被用來加速搜尋過程。) 讓我們來看一個特別的例題。

考慮整數陣列 a_1，a_2，a_3，$\cdots$，a_7，其中 $a_1 = 2$，$a_2 = 4$，$a_3 = 5$，$a_4 = 7$，$a_5 = 10$，$a_6 = 17$ 及 $a_7 = 20$，且令鍵 $= 9$。我們搜尋這個陣列如下： | **例題 10.49**

1) 將鍵和陣列的中間值，此處為 $a_4 = 7$，做比較。因為鍵 $> a_4$，我們現在集中注意剩下的子陣列 a_5，a_6，a_7 中的元素。
2) 現在比較鍵和中間元素 a_6。因為鍵 $= 9 < 17 = a_6$，我們現在回到 (a_5，a_6，a_7 的) 子陣列，該子陣列的元素均小於 a_6。這裡僅有元素 a_5。
3) 將鍵和 a_5 做比較，我們發現鍵 $\neq a_5$，所以鍵不在所給的陣列 a_1，a_2，

a_3,⋯,a_7 中。

由例題 10.49 之結果,我們對一般 (有序) 整數 (或實數) 陣列做下面之觀察。令 a_1,a_2,a_3,⋯,a_n 表已知陣列,且令鍵表我們正要搜尋的整數 (或實數)。不像例題 5.70 中的陣列,這裡

$$a_1 < a_2 < a_3 < \cdots < a_n.$$

1) 首先我們將鍵值和陣列中間元素或靠近中間之元素做比較。這個元素是 $a_{(n+1)/2}$ 當 n 為奇數時,或是 $a_{n/2}$ 當 n 為偶數時。

不管 n 是偶數或是奇數,下標為 $c = \lfloor (n+1)/2 \rfloor$ 的陣列元素為中間或靠近中間的元素。注意此刻 1 是陣列下標中最小的下標,而 n 是最大的下標。

2) 若鍵為 a_c,我們就完成了。若否,則

a) 若鍵超過 a_c,我們搜尋 (以這個分割法) 子陣列 a_{c+1},a_{c+2},⋯,a_n。

b) 若鍵小於 a_c,則應用分割法來搜尋子陣列 a_1,a_2,⋯,a_{c-1}。

前面之觀察已被用來發展圖 10.26 的擬編碼程序。這裡的輸入為一個有序的整數 (或實數) 陣列 a_1,a_2,a_3,⋯,a_n,以遞增順序,正整數 n (給陣列的元素個數),及整變數鍵 (key) 的值,若陣列元素為整數 (實數),則 key 應為整數 (實數)。變數 s 和 l 為整變數被用來儲存被搜尋的陣列或子陣列的下標中之最小及最大下標。整變數 c 儲存陣列 (子陣列) 元素在陣列 (子陣列) 的中間或靠近中間的指標。一般來講,$c = \lfloor (s+l)/2 \rfloor$。整變數 location 儲存 key 所在位置的陣列元素下標;location 的值為 0,當 key 不在所給陣列裡。

我們想測度 (最差情形) 時間複雜度給圖 10.26 所執行的演算法。這裡 $f(n)$ 將計數最大的比較次數 (鍵值和 a_c 之間),以決定所給的鍵值 (key) 是否出現在有序陣列 a_1,a_2,a_3,⋯,a_n 中。

- 對 $n=1$,key 和 a_1 做比較,且 $f(1)=1$。
- 當 $n=2$,最差情形是 key 和 a_1 先做比較,接著再和 a_2 比較,所以 $f(2)=2$。
- $n=3$ 時,$f(3)=2$ (在最差情形)。
- $n=4$ 時,最差情形發生當 key 首先和 a_2 比較且接著 a_3,a_4 的一個二元搜尋。搜尋 a_3,a_4 需要 (在最差情形) $f(2)$ 個比較。所以 $f(4)=1+f(2)=3$。

```
procedure 二元搜尋(n：正整數；key, a_1, a_2, a_3, ..., a_n：整數)
begin
s := 1    {被搜尋子陣列的最小下標}
l := n    {被搜尋子陣列的最大下標}
location := 0
while s ≤ l do
  begin
    c := ⌊(s + l)/2⌋
    if key = a_c then
      begin
        location := c
        s := l + 1
      end
    else if key < a_c then
      l := c - 1
    else s := c + 1
  end
end
```

● 圖 10.26

此刻我們看到 $f(1) \leq f(2) \leq f(3) \leq f(4)$，且我們猜想 f 是一個單調遞增函數。欲證明這個，我們將使用數學歸納法原理的替代型。這裡我們假設對所有 $i, j \in \{1, 2, 3, \cdots, n\}$，$i < j \Rightarrow f(i) \leq f(j)$。現在考慮整數 $n+1$。我們有兩種情形需檢視。

1) $n+1$ 為奇數：這裡我們寫 $n=2k$ 且 $n+1=2k+1$，對某些 $k \in \mathbf{Z}^+$。在最差情形，$f(n+1)=f(2k+1)=1+f(k)$，其中 1 計數 key 和 a_{k+1} 的比較，且 $f(k)$ 計數在子陣列 a_1，a_2，$\cdots$，a_k 或子陣列 a_{k+2}，a_{k+3}，$\cdots$，a_{2k+1} 的二元搜尋中所需的 (最大) 比較次數。

現在 $f(n)=f(2k)=1+\max\{f(k-1), f(k)\}$。因為 $k-1, k<n$，由歸納法假設我們有 $f(k-1) \leq f(k)$，所以 $f(n) = 1+f(k)=f(n+1)$。

2) $n+1$ 為偶數：此刻我們有 $n+1=2r$，對某些 $r \in \mathbf{Z}^+$，且在最差情形，$f(n+1)=1+\max\{f(r-1), f(r)\}=1+f(r)$，由歸納法假設。因此，

$$f(n) = f(2r-1) = 1 + f(r-1) \leq 1 + f(r) = f(n+1).$$

因此，函數 f 是單調遞增。

現在是使用函數 $f(n)$ 來決定最差情形時間-複雜度給二元搜尋演算法的時候。因為

$$f(1) = 1, \quad 且$$

$$f(n) = f(n/2) + 1, \quad 對 n = 2^k, \quad k \geq 1,$$

由定理 10.1 (以 $a=1$，$b=2$ 及 $c=1$) 得

$$f(n) = \log_2 n + 1, \quad 且 \quad f \in O(\log_2 n) \quad 對 n \in \{1, 2, 4, 8, \ldots\}.$$

但由於 f 單調遞增，由定理 10.2 得 $f \in O(\log_2 n)$ (對所有 $n \in \mathbf{Z}^+$)。因此，二元搜尋是一個 $O(\log_2 n)$ 演算法，而例題 5.70 的搜尋演算法是 $O(n)$。因此，當 n 值增加時，二元搜尋是個更有效率的演算法——但它需要陣列是有序的額外條件。

　　本節介紹了一些研究分割及克服演算法的基本概念。它亦擴大首先介紹在 5.7 及 5.8 節之計算複雜度及演算法分析上的材料。

　　本節習題包含一些本節所發展的結果之擴充。讀者若想進一步追逐這個主題應找找參考資料中有用及有趣的章節。

習題 10.6

1. 對下面各個 $f: \mathbf{Z}^+ \to \mathbf{R}$。解和已知集合 S 有關的 $f(n)$，並求合適的"大 O"型給 f 在 S 上。
   a) $f(1) = 5$
   $f(n) = 4f(n/3) + 5, \quad n = 3, 9, 27, \ldots$
   $S = \{3^i | i \in \mathbf{N}\}$
   b) $f(1) = 7$
   $f(n) = f(n/5) + 7, \quad n = 5, 25, 125, \ldots$
   $S = \{5^i | i \in \mathbf{N}\}$

2. 令 a，b，$c \in \mathbf{Z}^+$ 且 $b \geq 2$ 且令 $d \in \mathbf{N}$。證明遞迴關係
   $f(1) = d$
   $f(n) = af(n/b) + c, \quad n = b^k, \quad k \geq 1$
   的解滿足
   a) $f(n) = d + c \log_b n$，對 $n = b^k$，$k \in \mathbf{N}$，當 $a = 1$。
   b) $f(n) = dn^{\log_b a} + (c/(a-1))[n^{\log_b a} - 1]$，對 $n = b^k$，$k \in \mathbf{N}$，當 $n \geq 2$。

3. 對習題 2 的 (a) 和 (b)，求合適的"大 O"型給 f 在 $\{b^k | k \in \mathbf{N}\}$ 上。

4. 對下面各個 $f: \mathbf{Z}^+ \to \mathbf{R}$。解和已知集合 S 有關的 $f(n)$，並求合適的"大 O"型給 f 在 S 上。
   a) $f(1) = 0$
   $f(n) = 2f(n/5) + 3, \quad n = 5, 25, 125, \ldots$
   $S = \{5^i | i \in \mathbf{N}\}$
   b) $f(1) = 1$
   $f(n) = f(n/2) + 2, \quad n = 2, 4, 8, \ldots$
   $S = \{2^i | i \in \mathbf{N}\}$

5. 考慮一個有 n 個選手的網球賽，其中 $n = 2^k$，$k \in \mathbf{Z}^+$。在第一輪有 $n/2$ 個配對賽，且有 $n/2$ 個勝利者晉級至第二輪，其中有 $n/4$ 個配對賽。這個二等分法繼續，直到一個贏家出現。
   a) 對 $n = 2^k$，$k \in \mathbf{Z}^+$，令 $f(n)$ 計數競賽中配對賽的總次數。求並解遞迴關係給 $f(n)$，其中 $f(n)$ 之型為
   $f(1) = d$
   $f(n) = af(n/2) + c, \quad n = 2, 4, 8, \ldots,$
   其中 a，c 及 d 為常數。
   b) 證明您在 (a) 中之答案亦可解遞迴關係

$$f(1) = d$$
$$f(n) = f(n/2) + (n/2), \quad n = 2, 4, 8, \ldots.$$

6. 完成系理 10.1 及定理 10.2 的 (b) 和 (c) 之證明。

7. 二元搜尋的最佳情形時間-複雜度函數是什麼？

8. (a) 修正例題 10.48 的程序如下：對任一 $S \subset \mathbf{R}$，其中 $|S|=n$，分割 S 為 $S_1 \cup S_2$，其中 $|S_1|=|S_2|$，當 n 為偶數，且 $|S_1|=1+|S_2|$，當 n 為奇數。證明 $f(n)$ 計數 (在這個程序中) 求 S 的最大及最小元素時所需的比較次數，則 f 是一個單調遞增函數。

b) (a) 中之函數 f 合適的 "大 O" 型是什麼？

9. 在系理 10.2，我們關心找合適的 "大 O" 型給函數 $f: \mathbf{Z}^+ \to \mathbf{R}^+ \cup \{0\}$，其中
$$f(1) \leq c, \quad 對 c \in \mathbf{Z}^+$$
$$f(n) \leq af(n/b) + c,$$
對 $a, b \in \mathbf{Z}^+$ 且 $b \geq 2$ 及 $n = b^k, k \in \mathbf{Z}^+$。此處第二個不等式的常數 c 被解釋為將大小為 n 的已知問題打破成 a 個較小 (相似) 大小為 n/b 的問題，及將這些較小問題的 a 個解組合以得大小為 n 的原始問題之解的總時間量。現在我們將檢視一個情況，其中這個時間量不再是常數而是和 n 有關。

a) 令 $a, b, c \in \mathbf{Z}^+$，具有 $b \geq 2$。令 $f: \mathbf{Z}^+ \to \mathbf{R}^+ \cup \{0\}$ 為一單調遞增函數，其中
$$f(1) \leq c$$
$$f(n) \leq af(n/b) + cn, \quad 對 n = b^k, k \in \mathbf{Z}^+$$
使用一個類似定理 10.1 所給的 (等式) 結果之一的理論，證明對所有 $n = 1, b, b^2, b^3, \ldots$。

$$f(n) \leq cn \sum_{i=0}^{k} (a/b)^i.$$

b) 使用 (a) 之結果證明 $f \in O(n \log n)$，其中 $a = b$。(這裡的 log 函數之底為大於 1 的任一實數。)

c) 當 $a \neq b$，證明 (a) 蘊涵
$$f(n) \leq \left(\frac{c}{a-b}\right)(a^{k+1} - b^{k+1}).$$

d) 由 (c)，證明 (i) $f \in O(n)$，當 $a < b$；且 (ii) $f \in O(n^{\log_b a})$，當 $a > b$。[注意：這裡給 f 的 "大 O" 型及 (b) 中給 f 的均是在 $\mathbf{Z}^+$ 上，而不是 $\{b^k | k \in \mathbf{N}\}$。]

10. 在本題裡，我們將簡短介紹 Master 定理。(欲多知這個結果，包含證明，讀者可參考由 T. H. Cormen，C. E. Leiserson, R. L. Rivest 及 C. Stein 所著的參考資料 [5] 之第 P 73 - 84 頁。)

考慮遞迴關係
$$f(1) = 1,$$
$$f(n) = af(n/b) + h(n),$$
其中 $n \in \mathbf{Z}^+$，$n > 1$，$a \in \mathbf{Z}^+$，$a < n$，且 $b \in \mathbf{R}^+$，$1 < b < n$。函數 h 說明將大小為 n 的已知問題分割成 a 個較小 (相似) 大小大約為 n/b 的問題並組合 a 個較小問題的結果之時間 (或費用)。進而，存在 $k \in \mathbf{Z}^+$ 使得 $h(n) > 0$ 對所有 $n \geq k$。(因為 n/b 未必是一個整數，遞迴關係不被適當定義。欲克服這個，我們將 n/b 取代為 $\lfloor n/b \rfloor$ 或 $\lceil n/b \rceil$。但當這個不影響結果時，對大的 n 值，我們將不關心此類細節。)

在上面假設之下，我們發現下面 [其中 Θ (大 theta) 及 Ω (大 omega) 如在 5.7 節習題 11-16 所給的]：

i) 若 $h \in O(n^{\log_b a - \epsilon})$，對某些固定的 $\epsilon > 0$，

則 $f \in \Theta(n^{\log_b a})$；

ii) 若 $h \in \Theta(n^{\log_b a})$，則 $f \in \Theta(n^{\log_b a} \log_2 n)$；且

iii) 若 $h \in \Omega(n^{\log_b a + \epsilon})$ 對某些固定的 $\epsilon > 0$，且若 $a\, h(n/b) \leq c\, h(n)$，對某些固定的 c，其中 $0 < c < 1$，且對所有足夠大的 n，則 $f \in \Theta(h)$。

在所有三種情形裡，函數 h 和 $n^{\log_b a}$ 比較，且大略來說，Master 定理決定函數 $f(n)$ 的複雜度為 (i) 和 (iii) 兩個函數中較大者，而情形 (ii) 裡我們發現加有因數 $\log_2 n$。然而，明白有一些這種型態的遞迴關係不落在這三種情形之一是要被重視的。

現在我們考慮下面，其中三個例子中的 $f(1) = 1$。

1) $f(n) = 16 f(n/4) + n$

這裡 $a = 16, b = 4, n^{\log_b a} = n^{\log_4 16} = n^2$，且 $h(n) = n$。所以 $h \in O(n^{\log_4 16 - \epsilon})$ 且 $\epsilon = 1$。因此，h 落在情形 (i) 的假設之下，且得 $f \in \Theta(n^2)$。

2) $f(n) = f(3n/4) + 5$

現在我們有 $a = 1, b = 4/3, n^{\log_b a} = n^{\log_{4/3} 1} = n^0 = 1$，且 $h(n) = 5$。因此，$h \in \Theta(n^{\log_{4/3} 1})$，且由情形 (ii) 得 $f \in \Theta(n^{\log_{4/3} 1} \log_2 n) = \Theta(\log_2 n)$。

3) $f(n) = 7 f(n/8) + n \log_2 n$

對這個遞迴關係我們有 $a = 7, b = 8, n^{\log_b a} = n^{\log_8 7} \doteq n^{0.936}$，且 $h(n) = n \log_2 n$。所以 $h \in \Omega(n^{\log_8 7 + \epsilon})$，其中 $\epsilon \doteq 0.064 > 0$。更而，對所有足夠大的 n，$a\, h(n/b) = 7(n/8) \log_2(n/8) = (7/8) n[\log_2 n - \log_2 8] \leq (7/8) n \log_2 n = c\, h(n)$，其中 $0 < c = 7/8 < 1$。因此，h 滿足情形 (iii) 且我們有 $f \in \Theta(n \log_2 n)$。

使用 Master 定理求下面各個 f 的複雜度，其中 $f(1) = 1$：

a) $f(n) = 9 f(n/3) + n$
b) $f(n) = 2 f(n/2) + 1$
c) $f(n) = f(2n/3) + 1$
d) $f(n) = 2 f(n/3) + n$
e) $f(n) = 4 f(n/2) + n^2$

10.7 總結及歷史回顧

在本章裡，遞迴關係已浮現為解組合問題的另一個工具。在這些問題裡，我們分析一個已知情況並以某些較小非負整數的結果來表示結果 a_n。一旦遞迴關係被決定，我們可解任何的 a_n 值 (在合理範圍的)。當我們連接到電腦時，此類關係特別有價值，尤其當它們不能被明顯的解出時。

遞迴關係可被回溯至 Fibonacci 關係 $F_{n+2} = F_{n+1} + F_n$，$n \geq 0$，$F_0 = 0$，$F_1 = 1$，其由比薩的 Leonardo (c. 1175-1250) 在 1202 年提出的。在他的 *Liber Abaci* 著作裡，他處理一個關於一年後兔子對數的問題，若以一對兔子開始且在每個月底生另一對兔子。每對新出生的兔子在它出生一個月後開始同樣的生一對兔子，且假設在該年當中沒有兔子死亡。因此，在第一

Leonardo Fibonacci (c. 1175–1250)

個月底有兩對兔子；兩個月後有三對；三個月後有五對；且依此繼續。[如在第 9 章的總結裡提到的，Abraham DeMoivre (1667-1754) 利用生成函數法於 1718年 得到這個結果。] 這個相同的數列出現在德國數學家 Johannes Kepler (1571-1630) 的作品裡，他使用這個數列來研究一種植物或花的樹葉如何繞著它的莖來做安排。在 1844 年，法國數學家 Gabriel Lamé (1795-1870) 使用這個數列於他的歐幾里得演算法的效率性分析裡。稍後，François Èdouard Anatole Lucas (1842-1891)，他通俗化了 Hanoi 塔難題，導出這個數列的許多性質並首先稱這些數為 Fibonacci 數列。

對 Fibonacci 數的例題和性質的初步總括，讀者應檢視由 T. H. Garland [10] 所著的書。甚至由 V. E. Hoggatt, Jr. [14] 及 S. Vajda [29] 所著的教科書中可學得更多。R. V. Jean [16] 所編的 UMAP 文章給許多這個數列的應用。R. Honsberger [15] 所著的數學博覽的第 8 章裡提供 Fibonacci 數及其相關數列 Lucas 數的說明。R. L. Graham，D. E. Knuth 及 O. Patashnik [12] 所著的教科書亦包含 Fibonacci 及 Catalan 數許多有趣的例題和性質。更多 Fibonacci 及 Catalan 的反例，如分別發現於例題 10.17 及 10.44 的那些，可被發現於 R. K. Guy [13] 所著的文章裡。有關黃金比例在幾何、機率及碎形幾何裡的額外教材被給在 H. Walser [30] 所著的書裡。T. Koshy [19] 所著的書提供 Fibonacci 及 Lucas 數一個決定性的歷史及廣泛的分析，及廣泛的應用、例題及習題。

本章所提出的可比擬的教材範圍可被發現於 C. L. Liu [21] 的第 3 章。欲知更多有關具常係數的線性遞迴關係的理論發展，請檢視 N. Finizio 及 G. Ladas [8] 的第 9 章。

應用在機率方面處理循環事件、漫步及損害問題可被發現於由 W. Feller [7] 所著的古典教材之第 13 及 14 章。D. R. Sherbert [24] 的 UMAP 介紹差商方程並包含一個經濟學上的應用，即著名的 *Cobweb 定理*。S. Goldbery [11] 所著的教科書在社會科學上有更多的應用。

遞迴方法在排列及組合的產生上被發展在 R. A. Brualdi [3] 的第 4 章。10.1 節所提出給 $\{1, 2, 3, \cdots, n\}$ 之排列的演算法最先出現在 H. D. Steinhaus [27] 的作品裡，且經常被述為**吡鄰記號有序演算法** (adjacent mark ordering algorithm)。這個結果稍後再由 H. F. Trotter [28] 及 S. M. Johnson [17] 獨立發現。對排列及其它組合結構的有效分類方法被分析在 D. E. Knuth [18] 的教科書裡。E. M. Reingold，J. Nievergelt 及 N. Deo [23] 的作品亦處理此類演算法。

喜歡 10.5 節裡的根有序二元樹形的讀者，A. V. Aho，J. E. Hopcroft 及 J. D. Ullman [1] 的第 3 章將證明有趣。有關棧之例子的基礎被給在 S. Even [6] 所著的教科書之第 86 頁。M. Gardner [9] 的文章提供其它 Catalan 數的例題。在決定 Catalan 數的計算考量被檢視在 D. M. Campbell [4] 的文章裡。更多關於 Catalan 數的教材可被發現於 R. P. Stanley [26] 所著的教科書裡——特別有 66 種情況產生這些數，被提供在第 219—229 頁。

最後，在 [25] 的 5.3 節 D. F. Stanat 及 D. F. McAllister 提出之後 10.6 節的分割及克服演算法之內容被模型化。A. V. Aho，J. E. Hopcroft 及 J. D. Ullman [1] 的第 10 章提供一些這個主題的進一步資訊。這個方法在一個矩陣乘法演算法上的應用出現在 C. L. Liu [20] 所著的教科書之第 10 章。對 Master 定理的一些額外內容及證明被給在 T. H. Cormen，C. E. Leiserson，R. L. Rivest 及 C. Stein [5] 所著的教科書第 4 章。

參考資料

1. Aho, Alfred V., Hopcroft, John E., and Ullman, Jeffery D. *Data Structures and Algorithms*. Reading, Mass.: Addison-Wesley, 1983.
2. Auluck, F. C. "On Some New Types of Partitions Associated with Generalized Ferrers Graphs." *Proceedings of the Cambridge Philosophical Society* 47 (1951): pp. 679–685.
3. Brualdi, Richard A. *Introductory Combinatorics*, 3rd ed. Upper Saddle River, N.J.: Prentice-Hall, 1999.
4. Campbell, Douglas M. "The Computation of Catalan Numbers." *Mathematics Magazine* 57, no. 4 (September 1984): pp. 195–208.
5. Cormen, Thomas H., Leiserson, Charles E., Rivest, Ronald L., and Stein, Clifford. *Introduction to Algorithms*, 2nd ed. Boston, Mass.: McGraw-Hill, 2001.
6. Even, Shimon. *Graph Algorithms*. Rockville, Md.: Computer Science Press, 1979.
7. Feller, William. *An Introduction to Probability Theory and Its Applications*, Vol. I, 3rd ed. New York: Wiley, 1968.
8. Finizio, N., and Ladas, G. *An Introduction to Differential Equations*. Belmont, Calif.: Wadsworth Publishing Company, 1982.

9. Gardner, Martin. "Mathematical Games, Catalan Numbers: An Integer Sequence that Materializes in Unexpected Places." *Scientific American* 234, no. 6 (June 1976): pp. 120–125.
10. Garland, Trudi Hammel. *Fascinating Fibonaccis*. Palo Alto, Calif.: Dale Seymour Publications, 1987.
11. Goldberg, Samuel. *Introduction to Difference Equations*. New York: Wiley, 1958.
12. Graham, Ronald Lewis, Knuth, Donald Ervin, and Patashnik, Oren. *Concrete Mathematics*, 2nd ed. Reading, Mass.: Addison-Wesley, 1994.
13. Guy, Richard K. "The Second Strong Law of Small Numbers." *Mathematics Magazine* 63, no. 1 (February 1990): pp. 3–20.
14. Hoggatt, Verner E., Jr. *Fibonacci and Lucas Numbers*. Boston, Mass.; Houghton Mifflin, 1969.
15. Honsberger, Ross. *Mathematical Gems III* (The Dolciani Mathematical Expositions, Number Nine). Washington, D.C.: The Mathematical Association of America, 1985.
16. Jean, Roger V. "The Fibonacci Sequence." *The UMAP Journal* 5, no. 1 (1984): pp. 23–47.
17. Johnson, Selmer M. "Generation of Permutations by Adjacent Transposition." *Mathematics of Computation* 17 (1963): pp. 282–285.
18. Knuth, Donald E. *The Art of Computer Programming/Volume 3 Sorting and Searching*. Reading, Mass: Addison-Wesley, 1973.
19. Koshy, Thomas. *Fibonacci and Lucas Numbers with Applications*. New York: Wiley, 2001.
20. Liu, C. L. *Elements of Discrete Mathematics*, 2nd ed. New York: McGraw-Hill, 1985.
21. Liu, C. L. *Introduction to Combinatorial Mathematics*. New York: McGraw-Hill, 1968.
22. Miksa, F. L., Moser, L., and Wyman, M. "Restricted Partitions of Finite Sets." *Canadian Mathematics Bulletin* 1 (1958): pp. 87–96.
23. Reingold, E. M., Nievergelt, J., and Deo, N. *Combinatorial Algorithms: Theory and Practice*. Englewood Cliffs, N.J.: Prentice-Hall, 1977.
24. Sherbert, Donald R. *Difference Equations with Applications*, UMAP Module 322. Cambridge, Mass.: Birkhauser Boston, 1980.
25. Stanat, Donald F., and McAllister, David F. *Discrete Mathematics in Computer Science*. Englewood Cliffs, N.J.: Prentice-Hall, 1977.
26. Stanley, Richard P. *Enumerative Combinatorics*, Vol. 2. New York: Cambridge University Press, 1999.
27. Steinhaus, Hugo D. *One Hundred Problems in Elementary Mathematics*. New York: Basic Books, 1964.
28. Trotter, H. F. "ACM Algorithm 115 — Permutations." *Communications of the ACM* 5 (1962): pp. 434–435.
29. Vajda, S. *Fibonacci & Lucas Numbers, and the Golden Section*. New York: Halsted Press (a division of John Wiley & Sons), 1989.
30. Walser, Hans. *The Golden Section*. Washington, D.C.: The Mathematical Association of America, 2001.

補充習題

1. 對 $n \in \mathbf{Z}^+$ 且 $n \geq k+1 \geq 1$，試代數證明遞迴公式

$$\binom{n}{k+1} = \left(\frac{n-k}{k+1}\right)\binom{n}{k}.$$

2. a) 對 $n \geq 0$，令 B_n 表 $\{1, 2, 3, \cdots, n\}$ 的分割數。令 $B_0 = 1$ 給 $\emptyset$ 的分割。證明對所有 $n \geq 0$，

$$B_{n+1} = \sum_{i=0}^{n}\binom{n}{n-i}B_i = \sum_{i=0}^{n}\binom{n}{i}B_i.$$

[數 B_i，$i \geq 0$，在 Eric Temple Bell

(1883-1960) 之後，被稱為 Bell 數。]
b) Bell 數和第二型的 Stirling 數有何關係？

3. 令 $n, k \in \mathbf{Z}^+$，且定義 $p(n, k)$ 為將 n 恰分割成 k (正整數) 個被加數的方法數。證明 $p(n, k) = p(n-1, k-1) + p(n-k, k)$。

4. 對 $n \geq 1$，令 a_n 計數將 n 表為有序的奇數和方法數。(例如，$a_4 = 3$，因為 $4 = 3+1 = 1+3 = 1+1+1+1$。) 求並解一個遞迴關係給 a_n。

5. 令 $A = \begin{bmatrix} 1 & 1 \\ 1 & 0 \end{bmatrix}$。
   a) 求 A^2，A^3 及 A^4。
   b) 猜想一個一般公式給 A^n，$n \in \mathbf{Z}^+$，並使用數學歸納法原理來證明您的猜想。

6. 令 $M = \begin{bmatrix} 1 & 1 \\ 1 & 2 \end{bmatrix}$。
   a) 求 M^2，M^3 及 M^4。
   b) 猜想一個一般公式給 M^n，$n \in \mathbf{Z}^+$，並使用數學歸納法原理來證明您的猜想。

7. 求拋物線 $y = x^2 - 1$ 及雙曲線 $y = 1 + \frac{1}{x}$ 的交點。

8. 令 $\alpha = (1 + \sqrt{5})/2$ 及 $\beta = (1 - \sqrt{5})/2$。
   a) 證明 $\alpha^2 = \alpha + 1$ 且 $\beta^2 = \beta + 1$。
   b) 證明對所有 $n \geq 0$，$\sum_{k=0}^{n} \binom{n}{k} F_k = F_{2n}$。
   c) 證明 $\alpha^3 = 1 + 2\alpha$ 且 $\beta^3 = 1 + 2\beta$。
   d) 證明對所有 $n \geq 0$，$\sum_{k=0}^{n} \binom{n}{k} 2^k F_k = F_{3n}$。

9. a) 對 $\alpha = (1 + \sqrt{5})/2$，證明 $\alpha^2 + 1 = 2 + \alpha$ 且 $(2 + \alpha)^2 = 5\alpha^2$。
   b) 證明對 $\beta = (1 - \sqrt{5})/2$，$\beta^2 + 1 = 2 + \beta$ 且 $(2 + \beta)^2 = 5\beta^2$。
   c) 若 $n, m \in \mathbf{N}$ 證明
$$\sum_{k=0}^{2n} \binom{2n}{k} F_{2k+m} = 5^n F_{2n+m}.$$

10. Renu 想以 \$4000 出售她的筆記型電腦。Narmada 出價 \$3000。Renu 則拆差價並要求 \$3500。Narmada 同樣的拆差價並給一個新的出價 \$3250。(a) 若兩位女士繼續這個過程 (出價及還價)，則 Narmada 的第五次出價是多少？第十次呢？第 k 次呢？$k \geq 1$？(b) 若兩位女士繼續這個過程 (提出許多新的出價及還價)，則他們將逼近什麼價錢？(c) 假設 Narmada 願意以 \$3200 來買這個筆記型電腦，則她第一次應出價多少給 Renu？

11. 圖 10.27(a) 及 (b) 提供兩個偏序集的 Hasse 圖，其被稱為**籬笆** (fences) $\mathcal{F}_5$，$\mathcal{F}_6$ [分別在 5，6 個 (相異) 元素]。若，例如，$\mathcal{R}$ 表籬笆 $\mathcal{F}_5$ 的偏序，則 $a_1 \mathcal{R} a_2$，$a_3 \mathcal{R} a_2$，$a_3 \mathcal{R} a_4$ 及 $a_5 \mathcal{R} a_4$。對每個此類籬笆 $\mathcal{F}_n$，$n \geq 1$，我們依照具奇下標的元素為最小及具偶下標的元素為最大的約定。令 $(\{1, 2\}, \leq)$ 表偏序，其中 $\leq$ 表尋常的 "小於或等於" 關係。如在 7.3 節習題 26 裡，函數 $f: \mathcal{F}_n \to \{1, 2\}$ 被稱為**保序** (order-preserving)，當對所有 $x, y \in \mathcal{F}_n$，$x \mathcal{R} y \Rightarrow f(x) \leq f(y)$。令 c_n 計數此類保序函數的個數。求並解一遞迴關係給 c_n。

圖 10.27

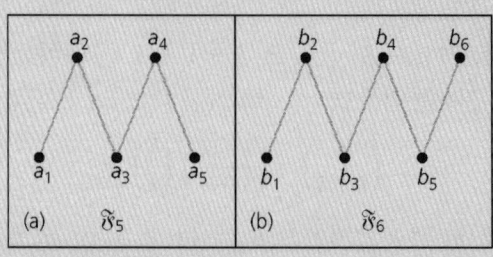

12. 對 $n \geq 0$，令 $m = \lfloor (n+1)/2 \rfloor$。證明 $F_{n+2} = \sum_{k=0}^{m} \binom{n-k+1}{k}$（您可回顧例題 9.17 及 10.11）。

13. a) 對 $n \in \mathbf{Z}^+$，求吾人可使用 1×1 白（正方形）瓷磚及 1×2 藍（矩形）瓷磚來貼一塊 $1 \times n$ 棋盤的方法數。
    b) 在 (a) 中有多少種貼法使 (i) 無藍瓷磚；(ii) 恰有一個藍瓷磚；(iii) 恰有兩個藍瓷磚；(iv) 恰有三個藍瓷磚；及 (v) 恰有 k 個藍瓷磚；其中 $0 \leq k \leq \lfloor n/2 \rfloor$？
    c) (a) 和 (b) 的結果間有何關係？

14. 令 $c = \sqrt{1 + \sqrt{1 + \sqrt{1 + \sqrt{1 + \cdots}}}}$，則 c^2 與 c 有何關係？c 的值為何？

15. 對 $n \in \mathbf{Z}^+$，d_n 表 $\{1, 2, 3, \cdots, n\}$ 的重排數，如 8.3 節中所討論的。
    a) 若 $n > 2$，證明 d_n 滿足遞迴關係
    $d_n = (n-1)(d_{n-1} + d_{n-2})$, $d_2 = 1$, $d_1 = 0$.
    b) 我們可如何定義 d_0 使得 (a) 之結果為真對 $n \geq 2$？
    c) 將 (a) 的結果改寫為
    $d_n - nd_{n-1} = -[d_{n-1} - (n-1)d_{n-2}]$.
    如何利用 d_{n-2}，d_{n-3} 來表示 $d_n - nd_{n-1}$？
    d) 證明 $d_n - nd_{n-1} = (-1)^n$。
    e) 令 $f(x) = \sum_{n=0}^{\infty} (d_n x^n)/n!$。將 (d) 之方程式的兩邊同乘 $x^n/n!$ 並將所有 $n \geq 2$ 的方程式加起來，證明 $f(x) = (e^{-x})/(1-x)$。因此，
    $d_n = n!\left[1 - \frac{1}{1!} + \frac{1}{2!} - \frac{1}{3!} + \cdots + \frac{(-1)^n}{n!}\right]$.

16. 對 $n \geq 0$，在平面上劃 n 條卵形線使得每條卵形線和其它卵形線恰相交兩點且無三條卵形線重合。若 a_n 表平面上由這 n 條卵形線所形成的區域個數，求並解一遞迴關係給 a_n。

17. 對 $n \geq 0$，讓我們丟一硬幣 $2n$ 次。
    a) 若 a_n 為 $2n$ 次的丟擲中發生 n 次頭及 n 次尾的數列，則以 n 來表示 a_n。
    b) 求常數 r，s 及 t 使得 $(r+sx)^t = f(x) = \sum_{n=0}^{\infty} a_n x^n$。
    c) 令 b_n 表 $2n$ 次丟擲結果的數列，其中頭出現的次數和尾出現的次數僅在所有 $2n$ 次丟完以後才第一次相等。（例如，若 $n = 3$，則 HHHTTT 及 HHTHTT 被計數在 b_n 裡，但 HTHHTT 及 HHTTHT 則不是。）
    定義 $b_0 = 0$ 且證明對所有 $n \geq 1$，
    $a_n = a_0 b_n + a_1 b_{n-1} + \cdots + a_{n-1} b_1 + a_n b_0$.
    d) 令 $g(x) = \sum_{n=0}^{\infty} b_n x^n$。證明 $g(x) = 1 - 1/f(x)$，並解 b_n，$n \geq 1$。

18. 對 $\alpha = (1+\sqrt{5})/2$ 且 $\beta = (1-\sqrt{5})/2$，證明 $\sum_{k=0}^{\infty} \beta^k = -\beta = \alpha - 1$ 且 $\sum_{k=0}^{\infty} |\beta|^k = \alpha^2$。

19. 令 a，b，c 為固定實數滿足 $ab = 1$ 且令 $f: \mathbf{R} \times \mathbf{R} \to \mathbf{R}$ 為二元運算，其中 $f(x, y) = a + bxy + c(x+y)$。求滿足 f 為可結合的所有 c 值。

20. a) 對 $\alpha = (1+\sqrt{5})/2$ 且 $\beta = (1-\sqrt{5})/2$，證明 $\alpha^2 - \alpha^{-2} = \alpha - \beta = \beta^{-2} - \beta^2$。
    b) 證明 $F_{2n} = F_{n+1}^2 - F_{n-1}^2$，$n \geq 1$。
    c) 對 $n \geq 1$，令 T 為一等腰梯形，兩底長為 F_{n-1} 及 F_{n+1}，且邊長為 F_n。證明 T 的面積是 $(\sqrt{3}/4)F_{2n}$。[注意，當 $n = 1$，梯形退化為三角形。然而，公式仍然是對的。]

21. 令 $\mathcal{S}$ 為實驗 $\mathcal{E}$ 的樣本空間。若 A，B 為 $\mathcal{S}$ 中的事件滿足 $A \cup B = \mathcal{S}$，$A \cap B = \emptyset$，$Pr(A) = p$，且 $Pr(B) = p^2$，求 p。

22. De'Jzaun 和 Sandra 丟一個內含雜質的硬幣，其中 $Pr(H) = p > 0$。第一個得到

頭的是贏家。Sandra 先丟，但她丟出一個尾，接著 De'Jzaun 有兩次機會。若他丟出二個尾，接著 Sandra 再丟硬幣且若她丟的是一個尾，則 De'Jzaun 再丟兩次 (若他第一次丟的是一個尾)。這個繼續直到某人丟出一個頭。p 的值應為何可使這是一個公平的遊戲 (亦即，Sandra 及 De'Jzaun 各 1/2 贏機率的遊戲)？

23. 對 $n \geq 1$，令 a_n 計數長度為 n 的二進位串的個數，其中沒有奇數長度的 1 之游程。因此，當 $n=6$，例如，我們想包含串 110000 (其有一個兩個 1 的游程及一個四個 0 的游程) 及 011110 (其有兩個一個 0 的游程及一個四個 1 的游程)，但我們不能包含 100011 (其中以一個一個 1 的游程開始) 也不能含 110111 (其以一個三個 1 結尾)。求並解一個遞迴關係給 a_n。

24. 令 a, b 為固定的非零實數。求 x_n 若 $x_n = x_{n-1} x_{n-2}$，$n \geq 2$，$x_0 = a$，$x_1 = b$。

25. a) 計算 $F_{n+1}^2 - F_n F_{n+1} - F_n^2$ 對 $n = 0$，1，2，3。

    b) 由 (a) 之結果，猜想一個公式給 $F_{n+1}^2 - F_n F_{n+1} - F_n^2$ 對 $n \in \mathbf{N}$。

    c) 使用數學歸納法原理證明 (a) 之猜想。

26. 令 $n \in \mathbf{Z}^+$。在一個 $1 \times n$ 的棋盤上，兩個國王被稱為互不吃對方 (nontaking)，若它們不在毗鄰的格子上。有多少個方法吾人可擺 0 個或更多個互不吃對方的國王在一個 $1 \times n$ 的棋盤上？

27. a) 對 $1 \leq i \leq 6$，求車多項式 $r(C_i, x)$ 給圖 10.28 所示的棋盤 C_i。

    b) 對 (a) 中的每一個車多項式求 x 的冪次方的所有係數和，亦即，求 $r(C_i, 1)$ 對 $1 \leq i \leq 6$。

28. (賭徒的破產) 當 Cathy 和 Jill 在玩西洋棋，每個人有 1/2 贏的機率。從未有和局，且遊戲是獨立的，意即不管這兩位女孩進行多少場遊戲，每位女孩贏下一場遊戲的機率是 1/2。每場遊戲之後，輸的人給贏的 25 分錢。若 Cathy 有 \$2.00 來玩且 Jill 有 \$2.50 來玩且他們玩到兩人之中有一人破產為止，則 Cathy 輸光的機率是多少？

29. 對 $n, m \in \mathbf{Z}^+$，令 $f(n, m)$ 計數 n 的分割數，其中所有被加數形成一個非遞增正整數數列且無被加數超過 m。以 $n = 4$ 及 $m = 2$，例如，我們發現 $f(4, 2) =$

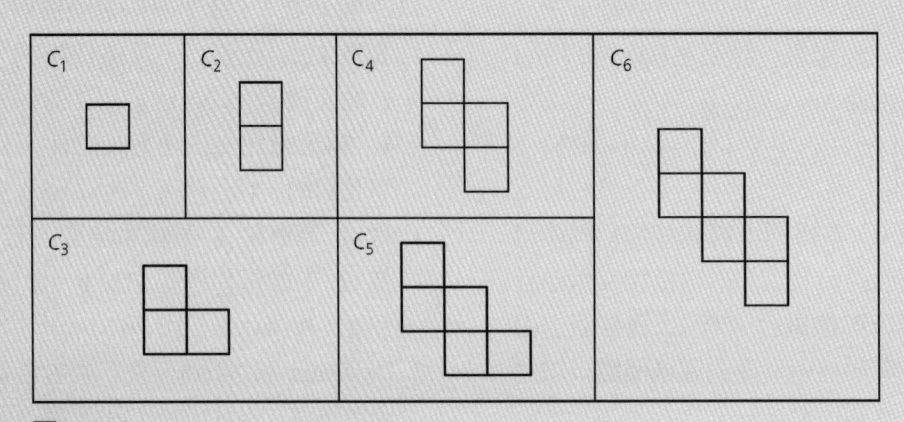

圖 10.28

3，因為這裡我們關心三個分割
$$4 = 2+2, \quad 4 = 2+1+1, \quad 4 = 1+1+1+1.$$

a) 證明對所有 $n, m \in \mathbf{Z}^+$，
$$f(n, m) = f(n-m, m) + f(n, m-1).$$

b) 寫一個電腦程式 (或開發一演算法) 來計算 $f(n, m)$ 對 $n, m \in \mathbf{Z}^+$。

c) 寫一個電腦程式 (或開發一演算法) 來計算 $p(n)$，即正整數 n 的分割數。

30. 令 A, B 為集合具 $|A| = m \geq n = |B|$，且令 $a(m, n)$ 計數為由 A 到 B 的映成函數個數。證明

$$a(m, 1) = 1$$
$$a(m, n) = n^m - \sum_{i=1}^{n-1} \binom{n}{i} a(m, i),$$

其中 $m \geq n > 1$。

31. 當吾人檢視每個 Fibonacci 數 F_n 的單位數字時 $n \geq 0$，發現在 60 項之後，這些數字形成重複的數列。[此最先 Joseph-Louis Lagrange (1736-1813) 證明出來的。] 寫一個電腦程式 (或開發一個演算法) 來計算這個 60 個數字的數列。

第三部份

圖論及應用

第 11 章

圖論導引

本章我們開始發展本書的另一個主要主題。不像其它數學領域，圖論有一個確定的開始，即一篇由瑞士數學家 Leonhard Euler (1707-1783) 於 1736 年所發表的論文。這篇論文的主要概念是由一個著名的 Königsberg 七橋問題所發展出來的。我們將檢視這個問題的解，Euler 由此問題發展一些基本概念給圖論。

不像早先代數課程的連續圖形，這裡我們所檢視的圖形是有限結構的且可被用來分析關係及應用於許多不同環境。我們已在早先的章節裡 (第 3，5-8 及 10 章) 檢視過一些圖論的應用例題。然而，這裡的發展和先前的討論是獨立的。

11.1 定義和例題

當我們使用道路圖時，我們經常關心如何使用地圖上所指示的道路由某城鎮到另一個城鎮。因此，我們正在處理兩個不同的物體集合：即城鎮和道路。我們先前已見過許多次，此類物體集合可被用來定義一個關係。若 V 表城鎮集合且 E 表道路集合，我們可在 V 上定義一個關係 $\mathcal{R}$ 為 $a\mathcal{R}b$，若我們可僅使用 E 上的道路由 a 旅行到 b。若 E 上所有帶我們由 a 到 b 的道路均為雙向道路，則我們亦有 $b\mathcal{R}a$。若所考慮的所有道路均為雙向，則我們有一個對稱的關係。

關係的表法之一是列出其元素所組成的數對。在這裡，然而，使用圖

612 離散與組合數學

示將更方便，如圖 11.1 所示。該圖說明使用 8 條道路在 6 個城鎮中所有可能的旅行路線。其說明至少有一組道路連接任兩個城鎮 (相同或相異)。這個圖形表示法比關係 $\mathscr{R}$ 的 36 個序對更容易工作。

同時，圖 11.1 將適合表示 6 個聯結中心，且 8 條 "道路" 被解釋為聯絡線。若每條聯絡線提供雙向聯絡，我們應十分關心中心 a 的弱點，即 a 這個設置的崩潰或敵人攻擊的危險。若沒有中心 a，則 b 或 c 均無法和任何一個 d, e 或 f 聯絡。

由這些觀察，我們考慮下面概念。

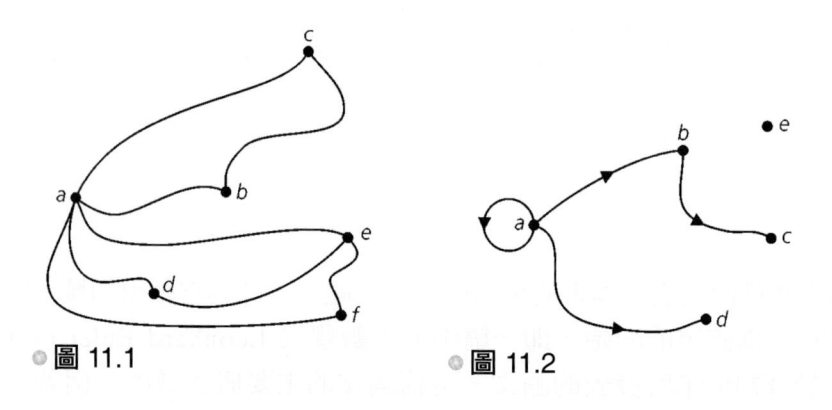

● 圖 11.1   ● 圖 11.2

定義 11.1   令 V 為一有限非空集合，且令 $E \subseteq V \times V$。序對 (V, E) 被稱為 (V 上的) **有向圖** (directed graph 或 digraph†)，其中 V 是**頂點** (vertices) 或**節點** (node) 所成的集合，且 E 是其 (有向) 邊或弧所成的集合，我們寫 $G=(V, E)$ 來表此一圖形。

當不考慮任何邊的方向時，我們仍然寫 $G=(V, E)$。但此時 E 是 V 上元素的無序數對所成的集合，且 G 被稱為**無向圖** (undirected graph)。

不管 $G=(V, E)$ 是有向還是無向，我們經常稱 V 為 G 的**頂點集** (vertex set) 且稱 E 為 G 的**邊集** (edge set)。

圖 11.2 提供一個在 $V=\{a, b, c, d, e\}$ 上具 $E=\{(a, a), (a, b), (a, d), (b, c)\}$ 的有向圖例子。邊的方向係由邊上所放置的有向箭頭來指示，如該圖所示的。對任一邊，如 (b, c)，我們稱這個邊**接合** (incident) 頂點 b, c，且 b 被稱為**鄰接至 c** (adjacent to c)，而稱 c 是**由 b 鄰接的** (adjacent from b)。而且，頂點 b 被稱為邊 (b, c) 的**原點** (origin) 或**源點** (source)，且稱頂點 c 是邊 (b, c) 的**終點** (terminus) 或**最終頂點** (terminating vertex)。邊 (a, a) 是

---

† 因為圖論的專有名詞未被標準化，讀者可能發現本書所使用的名詞和其它書有點差異。

一個**迴路** (loop) 的例子，且頂點 e 沒有接合的邊，被稱為**孤立** (isolated) 頂點。

一個無向圖被示於圖 11.3(a) 裡。此圖以更緊湊的方法來描述圖 11.3(b) 所給的有向圖。在一個無向圖裡，有如圖 11.3(a) 之 $\{a, b\}$，$\{b, c\}$，$\{a, c\}$，$\{c, d\}$ 的無向邊。諸如 $\{a, b\}$ 的邊代表 $\{(a, b), (b, a)\}$。雖然 $(a, b) = (b, a)$ 僅當 $a = b$ 時，我們的確有 $\{a, b\} = \{b, a\}$ 對任意 a，b。我們可寫 $\{a, a\}$ 表無向圖上的一個迴路，但 $\{a, a\}$ 被考慮和 (a, a) 相同。

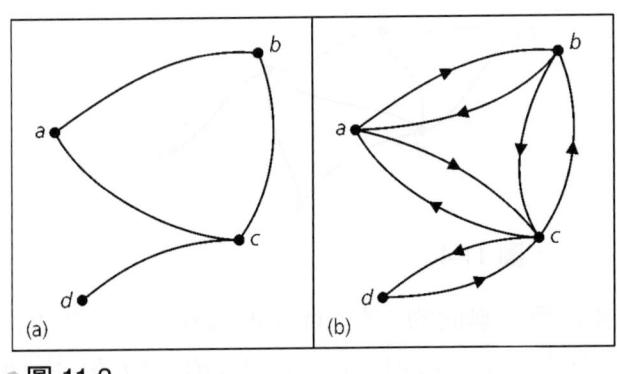

◉圖 11.3

一般來講，若圖 G 未被明述為有向或無向時，其被假設為無向。當其未含迴路時，則稱其為**無迴路** (loop-free)。

下兩個定義我們不關心任何迴路可能出現在無向圖 G 裡。

令 x，y (未必相異) 為無向圖 $G = (V, E)$ 上的頂點。G 上的一個 x-y **行走** (walk) 是一個由 G 的頂點及邊所組成的一個 (無迴路) 有限交錯數列

$$x = x_0, e_1, x_1, e_2, x_2, e_3, \ldots, e_{n-1}, x_{n-1}, e_n, x_n = y$$

其以頂點 x 開始且終結在頂點 y 且含 n 個邊 $e_i = \{x_{i-1}, x_i\}$，$1 \leq i \leq n$。

這個行走的**長度** (length) 是 n，即行走的邊個數。(當 $n = 0$，即沒有邊，$x = y$，且這個行走被稱為是**明顯的** (trivial)。這些行走在我們的工作裡被考慮得不多。)

一個 x-y 行走，其中 $x = y$ (且 $n > 1$)，被稱為**封閉行走** (closed walk)。否則，行走被稱為是**開放的** (open)。

定義 11.2

注意一個行走可重複頂點及邊。

對圖 11.4 的圖，我們發現，例如，下面三條開放的行走。我們可以僅列出邊或僅列出頂點 (若另一者是清楚蘊涵時)。

例題 11.1

1) $\{a, b\}$,$\{b, d\}$,$\{d, c\}$,$\{c, e\}$,$\{e, d\}$,$\{d, b\}$：這是一條長度為 6 的 a-b 行走，其中我們發現頂點 d 和 b 重複，也發現邊 $\{b, d\}$ ($=\{d, b\}$) 重複。

2) $b \to c \to d \to e \to c \to f$：這裡我們有一條長度為 5 的 b-f 行走且頂點 c 重複，但沒有邊出現超過一次。

3) $\{f, c\}$,$\{c, e\}$,$\{e, d\}$,$\{d, a\}$：此情形給一條長度為 4 的 f-a 行走且無重複的頂點或邊。

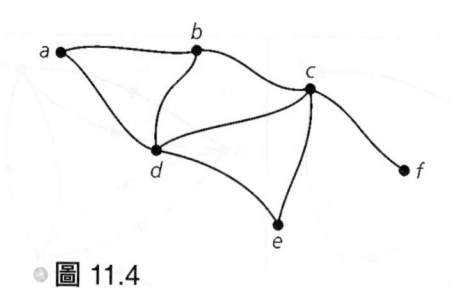

◎ 圖 11.4

因為圖 11.4 的圖是無向的，在 (1) 中的 a-b 行走亦為 b-a 行走 (我們讀邊，若需要，為 $\{b, d\}$,$\{d, e\}$,$\{e, c\}$,$\{c, d\}$,$\{d, b\}$ 及 $\{b, a\}$)。類似註解對 (2) 和 (3) 的行走亦成立。

最後，邊 $\{b, c\}$,$\{c, d\}$ 及 $\{d, b\}$ 提供一條 b-b (封閉) 行走。這些邊 (合適的序對) 亦定義 (封閉的) c-c 及 d-d 行走。

現在讓我們檢視一些特別型態的行走。

定義 11.3   考慮無向圖 $G=(V, E)$ 上的任一 x-y 行走。

a) 若在 x-y 行走中沒有邊是重複的，則這條行走被稱為是一條 x-y **小徑** (trail)，一條封閉的 x-y 小徑被稱是一條 **環道** (circuit)。

b) 若 x-y 行走中沒有頂點出現超過一次，則這條行走被稱是一條 x-y **路徑** (path)。當 $x=y$ 時，**循環** (cycle) 這個名詞被用來描述此一封閉路徑。

規定：在處理環道時，我們將總是認為至少有一邊存在。當僅有一邊時，則這條環道是一條迴路 (且圖形不再是無迴路)。含兩個邊的環道出現在多重圖裡，一個我們即將定義的概念。

循環這個名詞將總是蘊涵至少有三個相異 (圖形上的) 邊出現。

例題 11.2   a) 例題 11.1(2) 的 b-f 行走是一條 b-f 小徑，但它不是一條 b-f 路徑，因為頂點 c 的重複。然而，該例的 (3) 中之 f-a 行走同時為一條 (長度為

4 的) *f-a* 小徑及一條 (長度為 4 的) *f-a* 路徑。

b) 在圖 11.4 中，邊 {*a, b*}、{*b, d*}、{*d, c*}、{*c, e*}、{*e, d*} 及 {*d, a*} 提供一條 *a-a* 環道。頂點 *d* 重複，所以這些邊無法給我們一條 *a-a* 循環。

c) 邊 {*a, b*}、{*b, c*}、{*c, d*} 及 {*d, a*} 提供一條 (長度為 4 的) *a-a* 循環。當對這些相同邊給合適的序對，亦可定義一條 *b-b*、*c-c* 或 *d-d* 循環。這些循環中的每一條亦為一條環道。

對一有向圖，我們將加上形容詞 **有向的** (directecd)，例如，**有向行走** (directed walk)、**有向路徑** (directed path) 及 **有向循環** (directed cycle)。

在繼續之前，我們整理定義 11.2 及 11.3 的結果 (於表 11.1 裡)，做為未來參考。前兩欄的每個 "是" 在此處應被解讀為 "可能是"。表 11.1 反映出一條路徑為一條小徑的事實，它們依次為一條開放行走。更而，每一條循環是一條環道，且每一條環道 (含至少兩個邊) 為一條封閉行走。

◎ 表 11.1

重複頂點	重複邊	開放	封閉	名稱
是	是	是		行走 (開放)
是	是		是	行走 (封閉)
是	否	是		小徑
是	否		是	環道
否	否	是		路徑
否	否		是	循環

考慮我們已介紹過的許多概念，現在是證明這個新理論的第一個結果的時候了。

定理 11.1 令 $G = (V, E)$ 為一無向圖，具 $a, b \in V$，$a \neq b$。若存在一條小徑 (在 G) 由 a 到 b，則存在一條路徑 (在 G) 由 a 到 b。

證明： 因為存在一條由 a 到 b 的小徑，我們選一條最短長度的小徑，稱其為 $\{a, x_1\}$、$\{x_1, x_2\}$、$\cdots$、$\{x_n, b\}$。若這條小徑不是一條路徑時，我們有情況 $\{a, x_1\}$、$\{x_1, x_2\}$、$\cdots$、$\{x_{k-1}, x_k\}$、$\{x_k, x_{k+1}\}$、$\{x_{k+1}, x_{k+2}\}$、$\cdots$、$\{x_{m-1}, x_m\}$、$\{x_m, x_{m+1}\}$、$\cdots$、$\{x_n, b\}$，其中 $k < m$ 且 $x_k = x_m$。可能具 $k = 0$ 且 $a (= x_0) = x_m$，或 $m = n+1$ 及 $x_k = b (= x_{n+1})$。但接著我們有一矛盾，因為 $\{a, x_1\}$、$\{x_1, x_2\}$、$\cdots$、$\{x_{k-1}, x_k\}$、$\{x_m, x_{m+1}\}$、$\cdots$、$\{x_n, b\}$ 是一條更短的由 a 到 b 的小徑。

616 離散與組合數學

在下面圖性質裡，路徑的觀念是需要的。

定義 11.4　令 $G=(V, E)$ 為一無向圖，我們稱 G 為**連通的** (connected) 若存在一條路徑於 G 的任兩個相異頂點間。

令 $G=(V, E)$ 為一有向圖。其所結合的無向圖是忽略 G 之所有邊上的方向而得。若 G 上的一對相異頂點有多於一個無向邊，則這些邊中僅有一邊被劃於所結合的無向圖上。當這個所結合的圖是連通的，則我們稱 G 為連通。

不是連通的圖被稱為**不連通的** (disconnected)。

圖 11.1，11.3 及 11.4 的圖是連通的。圖 11.2 的圖是不連通的，因為，例如，沒有由 a 到 e 的路徑。

例題 11.3　在圖 11.5 裡，我們有一個無向圖在 $V=\{a, b, c, d, e, f, g\}$ 上。此圖是不連通的，因為，例如，無路徑由 a 到 e。然而，此圖由片段 (具頂點集 $V_1=\{a, b, c, d\}$，$V_2=\{e, f, g\}$ 及邊 $E_1=\{\{a, b\}, \{a, c\}, \{a, d\}, \{b, d\}\}$，$E_2=\{\{e, f\}, \{f, g\}\}$ 所組成)，而各片段是連通的，且這些片段被稱為圖的 (連通) **分區** (component)。因此，一個無向圖 $G=(V, E)$ 是不連通的若且唯若 V 可被分割成至少兩個子集合 V_1，V_2，使得 E 上沒有形如 $\{x, y\}$ 的邊，其中 $x \in V_1$ 且 $y \in V_2$。一個圖是連通的若且唯若其僅有一個分區。

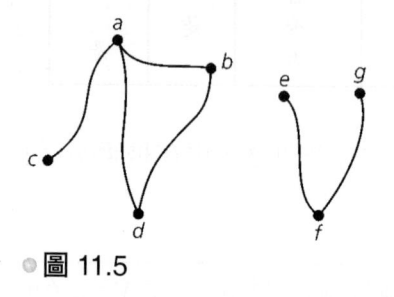

圖 11.5

定義 11.5　對任一圖 $G=(V, E)$，G 的分區個數被表為 $\kappa(G)$。

例題 11.4　對圖 11.1，11.3 及 11.4 的圖，$\kappa(G)=1$，因為這些圖是連通的；而圖 11.2 及 11.5 的圖之 $\kappa(G)=2$。

在結束本節之前，我們擴大圖形的概念。至今我們允許兩頂點間至多有一個邊；我們現在考慮一個擴大。

定義 11.6

令 V 為一有限非空集合。我們稱序對 (V, E) 決定一個具有頂點集 V 及邊集 E 的**多重圖** (multigraph) $G^\dagger$，若對某些 $x, y \in V$，有兩個或更多個形如 (a) (x, y) (對一有向多重圖)，或 (b) $\{x, y\}$ (對一無向多重圖) 的邊在 E 上。不管是有向多重圖或是無向多重圖，我們寫 $G=(V, E)$ 來表多重圖，正如我們對一般圖所做的。

圖 11.6 展示一個有向多重圖的例子。該圖中有三個邊由 a 到 b，所以我們稱邊 (a, b) 有**重數** (multiplicity) 3。邊 (b, c) 和 (d, e) 均有重數 2。而且，邊 (e, d) 及邊 (d, e) 的兩邊之一形成一個在多重圖裡長度為 2 的 (有向) 環道。

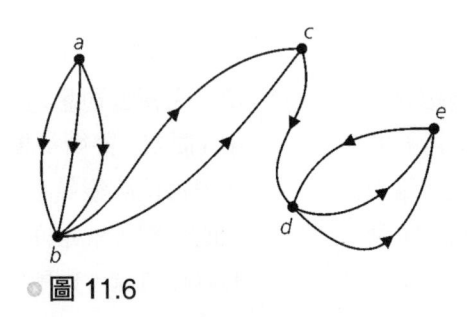

圖 11.6

本章稍後，當我們解 Königsberg 七橋問題時，我們將需要多重圖的概念。（注意：每當我們處理一個多重圖 G 時，我們將明白的敘述 G 為一個多重圖。）

習題 11.1

1. 列出三個不同於本節所提的情況，其中圖形能證明是有用的。
2. 對圖 11.7 的圖，求 (a) 一條由 b 到 d 的行走，但不是小徑； (b) 一條 b-d 小徑但不是路徑； (c) 一條由 b 到 d 的路徑； (d) 一條由 b 到 b 的封閉行走但不是環道； (e) 一條由 b 到 b 的環道但不是循環；及 (f) 一條由 b 到 b 的循環。

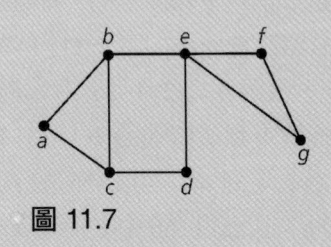

圖 11.7

3. 對圖 11.7 的圖，有多少條路徑由 b 到 f？
4. 對 $n \geq 2$，令 $G=(V, E)$ 為無迴路無向

$\dagger$ 我們現在允許集合有重複元素以說明多重邊。我們承認這對第3章所處理的集合是一種改變。欲克服這個，**多重集** (multiset) 這個名詞經常被用來描述這個情形的 E。

圖，其中 V 為 0 和 1 的二進位 n-序對集與 E={{v, w} | v, w ∈ V 且 v, w 不同在 (恰) 兩個位置}，求 κ(G)。

5. 令 G=(V, E) 為圖 11.8 的無向圖。G 中有多少個路徑由 a 到 h？這些路徑中有多少個路徑的長度為 5？

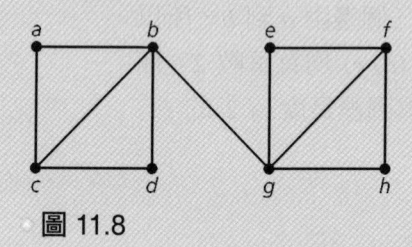

圖 11.8

6. 若 a, b 為連通無向圖 G 上的兩相異頂點，a 到 b 的距離被定義為由 a 到 b 的最短路徑的長度 (當 a=b 時，距離被定義為 0)。對圖 11.9 的圖，求由 d 到 G 的其它每個頂點的距離。

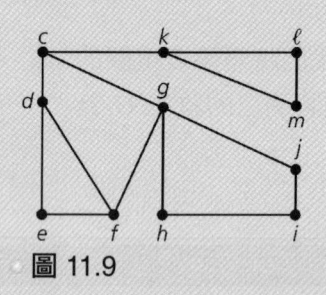

圖 11.9

7. 七個城鎮 a, b, c, d, e, f 和 g 被一個高速公路系統連接如下：(1) I-22 由 a 走到 c，通過 b；(2) I-33 由 c 走到 d 且當它繼續走到 f 時通過 b；(3) I-44 由 d 通過 e 走到 d；(4) I-55 由 f 走到 b，通過 g；且 (5) I-66 由 g 走到 d。

a) 使用頂點來表城鎮及使用有向邊表兩城鎮間高速公路的段落，繪一個有向圖來模擬這個情形。
b) 列出由 g 到 a 的路徑。
c) 欲分段的由 b 旅行到 d，則最小的高速公路段落數為何？
d) 可能離開 c 且回到 c，且訪問其它每個城鎮僅一次嗎？
e) 若 (d) 中不要求回到 c，則答案會是什麼？
f) 可能在某些城鎮開始且開車恰通過每條高速公路一次嗎？(你可訪問一個城鎮超過一次，且您不必回到你出發的城鎮。)

8. 圖 11.10 展示一個無向圖，其表示一家百貨公司的一部份。頂點指示收銀員的位置；邊表示兩個收銀員間的疏通走道。百貨公司想建立一個安全系統，其中 (便衣) 警衛被擺在某些收銀員位置使得每位收銀員不是有一個警衛在他或她的位置，就是僅有一條走道到有警衛的收銀員處。則所需的警衛數最小是多少？

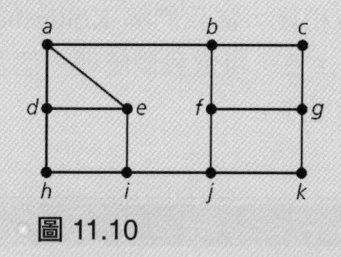

圖 11.10

9. 令 G=(V, E) 為一個無迴路的連通無向圖且令 {a, b} 為 G 的一邊。證明 {a, b} 為某循環的部份若且唯若移掉它 (頂點 a 和 b 留著) 不失去 G 的連通。

10. 給一個連通圖 G 的例子，其中移掉 G 的任一邊將得一個不連通圖。

11. 令 G 為滿足習題 10 之條件的圖。(a) G 必為無迴路嗎？(b) G 可為一個多重圖嗎？(c) 若 G 有 n 個頂點，我們可決定它有多少個邊？

12. a) 若 G=(V, E) 為一個無向圖具 |V|=

v, $|E|=e$, 且無迴路,證明 $2e \le v^2 - v$。b) 當 G 是有向時,請敘述對應的不等式。

13. 令 $G=(V, E)$ 為一個無向圖。定義關係 $\mathcal{R}$ 在 V 上為 $a \mathcal{R} b$ 若 $a=b$ 或若 G 上有一路徑由 a 到 b。明證 $\mathcal{R}$ 是一個等價關係。描述由 $\mathcal{R}$ 所引出的 V 之分割。

14. a) 考慮 3 個連通無向圖於圖 11.11 裡。圖 (a) 中的圖由一條 (具頂點 u_1,u_2,u_3 的) 循環及一個頂點 u_4 和由 u_4 到其它三個頂點的邊所組成。此圖被稱為**具三個把手的舵** (wheel with three spokes) 且被表為 W_3。在圖 (b) 中,我們發現圖 W_4——具四個把手的舵。具五個把手的舵 W_5 出現在圖 11.11(c) 裡。則在各個圖裡,有多少個長度為 4 的循環。
b) 一般來講,若 $n \in \mathbf{Z}^+$ 且 $n \ge 3$,則**具 n 個把手的舵** (wheel with n spokes) 為由一條長度為 n 的循環加上一個額外的頂點,且該頂點鄰接循環的 n 個頂點所組成的圖。這個圖被表為 W_n。(i) W_n 中有多少條長度為 4 的循環?(ii) W_n 中有多少條長度為 n 的循環?

15. 對圖 11.12 的無向圖,求並解一個遞迴關係給長度為 $n \ge 1$ 的封閉 v-v 行走的個數,若我們允許此一行走,在這個情形,含有或由一個或多個迴路所組成。

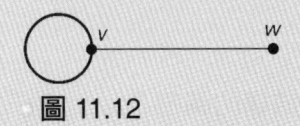

圖 11.12

16. **單位區間圖** (Unit-Interval Graphs)。對 $n \ge 1$,我們以 n 個封閉的單位長度區間開始並繪對應的 n 個頂點的單位-區間圖,如果 11.13 所示。在圖 (a) 裡,我

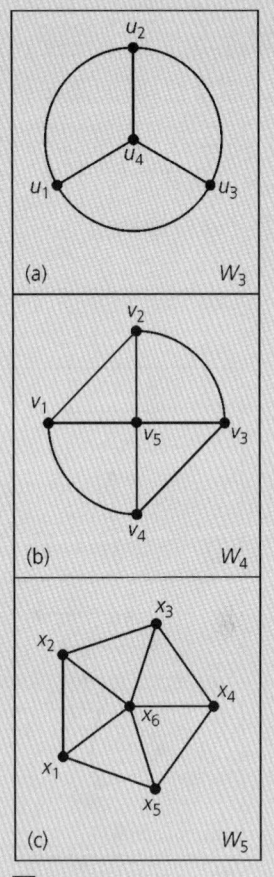

圖 11.11

們有一個單位區間。這個對應單一頂點 u;區間及單位-區間圖可被表為二進位數列 01。在圖 (b),(c) 裡,我們有兩個單位-區間圖,其由兩個單位區間所決定的。當兩個單位區間有重疊時 (如 (c)),則有一邊被繪在單位-區間圖裡,其連接對應至這兩個單位區間的頂點。因此 (b) 中的單位區間圖是由兩個對應至非重疊的單位區間之兩孤立點 v_1,v_2 所組成。在 (c) 裡,單位區間有重疊,所以對應的單位-區間圖係由連接頂點 v_1,v_2 (其分別對應至已知的單位區間) 的單一邊所組成。細密的看 (c) 之單位區間,顯示我們如何可表示這些區間的

位置及如何以二進位數列 0011 來表示對應的單位-區間圖。在圖 (d)-(f) 裡，我們有三個單位-區間圖繪給三個單位區間——及它們所對應的二進位數列。

a) 還有多少個其它單位-區間圖給三個單位區間？這些圖所對應的二進位數列是什麼？

b) 有多少個單位-區間圖給四個單位區間？

c) 對 $n \geq 1$，有多少個單位-區間圖給 n 個單位區間？

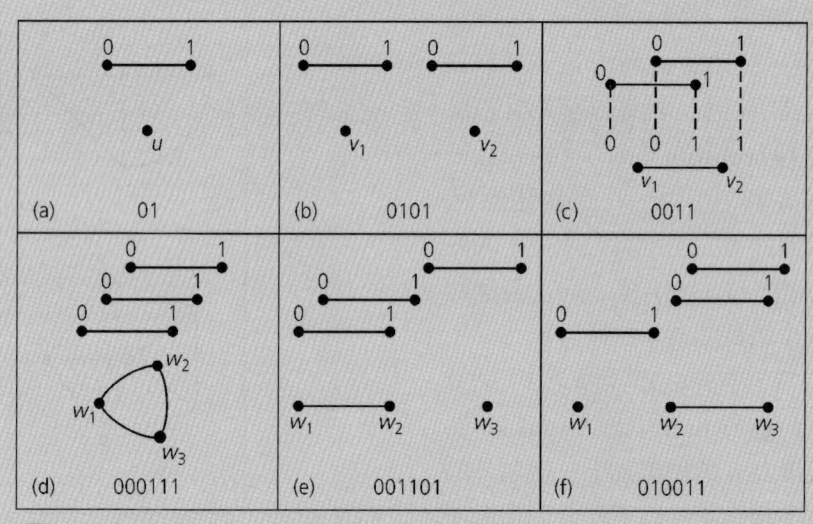

圖 11.13

11.2 子圖、餘圖及圖同構變換

本節我們將集中在下面兩個概念：

a) 圖的子結構的型態是什麼？
b) 是否可能繪兩個外形相異但有相同內在結構的圖嗎？

欲回答 (a) 之問題，我們介紹下面定義。

定義 11.7 若 $G=(V, E)$ 為一圖 (有向或無向)，則 $G_1=(V_1, E_1)$ 被稱為 G 的**子圖** (subgraph) 若 $\emptyset \neq V_1 \subseteq V$ 且 $E_1 \subseteq E$，其中 E_1 的每個邊連接 V_1 的頂點。

圖 11.14(a) 提供我們一個無向圖 G 及它的兩個子圖，G_1 和 G_2。頂點 a，b 在子圖 G 中是孤立的。圖 (b) 提供一個有向的例子。此處之頂點 w 在子圖 G' 中是孤立的。

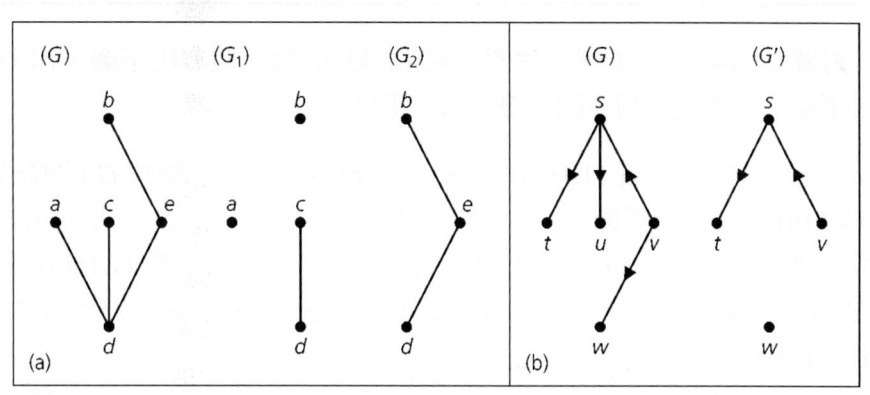

● 圖 11.14

某些特殊型態的子圖出現如下：

定義 11.8 給一個 (有向或無向) 圖 $G=(V, E)$，令 $G_1=(V_1, E_1)$ 為 G 的一子圖。若 $V_1=V$ 則 G_1 被稱是 G 的一個**生成子圖** (spanning subgraphs)。

在圖 11.14(a) 中，G_1 和 G_2 均不是 G 的生成子圖。子圖 G_3 及 G_4 被示於圖 11.15(a)，均為 G 的生成子圖。圖 11.14(b) 中的有向圖 G' 是該圖中有向圖 G 的一個子圖，但不是 G 的一個生成子圖。圖 11.15(b) 中的有向圖 G'' 和 G''' 為 $2^4=16$ 個可能生成子圖中的兩個。

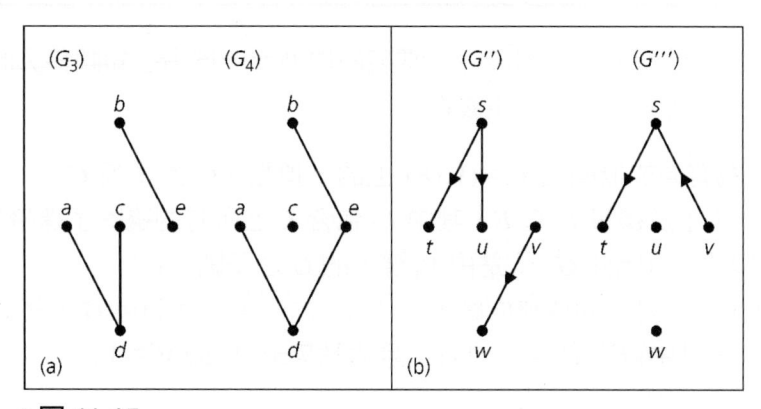

● 圖 11.15

定義 11.9 令 $G=(V, E)$ 為一圖 (有向或無向)。若 $\emptyset \neq U \subseteq V$，由 U 導出的 G 之**子圖** (subgraph of G induced by U) 為頂點集是 U 且包含所有形如 (a) (x, y)，對 x，$y \in U$ (當 G 為有向時)，或 (b) $\{x, y\}$，對 x，$y \in U$ (當 G 為無向時)

的 (G 之) 邊的子圖。我們表這個子圖為 $\langle U \rangle$。

圖 $G=(V, E)$ 的子圖 G' 被稱是一個**導出子圖** (induced subgraph) 若存在 $\emptyset \neq U \subseteq V$，其中 $G'=\langle U \rangle$。

對圖 11.14(a) 的子圖，我們發現 G_2 是 G 的一個導出子圖，但子圖 G_1，不是一個導出子圖，因為邊 $\{a, d\}$ 不見了。

例題 11.5 令 $G=(V, E)$ 表圖 11.16(a) 的圖。圖 (b) 及 (c) 的子圖為 G 的導出子圖。對 (b) 中的連通子圖，$G_1=\langle U_1 \rangle$ 其中 $U_1=\{b, c, d, e\}$。同法，(c) 中的不連通子圖為 $G_2=\langle U_2 \rangle$ 其中 $U_2=\{a, b, e, f\}$。最後，圖 11.16(d) 中的 G_3 是 G 的子圖。但它不是一個導出子圖；頂點 c，e 在 G_3 上，但 (G 的) 邊 $\{c, e\}$ 不在。

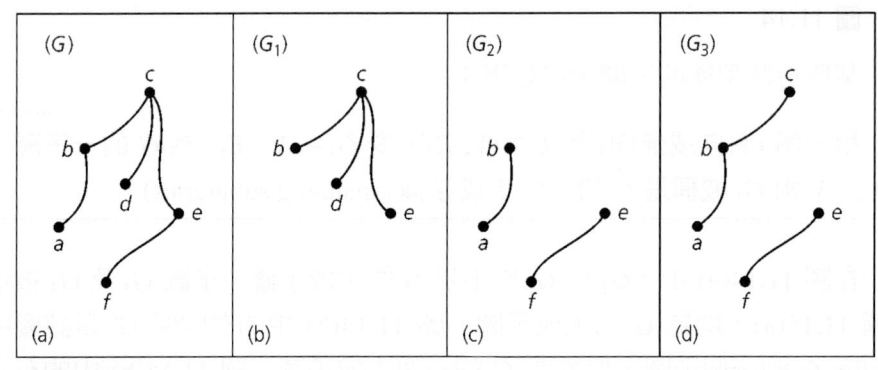

圖 11.16

另一種特殊型態的子圖發生，當某個頂點或邊被由已知圖移去時。我們將這些概念正式化於下面定義裡。

定義 11.10 令 v 為有向或無向圖 $G=(V, E)$ 上的一頂點。G 的子圖 $G-v$ 有頂點集 $V_1=V-\{v\}$ 及邊集 $E_1 \subseteq E$，其中 E_1 包含 E 上所有的邊除了連接頂點 v 的那些邊以外。(因此 $G-v$ 是由 V_1 導出的 G 之子圖。)

同理，若 e 是有向或無向圖 $G=(V, E)$ 的一邊，我們得 G 的子圖 $G-e=(V_1, E_1)$，其中邊集 $E_1=E-\{e\}$，且頂點集未變 (即 $V_1=V$)。

例題 11.6 令 $G=(V, E)$ 為圖 11.17(a) 的無向圖。這個圖的 (b) 是 (G 的) 子圖 G_1，其中 $G_1=G-c$。它亦是由頂點集 $U_1=\{a, b, d, f, g, h\}$ 所導出的 G 的子圖，所以 $G_1=\langle V-\{c\} \rangle=\langle U_1 \rangle$。在圖 11.17(c) 裡，我們發現 G 的子圖 G_2，其中 $G_2=G-e$ 且 e 為邊 $\{c, d\}$。圖 11.17(d) 說明定義 11.10 的概念如

何可被擴大至超過一個頂點 (邊) 的移去。我們可將 G 的這個子圖表為 $G_3 = (G-b)-f = (G-f)-b = G-\{b,f\} = \langle U_3 \rangle$，其中 $U_3 = \{a, c, d, g, h\}$。

子圖的概念給我們一個方法來發展一個無向無迴路圖的餘圖。然而，在進行之前，我們定義一種型態的圖，其在大小上是最大的對一組已知頂點數。

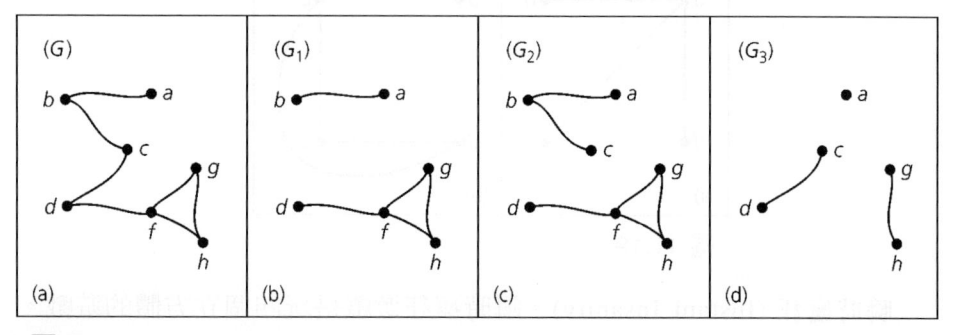

◉ 圖 11.17

令 V 為一個 n 個頂點的集合，在 V 上的**完全圖** (complete graph) 被表為 K_n，為一個無迴路的無向圖，其中對所有 $a，b \in V，a \neq b$，有一邊 $\{a, b\}$。

定義 11.11

圖 11.18 提供完全圖 K_n，對 $1 \leq n \leq 4$。我們將明白，當我們檢視圖同構的概念時，這些為唯一可能的完全圖對已知的頂點數。

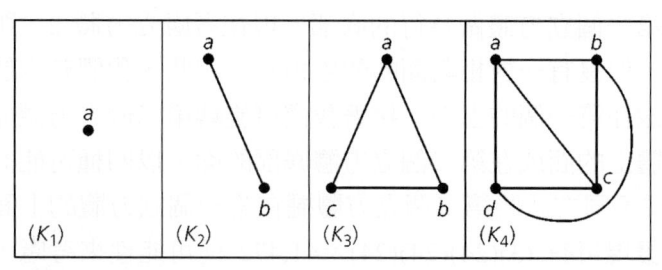

◉ 圖 11.18

第 3 章在決定一個集合的餘集合時，我們需要知道所考慮之下的宇集。完全圖扮演類似宇集的角色。

令 G 為一個 n 個頂點的無迴路之無向圖。G 的**餘圖** (complement)，表 $\overline{G}$，為 K_n 的子圖，其由 G 上的 n 個頂點及所有不在 G 上的邊所組成的。(若 $G = K_n$，$\overline{G}$ 是一個 n 個頂點但沒有邊的圖形。此類圖形被稱為**零圖** (null graph)。

定義 11.12

圖 11.19(a) 說明一個四個頂點的無向圖，其餘圖被展示在圖 (b)。在餘圖裡，頂點 a 是孤立的。

再次我們已到達某點，其中許多新的概念已被定義。欲說明為何這些概念中的某些是重要的，我們現在應用它們至一個有趣的遊戲解。

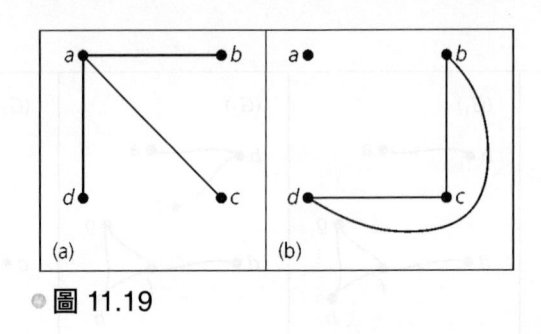

◉ 圖 11.19

例題 11.7

瞬時瘋狂 (Instant Insanity)。瞬時瘋狂遊戲是玩四個立方體的遊戲。立方體六個面的每一面被塗以紅 (R)、白 (W)、藍 (B) 或黃 (Y) 等四個顏色中的一種顏色。遊戲的目的是將這四個立方體擺成四個一行使得該行四個面的每一面均出現所有四種 (相異) 顏色。

考慮圖 11.20 的所有立方體並對它們編碼如所示。(這些立方體僅是這個遊戲中的一個例子。尚有許多其它例子。) 首先我們將估計這裡可能出現的安排數。若我們想將立方體 1 擺在該行的底部，則我們最多有三種不同方法可做。在圖 11.20 裡，立方體 1 是被展開的，且我們看出不管我們把紅色面擺在桌面上或是把對面的白色面擺在桌面上是沒有什麼差異的。我們僅關心在我們的行底的另外四個面。以三對相對之面，至多有三種方法來擺第一個立方體做為行的底部。現在考慮立方體 2。雖然某些顏色是重複的，但沒有一對相對面的顏色相同。因此，我們有六個方法將第二個立方體擺在第一個的上面。接著我們可旋轉第二個立方體而不改變在第一個立方體上的面或在第二個立方體底部的面。以四種可能的旋轉，我們可有 24 種不同方法將第二個立方體擺在第一個立方體的上面。繼續此理論，我們發現可有 (3)(24)(24)(24)＝41,472 種可能性來考慮，且甚至可能沒有一個是解。

在解這個遊戲時，我們明白有困難來追蹤 (1) 立方體對面的顏色及 (2) 行的顏色。圖 (事實上是一個有標示的多重圖) 可助我們來預見整個情況。在圖 11.21 裡，我們有一個具四個頂點 R，W，B 及 Y 的圖。當我們考慮每一個立方體時，我們檢視其三對相對面。例如，立方體 1 有一對塗黃色及藍色的相對面，所以我們劃一個邊連結 Y 和 B 並標示它為 1 (給立方體 1)。

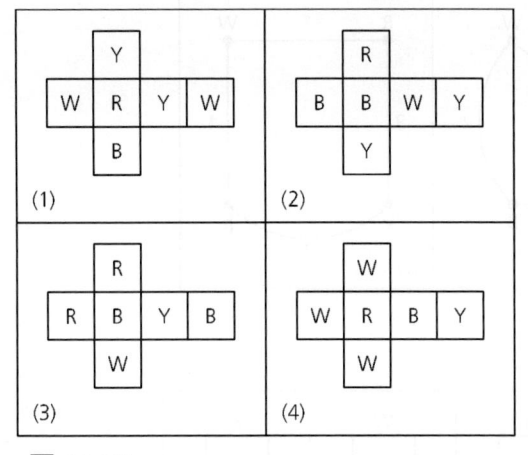

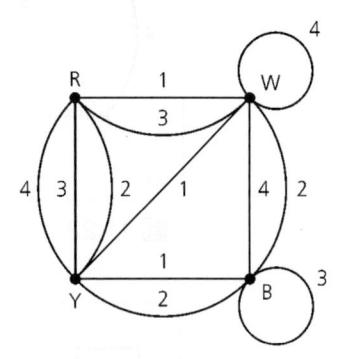

● 圖 11.20   ● 圖 11.21

圖中標示 1 的另兩邊分別說明白色和黃色及紅色和白色的相對面。對其它立方體同法處理，我們得到圖中的圖。一個迴路，像在 B 的那一個，標示 3，說明一對具有相同顏色的相對面 (給立方體 3)。

在圖中，我們看到共有 12 個邊分成四個大小為 3 的集合，依據給立方體的標示。在每個頂點，進入 (或離開) 該頂點的邊數計數四個立方體有該顏色的面數。(我們計數一個迴路兩次。) 因此，圖 11.21 告訴我們，對我們的四個立方體，我們有 5 個紅色面、7 個白色面、6 個藍色面及 6 個黃色面。

將四個立方體堆成一行，我們檢視該行的兩個相對面。這個安排給我們四個邊於圖 11.21 的圖裡，其中每個標示出現一次。因為每個顏色在行的一面僅出現一次，每個顏色必出現兩次做為這四個邊的一個端點。若我們對行的另外兩面可完成相同結果，則我們解了這個遊戲。在圖 11.22(a) 裡，我們看出我們的行的一雙相對面的每一面有四個顏色，若立方體被依圖示之子圖提供的資訊來安排的話。然而，欲再完成這個行的另外兩面，我們需一個第二個此類子圖，其不使用 (a) 的任一邊。在此情況，第二個此類子圖確實存在，如圖 (b) 所示。

圖 11.23 說明如何依圖 11.22 中之子圖所指示的來安排立方體。

一般來講，對任意四個立方體，我們構造一個有標示的多重圖並試著找兩個子圖，其中 (1) 每個子圖包含所有四個頂點及四個邊，每個邊有一個標示；(2) 在每個子圖裡，每個頂點恰連接兩個邊 (迴路計數兩次)；且 (3) 沒有標示多重圖的 (標示) 邊出現在兩個子圖裡。

現在我們回到本節開始所給的第二個問題。

● 圖 11.22

● 圖 11.23

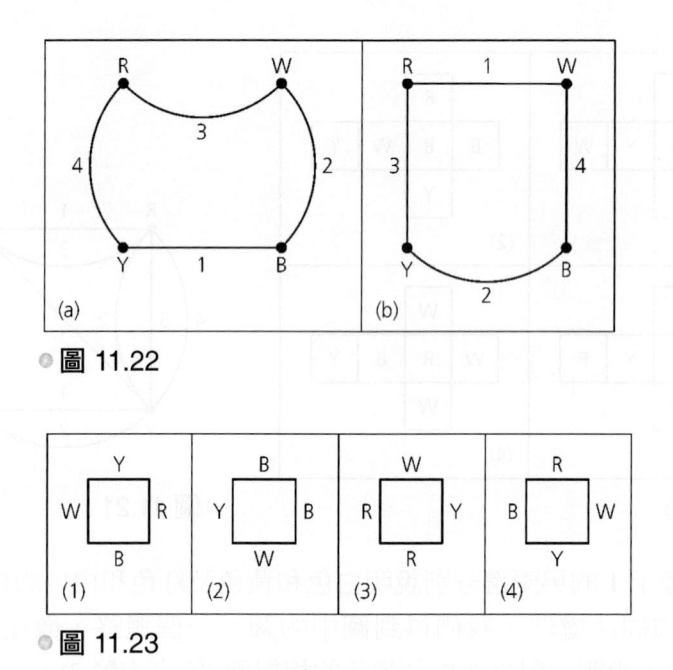

　　圖 11.24(a) 及 (b) 展示兩個含四個頂點的無向圖。因為直線邊和曲線邊在此處被視為相同,每個圖表示六對相鄰的頂點對。事實上,我們或許感覺這兩個圖均為圖 K_4 的例子。我們使這個感覺嚴密的數學化於下面定義裡。

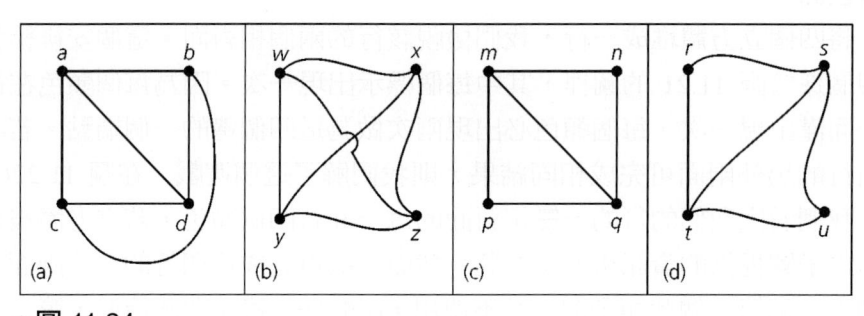

● 圖 11.24

定義 11.13　　令 $G_1=(V_1, E_1)$ 及 $G_2=(V_2, E_2)$ 為兩個無向圖。函數 $f: V_1 \to V_2$ 被稱為 **圖形同構變換** (graph isomorphism) 若 (a) f 是一對一且映成,且 (b) 對所有 $a,b \in V_1$,$\{a, b\} \in E_1$,若且唯若 $\{f(a), f(b)\} \in E_2$。當此一函數存在時,G_1 和 G_2 被稱為 **同構圖形** (isomorphic graphs)。

　　一個圖形同構變換的頂點對應保留相鄰性。因為相鄰的頂點對及不相鄰的頂點對是一個無向圖僅有的主要性質,依此法,圖形的結構是被保留的。

對圖 11.24 的 (a) 及 (b) 之圖,函數 f 被定義為

$$f(a) = w, \qquad f(b) = x, \qquad f(c) = y, \qquad f(d) = z$$

提供一個同構變換。[事實上,任何一個介於 $\{a, b, c, d\}$ 及 $\{w, x, y, z\}$ 之間的一對一對應將為一個同構變換,因為這兩個圖均為完全圖。這個亦為真若每一個所給的圖僅有四個孤立頂點 (且沒有邊)。] 因此,只有 (圖) 結構被關心,這兩個圖被考慮為相同——每一個是 (同構於) 完全圖 K_4。

對圖 11.24 的 (c) 及 (d) 之圖,我們需要多一點小心。函數 g 被定義為

$$g(m) = r, \qquad g(n) = s, \qquad g(p) = t, \qquad g(q) = u,$$

是一對一且映成 (對所給的頂點集)。然而,雖然 $\{m, q\}$ 是 (c) 圖的一邊,但 $\{g(m), g(q)\} = \{r, u\}$ 不是 (d) 圖的一邊。因此,函數 g 無法定義一個圖形同構變換。欲保留邊的對應關係,我們考慮一對一映成函數 h,其中

$$h(m) = s, \qquad h(n) = r, \qquad h(p) = u, \qquad h(q) = t.$$

此時我們有邊對應關係

$$\{m, n\} \leftrightarrow \{h(m), h(n)\} = \{s, r\}, \qquad \{n, q\} \leftrightarrow \{h(n), h(q)\} = \{r, t\},$$
$$\{m, p\} \leftrightarrow \{h(m), h(p)\} = \{s, u\}, \qquad \{p, q\} \leftrightarrow \{h(p), h(q)\} = \{u, t\},$$
$$\{m, q\} \leftrightarrow \{h(m), h(q)\} = \{s, t\},$$

所以 h 是一個圖形同構變換。[我們亦注意,例如,循環 $m \to n \to q \to m$ 如何與循環 $s\,(= h(m) \to r\,(= h(n)) \to t\,(= h(q)) \to s\,(= h(m))$ 對應。]

最後,因為圖 11.24(a) 的圖有 6 個邊且 (c) 中之圖僅有 5 個邊,所以這兩個圖不可能為同構。

現在讓我們檢視圖形同構變換概念於較困難的情形裡。

例題 11.8 在圖 11.25 裡,我們有兩個圖,每一個有 10 個頂點。不像圖 11.24 裡的圖,沒有辦法立刻明顯的知道這兩個圖是否同構。

吾人發現被給為

$$a \to q \quad c \to u \quad e \to r \quad g \to x \quad i \to z$$
$$b \to v \quad d \to y \quad f \to w \quad h \to t \quad j \to s$$

的對應關係保留所有相鄰性。例如,$\{f, h\}$ 為圖 (a) 的一邊對應圖 (b) 的 $\{w, t\}$ 邊。但我們如何來完成這個對應呢?下面討論提供一些線索。

我們注意因為一個同構變換保留相鄰性,它保留諸如路徑及循環的圖形結構。在圖 (a),邊 $\{a, f\}$、$\{f, i\}$、$\{i, d\}$、$\{d, e\}$ 及 $\{e, a\}$ 構成一個長度為 5 的循環。因此我們必須保留這個當我們試著找一個同構函數時。一個

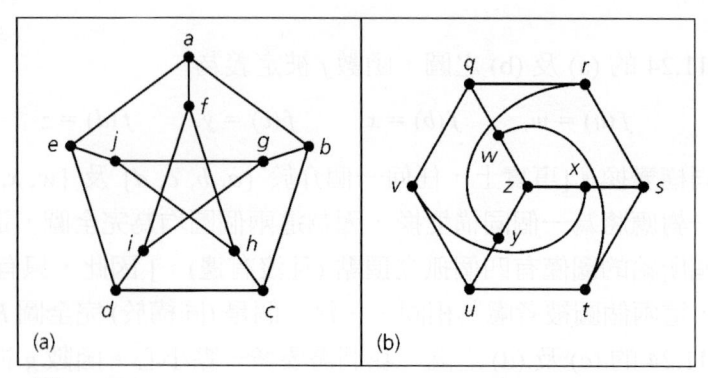

● 圖 11.25

可能性給圖 (b) 上的對應邊是 $\{q, w\}$，$\{w, z\}$，$\{z, y\}$，$\{y, r\}$ 及 $\{r, q\}$，其亦提供一個長度為 5 的循環。(第二個可能選擇是被給為循環 $y \to r \to s \to t \to u \to y$ 裡的所有邊。) 而且，以圖 (a) 的頂點 a 開始，我們發現一條路徑，其將"訪問"每個頂點僅一次。我們將這條路徑表為 $a \to f \to h \to c \to b \to g \to j \to e \to d \to i$。這兩個圖形要為同構，圖 (b) 中必要有一條對應的路徑。因此 $q \to w \to t \to u \to v \to x \to s \to r \to y \to z$ 所描述的路徑即為副本。

這些是我們可用來試著發展一個同構變換並決定兩個圖形是否同構的概念中的一部份。其它的考量法將被討論在本章裡，然而，沒有簡單，笨人也能處理的方法——尤其當我們遇到較大的圖 $G_1 = (V_1, E_1)$ 及 $G_2 = (V_2, E_2)$，其中 $|V_1| = |V_2|$ 及 $|E_1| = |E_2|$ 時。

我們再以一個含圖形同構變換的例題來做為本節的結束。

例題 11.9 圖 11.26 的兩圖均各有 6 個頂點及 9 個邊。因此，我們會合理的來問它們兩者是否同構。

在圖 (a) 裡，頂點 a 和圖的另兩個頂點相鄰。因此，若我們想在這兩個圖間構造一個同構函數，我們應將頂點 a 和圖 (b) 中一個可比擬的頂點結合，稱此頂點為 u。頂點 d 及頂點 x 或頂點 z 有類似情形。但不管我們使用 x 或 z，圖 (b) 中仍有一個頂點和它兩個頂點相鄰，且圖 (a) 中沒有其它此類頂點來繼續我們的一對一結構保留對應。因此，這兩個圖不同構。

更而，在圖 (b) 中可以任何頂點開始並找一個包含圖之每邊的環道。例如，若我們在頂點 u 出發，則環道 $u \to w \to v \to y \to w \to z \to y \to x \to v \to u$ 具有這個性質。圖 (a) 無此性質，其中僅有分別出發在 b 或 f 且終止在 f 或 b 包含各邊的小徑。

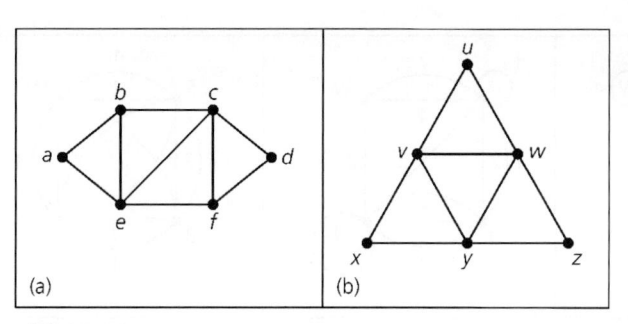

● 圖 11.26

習題 11.2

1. 令 G 為圖 11.27(a) 的無向圖。
   a) 有多少個 G 的連通子圖具有四個頂點及含有一個循環?
   b) 首先描述圖 (b) 之 (G 的) 子圖 G_1 做為一個導出子圖,接著利用移去 G 的一個頂點來表示。
   c) 首先描述圖 (c) 之 (G 的) 子圖 G_2 做為一個導出子圖,接著利用移去 G 的一個頂點來表示。
   d) 繪出由頂點集 $U=\{b,c,d,f,i,j\}$ 所引導出的 G 之子圖。
   e) 對圖 G,令邊 $e=\{c,f\}$。繪出子圖 $G-e$。

2. a) 令 $G=(V,E)$ 為一個無向圖,具 $G_1=(V_1,E_1)$ 為 G 的一個子圖。在什麼條件下 G_1 不是 G 的導出子圖?
   b) 對圖 11.27(a) 的子圖,找一個不是導出子圖的子圖。

3. a) 在圖 11.27(a) 中,有多少個生成子圖給圖 G。
   b) (a) 中有多少個連通生成子圖?
   c) (a) 中有多少個生成子圖具頂點 a 為一孤立頂點?

4. 若 $G=(V,E)$ 為一無向圖,有多少個 G 的生成子圖也是導出子圖?

5. 令 $G=(V,E)$ 為一無向圖,其中 $|V| \geq 2$。若 G 的每一個導出子圖是連通的,我們可以確認圖 G 嗎?

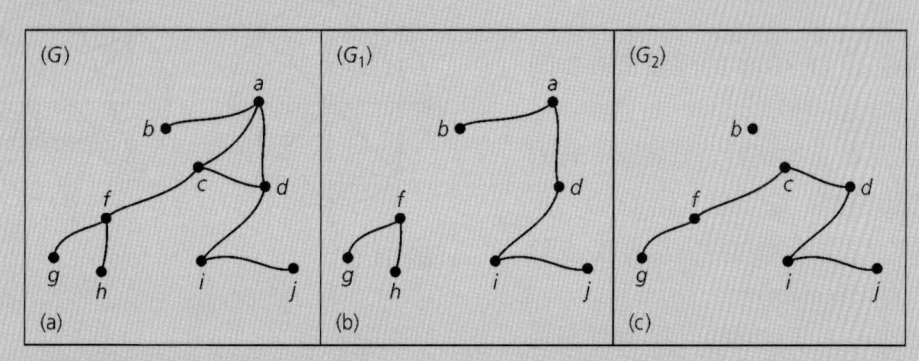

● 圖 11.27

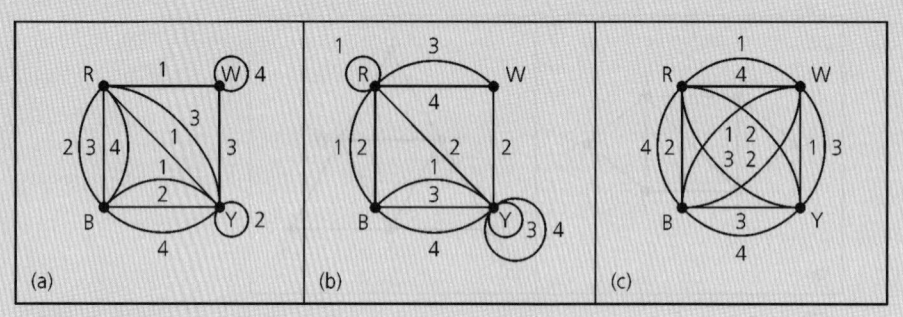

圖 11.28

6. 求所有具四個頂點的 (無迴路) 不同構無向圖。這些圖中有多少個是連通的？

7. 圖 11.28 中每一個有標示的多重圖出現在瞬時瘋狂遊戲裡的四塊積木集的分析裡。對各個情形，若可能求一解給謎題。

8. a) 在完全圖 K_7 裡，有多少條長度為 4 的路徑？(記住一條如 $v_1 \to v_2 \to v_3 \to v_4 \to v_5$ 的路徑被認為和路徑 $v_5 \to v_4 \to v_3 \to v_2 \to v_1$ 相同。)

   b) 令 $m, n \in \mathbf{Z}^+$，且 $m < n$。在完全圖 K_n 裡有多少條長度為 m 的路徑？

9. 對圖 11.29 裡的每對圖，判斷它們是否同構。

10. 令 G 為具 v 個頂點及 e 個邊的無向 (無迴路) 圖，則 $\overline{G}$ 有多少個邊？

11. a) 若 G_1, G_2 為 (無迴路) 無向圖，證明 G_1, G_2 為同構若且唯若 $\overline{G}_1, \overline{G}_2$ 為同構。

    b) 試決定圖 11.30 中的兩圖是否為同構。

12. a) 令 G 為具 n 個頂點的無向圖。若 G 和它自己的餘圖 $\overline{G}$ 同構，則 G 必有多少個邊？(此類圖形可被稱是**自我-互餘** (self-complementary)。

    b) 求一個具 4 個頂點的自我-互餘圖例子，並求一個具 5 個頂點的自我-互餘圖例子。

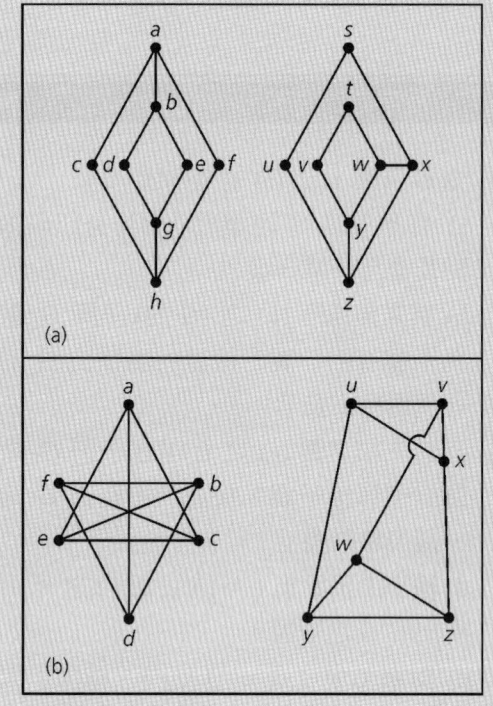

圖 11.29

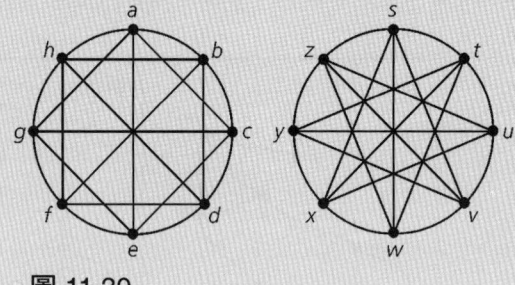

圖 11.30

c) 若 G 是一個具 n 個頂點的自我互餘

圖，其中 $n>1$，證明 $n=4k$ 或 $n=4k+1$，對某些 $k \in \mathbf{Z}^+$。

13. 令 G 為具 n 個頂點的循環，證明 G 是自我-互餘若且唯若 $n=5$。

14. a) 求一圖 G，其中 G 和 $\overline{G}$ 均為連通。
    b) 若 G 為具 n 個頂點的圖，對 $n \geq 2$ 且 G 不為連通，證明 $\overline{G}$ 為連通。

15. a) 將定義 11.3 擴大至有向圖。
    b) 試決定圖 11.31 中的兩個有向圖是否為同構。

16. a) K_6 有多少個子圖 $H=(V, E)$ 滿足 $|V|=3$？(若兩個子圖同構但有相異頂點集，則視它們為相異。)
    b) K_6 有多少個子圖 $H=(V, E)$ 滿足 $|V|=4$？
    c) K_6 有多少個子圖？
    d) 對 $n \geq 3$，K_n 有多少個子圖？

17. 令 v, w 為 K_n 的兩個頂點，$n \geq 3$。由 v 到 w 有多少個長度為 3 的行走？

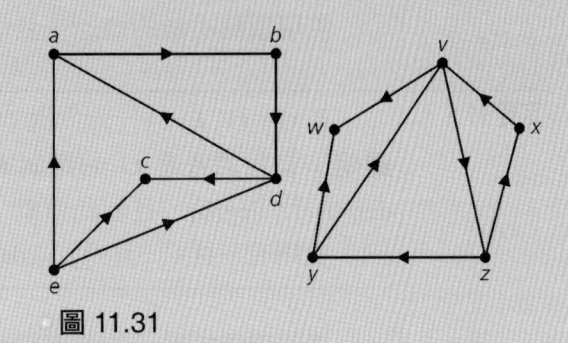

圖 11.31

11.3 頂點次數：Euler 小徑及環道

在例題 11.9 中，和一頂點相接合的邊數被用來證明兩個無向圖是非同構。我們現在發現這個概念用處更多。

定義 11.14

令 G 為一無向圖或為多重圖。對 G 的每個頂點 v，v 的**次數** (degree) 表為 $\deg(v)$，為 G 上和 v 接合的邊數。此處在頂點 v 的迴路被視為和 v 接合的兩個接合邊。

例題 11.10

對圖 11.32 的圖 $\deg(b)=\deg(d)=\deg(f)=\deg(g)=2$，$\deg(c)=4$，$\deg(e)=0$ 且 $\deg(h)=1$。對頂點 a，我們有 $\deg(a)=3$，因為我們計數迴路兩次。因為 h 的次數為 1，其被稱為**懸掛** (pendant) 頂點。

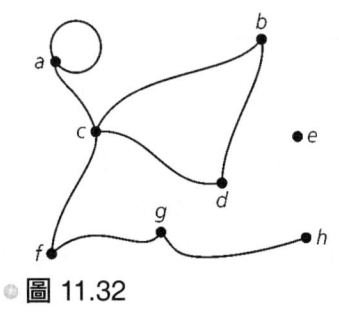

圖 11.32

使用頂點次數的概念，我們有下面結果。

定理 11.2 若 $G=(V, E)$ 為一無向圖或多重圖，則 $\sum_{v \in V} \deg(v) = 2|E|$。

證明： 當我們考慮 G 的每個邊 $\{a, b\}$ 時，我們發現該邊各貢獻 1 次給 $\deg(a)$ 及 $\deg(b)$，且因此貢獻 2 次給 $\sum_{v \in V} \deg(v)$。因此，$2|E|$ 計數 $\deg(v)$，對所有 $v \in V$，且 $\sum_{v \in V} \deg(v) = 2|E|$。

這個定理提供一些洞察給可存在圖裡的奇次數頂點的個數。

系理 11.1 對任意無向圖或多重圖，奇次數頂點的個數必為偶數。

證明： 我們將證明留給讀者。

我們應用定理 11.2 於下面例題裡。

例題 11.11 每個頂點的次數均相同的無向圖 (或多重圖) 被稱為**正則** (regular) 圖。若 $\deg(v)=k$ 對所有頂點 v，則圖形被稱 **k-正則** (k-regular)。是否存在一個具 10 個邊的 4-正則圖？

由定理 11.2，$2|E|=20=4|V|$，所以我們有五個次數為 4 的頂點，圖 11.33 提供兩個不同構的例子，它們均滿足所求。

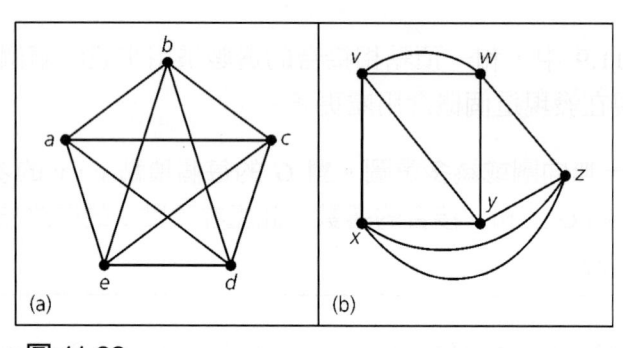

● 圖 11.33

若我們想要具 15 邊的圖的每個頂點的次數為 4，我們發現 $2|E|=30=4|V|$，此得無此類圖存在。

下一個例題介紹一個出現在電腦結構研究的正則圖。

例題 11.12 **超正方體** (hypercube)。欲建構一套平行電腦，吾人須有多個 CPU (中央處理器)，其中每個此類處理器處理問題的一部份。但我們經常不能確實的完全分解一個問題，所以在某個時刻，所有處理器 (各個均有自己的記憶體) 必須能和其它處理器溝通。

我們面對這個情況如下。所給問題的收集資料取自中央儲存位置並將它們分至所有處理器。所有處理器完成一個階段，其中每個電腦自己執行某個時段，接著發生一些內部交換。再而處理器回來執行自己的計算並繼續在個別操作及和其它處理器間溝通進進出出的進行。這個情形足夠描述平行電腦如何實際操作。

欲模擬處理器間的交換，我們使用一個無迴路連通無向圖，其中每個處理器被指定為一個頂點。當兩個處理器，稱 p_1，p_2，可直接互相互換，我們繪 $\{p_1, p_2\}$ 邊來表示這個可能的交換 (線)。我們可如何來決定一個模型 (即一個圖) 來加速處理時間呢？ (以所有處理器為頂點的) 完全圖將是理想的圖——但由於所有必要的連通將產生巨大的費用。另一方面，吾人可沿著一條具 $n-1$ 個邊的路徑或一個具 n 個邊的循環來連通 n 個處理器。另一個可能的模型是**格點** (grid) 或**網格** (mesh) 圖，示於圖 11.34 的圖即為例子。

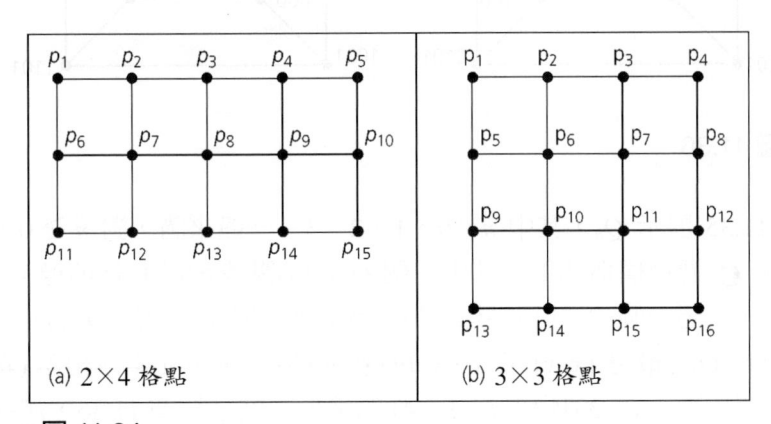

(a) 2×4 格點   (b) 3×3 格點

● 圖 11.34

但在最後三個模型裡，兩處理器的距離 (最短路徑的邊數) 變得愈來愈長當處理器的個數增大時。斟酌邊 (相異連通) 數襯托著兩頂點的距離被編入正則圖裡的折衷案被稱為**超正方體** (hypercube)。

對 $n \in \mathbf{N}$，n-維超正方體 (或 n-正方體) 被表為 Q_n。它是一個具有 2^n 個頂點的無迴路連通無向圖。$n \geq 1$ 我們以代表 0，1，2，$\cdots$，2^n-1 的 2^n 個 n-位元數列來標示這些頂點。例如，Q_3 有八個頂點——標示為 000，001，010，011，100，101，110 及 111。Q_n 的兩頂點 v_1，v_2 由邊 $\{v_1, v_2\}$ 來連接，當給 v_1，v_2 的二進位標示恰相異一個位置，則對 Q_n 上的任意頂點 u，w，存在一條長度為 d 的最短路徑，其中 d 為 u，w 之二進位標示相異位置的個數。[此保證 Q_n 是連通的。]

● 圖 11.35

● 圖 11.36

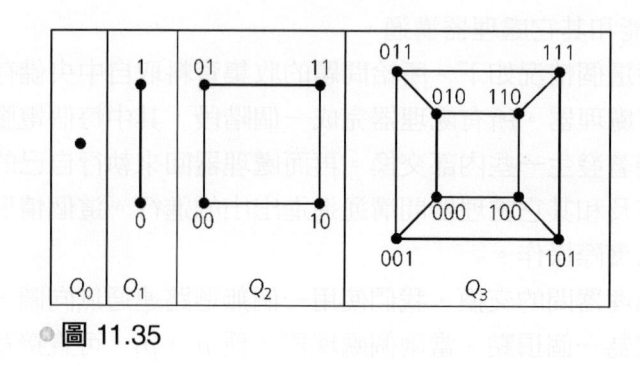

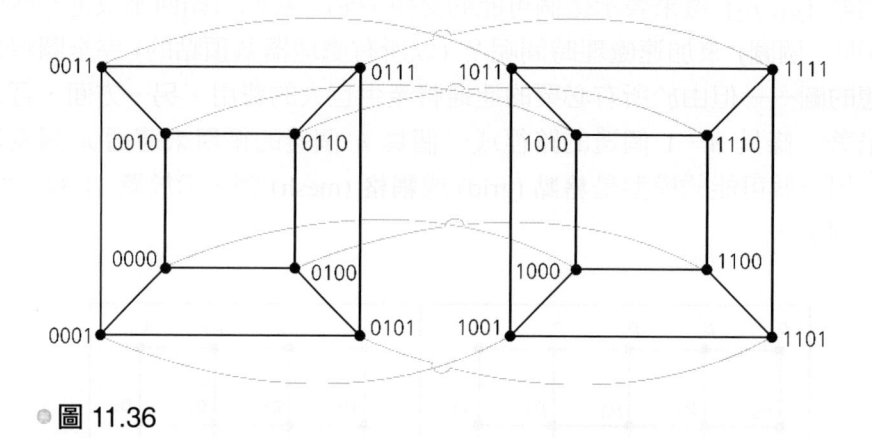

圖 11.35 展示 Q_n，其中 $n=0$，1，2，3。一般來講，對 $n \geq 0$，Q_{n+1} 可由兩個 Q_n 遞迴構造如下。其中一個 Q_n 的頂點標示以 0 做前標 (稱此結果為 $Q_{0,n}$) 而另一個 Q_n 的頂點標示以 1 做前標 (稱此結果為 $Q_{1,n}$)。對 x 在 $Q_{0,n}$ 及 y 在 $Q_{1,n}$ 繪邊 $\{x, y\}$ 若 x，y 的 (新前標) 二進位元素僅相差 (新前標的) 第一個位置。$n=3$ (所以 $n+1=4$) 的情形被展示於圖 11.36，灰邊為上面所描述的新邊用來構造 Q_4 (來自兩個 Q_3)。

總之，我們再次強調對 $n \in \mathbf{N}$，超正方體 Q_n 是一個具有 2^n 個頂點的 n-正則無迴路無向圖。更而，它是連通的且任兩頂點間的距離至多是 n。由定理 11.2 得 Q_n 有 $(1/2)\, n 2^n = n 2^{n-1}$ 個邊。[回溯例題 10.33，我們發現 $n 2^{n-1}$ 同樣是偏序 $(\mathcal{P}(X_n), \subseteq)$ 之 Hasse 圖的所有邊數，其中 $X_n = \{1, 2, 3, \cdots, n\}$ 且 $\mathcal{P}(X_n)$ 為 X_n 的冪集合。這不僅是巧合！若我們使用例題 3.9 的 Gray 編碼來標示這個 Hasse 圖，我們發現我們有超正方體 Q_n。]

最後，注意 Q_4 上有 16 個頂點 (處理器) 且頂點間的最長距離是 4。對照圖 11.34 的格點，其中 (a) 有 15 個頂點且 (b) 有 16 個頂點，而兩個格點的最長距離為 6。

我們現在轉到為何 Euler 發展一個頂點之次數的理由：解處理 Königsberg 七橋的問題。

Königsberg 七橋問題。在 18 世紀間，Königsberg 這個城市 (在東普魯士) 被 Pregel 河分成四個區域 (包括 Kneiphof 島)。有七座橋連接這些區域，如圖 11.37(a) 所示。據說居民花費他們的週日時間試著找一個走法使得每座橋恰經過一次且回到出發點。

例題 11.13

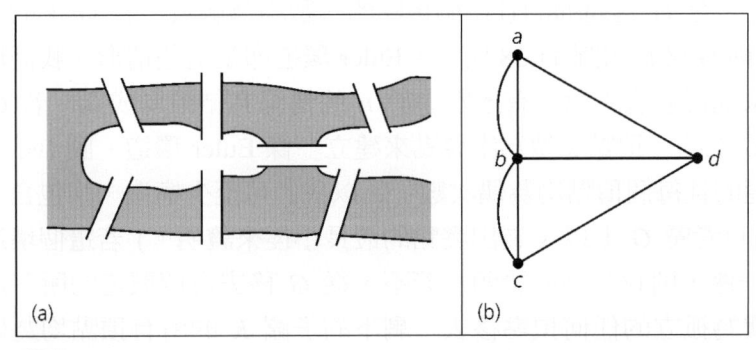

● 圖 11.37

欲判斷是否有此一環道存在，Euler 將城市的四區域及七座橋表為圖 11.37(b) 所示的多重點。這裡他發現 4 個頂點，其中 $\deg(a) = \deg(c) = \deg(d) = 3$ 且 $\deg(b) = 5$。他亦發現此一環道的存在性和圖中奇次數頂點的個數有關。

在證明一般結果之前，我們給下面定義。

令 $G = (V, E)$ 為一個無孤立頂點的無向圖或多重圖，則 G 被稱為有一個 **Euler 環道** (Euler circuit) 若 G 上有一環道恰經過圖的每一邊一次。若 G 上有一條由 a 到 b 的開放小徑且這條小徑恰經過 G 的每邊一次，則此小徑被稱是 **Euler 小徑** (Euler trail)。

定義 11.15

七橋問題現在可解決了，當我們描述圖形具有一條 Euler 環道時。

令 $G = (V, E)$ 為一無孤立頂點的無向圖或多重圖，則 G 有一條 Euler 環道若且唯若 G 是連通的且 G 上的每個頂點有偶數次數。

定理 11.3

證明：若 G 有一條 Euler 環道，則對所有 $a, b \in V$，存在一條由 a 到 b 的小徑，即出發點在 a 且終止點在 b 的環道之一部份。因此，由定理 11.1，G 是連通的。

令 s 為 Euler 環道的出發頂點。對 G 的任何其它頂點 v，每次環道來到 v 接著就離開 v。因此，環道不是經過兩個和 v 接合的 (新) 邊就是經過一個在 v 的 (新) 迴路。不管那一種情形，計數 2 次給 $\deg(v)$。因為 v 不是出發點且和 v 接合的每一邊僅被經過一次，每次環道通過 v 得 2 次的計數，所以 $\deg(v)$ 為偶數。至於對出發頂點 s，環道的第一邊必相異於最後一邊，且因為任何其它經過 s 的均導致一個 2 次的計數給 $\deg(s)$，所以 $\deg(s)$ 為偶數。

反之，令 G 為連通的且每個頂點的次數均為偶數。若 G 上的邊數為 1 或 2，則 G 必為如圖 11.38 所示。Euler 環道即是這些情形。我們現在以歸納法來進行並假設對所有邊數小於 n 的情況其結果均成立。若 G 有 n 邊，選 G 上的一頂點 s 做為出發點來建立一條 Euler 環道。圖 (或多重圖) G 是連通的且每個頂點均為偶次數，所以我們可至少構造一條包含 s 的環道 C。(可考慮 G 上以 s 為出發點的最長小徑來證明。) 若這個環道包含 G 的每一邊，則我們完成證明。若不，從 G 移去這個環道的所有邊，確信把將變為孤立的任何頂點移去。剩下的子圖 K 的所有頂點均為偶數，但可能不連通。然而，K 的每一個連通分區是連通的且將有一條 Euler 環道。(為何？) 而且，這些 Euler 環道的每一條均有一個頂點位在 C 上。因此，我們可在 s 點出發在 C 上旅行直到到達某頂點 s_1，其位在 K 的某一個連通分區 C_1 上。接著我們經過這個 Euler 環道且回到 s_1，繼續在 C 走直到我們到達一個頂點 s_2，此頂點位在 K 的連通分區 C_2 上的 Euler 環道。因為圖 G 為有限，當我們繼續這個過程，我們構造了一個 Euler 環道給 G。

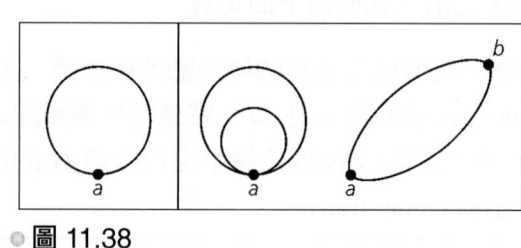

◉ 圖 11.38

若 G 為連通的且沒有太多的奇次數頂點，則我們可在 G 上至少找到一條 Euler 小徑。

系理 11.2 若 G 是一個沒有孤立頂點的無向圖或多重圖，則我們可在 G 上建構一條 Euler 小徑若且唯若 G 是連通的且恰有兩個奇次數的頂點。

證明： 若 G 是連通的且 a 和 b 為具有奇次數的 G 之頂點，則加一個額外

的邊 $\{a, b\}$ 到 G。我們現在有一個圖 G_1，其為連通的且每個頂點均為偶次數。因此，G_1 有一條 Euler 環道 C，且當邊 $\{a, b\}$ 被由 C 中移走，我們得到一條 Euler 小徑給 G。(因此，Euler 小徑係以兩個奇次數頂點中的一個開始，且終止在另一個奇頂點。) 我們將另一方向的證明留給讀者。

現在回到 Königsberg 七橋問題，我們辨識出圖 11.37(b) 是一個連通的多重圖，但它有 4 個奇次數的頂點。因此，它沒有 Euler 小徑或 Euler 環道。

現在我們已看到一個 18 世紀問題的解如何引導圖論的開始，是否有一些更當代的文脈，我們可應用我們已學過的東西於其中嗎？

欲回答這個問題 (肯定的)，我們將敘述有向版的定理 11.3。但首先我們須細加區分頂點次數的概念。

令 $G=(V, E)$ 為一個有向圖或多重圖。對每個 $v \in V$。 **定義 11.16**

a) v 的 **進入次數** (incoming degree 或 in degree) 為 G 上進入 v 的邊數，且被表為 $id(v)$。

b) v 的 **外出次數** (outgoing degree 或 out degree) 為 G 上離開 v 的邊數，且被表為 $od(v)$。

對於含一個或更多個迴路的有向圖或多重圖之情形，每一個在已知頂點 v 的迴路分別各計數 1 次給 $id(v)$ 及 $od(v)$。

頂點的進入次數及外出次數引導我們下面定理。

令 $G=(V, E)$ 是一個沒有孤立頂點之有向圖或多重圖。圖 G 有一條有 **定理 11.4** 向 Euler 環道若且唯若 G 是連通的且 $id(v)=od(v)$ 對所有 $v \in V$。
證明： 本定理證明留給讀者。

目前我們考慮定理 11.4 的一個應用。這個例題是基於一個由 C. L. Liu 給在參考資料 [23] 第 176-178 頁的電信問題。

在圖 11.39(a) 裡，我們有一個旋轉滾筒的表面，其被分為 8 個等面積 **例題 11.14** 之扇形。圖 (b) 中，我們在滾筒上擺了傳導 (陰影的扇形及內圓部份) 及非傳導 (無陰影的扇形部份) 材料。當 3 個末端 (示於圖中) 和 3 個指派的扇形接觸時，非傳導材料導致無電流且一個 1 出現在一個數位設計的展示上。對於有傳導材料的扇形，有電流產生且一個 0 出現在各個情形的展示

● 圖 11.39

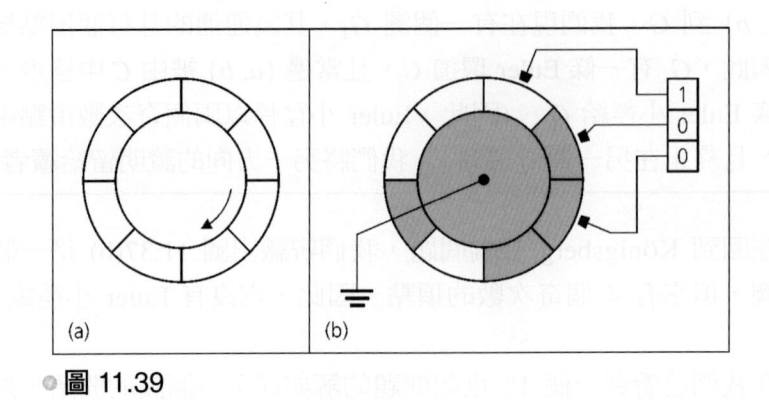

上。若滾筒被旋轉 45 度 (順時針)，銀幕將出現 110 (由頂至下)。所以我們至少可得由 000 (對 0) 到 111 (對 7) 的八個二進位表示式中的二個 (即 100 和 110)。但當滾筒繼續旋轉時，我們可將八個表示式表示出來嗎？且我們可以擴大這個問題由 0000 至 1111 的十六個四位元的二進位表示式及甚至更進一步來一般化這些結果嗎？

欲回答圖中問題，我們建構一個有向圖 $G=(V, E)$，其中 $V=\{00, 01, 10, 11\}$ 且 E 被構造如下：若 $b_1b_2, b_2b_3 \in V$ 則繪邊 (b_1b_2, b_2b_3)。這可得圖 11.40(a) 的有向圖，其中 $|E|=8$，我們看出這個圖是連通的且對所有 $v \in V$，$id(v)=od(v)$。因此，由定理 11.4，它有一條有向 Euler 環道。其中的一條環道被給為

$$\overset{100}{10 \longrightarrow} \overset{000}{00 \longrightarrow} \overset{001}{00 \longrightarrow} \overset{010}{01 \longrightarrow} \overset{101}{10 \longrightarrow} \overset{011}{01 \longrightarrow} \overset{111}{11 \longrightarrow} 11$$
$$\underset{110}{\curvearrowleft}$$

此處在每個邊 $e=(a, c)$ 上的標示，如圖 11.40(b) 所示，為三位元數列 $x_1x_2x_3$，其中 $a=x_1x_2$ 及 $c=x_2x_3$。因為 G 的所有頂點為四個相異的二位元數列 00，01，10 及 11，在 G 的八個邊上的標示決定八個相異的三位元數列。而且在 Euler 環道上的任兩個連續的邊標示為 $y_1y_2y_3$ 及 $y_2y_3y_4$ 之形式。

以邊標示 100 開始，欲得下一個標示，000，我們將 000 的最後位元，即 0，鎖到串 100。所得之串 1000 則供給 100 (<u>100</u>0) 及 000 (1<u>000</u>)。下一個邊標示是 001，所以我們將 1 (001 的最後位元) 鎖到目前的串 1000 並得 10001，其提供三個相異的三位元數列 100 (<u>100</u>01)，000 (1<u>000</u>1) 及 001 (10<u>001</u>)。繼續此法，我們達到八位元數列 10001011 (其中最後的 1 表**圍繞著** (wrapped around)，且這八個位元被安排在旋轉滾筒的所有扇形

▣ 圖 11.40　　　　　　　　　　　　　　　　▣ 圖 11.41

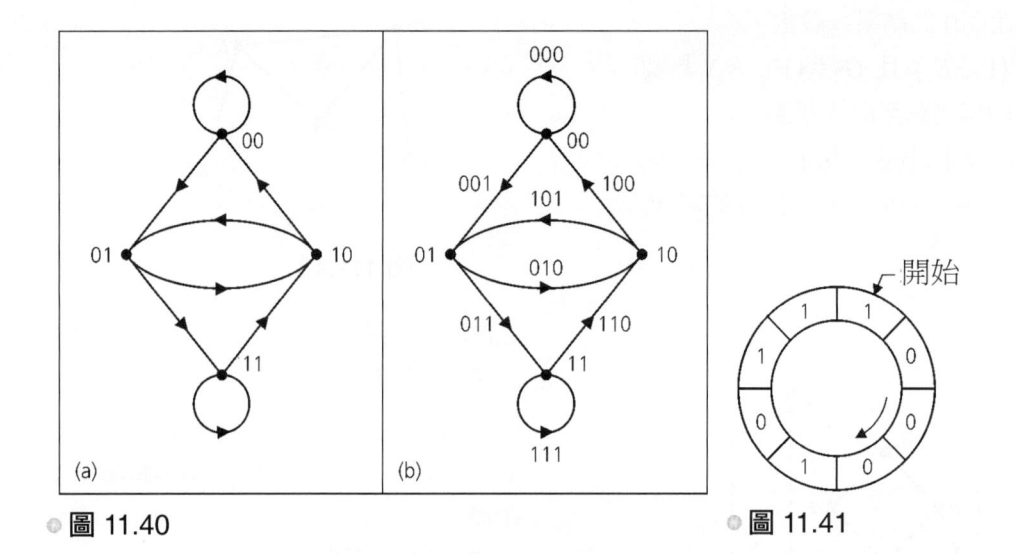

裡，如圖 11.41。由這個圖，可得圖 11.39(b) 的結果。且當圖 11.39(b) 中的滾筒旋轉時，可得所有八個三位元數列 100，110，111，011，101，010，001 及 000。

在結束本節時，我們盼讀者注意由 Anthony Ralston 所著的參考資料 [24]。該文章是一個好的源頭，可提供更多的和例題 11.14 所討論之問題有關的概念及一般化結果。

習題 11.3

1. 求下面之圖或多重圖 G 的 $|V|$。
   a) G 有九個邊且所有頂點的次數均為 3。
   b) G 是正則的且有十五個邊。
   c) G 有十個邊且有兩個頂點次數為 4，其它各頂點之次數均為 3。

2. 若 $G=(V, E)$ 為一連通圖具 $|E|=17$ 及 $\deg(v) \geq 3$ 對所有 $v \in V$，則 $|V|$ 的最大值為何？

3. 令 $G=(V, E)$ 為一個連通的無向圖。
   a) 若 $|E|=19$ 且 $\deg(v) \geq 4$ 對所有 $v \in V$，則 $|V|$ 的最大可能值為何？
   b) 繪一圖來展示 (a) 中的每個可能情形。

4. a) 令 $G=(V, E)$ 為一個無迴路無向圖，其中 $|V|=6$ 且 $\deg(v)=2$ 對所有 $v \in V$。把同構的算進來，則有多少個此類的圖形 G？
   b) 若 $|V|=7$，回答 (a)。
   c) 令 $G_1=(V_1, E_1)$ 為一個無迴路無向的 3-正則圖且 $|V_1|=6$。把同構的算進來，則有多少個此類的圖形 G_1？
   d) 若 $|V_1|=7$ 且 G_1 是 4-正則的，回答 (c)。

e) 將 (c) 和 (d) 的結果一般化。

5. 令 $G_1 = (V_1, E_1)$ 且 $G_2 = (V_2, E_2)$ 為圖 11.42 中的無迴路無向連通圖。
   a) 求 $|V_1|$，$|E_1|$，$|V_2|$ 及 $|E_2|$。
   b) 求 V_1 各個頂點的次數。同樣的求 V_2 各個頂點的次數。
   c) G_1 和 G_2 同構嗎？

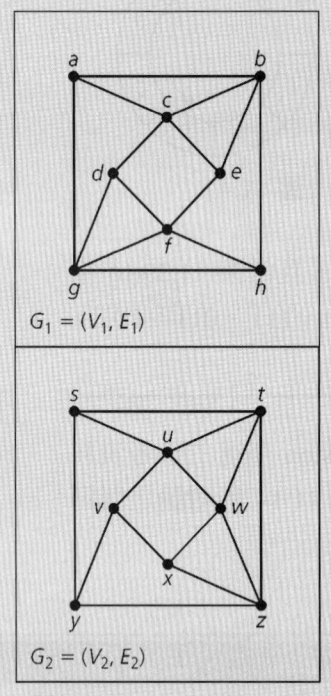

圖 11.42

6. 令 $V = \{a, b, c, d, e, f\}$。繪三個不同構的無迴路無向圖 $G_1 = (V, E_1)$，$G_2 = (V, E_2)$，且 $G_3 = (V, E_3)$，其中，在所有三個圖中，我們有 $\deg(a) = 3$，$\deg(b) = \deg(c) = 2$，且 $\deg(d) = \deg(e) = \deg(f) = 1$。

7. a) 圖 11.43 中的無向圖 G 裡有多少條長度為 2 的相異路徑？
   b) 令 $G = (V, E)$ 為一個無迴路無向圖，其中 $V = \{v_1, v_2, \cdots, v_n\}$ 且 $\deg(v_i) = d_i$，對所有 $1 \leq i \leq n$。G 中有多少條長度為

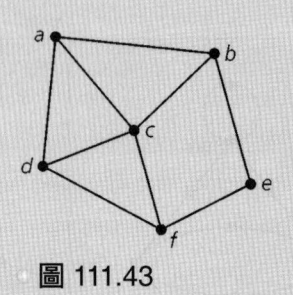

圖 11.43

2 的相異路徑？

8. a) 求 Q_8 的邊數。
   b) 求 Q_8 中兩頂點間的最大距離。給一個例子其中有一對頂點間的距離為最大距離。
   c) 求 Q_8 中最長路徑的長度。

9. a) 具有 524,288 邊的超正方體的維度是多少？
   b) 具有 4,980,736 邊的超正方體有多少個頂點？

10. 對 $n \in \mathbf{Z}^+$，在 n-維超正方體 Q_n 中有多少條長度為 2 的相異 (雖然同構) 路徑？

11. 令 $n \in \mathbf{Z}^+$，且 $n \geq 9$。證明若 K_n 的所有邊可被分割成子圖，其同構於長度為 4 的循環 (其中任兩個此類循環無共同邊)，則 $n = 8k + 1$ 對某些 $k \in \mathbf{Z}^+$。

12. a) 對 $n \geq 2$，令 V 表 Q_n 的所有頂點。對 $1 \leq k < 1 \leq n$，定義關係 $\mathcal{R}$ 在 V 上如下：若 $w, x \in V$，則 $w \mathcal{R} x$ 若 w 和 x 在它們的二進位表示式有相同的位元 (0 或 1) 在位置 k 且有相同位元 (0 或 1) 在位置 1。[例如，若 $n = 7$ 且 $k = 3$，$1 = 6$，則 $1100010 \mathcal{R} 0000011$。] 證明 $\mathcal{R}$ 是一個等價關係。這個等價關係有多少個區組？每個區組有多少個頂點？描述由各個區組之頂點所引導出來的 Q_n 的子圖。

b) 一般化 (a) 之結果。

13. 若 G 是一個具 n 個頂點 e 個邊的無向圖，令 $\delta = \min_{v \in V}\{\deg(v)\}$ 且令 $\Delta = \max_{v \in V}\{\deg(v)\}$。證明 $\delta \leq 2(e/n) \leq \Delta$。

14. 令 $G = (V, E)$，$H = (V', E')$ 為無向圖，且 $f: V \to V'$ 建立兩圖形間的同構函數。(a) 證明 $f^{-1} = V' \to V$ 也是 G 和 H 的一個同構函數。(b) 若 $a \in V$，證明 $\deg(a)$ (在 G 上) $= \deg(f(a))$ (在 H 上)。

15. 對所有 $k \in \mathbf{Z}^+$，其中 $k \geq 2$，證明存在一個無迴路連通無向圖 $G = (V, E)$，其中 $|V| = 2k$ 且 $\deg(v) = 3$ 對所有 $v \in V$。

16. 證明對每個 $n \in \mathbf{Z}^+$，存在一個無迴路連通無向圖 $G = (V, E)$，其中 $|V| = 2n$ 且有兩個次數為 i 的頂點對每個 $1 \leq i \leq n$。

17. 完成系理 11.1 及 11.2 的證明。

18. 令 k 為一固定的正整數且令 $G = (V, E)$ 為一個無迴路無向圖，其中 $\deg(v) \geq k$ 對所有 $v \in V$。證明 G 有一條長度為 k 的路徑。

19. a) 解釋為何不可能繪一個具有八個頂點的無迴路連通無向圖，其中頂點的次數分別為 1，1，1，2，3，4，5 和 7。
    b) 給一個具有八個頂點的無迴路無向多重圖，其中頂點的次數分別為 1，1，1，2，3，4，5 和 7。

20. a) 找一條 Euler 環道給圖 11.44 的圖。
    b) 若邊 $\{d, e\}$ 被由這個圖移去，找一條 Euler 小徑給所得之子圖。

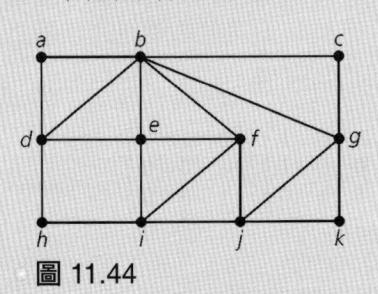

圖 11.44

21. 決定 n 值使得完全圖 K_n 有一條 Euler 小徑，什麼樣的 n 值可使 K_n 有一條 Euler 小徑但不是 Euler 環道？

22. 對圖 11.37(b) 的圖，則必須被移去的橋數最小值為何可使得所得子圖有一條 Euler 小徑但不是 Euler 環道？那些橋應被移走？

23. 當訪問一家恐怖物像陳列室時，Paul 和 David 試著是否可經過 7 個房間並圍繞迷人的迴廊，但不經過任何門超過 1 次。若他們必須由圖 11.45 所示的迴廊打星號的位置開始，他們可完成他們的目標嗎？

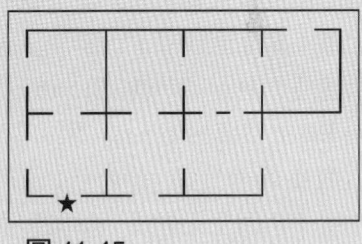

圖 11.45

24. 令 $G = (V, E)$ 為一有向圖，其中 $|V| = n$ 且 $|E| = e$，則 $\sum_{v \in V} id(v)$ 和 $\sum_{v \in V} od(v)$ 值為何？

25. a) 求下面各圖中小徑的最大長度。
    i) K_6 ii) K_8
    iii) K_{10} iv) $K_{2n}, n \in \mathbf{Z}^+$
    b) 求下面各圖中環道的最大長度。
    i) K_6 ii) K_8
    iii) K_{10} iv) $K_{2n}, n \in \mathbf{Z}^+$

26. a) 令 $G = (V, E)$ 為一個無孤立頂點的有向圖或多重圖。證明 G 有一條有向 Euler 環道若且唯若 G 是連通的且 $od(v) = id(v)$ 對所有 $v \in V$。
    b) 一個有向圖被稱是**強連通的** (strongly connected) 若對所有頂點 a, b，存在一

條由 a 到 b 的有向路徑，其中 $a \neq b$。證明若有一有向圖有一條有向 Euler 環道，則它是強連通的，反之亦為真嗎？

27. 令 G 為一具 n 個頂點的有向圖。若 G 所結合的無向圖是 K_n，證明 $\sum_{v \in V}[od(v)]^2 = \sum_{v \in V}[id(v)]^2$。

28. 若 $G=(V, E)$ 為一個無孤立頂點的有向圖或多重圖，證明 G 有一條有向的 Euler 小徑若且唯若 (i) G 是連通的；(ii) $od(v)=id(v)$ 對所有頂點但除了兩頂點 x，$y \in V$ 外；(iii) $od(x)=id(x)+1$；$id(y)=od(y)+1$。

29. 令 $V=\{000, 001, 010, \cdots, 110, 111\}$，對每個四位元數列 $b_1b_2b_3b_4$ 繪一邊由 V 上的元素 $b_1b_2b_3$ 至 V 上的元素 $b_2b_3b_4$。(a) 如所描述的繪圖 $G=(V, E)$。(b) 找一條有向 Euler 環道給 G。(c) 等距的八個 0 和八個 1 圍著旋轉 (順時針) 滾筒的邊使得這十六個位元形成一個圓形數列，其中長度為 4 的 (連續) 子數列以某種順位提供 0，1，2，$\cdots$，14，15 的二進位表示式。

30. Carolyn 和 Richard 和另外三對夫妻參加一個宴會。在這個宴會裡，發生握手。但 (1) 無人和他的或她的配偶握手；(2) 無人跟她自己或他自己握手；且 (3) 無人和任何人握手超過一次。在離開宴會之前，Carolyn 問其它 7 個人她或他有握過多少手。她從 7 人中的每一個人得到一個不同的答案。Carolyn 在這個宴會握了多少次手？Richard 握了多少次手？

31. 令 $G=(V, E)$ 為一個無迴路連通無向圖且 $|V| \geq 2$。證明 G 有兩個頂點 v，w，其中 $\deg(v)=\deg(w)$。

32. 若 $G=(V, E)$ 為一個無向圖具 $|V|=n$ 且 $|E|=k$，下面的矩陣被用來表示 G。

令 $V=\{v_1, v_2, \cdots, v_n\}$，定義**毗鄰矩陣** (adjacency matrix) $A=(a_{ij})_{n \times n}$，其中 $a_{ij}=1$ 若 $\{v_i, v_j\} \in E$，否則 $a_{ij}=0$。

若 $E=\{e_1, e_2, \cdots, e_k\}$，**投引矩陣** (incidence matrix) I 是 $n \times k$ 矩陣 $(b_{ij})_{n \times k}$，其中 $b_{ij}=1$ 若 v_i 是邊 e_j 上的一頂點，否則 $b_{ij}=0$。

a) 求圖 11.46 之圖所結合的毗鄰矩陣及投引矩陣。

b) 計算 A^2 並使用布林運算，其中 $0+0=0$，$0+1=1+0=1+1=1$，且 $0 \cdot 0 = 0 \cdot 1 = 1 \cdot 0 = 0$，$1 \cdot 1 = 1$，證明 A^2 的第 i 列及第 j 行的元素為 1 若且唯若在 V 的第 i 及第 j 個頂點間存在一條長度為 2 的行走。

c) 若我們使用尋常的加法及乘法計算 A^2，則矩陣中的元素對 G 顯示什麼？

d) A 的各行的行和是多少？為什麼？

e) I 的各行的行和是多少？為什麼？

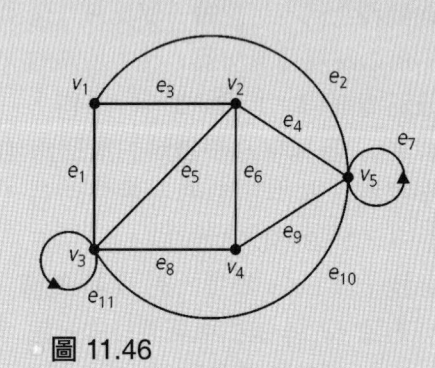

圖 11.46

33. 試決定具有下面毗鄰矩陣的無迴路無向圖是否為同構。

a) $\begin{bmatrix} 0 & 0 & 1 \\ 0 & 0 & 1 \\ 1 & 1 & 0 \end{bmatrix}$, $\begin{bmatrix} 0 & 1 & 1 \\ 1 & 0 & 0 \\ 1 & 0 & 0 \end{bmatrix}$

b) $\begin{bmatrix} 0 & 1 & 0 & 1 \\ 1 & 0 & 1 & 1 \\ 0 & 1 & 0 & 1 \\ 1 & 1 & 1 & 0 \end{bmatrix}, \begin{bmatrix} 0 & 1 & 1 & 1 \\ 1 & 0 & 1 & 0 \\ 1 & 1 & 0 & 1 \\ 1 & 0 & 1 & 0 \end{bmatrix}$

c) $\begin{bmatrix} 0 & 1 & 1 & 1 \\ 1 & 0 & 1 & 0 \\ 1 & 1 & 0 & 0 \\ 1 & 0 & 0 & 0 \end{bmatrix}, \begin{bmatrix} 0 & 1 & 0 & 1 \\ 1 & 0 & 1 & 0 \\ 0 & 1 & 0 & 1 \\ 1 & 0 & 1 & 0 \end{bmatrix}$

34. 試決定具有下面投引矩陣的無迴路無向圖是否為同構。

a) $\begin{bmatrix} 1 & 0 & 1 \\ 0 & 1 & 1 \\ 1 & 1 & 0 \end{bmatrix}, \begin{bmatrix} 0 & 1 & 1 \\ 1 & 1 & 0 \\ 1 & 0 & 1 \end{bmatrix}$

b) $\begin{bmatrix} 1 & 0 & 1 & 1 \\ 1 & 1 & 0 & 0 \\ 0 & 1 & 1 & 0 \\ 0 & 0 & 0 & 1 \end{bmatrix}, \begin{bmatrix} 1 & 0 & 0 & 1 \\ 1 & 1 & 0 & 0 \\ 0 & 1 & 1 & 0 \\ 0 & 0 & 1 & 1 \end{bmatrix}$

c) $\begin{bmatrix} 1 & 0 & 0 & 0 & 1 \\ 0 & 1 & 1 & 0 & 1 \\ 0 & 1 & 0 & 1 & 0 \\ 1 & 0 & 1 & 1 & 0 \end{bmatrix}, \begin{bmatrix} 1 & 1 & 0 & 0 & 0 \\ 0 & 1 & 1 & 0 & 1 \\ 0 & 0 & 0 & 1 & 1 \\ 1 & 0 & 1 & 1 & 0 \end{bmatrix}$

35. 宴會上有 15 個人。可能這 15 人中的每一個人(恰)與另外 3 個人握手嗎？

36. 考慮圖 11.34 的 2×4 的格點。指定部份 Gray 編碼 $A = \{00, 01, 11\}$ 給三個水平層：頂端 (00)，中間 (01) 及底邊 (11)。現在指定部份 Gray 編碼 $B = \{000, 001, 011, 010, 110\}$ 給五個垂直層：左邊或第一個 (000)，第二個 (001)，第三個 (011)，第四個 (010)，及右邊或第五個 (110)。使用 $A \times B$ 的元素來標示這個格點的 15 個處理器；例如，p_1 被標示為 (00, 000)，p_2 被標示為 (00, 001)，p_8 被標示為 (01, 011)，p_{14} 被標示為 (11, 010)，及 p_{15} 被標示為 (11, 110)。證明這個 2×4 的格點同構於超正方體 Q_5 的一個子圖。(因此我們可考慮將 2×4 的格點嵌入超正方體 Q_5 裡。)

37. 證明圖 11.34 的 3×3 格點同構於超正方體 Q_4 的一個子圖。

11.4 平面圖

公路地圖上表示道路和高速公路的線通常僅相交在會合點或城鎮。但有時候道路看起來似乎是相交當一條道路在另一條道路上方時，如高架道。此時這兩條公路是在不同層面，或平面。這種情形引導我們下面定義。

圖 (或多重圖) G 被稱是**平面的** (planar) 若 G 可被繪在平面上使得其邊僅相交在 G 的頂點。G 的此一繪製被稱是 G 在平面上的一個**嵌寢** (embedding)。

定義 11.17

圖 11.47 的圖是平面的。第一個是一個 3-正則圖，因為每個頂點的次

例題 11.15

646　離散與組合數學

圖 11.50 顯示兩個偶圖。(a) 中之圖滿足定義，其中 $V_1 = \{a, b\}$ 且 $V_2 = \{c, d, e\}$。若我們加上邊 $\{b, d\}$ 及 $\{b, c\}$，所得是完全偶圖 $K_{2,3}$，其為平面的。圖 (b) 的圖是 $K_{3,3}$。令 $V_1 = \{h_1, h_2, h_3\}$ 且 $V_2 = \{u_1, u_2, u_3\}$，且將 V_1 解讀為房子的集合，V_2 為設備的集合，則 $K_{3,3}$ 被稱是**設備圖** (utility graph)。我們可否將每間房子和每個設備鉤在一起並避免重疊設備線嗎？在圖 11.50(b)，顯示這是不可能的且 $K_{3,3}$ 是非平面的。(我們再次由一個圖導出圖的非平面性。然而，我們將使用另外的方法，稍後在本節的例題 11.21，證明 $K_{3,3}$ 是非平面。)

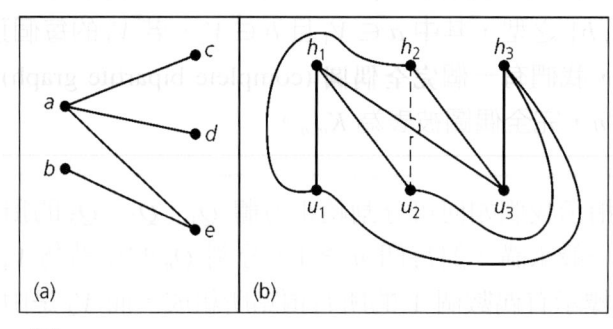

● 圖 11.50

我們將看出當我們在處理非平面圖時，不是 K_5 就是 $K_{3,3}$ 將是問題的源頭。在敘述一般結果之前，然而，我們需要發展最後一個新概念。

定義 11.19　令 $G = (V, E)$ 為一個無迴路無向圖，其中 $E \neq \emptyset$。G 的一個**基本畫分** (elementary subdivision) 發生當一個邊 $e = \{u, w\}$ 被由 G 中移走且將邊 $\{u, v\}$，$\{v, w\}$ 加到 $G - e$ 上時，其中 $v \notin V$。

無迴路無向圖 $G_1 = (V_1, E_1)$ 及 $G_2 = (V_2, E_2)$ 被稱為是**同胚的** (homeomorphic) 若它們為同構或若它們均可由相同的無迴路無向圖 H 經由一序列的基本畫分得到。

例題 11.18
a) 令 $G = (V, E)$ 為一個無迴路無向圖且 $|E| \geq 1$。若 G' 是經由一個基本畫分獲得，則圖 $G' = (V', E')$ 滿足 $|V'| = |V| + 1$ 且 $|E'| = |E| + 1$。
b) 考慮圖 11.51 裡的圖 G，G_1，G_2 及 G_3。此處 G_1 是由 G 利用一個基本畫分而得：由 G 移走邊 $\{a, b\}$ 並加上邊 $\{a, w\}$ 及 $\{w, b\}$。圖 G_2 是由 G 經由兩個基本畫分而得。因此 G_1 和 G_2 為同胚。而且，G_3 可由 G 經由四個基本畫分而得，所以 G_3 和 G_1 及 G_2 兩者同胚。

然而，我們無法經由一序列基本畫分由 G_2 得 G_1 (或由 G_1 得 G_2)。更而，圖 G_3 可由 G_1 或 G_2 經由一序列基本畫分而得：六個 (此類的三個基本

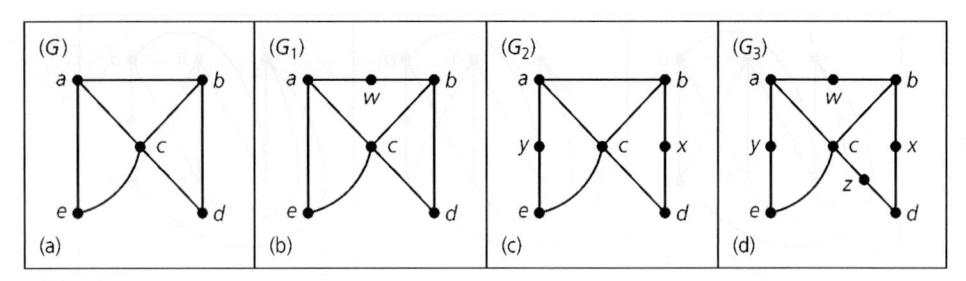

● 圖 11.51

畫分序列) 給 G_1 且兩個給 G_2。但不管 G_1 或 G_2 均不可經由一序列的基本畫分由 G_3 而得。

吾人可能認為同胚圖為同構除了，可能，次數為 2 的頂點。特別，若兩個圖為同胚，則它們不是均為平面的就是均為非平面的。

這些預備知識引導我們下面結果。

定理 11.5

Kuratowski 定理。 一圖是非平面的若且唯若它有一個子圖不是和 K_5 同胚就是和 $K_{3,3}$ 同胚。

證明： (本定理最先由波蘭數學家 Kasimir Kuratowski 於 1930 年證明的。) 若圖 G 有一個子圖不是和 K_5 同胚就是和 $K_{3,3}$ 同胚，清楚地 G 是非平面的。本定理的逆向，然而，是頗困難的。(一個證明可被發現於 C. L. Liu [23] 的第 8 章裡或在 D. B. West [32] 的第 6 章裡。)

我們說明 Kuratowski 定理的用法於下面例題裡。

例題 11.19

a) 圖 11.52(a) 是一個熟悉的圖，被稱為 Petersen 圖。圖 (b) 提供 Petersen 圖的一個子圖，其和 $K_{3,3}$ 同胚。(圖 11.53 說明這個子圖如何由 $K_{3,3}$ 經由一個四個基本畫分的序列而得。) 因此 Petersen 圖是非平面的。

b) 在圖 11.54(a)，我們發現 3-正則圖 G，其和 3-維的超正方體 Q_3 同構。G 的 4-正則連通分區被示於圖 11.54(b) 裡，其中邊 $\{a, g\}$ 和 $\{d, f\}$ 建議 G 可能為非平面。圖 11.54(c) 描出 $\overline{G}$ 的一個子圖 H 和 K_5 同胚，所以由 Kuratowski 定理得 $\overline{G}$ 是非平面的。

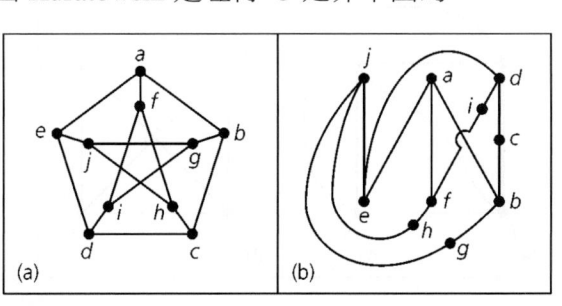

● 圖 11.52

● 圖 11.53

● 圖 11.54

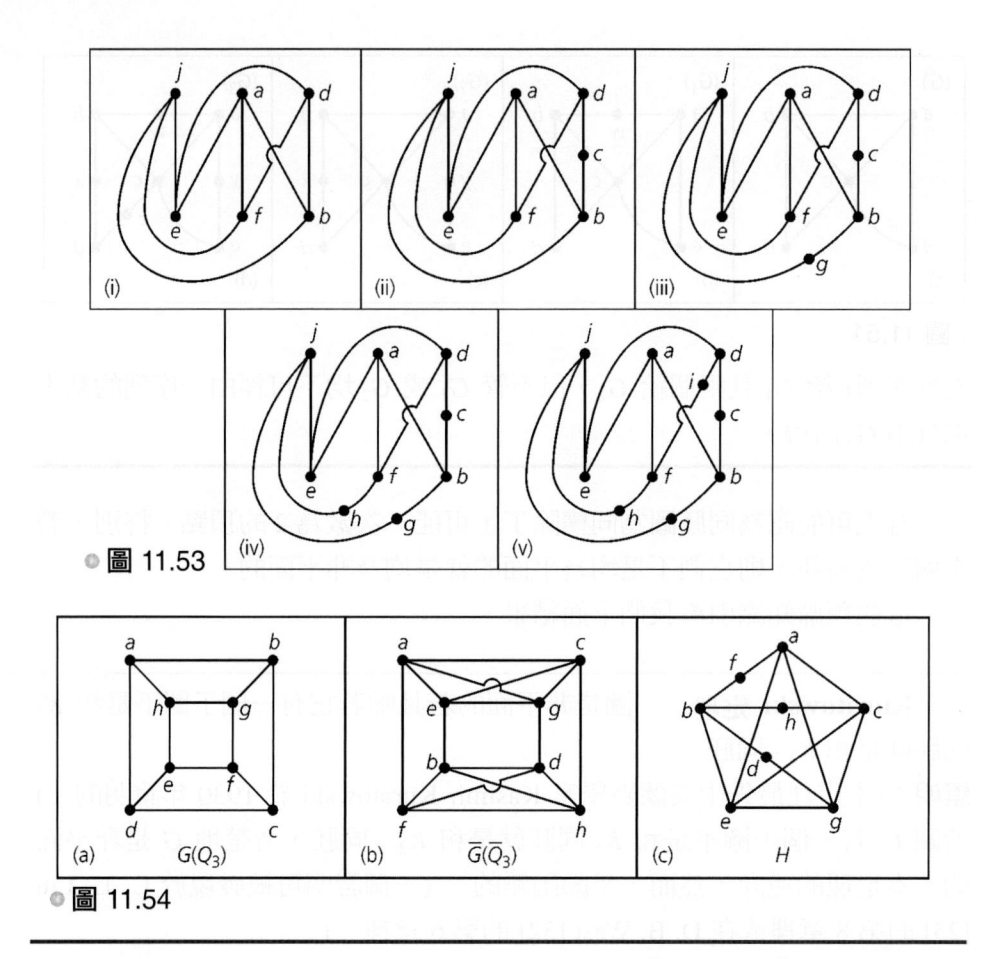

當一圖或多重圖是平面的且連通時,我們發現下面關係,其係由 Euler 發現的。對這個關係,我們需要能夠計數由一個平面連通圖或多重圖所決定的區域個數, (這些區域的) 個數僅被定義在當我們有一個圖的平面嵌寢時。例如,在圖 11.55(a) 中,K_4 的平面嵌寢說明 K_4 的這個描寫如何決定平面上的四個區域:三個有限面積,即 R_1, R_2 及 R_3 和無限區域 R_4。當我們看著圖 11.55(b) 時,我們可能認為 K_4 決定五個區域,但這個描寫不提供 K_4 的一個平面嵌寢,所以圖 11.55(a) 的結果是唯一的一個我們在這裡真正想處理的。

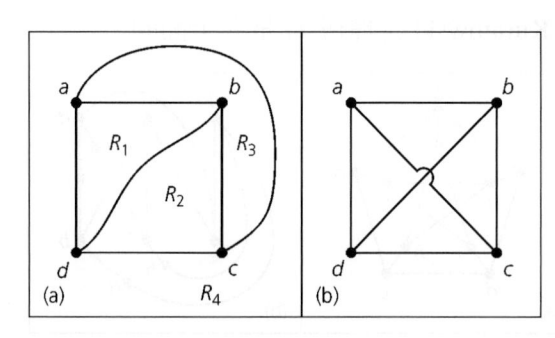

● 圖 11.55

令 $G=(V, E)$ 為一個連通的平面圖或多重圖具 $|V|=n$ 且 $|E|=e$。令 r 為 G 的一個平面嵌瘥 (或描寫) 所決定的平面上區域個數;這些區域中的一個有無限面積且被稱為**無限區域** (infinite region)。則 $v-e+r=2$。

定理 11.6

證明: 證明是利用對 e 的歸納法。若 $e=0$ 或 1,則 G 和圖 11.56 中的一圖同構。 (a) 中之圖有 $v=1$,$e=0$ 且 $r=1$;所以 $v-e+r=1-0+1=2$。對圖 (b) $v=1$,$e=1$ 且 $r=2$。圖 (c) 有 $v=2$,$e=1$ 且 $r=1$。這兩種情形,均得 $v-e+r=2$。

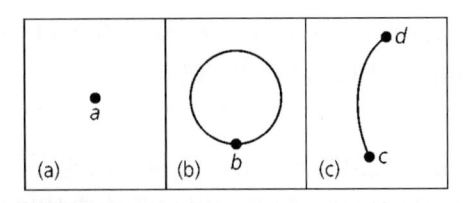

● 圖 11.56

現在令 $k \in \mathbf{N}$ 並假設結果對每個具有 e 邊的連通平面圖或多重圖為真,其中 $0 \leq e \leq k$。若 $G=(V, E)$ 為一個具有 v 個頂點,r 個區域且 $e=K+1$ 個邊的連通平面圖或多重圖,令 $a, b \in V$ 且 $\{a, b\} \in E$。考慮 G 的子圖 H 係由 G 移去邊 $\{a, b\}$ 而得。 (若 G 是一個多重圖且 $\{a, b\}$ 是 a 和 b 之間的邊集合的一個邊,則我們僅移它一次。) 因此,我們可寫 $H=G-\{a, b\}$ 或 $G=H+\{a, b\}$。我們考慮下面兩種情形,依據 H 為連通或不連通。

情形 1:圖 11.57 的 (a),(b),(c) 及 (d) 之結果告訴我們圖 G 如何可由一個連通圖 H 得到,當 (新) 迴路 $\{a, a\}$ 被繪如 (a) 和 (b) 時或當 (新) 邊 $\{a, b\}$ 連接 H 上的兩個相異頂點如 (c) 和 (d) 時。在所有這些情形裡,H 有 v 個頂點、k 個邊及 $r-1$ 個區域,因為 H 的某一個區域被分成 G 的兩個區域。歸納法假設應用至圖 H 告訴我們 $v-k+(r-1)=2$,且由此得 $2=v-(k+1)+r=v-e+r$。所以在這個情形,Euler 定理對 G 為真。

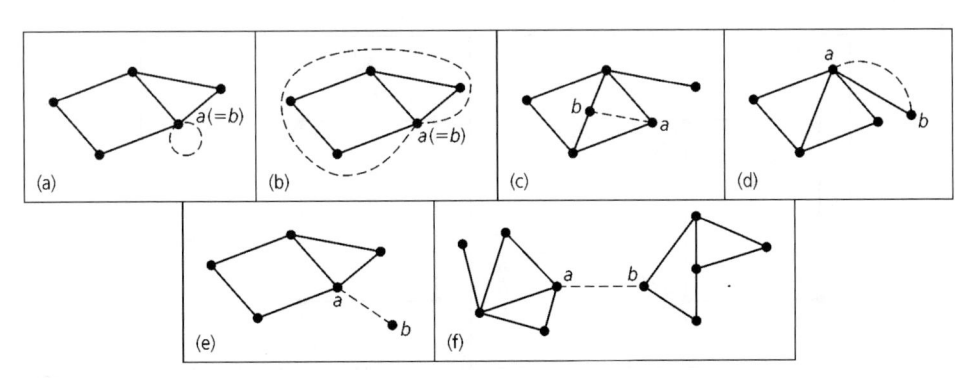

● 圖 11.57

情形 2：現在我們考慮 $G-\{a,b\}=H$ 是一個不連通圖 [如圖 11.57(e) 及 (f) 所展示的的情形。] 這裡 H 有 v 個頂點，k 個邊及 r 個區域。而且 H 有兩個連通分區 H_1 和 H_2，其中 H_i 有 v_i 個頂點，e_i 個邊及 r_i 個區域，對 $i=1,2$。[圖 11.57(e) 指示某個連通分區可僅由一個孤立頂點組成。] 更而，$v_1+v_2=v$，$e_1+e_2=k(=e-1)$，且 $r_1+r_2=r+1$，因為 H_1 和 H_2 每個均決定一個無限區域。當我們應用歸納法假設至 H_1 和 H_2 各個時，我們學到

$$v_1-e_1+r_1=2 \text{ 及 } v_2-e_2+r_2=2$$

因此，$(v_1+v_2)-(e_1+e_2)+(r_1+r_2)=v-(e-1)+(r+1)=4$，且由此得 $v-e+r=2$，因此建立 Euler 定理給 G 於此情形。

下面定理 11.6 的系理提供兩個和一個無迴路連通平面圖 G 之邊數有關的不等式，其中 (1) 由 G 的一個平面嵌寢所決定的區域數；及 (2) G 上的頂點數。在我們檢視這個系理之前，然而，讓我們看看下面有用的概念。對一個 (平面) 圖或多重圖的一個平面嵌寢上的每個區域 R，R 的次數，表為 $\deg(R)$，為 R 的邊界上 (邊) 的一條 (最短) 封閉行走所經過的邊數。若 $G=(V,E)$ 為圖 11.58(a) 的圖，則 G 的這個平面嵌寢有 4 個區域，其中

$$\deg(R_1)=5, \quad \deg(R_2)=3, \quad \deg(R_3)=3, \quad \deg(R_4)=7.$$

[此處 $\deg(R_4)=7$，如由封閉行走：$a \to b \to g \to h \to g \to f \to d \to a$ 來決定。] 圖 (b) 顯示 G 的第二個平面嵌寢，再次有 4 個區域，且

$$\deg(R_5)=4, \quad \deg(R_6)=3, \quad \deg(R_7)=5, \quad \deg(R_8)=6.$$

[封閉行走 $b \to g \to h \to g \to f \to b$ 給我們 $\deg(R_7)=5$。]

我們看出 $\sum_{i=1}^{4} \deg(R_i) = 18 = \sum_{i=5}^{8} \deg(R_i) = 2 \cdot 9 = 2|E|$。一般來講這個為真，因為平面嵌寢的每個邊不是兩個區域的邊界之部份 [像 (a) 及 (b) 中的 $\{b,c\}$] 就是發生兩次在某個區域邊界上的邊之封閉行走裡 [像 (a) 和 (b) 的 $\{g,h\}$]。

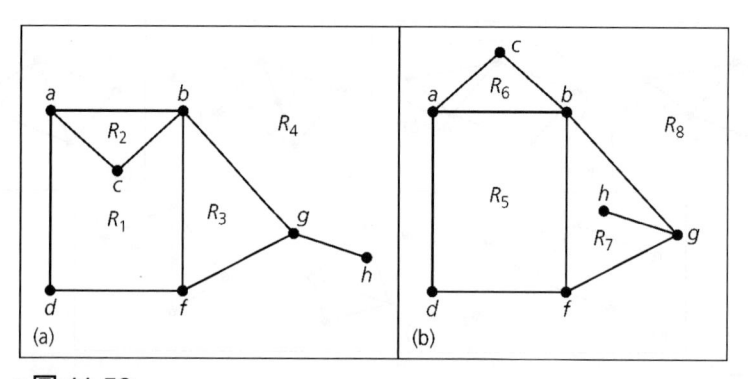

● 圖 11.58

現在讓我們考慮下面。

系理 11.3

令 $G=(V, E)$ 為一個無迴路連通平面圖具 $|V|=v$，$|E|=e>2$，及 r 個區域，則 $3r \leq 2e$ 且 $e \leq 3v-6$。

證明： 因為 G 是無迴路且不是一個多重圖，每個區域 (包含無限區域) 的邊界包含至少三個邊，因此，每個區域的次數 ≥ 3。因此，$2e=2|E|=$ 由 G 所決定的 r 個區域的次數和且 $2e \geq 3r$。由 Euler 定理，$2=v-e+r \leq v-e+(2/3)e=v-(1/3)e$，所以 $6 \leq 3v-e$ 或 $e \leq 3v-6$。

我們現在考慮這個系理所蘊涵的及所不蘊涵的。若 $G=(V, E)$ 是一個無迴路連通圖具 $|E|>2$，則若 $e>3v-6$，得 G 不是平面的。然而，若 $e \leq 3v-6$，我們不能得到 G 是平面的。

例題 11.20

圖 K_5 是無迴路連通具有 10 個邊及 5 個頂點。因此，$3v-6=15-6=9<10=e$。所以，由系理 11.3，我們發現 K_5 是非平面的。

例題 11.21

圖 $K_{3,3}$ 是無迴路連通具有 9 個邊及 6 個頂點。這裡 $3v-6=18-6=12 \geq 9=e$。由此得到 $K_{3,3}$ 是平面的結論是錯誤的。逆向推論是錯誤的。

然而，$K_{3,3}$ 是非平面的。若 $K_{3,3}$ 是平面的，則因為圖中每個區域至少被 4 個邊圍著，我們有 $4r \leq 2e$。(我們發現一個相似情況於系理 11.3 的證明裡。) 由 Euler 定理，$v-e+r=2$，或 $r=e-v+2=9-6+2=5$，所以 $20=4r \leq 2e=18$。由此矛盾，我們有 $K_{3,3}$ 為非平面的。

例題 11.22

我們使用 Euler 定理來描述**柏拉圖式的立體** (Platonic solids)。[對這些立體所有的面是全等的且所有 (內部) 立體角是相等的。] 在圖 11.59 裡，我們有兩個這樣的立體。圖 (a) 顯示正四面體，其有 4 個面，每個均為等邊三角形。專注於正四面體的所有邊，我們集中在它的潛在框架。當我們直接由某一個面的中心上方的一點看這個框架，我們圖繪出 (b) 中的平面表示式。這個平面圖決定 4 個區域 (對應到 4 個面)；其中 3 個區域結交在 4 個頂點中的每一個頂點。圖 (c) 提供另一個柏拉圖式的立體，正方體。其所結合的平面圖被給在 (d) 中。這個圖有 6 個區域且其中 3 個區域結交在每個頂點。

基於我們對正四面體及正方體的觀察，我們將利用它們所結合的平面圖來決定其它柏拉圖式的立體。在這些圖 $G=(V, E)$ 中，我們有 $v=|V|$；$e=|E|$；$r=G$ 所決定的平面區域數；$m=$ 每個區域邊界上的邊數；且 $n=$ 結交在每個頂點的區域數。因此，常數 $m, n \geq 3$。因為每個邊是被用在兩

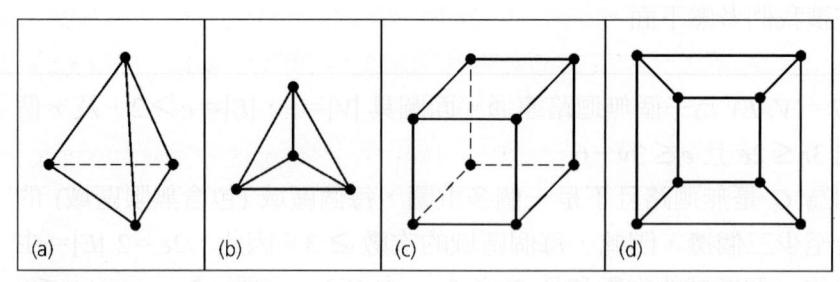

● 圖 11.59

個區域的邊界上且有 r 個區域,每個區域有 m 個邊,得 $2e = mr$。計數所有邊的端點,我們得 $2e$。但所有這些端點亦可由在各個頂點所發生的來計數。因為 n 個區域結交在每個頂點,n 個邊結交在那裡,所以有 n 個邊的端點來計數這 v 個頂點的每一個。這總計 nv 個邊的端點,所以 $2e = nv$。由 Euler 定理我們有

$$0 < 2 = v - e + r = \frac{2e}{n} - e + \frac{2e}{m} = e\left(\frac{2m - mn + 2n}{mn}\right)$$

由於 $e, m, n > 0$,我們發現

$$2m - mn + 2n > 0 \Rightarrow mn - 2m - 2n < 0$$
$$\Rightarrow mn - 2m - 2n + 4 < 4 \Rightarrow (m-2)(n-2) < 4$$

因為 $m, n \geq 3$,我們有 $(m-2), (n-2) \in \mathbf{Z}^+$,且僅有 5 種情形來考慮:

1) $(m-2) = (n-2) = 1; m = n = 3$ (正四面體)
2) $(m-2) = 2, (n-2) = 1; m = 4, n = 3$ (正方體)
3) $(m-2) = 1, (n-2) = 2; m = 3, n = 4$ (八面體)
4) $(m-2) = 3, (n-2) = 1; m = 5, n = 3$ (十二面體)
5) $(m-2) = 1, (n-2) = 3; m = 3, n = 5$ (二十面體)

情形 3-5 的平面圖被示於圖 11.60 裡。

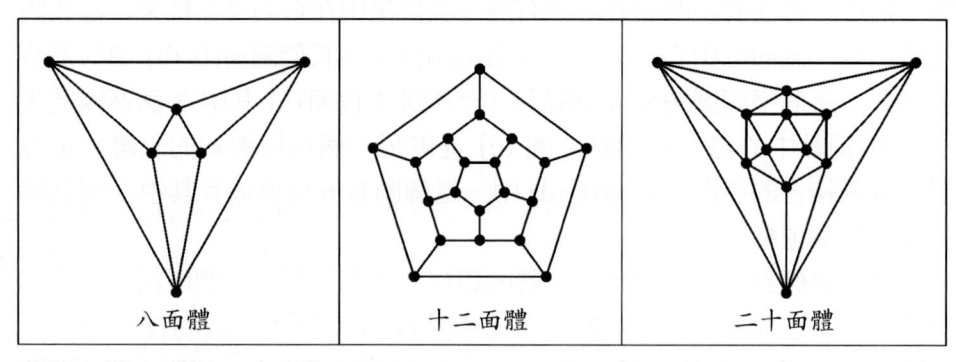

八面體　十二面體　二十面體

● 圖 11.60

對平面圖我們將討論的最後一個概念是**對偶** (dual) 圖的觀念。這個概念對具迴路的平面圖及對平面多重圖亦為真。欲建構一個對偶圖 (相對於一個特別的嵌寢) 給一個平面圖或多重圖 G 具 $V=\{a, b, c, d, e, f\}$，擺一點 (頂點) 在每個區域的內部，包括無限區域，由圖所決定的，如圖 11.61 (a)。對兩區域所共有的各邊，繪一邊來連接這兩個區域內部的頂點。對被由某區域之邊所行成的封閉行走經過兩次的邊，繪一個迴路在頂點給這個區域。在圖 11.61(b)，G^d 是圖 $G=(V, E)$ 的一個對偶圖。由此例，我們做出下面觀察：

1) G 的一邊對應 G^d 的一邊，且反之亦然。
2) G 上一個次數為 2 的頂點產生 G^d 上的兩邊，此兩邊連接相同的兩個頂點。因此 G^d 可能是一個多重圖。(此處頂點 e 提供邊 $\{a, e\}$，$\{e, f\}$ 於 G，其帶出 G^d 連接 v 和 z 的兩個邊。)
3) 給 G 上的一個迴路，若由這個迴路所決定的 (有限面積) 區域的內部沒有 G 的其它頂點或邊，則這個迴路產生 G^d 上的一個懸垂頂點。(G 的一懸垂頂點亦產生 G^d 的一個迴路。)

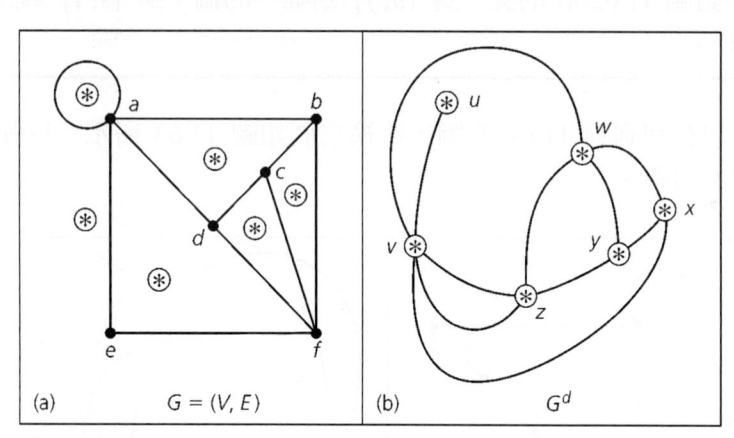

◉ 圖 11.61

(為何稱 G^d 為 G 的一個對偶圖而不稱 G^d 為 G 的對偶圖？本節習題將證明可能有同構的圖 G_1 和 G_2，其分別的對偶圖 G_1^d 和 G_2^d 不同構。)

為更進一步檢視圖 G 和 G 的一個對偶圖 G^d 之間的關係，我們介紹下面概念。[這裡我們記得 (由定義 11.5) $\kappa(G)$ 計數 G 的連通分區個數。]

令 $G=(V, E)$ 為一個無向圖或多重圖。E 的一個子集合 E' 被稱是 G 的一個**割集** (cut set) 若由 G 移去 E' 上的所有邊 (不是頂點)，我們有 $\kappa(G)$ $< \kappa(G')$，其中 $G'=(V, E-E')$；但我們 (由 E) 移去 E' 的任一真子集 E'' 時，我們 $\kappa(G)=\kappa(G'')$，其中 $G''=(V, E-E'')$。

定義 11.20

例題 11.23　對一個已知的連通圖，一個割集是一個最小的不連通邊集。在圖 11.62(a) 裡的圖，注意 {{a, b}, {a, c}}，{{a, b}, {c, d}}，{{e, h}, {f, h}, {g, h}} 及 {{d, f}} 中的每個集合均是一個割集。對圖 (b) 的圖，邊集 {{n, p}, {r, p}, {r, s}} 是一個割集。注意在這個割集裡的所有邊不全和某單一頂點接合。此處之割集將頂點 m、n、r 和頂點 p、s、t 分開。邊集 {{s, t}} 也是這個圖的一個割集，將這個連通圖的邊 {s, t} 移走得到一個具有兩個連通分區的子圖，其中的一個連通分區是孤立頂點 t。

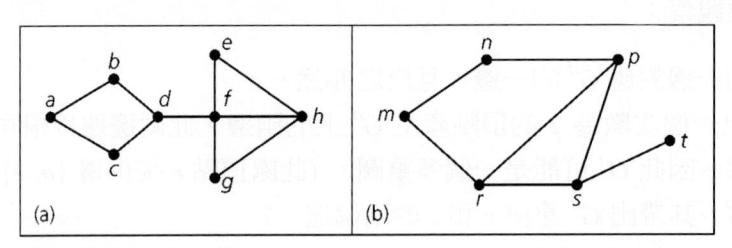

● 圖 11.62

每當一個連通圖的割集僅由一個邊組成，該邊被稱為這個圖的**橋** (bridge)。對圖 11.62(a) 的圖，邊 {d, f} 為唯一的橋；邊 {s, t} 為圖 (b) 的唯一的橋。

我們現在回到圖 11.61 的圖，重繪它們如圖 11.63 所示，以強調它們的邊之間的對應。

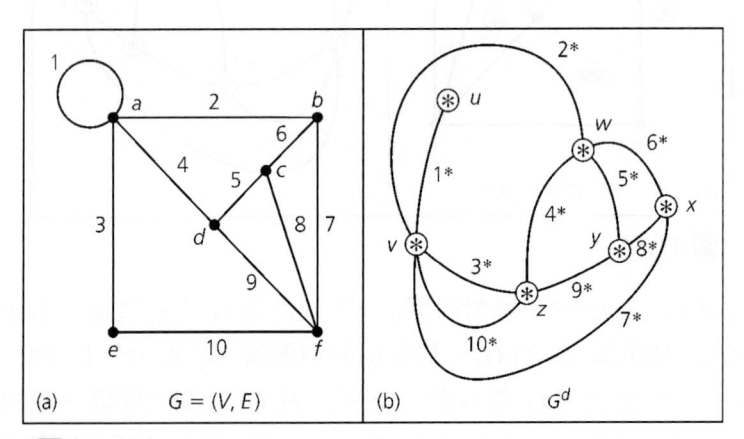

● 圖 11.63

此處 G 上的所有邊被標示為 1, 2, ⋯, 10。G^d 的編數序列將如下得到：被標為 4^* 的邊，例如，連接 G^d 上的頂點 w 和 z。我們繪這個邊是因為 G 上編號 4 的邊是包含這些頂點之區域的一共同邊。同樣的，編號 7 的邊是含 x 的區域和含 v 的無限區域之共同邊。因此我們標示 G^d 上連接

x 和 v 的邊為 7^*。

在圖 G，標示為 6，7，8 的邊集組成一個循環。G^d 上標示為 6^*，7^*，8^* 的邊有什麼呢？若它們被由 G^d 移走，則頂點 x 變為孤立的且 G^d 為不連通。因為我們不能以移去 $\{6^*, 7^*, 8^*\}$ 的任一真子集合來不連通 G^d，這些邊形成 G^d 的一個割集。同理，邊 2，4，10 形成 G 的一個割集，而在 G^d 上，邊 2^*，4^*，10^* 產生一個循環。

我們亦有兩邊的割集 $\{3, 10\}$ 在 G 上且我們發現邊 3^*，10^* 提供 G^d 上的一個兩邊環道。另一個觀察：G^d 的單-邊割集 $\{1^*\}$ 來自編號為 1 的邊，G 之一迴路。

一般來講，有一個一對一對應介於下面平面圖 G 的邊集和 G 的一個對偶圖 G^d 之間。

1) G 上 $n\ (\geq 3)$ 個邊的循環 (割集) 對應 G^d 上 n 個邊的割集 (循環)。
2) G 上的一迴路對應 G^d 上的一個單-邊割集。
3) G 上的一個單-邊割集對應 G^d 的一個迴路。
4) G 上的一個兩-邊割集對應 G^d 的一個兩-邊環道。
5) 若 G 是一個平面多重圖，則 G 上的每一個兩-邊環道決定一個 G^d 的兩-邊割集。

所有這些理論的觀察是有趣的，但讓我們在這裡停住並看看我們可如何應用一個對偶圖的概念。

例題 11.24

若我們考慮圖 11.64(a) 的五個有限區域為地圖上的國家，且我們建構一個對偶圖的子圖 (因為我們不使用無限區域) 如 (b) 所示，則我們發現下面關係。

假設我們面對"地圖製造者的問題"，因此我們想對 (a) 中地圖的五個區域塗顏色使得有一個共同邊境的兩個國家被塗以不同顏色。這種塗顏色的型態可被轉成塗 (b) 之頂點顏色的對偶觀念使得毗鄰的頂點被塗以不同顏色。(此類塗顏色問題將進一步於 11.6 節檢視之。)

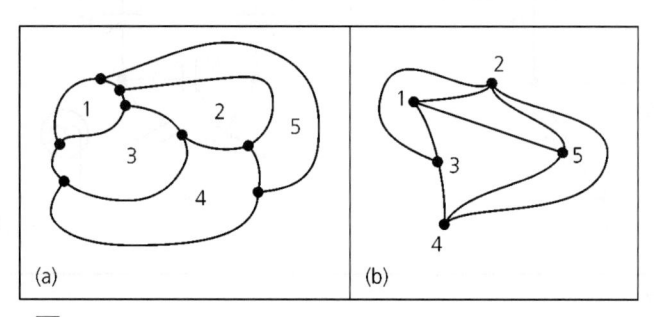

◎ 圖 11.64

例題 11.25

本節的最後結果提供我們一個電子網路的應用。這個材料是基於 C. L. Liu [23] 所著的教科書第 227-230 頁的例題 8.6。

在圖 11.65 裡，我們看到一個具有 9 個接觸器 (開關) 的電路來控制一座燈的開或關。我們想建構一個對偶電路，其中第二座燈將開 (關) 每當我們所給的電路之燈是關 (開) 時。

接觸器 (開關) 有兩種型態：正常地開著 (如圖 11.65 所示) 及正常地閉著。我們使用圖 11.66 的 a 和 a' 來分別表示正常地開著的接觸器及正常地閉著的接觸器。

● 圖 11.65

● 圖 11.66

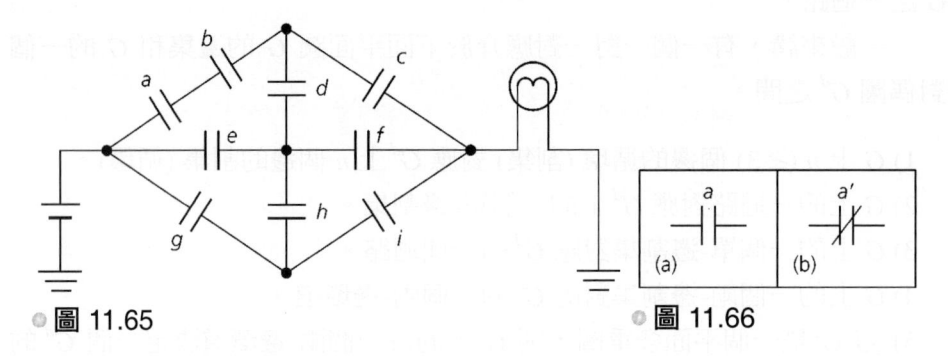

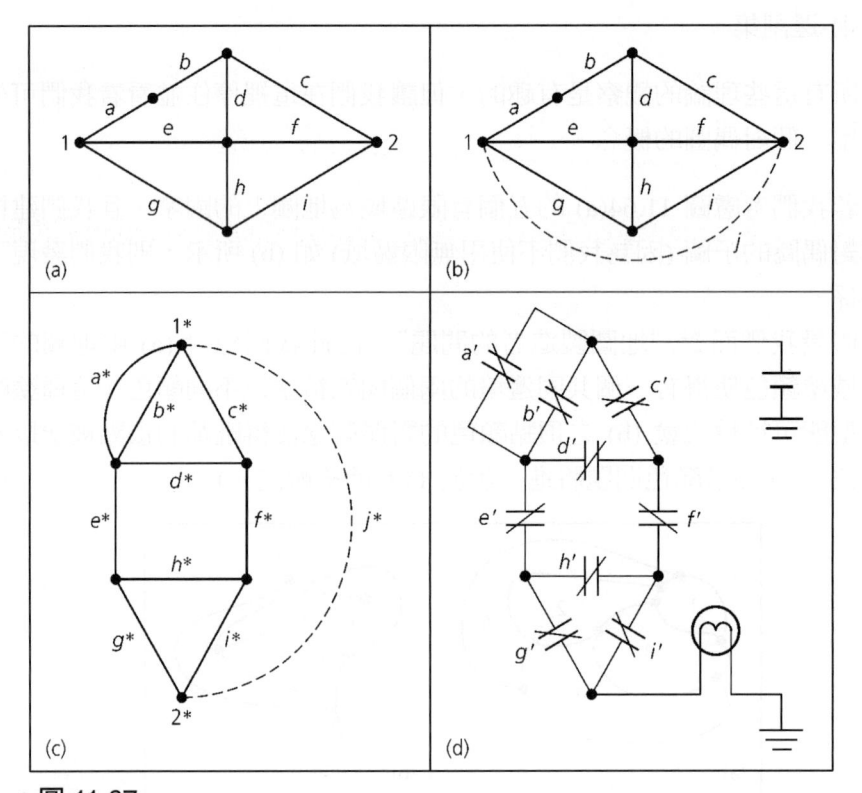

● 圖 11.67

在圖 11.67(a) 裡，**一個-端點-一雙-圖** (one-terminal-pair-graph) 代表圖 11.65 的電路，此處的一雙特殊頂點被標示為 1 和 2。這兩個頂點被稱為圖的**端點** (terminals)。而且每邊係依據其在圖 11.65 所對應的接觸器來標示。

一個-端點-一雙-圖 G 被稱是**平面的-一個-端點-一雙-圖** (planar-one-terminal-pair-graph) 若 G 是平面的，且所得的圖也是平面的當一個連接端點的邊被加到 G 時。圖 11.67(b) 說明這個情形。當我們建構 (b) 的一個對偶圖時，我們得到圖 (c) 的圖。移去虛線邊後得到端點 1^*，2^* 給這個對偶圖，其為一個一個-端點-一雙-圖。此圖提供圖 11.67(d) 的對偶電路。

我們以兩個觀察做為結束。

1) 當在 a，b，c 的接觸器在原先的電路 (圖 11.65) 是閉著的時候，燈是亮的。在圖 11.67(b)，邊 a，b，c，j 形成一個包含端點的循環。在圖 (c)，邊 a^*，b^*，c^*，j^* 形成一個不連接端點 1^*，2^* 的割集。最後，因在圖 (d) 的 a'，b'，c' 開著，沒有電流通過第一層的接觸器 (開關) 且燈是關的。

2) 同法，邊 c，d，e，g，j 形成一個割集，此割集分開圖 11.67(b) 的端點。(當圖 11.65 中在 c，d，e，g 的接觸器是開著，則燈是關著。) 圖 11.67(c) 說明 c^*，d^*，e^*，g^*，j^* 如何形成一個包含 1^*，2^* 循環。若 (d) 中的 c'，d'，e'，g' 是閉著的，電流流通對偶電路且燈是亮著。

習題 11.4

1. 證明例題 11.16 的結論未變若圖 11.48(b) 有邊 $\{a, c\}$ 被繪在正五邊形的外部。
2. 證明當由 K_5 移去任一邊，所得的子圖是平面的。這個對圖 $K_{3,3}$ 為真嗎？
3. a) 完全偶圖 $K_{4,7}$，$K_{7,11}$ 及 $K_{m,n}$ 裡分別有多少個頂點多少個邊？其中 $m, n \in \mathbf{Z}^+$。
   b) 若圖 $K_{m,12}$ 有 72 個邊，則 m 值為何？
4. 證明偶圖的任一子圖亦是偶圖。
5. 判斷圖 11.68 中的每個圖是否為偶圖。
6. 令 $n \in \mathbf{Z}^+$ 具 $n \geq 4$。K_n 有多少個子圖同構於完全偶圖 $K_{1,3}$？
7. 令 $m, n \in \mathbf{Z}^+$ 具 $m \geq n \geq 2$。(a) $K_{m,n}$ 有多少個長度為 4 的相異循環？(b) $K_{m,n}$ 有多少個長度為 2 的相異路徑？(c) $K_{m,n}$ 有多少個長度為 3 的相異路徑？
8. 求下面各圖中最長路徑的長度。
   a) $K_{1,4}$ b) $K_{3,7}$ c) $K_{7,12}$
   d) $K_{m,n}$，其中 $m, n \in \mathbf{Z}^+$ 且 $m < n$。
9. 下面各圖中各有多少條最長長度的路徑？(記住路徑如 $v_1 \to v_2 \to v_3$ 被視為和路徑 $v_3 \to v_2 \to v_1$ 相同。)
   a) $K_{1,4}$ b) $K_{3,7}$ c) $K_{7,12}$
   d) $K_{m,n}$，其中 $m, n \in \mathbf{Z}^+$ 且 $m < n$。
10. 一個偶圖能有一條奇長度的循環嗎？試

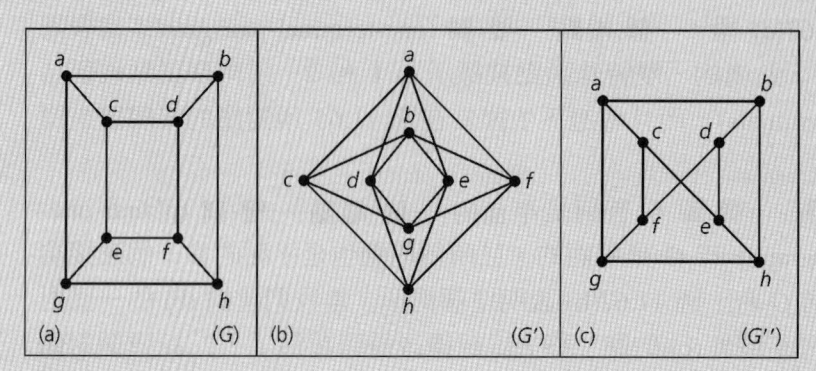

▶ 圖 11.68

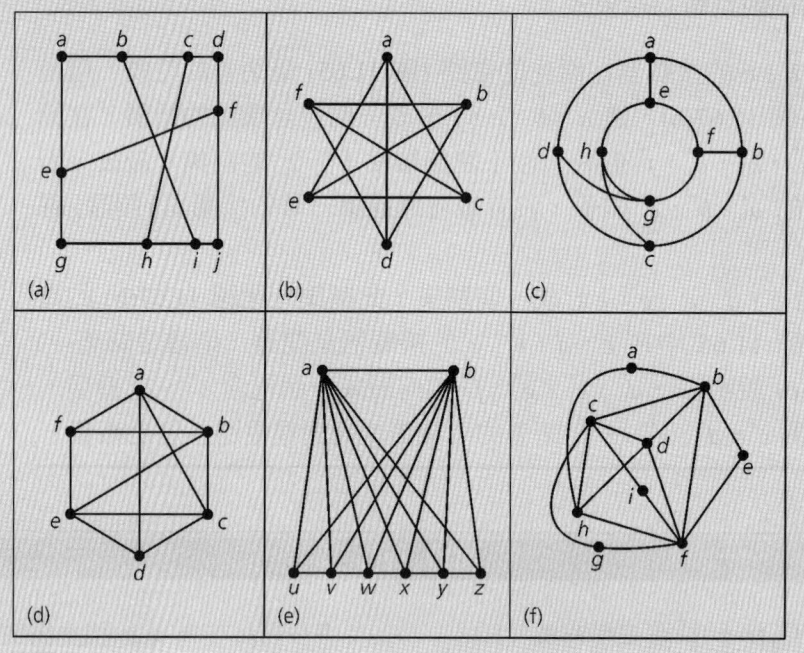

▶ 圖 11.69

解釋之。

11. 令 $G=(V, E)$ 為一個無迴路連通圖具 $|V|=v$。若 $|E| > (v/2)^2$，證明 G 不能為偶圖。

12. a) 找出所有的非同構完全偶圖 $G=(V, E)$，其中 $|V|=6$。

    b) 有多少個非同構完全偶圖 $G=(V, E)$ 滿足 $|V|=n \geq 2$？

13. a) 令 $X=\{1, 2, 3, 4, 5\}$，建構無迴路無向圖 $G=(V, E)$ 如下：

    - (V)：令 X 的每個兩-元素子集合表 G 上的一頂點。

    - (E)：若 $v_1, v_2 \in V$ 分別對應 X 的子集合 $\{a, b\}$ 和 $\{c, d\}$，則繪邊 $\{v_1, v_2\}$ 在 G 上若 $\{a, b\} \cap \{c, d\} = \emptyset$。

    b) G 和什麼樣的圖同構？

14. 試決定圖 11.69 中的各圖何者是平面的。若一圖是平面的，則重繪該圖使得沒有邊重疊。若它是非平面的，找一個和 K_5 或和 $K_{3,3}$ 同胚的子圖。

15. 令 $m, n \in \mathbf{Z}^+$ 具 $m \le n$，則 m, n 在什麼條件之下可使 $K_{m,n}$ 上的每一邊恰位在 $K_{m,n}$ 的兩個同構子圖之一？

16. 證明 Petersen 圖和圖 11.70 的圖同構。

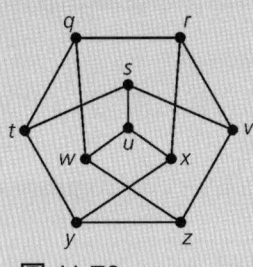

圖 11.70

17. 求圖 11.71 的各個平面圖的頂點數、邊數及區域數。並證明答案滿足連通平面圖的 Euler 定理。

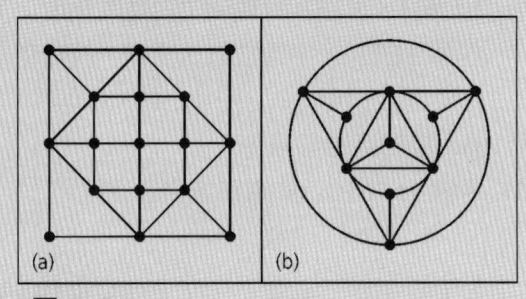

圖 11.71

18. 令 $G=(V, E)$ 為一個無向連通無迴路圖。進一步假設 G 是平面的且決定 53 個區域。若，對 G 的某些平面嵌寢，每個區域在其邊界至少有 5 個邊，證明 $|V| \ge 82$。

19. 令 $G=(V, E)$ 為一個無迴路連通 4-正則平面圖。若 $|E|=16$，則 G 的平面描述裡有多少個區域？

20. 假設 $G=(V, E)$ 是一個無迴路平面圖具有 $|V|=v$, $|E|=e$, 且 $\kappa(G)=G$ 的連通分區數。(a) 敘述並證明一個 Euler 定理的擴充給此圖。(b) 證明系理 11.3 仍然成立若 G 是無迴路且平面的但不連通。

21. 證明每一個無迴路連通平面圖有一頂點 v 滿足 $\deg(v) < 6$。

22. a) 令 $G=(V, E)$ 為一個無迴路連通圖具 $|V| \ge 11$。證明不是 G 就是其餘圖 $\overline{G}$ 必為非平面的。

b) (a) 中之結果確實為真對 $|V| \ge 9$，但對 $|V|=9, 10$ 的證明較難。找一個反例給 (a)，其中 $|V|=8$。

23. a) 令 $k \in \mathbf{Z}^+$, $k \ge 3$。若 $G=(V, E)$ 是一個連通平面圖具 $|V|=v$, $|E|=e$，且每個循環的長度至少是 k，證明 $e \le (\frac{k}{k-2})(v-2)$。

b) $K_{3,3}$ 的最小循環長度是多少？

c) 使用 (a) 和 (b) 來證明 $K_{3,3}$ 是非平面的。

d) 使用 (a) 證明 Petersen 圖是非平面的。

24. a) 分別對圖 11.72 的兩個平面圖及一個平面多重圖找一個對偶圖。

b) 圖 (c) 的多重圖之對偶圖有任何懸垂頂點嗎？若否，這和定義 11.20 之前的

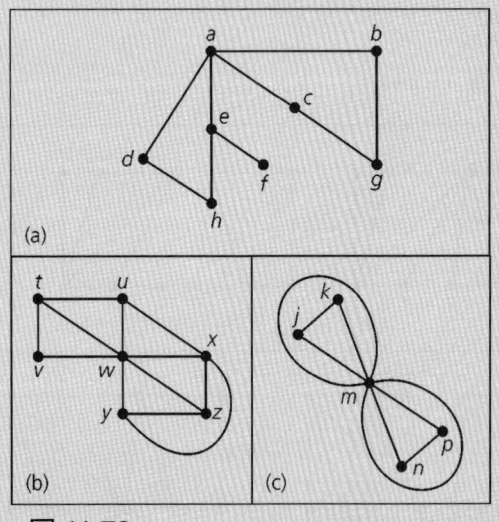

圖 11.72

第三個觀察有矛盾嗎?

25. a) 求對應五個柏拉圖式的立體的平面圖之對偶圖。

    b) 求圖 W_n 的對偶圖,其中 W_n 為具 n 個把手的舵 (如 11.1 節習題 14 所定義的)。

26. a) 證明圖 11.73 的兩圖是同構的。

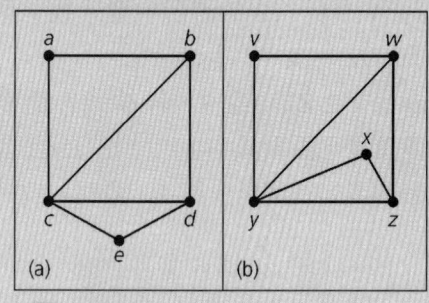

圖 11.73

b) 對每個圖繪一個對偶圖。

c) 證明 (b) 中所得的對偶圖是不同構的。

d) 兩個圖 G 和 H 被稱是 2- 同構若其中一個可由另一個經由應用下面的兩個程序中的一個或兩個程序有限次而得。

1) 在圖 11.74 裡,我們把 G 的一個頂點分開,令其為 r,並得圖 H,其為不連通的。

2) 在圖 11.75 裡,我們由圖 (a) 得圖 (d) 係經由

 i) 首先將兩個相異頂點 j 和 q 分開——把圖不連通。

 ii) 接著將其中一個子圖對水平軸作鏡射。

 iii) 最後將其中一子圖的頂點 $j(q)$ 和另一個子圖的頂點 $q(j)$ 合一。

證明 (c) 中所得的對偶圖是 2- 同構。

e) 對圖 11.73(a) 的割集 $\{\{a, b\}, \{c, b\}, \{d, b\}\}$,求在其對偶圖中對應的循環。在圖 11.73(b) 中圖之對偶圖裡,找出和所給圖之循環 $\{w, z\}$、$\{z, x\}$、$\{x, y\}$、$\{y, w\}$ 對應的割集。

27. 求圖 11.76 所示的電路之對偶電路。

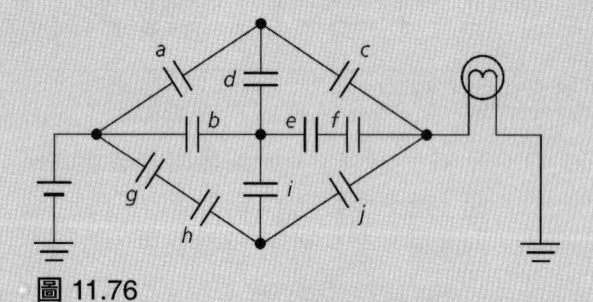

圖 11.76

28. 令 $G=(V, E)$ 為一個無迴路連通平面圖。若 G 和其對偶圖同構且 $|V|=n$,則 $|E|$ 值為何?

29. 令 G_1, G_2 為兩個無迴路連通無向圖。若 G_1, G_2 為同胚,證明 (a) G_1, G_2 有相同個數的奇次數頂點;(b) G_1 有一條 Euler 小徑若且唯若 G_2 有一條 Euler 小徑;且 (c) G_1 有一條 Euler 環道若且唯若 G_2 有一條 Euler 環道。

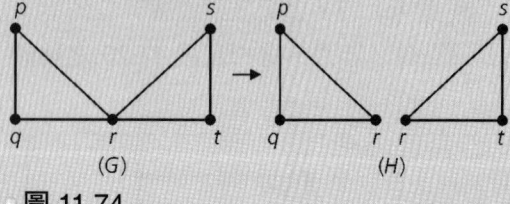

圖 11.74

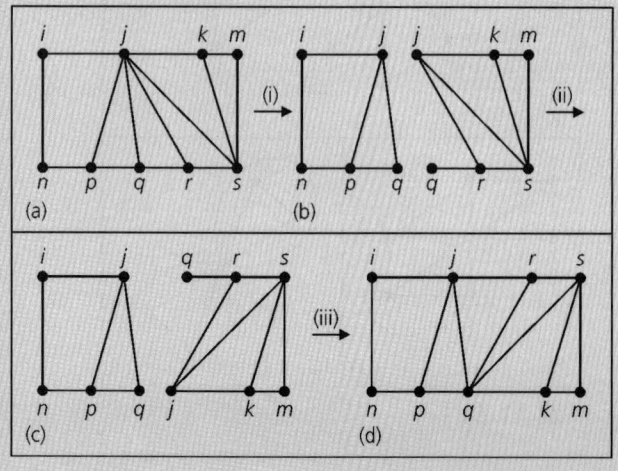

圖 11.75

11.5 Hamilton 路徑及循環

在 1859 年，愛爾蘭數學家 William Rowan Hamilton 爵士 (1805-1865) 發明一個遊戲並賣給都柏林的一個玩具製造商。這個遊戲由一個木製的正 12 面體及 20 個標示著名城市名字的角點 (頂點) 所組成。遊戲目標是沿著這個立體的邊找一條循環使得每個城市位在這個循環上 (恰好一次)。圖 11.77 為這個柏拉圖式立體的平面圖；此一循環被以加黑的邊來設計。這個說明引導我們下面的定義。

圖 11.77

定義 11.21

若 $G=(V, E)$ 為一圖或多重圖具 $|V| \geq 3$，我們稱 G 有一條 **Hamilton 循環** (Hamilton cycle) 若 G 上有一條循環包含 V 上的每一個頂點。**Hamilton 路徑** (Hamilton path) 是指一條 G 上包含每個頂點的路徑 (但不是循環)。

給一個具有一條 Hamilton 循環的圖，我們發現將這個循環中的任一邊移去，將得一條 Hamilton 路徑。然而，可能有一條 Hamilton 路徑而沒有一條 Hamilton 循環的圖。

一條 Hamilton 循環 (路徑) 的存在性和一條 Euler 環道 (小徑) 的存在性對一圖來講似乎是相似的問題。Hamilton 循環 (路徑) 被設計為訪問圖上的每個頂點僅一次；而 Euler 環道 (小徑) 在圖上走動使得每個邊恰被經過一次。不幸地，在這兩個概念之間沒有有助的關聯，則不像 Euler 環道 (小徑) 的情形，不存在必要和充分條件在圖 G 上以保證 Hamilton 循環的存在。若某圖有一條 Hamilton 循環，則它將至少是連通的。許多定理存在來建立不是必要就是充分條件給一個連通圖以使有一條 Hamilton 循環與路徑。稍後我們將探討幾個這些結果。當遇到特別圖時，然而，我們將經常以一些有用的觀察重新分類試驗和錯誤。

例題 11.26 回看圖 11.35 的超正方體，我們發現在 Q_2 中循環

$$00 \longrightarrow 10 \longrightarrow 11 \longrightarrow 01 \longrightarrow 00$$

及在 Q_3 中循環

$$000 \longrightarrow 100 \longrightarrow 110 \longrightarrow 010 \longrightarrow 011 \longrightarrow 111 \longrightarrow 101 \longrightarrow 001 \longrightarrow 000$$

因此 Q_2 和 Q_3 有 Hamilton 循環 (和路徑)。事實上，對所有 $n \geq 2$，我們發現 Q_n 有一條 Hamilton 循環。(讀者將被要求在本節習題建立這個。) [注意，而且，串：00，10，11，01 和 000，100，110，010，011，111，101，001 為 Gray 編碼的例子其被介紹在例題 3.9 裡。]

例題 11.27 若 G 是圖 11.78 的圖，則邊 $\{a, b\}$，$\{b, c\}$，$\{c, f\}$，$\{f, e\}$，$\{e, d\}$，$\{d, g\}$，$\{g, h\}$，$\{h, i\}$ 產生一條 Hamilton 路徑給 G。但 G 有一條 Hamilton 循環嗎？

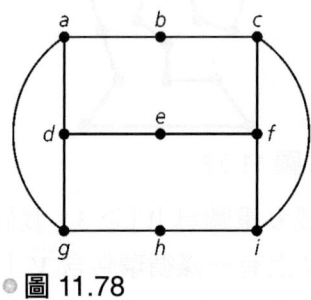

◉ 圖 11.78

因為 G 有 9 個頂點，若 G 有一條 Hamilton 循環，則它必有 9 個邊。讓我們由頂點 b 開始並試著建立一條 Hamilton 循環。由於圖的對稱性，不管我們是由 b 走到 c 或走到 a 並沒有關係。我們將走到 c。在 c 我們可走到 f 或走到 i。再次使用對稱性，我們走到 f。接著由進一步的考量我們移去邊 $\{c, i\}$，因為我們不能回到頂點 c，為將頂點 i 含在我們的循環裡，我們現在必須由 f 走到 i (到 h 到 g)。由於邊 $\{c, f\}$ 及 $\{f, i\}$ 在循環裡，我們不能有邊 $\{e, f\}$ 在循環裡。[否則，在循環裡我們將有 $\deg(f) > 2$。] 但一旦我們到達 e，我們必卡住了。因此這個圖沒有 Hamilton 循環。

例題 11.27 指示一些有益的暗示來試著在圖 $G = (V, E)$ 中找一條 Hamilton 循環。

1) 若 G 有一條 Hamilton 循環，則對所有 $v \in V$，$\deg(v) \geq 2$。
2) 若 $a \in V$ 且 $\deg(a) = 2$，則和頂點 a 接合的兩個邊必出現在 G 的每一條 Hamilton 循環。
3) 若 $a \in V$ 且 $\deg(a) > 2$，則當我們試著建立一條 Hamilton 循環時，一

且我們通過頂點 a，任意和 a 接合但未被使用的邊，由進一步的考量，將被移去。
4) 在建立一條 Hamilton 循環給 G 時，我們無法得一條循環給 G 的一個子圖除非它含有 G 的所有頂點。

下一個例題提供一個有趣的技巧來證明某種特殊型態圖沒有 Hamilton 路徑。

例題 11.28

在圖 11.79(a)，我們有一個連通圖 G，且我們想知道 G 是否有一條 Hamilton 路徑。圖 (b) 提供具一組標示 x, y 的相同圖。這個標示被以如下完成：首先我們以字母 x 標示頂點 a。那些和 a 毗鄰的頂點 (即 b, c 及 d) 則以字母 y 來表示。接著我們對和 b, c 或 d 毗鄰且未標示的頂點則標示為 x。這個得到在頂點 e, g 及 i 上標示 x。最後，我們對和 e, g 或 i 毗鄰且未標示的頂點則標示為 y。此刻，G 上的所有頂點均已被標示。現在，因為 $|V|=10$，若 G 要有一條 Hamilton 路徑，則必是一個 5 個 x 及 5 個 y 的交錯數列。僅有 4 個頂點被標示 x，所以這是不可能的。因此 G 沒有 Hamilton 路徑 (或循環)。

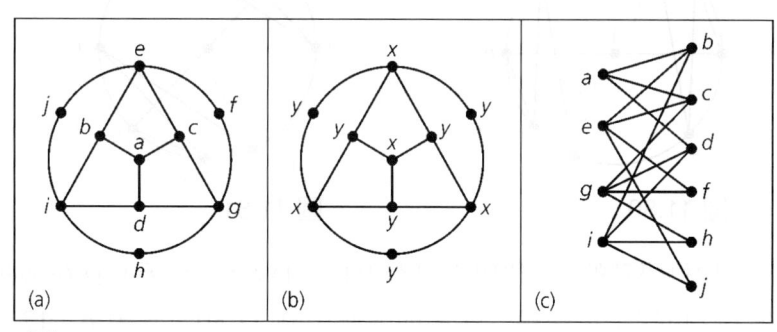

◎ 圖 11.79

但為何這個論證在這裡有效呢？在圖 11.79(c)，我們已重繪已知圖，且我們看到它是一個偶圖。由前一節習題 10，我們知道一個偶圖不能有一條奇長度的循環。若一圖沒有奇長度的循環，則它是偶圖，亦為真。(證明被要求給讀者於本節習題 9) 因此，每當一個連通圖沒有奇循環 (且為偶圖)，上面所描述的方法可能有助於決定何時圖沒有一條 Hamilton 路徑。(本節習題 10 將進一步檢視這個概念。)

下一個例題提供一個應用，其要求 Hamilton 循環於完全圖裡。

例題 11.29

在 Alfred 教授的科學營裡，17 位學生每天在一個圓桌共用他們的午餐。他們試著要更加互相認識，所以他們努力於每天下午坐在兩個不同同

● 圖 11.82

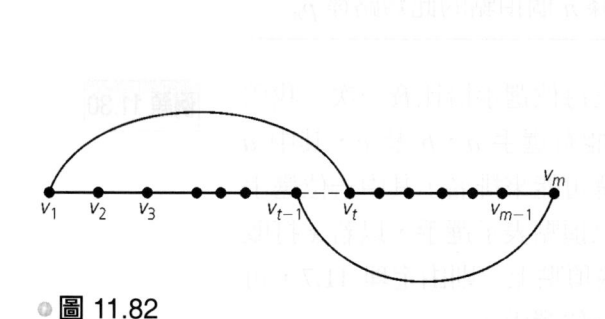

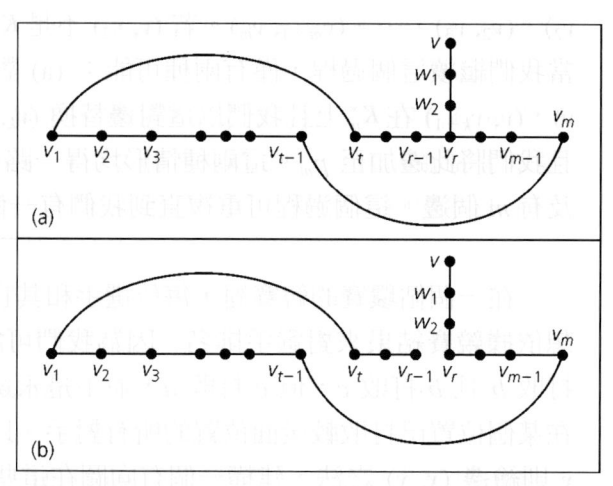

● 圖 11.83

現在考慮一個不在這個循環上的頂點 $v \in V$。圖 G 是連通的,所以存在一條路徑由 v 至第一個在循環裡的頂點 v_r,如圖 11.83(a) 所示。移走邊 $\{v_{r-1}, v_r\}$ (或 $\{v_1, v_t\}$ 若 $r=t$),我們得到 (比原先 p_m 長的) 路徑,如圖 11.83(b) 所示。重複這個方法 (應用至 p_m) 給圖 11.83(b) 的路徑,我們繼續增加路徑的長度直到它包含 G 的每個頂點。

系理 11.4 令 $G=(V, E)$ 為一個無迴路圖具 n (≥ 2) 個頂點。若 $\deg(v) \geq (n-1)/2$ 對所有 $v \in V$,則 G 有一條 Hamilton 路徑。

證明: 證明留給讀者作為習題。

本節最後一個定理提供一個充分條件給無迴路圖上 Hamilton 循環的存在性。這個首先由 Oystein Ore 於 1960 年證明。

定理 11.9 令 $G=(V, E)$ 為一個無迴路無向圖 $|V|=n \geq 3$。若 $\deg(x)+\deg(y) \geq n$ 對所有非毗鄰的 x,$y \in V$,則 G 有一條 Hamilton 循環。

證明: 假設 G 不含有一條 Hamilton 循環。我們加邊至 G 直到我們得到 K_n 的一個子圖 H,其中 H 沒有 Hamilton 循環,但,對不在 H 上的 (K_n 的) 任何邊 e,$H+e$ 確有一條 Hamilton 循環。

因為 $H \neq K_n$,存在頂點 a,$b \in V$,其中 $\{a, b\}$ 不是 H 上的一邊但 $H+\{a, b\}$ 有一條 Hamilton 循環 C。圖 H 沒有此類循環,所以邊 $\{a, b\}$ 是循環 C 的一部份。讓我們列出在循環 C 上的 H (和 G) 的所有頂點如下:

$$\curvearrowright a\,(=v_1) \to b\,(=v_2) \to v_3 \to v_4 \to \cdots \to v_{n-1} \to v_n \curvearrowleft$$

對每個 $3 \leq i \leq n$，若邊 $\{b, v_i\}$ 在圖 H 上，則我們要求邊 $\{a, v_{i-1}\}$ 不能為 H 的一邊。因為若這些邊均在 H 上，對某些 $3 \leq i \leq n$，則我們得到 Hamilton 循環

$$b \to v_i \to v_{i+1} \to \cdots \to v_{n-1} \to v_n \to a \to v_{i-1} \to v_{i-2} \to \cdots v_4 \to v_3$$

給圖 H (其沒有 Hamilton 循環)。因此，對每個 $3 \leq i \leq n$，邊 $\{b, v_i\}$，$\{a, v_{i-1}\}$ 中至多一個在 H 上。因此，

$$\deg_H(a) + \deg_H(b) < n$$

其中 $\deg_H(v)$ 表頂點 v 在圖 H 的次數。對所有 $v \in V$，$\deg_H(v) \geq \deg_G(v)$ $= \deg(v)$，所以我們有非毗鄰的 (在 G) 頂點 a，b，其中

$$\deg(a) + \deg(b) < n$$

這個和假設 $\deg(x) + \deg(y) \geq n$ 對所有非毗鄰的 x，$y \in V$ 相矛盾，所以我們拒絕我們的假設且發現 G 有一條 Hamilton 循環。

現在我們將由定理 11.9 得到下面兩個結果。每一個將給我們一個充分條件給一個無迴路無向圖 $G = (V, E)$ 來得一條 Hamilton 循環。第一個結果和系理 11.4 相似，其關心每個頂點 $v \in V$ 的次數。第二個結果檢視邊集 E 的大小。

系理 11.5 若 $G = (V, E)$ 為一個無迴路無向圖具 $|V| = n \geq 3$，且若 $\deg(v) \geq n/2$ 對所有 $v \in V$，則 G 有一條 Hamilton 循環。
證明： 我們將把這個結果的證明留在本節習題裡。

系理 11.6 若 $G = (V, E)$ 為一個無迴路無向圖具 $|V| = n \geq 3$，且若 $|E| \geq \binom{n-1}{2} + 2$，則 G 有一條 Hamilton 循環。
證明： 令 a，$b \in V$，其中 $\{a, b\} \notin E$。[因為 a，b 為非毗鄰的，我們想證明 $\deg(a) + \deg(b) \geq n$。] 由圖 G 移走：(i) 所有形如 $\{a, x\}$ 的邊，其中 $x \in V$；(ii) 所有形如 $\{y, b\}$ 的邊，其中 $y \in V$；及 (iii) 頂點 a 和 b。令 $H = (V', E')$ 表所得的子圖，則 $|E| = |E'| + \deg(a) + \deg(b)$，因為 $\{a, b\} \notin E$。

因為 $|V'| = n - 2$，H 是完全圖 K_{n-2} 的一子圖，所以 $|E'| \leq \binom{n-2}{2}$。因此，$\binom{n-1}{2} + 2 \leq |E| = |E'| + \deg(a) + \deg(b) \leq \binom{n-2}{2} + \deg(a) + \deg(b)$，且我們發現

$$\deg(a) + \deg(b) \geq \binom{n-1}{2} + 2 - \binom{n-2}{2}$$

$$= \left(\frac{1}{2}\right)(n-1)(n-2) + 2 - \left(\frac{1}{2}\right)(n-2)(n-3)$$

$$= \left(\frac{1}{2}\right)(n-2)[(n-1)-(n-3)] + 2$$

$$= \left(\frac{1}{2}\right)(n-2)(2) + 2 = (n-2) + 2 = n.$$

因此，由定理 11.9 得所給之圖 G 有一條 Hamilton 循環。

和在圖中搜尋 Hamilton 循環有關的一個問題是**旅行推銷員問題** (traveling saleman phoblem)。(處理這個問題的一篇文章由 Thomas P. Kirkman 於 1855 年所發表的。) 此處一個推銷員離開他的或她的家且在回家之前必須訪問某些位置。目的是找一個訪問位置最有效的順位 (或許依據旅行總距離或總費用)。這個問題可以一個標示圖 (邊有距離或費用) 來模擬，其中最有效的 Hamilton 循環被尋找。

由 R. Bellman，K. L. Cooke 和 J. A. Lockett [7]；M. Bellmore 和 G. L. Nemhauser [8]；E. A. Elsayed [15]；E. A. Elasyed 和 R. G. Stern [16] 及 L. R. Foulds [17] 所提供的參考資料將提出有趣的內容給那些想多學一些這個重要的最佳問題的讀者。而且由 E. L. Lawler，J. K. Lenstra，A. H. G. Rinnooy Kan 和 D. B. Shmoys [22] 所著的教材提供 12 篇論文討論這個問題的各種局面。

更多有關旅行推銷員問題及其應用可被發現於 M. O. Ball，T. L Magnanti，C. L. Monma 和 G. L. Nemhauser 所著的手冊裡——特別在 R. K. Ahuja，T. L. Magnanti，J. O. Orlin 及 M. R. Reddy [2] 及 M. Junger，G. Reinelt 和 G. Rinaldi [21] 的文章裡。

習題 11.5

1. 給一個連通圖的例子使其 (a) 沒有一條 Euler 環道也沒有一條 Hamilton 循環。(b) 有一條 Euler 環道但沒有 Hamilton 循環。(c) 有一條 Hamilton 循環但沒 Euler 環道。(d) 同時有一條 Hamilton 循環及一條 Euler 環道。
2. 描述圖的型態使其中的一條 Euler 小徑 (環道) 也是一條 Hamilton 路徑 (循環)。
3. 對圖 11.84 的每個圖或多重圖，若存在的話，找一條 Hamilton 循環。若圖沒有 Hamilton 循環，試決定它是否有一條 Hamilton 路徑。
4. a) 證明 Petersen 圖 [圖11.52(a)] 沒有 Hamilton 循環但有一條 Hamilton 路徑。

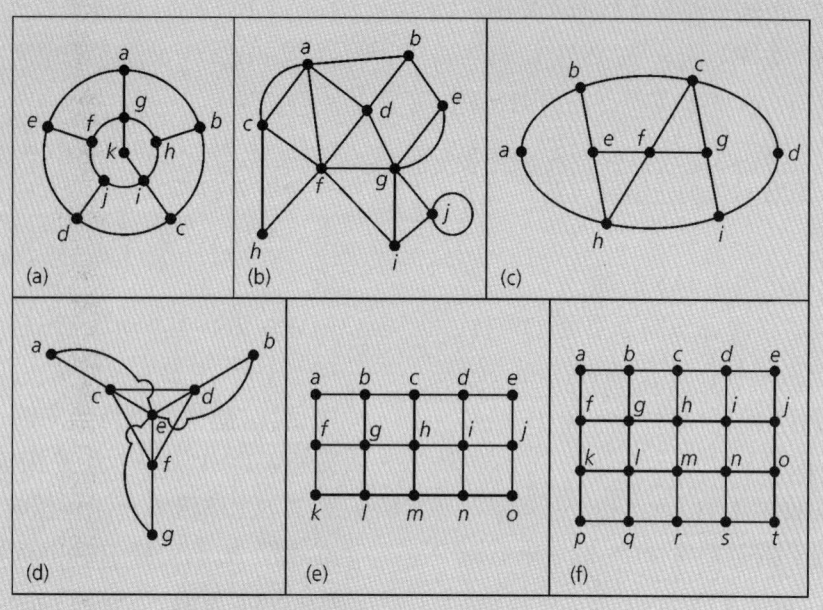

圖 11.84

b) 證明若任一頂點 (及和它接合的所有邊) 被由 Petersen 圖移走，則所得的子圖有一條 Hamilton 循環。

5. 考慮圖 11.84 的 (d) 及 (e) 中之圖。是否可能由這兩個圖中的每一個圖移去一個頂點使得所得的每一個子圖有一條 Hamilton 循環？

6. 若 $n \geq 3$，在舵圖 W_n 中有多少條相異的 Hamilton 循環？(圖 W_n 被定義在 11.1 節習題 14 裡。)

7. a) 對 $n \geq 3$，在完全圖 K_n 裡有多少條相異的 Hamilton 循環？
   b) 在 K_{21} 裡有多少條邊-互斥的 Hamilton 循環？
   c) 19 位學生每天在某護士學校玩遊戲，其中他們手拉手形成一個圓圈。有多少天他們可如此做使得沒有學生跟同一個玩伴拉兩次手？

8. a) 對 $n \in \mathbf{Z}^+$, $n \geq 2$，證明在圖 $K_{n,n}$ 裡的相異 Hamilton 循環數是 $(1/2)(n-1)!n!$。
   b) $K_{n,n}$, $n \geq 1$，有多少條相異的 Hamilton 路徑？

9. 令 $G=(V, E)$ 為一個無迴路無向圖。證明若 G 沒有奇長度的循環，則 G 是偶圖。

10. a) 令 $G=(V, E)$ 為一個連通無向偶圖且 V 被分割成 $V_1 \cup V_2$。證明若 $|V_1| \neq |V_2|$，則 G 不能有一條 Hamilton 循環。
    b) 證明若圖 G 在 (a) 中有一條 Hamilton 路徑，則 $|V_1|-|V_2|=\pm 1$。
    c) 給一個連通無向偶圖 $G=(V, E)$ 的例子，其中 V 被分割為 $V_1 \cup V_2$ 且 $|V_1|=|V_2|-1$，但 G 沒有 Hamilton 路徑。

11. a) 決定所有具三個頂點的非同構競賽。
    b) 求所有具 4 個頂點的非同構競賽。對這些競賽中的每個圖，列出各頂點的進入次數及外出次數。

12. 證明對 $n \geq 2$，超正方體 Q_n 有一條 Hamilton 循環。

13. 令 $T=(V, E)$ 為一競賽且具最大外出次數的頂點 $v \in V$。若 $w \in V$ 且 $w \neq v$，證明不是 $(v, w) \in E$ 就是存在頂點 $y \in V$，其中 $y \neq v$，w，且 (v, y)，$(y, w) \in E$。(此一頂點 v 被稱是這個競賽的**國王** (king)。)

14. 找一個反例給定理 11.8 的逆。

15. 給一個無迴路連通無向多重圖 $G=(V, E)$ 的例子滿足 $|V|=n$ 及 $\deg(x)+\deg(y) \geq n-1$ 對所有 x，$y \in V$，但 G 沒有 Hamilton 路徑。

16. 證明系理 11.4 及 11.5。

17. 給一個例子證明系理 11.5 的逆未必為真。

18. Helen 和 Dominic 邀請 10 位朋友來晚宴，在這 12 個人的人群中，每個人至少認識其它 6 位。證明這 12 位可圍著一圓桌而坐使得每個人的左右兩邊均坐著認識的人。

19. 令 $G=(V, E)$ 為一個無迴路無向圖且為 6-正則。證明若 $|V|=11$，則 G 有一條 Hamilton 循環。

20. 令 $G=(V, E)$ 為一個無迴路無向 n-正則圖具 $|V| \geq 2n+2$。證明 $\overline{G}$ (G 的餘圖) 有一條 Hamilton 循環。

21. 對 $n \geq 3$，令 C_n 在 n 個頂點上的無向循環。圖 $\overline{C_n}$，C_n 的餘圖，經常被稱是在 n 的頂點上的**餘循環** (cocycle)。證明對 $n \geq 5$，餘循環 $\overline{C_n}$ 有一條 Hamilton 循環。

22. 令 $n \in \mathbf{Z}^+$ 具 $n \geq 4$，且令完全圖 K_{n-1} 的頂點集 V' 為 $\{v_1, v_2, v_3, \cdots, v_{n-1}\}$。現在由 K_{n-1} 建構無迴路無向圖 $G_n=(V, E)$ 如下：$V=V' \cup \{v\}$ 且 E 由 K_{n-1} 上的所有邊組成除了邊 $\{v_1, v_2\}$ 之外，其由 $\{v_1, v\}$ 和 $\{v, v_2\}$ 兩邊來取代。
  a) 求 $\deg(x)+\deg(y)$ 對所有非毗鄰頂點 x，$y \in V$。
  b) G_n 有一條 Hamilton 循環嗎？
  c) 邊集 E 有多大？
  d) (b) 和 (c) 的結果有和系理 11.6 矛盾？

23. 對 $n \in \mathbf{Z}^+$，其中 $n \geq 4$，令 $V'=\{v_1, v_2, v_3, \cdots, v_{n-1}\}$ 為完全圖 K_{n-1} 的頂點集。由 K_{n-1} 建構無迴路無向圖 $H_n=(V, E)$ 如下：$V=V' \cup \{v\}$ 且 E 由 K_{n-1} 上的所有邊加上新邊 $\{v, v_1\}$ 所組成。
  a) 證明 H_n 有一條 Hamilton 路徑但沒有 Hamilton 循環。
  b) 邊集 E 有多大？

24. 令 $n=2^k$ 其中 $k \in \mathbf{Z}^+$。我們使用 n 個 k-位元的 (0 和 1) 數列來表示 1，2，3，$\cdots$，n，使得對兩個連續整數 i，$i+1$，其相對應的 k-位元數列恰差一個分量。這個表示式被稱是 **Gray 編碼** (Gray code) (比擬我們在例題 3.9 所見到的。)
  a) 對 $k=3$，使用一個圖模型具 $V=\{000, 001, 010, \cdots, 111\}$ 來找此一個編號給 1，2，3，$\cdots$，8 這個和 Hamilton 路徑有何關係？
  b) 對 $k=4$，回答 (a)。

25. 若 $G=(V, E)$ 為一個無向圖，V 的一子集 I 被稱是**獨立的** (independent) 若 I 上沒有兩個頂點是毗鄰的。一個獨立集合 I 是極大的若沒有頂點 v 可被加到 I 使得 $I \cup \{v\}$ 為獨立。G 的**獨立數** (independence number) 表為 $\beta(G)$，為 G 中最大的獨立集合的大小。
  a) 對圖 11.85 中的各圖，找兩個不同大小的極大獨立集。

b) 對 (a) 中各圖，求 $\beta(G)$。
c) 對下面各圖，求 $\beta(G)$：(i) $K_{1,3}$；
(ii) $K_{2,3}$；(iii) $K_{3,2}$；(iv) $K_{4,4}$；(v) $K_{4,6}$；
(vi) $K_{m,n}, m, n \in \mathbf{Z}^+$。
d) 令 I 為 $G=(V, E)$ 的一獨立集，則 I 可導出什麼型態的 $\overline{G}$ 之子圖？

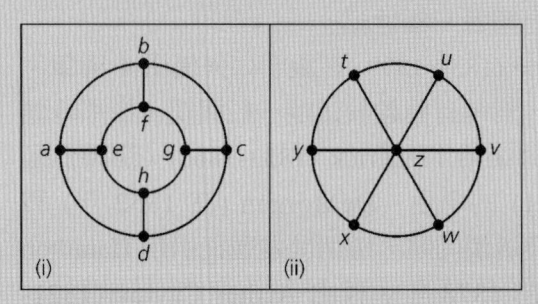

圖 11.85

26. 令 $G=(V, E)$ 為一個無向圖具 V 的一個獨立子集。對每個 $a \in I$ 及 G 的每條 Hamilton 循環 C，E 上有 $\deg(a)-2$ 個邊和 a 接合但不在 C 上。因此，E 上至少有 $\sum_{a \in I}[\deg(a) - 2] = \sum_{a \in I} \deg(a) - 2|I|$ 個邊不在 C 上。

a) 為何這些 $\sum_{a \in I} \deg(a) - 2|I|$ 個邊為相異？
b) 令 $v=|V|$，$e=|E|$。證明若
$$e - \sum_{a \in I}\deg(a) + 2|I| < v$$
則 G 沒有 Hamilton 循環。
c) 選一個合適的獨立集合 I 並使用 (b) 來證明圖 11.86 的圖 (著名的 Herschel 圖) 沒有 Hamilton 循環。

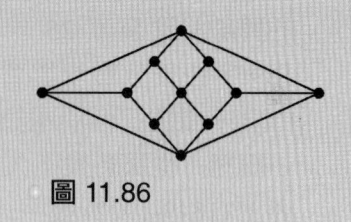

圖 11.86

11.6 圖塗色及著色多項式

在 J. & J. 化學公司，Jeannette 負責公司倉庫裡化學化合物之儲存。因為某些型態化合物 (諸如酸類和鹼類) 不應緊鄰的儲存，她決定要她的工作伙伴 Jack 將倉庫分割成不同儲存區域使得不相容的化學試劑可被儲存在不同的間隔裡。她可如何來決定 Jack 必須建立的儲存間隔個數？

若這個公司出售 25 種化學化合物，令 $\{c_1, c_2, \cdots, c_{25}\}=V$，一個頂點集。對所有 $1 \leq i < j \leq 25$，我們繪邊 $\{c_i, c_j\}$ 若 c_i 和 c_j 必被儲存在不同的間隔裡。這給我們一個無向圖 $G=(V, E)$。

我們現在介紹下面概念。

定義 11.22
若 $G=(V, E)$ 為一個無向圖，G 的一個**完全著色** (proper coloring) 發生當我們對 G 的頂點著色使得若 $\{a, b\}$ 為 G 上的一邊，則 a 和 b 被著以不同顏色。(因此毗鄰頂點有不同顏色。) 需要來著色 G 的最小顏色數被稱是 G 的**色數** (chromatic number) 且為表 $\chi(G)$。

回來幫助 Jeannette 的倉庫問題，我們發現 Jack 必須建立的儲存間隔數等於 $\chi(G)$ 對我們建構在 $V=\{c_1, c_2, \cdots, c_{25}\}$ 上的圖。但我們將如何來計算 $\chi(G)$ 呢？在我們提出任何如何決定一圖的色數工作之前，我們轉到下面相關概念。

在例題 11.24，我們提過對平面圖上之區域著色 (相鄰區域有不同顏色) 和完全著色其所結合的圖之頂點間的關聯。決定依此法來著色平面圖的最小色數成為一個有趣的問題已超過一個世紀。

大約在 1850 年 Francis Guthrie (1831-1899) 在說明如何僅用 4 種顏色來著色英格蘭地圖上的國家之後，變得有興趣於這個一般問題。從那時候不久，他說明"四色問題"給他的弟弟 Frederick (1833-1866)，那時他是 Augustus De Morgan (1806-1871) 的學生。DeMorgan (在 1852 年) 和 William Hamilton (1805-1865) 交換這個問題。這個問題並沒引起 Hamilton 的興趣且沈寂了 25 年。接著，在 1878 年，經由 Arthur Cayley (1821-1895) 在倫敦數學協會的發表，科學圈知道了這個問題。在 1879 年，Cayley 敘述這個問題於 *Proceedings of the Royal Geographical Society* 的第一冊裡。從那時候不久，英國律師 (且為敏銳的業餘數學家) Alfred Kempe 爵士 (1849-1922) 發明一種證法且超過十年沒有爭議。然而，在 1890 年英國數學家 Percy John Heawood (1861-1955) 在 Kempe 的作品裡發現一個錯誤。

這個問題一直未解直到 1976 年，當它最後由 Kenneth Apple 及 Wolfgang Haken 決定時。他們的證明係採用一個非常複雜的電腦對 1936 個 (可簡化) 圖形做分析。

雖然僅需 4 種顏色來完全著色平面圖上的區域，但我們需多於 4 種顏色來完全著色一些非平面圖的所有頂點。

我們以一些小例題開始。接著我們將找一個方法利用 G 的較小子圖 (以某種情況) 來求 $\chi(G)$。[一般來講，計算 $\chi(G)$ 是一個非常困難的問題。] 我們也將得所謂的著色多項式給 G 並看看如何用它來計算 $\chi(G)$。

例題 11.31　對圖 11.87 的圖 G，我們以頂點 a 開始並對每個頂點寫下需要用來完全著色 G 的所有頂點時被考慮的顏色號碼。走到頂點 b，2 表示需要第二種顏色，因為頂點 a 和 b 相鄰。依字母進行到 f，我們發現需要 2 種顏色來完全著色 $\{a, b, c, d, e, f\}$。對頂點 g，需要第三種顏色；這第三種顏色亦可被用來給頂點 h，因為 $\{g, h\}$ 不是 G 的邊。因此這個隨結果而來的著色 (標示) 法給我們一種完全著色給 G，所以 $\chi(G) \leq 3$。因為 K_3 是 G 的一子圖 [例如，由 a，b 和 g 導出的子圖是 (同構於) K_3]，我們有 $\chi(G) \geq 3$，所以 $\chi(G)=3$。

◎ 圖 11.87

例題 11.32

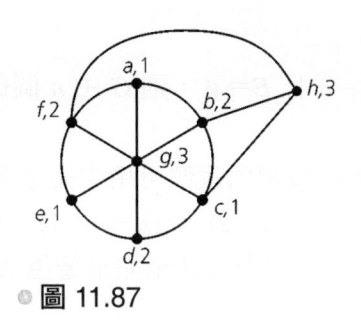

a) 對所有 $n \geq 1$，$\chi(K_n) = n$。
b) Herschel 圖 (圖 11.86) 的色數是 2。
c) 若 G 是 Petersen 圖 [見圖 11.52(a)]，則 $\chi(G) = 3$。

例題 11.33

令 G 著圖 11.88 所示的圖。對 $U = \{b, f, h, i\}$，G 的導出子圖 $\langle U \rangle$ 同構於 K_4，所以 $\chi(G) \geq \chi(K_4) = 4$。因此，若我們可得一法以 4 種顏色來完全著色 G 的所有頂點，則我們將知道 $\chi(G) = 4$。完成這個的一種方法是對頂點 e，f，g 著藍色；頂點 b，j 著紅色；頂點 c，h 著白色；及頂點 a，d，i 著綠色。

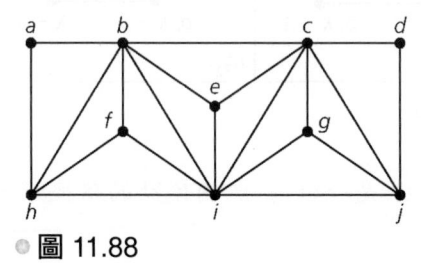

◎ 圖 11.88

我們現在轉向決定 $\chi(G)$ 的方法。我們的內容來自 R. C. Read 的探討文章 [25]。

令 G 為一個無向圖，且令 λ 為我們可用來完全著 G 的所有頂點的色數。我們的目標是找一個以 λ 為變數的多項式函數 $P(G, \lambda)$，被稱為 G 的**色數多項式** (chromatic polynomial)，此多項式將告訴我們有多少種不同方法可完全著色 G 的所有頂點，至多使用 λ 種顏色。

在整個討論裡，無向圖 $G = (V, E)$ 的所有頂點被以標示來分辨。因此，此一圖的兩種完全著色將被以下面意義考慮為不同：一個至多使用 λ 個顏色的 (G 的所有頂點) 完全著色是一個函數，具定義域 V 及對應域 $\{1, 2, 3, \cdots, \lambda\}$，其中 $f(u) \neq f(v)$，對毗鄰頂點 u，$v \in V$。完全著色是相異的若這些函數是相異的。

例題 11.34

a) 若 $G=(V, E)$ 具 $|V|=n$ 且 $E=\emptyset$，則 G 由 n 個孤立點組成，由乘積規則，$P(G, \lambda)=\lambda^n$。

b) 若 $G=K_n$，則至少 n 種顏色我們可用來完全著色 G。這裡，由乘積規則，$P(G, \lambda)=\lambda(\lambda-1)(\lambda-2)\cdots(\lambda-n+1)$，其中我們以 $\lambda^{(n)}$ 表之。對 $\lambda<n$，$P(G, \lambda)=0$ 且沒有方法來完全著色 K_n。$P(G, \lambda)>0$ 對第一次當 $\lambda=n=\chi(G)$ 時。

c) 對圖 11.89 中的每條路徑，我們考慮在各個連續頂點 (λ 個顏色) 的選擇方法數。依字母進行，我們發現 $P(G_1, \lambda)=\lambda(\lambda-1)^3$ 及 $P(G_2, \lambda)=\lambda(\lambda-1)^4$。因為 $P(G_1, 1)=0=P(G_2, 1)$，但 $P(G_1, 2)=2=P(G_2, 2)$，得 $\chi(G_1)=\chi(G_2)=2$。若有五種顏色可用，則我們可以 $5(4)^3=320$ 種方法來完全著色 G_1；可以 $5(4)^4=1280$ 種方法來完全著色 G_2。

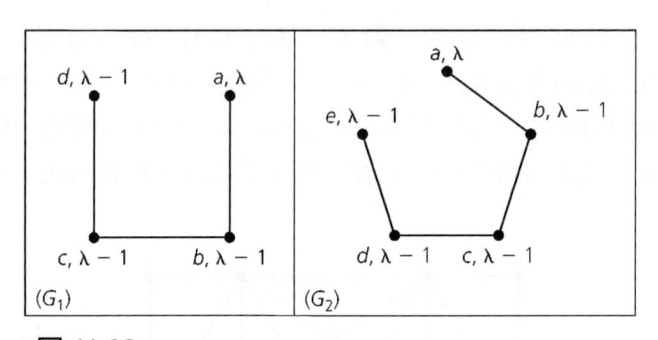

圖 11.89

一般來講，若 G 是一條有 n 個頂點的路徑，則 $P(G, \lambda)=\lambda(\lambda-1)^{n-1}$。

d) 若 G 是由連通分區 G_1，G_2，$\cdots$，G_k 組成，則每次使用乘積規則，得 $P(G, \lambda)=P(G_1, \lambda)\cdot P(G_2, \lambda)\cdot\cdots\cdot P(G_k, \lambda)$。

由於例題 11.34(d) 的結果，我們將集中在連通圖。在離散數學的許多例證裡，許多方法被用來解大案例的問題，其中將這些大案例打破成兩個或更多個較小的案例。我們再次使用這個攻擊法。欲如此做，我們需要下面的概念和記號。

令 $G=(V, E)$ 為一個無向圖。對 $e=\{a, b\}\in E$，令 G_e 表由 G 去掉 e 之後所得的 G 的子圖，但沒移走頂點 a 和 b；亦即，$G_e=G-e$，如 11.2 節所定義的。由 G_e，利用含一 (或認同) 頂點 a 和 b，可得 G 的第二個子圖，這個第二個子圖被表為 G'_e。

例題 11.35

圖 11.90 顯示圖的 G_e 和 G'_e，其中 e 為所敘述的邊。注意在 G'_e 中 a 和 b 的合一得到兩對的邊 $\{d, b\}$，$\{d, a\}$ 及 $\{a, c\}$，$\{b, c\}$ 的合一。

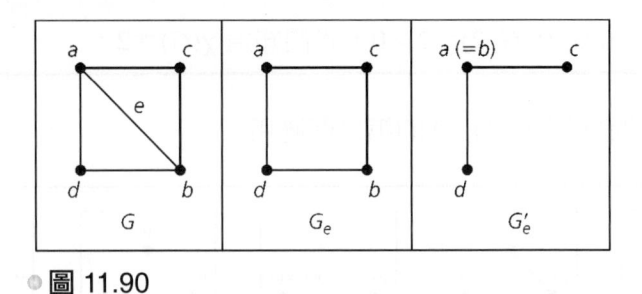

● 圖 11.90

使用這些特殊的子圖，我們現在轉到主要結果。

定理 11.10

色數多項式的分解定理 (Decomposition Theorem for Chromatic Polynomials)。若 $G = (V, E)$ 為一個連通且 $e \in E$，則

$$P(G_e, \lambda) = P(G, \lambda) + P(G'_e, \lambda)$$

證明：令 $e = \{a, b\}$。以 (至多) λ 色來完全著色 G_e 上所有頂點的方法數是 $P(G_e, \lambda)$。a 和 b 有不同顏色的那些著色為 G 的完全著色。G_e 的著色不是 G 的著色當 a 和 b 有相同顏色時。但這些著色的各個對應 G'_e 的一個完全著色。G_e 的完全著色 $P(G_e, \lambda)$ 分割成兩個互斥子集合得公式 $P(G_e, \lambda) = P(G, \lambda) + P(G'_e, \lambda)$。

當在計算色數多項式時，我們將對圖括上中括號來指示其色數多項式。

例題 11.36

下面計算產生 $P(G, \lambda)$ 給一個長度為 4 的循環 G。

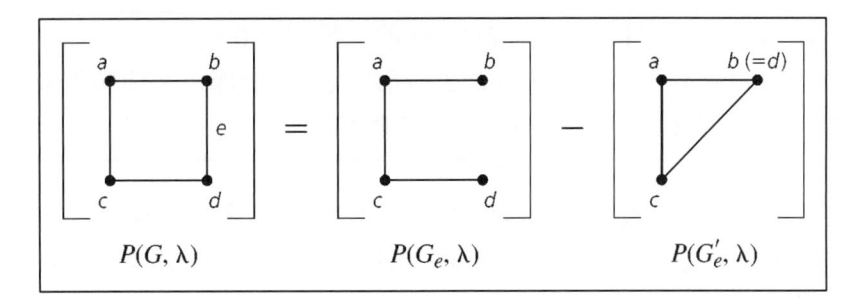

由例題 11.34(c)，得 $P(G_e, \lambda) = \lambda(\lambda-1)^3$。以 $G'_e = K_3$ 我們有 $P(G'_e, \lambda) = \lambda^{(3)}$。因此，

$$P(G, \lambda) = \lambda(\lambda-1)^3 - \lambda(\lambda-1)(\lambda-2) = \lambda(\lambda-1)[(\lambda-1)^2 - (\lambda-2)]$$
$$= \lambda(\lambda-1)[\lambda^2 - 3\lambda + 3] = \lambda^4 - 4\lambda^3 + 6\lambda^2 - 3\lambda.$$

因為 $P(G, 1)=0$ 而 $P(G, 2)=2>0$，我們知道 $\chi(G)=2$。

例題 11.37 這裡我們發現定理 11.10 的第二個應用。

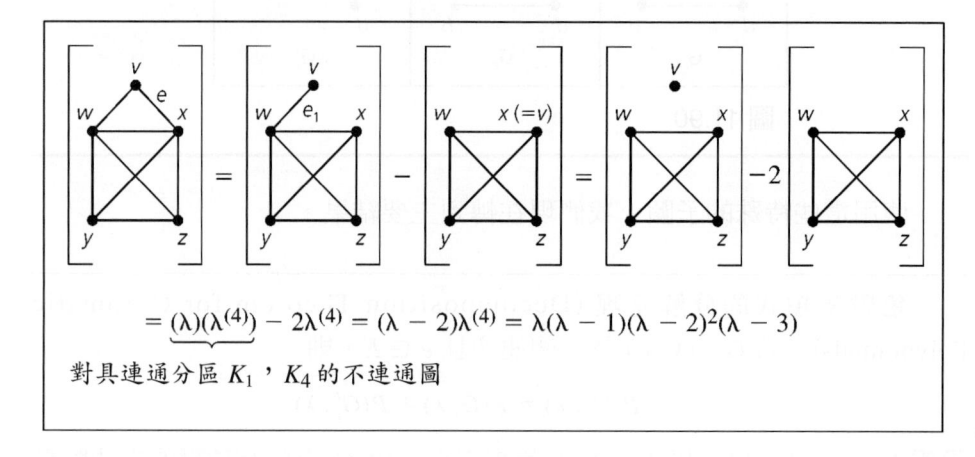

$$= \underbrace{(\lambda)(\lambda^{(4)})}_{\text{對具連通分區 } K_1 \text{, } K_4 \text{ 的不連通圖}} - 2\lambda^{(4)} = (\lambda-2)\lambda^{(4)} = \lambda(\lambda-1)(\lambda-2)^2(\lambda-3)$$

對每個 $1 \leq \lambda \leq 3$，$P(G, \lambda)=0$，但 $P(G, \lambda)>0$ 對所有 $\lambda \geq 4$。因此，所給圖有色數 4。

例題 11.36 與 11.37 所給的色數多項式建議下面結果。

定理 11.11 對每個圖 G，$P(G, \lambda)$ 中的常數項為 0。
證明：對每個圖 G，$\chi(G)>0$ 因為 $V \neq \emptyset$。若 $P(G, \lambda)$ 有常數項 a，則 $P(G, 0)=a \neq 0$。這個蘊涵有 a 種方法以 0 種顏色來完全著色 G，得一矛盾。

定理 11.12 令 $G=(V, E)$ 具 $|E| > 0$，則 $P(G, \lambda)$ 的係數和為 0。
證明：因為 $|E| \geq 1$，我們有 $\chi(G) \geq 2$，所以我們不能僅以一種顏色來完全著色 G。因此，$P(G, 1)=0=P(G, \lambda)$ 的係數和。

因為完全圖的色數多項式容易決定，求 $P(G, \lambda)$ 的另一個方法可被獲得。定理 11.10 簡化問題為較小的圖。這裡我們加邊至所給圖直到我們達到完全圖。

定理 11.13 令 $G=(V, E)$，具 a，$b \in V$ 但 $\{a, b\}=e \notin E$。我們將以加邊 $e=\{a, b\}$ 至 G 後所得的圖表為 G_e^+。G 上的頂點 a 和 b 合一給我們的 G 的子圖

G_e^{++}。在這些環境下，$P(G, \lambda) = P(G_e^+, \lambda) + P(G_e^{++}, \lambda)$。

證明： 由定理 11.10，這個結果成立，因為 $P(G_e^+, \lambda) = P(G, \lambda) - P(G_e^{++}, \lambda)$。

例題 11.38

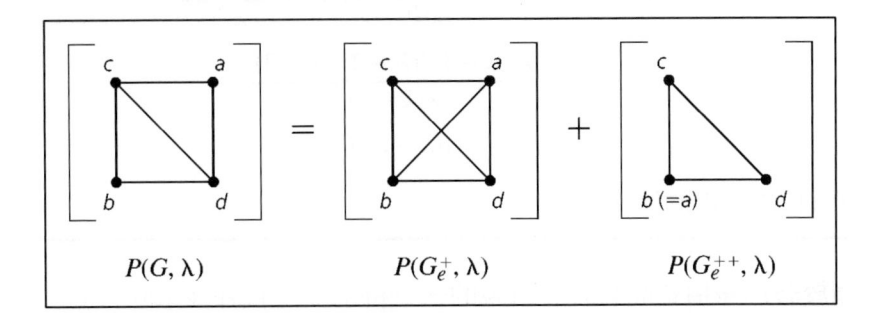

讓我們現在應用定理 11.13

$$\left[\begin{array}{c}\text{圖 } G\end{array}\right] = \left[\begin{array}{c}\text{圖 } G_e^+\end{array}\right] + \left[\begin{array}{c}\text{圖 } G_e^{++}\end{array}\right]$$

$\qquad P(G, \lambda) \qquad\qquad P(G_e^+, \lambda) \qquad\qquad P(G_e^{++}, \lambda)$

這裡 $P(G, \lambda) = \lambda^{(4)} + \lambda^{(3)} = \lambda(\lambda-1)(\lambda-2)^2$，所以 $\chi(G) = 3$。此外，若有 6 個顏色可用，G 的所有頂點可被以 $6(5)(4)^2 = 480$ 種方法來完全著色。

下一個結果再次使用完全圖——併用下面概念。

對所有圖 $G_1 = (V_1, E_1)$ 及 $G_2 = (V_2, E_2)$。

i) G_1 和 G_2 的**聯集** (union)，以 $G_1 \cup G_2$ 表之，為具頂點集 $V_1 \cup V_2$ 及邊集 $E_1 \cup E_2$ 的圖；且

ii) 當 $V_1 \cap V_2 \neq \emptyset$，$G_1$ 和 G_2 的**交集** (intersection)，以 $G_1 \cap G_2$ 表之，為具頂點集 $V_1 \cap V_2$ 及邊集 $E_1 \cap E_2$ 的圖。

定理 11.14

令 G 為一無向圖具子圖 G_1，G_2。若 $G = G_1 \cup G_2$ 且 $G_1 \cap G_2 = K_n$，對某些 $n \in \mathbf{Z}^+$，則

$$P(G, \lambda) = \frac{P(G_1, \lambda) \cdot P(G_2, \lambda)}{\lambda^{(n)}}$$

證明： 因為 $G_1 \cap G_2 = K_n$，得 K_n 為 G_1 和 G_2 兩者的子圖且 $\chi(G_1), \chi(G_2) \geq n$。給 λ 色，則有 $\lambda^{(n)}$ 種 K_n 的完全著色法。對這 $\lambda^{(n)}$ 種著色法中的每一種著色法有 $P(G_1, \lambda) / \lambda^{(n)}$ 種方法來完全著色 G_1 上剩餘的頂點。同樣的，有 $P(G_2, \lambda) / \lambda^{(n)}$ 種方法來完全著色 G_2 上剩餘的頂點。由乘積規則，

$$P(G, \lambda) = P(K_n, \lambda) \cdot \frac{P(G_1, \lambda)}{\lambda^{(n)}} \cdot \frac{P(G_2, \lambda)}{\lambda^{(n)}} = \frac{P(G_1, \lambda) \cdot P(G_2, \lambda)}{\lambda^{(n)}}$$

例題 11.39 考慮例題 11.37 的圖。令 G_1 為由頂點 w, x, y, z 所導出的子圖。令 G_2 為完全圖 K_3 具頂點 v, w 及 x。則 $G_1 \cap G_2$ 為邊 $\{w, x\}$，所以 $G_1 \cap G_2 = K_2$。

因此

$$P(G, \lambda) = \frac{P(G_1, \lambda) \cdot P(G_2, \lambda)}{\lambda^{(2)}} = \frac{\lambda^{(4)} \cdot \lambda^{(3)}}{\lambda^{(2)}}$$

$$= \frac{\lambda^2(\lambda-1)^2(\lambda-2)^2(\lambda-3)}{\lambda(\lambda-1)}$$

$$= \lambda(\lambda-1)(\lambda-2)^2(\lambda-3),$$

和例題 11.37 所得的答案相同。

關於著色多項式尚有許多可說的——特別，尚有許多未回答的問題。例如，尚無人發現一組條件來指示一個已知的以 λ 為變數的多項式是否為某些圖的著色多項式。關於這個主題的更多題材被介紹於由 R. C. Read [25] 所著的文章裡。

習題 11.6

1. 某寵物店老闆接受一個熱帶魚的出貨。在這次出貨的各類種之間，有幾對魚種中的某種會吃掉另一種。這幾對魚種因此需放在不同的水槽裡，模擬這個問題為一個圖著色問題，並告訴我們如何來決定最小的水槽數需求以保護出貨中的所有魚。

2. 做為教堂委員會的主席，Blasi 太太正在安排和 15 個委員會見面的次數。每個委員會見面每週一小時。有一個共同成員的兩委員會必被安排在不同次別。模擬這個問題為一個圖著色問題，並告訴我們如何來決定 Blasi 太太必須考慮安排 15 個委員會見面的最小見面次數。

3. a) 在 J. & J. 化學公司，Jeannette 接受三次出貨，其中共有7種不同的化學品。更而，這些化學物品的特性是滿足對所有 $1 \leq i \leq 5$，化學物品 i 不能和化學物品 $i+1$ 或化學物品 $i+2$ 儲存在同一個儲存間隔裡。試決定最小的分開的儲存間隔數，Jeannette 需要用來安全儲存這 7 種化學物品。

   b) 假設 (a) 的條件中還再加上這 7 種化學物品中有 4 對亦需分開的儲存間隔：1 和 4，2 和 5，2 和 6 及 3 和 6。Jeannette 現在需要用來安全儲存這 7 種化學物品的最小儲存間隔數為何？

4. 給一個無向圖 $G = (V, E)$ 的例子，其中 $\chi(G) = 3$ 但 G 沒有子圖和 K_3 同構。

5. a) 求 $P(G, \lambda)$，其中 $G = K_{1,3}$。

   b) 對 $n \in \mathbf{Z}^+$，則 $K_{1,n}$ 的著色多項式為何？色數是多少？

6. a) 考慮圖 11.91 所示的圖 $K_{2,3}$，且令 $\lambda \in \mathbf{Z}^+$ 表可用的色數來完全著色 $K_{2,3}$ 的所有頂點。 (i) $K_{2,3}$ 有多少種完全著色

法使得頂點 a，b 有相同顏色？(ii) $K_{2,3}$ 有多少種完全著色法使得頂點 a，b 有相異顏色？

b) $K_{2,3}$ 的著色多項式為何？$\chi(K_{2,3})$ 是多少？

c) 對 $n \in \mathbf{Z}^+$，$K_{2,n}$ 的著色多項式為何？$\chi(K_{2,n})$ 是多少？

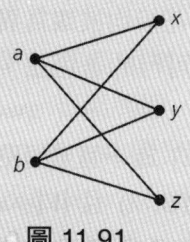

圖 11.91

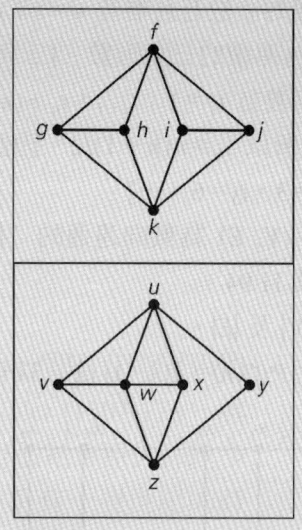

圖 11.93

7. 求下列各圖的色數。

a) 完全偶圖 $K_{m,n}$。

b) 在 n 個頂點上的循環，$n \geq 3$。

c) 圖 11.59(d)，11.62(a) 及 11.85 的圖。

d) n-正方體 Q_n，$n \geq 1$。

8. 若 G 是一個無迴路無向圖具至少一邊，證明 G 是偶圖若且唯若 $\chi(G)=2$。

9. a) 求圖 11.92 中各圖的著色多項式。

b) 對各圖求 $\chi(G)$。

c) 若有 5 個顏色可用，有多少種方法來完全著色各圖的所有頂點？

10. a) 決定圖 11.93 中的圖是否同構？

b) 對各圖求 $P(G, \lambda)$。

c) 對 (a) 和 (b) 中的結果做結論。

11. 對 $n \geq 3$，令 $G_n = (V, E)$ 為將完全圖 K_n 去掉一邊後所得的無向圖。求 $P(G_n, \lambda)$ 及 $\chi(G_n)$。

12. 考慮完全圖 K_n，其中 $n \geq 3$。對 K_n 中的 r 個頂點著紅色並將剩下的 $n-r$ ($=g$) 個頂點著綠色。對 K_n 的任兩頂點 v，w 著邊 $\{v, w\}$ 的顏色為 (1) 紅色若 v，w 均為紅色；(2) 綠色若 v，w 均為綠色；或 (3) 藍色若 v，w 為異色。假設 $r \geq g$。

a) 證明對 $r=6$ 及 $g=3$ (且 $n=9$)，K_9 中紅色和綠色邊的總數等於藍色邊的個數。

b) 證明 K_n 中紅色和綠色邊的總數等於

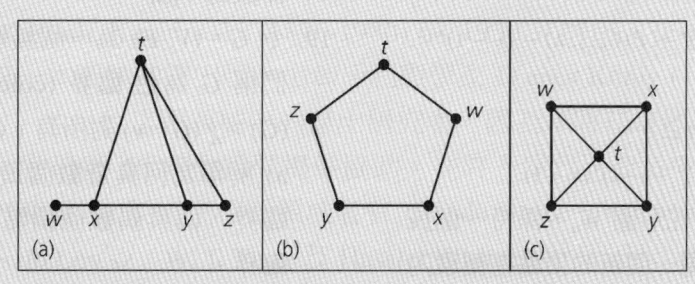

圖 11.92

William Rowan Hamilton (1805-1865)

Paul Erdös (1913-1996)

　　多進一步的研究被發現於 J. A. Bondy 及 U. S. R. Murty [10]，N. Hartsfield 和 G. Ringel [20] 及 D. B. West [32] 等的作品裡。F. Buckley 和 F. Harary [11] 所著的書校訂 F. Harary [18] 的名著並帶領讀者至原先 1969 年作品裡的題材。G. Chartrand 和 L. Lesnick [12] 的教科書提供一個更具演算的方法。Kuratowski 定理的一個證明出現在 C. L. Liu [23] 的第 8 章及 D. B. West [32] 的第 6 章裡。G. Chartrand 和 R. J. Wilson [13] 的文章集中在一個特別圖──Petersen 圖，發展許多圖論方面的概念。Petersen 圖 (我們提供在 11.4 節裡) 被命名來紀念丹麥數學家 Julius Peter Christian Petersen (1839-1910)，他於 1898 年在一篇論文裡討論這個圖。

　　圖論在電路上的應用可被發現於 S. Seshu 和 M. B. Reed [30]。在 N. Deo [14] 的教科書裡，在編碼理論、電路作業研究、電腦程式及化學等方面的應用佔據第 12-15 章。F. S. Roberts [26] 的教科書應用圖論方法至社會科學。圖論在化學方面的應用被給在 D. H. Rouvray [29] 的文章裡。

　　更多的著色多項式可被發現於 R. C. Read [25] 的調查文章裡。Polya 理論[†]在圖形計數的角色被檢視在 N. Deo [14] 的第 10 章。這個主題的所有材料可被發現於 F. Harary 和 E. M. Palmer [19] 的教科書裡。

　　另外有關圖論的歷史發展內容被給在 N. Biggs，E. K. Lloyd 及 R. J. Wilson [9] 書裡。

---

† 我們將介紹這個計數方法之後的基本概念於第 16 章裡。

第十一章 圖論導引 683

圖論上的許多應用包括大型的圖，其需要巨大的電腦計算能力及數學方法的巧妙。N. Deo [14] 的第 11 章提出電腦演算法來處理我們這裡已學習的幾種圖形性質。同樣的，A. V. Aho，J. E. Hopcroft 及 J. D. Ullman [1] 的教科書甚至提供更多的東西給有興趣於電腦科學的讀者。

如在 11.5 節末所提到的，旅行推銷員問題和在一個圖上尋找一條 Hamilton 循環有密切的關係。這是一個有趣於作業研究和電腦科學兩者的圖-理論問題。M. Bellmore 和 G. L. Nemhauser [8] 的文章對這個問題的結果調查提供一個好的介紹。R. Bellman，K. L. Cooke 和 J. A. Lockett [7] 的書裡介紹這個問題和其它圖問題的一個演算法。許多用來得此問題之近似解的啟發式方法被給在 L. R. Foulds [17] 的第 4 章。由 E. L. Lawler，J. K. Lenstra，A. H. G. Rinnooy Kan 及 D. B. Shmoys [22] 所編的書裡包含 12 篇處理這個問題各種方面的論文，其包含歷史考量及一些計算複雜度的結果。在應用方面，其中一個自動機器訪問自動倉庫中的不同位置以某個已給順位來填滿倉庫，被檢視在 E. A. Elsayed [15] 及 E. A. Elsayed 和 R. G. Stern [16] 的文章裡。

四色問題的解可以 K. Appel 和 W. Haken [3] 的論文開始做進一步的檢視。這個問題，加上其歷史和解，被檢視於 D. Barnette [6] 的書裡及於 K. Appel 和 W. Haken [4] 的科學美國人文章裡。使用電腦分析處理大數目的案例的證明；T. Tymoczko [31] 的文章檢視此類技巧在純數學上的角色。在 [5] K. Appel 和 W. Haken 使用他們使用過的電腦分析進一步檢視他們的證明。N. Robertson，D. P. Sanders，P. D. Seymour 及 R. Thomas [27, 28] 的文章提供一個簡單的證明。在 1997 年，他們的電腦碼可被用於網際網路上。這個電腦碼證明四色問題於一個桌上型工作站大約 3 小時。

最後，A. Ralston [24] 的文章說明一些編碼理論、組合學、圖論及電腦科學間的連結。

參考資料

1. Aho, Alfred V., Hopcroft, John E., and Ullman, Jeffrey D. *Data Structures and Algorithms.* Reading, Mass.: Addison-Wesley, 1983.
2. Ahuja, Ravindra K., Magnanti, Thomas L., Orlin, James B., and Reddy, M. R. "Applications of Network Optimization." In M. O. Ball, Thomas L. Magnanti, C. L. Monma, and G. L. Nemhauser, eds., *Handbooks in Operations Research and Management Science,* Vol. 7, *Network Models.* Amsterdam, Holland: Elsevier, 1995, pp. 1–83.
3. Appel, Kenneth, and Haken, Wolfgang. "Every Planar Map Is Four Colorable." *Bulletin of the American Mathematical Society* 82 (1976): pp. 711–712.
4. Appel, Kenneth, and Haken, Wolfgang. "The Solution of the Four-Color-Map Problem." *Scientific American* 237 (October 1977): pp. 108–121.
5. Appel, Kenneth, and Haken, Wolfgang. "The Four Color Proof Suffices." *Mathematical Intelligencer* 8, no. 1 (1986): pp. 10–20.
6. Barnette, David. *Map Coloring, Polyhedra, and the Four-Color Problem.* Washington, D.C.:

The Mathematical Association of America, 1983.
7. Bellman, R., Cooke, K. L., and Lockett, J. A. *Algorithms, Graphs, and Computers.* New York: Academic Press, 1970.
8. Bellmore, M., and Nemhauser, G. L."The Traveling Salesman Problem: A Survey." *Operations Research* 16 (1968): pp. 538–558.
9. Biggs, N., Lloyd, E. K., and Wilson, R. J. *Graph Theory (1736–1936).* Oxford, England: Clarendon Press, 1976.
10. Bondy, J. A., and Murty, U. S. R. *Graph Theory with Applications.* New York: Elsevier North-Holland, 1976.
11. Buckley, Fred, and Harary, Frank. *Distance in Graphs.* Reading, Mass.: Addison-Wesley, 1990.
12. Chartrand, Gary, and Lesniak, Linda. *Graphs and Digraphs,* 3rd ed. Boca Raton, Fla.: CRC Press, 1996.
13. Chartrand, Gary, and Wilson, Robin J."The Petersen Graph." In Frank Harary and John S. Maybee, eds., *Graphs and Applications.* New York: Wiley, 1985.
14. Deo, Narsingh. *Graph Theory with Applications to Engineering and Computer Science.* Englewood Cliffs, N. J.: Prentice-Hall, 1974.
15. Elsayed, E. A."Algorithms for Optimal Material Handling in Automatic Warehousing Systems." *Int. J. Prod. Res.* 19 (1981): pp. 525–535.
16. Elsayed, E. A., and Stern, R. G."Computerized Algorithms for Order Processing in Automated Warehousing Systems." *Int. J. Prod. Res.* 21 (1983): pp. 579–586.
17. Foulds, L. R. *Combinatorial Optimization for Undergraduates.* New York: Springer-Verlag, 1984.
18. Harary, Frank. *Graph Theory.* Reading, Mass.: Addison-Wesley, 1969.
19. Harary, Frank, and Palmer, Edgar M. *Graphical Enumeration.* New York: Academic Press, 1973.
20. Hartsfield, Nora, and Ringel, Gerhard. *Pearls in Graph Theory: A Comprehensive Introduction.* Boston, Mass.: Harcourt/Academic Press, 1994.
21. Jünger, M., Reinelt, G., and Rinaldi, G."The Traveling Salesman Problem." In M. O. Ball, Thomas L. Magnanti, C. L. Monma, and G. L. Nemhauser, eds., *Handbooks in Operations Research and Management Science*, Vol. 7, *Network Models.* Amsterdam, Holland: Elsevier, 1995, pp. 225–330.
22. Lawler, E. L., Lenstra, J. K., Rinnooy Kan, A. H. G., and Shmoys, D. B., eds. *The Traveling Salesman Problem.* New York: Wiley, 1986.
23. Liu, C. L. *Introduction to Combinatorial Mathematics.* New York: McGraw-Hill, 1968.
24. Ralston, Anthony. "De Bruijn Sequences—A Model Example of the Interaction of Discrete Mathematics and Computer Science." *Mathematics Magazine* 55, no. 3 (May 1982): pp. 131–143.
25. Read, R. C."An Introduction to Chromatic Polynomials." *Journal of Combinatorial Theory* 4 (1968): pp. 52–71.
26. Roberts, Fred S. *Discrete Mathematical Models.* Englewood Cliffs, N. J.: Prentice-Hall, 1976.
27. Robertson, N., Sanders, D. P., Seymour, P. D., and Thomas, R. "Efficiently Four-coloring Planar Graphs." *Proceedings of the 28th ACM Symposium on the Theory of Computation.* ACM Press (1996): pp. 571–575.
28. Robertson, N., Sanders, D. P., Seymour, P. D., and Thomas, R. "The Four-color Theorem." *Journal of Combinatorial Theory Series B* 70 (1997): pp. 166–183.
29. Rouvray, Dennis H. "Predicting Chemistry from Topology." *Scientific American* 255, no. 3 (September 1986): pp. 40–47.
30. Seshu, S., and Reed, M. B. *Linear Graphs and Electrical Networks.* Reading, Mass.: Addison-Wesley, 1961.
31. Tymoczko, Thomas. "Computers, Proofs and Mathematicians: A Philosophical Investigation of the Four-Color Proof." *Mathematics Magazine* 53, no. 3 (May 1980): pp. 131–138.
32. West, Douglas B. *Introduction to Graph Theory*, 2nd ed. Upper Saddle River, N.J.: Prentice-Hall, 2001.

補充習題

1. 令 G 為一個含有 n 個頂點的無迴路無向圖。若 G 有 56 個邊且 $\overline{G}$ 有 80 個邊，則 n 值為何？

2. 求超正方體 Q_n 上長度為 4 的循環個數。

3. a) 若 K_6 的所有邊不是被塗成紅色就是為藍色，證明有一個紅色三角形或有一個藍色三角形為一個子圖。

   b) 證明在任何一群 6 個人中，必有 3 個人相互不認識或有 3 個人是互為朋友。

4. a) 令 $G=(V, E)$ 為一個無迴路無向圖。記得 G 被稱為自我-餘圖若 G 和 $\overline{G}$ 為同構。若 G 為自我-餘圖，則 (i) 求 $|E|$ 若 $|V|=n$；(ii) 證明 G 為連通的。

   b) 令 $n \in \mathbf{Z}^+$，其中 $n=4k (k \in \mathbf{Z}^+)$ 或 $n=4k+1 (k \in \mathbf{N})$。證明存在一個自我-餘圖之圖 $G=(V, E)$，其中 $|V|=n$。

5. a) 證明圖 11.95 中的圖 G_1 和 G_2 為同構。

   b) 有多少個相異的同構函數 $f: G_1 \to G_2$？

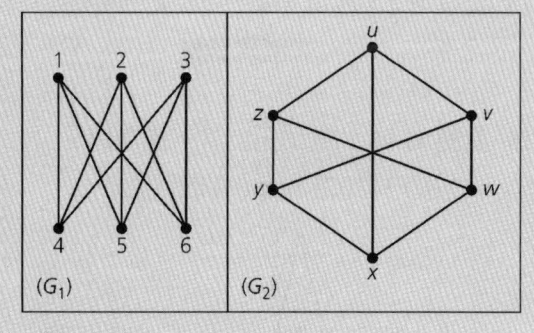

圖 11.95

6. 五個柏拉圖式的立體的任何一個平面圖是為偶圖嗎？

7. a) 在完全偶圖 $K_{3,7}$ 裡有多少條長度為 5 的路徑？(記住諸如 $v_1 \to v_2 \to v_3 \to v_4 \to v_5 \to v_6$ 的路程和路徑 $v_6 \to v_5 \to v_4 \to v_3 \to v_2 \to v_1$ 相同。)

   b) 在 $K_{3,7}$ 裡有多少條長度為 4 的路徑？

   c) 令 $m, n, p \in \mathbf{Z}^+$ 具 $2m<n$ 且 $1 \le p \le 2m$。則在完全偶圖 $K_{m,n}$ 裡有多少條長度為 7 的路徑？

8. 令 $X=\{1, 2, 3, \cdots, n\}$，其中 $n \ge 2$。建構無迴路無向圖 $G=(V, E)$ 如下：

   • (V)：X 上的每個 2-元素子集決定 G 的一個頂點。

   • (E)：若 $v_1, v_2 \in V$ 分別對應至 X 的子集 $\{a, b\}$ 和 $\{c, d\}$，在 G 上繪邊 $\{v_1, v_2\}$ 當 $\{a, b\} \cap \{c, d\} = \emptyset$。

   a) 證明 G 是一個孤立頂點當 $n=2$ 時且 G 為不連通的當 $n=3, 4$ 時。

   b) 證明對 $n \ge 5$，G 是連通的。(事實上，對所有 $v_1, v_2 \in V$，不是 $\{v_1, v_2\} \in E$ 就是存在一條長度為 2 的路徑連接 v_1 和 v_2。)

   c) 證明 G 是非平面的對 $n \ge 5$。

   d) 證明對 $n \ge 8$，G 有一條 Hamilton 循環。

9. 若 $G=(V, E)$ 是一個無向圖，V 的一子集合 K 被稱是 G 的一個**覆蓋** (covering) 若對 G 的每一邊 $\{a, b\}$ 不是 a 就是 b 在 K 上。集合 K 是一個**極小覆蓋** (minimal covering) 若 $K-\{x\}$ 不再覆蓋 G 對每個 $x \in K$。在一個最小覆蓋上的頂點個數被稱是 G 的**覆蓋數** (covering number)。

   a) 證明若 $I \subseteq V$，則 I 是 G 上的一個獨

立集若且唯若 $V-I$ 是 G 的一個覆蓋。

b) 證明 $|V|$ 是 G 的獨立數 (如 11.5 節習題 25 所定義的) 和其覆蓋數之和。

10. 若 $G=(V, E)$ 是一個無向圖，V 的一個子集合 D 被稱是一個**優控集** (dominating set) 若對所有 $v \in V$，不是 $v \in D$ 就是 v 和 D 上的一頂點相鄰。若 D 是一個優控集且沒有 D 的真子集有這個性質，則稱 D 是**極小的** (minimal)。G 上的任一個最小優控集之大小被表為 $\gamma(G)$ 且被稱為 G 的**優控數** (domination number)。

a) 若 G 沒有孤立頂點，證明若 D 是一個極小優控集，則 $V-D$ 是一個優控集。

b) 若 $I \subseteq V$ 為獨立集，證明 I 是一個優控集若且唯若 I 是極大獨立集。

c) 證明 $\gamma(G) \leq \beta(G)$，且 $|V| \leq \beta(G) \chi(G)$。[此處 $\beta(G)$ 是 G 的獨立數，首次被給於 11.5 節習題 25。]

11. 令 $G=(V, E)$ 為示於圖 11.94 的無向連通的"梯形圖"。對 $n \geq 0$，令 a_n 表我們可由 G 上所有邊選 n 邊的方法數，使得無兩邊有一共同頂點。並求解一遞迴關係給 a_n。

12. 考慮圖 11.96 中的 (i)，(ii)，(iii) 及 (iv) 的 4 個**梳子** (comb) 圖。這些圖分別有 1 個牙齒、2 個牙齒、3 個牙齒及 n 個牙齒。對 $n \geq 1$，令 a_n 計數 $\{x_1, x_2, \cdots, x_n, y_1, y_2, \cdots, y_n\}$ 中獨立子集合的個數。求並解一個遞迴關係給 a_n。

13. 考慮圖 11.97 中的 (i)，(ii)，(iii) 及 (iv) 的四個圖。若 a_n 計數 $\{x_1, x_2, \cdots, x_n, y_1, y_2, \cdots, y_n\}$ 中獨立子集合的個數。其中 $n \geq 1$，求並解一個遞迴關係給 a_n。

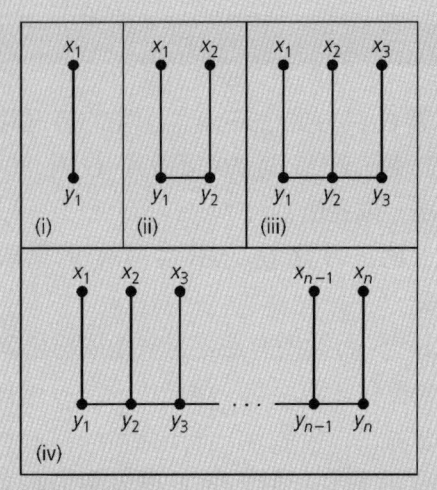

圖 11.96

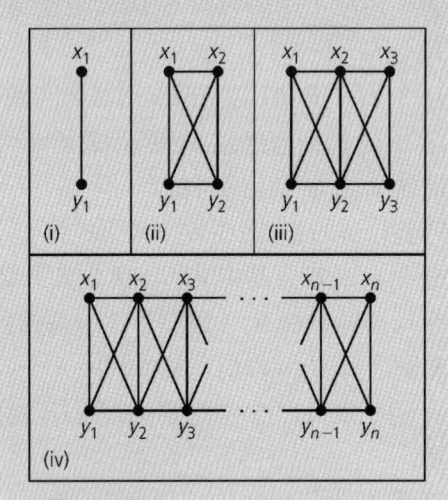

圖 11.97

14. 對 $n \geq 1$，令 $a_n = \binom{n}{2}$，為 K_n 的邊數，且令 $a_0 = 0$，求生成函數 $f(x) = \sum_{n=0}^{\infty} a_n x^n$。

15. 對圖 11.98 的圖 G，回答下面問題。

a) $\gamma(G)$，$\beta(G)$ 和 $\chi(G)$ 的值為何？

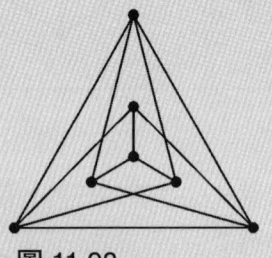

圖 11.98

b) G 有一條 Euler 環道或有一條 Hamilton 循環嗎？

c) G 為偶圖嗎？為平面圖嗎？

16. a) 假設完全偶圖 $K_{m,n}$ 有 16 個邊且滿足 $m \leq n$，求 m，n 之值使得 $K_{m,n}$ (i) 具有一條 Euler 環道但沒有一條 Hamilton 循環；(ii) 同時具有一條 Hamilton 循環及一條 Euler 環道。

b) 將 (a) 的結果一般化。

17. 若 $G=(V, E)$ 為一個無向圖，G 的任一個子圖中是一個完全圖的被稱為 G 的一個**派系** (clique)。G 的一個最大派系上的頂點個數被稱是 G 的**派系數** (clique number) 且被表為 $\omega(G)$。

a) $\chi(G)$ 和 $\omega(G)$ 有何關係？

b) $\omega(G)$ 和 $\beta(\overline{G})$ 間有任何關係嗎？

18. 若 $G=(V, E)$ 為一個無迴路圖，G 的**線圖** (line graph) $L(G)$，為一個以集合 E 做為頂點的圖，其中我們連接 $L(G)$ 上的兩個頂點 e_1，e_2 若且唯若 e_1，e_2 為 G 上的相鄰邊。

a) 對圖 11.99 中的各圖，求 $L(G)$。

b) 假設 $|V|=n$ 且 $|E|=e$，證明 $L(G)$ 有 e 個頂點且 $(1/2)\sum_{v \in V} \deg(v)[\deg(v)-1] =$

$[(1/2)\sum_{v \in V}[\deg(v)]^2] - e = \sum_{v \in V} \binom{\deg(v)}{2}$。

c) 證明若 G 有一條 Euler 環道，則 $L(G)$ 既有一條 Euler 環道亦有一Hamilton 循環。

d) 若 $G=K_4$，檢視 $L(G)$ 以證明 (c) 的逆為假。

e) 證明若 G 有一條 Hamilton 循環，則 $L(G)$ 亦有。

f) 對圖 11.99(b) 的圖檢視 $L(G)$ 以證明 (e) 的逆為假。

g) 證明 $L(G)$ 為非平面的對 $G=K_5$ 及 $G=K_{3,3}$。

h) 給一個圖 G 的例子，其中 G 是平面的但 $L(G)$ 不是。

19. 解釋為何下面各個以 λ 為變數的多項式不能為一個著色多項式。

a) $\lambda^4 - 5\lambda^3 + 7\lambda^2 - 6\lambda + 3$

b) $3\lambda^3 - 4\lambda^2 + \lambda$

c) $\lambda^4 - 3\lambda^3 + 5\lambda^2 - 4\lambda$

20. a) 對所有 x，$y \in \mathbf{Z}^+$，證明，$x^3y - xy^3$ 為偶數。

b) 令 $V=\{1, 2, 3, \cdots, 8, 9\}$。建構無迴路無向圖 $G=(V, E)$ 如下：對 m，$n \in V$，$m \neq n$，繪 G 上的邊 $\{m, n\}$ 若 5 整除 $m+n$ 或 $m-n$。

c) 給任意三個相異正整數，證明這三數中有兩個，稱之為 x 和 y，其中 10 整除 $x^3y - xy^3$。

21. a) 對 $n \geq 1$，令 P_{n-1} 表由 n 個頂點及 $n-1$ 個邊組成的路徑。令 a_n 為 P_{n-1} 中頂點所成的獨立子集合個數 (空集合被考慮為這些獨立子集合中之一。) 求並解一個遞迴關係給 a_n。

b) 求圖 11.100 中 G_1，G_2 及 G_3 各圖的 (頂點之) 獨立子集合個數。

c) 對圖 11.101 中 H_1，H_2 及 H_3 各圖，求頂點的獨立子集合個數。

d) 令 $G=(V, E)$ 為一個無迴路無向圖具

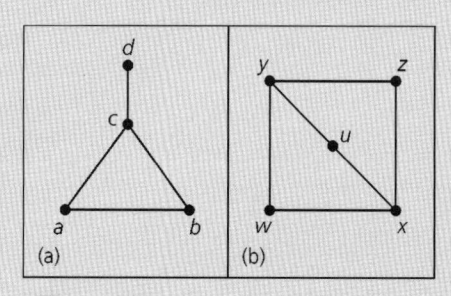

圖 11.99

$V = \{v_1, v_2, \cdots, v_r\}$ 且其中有 m 個獨立的頂點子集合。圖 $G' = (V', E')$ 被由 G 建構如下：$V' = V \cup \{x_1, x_2, \cdots, x_s\}$，其中無一個 x_i 在 V 上，對所有 $1 \leq i \leq s$；且 $E' = E \cup \{\{x_i, v_j\} | 1 \leq i \leq s, 1 \leq j \leq r\}$。有多少個 V' 的子集合為獨立的？

22. 假設 $G = (V, E)$ 為一個無迴路無向圖。若 G 是 5-正則且 $|V| = 10$，證明 G 是非平面的。

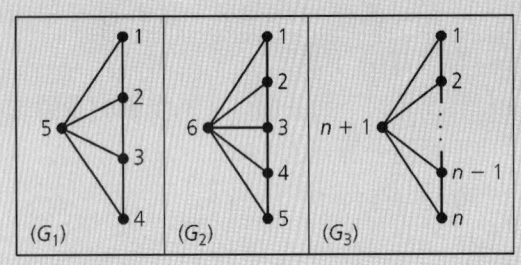

圖 11.100

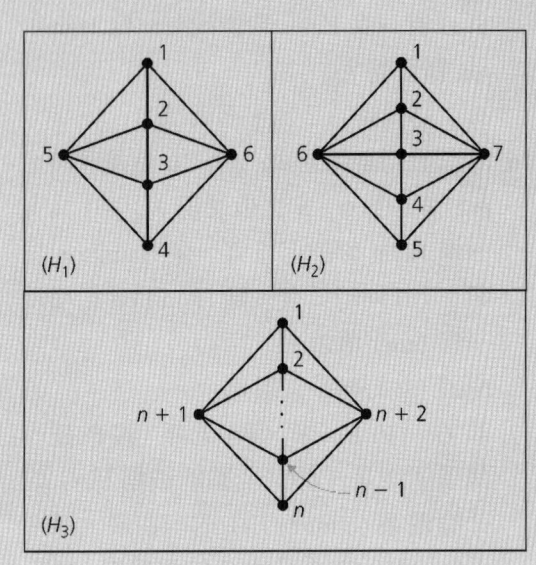

圖 11.101

第 12 章

樹　形

當我們繼續研究圖論時，我們將把焦點集中在稱之為樹形的一種特殊圖。首次由 Gustav Kirchhoff (1824-1887) 於 1847 年在他的電路研究上使用，樹形後來再被發展且由 Arthur Cayley (1821-1895) 命名之。1857 年，Cayley 使用這些特殊圖來計數飽和碳氫化合物 C_nH_{2n+2}，$n \in \mathbf{Z}^+$ 的相異異構體數。

由於數位電腦的便利，許多樹形的應用被發現。特殊型態的樹形在資料結構、排序、編碼理論，及在某種最佳化問題解上是非常有用的。

12.1 定義、性質及例題

令 $G=(V, E)$ 為一個無迴路無向圖。圖 G 被稱是**樹形**[†] (tree) 若 G 是連通的且沒有循環。　　　　　　　　　　　　　　　　　　　　　　　定義 12.1

在圖 12.1 中，圖 G_1 是一個樹形，但圖 G_2 不是一個樹形因為它有循環 $\{a, b\}$，$\{b, c\}$，$\{c, a\}$。圖 G_3 不是連通的，所以它不是一個樹形。然而，G_3 的每個連通分區是一個樹形，且在此情形下我們稱 G_3 為一個**森林** (forest)。

當某個圖是一個樹形時，我們寫 T 代替 G 來強調這個結構。

在圖 12.1 中，我們看到 G_1 是 G_2 的子圖，其中 G_1 包含 G_2 的所有頂點且 G_1 是一個樹形。在此情形，G_1 是 G_2 的一個生成樹形。因此，一個

[†] 在圖中，樹形研究裡的專有名詞未被標準化，讀者於其它教科書中可能發現會有些差異。

● 圖 12.1

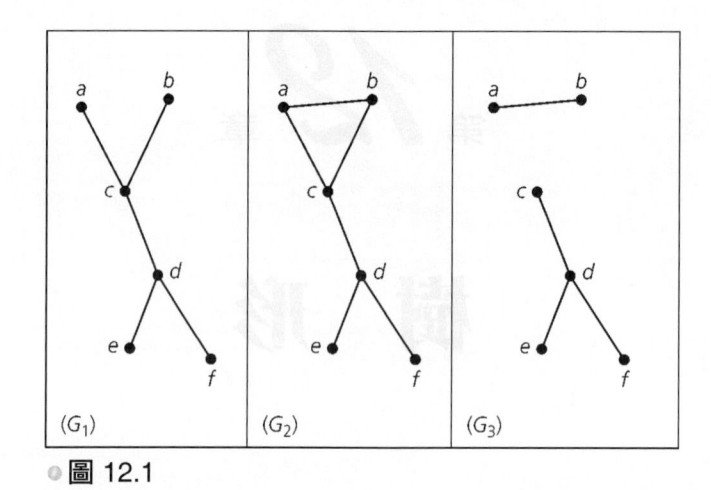

連通圖的一個**生成樹形** (spanning tree) 是一個生成子圖且亦為一個樹形。我們可將一個生成樹形視為提供圖的最小連通性及視其為一個將所有頂點聚在一起的最小骨架。圖 G_3 提供一個**生成森林** (spanning forest) 給圖 G_2。

我們現在檢視樹形的一些性質。

定理 12.1　若 a，b 為樹形 $T=(V, E)$ 上的相異頂點，則存在一條唯一路徑來連接這兩個頂點。

證明：因為 T 是連通的，至少有一條路徑在 T 上來連接 a 和 b。若存在更多路徑，則由兩個此類路徑，某些邊將形成一個循環，但 T 沒有循環。

定理 12.2　若 $G=(V, E)$ 是一個無向圖，則 G 是連通的若且唯若 G 有一個生成樹形。

證明：若 G 有一個生成樹形 T，則對 V 上每雙相異頂點 a，b，一個 T 上之邊的子集合提供一個 (唯一的) 介於 a 和 b 之間的路徑，所以 G 是連通的。反之，若 G 是連通的且 G 不是一個樹形，則將 G 上的所有迴路移走。若所得的子圖 G_1 不是一個樹形，則 G_1 必包含一個循環 C_1。由 C_1 移走一邊 e_1 且令 $G_2=G_1-e_1$。若 G_2 沒有循環，則 G_2 是 G 的一個生成樹形，因為 G_2 包含 G 上的所有頂點，是無迴路，且是連通的。若 G_2 確含有一條循環，稱其為 C_2，則由 C_2 移走一邊 e_2 並考慮子圖 $G_3=G_2-e_2=G_1-\{e_1, e_2\}$。再次，若 G_3 沒有循環，則我們有一個生成樹形給 G。否則，我們繼續此程序有限個額外次數，直到我們得到 G 的一個生成子圖，其為無迴路，連通且沒有循環 (且，因此，是 G 的一個生成樹形)。

第十二章　樹　形　691

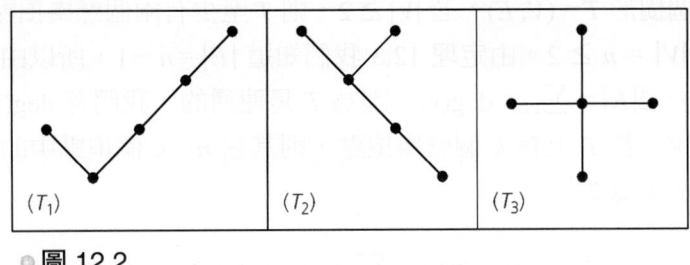

圖 12.2

圖 12.2 說明存在三個不同構的 5 個頂點的樹形。雖然它們不同構，但它們有相同的邊數，即有 4 邊。這個引導我們至下面的一般結果。

在每個樹形，$T=(V, E)$ 裡，$|V|=|E|+1$。　　　　　　　　　　　　　　　**定理 12.3**

證明：本證明可對 $|E|$ 應用數學歸納法原理替代型而得。若 $|E|=0$，則樹形由單一個孤立頂點組成，如圖 12.3(a)。這裡 $|V|=1=|E|+1$。圖 (b) 和 (c) 證明 $|E|=1$ 或 2 的情形為真。

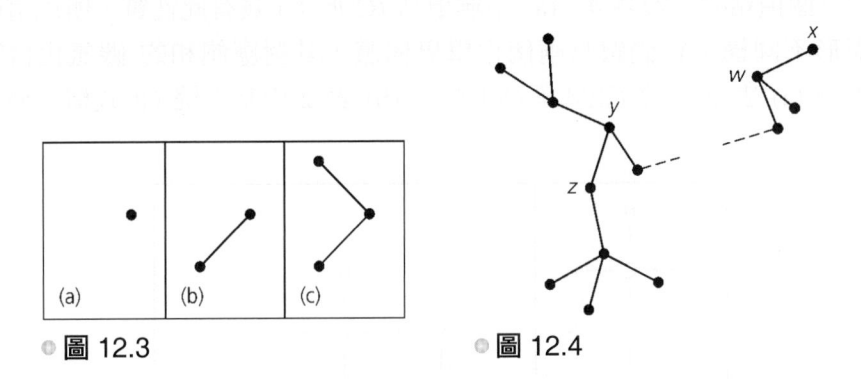

圖 12.3　　　　　　　　**圖 12.4**

假設定理對每個至多含有 k 邊的樹形成立，其中 $k \geq 0$。現在考慮一個樹形 $T=(V, E)$，如圖 12.4，其中 $|E|=k+1$。[虛邊指示樹形的某些地方不出現在圖裡。] 若，例如，端點為 y, z 的邊被由 T 中移走，我們得兩個**子樹形** (subtree)，$T_1=(V_1, E_1)$ 及 $T_2=(V_2, E_2)$，其中 $|V|=|V_1|+|V_2|$ 且 $|E_1|+|E_2|+1=|E|$。(這兩個子樹形中的一個可能僅由單一個頂點組成，若，例如，具端點 w, x 的邊被移走。) 因為 $0 \leq |E_1| \leq k$ 且 $0 \leq |E_2| \leq k$，由歸納法假設，得 $|E_i|+1=|V_i|$，其中 $i=1, 2$，因此，$|V|=|V_1|+|V_2|=(|E_1|+1)+(|E_2|+1)=(|E_1|+|E_2|+1)+1=|E|+1$，且由數學歸納法原理替代型，定理成立。

當我們在檢視圖 12.2 的樹形時，我們亦看到每個樹形，至少有兩個懸掛頂點，亦即，次數為 1 的頂點。一般來講，這個亦為真。

定理 12.4　對每個樹形 $T=(V, E)$，若 $|V| \geq 2$，則 T 至少有兩個懸掛頂點。

證明： 令 $|V|=n \geq 2$。由定理 12.3 我們知道 $|E|=n-1$，所以由定理 11.2 得 $2(n-1)=2|E|=\sum_{v \in V} \deg(v)$。因為 T 是連通的，我們有 $\deg(v) \geq 1$ 對所有 $v \in V$。若 T 上有 k 個懸掛頂點，則其它 $n-k$ 個頂點中的每一個頂點的次數至少為 2 且

$$2(n-1) = 2|E| = \sum_{v \in V} \deg(v) \geq k + 2(n-k).$$

由此我們看到 $[2(n-1) \geq k+2(n-k)] \Rightarrow [(2n-2) \geq (k+2n-2k)] \Rightarrow [-2 \geq -k] \Rightarrow [k \geq 2]$。且因此建立了結果。

例題 12.1　在圖 12.5 裡，我們有兩個樹形，每個樹形有 14 個頂點 (標示為 C 和 H) 及 13 個邊。每個頂點有次數 4 (C，碳原子) 或次數 1 (H，氫原子)。圖 (b) 有一個碳原子 (C) 在樹形的中心。這個碳原子和四個頂點相鄰，其中有三個頂點的次數為 4。(a) 中無頂點 (C 原子) 具有此性質，所以這兩個樹形不同構。它們做為兩個化學異構體，其對應飽和的[†]碳氫化合物 C_4H_{10}。(a) 表 n-丁烷 (正式稱為丁烷)；(b) 表 2-甲基丙烷 (正式稱為異丁烷)。

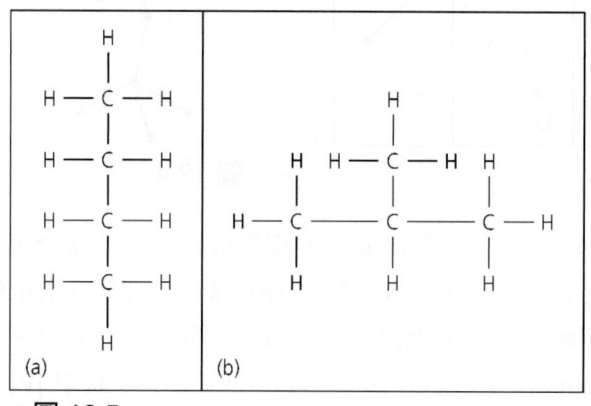

●圖 12.5

第二個化學結果被給在下面例題裡。

例題 12.2　若一個飽和的碳氫化合物 [特別的，一個無環的 (沒有循環)、單一鍵碳氫化合物，稱之為鏈烷] 有 n 個碳原子，證明它有 $2n+2$ 個氫原子。

[†] 此處之形容詞 **飽和的** (saturated) 被用來說明對出現在分子中碳原子的個數，我們有最大的氫原子個數。

考慮飽和的碳氫化合物為一個樹形 $T=(V, E)$，令 k 為樹形上懸掛頂點，或氫原子，的個數。則具有總數 $n+k$ 的頂點，其中 n 個碳原子中的每一個的次數均為 4，我們發現

$$4n + k = \sum_{v \in V} \deg(v) = 2|E| = 2(|V| - 1) = 2(n + k - 1),$$

且

$$4n + k = 2(n + k - 1) \Rightarrow k = 2n + 2.$$

我們以一個定理做為本節的結束，該定理提供幾種不同方法來描述樹形。

定理 12.5 下面敘述為等價的對一個無迴路無向圖 $G=(V, E)$。

a) G 是一個樹形。
b) G 是連通的，但由 G 移去任一邊後，將 G 分成兩個不相連的子圖，且此兩子圖均為樹形。
c) G 沒有循環，且 $|V|=|E|+1$。
d) G 是連通的，且 $|V|=|E|+1$。
e) G 沒有循環，且若 a，$b \in V$ 滿足 $\{a, b\} \notin E$，則將邊 $\{a, b\}$ 加到 G 後所得的圖明確的有一個循環。

證明： 我們將證明 (a) $\Rightarrow$ (b)，(b) $\Rightarrow$ (c)，及 (c) $\Rightarrow$ (d)，而將 (d) $\Rightarrow$ (e) 及 (e) $\Rightarrow$ (a) 的證明留給讀者。

[(a) $\Rightarrow$ (b)]：若 G 是一個樹形，則 G 是連通的。所以令 $e=\{a, b\}$ 為 G 的任一邊。則若 $G-e$ 為連通的，至少存在兩條路徑在 G 上由 a 到 b。但這和定理 12.1 矛盾。因此 $G-e$ 是不連通的且所以 $G-e$ 上的所有頂點可被分割成兩個子集合：(1) 頂點 a 及那些可由 $G-e$ 上的一條路徑由 a 到達的頂點；及 (2) 頂點 b 及那些可由 $G-e$ 上的一條路徑由 b 到達的頂點。這兩個連通分區均為樹形，因為在各個分區上的迴路或循環亦在 G 裡。

[(b) $\Rightarrow$ (c)]：若 G 含有一個循環，則令 $e=\{a, b\}$ 為這個循環的一邊。但則 $G-e$ 為連通的，這和 (b) 的假設矛盾。所以 G 沒有循環且因為 G 是一個無迴路連通無向圖，我們知道 G 是一個樹形。因此，由定理 12.3 得 $|V|=|E|+1$。

[(c) $\Rightarrow$ (d)]：令 $\kappa(G)=r$ 且令 G_1，G_2，$\cdots$，G_r 為 G 的連通分區。對 $1 \leq$

$i \leq r$，選一個頂點 $v_i \in G_i$ 且加 $r-1$ 個邊 $\{v_1, v_2\}$，$\{v_2, v_3\}$，$\cdots$，$\{v_{r-1}, v_r\}$ 至 G 來形成圖 $G'=(V, E')$，其為一個樹形。因為 G' 為一個樹形，我們知道 $|V|=|E'|+1$ 因為定理 12.3。但由 (c)，$|V|=|E|+1$，所以 $|E| = |E'|$ 且 $r-1=0$。由於 $r=1$，得 G 是連通的。

習題 12.1

1. a) 繪出有 6 個頂點的所有非同構圖。
   b) 己烷 (C_6H_{14}) 有多少個異構體？
2. 令 $T_1=(V_1, E_1)$，$T_2=(V_2, E_2)$ 為兩個樹形，其中 $|E_1|=17$ 且 $|V_2|=2|V_1|$。求 $|V_1|$，$|V_2|$ 及 $|E_2|$。
3. a) 令 $F_1=(V_1, E_1)$ 為一個 7 個樹形的森林，其中 $|E_1|=40$，則 $|V_1|$ 值為何？
   b) 若 $F_2=(V_2, E_2)$ 為一個森林具 $|V_2|=62$ 及 $|E_2|=51$，共有多少個樹形決定 F_2？
4. 若 $G=(V, E)$ 為一個森林具 $|V|=v$，$|E|=e$，及 κ 個連通分區 (樹形)，則 v，e 和 κ 之間有何關係？
5. 什麼樣的樹形恰有兩個懸掛頂點？
6. a) 證明所有樹形是平面的。
   b) 由 (a) 導定理 12.3 及平面圖的 Euler 定理。
7. 給一個無向圖 $G=(V, E)$ 的例子，其中 $|V|=|E|+1$，但 G 不是一個樹形。
8. a) 若一個樹形有四個次數為 2 的頂點，一個次數為 3 的頂點，二個次數為 4 的頂點，及一個次數為 5 的頂點，則它有多少個懸掛頂點？
   b) 若一個樹形 $T=(V, E)$ 有 v_2 個次數為 2 的頂點，v_3 個次數為 3 的頂點，$\cdots$，及 v_m 個次數為 m 的頂點，則 $|V|$ 及 $|E|$ 值為何？
9. 若 $G=(V, E)$ 為一個無迴路無向圖，證明 G 是一個樹形若在 G 的兩頂點間存在一條唯一的路徑。
10. 連通無向圖 $G=(V, E)$ 有 30 個邊，則 $|V|$ 的可能最大值為何？
11. 令 $T=(V, E)$ 為一個樹形，具 $|V|=n \geq 2$，則 T 上有多少條相異路徑 (做為子圖)？
12. 令 $G=(V, E)$ 為一個無迴路連通無向圖，其中 $V=\{v_1, v_2, v_3, \cdots, v_n\}$，$n \geq 2$，$\deg(v_1)=1$，且 $\deg(v_i) \geq 2$ 對 $2 \leq i \leq n$。證明 G 必有一個循環。
13. 找兩個非同構生成樹形給完全偶圖 $K_{2,3}$。$K_{2,3}$ 有多少個非同構生成樹形？

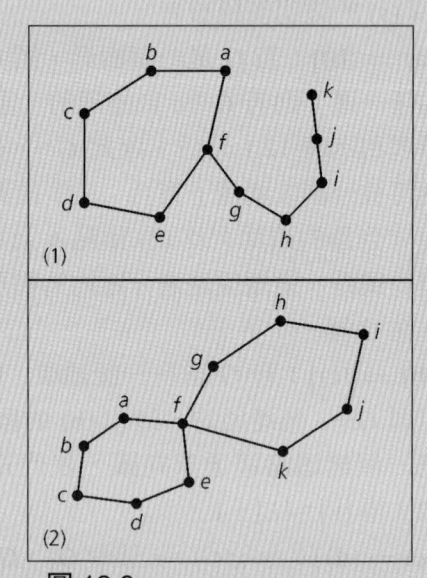

圖 12.6

14. 對 $n \in \mathbf{Z}^+$，$K_{2,n}$ 有多少個非同構生成樹形？

15. 對圖 12.6 所示的各圖，試決定存在的不相等 (可能有些為同構) 生成樹形的個數。

16. 對圖 12.7 的各圖，試決定有多少個不相等 (雖然有些可能為同構) 的生成樹形存在。

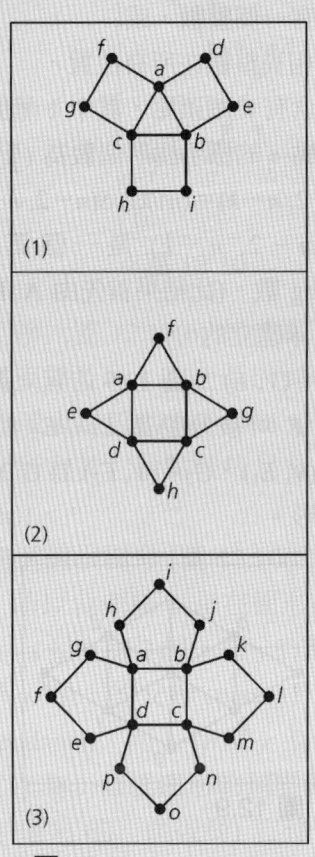

圖 12.7

17. 令 $T=(V, E)$ 為一個樹形，其中 $|V|=n$。假設對每個 $v \in V$，$\deg(v)=1$ 或 $\deg(v) \geq m$，其中 m 是一個固定的正整數且 $m \geq 2$。

    a) n 的可能最小值為何？
    b) 證明 T 至少有 m 個懸掛頂點。

18. 假設 $T=(V, E)$ 為一個樹形具 $|V|=$ 1000，則 T 的所有頂點之次數和為多少？

19. 令 $G=(V, E)$ 為一個無迴路連通無向圖。令 H 為 G 的一個子圖。H 在 G 上的餘圖為 G 的子圖，其係由在 G 上但不在 H 上的那些邊 (及和這些接合的頂點) 所組成。

    a) 若 T 是 G 的一個生成樹形，證明 T 在 G 上的餘圖不包含 G 的一個割集。
    b) 若 C 是 G 的一個割集，證明 C 在 G 上的餘圖不包含 G 的一個生成樹形。

20. 完成定理 12.5 的證明。

21. 一個有標示的樹形是一個所有頂點均被標示的樹形。若這個樹形有 n 個頂點，則 $\{1, 2, 3, \cdots, n\}$ 被用來做為標示集。我們發現兩個沒有標示而同構的樹形可能因標示而變為不同構。在圖 12.8 裡，前兩個樹形為同構當它們為標示樹形時。若我們不管標示，則第三個樹形

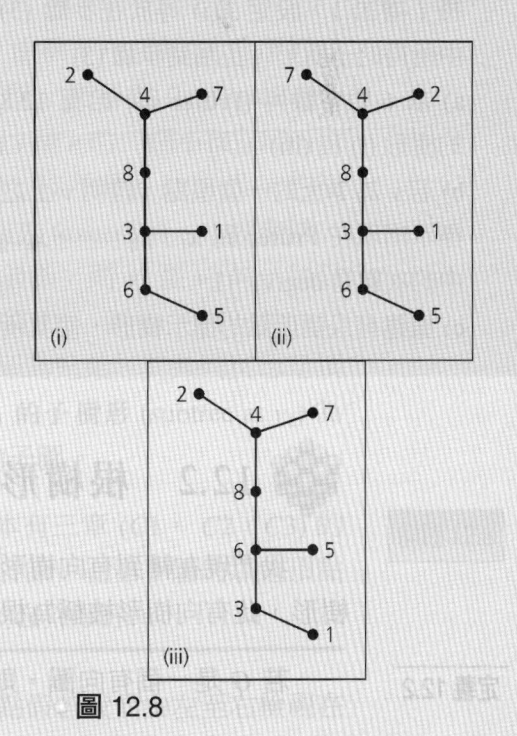

圖 12.8

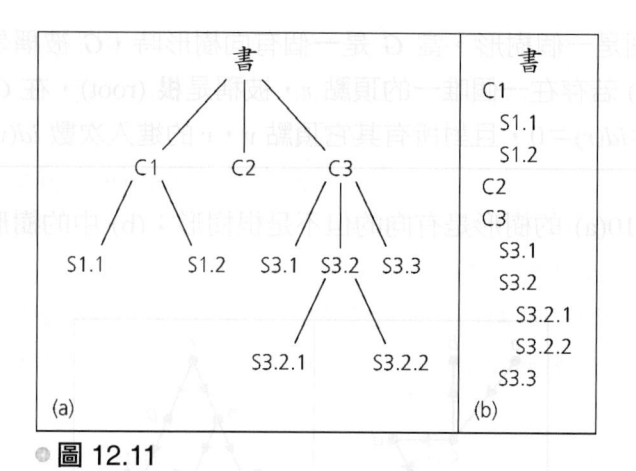

```
                書                  書
                                   C1
         C1    C2    C3            S1.1
                                   S1.2
                                   C2
       S1.1 S1.2 S3.1 S3.2 S3.3    C3
                                   S3.1
                    S3.2.1 S3.2.2  S3.2
                                   S3.2.1
                                   S3.2.2
                                   S3.3
        (a)                        (b)
```

圖 12.11

$C1$，$C2$ 及 $C3$ 的子樹形。(這個順序將在本節再次出現，以更一般的文脈出現。) 我們現在考慮第二個例題來提供此一順序。

例題 12.4　圖 12.12 所示的樹形 T，所有的邊 (或分枝，它們經常被如此稱呼) 離開各個內部頂點是**有序的** (ordered) 由左至右。因此 T 被稱是一個**有序的根樹形** (ordered rooted tree)。

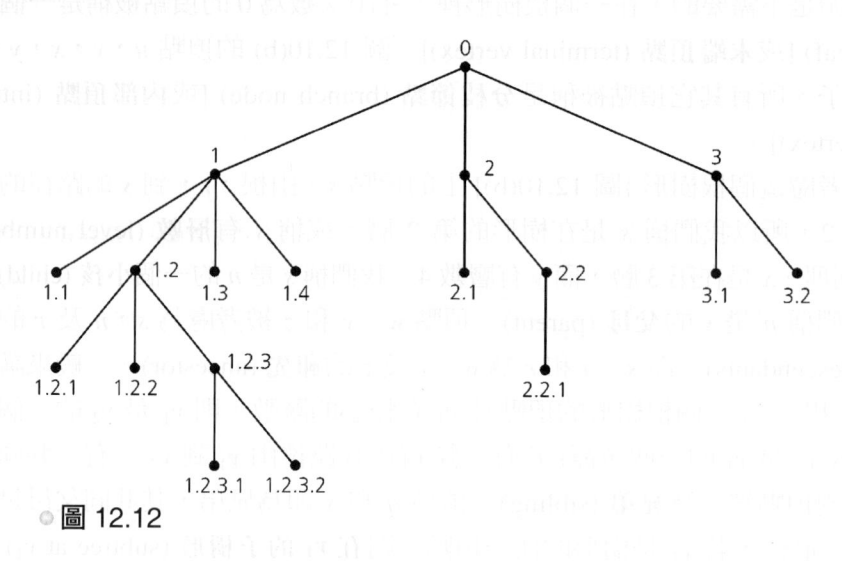

```
                        0
           1            2            3
       1.1 1.2 1.3 1.4  2.1 2.2    3.1 3.2
      1.2.1 1.2.2 1.2.3     2.2.1
              1.2.3.1 1.2.3.2
```

圖 12.12

我們以下面演算法來標示這個樹形的所有頂點。

步驟 1：　首先將根的標示 [或**位址** (address)] 指定為 0。

步驟 2：　其次對在第 1 層的所有頂點，由左至右，分別指定為整數 1，2，3，…。

步驟 3：　現在令 v 為在第 $n \geq 1$ 層的一個內部頂點，且令 v_1，v_2，

…，v_k 表 v 的小孩 (由左至右)。若 a 是指定給頂點 v 的標示，則對小孩 v_1，v_2，…，v_k 分別指定其標示為 $a.1$，$a.2$，…，$a.k$。

因此，T 上的各個頂點，除了根之外，有一個形如 $a_1. a_2. a_3. \cdots a_n$ 的標示若且唯若該頂點的層數為 n。這是著名的**全稱位址系統** (universal address system)。

這個系統提供一個方法來排序 T 上的所有頂點。若 u 和 v 為 T 上的兩個頂點且分別具有位址 b 和 c，我們定義 $b<c$ 若 (a) $b=a_1. a_2.\cdots a_m$ 且 $c=a_1. a_2.\cdots a_m. a_{m+1}\cdots a_n$，其中 $m<n$；或 (b) $b=a_1. a_2.\cdots a_m. x_1.\cdots y$ 和 $c=a_1. a_2.\cdots a_m. x_2.\cdots z$，其中 x_1，$x_2 \in \mathbf{Z}^+$ 且 $x_1<x_2$。

對我們所考慮的樹形，這個排序產生

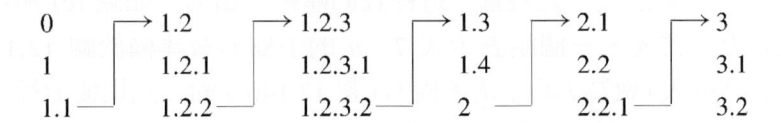

```
0    → 1.2   → 1.2.3   → 1.3   → 2.1   → 3
1      1.2.1   1.2.3.1   1.4     2.2     3.1
1.1    1.2.2   1.2.3.2   2       2.2.1   3.2
```

因為這個類似字典裡的字母排序，這個順序被稱是**字典式順序** (lexicographic order 或 dictionary order)。

我們現在考慮根樹形的一個應用於電腦科學的研究裡。

例題 12.5

a) 一個根樹形是一個**二元** (binary) 根樹形若對每個頂點 v，$od(v)=0$，1 或 2，亦即，若 v 至多有兩個孩子。若 $od(v)=0$ 或 2 對所有 $v \in V$，則根樹形被稱是一個**完全** (complete) 二元樹形。此一樹形可表一個二元運算，如圖 12.13 的 (a) 和 (b)。為避免搞混，當我們在處理一個不可交換的運算。時，我們標示根為。且要求結果為 $a \circ b$，其中 a 是根的左邊小孩，且 b 是根的右邊小孩。

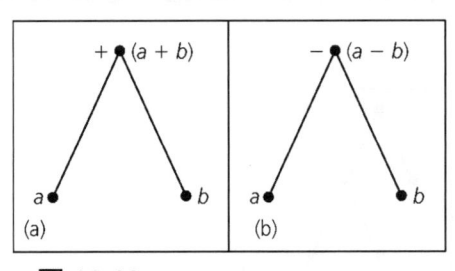

圖 12.13

b) 在圖 12.14 裡，我們將圖 12.13 裡的概念擴大以建構二元根樹形，給代數表示式

$$((7-a)/5)*((a+b)\uparrow 3),$$

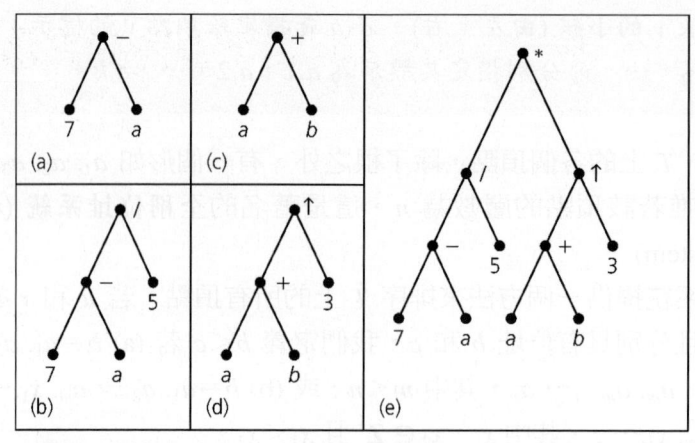

●圖 12.14

其中 * 表乘法且 ↑ 表數冪。這裡我們建構的樹形，如圖 (e) 所示，由底向上。首先，一個給表示式 $7-a$ 的子樹形被建構於圖 12.14(a)。接著被併入 (做為 / 的左邊子樹形) 圖 12.14(b) 的二元根樹形裡來表示式 $(7-a)/5$。接著，同法，圖 (c) 和 (d) 的二元根樹形分別被建構給 $a+b$ 及 $(a+b)\uparrow 3$。最後，(b) 和 (d) 的兩個子樹形被用來分別做為 * 的左邊及右邊子樹形並給我們二元根樹形 [圖 12.14(e)] 來表 $((7-a)/5)*((a+b)\uparrow 3)$。

同樣的概念被用在圖 12.15 裡，其中我們發現二元根樹形給代數表示式

$(a-(3/b))+5$ [在 (a) 中] 及 $a-(3/(b+5))$ [在 (b) 中]

c) 以某種程序語言計算 $t+(uv)/(w+x-y^z)$ 時，我們將表示式寫為 $t+(u*v)/(w+x-y\uparrow z)$。當電腦在計算這個表示式時，它執行二元運算 (在每個括弧內) 係依據一個運算次序，其中指數冪優先於乘法及除法，而乘法及除法優先於加法和減法。在圖 12.16 裡，我們計數所有

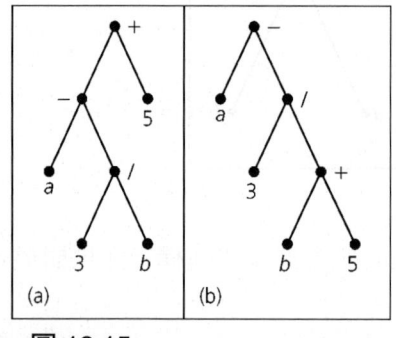

●圖 12.15

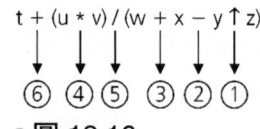

●圖 12.16

運算在電腦中執行的次序。當電腦在計算這個表示式時，它必須掃描表示式的順序以便依序執行運算。

代替來回連續的掃描，然而，機器將表示式轉換成一個和括弧無關的記號。這是著名的波蘭記號，以紀念波蘭 (事實上是烏克蘭) 邏輯學家 Jan Lukasiewicz (1878-1956)。此處對一個二元運算 。的**插入** (infix) 記號 $a \circ b$ 變為 $\circ ab$，即**頭綴** (prefix) (或波蘭) 記號。其方便之處是圖 12.16 裡的表示式可不需括弧的改寫為

$$+ t / * uv + w - x \uparrow yz.$$

其中計算的進行是由右至左。當遇到一個二元運算時，它是執行在其右邊的兩個運算量。所得結果接著被視為下一個遇到的二元運算之兩個運算量中的一個來處理，當我們繼續至左邊時。例如，給指定值 $t = 4$，$u = 2$，$v = 3$，$w = 1$，$x = 9$，$y = 2$，$z = 3$，下面步驟發生於表示式

$$+ t / * uv + w - x \uparrow yz.$$

的計算裡。

1) $+ 4 / * 2\ 3 + 1 - 9 \underbrace{\uparrow 2\ 3}$
$\qquad\qquad\qquad\qquad 2 \uparrow 3 = 8$

2) $+ 4 / * 2\ 3 + 1 \underbrace{- 9\ 8}$
$\qquad\qquad\qquad 9 - 8 = 1$

3) $+ 4 / * 2\ 3 \underbrace{+ 1\ 1}$
$\qquad\qquad\quad 1 + 1 = 2$

4) $+ 4 / \underbrace{* 2\ 3}\ 2$
$\qquad\quad 2 * 3 = 6$

5) $+ 4 \underbrace{/\ 6\ 2}$
$\qquad\quad 6 / 2 = 3$

6) $\underbrace{+ 4\ 3}$
$\ \ 4 + 3 = 7$

所以，對前面的指定值，所給的表示式值為 7。

對電腦程式的編譯，波蘭記號的使用是重要的且可以一個根樹形來表一個已給之表示式來獲得，如圖 12.17 所示。這裡的每個變數 (或常數) 被用來標示樹形的一個葉子。每個內部頂點被以一個二元運算來標示，其左邊和右邊的運算量為它所決定的左邊和右邊子樹形。由根開始，當我們由上到底且由左到右走遍樹形時，如圖 12.17 所示，我們依各頂點受訪的次序來寫下所有頂點的標示，可得波蘭記號。

702　離散與組合數學

圖 12.17

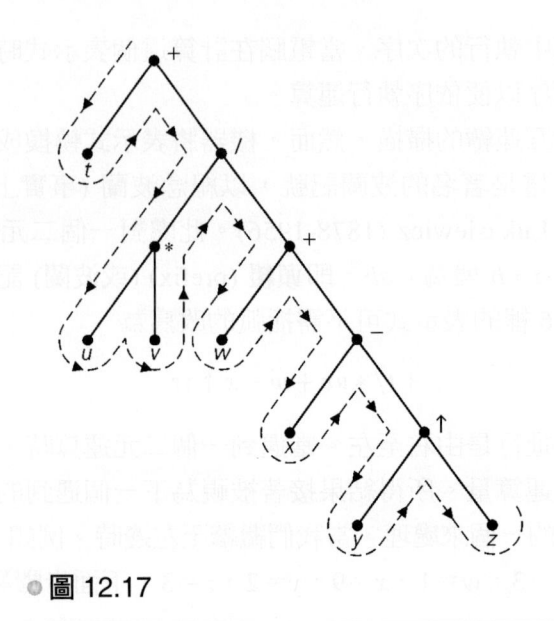

　　前兩個例題說明順序的重要性。有幾個方法存在來給一個樹形的所有頂點做有系統的排序。在資料結構的研究裡，兩個最盛行的方法是前序和後序。這些被遞迴定義於下面定義裡。

定義 12.3　　令 $T=(V, E)$ 為一個根樹形具有根 r。若 T 沒有其它頂點，則根本身構成 T 的**前序穿程** (preorder traversals) 及**後序穿程** (postorder traversals)。若 $|V|>1$，令 $T_1, T_2, T_3, \cdots, T_k$ 表 T 的所有子樹形，當我們由左走到右 (如圖 12.18)。

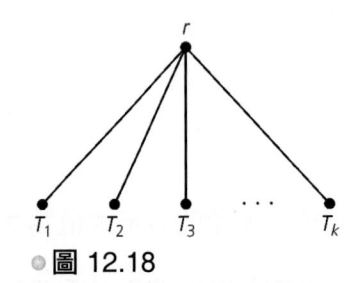

圖 12.18

a) T 的前序穿程首先訪問 r 且接著以前序走遍 T_1 的所有頂點，接著以前序走遍 T_2 的所有頂點，且如此繼續直到 T_k 的所有頂點被以前序方式走遍。

b) T 的後序穿程以後序走遍子樹形 $T_1, T_2, \cdots, T_k$ 的所有頂點並接著訪問根。

我們說明這些概念於下面例題裡。

考慮圖 12.19 所示的根樹形。

例題 12.6

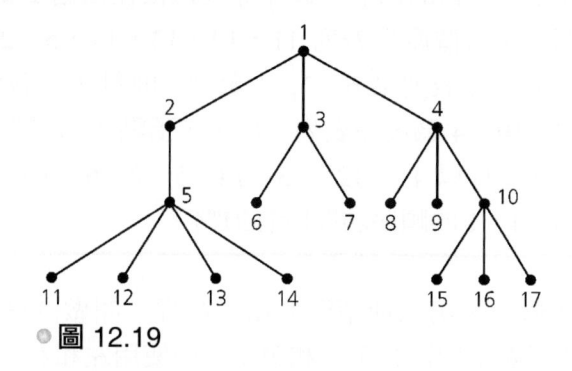

● 圖 12.19

a) **前序**：在訪問頂點 1 之後，我們訪問根在頂點 2 的子樹形。在訪問頂點 2 之後，我們繼續訪問根在頂點 5 的子樹形，且在訪問頂點 5 之後，我們走到根在頂點 11 的子樹形。這個子樹形沒有其它頂點，所以我們訪問頂點 11 後且接著回到頂點 5，由該頂點我們依序訪問頂點 12，13 及 14。在這個之後我們原路**返回** (backtrack) (14 到 5 到 2 到 1) 到根，且接著以前序 3，6，7 訪問 T_2 的所有頂點。最後，在最後一次回到根時，我們以前序 4，8，9，10，15，16，17 走遍子樹形 T_3。因此，這個樹形的所有頂點之前序表列為 1，2，5，11，12，13，14，3，6，7，4，8，9，10，15，16，17。

在這個排序裡，我們以根開始並建立一個目前我們可建立的路徑。在各層，我們走到下一層的最左邊頂點 (非先前訪問過的)，直到我們到達一個葉子 ℓ。接著我們原路返回到這個葉子 ℓ 的父母 p 並訪問直接在 ℓ 右邊的 ℓ 之兄弟 s (及 s 所決定的子樹形)。若沒有這種兄弟 s 存在，我們原路返回到葉子 ℓ 的祖父母 g 並訪問，若其存在的話，一頂點 u，u 為樹形裡直接在 p 之右邊的兄弟。繼續此法，我們最後訪問 (每個是第一次見到) 樹形上的所有頂點。

圖 12.11(a)，12.12 和 12.17 上的所有頂點被以前序方式訪問。圖 12.11(a) 樹形的前序穿程提供圖 12.11(b) 的排序。例題 12.4 的字典式順序是來自圖 12.12 之樹形的前序穿程。

b) **後序**：對樹形的後序穿程，我們在根 r 開始建立最長路徑，儘我們可能的走到每個內部頂點的最左邊小孩。當我們到達一個葉子 ℓ，我們訪問這個頂點，則接著回到它的父母 p。然而，我們不訪問 p 直到 p 的所有後代均被訪問過。我們訪問的下一個頂點可應用同在 p 的程序獲得，其原先應用在 r 以得 ℓ，除非現在我們先由 p 到 ℓ 的兄弟，直

接到 (ℓ 的) 右邊。沒有任何頂點被訪問超過一次或在它的任何一個後代之前。

對圖 12.19 所給的樹形，後序穿程以根在頂點 2 的子樹形 T_1 的後序穿程開始，這個產生表列 11, 12, 13, 14, 5, 2。我們繼續到子樹形 T_2，且後序表列以 6, 7, 3 繼續。則對 T_3，我們發現 8, 9, 15, 16, 17, 10, 4 為後序表列。最後，頂點 1 被訪問。因此，對這個樹形，後序穿程以 11, 12, 13, 14, 5, 2, 6, 7, 3, 8, 9, 15, 16, 17, 10, 4, 1 的順序訪問所有頂點。

在二元根樹形裡，第三種型態的樹形穿程，叫做內序穿程，可被使用。此處我們不考慮子樹形為第一和第二，而使用左和右。正式的定義是遞迴的，如前序穿程及後序穿程的定義。

定義 12.4　令 $T=(V, E)$ 為一個以頂點 r 為根的二元根樹形。

1) 若 $|V|=1$，則頂點 r 構成 T 的**內序穿程** (inorder traversal)。
2) 當 $|V|>1$，令 T_L 和 T_R 分別表 T 的左及右子樹形。T 的內序穿程首先以內序方式走遍 T_L 的所有頂點，接著訪問根 r，之後以內序方式走遍 T_R 的所有頂點。

我們知道左子樹形或右子樹形可能為空集合。而且，若 v 是此一樹形上的一個頂點且 $od(v)=1$，則若 w 是 v 的小孩，我們必須分辨出 w 是左小孩還是右小孩。

例題 12.7　由先前的註解，示於圖 12.20 的兩個二元根樹形不被認為是相同的，當它們被看做**有序樹形** (ordered tree) 時。但做為根二元樹形它們是相同的。(每個樹形有相同的頂點集且有相同的有向邊集。) 然而，當我們考慮多加的左和右小孩的概念時，我們看到圖 (a) 中，頂點 v 有右小孩 a，而圖 (b) 中頂點 a 是 v 的左小孩。因此，當左小孩和右小孩的差異被考量時，這兩個樹形不再被視為是相同的樹形。

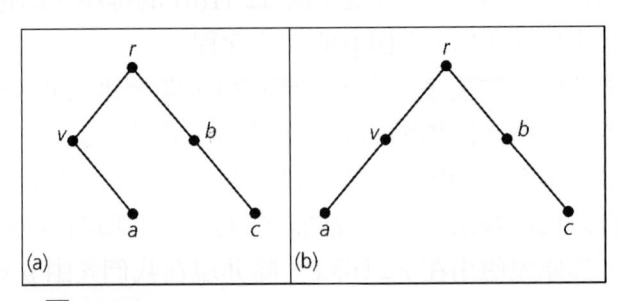

● 圖 12.20

在訪問圖 12.20(a) 中樹形的所有頂點時，我們首先以內序訪問根 r 的左子樹形。這個子樹形由根 v 及其*右小孩* a 所組成。(此處左小孩是*空的*，或不存在。) 因為 v 沒有左子樹形，我們以內序訪問頂點 v 且接著訪問 v 的右子樹形，即 a。在訪問完 r 的左子樹形後，我們現在訪問頂點 r 且接著以內序走遍 r 的右子樹形的所有頂點。這個使我們首先訪問頂點 b (因為 b 沒有左子樹形) 且接著訪問 c。因此，圖 12.20(a) 所示的樹形之內序表列為 v, a, r, b, c。

當我們考慮圖 (b) 的樹形時，我們再次，以內序，訪問根 r 的左子樹形開始。然而，這個左子樹形由頂點 v (子樹形的根) 和其*左小孩* a 所組成。(此時，v 的右小孩是空的，或不存在。) 因此這個內序穿程首先訪問頂點 a (v 的左子樹形)，且接著訪問頂點 v。因為 v 沒有右子樹形，我們現在完成以內序訪問 r 的左子樹形。所以，接著根 r 被訪問，且接著 r 的右子樹形的所有頂點以內序方式被走遍。此得圖 12.20(b) 所示的樹形的內序表列 a, v, r, b, c。

然而，我們應注意這個特別例題[†]的前序穿程，這兩個樹形有相同的結果：

前序表列：r, v, a, b, c。

同樣的，這個特別例題亦滿足這兩個樹形的後序穿程為：

後序表列：a, v, c, b, r。

由於左小孩和右小孩間的差異及左子樹形和右子樹形間的差異，僅有內序穿程有差異發生。對於圖 12.20 中 (a) 和 (b) 的樹形，我們發現其內序表列分別為

(a) v, a, r, b, c 和 (b) a, v, r, b, c。

例題 12.8

若我們對圖 12.21 所示的二元根樹形應用內序穿程，我們發現所有頂點的內序表為 $p, j, q, f, c, k, g, a, d, r, b, h, s, m, e, i, t, n, u$。

下一個例題將說明前序穿程如何可被用在一個處理二元樹形的計數問題裡。

[†] 注意！若我們互換二元根樹形裡 (某個父母的) 兩個存在的小孩之順位，則在前序穿程、後序穿程及內序穿程裡有一個改變發生。然而，若之中有一個小孩是"空的"，則僅有內序穿程產生改變。

706　離散與組合數學

從圖（圖 12.20a）中所描述的二元樹開始，未附有任何標記。從不相異的頂點 r 開始，視它為樹的樹根。將 r 附於最上層，令稱作層次 0。既在層次 0 只有一個頂點 r，即 r 的分支數（也稱為它的度數）在此樹中最多為 2。假如 r 附有子樹根（即 a），透過在層次 1 加入頂點，我們增加在層次 1 的分支數；假如 a 也是一子樹根，我們在層次 2 加入它的後代（圖 12.20c）的其他 b。⋯⋯（圖 12.20f）的一般...

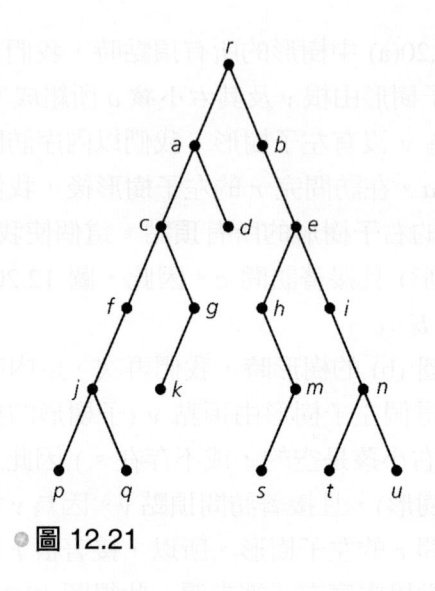

● 圖 12.21

例題 12.9†　對 $n \geq 0$，考慮有 $2n+1$ 個頂點的完全二元樹形。$0 \leq n \leq 3$ 的情形被示於圖 12.22 裡。此處我們區別左右。所以，例如，兩個 $n=2$ 的完全二元樹形被考慮為相異的。[若我們不區別左右，這兩個 (是同構的) 且不再被視為兩個不同樹形。]

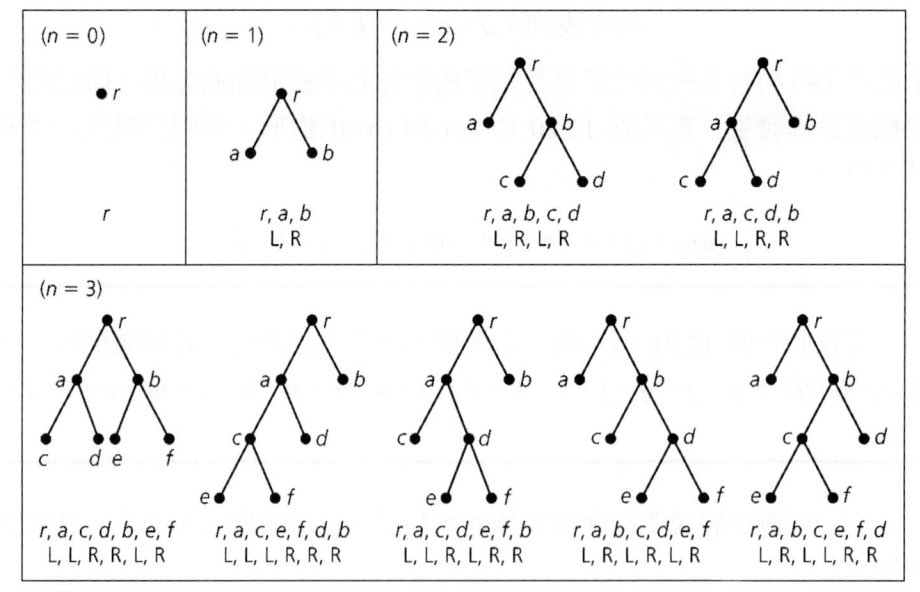

在圖中的每個樹形下面，我們列出前序穿程的所有頂點。此外，對 $1 \leq n \leq 3$，在每個前序穿程之下，我們發現一個含 n 個 L 及 n 個 R 的表

● 圖 12.22

---

† 本例使用可選擇的 1.5 節及 10.5 節裡所發展的教材，它可被略過而不失一般性。

列。這些表列被決定如下：例如，$n=2$ 的第一個樹形，有表列 L，R，L，R，因為訪問 r 之後，我們走到根在 a 的左 (L) 子樹形並訪問頂點 a。接著我們原路返回到 r 且走到根在 b 的右 (R) 子樹形。在訪問頂點 b 之後，我們走到根在 c 的 b 的子樹形並訪問頂點 c。最後，我們原路返回到 b 並走到它的右 (R) 子樹形來訪問頂點 d。此產生表列 L，R，L，R 及以相同方法來得其它的七個由 L 和 R 所組成的表列。

因為我們以前序走遍這些樹形，每個表列以一個 L 開始。每個表列裡的 L 和 R 的個數相等，因為所有樹形是完全二元樹形。最後，R 的個數從未超過 L 的個數，當所給的表列被由左讀到右時，再次因為我們有一個前序穿程。我們若將每個 L 取代為 1 且將每個 R 取代為 -1，對 $n=3$ 的五個樹形，我們發現我們回到例題 1.43 的 (a) 部份，其中我們有早先的 Catalan 數中的一個例子。因此，對 $n \geq 0$，我們看出含 $2n+1$ 個頂點的完全二元樹形的個數是 $\frac{1}{n+1}\binom{2n}{n}$，即為第 n 個 Catalan 數。[注意若我們以對每個樹形移去四個葉子的方法來**修剪** (prune) $n=3$ 的五個樹形，則我們得到圖 10.18 中的五個根有序二元樹形。]

前序的觀念現在出現於下面的程序裡，其被用來找一個連通圖的一個生成樹形。

令 $G=(V, E)$ 為一個無迴路連通無向圖且 $r \in V$。由 r 開始，我們在 G 上建構一條路徑使其儘可能的長。若這條路徑包含 V 上的每個頂點，則這條路徑是 G 的一個生成樹形 T，且我們完成了。若否，令 x 和 y 為沿著這條路徑被訪問的最後兩個頂點，且 y 為最後的頂點。接著我們回，或原路返回，到頂點 x 並儘可能長的建構 G 上的第二條路徑，在 x 開始，且不包含任何已被訪問過的頂點。若無此類路徑存在，則原路回到 x 的父母 p 且看看離 p 可能有多遠，建構一條路徑 (儘可能的長且沒有先前訪問過的頂點) 到一個新頂點 y_1 (其將為 T 的一個新葉子)。所有由頂點 p 的邊應引至已經遇過的頂點，原路回到一個較高的層次且繼續這個過程。因為圖是有限的且為連通的，這個技巧，被稱是**原路返回法** (backtracking)，或稱**層次-第一搜尋法** (depth-first search)，最終決定一個生成樹形 T 給 G，其中 r 被視為 T 的根。使用 T，我們以前序表列來排序 G 的所有頂點。

層次-第一搜尋法當做一個框架，圍繞這個框架，許多演算法可被設計來測試某種圖性質。一個此類演算將於 12.5 節裡詳細的被檢視。

幫助執行層次-第一搜尋法於電腦程式裡的一個方法是指定一個固定順序給所給圖 $G=(V, E)$ 的所有頂點。則若有兩個或更多個頂點和頂點 v

毗鄰且這些頂點中沒有一點已被訪問過，我們將正確的知道那個頂點應最先訪問。這個順序現在幫我們來發展層次-第一搜尋前面的描述為一個演算法。

令 $G=(V, E)$ 為一個無迴路連通無向圖，其中 $|V|=n$ 且所有頂點被排序為 v_1，v_2，$\cdots$，v_n。欲找根有序層次-第一生成樹形給所描述的順序，我們應用下面演算法，其中變數 v 被用來儲存目前已被檢視過的頂點。

層次-第一搜尋演算法

步驟 1：指定 v_1 給變數 v 並初始化 T 為僅含一個頂點的樹形。(頂點 v_1 將為所發展的生成樹形的根。) 訪問 v_1。

步驟 2：選取最小的下標 i，其中 $2 \leq i \leq n$，滿足 $\{v, v_i\} \in E$ 且 v_i 尚未被訪問過。

若無此類的下標被發現，則回到步驟 (3)。否則，執行下面：(1) 將邊 $\{v, v_i\}$ 貼到樹形 T 並訪問 v_i；(2) 指定 v_i 給 v；且 (3) 回到步驟 (2)。

步驟 3：若 $v = v_1$，樹形 T 是所指定的順序的 (根有序) 生成樹形。

步驟 4：對 $v \neq v_1$，由 v 原路回到其在 T 的父母 u，接著指定 u 給 v 且回到步驟 (2)。

例題 12.10

我們現在對圖 12.23(a) 所示的圖 $G=(V, E)$ 應用這個演算法。這裡給所有頂點的順位是依字母排序：a，b，c，d，e，f，g，h，i，j。

首先我們指派頂點 a 到變數 v 且初始化 T 為僅含頂點 a (根)。我們訪問頂點 a。接著，走到步驟 (2)，我們發現頂點 b 為第一個頂點 w 滿足 $\{a, w\} \in E$ 且 w 早先尚未被訪問過。所以我們將邊 $\{a, b\}$ 貼到 T 且訪問 b，指派 b 到 v，且回到步驟 (2)。

在 $v = b$，我們發現提供一個邊給生成樹形的第一個頂點 (早先尚未被訪問過) 是 d。因此，將邊 $\{b, d\}$ 貼到 T 且 d 被訪問，則 d 被指派到 v，且我們再次回到步驟 (2)。

然而，此次我們無法由 d 得到新頂點，因為頂點 a 和 b 已被訪問過。所以我們走到步驟 (3)。但此處 v 的值是 d，而不是 a，且我們走到步驟 (4)。現在我們由 d 原路走回，指派頂點 b 到 v，且接著我們回到步驟 (2)。此次我們加邊 $\{b, e\}$ 到 T 並訪問 e。

繼續這個過程，我們貼上邊 $\{e, f\}$ (且訪問 f) 且接著貼上邊 $\{e, h\}$ (並訪問 h)。但現在頂點 h 已被指派給 v，且我們由 h 原路走回到 e 到 b 到

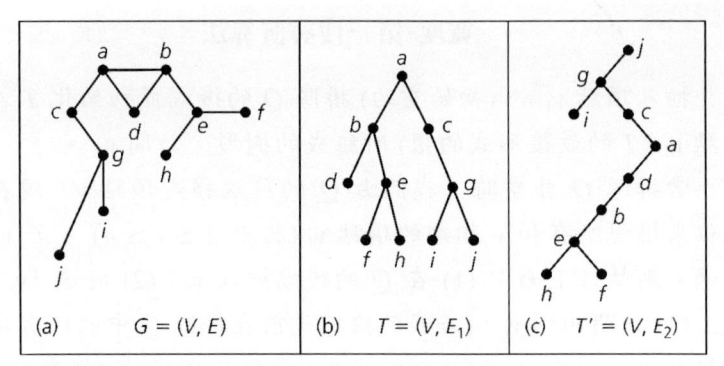

● 圖 12.23

a。當 v 第二次被指派給頂點 a，我們得新的邊 $\{a, c\}$ 且頂點 c 被訪問。接著我們繼續貼上邊 $\{c, g\}$，$\{g, i\}$ 及 $\{g,j\}$ (分別訪問頂點 g，i 和 j)。此刻 G 上的所有頂點均已被訪問過，且我們由 j 原路走回到 g 到 c 到 a。再次以 $v=a$，我們回到步驟 (2) 且由那裡到步驟 (3)，在該處整個過程停止。

所得的樹形 $T=(V, E_1)$ 被示於圖 12.23(b)。圖 (c) 所示的樹形 T' 是得自頂點順位：j，i，h，g，f，e，d，c，b，a。

搜尋無迴路連通無向圖的所有頂點的第二個方法是**寬度-第一搜尋** (breadth-first search)。此處指定一個頂點為根且將和根毗鄰的所有頂點展成扇形。由根的每個小孩，我們將和這些小孩中的一個毗鄰的那些頂點 (先前未被訪問過) 展成扇形。當我們繼續這個過程時，我們從未列出一個頂點兩次，所以無循環被建構，且因 G 是有限，所以過程終將停止。

我們早先確實在 11.5 節例題 11.28 使用過這個技巧。

某個資料結構證明有助於發展一個演算法給這個第二搜尋方法。一個**排隊** (queue) 是一個有序表列，表列中的項是由表列的一端 (稱之為**後端** (rear)) 插入且在表列的另一端 (稱之為**前端** (front)) 被移去。被插入排隊中的第一項是可由它取出的第一項。因此，排隊被述為一個 "第一個進，第一個出"，或 FIFO，結構。

當在層次-第一搜尋時，我們再次指定一個順位給圖的所有頂點。

我們以一個無迴路連通無向圖 $G=(V, E)$ 開始，其中 $|V|=n$ 且所有頂點被排序為 v_1，v_2，v_3，$\cdots$，v_n。下面演算法對所給的順位產生 G 的 (根有序) 寬度-第一生成樹形 T。

寬度-第一搜尋演算法

步驟 1：插入頂點 v_1 於 (初始空的) 排隊 Q 的後端並初始化 T 為由這一個頂點 v_1 (T 的最後形式的根) 所組成的樹形，訪問 v_1。

步驟 2：當排隊 Q 非空時，我們由 Q 的前端移走頂點 v。現在以明確的順位來檢視所有和 v 相鄰的頂點 v_i (其中 $2 \leq i \leq n$)。若 v_i 尚未被訪問過，則執行下面：(1) 在 Q 的後端插入 v_i；(2) 將邊 $\{v, v_i\}$ 貼到 T；且 (3) 訪問頂點 v_i。[若我們檢視先前在排隊 Q 中的所有頂點且無法再得新邊，則樹形 T (此刻被產生) 是所給順序的 (根有序) 生成樹形。]

例題 12.11 我們將雇用圖 12.23(a) 的圖，以所描述的順位 a，b，c，d，e，f，g，h，i，j，來說明寬度-第一搜尋演算法的使用。

以頂點 a 開始。將 a 插入 (目前是空的) 排隊 Q 之後端，初始化 T 為這一個頂點 (為所得樹形的根)，且訪問頂點 a。

在步驟 (2)，我們現在由 Q (的前端) 移去 a 且檢視和 a 相鄰的所有頂點，即頂點 b，c，d。(這些頂點先前未被訪問過。) 此導致我們 (i) 將頂點 b 插入 Q 的後端，貼邊 $\{a, b\}$ 到 T，且訪問頂點 b；(ii) 將頂點 c 插入 Q 的後端 (在 b 之後)，貼邊 $\{a, c\}$ 到 T，且訪問頂點 c；且 (iii) 將頂點 d 插入 Q 的後端 (在 c 之後)，貼邊 $\{a, d\}$ 到 T，且訪問頂點 d。

因為排隊 Q 非空，我們再次執行步驟 (2)。一旦由 Q 的前端移走頂點 b，我們現在發現唯一和 b 相鄰的頂點 (先前未被訪問過的) 是 e。所以我們將頂點 e 插入 Q 的後端 (在 d 之後)，貼邊 $\{b, e\}$ 到 T，且訪問頂點 e。以頂點 c 繼續，我們得到新 (未被訪問) 頂點 g。所以我們將頂點 g 插入 Q 的後端 (在 e 之後)，貼邊 $\{c, g\}$ 到 T，且訪問頂點 g。且現在我們由 Q 的前端移走頂點 d。但此刻沒有未被訪問且和 d 相鄰的頂點，所以我們接著由 Q 前端移走頂點 e。此頂點引導出下面：將頂點 f 插入 Q 的後端 (在 g 之後)，貼邊 $\{e, f\}$ 到 T，且訪問頂點 f。接著：將頂點 h 插入 Q 的後端 (在 f 之後)，貼邊 $\{e, h\}$ 到 T，且訪問頂點 h。以頂點 g 繼續，我們將頂點 i 插入 Q 的後端 (在 h 之後)，貼邊 $\{g, i\}$ 到 T，且訪問頂點 i，且接著我們將頂點 j 插入 Q 的後端 (在 i 之後)，貼邊 $\{g, j\}$ 到 T，並訪問頂點 j。

我們再次回到步驟 (2) 的開頭。但現在當我們 (由 Q 的前端) 移走並檢視每個頂點 f，h，i 和 j (依此順位) 時，我們發現沒有未被訪問的頂點給這四個頂點的任何一點。因此，排隊 Q 現在保留是空的且圖 12.24(a) 的樹形 T 是 G 的寬度-第一生成樹形，對所描述的順位。(示於圖 (b) 的樹形 T_1 是給順位 j，i，h，g，f，e，d，c，b，a。)

第十二章 樹形 711

圖 12.24

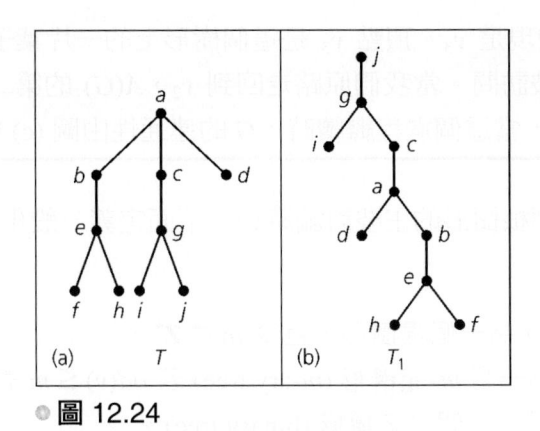

讓我們多給一個例題來應用這些概念在圖搜尋上。

例題 12.12 令 $G=(V, E)$ 為一個 (有迴路的) 無向圖,其所有頂點被排序為 v_1,v_2,…,v_7。若圖 12.25(a) 是 G 的毗鄰矩陣 $A(G)$,我們可如何使用 G 的這個表示來決定 G 是否為連通,而不必將圖繪出?

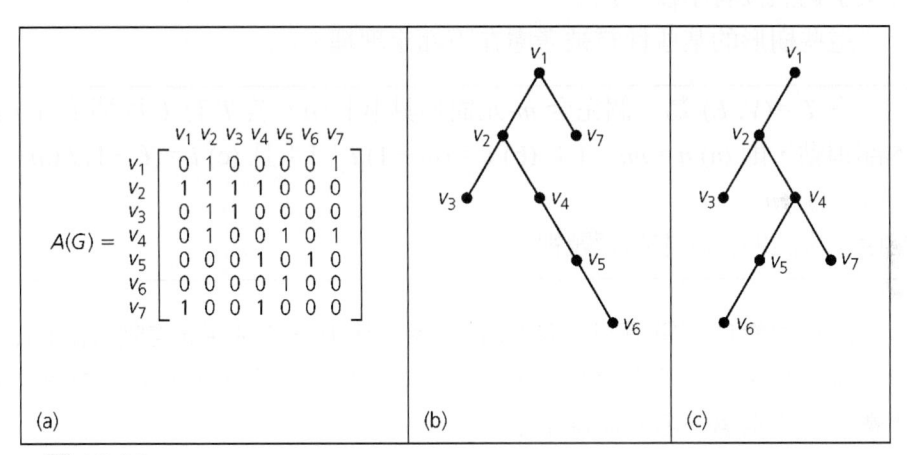

圖 12.25

使用 v_1 為根,在圖 (b) 中,我們利用其毗鄰矩陣來搜尋圖,使用一個寬度-第一搜尋法。[此處我們以忽略主對角線上的任何一個 1 (由左上角到右下角),來忽略迴路。] 首先我們訪問和 v_1 相鄰的所有頂點,依據那些 v 在 $A(G)$ 的下標,以遞增順序將這些頂點列出。搜尋繼續,且當 G 上的所有頂點均被接觸到,G 被證明是連通的。

由 (c) 的層次-第一搜尋,同樣的結論成立。這裡的樹形亦以 v_1 為其根。當樹形分支出來搜尋圖時,依據 $A(G)$ 上給 v_1 的列,可列出和 v_1 相鄰的第一個頂點。同樣的,在這個搜尋裡,由 v_2 出來的第一個新頂點,

可由 $A(G)$ 來發現是 v_3。頂點 v_3 是這個樹形上的一片葉子，因為由 v_3 出來無新頂點可被訪問。當我們原路走回到 v_2，$A(G)$ 的第二列說明 v_4 現在可由 v_2 來訪問，當這個過程繼續時，G 的連通性由圖 (c) 成立。

現在是回到根樹形的主要討論時刻。下面定義一般化我們在例題 12.5 所介紹的概念。

定義 12.5 令 $T=(V, E)$ 為一個根樹形，且令 $m \in \mathbf{Z}^+$。

我們稱 T 為一個 **m-元樹形** (m-ary tree) 若 $od(v) \leq m$ 對所有 $v \in V$。當 $m=2$，樹形被稱是一個**二元樹形** (binary tree)。

若 $od(v)=0$ 或 m，對所有 $v \in V$，則 T 被稱是一個**完全 m-元樹形** (complete m-ary tree)。$m=2$ 的特殊情形得一個**完全二元樹形** (complete binary tree)。

在一個完全 m-元樹形，每個內部頂點恰有 m 個小孩。(這個樹形的每片葉子仍然沒有小孩。)

這些樹形的某些性質被考慮在下面定理裡。

定理 12.6 令 $T=(V, E)$ 為一個完全 m-元樹形具 $|V|=n$。若 T 有 ℓ 片葉子且 i 個內部頂點，則 (a) $n=mi+1$；(b) $\ell=(m-1)i+1$；且 (c) $i=(\ell-1)/(m-1)=(n-1)/m$。

證明： 本證明留在本節習題裡。

例題 12.13 溫布敦網球冠軍賽是一個單淘汰賽，其中一位選手 (或雙打隊) 在失敗一場後被淘汰。若有 27 位女選手參加單打冠軍賽，則必須要打多少場比賽，以決定第一名的女選手？

考慮圖 12.26 的樹形。由於有 27 位女選手參加比賽，共有 27 片葉子在這個完全二元樹形上，所以由定理 12.6(c)，內部頂點的個數 (即是比賽的次數) 是 $i=(\ell-1)/(m-1)=(27-1)/(2-1)=26$。

例題 12.14 某間教室有 25 台微電腦，它們必須連接到一個牆壁電器插座設備，該設備有 4 個插座。使用延長電線來做連結，每個延長電線有 4 個插座。則所需的延長電線的最小數是多少以設定這些電腦來供教室使用？

牆上電器插座設備被考慮為一個完全 m-元樹形的根，其中 $m=4$。所有微電腦為這個樹形的葉子，所以 $\ell=25$。每個內部頂點，除了根之外，

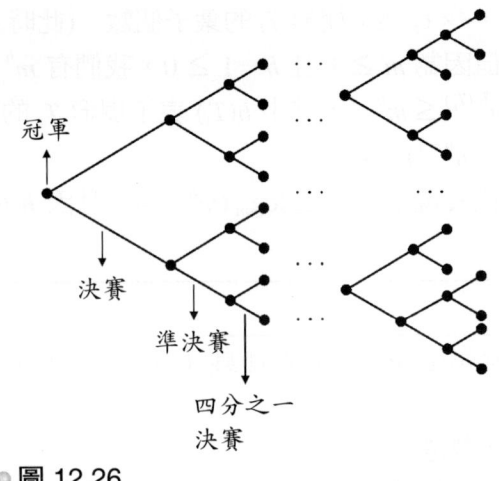

●圖 12.26

對應一個延長電線。所以由定理 12.6(c)，共有 $(\ell-1)/(m-1) = (25-1)/(4-1) = 8$ 個內部頂點。因此我們需要 $8-1=7$ (其中 1 被減給根) 個延長電線。

定義 12.6　若 $T=(V, E)$ 是一個根樹形且 h 是 T 的某片葉子可到達的最大層數，則 T 被稱有**高度** (height) h。一個高度為 h 的根樹形被稱是**平衡的** (balanced) 若 T 上的每片葉子的層數是 $h-1$ 或是 h。

圖 12.19 所示的根樹形是一個高度為 3 的平衡樹形。圖 12.23(c) 的樹形 T' 的高度為 7 但不是平衡的。(為什麼？)

例題 12.13 的比賽樹形必為平衡的使得比賽將儘可能的公平。若它不是平衡的，則某些競賽者將得到一個以上的輪空 (一個不必比賽就可進級的機會)。

在敘述下一個定理之前，讓我們回憶對所有 $x \in \mathbf{R}$，$\lfloor x \rfloor$ 表 x 的最大整數，或 x 的樓梯，而 $\lceil x \rceil$ 表 x 的天花板。

定理 12.7　令 $T=(V, E)$ 為一個高度為 h 且具 ℓ 片葉子的完全 m-元樹形，則 $\ell \leq m^h$ 且 $h \geq \lceil \log_m \ell \rceil$。

證明：$\ell \leq m^h$ 的證明將以在 h 上的歸納法來建立。當 $h=1$，T 是一個含一個根及 m 個小孩的樹形。此時 $\ell = m = m^h$，且結果為真。假設結果對所有高度 $<h$ 的樹形為真，且考慮一個高度為 h 且有 ℓ 片葉子的樹形 T。(這些葉子的可能層數是 $1, 2, \cdots, h$，且在 h 層至少有 m 片葉子。) T 的 ℓ 片葉子亦是根在根的每個小孩的 T 的 m 個子樹形 T_i 的 ℓ_i 片葉子 (總數)，1

≤ $i ≤ m$。對 $1 ≤ i ≤ m$，令 ℓ_i 為子樹形 T_i 的葉子個數。(此時其中的葉子和根是同一個，$\ell_i = 1$。但因為 $m ≥ 1$ 且 $h - 1 ≥ 0$，我們有 $m^{h-1} ≥ 1 = \ell_i$。) 由歸納法假設，$\ell_i ≤ m^{h(T_i)} ≤ m^{h-1}$，其中 $h(T_i)$ 表子樹形 T_i 的高度，所以 $\ell = \ell_1 + \ell_2 + \cdots + \ell_m ≤ m(m^{h-1}) = m^h$。

由於 $\ell ≤ m^h$，我們發現 $\log_m \ell ≤ \log_m(m^h) = h$，且因 $h \in \mathbf{Z}^+$，得 $h ≥ \lceil \log_m \ell \rceil$。

系理 12.1 令 T 是一個平衡完全 m-元樹形且具 ℓ 片葉子，則 T 的高度是 $\lceil \log_m \ell \rceil$。

證明：這個證明留作為習題。

我們以使用一個完全三元 ($m = 3$) 樹形的應用做為本節的結束。

例題 12.15 **決策樹形** (decision tree)。有八個硬幣 (外形相同) 及一個淺盤天平。若這些硬幣中有一個是偽品且比其它七個重，求這個假硬幣。

令所有硬幣被標示為 1，2，3，…，8。在使用淺盤天平來比較硬幣組時，有三種結果來考慮：(a) 兩邊平衡，說明兩個淺盤裡的硬幣不是偽品；(b) 天平的左邊淺盤向下，說明假硬幣是在左邊淺盤裡；或 (c) 右邊淺盤向下，說明假硬幣在右邊淺盤裡。

在圖 12.27(a) 裡，我們首先以平衡硬幣 1，2，3，4 對 5，6，7，8 來尋找假硬幣。若天平傾斜到右邊，則我們由根順著右邊分支來分析硬幣 5，6 對 7，8。若天平傾斜到左邊，則我們測試硬幣 1，2 對 3，4。在每個逐步層，我們有一半的硬幣來測試，所以在第 3 層 (在量了三次之後)，較重的假硬幣已被確認。

圖 (b) 的樹形以兩個量重法發現較重的硬幣。第一個量法平衡硬幣 1，2，3 對 6，7，8。三種可能結果可能發生：(i) 天平傾斜到右邊，說明較重的硬幣是 6，7 或 8，且我們由根順著右邊分支；(ii) 天平傾斜到左邊，且我們由根順著左邊分支來找 1，2，3 何者較重；或 (iii) 淺盤平衡且我們順著中間分支來找 4，5 何者較重。在每個內部頂點，標示說明那些硬幣已被比較。不像 (a)，在 (b) 中一個結論可被導出，當一個硬幣不被含在一個比重時。最後，當比較硬幣 4 和 5 時，因為我們標示中間葉子為 ∅，等號不可能發生。

在這個特別問題裡，我們要求完全三元樹形使用的高度必至少為 2。由於含有 8 個硬幣，樹形將至少有 8 片葉子。因此，以 $\ell ≥ 8$，由定理 12.7 得 $h ≥ \lceil \log_3 \ell \rceil ≥ \lceil \log_3 8 \rceil = 2$，所以至少需 2 個比重。若有 n 個硬

第十二章 樹形 715

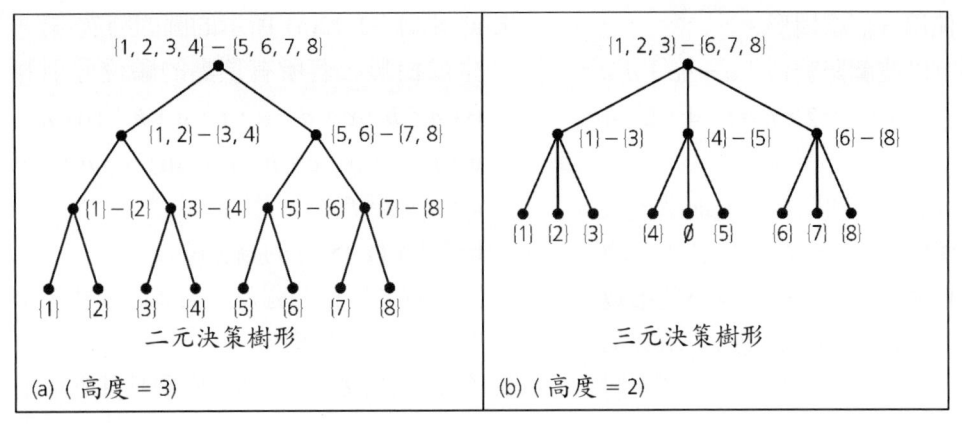

```
        {1,2,3,4} – {5,6,7,8}
       /                    \
   {1,2}–{3,4}          {5,6}–{7,8}
   /      \              /        \
 {1}–{2} {3}–{4}      {5}–{6}   {7}–{8}
 /  \    /   \         /  \      /   \
{1} {2} {3} {4}      {5} {6}   {7}  {8}
        二元決策樹形
(a) (高度 = 3)
```

```
              {1,2,3} – {6,7,8}
           /       |         \
        {1}–{3}  {4}–{5}   {6}–{8}
        / | \    / | \     / | \
      {1}{2}{3}{4} ∅ {5}  {6}{7}{8}
              三元決策樹形
(b) (高度 = 2)
```

● 圖 12.27

幣，完全三元樹形將有 ℓ 片葉子，其中 $\ell \geq n$，且高度 h 滿足 $h \geq \lceil \log_3^n \rceil$。

習題 12.2

1. 對圖 12.28 所給的樹形，回答下面問題。

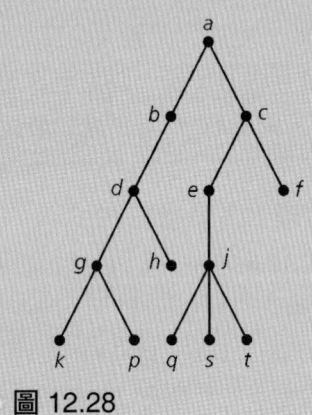

● 圖 12.28

a) 那些頂點是葉子？
b) 那一個頂點是根？
c) 那一個頂點是 g 的父母？
d) 那些頂點是 c 的後代？
e) 那些頂點是 s 的兄弟？
f) 頂點 f 在第幾層？
g) 那些頂點的層數是 4？

2. 令 $T = (V, E)$ 是一個二元樹形。在圖 12.29 裡，我們發現根在頂點 p 的子樹形 T。(進入頂點 p 的虛線說明樹形 T 比圖中所見的還多。) 若頂點 u 的層數是 37，(a) 頂點 p、s、t、v、w、x、y 和 z 的層數是多少？(b) 頂點 u 有多少個祖先？(c) 頂點 y 有多少個祖先？

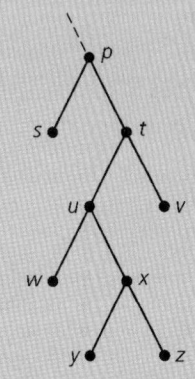

● 圖 12.29

3. a) 使用波蘭記號寫表示式 $(w + x - y) /

$(\pi * z^3)$，使用一個根樹形。

b) 表示式 (以波蘭記號) $/\uparrow a - bc + d*ef$，若 $a=c=d=e=2$，$b=f=4$，的值是多少？

4. 令 $T=(V, E)$ 為一個以全球位址系統來排序的根樹形。(a) 若 T 上的頂點 v 的位址是 2.1.3.6，則 v 必有的最小兄弟數是多少？(b) 對 (a) 中的頂點 v，求其父母的位址。(c) (a) 中的頂點 v 有多少個祖先？(d) 以 v 在 T 上的出現，系統上必有的其它位址是什麼？

5. 對圖 12.30 的樹形，依據一個前序穿程、一個內序穿程及一個後序穿程，列出所有頂點。

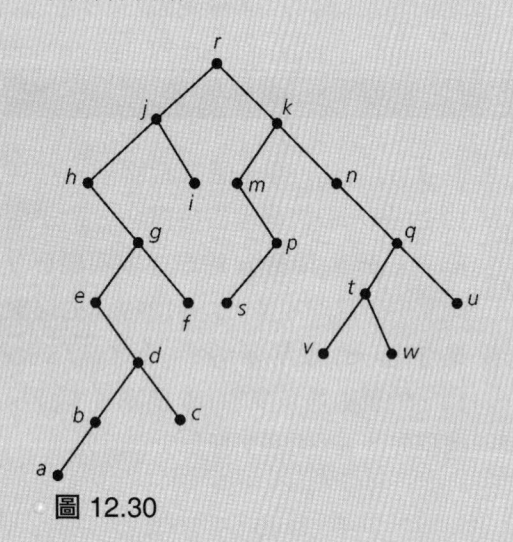

圖 12.30

6. 列出圖 12.31 的樹形之所有頂點當它們被以一個前序穿程及以一個後序穿程訪問。

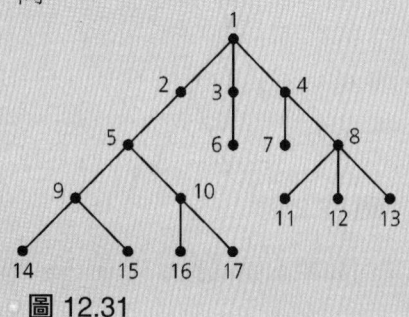

圖 12.31

7. a) 求圖 11.72(a) 所示的圖的層次-第一生成樹形，若所有頂點的順位分別為 (i) a，b，c，d，e，f，g，h；(ii) h，g，f，e，d，c，b，a；(iii) a，b，c，d，h，g，f，e。

b) 對圖 11.85 (i) 的圖重做 (a)。

8. 對習題 7 所給的圖及所描述的順位，求寬度-第一生成樹形。

9. 令 $G=(V, E)$ 為一個無向圖且其毗鄰矩陣 $A(G)$ 為

$$\begin{array}{c|cccccccc} & v_1 & v_2 & v_3 & v_4 & v_5 & v_6 & v_7 & v_8 \\ \hline v_1 & 0 & 1 & 0 & 0 & 0 & 0 & 1 & 0 \\ v_2 & 1 & 1 & 0 & 1 & 1 & 0 & 1 & 0 \\ v_3 & 0 & 0 & 0 & 1 & 0 & 1 & 0 & 1 \\ v_4 & 0 & 1 & 1 & 0 & 0 & 0 & 0 & 0 \\ v_5 & 0 & 1 & 0 & 0 & 0 & 0 & 1 & 0 \\ v_6 & 0 & 0 & 1 & 0 & 0 & 1 & 0 & 0 \\ v_7 & 1 & 1 & 0 & 0 & 1 & 0 & 0 & 0 \\ v_8 & 0 & 0 & 1 & 0 & 0 & 0 & 0 & 0 \end{array}$$

基於 $A(G)$ 使用一個寬度-第一搜尋法來決定 G 是否為連通的。

10. a) 令 $T=(V, E)$ 為一個二元樹形。若 $|V|=n$，則 T 可達到的最大高度是什麼？

b) 若 $T=(V, E)$ 是一個完全二元樹形且 $|V|=n$，則此時 T 可到達的最大高度是什麼？

11. 證明定理 12.6 及系理 12.1。

12. 以定理 12.6 的 m，n，i，ℓ，證明

a) $n=(m\ell-1)/(m-1)$

b) $\ell = [(m-1)n+1]/m$。

13. a) 一個完全三元樹形 $T=(V, E)$ 有 34 個內部頂點，則 T 有多少個邊？多少個葉子？

b) 一個具有 817 片葉子的完全 5 元樹形有多少個內部頂點？

14. 完全二元樹形 $T=(V, E)$ 有 $V=\{a, b, c, \cdots, i, j, k\}$。$V$ 的後序表列產生 d，e，b，h，i，f，j，k，g，c，a。由這個資

訊,將 T 繪出,若 (a) T 的高度是 3;
(b) T 的左邊樹形高度是 3。

15. 對 $m \geq 3$,一個完全 m-元樹形可被轉換成一個完全二元樹形,應用圖 12.32 所示的概念。

    a) 使用這個技巧來轉換圖 12.27(b) 所示的完全三元決策樹形。

    b) 若 T 是一個高度為 3 的完全四元樹形,則在 T 被轉換成一個完全二元樹形之後的最大高度是多少?最小高度是多少?

    c) 回答 (b) 若 T 是一個高度為 h 的完全 m-元樹形。

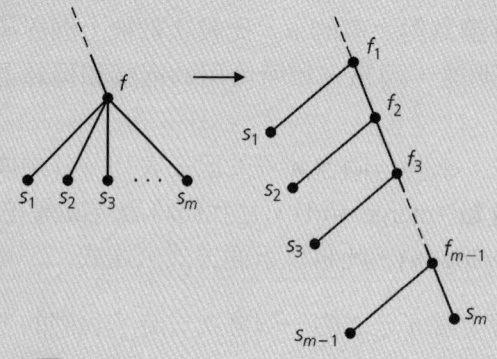

圖 12.32

16. a) 在一個男子單打網球賽裡,有 25 位選手且每位選手帶一筒球。當一場比賽在進行時,一筒球被打開且被使用,然後由輸者帶走。贏者拿著未打開的那筒球繼續他的下一場比賽。在這個競賽間,有多少筒的網球將被打開?需進行多少場比賽?

    b) 球賽冠軍打了幾場比賽?

17. 一個高度為 8 的完全四元樹形的內部頂點的最大數可有多少?高度為 h 的完全 m-元樹形內部頂點的最大數是多少?

18. 在 2003 年的第一個星期天,Rizzo 和 Frenchie 開始玩一個連鎖信,他們每一個寄出五封信 (給他們的十個不同朋友)。每個接到信的人在信到達後的星期天,寄出同樣的五封信給五位新朋友。在過了前七個星期天之後,共有多少封連鎖信被寄出?有多少封信在後面三個星期天被寄出?

19. 使用一個三元決策樹形,重做例題 12.15,其中硬幣為 12 個,且其中恰有一個較重 (且為偽品)。

20. 令 $T=(V, E)$ 為一個高度為 $h \geq 2$ 的平衡完全 m-元樹形。若 T 在第 $h-1$ 層有 ℓ 片葉子及 b_{h-1} 個內部頂點,試解釋為何 $\ell = m^{h-1} + (m-1)b_{h-1}$。

21. 考慮有 31 個頂點的完全二元樹形。(此處我們如例題 12.9 區別左右) 在根的左邊子樹形裡,有多少個樹形有 11 個頂點?在根的右邊子樹形裡有多少個樹形有 21 個頂點?

22. 對 $n \geq 0$,令 a_n 計數有 $2n+1$ 個頂點的完全二元樹形個數。(這裡我們如例題 12.9 區別左右。) 則 a_{n+1} 和 $a_0, a_1, a_2, \ldots, a_{n-1}, a_n$ 有何關係?

23. 考慮下面演算法,其中輸入是一個根為 r 的根樹形。

    步驟 1:將 r 推進 (空) 棧裡。

    步驟 2:當棧是非空時,將棧上端的頂點爆出並記錄它的標示。將這個頂點的小孩,由右至左,推進棧裡。

    (棧資料結構被解釋在例題 10.43 裡。)
    試問其輸出為何?當這個演算法被分別應用至 (a) 圖 12.19 的樹形時?(b) 任意根樹形時?

24. 考慮下面演算法,其中輸入是一個根為 r 的根樹形。

    步驟 1:將 r 推進 (空) 棧裡。

步驟 2：當棧是非空時，若在棧上端的元素未被做記號時，則對它做記號並將它的小孩，由右至左，推進棧裡。否則將棧上端的頂點爆出並記錄其標示。

試求其輸出，當演算法被分別應用至 (a) 圖 12.19 的樹形時？(b) 任意根樹形時？

12.3 樹形和分類

在例題 10.5 裡，泡沫分類法被介紹。在那裡，我們發現分類一個含 n 項的表列，所需的比較次數是 $n(n-1)/2$。因此，這個演算法決定一個函數 $h: \mathbf{Z}^+ \to \mathbf{R}$，其被定義為 $h(n) = n(n-1)/2$。這是演算法的 (最差-情形) 時間-複雜度函數，且我們經常將它表為 $h \in O(n^2)$。因此，泡沫分類法被稱需 $O(n^2)$ 個比較。我們將這個解讀為對大值的 n，比較次數被上圍界於 cn^2，其中 c 是一常數且通常不被明述，因為它和所使用的電腦和編譯器等因素有關。

本節，我們將學習第二個方法，來將一個含 n 項的已知表列，分類成遞增順序。這個方法被稱是**合併分類** (merge sort)，且我們將發現其最差-情形時間-複雜度函數的階數是 $O(n \log_2 n)$。此將以下面方式來達成：

1) 首先我們測量所需的比較次數，當 n 是 2 的一個冪次方時。我們的方法將雇用兩個平衡完全二元樹形。
2) 接著我們將使用 10.6 節的可選擇教材之分割及克服演算法，來涵蓋 n 的一般情形。

對 n 是一個任意正整數的情形，我們以考慮下面程序開始。

欲將一個含 n 項的表列分類成遞增順序，合併分類法將所給的表列遞迴分開，且以取半的方式 (或儘可能接近一半) 來得所有的逐步子表列，直到每個子表列含單一個元素。接著我們的程序將這些子表列以遞增順位合併，直到原先的 n 項均被如此分類。分類及合併過程可以兩個平衡完全二元樹形來做最佳描述，如下面例題。

例題 12.16　　**合併分類法**。使用合併分類法，圖 12.33 分類表列 6，2，7，3，4，9，5，1，8。圖上端的樹形說明過程如何先將所給的表列分開成大小為 1 的子表列。合併過程則以圖下端的樹形來概述。

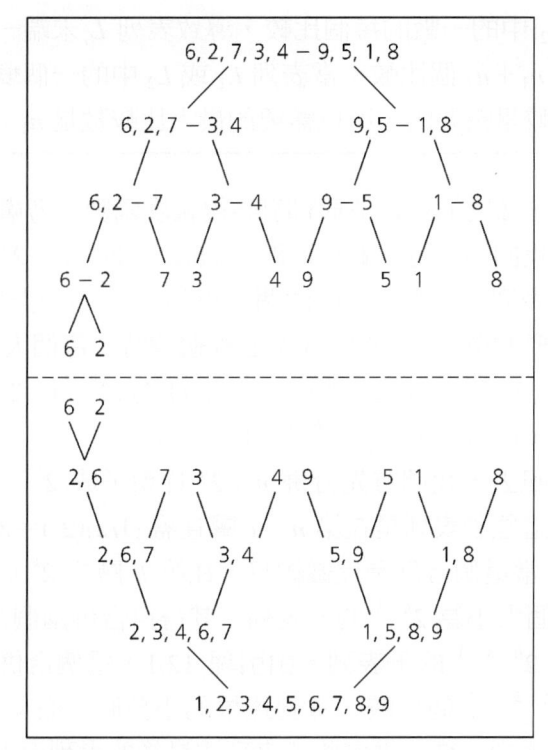

● 圖 12.33

欲比較合併分類法及泡沫分類法，我們想決定它的 (最差-情形) 時間-複雜度函數。對這個工作，下面引理將是需要的。

引理 12.1 令 L_1 及 L_2 為兩個已分類的遞增數表列，其中 L_i 有 n_i 個元素，對 $i=1,2$。則 L_1 和 L_2 可被合併成一個遞增表列 L，且至多使用 n_1+n_2-1 個比較。

證明： 欲合併 L_1, L_2 成表列 L，我們執行下面演算法。

步驟 1： 令 L 等於空表列 ∅。
步驟 2： 比較 L_1, L_2 裡的第一個元素。將兩個中較小的數由它所在的表列移走並將它擺在 L 的末端。
步驟 3： 對目前的表列 L_1, L_2 [每次步驟 (2) 被執行時，這些表列中的一個裡有一個改變]，有兩個考量。
    a) 若 L_1, L_2 中有一個是空的，則另一個表列被連鎖在 L 的末端，此完成合併過程。
    b) 若否，則回到步驟 (2)。

L_1 中的一數和 L_2 中的一數的每個比較,導致表列 L 末端一元素的擺放,所以不可能超過 n_1+n_2 個比較。當表列 L_1 或 L_2 中的一個變成空的時,則沒有進一步的比較是需要的,所以需要的最大比較數是 n_1+n_2-1。

欲決定合併分類的 (最差-情形) 時間-複雜度函數,考慮一個 n 個元素的表列。此刻,我們不對待一般型問題,假設這裡的 $n=2^h$[†]。在分開過程裡,2^h 個元素的表列首先被分開成兩個大小為 2^{h-1} 的子表列。(這些是代表分裂過程的樹形的第 1 層頂點。) 當過程繼續時,每個大小為 2^{h-k} 的逐次表列,$h>k$,是在第 k 層且分開成大小為 $(1/2)(2^{h-k})=2^{h-k-1}$ 的兩個子表列。在第 h 層,每個子表列有 $2^{h-h}=1$ 個元素。

將過程顛倒回去,我們首先合併 $n=2^h$ 片葉子成 2^{h-1} 個有序的大小為 2 的子表列。這些子表列是在第 $h-1$ 層且需 $(1/2)(2^h)=2^{h-1}$ 個比較 (每雙有一個比較)。當這個合併過程繼續時,在第 k 層的 2^k 個頂點的各個,$1 \leq k<h$,有一個大小為 2^{h-k} 的子表列,其得自合併兩個在其小孩 (在第 $k+1$ 層) 大小為 2^{h-k-1} 的子表列。由引理 12.1,這個合併至多需 $2^{h-k-1}+2^{h-k-1}-1=2^{h-k}-1$ 個比較。當到達根的小孩時,有兩個大小為 2^{h-1} (在第 1 層) 的子表列。欲合併這些子表列成最後的表列至多需 $2^{h-1}+2^{h-1}-1=2^h-1$ 個表列。

因此,對 $1 \leq k \leq h$,在第 k 層有 2^{k-1} 對頂點。在這些頂點的各個是一個大小為 2^{h-k} 的子表列,所以至多需 $2^{h-k+1}-1$ 個比較來合併每對子表列。在第 k 層的 2^{k-1} 對頂點,第 k 層的總比較數至多是 $2^{k-1}(2^{h-k+1}-1)$。當我們加遍所有層數 k,其中 $1 \leq k \leq h$,我們發現比較總次數至多是

$$\sum_{k=1}^{h} 2^{k-1}(2^{h-k+1}-1) = \sum_{k=0}^{h-1} 2^k(2^{h-k}-1) = \sum_{k=0}^{h-1} 2^h - \sum_{k=0}^{h-1} 2^k = h \cdot 2^h - (2^h - 1).$$

由於 $n=2^h$,我們有 $h=\log_2 n$,且

$$h \cdot 2^h - (2^h - 1) = n \log_2 n - (n-1) = n \log_2 n - n + 1,$$

其中 $n \log_2 n$ 是優控項對大值的 n。因此,這個分類程序的 (最差-情形) 時間-複雜度函數是 $g(n)=n \log_2 n - n + 1$ 且 $g \in O(n \log_2 n)$,其中 $n=2^h$,$h \in \mathbf{Z}^+$。因此合併分類一個含 n 項的表列所需的比較次數是圍上界於 $dn \log_2 n$,對某些常數 d,且對所有 $n \geq n_0$,其中 n_0 是某特別的 (大的) 正整數。

[†] 此處對 $n=2^h$,$h \in \mathbf{N}$,所得的結果對所有 $n \in \mathbf{Z}^+$ 確實為真。然而,對一般的 n 的導法需要 10.6 節的可選擇教材。這就是為什麼這個計數論證被包含在這裡——給那些未學 10.6 節的讀者方便。

欲證明合併分類的階數是 $O(n \log_2 n)$ 對所有 $n \in \mathbf{Z}^+$，我們的第二個方法將使用 10.6 節習題 9 的結果。我們現在敘述如下：

令 $a, b, c \in \mathbf{Z}^+$，其中 $b \geq 2$。若 $g: \mathbf{Z}^+ \to \mathbf{R}^+ \cup \{0\}$ 是一個單調遞增函數，其中

$$g(1) \leq c,$$
$$g(n) \leq ag(n/b) + cn, \quad 對 n = b^h, h \in \mathbf{Z}^+,$$

則當 $a=b$ 時，我們有 $g \in O(n \log_2 n)$，對所有 $n \in \mathbf{Z}^+$。(對數函數的基底可為大於 1 的任意實數，此處我們將使用基底 2。)

在我們可將這個結果應用至合併分類前，我們希望將這個分類過程(說明於圖 12.33) 公式化為一個簡明的演算法。欲如此做，我們稱概述在引理 12.1 裡的程序為"合併"演算法。則我們將寫"合併 (L_1, L_2)"以表示應用至表列 L_1, L_2 的程序，其中係以遞增順位。

合併分類演算法是一個遞迴程序，因為它可含括本身。這裡的輸入是一個含 n 項的陣列 (稱為 List)，例如實數。

合併分類演算法

步驟 1：若 $n=1$，則 List 已被分類且過程終止。若 $n>1$，則到步驟 (2)。

步驟 2：(分割陣列並分類子陣列) 執行下面：
1) 指定 m 值為 $\lfloor n/2 \rfloor$。
2) 將子陣列

$$\text{List}[1], \text{List}[2], \ldots, \text{List}[m].$$

分配給 List 1。
3) 將子陣列

$$\text{List}[m+1], \text{List}[m+2], \ldots, \text{List}[n].$$

分配給 List 2。
4) 應用合併分類法至 List 1 (大小為 m) 且至 List 2 (大小為 $n-m$)。

步驟 3：合併 (List 1, List 2)。

函數 $g: \mathbf{Z}^+ \to \mathbf{R}^+ \cup \{0\}$ 將以計數合併分類一個含 n 項的陣列所需的最大比較次數來測量這個演算法的 (最差-情形) 時間-複雜度。對 $n = 2^h$, h

$\in \mathbf{Z}^+$，我們有

$$g(n) = 2g(n/2) + [(n/2) + (n/2) - 1].$$

$2g(n/2)$ 這項得自合併分類演算法的步驟 (2)，且被加數 $[(n/2)+(n/2)-1]$ 得自演算法的步驟 (3) 及引理 12.1。

由於 $g(1)=0$，前面方程式提供不等式

$$g(1) = 0 \leq 1,$$
$$g(n) = 2g(n/2) + (n-1) \leq 2g(n/2) + n, \text{ 對 } n = 2^h, h \in \mathbf{Z}^+.$$

我們亦觀察出 $g(1)=0$，$g(2)=1$，$g(3)=3$，且 $g(4)=5$，所以 $g(1) \leq g(2) \leq g(4)$。因此，其顯示出 g 可為一個單調遞增函數。g 是單調遞增的證明類似於二元搜尋的時間-複雜度函數的證明。這個可由 10.6 節例題 10.49 得到。所以我們將 g 是單調遞增的證明細節留在本節習題裡。

現在以 $a=b=2$ 且 $c=1$，由早先敘述的結果，得 $g \in O(n \log_2 n)$ 對所有 $n \in \mathbf{Z}^+$。

雖然 $n \log_2 n \leq n^2$ 對所有 $n \in \mathbf{Z}^+$，但它並不跟進，因為泡沫分類法是 $O(n^2)$ 且合併分類法是 $O(n \log_2 n)$，合併分類比泡沫分類更為有效率對所有 $n \in \mathbf{Z}^+$。對較小值的 n（依據諸如程式語言編譯器及計算機等因素），泡沫分類需較少的程式努力且普遍的比合併分類需較少時間。然而，當 n 增大時，最差-情形所跑的次數比率，其係以 $(cn^2)/(dn \log_2 n) = (c/d)(n/\log_2 n)$ 來測量，將變得任意的大。因此，當輸入表列的大小增大時，$O(n^2)$ 的演算法（泡沫分類）比 $O(n \log_2 n)$ 演算法（合併分類）需較多時間。

欲知更多的分類演算法及其時間-複雜度函數，讀者應檢視本章參考資料的 [1]，[3]，[4]，[7] 和 [8] 等。

習題 12.3

1. a) 給兩個表列 L_1，L_2，使得每個表列均是遞增順位且各有五個元素，且利用引理 12.1 所給的演算法來合併 L_1，L_2 需 9 個比較。

   b) 令 m，$n \in \mathbf{Z}^+$ 且 $m<n$。給兩個表列 L_1，L_2，使得每個表列均是遞增順位且 L_1 有 m 個元素，L_2 有 n 個元素，且利用引理 12.1 所給的演算法合併 L_1，L_2 時需做 $m+n-1$ 個比較。

2. 應用合併分類法至下面各個表列，並繪出每個程序應用的分開及合併樹形。

   a) $-1, 0, 2, -2, 3, 6, -3, 5, 1, 4$

   b) $-1, 7, 4, 11, 5, -8, 15, -3, -2, 6, 10, 3$

3. 有一個和合併分類有關且稍多效率的程序叫做 **快速分類法** (quick sort)。這裡我們以一個表列 $L: a_1, a_2, \cdots, a_n$ 開

始，且使用 a_1 做為一個軸元素來發展兩個子表列 L_1 及 L_2 如下：對 $i>1$，若 $a_i<a_1$，將 a_i 擺在正在發展的第一個表列的 (即 L_1 且在過程的末端)；否則，將 a_i 擺在第一個表列的末端。

在所有 a_i, $i>1$ 被完成後，將 a_1 擺在第一個表列的末端。現在遞迴應用快速分類至 L_1 及 L_2 以得 L_{11}, L_{12}, L_{21} 及 L_{22}。繼續這個過程直到所得的各個表列僅含一個元素。這些子表列則被排序，且它們的連鎖給了原表列 L 的有序搜尋。

應用快速分類法至習題 2 的各個表列。

4. 證明分析合併分類法的 (最差-情形) 時間-複雜度之第二個方法中的函數 g 是單調遞增。

12.4 加權樹形及前標碼

在眾多應用離散數學的主題中，編碼理論是其中之一，且其中不同的有限結構扮演一個主要的角色。這些結構使我們能夠來表示及傳遞利用所給的字母集中的符號所編碼的資訊。例如，我們對電腦內部的字元，最常編碼或表示的方法是利用固定長度的串，其使用符號 0 和 1。

然而，本節所發展的編碼，將使用不同長度的串。為什麼一個人想發展此一編碼格式且這個格式如何可被構造，將是本節中我們的主要考量。

假設我們希望發展一個方法使用由 0 和 1 所組成的串來表示字母集裡的字母。因為共有 26 個字母，我們將可使用五位元序列，因為 $2^4<26<2^5$，來對這些符號編碼。然而，在英文 (或任何其它) 語言裡，並非所有字母出現的頻率一致。因此，使用不同長度的二元序列將更為有效率，且以最短的可能序列來表示最常出現的字母 (例如 e, i, t)。例如，考慮 $S=\{a, e, n, r, t\}$，字母集的一子集合。以二元序列

$a: 01 \quad e: 0 \quad n: 101 \quad r: 10 \quad t: 1.$

來表示 S 的所有元素。

若訊息 "ata" 待被傳送，則二元序列 01101 被送出。不幸的，這個序列亦被傳給訊息，"etn"，"$atet$" 及 "an"。

考慮第二個編碼格式，其被給為

$a: 111 \quad e: 0 \quad n: 1100 \quad r: 1101 \quad t: 10.$

在這裡，訊息 "ata" 被表為序列 11110111 且沒有其它可能來搞混情況。而且，圖 12.34 的標示完全二元樹形可被用來譯解序列 11110111。由根開

始，穿過標示為 1 的邊到 (根的) 小孩。繼續沿著標示為 1 的兩個邊，我們到達標示為 a 的葉子。因此，由根到頂點 a 的唯一路徑清楚的由序列 11110111 的前三個 1 所決定。在我們回到根之後，序列中的下二個符號，即 10，決定沿著由根到其右邊小孩的邊，及順著由該小孩到其左邊小孩的邊的唯一路徑。此終止在標示為 t 的頂點。再次返回到根，序列的最後三個位元決定字母 a 第二次。因此，樹形"譯解" 11110111 為 ata。

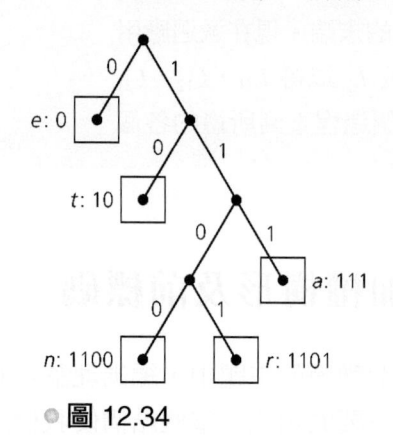

圖 12.34

為什麼第二個編碼格式表現得如此的爽快，而第一個卻是模稜兩可？在第一個格式裡，r 被表示為 10 且 n 被表示為 101。若我們遇到符號 10，我們如何可決定這個符號是表示 r 還是為表示 n 的 101 的前兩個符號？這個問題是給 r 的序列是給 n 的序列的一個前標。這個模糊不會發生於第二個編碼格式裡，此建議了下面之定義。

定義 12.7 一個二元序列集合 P (表示一個符號集) 被稱是一個**前標碼** (prefix code)，若 P 上沒有序列是 P 上任何其它序列的前標。

因此，二元序列 111，0，1100，1101，10 分別構成字母 a，e，n，r，t 的一個前標碼。但圖 12.34 的完全二元樹形是如何來的呢？欲處理這個問題，我們需要下面概念。

定義 12.8 若 T 是一個高度為 h 的完全二元樹形，則 T 被稱是一個**滿二元樹形** (full binary tree) 若 T 上的所有葉子均在第 h 層。

例題 12.17 對前標碼 $P = \{111, 0, 1100, 1101, 10\}$，最長的二元序列的長度是 4。繪出高度為 4 的滿二元樹形，如圖 12.35 所示。P 的所有元素被如下的指派給這個樹形的所有頂點。例如，序列 10 描繪根 r 到其右小孩 c_R 的路徑。接著它繼續到 c_R 的左小孩，其中方格 (註有星號的) 指示序列的完成。返回到根，其它四個序列被以類似方式描繪，而得其它四個方格頂點。對每個方格頂點，移走它所決定的子樹形 (根除外)。所得的修剪過的樹形是圖 12.34 的完全二元樹形，其中無 "方格" 是另一個 "方格" 的祖先。

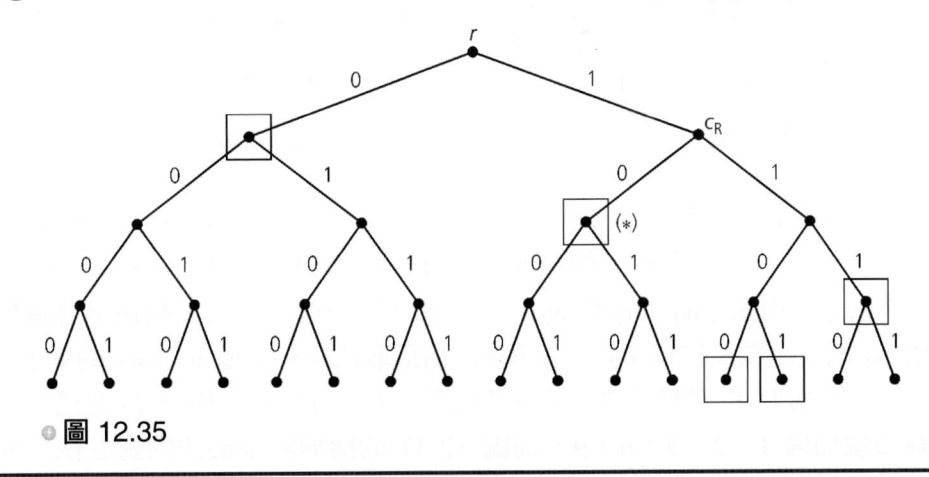

◉ 圖 12.35

我們現在轉到決定模擬一個前標碼的標示樹形之方法，其中在一般文裡每個符號出現的頻率被重視──換句話說，一個前標碼裡的最短序列被用給較常出現的符號。若有許多符號，例如字母集裡的所有 26 個字母，試驗及錯誤方法來建構此一樹形是無效率的。一個由 David A. Huffman (1925-1999) 所發展出來的優雅建構法提供一個技巧來建構此類樹形。

建構一個有效率的樹形的一般型問題可被描述如下：

令 w_1，w_2，$\cdots w_n$ 為一個正數集合，被稱為**加權** (weight)，其中 $w_1 \leq w_2 \leq \cdots \leq w_n$。若 $T = (V, E)$ 是一個具有 n 片葉子的完全二元樹形，指派這些加權 (以任意一對一方式) 給 n 片葉子。所得的結果被稱是一個具加權 w_1，w_2，$\cdots$，w_n 的完全二元樹形。**樹形的加權** (weight of the tree)，被表為 $W(T)$，定義為 $\sum_{i=1}^{n} w_i \ell(w_i)$，其中，對每個 $1 \leq i \leq n$，$\ell(w_i)$ 是葉子的層數，其由加權 w_i 來給。我們的目標是指派加權使得 $W(T)$ 是儘可能的小。一個具這些加權的完全二元樹形 T' 被稱是一個**最佳樹形** (optimal tree) 若 $W(T') \leq W(T)$ 對任意其它具有這些加權的完全二元樹形。

圖 12.36 說明兩個具有加權 3，5，6 及 9 的完全二元樹形。對樹形 T_1，$W(T_1) = \sum_{i=1}^{4} w_i \ell(w_i) = (3+9+5+6) \cdot 2 = 46$，因為每片葉子有層數 2。對 T_2，$W(T_2) = 3 \cdot 3 + 5 \cdot 3 + 6 \cdot 2 + 9 \cdot 1 = 45$，我們發現它是最佳的。

◉ 圖 12.36   ◉ 圖 12.37

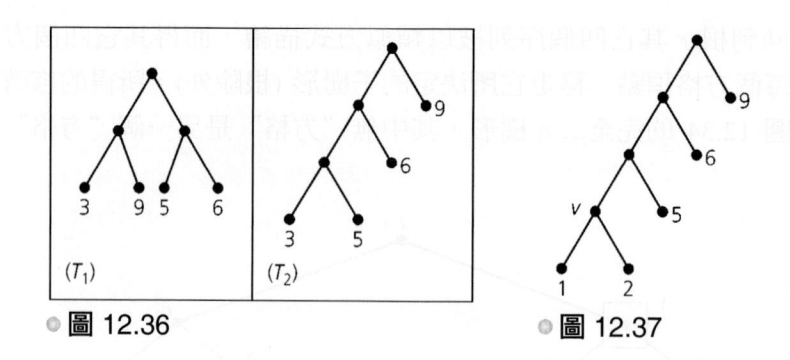

Huffman 建構法的主要概念是為得一個最佳樹形 T 對 n 個加權 w_1，w_2，$\cdots$，w_n，吾人考慮一個最佳樹形 T' 對 $n-1$ 個加權 w_1+w_2，w_3，$\cdots$，w_n (不可假設 $w_1+w_2 \leq w_3$)。特別的，以一個高度為 1 根在 v 且具加權 w_1 的左小孩及加權 w_2 的右小孩之樹形取代具有加權 w_1+w_2 的葉子 v 之法，將樹形 T' 轉換成 T。欲說明此點，若圖 12.36 的樹形 T_2 是最佳的對四個加權 $1+2$，5，6，9，則圖 12.37 的樹形將是最佳的對五個加權 1，2，5，6，9。

我們需要下面引理來建立這些要求。

引理 12.2   若 T 是一個最佳樹形對 n 個加權 $w_1 \leq w_2 \leq \cdots \leq w_n$，則存在一個最佳樹形 T'，其中加權為 w_1 和 w_2 的葉子是在最大層 (在 T' 上) 的兄弟。

證明： 令 v 為 T 的一個內部頂點，其中 v 的層數是最大的對所有內部頂點。令 w_x 和 w_y 為指派給頂點 v 的小孩 x，y 的加權，且 $w_x \leq w_y$。由頂點 v 的選擇，$\ell(w_x)=\ell(w_y) \geq \ell(w_1)$，$\ell(w_2)$。考慮 $w_1 < w_x$ 的情形。(若 $w_1 = w_x$，則 w_1 和 w_x 可被互換且我們考慮 $w_2 < w_y$ 的情形，應用下面證明到這情形，我們將發現 w_y 和 w_2 可被互換。)

若 $\ell(w_x) > \ell(w_1)$，令 $\ell(w_x) = \ell(w_1)+j$，對某些 $j \in \mathbf{Z}^+$。則 $w_1\ell(w_1) + w_x\ell(w_x) = w_1\ell(w_1) + w_x[\ell(w_1)+j] = w_1\ell(w_1) + w_x j + w_x\ell(w_1) > w_1\ell(w_1) + w_1 j + w_x\ell(w_1) = w_1\ell(w_x) + w_x\ell(w_1)$。所以 $W(T) = w_1\ell(w_1) + w_x\ell(w_x) + \sum_{i \neq 1,x} w_i\ell(w_i) > w_1\ell(w_x) + w_x\ell(w_1) + \sum_{i \neq 1,x} w_i\ell(w_i)$。因此，互換加權 w_1 和 w_x 的位置，我們得到一個較小加權的樹形。但這和 T 是一個最佳樹形的選擇矛盾。因此 $\ell(w_x) = \ell(w_1) = \ell(w_y)$。同理，可證明 $\ell(w_y) = \ell(w_2)$，所以 $\ell(w_x) = \ell(w_y) = \ell(w_1) = \ell(w_2)$。互換 w_1 和 w_x 的位置及 w_2 和 w_y 的位置，我們得一個最佳樹形 T'，其中 w_1，w_2 是兄弟。

由這個引理，我們看到較小的加權將出現在一個最佳樹形的較高層 (且因此有較高的層數)。

定理 12.8 令 T 為一個最佳樹形對加權 w_1+w_2, w_3, $\cdots$, w_n, 其中 $w_1 \leq w_2 \leq w_3 \leq \cdots \leq w_n$。在具有加權 w_1+w_2 的葉子擺一個高度為 1 的 (完全) 二元樹形且指派加權到這個先前葉子的小孩 (葉子)。這個被如此建構的新二元樹形則是最佳的對加權 w_1, w_2, w_3, $\cdots$, w_n。

證明： 令 T_2 是一個最佳樹形對加權 w_1, w_2, $\cdots$, w_n, 其中加權為 w_1, w_2 的葉子是兄弟。移走加權為 w_1, w_2 的葉子且指派加權 w_1+w_2 給它們的父母 (現在是一片葉子)。這個完全二元樹形被表為 T_3 且 $W(T_2) = W(T_3) + w_1 + w_2$。而且，$W(T_1) = W(T) + w_1 + w_2$。因為 T 是最佳的，$W(T) \leq W(T_3)$。若 $W(T) < W(T_3)$，則 $W(T_1) < W(T_2)$，和 T_2 是最佳的選擇矛盾。因此，$W(T) = W(T_3)$，且因此，$W(T_1) = W(T_2)$。所以 T_1 是最佳的對加權 w_1, w_2, $\cdots$, w_n。

註：前面的證明係以一個最佳情形開始，它的存在係基於我們僅有有限個方法將 n 個加權分派給一個具有 n 片葉子的完全二元樹形 T_2。因此，在有限個指派中，至少有一個指派的 $W(T)$ 是最小的。但這個有限數可為大數。這個證明建立一個最佳樹形的存在對一組加權且發展一個方法來建構此一樹形。欲建構此一 (Huffman) 樹形，我們考慮下面演算法。

給 $n (\geq 2)$ 個加權 w_1, w_2, $\cdots$, w_n，我們如下進行：

步驟 1：指派所給的加權，以一個給一個的方式，到一個含 n 個孤立頂點的集合 S。[每個頂點是一個 (高度為 0 的) 完全二元樹形的根且具有一個指派給它的加權。]

步驟 2：當 $|S|>1$ 時，執行下面：
    a) 在 S 上找兩個樹形 T, T', 使其分別具有兩個最小的加權 w, w'。
    b) 創造具有根加權 $w^* = w + w'$ 的新 (完全二元) 樹形 T^* 且分別以 T, T' 做為其左右子樹形。
    c) 將 T^* 擺進 S 裡且移走 T 和 T'。[其中 $|S|=1$，在 S 的完全二元樹形是一個 Huffman 樹形。]

我們現在使用這個演算法於下面例題。

例題 12.18 建構一個最佳前標碼給符號 a, o, q, u, y, z，其中各個符號的出現頻率 (在一個已知樣本裡) 分別為 20, 28, 4, 17, 12, 7。

圖 12.38 說明建構法是跟隨 Huffman 程序的。圖 (b) 中，加權 4 和 7

● 圖 12.38

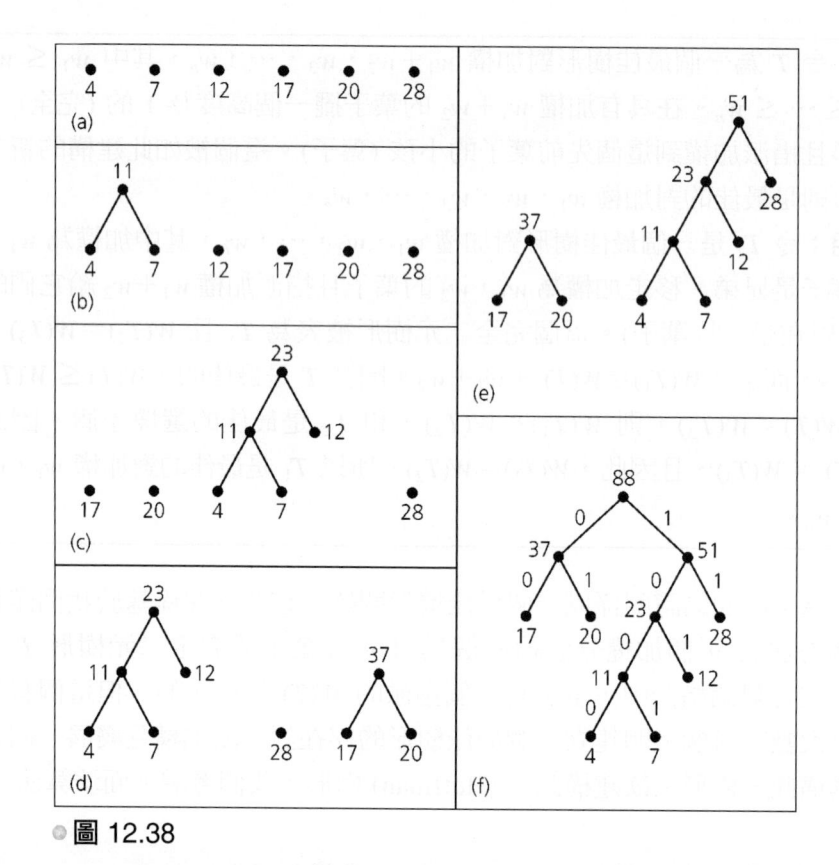

被合成使得我們接著考慮建構法給加權 11，12，17，20，28。在各個步驟 [圖 12.38 的 (c)−(f)]，我們創造一個樹形使其含有根在兩個較小加權的子樹形。這兩個最小的加權屬於那些頂點，其中每個頂點不是原先孤立的 (僅含一個根的樹形) 就是在早先建構中所得的樹形的根。由最後結果，一個前標碼被決定為

$$a: 01 \quad o: 11 \quad q: 1000 \quad u: 00 \quad y: 101 \quad z: 1001.$$

選擇樹形 T，T' 並將其指派為演算法中步驟 2(a) 及 2(b) 的左邊或右邊子樹形，且由 0 或 1 指派到最後的 (Huffman) 樹形的分支 (邊)，我們可得不同的前標碼。

習題 12.4

1. 對圖 12.34 所給的前標碼，譯解序列
   (a) 1001111101; (b) 10111100110001101;
   (c) 1101111110010。

2. 一個 $\{a, b, c, d, e\}$ 的碼被給為 $a: 00$，$b: 01$，$c: 101$，$d: x10$，$e: yz1$，其中 x，y，$z \in \{0, 1\}$。求 x，y 及 z 使得所

3. 建構一個最佳前標碼給符號 a，b，c，$\cdots$，i，j 使得各符號出現 (在所給的樣本裡) 的頻率分別為 78，16，30，35，125，31，20，50，80，3。

4. 一個滿二元樹形有多少片葉子？若其高度是 (a) 3? (b) 7? (c) 12? (d) h?

5. 令 $T=(V, E)$ 是一個高為 h 的完全 m-元樹形。此樹形被稱是一個滿 m-元樹形若它的所有葉子均在第 h 層。若 T 是一個高度為 7 的滿-元樹形且有 279,936 片葉子，則 T 有多少個內部頂點？

6. 令 T 為一個具有高度為 h 及 v 個頂點的滿 m-元樹形。試以 m 和 v 表示 h。

7. 使用加權 2，3，5，10，10，證明對一組已給的加權，Huffman 樹形的高度不唯一。您將如何修正演算法，使得對已知的加權，永遠產生一個最小高度的 Huffman 樹形。

8. 令 L_i，其中 $1 \leq i \leq 4$，為四個數的表列，每一個被以遞增順位分類。這些表列裡的元素個數分別為 75，40，110 及 50。

   a) 先合併 L_1 和 L_2，及合併 L_3 和 L_4，再將兩個新表列合併，共需多少個比較？

   b) 若我們先合併 L_1 和 L_2，接著再合併 L_3，最後合併 L_4，共需多少個比較？

   c) 在對這四個表列的合併中，欲得最小的比較總次數，則合併順位應如何？

   d) 將 (c) 的結果擴大至 n 個已分類的表列 L_1，L_2，$\cdots$，L_n。

12.5 雙連通連通分區及接合點

令 $G=(V, E)$ 為示於圖 12.39(a) 的無迴路連通無向圖，其中每個頂點代表一個聯絡中心，此處的邊 $\{x, y\}$ 表示中心在 x 及中心在 y 的兩頂點有一個聯絡連結存在。

分開在 c 和 f 的頂點，以所建議的方式，我們得到圖 (b) 中的子圖群。這些頂點是下面的例題。

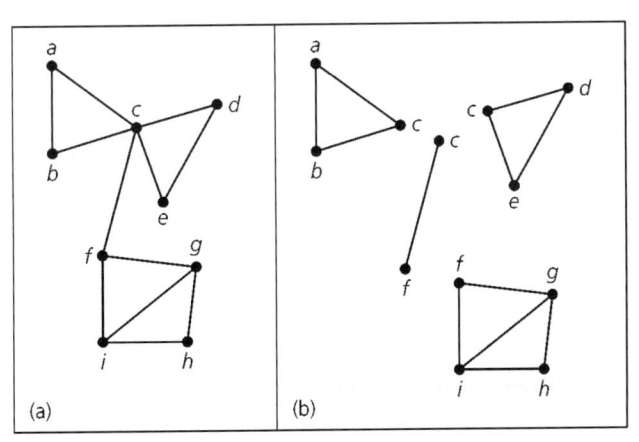

圖 12.39

定義 12.9

在一個無迴路無向圖 $G=(V, E)$ 上的一個頂點 v 被稱是一個**接合點** (articulation point) 若 $\kappa(G-v) > \kappa(G)$；亦即，子圖 $G-v$ 比所給的圖 G 有更多的連通分區。

一個沒有接合點的無迴路連通無向圖被稱是**雙連通的** (biconnected)。

一個圖的一個**雙連通連通分區** (biconnected component) 是一個最大的雙連通子圖——一個雙連通子圖不被真包含在一個較大的雙連通子圖裡。

圖 12.39 所示的圖有兩個接合點，c 和 f，且其四個雙連通連通分區被示於圖 (b) 裡。

利用聯絡中心及連結，圖的接合點指示系統那裡是易受傷的。沒有接合點的系統是更可能克服分裂在一個聯絡中心，不管這些分裂是由於技術設計的故障或是由於外在力量所致。

在一個連通圖裡找接合點的問題提供一個應用給層次-第一生成樹形。此處的目標是發展一個演算法來求一個無迴路連通無向圖的所有接合點。若沒有此類點存在，則圖是雙連通的。此類頂點的存在，所得的雙連通連通分區可被用來提供關於平面化及所給圖的色數的相關資訊。

為發展這個演算法，下面的預備知識是需要的。

回到圖 12.39(a)，我們看到有四條由 a 到 e 的路徑；即 (1) $a \to c \to e$；(2) $a \to c \to d \to e$；(3) $a \to b \to c \to e$；和 (4) $a \to b \to c \to d \to e$。這四條路徑有什麼共通處呢？它們均通過頂點 c，而 c 是 G 的接合點之一，這個觀察點現在刺激我們的第一個預備結果。

引理 12.3

令 $G=(V, E)$ 是一個無迴路連通無向圖具 $z \in V$。頂點 z 是 G 的一個接合點若且唯若存在相異的 $x, y \in V$ 滿足 $x \neq z$，$y \neq z$，且 G 上每條連接 x 和 y 的路徑含有頂點 z。

證明： 結果由定義 12.9 可得。證明留給讀者於本節習題裡。

下一個引理提供一個重要的且有用的層次-第一生成樹形的性質。

引理 12.4

令 $G=(V, E)$ 是一個無迴路連通無向圖具有 $T=(V, E')$ 是 G 的一個層次-第一生成樹形。若 $\{a, b\} \in E$ 但 $\{a, b\} \notin E'$，則 a 不是 b 的一個祖先就是 b 的一個後裔在樹形 T 裡。

證明： 由層次-第一生成樹形 T，我們得到一個前序表列給 V 上的所有頂點。對所有 $v \in V$，令 $\text{dfi}(v)$ 表頂點 v 的層次-第一指標；亦即 v 在前序表列的位置。假設 $\text{dfi}(a) < \text{dfi}(b)$。因此，$a$ 在 b 之前被見到於 T 的前序穿程

裡，所以 a 不可能是 b 的後裔。此外，若頂點 a 不是 b 的祖先，則 b 不在根在 a 的 T 之子樹形 T_a 裡。但當我們尋原路返回 (由 T_a) 到 a 時，我們發現，因為 $\{a, b\} \in E$，層次-第一搜尋法應可能由 v 走到 b，且使用 T 上的邊 $\{a, b\}$，這個矛盾證明 v 在 T_a 裡，所以 a 是 b 的祖先。

若 $G = (V, E)$ 是一個無迴路連通無向圖，令 $T = (V, E')$ 是 G 的一個層次-第一生成樹形，如圖 12.40 所示。由引理 12.4，虛線邊 $\{a, b\}$，不是 T 的一部分，說明有一邊可存在於 G 裡。這樣的邊被稱是**倒回邊** (back edge) (對於 T)，且此處 a 是 b 的一個祖先。[這裡 dfi(a) = 3，而 dfi(b) = 6。]。圖中虛線邊 $\{b, d\}$ 不存在 G 裡，而且由於引理 12.4。因此，G 的所有邊不是 T 上的邊就是倒回邊 (對於 T)。

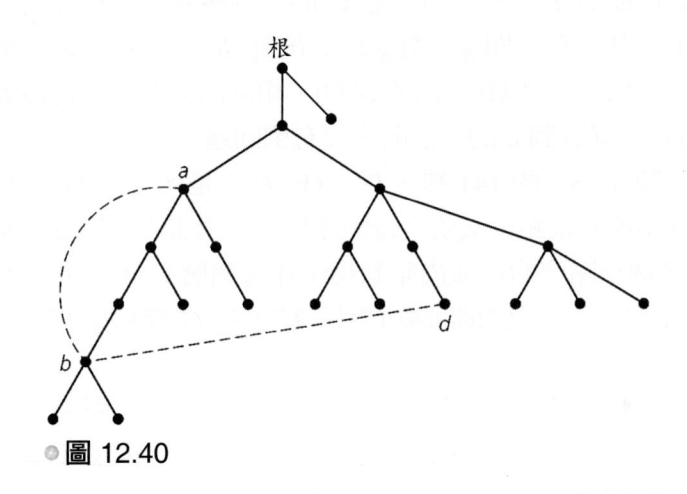

圖 12.40

下一個例題提供進一步的洞察圖 G 的接合點和 G 的一個層次-第一生成樹形間的關係。

例題 12.19 在圖 12.41 的 (1) 裡，我們有一個無迴路連通無向圖 $G = (V, E)$。應用引理 12.3 至頂點 a，例如，我們發現 G 上由 b 到 i 的唯一路徑通過 a。至於頂點 d，我們應用同一個引理且考慮頂點 a 和 h。現在我們發現雖然由 a 到 h 有四條路徑，但這四條路徑均通過頂點 d。因此，頂點 a 和 d 為 G 的兩個接合點。頂點 h 是的另一個接合點。您能在 G 上找到兩個頂點使得 G 上的所有連通路徑 (對這些頂點) 通過 h？

應用層次-第一搜尋演算法，以字母順序排序 G 的所有頂點，於圖 12.41 的 (2) 裡，我們發現 G 的層次-第一生成樹形 $T' = (V, E')$，其中 a 已被選為根。各個頂點旁的括弧內整數說明在所描述的層次-第一搜尋時，該頂點被訪問的順位。圖 12.41 的 (3) 裡，合併三條倒回邊 (對於 T，在 G 裡)，此三邊係由 (2) 中失落的。

732 離散與組合數學

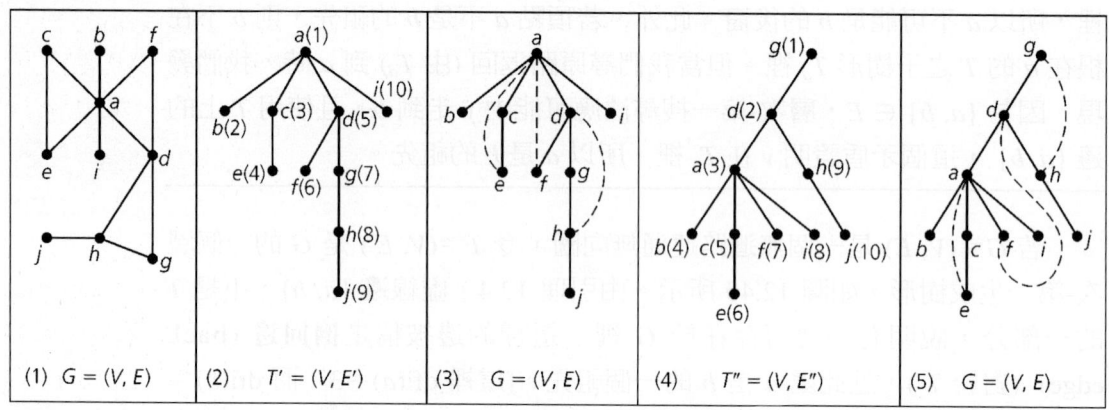

(1) $G = (V, E)$ (2) $T' = (V, E')$ (3) $G = (V, E)$ (4) $T'' = (V, E'')$ (5) $G = (V, E)$

● 圖 12.41

對於樹形 T'，根為 a，是 G 的一個接合點，有多於一個小孩。接合點 d 有一個小孩，即 g，由 g 或其後裔 (h 或 j) 到 d 的一個祖先沒有倒回邊 [如我們在圖 12.41(3) 所看到的]。相同的情形對接合點 h 亦為真，它的小孩 j (沒小孩) 到 h 的一個祖先沒有倒回邊。

在圖 12.41 的 (4) 裡，$T'' = (V, E'')$ 是所有頂點的層次-第一生成樹形，其中所有頂點再次依字母順序排序，但這次頂點 g 已被選為根。如圖 (2)，各個頂點旁的括弧內整數指示在這個層次-第一的搜尋中，該頂點被訪問的順位。有三個倒回邊 (對於 T''，在 G 裡) 由 T'' 中失落，如圖 (5) 所示。

T'' 的根 g 只有一個小孩且 g 不是 G 上的一個接合點。更而，對每個接合點，至少有一個小孩，由該小孩或它的一個後裔到接合點的一個祖先間沒有倒回邊。欲更明確點，由圖 12.41(5)，我們發現對接合點 a，我們可使用小孩 b，c 或 i 之中的任何一個，但不可使用 f；對 d，小孩是 a；且對 h，小孩是 j。

例題 12.19 所做的觀察，現在引導我們至下面。

引理 12.5　令 $G = (V, E)$ 是一個無迴路連通無向圖具 $T = (V, E')$ 為 G 的一個層次-第一生成樹形。若 r 是 T 的根，則 r 是 G 的一個接合點若且唯若 r 至少有兩個小孩在 T 裡。

證明： 若 r 僅有一個小孩，稱其為 c，則 G 的所有其它頂點是 c (和 r) 在 T 的後裔。所以若 x，y 為 T 的兩個相異頂點，它們中無一個是 r，則在子樹形 T_c，根在 c，有一條由 x 到 y 的路徑。因為 r 不是 T_c 上的一個頂點，r 不在這條路徑上。因此，r 不是 G 上的一個接合點──由引理 12.3。反之，令 r 為層次-第一生成樹形 T 的根，且令 c_1，c_2 為 r 的小孩。令 x 為

T_{c_1} 的一頂點，T_{c_1} 為根在 c_1 的 T 之子樹形。同理，令 y 為 T_{c_2} 的一個頂點，T_{c_2} 為根在 c_2 的 T 之子樹形。可否存在一條由 x 到 y G 上的路徑且避免 r 嗎？若可，存在一邊 $\{v_1, v_2\}$ 在 G 上滿足 v_1 在 T_{c_1} 且 v_2 在 T_{c_2}。但這和引理 12.4 矛盾。

最後一個預備結果決定何時一個頂點，其不是一個層次-第一生成樹形的根，而是圖的一個接合點的關鍵。

引理 12.6 令 $G=(V, E)$ 是一個無迴路連通無向圖具 $T=(V, E')$ 為 G 的一個層次-第一生成樹形。令 r 為 T 的根且令 $v \in V$，$v \neq r$。則 v 是 G 的一個接合點若且唯若存在一個 v 的小孩 c，且由 T_c (根在 c 的子樹形) 上的一頂點到 v 的一個祖先間沒有倒回邊 (對於 T，在 G 上)。

證明： 假設頂點 v 有一個小孩 c 滿足由 T_c 上的一頂點到 v 的一個祖先間沒有倒回邊 (對於 T，在 G 上)。則 (G 上) 每條由 r 到 c 的路徑通過 v。由引理 12.3 得 v 是 G 的一個接合點。

欲建立逆向，令 T 的非根頂點 v 滿足下面：對 v 的每個小孩 c，存在一個由 T_c (根在 c 的子樹形) 上的一頂點到 v 的一個祖先的倒回邊 (對於 T，在 G 上)。現在令 $x, y \in V$ 滿足 $x \neq v$，$y \neq v$。我們考慮下面三種可能性：

1) 若 x 和 y 均不是 v 的一個後裔，如圖 12.42(1)，由 T 移去根在 v 的子樹形 T_v。所得的 (T 之) 子樹形含 x, y 及一條由 x 到 y 的路徑但不通過 v，所以 v 不是 G 的一個接合點。

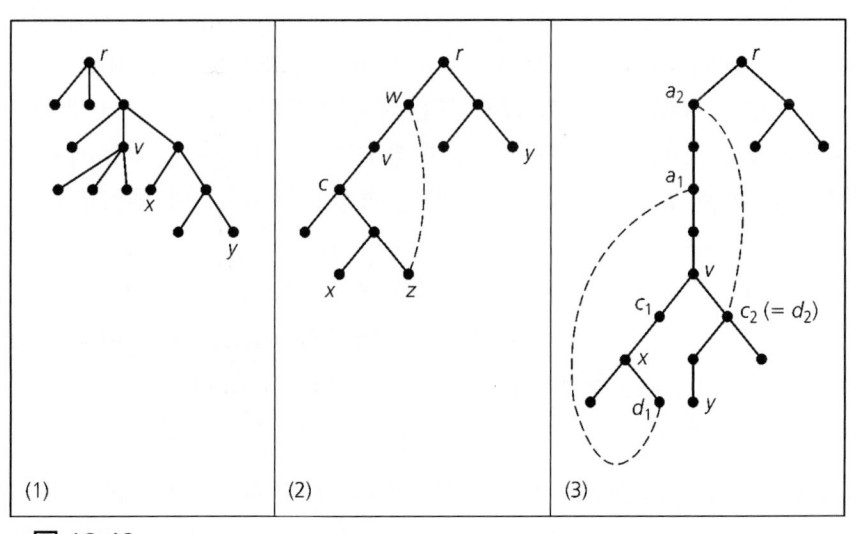

● 圖 12.42

2) 若 x，y 中有一個，稱其為 x，是 v 的一個後裔但 y 不是，則 x 是 v 的一個小孩或是 v 的一個小孩 c 的後裔 [如圖 12.42(2)]。由假設，存在一個由某點 $z \in T_c$ 到 v 的一個祖先 w 的倒回邊 (對於 T，在 G 上)。因為 $x, z \in T_c$，存在一條由 x 到 z 的路徑 p_1 (不通過 v)。則，如 w 和 y 均不是 v 的一個後裔，由 (1)，存在一條由 w 到 y 的路徑 p_2，其不通過 v。在 p_1，p_2 上的邊加上邊 $\{z, w\}$ 提供一條由 x 到 y 的路徑且這條路徑不通過 v，且再次，v 不是一個接合點。

3) 最後，假設 x，y 同時是 v 的後裔，如圖 12.42(3)。這裡 c_1，c_2 為 v 的小孩——或許，具 $c_1 = c_2$——且 x 是 T_{c_1} (根在 c_1 的子樹形) 的一個頂點，而 y 是 T_{c_2} (根在 c_2 的子樹形) 的一個頂點。由假設，存在倒回邊 $\{d_1, a_1\}$ 和 $\{d_2, a_2\}$ (對於 T，在 G 上)，其中 d_1，d_2 是 v 的後裔且 a_1，a_2 是 v 的祖先。更而，T_{c_1} 上存在一條由 x 到 d_1 的路徑且 T_{c_2} 上存在一條由 y 到 d_2 的路徑。因 a_1 和 a_2 均不是 v 的一個後裔，由 (1)，我們有一條路徑 p (在 T 上) 由 a_1 到 a_2，其中 p 避免 v。現在我們可做下面：(i) 使用路徑 p_1，由 x 到 d_1；(ii) 利用邊 $\{d_1, a_1\}$ 由 d_1 走到 a_1；(iii) 使用路徑 p，繼續走到 a_2；(iv) 利用邊 $\{a_2, d_2\}$，由 a_2 走到 d_2；及 (v) 使用路徑 p_2，由 d_2 走到 y，在 y 完成。這提供一條由 x 到 y 的路徑避免 v，所以 v 不是 G 的一個接合點且完成證明。

使用前面四個引理的結果，我們再次以一個無迴路連通無向圖 $G = (V, E)$ 開始，其中 G 具有層次-第一生成樹形 T。對 $v \in V$，其中 v 不是 T 的根，我們令 $T_{v, c}$ 為由邊 $\{v, c\}$ (c 是 v 的小孩) 及根在 c 的子樹形 T_c 所組成的子樹形。若沒有倒回邊由 v 在 $T_{v, c}$ 上的一個後裔到 v 的一個祖先 (且 v 至少有一個祖先，即 T 的根)，則頂點 v 的分裂導致 $T_{v, c}$ 由 G 的分離，且 v 是一個接合點。若沒有 G 的其它接合點出現在 $T_{v, c}$ 上，則將 G 上所有其它由 $T_{v, c}$ 上的所有頂點所決定的邊 (由 $T_{v, c}$ 上的所有頂點所導引出的 G 的子圖) 加到 $T_{v, c}$，得 G 的一個雙連通連通分區。一個根沒有祖先，且它是一個接合點若且唯若它有多於一個的小孩。

層次-第一生成樹形前序 G 的所有頂點。對 $x \in V$，令 dfi(x) 表 x 在該前序裡的層次-第一指標。若 y 是 x 的一個後裔，則 dfi(x) < dfi(y)。對 x 的一個祖先 y，dfi(x) > dfi(y)。定義 low(x) = {dfi(y)|y 在 G 上不是鄰接 x 就是鄰接 x 的一個後裔}。若 z 是 x (在 T 上) 的父母，則有兩種可能待考慮：

1) low(x) = dfi(z)：此時，根在 x 的子樹形 T_x 沒有頂點和 z 的一個祖先鄰接，其接法係利用 T 的一個倒回邊。因此，z 是 G 的一個接合點。若 T_x 沒有接合點，則 T_x 加上邊 $\{z, x\}$ 生成 G 的一個雙連通連通分區

(亦即，由頂點 z 所導出的 G 之子圖和 T_x 上的所有頂點是 G 的一個雙連通連通分區)。現在移走 T_x 且由 T 移走邊 $\{z, x\}$，且應用這個概念至 T 剩下的子樹形。

2) $\text{low}(x) < \text{dfi}(z)$：因此，有一個 z 的後裔在 T_x 上，其被 [一個倒回邊 (對於 T，在 G 上)] 連接到 z 的一個祖先。

> 欲以一個有效的方法來處理這些概念，我們發展下面演算法。令 $G = (V, E)$ 為一個無迴路連通無向圖。
>
> **步驟 1**：依據所描述的順序，求層次-第一生成樹形 T 給 G。令 x_1, x_2, $\cdots$, x_n 為由 T 所前序的 G 的所有頂點。則 $\text{dfi}(x_j) = j$ 對所有 $1 \leq j \leq n$。
>
> **步驟 2**：以 x_n 開始且繼續遞迴倒回到 x_{n-1}, x_{n-2}, $\cdots$, x_3, x_2, x_1, 求 $\text{low}(x_j)$，對 $j = n, n-1, n-2, \cdots, 3, 2, 1$，如下：
>
> a) $\text{low}'(x_j) = \min\{\text{dfi}(z) | z$ 是在 G 上鄰接 $x_j\}$。
>
> b) 若 $c_1, c_2, \cdots, c_m$ 是 x_j 的小孩，則 $\text{low}(x_j) = \min\{\text{low}'(x_j), \text{low}(c_1), \text{low}(c_2), \cdots, \text{low}(c_m)\}$。[此處無問題產生，對被以所給之前序的反序來檢視的所有頂點。因此，若 c 是 p 的一個小孩，則 $\text{low}(c)$ 被決定在 $\text{low}(p)$ 之前。]
>
> **步驟 3**：令 w_j 是 x_j 在 T 上的父母。若 $\text{low}(x_j) = \text{dfi}(w_j)$，則 w_j 是 G 的一個接合點，除非 w_j 是 T 的根且 w_j 在 T 上沒有非 x_j 的小孩。更而，不管在那一種情形，根在 x_j 的子樹形加上邊 $\{w_j, x_j\}$ 是 G 的一個雙連通連通分區的一部份。

我們應用這個演算法到圖 12.43(i) 所示的圖 $G = (V, E)$。

例題 12.20 在圖 (ii)，我們有層次-第一生成樹形 $T = (V, E')$ 給 G 且以 d 為根。(此處對 G 的所有頂點是依字母順序排列的)。在 T (在 (ii) 中) 的每個頂點 v 之旁是 $\text{dfi}(v)$。這些標示告訴我們 G 的所有頂點第一個被訪問的順序。

對演算法的步驟 (2)，我們以倒轉順序由層次-第一搜尋來走且以頂點 $h\,(=x_8)$ 開始。因為 $\{g, h\} \in E$，且 h 不和 G 的任何其它頂點相鄰，我們有 $\text{low}'(h) = \text{dfi}(g)\,[=\text{dfi}(x_7)] = 7$。更而，因 h 沒有小孩，得 $\text{low}(h) = \text{low}'(h) = 7$。這個說明在圖 12.43(iii) 中的 h 旁為標示 (7, 7) $[=(\text{low}'(h), \text{low}(h))]$。其次繼續 g，再來 f，我們得到標示 (6, 6) 給 g 且 (1, 1) 給 f，因為 $\text{low}'(g) = \text{low}(g) = 6$ 且 $\text{low}'(f) = \text{low}(f) = 1$。因為 $\{a, e\}, \{a, f\} \in E$ 且具 $\text{dfi}(e) = 4$ 及 $\text{dfi}(f) = 6$，對頂點 a 我們有 $\text{low}'(a) = \min\{4, 6\} = 4$。接著我們

736 離散與組合數學

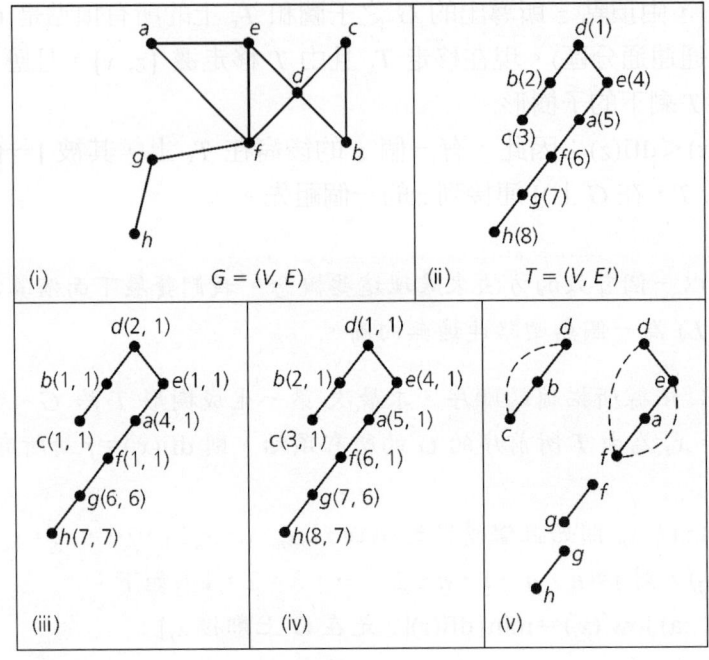

[圖 12.43]

發現 low(a) = min{4, low(f)} = min{4, 1} = 1。因此，標示 (4, 1) 給頂點 a。繼續往回經過 e, c, b 及 d，我們得到標示 (low'(x_i), low(x_i))，對 i = 4, 3, 2, 1。因此，利用演算法的步驟 (2)，我們得到圖 12.43 (iii) 的樹形。

在圖 12.43(iv) 裡，在各個頂點 v 之旁的有序對是 (dfi(v), low(v))。應用演算法的步驟 (3) 到 (iv) 的樹形，此刻我們再次以倒回順序來走。首先我們處理頂點 h (= x_8)。因為 g 是 h (在 T 上) 的父母且 low(h) = 7 = dfi(g)，g 是 G 的一個接合點且邊 {h, g} 是 G 的一個雙連通連通分區。由 T 移走根在 g 的子樹形，我們以頂點 g (= x_7) 繼續。此處 f 是 g 的父母 (在樹形 T−h 裡) 且 low(g) = 6 = dfi(f)，所以 f 是另一個接合點，其中 {g, f} 為對應的雙連通連通分區。

現在以樹形 (T−h)−g 繼續，當我們由 f 走到 a 到 e，且接著由 c 到 b，我們發現在 a, e, c 及 b 四個頂點中沒有一個是新的接合點。因為頂點 d 是 T 的根且 d 有兩個小孩，即頂點 b 與 e，則由引理 12.5 得 d 是 G 的一個接合點。頂點 d, e, a, f 導出由 {f, a}, {a, e}, {e, d} 三個邊及倒回邊 (對於 T，在 G 上) {f, e} 和 {f, d} 所組成的雙連通連通分區。最後，由頂點 b, c 及 d 所導出的循環 (在 G 上) 提供第四個雙連通連通分區。

圖 12.43(v) 說明三個接合點 g, f 及 d，和四個 g 的雙連通連通分區。

習題 12.5

1. 求圖 12.44 所示的圖之接合點及雙連通連通分區。

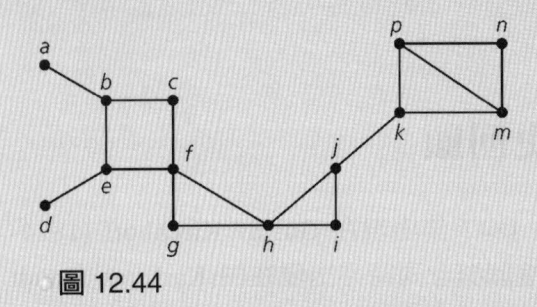

   圖 12.44

2. 證明引理 12.3。

3. 令 $T=(V, E)$ 為一樹形且 $|V|=n \geq 3$。
   a) T 可有的接合點的最小數及最大數是多少？描述各個情形的樹形。
   b) 在 (a) 的各個情形裡，T 有多少個雙連通連通分區？

4. a) 令 $T=(V, E)$ 為一樹形。若 $v \in V$，證明 v 是 T 的一個接合點若且唯若 $\deg(v) > 1$。
   b) 令 $G=(V, E)$ 是一個無迴路連通無向圖具 $|E| \geq 1$。證明 G 至少有兩個頂點不是接合點。

5. 若 B_1，B_2，$\cdots$，B_k 是無迴路連通無向圖 G 的雙連通連通分區，則 $\chi(G)$ 和 $\chi(B_i)$ 有何關係，$1 \leq i \leq k$？[記得 $\chi(G)$ 表 G 的色數，如 11.6 節所定義的。]

6. 令 $G=(V, E)$ 是一個無迴路連通無向圖具雙連通連通分區 B_1，B_2，$\cdots$，B_8，對 $1 \leq i \leq 8$，B_i 的相異生成樹形數是 n_i。則 G 有多少個相異生成樹形？

7. 令 $G=(V, E)$ 是一個無迴路連通無向圖具 $|V| \geq 3$。若 G 沒有接合點，證明 G 沒有懸垂點。

8. 對圖 12.43(i) 的無迴路連通無向圖 G，以字母順序排序頂點。
   a) 以 e 為根，求層次-第一生成樹形 T 給 G。
   b) 利用本節所發展的演算法到 (a) 中的樹形，來求 G 的接合點及雙連通連通分區。

9. 回答第 8 題的問題，但這次排序頂點為 h，g，f，e，d，c，b，a 且令 c 為 T 的根。

10. 令 $G=(V, E)$ 為一個無迴路連通無向圖，其中 $V=\{a, b, c, \cdots, h, i, j\}$。以字母順序排序所有頂點，層次-第一生成樹形給 G，以 a 為根，被給在圖 12.45 (i) 裡。在圖 (ii) 裡，每個頂點 v 之旁的有序對提供 (low$'(v)$, low(v))。求接合點並求生成樹形給 G 的雙連通連通分區。

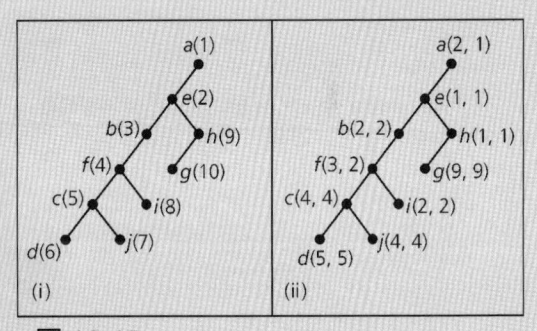

    圖 12.45

11. 在求接合點的演算法步驟 (2) 裡，是否真的需要計算 low(x_1) 及 low(x_2)？

12. 令 $G=(V, E)$ 是一個無迴路連通無向圖具 $v \in V$。
    a) 證明 $\overline{G-v} = \overline{G}-v$。
    b) 若 v 是 G 的一個接合點，證明 v 不可能是 $\overline{G}$ 的一個接合點。

13. 若 $G=(V, E)$ 是一個無迴路無向圖，我

們稱 G 是色-臨界若 $\chi(G-v)<\chi(G)$ 對所有 $v\in V$。(我們稍早在 11.6 節習題 19 檢視過此類圖。) 證明一個色-臨界圖沒有接合點。

14. 引理 12.4 的結果是否仍然為真若 $T=(V, E')$ 是一個寬度-第一生成樹形給 $G=(V, E)$？

12.6　總結及歷史回顧

現在稱為樹形的結構首先於 1847 年出現在 Gustav Kirchhoff (1824-1887) 在電子網路上的作品裡。這個概念同時亦出現在由 Karl von Staudt (1798-1867) 所著的 *Geometrie die Lage* 文裡。在 1857 年，樹形再次被 Arthur Cayley (1821-1895) 發現，但他並不知道這些早先的發展。首次稱這個結構為 "樹形"，Cayley 應用它來處理化學異構體。他亦探討某種類型的樹形的計數。在他的第一篇樹形作品裡，Cayley 計數未標示的根樹形。接著得未標示有序樹形的計數。和 Cayley 同時代的兩位亦研究樹形的數學家是 Carl Borchardt (1817-1880) 及 Marie Ennemond Jordan (1838-1922)。

Arthur Cayley (1821–1895)

結合 n 個頂點的標示樹形個數的公式 n^{n-2} (12.1 節末的習題 21)，於 1860 年由 Carl Borchardt 所發現的。Cayley 稍後在 1889 年給這個公式的另一發展。從那時起，出現許多其它的導法，這些導法被概括在 J. W. Moon [10] 的書裡。

G. Polya [11] 的論文是一篇在樹形及其它組合結構之計數問題上的開

海軍少將 Grace Murray Hopper (1906-1992) 敬禮，當她和海軍部長 John Lehman 離開美國戰艦制憲號時。

拓作品。Polya 的計數理論，我們將在第 16 章看到它，被發展在這篇論文裡。欲知更多有關樹形的計數問題，讀者應看看 F. Harary [5] 的第 15 章。D. R. Shier [12] 的文章提供幾個不同方法來計算 $K_{2,n}$ 的生成樹形的個數的一個迷宮。

高速數位電腦已被證明為堅固的衝力給樹形新應用的發現。這些結構的第一個應用是代數公式的操作。這個追溯到 1951 年 Grace Murray Hopper 的作品。從那時起，樹形的電腦應用已被廣泛的探討。起初，特別的結果僅出現在特殊演算法的文獻裡。第一個廣泛的樹形應用概述由 Kenneth Iverson 於 1961 年完成，做為在資料結構上一個較寬闊的概述的一部份。前序及後序的概念可被追溯到 1960 年早期，如出現在 Zdzislaw Pawlak，Lyle Johnson 及 Kenneth Iverson 的作品裡。此時，Kenneth Iverson 亦介紹名稱和記號，即 $\lceil x \rceil$，給實數 x 的天花板函數。有關這些順位及在電腦上執行的程序的其它材料可被發現在由 A. V. Aho，J. E. Hopcroft 及 J. D. Ullman [1] 所著的教科書的第 3 章。在 J. E. Atkins，J. S. Dierckman 及 K. O'Bryant [2] 的文章裡，前序的觀念被用來發展一個最佳的路線給雪的移動。

David A. Huffman
電腦及資訊科學及工程學系，佛羅里達大學。

若 $G=(V, E)$ 是一個無迴路無向圖，則層次-第一搜尋法及寬度-第一搜尋法 (給在 12.2 節) 提供判斷所給的圖是否為連通的方法。發展給這些搜尋程序的演算法在發展其它演算法時亦是重要的。例如，層次-第一搜尋法出現在求接合點及求一個無迴路連通無向圖的雙連通連通分區的演算法裡。若 $|V|=n$ 且 $|E|=e$，則可證明層次-第一搜尋及寬度-第一搜尋兩者均有時間-複雜度 $O(\max\{n, e\})$。對多數的圖 $e>n$，所以演算法一般被考慮為有時間-複雜度 $O(e)$。這些概念被非常詳細的發展在 S. Baase 及 A. Van Gelder [3] 的第 7 章裡，其中內容亦包含時間-複雜度函數的一個分析給決定接合點 (及雙連通連通分區) 的演算法 (在 12.5 節)。A. V. Aho，J. E. Hopcroft 及 J. D. Ullman [1] 之教材的第 6 章亦處理層次-第一搜尋，而第 7 章則涵蓋寬度-第一搜尋及求接合點的演算法。

更多的樹形之性質及電腦應用被給在由 D. E. Knuth [7] 所著的教材之第 2 章第 3 節裡。分類技巧及它們的樹形使用可在 A. V. Aho，J. E. Hopcroft 及 J. D. Ullman [1] 的第 11 章及 T. H. Cormen，C. E. Leiserson，R. L. Rivest 及 C. Stein [4] 的第 7 章裡做進一步的研究。一個擴大的探討將保證教材內容可被發現於 D. E. Knuth [8] 裡。

12.4 節裡設計前標碼的方法係基於 D. A. Huffman [6] 所發展的方法。

最後，C. L. Liu [9] 的第 7 章處理樹形循環、割集及結合這些概念的向量空間，具有線性或抽象代數背景的讀者應找找這個有趣的材料。

參考資料

1. Aho, Alfred V., Hopcroft, John E., and Ullman, Jeffrey D. *Data Structures and Algorithms.* Reading, Mass.: Addison-Wesley, 1983.
2. Atkins, Joel E., Dierckman, Jeffrey S., and O'Bryant, Kevin. "A Real Snow Job." *The UMAP Journal*, Fall no. 3 (1990): pp. 231–239.
3. Baase, Sara, and Van Gelder, Allen. *Computer Algorithms: Introduction to Design and Analysis*, 3rd ed. Reading, Mass.: Addison-Wesley, 2000.
4. Cormen, Thomas H., Leiserson, Charles E., Rivest, Ronald L., and Stein, Clifford. *Introduction to Algorithms*, 2nd ed. Boston, Mass.: McGraw-Hill, 2001.
5. Harary, Frank. *Graph Theory.* Reading, Mass.: Addison-Wesley, 1969.
6. Huffman, David A. "A Method for the Construction of Minimum Redundancy Codes." *Proceedings of the IRE* 40 (1952): pp. 1098–1101.
7. Knuth, Donald E. *The Art of Computer Programming*, Vol. 1, 2nd ed. Reading, Mass.: Addison-Wesley, 1973.
8. Knuth, Donald E. *The Art of Computer Programming*, Vol. 3. Reading, Mass.: Addison-Wesley, 1973.
9. Liu, C. L. *Introduction to Combinatorial Mathematics.* New York: McGraw-Hill, 1968.
10. Moon, John Wesley. *Counting Labelled Trees.* Canadian Mathematical Congress, Montreal, Canada, 1970.
11. Polya, George. "Kombinatorische Anzahlbestimmungen für Gruppen, Graphen und Chemische Verbindungen." *Acta Mathematica* 68 (1937): pp. 145–234.
12. Shier, Douglas R. "Spanning Trees: Let Me Count the Ways." *Mathematics Magazine* 73 (2000): pp. 376–381.

補充習題

1. 令 $G=(V, E)$ 是一個無迴路無向圖具 $|V|=n$。證明 G 是一個樹形若且唯若 $P(G, \lambda)=\lambda(\lambda-1)^{n-1}$。

2. 一個電話交換系統被安置在某公司裡，該公司有 125 位行政主管，這個系統由總裁預置，她打電話給她的 4 位副總裁，每位副總裁打電話給 4 位其它行政主管，他們之中的幾位輪流打電話給 4 位其它行政主管，且如此繼續。(打電話的每位行政主管將確實打 4 個電話。)

   a) 須打多少電話可聯絡所有的 125 位行政主管？

   b) 總裁除外，有多少位行政主管須打電話？

3. 令 T 為一個完全二元樹形且 T 的所有頂點以一個前序穿程來排序。這個穿程指定標示 1 給 T 的所有內部頂點且標示 0 給每片葉子。由 T 的前序穿程所得的由 0 和 1 所組成的序列，被稱是樹形的**特徵序列** (characteristic sequence)。

   a) 求特徵序列給圖 12.17 所示的完全二元樹形。

   b) 決定完全二元樹形給特徵序列。

   i) 1011001010100 及

   ii) 101111000010101100.

   c) 所有的完全二元樹形之特徵序列的最後兩個符號是什麼？為什麼？

4. 對 $k \in \mathbf{Z}^+$，令 $n=2^k$，且考慮表列 L：$a_1, a_2, a_3, \ldots, a_n$。欲以遞增順序分類 L，首先比較元素 a_i 和 $a_{i+(n/2)}$，對每個 $1 \le i \le n/2$。對所得的 2^{k-1} 有序數

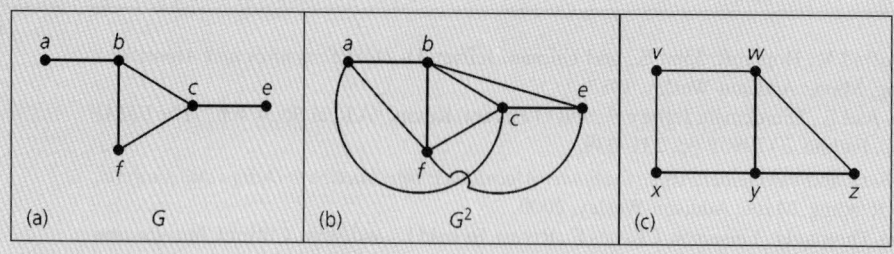

圖 12.46

對,合併分類第 i 個和第 (i+(n/4)) 個有序數對,對每個 $1 \leq i \leq n/4$。現在做一個合併分類在第 i 個及第 i+(n/8)) 個有序四元數對,對每個 $1 \leq i \leq n/8$。繼續這個過程直到 L 的所有元素被排成遞增順序位。

a) 應用這個分類程序到表列

L: 11, 3, 4, 6, −5, 7, 35,
  −2, 1, 23, 9, 15, 18, 2, −10, 5.

b) 若 $n=2^k$,這個程序至多需做多少個比較?

5. 令 $G=(V, E)$ 是一個無迴路無向圖。若 $\deg(v) \geq 2$ 對所有 $v \in V$,證明 G 有一個循環。

6. 令 $T=(V, E)$ 是一個根為 r 的根樹形。定義關係 $\mathcal{R}$ 在 V 上為 $x \mathcal{R} y$,對 $x, y \in V$,若 $x=y$ 或若 x 在由 r 到 y 的路徑上。證明 $\mathcal{R}$ 是一個偏序。

7. 令 $T=(V, E)$ 是一個樹形且 $V=\{v_1, v_2, \cdots, v_n\}$ 對 $n \geq 2$。證明 T 上的懸擺頂點個數等於

$$2 + \sum_{\deg(v_i) \geq 3} (\deg(v_i) - 2).$$

8. 令 $G=(V, E)$ 是一個無迴路無向圖。定義關係 $\mathcal{R}$ 在 E 上如下:若 $e_1, e_2 \in E$,則 $e_1 \mathcal{R} e_2$ 若 $e_1=e_2$ 或若 e_1 和 e_2 是 G 上某循環 C 的邊。

a) 證明 $\mathcal{R}$ 是 E 上的一個等價關係。

b) 描述由 $\mathcal{R}$ 所導出 E 的分割。

9. 若 $G=(V, E)$ 是一個無迴路連通無向圖且 $a, b \in V$,則我們定義由 a 到 b (或由 b 到 a) 的**距離** (distance),表為 $d(a, b)$,為 (G 上) 連接 a 和 b 的最短路徑之長度。(這是連接 a 和 b 的最短路徑之邊數,且當 $a=b$ 時其為 0。)

對任意無迴路連通無向圖 $G=(V, E)$,G 的**平方** (square),表為 G^2,是具頂點集 V (和 G 相同) 及定義如下之邊的圖:對相異的 $a, b \in V$,$\{a, b\}$ 是 G^2 的一個邊若 $d(a, b) \leq 2$ (在 G 上)。在圖 12.46 裡的 (a) 及 (b),我們有圖 G 及其平方。

a) 求在圖 (c) 上之圖的平方。

b) 求 G^2 若 G 是圖 $K_{1,3}$。

c) 若 G 是圖 $K_{1,n}$,其中 $n \geq 4$,欲構造 G^2 需加多少個邊到 G 上?

d) 對任意無迴路連通無向圖 G,證明 G^2 沒有接合點。

10. a) 令 $T=(V, E)$ 是一個高度為 8 的完全六元樹形。若 T 是平衡的,但非滿的,求 $|V|$ 的最小值及最大值。

b) 回答 (a) 若 $T=(V, E)$ 是一個高度為 h 的 m 元樹形。

11. 根 Fibonacci 樹形 T_n,$n \geq 1$,被遞迴定義如下:

1) T_1 是僅含根的根樹形;

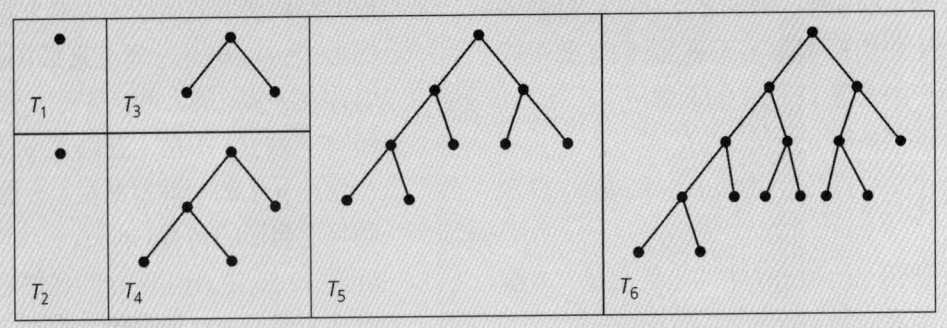

圖 12.47

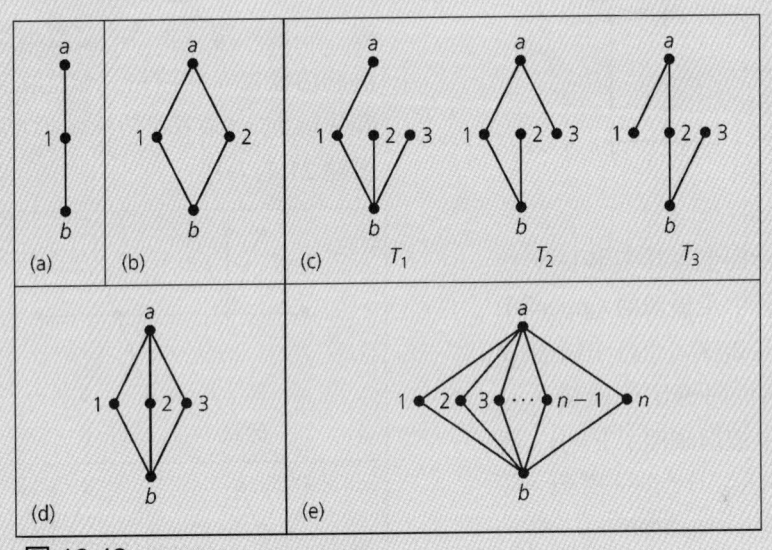

圖 12.48

2) T_2 和 T_1 一樣亦是一個根樹形，其由一個單一頂點組成；且

3) 對 $n \geq 3$，T_n 是根二元樹形且以 T_{n-1} 為在左子樹形以 T_{n-2} 為其右子樹形。

前六個根 Fibonacci 樹形被示於圖 12.47：

a) 對 $n \geq 1$，令 ℓ_n 計數 T_n 上葉子的個數。求並解一個遞迴關係給 ℓ_n。

b) 令 i_n 計數樹形 T_n 上的內部頂點個數，其中 $n \geq 1$。求並解一個遞迴關係給 i_n。

c) 決定一個公式給 v_n，v_n 是 T_n 上所有頂點的個數，其中 $n \geq 1$。

12. a) 圖 12.48(a) 中之圖恰有一個生成樹形即圖本身。圖 12.48(b) 中之圖有四個不相等，雖然同構，的生成樹形。圖 (c) 中，我們發現三個不相同的生成樹形給 (d) 中之圖。注意 T_2 和 T_3 是同構，但 T_1 不同構於 T_2 (或 T_3)。試問圖 12.48(d) 中之圖有多少個不相同的生成樹形？

b) 在圖 12.48(e) 裡，我們一般化圖 (a)，(b) 及 (d) 中的圖。對每個 $n \in \mathbf{Z}^+$，圖 G_n 是 $K_{2,n}$。

若 t_n 計數 G_n 的不相同生成樹形的個數，求並解一個遞迴關係給 t_n。

13. 令 $G = (V, E)$ 是無向連通"梯圖"，示

於圖 12.49 裡。對 $n \geq 0$，令 a_n 計數 G 的生成樹形個數，而 b_n 計數這些生成樹形中含邊 $\{x_1, y_1\}$ 的個數。

a) 解釋為何 $a_n = a_{n-1} + b_n$。

b) 找一方程式，以 a_{n-1} 和 b_{n-1} 表示 b_n。

c) 使用 (a) 和 (b) 中的結果來建立並解一個遞迴關係給 a_n。

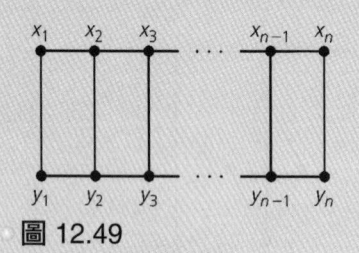

圖 12.49

14. 令 $T = (V, E)$ 為一樹形，其中 $|V| = v$ 且 $|E| = e$。樹形 T 被稱是**優美的** (graceful) 若可能將標示 $\{1, 2, 3, \cdots, v\}$ 指定給 T 的所有頂點，其係將導出的邊標示為 —— 每個邊 $\{i, j\}$ 被指派標示 $|i - j|$，對 $i, j \in \{1, 2, 3, \cdots, v\}$，$i \neq j$——導致 e 個邊被以 $1, 2, 3, \cdots, e$ 來標示。

a) 證明含 n ($n \geq 2$) 個頂點的每條路徑是優美的。

b) 對 $n \in \mathbf{Z}^+$，$n \geq 2$，證明 $K_{1,n}$ 是優美的。

c) 若 $T = (V, E)$ 是一個樹形具 $4 \leq |V| \leq 6$，證明 T 是優美的。(已猜想每個樹形是優美的。)

15. 對一個無向圖 $G = (V, E)$，V 的一個子集合 I 被稱是**獨立的** (independent) 當 I 上沒有兩點是相鄰的。而且，若 $I \cup \{x\}$ 不是獨立的對每個 $x \in V - I$，則我們稱 I 是 (頂點的) 一個**最大獨立** (maximal independet) 集合。

圖 12.50 中的兩個圖是所謂的毛蟲形的特種樹形的例子。一般來講，一個樹形 $T = (V, E)$ 是一個**毛蟲形** (caterpillar) 當存在一條 (最大的) 路徑 p 滿足，對所有 $v \in V$，不是 v 在路徑 p 上就是 v 和路徑 p 上的一個頂點相鄰。路徑 p 被稱是毛蟲形的**仿樣** (spine)。

a) 圖 12.50 中 (i) 和 (ii) 的各個毛蟲形各有多少個最大的頂點獨立集合？

b) 對 $n \in \mathbf{Z}^+$，且 $n \geq 3$，令 a_n 計數毛蟲形中最大獨立集合的個數，其中毛蟲形的仿樣含 n 個頂點。求並解一個遞迴關係給 a_n。[讀者可再檢視第 11 章補充習題 21 的 (a)]

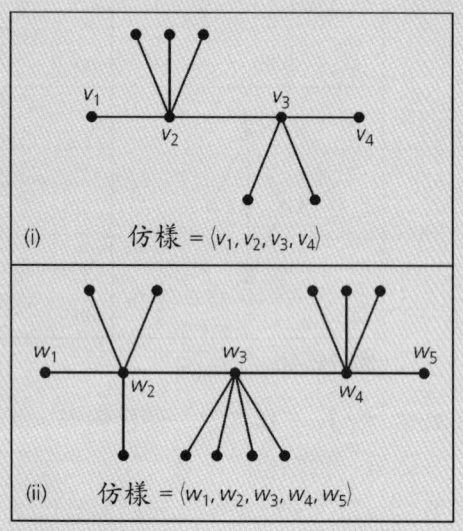

圖 12.50

16. 在圖 12.51(i) 裡，我們發現示於圖 12.50(i) 的毛蟲形的一個優美標示，找圖 12.50(ii) 及圖 12.51(ii) 的毛蟲形的優美標示。

17. 開發一個演算法來優美標示至少含兩個邊的毛蟲形之所有頂點。

18. 考慮圖 12.50(i) 的毛蟲形。若我們以一個 1 標示仿樣的每個邊，且以一個 0 來標示剩下的其它各點，毛蟲形可被視為

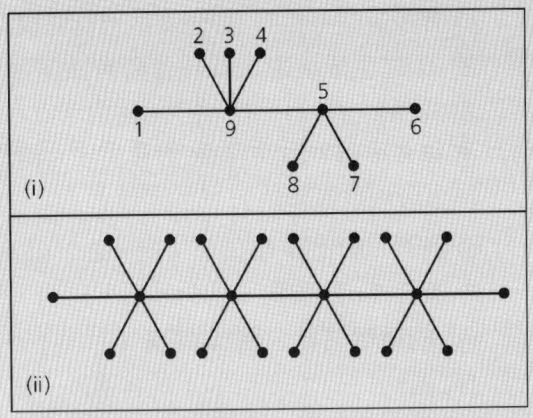

圖 12.51

一個二元串。此處的二元串是 10001001，其中第一個 1 是給仿樣的第一個（最左）邊，接著的三個 0 是給在 v_2 (非仿樣) 的邊，第二個 1 是給邊 $\{v_2, v_3\}$，兩個 0 是給在 v_3 (非仿樣) 的葉子，且最後的 1 是給仿樣的第三個 (最右) 邊。

我們亦注意到二元串 10001001 的逆轉——即 10010001——對應第二個毛蟲形，其和圖 12.50(i) 的毛蟲形等價。

a) 求圖 12.50(ii) 及圖 12.51(ii) 各個毛蟲形的二元串。

b) 毛蟲形可以有一個全為 1 的二元串嗎？

c) 毛蟲形的二元串可以僅含兩個 1 嗎？

d) 繪出有 5 個頂點的所有非同構毛蟲形。對各個毛蟲形求其二元串。這些二元串中有多少個是回文？

e) 將 (d) 中的五個改為六個，回答相同問題。

f) 對 $n \geq 3$，證明含 n 個頂點的非同構毛蟲形個數是 $(1/2)(2^{n-3} + 2^{\lceil (n-3)/2 \rceil}) = 2^{n-4} + 2^{\lfloor (n-4)/2 \rfloor} = 2^{n-4} + 2^{\lfloor n/2 \rfloor - 2}$。(這個是由 F. Harary 和 A. J. Schwenk 首先建立於 1973 年。)

19. 對 $n \geq 0$，我們想計數含 $n+1$ 個頂點的有序根樹形個數。圖 12.52(a) 的五個樹形涵蓋 $n=3$ 的情形。

[注意：雖然圖 12.52(b) 的兩個樹形，做為二元根樹形是相異的，但做為有序根樹形它們被視為是相同的樹形且每一個被由圖 12.52(a) 的第四個樹形說明之。]

a) 對圖 12.52(a) 的各個樹形執行一個後序穿程，我們每個邊走兩次，一次往下走且一次往回往上走，當我們往下走過一個邊，我們將記 "1"，且當我們往上走過一個邊，我們將記 "−1"。因此，圖 12.52(a) 第一個樹形的後序穿程產生表列 $1, 1, 1, -1, -1, -1$。表列 $1, 1, -1, -1, 1, -1$ 給 (a) 的第二個樹形。求圖 12.52(a) 的其它三個樹形的相對表列。

b) 求含五個頂點的有序根樹形，其分別產生表列：(i) $1, -1, 1, 1, -1, 1, -1, -1$; (ii) $1, 1, -1, -1, 1, 1, -1, -1$; 及 (iii) $1, -1, 1, -1, 1, 1, -1, -1$。有多少個含有五個頂

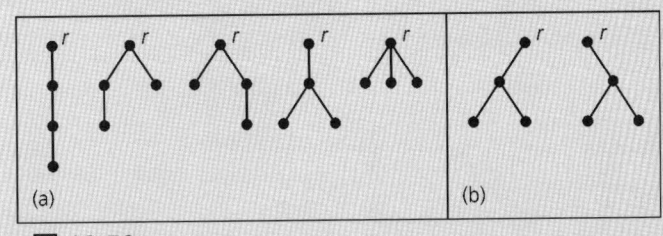

圖 12.52

點的此類樹形？

c) 對 $n \geq 0$，有多少個有序根樹形含有 $n+1$ 個頂點？

20. 對 $n \geq 1$，令 t_n 計數含 $n+1$ 個頂點的**扇形** (fan) 之生成樹形個數。$n=4$ 的扇形被示於圖 12.53。

    a) 證明 $t_{n+1} = t_n + \sum_{i=0}^{n} t_i$，其中 $n \geq 1$ 且 $t_0 = 1$。

    b) 對 $n \geq 2$，證明 $t_{n+1} = 3t_n - t_{n-1}$。

    c) 解 (b) 之遞迴關係並證明對 $n \geq 1$，$t_n = F_{2n}$，第 $2n$ 個 Fibonacci 數。

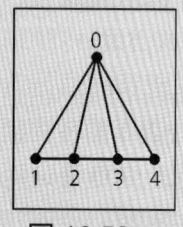

圖 12.53

21. a) 考慮由頂點 a，b，c，d 所導出的 G (在圖 12.54 裡) 之子圖。這個圖被稱是**箏形** (kite)。有多少個不相同 (雖然有些可能同構) 的生成樹形給這個箏形？

    b) 有多少個不相同 (雖然有些可能同構) 不包含邊 $\{c, h\}$ 的 G 之生成樹形？

    c) 有多少個不相同 (雖然有些可能同構) 的 G 之生成樹形，其包含所有四個頂點 $\{c, h\}$，$\{g, k\}$，$\{l, p\}$ 及 $\{d, o\}$？

    d) 有多少個不相同 (雖然有些可能同構) 的生成樹形存在給 G？

    e) 我們一般化圖 G 如下：對 $n \geq 2$，以一個含 $2n$ 個頂點 v_1，v_2，$\cdots$，v_{2n-1}，v_{2n} 的循環開始。將 n 個邊 $\{v_1, v_2\}$，$\{v_3, v_4\}$，$\cdots$，$\{v_{2n-1}, v_{2n}\}$ 的各邊以一個 (標示的) 箏形代之使得所得的圖是 3-正則的。($n=4$ 的情形出現在圖 12.54) 有多少個不相同 (雖然有些可能同構) 的生成樹形給這個圖？

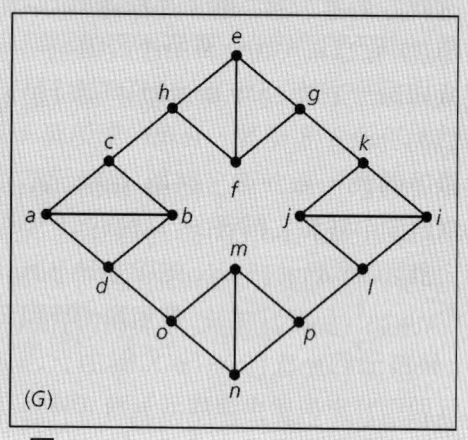

圖 12.54

第 13 章

最佳化及匹配

使用樹形和圖的結構，本書這個部份最後一章將介紹一些方法，其出現在數學領域裡被稱為**作業研究** (operations research)。這些最佳方法可被應用到圖及多重圖，有一個正實數 (在 13.1 及 13.2 節) 或一個非負整數 (在第 13.3 節)，稱之為權數，結合圖或多重圖的各邊。這些數敘述諸如頂點間的距離 (這些頂點是邊的端點)，或是沿著一個邊 (此邊代表一條高速公路或是空中路線) 由一個頂點到另一個頂點可被運送的物質的量。以圖形提供骨架，最佳化方法被以演算法方式來發展，幫助它們在電腦上的執行。在我們所分析的問題中，是決定：

1) 在一個無迴路連通有向圖上，一個指定頂點 v_0 到其它各個頂點間的距離。
2) 一個生成樹形給一已知圖或多重圖，其中樹形上所有邊的權數和是最小的。
3) 由一個初始點 (源點) 到一個終止點 (匯點) 間可被輸送的物質最大量，其中各邊上的權數說明該邊處理物質輸送的量。

13.1 Dijkstra 最短路徑演算法

我們以一個無迴路連通有向圖 $G=(V, E)$ 開始。現在對這個圖的各邊 $e=(a, b)$，我們指派一個正實數，稱之為 e 的**權數** (weight)。這被表為 wt(e)，或 wt(a, b)。若 x，$y \in V$ 但 $(x, y) \notin E$，我們定義 wt$(x, y)=\infty$。

對每個 $e=(a, b) \in E$，wt(e) 可表示 (1) 由 a 到 b 的路長，(2) 由 a 到 b

這條路旅行所需的時間，或 (3) 由 a 到 b 這條路旅行所需的費用。

每當此一圖 $G=(V, E)$ 被給且加上這裡所描述的權數指派，則這個圖被稱是一個**加權圖** (weighted graph)。

例題 13.1 在圖 13.1 裡，加權圖 $G=(V, E)$ 代表某些兩兩城市間的旅行路線。此處各邊 (x, y) 的權數說明由城市 x 到城市 y 間一趟直飛的大約飛行時間。

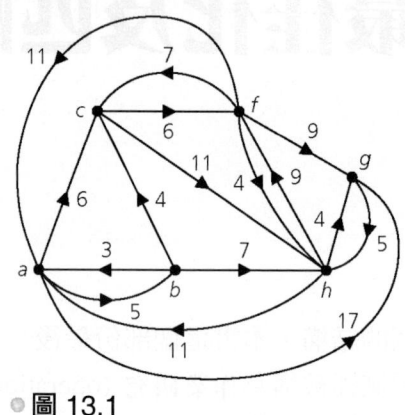

◎ 圖 13.1

在這個有向圖裡，出現 $\text{wt}(x, y) \neq \text{wt}(y, x)$ 的情形，對某些 G 上的邊 (x, y) 和 (y, x)。例如，$\text{wt}(c, f)=6 \neq 7=\text{wt}(f, c)$。或許由於順風。當飛機由 c 飛到 f，飛機可由順風幫忙，反之，當它逆向飛行時 (由 f 到 c) 速度減慢。

我們看到 c，$g \in V$，但 (c, g)，$(g, c) \notin E$，所以 $\text{wt}(g, c)=\text{wt}(c, g)=\infty$。這個亦為真對其它頂點對。另一方面，對某些頂點對，諸如 a，f，我們有 $\text{wt}(a, f)=\infty$ 而 $\text{wt}(f, a)=11$，一個有限數。

我們在本節的目標有兩個部份。給一個加權圖 $G=(V, E)$，對每個 $e=(x, y) \in E$，我們將解讀 $\text{wt}(e)$ 為由 x 到 y 的一條直接路線 (不管是汽車、飛機或是船) 的長度。對 a，$b \in V$，假設 v_1，v_2，$\cdots$，$v_n \in V$ 且邊 (a, v_1)，(v_1, v_2)，$\cdots$，(v_n, b) 提供一條由 a 到 b 的有向路徑 (在 G 上)。這條路徑的**長度** (length) 被定義為 $\text{wt}(a, v_1)+\text{wt}(v_1, v_2)+\cdots+\text{wt}(v_n, b)$。我們以 $d(a, b)$ 表由 a 到 b 的 (最短) 距離，亦即是由 a 到 b 的一條最短有向路徑 (在 G 上) 的長度。若由 a 到 b 無此類路徑存在 (在 G 上)，則我們定義 $d(a, b)=\infty$，且對所有 $a \in V$，$d(a, a)=0$。因此，我們有距離函數 $d: V \times V \to \mathbf{R}^+ \cup \{0, \infty\}$。

現在固定 $v_0 \in V$。接著對所有 $v \in V$，我們將決定

1) $d(v_0, v)$；及
2) 一條 [長度為 $d(v_0, v)$] 由 v_0 到 v 的有向路徑若 $d(v_0, v)$ 為有限。

欲完成這些目標，我們將介紹一個演算法，其係由 Edsger Wybe Dijkstra (1930-2002) 在 1959 年所發展出來的。這個程序是一個渴望的演算法的一個例子，因為我們想做的是得到最佳的局部結果 ("靠近" v_0 的頂點) 變成整體的最佳結果 (對圖的所有頂點)。

在我們敘述演算法之前，我們想檢視距離函數 d 的一些性質，這些性質將助我們瞭解為何演算法有效。

令 $v_0 \in V$ 固定 (如早先)，令 $S \subset V$ 具 $v_0 \in S$，且 $\overline{S} = V - S$。則我們定義 v_0 到 $\overline{S}$ 的距離為

$$d(v_0, \overline{S}) = \min_{v \in \overline{S}}\{d(v_0, v)\}.$$

當 $d(v_0, \overline{S}) < \infty$，則 $d(v_0, \overline{S})$ 是一條由 v_0 到 $\overline{S}$ 上一頂點之最短有向路徑的長度。此時將存在至少一個頂點 v_{m+1} 在 $\overline{S}$ 滿足 $d(v_0, \overline{S}) = d(v_0, v_{m+1})$。這裡 P：(v_0, v_1)，(v_1, v_2)，$\cdots$，(v_{m-1}, v_m)，(v_m, v_{m+1}) 是一條 (在 G 上) 由 v_0 到 v_{m+1} 的最短有向路徑。所以，此刻，我們要求

1) v_0，v_1，v_2，$\cdots$，$v_m \in S$；且
2) P'：(v_0, v_1)，(v_1, v_2)，$\cdots$，(v_{k-1}, v_k) 是一條 (在 G 上) 由 v_0 到 v_k 的最短有向路徑，對每個 $1 \leq k \leq m$。

(這兩個結果的證明被要求在本節末的第一個習題裡。)

由這些觀察得

$$d(v_0, \overline{S}) = \min\{d(v_0, u) + \text{wt}(u, w)\},$$

其中最小值是計算遍所有 $u \in S$，$w \in \overline{S}$。若一個最小值發生於 $u = x$ 及 $w = y$，則

$$d(v_0, y) = d(v_0, x) + \text{wt}(x, y)$$

是由 v_0 到 y 的 (最短) 距離。

給 $d(v_0, \overline{S})$ 的公式是演算法的基石。我們以令 $S_0 = \{v_0\}$ 開始，且接著決定

$$d(v_0, \overline{S}_0) = \min_{\substack{u \in S_0 \\ w \in \overline{S}_0}}\{d(v_0, u) + \text{wt}(u, w)\}.$$

這個給我們 $d(v_0, \overline{S}_0) = \min_{w \in \overline{S}_0}\{\text{wt}(v_0, w)\}$，因為 $S_0 = \{v_0\}$ 且 $d(v_0, v_0) = 0$。若

$v_1 \in \overline{S}_0$ 且 $d(v_0, \overline{S}_0) = \text{wt}(v_0, v_1)$，則我們將 S_0 擴大為 $S_1 = S_0 \cup \{v_1\}$ 且決定

$$d(v_0, \overline{S}_1) = \min_{\substack{u \in S_1 \\ w \in \overline{S}_1}} \{d(v_0, u) + \text{wt}(u, w)\}.$$

此引導我們一個頂點 v_2 在 $\overline{S}_1$ 上滿足 $d(v_0, \overline{S}_1) = d(v_0, v_2)$。繼續此過程，若 $S_i = \{v_0, v_1, v_2, \cdots, v_i\}$ 已被決定且 $v_{i+1} \in \overline{S}_i$ 滿足 $d(v_0, v_{i+1}) = d(v_0, \overline{S}_i)$，則我們將 S_i 擴大到 $S_{i+1} = S_i \cup \{v_{i+1}\}$。我們將停止擴大當我們達到 $\overline{S}_{n-1} = \emptyset$（其中 $n = |V|$）或當 $d\{v_0, \overline{S}_i\} = \infty$ 對某些 $0 \leq i \leq n-2$。

在這整個過程裡，各種標示將被放在各個頂點 $v \in V$ 上。出現在所有頂點上的最後標示集將為 $(L(v), u)$ 的形式，其中 $L(v) = d(v_0, v)$，為由 v_0 到 v 的距離，且 u 是在 v_0 到 v 的一條最短路徑上在 v 之前的頂點 (若存在)。亦即 (u, v) 是由 v_0 到 v 的一條有向路徑上的最後的邊，且這條路徑決定 $d(v_0, v)$。首先我們以 $(0, -)$ 標示 v_0 且以 $(\infty, -)$ 標示所有其它頂點 v。當我們應用這個演算時，在每個 $v \neq v_0$ 的標示將改變 (有時候超過一次)，由 $(\infty, -)$ 變到最後的標示 $(L(v), u) = (d(v_0, v), u)$，除非 $d(v_0, v) = \infty$。

有了這些預備知識在我們背後，現在是正式敘述定理的時候了。

令 $G = (V, E)$ 是一個加權圖，具 $|V| = n$。欲找由一個固定頂點 v_0 到 G 上所有其它頂點的最短距離，及一條最短有向路徑給這些各個頂點，我們應用下面演算法。

Dijkstra's 最短路徑演算法

步驟 1：令計數器 $i = 0$ 及 $S_0 = \{v_0\}$。以 $(0, -)$ 標示 v_0 及對每個 $v \neq v_0$ 標示為 $(\infty, -)$。

若 $n = 1$，則 $V = \{v_0\}$ 且問題被解了。

若 $n > 1$，繼續到步驟 (2)。

步驟 2：對每個 $v \in \overline{S}_i$，當可能時，將 v 上的標示取代為新標示 $(L(v), y)$，其中

$$L(v) = \min_{u \in S_i}\{L(v), L(u) + \text{wt}(u, v)\},$$

且 y 是 S_i 上的一個頂點，其產生最小值 $L(v)$。[當一個取代發生時，表示我們可由 v_0 走到 v 且沿著包含邊 (y, v) 的路徑走一個最短的距離。]

步驟 3：若 $\overline{S}_i$ (對某些 $0 \leq i \leq n-2$) 的每個頂點的標示為 $(\infty, -)$，則標示圖包含我們正要尋找的資訊。

若否，則至少存在一個頂點 $v \in \overline{S}_i$ 的標示不是 $(\infty, -)$，且我們

執行下面工作：

1) 選一個頂點 v_{i+1}，其中 $L(v_{i+1})$ 是一個最小值 (對所有此類的 v)。可能有多於一個此類頂點，此時我們可在可能的候選者中自由選擇。頂點 v_{i+1} 是 $\overline{S_i}$ 上最靠近 v_0 的元素。
2) 將 $S_i \cup \{v_{i+1}\}$ 指派給 S_{i+1}。
3) 將計數器 i 增加 1。
   若 $i = n-1$，標示圖有我們想要的資訊。
   若 $i < n-1$，則回到步驟 (2)。

我們現在應用這個演算法於下面例題裡。

例題 13.2 應用 Dijkstra 演算法至示於圖 13.1 的加權圖 $G = (V, E)$ 以求由頂點 c ($=v_0$) 到 G 上其它五個頂點的最短距離。

初始化： ($i = 0$)。令 $S_0 = \{c\}$。以 $(0, -)$ 標示 c 及以 $(\infty, -)$ 標示 G 上的所有其它頂點。

第一個迭代： ($\overline{S_0} = \{a, b, f, g, h\}$)。此時步驟 (2) 的 $i = 0$ 且我們發現，例如，

$$L(a) = \min\{L(a), L(c) + \text{wt}(c, a)\} = \min\{\infty, 0 + \infty\} = \infty,$$

而

$$L(f) = \min\{L(f), L(c) + \text{wt}(c, f)\} = \min\{\infty, 0 + 6\} = 6.$$

類似計算得 $L(b) = L(g) = \infty$ 且 $L(h) = 11$。所以我們以 $(6, c)$ 標示頂點 f 且以 $(11, c)$ 標示頂點 h。將 $\overline{S_0}$ 上剩下的其它頂點標示為 $(\infty, -)$。[見圖 13.2(a)] 在步驟 (3) 裡，我們看到 f 是 $\overline{S_0}$ 上最靠近 v_0 的頂點 v_1，所以我們指派 S_1 為集合 $S_0 \cup \{f\} = \{c, f\}$ 且將計數器 i 增加至 1。因為 $i = 1 < 5$ ($= 6-1$)，我們回到步驟 (2)。

第二個迭代： ($\overline{S_1} = \{a, b, g, h\}$)。現在步驟 (2) 的 $i = 1$，且對每個 $v \in \overline{S_1}$，我們令

$$L(v) = \min_{u \in S_1}\{L(v), L(u) + \text{wt}(u, v)\}.$$

752 離散與組合數學

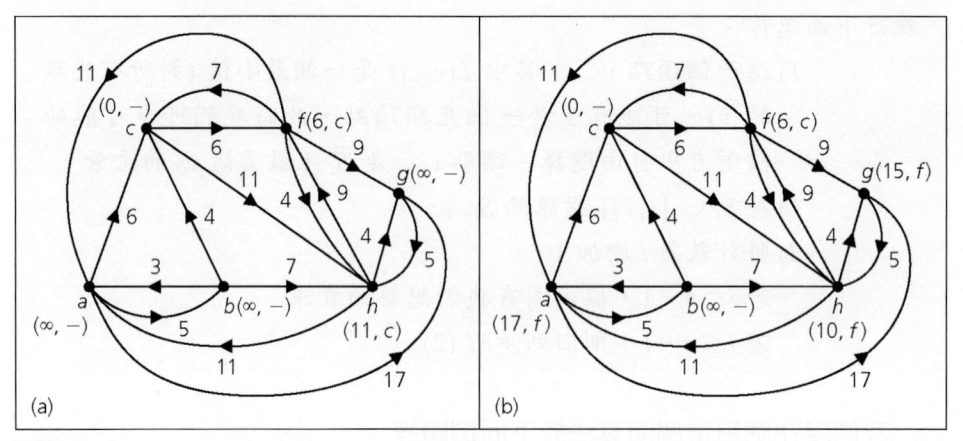

● 圖 13.2

此得

$$L(a) = \min\{L(a), L(c) + \text{wt}(c, a), L(f) + \text{wt}(f, a)\}$$
$$= \min\{\infty, 0 + \infty, 6 + 11\} = 17,$$

所以頂點 a 被標示為 $(17, f)$。同法，我們發現

$$L(b) = \min\{\infty, 0 + \infty, 6 + \infty\} = \infty,$$
$$L(g) = \min\{\infty, 0 + \infty, 6 + 9\} = 15,$$
$$L(h) = \min\{11, 0 + 11, 6 + 4\} = 10.$$

[這些結果提供圖 13.2(b) 的所有標示。] 在步驟 (3) 裡，我們發現頂點 v_2 是 h，因為 $h \in \overline{S}_1$ 且 $L(h)$ 是一個最小值。接著 S_2 被指定為 $S_1 \cup \{h\} = \{c, f, h\}$，計數器被增加至 2，且因為 2<5，演算法引導我們回到步驟 (2)。

第三個迭代：($\overline{S}_2 = \{a, b, g\}$)。以步驟 (2) 中的 $i=2$，下面現在被計算：

$$L(a) = \min_{u \in S_2}\{L(a), L(u) + \text{wt}(u, a)\}$$
$$= \min\{17, 0 + \infty, 6 + 11, 10 + 11\} = 17$$

(所以 a 上的標示未變)；

$$L(b) = \min\{\infty, 0 + \infty, 6 + \infty, 10 + \infty\} = \infty$$

(所以 b 上的標示仍為 ∞)；且

$$L(g) = \min\{15, 0 + \infty, 6 + 9, 10 + 4\} = 14 < 15,$$

所以 g 上的標示改為 $(14, h)$，因為 $14 = L(h) + \text{wt}(h, g)$。在 $\overline{S_2}$ 上的所有頂點中，g 最靠近 v_0，因為 $L(g)$ 是一個最小值。在步驟 (3) 裡，頂點 v_3 被定義為 g 且 $S_3 = S_2 \cup \{g\} = \{c, f, h, g\}$。則計數器被增至 $3 < 5$，且我們回到步驟 (2)。

第四個迭代：$(\overline{S_3} = \{a, b\})$。以 $i = 3$，下面被決定於步驟 (2) 裡：$L(a) = 17$；$L(b) = \infty$。(在這個迭代裡，沒有標示改變。) 我們令 $v_4 = a$ 及 $S_4 = S_3 \cup \{a\} = \{c, f, h, g, a\}$ 於步驟 (3) 裡。則計數器 i 增加至 4 (<5)，且我們回到步驟 (2)。

第五個迭代：$(\overline{S_4} = \{b\})$。這時步驟 (2) 的 $i = 4$，且我們發現 $L(b) = L(a) + \text{wt}(a, b) = 17 + 5 = 22$。現在 b 的標示被改為 $(22, a)$。接著步驟 (3) 的 $v_5 = b$，S_5 被設置為 $\{c, f, h, g, a, b\}$ 且 i 增加至 5。但現在 $i = 5 = |V| - 1$，過程終止。我們得到示於圖 13.3 的標示圖。

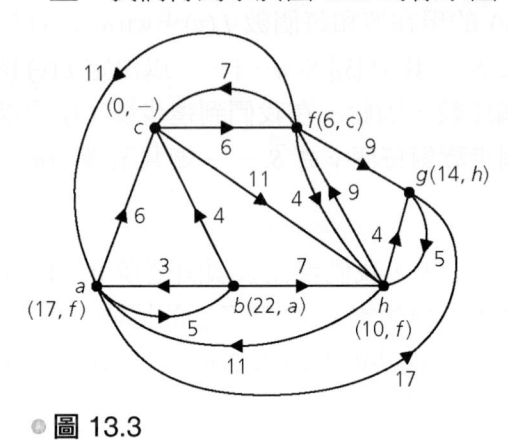

● 圖 13.3

由圖 13.3 上的所有標示，我們有下面由 c 到 G 上的其它五個頂點的最短距離：

1) $d(c, f) = L(f) = 6.$
2) $d(c, h) = L(h) = 10.$
3) $d(c, g) = L(g) = 14.$
4) $d(c, a) = L(a) = 17.$
5) $d(c, b) = L(b) = 22.$

欲決定，例如，由 c 到 b 的最短有向路徑，我們在頂點 b 開始，其被標示為 $(22, a)$。因此，在這條最短路徑上，a 是 b 的**前趨** (predecessor)。a 上的標示是 $(17, f)$，所以在這條路徑上，f 在 a 之前。最後，f 上的標示是 $(6, c)$，所以我們回到頂點 c，且由演算法所決定的由 c 到 b 的最短有向

路徑是為邊 (c, f)，(f, a) 及 (a, b)。

現在我們已展示這個演算法的一個應用，我們下一個關心的是其最差-情形時間-複雜度函數 $f(n)$ 的階數，其中 $n=|V|$ 於加權圖 $G=(V, E)$ 裡。我們將利用在演算法的執行期間步驟 (2) 及 (3) 所做的加法及比較次數來估計最差-情形複雜度。

在步驟 (1) 的初始化過程之後，至多有 $n-1$ 個迭代，因為每個迭代決定下一個最靠近 v_0 的頂點且 $n-1=|V-\{v_0\}|$。

若 $0 \leq i \leq n-2$，則在步驟 (2) 的 [第 $i+1$ 個] 迭代裡，我們發現下面發生對每個 $v \in \overline{S}_i$：

1) 當 $0 \leq i \leq n-2$，我們執行至多 $n-1$ 個加法來計算

$$L(v) = \min_{u \in S_i}\{L(v), L(u) + \text{wt}(u, v)\}$$

——一個加法對每個 $u \in S_i$。

2) 我們比較 $L(v)$ 的現在值和每個數 $L(v)+\text{wt}(u, v)$ (可能無限大)——一個對每個 $u \in S_i$，其中 $|S_i| \leq n-1$——以決定 $L(v)$ 的新值。這個需要至多 $n-1$ 個比較。因此，在我們到達步驟 (3) 之前，我們已執行至多 $2(n-1)$ 個步驟對每個 $v \in \overline{S}_i$——總共至多 $2(n-1)^2$ 個步驟對所有 $v \in \overline{S}_i$。

繼續到步驟 (3)，我們現在必須由至多 $n-1$ 個數 $L(v)$ 中選出最小的值，其中 $v \in \overline{S}_i$。這個需 $n-2$ 個多加的比較——在最差情形。

因此，每個迭代總共需不超過 $2(n-1)^2+(n-2)$ 個步驟。演算法可能有 $n-1$ 個迭代，所以得

$$f(n) \leq (n-1)[2(n-1)^2 + (n-2)] \in O(n^3).$$

我們將以某些觀察來結束本節，而這些觀察可被用來改進這個演算法的最差-情形時間-複雜度。首先我們應觀察 $0 \leq i \leq n-2$，我們目前的演算法的第 $(i+1)$ 個迭代產生第 $(i+1)$ 個最靠近 v_0 的頂點。這個頂點是 v_{i+1}。在我們的例題裡，我們發現 $v_1=f$，$v_2=h$，$v_3=g$，$v_4=a$ 及 $v_5=b$。

第二，注意在計算 $L(v)$ 時，我們做了多少個複製。這個頗容易的被見到於例題 13.2 的第二個及第三個迭代裡。我們應樂意切回此類不必要的計算，所以讓我們試一個稍微不同的方法給我們的最短路徑問題。我們再次以一個加權圖 $G=(V, E)$ 開始，其中 $|V|=n$ 且 $v_0 \in V$。現在令 v_i 表第 i 個最靠近 v_0 的頂點，其中 $0 \leq i \leq n-1$，$S_i = \{v_0, v_1, \cdots, v_i\}$，且 $\overline{S}_i = V-$

S_i。一開始,我們對每個 $v \in V$ 指定 $L_0(v)$ 如下:

$$L_0(v_0) = 0 \quad \text{因為} \quad d(v_0, v_0) = 0 \text{ 且}$$
$$L_0(v) = \infty, \quad \text{對} \quad v \neq v_0.$$

則對 $i \geq 0$ 且 $v \in \overline{S_i}$,我們定義

$$L_{i+1}(v) = \min\{L_i(v), L_i(v_i) + \text{wt}(v_i, v)\},$$

其中 v_i 是一個頂點滿足 $L_i(v_i)$ 是最小的:即第 i 個最靠近 v_0 的頂點。我們發現

$$L_{i+1}(v) = \min_{1 \leq j \leq i}\{d(v_0, v_j) + \text{wt}(v_j, v)\}.$$

現在讓我們看看在 (至多) $n-1$ 個迭代中各迭代有什麼事發生,當我們使用 $L_{i+1}(v)$ 的定義時,其中 $L_{i+1}(v)$ 使用頂點 v_i。

對每 $v \in \overline{S_i}$ 我們僅需一個加法 [即 $L_i(v_i) + \text{wt}(v_i, v)$] 及一個比較 [$L_i(v)$ 和 $L_i(v) + \text{wt}(v_i, v)$] 以計算 $L_{i+1}(v)$。因為 $\overline{S_i}$ 上至多有 $n-1$ 個頂點,這個需至多 $2(n-1)$ 個步驟來得 $L_{i+1}(v)$ 對所有 $v \in \overline{S_i}$。在求 $\{L_{i+1}(v) \mid v \in \overline{S_i}\}$ 的最小值時,需至多 $n-2$ 個比較,所以在各個迭代,我們可得 v_{i+1}——一個頂點 $v \in \overline{S_i}$ 滿足 $L_{i+1}(v)$ 是一個最小值——以至多 $2(n-1)+(n-2)=3n-4$ 個步驟。我們執行至多 $n-1$ 個迭代,所以我們發現 Dijkstra 演算法的這個版本,其最差-情形時間-複雜度是 $O(n^2)$。

欲找一條由 v_0 到每個 $v \in V$ 的最短路徑,$v \neq v_0$,我們看到每當 $L_{i+1}(v) < L_i(v)$,對任意 $0 \leq i \leq n-2$,我們需要追蹤頂點 $y \in S_i$ 滿足 $L_{i+1}(v) = d(v_0, y) + \text{wt}(y, v)$。

Dijkstra 演算法的其它執行使用一個叫做**堆** (heap) 的資料結構。對一個加權圖 $G=(V, E)$,其中 $|V|=n$ 且 $|E|=m$,我們發現,例如,這個演算法的**二元堆** (binary heap) 執行有最差-情形時間-複雜度 $O(m \log_2 n)$。(這個,及更多的,被討論在由 R. K. Ahuja,T. L. Magnanti 及 J. B. Orlin [2] 所著的教科書的第 108-122 頁。讀者亦可在該書的第 773-787 頁發現更多各種不同的堆。Dijkstra 演算法的執行及執行時間的另一個源頭是 T. H. Cormen,C. E. Leiserson,R. L. Rivest 及 C. Stein [7] 所著的教科書的第 24.3 節 (第 595-601 頁)。)

習題 13.1

1. 令 $G=(V, E)$ 是一個加權圖，其中對 E 上的每個邊 $e=(a, b)$，$\text{wt}(a, b)$ 等於由 a 到 b 沿著邊 e 的距離。若 $(a, b) \notin E$，則 $\text{wt}(a, b) = \infty$。

   固定 $v_0 \in V$ 且令 $S \subset V$，具 $v_0 \in S$。則對 $\overline{S} = V - S$，我們定義 $d(v_0, \overline{S}) = \min_{v \in \overline{S}} \{d(v_0, v)\}$。若 $v_{m+1} \in \overline{S}$ 且 $d(v_0, \overline{S}) = d(v_0, v_{m+1})$，則 $P: (v_0, v_1)$，$(v_1, v_2), \cdots, (v_{m-1}, v_m), (v_m, v_{m+1})$ 是一條由 v_0 到 v_{m+1} 的最短有向路徑 (在 G 上)。證明

   a) $v_0, v_1, v_2, \cdots, v_{m-2}, v_m \in S$。

   b) $P': (v_0, v_1), (v_1, v_2), \cdots, (v_{k-1}, v_k)$ 是一條由 v_0 到 v_k 的最短有向路徑 (在 G 上)，對每個 $1 \leq k \leq m$。

2. a) 應用 Dijkstra 演算法到圖 13.4 的加權圖 $G=(V, E)$，且決定由頂點 a 到 G 上其它 6 個頂點的各個頂點間之最短距離。這裡 $\text{wt}(e) = \text{wt}(x, y) = \text{wt}(y, x)$ 對 E 上的各個邊 $e = \{x, y\}$。

   b) 決定一條由頂點 a 到 c、f 及 i 各個頂點的最短路徑。

3. a) 應用 Dijkstra 演算法到圖 13.1 所示的圖並決定由頂點 a 到圖上其它各個頂點的最短距離。

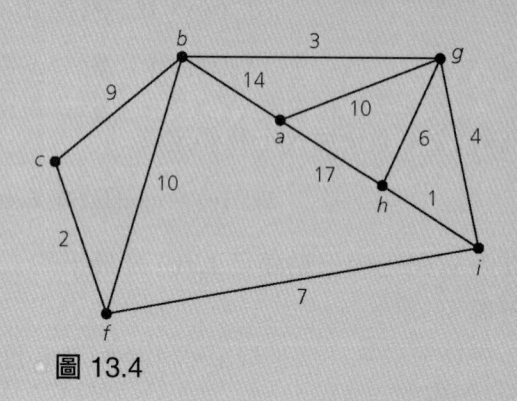

   b) 求一條由頂點 a 到 f、g 及 h 各個頂點的最短路徑。

4. 使用本節末所發展的概念來確信 (a) 例題 13.2 所得的結果；及 (b) 習題 2(a)。

5. 證明或不證明下面對一個加權圖 $G=(V, E)$，其中 $V=\{v_0, v_1, v_2, \cdots, v_n\}$ 且 $e_1 \in E$ 滿足 $\text{wt}(e_1) < \text{wt}(e)$ 對所有 $e \in E$，$e \neq e_1$。若 Dijkstra 演算法被應用到 G，且最短距離 $d(v_0, v_i)$ 被計算對每個頂點 v_i，$1 \leq i \leq n$，則存在一個頂點 v_j，對某些 $1 \leq j \leq n$，其中邊 e_1 被用在由 v_0 到 v_j 的最短路徑上。

圖 13.4

13.2 最小生成樹形：Kruskal 和 Prim 演算法

一個散漫的數個電腦網路即將被建置給一個七個電腦的系統。圖 13.5 的圖 G 模擬這個情況。電腦被表為圖中的頂點；邊代表傳輸線，其被考慮為用來連結某對電腦。G 上每個邊 e 所結合的是一個正實數 $\text{wt}(e)$，e 的

權數。此處邊上的權數說明構造該特別傳輸線的預算費用。我們的目標是連結所有的電腦而最小化總建構費用。欲如此做，我們需一個生成樹形 T，其中 T 的所有邊之權數和是最小的。此一個最佳生成樹形的建構可使用由 Joseph Bernard Kruskal (1928-) 及 Robert Clay Prim (1921-) 所發展出來的演算法來達成。

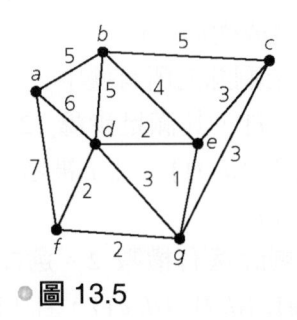

◉ 圖 13.5

像 Dijkstra 演算法，這些演算法是渴望的；當每個演算法被使用，在過程的每個步驟，一個最佳的 (這裡是最小的) 選擇可由剩下的可用之資料取得。再次，若出現的是最佳局部選擇 (例如，對一頂點 c 及靠近 c 的所有頂點) 變成最佳的整體選擇 (對圖的所有頂點)。則渴望的演算法將引導至一個最佳解。

我們首先考慮 Kruskal 演算法，這個演算法被給如下。

令 $G=(V, E)$ 是一個無迴路無向連通圖，其中 $|V|=n$ 且每個邊被指派一個正實數 wt(e)。欲找一個最佳的 (最小的) 生成樹形給 G，應用下面演算法。

Kruskal 演算法

步驟 1：令計數器 $i=1$ 且在 G 上選一個邊 e_1，其中 wt(e_1) 是儘可能的小。

步驟 2：對 $1 \leq i \leq n-2$，若邊 $e_1, e_2, \ldots, e_i$ 已被選，則由 G 上剩下的邊選出邊 e_{i+1} 使得 (a) wt(e_{i+1}) 是儘可能的小且 (b) 由邊 $e_1, e_2, \ldots, e_i, e_{i+1}$ (和這些邊所連接的頂點) 所決定的 G 之子圖沒有循環。

步驟 3：將 i 取代為 $i+1$。

若 $i=n-1$，則由邊 $e_1, e_2, \ldots, e_{n-1}$ 所決定的 G 之子圖連接 n 個頂點及 $n-1$ 個邊，且是 G 的一個最佳生成樹形。

若 $i<n-1$，回到回步驟 (2)。

在建立這個演算法的有效性之前，我們考慮下面例題。

例題 13.3　應用 Kruskal 演算法到圖 13.5 所示的圖。

初始化：　($i=1$)。因為有一個最小權數 1 的唯一邊，即 $\{e, g\}$，我們以 $T=\{\{e, g\}\}$ 開始。(T 以含一個邊的樹形開始，且經過每個迭代後，T 將成長為一個較大的樹形或森林。在最後一個迭代之後，子圖 T 是 G 的一個最佳生成樹形。)

第一個迭代： 在 G 上剩餘的所有邊中，三個邊有次最小權數 2。選擇 $\{d, f\}$，其滿足步驟 (2) 的條件。現在 T 是森林 $\{\{e, g\}, \{d, f\}\}$，且 i 被增至 2。由於 $i=2<6$，回到步驟 (2)。

第二個迭代： 兩個剩餘邊有權數 2。選擇 $\{d, e\}$。現在 T 是樹形 $\{\{e, g\}, \{d, f\}, \{d, e\}\}$，且 i 被增至 3。但因為 $3<6$，演算法引導我們回到步驟 (2)。

第三個迭代： 在 G 上不在 T 上的所有邊中，邊 $\{f, g\}$ 有最小權數 2。然而，若此邊被加至 T 上，則所得結果含有一個循環，其毀掉正在找尋的樹形結構。因此，邊 $\{c, e\}$，$\{c, g\}$ 和 $\{d, g\}$ 被考慮。邊 $\{d, g\}$ 帶來一個循環，但不是 $\{c, e\}$ 就是 $\{c, g\}$ 滿足步驟 (2) 的條件。選擇 $\{c, e\}$。T 成長為 $\{\{e, g\}, \{d, f\}, \{d, e\}, \{c, e\}\}$ 且 i 增加為 4。回到步驟 (2)，我們發現第 4 及第 5 個迭代提供下面。

第四個迭代： $T=\{\{e, g\}, \{d, f\}, \{d, e\}, \{c, e\}, \{b, e\}\}$；$i$ 增為 5。

第五個迭代： $T=\{\{e, g\}, \{d, f\}, \{d, e\}, \{c, e\}, \{b, e\}, \{a, b\}\}$。計數器 i 現在變為 $6=$ (G 的頂點數) -1。所以 T 是 G 的一個最佳樹形且權數為 $1+2+2+3+4+5=17$。

圖 13.6 顯示這個最小權數的生成樹形。

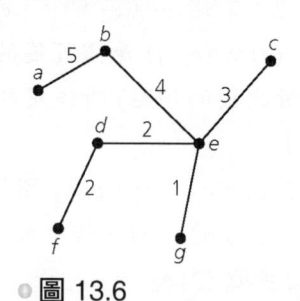

圖 13.6

例題 13.3 說明 Kruskal 演算法確實產生一個生成樹形。這個由定理 12.5 的 (a) 和 (d) 得到，因為所得的子圖有 n ($=|V|$) 個頂點及 $n-1$ 個邊且是連通的。一般來講，若 $G=(V, E)$ 是一個無迴路加權連通無向圖且 T 是 Kruskal 演算法所產生的 G 之子圖，則 T 沒有循環。更而，T 是 G 的一個生成子圖。因為若 $v \in V$ 且 v 不在 T 上，則我們可將 G 的一個邊 e 加到 T 上，其中 e 是鄰接 v，且所得 G 的子圖仍然沒有循環。最後，T 是連通的。否則，T 至少有兩個連通分區，稱 T_1 和 T_2，且因為 G 是連通的，我們可將 G 上的一邊 $\{x, y\}$ 加至 T，其中 x 在 T_1 且 y 在 T_2，且沒有循環將出現在這個子圖。因此，G 的子圖 T 是 G 的一個連通生成子圖且沒有循環 (或迴路)，所以 T 是 G 的一個生成樹形。

這個演算法是渴望的；它由所有剩餘邊中選一個不會產生循環的最小權數之邊。下面結果保證所得的生成樹形是最佳的。

定理 13.1 令 $G=(V, E)$ 是一個無迴路加權連通無向圖。利用 Kruskal 演算法所得的 G 之任意生成樹形是最佳的。

證明：令 $|V|=n$，且令 T 是利用 Kruskal 演算法所得的 G 之生成樹形。依據利用演算法它們被產生的順序，T 上的所有邊被標示為 e_1，e_2，$\cdots$，e_{n-1}，對 G 的每個最佳樹形 T'，定義 $d(T')=k$ 若 k 是最小的正整數滿足 T 和 T' 同時包含 e_1，e_2，$\cdots$，e_{k-1}，但 $e_k \notin T'$。

令 T_1 為一個最佳樹形滿足 $d(T_1)=r$ 是最大的。若 $r=n$，則 $T=T_1$ 且結果成立。否則，$r \le n-1$ 且將 (T 的) 邊 e_r 加到 T_1 產生循環 C，其中存在 C 的一邊 e'_r，其在 T_1 上但不在 T 上。

以樹形 T_1 開始。將 e_r 加到 T_1 並移去 e'_r，我們得到一個含 n 個頂點及 $n-1$ 個邊的連通圖。此圖是一個生成樹形 T_2。T_1 和 T_2 的權數滿足 $\text{wt}(T_2) = \text{wt}(T_1) + \text{wt}(e_r) - \text{wt}(e'_r)$。

在 Kruskal 演算法的 e_1，e_2，$\cdots$，e_{r-1} 的選擇之後，邊 e_r 被選使 $\text{wt}(e_r)$ 是最小的且當 e_r 被加到由 e_1，e_2，$\cdots$，e_{r-1} 所決定的 G 之子圖 H 時沒有產生循環。因為 e'_r 被加到子圖 H 時，沒有產生循環，由 $\text{wt}(e_r)$ 的最小性質，得 $\text{wt}(e'_r) \ge \text{wt}(e_r)$。因此，$\text{wt}(e_r) - \text{wt}(e'_r) \le 0$，所以 $\text{wt}(T_2) \le \text{wt}(T_1)$。但由於 T_1 是最佳的，我們必有 $\text{wt}(T_2)=\text{wt}(T_1)$，所以 T_2 是最佳的。

樹形 T_2 是最佳的，且和 T 有相同的邊 e_1，e_2，$\cdots$，e_{r-1}，e_r，所以 $d(T_2) \ge r+1 > r = d(T_1)$，這和 T_1 的選法矛盾。因此，$T_1=T$ 且由 Kruskal 演算法所得的樹形是最佳的。

我們利用下面觀察來測度 Kruskal 演算法的最差-情形時間-複雜度。

給一個無迴路加權連通無向圖 $G=(V, E)$，其中 $|V|=n$ 且 $|E|=m \geq 2$，我們可以使用 12.3 節的合併分類來列出 (及重新標示，若有需要) E 上的所有邊為 e_1，e_2，$\cdots$，e_m，其中 $\text{wt}(e_1) \leq \text{wt}(e_2) \leq \cdots \leq \text{wt}(e_m)$。這裡需做的比較次數是 $O(m \log_2 m)$。則一旦 G 的所有邊以這個 (非遞減權數) 順位列出，演算法的步驟 (2) 至多被執行 $m-1$ 次，邊 e_2，e_3，$\cdots$，e_m 中，一邊一次。

對每個邊 e_i，$2 \leq i \leq m$，我們必須決定 e_i 是否導致樹形或森林上循環的形成，而這些樹形或森林是我們 (在考慮邊 e_1，e_2，$\cdots$，e_{i-1} 之後) 所發展的。對每個邊此可以一個常數 [亦即 $O(1)$] 的次數量來完成，若我們另加的資料結構，例如**分區旗子** (component flag) 資料結構。不幸地，這個資料結構的更新無法以一個常數次數量來執行。然而，偵測循環所需的所有工作至多 $O(n \log_2 n)$ 個步驟[†]可以完成。

因此，我們將定義最差-情形時間-複雜度函數 f，對 $m \geq 2$，為下面的和：

1) 分類 G 的所有邊為非遞減順位所需比較的總次數，及
2) 為偵測循環的形成，在步驟 (2) 所執行的步驟總次數。

除非 G 是一個樹形，得 $|V|=n \leq m=|E|$，因為 G 是連通的。所以，$n \log_2 n \leq m \log_2 m$ 且 $f \in O(m \log_2 m)$。

利用 n (G 的頂點次數) 的量測亦可被給。這裡 $n-1 \leq m$，因為圖是連通的，且 $m \leq \binom{n}{2} = (1/2)(n)(n-1)$，$K_n$ 的邊數。因此，$m \log_2 m \leq n^2 \log_2 n^2 = 2n^2 \log_2 n$，且我們可將 Kruskal 演算法的最差-情形時間-複雜度為 $O(n^2 \log_2 n)$，雖然這個明確的小於 $O(m \log_2 m)$。

第二個構造最佳樹形的技巧是由 Robert Clay Prim 發展出來的。在這個渴望的演算法裡，圖中的所有頂點被分割成兩個集合：已處置的及未處置的。首先，僅有一個頂點在已處置的頂點集合 P 上，且所有其它的頂點放在頂點集合 N 上等待被處置。演算法的每個迭代增加集合 P 一個頂點，而集合 N 的大小則減 1。這個演算法總結如下。

令 $G=(V, E)$ 是一個無迴路加權連通無向圖，欲得一個最佳樹形 T 給 G，應用下面程序。

[†] 欲知更多處理循環偵測的分析，讀者可參考由 S. Baase 及 A. Van Gelder [3] 所著的教科書之第 8 章及 E. Horowitz 及 S. Sahni [17] 所著的教科書之第 4 章。

Prim 演算法

步驟 1：令計數器 $i=1$ 且將任意一個頂點 $v_1 \in V$ 放進集合 P 裡。定義 $N=V-\{v_1\}$ 且 $T=\emptyset$。

步驟 2：對 $1 \leq i \leq n-1$，其中 $|V|=n$，令 $P=\{v_1, v_2, \cdots, v_i\}$，$T=\{e_1, e_2, \cdots, e_{i+1}\}$，且 $N=V-P$。將 G 上的一個最短邊 (最小權數的邊) 加到 T 上，其中該邊連接 P 上的一頂點 x 和 N 上的一頂點 $y(=v_{i+1})$。將 y 放在 P 裡並從 N 中將 y 移去。

步驟 3：計數器增加 1。

若 $i=n$，由邊 $e_1, e_2, \cdots, e_{n-1}$ 所決定的 G 之子圖是含 n 個頂點及 $n-1$ 個邊的連通圖，且是 G 的一個最佳樹形。

若 $i<n$，則回到步驟 (2)。

我們使用這個演算法來找一個最佳樹形給圖 13.5 的圖。

Prim 演算法如下產生一個最佳樹形。

例題 13.4

初始化： $i = 1; P = \{a\}; N = \{b, c, d, e, f, g\}; T = \emptyset$.

第一個迭代： $T = \{\{a, b\}\}; P = \{a, b\}; N = \{c, d, e, f, g\}; i = 2$.

第二個迭代： $T = \{\{a, b\}, \{b, e\}\}; P = \{a, b, e\}; N = \{c, d, f, g\}; i = 3$.

第三個迭代： $T = \{\{a, b\}, \{b, e\}, \{e, g\}\}; P = \{a, b, e, g\};$
$N = \{c, d, f\}; i = 4$.

第四個迭代： $T = \{\{a, b\}, \{b, e\}, \{e, g\}, \{d, e\}\}; P = \{a, b, e, g, d\};$
$N = \{c, f\}; i = 5$.

第五個迭代： $T = \{\{a, b\}, \{b, e\}, \{e, g\}, \{d, e\}, \{f, g\}\}; P = \{a, b, e, g, d, f\};$
$N = \{c\}; i = 6$.

第六個迭代： $T = \{\{a, b\}, \{b, e\}, \{e, g\}, \{d, e\}, \{f, g\}, \{c, g\}\};$
$P = \{a, b, e, g, d, f, c\} = V; N = \emptyset; i = 7 = |V|$。因此，$T$ 是 G 的一個權數為 17 的最佳生成樹形，如圖 13.7。

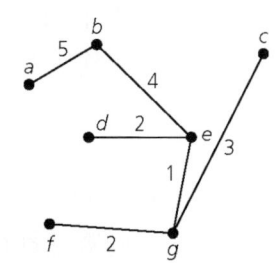

圖 13.7

注意這裡所得的最小生成樹形和圖 13.6 的不同，所以這種型態的生成樹形未必是唯一的。

我們將僅敘述下面定理，其建立 Prim 演算法的有效性。證明留給讀者。

定理 13.2 令 $G=(V, E)$ 是一個無迴路加權連通無向圖，利用 Prim 演算法所得的任意生成樹形是最佳的。

注意：在每個迭代，Prim 演算法總是增大一個樹形。Kruskal 演算法的某些迭代可增大一個森林 (其不是一個樹形)。而且 Prim 演算法可在圖中的任一頂點開始。

我們以一些關於 Prim 演算法的最差-情形時間-複雜度之話語和參考資料做為本節的結束。當這個演算法被應用到一個無迴路加權連通無向圖 $G=(V, E)$ 時，其中 $|V|=n$ 且 $|E|=m$，基本的執行需 $O(n^2)$ 個步驟。(這個可被發現於 A. V. Aho，J. E. Hopcroft 及 J. D. Ullman [1] 的第 7 章；於 S. Baase 和 A. Van Gelder [3] 的第 8 章；及於 E. Horowitz 及 S. Sahni [17] 的第 4 章。) 其它的演算法執行已改進這個情形使得它需 $O(m \log_2 n)$ 個步驟。(這個被討論在 R. L. Graham 和 P. Hell [16] 所著的文章裡；在 D. B. Johnson [18] 的文章裡；及 A. Kershenbaum 和 R. Van Slyke [19] 的文章裡。) 對各種大量執行的最差-情形時間-複雜度被討論在 R. V. Ahuja，T. L. Magnanti 和 J. B. Orlin [2] 的 13.5 節及 T. H. Cormen，C. E. Leiserson，R. L. Rivest 和 C. Stein [7] 的 23.2 節。

習題 13.2

1. 應用 Kruskal 及 Prim 演算法來求圖 13.8 之圖的最小生成樹形。

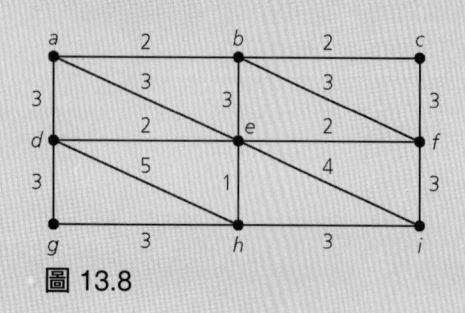

   圖 13.8

2. 令 $G=W_4$，有四個把手的舵。指派權數 1，1，2，2，3，3，4，4 到 G 的所有邊使得 (a) G 有一個唯一的最小生成樹形；(b) G 有多於一個的最小生成樹形。

3. 令 $G=(V, E)$ 是一個無迴路加權連通無向圖且具有一個最小生成樹形 $T=(V, E')$。對 $v, w \in V$，T 上由 v 到 w 的路

表 13.1

	Bloomington	Evansville	Fort Wayne	Gary	Indianapolis	South Bend
Evansville	119	—	—	—	—	—
Fort Wayne	174	290	—	—	—	—
Gary	198	277	132	—	—	—
Indianapolis	51	168	121	153	—	—
South Bend	198	303	79	58	140	—
Terre Haute	58	113	201	164	71	196

徑是 G 上的一條最小權數路徑嗎？

4. 表 13.1 提供印地安那州幾個城市間的距離 (以英哩計) 之資料。

　　一個連結這七個城市的高速公路系統將被建構。試決定哪些高速公路應被建構使得建構費用最小。(假設在各個城市間，每英哩的建構費用相同。)

5. a) 若高速公路系統需包含一條直接連接 Evansville 和 Indianapolis 的高速公路，回答習題 4。

b) 若必有一條直接連接 Fort Wayne 和 Gary 且有一條連接 Evansville 和 Indianapolis，求必須建構的高速公路最小英哩數。

6. 令 $G=(V, E)$ 是一個無迴路加權連通無向圖。對 $n \in \mathbf{Z}^+$，令 $\{e_1, e_2, \cdots, e_n\}$ 是 (E 上的) 邊集，其沒有循環在 G 上。修正 Kruskal 演算法以得一個 G 的生成樹形，使得該樹形是包含邊 $e_1, e_2, \cdots, e_n$ 的 G 之所有生成樹形中最小的。

7. a) 修正 Kruskal 演算法來決定一個最大權數的最佳樹形。

b) 將習題 4 的資料解讀為經由某種新的電話傳輸線各城市間可被擺置的電話數。(沒有直接連接的城市必經由一個或多個中間城市傳達。) 這七個城市如何可被最小化連結且允許擺置一個最大的電話數？

8. 證明定理 13.2。

9. 令 $G=(V, E)$ 是一個無迴路加權連通無向圖，其中對每對相異邊 $e_1, e_2 \in E$，$\mathrm{wt}(e_1) \neq \mathrm{wt}(e_2)$。證明 G 僅有一個最小生成樹形。

13.3 輸送網路：最大流-最小截定理

　　本節提供加權有向圖的一個應用給由一個源頭到一個預定目的地的日用品流量。這些日用品可能是由輸油管流出的幾加侖的油或是一個交換系統所傳送的電話數。在模擬此類情形時，我們將一個有向圖上邊的權數解讀為可被擺置的最大極限容量，例如，由輸油系統的某部份可流出的油量。這些概念可以下面定義來正式表示。

定義 13.1

令 $N=(V, E)$ 是一個無迴路連通有向圖。則 N 被稱是一個**網路** (network) 或**輸送網路** (transport network)，若滿足下面條件：

a) 存在一個唯一頂點 $a \in V$ 滿足 a 的進入次數 $id(a)$ 等於 0。這頂點 a 被稱是**源點** (source)。

b) 存在一個唯一頂點 $z \in V$，稱之為**匯點** (sink)，其中 $od(z)$，z 的外出次數等於 0。

c) 圖 N 是加權的，所以存在一個 E 到非負整數集的函數，其對每個邊 $e=(v, w) \in E$ 指派一個**容量** (capacity)，表為 $c(e)=c(v, w)$。

例題 13.5

圖 13.9 的圖是一個輸送網路。這裡頂點 a 是源點，匯點在頂點 z，且容量被示在各邊的旁邊。因為 $c(a, b)+c(a, g)=5+7=12$，由 a 到 z 可被輸送的日用品量不可超過 12。由於 $c(d, z)+c(h, z)=5+6=11$，輸送量再被限制為不大於 11。欲決定可被由 a 輸送到 z 的最大量，我們必須考慮網路上所有邊的容量。

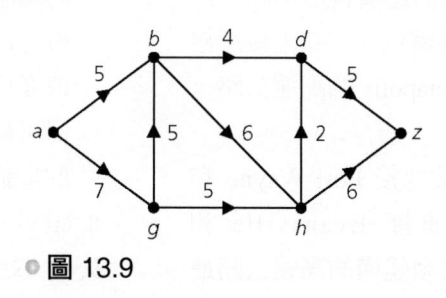

圖 13.9

下面定義被介紹來幫助我們解這個問題。

定義 13.2

若 $N=(V, E)$ 是一個輸送網路，一個由 E 到非負整數的函數 f 被稱是 N 的一個**流** (flow) 若

a) $f(e) \leq c(e)$ 對每個邊 $e \in E$；且
b) 對每個邊 $v \in V$，不是源點 a 或匯點 z，$\sum_{w \in V} f(w, v) = \sum_{w \in V} f(v, w)$。
(若沒有邊 (v, w)，則 $f(v, w)=0$。)

第一個性質詳述沿著一已知物質輸送的量不可超過該邊的容量。性質 (b) 加強一個守恒條件：物質流進頂點 v 的量等於流出該頂點的量。這個對所有頂點均成立除了源點及匯點以外。

例題 13.6

對圖 13.10 的網路，每個邊 e 上的標示 x, y 被決定，使得 $x=c(e)$ 且

y 被指派給一個可能的流 f。在每個邊 e 上的標示滿足 $f(e) \leq c(e)$。在圖 (a)，進頂點 g 的 "流" 是 5，但出該頂點的 "流" 是 $2+2=4$。因此，函數 f 此時不是一個流。(b) 中的函數 f 滿足兩個性質，所以對所給的網路，它是一個流。

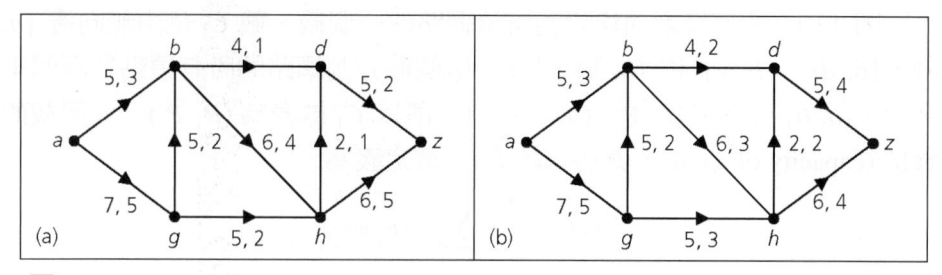

圖 13.10

定義 13.3

令 f 是一個流對一個輸送網路 $N=(V, E)$。

a) 網路的一邊 e 被稱是**飽和的** (saturated) 若 $f(e)=c(e)$。當 $f(e) < c(e)$，邊 e 被稱是**未飽和的** (unsaturated)。

b) 若 a 是 N 的源點，則 $\mathrm{val}(f) = \sum_{v \in V} f(a, v)$ 被稱是**流值** (value of the flow)。

例題 13.7

在圖 13.10(b) 中的網路，僅有邊 (h, d) 是飽和的。所有其它邊是未飽和的。這個網路的流值是

$$\mathrm{val}(f) = \sum_{v \in V} f(a, v) = f(a, b) + f(a, g) = 3 + 5 = 8.$$

但是否存在另一個流 f_1 滿足 $\mathrm{val}(f_1) > 8$？一個**最大流** (maximal flow) (產生最大可能值的流) 的決定是本節剩餘部份的目標。欲達成這個目標，我們觀察圖 13.10(b) 中的網路。

$$\sum_{v \in V} f(a, v) = 3 + 5 = 8 = 4 + 4 = f(d, z) + f(h, z) = \sum_{v \in V} f(v, z)$$

因此，離開源點 a 的總流值等於流進匯點 z 的總流值。

例題 13.7 的最後註解看起來似乎是一個合理的情境，但它發生於一般情形嗎？欲證明這個結果給每個網路，我們需要下面特殊型態的割集。

定義 13.4　若 $N=(V, E)$ 是一個輸送網路且 C 是 N 所結合的無向圖之一個割集，則稱 C 是一個**截** (cut)，或一個 a-z 截，若 C 上的邊由網路中移走可導致 a 和 z 分離。

例題 13.8　圖 13.11 的每條虛曲線說明所給網路的一個截。截 C_1 是由無向邊 $\{a, g\}$，$\{b, d\}$，$\{b, g\}$ 和 $\{b, h\}$ 組成。這個截分割網路的所有頂點為兩個集合 $P=\{a, b\}$ 及其餘集 $\overline{P}=\{d, g, h, z\}$，所以 C_1 被表為 $(P, \overline{P})$。一個**截的容量** (capacity of a cut)，表為 $c(P, \overline{P})$，被定義為

$$c(P, \overline{P}) = \sum_{\substack{v \in P \\ w \in \overline{P}}} c(v, w),$$

是所有邊 (v, w) 的容量和，其中 $v \in P$ 且 $w \in \overline{P}$。在此例中，$c(P, \overline{P}) = c(a, g) + c(b, d) + c(b, h) = 7 + 4 + 6 = 17$。[考慮截 $C_1 = (P, \overline{P})$ 中的有向邊 (由 P 到 $\overline{P}$)，即 (a, g)，(b, d)，(b, h)，我們發現這些邊移去，無法得一個具有兩個連通分區的子圖。然而，移去這三邊，將消去所有由 a 到 z 的可能有向路徑且 $\{(a, g)，(b, d)，(b, h)\}$ 沒有真子集有這個分離性質。]

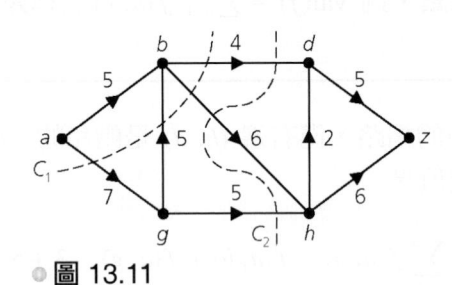

圖 13.11

截 C_2 引導出頂點分割 $Q = \{a, b, g\}$，$\overline{Q} = \{d, h, z\}$ 且有容量 $c(Q, \overline{Q}) = c(b, d) + c(b, h) + c(g, h) = 4 + 6 + 5 = 15$。

有趣的第三個截引導出頂點分割 $S = \{a, b, d, g, h\}$，$\overline{S} = \{z\}$。(這個截中的所有邊是那些？) 其容量是 11。

使用截容量的概念，下一個結果提供一個上界給網路的一個流值。

定理 13.3　令 f 是網路 $N=(V, E)$ 上的一個流。若 $C=(P, \overline{P})$ 是 N 上的任一個截，則 $\text{val}(f)$ 不可能超過 $c(P, \overline{P})$。

證明：令頂點 a 是 N 上的源點且頂點 z 是匯點。因為 $id(a) = 0$，得對所有 $w \in V$，$f(w, a) = 0$。因此，

$$\text{val}(f) = \sum_{v \in V} f(a, v) = \sum_{v \in V} f(a, v) - \sum_{w \in V} f(w, a).$$

由流定義中的性質 (b)，對所有 $x \in P$，$x \neq a$，$\sum_{v \in V} f(x, v) - \sum_{w \in V} f(w, x) = 0$。

將上述方程的結果相加，得

$$\text{val}(f) = \left[\sum_{v \in V} f(a, v) - \sum_{w \in V} f(w, a)\right] + \sum_{\substack{x \in P \\ x \neq a}} \left[\sum_{v \in V} f(x, v) - \sum_{w \in V} f(w, x)\right]$$

$$= \sum_{\substack{x \in P \\ v \in V}} f(x, v) - \sum_{\substack{x \in P \\ w \in V}} f(w, x)$$

$$= \left[\sum_{\substack{x \in P \\ v \in P}} f(x, v) + \sum_{\substack{x \in P \\ v \in \overline{P}}} f(x, v)\right] - \left[\sum_{\substack{x \in P \\ w \in P}} f(w, x) + \sum_{\substack{x \in P \\ w \in \overline{P}}} f(w, x)\right].$$

因為

$$\sum_{\substack{x \in P \\ v \in P}} f(x, v) \quad \text{及} \quad \sum_{\substack{x \in P \\ w \in P}} f(w, x)$$

加遍相同的 $P \times P$ 上所有有序對集，這些和相等。因此，

$$\text{val}(f) = \sum_{\substack{x \in P \\ v \in \overline{P}}} f(x, v) - \sum_{\substack{x \in P \\ w \in \overline{P}}} f(w, x).$$

對所有 x，$w \in V$，$f(w, x) \geq 0$，所以

$$\sum_{\substack{x \in P \\ w \in \overline{P}}} f(w, x) \geq 0 \quad \text{且} \quad \text{val}(f) \leq \sum_{\substack{x \in P \\ v \in \overline{P}}} f(x, v) \leq \sum_{\substack{x \in P \\ v \in \overline{P}}} c(x, v) = c(P, \overline{P}).$$

由定理 13.3，我們發現在一個網路 N 裡，任一個流值小於或等於該網路裡任一個截的容量。因此，最大流值不能超過網路裡所有截的最小容量。對圖 13.11 的網路，可顯示由邊 (d, z) 及 (h, z) 所組成的截有最小容量 11。因此，網路的最大流 f 滿足 $\text{val}(f) \leq 11$。它將有最大流值是 11。如何建構一個這樣的流且為何它的值等於所有截中最小的容量，將是本節所要處理的問題。

然而，在我們處理這個建構之前，讓我們注意在定理 13.3 的證明裡，一個流值被給為

$$\text{val}(f) = \sum_{\substack{x \in P \\ v \in \overline{P}}} f(x, v) - \sum_{\substack{x \in P \\ w \in \overline{P}}} f(w, x),$$

其中 $(P, \overline{P})$ 是 N 上的任意截。因此,一旦一個流被建構在一個網路裡,則對網路上任一個截 $(P, \overline{P})$,流值等於直接由 P 上的所有頂點到 $\overline{P}$ 上的所有頂點的所有邊上的流值和減去直接由 $\overline{P}$ 上的所有頂點到 P 上的所有頂點的所有邊上的流值和。

這個觀察引導出下面結果。

系理 13.1 若 f 是輸送網路 $N=(V, E)$ 上的一個流,則由源點 a 出來的流值等於進入匯點 z 的流值。

證明: 令 $P=\{a\}$,$\overline{P}=V-\{a\}$ 及 $Q=V-\{z\}$,$\overline{Q}=\{z\}$。由上面之觀察,

$$\sum_{\substack{x \in P \\ v \in \overline{P}}} f(x, v) - \sum_{\substack{x \in P \\ w \in \overline{P}}} f(w, x) = \text{val}(f) = \sum_{\substack{y \in Q \\ v \in \overline{Q}}} f(y, v) - \sum_{\substack{y \in Q \\ w \in \overline{Q}}} f(w, y).$$

由於 $P=\{a\}$ 且 $id(a)=0$,我們發現 $\sum_{x \in P, w \in \overline{P}} f(w, x) = \sum_{w \in \overline{P}} f(w, a) = 0$。同理,因為 $\overline{Q}=\{z\}$ 且 $od(z)=0$,得 $\sum_{y \in Q, w \in \overline{Q}} f(w, y) = \sum_{y \in Q} f(z, y) = 0$。因此,

$$\sum_{\substack{x \in P \\ v \in \overline{P}}} f(x, v) = \sum_{v \in \overline{P}} f(a, v) = \text{val}(f) = \sum_{\substack{y \in Q \\ v \in \overline{Q}}} f(y, v) = \sum_{y \in Q} f(y, z),$$

且建立了系理。

網路上流和截的其它性質被給在下面系理裡。

系理 13.2 令 f 是輸送網路 $N=(V, E)$ 上的一個流,且令 $(P, \overline{P})$ 是一個截,其中 $\text{val}(f)=c(P, \overline{P})$。則 f 是網路 N 上的最大流且 $(P, \overline{P})$ 是一個最小截 [亦即,$(P, \overline{P})$ 在 N 上有最小容量。]

證明: 若 f_1 是 N 上的任一流,則由定理 13.3,得

$$\text{val}(f_1) \leq c(P, P) = \text{val}(f),$$

所以 f 是一個最大流。同樣的,對 N 上的任一截 $(Q, \overline{Q})$,我們有

$$(P, \overline{P}) = \text{val}(f) \leq c(Q, \overline{Q}),$$

所以,再次由定理 13.3,$(P, \overline{P})$ 是一個最小截。

系理 13.3 若 f 是輸送網路 $N=(V, E)$ 上的一個最大流,且 $(P, \overline{P})$ 是一個最小截,則 $\text{val}(f) \leq c(P, \overline{P})$。

證明: 本系理的證明留作為本節習題。

系理 13.4 對一個輸送網路 $N=(V, E)$,令 f 是 N 上的一個流,且令 $(P, \overline{P})$ 是一個截。則 $\text{val}(f)=c(P, \overline{P})$ 若且唯若

a) $f(e)=c(e)$ 對每個邊 $e=(x, y)$,其中 $x \in P$ 且 $y \in \overline{P}$,且
b) $f(e)=0$ 對每個邊 $e=(v, w)$,其中 $v \in \overline{P}$ 且 $w \in P$。

更而,在這些環境下,f 是一個最大流且 $(P, \overline{P})$ 是一個最小截。
證明: 本系理的證明留作為本節習題。

我們現在轉向本節的主要結果,即 (1) 發展一個有效的演算法來解**最大流-最小截** (Max-Flow Min-Cut) 問題,及 (2) 建立最大流-最小截定理。我們將介紹的演算法最初出現在 Lester R. Ford, Jr., 及 Delbert Ray Fulkerson 的作品裡。基本上,它是被設計來迭代增加輸送網路 N 上的流,直到沒有再增加的可能。

為刺激我們這裡將需要的概念,我們以考慮下面例題開始。

例題 13.9 令 $N=(V, E)$ 為圖 13.12(i) 所示的輸送網路。檢視邊 (b, z) 及 (g, z),我們看到流值是 $6+2=8$。但這兩邊既沒有一邊是飽和的,也沒有任意另一邊在 N 裡,所以我們將試著增加目前的流值。欲達如此,考慮一條由 a 到 z 的有向路徑,例如,由邊 (a, b) 和 (b, z) 所組成的路徑 P [如圖(ii)]。對這條路徑,我們定義 $\Delta_p = \min_{e \in p}\{c(e) - f(e)\} = \min\{8-4, 8-6\} = \min\{4, 2\} = 2$。此告訴我們這兩邊的每個邊上的流值可增加 2,由於流值守恒仍然繼續。所得的網路,在圖 (iii) 裡,現在有流值 $8+2=10$。

至今一切順利。現在讓我們再次增加流值。此次我們使用如圖 13.12(iv) 所示的由 a 到 z 的有向路徑 p_1。這條路徑由邊 (a, d)、(d, g) 及 (g, z) 所組成,且這裡 $\Delta_{p_1} = \min_{e \in p_1}\{c(e) - f(e)\} = \min\{6-4, 6-3, 5-2\} =$

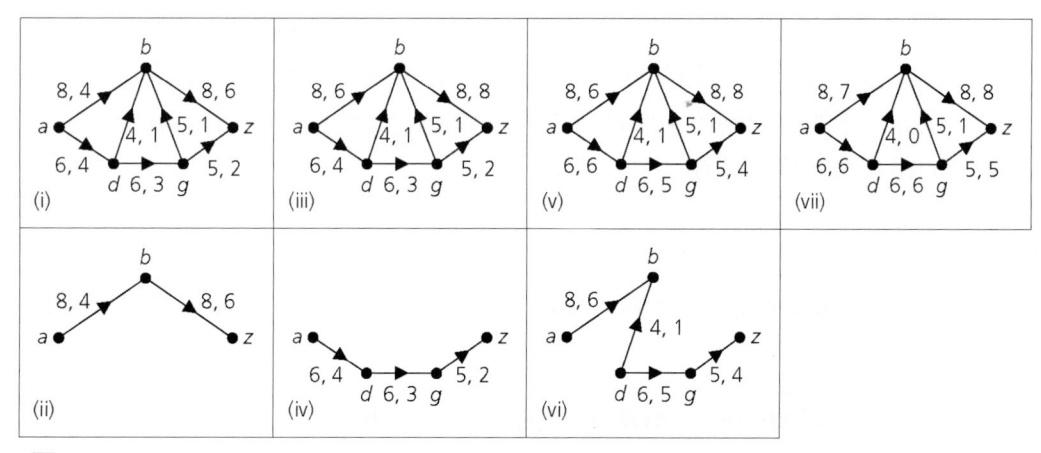

圖 13.12

min {2, 3, 3}＝2。所得網路，以調整 $\Delta_{p_1}=2$，被示於圖 13.12(v) 裡且它有流值 12。

現在，在此刻，N 上任一可能的有向 a-z 路徑必不是使用邊 (a, d) 就是使用邊 (b, z)，這兩邊均是飽和的，亦即 $c(e)=f(e)$。因此，目前的流值 12 似乎是可能的最大流值。

然而，若我們忽略網路上所有邊的方向，則可能找到其它由 a 到 z 的路徑。考慮一個此類路徑，即示於圖 (vi) 的路徑 p_2。這條無向路徑由邊 $\{a, b\}$、$\{b, d\}$、$\{d, g\}$ 及 $\{g, z\}$ 所組成。此時，我們定義 $\Delta_{p_2} = \min_{e \in p_2}\{\Delta_e\}$，其中 $\Delta_e=c(e)-f(e)$ 對向前的邊 (a, b)、(d, g)、(g, z) 且 $\Delta_e=f(e)$ 對由 b 到 d 向後的邊 [N 上之邊 (d, b) 的反向]。所以 $\Delta_{p_2}=\min[\{8-6, 6-5, 5-4\} \cup \{1\}]=1$。這個增加的一個單位流值被加到三個向前邊的各邊上的流值且向後的該邊之流值減去一個單位流值。所得的最後網路出現在圖 13.12(vii) 裡，其中我們看到由 d 到 b 的流值減少一個單位流值，我們已能由 d 到 g 改變這一個單位的方向且接著由 g 到 z。所以現在 N 的流值是 12＋1＝13 且這是可能的最大流值，因為邊 (b, z) 和 (g, z) 是飽和的。

例題 13.9 所發生的現在引導我們至下面。

定義 13.5　令 $N=(V, E)$ 是一個輸送網路且令

$$a = v_0, e_1, v_1, e_2, v_2, \ldots, v_{n-1}, e_n, v_n = z$$

是一個頂點和邊的交錯序列，其中所有邊是取自結合 N 的無向圖。這個序列被稱是**半路徑** (semipath)[†]。

對 $2 \leq i \leq n-1$，若 $e_i=(v_{i-1}, v_i)$，亦即 e_i 是 N 上由 v_{i-1} 到 v_i 的有向邊，則 e_i 被稱是一個**向前邊** (forward edge)。在 $2 \leq j \leq n-1$ 且 $e_j=(v_j, v_{j-1})$ 的情形，亦即，(v_{j-1}, v_j) 是 N 上真正的有向邊，則 e_j 被稱是一個**向後邊** (backward edge)。

當一條半路徑上的所有邊均是 (N 上的) 向前邊，則我們有一條 N 上由 a 到 z 的有向路徑。僅當至少有一條 (N 上) 的向後邊所結合的無向圖裡的路徑是一條半路徑。

定義 13.6　令 f 是輸送網路 $N=(V, E)$ 上的一個流。一個 ***f-增廣路徑*** p (*f-augmenting path* p) 是一條 (由 a 到 z 的) 半路徑，其中對 p 上的每個邊 e 我們有

[†] 有些作者使用**鏈** (chain) 或**虛擬路徑** (quasi-path) 來代替半路徑。

$f(e) < c(e)$，當 e 是一個向前邊
$f(e) > 0$，當 e 是一個向後邊

由定義 13.6，我們看出沿著一條 f-增廣路徑 p，在一個向前邊上的流可被增加，因為沒有此類的向前邊是飽和的。[注意這裡我們可有 $f(e) = 0$。] 對每個向後邊，流是正的，所以它可被減少 (否則可被改方向)。最大的可能遞增或遞減是由 Δ_e 給之，Δ_e 為邊 e 上的寬容度，如我們下面所學的。

定義 13.7

令 p 為輸送網路 $N = (V, E)$ 上的一條 f-增廣路徑。對半路徑 p 上的每個邊 e，

$$\Delta_e = \begin{cases} c(e) - f(e), & \text{對向前邊 } e \\ f(e), & \text{對向後邊 } e \end{cases}$$

量 Δ_e 經常被稱為在邊 e 上的**寬容度** (tolerance)。

注意在定義 13.7 裡，我們有 $\Delta_e > 0$ 對 p 上的每個邊 e。而且，我們發現 $\Delta_p = \min_{e \in p} \{\Delta_e\}$ 為最大的遞增 (對向前邊) 及最大的遞減 (對向後邊)，我們可有且仍然保有定義 13.2(b) 的守恆條件。

下面結果正式建立定義 13.7 及其後面段落所描述的。

定理 13.4

令 f 是輸送網路 $N = (V, E)$ 上的一個流且令 p 為 N 上的一條 f-增廣路徑具有 $\Delta_p = \min_{e \in p} \{\Delta_e\}$。定義 $f_1 : E \to \mathbf{N}$ 為

$$f_1(e) = \begin{cases} f(e) + \Delta_p, & e \in p，e \text{ 是向前邊} \\ f(e) - \Delta_p, & e \in p，e \text{ 是向後邊} \\ f(e), & e \in E，e \notin p \end{cases}$$

則 f_1 是 N 上的一個流且 $\text{val}(f_1) = \text{val}(f) + \Delta_p$。

證明：由 Δ_p 的定義，我們有 $0 \leq f_1(e) \leq c(e)$，對每個 $e \in E$。所以 f_1 滿足定義 13.2 的條件 (a)。欲建立定義 13.2 的條件 (b) 給 f_1，我們僅需考慮那些 $v \in V$，其中 v 在半路徑 p 上且 $v \neq a, z$。所以令 $\{v_i, v\}$ 及 $\{v, v_{i+2}\}$ 為 p 上的兩邊和 v 鄰接。當我們考慮在 v 的**淨** (net) 改變，我們在圖 13.13 的四種情形看到這個改變是 0。因此，f_1 滿足條件 (b) 且是一個流。

欲決定 $\text{val}(f_1)$，我們考慮 $e_1 = (v_0, v_1) = (a, v_1)$，即 f-增廣路徑 p 上的第一邊，則 e_1 和源點 a 相鄰且由定義 13.3(b) 得 $\text{val}(f_1) = \sum_{v \in V} f_1(a, v) = \sum_{v \in V - \{v_1\}} f_1(a, v) + f_1(a, v_1) = \sum_{v \in V - \{v_1\}} f(a, v) + f(a, v_1) + \Delta_p = \sum_{v \in V} f(a, v) + \Delta_p = \text{val}(f) + \Delta_p$。

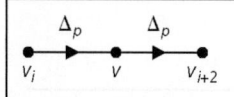

Δ_p　Δ_p	Δ_p　$-\Delta_p$	$-\Delta_p$　$-\Delta_p$	$-\Delta_p$　Δ_p
$v_i \to v \to v_{i+2}$	$v_i \to v \leftarrow v_{i+2}$	$v_i \leftarrow v \leftarrow v_{i+2}$	$v_i \leftarrow v \to v_{i+2}$
沿著 (v_i, v) 流進 v 的增加的 Δ_p 單位流被沿著 (v, v_{i+2}) 離開 v 的 Δ_p 單位流所抵消。	沿著 (v_i, v) 流進 v 的增加的 Δ_p 單位流被由 v_{i+2} 反向離開 v 的 Δ_p 單位流所抵消。	由 v_i 反向進入 v 的 Δ_p 單位流被由 v_{i+2} 反向離開 v 的 Δ_p 單位流所抵消。	由 v_i 反向進入 v 的 Δ_p 單位流被沿著 (v, v_{i+2}) 離開 v 的 Δ_p 單位流所抵消。

◎ 圖 13.13

定理 13.4 的結果現助我們來描述輸送網路上的一個最大流。

定理 13.5　令 $N=(V, E)$ 是一個輸送網路具有流 f。流 f 是 N 上的一個最大流若且唯若 N 上沒 f-增廣路徑。

證明：若 f 是 N 上的一個最大流，則由定理 13.4 得 N 上沒 f-增廣路徑。

反之，若 N 上沒 f-增廣路徑，考慮在 a 出發 N 上所有的部份半路徑所成的集合。我們稱每一個這樣的邊集合為部份半路徑，因為它不可能到達 z，在沒有矛盾假設之下。令 P 為這些部份半路徑上所有頂點所成的聯集，則 $a \in P$，且 $\overline{P} \neq \emptyset$ 因為 $z \in \overline{P}$。更而，$(P, \overline{P})$ 是 N 上的一個截，且

i) 若 $e=(u, w) \in E$，其中 $u \in P$，$w \in \overline{P}$，則 $f(e)=c(e)$；否則，$w \in P$；
ii) 若 $e=(u, w) \in E$，其中 $w \in P$，$u \in \overline{P}$，則 $f(e)=0$；否則，$f(e)>0$ 且 $u \in P$。

因此，由系理 13.4，得 f 是一個最大流。

我們現在回到本節的主要結果。

定理 13.6　**最大流-最小截定理** (The Max-Flow Min-Cut Theorem)。對一個輸送網路 $N=(V, E)$，N 上可得的最大流值等於網路上所有截的最小容量。

證明：令 f 是一個流使得 $\mathrm{val}(f)$ 是一個最大值。則令 $(P, \overline{P})$ 為如定理 13.5 所建構的截。由系理 13.4，知 $\mathrm{val}(f)=c(P, \overline{P})$，且由系理 13.2 得證 $(P, \overline{P})$ 是一個最小截。

現在我們已有了必要理論，是時刻來發展一個有效的方法來決定一個最大流及最小截給一個已知的輸送網路 N。例題 13.9 的討論可建議我們簡單的找 f-增廣路徑且使用它們來繼續遞增 N 上存在的流。然而，這個可證明為沈悶的且無效率的，當我們的下一個例題展示時。

例題 13.10

考慮圖 13.14(i) 的輸送網路 $N=(V, E)$，其中初始流值被給為 $f(e)=0$ 對每個 $e \in E$。所有邊的容量是 $c(a, b)=c(b, z)=c(a, d)=c(d, z)=10$ 且 $c(d, b)=1$。若我們使用有向路徑 (a, b)，(b, z)，且接著以 (a, d)，(d, z) 做為逐步的 f-增廣路徑，在兩個迭代後我們得到圖 (ii) 的流。這裡我們發現 $\mathrm{val}(f)=20$ 且這是一個最大流，因為 $20=c(P, \overline{P})$，其中 $P=\{a\}$。若，取代的是，我們以有向路徑 (a, d)，(d, b)，(b, z) 開始且接著以半路徑 $\{a, b\}$，$\{b, d\}$，$\{d, z\}$ 為我們的前兩個逐步 f-增廣路徑，我們得圖 13.14(iii) 中的流，其中 $\mathrm{val}(f)=2$。我們繼續交錯使用這兩個 f-增廣路徑，在我們得到圖 (ii) 中的流之前，我們將必須執行 20 個迭代。

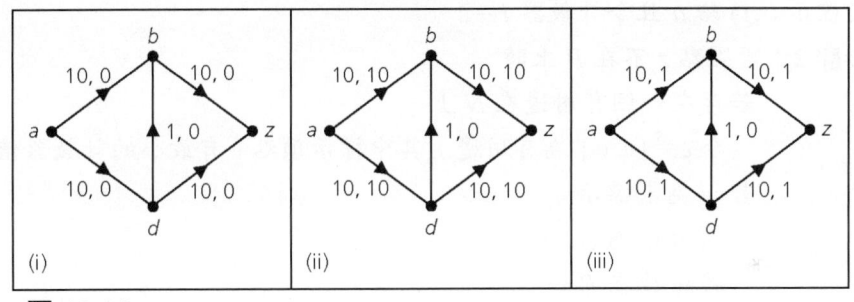

● 圖 13.14

我們在這裡觀察到什麼呢？有向路徑 (a, b)，(b, z) 及 (a, d)，(d, z) 各個均有兩個邊，而有向路徑 (a, d)，(d, b)，(b, z) 及半路徑 $\{a, b\}$，$\{b, d\}$，$\{d, z\}$ 各個有三個邊。更而，注意例題 13.9 中的第一個迭代如何使用一條含兩個邊的有向路徑，第二個迭代如何使用一條含三個邊的有向路徑，及第三個迭代如何使用一條含四個邊的半路徑。

例題 13.10 裡所做的觀察建議對每個迭代使用一條含最小個數邊的 f-增廣路徑是更有效率。這個概念由 Jack Edmonds 及 Richard M. Karp 使用在用來找此類 f-增廣路徑之演算法的發展上。他們的方法是使用一個寬度-第一搜尋法，且如在 Prim 演算法裡，頂點集 V 被分割為 $P \cup \overline{P}$，其中 P 計數被處理的頂點。然而，在我們可以處理這個演算法之前，我們需一個額外的概念。

定義 13.8

令 $N=(V, E)$ 是一個具流 f 的輸送網路。使用源點 a 做為根，開始建構一個寬度-第一生成樹形 T 給 N (做為一個無向圖)，及一個規定的順序給 V 的其它頂點。而當匯點 z 不是 T 上的一個頂點時，令 $e = \{v, w\}$ 為懸掛在 T 的結構的最新的邊，以 v 在目前的樹形且 w 為新頂點。邊 e 被稱是有用的若

$e = (v, w)$ 滿足 $f(e) < c(e)$，或

$e = (w, v)$ 滿足 $f(e) > 0$。

現在我們準備好來處理下面的演算法。這裡的輸入是一個含流 f 的輸送網路 $N = (V, E)$。輸出是一條 f-增廣路徑 p，具最小個數的邊，假若存在；否則，輸出是一條最小截 $(P, \overline{P})$，具 $c(P, \overline{P}) = \text{val}(f)$。

Edmonds-Karp 演算法

步驟 1：將源點 a 擺進集合 P 裡 (因此初始化被處理頂點的集合)。指定標示 $(\ , 1)$ 給 a 且令計數器 $i = 2$。

步驟 2：當匯點 z 不在 P 上時
　　若存在一個有用邊在 N 上
　　　　令 $e = \{v, w\}$ 為有用邊，其中標示頂點 v 有最小的計數器值
　　若 w 為未標示
　　　　標示 w 為 (v, i)
　　　　將 w 放在 P 裡
　　　　將計數器值增加 1
　　否則
　　　　回到最小截 $(P, \overline{P})$。

步驟 3：若 z 在 P 上，由 z 開始且利用頂點標示的第一個分量循環原路回到 a。(這提供一條具最小邊數的 f-增廣路徑 p。)

此刻我們終於到達求一個最大流及最小截給一輸送網路 $N = (V, E)$ 的演算法。此演算法的原始版本係由 Lester R. Ford, Jr., 及 Delbert Ray Fulkerson 所發展出來的。此處我們將合併由 Jack Edmonds 及 Richard M. Karp 所發展的前一個演算法以改進原始演算法的效率性。

如同前一個演算法，輸入再次是一個輸送網路 $N = (V, E)$，輸出是 N 的一個最大流及最小截。

Ford-Fulkerson 演算法

步驟 1：定義在 N 上所有邊的初始流 f 為 $f(e)=0$ 對每個 $e \in E$。

步驟 2：重複

　　　　應用 Edmonds-Karp 演算法來求一條 f-增廣路徑 p。
　　　　　令 $\Delta_p = \min_{e \in p}\{\Delta_e\}$。
　　　　對每個 $e \in P$
　　　　　若 e 是一個向前邊
　　　　　　$f(e) := f(e) + \Delta_p$
　　　　　否則 (e 是一個向後邊)
　　　　　　$f(e) := f(e) - \Delta_p$
　　　　直到無法在 N 上發現 f-增廣路徑 p。
　　　　返回最大流 f。

步驟 3：返回最小截 $(P, \overline{P})$ (由 Edmonds-Karp 演算法的最後應用，其中沒有進一步的 f-增廣路徑可被建構)。

在展示 Ford-Fulkerson 及 Edmonds-Karp 演算法的用法之前，我們敘述一個最後的系理及一些相關的建議。系理的證明留作為習題。

系理 13.5 令 $N=(V, E)$ 是一個輸送網路，其中對每個 $e \in E$，$c(e)$ 是一個正整數，則存在一個最大流 f 給 N，其中 $f(e)$ 是一個非負整數對每個邊 e。

輸送網路及流 (在一個輸送網路裡) 的定義可被修正為允許非負實值容量及流函數。若一個輸送網路上的所有容量是有理數，則 Ford-Fulkerson 演算法將終止且得一個最大流及最小截。當某些容量是無理數時，然而，L. R. Ford, Jr., 及 D. R. Fulkerson 所發展的原始演算法可能無法正確的終止。更而，Ford 和 Fulkerson [14] 證明他們的演算法可能得到一個流——但這個流未必是一個最大流。當無理數容量確實發生，由 Edmonds 和 Karp [11] 所做的修正可終止且得一個最大流。更而，Edmonds-Karp 演算法可被執行使得其最差-情形時間-複雜度是 $O(nm^2)$，其中 $n=|V|$，$m=|E|$，對 $N=(V, E)$。(欲多瞭解這個演算法的時間複雜度，可檢視 Ahuja，Magnanti 和 Orlin [2] 的 6.5 節，及 Cormen，Leiserson，Rivest 和 Stein [7] 的第 26 章。)

例題 13.11 使用 Ford-Fulkerson 及 Edmonds-Karp 演算法找一個最大流給圖 13.15(i) 的輸送網路。

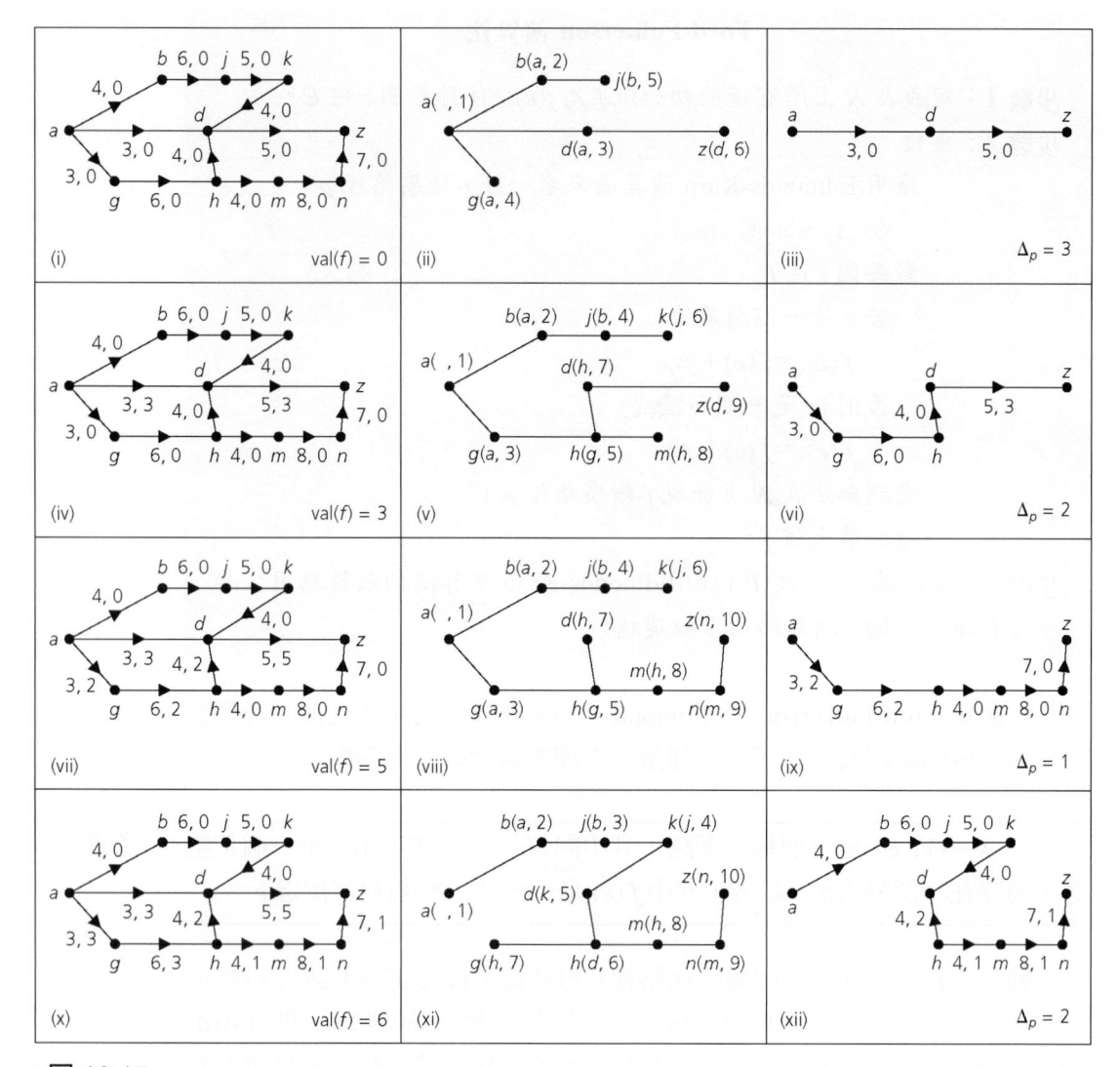

● 圖 13.15

在 (圖 13.15(i)) 的輸送網路 $N=(V, E)$ 裡，每個邊被以一雙非負整數 x，y 來標示，其中 x 是邊的容量且 $y=0$ 指示一個初始值流。這個由 Ford-Fulkerson 演算法成立。

當應用 Edmonds-Karp 演算法時，$V-\{a\}$ 上的所有頂點之順序是依字母順序的。在第一次應用這個演算法時，在步驟 (1) 我們將 a 標示為 (,1)，將 a 擺進 P 裡，且令計數器 i 為 2。在步驟 (2)，我們發現有三個有用的 (向前) 邊：(a, b)，(a, d) 及 (a, g)。隨著所規定的順序，我們選 (a, b)，標示 b 為 $(a, 2)$，將 b 擺進 P 裡，且增加計數器至 3。執行步驟 (2) 第二次，我們選 (a, d)，標示 d 為 $(a, 3)$，將 d 擺進 P 裡，且增加計數器至 4。在此刻，步驟 (2) 被執行第三次，給邊 (a, g)。所以我們標示 g 為 $(a,$

第十三章　最佳化及匹配　777

4)，將 g 擺進 P 裡，且增加計數器至 5。

邊 (b, j) 是有用的且有最小的計數標示。[在這個階段，(a, b)、(a, d)、(a, g) 中沒有一邊是有用的。] 現在步驟 (2) 裡，頂點 j 被標示為 (b, 5)，b 被放進 P 裡，且計數器被增加至 6。對 P 上的頂點 d，邊 (k, d) 是沒有用的，因為這個邊上的流是 0。因此，步驟 (2) 的下一個應用，得到 z 上的標示為 (d, 6)，將 z 擺進 P 裡，且增加計數器至 7。但由於 z 在 P 裡，我們完成了步驟 (2)，且所以我們到達根在 a 的部份寬度-第一生成樹形 (給 N 所結合的無向圖)——如圖 13.15(ii) 所示。在 Edmonds-Karp 演算法步驟 (3) 循原路返回，提供 f-增廣路徑 p：(a, d)、(d, z)，其中 $\Delta_p = \min\{3-0, 5-0\} = 3$，如圖 13.15(iii) 所示。

在此刻，我們走到 Ford-Fulkerson 演算法的步驟 (2)，並將 (a, d) 上的流由 0 增加至 3，且將 (d, z) 上的流由 0 增加至 3。所得結果是圖 13.15(iv) 的輸送網路，其中 val $(f)=3$。

我們回到 Edmonds-Karp 演算法來求下一個 f-增廣路徑。所得的部份寬度-第一生成樹形被示於圖的 (v) 部份。圖 13.15(vi) 中所對應的 f-增廣路徑 p 的寬容度為 $\Delta_p = \min\{3-0, 6-0, 4-0, 5-3\} = 2$。Ford-Fulkerson 演算法的步驟 (2) 提供 13.15(vii) 的網路，其中 val$(f)=3+\Delta_p=5$。下一個 (相似) 迭代帶我們由這個輸送網路至圖 13.15(x) 的輸送網路，其中的流值現在是 6。當 Edmonds-Karp 演算法被含括在這個階段時，所得的寬度-第一生成樹形被示於圖 13.15(xi)。在這個演算法的應用裡，在我們標示 d 為 (k, 5) 之後，我們下一個標示 h，因為我們現在有有用的 (向後) 邊 (h, d)——因為由 h 到 d 的流是 2 (>0)。在 (xi) 中的樹形裡，由 z 原路回走到 a，得到 (xii) f-增廣路徑 p 且 $\Delta_p = \min\{4-0, 6-0, 5-0, 4-0, 2, 4-1, 8-1, 7-1\} = 2$。

這個現在引導我們至圖 13.16(i) 中的輸送網路，其中 val$(f)=8$。若我們試著應用 Edmonds-Karp 演算法來求下一個 f-增廣路徑，我們得到圖 13.16(ii) 中的部份寬度-第一生成樹形。此時，$P=\{a, b, j, k, d\}$，所以 $z \notin P$，且沒有其它有用的邊。因此，步驟 (2) 的最後一行提供最小截 $(P, \overline{P})$，其中 $\overline{P}=\{g, h, m, n, z\}$，如圖 13.16(iii) 所示。更而，由那些由虛曲線所橫過的邊，我們有 val$(f)=f((a, g))+f((d, z))-f((h, d))=3+5-0=8=c(P, \overline{P})$。

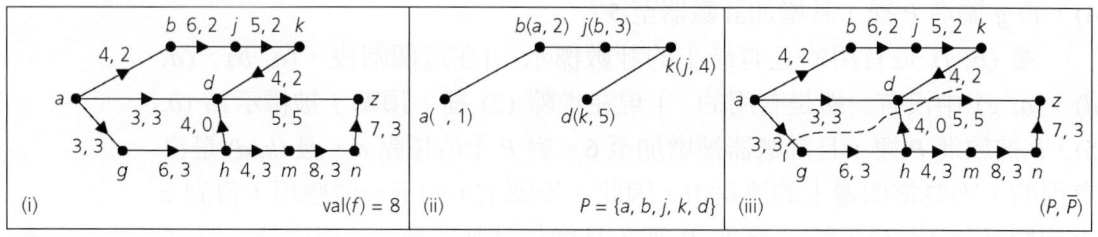

圖 13.16

我們以三個由輸送網路所模擬的例題來結束本節。在設置這些模型後，每個例題的最後之解將留在本節習題裡。

例題 13.12 電腦晶片在三家公司 c_1，c_2 及 c_3 製造 (以一千為單位)。這些晶片接著經由圖13.17(a) 的"輸送網路"被分配至兩個電腦廠商，m_1 和 m_2，其中有三個源點——c_1，c_2 和 c_3，及兩個匯點，m_1 和 m_2。若公司 c_1 可生產至 15 個單位，公司 c_2 可生產至 20 個單位，且公司 c_3 可生產至 25 個單位，則每家公司應生產多少個單位使得他們可達到每位廠商的要求或至少可以網路所允許的單位供應廠商？

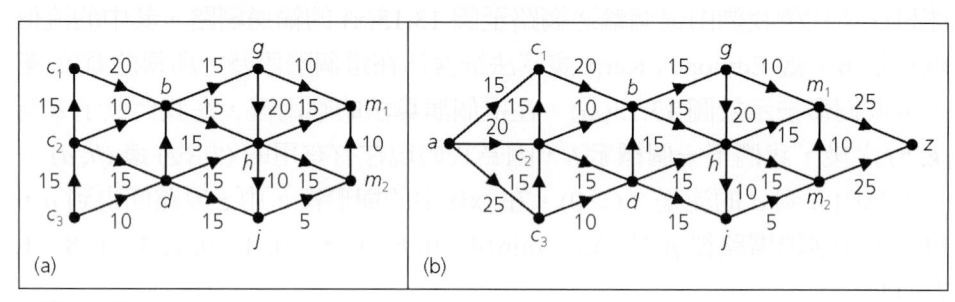

圖 13.17

為了要以一個輸送網路來模擬這個例題，我們介紹一個源點 a 及一個匯點 z，如圖 13.17(b)。三家公司的製造能力被用來定義邊 (a, c_1)，(a, c_2) 及 (a, c_3) 的容量。而需求則被用來做為邊 (m_1, z) 及 (m_2, z) 的容量。欲回答佈於此處的問題，吾人應用 Edmonds-Karp 及 Ford-Fulkerson 演算法至這個輸送網路，以求一個最大流值。

例題 13.13 圖 13.18(a) 的輸送網路有一個另加的限制，因為現在有容量被指派至非源點及匯點的其它頂點。此一容量為問題中可能通過一已知頂點的所需容量的上限。圖 (b) 說明如何重繪網路以得一個 Edmonds-Karp 及 Ford-Fulkerson 演算法可被應用的網路。對非 a 或 z 的其它每個頂點 v，將 v 分

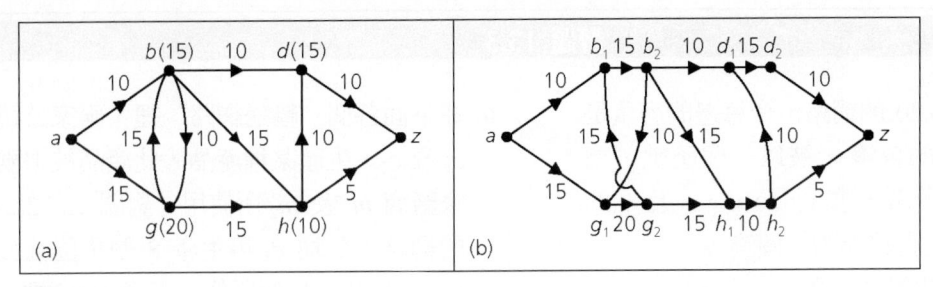

● 圖 13.18

成頂點 v_1 及 v_2。繪一邊由 v_1 到 v_2 且以原先指派給 v 的容量來標示它。型如 (v, w) 的邊,其中 $v \neq a$,$w \neq z$,則變為邊 (v_2, w_1),保有 (v, w) 的容量。型如 (a, v) 的邊變為 (a, v_1) 且具容量 $c(a, v)$。型如 (w, z) 的邊被邊 (w_2, z) 取代,且具有容量 $c(w, z)$。

這個網路的最大流現在以應用 Edmonds-Karp 及 Ford-Fulkerson 演算法至圖 13.18(b) 中的網路來決定。

例題 13.14　在軍事演習期間,傳令兵必須由總部 (頂點 a) 傳送訊息至一個野戰指揮所 (頂點 z)。因為某些道路可能被封鎖或被破壞,則有多少位傳令兵應被派出使得每個沿著一路徑的走法和其它所走的路徑沒有共同邊?

因為這裡的頂點間的距離是沒有關聯的,圖 13.19 的圖沒有容量被指派到它的邊。此處之問題是決定 a 到 z 邊-互斥的路徑最大個數。指派每個邊一個 1 的容量,將這個問題轉換成一個最大流問題,其中 (由 a 到 z) 邊-互斥的路徑個數等於網路的一個最大流值。

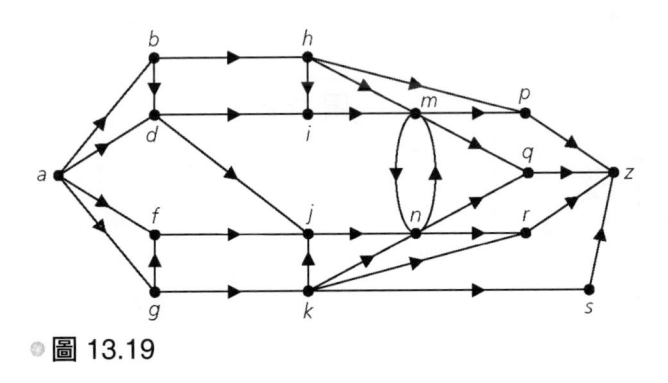

● 圖 13.19

習題 13.3

1. a) 對圖 13.20 的網路，令每邊的容量是 10。若圖的各邊 e 被以一個函數 f 標示，如圖所示，求 s、t、w、x 及 y 的值使得 f 是網路上的一個流。
   b) 這個流的值為何？
   c) 在這個網路上找三個容量為 30 的截 $(P, \overline{P})$。

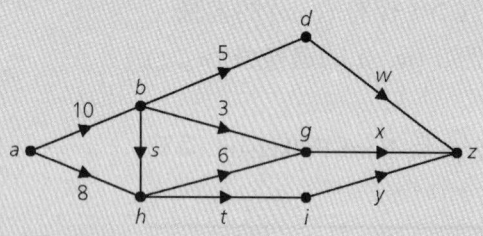

圖 13.20

2. 證明系理 13.3 及 13.4。

3. 對圖 13.21 的各個輸送網路找一個最大流及對應的最小截。

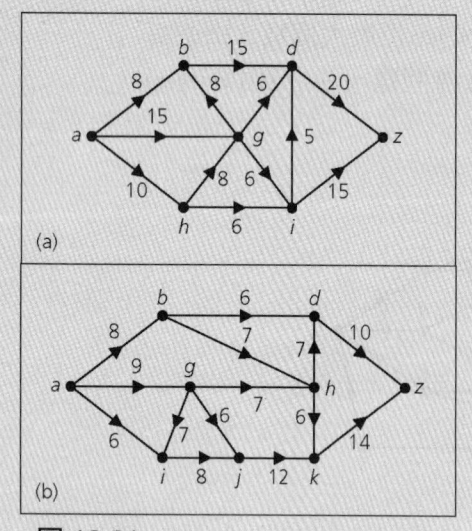

圖 13.21

4. 應用 Edmonds-Karp 及 Ford-Fulkerson 演算法找一個最大流於例題 13.12，13.13 及 13.14 裡。

5. 證明系理 13.5。

6. 在下面各個"輸送網路"裡，兩家公司 c_1 及 c_2，生產某種產品，此產品被由兩家廠商 m_1 及 m_2 所使用。對圖 13.22(a) 的網路，公司 c_1 可生產 8 個單位且公司 c_2 可生產 7 個單位；廠商 m_1 需要 7 個單位且廠商 m_2 需要 6 個單位。在圖 13.22(b) 的網路裡，每家公司可生產 7 個單位且每個廠商需要 6 個單位。在什麼情況下，生產者可達到廠商的需求？

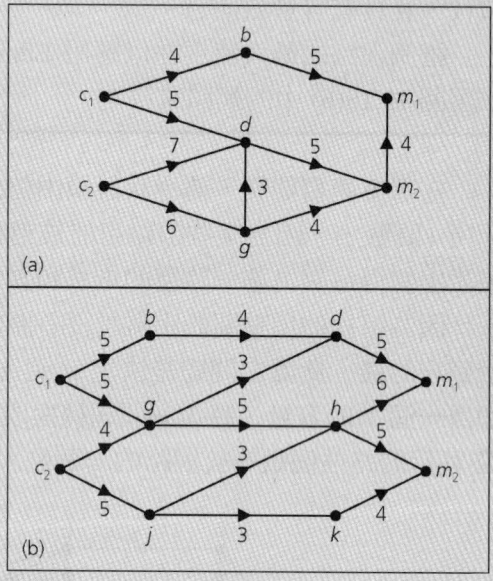

圖 13.22

7. 求一個最大流給圖 13.23 的網路。無向邊上的容量說明兩方向的容量相同。[然而，對一個無向邊，一個流一次僅可以一個方向進行，此和圖 13.18(a) 頂點 b、g 的情形不同。]

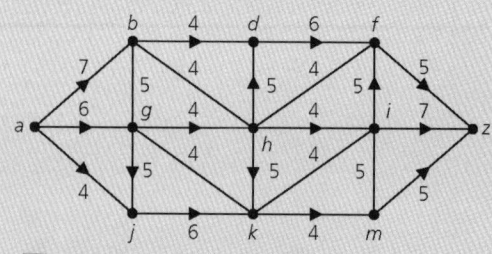

圖 13.23

13.4 匹配理論

Villa 校區必須雇用四位老師來教授下面各個科目：數學 (s_1)、電腦科學 (s_2)、化學 (s_3)、物理 (s_4) 及生物學 (s_5)。有興趣於在這個校區教書的四位候選人是 Carelli 小姐 (c_1)，Ritter 先生 (c_2)，Camille 女士 (c_3)，及 Lewis 太太 (c_4)。Carelli 小姐被認證於數學和電腦科學；Ritter 先生被認證於數學和物理；Camille 女士被認證於生物學；且 Lewis 太太被認證於化學、物理及電腦科學。若這個校區雇用所有這四位候選人，則每位老師可被指派來教授一科 (不同的) 他或她所被認證的科目嗎？

這個問題是所謂的**指派問題** (assignment problem) 的一個例子。使用包含及互斥原理併用車多項式 (見 8.4 及 8.5 節)，吾人可決定有多少種方法，若任一，四位老師可被指派使得每位教授一門不同的科目，而這些科目是他或她有資格的。然而，這些技巧並沒有提供一個方法來建置任何一個這些指派。在圖 13.24 裡，問題被以一個偶圖 $G=(V, E)$ 來模擬，其中 V 被分割成 $X \cup Y$，且 $X=\{c_1, c_2, c_3, c_4\}$ 及 $Y=\{s_1, s_2, s_3, s_4, s_5\}$ 且 G 的所有邊表示各個老師的資格。邊 $\{c_1, s_2\}$，$\{c_2, s_4\}$，$\{c_3, s_5\}$，$\{c_4, s_3\}$ 說明此一個 X 到 Y 的指派。

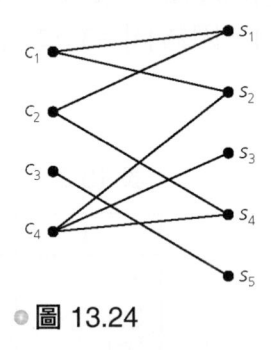

圖 13.24

欲進一步檢視這個概念，下面概念被介紹。

定義 13.9 令 $G=(V, E)$ 是一個偶圖且 V 被分割成 $X \cup Y$。(E 的每邊的形式是 $\{x, y\}$，其中 $x \in X$ 且 $y \in Y$。)

a) G 上的一個**匹配** (matching) 是 E 的一個子集合滿足沒有兩邊有一共同頂點在 X 或在 Y 上。

b) 一個 X 到 Y 的**完全匹配** (complete matching) 是一個 G 上的匹配滿足每個 $x \in X$ 某一個邊的端點。

利用函數，一個匹配是一個函數，其建立一個 X 的子集合和 Y 的子集合間的一對一對應。當這個匹配是完全的，一個由 X 到 Y 的一對一函數被定義。圖 13.24 的例子包含此一函數及一個完全匹配。

對一個偶圖 G=(V, E)，其中 V 被分割成 X∪Y，一個 X 到 Y 的完全匹配需要 |X| ≤ |Y|。若 |X| 是大的，則此一匹配的建構無法僅由觀察或由試驗及錯誤法來完成。下面定理，歸功於英國數學家 Philip Hall (1935)，提供一個必要且充分條件給此一匹配的存在性。然而，定理的證明不是由 Hall 所給的證明。一個使用輸送網路上所發展的材料之構造性證明被給於此。

定理 13.7 令 G=(V, E) 是偶圖且 V 被分割成 X∪Y。一個 X 到 Y 的完全匹配存在若且唯若對 X 的每個子集合 A，$|A| \leq |R(A)|$，其中 R(A) 是 Y 的子集合，其係由那些至少和 A 的一個頂點毗鄰的各個頂點所組成的。

在證明定理之前，我們展示它的用法於下面例題裡。

例題 13.15
a) 圖 13.25(a) 的偶圖沒有完全匹配。任何企圖建構此一匹配必包含 $\{x_1, y_1\}$ 及不是 $\{x_2, y_3\}$ 就是 $\{x_3, y_3\}$。若 $\{x_2, y_3\}$ 被含括，則沒有匹配給 x_3。同樣的，若 $\{x_3, y_3\}$ 被含括，我們不能匹配 x_2。若 $A=\{x_1, x_2, x_3\} \subseteq X$，則 $R(A)=\{y_1, y_3\}$。因為 $|A|=3>2=|R(A)|$，由定理 13.7 得知沒有完全匹配可存在。

● 表 13.2

A	R(A)	|A|	|R(A)|
∅	∅	0	0
$\{x_1\}$	$\{y_1, y_2, y_3\}$	1	3
$\{x_2\}$	$\{y_2\}$	1	1
$\{x_3\}$	$\{y_2, y_3, y_5\}$	1	3
$\{x_4\}$	$\{y_4, y_5\}$	1	2
$\{x_1, x_2\}$	$\{y_1, y_2, y_3\}$	2	3
$\{x_1, x_3\}$	$\{y_1, y_2, y_3, y_4\}$	2	4
$\{x_1, x_4\}$	Y	2	5
$\{x_2, x_3\}$	$\{y_2, y_3, y_5\}$	2	3
$\{x_2, x_4\}$	$\{y_2, y_4, y_5\}$	2	3
$\{x_3, x_4\}$	$\{y_2, y_3, y_4, y_5\}$	2	4
$\{x_1, x_2, x_3\}$	$\{y_1, y_2, y_3, y_5\}$	3	4
$\{x_1, x_2, x_4\}$	Y	3	5
$\{x_1, x_3, x_4\}$	Y	3	5
$\{x_2, x_3, x_4\}$	$\{y_2, y_3, y_4, y_5\}$	3	4
X	Y	4	5

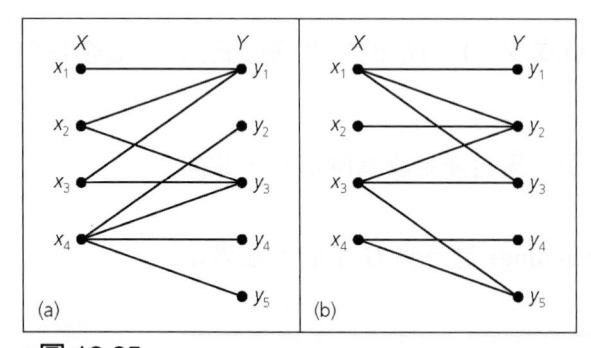

● 圖 13.25

b) 對圖 (b) 的圖，考慮表 13.2 的窮舉表列。假設定理 13.7 成立，則這個表列說明圖包含一個完全匹配。

我們現在轉到定理證明。

證明： 由於 V 被分割為 $X \cup Y$，令 $X = \{x_1, x_2, \cdots, x_m\}$ 且 $Y = \{y_1, y_2, \cdots, y_n\}$。建構一個輸送網路 N，其以引進兩個新頂點 a (源點) 及 z (匯點) 來擴大圖 G。對每個頂點 x_i，$1 \leq i \leq m$，繪邊 (a, x_i)；對每個頂點 y_j，$1 \leq j \leq n$，繪邊 (y_j, z)。每個新邊給容量 1。令 M 為任意大於 $|X|$ 的正整數。指派 G 上的各邊容量為 M。G 的原始圖和其結合的網路 N 出現如圖 13.26 所示。我們得一個完全匹配存在於 G 上若且唯若 N 上有一個最大流，其使用所有的邊 (a, x_i)，$1 \leq i \leq m$。則此一最大流的值是 $m = |X|$。

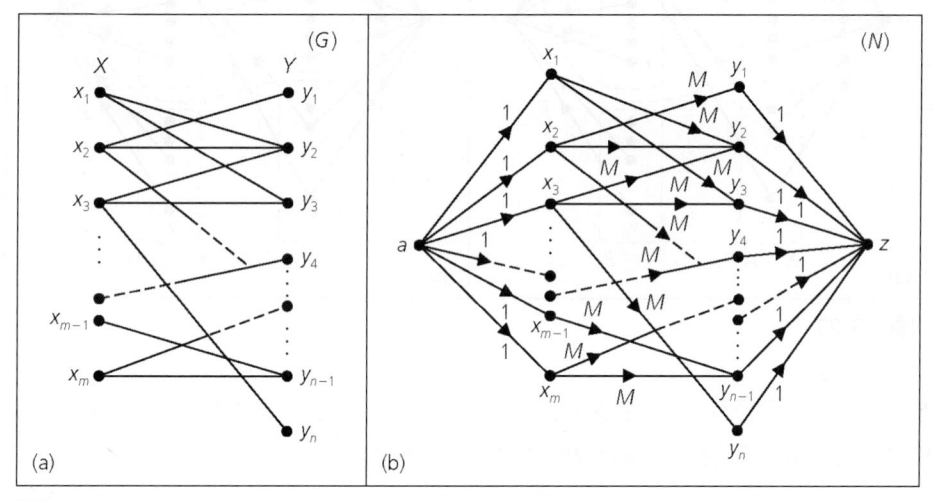

圖 13.26

我們將以證明 $c(P, \overline{P}) \geq |X|$ 對每個 N 上的截 $(P, \overline{P})$，來證明存在一個完全匹配於 G 上。所以若 $(P, \overline{P})$ 是輸送網路 N 上的任意截，讓我們定義 $A = X \cap P$ 且 $B = Y \cap P$。則 $A \subseteq X$，其中我們將記 $A = \{x_1, x_2, \cdots, x_i\}$，對某些 $0 \leq i \leq m$。(X 的所有元素被重新標示，若必要的話，使得 A 的所有元素的下標是連續的。當 $i = 0$ 時，$A = \emptyset$。) 現在 P 由源點 a 及 A 上的所有頂點一起組成且集合 $B \subseteq Y$，如圖 13.27(a) 所示。(Y 的元素亦被重新標示，若需要的話。) 此外，$\overline{P} = (X - A) \cup (Y - B) \cup \{z\}$。若存在一邊 $\{x, y\}$，其中 $x \in A$ 且 $y \in (Y - B)$，則該邊的容量是 $c(P, \overline{P})$ 上的一個被加數且 $c(P, \overline{P}) \geq M > |X|$。若沒有此類邊存在，則 $c(P, \overline{P})$ 是由 (1) 由源點 a 到 $X - A$ 上所有頂點的所有邊及 (2) 由 B 上的所有頂點到匯點 z 的所有邊的所有容量來決定。因為這些邊的每一邊之容量為 1，$c(P, \overline{P}) = |X - A| +$

$|B| = |X| - |A| + |B|$。由於 $B \supseteq R(A)$，我們有 $|B| \geq |R(A)|$，且因 $|R(A)| \geq |A|$，得 $|B| \geq |A|$。因此，$c(P, \overline{P}) = |X| + (|B| - |A|) \geq |X|$。因此，因為網路 N 上的每個截之容量至少有 $|X|$ 且截 $(\{a\}, V - \{a\})$ 達到一個 $|X|$ 的容量，由定理 13.6，N 上的任意最大流有值 $|X|$。此一個流將導致恰有 $|X|$ 個由 X 到 Y 的邊有流值 1，且這個流提供一個 X 到 Y 的完全匹配。

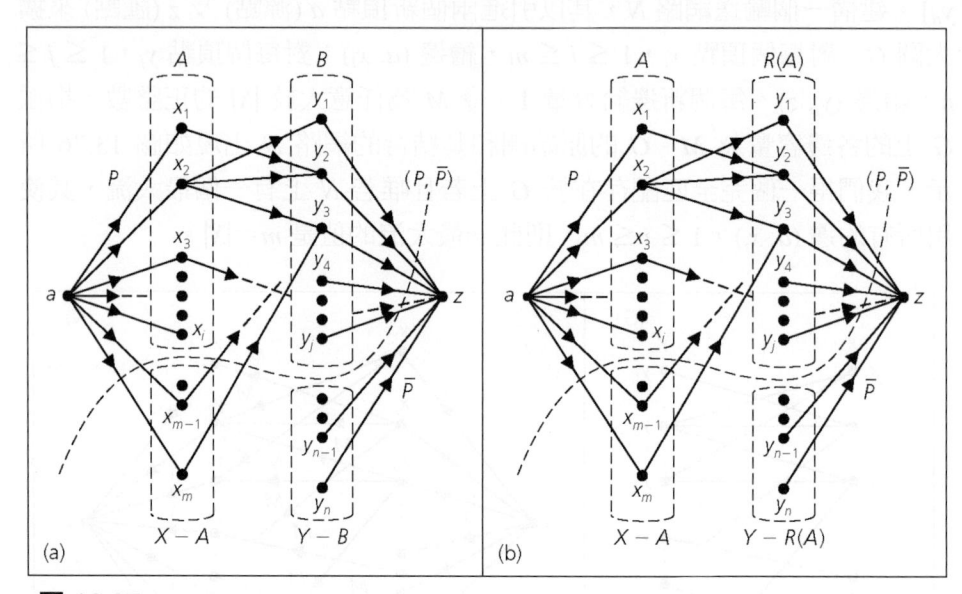

◉ 圖 13.27

反之，假設存在一個 X 的子集合 A，其中 $|A| > |R(A)|$。令 $(P, \overline{P})$ 為圖 13.27(b) 中網路的截，滿足 $P = \{a\} \cup A \cup R(A)$ 且 $\overline{P} = (X - A) \cup (Y - R(A)) \cup \{z\}$。則 $c(P, \overline{P})$ 被由 (1) 由源點 a 到 $X - A$ 中所有頂點的所有邊及 (2) 由 $R(A)$ 中所有頂點到匯點 z 的所有邊所決定。因此，$c(P, \overline{P}) = |X - A| + |R(A)| = |X| - (|A| - |R(A)|) < |X|$，因為 $|A| > |R(A)|$。網路有一個容量小於 $|X|$ 的截，所以再次由定理 13.6 得網路中的任一最大流的值小於 $|X|$。因此，沒有由 X 到 Y 的完全匹配給所給的偶圖 G。

例題 13.16　　五個同學 s_1，s_2，s_3，s_4 及 s_5 為三個委員會 c_1，c_2 及 c_3 的成員。圖 13.28(a) 中所示的偶圖說明委員會成員。每個委員會將選派一位同學代表晉見校長，能做得到每個委員會的代表均相異嗎？

雖然這個問題是小得足夠可使用觀察法解之，但我們還是使用 13.3 節所發展的概念。圖 13.28(b) 提供網路所給的偶圖。此處我們考慮所有頂點，排除源點 a，排序為 c_1，c_2，c_3，s_1，s_2，s_3，s_4，s_5，z。在圖 13.29(a) 裡，第一次應用 Edmonds-Karp 演算法並提供 f-增廣路徑 p：(a, c_1)，$(c_1,$

● 圖 13.28

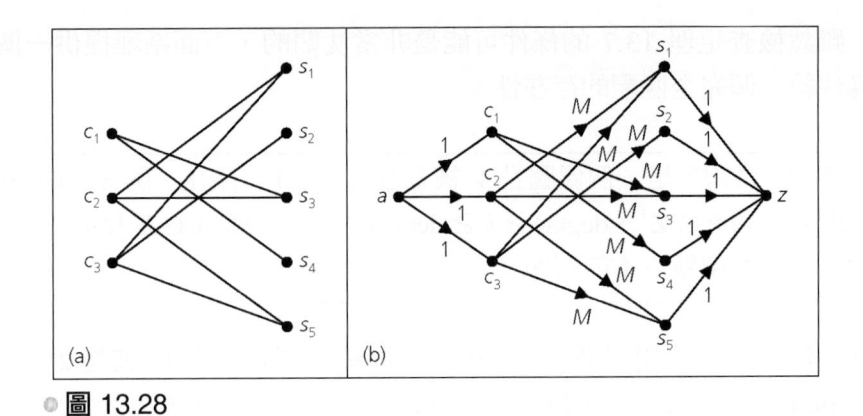

s_3),(s_3, z) 且 $\Delta_p = 1$。應用 Ford-Fulkerson 演算法得圖 (b) 中的網路,且這個網路說明邊 (c_1, s_3) 為開始給一個可能的完全匹配。[為了簡化圖,圖 (b) 和 (c) 中許多邊標示被省略。每一個出發在 a 或終止在 z 的未標示邊應有標示 1,0 來說明其一個 1 的容量及一個 0 的流;所有其它未標示邊應具有標示 M,0。] 這兩個演算法的下一個應用提供 f-增廣路徑 (a, c_2),(c_2, s_1),(s_1, z) 及邊 (c_2, s_1) 來擴大匹配。最後,Edmonds-Karp 及 Ford-Fulkerson 的最後應用給我們 f-增廣路徑 (a, c_3),(c_3, s_2),(s_2, z) 及最後的邊,即 (c_3, s_2),給完全匹配。這個由圖 13.29(c) 的最大流說明之。

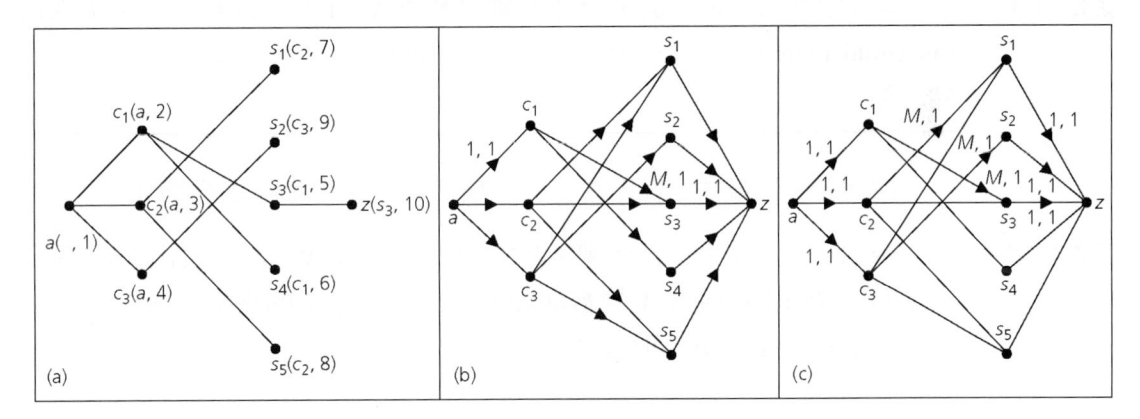

● 圖 13.29

這個例題是 Philip Hall 所研究的某問題的一個特別例證。他考慮一個集合 A_1,A_2,$\cdots$,A_n 的集族,其中所有元素 a_1,a_2,$\cdots$,a_n 被稱是一個集族的**相異代表組織** (system of distinct representatives) 若 (a) $a_i \in A_i$,對所有 $1 \le i \le n$;且 (b) $a_i \ne a_j$,每當 $1 \le i < j \le n$。重述定理 13.7,我們發現集族 A_1,A_2,$\cdots$,A_n 有一個相異代表組織若且唯若,對所有 $1 \le i \le n$,集合 A_1,A_2,$\cdots$,A_n 中任意 i 個聯集至少含有 i 個元素。

雖然檢查定理 13.7 的條件可能是非常沈悶的，下面系理提供一個充分條件給一個完全匹配的存在性。

系理 13.6 　令 $G=(V, E)$ 是一個偶圖且 V 被分割成 $X \cup Y$。存在一個 X 到 Y 的完全匹配若，對 $k \in \mathbf{Z}^+$, $\deg(x) \geq k \geq \deg(y)$ 對所有頂點 $x \in X$ 及 $y \in Y$。

證明： 本證明留做為本節習題。

例題 13.17
a) 系理 13.6 可應用至圖 13.28(a) 所示的圖。這裡合適的 k 值是 2。

b) Bell 高中的最高年級班級裡有 50 位同學 (25 位男同學及 25 位女同學)。若班上的每位女同學恰被 5 位男同學賞識，且每位男同學享受恰有 5 位班上女同學的友誼，則每位男同學可跟一位他喜歡的女同學參加班派對且每位女同學將跟一位喜歡她的男同學參加派對。(做為這種型態問題的結果，定理 13.7 的條件在文獻中經常被述為 **Hall 結婚條件** (Hall's Marriage Condition。)

對如例題 13.15(a) 中的問題，其中完全匹配不存在，下面的匹配型態經常被感興趣。

定義 13.10 　若 $G=(V, E)$ 是一個偶圖且 V 被分割成 $X \cup Y$，一個 G 上的**最大匹配** (maximal matching) 是一種匹配，其儘可能的將 X 上的頂點和 Y 上的頂點匹配。

欲探討一個最大匹配的存在性及構造，下面的新概念被提出。

定義 13.11 　令 $G=(V, E)$ 是一個偶圖，其中 V 被分割成 $X \cup Y$。若 $A \subseteq X$，則 $\delta(A)=|A|-|R(A)|$ 被稱是 A 的**虧格** (dificiency)。圖 G 的虧格，表為 $\delta(G)$，被給為 $\delta(G)=\max\{\delta(A)|A \subseteq X\}$。

對 $\emptyset \subseteq X$，我們有 $R(\emptyset)=\emptyset$，所以 $\delta(\emptyset)=0$ 且 $\delta(G) \geq 0$。若 $\delta(G)>0$，存在一個 X 的子集合 A 滿足 $|A|-|R(A)|>0$，所以 $|A|>|R(A)|$，且由定理 13.7，我們知道沒有由 X 到 Y 的完全匹配。

例題 13.18 　圖 13.30(a) 的圖沒有完全匹配。[見例題 13.15(a)] 對 $A=\{x_1, x_2, x_3\}$，我們發現 $R(A)=\{y_1, y_3\}$ 且 $\delta(A)=3-2=1$。由這個子集合 A，我們發現 $\delta(G)=1$。將 A 中的頂點移去一點 (並移去和該點鄰接的所有邊)，我們得到圖 (b) 所示的子圖。這個 (偶) 子圖包含一個由 $X_1=\{x_2, x_3, x_4\}$ 到 Y 的完

第十三章　最佳化及匹配　787

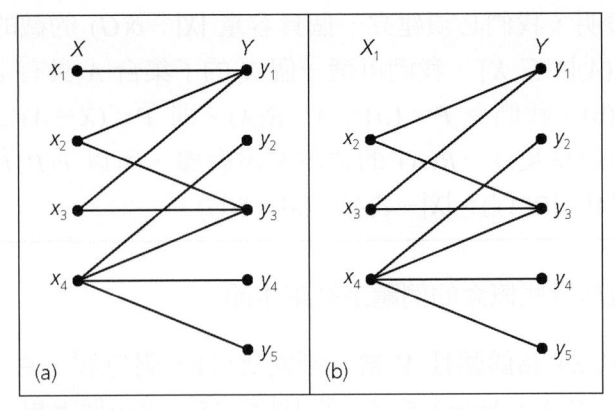

○圖 13.30

全匹配。邊 $\{x_2, y_1\}$，$\{x_3, y_3\}$ 及 $\{x_4, y_4\}$ 說明一個這樣的匹配，其亦是一個 X 到 Y 的最大匹配。

例題 13.18 所發展的概念引出下面定理。

定理 13.8 令 $G=(V, E)$ 是偶圖且 V 被分割成 $X \cup Y$。X 上頂點可和 Y 上頂點匹配的最大個數是 $|X|-\delta(G)$。

證明： 我們提供一個構造性的證明，如同在定理 13.7 的證明裡使用輸送網路。如在圖 13.26，令 N 為網路結合偶圖 G。結果將成立當我們證明 (a) N 上每個截 $(P, \overline{P})$ 的容量大於或等於 $|X|-\delta(G)$，且 (b) 存在一個容量為 $|X|-\delta(G)$ 的截。

令 $(P, \overline{P})$ 為 N 上的一個截，其中 P 是由源點 a，$A=P \cap X \subseteq X$ 上的所有頂點，及 $B=P \cap Y \subseteq Y$ 上的所有頂點所組成的 [見圖 13.27(a)]。如定理 13.7 的證明，子集合 A，B 可能為 $\emptyset$。

1) 若邊 (x, y) 在 N 上滿足 $x \in A$ 且 $y \in Y-B$，則 $c(x, y)$ 是 $c(P, \overline{P})$ 上的一個被加數。因為 $c(x, y)=M>|X|$，得 $c(P, \overline{P})>|X| \geq |X|-\delta(G)$。

2) 若沒有像 (1) 中的邊存在，則 $c(P, \overline{P})$ 被由 a 到 $X-A$ 的 $|X-A|$ 個邊及由 B 到 z 的 $|B|$ 個邊所決定。因為這些邊的各個邊均有容量 1，我們發現 $c(P, \overline{P})=|X-A|+|B|=|X|-|A|+|B|$。沒有一邊連接 A 上的頂點和 $Y-B$ 上的頂點，所以 $R(A) \subseteq B$ 且 $|R(A)| \leq |B|$。因此，$c(P, \overline{P})=(|X|-|A|)+|B| \geq (|X|-|A|)+|R(A)|=|X|-(|A|-|R(A)|)=|X|-\delta(A) \geq |X|-\delta(G)$。

因此，不管那一種情形，$c(P, \overline{P}) \geq |X|-\delta(G)$ 對 N 上的每個截 $(P, \overline{P})$。

欲完成證明，我們必須建立一個具容量 $|X|-\delta(G)$ 的截的存在。因為 $\delta(G)=\max\{\delta(A)|A\subseteq X\}$，我們可選一個 X 的子集合 A 具有 $\delta(G)=\delta(A)$。檢視圖 13.27(b)，我們令 $P=\{a\}\cup A\cup R(A)$。則 $\overline{P}=(X-A)\cup(Y-R(A))\cup\{z\}$。在 A 的頂點及 $Y-R(A)$ 的頂點間沒有邊，所以 $c(P,\overline{P})=|X-A|+|R(A)|=|X|-(|A|-|R(A)|)=|X|-\delta(A)=|X|-\delta(G)$。

我們以處理這些概念的例題來結束本節。

例題 13.19　令 $G=(V,E)$ 為偶圖且 V 被分割成 $X\cup Y$。對每個 $x\in X$，$\deg(x)\geq 4$，且對每個 $y\in Y$，$\deg(y)\leq 5$。若 $|X|\leq 15$，求一個上界 (儘可能的小) 給 $\delta(G)$。

令 $\emptyset\neq A\subseteq X$ 且令 $E_1\subseteq E$，其中 $E_1=\{\{a,b\}|a\in A,b\in R(A)\}$。因為 $\deg(a)\geq 4$ 對所有 $a\in A$，$|E_1|\geq 4|A|$。由於 $\deg(b)\leq 5$ 對所有 $b\in R(A)$，$|E_1|\leq 5|R(A)|$。因此，$4|A|\leq 5|R(A)|$ 且 $\delta(A)=|A|-|R(A)|\leq |A|-(4/5)|A|=(1/5)|A|$。因為 $A\subseteq X$，我們有 $|A|\leq 15$，所以 $\delta(A)\leq(1/5)(15)=3$。因此，$\delta(G)=\max\{\delta(A)|A\subseteq X\}\leq 3$，所以存在一個 X 到 Y 的最大匹配滿足 $|M|\geq |X|-3$。

習題 13.4

1. 對圖 13.24 所示的圖，若 4 個邊被隨機選取，則得到一個 X 到 Y 的完全匹配機率為何？

2. Cathy 被 Albert，Joseph 及 Robert 喜歡；Janice 被 Joseph 及 Dennis 喜歡；Theresa 被 Albert 及 Joseph 喜歡；Nettie 被 Dennis，Joseph 及 Frank 喜歡；且 Karen 被 Albert，Joseph 及 Robert 喜歡。(a) 建置一個偶圖來模擬匹配問題，其中每個男士和一個他喜歡的女士配對。(b) 繪所結合的網路給 (a) 中的圖並求一個最大流給這個網路。這個決定什麼完全匹配？(c) 存在一個 Janice 和 Dennis 成對及 Nettie 和 Frank 成對的完全匹配嗎？(d) 可能決定兩個完全匹配嗎？其中每個男士和兩個不同的女士配對。

3. Rydell 高中的最高年級班上選 Annemarie (A)，Gary (G)，Jill (T)，Kenneth (K)，Michael (M)，Norma (N)，Paul (P) 及 Rosemary (R) 為代表參加 6 個學校委員會。這些委員的最高年級成員分別為 $\{A,G,J,P\}$，$\{G,J,K,R\}$，$\{A,M,N,P\}$，$\{A,G,M,N,P\}$，$\{A,G,K,N,R\}$ 及 $\{G,K,N,R\}$。(a) 學生政府召開一個會議需要由各個委員會恰有一個最高年級成員出席。找一個選法使其含括最大個數的最高年級成員。(b) 在開會之前，每個委員會的財務先由一位不在該委員會的最高年級代表審查。這個可達成 6 個不同的最高年級代表被含括在這個審查過程嗎？若可，則如何做到？

4. 令 $G=(V, E)$ 是一個偶圖且 Y 被分割成 $X \cup Y$，其中 $X=\{x_1, x_2, \cdots, x_m\}$ 且 $Y=\{y_1, y_2, \cdots, y_n\}$。有多少個 X 到 Y 的完全匹配若
   a) $m=2$，$n=4$ 且 $G=K_{m,n}$？
   b) $m=4$，$n=4$ 且 $G=K_{m,n}$？
   c) $m=5$，$n=9$ 且 $G=K_{m,n}$？
   d) $m \le n$ 且 $G=K_{m,n}$？

5. 若 $G=(V, E)$ 是一個無向圖，一個各頂點次數均為 1 的 G 之生成子圖 H 被稱是 G 的一個一-因子 (one-factor) 或完美匹配 (perfect matching)。
   a) 若 G 有一個一-因子，證明 $|V|$ 是偶數。
   b) Petersen 圖有一個一-因子嗎？(Petersen 圖最早被介紹於例題 11.19。)
   c) 在圖 13.31 裡，我們發現 (a) 中的圖 K_4，而圖 (b) 提供三個可能的一-因子給 K_4。有多少個一-因子給 K_6？
   d) 對 $n \in \mathbf{Z}^+$，令 a_n 計數圖 K_{2n} 上的一-因子個數。求並解一個遞迴關係給 a_n。

6. 證明系理 13.6。

7. Fritz 負責分派學生部份時間工作於他所工作的學校。他有 25 位學生申請，且有 25 個不同的部份時間工作於校園裡。每位申請者至少有 4 個工作資格，但每個工作至多可被 4 個申請者執行。Fritz 有辦法分派所有學生他們具有資格的工作嗎？試解釋之。

8. 對下面各個集族，若可能，決定一個相異代表組織。若無此類組織存在，試解釋原因。
   a) $A_1=\{2, 3, 4\}$，$A_2=\{3, 4\}$，$A_3=\{1\}$，$A_4=\{2, 3\}$
   b) $A_1=A_2=A_3=\{2, 4, 5\}$，$A_4=A_5=\{1, 2, 3, 4, 5\}$
   c) $A_1=\{1, 2\}$，$A_2=\{2, 3, 4\}$，$A_3=\{2, 3\}$，$A_4=\{1, 3\}$，$A_5=\{2, 4\}$

9. a) 決定所有的相異代表組織給集族 $A_1=\{1, 2\}$，$A_2=\{2, 3\}$，$A_3=\{3, 4\}$，$A_4=\{4, 1\}$。
   b) 給集族 $A_1=\{1, 2\}$，$A_2=\{2, 3\}$，$\cdots$，$A_n=\{n, 1\}$，試決定有多少個不同的相異代表組織存在給這個集族。

10. 令 A_1，A_2，$\cdots$，A_n 為一個集族，其中 $A_1=A_2=\cdots=A_n$ 且 $|A_i|=k>0$ 對所有 $1 \le i \le n$。(a) 證明所給的集族有一個相異代表組織若且唯若 $n \le k$。(b) 當 $n \le k$，有多少個不同的組織存在給這個集族？

11. 令 $G=(V, E)$ 是一個偶圖，其中 V 被分割成 $X \cup Y$。若 $\deg(x) \ge 4$ 對所有 $x \in X$ 且 $\deg(y) \le 5$ 對所有 $y \in Y$，證明若 $|X|$

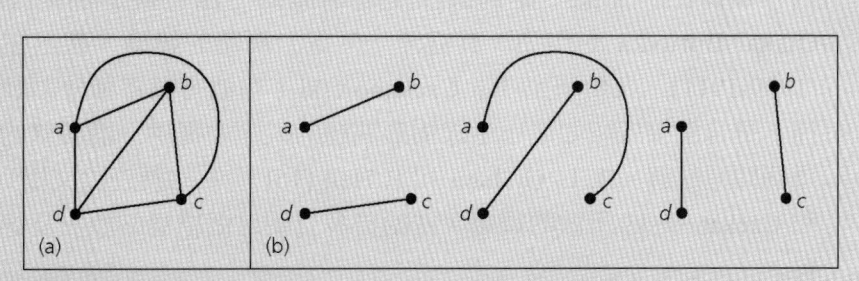

圖 13.31

≤ 10 則 $\delta(G) \leq 2$。

12. 令 $G=(V, E)$ 是一個偶圖，且 V 被分割成 $X \cup Y$。對所有 $x \in X$，$\deg(x) \geq 3$，且對所有 $y \in Y$，$\deg(y) \leq 7$。若 $|X| \leq 50$，求一個 $\delta(G)$ 的上界 (儘可能的小)。

13. a) 令 $G=(V, E)$ 是圖 13.32 的偶圖且 V 被分割為 $X \cup Y$。求 $\delta(G)$ 並求一個 X 到 Y 的最大匹配。

   b) 對任意偶圖 $G=(V, E)$，且 V 被分割為 X 到 Y，若 $B(G)$ 表 G 的獨立數，證明 $|X| = \beta(G) - \delta(G)$。(一個無向圖的獨立數被定義在 11.5 節習題 25)。

   c) 求一個最大的頂點極大獨立集給圖 13.30(a) 及圖 13.32 所示的圖。

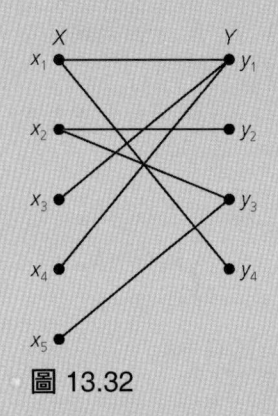

圖 13.32

14. 對 $n \geq 2$，證明超立方體 Q_n 至少有 $2^{(2^{n-2})}$ 個完美匹配 (如上面習題 5 所定義的)。

13.5 總結及歷史回顧

本章已提供我們方法實例，其中圖論進入一個所謂的作業研究的數學領域。以演算方法提出的每個主題可被使用在電腦執行裡，其被用來解各型態的問題。類比的教材可被發現於 C. L. Liu [22] 的第 10 及第 11 章裡。E. Lawler [21] 的第 4 及第 5 章提供許多網路及匹配上的其它發展。本書提供廣泛的應用及參考資料做為額外的閱讀。

在 13.1 節，我們檢視一個最短-路徑演算法給加權圖。這個演算法的整個發展被給在 E. W. Dijkstra [10] 的文章裡。

13.2 節提供兩個技巧來找加權無迴路連通無向圖的最小生成樹形。這兩個技巧由 J. B. Kruskal [20] 及 R. C. Prim [25] 於 1950 年代末所發展出來的。事實上，然而，建構最小生成樹形的方法可被追溯到 1926 年，Otakar Borůvka 的作品，其處理一個電力網路的建構。甚至在這個之前 (1909-1911)，人類學家 Jan Czekanowski，在他有關各種分類計畫的作品裡，是非常接近認知最小生成樹形問題的人，並提供一個渴望的演算法給這個問題的解。R. L. Graham 和 P. Hell [16] 所做的調查論文提到 Borůvka 和 Czekanowski 所做的貢獻，並給更多有關這個結構的歷史及應用上的資料。

Edsger W. Dijkstra (1930–2002)   Joseph B. Kruskal (1928–)

　　前兩節裡所給的所有技巧之電腦執行可被發現於 A. V. Aho，J. E. Hopcroft 及 J. D. Ullman [1] 的第 6 及第 7 章；S. Baase 及 A. Van Gelder [3] 的第 8 章；T. H. Cormen，C. E. Leiserson，R. L. Rivest 及 C. Stein [7] 的第 23 及 24 章；及 E. Horowitz 和 S. Sahni [17] 的第 4 章。這些參考資料亦討論這些演算法的效率及速度。R. K. Ahuja，T. L. Magnanti 及 J. B. Orlin [2] 的 4.5-4.9 節提供更多 Dijkstra 演算法的不同執行，並討論它們的特色及最差-情形時間-複雜度。這個演算法的六個應用被描述在該書的 4.2 節。如我們在 13.2 節末所討論的，R. L. Graham 和 P. Hell [16]，D. B. Johnson [18] 及 A. Kershenbaum 和 R. Van Slyke [19] 等文章討論 Prim 演算法的其它執行。最小生成樹形概念在物理科學上一個有趣的應用被提供在 D. R. Shier [27] 的文章裡。其它的應用被討論在 R. K. Ahuja，T. L. Magnanti 及 J. B. Orlin [2] 的 13.2 節裡。

　　如我們在 13.3 節所提的，處理資源分派或貨物運輸的問題可以輸送網路來模擬。G. B. Dantzig，L. R. Ford 及 D. R. Fulkerson 所著的基礎作品可被發現於他們的開拓文章 [8, 9, 12, 13] 裡。L. R. Ford 及 D. R. Fulkerson [14] 的書提供這個主題的優越教材。此外，讀者可望檢視 R. K. Ahuja，T. L. Magnanti 及 J. B. Orlin [2] 的第 6 章，C. Berge [4] 的第 8 章，R. G. Busacker 及 T. L. Saaty [6] 的第 7 章或 T. H. Cormen，C. E. Leiserson，R. L. Rivest 及 C. Stein [7] 的第 26 章。C. L. Liu [22] 的第 10 章含有網路擴充的教材，其中在各邊上的流被限制為較低且是一個上界容量。欲知更多應用，讀者應檢視 D. R. Fulkerson [15] 的第 139-171 頁。R. K. Ahuja，T. L. Magnanti 及 J. B. Orlin [2] 含有六個額外的應用。

本章最後一個主題處理偶圖上的匹配問題。這個主題背後的理論首先由 Philip Hall 於 1935 年所發展出來的，但此處輸送網路上的概念被用來提供一個演算法給一解。O. Ore [24] 的第 7 章對這個主題提供一個非常可讀的介紹，且提供一些應用。欲知更多代表組織，讀者應檢視 H. J. Ryser [26] 專題論文的第 5 章。找偶圖上之最大匹配的第二個方法是 Hungarian 法。此法被給在 J. A. Bondy 及 U. S. R. Murty [5] 的第 5 章和 C. Berge [4] 的第 10 章。此外，在解指派問題方面的應用，匹配理論有許多有趣的組合蘊涵。吾人可在 L. Mirsky 及 H. Perfect [23] 的調查文章裡學更多有關這些的東西。

參考資料

1. Aho, Alfred V., Hopcroft, John E., and Ullman, Jeffrey D. *Data Structures and Algorithms*. Reading, Mass.: Addison-Wesley, 1983.
2. Ahuja, Ravindra K., Magnanti, Thomas L., and Orlin, James B. *Network Flows*. Englewood Cliffs, N.J.: Prentice Hall, 1993.
3. Baase, Sara, and Van Gelder, Allen. *Computer Algorithms, Introduction to Design and Analysis*, 3rd ed. Reading Mass.: Addison-Wesley, 2000.
4. Berge, Claude. *The Theory of Graphs and Its Applications*. New York: Wiley, 1962.
5. Bondy, J. A., and Murty, U. S. R. *Graph Theory with Applications*. New York: Elsevier North Holland, 1976.
6. Busacker, Robert G., and Saaty, Thomas L. *Finite Graphs and Networks*. New York: McGraw-Hill, 1965.
7. Cormen, Thomas H., Leiserson, Charles E., Rivest, Ronald L., and Stein, Clifford. *Introduction to Algorithms*, 2nd ed. New York: McGraw-Hill, 2001.
8. Dantzig, George B., and Fulkerson, Delbert Ray. *Computation of Maximal Flows in Networks*. The RAND Corporation, P-677, 1955.
9. Dantzig, George B., and Fulkerson, Delbert Ray. *On the Max Flow Min Cut Theorem*. The RAND Corporation, RM-1418-1, 1955.
10. Dijkstra, Edsger W. "A Note on Two Problems in Connexion with Graphs." *Numerische Mathematik* 1 (1959): pp. 269–271.
11. Edmonds, Jack, and Karp, Richard M. "Theoretical Improvements in Algorithmic Efficiency for Network Flow Problems." *J. Assoc. Comput. Mach.* 19 (1972): pp. 248–264.
12. Ford, Lester R., Jr. *Network Flow Theory*. The RAND Corporation, P-923, 1956.
13. Ford, Lester R., Jr., and Fulkerson, Delbert Ray. "Maximal Flow Through a Network." *Canadian Journal of Mathematics* 8 (1956): pp. 399–404.
14. Ford, Lester R., Jr., and Fulkerson, Delbert Ray. *Flows in Networks*. Princeton, N.J.: Princeton University Press, 1962.
15. Fulkerson, Delbert Ray, ed. *Studies in Graph Theory*, Part I. *MAA Studies in Mathematics*, Vol. 11, The Mathematical Association of America, 1975.
16. Graham, Ronald L., and Hell, Pavol. "On the History of the Minimum Spanning Tree Problem." *Annals of the History of Computing* 7, no. 1 (January 1985): pp. 43–57.
17. Horowitz, Ellis, and Sahni, Sartaj. *Fundamentals of Computer Algorithms*. Potomac, Md.: Computer Science Press, 1978.
18. Johnson, D. B. "Priority Queues with Update and Minimum Spanning Trees." *Information Processing Letters* 4 (1975): pp. 53–57.
19. Kershenbaum, A., and Van Slyke, R. "Computing Minimum Spanning Trees Efficiently." *Proceedings of the Annual ACM Conference*, 1972, pp. 518–527.
20. Kruskal, Joseph B. "On the Shortest Spanning Subtree of a Graph and the Traveling Salesman

Problem." *Proceedings of the AMS* 1, no. 1 (1956): pp. 48–50.
21. Lawler, Eugene. *Combinatorial Optimization: Networks and Matroids*. New York: Holt, 1976.
22. Liu, C. L. *Introduction to Combinatorial Mathematics*. New York: McGraw-Hill, 1968.
23. Mirsky, L., and Perfect, H. "Systems of Representatives." *Journal of Mathematical Analysis and Applications* 3 (1966): pp. 520–568.
24. Ore, Oystein. *Theory of Graphs*. Providence, R.I.: American Mathematical Society, 1962.
25. Prim, Robert C. "Shortest Connection Networks and Some Generalizations." *Bell System Technical Journal* 36 (1957): pp. 1389–1401.
26. Ryser, Herbert J. *Combinatorial Mathematics*. Carus Mathematical Monographs, Number 14, Mathematical Association of America, 1963.
27. Shier, Douglas R. "Testing for Homogeneity Using Minimum Spanning Trees." *The UMAP Journal* 3, no. 3 (1982): pp. 273–283.

補充習題

1. 應用 Dijkstra 演算法至圖 13.33 所示的加權有向多重圖，並求由頂點 a 至圖上其它七個頂點的最短距離。

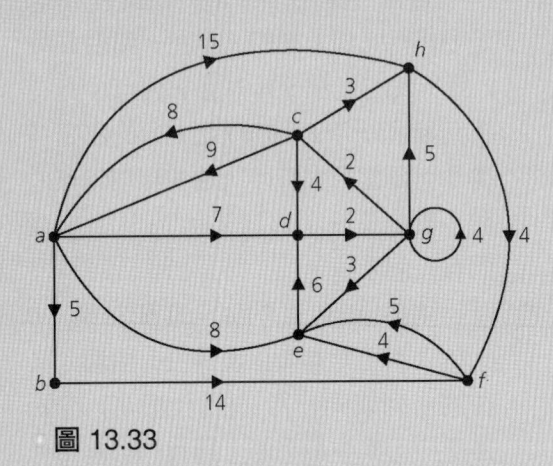

圖 13.33

2. Stacy 為她的演算法分析課，寫了下面演算法來求在加權有向圖 $G=(V, E)$ 上由頂點 a 到 $\geq$ 頂點 b 的最短距離。

   步驟 1：令 Distance 為 0，指派頂點 a 為變數 v 且令 $T=V$。

   步驟 2：若 $v=b$，Distance 的值即為問題的答案。若 $v \neq b$，則

   1) 以 $T-\{v\}$ 代 T 且選 $w \in T$ 滿足 wt(v, w) 最小。

   2) 令 Distance 等於 Distance + wt(v, w)。

   3) 指派頂點 w 為變數 v 且回到步驟 (2)。

   Stacy 演算法正確嗎？若是，證明它。若否，提出一個反例。

3. a) 令 $G=(V, E)$ 是一個無迴路加權連通無向圖。若 $e_1 \in E$ 滿足 wt$(e_1) <$ wt(e) 對所有其它邊 $e \in E$，證明邊 e_1 是 G 上每個最小生成樹形的部份。

   b) 以 (a) 中之 G，假設存在邊 $e_1, e_2 \in E$ 滿足 wt$(e_1) <$ wt$(e_2) <$ wt(e) 對所有其它邊 $e \in E$。證明或不證明：邊 e_2 是 G 上每個最小生成樹形的部份。

4. a) 令 $G=(V, E)$ 是一個無迴路加權連通無向圖，其中 G 的每個邊 e 是一個循環的部份。證明若 $e_1 \in E$ 滿足 wt$(e_1) >$ wt(e) 對所有其它邊 $e \in E$，則 G 沒有含 e_1 的最小生成樹形。

   b) 以 (a) 中之 G，假設 $e_1, e_2 \in E$ 滿足 wt$(e_1) >$ wt$(e_2) >$ wt(e) 對所有其它邊 e

$\in E$。證明或不證明：邊 e_2 不是任何 G 之最小生成樹形的部份。

5. 使用輸送網路上流的概念，建構一個有向多重圖 $G=(V, E)$，其中 $V=\{u, v, w, x, y\}$ 且 $id(u)=1$，$od(u)=3$；$id(v)=3$，$od(v)=3$；$id(w)=3$，$od(w)=4$；$id(x)=5$，$od(x)=4$ 及 $id(y)=4$，$od(y)=2$。

6. 字集 $\{qs, tq, ut, pqr, srt\}$ 即將被傳送，其中每個字母給一個二元編碼。(a) 證明可能由各個字選一個字母做為這些字的一個相異代表組織。(b) 若從 5 個字中的各個字隨機選一個字母，則所得之選擇是這些字的一個相異代表組織的機率為何？

7. 對 $n \in \mathbf{Z}^+$ 且對每個 $1 \leq i \leq n$，令 $A_i = \{1, 2, 3, \cdots, n\} - \{i\}$。有多少個不同的相異代表組織存在給集族 A_1，A_2，A_3，$\cdots$，A_n？

8. 本題概述 Birkhoff-von Neumann 定理的一個證明。

a) 對 $n \in \mathbf{Z}^+$，一個 $n \times n$ 矩陣被稱是一個**排列** (permutation) 矩陣若在每列及每行恰有一個 1，且其它所有元素均為 0。試問共有多少個 5×5 的排列矩陣？有多少個 $n \times n$ 的排列矩陣？

b) 一個 $n \times n$ 矩陣 B 被稱是**雙隨機的** (doubly stochastic) 若 $b_{ij} \geq 0$，$\forall 1 \leq i \leq n$，$1 \leq j \leq n$，且各列或各行上的所有元素和是 1。若

$$B = \begin{bmatrix} 0.2 & 0.1 & 0.7 \\ 0.4 & 0.5 & 0.1 \\ 0.4 & 0.4 & 0.2 \end{bmatrix}$$

證明 B 是雙隨機的。

c) 找四個正實數 c_1，c_2，c_3 及 c_4，和四個排列矩陣 P_1，P_2，P_3 及 P_4，滿足 $c_1+c_2+c_3+c_4=1$ 且 $B=c_1P_1+c_2P_2+c_3P_3+c_4P_4$。

d) (c) 小題是 Birkhoff-von Neumann 定理的一個特殊情形：若 B 是一個 $n \times n$ 雙隨機矩陣，則存在正實數 c_1，c_2，$\cdots$，c_k 及排列矩陣 P_1，P_2，$\cdots$，P_k 滿足 $\sum_{i=1}^{k} c_i = 1$ 及 $\sum_{i=1}^{k} c_i P_i = B$。欲證明這個結果，我們如下進行：建構一個偶圖 $G=(V, E)$ 且 V 被分割為 $X \cup Y$，其中 $X \{x_1, x_2, \cdots, x_n\}$ 且 $\{y_1, y_2, \cdots, y_n\}$。所有頂點 x_i，$1 \leq i \leq n$，對應 B 的第 i 列；所有頂點 y_j，$1 \leq j \leq n$，對應 B 的第 j 行。G 的所有邊是型如 $\{x_i, y_j\}$ 若且唯若 $b_{ij} > 0$。我們要求有一個由 X 到 Y 的完全匹配。

若否，存在一個 X 的子集合 A 滿足 $|A| > |R(A)|$。亦即，存在一個由 B 的 r 列所成的集合，其中這 r 列有 s 行有正元素且 $r > s$。B 的這 r 列的和是多少？可是當行加行時，這些相同元素的和小於或等於 s。(為什麼？) 因此，我們有一個矛盾。

由於 X 到 Y 的完全匹配結果，B 上有 n 個正元素產生使得沒有兩個元素在同一列或同一行。(為什麼？) 若 c_1 是這些元素中最小的，則我們可寫 $B=c_1P_1+B_1$，其中 P_1 是一個 $n \times n$ 排列矩陣，其中 1 是根據 B 的正元素來出現，而這些正元素來自完全匹配。B_1 的所有列和所有行的元素和是多少？

e) 證明如何來完成？

9. 令 $G=(V, E)$ 是一個偶圖，其中 V 被分割成 $X \cup Y$。若 $E' \subseteq E$，且 E' 決定一個 X 到 Y 的完全匹配，在線圖 $L(G)$ 所決定的頂點有什麼性質？[一個無迴路無向圖 G 的線圖 $L(G)$ 被定義在第 11 章的補充習題 18。]

解 答

第 1 章
計數的基本原理

1.3 節 位於右側標籤：**1.1 及 1.2 節**

1. a) 13 **b)** 40 **c)** 和規則於 (a)；積規則於 (b)
3. a) 288 **b)** 24
5. $2\times 2\times 1\times 10\times 10\times 2=800$ 個不同車牌。
7. 2^9 **9. a)** $(14)(12)=168$ **b)** $(14)(12)(6)(18)=18,144$ **c)** 73,156,608
11. a) $12+2=14$ **b)** $14\times 14=196$ **c)** 182
13. a) $P(8,8)=8!$ **b)** $7!$ $6!$ **15.** $4!=24$
17. 情形 A：$(2^7-2)(2^{24}-2)=2,113,928,964$
情形 B：$2^{14}(2^{16}-2)=1,073,709,056$
情形 C：$2^{12}(2^8-2)=1,040,384$
19. a) $7!=5040$ **b)** $(4!)(3!)=144$ **c)** $(5!)(3!)=720$ **d)** 288
21. a) $12!/(3!\,2!\,2!\,2!)$ **b)** $2[11!/(3!\,2!\,2!\,2!)]$ **c)** $[7!/(2!\,2!)][6!/(3!\,2!)]$
23. $12!/(4!\,3!\,2!\,3!)=277,200$ **25. a)** $n=10$ **b)** $n=5$ **c)** $n=5$
27. a) $(10!)/(2!\,7!)=360$ **b)** 360
c) 令 x，y 及 z 為任意實數且令 m，n 及 p 為任意非負整數。由 (x, y, z) 到 $(x+m, y+n, z+p)$ 的路徑數，如 (a) 所描述的，為 $(m+n+p)!/(m!\,n!\,p!)$。
29. a) 576 **b)** 積規則
31. a) $9\times 9\times 8\times 7\times 6\times 5=136,080$ **b)** 9×10^5
  (i) (a) 68,880 (b) 450,000
  (ii) (a) 28,560 (b) 180,000
  (iii) (a) 33,600 (b) 225,000
33. a) 2^{10} **b)** 3^{10} **35. a)** $6!$ **b)** $2(5!)=240$
37. $\binom{16}{10}\,9!\,5!=348,713,164,800$

右側標籤：**1.3 節**

1. $\binom{6}{2}=6!/(2!\,4!)=15$。大小為 2 的選擇 ab，ac，ad，ae，af，bc，bd，be，bf，cd，ce，cf，de，df 及 ef。
3. a) $C(10,4)=10!/(4!\,6!)=210$ **b)** $\binom{12}{7}=12!/(7!\,5!)=792$
  c) $C(14,12)=91$ **d)** $\binom{15}{10}=3003$

5. a) $P(5, 3) = 60$
  b) a, f, m   a, f, r   a, f, t   a, m, r   a, m, t
     a, r, t   f, m, r   f, m, t   f, r, t   m, r, t

7. a) $\binom{20}{12} = 125{,}970$ **b)** $\binom{10}{6}\binom{10}{6} = 44{,}100$ **c)** $\sum_{i=1}^{5} \binom{10}{12-2i}\binom{10}{2i}$
  d) $\sum_{i=7}^{10} \binom{10}{i}\binom{10}{12-i}$ **e)** $\sum_{i=8}^{10} \binom{10}{i}\binom{10}{12-i}$

9. a) $\binom{8}{2} = 28$ **b)** 70   **c)** $\binom{8}{6} = 28$ **d)** 37

11. a) 120   **b)** 56   **c)** 100

13. $\binom{8}{4}\left(\frac{7!}{4!\,2!}\right) = 7350$

15. a) $\binom{15}{2} = 105$ **b)** $\binom{25}{3} = 2300$; $\binom{25}{3}$; $\binom{25}{4} = 12{,}650$

17. a) $\sum_{k=2}^{n} \frac{1}{k!}$ **c)** $\sum_{j=1}^{7}(-1)^{j-1}j^3 = \sum_{k=1}^{7}(-1)^{k+1}k^3$ **d)** $\sum_{i=0}^{n} \frac{i+1}{n+i}$

19. $\binom{10}{3} + \binom{10}{1}\binom{9}{1} + \binom{10}{1} = 220$ $\binom{10}{4} + \binom{10}{2} + \binom{10}{1}\binom{9}{2} + \binom{10}{1}\binom{9}{1} = 705$
  $2^{10}\left(\sum_{i=0}^{5}\binom{10}{2i}\right)$

21. $\binom{n}{3}$ $\binom{n}{3} - n - n(n-4)$, $n \geq 4$

23. a) $\binom{12}{9}$ **b)** $\binom{12}{9}(2^3)$ **c)** $\binom{12}{9}(2^9)(-3)^3$

25. a) $\binom{4}{1,1,2} = 12$ **b)** 12   **c)** $\binom{4}{1,1,2}(2)(-1)(-1)^2 = -24$
  d) -216 **e)** $\binom{8}{3,2,1,2}(2^3)(-1)^2(3)(-2)^2 = 161{,}280$

27. a) 2^3 **b)** 2^{10} **c)** 3^{10} **d)** 4^5 **e)** 4^{10}

29. $n\binom{m+n}{m} = n\frac{(m+n)!}{m!\,n!} = \frac{(m+n)!}{m!(n-1)!} = (m+1)\frac{(m+n)!}{(m+1)(m!)(n-1)!}$
  $= (m+1)\frac{(m+n)!}{(m+1)!(n-1)!} = (m+1)\binom{m+n}{m+1}$

31. 考慮 **a)** $[(1+x)-x]^n$；**b)** $[(2+x)-(x+1)]^n$；和 **c)** $[(2+x)-x]^n$ 的展開式

33. a) $a_3 - a_0$ **b)** $a_n - a_0$ **c)** $\frac{1}{102} - \frac{1}{2} = \frac{-25}{51}$

1.4 節

1. a) $\binom{14}{10}$ **b)** $\binom{9}{5}$ **c)** $\binom{12}{8}$ **3.** $\binom{23}{20}$ **5. a)** 2^5 **b)** 2^n

7. a) $\binom{35}{32}$ **b)** $\binom{31}{28}$ **c)** $\binom{11}{8}$ **d)** 1   **e)** $\binom{43}{40}$ **f)** $\binom{31}{28} - \binom{6}{3}$

9. $n = 7$ **11. a)** $\binom{14}{5}$ **b)** $\binom{11}{5} + 3\binom{10}{4} + 3\binom{9}{3} + \binom{8}{2}$

13. a) $\binom{7}{4}$ **b)** $\sum_{i=0}^{3}\binom{9-2i}{7-2i}$ **15.** $\binom{23}{20}(24!)$ **17. a)** $\binom{16}{12}$ **b)** 5^{12}

19. $\binom{23}{4}$ **21.** $24{,}310 = \sum_{i=1}^{n} i$ $[n = \binom{12}{3}]$

23. a) 把 m 個相同物體中的一個擺進 n 個相異容器中的各個容器。此留下
  $m-n$ 個相同物體(待)被擺進 n 個相異容器，得 $\binom{n+(m-n)-1}{m-n} = \binom{m-1}{m-n} = \binom{m-1}{n-1}$ 種分配。

25. a) 2^9 **b)** 2^4

27. a) $\binom{2+3-1}{3} = 4$ **b)** 10   **c)** 48   **d)** $\binom{3+4-1}{4}\binom{2+3-1}{3} + \binom{3+2-1}{2}\binom{2+5-1}{5} = 96$

e) 180   f) 420

1. $\binom{2n}{n} - \binom{2n}{n-1} = \frac{(2n)!}{n!\,n!} - \frac{(2n)!}{(n-1)!(n+1)!} = \frac{(2n)!(n+1)}{(n+1)!\,n!} - \frac{(2n)!\,n}{n!(n+1)!} = \frac{(2n)![(n+1)-n]}{(n+1)!\,n!} = \frac{1}{(n+1)}\frac{(2n)!}{n!\,n!} = \left(\frac{1}{n+1}\right)\binom{2n}{n}$

1.5 節

3. a) $5\ (=b_3);\ 14\ (=b_4)$

b) 對 $n \geq 0$，有 $b_n \left(= \frac{1}{(n+1)}\binom{2n}{n}\right)$ 個此類路徑由 $(0, 0)$ 到 (n, n)。

c) 對 $n \geq 0$，第一個移動是 U 且最後一個是 R。

5. 利用表 1.10 第三欄的結果，我們有：

111000   110010   101010
1 2 3   1 2 5   1 3 5
4 5 6   3 4 6   2 4 6

7. 有 $b_5\ (=42)$ 種方法。

9. (i) 當 $n=4$ 時，有 $14\ (=b_4)$ 個此類圖。

(ii) 對每個 $n \geq 0$，有 b_n 個在水平線上及上方的 n 個半圓的不同繪法，其中無兩個半圓相交。考慮，例如，在圖 1.10(f) 的圖，由左走到右，你第一次遇到的半圓寫 1 且第二次遇到的半圓寫 0。這裡我們得到表列 110100。表列 110010 對應 (g) 中所繪的，這個對應說明對 n 個半圓的此類繪製方法數等同 n 個 1 和 n 個 0 的表列數，其中各表列是由左讀到右，0 的個數從未超過 1 的個數。

11. $\left(\frac{1}{7}\right)\binom{12}{6}(6!)(6!) = \left(\frac{1}{7}\right)(12!) = 68{,}428{,}800$

補充習題

1. $\binom{4}{1}\binom{7}{2} + \binom{4}{2}\binom{7}{4} + \binom{4}{3}\binom{7}{6}$

3. 選 (圓周上) 這 12 個點中的任意 4 點。如圖上所見到的，這些點決定一對相交的弦。因此，所有可能弦的交點最大數是 $\binom{12}{4} = 495$。

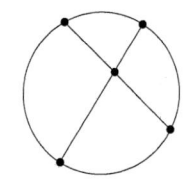

5. a) 10^{25} **b)** $(10)(11)(12)\cdots(34) = 34!/9!$ **c)** $(25!)\binom{24}{9}$

7. a) $C(12, 8)$ **b)** $P(12, 8)$ **9. a)** 12   **b)** 49

11. $(1/11)[11!/(5!\,3!\,3!)]$

13. a) (i) $\binom{5}{4} + \binom{5}{2}\binom{4}{2} + \binom{4}{4}$ (ii) $\binom{8}{4} + \binom{6}{2}\binom{5}{2} + \binom{7}{4}$ (iii) $\binom{8}{4} + \binom{6}{2}\binom{5}{2} + \binom{7}{4} - 9$

b) (i) $\binom{5}{1}\binom{4}{3} + \binom{5}{3}\binom{4}{1}$ (ii) 和 (iii) $\binom{5}{1}\binom{6}{3} + \binom{7}{3}\binom{4}{1}$

15. a) $2\binom{9}{4} + \binom{9}{3} = 343$ **b)** $[2\binom{12}{4} - 9] + [\binom{12}{3} - 1] = 1200$

17. a) $(5)(9!)$ **b)** $(3)(8!)$

19. a) $\binom{4}{2}7^5$ **b)** $2[\binom{3}{2}7^4 + \binom{4}{2}7^5]$

21. $0 = (1 + (-1))^n = \binom{n}{0} - \binom{n}{1} + \binom{n}{2} - \binom{n}{3} + \cdots + (-1)^n\binom{n}{n}$,
故 $\binom{n}{0} + \binom{n}{2} + \binom{n}{4} + \cdots = \binom{n}{1} + \binom{n}{3} + \binom{n}{5} + \cdots$

23. a) $P(20, 12) = 20!/8!$ **b)** $\binom{17}{9}(12!)$

25. a) $\binom{9}{1} + \binom{10}{3} + \cdots + \binom{16}{15} + \binom{17}{17} = \sum_{k=0}^{8}\binom{9+k}{1+2k}$ **b)** $\sum_{k=0}^{9}\binom{9+k}{2k}$

c) $n = 2k+1, k \geq 0: \sum_{i=0}^{k}\binom{k+1+i}{1+2i}$
$n = 2k, k \geq 1: \sum_{i=0}^{k}\binom{k+i}{2i}$

27. a) $\binom{r+(n-r)-1}{n-r} = \binom{n-1}{n-r} = \binom{n-1}{r-1}$

b) $\sum_{r=1}^{n}\binom{n-1}{r-1} = \binom{n-1}{0} + \binom{n-1}{1} + \cdots + \binom{n-1}{n-1} = 2^{n-1}$

29. a) $11!/(7!\ 4!)$ **b)** $[11!/(7!\ 4!)] - [4!/(2!\ 2!)][4!/(3!\ 1!)]$

c) $[11!/(7!\ 4!)] + [10!/(6!\ 3!\ 1!)] + [9!/(5!\ 2!\ 2!)] + [8!/(4!\ 1!\ 3!)] + [7!/(3!\ 4!)]$ [在 (a) 部份]

$\{[11!/(7!\ 4!)] + [10!/(6!\ 3!\ 1!)] + [9!/(5!\ 2!\ 2!)] + [8!/(4!\ 1!\ 3!)] + [7!/(3!\ 4!)]\} - \{[[4!/(2!\ 2!)] + [3!/(1!\ 1!\ 1!)] + [2!/2!]] \times \{[4!/(3!\ 1!)] + [3!/(2!\ 1!)]\}\}$ [在 (b) 部份]

31. $\binom{9}{2}\binom{6}{2} = 540$ **33.** $\binom{6}{4}(12)(11)(10)(9) = 178,200$

第 2 章
邏輯基礎

2.1 節

1. (a)，(c)，(d) 及 (f) 的語句為敘述。另兩個語句則不是敘述。

3. a) 0   **b)** 0   **c)** 1   **d)** 0

5. a) 若三角形 ABC 為等邊，則它為等腰。
b) 若三角形 ABC 不是等要，則它不是等邊。
d) 三角形 ABC 是等腰，則它不是等邊。

7. a) 若 Darci 每天練習發球，則她將有一個贏球賽的好機會。
b) 若你不修好我的冷氣，則我將不付房租。
c) 若 Mary 被允許騎 Larry 的摩托車，則她必戴她的安全帽。

9. 敘述 (a)，(e)，(f) 及 (h) 為重言。

11. a) $2^5 = 32$ **b)** 2^n **13.** $p:0; r:0; s:0$

15. a) $m=3，n=6$ **b)** $m=3，n=9$ **c)** $m=18，n=9$ **d)** $m=4，n=9$
e) $m=4，n=9$

17. Dawn

1. a) (i)

p	q	r	$q \wedge r$	$p \to (q \wedge r)$	$p \to q$	$p \to r$	$(p \to q) \wedge (p \to r)$
0	0	0	0	1	1	1	1
0	0	1	0	1	1	1	1
0	1	0	0	1	1	1	1
0	1	1	1	1	1	1	1
1	0	0	0	0	0	0	0
1	0	1	0	0	0	1	0
1	1	0	0	0	1	0	0
1	1	1	1	1	1	1	1

(iii)

p	q	r	$q \vee r$	$p \to (q \vee r)$	$p \to q$	$\neg r \to (p \to q)$
0	0	0	0	1	1	1
0	0	1	1	1	1	1
0	1	0	1	1	1	1
0	1	1	1	1	1	1
1	0	0	0	0	0	0
1	0	1	1	1	0	1
1	1	0	1	1	1	1
1	1	1	1	1	1	1

b) $[p \to (q \vee r)] \Leftrightarrow [\neg r \to (p \to q)]$ 由 (a) (iii)

$\Leftrightarrow [\neg r \to (\neg p \vee q)]$ 由第二個代替規則及 $(p \to q) \Leftrightarrow (\neg p \vee q)$

$\Leftrightarrow [\neg(\neg p \vee q) \to \neg\neg r]$ 由第一個代替規則及 $(s \to t) \Leftrightarrow (\neg t \to \neg s)$ 對任意原本敘述 s,t。

$\Leftrightarrow [(\neg\neg p \wedge \neg q) \to r]$ 由 DeMorgan 定律、雙否定及第二代替規則。

$\Leftrightarrow [(p \wedge \neg q) \to r]$ 由雙否定及第二代替規則

3. a) 對任意原本敘述 s,$s \vee \neg s \Leftrightarrow T_0$。以 $p \vee (q \wedge r)$ 取代 s 的各個結果,且由第一代替規則,結果成立。

b) 對任意原本敘述 s,t,我們有 $(s \to t) \Leftrightarrow (\neg t \to \neg s)$。以 $p \vee q$ 取代 s 的每一個結果,且以 r 取代 t 的每一個結果,由第一代替規則,結果成立。

5. a) Kelsey 在她興趣於帶領啦啦隊之前安排她的學習,但她 (仍然) 沒得好的教育。

b) Norma 沒正在做她的數學功課或 Karen 沒正在上她的鋼琴課。

c) Harold 確實通過他的 C++ 課程且確實完成他的資料結構計畫,但他在學期末並沒有畢業。

7. a)

p	q	$(\neg p \vee q) \wedge (p \wedge (p \wedge q))$	$p \wedge q$
0	0	0	0
0	1	0	0
1	0	0	0
1	1	1	1

b) $(\neg p \wedge q) \vee (p \vee (p \vee q)) \Leftrightarrow p \vee q$

9. a) 若 $0+0=0$，則 $1+1=1$。(假)

質位變換命題：若 $1+1 \neq 1$，則 $0+0 \neq 0$。(假)

逆命題：若 $1+1=1$，則 $0+0=0$。(真)

反逆命題：若 $0+0 \neq 0$，則 $1+1 \neq 1$。(真)

b) 若 $-1<3$ 且 $3+7=10$，則 $\sin\left(\frac{3\pi}{2}\right)=-1$。(真)

逆命題：若 $\sin\left(\frac{3\pi}{2}\right)=-1$，則 $-1<3$ 且 $3+7=10$。(真)

反逆命題：若 $-1 \geq 3$ 或 $3+7 \neq 10$，則 $\sin\left(\frac{3\pi}{2}\right) \neq -1$。(真)

質位變換命題：若 $\sin\left(\frac{3\pi}{2}\right) \neq -1$，則 $-1 \geq 3$ 或 $3+7 \neq 10$。(真)

11. a) $(q \rightarrow r) \vee \neg p$ **b)** $(\neg q \vee r) \vee \neg p$

13.

p	q	r	$[(p \leftrightarrow q) \wedge (q \leftrightarrow r) \wedge (r \leftrightarrow p)]$	$[(p \rightarrow q) \wedge (q \rightarrow r) \wedge (r \rightarrow p)]$
0	0	0	1	1
0	0	1	0	0
0	1	0	0	0
0	1	1	0	0
1	0	0	0	0
1	0	1	0	0
1	1	0	0	0
1	1	1	1	1

15. a) $(p \uparrow p)$ **b)** $(p \uparrow p) \uparrow (q \uparrow q)$ **c)** $(p \uparrow q) \uparrow (p \uparrow q)$ **d)** $p \uparrow (q \uparrow q)$

e) $(r \uparrow s) \uparrow (r \uparrow s)$ 其中 r 代表 $p \uparrow (q \uparrow q)$ 且 s 代表 $q \uparrow (p \uparrow p)$

17.

p	q	$\neg(p \downarrow q)$	$(\neg p \uparrow \neg q)$	$\neg(p \uparrow q)$	$(\neg p \downarrow \neg q)$
0	0	0	0	0	0
0	1	1	1	0	0
1	0	1	1	0	0
1	1	1	1	1	1

19. a) 　　　　　　　　　　　　　　　　　　理由

$\quad p \vee [p \wedge (p \vee q)]$

$\quad \Leftrightarrow p \vee p$ 　　　　　　　　　　　　吸收定律

$\quad \Leftrightarrow p$ 　　　　　　　　　　　　　　$\vee$ 的冪等定律

c) $[(\neg p \vee \neg q) \rightarrow (p \wedge q \wedge r)]$ 　　　理由

$\quad \Leftrightarrow \neg(\neg p \vee \neg q) \vee (p \wedge q \wedge r)$ 　　$s \rightarrow t \Leftrightarrow \neg s \vee t$

$\quad \Leftrightarrow (\neg\neg p \wedge \neg\neg q) \vee (p \wedge q \wedge r)$ 　　DeMorgan 定律

$\Leftrightarrow (p \wedge q) \vee (p \wedge q \wedge r)$　　　　雙否定定律

$\Leftrightarrow p \wedge q$　　　　　　　　　　　吸收定律

2.3節

1. a)

p	q	r	$p \to q$	$(p \vee q)$	$(p \vee q) \to r$
0	0	0	1	0	1
0	0	1	1	0	1
0	1	0	1	1	0
0	1	1	1	1	1
1	0	0	0	1	0
1	0	1	0	1	1
1	1	0	1	1	0
1	1	1	1	1	1

由最後一列的結果得論證為有效 (前七列可被忽略)。

c)

p	q	r	$q \vee r$	$p \vee (q \vee r)$	$\neg q$	$p \vee r$
0	0	0	0	0	1	0
0	0	1	1	1	1	1
0	1	0	1	1	0	0
0	1	1	1	1	0	1
1	0	0	0	1	1	1
1	0	1	1	1	1	1
1	1	0	1	1	0	1
1	1	1	1	1	0	1

第 2，5 及 6 列的結果建立所給之論證的有效性。(表中另外五列的結果可被忽略。)

3. a) 若 p 的真假值為 0，則 $p \wedge q$ 的真假值亦為 0。

b) 當 $p \vee q$ 的真假值為 0，則 p (及 q) 的真假值為 0。

c) 若 q 的真假值為 0，則 $[(p \vee q) \wedge \neg p]$ 的真假值為 0，不管 p 的真假值為何。

d) 敘述 $q \vee s$ 的真假值為 0 唯當 q，s 每一個的真假值為 0。則 $(p \to q)$ 的真假值為 1 當 p 的真假值為 0；$(r \to s)$ 的真假值為 1 當 r 的真假值為 0。但則 $(p \vee r)$ 的真假值必為 0，而非 1。

5. a) 合取簡化規則。

b) 無效的——試以逆命題論證。

c) 否定法。

d) 析取三段論法規則。

e) 無效的——試以反逆命題論證。

7. 1) 及 **2)**　前提

3) 步驟 (1) 和 (2) 及分離規則

4) 前提

5) 步驟 (4) 且 $(r \to \neg q) \Leftrightarrow (\neg\neg q \to \neg r) \Leftrightarrow (q \to \neg r)$
6) 步驟 (3) 和 (5) 及分離規則
7) 前提
8) 步驟 (6) 和 (7) 及析取三段論法規則
9) 步驟 (8) 及析取放大規則

9. a) 1) 前提 (結論的否定)
   2) 步驟 (1) 和 $\neg(\neg q \to s) \Leftrightarrow \neg(\neg\neg q \vee s) \Leftrightarrow \neg(q \vee s) \Leftrightarrow \neg q \wedge \neg s$
   3) 步驟 (2) 及合取簡化規則
   4) 前提
   5) 步驟 (3) 和 (4) 及析取三段論法規則
   6) 前提
   7) 步驟 (2) 及合取簡化規則
   8) 步驟 (6) 和 (7) 及否定法
   9) 前提
   10) 步驟 (8) 和 (9) 及析取三段論法規則
   11) 步驟 (5) 和 (10) 及合取規則
   12) 步驟 (11) 及矛盾證明法

   b) 1) $p \to q$ 前提
   2) $\neg q \to \neg p$ 步驟 (1) 且 $(p \to q) \Leftrightarrow (\neg q \to \neg p)$
   3) $p \vee r$ 前提
   4) $\neg p \to r$ 步驟 (3) 且 $(p \vee r) \Leftrightarrow (\neg p \to r)$
   5) $\neg q \to r$ 步驟 (2) 和 (4) 及三段論法定律
   6) $\neg r \vee s$ 前提
   7) $r \to s$ 步驟 (6) 且 $(\neg r \vee s) \Leftrightarrow (r \to s)$
   8) $\therefore \neg q \to s$ 步驟 (5) 和 (7) 及三段論法定律

11. a) $p:1 \quad q:0 \quad r:1$ c) $p,q,r:1 \quad s:0$
    b) $p:0 \quad q:0 \quad r:0$ 或 1 d) $p,q,r:1 \quad s:0$
       $p:0 \quad q:1 \quad r:1$

13. a)

p	q	r	$p \vee q$	$\neg p \vee r$	$(p \vee q) \wedge (\neg p \vee r)$	$q \vee r$	$[(p \vee q) \wedge (\neg p \vee r)] \to (q \vee r)$
0	0	0	0	1	0	0	1
0	0	1	0	1	0	1	1
0	1	0	1	1	1	1	1
0	1	1	1	1	1	1	1
1	0	0	1	0	0	0	1
1	0	1	1	1	1	1	1
1	1	0	1	0	0	1	1
1	1	1	1	1	1	1	1

由真假值表的最後一欄得 $[(p \vee q) \wedge (\neg p \vee r)] \to (q \vee r)$ 是一個重言。

b) (i)

步驟	理由
1) $p \vee (q \wedge r)$	前提
2) $(p \vee q) \wedge (p \vee r)$	步驟 (1) 及 $\vee$ 對 $\wedge$ 的分配律
3) $p \vee r$	步驟 (2) 及合取簡化規則
4) $p \to s$	前提
5) $\neg p \vee s$	步驟 (4)，$p \to s \Leftrightarrow \neg p \vee s$
6) $\therefore r \vee s$	步驟 (3)，(5)，合取規則及分解規則

(iii)

步驟	理由
1) $p \vee q$	前提
2) $p \to r$	前提
3) $\neg p \vee r$	步驟 (2)，$p \to r \Leftrightarrow \neg p \vee r$
4) $[(p \vee q) \wedge (\neg p \vee r)]$	步驟 (1)，(3) 及合取規則
5) $q \vee r$	步驟 (4) 及分解規則
6) $r \to s$	前提
7) $\neg r \vee s$	步驟 (6)，$r \to s \Leftrightarrow \neg r \vee s$
8) $[(r \vee q) \wedge (\neg r \vee s)]$	步驟 (5)，(7)，$\vee$ 的交換律及合取規則
9) $\therefore q \vee s$	步驟 (8) 及分解規則

(iv)

步驟	理由
1) $\neg p \vee q \vee r$	前提
2) $q \vee (\neg p \vee r)$	步驟 (1) 和 $\vee$ 的交換及結合律
3) $\neg q$	前提
4) $\neg q \vee (\neg p \vee r)$	步驟 (3) 及析取放大規則
5) $[[q \vee (\neg p \vee r)] \wedge [\neg q \vee (\neg p \vee r)]]$	步驟 (2)，(4) 及合取規則
6) $(\neg p \vee r)$	步驟 (5)、分解規則和 $\wedge$ 的冪等定律
7) $\neg r$	前提
8) $\neg r \vee \neg p$	步驟 (7) 及析取放大規則
9) $[(r \vee \neg p) \wedge (\neg r \vee \neg p)]$	步驟 (6)，(8)，$\vee$ 的交換律及合取規則。
10) $\therefore \neg p$	步驟 (9)，分解規則及 $\vee$ 的冪等定律

c) 考慮下面指定。

   p：Jonathan 有駕照

   q：Jonathan 的新車沒有汽油

r : Jonathan 喜歡開他的新車

則這個論證可以符號型表為

$$\begin{array}{c}\neg p \vee q \\ p \vee \neg r \\ \underline{\neg q \vee \neg r} \\ \therefore \neg r\end{array}$$

步驟	理由
1) $\neg p \vee q$	前提
2) $p \vee \neg r$	前提
3) $(p \vee \neg r) \wedge (\neg p \vee q)$	步驟 (2), (1) 及合取規則
4) $\neg r \vee q$	步驟 (3) 及分解規則
5) $q \vee \neg r$	步驟 (4) 及 $\vee$ 的交換律
6) $\neg q \vee \neg r$	前提
7) $(q \vee \neg r) \wedge (\neg q \vee \neg r)$	步驟 (5), (6) 及合取規則
8) $\neg r \vee \neg r$	步驟 (7) 及分解規則
9) $\therefore \neg r$	步驟 (8) 及 $\vee$ 的冪等定律

2.4 節

1. a) 假 **b)** 假 **c)** 假 **d)** 真 **e)** 假 **f)** 假

3. 敘述 (a),(c) 及 (e) 為真,且敘述 (b),(d) 及 (f) 為假。

5. a) $\exists x\, [m(x) \wedge c(x) \wedge j(x)]$ 　　真

　b) $\exists x\, [s(x) \wedge c(x) \wedge \neg m(x)]$ 　　真

　c) $\forall x\, [c(x) \to (m(x) \veebar p(x))]$ 　　假

　d) $\forall x\, [(g(x) \wedge c(x)) \to \neg p(x)]$, 或　真
　　　$\forall x\, [(p(x) \wedge c(x)) \to \neg g(x)]$, 或　真
　　　$\forall x\, [(g(x) \wedge p(x)) \to \neg c(x)]$

　e) $\forall x\, [(c(x) \wedge s(x)) \to (p(x) \veebar e(x))]$ 　真

7. a) (i) $\exists x\, q(x)$

　　(ii) $\exists x\, [p(x) \wedge q(x)]$

　　(iii) $\forall x\, [q(x) \to \neg t(x)]$

　　(iv) $\forall x\, [q(x) \to \neg t(x)]$

　　(v) $\exists x\, [q(x) \wedge t(x)]$

　　(vi) $\forall x\, [(q(x) \wedge r(x)) \to s(x)]$

　b) 敘述 (i), (ii), (v) 及 (vi) 為真。敘述 (iii) 及 (iv) 為假;$x = 10$ 提供一個反例給這兩個敘述。

　c) (i) 若 x 是一個完全平方數,則 $x > 0$。

　　(ii) 若 x 被 4 整除,則 x 為偶數。

　　(iii) 若 x 被 4 整除,則 x 不被 5 整除。

(iv) 存在一個被 4 整除的整數，但其不是一個完全平方數。
d) (i) 令 $x=0$。 (iii) $x=20$。

9. a) (i) 真 (ii) 假，考慮 $x=3$。
(iii) 真 (iv) 真
c) (i) 真 (ii) 真
(iii) 真 (iv) 假，對 $x=2$ 或 5，$p(x)$ 的真假值為 1 而 $r(x)$ 的真假值為 0。

11. a) x 為自由變數，而 y，z 為約束變數。 **b)** x，y 為約束變數，z 為自由變數。

13. a) $p(2, 3) \wedge p(3, 3) \wedge p(5, 3)$
b) $[\,p(2, 2) \vee p(2, 3) \vee p(2, 5)] \vee [\,p(3, 2) \vee p(3, 3) \vee p(3, 5)] \vee [\,p(5, 2) \vee p(5, 3) \vee p(5, 5)]$

15. a) 提議否定敘述是正確的且是一個真敘述。
b) 提議否定敘述是錯誤的。正確的否定敘述是：對所有有理數 x，y，和 $x+y$ 是有理數。這個正確的否定敘述是一個真敘述。
d) 提議否定敘述是錯誤的。正確的否定敘述是：對所有整數 x，y，若 x，y 均為奇數，則 xy 為偶數。(原始) 敘述為真。

17. a) 存在一個不被 2 整除的整數 n，偶 n 為偶數 (亦即，非奇數)。
b) 存在整數 k，m，n 使得 $k-m$ 及 $m-n$ 為奇數，且 $k-n$ 為奇數。
d) 存在一個實數 x 滿足 $|x-3|<7$ 且不是 $x \leq -4$ 就是 $x \geq 10$。

19. a) 敘述：對所有正整數 m，n，若 $m > n$，則 $m^2 > n^2$。(真)
逆命題：對所有正整數 m，n，若 $m^2 > n^2$，則 $m > n$。(真)
反逆命題：對所有正整數 m，n，若 $m \leq n$，則 $m^2 \leq n^2$。(真)
質位變換命題：對所有正整數 m，n，若 $m^2 \leq n^2$，則 $m \leq n$。(真)
b) 敘述：對所有整數 a，b，若 $a>b$，則 $a^2>b^2$。(為假——令 $a=1$ 及 $b=-2$。)
逆命題：對所有整數 a，b，若 $a^2>b^2$，則 $a>b$。(為假——令 $a=-5$ 及 $b=3$。)
反逆命題：對所有整數 a，b，若 $a \leq b$，則 $a^2 \leq b^2$。(為假——令 $a=-5$ 及 $b=3$。)
質位變換命題：對所有整數 a，b，若 $a^2 \leq b^2$，則 $a \leq b$。(為假——令 $a=1$ 及 $b=-2$。)
c) 敘述：對所有整數 m，n 及 p，若 m 整除 n 且 n 整除 p，則 m 整除 p。(真)
逆命題：對所有整數 m 和 p，若 m 整除 p，則對每個整數 n，m 整

除 n 且 n 整除 p。(為假——令 $m=1$，$n=2$ 及 $p=3$。)

反逆命題：對所有整數 m，n 和 p，若 m 不能整除 n，或 n 不能整除 p，則 m 不能整除 p。（為假——令 $m=1$，$n=2$ 且 $p=3$。）

質位變換命題：對所有整數 m 和 p，若 m 不整除 p，則對每個整數 n，m 不整除 n 或 n 不整除 p。(真)

e) 敘述：$\forall x [(x^2+4x-21>0) \to [(x>3) \vee (x<-7)]]$ (真)

逆命題：$\forall x [[(x>3) \vee (x<-7)] \to (x^2+4x-21>0)]$ (真)

反逆命題：$\forall x [(x^2+4x-21 \leq 0) \to [(x \leq 3) \wedge (x \geq -7)]]$，或 $\forall x [(x^2+4x-21 \leq 0) \to (-7 \leq x \leq 3)]$ (真)

質位變換命題：$\forall x [[(x \leq 3) \wedge (x \geq -7)] \to (x^2+4x-21 \leq 0)]$，或 $\forall x [(-7 \leq x \leq 3) \to (x^2+4x-21 \leq 0)]$ (真)

21. a) 真 **b)** 假 **c)** 假 **d)** 真 **e)** 假

23. a) $\forall a \exists b [a+b=b+a=0]$ **b)** $\exists u \forall a [au=ua=a]$ **c)** $\forall a \neq 0 \exists b [ab=ba=1]$ **d)** 對這個新宇集，(b) 之敘述仍然為真，但 (c) 之敘述不再為真。

25. a) $\exists x \exists y [(x>y) \wedge (x-y \leq 0)]$ **b)** $\exists x \exists y [(x<y) \wedge \forall z [x \geq z \vee z \geq y]]$

2.5 節

1. 雖然我們可寫 $28=25+1+1+1=16+4+4+4$，但無法將 28 表為至多三個完全平方數之和。

3.
$30=25+4+1$ $40=36+4$ $50=25+25$
$32=16+16$ $42=25+16+1$ $52=36+16$
$34=25+9$ $44=36+4+4$ $54=25+25+4$
$36=36$ $46=36+9+1$ $56=36+16+4$
$38=36+1+1$ $48=16+16+16$ $58=49+9$

5. a) 實數 π 不是一個整數。

c) 所有行政主任知道如何代表權力。

d) 四邊形 $MNPQ$ 不是等角的。

7. a) 當敘述 $\exists x [p(x) \vee q(x)]$ 為真，至少存一個元素 c 於已知宇集裡，其中 $p(c) \vee q(c)$ 為真。因此，敘述 $p(c)$，$q(c)$ 中至少有一個的真假值為 1，所以敘述 $\exists x \, p(x)$ 及 $\exists x \, q(x)$ 中至少有一個為真。因此，得 $\exists x \, p(x) \vee \exists x \, q(x)$ 為真，且 $\exists x [p(x) \vee q(x)] \Rightarrow \exists x \, p(x) \vee \exists x \, q(x)$。

反之，若 $\exists x \, p(x) \vee \exists x \, q(x)$ 為真，則 $p(a)$，$q(b)$ 中至少有一個的真假值為 1，對某些 a，b 於已知宇集裡。假設，不失一般性，其為 $p(a)$。則 $p(a) \vee q(a)$ 的真假值為 1，所以，$\exists x [p(x) \vee q(x)]$ 是一個真敘述，且 $\exists x \, p(x) \vee \exists x \, q(x) \Rightarrow \exists x [p(x) \vee q(x)]$。

b) 首先考慮當敘述 $\forall x [p(x) \land q(x)]$ 為真。這個將發生當 $p(a) \land q(a)$ 為真對已知宇集上的每個 a。則 $p(a)$ 為真 [$q(a)$ 也是] 對宇集上的所有 a，所以敘述 $\forall x\, p(x)$ 及 $\forall x\, q(x)$ 為真。因此，敘述 $\forall x\, p(x) \land \forall x\, q(x)$ 為真且 $\forall x [p(x) \land q(x)] \Rightarrow \forall x\, p(x) \land \forall x\, q(x)$。反之，假設 $\forall x\, p(x) \land \forall x\, q(x)$ 是一個真敘述。則 $\forall x\, p(x)$，$\forall x\, q(x)$ 均為真。所以現在令 c 為已知宇集上的任一元素。則 $p(c)$，$q(c)$ 及 $p(c) \land q(c)$ 均為真。且因為 c 是任意選的，得敘述 $\forall x [p(x) \land q(x)]$ 為真，且 $\forall x\, p(x) \land \forall x\, q(x) \Rightarrow \forall x [p(x) \land q(x)]$。

9. **1)** 前提
2) 前提
3) 步驟 (1) 及全稱規格規則
4) 步驟 (2) 及全稱規格規則
5) 步驟 (4) 及合取簡化規則
6) 步驟 (5) 和 (3) 及斷言法
7) 步驟 (6) 及合取簡化規則
8) 步驟 (4) 及合取簡化規則
9) 步驟 (7) 和 (8) 及合取規則
10) 步驟 (9) 及全稱一般化規則

11. 考慮開放敘述

$w(x)$：x 在信用工會工作
$\ell(x)$：x 寫貸款申請
$c(x)$：x 知道 COBOL
$q(x)$：x 知道 Excel

且令 r 表 Roxe 及 i 表 Imogene。所給敘述的符號型如下：

$$\forall x [w(x) \to c(x)]$$
$$\forall x [(w(x) \land \ell(x)) \to q(x)]$$
$$w(r) \land \neg q(r)$$
$$\underline{q(i) \land \neg c(i)}$$
$$\therefore \neg \ell(r) \land \neg w(i)$$

證明這個論證所需的步驟 (及理由) 現在可被提出。

步驟	理由
1) $\forall x [w(x) \to c(x)]$	前提
2) $q(i) \land \neg c(i)$	前提
3) $\neg c(i)$	步驟 (2) 及合取簡化規則
4) $w(i) \to c(i)$	步驟 (1) 及全稱規格規則
5) $\neg w(i)$	步驟 (3) 和 (4) 及否定法

6)	$\forall x\,[(w(x) \wedge \ell(x)) \to q(x)]$	前提
7)	$w(r) \wedge \neg q(r)$	前提
8)	$\neg q(r)$	步驟 (7) 及合取簡化規則
9)	$(w(r) \wedge \ell(r)) \to q(r)$	步驟 (6) 及全稱規格規則
10)	$\neg(w(r) \wedge \ell(r))$	步驟 (8) 和 (9) 及否定法
11)	$w(r)$	步驟 (7) 及合取簡化規則
12)	$\neg w(r) \vee \neg \ell(r)$	步驟 (10) 及 DeMorgan 定律
13)	$\neg \ell(r)$	步驟 (11) 和 (12) 及析取三段論法規則
14)	$\therefore \neg \ell(r) \wedge \neg w(i)$	步驟 (13) 和 (15) 及合取規則

13. a) 質位變換命題：對所有整數 k 及 ℓ，若 k, ℓ 不均為奇數，則 $k\ell$ 不是奇數——或，對所有整數 k 及 ℓ，若 k, ℓ 至少有一個是偶數，則 $k\ell$ 是偶數。

證明：讓我們假設 (不失一般性) k 為偶數，則 $k=2c$ 對某些整數 c，由定義 2.8。則 $k\ell = (2c)\ell = 2(c\ell)$，由整數乘法結合律，且 $c\ell$ 為整數。因此，$k\ell$ 是偶數，再次由定義 2.8。(注意這個結果不需要關於整數 ℓ 的任何事情。)

15. 證明：假設對某些整數 n，n^2 是奇數而 n 不是奇數。則 n 是偶數且我們可寫 $n=2a$，對某正整數 a，由定義 2.8。因此，$n^2 = (2a)^2 = (2a)(2a) = (2 \cdot 2)(a \cdot a)$，由整數乘法的交換及結合律。因此，我們可寫 $n^2 = 2(2a^2)$，因 $2a^2$ 是一個整數，且這意味著 n^2 是偶數。因此我們得一矛盾，因為現在我們有 n^2 同時為奇數 (在開始) 及為偶數。這個矛盾來自 n 不是奇數的錯誤假設。因此，對每個整數 n，得 n^2 奇數 $\Rightarrow n$ 為奇數。

17. 證明：

(1) 因為 n 為奇數，我們有 $n=2a+1$ 對某些整數 a。則 $n+11 = (2a+1)+11 = 2a+12 = 2(a+6)$，其中 $a+6$ 是一個整數。所以由定義 2.8，得 $n+11$ 是偶數。

(2) 若 $n+11$ 不是偶數，則它是奇數且我們有 $n+11 = 2b+1$，對某些整數 b。所以 $n = (2b+1)-11 = 2b-10 = 2(b-5)$，其中 $b-5$ 是一個整數，且由定義 2.8 知 n 是偶數，亦即，非奇數。

(3) 在此情形，我們堅持假設，n 為奇數，並假設 $n+11$ 不是偶數，因此為奇數。所以我們可寫 $n+11 = 2b+1$，對某些整數 b。此蘊涵 $n = 2(b-5)$，對整數 $b-5$，所以由定義 2.8 得 n 是偶數。但因 n 同時為偶數 (如所證的) 及為奇數 (如在假設裡)，我們得一矛盾。所以我們的假設是錯的，且得 $n+11$ 是偶數對每個奇數 n。

19. 一般來講，這個結果不是真的。例如，$m=4=2^2$ 及 $n=1=1^2$ 為兩個完全平方的正整數，但 $m+n=2^2+1^2=5$ 不是一個完全平方數。

21. 證明：我們將以建立其 (邏輯等價) 質位變換命題的真假值來證明所給的結果。

　　讓我們考慮結論的否定，即 $x<50$ 且 $y<50$。則由 $x<50$ 及 $y<50$ 得 $x+y<50+50=100$，且得假設的否定。由這個非直接的證明法 (利用質位變換命題)，所以結果成立。

23. 證明：若 n 是奇數，則 $n=2k+1$ 對某些 (特別) 整數 k。則 $7n+8=7(2k+1)+8=14k+7+8=14k+15=14k+14+1=2(7k+7)+1$。由定義 2.8 得 $7n+8$ 是奇數。

　　欲建立逆命題，假設 n 不是奇數。則 n 是偶數，所以我們可寫 $n=2t$，對某些 (特別) 整數 t。但 $7n+8=7(2t)+8=14t+8=2(7t+4)$，所以由定義 2.8 得 $7n+8$ 是偶數，亦即，$7n+8$ 不是奇數。因此，由質位變換，逆命題成立。

補充習題

1.

p	q	r	s	$q \wedge r$	$\neg(s \vee r)$	$\overbrace{[(q \wedge r) \to \neg(s \vee r)]}^{t}$	$p \leftrightarrow t$
0	0	0	0	0	1	1	0
0	0	0	1	0	0	1	0
0	0	1	0	0	0	1	0
0	0	1	1	0	0	1	0
0	1	0	0	0	1	1	0
0	1	0	1	0	0	1	0
0	1	1	0	1	0	0	1
0	1	1	1	1	0	0	1

p	q	r	s	$q \wedge r$	$\neg(s \vee r)$	$\overbrace{[(q \wedge r) \to \neg(s \vee r)]}^{t}$	$p \leftrightarrow t$
1	0	0	0	0	1	1	1
1	0	0	1	0	0	1	1
1	0	1	0	0	0	1	1
1	0	1	1	0	0	1	1
1	1	0	0	0	1	1	1
1	1	0	1	0	0	1	1
1	1	1	0	1	0	0	0
1	1	1	1	1	0	0	0

3. a)

p	q	r	$q \leftrightarrow r$	$p \leftrightarrow (q \leftrightarrow r)$	$(p \leftrightarrow q)$	$(p \leftrightarrow q) \leftrightarrow r$
0	0	0	1	0	1	0
0	0	1	0	1	1	1
0	1	0	0	1	0	1
0	1	1	1	0	0	0
1	0	0	1	1	0	1
1	0	1	0	0	0	0
1	1	0	0	0	1	0
1	1	1	1	1	1	1

由欄 5 及欄 7 的結果得 $[p \leftrightarrow (q \leftrightarrow r)] \Leftrightarrow [(p \leftrightarrow q) \leftrightarrow r]$。

b) 真假值指定為 $p:0; q:0; r:0$ 得真假值 1 給 $[p \rightarrow (q \rightarrow r)]$ 及真假值 0 給 $[(p \rightarrow q) \rightarrow r]$。因此，這些敘述不是邏輯等價。

5. (1) 若 Kaylyn 不練習她的鋼琴課，則她不能去看電影。

(2) 若 Kaylyn 去看電影，則她將必須練習她的鋼琴課。

7. a) $(\neg p \vee \neg q) \wedge (F_0 \vee p) \wedge p$

b) $(\neg p \vee \neg q) \wedge (F_0 \vee p) \wedge p$

$\Leftrightarrow (\neg p \vee \neg q) \wedge (p \wedge p)$	$F_0 \vee p \Leftrightarrow p$
$\Leftrightarrow (\neg p \vee \neg q) \wedge p$	$\wedge$ 的冪等定律
$\Leftrightarrow p \wedge (\neg p \vee \neg q)$	$\wedge$ 的交換律
$\Leftrightarrow (p \wedge \neg p) \vee (p \wedge \neg q)$	$\wedge$ 對 $\vee$ 的分配律
$\Leftrightarrow F_0 \vee (p \wedge \neg q)$	$p \wedge \neg p \Leftrightarrow F_0$
$\Leftrightarrow p \wedge \neg q$	F_0 是 $\vee$ 的恒等定律

9. a) 質位變換命題 **b)** 反逆命題 **c)** 質位變換命題 **d)** 反逆命題 **e)** 逆命題

11. a)

p	q	r	$p \veebar q$	$(p \veebar q) \veebar r$	$q \veebar r$	$p \veebar (q \veebar r)$
0	0	0	0	0	0	0
0	0	1	0	1	1	1
0	1	0	1	1	1	1
0	1	1	1	0	0	0
1	0	0	1	1	0	1
1	0	1	1	0	1	0
1	1	0	0	0	1	0
1	1	1	0	1	0	1

由欄 5 及欄 7 的結果得 $[(p \veebar q) \veebar r] \Leftrightarrow [p \veebar (q \veebar r)]$。

b) 所給敘述不是邏輯等價。真假值指定為 $p:1; q:0; r:0$ 提供一個反例。

13. a) 真 **b)** 假 **c)** 真 **d)** 真 **e)** 假 **f)** 假 **g)** 假 **h)** 真

15. 假設在這 8×8 棋盤(且兩個對角不見)上的 62 個正方形可被以 31 個骨牌覆蓋。棋盤有 30 個藍色正方形及 32 個白色正方形。每個骨牌覆蓋一個藍色及一個白色的正方形，給 31 個藍色正方形及 31 個白色正方形的一個總數。這個矛盾告訴我們，我們不能以 31 個骨牌覆蓋這個有 62 個正方形的棋盤。

第 3 章
集合論

3.1 節

1. 它們全為相同集合。

3. (b) 和 (d) 為假；剩下的均為真。

5. a) $\{0, 2\}$ **b)** $\{2, 2\frac{1}{2}, 3\frac{1}{3}, 5\frac{1}{5}, 7\frac{1}{7}\}$ **c)** $\{0, 2, 12, 36, 80\}$

7. a) $\forall x \, [x \in A \to x \in B] \land \exists x \, [x \in B \land x \notin A]$
  b) $\exists x \, [x \in A \land x \notin B] \lor \forall x \, [x \notin B \lor x \in A]$
  OR, $\exists x \, [x \in A \land x \notin B] \lor \forall x \, [x \in B \to x \in A]$

9. a) $|A| = 6$ **b)** $|B| = 7$ **c)** 若 B 有 2^n 個奇基數的子集合，則 $|B| = n+1$。

11. a) 31 **b)** 30 **c)** 28   **13. a)** $\binom{30}{5}$ **b)** $\binom{25}{4}$ **c)** $\binom{29}{4} + \binom{28}{4} + \binom{27}{4} + \binom{26}{4}$

15. 令 $W = \{1\}$，$X = \{\{1\}, 2\}$ 及 $Y = \{X, 3\}$。

17. c) 若 $x \in A$，則 $A \subseteq B \Rightarrow x \in B$，且 $B \subset C \Rightarrow x \in C$。因此 $A \subseteq C$。因為 $B \subset C$，存在 $y \in C$ 滿足 $y \notin B$。而且，$A \subseteq B$ 且 $y \notin B \Rightarrow y \notin A$。因此，$A \subseteq C$ 且 $y \in C$ 滿足 $y \notin A \Rightarrow A \subset C$。
  d) 因 $A \subset B$，得 $A \subseteq B$。由 (c)，結果成立。

19. a) 對 n，$k \in \mathbf{Z}^+$ 滿足 $n \geq k+1$，考慮中心在 $\binom{n}{k}$ 的六邊形。其形狀為

$$\begin{array}{ccc} & \binom{n-1}{k-1} & \binom{n-1}{k} \\ \binom{n}{k-1} & \binom{n}{k} & \binom{n}{k+1} \\ & \binom{n+1}{k} & \binom{n+1}{k+1} \end{array}$$

其中兩個交錯三元序 $\binom{n-1}{k-1}$，$\binom{n}{k+1}$，$\binom{n+1}{k}$ 及 $\binom{n-1}{k}$，$\binom{n+1}{k+1}$，$\binom{n}{k-1}$ 滿足 $\binom{n-1}{k-1}\binom{n}{k+1}\binom{n+1}{k} = \binom{n-1}{k}\binom{n+1}{k+1}\binom{n}{k-1}$。

b) 對 n，$k \in \mathbf{Z}^+$ 滿足 $n \geq k+1$，

$$\binom{n-1}{k-1}\binom{n}{k+1}\binom{n+1}{k} = \left[\frac{(n-1)!}{(k-1)!(n-k)!}\right]\left[\frac{n!}{(k+1)!(n-k-1)!}\right]\left[\frac{(n+1)!}{k!(n+1-k)!}\right]$$
$$= \left[\frac{(n-1)!}{k!(n-1-k)!}\right]\left[\frac{(n+1)!}{(k+1)!(n-k)!}\right]\left[\frac{n!}{(k-1)!(n-k+1)!}\right] = \binom{n-1}{k}\binom{n+1}{k+1}\binom{n}{k-1}.$$

21. $n = 20$

23. $n = 14$ 的列裡的第五、第六及第七個元素提供唯一的解。

25. 做為一個有序集 $A = \{x, v, w, z, y\}$。

27. a) 若 $S \in S$，則因為 $S = \{A | A \notin A\}$，我們有 $S \notin S$。
  b) 若 $S \notin S$，則由 S 的定義得 $S \in S$。

3.2節

1. a) $\{1, 2, 3, 5\}$ **b)** A **c)** 及 **d)** $\mathcal{U} - \{2\}$ **e)** $\{4, 8\}$
  f) $\{1, 2, 3, 4, 5, 8\}$ **g)** $\emptyset$ **h)** $\{2, 4, 8\}$ **i)** $\{1, 3, 4, 5, 8\}$

3. a) $A = \{1, 3, 4, 7, 9, 11\}$ $B = \{2, 4, 6, 8, 9\}$
  b) $C = \{1, 2, 4, 5, 9\}$ $D = \{5, 7, 8, 9\}$

5. a) 真 **b)** 真 **c)** 真 **d)** 假 **e)** 真 **f)** 真 **g)** 真 **h)** 假 **i)** 假

7. a) 令 $\mathcal{U} = \{1, 2, 3\}$，$A = \{1\}$，$B = \{2\}$ 及 $C = \{3\}$。則 $A \cap C = B \cap C = \emptyset$ 但 $A \neq B$。

  b) 對 $\mathcal{U} = \{1, 2\}$，$A = \{1\}$，$B = \{2\}$ 及 $C = \mathcal{U}$，我們有 $A \cup C = B \cup C$ 但 $A \neq B$。[由 (a) 及 (b)，我們看出沒有消去律給 $\cap$ 或 $\cup$。這個和我們所知道的 $\mathbf{R}$ 不同，其中對 a，b，$c \in \mathbf{R}$ (i) $ab = ac$ 且 $a \neq 0 \Rightarrow b = c$; 且 (ii) $a + b = a + c \Rightarrow b = c$.]

  c) $x \in A \Rightarrow x \in A \cup C \Rightarrow x \in B \cup C$。所以 $x \in B$ 或 $x \in C$。若 $x \in B$，則完成。若 $x \in C$，則 $x \in A \cap C = B \cap C$ 且 $x \in B$。不管那一種情形，$x \in B$，所以 $A \subseteq B$。相同的，$y \in B \Rightarrow y \in B \cup C = A \cup C$，所以 $y \in A$ 或 $y \in C$。若 $y \in C$，則 $y \in B \cap C = A \cap C$。不管哪一種情形，$y \in A$ 且 $B \subseteq A$。因此 $A = B$。

  d) 令 $x \in A$。考慮兩種情形: (1) $x \in C \Rightarrow x \notin A \triangle C \Rightarrow x \notin B \triangle C \Rightarrow x \in B$。(2) $x \notin C \Rightarrow x \in A \triangle C \Rightarrow x \in B \triangle C \Rightarrow x \in B$ (因為 $x \notin C$)。不管那一種情形，$x \in B$，所以 $A \subseteq B$。同理得 $B \subseteq A$ 且 $A = B$。

9. 7; 1

11. a) $\emptyset = (A \cup B) \cap (A \cup \overline{B}) \cap (\overline{A} \cup B) \cap (\overline{A} \cup \overline{B})$ **b)** $A = A \cup (A \cap B)$
  c) $A \cap B = (A \cup B) \cap (A \cup \overline{B}) \cap (\overline{A} \cup B)$ **d)** $A = (A \cap B) \cup (A \cap \mathcal{U})$

13. a) 令 $\mathcal{U} = \{1, 2, 3\}$，$A = \{1\}$ 及 $B = \{2\}$。則 $\{1, 2\} \in \mathcal{P}(A \cup B)$ 但 $\{1, 2\} \notin \mathcal{P}(A) \cup \mathcal{P}(B)$。

  b) $X \in \mathcal{P}(A \cap B) \Leftrightarrow X \subseteq A \cap B \Leftrightarrow X \subseteq A$ 且 $X \subseteq B \Leftrightarrow X \in \mathcal{P}(A)$ 且 $X \in \mathcal{P}(B) \Leftrightarrow X \in \mathcal{P}(A) \cap \mathcal{P}(B)$，所以 $\mathcal{P}(A \cap B) = \mathcal{P}(A) \cap \mathcal{P}(B)$。

15. a) 2^6 **b)** 2^n

  c) 在從屬關係表裡，$A \subseteq B$ 若表 A，B 的各欄滿足每當一個 1 出現在表 A 的欄裡，存在一個對應的 1 出現在表 B 的欄裡。

  d)

A	B	C	$A \cup \overline{B}$	$(A \cap B) \cup (\overline{B \cap C})$
0	0	0	1	1
0	0	1	1	1
0	1	0	0	1
0	1	1	0	0
1	0	0	1	1
1	0	1	1	1
1	1	0	1	1
1	1	1	1	1

17. a) $A\cap(B-A)=A\cap(B\cap\overline{A})=B\cap(A\cap\overline{A})=B\cap\emptyset=\emptyset$
 b) $[(A\cap B)\cup(A\cap B\cap \overline{C}\cap D)]=(\overline{A\cap B})=(A\cap B)\cup(\overline{A}\cap B)$ 由吸收律 $=(A\cup\overline{A})\cap B=\mathcal{U}\cap B=B$
 d) $\overline{A}\cup\overline{B}\cup(A\cap B\cap \overline{C})=(\overline{A\cap B})\cup[(A\cap B)\cap \overline{C}]=[(\overline{A\cap B})\cup(A\cap B)]\cap[(\overline{A\cap B})\cup \overline{C}]=[(\overline{A\cap B})\cup \overline{C}]=\overline{A}\cup\overline{B}\cup\overline{C}$

19. a) $[-6,9]$ **c)** $\emptyset$ **e)** A_7 **g)** $\mathbf{R}$

3.3 節

1. 55   **3.** $2^9+2^8-2^5=736$ **5.** $9!+9!-8!=685{,}440$
7. a) $24!+24!-22!$ **b)** $26!-[24!+24!-23!]$
9. $[13!/(2!)^3]-3[12!/(2!)^2]+3(11!/2!)-10!$

3.4 節

1. a) 3/8   **b)** 1/2   **c)** 1/4   **d)** 5/8   **e)** 5/8   **f)** 7/8   **g)** 1/8
3. 6   **5. a)** $\binom{6}{2}/\binom{12}{2}=5/22$ **b)** 7/22   **7.** 49/99
9. a) 1/64   **b)** 3/32   **c)** 15/64   **d)** 1/2   **e)** 11/32   **11. a)** 55/216   **b)** 5/54
13. a) $\frac{14!}{15!}=\frac{1}{15}$ **b)** 2/15   **c)** 3/35
15. $Pr(A)=1/3,\ Pr(B)=7/15,\ Pr(A\cap B)=2/15,\ Pr(A\cup B)=2/3;\ Pr(A\cup B)=2/3=1/3+7/15-2/15=Pr(A)+Pr(B)-Pr(A\cap B)$

3.5 節

1. $Pr(\overline{A})=0.6;\ Pr(\overline{B})=0.7;\ Pr(A\cup B)=0.5;\ Pr(\overline{A\cup B})=0.5;\ Pr(A\cap\overline{B})=0.2;\ Pr(\overline{A}\cap B)=0.1;\ Pr(A\cup\overline{B})=0.9;\ Pr(\overline{A}\cup B)=0.8$
3. a) $S=\{(x,y)\mid x,y\in\{1,2,3,\cdots,10\},x\neq y\}$ **b)** 1/2   **c)** 5/9
5. 0.4   **7. a)** 11/21   **b)** 12/21   **c)** 9/21   **9.** 3/16
11. a) (i) 27/38   (ii) 27/38   **b)** (i) 81/361   (ii) 18/361
13. 11/14   **15.** $\binom{11}{7}/\binom{80}{7}=330/3{,}176{,}716{,}400$
17. 因為 $A\cup B\subseteq \mathcal{S}$，由前一個習題的結果得 $Pr(A\cup B)\leq Pr(\mathcal{S})=1$，所以 $1\geq Pr(A\cup B)=Pr(A)+Pr(B)-Pr(A\cap B)$，且 $Pr(A\cap B)\geq Pr(A)+Pr(B)-1=0.7+0.5-1=0.2$。

3.6 節

1. 1/4   **3.** $(0.80)(0.75)=0.60$
5. 一般來講，$Pr(A\cup B)=Pr(A)+Pr(B)-Pr(A\cap B)$。因為 A, B 為獨立，$Pr(A\cap B)=Pr(A)Pr(B)$，所以。

$$Pr(A\cup B)=Pr(A)+Pr(B)-Pr(A)Pr(B)=Pr(A)+[1-Pr(A)]Pr(B)$$
$$=Pr(A)+Pr(\overline{A})Pr(B).$$

$Pr(B)+Pr(\overline{B})Pr(A)$ 的證明同理可得。

7. a) 52/85　**b)** 11/26　**9.** 3/7
11. $Pr(A\cap B)=1/4=(1/2)(1/2)=Pr(A)\,P_r(B)$，所以事件 A，B 為獨立。
13. 1/5　**15.** $(0.05)(0.02)=0.001$　**17.** 5/21
19. 任兩事件是獨立的。然而，$Pr(A\cap B\cap C)=1/4\neq 1/8=(1/2)(1/2)(1/2)=Pr(A)\,Pr(B)\,Pr(C)$，所以事件 A，B，C 不是獨立的。
21. a) 5/16　**b)** 11/32　**c)** 11/32　**23.** 0.6
25. a) $2^5-\binom{5}{0}-\binom{5}{1}=26$　**b)** $2^n-\binom{n}{0}-\binom{n}{1}=2^n-(n+1)$　**27.** 30/77　**29.** 0.15

3.7 節

1. a) 1/4　**b)** 1　**c)** 7/8　**d)** 3/4　**e)** 2/7　**f)** 1/2

3. a) $Pr(X=x)=\dfrac{\binom{10}{x}\binom{110}{5-x}}{\binom{120}{5}}$, $x=0,1,2,3,4,5$.

b) $Pr(X=4)=\dfrac{\binom{10}{4}\binom{110}{1}}{\binom{120}{5}}=275/2{,}268{,}786$

c) 139/1,134,393　**d)** 2675/8796

5. a) 2/3　**b)** 2/3　**c)** 1/4　**d)** 7/2　**e)** 35/12

7. a) $c=1/15$　**b)** 3/5　**c)** 7/3　**d)** 14/9　**9.** $n=200$，$p=0.35$

11. a) $(0.75)^8\doteq 0.100113$　**b)** $\binom{8}{3}(0.25)^3(0.75)^5\doteq 0.207642$

c) $\sum_{x=6}^{8}\binom{8}{x}(0.25)^x(0.75)^{8-x}\doteq 0.004227$

d) 0.037139（近似值）　**e)** 2　**f)** 1.5

13. $c=10$　**15. a)** $Pr(X=1)=1/5$; $Pr(X=2)=16/95$; $Pr(X=3)=12/19$.

b) 7/19　**c)** 19/35　**d)** $231/95\doteq 2.43157$　**e)** $5824/9025\doteq 0.645319$

17. a) $E(X(X-1))=\sum\limits_{x=0}^{n}x(x-1)Pr(X=x)=\sum\limits_{x=2}^{n}x(x-1)Pr(X=x)$

$=\sum\limits_{x=2}^{n}x(x-1)\binom{n}{x}p^x q^{n-x}=\sum\limits_{x=2}^{n}\dfrac{n!}{x!(n-x)!}x(x-1)p^x q^{n-x}$

$=\sum\limits_{x=2}^{n}\dfrac{n!}{(x-2)!(n-x)!}p^x q^{n-x}=p^2 n(n-1)\sum\limits_{x=2}^{n}\dfrac{(n-2)!}{(x-2)!(n-x)!}p^{x-2}q^{n-x}$

$=p^2 n(n-1)\sum\limits_{y=0}^{n-2}\dfrac{(n-2)!}{y![n-(y+2)]!}p^y q^{n-(y+2)}$，以 $x-2=y$ 代替，

$=p^2 n(n-1)\sum\limits_{y=0}^{n-2}\dfrac{(n-2)!}{y![(n-2)-y]!}p^y q^{(n-2)-y}$

$=p^2 n(n-1)(p+q)^{n-2}$，由二項式定理

$=p^2 n(n-1)(1)^{n-2}=p^2 n(n-1)=n^2 p^2-np^2$

b) $\text{Var}(X)=E(X)^2-[E(X)]^2=[E(X(X-1))+E(X)]-[E(X)]^2=$
$[(n^2 p^2-np^2)+np]-(np)^2=n^2p^2-np^2+np-n^2p^2=np-np^2=np(1-p)=npq$.

19. a) $Pr(X=2)=1/4$; $Pr(X=3)=1/8$; $Pr(X=4)=1/4$; $Pr(X=5)=1/4$; $Pr(X=$

6)=1/8 **b)** 31/8 **c)** 119/64

21. $E(X)=4$; $\sigma_x=1$

補充習題

1. 假設 $(A-B) \subseteq C$ 且 $x \in A-C$。則 $x \in A$ 但 $x \notin C$。若 $x \notin B$，則 $[x \in A \wedge x \notin B] \Rightarrow x \in (A-B) \subseteq C$。所以我們有 $x \notin C$ 且 $x \in C$。這個矛盾給我們 $x \in B$，所以 $(A-C) \subseteq B$。

反之，若 $(A-B) \subseteq B$，令 $y \in A-B$，則 $y \in A$ 但 $y \notin B$。若 $y \notin C$，則 $[y \in A \wedge y \notin C] \Rightarrow y \in (A-C) \subseteq B$。這個矛盾，即 $y \notin B$ 且 $y \in B$，得 $y \in C$，所以 $(A-B) \subseteq C$。

3. a) 集合 $\mathcal{U}=\{1,2,3\}$，$A=\{1,2\}$，$B=\{1\}$，則 $C=\{2\}$ 提供一個反例。

b) $A = A \cap \mathcal{U} = A \cap (C \cup \overline{C}) = (A \cap C) \cup (A \cap \overline{C}) = (A \cap C) \cup (A-C)$
  $= (B \cap C) \cup (B-C) = (B \cap C) \cup (B \cap \overline{C}) = B \cap (C \cup \overline{C}) = B \cap \mathcal{U} = B$

5. a) 126 (若球隊穿不同制服)；63 (若球隊不區分)
    112 (若球隊穿不同制服)；56 (若球隊不區分)

b) 2^n-2；$(1/2)(2^n-2)$。2^n-2-2n；$(1/2)(2^n-2-2n)$。

7. a) 128 **b)** $|A|=8$

9. 假設 $(A \cap B) \cup C = A \cap (B \cup C)$ 及 $x \in C$。則 $x \in C \Rightarrow x \in (A \cap B) \cup C \Rightarrow x \in A \cap (B \cup C) \subseteq A$，所以 $x \in A$，且 $C \subseteq A$。反之，假設 $C \subseteq A$。

(1) 若 $y \in (A \cap B) \cup C$，則 $y \in A \cap B$ 或 $y \in C$。

   (i) $y \in A \cap B \Rightarrow y \in (A \cap B) \cup (A \cap C) \Rightarrow y \in A \cap (B \cup C)$.

   (ii) $y \in C \Rightarrow y \in A$，因為 $C \subseteq A$。而且，$y \in C \Rightarrow y \in B \cup C$，所以 $y \in A \cap (B \cup C)$。

   不管情形 (i) 或情形 (ii)，$y \in A \cap (B \cup C)$，所以 $(A \cap B) \cup C \subseteq A \cap (B \cup C)$。

(2) 現在令 $z \in A \cap (B \cup C)$。則 $z \in A \cap (B \cup C) = (A \cap B) \cup (A \cap C) \subseteq (A \cap B) \cup C$，因為 $A \cap C \subseteq C$。

   由 (1) 和 (2) 得 $(A \cap B) \cup C = A \cap (B \cup C)$。

11. a) $[0, 14/3]$ **b)** $\{0\} \cup (6, 12]$ **c)** $[0, +\infty)$ **d)** $\emptyset$

13. a)

A	B	$A \cap B$
0	0	0
0	1	0
1	0	0
1	1	1

因為 $A \subseteq B$，僅考慮列 1，2 及 4，對這些列，$A \cap B = A$。

c)

A	B	C	$(A \cap \overline{B}) \cup (B \cap \overline{C})$	$A \cap \overline{C}$
0	0	0	0	0
0	0	1	0	0
0	1	0	1	0
0	1	1	0	0
1	0	0	1	1
1	0	1	1	0
1	1	0	1	1
1	1	1	0	0

因為 $C \subseteq B \subseteq A$，僅考慮列 1，5，7 及 8，此處 $(A \cap \overline{B}) \cup (B \cap \overline{C}) = A \cap \overline{C}$。

d)

A	B	C	$A \triangle B$	$A \triangle C$	$B \triangle C$
0	0	0	0	0	0
0	0	1	0	1	1
0	1	0	1	0	1
0	1	1	1	1	0
1	0	0	1	1	0
1	0	1	1	0	1
1	1	0	0	1	1
1	1	1	0	0	0

當 $A \triangle B = C$，我們考慮列 1，4，6 及 7。在這些情形裡，$A \triangle C = B$ 且 $B \triangle C = A$。

15. a) $\binom{r+1}{m}$ $(m \leq r+1)$ **b)** $\binom{n-k+1}{k}$ $(2k \leq n+1)$

17. a) 23   **b)** 8   **19.** $7^{15} - 3(3^{15}) + 3$ **21.** $\binom{12}{4}\binom{10}{3}/\binom{22}{7} \doteq 0.3483$

23. a) $\sum_{i=0}^{8} \binom{2i}{i}\binom{i+8}{8-i} = \sum_{i=0}^{8} \frac{(i+8)!}{i!i!(8-i)!}$

b) (i) $\binom{12}{6}\binom{14}{2} / [\sum_{i=0}^{8} \binom{2i}{i}\binom{i+8}{8-i}]$ (ii) $\binom{12}{6}\binom{13}{1} / [\sum_{i=0}^{8} \binom{2i}{i}\binom{i+8}{8-i}]$

(iii) $[\binom{16}{8} + \binom{12}{6}\binom{14}{2} + \binom{8}{4}\binom{12}{4} + \binom{4}{2}\binom{10}{6} + \binom{0}{0}\binom{8}{8}] / [\sum_{i=0}^{8} \binom{2i}{i}\binom{i+8}{8-i}]$

25. $A \cup B = [-2, 4]$，$A \cap B = \{3\}$ **27.** $135/512 \doteq 0.263672$

29. $Pr(A \cap (B \cup C)) = Pr((A \cap B) \cup (A \cap C)) = Pr(A \cap B) + Pr(A \cap C) - Pr((A \cap B) \cap (A \cap C))$。因為 A，B，C 獨立且 $(A \cap B) \cap (A \cap C) = (A \cap A) \cap (B \cap C) = A \cap B \cap C$, $Pr(A \cap (B \cup C)) = Pr(A)Pr(B) + Pr(A)Pr(C) - Pr(A)Pr(B)Pr(C) = Pr(A)[Pr(B) + Pr(C) - Pr(B)Pr(C)] = Pr(A)[Pr(B) + Pr(C) - Pr(B \cap C)] = Pr(A)Pr(B \cup C)$，所以 A 和 $B \cup C$ 為獨立。

31. a) 0.99   **b)** $(0.99)^3 \doteq 0.970299$ **33.** 3/5

35. $\binom{5}{3}(0.8)^3(0.2)^2 + \binom{5}{4}(0.8)^4(0.2) + \binom{5}{5}(0.8)^5 \doteq 0.94208$

37. 675/2048   **39. a)** $c = 1/50$ **b)** 0.82   **c)** 12/41   **d)** 2.8   **e)** 1.64

41. a) $3/\binom{47}{2}$ **b)** $[\binom{10}{2} - 3] / \binom{47}{2}$ **c)** $[3\binom{4}{1}\binom{4}{1} - 3] / \binom{47}{2}$

43. $2/[m(m+1)]$

45. a) $Pr(X=1) = 7/16$; $Pr(X=2) = 3/8$; $Pr(X=3) = 3/16$

b) 7/4   **c)** $\sigma_x = 3/4$

第4章
整數的性質：數學歸納法

4.1 節

1. b) 因為 $1 \cdot 3 = (1)(2)(9)/6$，對 $n=1$，結果為真。假設結果為真對 $n=k$ (≥ 1)：$1 \cdot 3 + 2 \cdot 4 + 3 \cdot 5 + \cdots + k(k+2) = k(k+1)(2k+7)/6$。接著考慮對 $n=k+1$：$[1 \cdot 3 + 2 \cdot 4 + \cdots + k(k+2)] + (k+1)(k+3) = [k(k+1)(2k+7)/6] + (k+1)(k+3) = [(k+1)/6][k(2k+7) + 6(k+3)] = (k+1)(2k^2+13k+18)/6 = (k+1)(k+2)(2k+9)/6$。因此，由數學歸納法原理，結果成立對所有 $n \in \mathbf{Z}^+$。

c) $S(n)$: $\sum_{i=1}^{n} \frac{1}{i(i+1)} = \frac{n}{n+1}$

$S(1)$: $\sum_{i=1}^{1} \frac{1}{i(i+1)} = \frac{1}{1(2)} = \frac{1}{1+1}$，所以 $S(1)$ 為真。

假設：$S(k)$: $\sum_{i=1}^{k} \frac{1}{i(i+1)} = \frac{k}{k+1}$，考慮 $S(k+1)$。

$$\sum_{i=1}^{k+1} \frac{1}{i(i+1)} = \sum_{i=1}^{k} \frac{1}{i(i+1)} + \frac{1}{(k+1)(k+2)} = \frac{k}{(k+1)} + \frac{1}{(k+1)(k+2)}$$
$$= [k(k+2) + 1]/[(k+1)(k+2)] = (k+1)/(k+2),$$

所以 $S(k) \Rightarrow S(k+1)$ 且由數學歸納法原理，結果成立對所有 $n \in \mathbf{Z}^+$。

3. a) 由 $\sum_{i=1}^{n} i^3 + (n+1)^3 = \sum_{i=0}^{n}(i^3 + 3i^2 + 3i + 1) = \sum_{i=1}^{n} i^3 + 3\sum_{i=1}^{n} i^2 + 3\sum_{i=1}^{n} i + \sum_{i=0}^{n} 1$，我們有 $(n+1)^3 = 3\sum_{i=1}^{n} i^2 + 3\sum_{i=1}^{n} i + (n+1)$。因此，

$$3 \sum_{i=1}^{n} i^2 = (n^3 + 3n^2 + 3n + 1) - 3[(n)(n+1)/2] - n - 1$$
$$= n^3 + (3/2)n^2 + (1/2)n$$
$$= (1/2)[2n^3 + 3n^2 + n] = (1/2)n(2n^2 + 3n + 1)$$
$$= (1/2)n(n+1)(2n+1)，所以$$

$\sum_{i=1}^{n} i^2 = (1/6)n(n+1)(2n+1)$ (如例題 4.4 所示)

b) 由 $\sum_{i=1}^{n} i^4 + (n+1)^4 = \sum_{i=0}^{n}(i+1)^4 = \sum_{i=0}^{n}(i^4 + 4i^3 + 6i^2 + 4i + 1) = \sum_{i=1}^{n} i^4 + 4\sum_{i=1}^{n} i^3 + 6\sum_{i=1}^{n} i^2 + 4\sum_{i=1}^{n} i + \sum_{i=0}^{n} 1$，得 $(n+1)^4 = 4\sum_{i=1}^{n} i^3 + 6\sum_{i=1}^{n} i^2 + 4\sum_{i=1}^{n} i + \sum_{i=0}^{n} 1$。因此，

$$4 \sum_{i=1}^{n} i^3 = (n+1)^4 - 6[n(n+1)(2n+1)/6] - 4[n(n+1)/2] - (n+1)$$
$$= n^4 + 4n^3 + 6n^2 + 4n + 1 - (2n^3 + 3n^2 + n) - (2n^2 + 2n) - (n+1)$$
$$= n^4 + 2n^3 + n^2 = n^2(n^2 + 2n + 1) = n^2(n+1)^2.$$

所以 $\sum_{i=1}^{n} i^3 = (1/4)n^2(n+1)^2$ [如本節習題 1(d) 所示]。

由 $\sum_{i=1}^{n} i^5 + (n+1)^5 = \sum_{i=0}^{n}(i+1)^5 = \sum_{i=0}^{n}(i^5 + 5i^4 + 10i^3 + 10i^2 + 5i + 1) = \sum_{i=1}^{n}$

$i^5 + 5\sum_{i=1}^{n} i^4 + 10\sum_{i=1}^{n} i^3 + 10\sum_{i=1}^{n} i^2 + 5\sum_{i=1}^{n} i + \sum_{i=0}^{n} 1$,我們有 $5\sum_{i=1}^{n} i^4 = (n+1)^5 - (10/4)n^2(n+1)^2 - (10/6)n(n+1)(2n+1) - (5/2)n(n+1) - (n+1)$。所以

$$5\sum_{i=1}^{n} i^4 = n^5 + 5n^4 + 10n^3 + 10n^2 + 5n + 1 - (5/2)n^4$$
$$- 5n^3 - (5/2)n^2 - (10/3)n^3 - 5n^2 - (5/3)n - (5/2)n^2 - (5/2)n - n - 1$$
$$= n^5 + (5/2)n^4 + (5/3)n^3 - (1/6)n.$$

因此,$\sum_{i=1}^{n} i^4 = (1/30)n(n+1)(6n^3 + 9n^2 + n - 1)$。

5. a) 7626 **b)** 627,874   **7.** $n = 10$ **9. a)** 506   **b)** 12,144

11. a) $\sum_{i=1}^{n} t_{2i} = \sum_{i=1}^{n} \frac{(2i)(2i+1)}{2} = \sum_{i=1}^{n}(2i^2+i) = 2\sum_{i=1}^{n} i^2 + \sum_{i=1}^{n} i = 2[(n)(n+1)(2n+1)/6] + [n(n+1)/2] = [n(n+1)(2n+1)/3] + [n(n+1)/2] = n(n+1)[\frac{2n+1}{3} + \frac{1}{2}] = n(n+1)[\frac{4n+5}{6}] = n(n+1)(4n+5)/6$。

b) $\sum_{i=1}^{100} t_{2i} = 100(101)(405)/6 = 681,750$。

c) begin
  sum := 0
  for $i := 1$ **to** 100 **do**
    sum := sum + (2*i)*(2*i+1)/2
  print sum
end

13. a) 有 49 $(= 7^2)$ 2×2 個正方形是 36 $(= 6^2)$ 3×3 個正方形。共有 $1^2 + 2^2 + 3^2 + \cdots + 8^2 = (8)(8+1)(2\cdot 8+1)/6 = (8)(9)(17)/6 = 204$ 個正方形。

b) 對每個 $1 \leq k \leq n$,$n \times n$ 棋盤包含 $(n-k+1)^2$ $k \times k$ 個正方形,共有 $1^2 + 2^2 + 3^2 + \cdots + n^2 = n(n+1)(2n+1)/6$ 個正方形。

15. 對 $n = 5$,$2^5 = 32 > 25 = 5^2$。假設結果對 $n = k\ (\geq 5) : 2^k > k^2$。對 $k > 3$,$k(k-2) > 1$,或 $k^2 > 2k + 1$。$2^k > k^2 \Rightarrow 2^k + 2^k > k^2 + k^2 \Rightarrow 2^{k+1} > k^2 + k^2 + (2k+1) = (k+1)^2$。因此由數學歸納法原理,結果為真對 $n \geq 5$。

17. b) 以 $n = 1$ 開始,我們發現

$$\sum_{j=1}^{1} jH_j = H_1 = 1 = [(2)(1)/2](3/2) - [(2)(1)/4] = [(2)(1)/2]H_2 - [(2)(1)/4].$$

假設所給的 (開放) 敘述對 $n = k$ 時為真,我們有

$$\sum_{j=1}^{k} jH_j = [(k+1)(k)/2]H_{k+1} - [(k+1)(k)/4].$$

對 $n = k+1$ 我們現在發現

$$\sum_{j=1}^{k+1} jH_j = \sum_{j=1}^{k} jH_j + (k+1)H_{k+1}$$

$$= [(k+1)(k)/2]H_{k+1} - [(k+1)(k)/4] + (k+1)H_{k+1}$$
$$= (k+1)[1 + (k/2)]H_{k+1} - [(k+1)(k)/4]$$
$$= (k+1)[1 + (k/2)][H_{k+2} - (1/(k+2))] - [(k+1)(k)/4]$$
$$= [(k+2)(k+1)/2]H_{k+2} - [(k+1)(k+2)]/[2(k+2)] - [(k+1)(k)/4]$$
$$= [(k+2)(k+1)/2]H_{k+2} - [(1/4)[2(k+1) + k(k+1)]]$$
$$= [(k+2)(k+1)/2]H_{k+2} - [(k+2)(k+1)/4].$$

因此，由數學歸納法原理，得所給的 (開放) 敘述為真對所有 $n \in \mathbf{Z}^+$。

19. 假設 $S(k)$。對 $S(k+1)$，我們發現 $\sum_{i=1}^{k+1} i = ([k+(1/2)]^2/2) + (k+1) = (k^2 + k + (1/4) + 2k + 2)/2 = [(k+1)^2 + (k+1) + (1/4)]/2 = [(k+1) + (1/2)]^2/2$。所以 $S(k) \Rightarrow S(k+1)$。然而，我們沒有 k 的第一個值使得 $S(k)$ 為真；對所有 $k \geq 1$，$\sum_{i=1}^{k} i = (k)(k+1)/2$ 且 $(k)(k+1)/2 = [k+(1/2)]^2/2 \Rightarrow 0 = 1/4$。

21. 令 $S(n)$ 表下面的 (開放) 敘述：對 $x, n \in \mathbf{Z}^+$，若程式到達 while 迴圈的頂端，在兩個迴圈指令被執行 n (>0) 次後，則整數變數 *answer* 的值是 $x(n!)$。

首先考慮 $S(1)$，敘述對 $n=1$ 的情形。這裡程式 (若它到達 while 迴圈的頂端) 將導致執行一次 while 迴圈：x 將被指定為 $x \cdot 1 = x(1!)$，且 n 的值將遞減到 0。由於 n 值等於 0，迴圈不再執行，且變數 *answer* 的值是 $x(1!)$。因此 $S(1)$ 為真。

現在假設 $n = k$ (≥ 1) 時為真：對 $x, k \in \mathbf{Z}^+$，若程式到達 while 迴圈的頂端，則依據退場的迴圈，變數 *answer* 的值是 $x(k!)$。欲建立 $S(k+1)$ 為真，若程式到達 while 迴圈的頂端，則在第一次執行期間，下面情形發生：

變數 x 的值為 $x(k+1)$。
n 值遞減到 $(k+1) - 1 = k$。

但接著我們可應用歸納法假設至整數 $x(k+1)$ 和 k，且依據給這些值退場的 while 迴圈，變數 *answer* 的值是 $(x(k+1))(k!) = x(k+1)!$。

因此，$S(n)$ 為真對所有 $n \geq 1$，且由數學歸納法原理，證明這個程式片段的正確性。

23. b) $24 = 5+5+7+7$ $25 = 5+5+5+5+5$ $26 = 5+7+7+7$
$27 = 5+5+5+5+7$ $28 = 7+7+7+7$

因此結果為真對所有 $24 \leq n \leq 28$。假設結果為真對 24, 25, 26, 27, 28, ⋯, k，且考慮 $n = k+1$。因為 $k+1 \geq 29$，我們可寫 $k+1 = [(k+1)-5] + 5 = (k-4) + 5$，其中 $k-4$ 可被表為幾個 5 和幾個 7

的和。因此，$k+1$ 可被表為此類之和且結果成立對所有 $n \geq 24$，由數學歸納法原理的替代型。

25. $E(X) = \sum_x x Pr(X=x) = \sum_{x=1}^n x\left(\frac{1}{n}\right) = \left(\frac{1}{n}\right)\sum_{x=1}^n x = \left(\frac{1}{n}\right)\left[\frac{n(n+1)}{2}\right] = \frac{n+1}{2}$

$E(X^2) = \sum_x x^2 Pr(X=x) = \sum_{x=1}^n x^2\left(\frac{1}{n}\right) = \left(\frac{1}{n}\right)\sum_{x=1}^n x^2 = \left(\frac{1}{n}\right)\left[\frac{n(n+1)(2n+1)}{6}\right]$
$= \frac{(n+1)(2n+1)}{6}$

$\text{Var}(X) = E(X^2) - [E(X)]^2 = \frac{(n+1)(2n+1)}{6} - \frac{(n+1)^2}{4} = (n+1)\left[\frac{2n+1}{6} - \frac{n+1}{4}\right]$
$= (n+1)\left[\frac{4n+2-(3n+3)}{12}\right] = \frac{(n+1)(n-1)}{12} = \frac{n^2-1}{12}.$

27. 令 $T = \{n \in \mathbf{Z}^+ \mid n \geq n_0$ 且 $S(n)$ 為假$\}$。因為 $S(n_0)$，$S(n_0+1)$，$S(n_0+2)$，$\cdots$，$S(n_1)$ 為真，我們知道 $n_0, n_0+1, n_0+2, \cdots, n_1 \notin T$。若 $T \neq \emptyset$，則 T 有一個最小元素 r，因為 $T \subseteq \mathbf{Z}^+$。然而，因為 $S(n_0)$，$S(n_0+1)$，$\cdots$，$S(r-1)$ 為真，得 $S(r)$ 為真。因此 $T = \emptyset$ 且結果成立。

4.2 節

1. **a)** $c_1 = 7$; $c_{n+1} = c_n + 7$，對 $n \geq 1$。　　**b)** $c_1 = 7$; $c_{n+1} = 7c_n$，對 $n \geq 1$。
   c) $c_1 = 10$; $c_{n+1} = c_n + 3$，對 $n \geq 1$。　　**d)** $c_1 = 7$; $c_{n+1} = c_n$，對 $n \geq 1$。

3. 令 $T(n)$ 表下面敘述：對 $n \in \mathbf{Z}^+$，$n \geq 2$，且敘述 $p, q_1, q_2, \cdots, q_n$，

$$p \vee (q_1 \wedge q_2 \wedge \cdots \wedge q_n) \Leftrightarrow (p \vee q_1) \wedge (p \vee q_2) \wedge \cdots \wedge (p \vee q_n).$$

由 $\vee$ 對 $\wedge$ 的分配律，敘述 $T(2)$ 為真。假設 $T(k)$，對某些 $k \geq 2$，我們現在檢視敘述 $p, q_1, q_2, \cdots, q_k, q_{k+1}$ 的情況。我們發現 $p \vee (q_1 \wedge q_2 \wedge \cdots \wedge q_k \wedge q_{k+1})$

$$\Leftrightarrow p \vee [(q_1 \wedge q_2 \wedge \cdots \wedge q_k) \wedge q_{k+1}]$$
$$\Leftrightarrow [p \vee (q_1 \wedge q_2 \wedge \cdots \wedge q_k)] \wedge (p \vee q_{k+1})$$
$$\Leftrightarrow [(p \vee q_1) \wedge (p \vee q_2) \wedge \cdots \wedge (p \vee q_k)] \wedge (p \vee q_{k+1})$$
$$\Leftrightarrow (p \vee q_1) \wedge (p \vee q_2) \wedge \cdots \wedge (p \vee q_k) \wedge (p \vee q_{k+1}).$$

由數學歸納法原理得敘述 $T(n)$ 為真對所有 $n \geq 2$。

5. **a)** (i) A_1，A_2 的交集是 $A_1 \cap A_2$。

   (ii) $A_1, A_2, \cdots, A_n, A_{n+1}$ 的交集是 $A_1 \cap A_2 \cap \cdots \cap A_n \cap A_{n+1} = (A_1 \cap A_2 \cap \cdots \cap A_n) \cap A_{n+1}$，為 $A_1 \cap A_2 \cap \cdots \cap A_n$ 和 A_{n+1} 的兩集合交集。

   b) 令 $S(n)$ 表所給的 (開放) 敘述。則由 $\cap$ 的結合律得 $S(3)$ 為真。假設 $S(k)$ 為真對某些 $k \geq 3$，考慮 $k+1$ 個集合的情形。

   (1) 若 $r = k$，則

   $$(A_1 \cap A_2 \cap \cdots \cap A_k) \cap A_{k+1} = A_1 \cap A_2 \cap \cdots \cap A_k \cap A_{k+1},$$

由 (a) 所給的遞迴定義。

(2) 對 $1 \le r < k$，我們有

$$(A_1 \cap A_2 \cap \cdots \cap A_r) \cap (A_{r+1} \cap \cdots \cap A_k \cap A_{k+1})$$
$$= (A_1 \cap A_2 \cap \cdots \cap A_r) \cap [(A_{r+1} \cap \cdots \cap A_k) \cap A_{k+1}]$$
$$= [(A_1 \cap A_2 \cap \cdots \cap A_r) \cap (A_{r+1} \cap \cdots \cap A_k)] \cap A_{k+1}$$
$$= (A_1 \cap A_2 \cap \cdots \cap A_r \cap A_{r+1} \cap \cdots \cap A_k) \cap A_{k+1}$$
$$= A_1 \cap A_2 \cap \cdots \cap A_r \cap A_{r+1} \cap \cdots \cap A_k \cap A_{k+1},$$

且由數學歸納法原理，$S(n)$ 為真對所有 $n \ge 3$ 及所有 $1 \le r < n$。

7. 對 $n=2$，由 $\cap$ 對 $\cup$ 的分配律得 $A \cap (B_1 \cup B_2) = (A \cap B_1) \cup (A \cap B_2)$ 為真。假設結果對 $n=k$ 為真，讓我們檢視集合 A，B_1，B_2，$\cdots$，B_k，B_{k+1} 的情形。我們有 $A \cap (B_1 \cup B_2 \cup \cdots \cup B_k \cup B_{k+1}) = A \cap [(B_1 \cup B_2 \cup \cdots \cup B_k) \cup B_{k+1}] = [(A \cap (B_1 \cup B_2 \cup \cdots \cup B_k)] \cup (A \cap B_{k+1}) = [(A \cap B_1) \cup (A \cap B_2) \cup \cdots \cup (A \cap B_k)] \cup (A \cap B_{k+1}) = (A \cap B_1) \cup (A \cap B_2) \cup \cdots \cup (A \cap B_k) \cup (A \cap B_{k+1})]$。所以結果為真對所有 $n \ge 2$，由數學歸納法原理。

9. a) (i) 對 $n=2$，表示式 $x_1 x_2$ 表實數 x_1 和 x_2 的尋常成績。

(ii) 令 $n \in \mathbf{Z}^+$ 且 $n \ge 2$。對實數 x_1，x_2，$\cdots$，x_n，x_{n+1}，我們定義

$$x_1 x_2 \cdots x_n x_{n+1} = (x_1 x_2 \cdots x_n) x_{n+1},$$

為兩個實數 $x_1 x_2 \cdots x_n$ 和 x_{n+1} 的乘積。

b) 由 (實數) 乘法結合律，結果成立對 $n=3$。所以 $x_1 (x_2 x_3) = (x_1 x_2) x_3$，且不模稜兩可的寫為 $x_1 x_2 x_3$。假設結果為真對某些 $k \ge 3$ 及所有 $1 \le r < k$，讓我們檢視 $k+1$ (≥ 4) 個實數的情形。我們發現 (1) 若 $r=k$ 則 $(x_1 x_2 \cdots x_k) x_{k+1} = x_1 x_2 \cdots x_k x_{k+1}$ 由 (a) 所給的遞迴定義；且 (2) 若 $1 \le r < k$，則 $(x_1 x_2 \cdots x_r)(x_{r+1} \cdots x_k x_{k+1}) = (x_1 x_2 \cdots x_r)((x_{r+1} \cdots x_k) x_{k+1}) = ((x_1 x_2 \cdots x_r)(x_{r+1} \cdots x_k)) x_{k+1} = (x_1 x_2 \cdots x_r x_{r+1} \cdots x_k) x_{k+1} = x_1 x_2 \cdots x_r x_{r+1} \cdots x_k x_{k+1}$，所以結果為真對所有 $n \ge 3$ 及所有 $1 \le r < n$，由數學歸納法原理。

11. 證明 (利用數學歸納法原理的替代型)：對 $n=0$，1，2，我們有

$(n=0)$ $a_{0+2} = a_2 = 1 \ge (\sqrt{2})^0;$
$(n=1)$ $a_{1+2} = a_3 = a_2 + a_0 = 2 \ge \sqrt{2} = (\sqrt{2})^1;$ 且
$(n=2)$ $a_{2+2} = a_4 = a_3 + a_1 = 2 + 1 = 3 \ge 2 = (\sqrt{2})^2.$

因此，結果為真對這前三種情形，且給我們證明的基底步驟。

其次，對某些 $k \ge 2$，我們假設結果成立對所有 $n=0$，1，2，$\cdots$，k。當 $n=k+1$，我們發現

$$a_{(k+1)+2} = a_{k+3} = a_{k+2} + a_k \geq (\sqrt{2})^k + (\sqrt{2})^{k-2} = [(\sqrt{2})^2 + 1](\sqrt{2})^{k-2}$$
$$= 3(\sqrt{2})^{k-2} = (3/2)(2)(\sqrt{2})^{k-2} = (3/2)(\sqrt{2})^k \geq (\sqrt{2})^{k+1},$$

因為 $(3/2) = 1.5 > \sqrt{2} \ (\doteq 1.414)$。這個提供證明的歸納步驟。

由基底和歸納步驟,現在由數學歸納法原理替代型得 $a_{n+2} \geq (\sqrt{2})^n$,對所有 $n \in \mathbf{N}$。

13. 證明 (利用數學歸納法):

基底步驟:當 $n=1$,我們發現

$$\sum_{i=1}^{1} \frac{F_{i-1}}{2^i} = F_0/2 = 0 = 1 - (2/2) = 1 - \frac{F_3}{2} = 1 - \frac{F_{1+2}}{2^1},$$

所以在第一個情形結果成立。

歸納步驟:假設所給的 (開放) 敘述為真對 $n=k$,我們有 $\sum_{i=1}^{k} \frac{F_{i-1}}{2^i} = 1 - \frac{F_{k+2}}{2^k}$。當 $n=k+1$,我們發現

$$\sum_{i=1}^{k+1} \frac{F_{i-1}}{2^i} = \sum_{i=1}^{k} \frac{F_{i-1}}{2^i} + \frac{F_k}{2^{k+1}} = 1 - \frac{F_{k+2}}{2^k} + \frac{F_k}{2^{k+1}}$$
$$= 1 + (1/2^{k+1})[F_k - 2F_{k+2}] = 1 + (1/2^{k+1})[(F_k - F_{k+2}) - F_{k+2}]$$
$$= 1 + (1/2^{k+1})[-F_{k+1} - F_{k+2}] = 1 - (1/2^{k+1})(F_{k+1} + F_{k+2}) = 1 - (F_{k+3}/2^{k+1}).$$

由基底和歸納法步驟,由數學歸納法原理得

$$\forall n \in \mathbf{Z}^+ \ \sum_{i=1}^{n}(F_{i-1}/2^i) = 1 - (F_{n+2}/2^n).$$

15. 證明 (利用數學歸納法原理替代型):結果成立對 $n=0$ 及 $n=1$ 因為

$(n=0)$ $5F_{0+2} = 5F_2 = 5(1) = 5 = 7 - 2 = L_4 - L_0 = L_{0+4} - L_0$;且

$(n=1)$ $5F_{1+2} = 5F_3 = 5(2) = 10 = 11 - 1 = L_5 - L_1 = L_{1+4} - L_1$.

這個建立了證明的基底步驟。

其次我們假設歸納法假設,亦即對某些 $k \ (\geq 1)$,$5F_{n+2} = L_{n+4} - L_n$ 對所有 $n = 0, 1, 2, \cdots, k-1, k$。則對 $n = k+1$,得

$$5F_{(k+1)+2} = 5F_{k+3} = 5(F_{k+2} + F_{k+1}) = 5(F_{k+2} + F_{(k-1)+2}) = 5F_{k+2} + 5F_{(k-1)+2}$$
$$= (L_{k+4} - L_k) + (L_{(k-1)+4} - L_{k-1}) = (L_{k+4} - L_k) + (L_{k+3} - L_{k-1})$$
$$= (L_{k+4} + L_{k+3}) - (L_k + L_{k-1}) = L_{k+5} - L_{k+1} = L_{(k+1)+4} - L_{k+1},$$

其中我們已使用 Fibonacci 數和 Lucas 數的遞迴定義來建立第二和第八個等式。

所以由數學歸納法原理替代型得

$$\forall n \in \mathbf{N} \ \ 5F_{n+2} = L_{n+4} - L_n.$$

17. a) 步驟   理由

     1) p，q，r，T_0 定義的 (1)

     2) $(p \vee q)$ 步驟 (1) 及定義的 (2-ii)

     3) $(\neg r)$ 步驟 (1) 及定義的 (2-i)

     4) $(T_0 \wedge (\neg r))$ 步驟 (1) 和 (3) 及定義的 (2-iii)

     5) $((p \vee q) \to (T_0 \wedge (\neg r)))$ 步驗 (2) 和 (4) 及定義的 (2-iv)

19. a) $\binom{k}{2} + \binom{k+1}{2} = [k(k-1)/2] + [(k+1)k/2] = (k^2 - k + k^2 + k)/2 = k^2$.

c) $\binom{k}{3} + 4\binom{k+1}{3} + \binom{k+2}{3} = [k(k-1)(k-2)/6] + 4[(k+1)(k)(k-1)/6] + [(k+2) \cdot (k+1)(k)/6] = (k/6)[(k-1)(k-2) + 4(k+1)(k-1) + (k+2)(k+1)] = (k/6)[6k^2] = k^3$.

e) $k^4 = \binom{k}{4} + 11\binom{k+1}{4} + 11\binom{k+2}{4} + \binom{k+3}{4}$

一般來講，$k^t = \sum_{r=0}^{t-1} a_{t,r} \binom{k+r}{t}$，其中 $a_{t,r}$ 是例題 4.21 的 Eulerian 數 (這個和公式是著名的 Worpitzky 等式)。

> 4.3 節

1. e) 若 $a|x$ 且 $a|y$，則 $x = ac$ 且 $y = ad$ 對某些 c，$d \in \mathbf{Z}$。所以 $z = x - y = a(c-d)$ 且 $a|z$。其它情形的證明相似。

g) 由 (f) 可得，利用數學歸納法原理。

3. 因為 q 是質數，其唯一的正因數是 1 和 q。因為 p 是一個質數，得 $p > 1$。因此 $p|q \Rightarrow p = q$。

5. 證明 (利用質位互換)：假設 $a|b$ 或 $a|c$。若 $a|b$，則 $ak = b$ 對某些 $k \in \mathbf{Z}$。但 $ak = b \Rightarrow (ak)c = a(kc) = bc \Rightarrow a|bc$。相似結果可得若 $a|c$。

7. a) 令 $a=1$，$b=5$，$c=2$。另一個例子 $a=b=5$，$c=3$。

b) 證明：$31|(5a+7b+11c) \Rightarrow 31|(10a+14b+22c)$。而且，$31|(31a+31b+31c)$，所以 $31|[(31a+31b+31c)-(10a+14b+22c)]$。而且 $31|(21a+17b+9c)$。

9. $[b|a$ 且 $b|(a+2)] \Rightarrow b|[ax+(a+2)y]$ 對所有 x，$y \in \mathbf{Z}$。令 $x=-1$，$y=1$，則 $b>0$ 且 $b|2$，所以 $b=1$ 或 2。

11. 令 $a=2m+1$ 且 $b=2n+1$，對某些 m，$n \in \mathbf{N}$。則 $a^2+b^2 = 4(m^2+m+n^2+n)+2$，所以 $2|(a^2+b^2)$ 且 $4 \nmid (a^2+b^2)$。

13. 對 $n=0$，我們有 $7^n - 4^n = 7^0 - 4^0 = 1 - 1 = 0$，且 $3|0$。所以對第一個情形結果為真。假設對 $n=k (\geq 0)$ 結果為真，我們有 $3|(7^k - 4^k)$。轉到 $n=k+1$ 的情形，我們發現 $7^{k+1} - 4^{k+1} = 7(7^k) - 4(4^k) = (3+4)(7^k) - 4(4^k) = 3(7^k) + 4(7^k - 4^k)$。因為 $3|3$ 且 $3|(7^k - 4^k)$ (由歸納法假設)，由定理 4.3(f) 得 $3|[3(7^k) + 4(7^k - 4^k)]$，亦即，$3|(7^{k+1} - 4^{k+1})$。現在由數學歸納法原理得 $3|(7^n - 4^n)$ 對所有 $n \in \mathbf{N}$。

S-30 離散與組合數學

15.	基底 10	基底 2	基底 16
a)	22	10110	16
b)	527	1000001111	20F
c)	1234	10011010010	4D2
d)	6923	1101100001011	1B0B

17.	基底 2	基底 10	基底 16
a)	11001110	206	CE
b)	00110001	49	31
c)	11110000	240	F0
d)	01010111	87	57

19. $n = 1, 2, 3, 6, 9, 18$

21.	最大整數	最小整數
a)	$7 = 2^3 - 1$	$-8 = -(2^3)$
b)	$127 = 2^7 - 1$	$-128 = -(2^7)$
c)	$2^{15} - 1$	$-(2^{15})$
d)	$2^{31} - 1$	$-(2^{31})$
e)	$2^{n-1} - 1$	$-(2^{n-1})$

23. $ax = ay \Rightarrow ax - ay = 0 \Rightarrow a(x-y) = 0$。在整數系統，若 $b, c \in \mathbf{Z}$ 且 $bc = 0$，則 $b = 0$ 或 $c = 0$。因為 $a(x-y) = 0$ 且 $a \neq 0$，得 $(x-y) = 0$ 且 $x = y$。

29. a) 因為 $2 | 10^t$ 對所有 $t \in \mathbf{Z}^+$，$2 | n$ 若且唯若 $2 | r_0$。

b) 由 $4 | 10^t$ 對 $t \geq 2$ 的事實，結果成立。

c) 由 $8 | 10^t$ 對 $t \geq 3$ 的事實，結果成立。一般來講，

$$2^{t+1} | n \text{ 若且唯若 } 2^{t+1} | (r_t \cdot 10^t + \cdots + r_1 \cdot 10 + r_0)。$$

4.4 節

1. a) $\gcd(1820, 231) = 7 = 1820(8) + 231(-63)$
   b) $\gcd(2597, 1369) = 1 = 2597(534) + 1369(-1013)$
   c) $\gcd(4001, 2689) = 1 = 4001(-1117) + 2689(1662)$

3. $\gcd(a, b) = d \Rightarrow d = ax + by$，對某些 $x, y \in \mathbf{Z}$
   $\gcd(a, b) = d \Rightarrow a/d, b/d \in \mathbf{Z}$
   $1 = (a/d)x + (b/d)y \Rightarrow \gcd(a/d, b/d) = 1$。

5. 證明：因為 $c = \gcd(a, b)$ 我們有 $a = cx, b = cy$ 對某些 $x, y \in \mathbf{Z}^+$。所以 $ab = (cx)(cy) = c^2(xy)$，且 c^2 整除 ab。

7. 令 $\gcd(a, b) = h$ 且 $\gcd(b, d) = g$。
   $\gcd(a, b) = h \Rightarrow [h|a \text{ 且 } h|b] \Rightarrow h|(a \cdot 1 + bc) \Rightarrow h|d$。
   $[h|b \text{ 且 } h|d] \Rightarrow h|g$。

$\gcd(b, d) = g \Rightarrow [\,g|b \text{ 且 } g|d\,] \Rightarrow g|(d \cdot 1 + b(-c)) \Rightarrow g|a$
$[\,g|b,\ g|a \text{ 且 } h = \gcd(a, b)\,] \Rightarrow g|h \circ h|g,\ g|h,\ \text{由於 } g,\ h \in \mathbf{Z}^+ \Rightarrow g = h \circ$

9. a) 若 $c \in \mathbf{Z}^+$，則 $c = \gcd(a, b)$ 若 (且唯若)

(1) $c|a$ 且 $c|b$；且

(2) $\forall d \in \mathbf{Z}\ [(d|a) \wedge (d|b)\,] \Rightarrow d|c$

b) 若 $c \in \mathbf{Z}^+$，則 $c \neq \gcd(a, b)$ 若 (且唯若)

(1) $c \nmid a$ 或 $c \nmid b$；或

(2) $\exists d \in \mathbf{Z}\ [(d|a) \wedge (d|b) \wedge (d \nmid c)\,]$

11. $\gcd(a, b) = 1 \Rightarrow ax + by = 1$，對某些 $x, y \in \mathbf{Z}$。則 $acx + bcy = c$。$a|acx,\ a|bcy$ (因為 $a|bc$) $\Rightarrow a|c$。

13. 我們發現對任一 $n \in \mathbf{Z}^+$, $(5n+3)(7) + (7n+4)(-5) = (35n+21) - (35n+20) = 1$。因此，得 $\gcd(5n+3, 7n+4) = 1$ 或 $5n+3$ 和 $7n+4$ 為互質。

15. 一個 \$20 的籌碼及二十個 \$50 的籌碼；六個 \$20 的籌碼及十八個 \$50 的籌碼；十一個 \$20 的籌碼及十六個 \$50 的籌碼。

17. 對 $c \neq 12, 18$ 沒有解。對 $c = 12$，解為 $x = 118 - 165k$, $y = -10 + 14k$, $k \in \mathbf{Z}$。對 $c = 18$，解為 $x = 177 - 165k$, $y = -15 + 14k$, $k \in \mathbf{Z}$。

19. $b = 40,425$ **21.** $\gcd(n, n+1) = 1$；$\mathrm{lcm}(n, n+1) = n(n+1)$

4.5 節

1. a) $2^2 \cdot 3^3 \cdot 5^3 \cdot 11$ **b)** $2^4 \cdot 3 \cdot 5^2 \cdot 7^2 \cdot 11^2$ **c)** $3^2 \cdot 5^3 \cdot 7^2 \cdot 11 \cdot 13$

3. a) $m^2 = p_1^{2e_1} p_2^{2e_2} p_3^{2e_3} \cdots p_t^{2e_t}$ **b)** $m^2 = p_1^{3e_1} p_2^{3e_2} p_3^{3e_3} \cdots p_t^{3e_t}$

5. (證明和例題 4.41 相似) 若不，我們有 $\sqrt{p} = a/b$，其中 $a, b \in \mathbf{Z}^+$ 且 $\gcd(a, b) = 1$，則 $\sqrt{p} = a/b \Rightarrow p = a^2/b^2 \Rightarrow pb^2 = a^2 \Rightarrow p|a^2 \Rightarrow p|a$ (由引理 4.2)。因為 $p|a$ 我們知道 $a = pk$ 對某些 $k \in \mathbf{Z}^+$，且 $pb^2 = a^2 = (pk)^2 = p^2k^2$，或 $b^2 = pk^2$。因此 $p|b^2$ 且所以 $p|b$。但若 $p|a$ 且 $p|b$，則 $\gcd(a, b) \geq p > 1$，和早先的要求 $\gcd(a, b) = 1$ 矛盾。

7. a) 96   **b)** 270   **c)** 144   **9.** 166   **11.** n 有 252 個可能值。

13. a) 證明：(i) 因為 $10|a^2$ 我們有 $5|a^2$ 及 $2|a^2$。則由引理 4.2 得 $5|a$ 及 $2|a$。所以 $a = 5b$ 對某些 $b \in \mathbf{Z}^+$。更進一步地，因為 $2|5b$，我們有 $2|5$ 或 $2|b$ (由引理 4.2)。因此，$a = 5b = 5(2c) = 10c$，且 10 整除 a。(ii) 這個結果是錯的，令 $a = 2$ 即可。

b) 以型如 $p_1 p_2 \cdots p_t$, t 個相異質數的乘積的整數 n 取代 10，我們可一般化 (a)(i) 的結果。(所以 n 是一個無平方數的整數，亦即，沒有大於 1 的平方數整除 n。)

15. 176,400   **17.** $n = 2 \cdot 3 \cdot 5^2 \cdot 7^2 = 7350$

19. a) 5   **b)** 7   **c)** 32   **d)** $7 + 7 + 5 + 25 + 20 + 20 = 84$ **e)** 84

21. 1061 ($=512+256+293$)

23. a) 由算術基本定理 $88{,}200 = 2^3 \cdot 3^2 \cdot 5^2 \cdot 7^2$。考慮集合 $F = \{2^3, 3^2, 5^2, 7^2\}$。$F$ 的每個子集合決定一個因子分解 ab 其中 $\gcd(a,b)=1$。共有 2^4 個子集合，因此有 2^4 個因子分解。因為順序是無關的，(因子分解的) 個數減少為 $(1/2)2^4 = 2^3$。且因為 $1 < a < n$，$1 < b < n$，我們移走 F 的空子集合 (或子集合 F 本身)。此得到 $2^3 - 1$ 個此類的因子分解。

b) 此處 $n = 2^3 \cdot 3^2 \cdot 5^2 \cdot 7^2 \cdot 11$ 且有 $2^4 - 1$ 個此類因子分解。

c) 假設 $n = p_1^{n_1} p_2^{n_2} \cdots p_k^{n_k}$，其中 $p_1, p_2, \ldots, p_k$ 為 k 個相異質數且 $n_1, n_2, \ldots, n_k \geq 1$。$n$ 的無序因子分解 ab 的個數，其中 $1 < a < n$，$1 < b < n$，且 $\gcd(a,b) = 1$，是 $2^{k-1} - 1$。

25. 證明：(使用數學歸納法)：對 $n=2$，我們發現 $\prod_{i=2}^{2}\left(1-\frac{1}{i^2}\right) = \left(1-\frac{1}{2^2}\right) = \left(1-\frac{1}{4}\right) = 3/4 = (2+1)/(2\cdot 2)$，所以在這個第一情形，結果為真，且這個建立基底步驟給我們的歸納法證明。接著我們假設結果為真對某些 $k \in \mathbf{Z}^+$，其中 $k \geq 2$。這給我們 $\prod_{i=2}^{k}\left(1-\frac{1}{i^2}\right) = (k+1)/(2k)$。當我們考慮 $n = k+1$ 時，我們得到歸納法步驟，因為我們發現

$$\prod_{i=2}^{k+1}\left(1-\frac{1}{i^2}\right) = \left(\prod_{i=2}^{k}\left(1-\frac{1}{i^2}\right)\right)\left(1-\frac{1}{(k+1)^2}\right)$$
$$= [(k+1)/(2k)]\left[1-\frac{1}{(k+1)^2}\right] = \left[\frac{k+1}{2k}\right]\left[\frac{(k+1)^2-1}{(k+1)^2}\right]$$
$$= \frac{k^2+2k}{(2k)(k+1)} = (k+2)/(2(k+1)) = ((k+1)+1)/(2(k+1)).$$

所以由數學歸納法原理，結果成立對所有正整數的 $n \geq 2$。

27. a) 28 的正因數為 $1, 2, 4, 7, 14$ 和 28 且 $1+2+4+7+14+28 = 56 = 2(28)$，所以 28 是一個完全數。496 的正因數是 $1, 2, 4, 8, 16, 31, 62, 124, 248$ 和 496，且 $1+2+4+8+16+31+62+124+248+496 = 992 = 2(496)$，所以 496 是一個完全數。

b) 由算術基本定理得 $2^{m-1}(2^m-1)$ 的因數，因為 2^m-1 是個質數，為 $1, 2, 2^2, 2^3, \ldots, 2^{m-1}$ 和 $(2^m-1), 2(2^m-1), 2^2(2^m-1), 2^3(2^m-1), \ldots$ 及 $2^{m-1}(2^m-1)$。這些因數的和為 $[1+2+2^2+2^3+\cdots+2^{m-1}] + (2^m-1)[1+2+2^2+2^3+\cdots+2^{m-1}] = (2^m-1) + (2^m-1)(2^m-1) = (2^m-1)[1+(2^m-1)] = 2^m(2^m-1) = 2[2^{m-1}(2^m-1)]$，所以 $2^{m-1}(2^m-1)$ 是一個完全數。

補充習題

1. $a + (a+d) + (a+2d) + \cdots + (a+(n-1)d) = na + [(n-1)nd]/2$。對 $n=1$，

$a = a + 0$，且在這個情形，結果為真。假設

$$\sum_{i=1}^{k}[a + (i-1)d] = ka + [(k-1)kd]/2,$$

我們有

$$\sum_{i=1}^{k+1}[a+(i-1)d] = (ka + [(k-1)kd]/2) + (a+kd) = (k+1)a + [k(k+1)d]/2,$$

所以由教學歸納法原理，結果為真對所有 $n \in \mathbf{Z}^+$。

3. 猜想：$\sum_{i=1}^{n}(-1)^{i+1}i^2 = (-1)^{n+1}\sum_{i=1}^{n}i$，對所有 $n \in \mathbf{Z}^+$。

證明 (使用數學歸納法原理)：$n=1$，猜想提供 $\sum_{i=1}^{1}(-1)^{i+1}i^2 = (-1)^{1+1}(1)^2 = 1 = (-1)^{1+1}(1) = (-1)^{1+1}\sum_{i=1}^{1}i$，是一個真敘述。且這建立了證明的基底步驟。欲證實歸納步驟，我們將假設

$$\sum_{i=1}^{k}(-1)^{i+1}i^2 = (-1)^{k+1}\sum_{i=1}^{k}i$$

為真對某些 $k \geq 1$。當 $n=k+1$ 時，我們發現

$$\sum_{i=1}^{k+1}(-1)^{i+1}i^2 = \left(\sum_{i=1}^{k}(-1)^{i+1}i^2\right) + (-1)^{(k+1)+1}(k+1)^2 = (-1)^{k+1}\sum_{i=1}^{k}i + (-1)^{k+2}(k+1)^2$$

$$= (-1)^{k+1}(k)(k+1)/2 + (-1)^{k+2}(k+1)^2 = (-1)^{k+2}[(k+1)^2 - (k)(k+1)/2]$$

$$= (-1)^{k+2}(1/2)[2(k+1)^2 - k(k+1)] = (-1)^{k+2}(1/2)[2k^2 + 4k + 2 - k^2 - k]$$

$$= (-1)^{k+2}(1/2)[k^2 + 3k + 2] = (-1)^{k+2}(1/2)(k+1)(k+2)$$

$$= (-1)^{k+2}\sum_{i=1}^{k+1}i,$$

所以結果在 $n=k$ 的真值蘊涵在 $n=k+1$ 的真假，且我們有歸納法步驟。由數學歸納法原理得

$$\sum_{i=1}^{n}(-1)^{i+1}i^2 = (-1)^{n+1}\sum_{i=1}^{n}i,$$

對所有 $n \in \mathbf{Z}^+$。

5. a)

n	n^2+n+41	n	n^2+n+41	n	n^2+n+41
1	43	4	61	7	97
2	47	5	71	8	113
3	53	6	83	9	131

b) 對 $n=39$，$n^2+n+41 = 1601$，為一質數。但對 $n=40$，$n^2+n+41 = (41)^2$，所以 $S(39) \not\Rightarrow S(40)$。

7. a) 對 $n=0$，$2^{2n+1}+1=2+1=3$，所以在這個第一情形，結果為真。假設 3 整除 $2^{2k+1}+1$ 對 $n=k$ (≥ 0) $\in \mathbf{N}$。考慮 $n=k+1$ 的情形。因為 $2^{2(k+1)+1}+1=2^{2k+3}+1=4(2^{2k+1})+1=4(2^{2k+1}+1)-3$。且因 3 同時整除 $2^{2k+1}+1$ 及 3，得 3 整除 $2^{2(k+1)+1}+1$，因此，$n=k+1$ 時，結果為真每當 $n=k$ 為真。所以由數學歸納法原理，結果為真對所有 $n \in \mathbf{N}$。

9. $x=y=z=0$ 且 $x=2$，$y=5$，$z=5$

11. 對 $n=2$，我們發現 $2^2=4<6=\binom{4}{2}<16=4^2$，所以 (開放) 敘述在這個第一情形為真。假設結果為真對 $n=k \geq 2$，亦即 $2^k < \binom{2k}{k} < 4^k$，我們現在考慮 $n=k+1$ 的情形。此處我們發現

$$\binom{2(k+1)}{k+1} = \binom{2k+2}{k+1} = \left[\frac{(2k+2)(2k+1)}{(k+1)(k+1)}\right]\binom{2k}{k} = 2[(2k+1)/(k+1)]\binom{2k}{k}$$
$$> 2[(2k+1)/(k+1)]2^k > 2^{k+1},$$

因為 $(2k+1)/(k+1)=[(k+1)+k]/(k+1)>1$。此外，$[(k+1)+k]/(k+1)<2$，所以 $\binom{2k+2}{k+1}=2[(2k+1)/(k+1)]\binom{2k}{k}<(2)(2)\binom{2k}{k}<4^{k+1}$。因此，由數學歸納法原理，結果為真對所有 $n \geq 2$。

13. 首先我們觀察結果為真對所有 $n \in \mathbf{Z}^+$，其中 $64 \leq n \leq 68$。這個由計算

$$64 = 2(17) + 6(5) \qquad 65 = 13(5) \qquad 66 = 3(17) + 3(5)$$
$$67 = 1(17) + 10(5) \qquad 68 = 4(17)$$

成立。現在假設結果為真對所有 n，其中 $68 \leq n \leq k$，且考慮整數 $k+1$。則 $k+1=(k-4)+5$，且因 $64 \leq k-4<k$，我們可寫 $k-4=a(17)+b(5)$ 對某些 a，$b \in \mathbf{N}$。因此，$k+1=a(17)+(b+1)(5)$，且由數學歸納法原理替代型，結果成立對所有 $n \geq 64$。

15. a) $r = r_0 + r_1 \cdot 10 + r_2 \cdot 10^2 + \cdots + r_n \cdot 10^n$
$= r_0 + r_1(9) + r_1 + r_2(99) + r_2 + \cdots + r_n \underbrace{(99\ldots9)}_{n \text{ 個 } 9} + r_n$

$= [9r_1 + 99r_2 + \cdots + (99\ldots9)r_n] + (r_0 + r_1 + r_2 + \cdots + r_n).$

因此，$9|r$ 若且唯若 $9|(r_0+r_1+r_2+\cdots+r_n)$。

c) $3|t$ 對 $x=1$ 或 4 或 7；$9|t$ 對 $x=7$。

17. a) $\binom{13}{9}$ **b)** $\binom{8}{4}$

19. a) 1，4，9 **b)** 1，4，9，16，$\cdots$，k，其中 k 是小於或等於 n 的最大平方數。

21. a) 對所有 $n \in \mathbf{Z}^+$，$n \geq 3$，$1+2+3+\cdots\cdots+n=n(n+1)/2$。若 $\{1, 2, 3, \cdots, n\}=A \cup B$ 且 $s_A=s_B$，則 $2s_A=n(n+1)/2$，或 $4s_A=n(n+1)$。因為 $4|n(n+1)$ 且 $\gcd(n, n+1)=1$，則不是 $4|n$ 就是 $4|(n+1)$。

b) 這裡我們正要證明 (a) 之結果的逆命題。

(i) 若 $4|n$，我們寫 $n=4k$。此處我們有

$\{1, 2, 3, \ldots, k, k+1, \ldots, 3k, 3k+1, \ldots, 4k\} = A \cup B$ 其中 $A = \{1, 2, 3, \ldots, k, 3k+1, 3k+2, \ldots, 4k-1, 4k\}$ 且 $B = \{k+1, k+2, \ldots, 2k, 2k+1, 3k-1, 3k\}$，且 $s_A = (1+2+3+\cdots+k) + [(3k+1)+(3k+2)+\cdots+(3k+k)] = [k(k+1)/2] + k(3k) + [k(k+1)/2] = k(k+1) + 3k^2 = 4k^2 + k$，及 $s_B = [(k+1)+(k+2)+\cdots+(k+k)] + [(2k+1)+(2k+2)+\cdots+(2k+k)] = k(k) + [k(k+1)/2] + k(2k) + [k(k+1)/2] = 3k^2 + k(k+1) = 4k^2 + k$。

(ii) 現在我們考慮 $n+1=4k$ 的情形。則 $n=4k-1$ 且我們有

$\{1, 2, 3, \ldots, k-1, k, \ldots, 3k-1, 3k, \ldots, 4k-2, 4k-1\} = A \cup B$，其中 $A = \{1, 2, 3, \ldots, k-1, 3k, 3k+1, \ldots, 4k-1\}$ 且 $B = \{k, k+1, \ldots, 2k-1, 2k, 2k+1, \ldots, 3k-1\}$。此處我們發現 $s_A = [1+2+3+\cdots+(k-1)] + [3k+(3k+1)+\cdots+(3k+(k-1))] = [(k-1)(k)/2] + k(3k) + [(k-1)(k)/2] = 3k^2 + k^2 - k = 4k^2 - k$，且 $s_B = [k+(k+1)+\cdots+(k+(k-1))] + [2k+(2k+1)+\cdots+(2k+(k-1))] = k^2 + [(k-1)(k)/2] + k(2k) + [(k-1)(k)/2] = 3k^2 + (k-1)k = 4k^2 - k$。

23. a) 結果為真對 $a=1$，所以考慮 $a>1$。由算術基本定理，我們可寫 $a = p_1^{e_1} p_2^{e_2} \cdots p_t^{e_t}$，其中 p_1，p_2，$\cdots$，p_t 為 t 個相異質數且 $e_i > 0$，對所有 $1 \leq i \leq t$。因為 $a^2|b^2$，得 $p_i^{2e_i}|b^2$ 對所有 $1 \leq i \leq t$。所以 $b^2 = p_1^{2f_1} p_2^{2f_2} \cdots p_t^{2f_t} c^2$，其中 $f_i \geq e_i$ 對所有 $1 \leq i \leq t$，且 $b = p_1^{f_1} p_2^{f_2} \cdots p_t^{f_t} c = a(p_1^{f_1-e_1} p_2^{f_2-e_2} \cdots p_t^{f_t-e_t})c$，其中 $f_i - e_i \geq 0$ 對所有 $1 \leq i \leq t$。因此，$a|b$。

b) 這個結果未必為真！令 $a=8$ 及 $b=4$。則 $a^2 (=64)$ 整除 $b^3 (=64)$，但 a 不整除 b。

25. a) 記得

$$a^3 + b^3 = (a+b)(a^2 - ab + b^2)$$
$$a^5 + b^5 = (a+b)(a^4 - a^3b + a^2b^2 - ab^3 + b^4)$$
$$\vdots$$
$$a^p + b^p = (a+b)(a^{p-1} - a^{p-2}b + \cdots + b^{p-1})$$
$$= (a+b) \sum_{i=1}^{p} a^{p-i}(-b)^{i-1},$$

因為 p 是一個奇質數

因為 k 不是 2 的一個冪次方，我們寫 $k = r \cdot p$，其中 p 是一個奇質數且 $r \geq 1$。則 $a^k + b^k = (a^r)^p + (b^r)^p = (a^r + b^r) \sum_{i=1}^{p} a^{r(p-i)} (-b^r)^{(i-1)}$，所以 $a^k + b^k$ 是合成數。

b) 這個 n 不是 2 的一個冪次方。若，此外，n 不是質數，則 $n=r \cdot p$，其中 p 是一個奇質數。則 $2^n+1 = 2^n+1^n = 2^{r \cdot p}+1^{r \cdot p} = (2^r+1^r)\sum_{i=1}^{p} 2^{r(p-i)}(-1^r)^{(i-1)} = (2^r+1)\sum_{i=1}^{p}(-1)^{i-1}2^{r(p-i)}$，所以 2^n+1 是合成數，不是質數。

27. 證明：對 $n=0$，我們發現 $F_0 = 0 \leq 1 = (5/3)^0$，且對 $n=1$ 我們有 $F_1 = 1 \leq (5/3) = (5/3)^1$。因此，在這兩個最先情形，所給性質為真 (且這個提供證明的基底步驟。)

假設這個性質是真的對 $n=0, 1, 2, \cdots, k-1, k$，其中 $k \geq 1$，我們現在檢視 $n=k+1$ 的情形。這裡我們發現

$$F_{k+1} = F_k + F_{k-1} \leq (5/3)^k + (5/3)^{k-1} = (5/3)^{k-1}[(5/3)+1] = (5/3)^{k-1}(8/3)$$
$$= (5/3)^{k-1}(24/9) \leq (5/3)^{k-1}(25/9) = (5/3)^{k-1}(5/3)^2 = (5/3)^{k+1}.$$

所以由數學歸納法原理替代型得 $F_n \leq (5/3)^n$ 對所有 $n \in \mathbf{N}$。

29. a) 記得有 $9 \cdot 10 \cdot 10 = 900$ 此類回文且它們的和是

$\sum_{a=1}^{9}\sum_{b=0}^{9}\sum_{c=0}^{9} abcba = \sum_{a=1}^{9}\sum_{b=0}^{9}\sum_{c=0}^{9}(10001a + 1010b + 100c) = \sum_{a=1}^{9}\sum_{b=0}^{9}[10(10001a + 1010b) + 100(9 \cdot 10/2)] = \sum_{a=1}^{9}\sum_{b=0}^{9}(100010a + 10100b + 4500) = \sum_{a=1}^{9}[10(100010a) + 10100(9 \cdot 10/2) + 10(4500)] = 1000100\sum_{a=1}^{9}a + 9(454500) + 9(45000) = 1000100(9 \cdot 10/2) + 4090500 + 405000 = 49,500,000.$

b)
```
begin
  sum := 0
  for a := 1 to 9 do
    for b := 0 to 9 do
      for c := 0 to 9 do
        sum := sum + 10001 * a + 1010 * b + 100 * c
  print sum
end
```

31. 證明：假設 $7|n$。我們看出 $7|n \Rightarrow 7|(n-21u) \Rightarrow 7|[(n-u)-20u] \Rightarrow 7|[10(\frac{n-u}{10})-20u] \Rightarrow 7|[10(\frac{n-u}{10}-2u)] \Rightarrow 7|(\frac{n-u}{10}-2u)$，由引理 4.2 因為 $\gcd(7, 10)=1$。[注意：$\frac{n-u}{10} \in \mathbf{Z}^+$，因為 $n-u$ 的單位數字為 0。] 反之，若 $7|(\frac{n-u}{10}-2u)$，則因為 $\frac{n-u}{10}-2u = \frac{n-21u}{10}$，我們發現 $7|(\frac{n-21u}{10}) \Rightarrow 7 \cdot 10 \cdot x = n-21u$，對某些 $x \in \mathbf{Z}^+$。因為 $7|7$ 且 $7|21$，由定理 4.3(e)，得 $7|n$。

33. 若 Catrina 的選擇包含 0，2，4，6，8 的任何一個，則所得的三位整數中至少有兩個將有偶數的單位數字，且為偶數，因此，不是質數。她的選擇將含 5 時，則所得的三位整數中的兩個將有 5 做為它們的單位數字；這些三位整數則可被 5 整除且所以它們不是質數。因此，欲完成證明，我們需考慮 Catrina 由 {1, 3, 7, 9} 可選的大小為 3 的四個選法。下面提供選法，每一個對應一個不是質數的三位整數。

1) {1, 3, 7} : $713 = 23 \cdot 31$ **2)** {1, 3, 9} : $913 = 11 \cdot 83$

3) $\{1, 7, 9\}: 917 = 7 \cdot 131$ 4) $\{3, 7, 9\}: 793 = 13 \cdot 61$

35. 令 x 表 Barbara 擦掉的整數。整數 1，2，3，$\cdots$，$x-1$，$x+1$，$x+2$，$\cdots$，n 的和是 $[n(n+1)/2]-x$，所以 $[[n(n+1)/2]-x]/(n-1)=35\frac{7}{17}$。因此 $[n(n+1)/2]-x=(35\frac{7}{17})(n-1)=(602/17)(n-1)$。因為 $[n(n+1)/2]-x \in \mathbf{Z}^+$，得 $(602/17)(n-2) \in \mathbf{Z}^+$。因此，由引理 4.2，我們發現 $17|(n-1)$，因為 $17 \nmid 602$。對 $n=1$，18，35，52，我們有：

n	$x = [n(n+1)/2] - (602/17)(n-1)$
1	1
18	-431
35	-574
52	-428

當 $n=69$，我們發現 $x=7$ [且 $(\sum_{i=1}^{69} i - 7)/68 = 602/17 = 35\frac{7}{17}$]。

對 $n=69+17k$，$k \geq 1$，我們有

$$x = [(69+17k)(70+17k)/2] - (602/17)[68+17k]$$
$$= 7 + (k/2)[1159 + 289k]$$
$$= [7 + (1159k/2)] + (289k^2)/2 > n.$$

因此，答案是唯一的：即 $n=69$ 且 $x=7$。

37. $(1+m_1)(1+m_2)(1+m_3)$，其中 $m_i = \min\{e_i, f_i\}$，對 $1 \leq i \leq 3$。

第 5 章
關係和函數

5.1 節

1. $A \times B = \{(1, 2), (2, 2), (3, 2), (4, 2), (1, 5), (2, 5), (3, 5), (4, 5)\}$
$B \times A = \{(2, 1), (2, 2), (2, 3), (2, 4), (5, 1), (5, 2), (5, 3), (5, 4)\}$
$A \cup (B \times C) = \{1, 2, 3, 4, (2, 3), (2, 4), (2, 7), (5, 3), (5, 4), (5, 7)\}$
$(A \cup B) \times C = \{(1, 3), (2, 3), (3, 3), (4, 3), (5, 3), (1, 4), (2, 4), (3, 4), (4, 4), (5, 4),$
$(1, 7), (2, 7), (3, 7), (4, 7), (5, 7)\} = (A \times C) \cup (B \times C)$

3. **a)** 9   **b)** 2^9 **c)** 2^9 **d)** 2^7 **e)** $\binom{9}{5}$ **f)** $\binom{9}{7} + \binom{9}{8} + \binom{9}{9}$

5. **a)** 假設 $A \times B \subseteq C \times D$ 則令 $a \in A$ 且 $b \in B$。則 $(a, b) \in A \times B$，且因為 $A \times B \subseteq C \times D$，我們有 $(a, b) \in C \times D$。但 $(a, b) \in C \times D \Rightarrow a \in C$ 且 $b \in D$。因此，$a \in A \Rightarrow a \in C$，所以 $A \subseteq C$，且 $b \in B \Rightarrow b \in D$，所以 $B \subseteq D$。

反之，假設 $A \subseteq C$ 且 $B \subseteq D$，且 $(x, y) \in A \times B$。則 $(x, y) \in A \times B \Rightarrow x \in A$ 且 $y \in B \Rightarrow x \in C$ (因為 $A \subseteq C$) 且 $y \in D$ (因為 $B \subseteq D$) $\Rightarrow (x, y) \in C \times D$。因此，$A \times B \subseteq C \times D$。

b) 甚至若集合 A，B，C，D 的任何一個是空的，我們仍然發現

$$[(A \subseteq C) \wedge (B \subseteq D)] \Rightarrow [A \times B \subseteq C \times D].$$

然而，逆命題未必成立。例如，令 $A=\emptyset$，$B=\{1, 2\}$，$C=\{1, 2\}$，且 $D=\{1\}$。則 $A \times B = \emptyset$。若不，存在一個有序對 $(x, y) \in A \times B$，且這意味著空集合 A 包含一個元素 x，且所以 $A \times B = \emptyset \subseteq C \times D$，但 $B = \{1, 2\} \not\subseteq \{1\} = D$。

7. a) 2^{20} **b)** 若 $|A|=m$，$|B|=n$，對 m，$n \in \mathbf{N}$，則 $\mathcal{P}(A \times B)$ 上有 2^{mn} 個元素。

9. c) $(x, y) \in (A \cap B) \times C \Leftrightarrow x \in A \cap B$ 且 $y \in C \Leftrightarrow (x \in A$ 且 $x \in B)$ 且 $y \in C \Leftrightarrow (x \in A$ 且 $y \in C)$ 且 $(x \in B$ 且 $y \in C) \Leftrightarrow (x, y) \in A \times C$ 且 $(x, y) \in B \times C \Leftrightarrow (x, y) \in (A \times C) \cap (B \times C)$

11. $(x, y) \in A \times (B-C) \Leftrightarrow x \in A$ 且 $y \in B-C \Leftrightarrow x \in A$ 且 $(y \in B$ 且 $y \notin C) \Leftrightarrow (x \in A$ 且 $y \in B)$ 且 $(x \in A$ 且 $y \notin C) \Leftrightarrow (x, y) \in A \times B$ 且 $(x, y) \notin A \times C \Leftrightarrow (x, y) \in (A \times B) - (A \times C)$

13. a) (1) $(0, 2) \in \mathcal{R}$；且
(2) 若 $(a, b) \in \mathcal{R}$，則 $(a+1, b+5) \in \mathcal{R}$
b) 由定義的 (1)，我們有 $(0, 2) \in \mathcal{R}$。由定義的 (2)，我們發現
  (i) $(0, 2) \in \mathcal{R} \Rightarrow (0+1, 2+5) = (1, 7) \in \mathcal{R}$；
  (ii) $(1, 7) \in \mathcal{R} \Rightarrow (1+1, 7+5) = (2, 12) \in \mathcal{R}$；
  (iii) $(2, 12) \in \mathcal{R} \Rightarrow (2+1, 12+5) = (3, 17) \in \mathcal{R}$；及
  (iv) $(3, 17) \in \mathcal{R} \Rightarrow (3+1, 17+5) = (4, 22) \in \mathcal{R}$

5.2 節

1. a) 函數；值域 $= \{7, 8, 11, 16, 23, \cdots\}$ **b)** 關係，不是一個函數
c) 函數；值域 $= \mathbf{R}$ **d)** 和 **e)** 關係，不是一個函數

3. a) (1) $\{(1, x), (2, x), (3, x), (4, x)\}$ (2) $\{(1, y), (2, y), (3, y), (4, y)\}$
(3) $\{(1, z), (2, z), (3, z), (4, z)\}$ (4) $\{(1, x), (2, y), (3, x), (4, y)\}$
(5) $\{(1, x), (2, y), (3, z), (4, x)\}$
b) 3^4 **c)** 0 **d)** 4^3 **e)** 2^4 **f)** 3^3 **g)** 3^2 **h)** 3^2

5. a) $\{(1, 3)\}$ **b)** $\{(-7/2, -21/2)\}$ **c)** $\{(-8, -15)\}$
d) $\mathbf{R}^2 - \{(-7/2, -21/2)\} = \{(x, y) | x \neq -7/2$ 或 $y \neq -21/2\}$

7. a) $\lfloor 2.3 - 1.6 \rfloor = \lfloor 0.7 \rfloor = 0$ **b)** $\lfloor 2.3 \rfloor - \lfloor 1.6 \rfloor = 2 - 1 = 1$
c) $\lceil 3.4 \rceil \lfloor 6.2 \rfloor = 4 \cdot 6 = 24$ **d)** $\lceil 3.4 \rceil \lceil 6.2 \rceil = 3 \cdot 7 = 21$
e) $\lfloor 2\pi \rfloor = 6$ **f)** $2\lceil \pi \rceil = 8$

9. a) $\cdots \cup [-1, -6/7) \cup [0, 1/7) \cup [1, 8/7) \cup [2, 15/7) \cup \cdots$
b) $[1, 8/7)$ **c)** $\mathbf{Z}$ **d)** $\mathbf{R}$

11. a) $\cdots \cup (-7/3, -2] \cup (-4/3, -1] \cup (-1/3, 0] \cup (2/3, 1] \cup (5/3, 2] \cup \cdots = \bigcup_{m \in \mathbf{Z}} (m - 1/3, m]$
b) $\cdots \cup ((-2n-1)/n, -2] \cup ((-n-1)/n, -1] \cup (-1/n, 0] \cup ((n-1)/n, 1] \cup ((2n-1)/n, 2] \cup \cdots = \bigcup_{m \in \mathbf{Z}} (m - 1/n, m]$

13. 證明 (i) 若 $a \in \mathbf{Z}^+$，則 $\lceil a \rceil = a$ 且 $\lfloor \lceil a \rceil / a \rfloor = \lfloor 1 \rfloor = 1$。若 $a \notin \mathbf{Z}^+$，記 $a = n + c$，其中 $n \in \mathbf{Z}^+$ 且 $0 < c < 1$。則 $\lceil a \rceil / a = (n+1)/(n+c) = 1 + (1-c)/(n+c)$，其中 $0 < (1-c)/(n+c) < 1$。因此 $\lfloor \lceil a \rceil / a \rfloor = \lfloor 1 + (1-c)/(n+c) \rfloor = 1$。

    b) 考慮 $a = 0.1$。則

       (i) $\lfloor \lceil a \rceil / a \rfloor = \lfloor 0/0.1 \rfloor = \lfloor 10 \rfloor = 10 \neq 1$；且

       (ii) $\lceil \lfloor a \rfloor / a \rceil = \lceil 0/0.1 \rceil = 0 \neq 1$。

    事實上，(ii) 為假，對所有 $0 < a < 1$，因為 $\lceil \lfloor a \rfloor / a \rceil = 0$ 對所有此類的 a 值。在情形 (i)，當 $0 < a \leq 0.5$，得 $\lceil a \rceil / a \geq 2$ 且 $\lfloor \lceil a \rceil / a \rfloor \geq 2 \neq 1$。然而，對 $0.5 < a < 1$，$\lceil a \rceil / a = 1/a$，其中 $1 < 1/a < 2$，且所以 $\lfloor \lceil a \rceil / a \rfloor = 1$ 對 $0.5 < a < 1$。

15. a) 一對一；值域為所有奇數所成的集合。

    b) 一對一；值域為 $\mathbf{Q}$。

    c) 非一對一；值域是 $\{0, \pm 6, \pm 24, \pm 60, \cdots\} = \{n^3 - n | n \in \mathbf{Z}\}$

    d) 一對一；值域為 $(0, +\infty)$

    e) 一對一；值域為 $[-1, 1]$

    f) 非一對一；值域為 $[0, 1]$

17. 42

19. $f(A_1 \cup A_2) = \{y \in B | y = f(x), x \in A_1 \cup A_2\} = \{y \in B | y = f(x), x \in A_1 \text{ 或 } x \in A_2\} = \{y \in B | y = f(x), x \in A_1\} \cup \{y \in B | y = f(x), x \in A_2\} = f(A_1) \cup f(A_2)$

    c) 由 (b)，$f(A_1 \cap A_2) \subseteq f(A_1) \cap f(A_2)$。反之，$y \in f(A_1) \cap f(A_2) \Rightarrow y = f(x_1) = f(x_2)$，對 $x_1 \in A_1, x_2 \in A_2 \Rightarrow y = f(x_1)$ 且 $x_1 = x_2$ (因為 f 是嵌射) $\Rightarrow y \in f(A_1 \cap A_2)$。所以 f 是嵌射 $\Rightarrow f(A_1 \cap A_2) = f(A_1) \cap f(A_2)$。

21. 否。令 $A = \{1, 2\}$，$X = \{1\}$，$Y = \{2\}$，$B = \{3\}$。對 $f = \{(1, 3), (2, 3)\}$ 我們有 $f|_X, f|_Y$ 一對一，但 f 非一對一。

23. a) $f(a_{ij}) = 12(i-1) + j$ **b)** $f(a_{ij}) = 10(i-1) + j$ **c)** $f(a_{ij}) = 7(i-1) + j$

25. a) (i) $f(a_{ij}) = n(i-1) + (k-1) + j$ (ii) $g(a_{ij}) = m(j-1) + (k-1) + i$

    b) $k + (mn - 1) \leq r$

27. a) $A(1, 3) = A(0, A(1, 2)) = A(1, 2) + 1 = A(0, A(1, 1)) + 1 = [A(1, 1) + 1] + 1$
$= A(1, 1) + 2 = A(0, A(1, 0)) + 2 = [A(1, 0) + 1] + 2 = A(1, 0) + 3 = A(1, 0) + 3 = (1 + 1) + 3 = 5$

    $A(2, 3) = A(1, A(2, 2))$

    $A(2, 2) = A(1, A(2, 1))$

    $A(2, 1) = A(1, A(2, 0)) = A(1, A(1, 1))$

    $A(1, 1) = A(0, A(1, 0)) = A(1, 0) + 1 = A(0, 1) + 1 = (1 + 1) + 1 = 3$

    $A(2, 1) = A(1, 3) = A(0, A(1, 2)) = A(1, 2) + 1 = A(0, A(1, 1)) + 1$

        $= [A(1, 1) + 1] + 1 = 5$

$$A(2, 2) = A(1, 5) = A(0, A(1, 4)) = A(1, 4) + 1 = A(0, A(1, 3)) + 1 = A(1, 3) + 2$$
$$= A(0, A(1, 2)) + 2 = A(1, 2) + 3 = A(0, A(1, 1)) + 3 = A(1, 1) + 4 = 7$$
$$A(2, 3) = A(1, 7) = A(0, A(1, 6)) = A(1, 6) + 1 = A(0, A(1, 5)) + 1$$
$$= A(0, 7) + 1 = (7 + 1) + 1 = 9$$

b) 因為 $A(1, 0) = A(0, 1) = 2 = 0 + 2$，所以當 $n = 0$ 時，結果成立。假設 (開放) 敘述對某些 $k \,(\geq 0)$ 為真，我們有 $A(1, k) = k + 2$。則我們發現 $A(1, k+1) = A(0, A(1, k)) = A(1, k) + 1 = (k+2) + 1 = (k+1) + 2$，所以在 $n = k$ 為真蘊涵在 $n = k+1$ 為真。因此，$A(1, n) = n + 2$ 對所有 $n \in \mathbf{N}$，由數學歸納法原理。

5.3 節

1. a) $A = \{1, 2, 3, 4\}$，$B = \{v, w, x, y, z\}$，$f = \{(1, v), (2, v), (3, w), (4, x)\}$
b) A，B 如同 (a)，$f = \{(1, v), (2, x), (3, z), (4, y)\}$
c) $A = \{1, 2, 3, 4, 5\}$，$B = \{w, x, y, z\}$，$f = \{(1, w), (2, w), (3, x), (4, y), (5, z)\}$
d) $A = \{1, 2, 3, 4\}$，$B = \{w, x, y, z\}$，$f = \{(1, w), (2, x), (3, y), (4, z)\}$

3. a)，**b)**，**c)** 及 **(f)** 是一對一且映成。
d) 既不是一對一也不是映成；值域 $= [0, +\infty)$。
e) 既不是一對一也不是映成；值域 $= [-\frac{1}{4}, +\infty)$。

5. (對 $n = 5$，$m = 3$ 的情形)：
$$\sum_{k=0}^{5}(-1)^k\binom{5}{5-k}(5-k)^3 = (-1)^0\binom{5}{5}5^3 + (-1)^1\binom{5}{4}4^3 + (-1)^2\binom{5}{3}3^3$$
$$+ (-1)^3\binom{5}{2}2^3 + (-1)^4\binom{5}{1}1^3 + (-1)^5\binom{5}{0}0^3$$
$$= 125 - 5(64) + 10(27) - 10(8) + 5 = 0$$

7. a) (i) $2!\,S(7, 2)$ (ii) $\binom{5}{2}[2!\,S(7, 2)]$ (iii) $3!\,S(7, 3)$
     (iv) $\binom{5}{3}[3!\,S(7, 2)]$ (v) $4!\,S(7, 4)$ (vi) $\binom{5}{4}[2!\,S(7, 4)]$
b) $\binom{n}{k}[k!\,S(m, k)]$

9. 對每個 $r \in \mathbf{R}$，至少存在一個 $a \in \mathbf{R}$ 滿足 $a^5 - 2a^2 + a - r = 0$，因為多項式 $x^5 - 2x^2 + x - r$ 有奇數及實係數。因此，f 是映成。然而，$f(0) = 0 = f(1)$，所以 f 不是一對一。

11.

$m \backslash n$	1	2	3	4	5	6	7	8	9	10
9	1	255	3025	7770	6951	2646	462	36	1	
10	1	511	9330	34105	42525	22827	5880	750	45	1

13. a) 因為 $156,009 = 3 \times 7 \times 17 \times 19 \times 23$，得有 $S(5, 2) = 15$ 個 $156,009$ 的兩因子未序因數分解，其中每個因子大於 1。

b) $\sum_{i=2}^{5} S(5, i) = 15 + 25 + 10 + 1 = 51$ **c)** $\sum_{i=2}^{n} S(n, i)$

15. a) $n = 4 : \sum_{i=1}^{4} i! S(4, i); \quad n = 5 : \sum_{i=1}^{5} i! S(5, i)$
一般來講，答案是 $\sum_{i=1}^{n} i! S(n, i)$.

b) $\binom{15}{12} \sum_{i=1}^{12} i! S(12, i)$.

17. 令 a_1，a_2，$\cdots$，a_m，x 表 $m+1$ 個相異物體。則 $S_r(m+1, n)$ 計數這些物體可被分配至 n 個相同容器的方法數，其中每個容器至少有 r 個這些物體。

　　這些分配的每一個恰落在兩個範疇之一：

(1) 元素 x 位在含 r 個或更多個其它物體的容器內：這裡我們以 a_1，a_2，$\cdots$，a_m 分配至 n 個相同容器的 $S_r(m, n)$ 種分配法開始——每個容器至少有 r 個物體。現在我們有 n 個相異容器——以它們的內容物做區別。因此，有 n 個選法來找出物體 x 的位置。所以，這個範疇提供 $n S_r(m, n)$ 個分配法。

(2) 元素 x 位在含 $r-1$ 個其它物體的容器內：這些其它的 $r-1$ 個物體可被以 $\binom{m}{r-1}$ 種方法來選出且這些物體——併 x——可被擺在 n 個容器中的一個。剩下的 $m+1-r$ 個相異物體可被以 $S_r(m+1-r, n-1)$ 種方法分配至 $n-1$ 個相同容器——其中每個容器至少有 r 個物體。因此，這個範疇提供剩下的 $\binom{m}{r-1} S_r(m+1-r, n-1)$ 種分配。

19. a) 我們知道 $s(m, n)$ 計數我們將 m 個人——稱他們 p_1，p_2，$\cdots$，p_m——圍著 n 張桌擺置的方法數，其中每張桌子至少有一個人。這些安排分成兩個互斥集合：(1) p_1 是單獨的安排：共有 $s(m-1, n-1)$ 個此類安排；及 (2) p_1 至少和其它 $m-1$ 個人中的一人共桌的安排：共有 $s(m-1, n)$ 個方法，其中 p_2，p_3，$\cdots$，p_m 可圍著 n 張桌子而坐，使得每張桌子均有人坐。每個此類安排決定一個 (在所有 n 張桌子) 的 $m-1$ 個位置設定的總方法數，其中 p_1 現可被安排座位——這個給一個 $(m-1)s(m-1, n)$ 個安排的總數。因此，$s(m, n) = (m-1)s(m-1, n) + s(m-1, n-1)$，對 $m \geq n > 1$。

> 5.4 節

1. 此處我們發現，例如，$f(f(a, b), c) = f(a, c) = c$，而 $f(a, f(b, c)) = f(a, b) = a$，所以 f 不可結合。

3. a)，**b)** 及 **d)** 為可交換及可結合；**c)** 既不可交換也不可結合。

5. a) 25   **b)** 5^{25} **c)** 5^{25} **d)** 5^{10}

7. a) 是   **b)** 是   **c)** 否   **9. a)** 1216   **b)** $p^{31} q^{37}$

11. 由良序原理，A 有一個最小元素且這個相同元素對 g 是單位元素。若 A 為有限，則 A 將有一個最大元素，且這個相同元素對 f 是單位元素。若 A 是無限，則 f 不可能有單位元素。

13. a) 5   **b)** A_3 A_4 A_5 **c)** A_1，A_2

                     25   25   6

                     25   2   4

                     60   40   20

                     25   40   10

5.5節

1. 鴿子為襪子；鴿洞為顏色。   **3.** $26^2 + 1 = 677$。

5. a) 對每個 $x \in \{1, 2, 3, \cdots, 300\}$，記 $x = 2^n \cdot m$，其中 $n \geq 0$ 且 $\gcd(2, m) = 1$。有 150 種可能給 m：1，3，5，$\cdots$，299。當我們由 $\{1, 2, 3, \cdots, 300\}$ 選 151 個數，則必有兩個型如 $x = 2^s m$，$y = 2^t \cdot m$ 的數。若 $x < y$，則 $x|y$；否則 $y < x$ 且 $y|x$。

b) 若由集合 $\{1, 2, 3, \cdots, 2n\}$ 選出 $n+1$ 個整數，則在選法裡必有兩個整數 x，y，其中 $x|y$ 或 $y|x$。

7. a) 這裡的鴿子為整數 1，2，3，$\cdots$，25 且鴿洞為 13 個集合 $\{1, 25\}$，$\{2, 24\}$，$\cdots$，$\{11, 15\}$，$\{12, 14\}$，$\{13\}$。在選取 14 個整數時，我們在至少一個含兩元素的子集合中得到元素，且其和為 26。

b) 若 $S = \{1, 2, 3, \cdots, 2n+1\}$，$n$ 是一個正整數，則 S 的任意大小 $n+2$ 的子集合必含兩元素且此兩元素之和為 $2n+2$。

9. a) 對每個 $t \in \{1, 2, 3, \cdots, 100\}$，我們發現 $1 \leq \sqrt{t} \leq 10$。當我們由 $\{1, 2, 3, \cdots, 100\}$ 選出 11 個元素時，則必有兩個元素，稱其為 x 和 y，其中 $\lfloor\sqrt{x}\rfloor = \lfloor\sqrt{y}\rfloor$ 滿足 $0 < |\sqrt{x} - \sqrt{y}| < 1$。

b) 令 $n \in \mathbf{Z}^+$。若由 $\{1, 2, 3, \cdots, n^2\}$ 選出 $n+1$ 個元素，則存在兩個元素，稱其為 x 和 y，其中 $0 < |\sqrt{x} - \sqrt{y}| < 1$。

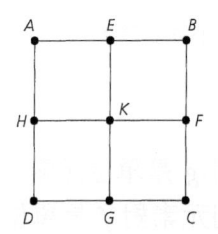

11. 將正方形的內部分割成 4 個較小的全等正方形，如圖所示。每個較小正方形的對角線長為 $1/\sqrt{2}$。令區域 R_1 為正方形 $AEKH$ 的內部及線段 EK 上的點，但不含點 E。區域 R_2 為正方形 $EBFK$ 的內部及線段 FK 上的點，但不含點 F 及 K。區域 R_3 及 R_4 被以相似方法定義。則若由正方形 $ABCD$ 的內部選出 5 點，則至少有兩點位在 R_i 對某些 $1 \leq i \leq 4$ 且這些點兩兩之間的距離小於 $1/\sqrt{2}$ (單位)。

解　答　S-43

13. 考慮 S 的子集合 A，其中 $1 \le |A| \le 3$。因為 $|S|=5$，有 $\binom{5}{1}+\binom{5}{2}+\binom{5}{3}=25$ 個此類子集合 A。令 s_A 表 A 中所有元素的和，則 $1 \le s_A \le 7+8+9 =24$。所以由鴿洞原理，S 有兩個子集合，其元素和相同。

15. 對 $(\emptyset \ne)\; T \subseteq S$，我們有 $1 \le s_T \le m+(m-1)+\cdots+(m-6)=7m-21$。集合 S 有 $2^7-1=128-1=127$ 個非空子集合。所以由鴿洞原理，我們須有 $127>7m-21$ 或 $148>7m$。因此，$7 \le m \le 21$。

17. a) $2, 4, 1, 3$　**b)** $3, 6, 9, 2, 5, 8, 1, 4, 7$

c) 對 $n \ge 2$，存在一個 n^2 個相異實數的數列且其沒有長度為 $n+1$ 的遞減或遞增子數列。例如，考慮 $n, 2n, 3n, \cdots, (n-1)n, n^2, (n-1), (2n-1), \cdots, (n^2-1), (n-2), (2n-2), \cdots, (n^2-2), \cdots, 1, (n+1), (2n+1), \cdots, (n-1)n+1$。

d) 例題 5.49 (對 $n \ge 2$) 的結果是最佳可能，若即我們不能將數列的長度由 n^2+1 減至 n^2 且仍得到渴望的長度 $n+1$ 的子數列。

19. 證明：若否，則每個鴿洞至多有 k 隻鴿子——給至多 kn 隻鴿子的總數。但我們有 $kn+1$ 隻鴿子。所以得一矛盾且結果成立。

21. a) 1001　**b)** 2001

c) 令 $n, k \in \mathbf{Z}^+$。滿足存在 n 個元素 $x_1, x_2, \cdots, x_n \in S$，其中所有這 n 個整數被 k 除有相同餘數的 $|S|$ (其中 $S \subset \mathbf{Z}^+$) 之最小值為 $k(n-1)+1$。

23. 證明：若否，則棲息在第一個鴿洞的鴿子數是 $x_1 \le p_1-1$，棲息在第二個鴿洞的鴿子數是 $x_2 \le p_2-1, \cdots$，且棲息在第 n 個鴿洞的鴿子數是 $x_n \le p_n-1$，因此，鴿子的總數是 $x_1+x_2+\cdots+x_n=(p_1-1)+(p_2-1)+\cdots+(p_n-1)=p_1+p_2+\cdots+p_n-n<p_1+p_2+\cdots+p_n-n+1$，我們開始的鴿子數。因為這個矛盾，所以結果成立。

> 5.6 節

1. a) $7!-6!=4320$　**b)** $n!-(n-1)!=(n-1)(n-1)!$

3. $a=3, b=-1$；$a=-3, b=2$

5. $g^2(A) = g(T \cap (S \cup A)) = T \cap (S \cup [T \cap (S \cup A)])$
$= T \cap [(S \cup T) \cap (S \cup (S \cup A))] = T \cap [(S \cup T) \cap (S \cup A)]$
$= [T \cap (S \cup T)] \cap (S \cup A) = T \cap (S \cup A) = g(A)$

7. a) $(f \circ g)(x) = 3x-1$; $(g \circ f)(x) = 3(x-1)$;

$(g \circ h)(x) = \begin{cases} 0, & x\text{ 為偶數} \\ 3, & x\text{ 為奇數} \end{cases}$　　$(h \circ g)(x) = \begin{cases} 0, & x\text{ 為偶數} \\ 1, & x\text{ 為奇數} \end{cases}$

$(f \circ (g \circ h))(x) = f((g \circ h)(x)) = \begin{cases} -1, & x\text{ 為偶數} \\ 2, & x\text{ 為奇數} \end{cases}$

$((f \circ g) \circ h)(x) = \begin{cases} (f \circ g)(0), & x\text{ 為偶數} \\ (f \circ g)(1), & x\text{ 為奇數} \end{cases} = \begin{cases} -1, & x\text{ 為偶數} \\ 2, & x\text{ 為奇數} \end{cases}$

b) $f^2(x) = f(f(x)) = x - 2$; $f^3(x) = x - 3$; $g^2(x) = 9x$; $g^3(x) = 27x$; $h^2 = h^3 = h^{500} = h$.

9. a) $f^{-1}(x) = (1/2)(\ln x - 5)$

b) 對 $x \in \mathbf{R}^+$

$$(f \circ f^{-1})(x) = f((1/2)(\ln x - 5)) = e^{2((1/2)(\ln x - 5))+5} = e^{\ln x - 5 + 5} = e^{\ln x} = x.$$

對 $x \in \mathbf{R}$

$$(f^{-1} \circ f)(x) = f^{-1}(e^{2x+5}) = (1/2)[\ln(e^{2x+5}) - 5] = (1/2)[2x + 5 - 5] = x.$$

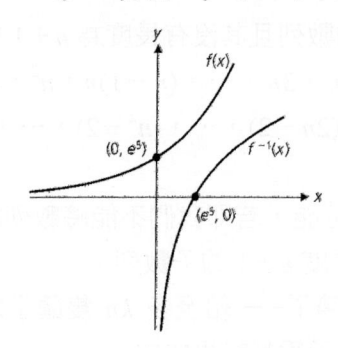

11. f, g 可逆 $\Rightarrow f, g$ 各個均是同時為一對一且映成 $\Rightarrow g \circ f$ 是一對一且映成 $\Rightarrow g \circ f$ 可逆。因為 $(g \circ f) \circ (f^{-1} \circ g^{-1}) = 1_C$ 且 $(f^{-1} \circ g^{-1}) \circ (g \circ f) = 1_A$，得 $f^{-1} \circ g^{-1}$ 是 $g \circ f$ 的一個逆。由反函數的唯一性，得 $f^{-1} \circ g^{-1} = (g \circ f)^{-1}$。

13. a) $f^{-1}(-10) = \{-17\}$ $f^{-1}(0) = \{-7, 5/2\}$
$f^{-1}(4) = \{-3, 1/2, 5\}$ $f^{-1}(6) = \{-1, 7\}$
$f^{-1}(7) = \{0, 8\}$ $f^{-1}(8) = \{9\}$

b) (i) $[-12, -8]$ (ii) $[-12, -7] \cup [5/2, 3]$
(iii) $[-9, -3] \cup [1/2, 5]$ (iv) $(-2, 0] \cup (6, 11)$
(v) $[12, 18)$

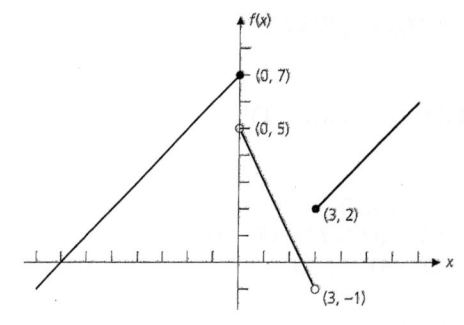

15. $3^2 \cdot 4^3 = 576$ 個函數

17. a) f 的值域 $= \{2, 3, 4, \cdots\} = \mathbf{Z}^+ - \{1\}$。

b) 因為 1 不在 f 的值域，所以函數不是映成。

c) 對所有 $x, y \in \mathbf{Z}^+$，$f(x) = f(y) \Rightarrow x + 1 = y + 1 \Rightarrow x = y$，所以 f 是一對一。

d) g 的值域是 $\mathbf{Z}^+$。　**e)** 因為 $g(\mathbf{Z}^+)=\mathbf{Z}^+$，為 g 的對應域，所以這個函數是映成。

f) 這裡 $g(1)=1=g(2)$，且 $1\neq 2$，所以 g 不是一對一。

g) 對所有 $x\in\mathbf{Z}^+$，$(g\circ f)(x)=g(f(x))=g(x+1)=\max\{1,(x+1)-1\}=\max\{1,x\}=x$，因為 $x\in\mathbf{Z}^+$。因此，$g\circ f=1_{\mathbf{Z}^+}$。

h) $(f\circ g)(2) = f(\max\{1,1\}) = f(1) = 1+1 = 2$
$(f\circ g)(3) = f(\max\{1,2\}) = f(2) = 2+1 = 3$
$(f\circ g)(4) = f(\max\{1,3\}) = f(3) = 3+1 = 4$
$(f\circ g)(7) = f(\max\{1,6\}) = f(6) = 6+1 = 7$
$(f\circ g)(12) = f(\max\{1,11\}) = f(11) = 11+1 = 12$
$(f\circ g)(25) = f(\max\{1,24\}) = f(24) = 24+1 = 25$

i) 否，因為函數 f,g 不互為對方的函數。(h) 裡的計算建議 $f\circ g = 1_{\mathbf{Z}^+}$，因為 $(f\circ g)(x)=x$ 對 $x\geq 2$。但我們亦發現 $(f\circ g)(1)=f(\max\{1,0\})=f(1)=2$，所以 $(f\circ g)(1)\neq 1$，且，因此，$f\circ g\neq 1_{\mathbf{Z}^+}$。

19. a) $a\in f^{-1}(B_1\cap B_2)\Leftrightarrow f(a)\in B_1\cap B_2\Leftrightarrow f(a)\in B_1$ 且 $f(a)\in B_2\Leftrightarrow a\in f^{-1}(B_1)$ 且 $a\in f^{-1}(B_2)\Leftrightarrow a\in f^{-1}(B_1)\cap f^{-1}(B_2)$

c) $a\in f^{-1}(\overline{B_1})\Leftrightarrow f(a)\in\overline{B_1}\Leftrightarrow f(a)\notin B_1\Leftrightarrow a\notin f^{-1}(B_1)\Leftrightarrow a\in\overline{f^{-1}(B_1)}$

21. a) 假設 $x_1,x_2\in\mathbf{Z}$ 且 $f(x_1)=f(x_2)$，則不是 $f(x_1),f(x_2)$ 均為偶函數就是均為奇函數。若它們均為偶函數，則 $f(x_1)=f(x_2)\Rightarrow -2x_1=-2x_2\Rightarrow x_1=x_2$。否則，$f(x_1),f(x_2)$ 均為奇數且 $f(x_1)=f(x_2)\Rightarrow 2x_1-1=2x_2-1\Rightarrow 2x_1=2x_2\Rightarrow x_1=x_2$。因此，函數 f 是一對一。

　　欲證明 f 是映成函數，令 $n\in\mathbf{N}$。若 n 是偶數，則 $(-n/2)\in\mathbf{Z}$ 且 $(-n/2)<0$，且 $f(-n/2)=-2(-n/2)=n$。對 n 是奇數的情形，我們發現 $(n+1)/2\in\mathbf{Z}$ 且 $(n+1)/2>0$，且 $f((n+1)/2)=2[(n+1)/2]-1=(n+1)-1=n$。因此，$f$ 是映成。

b) $f^{-1}:\mathbf{N}\to\mathbf{Z}$，其中

$$f^{-1}(x)=\begin{cases}\left(\frac{1}{2}\right)(x+1), & x=1,3,5,7,\ldots\\ -x/2, & x=0,2,4,6,\ldots\end{cases}$$

23. a) 對所有 $n\in\mathbf{N}$，$(g\circ f)(n)=(h\circ f)(n)=(k\circ f)(n)=n$。

b) (a) 中結果和定理 5.7 並不矛盾。因為雖然 $g\circ f=h\circ f=k\circ f=1_{\mathbf{N}}$，我們注意

　(i) $(f\circ g)(1)=f(\lfloor 1/3\rfloor)=f(0)=3\cdot 0=0\neq 1$，所以 $f\circ g\neq 1_{\mathbf{N}}$；

　(ii) $(f\circ h)(1)=f(\lfloor 2/3\rfloor)=f(0)=3\cdot 0=0\neq 1$，所以 $f\circ h\neq 1_{\mathbf{N}}$；且

　(iii) $(f\circ k)(1)=f(\lfloor 3/3\rfloor)=f(1)=3\cdot 1=3\neq 1$，所以 $f\circ k\neq 1_{\mathbf{N}}$。

因此，g,h 和 k 中無一者是 f 的反函數。(畢竟，因為 f 不是映成，所以它不可逆。)

5.7節

1. a) $f \in O(n)$ **b)** $f \in O(1)$ **c)** $f \in O(n^3)$ **d)** $f \in O(n^2)$
  e) $f \in O(n^3)$ **f)** $f \in O(n^2)$ **g)** $f \in O(n^2)$

3. a) 對所有 $n \in \mathbf{Z}^+$，$0 \leq \log_2 n < n$。所以令定義 5.23 的 $k=1$ 及 $m=200$。則 $|f(n)| = 100 \log_2 n = 200 \left(\frac{1}{2} \log_2 n\right) < 200 \left(\frac{1}{2} n\right) = 200|g(n)|$，所以 $f \in O(g)$。

b) 對 $n=6$，$2^n = 64 < 3096 = 4096 - 1000 = 2^{12} - 1000 = 2^{2n} - 1000$。假設 $2^k < 2^{2k} - 1000$ 對 $n = k \geq 6$，我們發現 $2 < 2^2 \Rightarrow 2(2^k) < 2^2(2^{2k} - 1000) < 2^2 2^{2k} - 1000$，或 $2^k < 2^{2(k+1)} - 1000$，所以 $f(n) < g(n)$ 對所有 $n \geq 6$。因此令定義 5.23 的 $k=6$ 及 $m=1$，我們發現對 $n \geq k$，$|f(n)| \leq m|g(n)|$ 且 $f \in O(g)$。

5. 欲證明 $f \in O(g)$，令定義 5.23 的 $k=1$ 及 $m=4$，則對所有 $n \geq k$，$|f(n)| = n^2 + n \leq n^2 + n^2 = 2n^2 \leq 2n^3 = 4((1/2)n^3) = 4|g(n)|$，且 f 被 g 優控。欲證明 $g \notin O(f)$，我們得例題 5.66 的概念，即

$$\forall m \in \mathbf{R}^+ \ \forall k \in \mathbf{Z}^+ \ \exists n \in \mathbf{Z}^+ \ [(n \geq k) \wedge (|g(n)| > m|f(n)|)].$$

所以，不管 m 和 k 的值為何，選 $n > \max\{4m, k\}$，則 $|g(n)| = \left(\frac{1}{2}\right)n^3 > \left(\frac{1}{2}\right)(4m)n^2 = m(2n^2) \geq m(n^2 + n) = m|f(n)|$，所以 $g \notin O(f)$。另外，若 $g \in O(f)$，則 $\exists m \in \mathbf{R}^+ \exists k \in \mathbf{Z}^+ \forall n \in \mathbf{Z}^+ |\left(\frac{1}{2}\right)n^3| \leq m|n^2 + n|$，或 $\left(\frac{1}{2}\right)n^2 \leq m(n+1)$。則 $\frac{n^2}{2(n+1)} \leq m \Rightarrow 0 < \frac{n^2}{4n} < \frac{n^2}{2(n+1)} \leq m \Rightarrow \frac{n}{4} \leq m$，是一個矛盾，因為 n 是變數且 m 是常數。

7. 對所有 $n \geq 1$，$\log_2 n \leq n$，所以令定義 5.23 的 $k=1$ 及 $m=1$，我們有 $|g(n)| = \log_2 n \leq n = m \cdot n = m|f(n)|$。因此，$g \in O(f)$。欲證明 $f \notin O(g)$，我們首先觀察 $\lim_{n \to \infty} \frac{n}{\log_2 n} = +\infty$。(使用微積分的 L'Hospital 規則可得) 因為 $\lim_{n \to \infty} \frac{n}{\log_2 n} = +\infty$，我們發現對每個 $m \in \mathbf{R}^+$ 及 $k \in \mathbf{Z}^+$，存在 $n \in \mathbf{Z}^+$ 使得 $\frac{n}{\log_2 n} > m$，或 $|f(n)| = n > m \log_2 n = m|g(n)|$，因此，$f \notin O(g)$。

9. 因為 $f \in O(g)$，存在 $m \in \mathbf{R}^+$，$k \in \mathbf{Z}^+$ 滿足 $|f(n)| \leq m|g(n)|$ 對所有 $n \geq k$。但則 $|f(n)| \leq [m/|c|]|cg(n)|$ 對所有 $n \geq k$，所以 $f \in O(cg)$。

11. a) 對所有 $n \geq 1$，$f(n) = 5n^2 + 3n > n^2 = g(n)$。所以，以 $M=1$ 及 $k=1$，我們有 $|f(n)| \geq M|g(n)|$，對所有 $n \geq k$ 且得 $f \in \Omega(g)$。

c) 對所有 $n \geq 1$，$f(n) = 5n^2 + 3n > n = h(n)$。以 $M=1$ 及 $k=1$，我們有 $|f(n)| \geq M|h(n)|$，對所有 $n \geq k$ 且所以 $f \in \Omega(h)$。

d) 假設 $h \in \Omega(f)$。若如此，存在 $m \in \mathbf{R}^+$ 且 $k \in \mathbf{Z}^+$ 滿足 $n = |h(n)| \geq M|f(n)| = M(5n^2 + 3n)$ 對所有 $n \geq k$。則 $0 < M \leq n/(5n^2 + 3n) = 1/(5n+3)$。但當 n (變數) 變大時，$1/(5n+3)$ 趨近 0，M 如何可為一正常數呢？由這個矛盾，得 $h \notin \Omega(f)$。

13. a) 對 $n \geq 1$，$f(n) = \sum_{i=1}^{n} i = n(n+1)/2 = (n^2/2) + (n/2) > (n^2/2)$。以 $k=1$ 及 $M=1/2$，我們有 $|f(n)| \geq M|n^2|$ 對所有 $n \geq k$。因此，$f \in \Omega(n^2)$。

b) $\sum_{i=1}^{n} i^2 = 1^2 + 2^2 + \cdots + n^2 > \lceil n/2 \rceil^2 + \cdots + n^2 > \lceil n/2 \rceil^2 + \cdots + \lceil n/2 \rceil^2 = \lceil (n+1)/2 \rceil \lceil n/2 \rceil^2 > n^3/8$。以 $k=1$ 及 $M=1/8$，我們有 $|g(n)| \geq M|n^3|$ 對所有 $n \geq k$。因此，$g \in \Omega(n^3)$。

另外對 $n \geq 1$，$g(n) = \sum_{i=1}^{n} i^2 = n(n+1)(2n+1)/6 = (2n^3 + 3n^2 + n)/6 > n^3/6$。以 $k=1$ 及 $M=1/6$，我們發現 $|g(n)| \geq M|n^3|$ 對所有 $n \geq k$，所以 $g \in \Omega(n^3)$。

c) $\sum_{i=1}^{n} i^t = 1^t + 2^t + \cdots + n^t > \lceil n/2 \rceil^t + \cdots + n^t > \lceil n/2 \rceil^t + \cdots + \lceil n/2 \rceil^t = \lceil (n+1)/2 \rceil \lceil n/2 \rceil^t > (n/2)^{t+1}$。以 $k=1$ 及 $M=(1/2)^{t+1}$，我們有 $|h(n)| \geq M|n^{t+1}|$ 對所有 $n \geq k$。因此 $h \in \Omega(n^{t+1})$。

15. 證明：$f \in \Theta(g) \Rightarrow f \in \Omega(g)$ 且 $f \in O(g)$ (由本節的習題 14) $\Rightarrow g \in O(f)$ 及 $g \in \Omega(f)$ (由本節習題 12) $\Rightarrow g \in \Theta(f)$。

> 5.8 節

1. a) $f \in O(n^2)$ **b)** $f \in O(n^3)$ **c)** $f \in O(n^2)$ **d)** $f \in O(\log_2 n)$ **e)** $f \in O(\log_2 n)$

5. a) 這裡有 5 個加法及 10 個乘法。

b) 一般情形有 n 個加法及 $2n$ 個乘法。

7. 對 $n=1$，我們發現 $a_1 = 0 = \lfloor 0 \rfloor = \lfloor \log_2 1 \rfloor$，所以第一個情形，結果為真。現在假設對所有 $n=1, 2, 3, \cdots, k$，其中 $k \geq 1$，結果為真，且考慮 $n=k+1$ 的情形。

(i) $n = k+1 = 2^m$，其中 $m \in \mathbf{Z}^+$：這裡 $a_n = 1 + a_{\lfloor n/2 \rfloor} = 1 + a_{2^{m-1}} = 1 + \lfloor \log_2 2^{m-1} \rfloor = 1 + (m-1) = m = \lfloor \log_2 2^m \rfloor = \lfloor \log_2 n \rfloor$；且

(ii) $n = k+1 = 2^m + r$，其中 $m \in \mathbf{Z}^+$ 且 $0 < r < 2^m$：這裡 $2^m < n < 2^{m+1}$，所以我們有
(1) $2^{m-1} < (n/2) < 2^m$；
(2) $2^{m-1} = \lfloor 2^{m-1} \rfloor \leq \lfloor n/2 \rfloor < \lfloor 2^m \rfloor = 2^m$；且
(3) $m-1 = \log_2 2^{m-1} \leq \log_2 \lfloor n/2 \rfloor < \log_2 2^m = m$。

因此 $\lfloor \log_2 \lfloor n/2 \rfloor \rfloor = m-1$ 且 $a_n = 1 + a_{\lfloor n/2 \rfloor} = 1 + \lfloor \log_2 \lfloor n/2 \rfloor \rfloor = 1 + (m-1) = m = \lfloor \log_2 n \rfloor$。由數學歸納法原理替代型，得 $a_n = \lfloor \log_2 n \rfloor$ 對所有 $n \in \mathbf{Z}^+$。

9. $(5/8)n + (3/8)$

11. a)
```
procedure LocateRepeat(n:正整數;
    a₁,a₂,a₃,...,aₙ:整數)
begin
    location := 0
    i := 2
```

```
       while j ≤ n and location = 0 do
         begin
           j := 1
           while j < i and location = 0 do
             if a_j = a_i then location := i
             else j := j + 1
           i := i + 1
         end
```
end {location 是重複一個前面陣列元素的第一個陣列元素之下標；若陣列含有 n 個相異整數，則 location 是 0。}

b) $O(n^2)$

補充習題

1. a) 若不是 A 就是 B 是 $\emptyset$，則 $A \times B = \emptyset = A \cap B$ 且結果為真。對 A，B 非空，我們發現

$(x, y) \in (A \times B) \cap (B \times A) \Rightarrow (x, y) \in A \times B$ 且 $(x, y) \in B \times A \Rightarrow (x \in A$ 且 $y \in B)$ 且 $(x \in B$ 且 $y \in A) \Rightarrow x \in A \cap B$ 且 $y \in A \cap B \Rightarrow (x, y) \in (A \cap B) \times (A \cap B)$；且

$(x, y) \in (A \cap B) \times (A \cap B) \Rightarrow (x \in A$ 且 $x \in B)$ 且 $(y \in A$ 且 $y \in B) \Rightarrow (x, y) \in A \times B$ 且 $(x, y) \in B \times A \Rightarrow (x, y) \in (A \times B) \cap (B \times A)$。

因此，$(A \times B) \cap (B \times A) = (A \cap B) \times (A \cap B)$。

b) 若不是 A 就是 B 是 $\emptyset$，則 $A \times B = \emptyset = B \times A$ 且結果為真。若否，令 $(x, y) \in (A \times B) \cup (B \times A)$，則 $(x, y) \in (A \times B) \cup (B \times A) \Rightarrow (x, y) \in A \times B$ 或 $(x, y) \in (B \times A) \Rightarrow (x \in A$ 且 $y \in b)$ 或 $(x \in B$ 且 $y \in A) \Rightarrow (x \in A$ 或 $x \in B)$ 且 $(y \in A$ 或 $y \in B) \Rightarrow x, y \in A \cup B \Rightarrow (x, y) \in (A \cup B) \times (A \cup B)$。

3. a) $f(1) = f(1 \cdot 1) = 1 \cdot f(1) + 1 \cdot f(1)$，所以 $f(1) = 0$ **b)** $f(0) = 0$

c) 證明 (利用數學歸納法)：當 $a = 0$，結果為真，所以考慮 $a \neq 0$。對 $n = 1$, $f(a^n) = f(a) = 1 \cdot a^0 \cdot f(a) = na^{n-1}f(a)$，所以在第一個情形結果成立，且這建立我們的基底步驟。假設對 $n = k$ (≥ 1) 結果為真，亦即 $f(a^k) = ka^{k-1}f(a)$。對 $n = k+1$ 我們有 $f(a^{k+1}) = f(a \cdot a^k) = af(a^k) + a^k f(a) = aka^{k-1}f(a) + a^k f(a) = ka^k f(a) + a^k f(a) = (k+1)a^k f(a)$。因此，由 $n = k$ 時結果的真值，得到 $n = k+1$ 時結果為真。所以由數學歸納法原理，結果為真對所有 $n \in \mathbf{Z}^+$。

5. $(x, y) \in (A \cap B) \times (C \cap D) \Leftrightarrow x \in A \cap B$，$y \in C \cap D \Leftrightarrow (x \in A$，$y \in C)$ 且 $(x \in B$，$y \in D) \Leftrightarrow (x, y) \in A \times C$ 且 $(x, y) \in B \times D \Leftrightarrow (x, y) \in (A \times C) \cap (B \times D)$

7. $x = 1/\sqrt{2}$ 且 $x = \sqrt{3/2}$

9. a) 猜想：對 $n \in \mathbf{Z}^+$，$f^n(x) = a^n(x+b) - b$。證明 (利用數學歸納法)：公式對 $n = 1$ 為真，由 $f(x)$ 的定義。因此，我們有了我們的基底步驟。假

設公式對 $n=k\,(\geq 1)$ 為真，亦即 $f^k(x)=a^k(x+b)-b$。現在考慮 $n=k+1$。我們發現 $f^{k+1}(x)=f(f^k(x))=f(a^k(x+b)-b)=a[(a^k(x+b)-b)+b]-b=a^{k+1}(x+b)-b$。因為公式在 $n=k$ 為真蘊涵公式在 $n=k+1$ 為真，所以由數學歸納法原理，公式成立對所有 $n\in\mathbf{Z}^+$。

11. a) $(7!)/[2(7^5)]$

13. 對 $1\leq i\leq 10$，令 x_i 為第 i 天所打的信件數。則 $x_1+x_2+x_3+\cdots+x_8+x_9+x_{10}=84$ 或 $x_3+\cdots+x_8=54$。假設 $x_1+x_2+x_3<25$，$x_2+x_3+x_4<25$，$\cdots$，$x_8+x_9+x_{10}<25$。則 $x_1+2x_2+3(x_3+\cdots+x_8)+2x_9+x_{10}<8(25)=200$ 或 $3(x_3+\cdots+x_8)<160$。因此，我們得到矛盾 $54=x_3+\cdots+x_8<\frac{160}{3}=53\frac{1}{3}$。

15. 因為 $\prod_{k=1}^{n}(k-i_k)$ 欲為奇數，則 $(k-i_k)$ 必為奇數對所有 $1\leq k\leq n$；亦即，k 和 i_k 中有一個必為偶數且另一個為奇數。因為 n 為奇數，$n=2m+1$，且表目錄 $1, 2,\cdots,n$ 裡有 m 個偶數及 $m+1$ 個奇數，令 $1, 3, 5,\cdots,n$ 為鴿子且 $i_1, i_3, i_5,\cdots,i_n$ 為鴿洞。至多 m 個鴿洞可為偶數，所以 $(k-i_k)$ 必為偶數對至少一個 $k=1, 3, 5,\cdots,n$。因此，$\prod_{k=1}^{n}(k-i_k)$ 為偶數。

17. 令 n 個相異物體為 $x_1, x_2,\cdots,x_n$，將 x_n 擺在一個容器內。現在有兩個相異容器，對 $x_1, x_2,\cdots,x_{n-1}$ 中的每一個，有兩種選擇，且這給 2^{n-1} 種分配。這些分配中有一個是 $x_1, x_2,\cdots,x_{n-1}$ 位在含 x_n 的容器內，所以我們將這個分配移走且發現 $S(n, 2)=2^{n-1}-1$。

19. a) 和 **b)** $m!\,S(n, m)$

21. 固定 $m=1$，對 $n=1$，結果為真。假設 $f\circ f^k=f^k\circ f$ 並考慮 $f\circ f^{k+1}\circ f$。$f^{k+1}=f\circ(f\circ f^k)=f\circ(f^k\circ f)=(f\circ f^k)\circ f=f^{k+1}\circ f$。因此 $f\circ f^n=f^n\circ f$ 對所有 $n\in\mathbf{Z}^+$。現在假設對某些 $t\geq 1$，$f^t\circ f^n=f^n\circ f^t$。則 $f^{t+1}\circ f^n=(f\circ f^t)\circ f^n=f\circ(f^t\circ f^n)=f\circ(f^n\circ f^t)=(f\circ f^n)\circ f^t=(f^n\circ f)\circ f^t=f^n\circ(f\circ f^t)=f^n\circ f^{t+1}$，所以 $f^m\circ f^n=f^n\circ f^m$ 對所有 $m, n\in\mathbf{Z}^+$。

23. 證明：令 $a\in A$。則 $f(a)=g(f(f(a)))=f(g(f(f(f(a)))))=f(g\circ f^3(a))$。由 $f(a)=g(f(f(a)))$ 我們有 $f^2(a)=(f\circ f)(a)=f(g(f(f(a))))$。所以 $f(a)=f(g\circ f^3(a))=f(g(f(f(f(a)))))=f^2(f(a))=f^2(g(f^2(a)))=f(f(g(f(f(a)))))=f(g(f(a)))=g(a)$。因此，$f=g$。

25. a) 注意 $2=2^1$，$16=2^4$，$128=2^7$，$1024=2^{10}$，$8192=2^{13}$，且 $65536=2^{16}$。考慮 2 上的所有指數。若由 $\{1, 4, 7, 10, 13, 16\}$ 選出四個數，則至少有一對數的和為 17。因此，若由 S 選出四個數，則有兩個數的乘積為 $2^{17}=131072$。

b) 令 $a, b, c, d, n\in\mathbf{Z}^+$。令 $S=\{b^a, b^{a+d}, b^{a+2d},\cdots,b^{a+nd}\}$。若由 S 中選出 $\lceil\frac{n}{2}\rceil+1$ 個數，則這些數中至少有兩個的積是 b^{2a+nd}。

27. $f \circ g = \{(x, z), (y, y), (z, x)\}$; $g \circ f = \{(x, x), (y, z), (z, y)\}$; $f^{-1} = \{(x, z), (y, x), (z, y)\}$; $g^{-1} = \{(x, y), (y, x), (z, z)\}$; $(g \circ f)^{-1} = \{(x, x), (y, z), (z, y)\} = f^{-1} \circ g^{-1}$; $g^{-1} \circ f^{-1} = \{(x, z), (y, y), (z, x)\}$.

29. $2^3 \cdot 2^2 \cdot 3^5 = 7776$ 函數

31. a) $(\pi \circ \sigma)(x) = (\sigma \circ \pi)(x) = x$ **b)** $\pi^n(x) = x - n$; $\sigma^n(x) = x + n$ $(n \geq 2)$
    c) $\pi^{-n}(x) = x + n$; $\sigma^{-n}(x) = x - n$ $(n \geq 2)$

33. a) $S(8, 4)$ **b)** $S(n, m)$

35. a) 令 $m=1$ 及 $k=1$，則對所有 $n \geq k$，$|f(n)| \leq 2 < 3 \leq |g(n)| = m|g(n)|$，所以 $f \in O(g)$。

37. 首先注意若 $\log_a n = r$，則 $n = a^r$ 且 $\log_b n = \log_b(a^r) = r \log_b a = (\log_b a)(\log_a n)$。現在令 $m = (\log_b a)$ 且 $k = 1$，則對所有 $n \geq k$，$|g(n)| = \log_b n = (\log_b a)(\log_a n) = m|f(n)|$，所以 $g \in O(f)$。最後，以 $m = (\log_b a)^{-1} = \log_a b$ 且 $k = 1$，我們發現對所有 $n \geq k$，$|f(n)| = \log_a n = (\log_a b)(\log_b n) = m|g(n)|$。因此，$f \in O(g)$。

第 6 章
語言：有限狀態機器

6.1 節

1. a) 25; 125   **b)** 3906   **3.** 12   **5.** 780

7. a) $\{00, 11, 000, 111, 0000, 1111\}$ **b)** $\{0, 1\}$
    c) $\Sigma^* - \{\lambda, 00, 11, 000, 111, 0000, 1111\}$ **d)** $\{0, 1, 00, 11\}$
    e) Σ^* **f)** $\Sigma^* - \{0, 1, 00, 11\} = \{\lambda, 01, 10\} \cup \{w \mid \|w\| \geq 3\}$

9. a) $x \in AC \Rightarrow x = ac$，對某些 $a \in A$，$c \in C \Rightarrow x \in BD$，$A \subseteq B$，$C \subseteq D$。
    b) 若 $A\emptyset \neq \emptyset$，令 $x \in A\emptyset$。$x \in A\emptyset \Rightarrow x = yz$，對某些 $y \in A$，$z \in \emptyset$。但 $z \in \emptyset$ 是不可能。因此，$A\emptyset = \emptyset$。[同理，$\emptyset A = \emptyset$]

11. 對任一字母集 Σ，令 $B \subseteq \Sigma$。則，若 $A = B^*$，由定理 6.2(f) 得 $A^* = (B^*)^* = B^* = A$。

13. a) 這裡 A^* 由所有偶長度的串 x 所組成，其中若 $x \neq \lambda$，則 x 以 0 開始且以 1 結尾，且符號 (0 和 1) 交錯。
    b) 此時 A^* 僅含那些由 $3n$ 個 0 所組成的串，其中 $n \in \mathbf{N}$。
    c) 串 $x \in A^*$ 若 (且唯若)
      (i) x 是一個有 n 個 0 的串，其中 $n \in \mathbf{N}$；或
      (ii) x 是一個以 0 開始且以 0 結尾的串，且在任兩個 1 之間至少有一個 1 及至少有兩個 0。

15. 令 Σ 為一字母集且 $\emptyset \neq A \subseteq \Sigma^*$。若 $|A| = 1$ 且 $x \in A$，則 $xx = x$，因為

$A^2=A$。但 $\|xx\|=2\|x\|=\|x\| \Rightarrow \|x\|=0 \Rightarrow x=\lambda$。若 $|A|>1$ 令 $x \in A$，其中 $\|x\|>0$，但 $\|x\|$ 是最小值。則 $x \in A^2 \Rightarrow x=yz$，對 $y,z \in A$。因為 $\|x\|=\|y\|+\|z\|$，若 $\|y\|,\|z\|>0$，則 y,z 中的一個在 A 裡且長度小於 $\|x\|$。因此，$\|y\|$ 或 $\|z\|$ 中的一個是 0，所以 $\lambda \in A$。

17. 若 $A=A^2$，則由數學歸納法原理得 $A=A^n$ 對所有 $n \in \mathbf{Z}^+$。因此，$A=A^+$。由習題 15，$A=A^2 \Rightarrow \lambda \in A$。因此，$A=A^*$。

19. 由定義 6.11，$AB=\{ab|a \in A, b \in B\}$，且因為有可能有 $a_1b_2=a_2b_2$，其中 $a_1, a_2 \in A, a_1 \neq a_2$，且 $b_1, b_2 \in B, b_1 \neq b_2$，得 $|AB| \leq |A \times B|=|A||B|$。

21. a) 字 001 和 011 的長度為 3 且均在 A 裡。字 00011 和 00111 的長度為 5 且亦均在 A 裡。

b) 由步驟 (1)，我們知道 $1 \in A$。則利用步驟 (2) 三次，得
   (i) $1 \in A \Rightarrow 011 \in A$；
   (ii) $011 \in A \Rightarrow 00111 \in A$；且
   (iii) $00111 \in A \Rightarrow 0001111 \in A$。

c) 若 00001111 在 A 裡，則由步驟 (2)，我們看到這個字必由 000111 (在 A 裡) 產生。同樣的，000111 在 A 裡 $\Rightarrow$ 0011 在 A 裡 $\Rightarrow$ 01 在 A 裡。然而，沒有長度為 2 的字在 A 裡；事實上，沒有偶長度的字在 A 裡。

23. a) 步驟　　　　　　　理由
   1) ( ) 在 A 裡　　　遞迴定義的 (1)
   2) (( )) 在 A 裡　　步驟 (1) 及定義的 (2-ii)
   3) (( )) ( ) 在 A 裡　步驟 (1) 和 (2) 及定義 (2-i)

b) 步驟　　　　　　　理由
   1) ( ) 在 A 裡　　　遞迴定義的 (1)
   2) (( )) 在 A 裡　　步驟 (1) 及定義的 (2-ii)
   3) (( )) ( ) 在 A 裡　步驟 (1) 和 (2) 及定義 (2-i)
   4) (( )) ( ) ( ) 在 A 裡　步驟 (1) 和 (3) 及定義的 (2-i)

25. 長度 3：$\binom{3}{0}+\binom{2}{1}=3$　長度 4：$\binom{4}{0}+\binom{3}{1}+\binom{2}{2}=5$
長度 5：$\binom{5}{0}+\binom{4}{1}+\binom{3}{2}=8$　長度 6：$\binom{6}{0}+\binom{5}{1}+\binom{4}{2}+\binom{3}{3}=13$ [這裡被加數 $\binom{6}{0}$ 計數沒有 0 的所有串；被加數 $\binom{5}{1}$ 計數符號 1, 1, 1, 1, 00 之安排的所有串；被加數 $\binom{4}{2}$ 是對 1, 1, 00, 00 的安排，且被加數 $\binom{3}{3}$ 計數 00, 00, 00 的安排。]

27. A: (1) $\lambda \in A$
   (2) 若 $a \in A$，則 $0a0, 0a1, 1a0, 1a1 \in A$。
   B: (1) $0, 1 \in B$

(2) 若 $a \in B$，則 $0a0$，$0a1$，$1a0$，$1a1 \in B$。

6.2 節

1. a) 0010101; s_1 **b)** 0000000; s_1 **c)** 001000000; s_0

3. a) 010110 **b)**

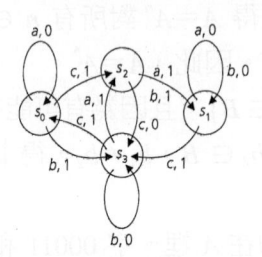

5. a) 010000; s_2 **b)** (s_1) 100000; s_2
(s_2) 000000; s_2
(s_3) 110010; s_2

c)

	v		ω	
	0	1	0	1
s_0	s_0	s_1	0	0
s_1	s_1	s_2	1	1
s_2	s_2	s_2	0	0
s_3	s_0	s_3	0	1
s_4	s_2	s_3	0	1

d) s_1 **e)** $x = 101$ (唯一)

7. a) (i) 15 (ii) 3^{15} (iii) 2^{15} **b)** 6^{15}

9. a)

	v		ω	
	0	1	0	1
s_0	s_4	s_1	0	0
s_1	s_3	s_2	0	0
s_2	s_3	s_2	0	1
s_3	s_3	s_3	0	0
s_4	s_5	s_3	0	0
s_5	s_5	s_3	1	0

b) 僅有兩種可能：$x = 1111$ 或 $x = 0000$

c) $A = \{111\}\{1\}^* \cup \{000\}\{0\}^*$

d) 這裡 $A = \{11111\}\{1\}^* \cup \{00000\}\{0\}^*$

6.3 節

1. a)

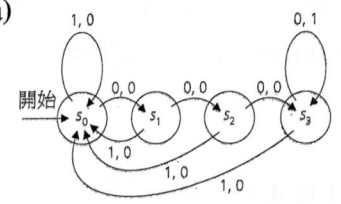

b)

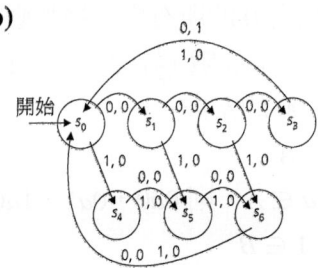

3.

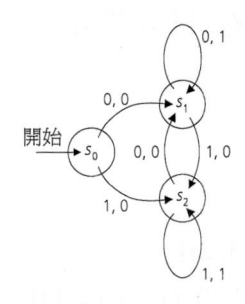

```
                    0,1
                   ┌──┐
              0,0  ↓  │
           ┌──→ (s₁)──┘
           │    ↑ ↓
開始        │ 0,0│ │1,0
  →(s₀)────┤    │ │
           │    ↓ │
           └──→(s₂)──┐
              1,0 ↑  │
                  └──┘
                   1,1
```

5. b) (i) 011   (ii) 0101   (iii) 00001

c) 機器輸出一個 0，後接 n 個符號的輸入串 x 的前 $n-1$ 個符號。因此，機器是一個單位延遲。

d) 這個機器執行和圖 6.13 之機器 (但僅有兩個狀態) 相同工作。

7. a) 暫現狀態是 s_0，s_1。狀態 s_4 是一個匯點狀態。$\{s_1, s_2, s_3, s_4, s_5\}$，$\{s_4\}$ 和 $\{s_2, s_3, s_5\}$ (及在已知函數 v 上的對應限制) 構成子機器。強連通子機器是 $\{s_4\}$ 和 $\{s_2, s_3, s_5\}$。

b) 狀態 s_2，s_3 是暫現狀態的。唯一的匯點狀態是 s_4。集合$\{s_0, s_1, s_3, s_4\}$ 提供一個子機器的所有狀態；$\{s_0, s_1\}$ 和 $\{s_4\}$ 提供強連通子機器。

補充習題

1. a) 真   **b)** 假   **c)** 真   **d)** 真   **e)** 真   **f)** 真

3. 令 $x \in \Sigma$ 且 $A=\{x\}$。則 $A^2=\{xx\}$ 所以 $(A^2)^*=\{\lambda, x^2, x^4, \cdots\}$。$A^*=\{\lambda, x, x^2, x^3, \cdots\}$ 且 $(A^*)^2=A^*$，所以 $(A^2)^* \neq (A^*)^2$。

5. $\mathcal{O}_{02}=\{1, 00\}^*\{0\}$ $\mathcal{O}_{22}=\{0\}\{1, 00\}^*\{0\}$ $\mathcal{O}_{11}=\emptyset$
$\mathcal{O}_{00}=\{1, 00\}^*-\{\lambda\}$ $\mathcal{O}_{10}=\{1\}\{1, 00\}^* \cup \{10\}\{1, 00\}^*$

7. a) 由鴿洞原理，存在一個第一個狀態 s，其被遇到兩次。令 y 為輸出串，其係因 s 為第一次遇到而得，直到我們第二次到達這個狀態。則由該點輸出是 yyy ……

b) n **c)** n

9.

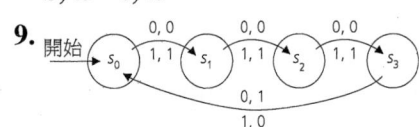

```
         0,0      0,0      0,0
        ┌──┐    ┌──┐    ┌──┐
開始     ↓  │    ↓  │    ↓  │
  →(s₀)──→(s₁)──→(s₂)──→(s₃)
      1,1    1,1    1,1
        ←──────────────
              0,1
              1,0
```

11. a)

	v		ω	
	0	1	0	1
(s_0, s_3)	(s_0, s_4)	(s_1, s_3)	1	1
(s_0, s_4)	(s_0, s_3)	(s_1, s_4)	0	1
(s_1, s_3)	(s_1, s_3)	(s_2, s_3)	1	1
(s_1, s_4)	(s_1, s_4)	(s_2, s_4)	1	1
(s_2, s_3)	(s_2, s_3)	(s_0, s_4)	1	1
(s_2, s_4)	(s_2, s_4)	(s_0, s_3)	1	0

b) $\omega((s_0, s_3), 1101) = 1111$; M_1 是在狀態 s_0，且 M_2 是在狀態 s_4。

第 7 章
關係：第二回

7.1 節

1. a) $\{(1, 1), (2, 2), (3, 3), (4, 4), (1, 2), (2, 1), (2, 3), (3, 2)\}$
b) $\{(1, 1), (2, 2), (3, 3), (4, 4), (1, 2)\}$ **c)** $\{(1, 1), (2, 2), (1, 2), (2, 1)\}$

3. a) 令 $f_1, f_2, f_3 \in \mathcal{F}$ 且 $f_1(n) = n+1$，$f_2(n) = 5n$，及 $f_3(n) = 4n + 1/n$。
b) 令 $g_1, g_2, g_3 \in \mathcal{F}$ 且 $g_1(n) = 3$，$g_2(n) = 1/n$，及 $g_3(n) = \sin n$。

5. a) 反身的，反對稱的，遞移的 **b)** 遞移的
c) 反身的，對稱的，遞移的 **d)** 反對稱 **e)** 對稱的
f) 反身的，對稱的，遞移的 **g)** 反身的，對稱的 **h)** 反身的，遞移的

7. a) 對所有 $x \in A$，$(x, x) \in \mathcal{R}_1, \mathcal{R}_2$，所以 $(x, x) \in \mathcal{R}_1 \cap \mathcal{R}_2$ 且 $\mathcal{R}_1 \cap \mathcal{R}_2$ 是反身的。
b) (i) $(x, y) \in \mathcal{R}_1 \cap \mathcal{R}_2 \Rightarrow (x, y) \in \mathcal{R}_1, \mathcal{R}_2 \Rightarrow (y, x) \in \mathcal{R}_1, \mathcal{R}_2 \Rightarrow (y, x) \in \mathcal{R}_1 \cap \mathcal{R}_2$ 且 $\mathcal{R}_1 \cap \mathcal{R}_2$ 是對稱的。
(ii) $(x, y), (y, x) \in \mathcal{R}_1 \cap \mathcal{R}_2 \Rightarrow (x, y), (y, x) \in \mathcal{R}_1, \mathcal{R}_2$。$\mathcal{R}_1$ 的反對稱性 (或 $\mathcal{R}_2$)，$x = y$ 且 $\mathcal{R}_1 \cap \mathcal{R}_2$ 是反對稱性。
(iii) $(x, y), (y, z) \in \mathcal{R}_1 \cap \mathcal{R}_2 \Rightarrow (x, y), (y, z) \in \mathcal{R}_1, \mathcal{R}_2 \Rightarrow (x, z) \in \mathcal{R}_1, \mathcal{R}_2$ (遞移性質) $\Rightarrow (x, z) \in \mathcal{R}_1 \cap \mathcal{R}_2$，所以 $\mathcal{R}_1 \cap \mathcal{R}_2$ 是遞移的。

9. a) 假：令 $A\{1, 2\}$ 且 $\mathcal{R} = \{(1, 2), (2, 1)\}$。
b) (i) 反身的：真
(ii) 對稱的：假。令 $A = \{1, 2\}$，$\mathcal{R}_1 = \{(1, 1)\}$，且 $\mathcal{R}_2 = \{(1, 1), (1, 2)\}$。
(iii) 反對稱的且遞移的：假。令 $A = \{1, 2\}$，$\mathcal{R}_1 = \{(1, 2)\}$，且 $\mathcal{R}_2 = \{(1, 2), (2, 1)\}$。
d) 真。

11. a) $\binom{2+2-1}{2}\binom{2+2-1}{2} = \binom{3}{2}\binom{3}{2} = 9$ **b)** 18 **c)** $\binom{4+2-1}{2}\binom{2+2-1}{2} = \binom{5}{2}\binom{3}{2} = 30$
d) 60 **e)** 81 **f)** 972

13. 可存在一個元素 $a \in A$ 滿足對所有 $b \in A$，不是 (a, b) 或不是 (b, a) 在 $\mathcal{R}$ 裡。

15. $r - n$ 計數 $\mathcal{R}$ 上形如 (a, b)，$a \neq b$，的元素。因為 $\mathcal{R}$ 是對稱的，$r - n$ 是偶數。

17. a) $\binom{7}{4}\binom{21}{0} + \binom{7}{2}\binom{21}{1} + \binom{7}{0}\binom{21}{2}$ **b)** $\binom{7}{5}\binom{21}{0} + \binom{7}{3}\binom{21}{1} + \binom{7}{1}\binom{21}{2}$
d) $\binom{7}{6}\binom{21}{1} + \binom{7}{4}\binom{21}{2} + \binom{7}{2}\binom{21}{3} + \binom{7}{0}\binom{21}{4}$

解　答　S-55

7.2 節

1. $\mathcal{R} \circ \mathcal{S} = \{(1, 3), (1, 4)\}$; $\mathcal{S} \circ \mathcal{R} = \{(1, 2), (1, 3), (1, 4), (2, 4)\}$;
$\mathcal{R}^2 = \mathcal{R}^3 = \{(1, 4), (2, 4), (4, 4)\}$; $\mathcal{S}^2 = \mathcal{S}^3 = \{(1, 1), (1, 2), (1, 3), (1, 4)\}$

3. $(a, d) \in (\mathcal{R}_1 \circ \mathcal{R}_2) \circ \mathcal{R}_3 \Rightarrow (a, c) \in \mathcal{R}_1 \circ \mathcal{R}_2, (c, d) \in \mathcal{R}_3$ 對某些 $c \in C \Rightarrow (a, b) \in \mathcal{R}_1, (b, c) \in \mathcal{R}_2, (c, d) \in \mathcal{R}$ 對某些 $b \in B, c \in C \Rightarrow (a, b) \in \mathcal{R}_1, (b, d) \in \mathcal{R}_2 \circ \mathcal{R}_3 \Rightarrow (a, d) \in \mathcal{R}_1 \circ (\mathcal{R}_2 \circ \mathcal{R}_3)$，且 $(\mathcal{R}_1 \circ \mathcal{R}_2) \circ \mathcal{R}_3 \subseteq \mathcal{R}_1 \circ (\mathcal{R}_2 \circ \mathcal{R}_3)$

5. $\mathcal{R}_1 \circ (\mathcal{R}_2 \cap \mathcal{R}_3) = \mathcal{R}_1 \circ \{(m, 3), (m, 4)\} = \{(1, 3), (1, 4)\}$
$(\mathcal{R}_1 \circ \mathcal{R}_2) \cap (\mathcal{R}_1 \circ \mathcal{R}_3) = \{(1, 3), (1, 4)\} \cap \{(1, 3), (1, 4)\} = \{(1, 3), (1, 4)\}$

7. 這個由鴿洞原理成立。這裡的鴿洞是介於 0 (含) 和 2^{n^2} (含) 之間的 $2^{n^2} + 1$ 個整數，且鴿洞為 A 上的 2^{n^2} 個關係。

9. 2^{21}

11. 考慮 $M(\mathcal{R}_1 \circ \mathcal{R}_2)$ 的第 i 列及第 j 行元素。若這個元素是一個 1，則存在 $b_k \in B$，其中 $1 \leq k \leq n$ 且 $(a_i, b_k) \in \mathcal{R}_1$，$(b_k, c_j) \in \mathcal{R}_2$。因此，$M(\mathcal{R}_1)$ 的第 i 列及第 k 行的元素是 1，且 $M(\mathcal{R}_2)$ 的第 k 列及第 j 行的元素是 1。所以，乘積 $M(\mathcal{R}_1) \cdot M(\mathcal{R}_2)$ 的第 i 列及第 j 行的元素是 1。

若 $M(\mathcal{R}_1 \circ \mathcal{R}_2)$ 的第 i 列及第 j 行的元素是 0，則對每個 b_k，其中 $1 \leq k \leq n$，不是 $(a_i, b_k) \notin \mathcal{R}_1$，就是 $(b_k, c_j) \notin \mathcal{R}_2$。這意味著在矩陣 $M(\mathcal{R}_1)$，$M(\mathcal{R}_2)$ 裡，若 $M(\mathcal{R}_1)$ 的第 i 列及第 k 行的元素是 1，則 $M(\mathcal{R}_2)$ 的第 k 列及第 j 行是 0。因此，$M(\mathcal{R}_1) \cdot M(\mathcal{R}_2)$ 的第 i 列及第 j 行的元素是 0。

13. d) 令 s_{xy} 為 M 的 (x) 列及 (y) 行的元素，s_{yx} 為出現在 M^{tr} 的第 (x) 列及第 (y) 行。$\mathcal{R}$ 是反對稱的 $\Leftrightarrow (s_{xy} = s_{yx} = 1 \Rightarrow x = y) \Leftrightarrow M \cap M^{tr} \leq I_n$。

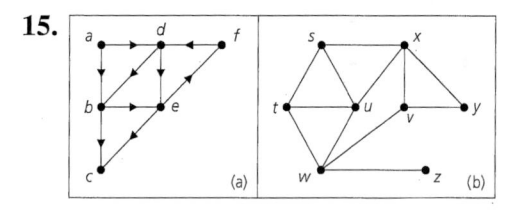

15.

17. (i) $\mathcal{R} = \{(a, b), (b, a), (a, e), (e, a), (b, c), (c, b), (b, d), (d, b), (b, e), (e, b), (d, e), (e, d), (d, f), (f, d)\}$

$$M(\mathcal{R}) = \begin{array}{c c} & \begin{array}{cccccc} (a) & (b) & (c) & (d) & (e) & (f) \end{array} \\ \begin{array}{c} (a) \\ (b) \\ (c) \\ (d) \\ (e) \\ (f) \end{array} & \left[\begin{array}{cccccc} 0 & 1 & 0 & 0 & 1 & 0 \\ 1 & 0 & 1 & 1 & 1 & 0 \\ 0 & 1 & 0 & 0 & 0 & 0 \\ 0 & 1 & 0 & 0 & 1 & 1 \\ 1 & 1 & 0 & 1 & 0 & 0 \\ 0 & 0 & 0 & 1 & 0 & 0 \end{array} \right] \end{array}$$

(ii) 之關係矩陣的列和行被標示為如 (i) 中所標示的。

(ii) $\mathcal{R} = \{(a, b), (b, e), (d, b), (d, c), (e, f)\}$：

$$M(\mathcal{R}) = \begin{bmatrix} 0 & 1 & 0 & 0 & 0 & 0 \\ 0 & 0 & 0 & 0 & 1 & 0 \\ 0 & 0 & 0 & 0 & 0 & 0 \\ 0 & 1 & 1 & 0 & 0 & 0 \\ 0 & 0 & 0 & 0 & 0 & 1 \\ 0 & 0 & 0 & 0 & 0 & 0 \end{bmatrix}$$

19. $\mathcal{R}$, $\mathcal{R}^2$, $\mathcal{R}^3$ 和 $\mathcal{R}^4$

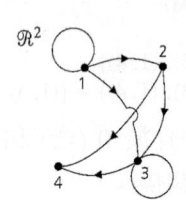

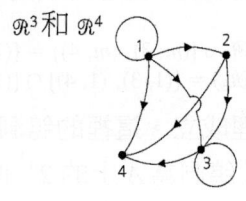

21. **a)** 2^{25} **b)** 2^{15}

23. **a)**
$$\mathcal{R}_1: \begin{bmatrix} 1 & 1 & 0 & 0 & 0 \\ 1 & 1 & 0 & 0 & 0 \\ 0 & 0 & 1 & 1 & 0 \\ 0 & 0 & 1 & 1 & 0 \\ 0 & 0 & 0 & 0 & 1 \end{bmatrix} \qquad \mathcal{R}_2: \begin{bmatrix} 1 & 1 & 1 & 0 & 0 \\ 1 & 1 & 1 & 0 & 0 \\ 1 & 1 & 1 & 0 & 0 \\ 0 & 0 & 0 & 1 & 1 \\ 0 & 0 & 0 & 1 & 1 \end{bmatrix}$$

b) 給一個等價關係 $\mathcal{R}$ 在有限集合 A 上，列出 A 的所有元素使得在分割的相同胞裡 (見 7.4 節) 的元素是相鄰的。所得的矩陣將有均為 1 的正方形方塊沿著對角線 (由左上角至右下角)。

25. (s_1) a := 1
    (s_2) b := 2
    (s_3) a := a + 3
    (s_4) c := b
    (s_5) a := 2 * a − 1
    (s_6) b := a * c
    (s_7) c := 7
    (s_8) d := c + 2

27. $n = 38$

7.3 節

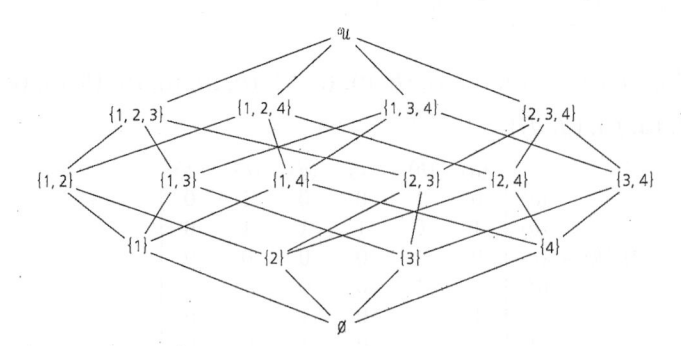

1.

3. 對所有 $a \in A$，$b \in B$，我們有 $a \mathcal{R}_1 a$ 且 $b \mathcal{R}_2 b$，所以 $(a,b) \mathcal{R} (a,b)$ 且 $\mathcal{R}$ 是反身的。$(a,b) \mathcal{R} (c,d)$，$(c,d) \mathcal{R} (a,b) \Rightarrow a \mathcal{R}_1 c$，$c \mathcal{R}_1 a$ 且 $b \mathcal{R}_2 d$，$d \mathcal{R}_2 b \Rightarrow a = c$，$b = d \Rightarrow (a,b) = (c,d)$，所以 $\mathcal{R}$ 是反對稱的。

$(a,b)\,\mathcal{R}\,(c,b)$，$(c,d)\,\mathcal{R}\,(e,f) \Rightarrow a\,\mathcal{R}_1\,c$，$c\,\mathcal{R}_1\,e$ 且 $b\,\mathcal{R}_2\,d$，$d\,\mathcal{R}_2\,f \Rightarrow a\,\mathcal{R}_1\,e$，$b\,\mathcal{R}_2\,f \Rightarrow (a,b)\,\mathcal{R}\,(e,f)$，且這蘊涵 $\mathcal{R}$ 是遞移的。

5. $\emptyset < \{1\} < \{2\} < \{3\} < \{1,2\} < \{1,3\} < \{2,3\} < \{1,2,3\}$ (還有其它可能。)

7. a)

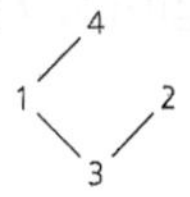

b) $3<2<1<4$ 或 $3<1<2<4$ c) 2

9. 令 x，y 均為最小上界，則 $x\,\mathcal{R}\,y$，因為 y 是上界且 x 是最小上界。同樣的，$y\,\mathcal{R}\,x$。$\mathcal{R}$ 是反對稱的 $\Rightarrow x=y$。(對 glb 的證明是相似的。)

11. 令 $\mathcal{U}=\{1,2\}$，$A=\mathcal{P}(\mathcal{U})$ 且令 $\mathcal{R}$ 為包含關係，則 $(A,\mathcal{R})$ 是一個偏序集但不是全序。令 $B=\{\emptyset,\{1\}\}$，則 $(B\times B)\cap\mathcal{R}$ 是一個全序。

13. $n + \binom{n}{2}$

15. a) A 的 n 個元素被沿著一垂直線排列。因為若 $A=\{a_1, a_2, \cdots, a_n\}$，其中 $a_1\,\mathcal{R}\,a_2\,\mathcal{R}\,a_3\,\mathcal{R}\cdots\mathcal{R}\,a_n$，則圖可被繪製如下：

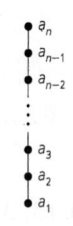

b) $n!$

17.   lub   glb   lub   glb   lub   glb   lub   glb   lub   glb
  a) $\{1,2\}$ $\emptyset$ b) $\{1,2,3\}$ $\emptyset$ c) $\{1,2\}$ $\emptyset$ d) $\{1,2,3\}$ $\{1\}$ e) $\{1,2,3\}$ $\emptyset$

19. 對每個 $a\in\mathbf{Z}$，得 $a\,\mathcal{R}\,a$，因為 $a-a=0$，一個非負偶數。因此，$\mathcal{R}$ 是反射的。若 a，b，$c\in\mathbf{Z}$ 且 $a\,\mathcal{R}\,b$ 及 $b\,\mathcal{R}\,c$，則

$$a-b=2m，對某些 m\in\mathbf{N}$$
$$b-c=2n，對某些 n\in\mathbf{N}$$

且 $a-c=(a-b)+(b-c)=2(m+n)$，其中 $m+n\in\mathbf{N}$。因此，$a\,\mathcal{R}\,c$ 且 $\mathcal{R}$ 是遞移。最後，假設 $a\,\mathcal{R}\,b$ 且 $b\,\mathcal{R}\,a$ 對某些 a，$b\in\mathbf{Z}$，則 $a-b$ 和 $b-a$ 均為非負整數。因為這個僅可發生在 $a-b=b-a=0$，我們發現 $[a\,\mathcal{R}\,b \wedge b\,\mathcal{R}\,a] \Rightarrow a=b$，所以 $\mathcal{R}$ 是反對稱的。

因此，關係 $\mathcal{R}$ 是 $\mathbf{Z}$ 上的一個偏序，但它不是全序。例如，2，3 $\in\mathbf{Z}$ 且我們既沒有 $2\,\mathcal{R}\,3$ 也沒有 $3\,\mathcal{R}\,2$，因為 -1 和 1 分別不是一個非負偶數。

21. b) & c)。這裡的最小元 (且唯一的極小元) 是 $(0,0)$。元素 $(2,2)$ 是最大

元 (且為唯一的極大元)。

d) $(0, 0) \mathcal{R} (0, 1) \mathcal{R} (0, 2) \mathcal{R} (1, 0) \mathcal{R} (1, 1) \mathcal{R} (1, 2) \mathcal{R} (2, 0) \mathcal{R} (2, 1) \mathcal{R} (2, 2)$

23. a) 假。令 $\mathcal{U} = \{1, 2\}$, $A = \mathcal{P}(\mathcal{U})$, 且令 $\mathcal{R}$ 為包含關係，則 $(A, \mathcal{R})$ 是一個格子，其中對所有 $S, T \in A$，$\text{lub}\{S, T\} = S \cup T$ 且 $\text{glb}\{S, T\} = S \cap T$。然而，$\{1\}$ 和 $\{2\}$ 不相關，所以 $(A, \mathcal{R})$ 不是全序。

25. a) a **b)** a **c)** c **d)** e **e)** z **f)** e **g)** v

$(A, \mathcal{R})$ 是一個格子具 z 為最大元 (且為唯一的極大元) 且 a 為最小元 (且為唯一的極小元)。

27. a) 3 **b)** m **c)** 17 **d)** $m+n+2mn$ **e)** 133
  f) $m+n+k+2(mn+mk+nk)+3mnk$ **g)** 1484
  h) $m+n+k+\ell+2(mn+mk+m\ell+nk+n\ell+k\ell)+3(mnk+mn\ell+mk\ell+nk\ell)+4mnk\ell$

29. $429 = \left(\frac{1}{8}\right)\binom{14}{7}$ 所以 $k = 6$，且 $p^6 q$ 有 $2 \cdot 7 = 14$ 個正因數。

7.4節

1. a) 集族 A_1, A_2, A_3 提供 A 的一個分割。
  b) 雖然 $A = A_1 \cup A_2 \cup A_3 \cup A_4$，但 $A_1 \cap A_2 = \emptyset$，所以集族 A_1, A_2, A_3, A_4 無法提供一個分割給 A。

3. $\mathcal{R} = \{(1, 1), (1, 2), (2, 1), (2, 2), (3, 3), (3, 4), (4, 3), (4, 4), (5, 5)\}$

5. $\mathcal{R}$ 不是遞移的，因為 $1 \mathcal{R} 2$ 且 $2 \mathcal{R} 3$，但 $1 \not\mathcal{R} 3$

7. a) 對所有 $(x, y) \in A$，$x+y=x+y \Rightarrow (x, y) \mathcal{R} (x, y)$。$(x_1, y_1) \mathcal{R} (x_2, y_2) \Rightarrow x_1+y_1=x_2+y_2 \Rightarrow x_2+y_2=x_1+y_1 \Rightarrow (x_2, y_2) \mathcal{R} (x_1, y_1)$。$(x_1, y_1) \mathcal{R} (x_2, y_2)$，$(x_2, y_2) \mathcal{R} (x_3, y_3) \Rightarrow x_1+y_1=x_2+y_2$，$x_2+y_2=x_3+y_3$，所以 $x_1+y_1=x_3+y_3$ 且 $(x_1, y_1) \mathcal{R} (x_3, y_3)$。因為 $\mathcal{R}$ 是反身的，對稱的，且遞移的，所以 $\mathcal{R}$ 是一個等價關係。
  b) $[(1, 3)] = \{(1, 3), (2, 2), (3, 1)\}$; $[(2, 4)] = \{(1, 5), (2, 4), (3, 3), (4, 2), (5, 1)\}$; $[(1, 1)] = \{(1, 1)\}$
  c) $A = \{(1, 1)\} \cup \{(1, 2), (2, 1)\} \cup \{(1, 3), (2, 2), (3, 1)\} \cup \{(1, 4), (2, 3), (3, 2), (4, 1)\} \cup \{(1, 5), (2, 4), (3, 3), (4, 2), (5, 1)\} \cup \{(2, 5), (3, 4), (4, 3), (5, 2)\} \cup \{(3, 5), (4, 4), (5, 3)\} \cup \{(4, 5), (5, 4)\} \cup \{(5, 5)\}$

9. a) 對所有 $(a, b) \in A$，我們有 $ab = ab$，所以 $(a, b) \mathcal{R} (a, b)$ 且 $\mathcal{R}$ 是反身的。欲看 $\mathcal{R}$ 是對稱的，假設 $(a, b), (c, d) \in A$ 且 $(a, b) \mathcal{R} (c, d)$，則 $(a, b) \mathcal{R} (c, d) \Rightarrow ad = bc \Rightarrow cb = da \Rightarrow (c, d) \mathcal{R} (a, b)$，所以 $\mathcal{R}$ 是對稱的。最後，令 $(a, d), (c, d), (e, f) \in A$ 具有 $(a, b) \mathcal{R} (c, d)$ 且 $(c, d) \mathcal{R} (e, f)$，則 $(a, b) \mathcal{R} (c, d) \Rightarrow ad = bc$ 及 $(c, d) \mathcal{R} (e, f) \Rightarrow cf = de$，所

以 $adf=bcf=bde$，且因為 $d \neq 0$，我們有 $af=be$。但 $af=be \Rightarrow (a, b) \mathcal{R} (e, f)$，因此 $\mathcal{R}$ 是遞移的。由上得 $\mathcal{R}$ 是 A 上的一個等價關係。

b) $[(2, 14)] = \{(2, 14)\}$　$[(-3, -9)] = \{(-3, -9), (-1, -3), (4, 12)\}$
$[(4, 8)] = \{(-2, -4), (1, 2), (3, 6), (4, 8)\}$

c) 分割裡有 5 個胞，事實上，

$$A = [(-4, -20)] \cup [(-3, -9)] \cup [(-2, -4)] \cup [(-1, -11)] \cup [(2, 14)].$$

11. a) $\binom{1}{2}\binom{6}{3}$　**b)** $4\binom{6}{3}$　**c)** $2\binom{6}{4}$　**d)** $\binom{1}{2}\binom{6}{3} + 4\binom{6}{3} + 2\binom{6}{5} + \binom{6}{6}$　**13.** 300

15. 令 $\{A_i\}_{i \in I}$ 為集合 A 的一個分割。定義 $\mathcal{R}$ 在 A 上為 $x \mathcal{R} y$，若對某些 $i \in I$，我們有 $x, y \in A_i$。對每個 $x \in A$，$x, x \in A_i$ 對某些 $i \in I$，所以 $x \mathcal{R} x$ 且 $\mathcal{R}$ 是反身的。

$x \mathcal{R} y \Rightarrow x, y \in A_i$，對某些 $i \in I \Rightarrow y, x \in A_i$ 對某些 $i \in I \Rightarrow y \mathcal{R} x$，所以 $\mathcal{R}$ 是對稱的。若 $x \mathcal{R} y$ 且 $y \mathcal{R} z$，是 $x, y \in A_i$ 且 $y, z \in A_j$ 對某些 $i, j \in I$。因為 $A_i \cap A_j$ 含 y 且 $\{A_i\}_{i \in I}$ 是一個分割，由 $A_i \cap A_j \neq \emptyset$，得 $A_i = A_j$，所以 $i = j$。因此，$x, z \in A_i$，所以 $x \mathcal{R} z$ 且 $\mathcal{R}$ 是遞移的。

17. 證明：因為 $\{B_1, B_2, B_3, \cdots, B_n\}$ 是 B 的一個分割，我們有 $B = B_1 \cup B_2 \cup B_3 \cup \cdots \cup B_n$，因此，$A = f^{-1}(B) = f^{-1}(B_1 \cup \cdots \cup B_n) = f^{-1}(B_1) \cup \cdots \cup f^{-1}(B_n)$ [由定理 5.10(b) 的一般化]。對 $1 \leq i < j \leq n$，$f^{-1}(B_i) \cap f^{-1}(B_j) = f^{-1}(B_i \cap B_j) = f^{-1}(\emptyset) = \emptyset$。因此，$\{f^{-1}(B_i) | 1 \leq i \leq n, f^{-1}(B_i) \neq \emptyset\}$ 是 A 的一個分割。

注意：例題 7.56(b) 是此結果的一個特殊情形。

> 7.5 節

1. a) s_2 和 s_5 等價　**b)** s_2 和 s_5 等價。
c) s_2 和 s_7 等價; s_3 和 s_4 等價。

3. a) s_1 和 s_7 等價; s_4 和 s_5 等價。
b) (i) 0000
(ii) 0
(iii) 00

	v		ω	
$M:$	0	1	0	1
s_1	s_4	s_1	1	0
s_2	s_1	s_2	1	0
s_3	s_6	s_1	1	0
s_4	s_3	s_4	0	0
s_6	s_2	s_1	1	0

> 補充習題

1. a) 假。令 $A = \{1, 2\}$，$I = \{1, 2\}$，$\mathcal{R}_1 = \{(1, 1)\}$ 且 $\mathcal{R}_2 = \{(2, 2)\}$，則 $\cup_{i \in I} \mathcal{R}_i$ 是反身的，但 $\mathcal{R}_1$ 和 $\mathcal{R}_2$ 均不是反身的。反之，然而，若 $\mathcal{R}_i$ 是反

身的對所有 (事實上，至少一個) $i \in I$，則 $\bigcup_{i \in I} \mathcal{R}_i$ 是反身的。

3. $(a, c) \in \mathcal{R}_2 \circ \mathcal{R}_1 \Rightarrow$ 對某些 $b \in A, (a, b) \in \mathcal{R}_2, (b, c) \in \mathcal{R}_1$。因 $\mathcal{R}_1, \mathcal{R}_2$ 為對稱的，$(b, a) \in \mathcal{R}_2, (c, b) \in \mathcal{R}_1$，所以 $(c, a) \in \mathcal{R}_1 \circ \mathcal{R}_2 \subseteq \mathcal{R}_2 \circ \mathcal{R}_1$。$(c, a) \in \mathcal{R}_2 \circ \mathcal{R}_1 \Rightarrow (c, d) \in \mathcal{R}_2, (d, a) \in \mathcal{R}_1$，對某些 $d \in A$。則 $(d, c) \in \mathcal{R}_2, (a, d) \in \mathcal{R}_1$，由對稱性，且 $(a, c) \in \mathcal{R}_1 \circ \mathcal{R}_2$，故 $\mathcal{R}_2 \circ \mathcal{R}_1 \subseteq \mathcal{R}_1 \circ \mathcal{R}_2$ 且結果成立。

5. $(c, a) \in (\mathcal{R}_1 \circ \mathcal{R}_2)^c \Leftrightarrow (c, a) \notin \mathcal{R}_1 \circ \mathcal{R}_2 \Leftrightarrow (a, b) \in \mathcal{R}_1, (b, c) \in \mathcal{R}_2$，對某些 $b \in B$ $\Leftrightarrow (b, a) \in \mathcal{R}_1^c, (c, b) \in \mathcal{R}_2^c$，對某些 $b \in B \Leftrightarrow (c, a) \in \mathcal{R}_2^c \circ \mathcal{R}_1^c$。

7. 令 $\mathcal{U} = \{1, 2, 3, 4, 5\}$，$A = \mathcal{P}(\mathcal{U}) - \{\mathcal{U}, \emptyset\}$。在包含關係下，$A$ 是一個偏序集且有五個極小元 $\{x\}$，$1 \leq x \leq 5$，但無最小元。而且，A 有五個極大元，即 $\mathcal{U}$ 的大小為 4 的五個子集合，但無最大元。

9. $n = 10$

11. a)

毗鄰 目錄表	指標 目錄表
1 2	1 1
2 3	2 2
3 1	3 3
4 4	4 5
5 5	5 6
6 3	6 8
7 5	

b)

毗鄰 目錄表	指標 目錄表
1 2	1 1
2 3	2 2
3 1	3 3
4 5	4 4
5 4	5 5
	6 6

c)

毗鄰 目錄表	指標 目錄表
1 2	1 1
2 3	2 2
3 1	3 3
4 4	4 6
5 5	5 7
6 1	6 8
7 4	

13. b) 分割的胞為 G 的連通分區。

15. 一個可能順序是 10, 3, 8, 6, 7, 9, 1, 4, 5, 2，其中程式 10 最先執行且程式 2 最後執行。

17. b) $[(0.3, 0.7)] = \{(0.3, 0.7)\}$ $[(0.5, 0)] = \{(0.5, 0)\}$ $[(0.4, 1)] = \{(0.4, 1)\}$
    $[(0, 0.6)] = \{(0, 0.6), (1, 0.6)\}$ $[(1, 0.2)] = \{(0, 0.2), (1, 0.2)\}$
    一般來講，若 $0 < a < 1$，則 $[(a, b)] = \{(a, b)\}$；否則 $[(0, b)] = \{(0, b), (1, b)\} = [(1, b)]$。

    c) 高度為 1 的柱形側面及基底半徑為 $1/2\pi$。

19. $4^n - 2(3^n) + 2^n$

21. a) (i) $B \mathcal{R} A \mathcal{R} C$; (ii) $B \mathcal{R} C \mathcal{R} F$
    $B \mathcal{R} A \mathcal{R} C \mathcal{R} F$ 是一個極大鏈。共有六個此類的極大鏈。

    b) 這裡的 11 $\mathcal{R}$ 385 是一個長度為 2 的鏈，而 2 $\mathcal{R}$ 6 $\mathcal{R}$ 12 是一個長度為 3 的鏈。這個偏序集的最長的鏈的長度是 3。

    c) (i) $\emptyset \subseteq \{1\} \subseteq \{1, 2\} \subseteq \{1, 2, 3\} \subseteq \mathcal{U}$; (ii) $\emptyset \subseteq \{2\} \subseteq \{2, 3\} \subseteq \{1, 2, 3\} \subseteq \mathcal{U}$
    共有 $4! = 24$ 個此類極大鏈。

    d) $n!$

23. 令 $a_1 \mathcal{R} a_2 \mathcal{R} \cdots \mathcal{R} a_{n-1} \mathcal{R} a_n$ 是 $(A, \mathcal{R})$ 上最長的 (極大) 鏈，則 a_n 是 $(A, \mathcal{R})$ 上的一個極大元，且 $a_1 \mathcal{R} a_2 \mathcal{R} \cdots \mathcal{R} a_{n-1}$ 是 $(B, \mathcal{R}')$ 上的一個極大鏈。因此 $(B, \mathcal{R}')$ 上最長的鏈的長度至少是 $n-1$。若有長度為 n 的鏈 $b_1 \mathcal{R}' b_2 \mathcal{R}' \cdots \mathcal{R}' b_n$ 在 $(B, \mathcal{R}')$ 上，則它亦是 $(A, \mathcal{R})$ 上一個長度為 n 的鏈。但則 b_n 必為 $(A, \mathcal{R})$ 上的一個極大元，且這和 $b_n \in B$ 矛盾。

25. 若 $n=1$，則對所有 x，$y \in A$，若 $x \neq y$，則 $x \not\mathcal{R} y$ 且 $y \not\mathcal{R} x$。因此，$(A, \mathcal{R})$ 是一個反鏈，且結果成立。現在假設在 $n=k \geq 1$ 時結果為真，且令 $(A, \mathcal{R})$ 是一個偏序集，其中最長鏈的長度是 $k+1$。若 M 是 $(A, \mathcal{R})$ 上所有極大元所成的集合，則 $M \neq \emptyset$ 且 M 是 $(A, \mathcal{R})$ 上的一個反鏈。而且，由習題 23，$(A-M, \mathcal{R}')$ 是一個具有一個長度為 k 的最長鏈之偏序集，其中 $\mathcal{R}' = ((A-M) \times (A-M)) \cap \mathcal{R}$。所以由歸納法假設，$A-M = C_1 \cup C_2 \cup \cdots \cup C_k$，分割成 k 個反鏈。因此 $A = C_1 \cup C_2 \cup \cdots \cup C_k \cup M$，分割成 $k+1$ 個反鏈。

27. a) n **b)** 2^{n-1} **c)** 64

第 8 章
包含及互斥原理

1. 令 $x \in S$ 且令 n 為 x 滿足的條件數 (由 c_1，c_2，c_3，c_4 之中)。

($n=0$)：這裡的 x 在 $N(\bar{c}_2 \bar{c}_3 \bar{c}_4)$ 裡被計數一次且在 $N(\bar{c}_1 \bar{c}_2 \bar{c}_3 \bar{c}_4)$ 裡被計數一次。

($n=1$)：若 x 滿足 c_1 (且不滿足 c_2，c_3，c_4)，則 x 在 $N(\bar{c}_2 \bar{c}_3 \bar{c}_4)$ 裡被計數一次且在 $N(c_1 \bar{c}_2 \bar{c}_3 \bar{c}_4)$ 被計數一次。

若 x 滿足 c_i，其中 $i \neq 1$，則 x 不被計數在方程中三項的任何一項裡。

($n=2$，3，4)：若 x 至少滿足四個條件中的兩個，則 x 不被計數在方程中三項的任何一項裡。

前面觀察證明所給方程的兩邊計數 S 的相同元素，且這提供一個組合證明給公式 $N(\bar{c}_2 \bar{c}_3 \bar{c}_4) = N(c_1 \bar{c}_2 \bar{c}_3 \bar{c}_4) + N(\bar{c}_1 \bar{c}_2 \bar{c}_3 \bar{c}_4)$。

3. a) 12 **b)** 3 **5. a)** 534 **b)** 458 **c)** 76

7. 4,460,400 **9.** $\binom{37}{31} - \binom{7}{1}\binom{27}{21} + \binom{7}{2}\binom{17}{11} - \binom{7}{3}\binom{7}{1}$

11. $(15!) \left[\binom{14}{10} - \binom{5}{1}\binom{10}{6} + \binom{5}{2}\binom{6}{2} \right]$ **13.** $26! - [3(23!) + 24!] + (20! + 21!)$

15. $[6^8 - \binom{6}{1}5^8 + \binom{6}{2}4^8 - \binom{6}{3}3^8 + \binom{6}{2}2^8 - \binom{6}{1}]/6^8$

17. $9!/[(3!)^3] - 3[7!/[(3!)^2]] + 3(5!/3!) - 3!$ **19.** $651/7776 \doteq 0.08372$

21. a) 32 **b)** 96 **c)** 3200 **23. a)** 2^{n-1} **b)** $2^{n-1}(p-1)$

25. a) 1600 **b)** 4399 **27.** $\phi(17) = \phi(32) = \phi(48) = 16$

29. 若 4 整除 $\phi(n)$，則下面中的一個必成立：
  (1) n 被 8 整除；
  (2) n 被兩個 (或更多個) 相異的奇質數整除；
  (3) n 被一個奇質數 p (如 5，13 及 17) 整除，其中 4 整除 $p-1$；或
  (4) n 被 4 (且非 8) 和至少一個奇質數整除。

8.2 節

1. $E_0 = 768$; $E_1 = 205$; $E_2 = 40$; $E_3 = 10$; $E_4 = 0$; $E_5 = 1$. $\sum_{i=0}^{5} E_i = 1024 = N$.

3. a) $[14!/(2!)^5] - \binom{5}{1}[13!/(2!)^4] + \binom{5}{2}[12!/(2!)^3] - \binom{5}{3}[11!/(2!)^2] + \binom{5}{4}[10!/2!] - \binom{5}{5}[9!]$
  b) $E_2 = \binom{5}{2}[12!/(2!)^3] - \binom{3}{1}\binom{5}{3}[11!/(2!)^2] + \binom{4}{2}\binom{5}{4}[10!/2!] - \binom{5}{3}\binom{5}{5}[9!]$
  c) $L_3 = \binom{5}{3}[11!/(2!)^2] - \binom{3}{2}\binom{5}{4}[10!/2!] + \binom{4}{2}\binom{5}{5}[9!]$

5. $E_2 = 6132$; $L_2 = 6136$

7. a) $\left[\sum_{i=0}^{3}(-1)^i\binom{4}{i}\binom{52-13i}{13}\right]/\binom{52}{13}$ **b)** $\left[\sum_{i=1}^{3}(-1)^{i+1}(i)\binom{4}{i}\binom{52-13i}{13}\right]/\binom{52}{13}$
  c) $\left[\binom{4}{2}\binom{26}{13} - 3\binom{4}{3}\binom{13}{13}\right]/\binom{52}{13}$

8.3 節

1. $10! - \binom{5}{1}9! + \binom{5}{2}8! - \binom{5}{3}7! + \binom{5}{4}6! - \binom{5}{5}5!$ **3.** 44

5. a) $7! - d_7$ $(d_7 \doteq (7!)e^{-1})$ **b)** $d_{26} \doteq (26!)e^{-1}$

7. $n = 11$ **9.** $(10!)d_{10} \doteq (10!)^2(e^{-1})$

11. a) $(d_{10})^2 \doteq (10!)^2 e^{-2}$ **b)** $\sum_{i=0}^{10}(-1)^i\binom{10}{i}[(10-i)!]^2$

13. 對所有 $n \in \mathbf{Z}^+$，$n!$ 計數 $1, 2, 3, \cdots, n$ 的排列總數。每一個此類的排列將有 k 個元素被重排 (亦即，$\{1, 2, 3, \cdots, n\}$ 有 k 個元素 $x_1, x_2, \cdots, x_k$，其中 x_1 不在位置 x_1，x_2 不在位置 x_2，$\cdots$，且 x_k 不在位置 x_k)且 $n-k$ 個元素被固定 (亦即，在 $\{1, 2, 3, \cdots, n\} - \{x_1, x_2, \cdots, x_k\}$ 裡有 $n-k$ 個元素 $y_1, y_2, \cdots, y_{n-k}$ 滿足 y_1 在位置 y_1，y_2 在位置 y_2，$\cdots$，且 y_{n-k} 在位置 y_{n-k}。)

這 $n-k$ 個固定元素可以 $\binom{n}{n-k}$ 種方法選出，且剩下的 k 個元素可被以 d_k 種方法排列 (亦即，重排)。因此共有 $\binom{n}{n-k}d_k = \binom{n}{k}d_k$ 個 $1, 2, 3, \cdots, n$ 的排列，其中 $n-k$ 個元素固定且 (k 個重排元素)。當 k 由 0 變化到 n，我們可根據重排的元素個數 k，計數 $1, 2, 3, \cdots, n$ 的所有 $n!$ 個排列。

因此
$$n! = \binom{n}{0}d_0 + \binom{n}{1}d_1 + \binom{n}{2}d_2 + \cdots + \binom{n}{n}d_n = \sum_{k=0}^{n}\binom{n}{k}d_k.$$

15. $\binom{n}{0}(n-1)! - \binom{n}{1}(n-2)! + \binom{n}{2}(n-3)! - \cdots + (-1)^{n-1}\binom{n}{n-1}(0!) + (-1)^n\binom{n}{n}$

3. a) $\binom{8}{0} + \binom{8}{1}8x + \binom{8}{2}(8\cdot 7)x^2 + \binom{8}{3}(8\cdot 7\cdot 6)x^3 + \binom{8}{4}(8\cdot 7\cdot 6\cdot 5)x^4 + \cdots + \binom{8}{8}(8!)x^8 = \sum_{i=0}^{8} \binom{8}{i}P(8,i)x^i$

b) $\sum_{i=0}^{n} \binom{n}{i}P(n,i)x^i$

5. a) (i) $(1+2x)^3$ (ii) $1+8x+14x^2+4x^3$
(iii) $1+9x+25x^2+21x^3$ (iv) $1+8x+16x^2+7x^3$

b) 若棋盤 C 有 n 個階梯,且每個階梯有 k 個分塊,則 $r(C,x)=(1+kx)^n$。

7. $5!-8(4!)+21(3!)-20(2!)+6(1!)=20$ **9. a)** 20 **b)** 3/10

11. $(6!/2!)-9(5!/2!)+27(4!/2!)-31(3!/2!)+12=63$

補充習題

1. 134 **3.** $[(24!)/(6!)^4][\binom{19}{16}-\binom{4}{1}\binom{13}{10}+\binom{4}{2}\binom{7}{4}]$ **5.** $\sum_{i=0}^{7}(-1)^i\binom{8}{i}(8-i)!$

7. $\sum_{k=0}^{10}(-1)^k\binom{10}{k}\binom{14-k}{10-k}(10-k)! = 1,764,651,461$

9. 令 $T=(13!)/(2!)^5$.

a) $([\binom{5}{3}(10!)/(2!)^2]-[\binom{4}{1}\binom{5}{4}(9!)/(2!)]+[\binom{5}{2}\binom{5}{5}(8!)])/T$

b) $[T-(E_4+E_5)]/T$,其中 $E_4=[\binom{5}{4}(9!)/(2!)]-[\binom{5}{1}\binom{5}{5}(8!)]$ 且 $E_5=\binom{5}{5}(8!)$

11. a) $\binom{n-m}{r-m}$ **13.** 84

15. a) $S_1=\{1,5,7,11,13,17\}$ $S_2=\{2,4,8,10,14,16\}$
$S_3=\{3,15\}$ $S_6=\{6,12\}$
$S_9=\{9\}$ $S_{18}=\{18\}$

b) $|S_1|=6=\phi(18)$ $|S_3|=2=\phi(6)$ $|S_9|=1=\phi(2)$
$|S_2|=6=\phi(9)$ $|S_6|=2=\phi(3)$ $|S_{18}|=1=\phi(1)$

17. a) 若 n 為偶數,則由算術基本定理 (定理 4.11),我們可寫 $n=2^k m$,其中 $k\geq 1$ 且 m 為奇數。則 $2n=2^{k+1}m$ 且 $\phi(2n)=(2^{k-1})(1-\frac{1}{2})\phi(m)=2^k\phi(m)=2(2^k)(\frac{1}{2})\phi(m)=2[2^k(1-\frac{1}{2})\phi(m)]=2[\phi(2^k m)]=2\phi(n)$。

b) 當 n 為奇數,我們發現 $\phi(2n)=(2n)(1-\frac{1}{2})\prod_{p|n}(1-\frac{1}{p})$,其中的乘積是取遍所有整除 n 的 (奇) 質數。(若 $n=1$,則 $\prod_{p|n}(1-\frac{1}{p})$ 是 1。) 但 $(2n)(1-\frac{1}{2})\prod_{p|n}(1-\frac{1}{p}) = n\prod_{p|n}(1-\frac{1}{p}) = \phi(n)$。

19. a) $d_4(12!)^4$ **b)** $\binom{4}{1}d_3(12!)^4$ **c)** $d_4(d_{12})^4$

第 9 章
生成函數

1. a) x^{20} 在 $(1+x+x^2+\cdots+x^7)^4$ 的係數。

b) x^{20} 在 $(1+x+x^2+\cdots+x^{20})^2(1+x^2+x^4+\cdots+x^{20})^2$ 或在 $(1+x+x^2+\cdots)^2(1+x^2+x^4+\cdots)^2$ 的係數。

c) x^{30} 在 $(x^2+x^3+x^4)(x^3+x^4+\cdots+x^8)^4$ 的係數。

d) x^{30} 在 $(1+x+x^2+\cdots+x^{30})^3 (1+x^2+x^4+\cdots+x^{30})(1+x^3+x^5+\cdots+x^{29})$ 或 $(1+x+x^2+\cdots)^3(1+x^2+x^4+\cdots)(x+x^3+x^5+\cdots)$ 的係數。

3. a) x^{10} 在 $(1+x+x^2+x^3+\cdots)^6$ 的係數。

b) x^r 在 $(1+x+x^2+x^3+\cdots)^n$ 的係數。

5. 答案是 x^{31} 在生成函數 $(1+x+x^2+x^3+\cdots)^3(1+x+x^2+\cdots+x^{10})$ 裡的係數。

9.2 節

1. a) $(1+x)^8$ **b)** $8(1+x)^7$ **c)** $(1+x)^{-1}$
d) $6x^3/(1+x)$ **e)** $(1-x^2)^{-1}$ **f)** $x^2/(1-ax)$

3. a) $g(x)=f(x)-a_3x^3+3x^3=f(x)+(3-a_3)x^3$
b) $g(x)=f(x)+(3-a_3)x^3+(7-a_7)x^7$
c) $g(x)=2f(x)+(1-2a_1)x+(3-2a_3)x^3$
d) $g(x)=2f(x)+[5/(1-x)]+(1-2a_1-5)x+(3-2a_3-5)x^3+(7-2a_7-5)x^7$

5. a) $\binom{21}{7}$ **b)** $\binom{n+6}{7}$ **7.** $\binom{14}{10}-5\binom{9}{5}+\binom{5}{2}$

9. a) 0 **b)** $\binom{14}{12}-5\binom{16}{14}$ **c)** $\binom{18}{15}+4\binom{17}{14}+6\binom{16}{13}+4\binom{15}{12}+\binom{14}{11}$

11. $\binom{99}{96}-4\binom{64}{61}+6\binom{29}{26}$ **13.** $[\binom{29}{18}-\binom{12}{1}\binom{23}{12}+\binom{12}{2}\binom{17}{6}-\binom{12}{3}]/(6^{12})$

15. $(1/8)[1+(-1)^n]+(1/4)\binom{n+1}{n}+(1/2)\binom{n+2}{n}$

17. $(1-x-x^2-x^3-x^4-x^5-x^6)^{-1}=[1-(x+x^2+\cdots+x^6)]^{-1}$
$=1+(x+x^2+\cdots+x^6)+(x+x^2+\cdots+x^6)^2+(x+x^2+\cdots+x^6)^3+\cdots,$

擲一次　　　擲兩次　　　擲三次

其中的 1 表骰子沒被擲。

19. a) $2^4/2^7=1/8$ **b)** $2^{\lfloor n/2 \rfloor}/2^{n-1}=2^{1-\lceil n/2 \rceil}$

21. $2^{\lfloor (n-2t)/2 \rfloor}$ **23.** $2^{(n/2)-1}$；$2^{(n/2)-1}$

25. a) $Pr(Y=y)=(5/6)^{y-1}(1/6), y=1,2,3,\ldots.$
b) $E(Y)=6$ **c)** $\sigma_Y=\sqrt{30}\doteq 5.477226$

27. 3/5

29. a) 差為 2，3，2，7 和 0，且它們的和為 14。
b) $\{3,5,8,15\}$ **c)** $\{1+a, 1+a+b, 1+a+b+c, 1+a+b+c+d\}$

31. $c_k=\sum_{i=0}^{k}i(k-i)^2=k^2\sum_{i=0}^{k}i-2k\sum_{i=0}^{k}i^2+\sum_{i=0}^{k}i^3$
$=(k^2)[k(k+1)/2]-2k[k(k+1)(2k+1)/6]+[k^2(k+1)^2/4]$
$=(1/12)(k^2)(k^2-1)$

33. a) $(1+x+x^2+x^3+x^4)(0+x+2x^2+3x^3+\cdots)=\sum_{i=0}^{\infty}c_ix^i$ 其中 $c_0=0$，$c_1=1$，$c_2=1+2=3$，$c_3=1+2+3=6$，$c_4=1+2+3+4=10$，且 $c_n=n+(n-1)+(n-2)+(n-3)+(n-4)=5n-10$，對所有 $n\geq 5$。

b) $(1-x+x^2-x^3+\cdots)(1-x+x^2-x^3+\cdots)=1/(1+x)^2=(1+x)^{-2}$，為數

列 $\binom{-2}{0}, \binom{-2}{1}, \binom{-2}{2}, \binom{-2}{3}, \ldots$ 的生成函數。因此，所給的兩數列之摺積為 $c_0, c_1, c_2, \ldots$，其中 $c_n = \binom{-2}{n} = (-1)^n \binom{2+n-1}{n} = (-1)^n \binom{n+1}{n} = (-1)^n(n+1)$，$n \in \mathbf{N}$。[這是交錯級數 $1, -2, 3, -4, 5, -6, 7, \ldots$。]

9.3 節

1. 7; 6+1; 5+2; 5+1+1; 4+3; 4+2+1; 4+1+1+1; 3+3+1; 3+2+2; 3+2+1+1; 3+1+1+1+1; 2+2+2+1; 2+2+1+1+1; 2+1+1+1+1+1; 1+1+1+1+1+1+1

3. 將 6 分割成幾個 1，幾個 2 和幾個 3 的分割數是 7。

5. (a) 和 **(b)**

$$(1+x^2+x^4+x^6+\cdots)(1+x^4+x^8+\cdots)(1+x^6+x^{12}+\cdots)\cdots = \prod_{i=1}^{\infty}\frac{1}{1-x^{2i}}$$

7. 令 $f(x)$ 為生成函數給分割數 $n \in \mathbf{Z}^+$，其中沒有被加數出現超過兩次。則

$$f(x) = \prod_{i=1}^{\infty}\left(1+x^i+x^{2i}\right).$$

令 $g(x)$ 為生成函數給割數 n，其中沒有被加數可被 3 整除。此處

$$g(x) = \frac{1}{1-x} \cdot \frac{1}{1-x^2} \cdot \frac{1}{1-x^4} \cdot \frac{1}{1-x^5} \cdot \frac{1}{1-x^7}\cdots.$$

但

$$f(x) = \left(1+x+x^2\right)\left(1+x^2+x^4\right)\left(1+x^3+x^6\right)\left(1+x^4+x^8\right)\cdots$$
$$= \frac{1-x^3}{1-x} \cdot \frac{1-x^6}{1-x^2} \cdot \frac{1-x^9}{1-x^3} \cdot \frac{1-x^{12}}{1-x^4}\cdots$$
$$= \frac{1}{1-x} \cdot \frac{1}{1-x^2} \cdot \frac{1}{1-x^4} \cdot \frac{1}{1-x^5} \cdot \frac{1}{1-x^7}\cdots = g(x).$$

9. 這個結果由 Ferrers 圖和不超過 m 的被加數 (列) 間的一對一對應而得，且轉置圖 (亦為 Ferrers 圖) 有 m 個被加數 (列)。

9.4 節

1. a) e^{-x} **b)** e^{2x} **c)** e^{-ax} **d)** e^{a^2x} **e)** ae^{a^2x} **f)** xe^{2x}

3. a) $g(x) = f(x) + [(3-a_3)/3!]x^3$
   b) $g(x) = f(x) + [(-1-a_3)/3!]x^3 = e^{5x} - [126x^3/(3!)]$
   c) $g(x) = 2f(x) + [2-2a_1]x + [(4-2a_2)/2!]x^2$

5. $\dfrac{1}{1-x} = 1+x+x^2+x^3+\cdots = (0!)\dfrac{x^0}{0!} + (1!)\dfrac{x^1}{1!} + (2!)\dfrac{x^2}{2!} + (3!)\dfrac{x^3}{3!} + \cdots$

7. 答案是 $\dfrac{x^{25}}{25!}$ 在 $\left(\dfrac{x^3}{3!} + \dfrac{x^4}{4!} + \cdots + \dfrac{x^{10}}{10!}\right)^4$ 中的係數。

9. a) $(1/2)[3^{20}+1]/(3^{20})$ **b)** $(1/4)[3^{20}+3]/(3^{20})$ **c)** $(1/2)[3^{20}-1]/(3^{20})$

d) $(1/2)[3^{20}-1]/(3^{20})$ **e)** $(1/2)[3^{20}+1]/(3^{20})$

9.5 節

1. a) $(1+x+x^2)/(1-x)$ **b)** $(1+x+x^2+x^3)/(1-x)$ **c)** $(1+2x)/(1-x)^2$
5. a_0, a_1-a_0, a_2-a_1, a_3-a_2, $\cdots$ **7.** $f(x)=[e^x/(1-x)]$

補充習題

1. a) $6/(1-x)+1/(1-x)^2$ **b)** $1(1-ax)$ **c)** $1/[1-(1+a)x]$
d) $1/(1-x)+1/(1-ax)$
3. $[\binom{15}{12}-\binom{4}{1}\binom{9}{6}+\binom{4}{2}]^2$
5. 令 $f(x)$ 為生成函數給分割數 $n \in \mathbf{Z}^+$,其中無偶被加數重複 (奇被加數可以或不可以重複)。則

$$f(x) = (1+x+x^2+x^3+\cdots)(1+x^2)(1+x^3+x^6+x^9+\cdots)(1+x^4)\cdots$$
$$= \frac{1}{1-x} \cdot (1+x^2) \cdot \frac{1}{1-x^3} \cdot (1+x^4) \cdot \frac{1}{1-x^5}\cdots$$

令 $g(x)$ 為生成函數給分割數 $n \in \mathbf{Z}^+$,其中無被加數出現超過三次,則

$$g(x) = (1+x+x^2+x^3)(1+x^2+x^4+x^6)(1+x^3+x^6+x^9)\cdots$$
$$= [(1+x)(1+x^2)][(1+x^2)(1+x^4)][(1+x^3)(1+x^6)]\cdots$$
$$= [(1-x^2)/(1-x)](1+x^2)[(1-x^4)/(1-x^2)](1+x^4)\cdot$$
$$[(1-x^6)/(1-x^3)](1+x^6)\cdots$$
$$= (1/(1-x))(1+x^2)(1/(1-x^3))(1+x^4)(1/(1-x^5))(1+x^6)\cdots = f(x).$$

7. a) 1, 5, (5)(7), (5)(7)(9), (5)(7)(9)(11), $\cdots$ **b)** $a=4$, $b=-\frac{7}{4}$
9. $n(2^{n-1})$ **11. a)** $\binom{19}{8}$ **b)** $\binom{9}{4}^2/\binom{19}{8}$
13. a) $[a+(d-a)x]/(1-x)^2$ **b)** $na+(1/2)(n)(n-1)d$
15. a) $x^n f(x)$ **b)** $[f(x)-(a_0+a_1x+a_2x^2+\cdots+a_{n-1}x^{n-1})]/x^n$ **17.** $(1-p)^{m-n}$

第 10 章
遞迴關係

10.1 節

1. a) $a_n=5a_{n-1}$, $n \geq 1$, $a_0=2$ **b)** $a_n=-3a_{n-1}$, $n \geq 1$, $a_0=6$
c) $a_n=(2/5)a_{n-1}$, $n \geq 1$, $a_0=7$
3. $d=\pm(3/7)$ **5.** 141 個月 **7. a)** 145 **b)** 45
9. a) 21345 **b)** 52143, 52134 **c)** 21534, 21354, 21345

10.2 節

1. a) $a_n=(3/7)(-1)^n+(4/7)(6)^n$, $n \geq 0$ **b)** $a_n=4(1/2)^n-2(5)^n$, $n \geq 0$
c) $a_n=3\sin(n\pi/2)$, $n \geq 0$ **d)** $a_n=(5-n)3^n$, $n \geq 0$
e) $a_n=(\sqrt{2})^n[\cos(3\pi n/4)+4\sin(3\pi n/4)]$, $n \geq 0$

3. $a_n=(1/10)[7^n-(-3)^n]$, $n \geq 0$

5. a) $a_n=2a_{n-1}+a_{n-2}$, $n \geq 2$, $a_0=1$, $a_1=2$
$a_n = (1/2\sqrt{2})[(1+\sqrt{2})^{n+1} - (1-\sqrt{2})^{n+1}]$, $n \geq 0$

b) $a_n=a_{n-1}+3a_{n-2}$, $n \geq 2$, $a_0=1$, $a_1=1$
$a_n = (1/\sqrt{13})[((1+\sqrt{13})/2)^{n+1} - ((1-\sqrt{13})/2)^{n+1}]$, $n \geq 0$

c) $a_n=2a_{n-1}+3a_{n-2}$, $n \geq 2$, $a_0=1$, $a_1=2$
$a_n=(3/4)(3^n)+(1/4)(-1)^n$, $n \geq 0$

7. a)
$$F_1 = F_2 - F_0$$
$$F_3 = F_4 - F_2$$
$$F_5 = F_6 - F_4$$
$$\vdots$$
$$F_{2n-1} = F_{2n} - F_{2n-2}$$

猜想：對所有 $n \in \mathbf{Z}^+$, $F_1 + F_3 + F_5 + \cdots + F_{2n-1} = F_{2n} - F_0 = F_{2n}$。

證明 (利用數學歸納法)：對 $n=1$，我們有 $F_1=F_2$，且這個為真，因為 $F_1=1=F_2$。因此，結果在第一個情形為真 (且此建立證明的基底步驟)。

其次我們假設結果對 $n=k$ (≥ 1) 為真，亦即，我們假設
$$F_1 + F_3 + F_5 + \cdots + F_{2k-1} = F_{2k}.$$

當 $n=k+1$ 時，我們發現
$$F_1 + F_3 + F_5 + \cdots + F_{2k-1} + F_{2(k+1)-1}$$
$$= (F_1 + F_3 + F_5 + \cdots + F_{2k-1}) + F_{2k+1} = F_{2k} + F_{2k+1} = F_{2k+2} = F_{2(k+1)}.$$

因此，$n=k$ 時的真值蘊涵 $n=k+1$ 時的真值，所以由數學歸納法原理，得對所有的 $n \in \mathbf{Z}^+$
$$F_1 + F_3 + F_5 + \cdots + F_{2n-1} = F_{2n}.$$

9. $a_n = (1/\sqrt{5})[((1+\sqrt{5})/2)^{n+1} - ((1-\sqrt{5})/2)^{n+1}]$, $n \geq 0$

11. a) $a_n=a_{n-1}+a_{n-2}$, $n \geq 3$, $a_1=2$, $a_2=3$: $a_n=F_{n+2}$, $n \geq 1$
b) $b_n=b_{n-1}+b_{n-2}$, $n \geq 3$, $b_1=1$, $b_2=3$: $b_n=L_n$, $n \geq 1$

13. $a_n = [(8+9\sqrt{2})/16][2+4\sqrt{2}]^n + [(8-9\sqrt{2})/16][2-4\sqrt{2}]^n$, $n \geq 0$

15. $a_n=2^{F_n}$，其中 F_n 是第 n 個 Fibonacci 數，其中 $n \geq 0$。

17. a) F_{n+2} **b) (i)** F_n **(ii)** F_{n-1} **(iii)** F_{n-k+2} **c)** $n+2:0$, $n+3:1$
d) 這些結果提供 $F_{n+2}=(F_n+F_{n-1}+\cdots+F_2+F_1)+1$ 的組合證明。

19. (α, α), (β, β)

21. a) 證明 (利用數學歸納法原理替代型)：
$$F_3 = 2 = (1+\sqrt{9})/2 > (1+\sqrt{5})/2 = \alpha = \alpha^{3-2},$$
$$F_4 = 3 = (3+\sqrt{9})/2 > (3+\sqrt{5})/2 = \alpha^2 = \alpha^{4-2},$$

所以結果對前兩個情形 ($n=3, 4$) 為真。此建立基底步驟。假設敘述對 $n=3, 4, 5, \cdots, k$ (≥ 4) 為真，其中 k 是一個固定的 (但任意的) 整數，我們現在以 $n=k+1$ 繼續：

$$\begin{aligned} F_{k+1} &= F_k + F_{k-1} \\ &> \alpha^{k-2} + \alpha^{(k-1)-2} \\ &= \alpha^{k-2} + \alpha^{k-3} = \alpha^{k-3}(\alpha+1) \\ &= \alpha^{k-3} \cdot \alpha^2 = \alpha^{k-1} = \alpha^{(k+1)-2}. \end{aligned}$$

因此，$F_n > \alpha^{n-2}$ 對所有 $n \geq 3$，由數學歸納法原理替代型。

23. $a_n = 2a_{n-1} + a_{n-2}$, $n \geq 2$, $a_0 = 0$, $a_1 = 3$:
$a_n = (1/2)[(1+\sqrt{2})^{n+1} + (1-\sqrt{2})^{n+1}]$, $n \geq 0$

25. $(7/10)(7^{10}) + (3/10)(-3)^{10} = 197{,}750{,}389$

27. $a_n = a_{n-1} + a_{n-2} + 2a_{n-3}$, $n \geq 4$, $a_1 = 1$, $a_2 = 2$, $a_3 = 5$:
$a_n = (4/7)(2)^n + (3/7)\cos(2n\pi/3) + (\sqrt{3}/21)\sin(2n\pi/3)$, $n \geq 1$

29. $x_n = 4(2^n) - 3$, $n \geq 0$ **31.** $a_n = \sqrt{51(4^n) - 35}$, $n \geq 0$

33. 因為 $\gcd(F_1, F_0) = 1 = \gcd(F_2, F_1)$，考慮 $n \geq 2$。則

$$\begin{aligned} F_3 &= F_2 + F_1 \;(=1) \\ F_4 &= F_3 + F_2 \\ F_5 &= F_4 + F_3 \\ &\vdots \\ F_{n+1} &= F_n + F_{n-1} \end{aligned}$$

顛倒這些方程式的順序，我們有了歐幾里得演算法求 F_{n+1} 和 F_n 的 gcd，$n \geq 2$。因為最後的非零餘數是 $F_1 = 1$，所以得 $\gcd(F_{n+1}, F_n) = 1$ 對所有 $n \geq 2$。

10.3 節

1. a) $a_n = (n+1)^2$, $n \geq 0$ **b)** $a_n = 3 + n(n-1)^2$, $n \geq 0$
c) $a_n = 6(2^n) - 5$, $n \geq 0$ **d)** $a_n = 2^n + n(2^{n-1})$, $n \geq 0$

3. a) $a_n = a_{n-1} + n$, $n \geq 1$, $a_0 = 1$ $a_n = 1 + [n(n+1)]/2$, $n \geq 0$
b) $b_n = b_{n-1} + 2$, $n \geq 2$, $b_1 = 2$ $b_n = 2n$, $n \geq 1$, $b_0 = 1$

5. a) $a_n = (3/4)(-1)^n - (4/5)(-2)^n + (1/20)(3)^n$, $n \geq 0$
b) $a_n = (2/9)(-2)^n - (5/6)(n)(-2)^n + (7/9)$, $n \geq 0$

7. $a_n = A + Bn + Cn^2 - (3/4)n^3 + (5/24)n^4$ **9.** $P = \$117.68$

11. a) $a_n = [(3/4)(3)^n - 5(2)^n + (7n/2) + (21/4)]^{1/2}$, $n \geq 0$ **b)** $a_n = 2$, $n \geq 0$

13. a) $t_n = 2t_{n-1} + 2^{n-1}$, $n \geq 0$, $t_1 = 2$: $t_n = (n+1)(2^{n-1})$, $n \geq 1$
b) $t_n = 4t_{n-1} + 3(4^{n-1})$, $n \geq 2$, $t_1 = 4$: $t_n = (1+3n)4^{n-1}$, $n \geq 1$
c) $t_n = [1 + (r-1)n]r^{n-1}$, $n \geq 1$, $r = |\Sigma| \geq 1$。

10.4 節

1. a) $a_n = (1/2)[1 + 3^n]$, $n \geq 0$ **b)** $a_n = 1 + [n(n-1)(2n-1)]/6$, $n \geq 0$
c) $a_n = 5(2^n) - 4$, $n \geq 0$ **d)** $a_n = 2^n$, $n \geq 0$
3. a) $a_n = 2^n(1-2n)$, $b_n = n(2^{n+1})$, $n \geq 0$
b) $a_n = (-3/4) + (1/2)(n+1) + (1/4)(3^n)$,
$b_n = (3/4) + (1/2)(n+1) - (1/4)(3^n)$, $n \geq 0$

10.5 節

1. $b_4 = (8!)/[(5!)(4!)] = 14$

3. $\binom{2n-1}{n} - \binom{2n-1}{n-2} = \left[\dfrac{(2n-1)!}{n!(n-1)!}\right] - \left[\dfrac{(2n-1)!}{(n-2)!(n+1)!}\right]$

$\qquad = \left[\dfrac{(2n-1)!(n+1)}{(n+1)!(n-1)!}\right] - \left[\dfrac{(2n-1)!(n-1)}{(n-1)!(n+1)!}\right]$

$\qquad = \left[\dfrac{(2n-1)!}{(n+1)!(n-1)!}\right][(n+1) - (n-1)]$

$\qquad = \dfrac{(2n-1)!(2)}{(n+1)!(n-1)!} = \dfrac{(2n-1)!(2n)}{(n+1)!\,n!} = \dfrac{(2n)!}{(n+1)(n!)(n!)}$

$\qquad = \dfrac{1}{(n+1)}\binom{2n}{n}$

5. a) $(1/9)\binom{16}{8}$ **b)** $[(1/4)\binom{6}{3}]^2$ **c)** $[(1/6)\binom{10}{5}][(1/3)\binom{4}{2}]$ **d)** $(1/6)\binom{10}{5}$

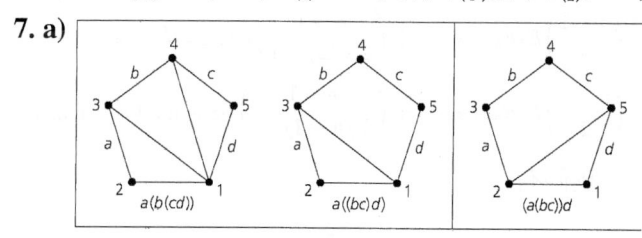

7. a)

$a(b(cd))$ $a((bc)d)$ $(a(bc))d$

b) (iii) $(((ab)c)d)e$ (iv) $(ab)(c(de))$

9. $a_n = a_0 a_{n-1} + a_1 a_{n-2} + a_2 a_{n-3} + \cdots + a_{n-2} a_1 + a_{n-1} a_0$
因為 $a_0 = 1$, $a_1 = 1$, $a_2 = 2$ 及 $a_3 = 5$, 我們發現 $a_n = $ 第 n 個 Catalan 數。

11. a)

x	$f_1(x)$	$f_2(x)$	$f_3(x)$	$f_4(x)$	$f_5(x)$
1	1	3	2	2	1
2	2	3	2	3	3
3	3	3	3	3	3

b) 在 (a) 中的函數對應下面由 (0, 0) 到 (3, 3) 的路徑。

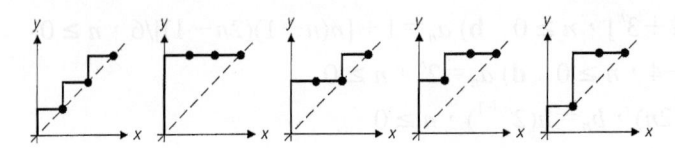

c) 書中圖 10.24 的山值域。

d) 對 $n \in \mathbf{Z}^+$，單調遞增函數 $f:\{1, 2, 3, \cdots, n\} \to \{1, 2, 3, \cdots, n\}$ 的個數是 $b_n = (1/(n+1))\binom{2n}{n}$，即第 n 個 Catalan 數，其中 $f(i) \geq i$，對所有 $1 \leq i \leq n$。這個由 1.5 節習題 3 可得。在該習題所描述的路徑和這裡所處理的函數間有一個一對一的對應。

13. $(1/(n+1))\binom{2n}{n}$，第 n 個 Catalan 數。

15. a) $E_3 = 2$　**b)** $E_5 = 16$

c) 對每個上升/落下排列，n 不可能在第一個位置 (除非 $n=1$)；n 是在一個此類上升排列中的第二個分量。因此，n 必在位置 2 或 4，$\cdots$ 或 $2\lfloor n/2 \rfloor$。

d) 考慮 n 在 1，2，3，$\cdots$，n 的一個上升/落下排列 $x_1 x_2 x_3 \cdots x_{n-1} x_n$ 中的位置。n 這個數是在位置 $2i$，對某些 $1 \leq i \leq \lfloor n/2 \rfloor$。這裡有 $2i-1$ 個數在 n 的前面。這些數可有 $\binom{n-1}{2i-1}$ 個選法且給上升至 E_{2i-1} 個上升/落下排列。在 n 之後有 $(n-1)-(2i-1)=n-2i$ 個數給上升至 E_{n-2i} 個上升/落下排列。因此，$E_n = \sum_{i=1}^{\lfloor n/2 \rfloor} \binom{n-1}{2i-1} E_{2i-1} E_{n-2i}$，$n \geq 2$。

g) 由 (d) 及 (f)，

$$E_n = \binom{n-1}{1} E_1 E_{n-2} + \binom{n-1}{3} E_3 E_{n-4} + \cdots + \binom{n-1}{2\lfloor n/2 \rfloor - 1} E_{2\lfloor n/2 \rfloor - 1} E_{n-2\lfloor n/2 \rfloor}$$

$$E_n = \binom{n-1}{0} E_0 E_{n-1} + \binom{n-1}{2} E_2 E_{n-3} + \cdots + \binom{n-1}{2\lfloor (n-1)/2 \rfloor} E_{2\lfloor (n-1)/2 \rfloor} E_{n-2\lfloor (n-1)/2 \rfloor - 1}$$

將這些方程式相加，我們有

$$2E_n = \sum_{i=0}^{n-1} \binom{n-1}{i} E_i E_{n-i-1} \quad \text{或} \quad E_n = (1/2) \sum_{i=0}^{n-1} \binom{n-1}{i} E_i E_{n-i-1}.$$

h) $E_6 = 61$，$E_7 = 272$

i) 考慮 Maclaurin 級數展開式 $\sec x = 1 + x^2/2! + 5x^4/4! + 61x^6/6! + \cdots$ 及 $\tan x = x + 2x^3/3! + 16x^5/5! + 272x^7/7! + \cdots$。吾人發現 $\sec x + \tan x$ 為數列 1，1，1，2，5，16，61，272，$\cdots$，即 Euler 數，的指數生成函數。

10.6 節

1. a) $f(n)=(5/3)(4n^{\log_3 4}-1)$ 且 $f \in O(n^{\log_3 4})$ 對 $n \in \{3^i | i \in \mathbf{N}\}$
b) $f(n)=7(\log_5 n+1)$ 且 $f \in O(\log_5 n)$ 對 $n \in \{5^i | i \in \mathbf{N}\}$

3. a) $f \in O(\log_b n)$ 在 $\{b^k | k \in \mathbf{N}\}$ 上 **b)** $f \in O(n^{\log_b a})$ 在 $\{b^k | k \in \mathbf{N}\}$ 上

5. a) $f(1)=0$　$f(n)=2f(n/2)+1$
由習題 2(b)，$f(n)=n-1$。

b) 方程式 $f(n)=f(n/2)+(n/2)$ 如下產生：在第一輪裡有 $n/2$ 個配對，還有 $n/2$ 個選手剩下，所以我們再須 $f(n/2)$ 個配對來決定勝利者。

7. $O(1)$

9. a)
$$f(n) \leq af(n/b) + cn$$
$$af(n/b) \leq a^2 f(n/b^2) + ac(n/b)$$
$$a^2 f(n/b^2) \leq a^3 f(n/b^3) + a^2 c(n/b^2)$$
$$\vdots \qquad \vdots$$
$$a^{k-1} f(n/b^{k-1}) \leq a^k f(n/b^k) + a^{k-1} c(n/b^{k-1})$$

因此 $f(n) \leq a^k f(n/b^k) + cn[1+(a/b)+(a/b)^2+\cdots+(a/b)^{k-1}] = a^k f(1) + cn[1+(a/b)+(a/b)^2+\cdots+(a/b)^{k-1}]$，因此 $n=b^k$。因為 $f(1) \leq c$ 且 $(n/b^k)=1$，我們有 $f(n) \leq cn[1+(a/b)+(a/b)^2+\cdots+(a/b)^{k-1}+(a/b)^k] = (cn)\sum_{i=0}^{k}(a/b)^i$。

c) 對 $a \neq b$，
$$cn \sum_{i=0}^{k}(a/b)^i = cn\left[\frac{1-(a/b)^{k+1}}{1-(a/b)}\right] = (c)(b^k)\left[\frac{1-(a/b)^{k+1}}{1-(a/b)}\right]$$
$$= c\left[\frac{b^k - (a^{k+1}/b)}{1-(a/b)}\right] = c\left[\frac{b^{k+1} - a^{k+1}}{b-a}\right] = c\left[\frac{a^{k+1} - b^{k+1}}{a-b}\right].$$

d) 由 (c)，$f(n) \leq (c/(a-b))[a^{k+1}-b^{k+1}] = (ca/(a-b))a^k - (cb/(a-b))b^k$。但 $a^k = a^{\log_b n} = n^{\log_b a}$ 和 $b^k = n$，所以 $f(n) \leq (ca/(a-b))n^{\log_b a} - (cb/(a-b))n$。

(i) 當 $a<b$，則 $\log_b a<1$，且 $f \in O(n)$ 在 $\mathbf{Z}^+$ 上。
(ii) 當 $a>b$，則 $\log_b a>1$，且 $f \in O(n^{\log_b a})$ 在 $\mathbf{Z}^+$ 上。

補充習題

1. $\binom{n}{k+1} = \frac{n!}{(k+1)!(n-k-1)!} = \frac{(n-k)}{(k+1)} \cdot \frac{n!}{k!(n-k)!} = \left(\frac{n-k}{k+1}\right)\binom{n}{k}$

3. 有兩個情形來考慮。情形 1 (1 是一個被加數)：這裡有 $p(n-1, k-1)$ 個方法將 $n-1$ 恰分割成 $k-1$ 個被加數。情形 2 (1 不是一個被加數)：這裡每個被加數 $s_1, s_2, \cdots, s_k > 1$。對 $1 \leq i \leq k$，令 $t_i = s_i - 1 \geq 1$，則 $t_1, t_2, \cdots, t_k$ 恰將 $n-k$ 分割成 k 個被加數。這些情形是窮舉的且為互斥，所以由和規則，$p(n, k) = p(n-1, k-1) + p(n-k, k)$。

5. **b)** 猜想：對 $n \in \mathbf{Z}^+$, $A^n = \begin{bmatrix} F_{n+1} & F_n \\ F_n & F_{n-1} \end{bmatrix}$，表中 F_n 表第 n 個 Fibonacci 數。

證明：對 $n=1$, $A = A^1 = \begin{bmatrix} 1 & 1 \\ 1 & 0 \end{bmatrix} = \begin{bmatrix} F_2 & F_1 \\ F_1 & F_0 \end{bmatrix}$，所以結果在這個情形為真。

假設結果對 $n = k \geq 1$ 為真。亦即 $A^k = \begin{bmatrix} F_{k+1} & F_k \\ F_k & F_{k-1} \end{bmatrix}$，對 $n = k+1$, $A^n =$

$$A^{k+1} = A^k \cdot A = \begin{bmatrix} F_{k+1} & F_k \\ F_k & F_{k-1} \end{bmatrix} \begin{bmatrix} 1 & 1 \\ 1 & 0 \end{bmatrix} = \begin{bmatrix} F_{k+1} + F_k & F_{k+1} \\ F_k + F_{k-1} & F_k \end{bmatrix} = \begin{bmatrix} F_{k+2} & F_{k+1} \\ F_{k+1} & F_k \end{bmatrix}$$

因此，對所有 $n \in \mathbf{Z}^+$，結果為真，由數學歸納法原理。

7. $(-1, 0)$, (α, α), (β, β)

9. **a)** 因為 $\alpha^2 = \alpha + 1$, 得 $\alpha^2 + 1 = 2 + \alpha$ 且 $(2+\alpha)^2 = 4 + 4\alpha + \alpha^2 = 4(1+\alpha) + \alpha^2 = 5\alpha^2$。

c) $\sum_{k=0}^{2n} \binom{2n}{k} F_{2k+m} = \sum_{k=0}^{2n} \binom{2n}{k} \left[\frac{\alpha^{2k+m} - \beta^{2k+m}}{\alpha - \beta} \right]$

$= (1/(\alpha - \beta)) \left[\sum_{k=0}^{2n} \binom{2n}{k} (\alpha^2)^k \alpha^m - \sum_{k=0}^{2n} \binom{2n}{k} (\beta^2)^k \beta^m \right]$

$= (1/(\alpha-\beta))[\alpha^m(1+\alpha^2)^{2n} - \beta^m(1+\beta^2)^{2n}]$

$= (1/(\alpha-\beta))[\alpha^m(2+\alpha)^{2n} - \beta^m(2+\beta)^{2n}]$

$= (1/(\alpha-\beta))[\alpha^m((2+\alpha)^2)^n - \beta^m((2+\beta)^2)^n]$

$= (1/(\alpha-\beta))[\alpha^m(5\alpha^2)^n - \beta^m(5\beta^2)^n]$

$= 5^n(1/(\alpha-\beta))[\alpha^{2n+m} - \beta^{2n+m}] = 5^n F_{2n+m}$

11. $c_n = F_{n+2}$，第 $(n+2)$ 個 Fibonacci 數。

13. **a)** F_{n+1} **b)** (i) $1 = \binom{n-0}{n-2 \cdot 0}$ (ii) $\binom{n-1}{n-2 \cdot 1}$ (iii) $\binom{n-2}{n-2 \cdot 2}$ (iv) $\binom{n-3}{n-2 \cdot 3}$ (v) $\binom{n-k}{n-2k}$

c) $F_{n+1} = \sum_{k=0}^{\lfloor n/2 \rfloor} \binom{n-k}{k} = \sum_{k=0}^{\lfloor n/2 \rfloor} \binom{n-k}{n-2k}$

15. **a)** 對每個重排，1 是被擺在位置 i，其中 $2 \leq i \leq n$。兩件事發生。

情形 1 (i 在位置 1)：此時另外的 $n-2$ 個整數被以 d_{n-2} 個方法重排。由於對 i 有 $n-1$ 個選法，所以得 $(n-1)d_{n-2}$ 個此類重排。情形 2 [i 不在位置 1 (或在位置 i)]：此時我們將 1 考慮為 i 的新自然位置，所以有 $n-1$ 個元素等待重排。由於 i 有 $n-1$ 個選法，所以我們有 $(n-1)d_{n-1}$ 個重排。因為這兩個情形是窮舉的且為互斥，所以由和規則，結果成立。

b) $d_0 = 1$ **c)** $d_n = nd_{n-1} = d_{n-2} - (n-2)d_{n-3}$

17. **a)** $a_n = \binom{2n}{n}$, $n \geq 0$ **b)** $r = 1$, $s = -4$, $t = -1/2$

d) $b_n = (1/(2n-1))\binom{2n}{n}$, $n \geq 1$; $b_0 = 0$

19. $c = \alpha$ 或 $c = \beta$ **21.** $p = -\beta$

23. $a_n = a_{n-1} + a_{n-2}$,$n \geq 3$,$a_1 = 1$,$a_2 = 2$:$a_n = F_{n+1}$,$n \geq 1$

25. a) $(n = 0)$ $F_1^2 - F_0 F_1 - F_0^2 = 1^2 - 0 \cdot 1 - 0^2 = 1$
$(n = 1)$ $F_2^2 - F_1 F_2 - F_1^2 = 1^2 - 1 \cdot 1 - 1^2 = -1$
$(n = 2)$ $F_3^2 - F_2 F_3 - F_2^2 = 2^2 - 1 \cdot 2 - 1^2 = 1$
$(n = 3)$ $F_4^2 - F_3 F_4 - F_3^2 = 3^2 - 2 \cdot 3 - 2^2 = -1$

b) 猜想：對 $n \geq 0$，
$$F_{n+1}^2 - F_n F_{n+1} - F_n^2 = \begin{cases} 1, & n \text{ 為偶數。} \\ -1, & n \text{ 為奇數。} \end{cases}$$

c) 證明：由 (a) 中之計算，結果對 $n=0$，1，2，3 為真。假設結果對 $n=k$ (≥ 3) 為真，有兩個情形待考慮，即 k 為偶數和 k 為奇數。我們將建立 k 為偶數的結果，k 為奇數的證明相似。我們的歸納假設告訴我們 $F_{k+1}^2 - F_k F_{k+1} - F_k^2 = 1$。當 $n=k+1$ (≥ 4)，我們發現 $F_{k+2}^2 - F_{k+1}F_{k+2} - F_{k+1}^2 = (F_{k+1}+F_k)^2 - F_{k+1}(F_{k+1}+F_k) - F_{k+1}^2 = F_{k+1}^2 + 2F_{k+1}F_k + F_k^2 - F_{k+1}^2 - F_{k+1}F_k - F_{k+1}^2 = F_{k+1}F_k + F_k^2 - F_{k+1}^2 = -[F_{k+1}^2 - F_k F_{k+1} - F_k^2] = -1$。結果成立對所有 $n \in \mathbf{N}$，由數學歸納法原理。

27. a) $r(C_1, x) = 1 + x$ $r(C_4, x) = 1 + 4x + 3x^2$
$r(C_2, x) = 1 + 2x$ $r(C_5, x) = 1 + 5x + 6x^2 + x^3$
$r(C_3, x) = 1 + 3x + x^2$ $r(C_6, x) = 1 + 6x + 10x^2 + 4x^3$

一般來講，對 $n \geq 3$，$r(C_n, x) = r(C_{n-1}, x) + x r(C_{n-2}, x)$

b) $r(C_1, 1) = 2$ $r(C_3, 1) = 5$ $r(C_5, 1) = 13$
$r(C_2, 1) = 3$ $r(C_4, 1) = 8$ $r(C_6, 1) = 21$

[注意：對 $1 \leq i \leq n$，若一個直直的走出圖 10.28 裡的棋盤 C_i，結果是一個 $1 \times i$ 的棋盤，像習題 26 所學的。]

29. a) 被計數在 $f(n, m)$ 裡的分割分成兩個範疇：

(1) m 是一個被加數的分割。這些共被計數 $f(n-m, m)$ 次，因為 m 可出現超過一次。

(2) m 不是一個被加數的分割。所以 $m-1$ 是最大的可能被加數。這些共被計數 $f(n, m-1)$ 次。

因為這兩個範疇是窮舉的且互斥，得 $f(n, m) = f(n-m, m) + f(n, m-1)$。

第 11 章
圖論導引

1. a) 表示一架特殊飛機在某城市集間的空中航線。

b) 表示一個電子網路。其中頂點可表示開關、電晶體及其它種種，且邊 (x, y) 說明一條連接 x 到 y 的電線的存在。

c) 令頂點表示職業申請者集合及公司空缺的集合，繪一邊 (A, b) 表示申請者 A 有資格得空缺 b。則所有空缺可被填滿若所得的圖提供一個申請者的子集合和所有空缺間的匹配。

3. 6 **5.** 9; 3

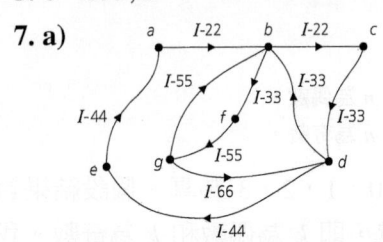

7. a)

```
    a  I-22  b  I-22  c
       I-55 ↓  ↘
  I-44      f  I-33
            I-33
    e    g     d
       I-55
       I-66
       I-44
```

b) $\{(g, d), (d, e), (e, a)\}$；$\{(g, b), (b, c), (c, d), (d, e), (e, a)\}$

c) 2：一個是 $\{(b, c), (c, d)\}$ 且另一個是 $\{(b, f), (f, g), (g, d)\}$

d) 否

e) 是，旅行路徑為 $\{(c, d), (d, e), (e, a), (a, b), (b, f), (f, g)\}$

f) 是，旅行路徑為 $\{(g, b), (b, f), (f, g), (g, d), (d, b), (b, c), (c, d), (d, e), (e, a), (a, b)\}$。

9. 若 $\{a, b\}$ 不是某循環的部份，則它的被移走將不連通 a 和 b (和 G)。若否，存在一條由 a 到 b 的路徑 P，且 P 加上 $\{a, b\}$ 提供一條含 $\{a, b\}$ 的循環。反之，若由 G 移走 $\{a, b\}$，則存在 $x, y \in V$ 使得由 x 到 y 的唯一路徑含 $e = \{a, b\}$。若 e 是循環 C 的部份，則 $(P-\{e\}) \cup (C-\{e\})$ 的所有邊將含第二條連接 x 到 y 的路徑。

11. a) 是 **b)** 否 **c)** $n-1$

13. 由 $\mathcal{R}$ 所導出的 V 之分割產生 G 的 (連通) 分區。

15. 長度為 $n \geq 1$ 的封閉 $v-v$ 行走個數是 F_{n+1}，即第 $(n+1)$ 個 Fibonacci 數。

11.2 節

1. a) 3 **b)** $G_1 = \langle U \rangle$，其中 $U = \{a, b, d, f, g, h, i, j\}$；$G_1 = G - \{c\}$

c) $G_2 = \langle W \rangle$，其中 $W = \{b, c, d, f, g, i, j\}$；$G_2 = G - \{a, h\}$

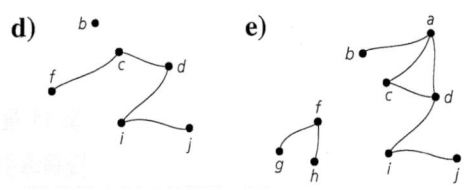

d)

e)

3. a) $2^9 = 512$ **b)** 3 **c)** 2^6

5. G 是（或是同構於）K_n，其中 $n = |V|$。

7. (i)

```
      R         Y         W         B
  B [1] Y   R [2] B   Y [3] R   W [4] W
      W         B         Y         R
```

(ii) 無解

(iii)

```
    W           B           Y           R
  ┌───┐       ┌───┐       ┌───┐       ┌───┐
R │ 1 │W    W│ 2 │B    Y│ 3 │R    R│ 4 │Y
  └───┘       └───┘       └───┘       └───┘
    Y           R           B           W
```

9. a) 否　**b)** 是。a 和 u 對應，b 和 w 對應，c 和 x 對應，d 和 y 對應，e 和 v 對應，且 f 和 z 對應。

11. a) 若 $G_1=(V_1, E_1)$ 和 $G_2=(V_2, E_2)$ 同構，則存在一函數 $f: V_1 \to V_2$ 為一對一且映成且保留相鄰性。若 $x, y \in V_1$ 且 $\{x, y\} \notin E_1$，則 $\{f(x), f(y)\} \notin E_2$。因此，相同的函數 f 保留相鄰性給 $\overline{G_1}$，$\overline{G_2}$ 且可被用來定義一個同構函數給 $\overline{G_1}$，$\overline{G_2}$。同理，反之成立。

b) 它們不同構。含頂點 a 的圖之餘圖是一條長度為 8 的循環。另一個圖的餘圖是兩條長度為 4 的循環之互斥聯集。

13. 若 G 是含邊 $\{a, b\}$，$\{b, c\}$，$\{c, d\}$，$\{d, e\}$ 及 $\{e, a\}$ 的循環，則 $\overline{G}$ 是含邊 $\{a, c\}$，$\{c, e\}$，$\{e, b\}$，$\{b, d\}$ 及 $\{d, a\}$ 的循環。因此，G 和 $\overline{G}$ 同構。反之，若 G 是一條具 n 個頂點的循環且 G，$\overline{G}$ 同構，則 $n=\frac{1}{2}\binom{n}{2}$，或 $n=\frac{1}{4}(n)(n-1)$，且 $n=5$。

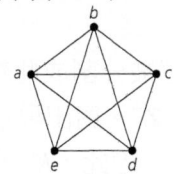

15. a) 此處 f 必須亦保留方向。所以 $(a, b) \in E_1$ 若且唯若 $(f(a), f(b)) \in E_2$。

b) 它們不同構。考慮第一個圖的頂點 a，其接合到一個頂點且由其它兩個頂點接合過來。另一個圖上沒有頂點有這個性質。

17. n^2-3n+3

11.3 節

1. a) $|V|=6$　**b)** $|V|=1$ 或 2 或 3 或 5 或 6 或 10 或 15 或 30
（在前四個情形，G 必為一個多重圖，當 $|V|=30$，G 是不連通的。）
c) $|V|=6$

3. a) 9

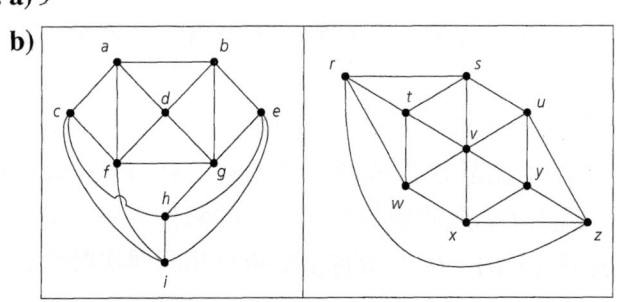

b)

5. a) $|V_1|=8=|V_2|$;$|E_1|=14=|E_2|$

  b) 對 V_1 我們發現 $\deg(a)=3$,$\deg(b)=4$,$\deg(c)=4$,$\deg(d)=3$,$\deg(e)=3$,$\deg(f)=4$,$\deg(g)=4$ 且 $\deg(h)=3$,對 V_2 我們有 $\deg(s)=3$,$\deg(t)=4$,$\deg(u)=4$,$\deg(v)=3$,$\deg(w)=4$,$\deg(x)=3$,$\deg(y)=3$,$\deg(z)=4$。因此,這兩個圖的各個均有四個次數為 3 的頂點及四個次數為 4 的頂點。

  c) 不管 (a) 和 (b) 的結果,圖 G_1 和 G_2 不同構。在圖 G_2 上,四個次數為 4 的頂點,即 t,u,w 及 z,在一條長度為 4 的循環上。而對圖 G_1,頂點 b,c,f 及 g,每個次數均為 4,不位在一條長度為 4 的循環上。

  觀察 G_1 和 G_2 不同構的第二個方法是再次考慮各圖上次數為 4 的所有頂點。在 G_1 上,這些頂點導引出一個由二個邊 $\{b, c\}$ 及 $\{f, g\}$ 所組成的不連通子圖。在 G_2 上,四個次數為 4 的頂點導引出一個有五個邊的連通子圖,即每個可能邊除 $\{u, z\}$ 外。

7. a) 19 **b)** $\sum_{i=1}^{n} \binom{d_i}{2}$ (注意:這裡沒有連通性的假設。)

9. a) 16 **b)** $2^{19}=524,288$

11. K_n 的邊數是 $\binom{n}{2}=n(n-1)/2$。若 K_n 的所有邊可被分割成此類長度為 4 的循環,則 4 整除 $\binom{n}{2}$ 且 $\binom{n}{2}=4t$,對某些 $t \in \mathbf{Z}^+$。對出現在一個循環上的各個頂點 v,存在 (K_n 的) 二個邊和 v 接合。因此,K_n 的每個頂點 v 為偶次數,所以 n 為奇數。因此,$n-1$ 是偶數且因 $4t=\binom{n}{2}=n(n-1)/2$,得 $8t=n(n-1)$。所以 8 整除 $n(n-1)$,且因 n 是奇數,(由算術基本定理) 得 8 整除 $n-1$。因此,$n-1=8k$,或 $n=8k+1$,對某些 $k \in \mathbf{Z}^+$。

13. $\delta|V| \leq \sum_{v \in V} \deg(v) \leq \Delta|V|$。因為 $2|E|=\sum_{v \in V} \deg(v)$,得 $\delta|V| \leq 2|E| \leq \Delta|V|$,所以 $\delta \leq 2(e/n) \leq \Delta$。

15. 以循環 $v_1 \to v_2 \to v_3 \to \cdots \to v_{2k-1} \to v_{2k} \to v_1$ 開始。接著繪 k 個邊 $\{v_1, v_{k+1}\}$,$\{v_2, v_{k+2}\}$,$\cdots$,$\{v_i, v_{i+k}\}$,$\cdots$,$\{v_k, v_{2k}\}$。所得圖有 $2k$ 個邊,其中每邊的次數為 3。

17. (系理 11.1) 令 $V=V_1 \cup V_2$,其中 $V_1(V_2)$ 含有所有奇 (偶) 次數頂點。則 $2|E|-\sum_{v \in V_2} \deg(v)=\sum_{v \in V_1} \deg(v)$ 是一個整數。因為 $|V_1|$ 為奇數,$\sum_{v \in V_1} \deg(v)$ 是奇數。

  (系理 11.2) 對於逆向,令 $G=(V, E)$ 有一條以 a,b 為始點及終點的 Euler 小徑。將邊 $\{a, b\}$ 加至 G 形成較大的圖 $G_1=(V, E_1)$,其中 G_1 有一條 Euler 環道。因此 G_1 是連通的且 G_1 上的每個頂點均有偶次數。當我們由 G_1 移走邊 $\{a, b\}$,G 上所有頂點將有相同偶次數除 a,b

之外；$\deg_G(a)=\deg_{G_1}(a)-1$，$\deg_G(b)=\deg_{G_1}(b)-1$，所以頂點 a，b 有奇次數於 G 上。而且，因為 G 上的所有邊形成一條 Euler 小徑，所以 G 是連通的。

19. **a)** 令 a，b，c，x，$y \in V$ 且 $\deg(a)=\deg(b)=\deg(c)=1$，$\deg(x)=5$ 及 $\deg(y)=7$。因為 $\deg(y)=7$，y 和 V 上的所有其它 (七個) 頂點相鄰。因此，頂點 x 不和頂點 a，b 及 c 任何一點相鄰。因為 x 不能和自己相鄰，除非我們有迴路，得 $\deg(x) \leq 4$，且我們無法繪一圖給所給的條件。

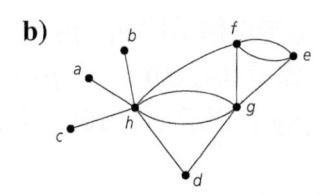

b)

21. n 奇數；$n=2$ 23. 是

25. **a)** (i) 13 (ii) 25 (iii) 41 (iv) $2n^2-2n+1$
    b) (i) 12 (ii) 24 (iii) 40 (iv) $2n^2-2n$

27. 在任一有向圖 (或多重圖)，$\Sigma_{v \in V}\,\text{od}(v)=|E|=\Sigma_{v \in V}\,\text{id}(v)$，所以 $\Sigma_{v \in V}[\text{od}(v)-\text{id}(v)]=0$。對每個 $v \in V$，$\text{od}(v)+\text{id}(v)=n-1$，所以

$$0 = (n-1) \cdot 0 = \sum_{v \in V}(n-1)[\text{od}(v)-\text{id}(v)]$$
$$= \sum_{v \in V}[\text{od}(v)+\text{id}(v)][\text{od}(v)-\text{id}(v)]$$
$$= \sum_{v \in V}[(\text{od}(v))^2-(\text{id}(v))^2],$$

且結果成立。

29. **a)** 和 **b)**   **c)**

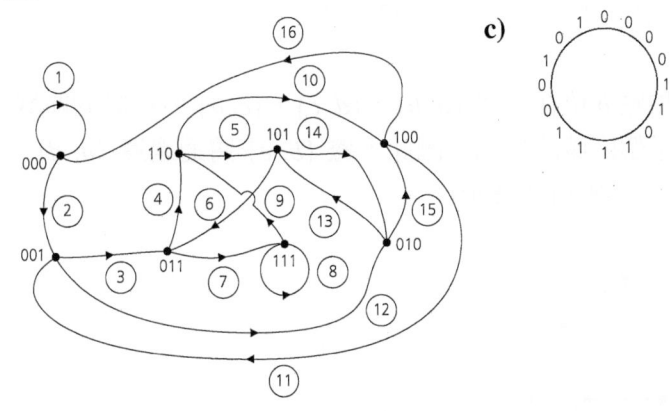

31. 令 $|V|=n \geq 2$。因為 G 是無迴路且連通的，對所有 $x \in V$ 我們有 $1 \leq \deg(x) \leq n-1$。以所有 n 個頂點做為鴿子並以 $n-1$ 可能次數做為鴿洞應用鴿洞原理。

33. a) 是 **b)** 是 **c)** 否

35. 否。令每個人表圖上的一個頂點。若 v，w 表這些人中的兩位，繪邊 $\{v, w\}$ 若這兩人握手。若情況可能，則我們將有一個具 15 個頂點的圖，每個頂點的次數為 3。所以所有頂點的次數和將為 45，為一個奇數。這和定理 11.2 矛盾。

37. 將 Gray 編碼 $\{00, 01, 11, 10\}$ 指派給四個水平層：頂層 — 00；第二層 (由頂層算起) — 01；第二層 (由底層算起) — 11；底層 — 10。同樣的，指派相同的編碼至四個垂直層：左層 (或第一層) — 00；第二層 — 01；第三層 — 11；右層 (或第四層) — 10。這提供標示給 p_1，p_2，…，p_{16}，其中，例如，p_1 有標示 $(00, 00)$，p_2 有標示 $(01, 00)$，…，p_7 有標示 $(11, 01)$，…，p_{11} 有標示 $(11, 11)$，…，p_{15} 有標示 $(11, 10)$，且 p_{16} 有標示 $(10, 10)$。

定義函數 f 由這個格點的 16 個頂點之集合至 Q_4 的所有頂點為 $f((ab, cd)) = abcd$。此處 $f((ab, cd)) = f((a_1b_1, c_1d_1)) \Rightarrow abcd = a_1b_1c_1d_1 \Rightarrow a = a_1$，$b = b_1$，$c = c_1$，$d = d_1 \Rightarrow (ab, cd) = (a_1b_1, c_1d_1) \Rightarrow f$ 是一對一。因為 f 的定義域及對應域均有 16 個頂點，由定理 5.11 得 f 亦為映成。最後，令 $\{(ab, cd), (wx, yz)\}$ 為格點上的一邊。則不是 $ab = wx$ 且 cd、yz 相異一個分量就是 $cd = yz$ 且 ab、wx 相異一個分量。假設 $ab = wx$ 且 $c = y$，但 $d \neq z$，則 $\{abcd, wxyz\}$ 是 Q_4 上的一邊。同法可得其它情形。反之，假設 $\{f((a_1b_1, c_1d_1)), f((w_1x_1, y_1z_1))\}$ 是 Q_4 上的一邊，則 $a_1b_1c_1d_1$，$w_1x_1y_1z_1$ 恰相異一個分量——稱第一個分量。則在格點上，有一個邊給頂點 $(0b_1, c_1d_1)$，$(1b_1, c_1d_1)$。同理對其它三個分量。結果，f 在 3×3 的格點及 Q_4 的一個子圖間建立一個同構函數。(注意：3×3 的格點有 24 個邊而 Q_4 有 32 個邊。)

11.4 節

1. 此時頂點 b 位在由邊 $\{a, b\}$，$\{d, c\}$，$\{c, a\}$ 所形成的區域內，且頂點 e 位在這個區域的外部。因此，邊 $\{b, e\}$ 將通過邊 $\{a, d\}$，$\{d, c\}$ 或 $\{a, c\}$ 中的一邊，(如圖示)。

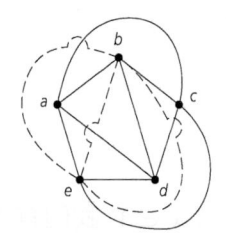

3. a)

圖	頂點數	邊數
$K_{4,7}$	11	28

$K_{7,11}$	18	77
$K_{m,n}$	$m+n$	mn

b) $m=6$

5. a) 偶圖 **b)** 偶圖 **c)** 非偶圖

7. a) $\binom{m}{2}\binom{n}{2}$ **b)** $m\binom{n}{2}+n\binom{m}{2}=(1/2)(mn)[m+n-2]$

　c) $(m)(n)(m-1)(n-1)=4\binom{m}{2}\binom{n}{2}$

9. a) 6　**b)** $(1/2)(7)(3)(6)(2)(5)(1)(4)=2520$　**c)** 50,295,168,000

　d) $(1/2)(n)(m)(n-1)(m-1)(n-2)\cdots(2)(n-(m+1))(1)(n-m)$

11. 將 V 分割為 $V_1 \cup V_2$ 其中 $|V_1|=m$，$|V_2|=n-m$。若 G 是偶圖，則 G 能有的最大邊數是 $m(v-m)=-[m-(v/2)]^2+(v/2)^2$，一個 m 的函數。對一個已知的 v 值，當 v 是偶數，$m=v/2$ 極大化 $m(v-m)=(v/2)[v-(v/2)]=(v/2)^2$。對 v 為奇數，$m=(v-1)/2$ 或 $m=(v+1)/2$ 極大化 $m(v-m)=[(v-1)/2][v-((v-1)/2)]=[(v-1)/2][(v+1)/2]=[(v+1)/2][v-((v+1)/2)]=(v^2-1)/4=\lfloor(v/2)^2\rfloor<(v/2)^2$。因此，若 $|E|>(v/2)^2$，則 G 不可能是偶圖。

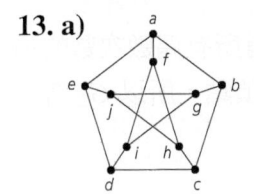

13. a)

$a:\{1,2\}$	$f:\{4,5\}$
$b:\{3,4\}$	$g:\{2,5\}$
$c:\{1,5\}$	$h:\{2,3\}$
$d:\{2,4\}$	$i:\{1,3\}$
$e:\{3,5\}$	$j:\{1,4\}$

b) G 是 (同構至) Petersen 圖 [參見圖 11.52(a)。]

15. mn 必為偶數。

17. a) 有 17 個頂點，34 個邊及 19 個區域，且 $v-e+r=17-34+19=2$。

　b) 這裡我們發現 10 個頂點，24 個邊及 16 個區域，且 $v-e+r=10-24+16=2$。

19. 10

21. 若否，$\deg(v) \geq 6$ 對所有 $v \in V$，則 $2e=\Sigma_{v\in V}\deg(v) \geq 6|V|$ 故 $e \geq 3|V|$，和 $e \leq 3|V|-6$ 矛盾 (系理 11.3)。

23. a) $2e \geq kr = k(2+e-v) \Rightarrow (2-k)e \geq k(2-v) \Rightarrow e \leq [k/(k-2)](v-2)$　**b)** 4

　c) 在 $K_{3,3}$ 上，我們有 $e=9$ 且 $v=6$。$[k/(k-2)](v-2)=(4/2)(4)=8<9=e$，因為 $K_{3,3}$ 是連通的，它必為非平面的。

　d) 此處 $k=5$，$v=10$，$e=15$ 且 $[k/(k-2)](v-2)=(5/3)(8)=(40/3)<15=e$。Petersen 圖是連通的，所以它必為非平面的。

25. a) 四面體 [圖 11.59(b)] 的對偶是圖本身。圖 11.59(d) 的圖 (立方體) 的對偶是八面體，且逆向亦成立。同樣的，十二面體的對偶是二十面體，且逆向亦成立。

b) 對 $n \in \mathbf{Z}^+$，$n \geq 3$，舵圖 W_n 的對偶是 W_n 本身。

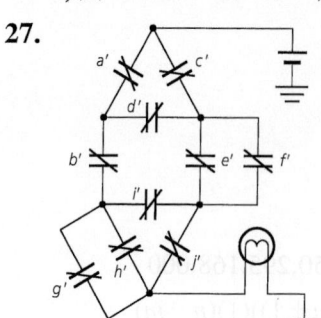

27.

29. a) 如我們在例題 11.18 之後的註解中所提到的，當 G_1，G_2 是同胚圖時，則它們可被視為同構，除了，可能的，次數為 2 的頂點。因此，兩個此類圖將有相同個數的奇次數頂點。

b) 現在若 G_1 有一條 Euler 小徑，則 G_1 (是連通的且) 有所有偶次數的頂點——兩點除外，這兩個頂點是在 Euler 小徑的起點及終點。由 (a) G_2 同樣是連通的且具所有偶次數頂點，除了兩個奇次數外。因此，G_2 有一條 Euler 小徑。(同理，逆向成立。)

c) 若 G_1 有一條 Euler 環道，則 G_1 (是連通的且) 有所有偶數次數的頂點。由 (a)，G_2 同樣是連通的且有所有偶次數的頂點，所以 G_2 有一條 Euler 環道。(同理，逆向成立。)

11.5 節

1. a) b) c) d)

3. a) Hamilton 循環：$a \to g \to k \to i \to h \to b \to c \to d \to j \to f \to e \to a$
b) Hamilton 循環：$a \to d \to b \to e \to g \to j \to i \to f \to h \to c \to a$
c) Hamilton 循環：$a \to h \to e \to f \to g \to i \to d \to c \to b \to a$
d) Hamilton 循環：$a \to c \to d \to b \to e \to f \to g$
e) Hamilton 循環：$a \to b \to c \to d \to e \to j \to i \to h \to g \to f \to k \to l \to m \to n \to o$
f) Hamilton 循環：$a \to b \to c \to d \to e \to j \to i \to h \to g \to l \to m \to n \to o \to t \to s \to r \to q \to p \to k \to f \to a$

5. d) 若我們移走頂點 a，b 或 g 中的任一個，則所得的子圖有一條 Hamilton 循環。例如，一旦移走頂點 a，我們發現 Hamilton 循環 $b \to d \to c \to f \to g \to e \to b$。

e) 下面 Hamilton 循環存在若我們移走頂點 g：$a \to b \to c \to d \to e \to j \to o \to n \to i \to h \to m \to l \to k \to f \to a$。一旦移走頂點之 i，得一個對稱的結果。

7. a) $(1/2)(n-1)!$ **b)** 10 **c)** 9

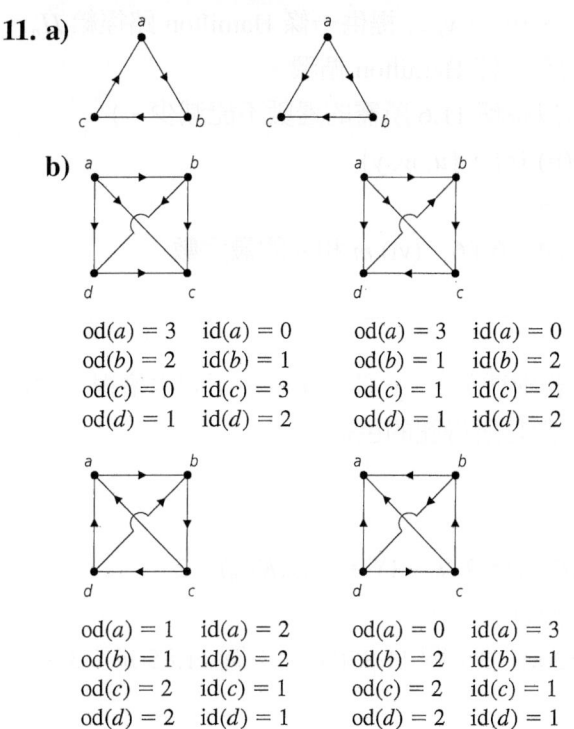

9. 令 $G=(V, E)$ 是一個無迴路無向圖且沒有奇循環。我們假設 G 是連通的——否則，我們以 G 的連通分區來工作。選 V 上的任一頂點 x，且令 $V_1 = \{v \in V | d(x, v)$，$x$ 和 v 間最短路徑的長度，是奇數$\}$ 且 $V_2 = \{w \in V | d(x, w)$，$x$ 和 w 間最短路徑的長度，是偶數$\}$。注意 (i) $x \in V_2$，(ii) $V = V_1 \cup V_2$，及 (iii) $V_1 \cap V_2 = \emptyset$。我們要求 E 上的各邊 $\{a, b\}$ 有一個頂點在 V_1 上且另一個頂點在 V_2 上。對假設 $e = \{a, b\} \in E$ 且 $a, b \in V_1$。(對 $a, b \in V_2$ 的證明是相似的。) 令 $E_a = \{\{a, v_1\}, \{v_1, v_2\}, \cdots, \{v_{m-1}, x\}\}$ 是一條由 a 到 x 的最短路徑上的 m 個邊，且令 $E_b = \{\{b, v_1'\}, \{v_1', v_2'\}, \ldots, \{v_{n-1}', x\}\}$ 是一條由 b 到 x 的最短路徑上的 n 個邊。注意 m 和 n 均為奇數。若 $\{v_1, v_2, \ldots, v_{m-1}\} \cap \{v_1', v_2', \ldots, v_{n-1}'\} = \emptyset$，則邊集 $E' = \{\{a, b\}\} \cup E_a \cup E_b$ 提供一條奇循環於 G 上。否則，令 $w (\neq x)$ 為第一個頂點，其中所有路徑合起來，且令 $E'' = \{\{a, b\}\} \cup \{\{a, v_1\}, \{v_1, v_2\}, \ldots, \{v_i, w\}\} \cup \{\{b, v_1'\}, \{v_1', v_2'\}, \ldots, \{v_j', w\}\}$。對某些 $1 \leq i \leq m-1$ 且 $1 \leq j \leq n-1$，則不是 E'' 提供一條奇循環給 G 就是 $E' - E''$ 有一條奇循環給 G。

11. a)

b)

od(a) = 3 id(a) = 0   od(a) = 3 id(a) = 0
od(b) = 2 id(b) = 1   od(b) = 1 id(b) = 2
od(c) = 0 id(c) = 3   od(c) = 1 id(c) = 2
od(d) = 1 id(d) = 2   od(d) = 1 id(d) = 2

od(a) = 1 id(a) = 2   od(a) = 0 id(a) = 3
od(b) = 1 id(b) = 2   od(b) = 2 id(b) = 1
od(c) = 2 id(c) = 1   od(c) = 2 id(c) = 1
od(d) = 2 id(d) = 1   od(d) = 2 id(d) = 1

13. 證明：若否，則存在一個頂點 x 滿足 $(v, x) \notin E$，且對所有 $y \in V$，$y \neq v, x$，若 $(v, y) \in E$，則 $(y, x) \notin E$。因為 $(v, x) \notin E$，我們有 $(x, v) \in E$，因為 T 是一個競賽。而且，對每個稍早所提的 y，我們亦有 $(x, y) \in E$。因此，od(x) $\geq$ od(v) + 1——和 od(v) 是一個極大值矛盾。

15. 對所給圖中的多重點圖，$|V|=4$ 且 $\deg(a)=\deg(c)=\deg(d)=2$ 及 $\deg(b)=6$。因此，$\deg(x)+\deg(y)\geq 4>3=4-1$ 對任意不相鄰的 $x,y\in V$，但多重圖沒有 Hamilton 路徑。

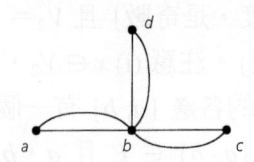

17. 對 $n\geq 5$，令 $C_n=(V,E)$ 表具 n 個頂點的循環，則 C_n 有 (確實是) 一條 Hamilton 循環，但對所有 $v\in V$，$\deg(v)=2<n/2$。

19. 這個由定理 11.9 成立，因為對所有 (不相鄰的) $x,y\in V$，$\deg(x)+\deg(y)=12>11=|V|$。

21. 當 $n=5$，圖 C_5 和 $\overline{C}_5$ 是同構的，且均是含 5 個頂點的 Hamilton 循環。對 $n\geq 6$，令 u,v 表 $\overline{C}_n$ 上不相鄰的頂點。因為 $\deg(u)=\deg(v)=n-3$，我們發現 $\deg(u)+\deg(v)=2n-6$。同理，$2n-6\geq n\Leftrightarrow n\geq 6$，所以由定理 11.9，得餘循環 $\overline{C}_n$ 有一條 Hamilton 循環當 $n\geq 6$ 時。

23. a) 路徑 $v\to v_1\to v_2\to v_3\to\cdots\to v_{n-1}$ 提供一條 Hamilton 路徑給 H_n。因為 $\deg(v)=1$，圖不能有一條 Hamilton 循環。

b) 此處 $|E|=\binom{n-1}{2}+1$。(所以系理 11.6 所需的邊數不能減少。)

25. a) (i) $\{a,c,f,h\}$，$\{a,g\}$　(ii) $\{z\}$，$\{u,w,y\}$
b) (i) $\beta(G)=4$　(ii) $\beta(G)=3$
c) (i) 3　(ii) 3　(iii) 3　(iv) 4　(v) 6　(vi) m 和 n 的最大數
d) 含 $|I|$ 個頂點的完全圖。

11.6 節

1. 對各個魚種繪一個頂點。若兩種魚 x,y 必被保留在不同水槽裡，繪邊 $\{x,y\}$。則所需的最小水槽數是所得圖的色數。

3. a) 3　**b)** 5

5. a) $P(G,\lambda)=\lambda(\lambda-1)^3$
b) 對 $G=K_{1,n}$ 我們發現 $P(G,\lambda)=\lambda(\lambda-1)^n$。$\chi(K_{1,n})=2$

7. a) 2　**b)** 2 (n 偶數)；3 (n 奇數)
c) 圖 11.59(d)：2；圖 11.62(a)：3；圖 11.85(i)：2；圖 11.85(ii)：3
d) 2

9. a) (1) $\lambda(\lambda-1)^2(\lambda-2)^2$　(2) $\lambda(\lambda-1)(\lambda-2)(\lambda^2-2\lambda+2)$
(3) $\lambda(\lambda-1)(\lambda-2)(\lambda^2-5\lambda+7)$
b) (1) 3　(2) 3　(3) 3　**c)** (1) 720　(2) 1020　(3) 420

11. 令 $e=\{v,w\}$ 為被移去的邊，共有 $\lambda(1)(\lambda-1)(\lambda-2)\cdots(\lambda-(n-2))$ 種

G_n 的完全著色，其中 v, w 享有相同顏色且有 $\lambda(\lambda-1)(\lambda-2)\cdots(\lambda-(n-1))$ 種完全著色，其中 v, w 被著以不同顏色。因此 $P(G_n,\lambda)=\lambda(\lambda-1)\cdots(\lambda-n+2)+\lambda(\lambda-1)\cdots(\lambda-n+1)=\lambda(\lambda-1)\cdots(\lambda-n+3)(\lambda-n+2)^2$，所以 $\chi(G_n)=n-1$。

13. a) $|V|=2n$; $|E|=(1/2)\Sigma_{v\in V}\deg(v)=(1/2)[4(2)+(2n-4)(3)]=(1/2)[8+6n-12]=3n-2$, $n\geq 1$

b) 對 $n=1$，我們發現 $G=K_2$ 且 $P(G,\lambda)=\lambda(\lambda-1)=\lambda(\lambda-1)(\lambda^2-3\lambda+3)^{1-1}$ 所以在第一個情形結果成立。對 $n=2$，我們有 $G=C_4$，長度為 4 的循環，且此時 $P(G,\lambda)=\lambda(\lambda-1)^3=\lambda(\lambda-1)(\lambda-2)=\lambda(\lambda-1)(\lambda^2-3\lambda+3)^{2-1}$。所以對 $n=2$ 結果成立。假設結果對任意 (但固定) $n\geq 1$ 為真，考慮 $n+1$ 的情形。記 $G=G_1\cup G_2$，其中 G_1 是 C_4 且 G_2 是 n 條橫木的梯子圖。則 $G_1\cap G_2=K_2$，所以由定理 11.14，我們有 $P(G,\lambda)=P(G_1,\lambda)\cdot P(G_2,\lambda)/P(K_2,\lambda)=[(\lambda)(\lambda-1)(\lambda^2-3\lambda+3)][(\lambda)(\lambda-1)(\lambda^2-3\lambda+3)^{n-1}]/[(\lambda)(\lambda-1)]=(\lambda)(\lambda-1)(\lambda^2-3\lambda+3)^n$。因此，結果對所 $n\geq 1$ 為真，由數學歸納法原理。

15. a) $\lambda(\lambda-1)(\lambda-2)$ **b)** 由定理 11.10 成立

c) 由積規則成立。

d) $P(C_n,\lambda) = P(P_{n-1},\lambda) - P(C_{n-1},\lambda) = \lambda(\lambda-1)^{n-1} - P(C_{n-1},\lambda)$
$= [(\lambda-1)+1](\lambda-1)^{n-1} - P(C_{n-1},\lambda)$
$= (\lambda-1)^n + (\lambda-1)^{n-1} - P(C_{n-1},\lambda),$

所以 $P(C_n,\lambda) - (\lambda-1)^n = (\lambda-1)^{n-1} - P(C_{n-1},\lambda).$

以 $n-1$ 代 n 得

$P(C_{n-1},\lambda) - (\lambda-1)^{n-1} = (\lambda-1)^{n-2} - P(C_{n-2},\lambda).$

因此

$P(C_n,\lambda) - (\lambda-1)^n = P(C_{n-2},\lambda) - (\lambda-1)^{n-2}.$

e) 由 (d) 繼續

$P(C_n,\lambda) = (\lambda-1)^n + (-1)^{n-3}[P(C_3,\lambda) - (\lambda-1)^3]$
$= (\lambda-1)^n + (-1)^{n-1}[\lambda(\lambda-1)(\lambda-2) - (\lambda-1)^3]$
$= (\lambda-1)^n + (-1)^n(\lambda-1).$

17. 由定理 11.13，$P(G,\lambda)$ 的展開式將恰含 K_n 的著色多項式的一項。因為沒有較大的圖產生，這項決定次數為 n 及首項係數為 1。

19. a) 對 $n\in \mathbf{Z}^+$, $n\geq 3$，令 C_n 表含 n 個頂點的循環。若 n 是奇數則 $\chi(C_n)=3$。但對每個 $v\in C_n$，子圖 C_n-v 是一條具 $n-1$ 個頂點的路徑且 $\chi(C_n-v)=2$。所以對 n 是奇數，C_n 是色-臨界。

然而，當 n 是偶數我們有 $\chi(C_n)=2$，且對每個 $v\in C_n$，子圖 C_n-v 仍舊是一條具 $n-1$ 個頂點的路徑且 $\chi(C_n-v)=2$。因此，具偶

數個頂點的循環不是色-臨界。

b) 對每個完全圖 K_n，其中 $n \geq 2$，我們有 $\chi(K_n)=n$，且對每個頂點 $v \in K_n$，K_n-v 是 (同構於) K_{n-1}，所以 $\chi(K_n-v)=n-1$。因此，每一個至少有一邊的完全圖是色-臨界。

c) 假設 G 是不連通的。令 G_1 是 G 的一個連通分區，其中 $\chi(G_1)=\chi(G)$，且令 G_2 是 G 的任一其它連通分區。則 $\chi(G_1) \geq \chi(G_2)$，且對所有 $v \in G_2$，我們發現 $\chi(G-v)=\chi(G_1)=\chi(G)$，所以 G 不是色-臨界。

補充習題

1. $n=17$

3. a) 標示 K_6 的所有頂點為 $a, b, \cdots, f$。以 a 為頂點的五個邊中，至少有三邊有相同顏色，稱其為紅色。令這些邊為 $\{a, b\}$，$\{a, c\}$，$\{a, d\}$。若邊 $\{b, c\}$，$\{c, d\}$，$\{b, d\}$ 均為藍色，結果成立。若否，這些邊中的一邊，稱其為 $\{c, d\}$，為紅色。則邊 $\{a, c\}$，$\{a, d\}$，$\{c, d\}$ 產生一個紅色三角形。

b) 考慮 6 人為頂點。若兩人是朋友 (陌生人)，則繪一條紅 (藍) 色邊連接它們的各別頂點。由 (a)，結果成立。

5. a) 我們可重繪 G_2 為

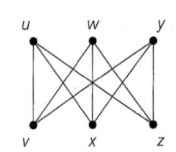

b) 72

7. a) 1260　**b)** 756

c) (情形 1：p 為奇數，$p=2k+1$，其中 $k \in \mathbf{N}$。) 這裡有 mn 條長度為 $p=1$ 的路徑 (當 $k=0$) 及 $(m)(n)(m-1)(n-1) \cdots (m-k)(n-k)$ 條長度為 $p=2k+1 \geq 3$ 的路徑。

(情形 2：p 為偶數，$p=2k$，其中 $k \in \mathbf{Z}^+$。) 當 $p<2m$ (i.e., $k<m$) 長度為 p 的路徑數是 $(1/2)(m)(n)(m-1)(n-1) \cdots (n-(k-1))(m-k) + (1/2)(n)(m)(n-1) \cdot (m-1) \cdots (m-(k-1))(n-k)$。對 $p=2m$ 我們發現 $(1/2)(n)(m)(n-1)(m-1) \cdots (m-(m-1))(n-m)$ 條長度為 $2m$ (最長的) 路徑。

9. a) 令 I 為獨立的且 $\{a, b\} \in E$。若 a 和 b 均不在 $V-I$ 上，則 $a, b \in I$，且因為它們是相鄰的，I 不是獨立的。反之，若 $I \subseteq V$ 滿足 $V-I$ 是 G 的一個覆蓋，則若 I 不是獨立的，存在 $x, y \in I$ 滿足 $\{x, y\} \in E$，但 $\{x, y\} \in E \Rightarrow$ 不是 x 就是 y 在 $V-I$ 上。

b) 令 I 是 G 上最大的極大獨立集且 K 是一個極小覆蓋。由 (a) $|K| \leq |V$

$-|I|=|V|-|I|$ 且 $|I| \geq |V-K|=|V|-|K|$ 或 $|K|+|I| \geq |V| \geq |K|+|I|$。

11. $a_n=a_{n-1}+a_{n-2}$，$a_0=a_1=1$　$a_n=F_{n+1}$，第 $n+1$ 個 Fibonacci 數

13. $a_n=a_{n-1}+2a_{n-2}$，$a_1=3$，$a_2=5$　$a_n=(-1/3)(-1)^n+(4/3)(2^n)$，$n \geq 1$

15. a) $\gamma(G)=2$；$\beta(G)=3$；$\chi(G)=4$

b) G 既沒有一條 Euler 小徑也沒有一條 Euler 環道；G 確有一條 Hamilton 循環。

c) G 不是偶圖，但它是平面的。

17. a) $\chi(G) \geq \omega(G)$。　**b)** 它們相等。

19. a) 常數項是 3，非 0。這和定理 11.11 矛盾。

b) 首項係數是 3，非 1。這和 11.6 節習題 17 的結果矛盾。

c) 所有係數和是 -1，非 0。這和定理 11.12 矛盾。

21. a) $a_n=F_{n+2}$，第 $n+2$ 個 Fibonacci 數

c) $H_1: 3+F_6$　$H_2: 3+F_7$　$H_3: 3+F_{n+2}$　**d)** 2^s-1+m

第 12 章
樹　形

1. a)

b) 5

3. a) 47　**b)** 11　**5.** 路徑　**7.**

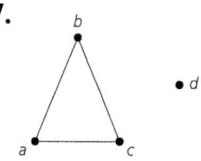

9. G 上的各對頂點間若存在一條唯一的路徑，則 G 是連通的。若 G 有一個循環，則存在一對頂點 x，y 且有兩條相異路徑連結 x 和 y。因此，G 是一個無迴路連通無向圖且沒有循環，所以 G 是一個樹形。

11. $\binom{n}{2}$

13. 在所給圖的 (i)，我們發現完全偶圖 $K_{2,3}$。圖的 (ii) 和 (iii) 提供兩個非同構生成樹形給 $K_{2,3}$。圖 (ii) 和 (iii) (頂多同構) 是 $K_{2,3}$ 的唯一生成樹形。

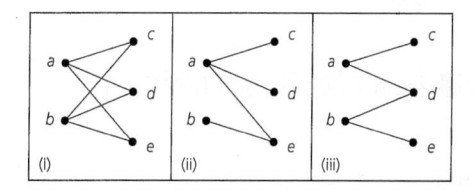

15. (1) 6　(2) 36

17. a) $n \geq m+1$

b) 令 k 為 T 上懸掛頂點的個數。由定理 12.2 及 12.3，我們有 $2(n-1)$ $=2|E|=\sum_{v \in V} \deg(v) \geq k+m(n-k)$。因此，

$$[2(n-1) \geq k+m(n-k)] \Rightarrow [2n-2 \geq k+mn-mk]$$
$$\Rightarrow [k(m-1) \geq 2-2n+mn = 2+(m-2)n \geq 2+(m-2)(m+1)$$
$$= 2+m^2-m-2 = m^2-m = m(m-1)],$$

所以 $k \geq m$。

19. a) 若 T 的餘圖有一割集，則移走這些邊後令 G 不連通，且有頂點 x，y，其中沒有路徑連接它們。因此，T 不是 G 的生成樹形。

b) 若 C 的餘圖有一生成樹形，則 G 上的每對頂點有一條路徑連接它們，且該條路徑不含 C 的邊。因此，由 G 移走 C 上的所有邊無法令 G 不連通，所以 C 不是 G 的割集。

21. a) (i) 3，4，6，3，8，4　(ii) 3，4，6，6，8，4

b) 所給的樹形沒有懸掛頂點出現在數列裡，所以結果對這些頂點為真。當邊 $\{x, y\}$ 被移走且 y 是 (樹形或所得子樹形中的一個的) 懸掛頂點，$\deg(x)$ 減 1 且 x 被擺進數列裡。當過程繼續，不是 (i) 這個頂點 x 變成一個子樹形上的一懸掛頂點且被移走不再被記錄在數列裡，就是 (ii) 頂點 x 留下來做為集邊的最後兩個頂點之一。不管是那一種情形，x 已被列在數列裡 $[\deg(x)-1]$ 次。

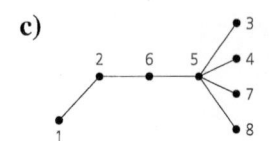

c)

d) 輸入：所給的 Prüfer 碼 x_1，x_2，$\cdots$，x_{n-2}

輸出：具標示為 1，2，$\cdots$，n 的 n 個頂點的唯一樹形 T。(這個樹形有 Prüfer 碼 x_1，x_2，$\cdots$，x_{n-2}。)

$C := [x_1, x_2, \cdots, x_{n-2}]$　{初始化 C 為一個表列 (有序集)}

$L := [1, 2, \cdots, n]$　{初始化 L 為一個表列 (有序集)}

$T := \emptyset$

for $i := 1$ **to** $n-2$ **do**

　　$v :=$ 在 L 但不在 C 的最小元素

　　$w := C$ 上第一個元素

　　$T := T \cup \{\{v, w\}\}$　{將新邊 $\{v, w\}$ 加至目前的森林。}

　　由 L 移去 v

　　由 C 移走第一次出現的 w

$T:=T \cup \{\{y,z\}\}$ {頂點 y，z 是最後兩個留在 L 上的元素。}

23. a) 若樹形有 $n+1$ 個頂點，則它是 (同構於) 完全偶圖 $K_{1,n}$ ——經常被稱是星圖。

b) 若樹形有 n 個頂點，則它是 (同構於) 一條含 n 個頂點的路徑。

25. 令 $E_1 = \{\{a,b\}, \{b,c\}, \{c,d\}, \{d,e\}, \{b,h\}, \{d,i\}, \{f,i\}, \{g,i\}\}$ 且 $E_2 = \{\{a,h\}, \{b,i\}, \{h,i\}, \{g,h\}, \{f,g\}, \{c,i\}, \{d,f\}, \{e,f\}\}$。

12.2 節

1. a) f，h，k，p，q，s，t **b)** a **c)** d
d) e，f，j，q，s，t **e)** q,t **f)** 2 **g)** k，p，q，s，t

3. a) $/+w-xy*\pi\uparrow z3$ **b)** 0.4

5. 前序：r，j，h，g，e，d，b，a，c，f，i，k，m，p，s，n，q，t，v，w，u

內序：h，e，a，b，d，c，g，f，j，i，r，m，s，p，k，n，v，t，w，q，u

後序：a，b，c，d，e，f，g，h，i，j，s，p，m，v，w，t，u，q，n，k，r

7. a) (i) 且 (iii)

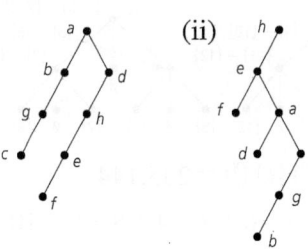

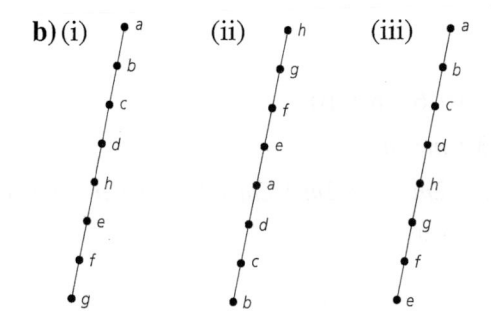

b) (i) (ii) (iii)

9. G 是連通的。

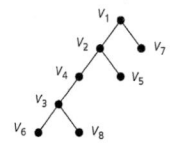

11. 定理 12.6

a) 每個內部頂點有 m 個小孩，所以有 mi 個頂點是某些其它頂點的小孩。這個說明樹形上的所有頂點，除了根之外。因此，$n = mi + 1$。

b) $\ell+i=n=mi+1 \Rightarrow \ell=(m-1)i+1$
c) $\ell=(m-1)i+1 \Rightarrow i=(\ell-1)/(m-1)$
 $n=mi+1 \Rightarrow i=(n-1)/m$

系理 12.1
因為樹形是平衡的，$m^{h-1}<\ell \le m^h$ 由定理 12.7

$$m^{h-1}<\ell \le m^h \Rightarrow \log_m(m^{h-1})<\log_m(\ell)\le \log_m(m^h)$$
$$\Rightarrow (h-1)<\log_m \ell \le h \Rightarrow h=\lceil \log_m \ell \rceil$$

13. a) 102; 69

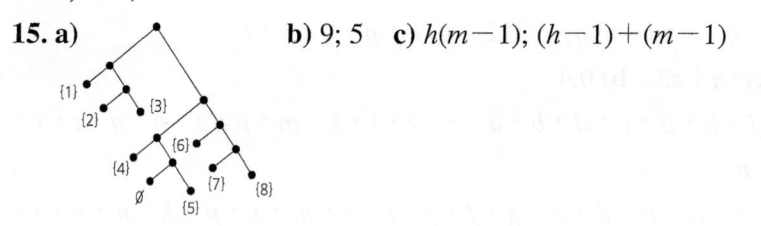

15. a) [圖] **b)** 9; 5 **c)** $h(m-1)$; $(h-1)+(m-1)$

17. 21845; $1+m+m^2+\cdots+m^{h-1}=(m^h-1)/(m-1)$

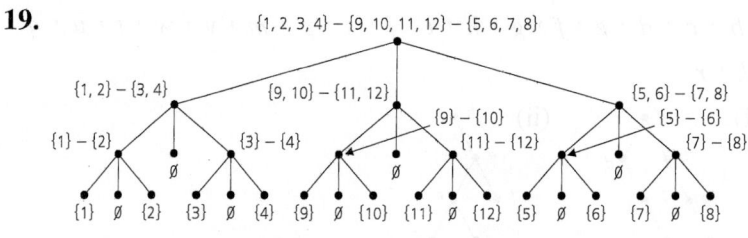

19. [圖]

21. $\binom{1}{6}\binom{10}{5}\binom{1}{10}\binom{18}{9}=204{,}204$ $\binom{1}{11}\binom{20}{10}\binom{1}{5}\binom{8}{4}=235{,}144$

23. a) 1，2，5，11，12，13，14，3，6，7，4，8，9，10，15，16，17
b) 根樹形的前序穿程

12.3 節

1. a) L_1：1，3，5，7，9 L_2：2，4，6，8，10
b) L_1：1，3，5，7，$\cdots$，$2m-3$，$m+n$
  L_2：2，4，6，8，$\cdots$，$2m-2$，$2m-1$，$2m$，$2m+1$，$\cdots$，$m+n-1$

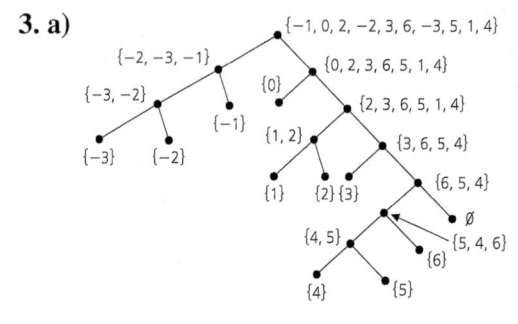

3. a) [圖]

12.4 節

1. a) tear **b)** tatener **c)** rant

3. a：111　　c：0110　　e：10　　g：11011　　i：00
   b：110101　d：1100　f：0111　h：010　j：110100

5. 55,987

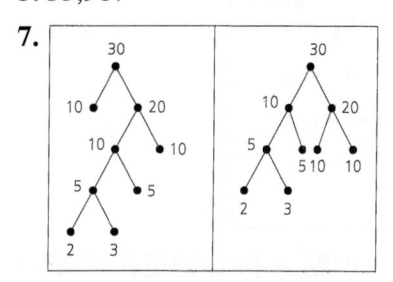

7.

修正 Huffman 樹形演算法的步驟 (2) 之 (a) 如下：若有 n (>2) 個此類樹形具有最小的根加權 w 和 w'，則

(i) 若 $w<w'$ 且這些樹形中有 $n-1$ 個有根加權 w'，選一個具有最小高度的 (根加權 w') 樹形；且

(ii) 若 $w=w'$ (且所有 n 樹形有相同的最小根加權)，選二個最小高度的 (根加權 w) 樹形。

12.5 節

1. 接合點是 b，e，f，h，j，k。雙連通連通分區 $B_1=\{\{a,b\}\}$；$B_2=\{\{d,e\}\}$；$B_3=\{\{b,c\},\{c,f\},\{f,e\},\{e,b\}\}$；$B_4=\{\{f,g\},\{g,h\},\{h,f\}\}$；$B_5=\{\{h,i\},\{i,j\},\{j,h\}\}$；$B_6=\{\{j,k\}\}$；$B_7=\{\{k,p\},\{p,n\},\{n,m\},\{m,k\},\{p,m\}\}$。

3. a) T 可有少至 1 個或多至 $n-2$ 個接合點。若 T 有一個次數 $(n-1)$ 的頂點，則這個頂點是唯一的接合點。若 T 是一條含 n 個頂點及 $n-1$ 個邊的路徑，則次數為 2 的所有 $n-2$ 個頂點全是接合點。

   b) 在所有情形裡，含 n 個頂點的樹形有 $n-1$ 個雙連通連通分區，每個邊是一個雙連通連通分區。

5. $\chi(G)=\max\{\chi(B_i)|1\le i\le k\}$。

7. 證明：假設 G 有一個懸掛頂點，稱其為 x，且 $\{w,x\}$ 是 E 上接合 x 的 (唯一) 邊。因為 $|V|\ge 3$，我們知道 $\deg(w)\ge 2$ 且 $\kappa(G-w)\ge 2>1=\kappa(G)$。因此，$w$ 是 G 的一個接合點。

9. a) 第一個樹形提供寬度-第一生成樹形 T 給 G，其中給頂點的順位是顛倒字母順序且根是 c。

   b) 第二個樹形提供 $(low'(v), low(v))$ 給 G (和 T) 的每個頂點 v。這些結果由演算法的步驟 (2) 成立。

   對第三個樹形，我們求 $(dfi(v), low(v))$ 給各個頂點 v。應用演算法的步驟 (3)，我們找到接合點 d，f 和 g，及四個雙連通的連通分區。

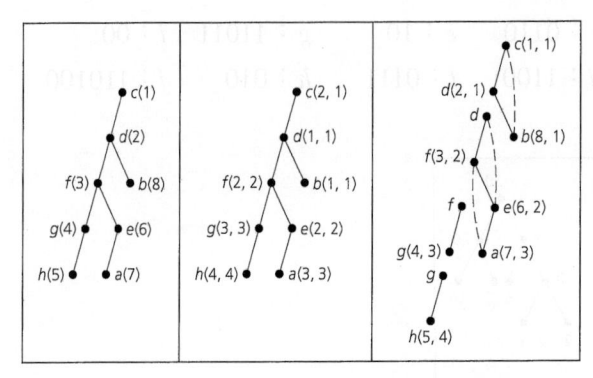

11. 我們總是有 low(x_2)=low(x_1)=1。(注意：頂點 x_2 和 x_1 總是在相同的雙連通連通分區裡。)

13. 若否，令 $v \in V$，其中 v 是 G 的一個接合點。則 $\kappa(G-v) > \kappa(G) = 1$。(由 11.6 節習題 19，我們知道 G 是連通的。) 現在 $G-v$ 是不連通的且有連通分區 $H_1, H_2, \cdots, H_t$，其中 $t \geq 2$。對 $1 \leq i \leq t$，令 $v_i \in H_i$。則 $H_i + v$ 是 $G - v_{i+1}$ 的一個子圖且 $\chi(H_i + v) \leq \chi(G - v_{i+1}) < \chi(G)$。(此處 $v_{t+1} = v_1$。) 現在令 $\chi(G) = n$ 且令 $\{c_1, c_2, \cdots, c_n\}$ 是一個 n 個顏色的集合。對每個子圖 $H_i + v$，$1 \leq i \leq t$，我們可以至多 $n-1$ 個顏色來完全著色 $H_i + v$ 的所有頂點且可使用 c_1 來著所有這 t 個子圖的頂點 v。則我們可將這 t 個子圖聚集在頂點 v 且得到一個對 G 的所有頂點的完全著色，其中我們使用小於 n (= $\chi(G)$) 個顏色。

補充習題

1. 若 G 是一個樹形，考慮 G 是一個根樹形，則有 λ 個選法來著色 G 的根及 $(n-1)$ 個選法來著色它的每一個後裔。由積規則，結果成立。

反之，若 $P(G, \lambda) = \lambda(\lambda-1)^{n-1}$，則因子 λ 僅出現一次，所以圖 G 是連通的，$P(G, \lambda) = \lambda(\lambda-1)^{n-1} = \lambda^n - (n-1)\lambda^{n-1} + \cdots + (-1)^{n-1}\lambda \Rightarrow$ G 有 n 個頂點及 $(n-1)$ 個邊。因此，G 是一個樹形 [由定理 12.5(d)]。

3. a) 1011001010100

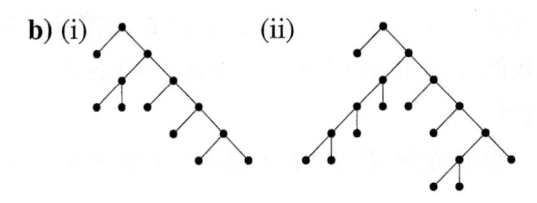

b) (i)　　　(ii)

c) 因為在前序穿程裡所訪問的最後兩個頂點是葉子，一個完全二元樹形的特徵數列的最後兩個符號是 00。

5. 我們假設 $G = (V, E)$ 是連通的，否則，我們以 G 的一個連通分區工作。因為 G 是連通的，且 $\deg(v) \geq 2$ 對所有 $v \in V$，由定理 12.4，G 不是一個樹形。但每個無迴路連通無向圖若不是一個樹形則必有一個循環。

7. 對 $1 \leq i (<n)$，令 $x_i =$ 頂點 v 的個數，其中 $\deg(v)=i$，則 $x_1+x_2+\cdots+x_{n-1}=|V|=|E|+1$，所以 $2|E|=2(-1+x_1+x_2+\cdots+x_{n-1})$。但 $2|E|=\Sigma_{v\in V}\deg(v)=(x_1+2x_2+3x_3+\cdots+(n-1)x_{n-1})$。解 $2(-1+x_1+x_2+\cdots+x_{n-1})=x_1+2x_2+\cdots+(n-1)x_{n-1}$ 給 x_1，我們發現 $x_1=2+x_3+2x_4+3x_5+\cdots+(n-3)x_{n-1}=2+\Sigma_{\deg(v_i)\geq 3}[\deg(v_i)-2]$。

9. a) G^2 同構於 K_5。　**b)** G^2 同構於 K_4。

c) G^2 同構於 K_{n+1}，所以新的邊數是 $\binom{n+1}{2}-n=\binom{n}{2}$。

d) 若 G^2 有一個接合點 x，則存在 $u,v\in V$ 滿足每一條 (G^2 上) 由 u 到 v 的路徑通過 x。(由 12.5 節習題 2 得知)。因為 G 是連通的，存在一條由 u 到 v 的路徑 P (在 G 上)。若 x 不在這條路徑 (其亦為 G^2 上的路徑) 上，則我們矛盾 x 是 G^2 上的一個接合點。因此，(G 上的) 路徑 P 通過 x，且我們可記 $P: u \to u_1 \to \cdots \to u_{n-1} \to u_n \to x \to v_m \to v_{m-1} \to \cdots \to v_1 \to v$。但接著我們將邊 $\{u_n, v_m\}$ 加到 G^2，且 (G^2 上的) 路徑 P' 被給為 $P': u \to u_1 \to \cdots \to u_{n-1} \to u_n \to v_m \to v_{m-1} \to \cdots \to v_1 \to v$ 不通過 x。所以 x 不是 G^2 的接合點，且 G^2 沒有接合點。

11. a) $\ell_n=\ell_{n-1}+\ell_{n-2}$，對 $n\geq 3$ 且 $\ell_1=\ell_2=1$。因為這是 Fibonacci 遞迴關係，我們有 $l_n=F_n$，等 n 個 Fibonacci 數，對 $n\geq 1$。

b) $i_n = i_{n-1} + i_{n-2} + 1, n \geq 3, i_1 = i_2 = 0$
$i_n = (1/\sqrt{5})\alpha^n - (1/\sqrt{5})\beta^n - 1 = F_n - 1, n \geq 1$

13. a) 對 G 的生成樹形，有兩個互斥及窮舉情形：(i) 邊 $\{x_1, y_1\}$ 在生成樹形裡：這些生成樹形被計數在 b_n 裡。(ii) 邊 $\{x_1, y_1\}$ 不在生成樹形裡：此時邊 $\{x_1, x_2\}$，$\{y_1, y_2\}$ 均在生成樹形裡。一旦由原先的梯圖移走邊 $\{x_1, x_2\}$，$\{y_1, y_2\}$ 及 $\{x_1, y_1\}$，我們現在需要一個生成樹形給所得的較小梯圖 (其具有 $n-1$ 個橫木)。這個情形共有 a_{n-1} 個生成樹形。

b) $b_n=b_{n-1}+2a_{n-1}$，$n\geq 2$

c) $a_n - 4a_{n-1} + a_{n-2} = 0, n \geq 2$
$a_n = (1/(2\sqrt{3}))[(2+\sqrt{3})^n - (2-\sqrt{3})^n], n \geq 0$

15. a) (i) 3　(ii) 5

b) $a_n=a_{n-1}+a_{n-2}$，$n\geq 5$，$a_3=2$，$a_4=3$
$a_n=F_{n+1}$，第 $(n+1)$ 個 Fibonacci 數。

17. 此處的輸入有
(a) 仿樣的 $k\,(\geq 3)$ 個頂點——由左至右排序為 $v_1, v_2, \cdots, v_k$；
(b) 毛蟲形的 $\deg(v_i)$，對所有 $1\leq i \leq k$；及

(c) n,毛蟲形的頂點個數,其中 $n \geq 3$。

若 $k=3$,毛蟲形是完全偶圖 (或星圖) $K_{1, n-1}$,對某些 $n \geq 3$。我們標示 v_i 為 1 且標示其它頂點為 $2,3,\cdots,n$。這個提供邊標示 (頂點標示差的絕對值) $1,2,3,\cdots,n-1$,一個完美標示。

對 $k>3$,我們考慮下面

$l:=2$ {l 是最大的低標示}

$h:=n-1$ {h 是最小的高標示}

標示 v_1 為 1

標示 v_2 為 n

for $i=2$ **to** $k-1$ **do**
    if $2\lfloor i/2 \rfloor = i$ **then**   {i 是偶數}
      begin
        if v_i 有不在仿樣上之未標示葉子 **then**
          指派由 l 到 $l+\deg(v_i)-3$ 的 $\deg(v_i)-2$ 個標示給 v_i 的這些葉子
          指派標示 $l+\deg(v_i)-2$ 至 v_{i+1}
          $l:=l+\deg(v_i)-1$
      end
    else
      begin
        if v_i 有不在仿樣上之未標示葉子 **then**
          指派由 $h-[\deg(v_i)-3]$ 到 h 的 $\deg(v_i)-2$ 個標示給 v_i 的這些葉子
          指派標示 $h-\deg(v_i)+2$ 至 v_{i+1}
          $h:=h-\deg(v_i)+1$
      end

19. a) $1,-1,1,1,-1,-1$ $1,1,-1,1,-1,-1$
$1,-1,1,-1,1,-1$

b)

總共有 14 個有序根樹形含 5 個頂點。

c) 這是 Catalan 數出現的另一個例子。共有 $\left(\frac{1}{n+1}\right)\binom{2n}{n}$ 個有序根樹形含 $n+1$ 個頂點。

21. a) 8   **b)** 8^4 **c)** $4 \cdot 8^4$ **d)** $2(4 \cdot 8^4)$ **e)** $2(n8^n)$

第 13 章 最佳化及匹配

13.1 節

1. a) 若否，令 $v_i \in \overline{S}$，其中 $1 \leq i \leq m$ 且 i 是最小的下標。則 $d(v_0, v_i) < d(v_0, v_{m+1})$，且我們矛盾 v_{m+1} 的選取為 $\overline{S}$ 上的一頂點滿足 $d(v_0, v)$ 是一個最小值。

b) 假設存在一條較短的有向路徑 (在 G 上) 由 v_0 到 v_k。若這條路徑通過 $\overline{S}$ 上的一個頂點，則由 (a) 我們得一矛盾。否則，我們有一條較短的有向路徑 P'' 由 v_0 到 v_k，且 P'' 僅通過 S 上的頂點。但 $P'' \cup \{(v_k, v_{k+1}), (v_{k+1}, v_{k+2}), \cdots, (v_{m-1}, v_m), (v_m, v_{m+1})\}$ 是 (G 上的) 一條有向路徑由 v_0 到 v_{m+1}，且它比路徑 P 短。

3. a) $d(a, b) = 5$；$d(a, c) = 6$；$d(a, f) = 12$；$d(a, g) = 16$；$d(a, h) = 12$

b) f：(a, c)，(c, f)　　g：(a, b)，(b, h)，(h, g)　　h：(a, b)，(b, h)

5. 錯。考慮下面的加權圖。

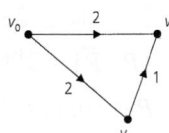

13.2 節

1. Kruskal 演算法產生下面森林序列，其終止在一個加權 18 的最小生成樹形 T。

(1) $F_1 = \{\{e, h\}\}$　　(2) $F_2 = F_1 \cup \{\{a, b\}\}$　　(3) $F_3 = F_2 \cup \{\{b, c\}\}$
(4) $F_4 = F_3 \cup \{\{d, e\}\}$　　(5) $F_5 = F_4 \cup \{\{e, f\}\}$　　(6) $F_6 = F_5 \cup \{\{a, e\}\}$
(7) $F_7 = F_6 \cup \{\{d, g\}\}$　　(8) $F_8 = T = F_7 \cup \{\{f, i\}\}$

(這個答案不唯一)

3. 不！考慮下面的反例：

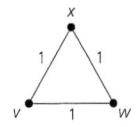

這裡 $V = \{v, x, w\}$，$E = \{\{v, x\}, \{x, w\}, \{v, w\}\}$ 且 $E' = \{\{v, x\}, \{x, w\}\}$。

5. a) Evansville-Indianaplis (168); Bloomington-Indianapolis (51); South bend-Gary (58); Terre Haute-Bloomington (58); South Bend-Fort Wayne (79); Indianapolis-Fort Wayne (121).

b) Fort Wayne-Gary (132); Evansville-Indianapolis (168); Bloomington-Indianapolis (51); Gary-South Bend (58); Terre Haute-Bloomington (58); Indianapolis-Fort Wayne (121).

7. a) 欲決定一個最佳的最大加權樹形，將 Kruskal 演算法裡的兩個 "小" 改為 "大"。

b) 使用邊：South Bend-Evansville (303); Fort Wayne-Evansville (290); Gary-Evansville (277); Fort Wayne-Terre Haute (201); Gary-Bloomington (198); Indianapolis-Evansville (168).

9. 當所有邊的加權均相異，Kruskal 演算法各步驟裡有一個唯一邊被選。

13.3 節

1. a) $s=2$; $t=4$; $w=5$; $x=9$; $y=4$; b) 18
   c) (i) $P=\{a,b,h,d,g,i\}$; $\overline{P}=\{z\}$ (ii) $P=\{a,b,h,d,g\}$; $\overline{P}=\{i,z\}$
   (iii) $P=\{a,h\}$; $\overline{P}=\{b,d,g,i,z\}$

3. (1) 最大流是 32，其為 $c\{P, \overline{P}\}$，其中 $P=\{a,b,d,g,h\}$ 且 $\overline{P}=\{i,z\}$

   (2) 最大流是 23，其為 $c\{P, \overline{P}\}$，其中 $P=\{a\}$ 且 $\overline{P}=\{b,g,i,j,d,h,k,z\}$

5. 此處 $c(e)$ 是一個正整數對每個 $e \in E$，且初始流被定義為 $f(e)=0$ 對所有 $e \in E$。結果成立，因為 Δ_p 是一個正整數對 Edmonds-Karp 演算法的各個應用且在 Ford-Fulkerson 演算法裡，$f(e)-\Delta_p$ 將不是負的對一個向後邊。

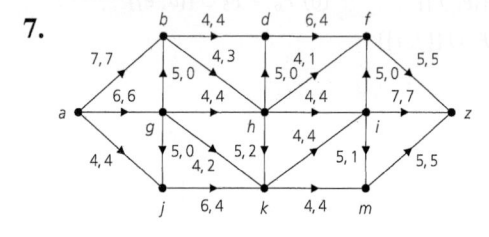

7.

13.4 節

1. $5/\binom{8}{4} = 1/14$

3. 令委員會被表為 $c_1, c_2, \cdots, c_6$，依據它們在習題裡被列出的方式。
   a) 選擇會員如下：c_1-A；c_2-G；c_3-M；c_4-N；c_5-K；c_6-R。
   b) 選擇非會員如下：c_1-K；c_2-A；c_3-G；c_4-J；c_5-M；c_6-P。

5. a) 圖 $G=(V,E)$ 的一個一-因子由沒有共同頂點的邊組成。所以一-因子有偶數個頂點，且因它生成 G，$|V|$ 必為偶數。
   b) 考慮圖 11.52(a) 所示的 Petersen 圖。邊

$$\{e,a\} \quad \{b,c\} \quad \{d,i\} \quad \{g,j\} \quad \{f,h\}$$

提供一個一 - 因子給這個圖。

c) 有 (5)(3)＝15 一 - 因子給 K_6。

d) 標示 K_{2n} 的所有頂點為 $1,2,3,\cdots,2n-1,2n$。我們可將頂點 1 和其它 $2n-1$ 個頂點中的任一個頂點配對，且接著我們面對，此時 $n \geq 2$，找一個一 - 因子給圖 K_{2n-2}。因此，

$$a_n=(2n-1)a_{n-1}, \quad a_1=1$$

我們發現

$$a_n = (2n-1)a_{n-1} = (2n-1)(2n-3)a_{n-2} = (2n-1)(2n-3)(2n-5)a_{n-3} = \cdots$$
$$= (2n-1)(2n-3)(2n-5)\cdots(5)(3)(1)$$
$$= \frac{(2n)(2n-1)(2n-2)(2n-3)\cdots(4)(3)(2)(1)}{(2n)(2n-2)\cdots(4)(2)} = \frac{(2n)!}{2^n(n!)}$$

7. 是的，此一分派可由 Fritz 完成。令 X 為學生申請者的集合且 Y 為部份時間工作的集合。則對所有 $x \in X$，$y \in Y$，繪邊 (x, y) 若申請者有資格於部份時間工作 y，則 $\deg(x) \geq 4 \geq \deg(y)$ 對所有 $x \in X$，$y \in Y$，且由系理 13.6 知結果成立。

9. a) (i) 由 A_i 選 i，對 $1 \leq i \leq 4$。

(ii) 由 A_i 選 $i+1$，對 $1 \leq i \leq 3$ 且由 A_4 選 1。

b) 2

11. 對 X 的每個子集合 A，令 G_A 係由 $A \cup R(A)$ 上的所有頂點所導引出來的 G 之子圖。若 e 是 G_A 上的邊數，則 $e \geq 4|A|$，因為 $\deg(a) \geq 4$ 對所有 $a \in A$。同樣的，$e \leq 5|R(A)|$，因為 $\deg(b) \leq 5$ 對所有 $b \in R(A)$。所以 $5|R(A)| \geq 4|A|$ 且 $\delta(A)=|A|-|R(A)| \leq |A|-(4/5)|A|=(1/5)|A| \leq (1/5)|X|=2$。則因為 $\delta(G)=\max\{\delta(A)|A \subseteq X\}$，我們有 $\delta(G) \leq 2$。

13. a) $\delta(G)=1$。一個 X 到 Y 的最大匹配被給為 $\{\{x_1, y_4\}, \{x_2, y_2\}, \{x_3, y_1\}, \{x_5, y_3\}\}$。

b) 若 $\delta(G)=0$，存在一個 X 到 Y 的完全匹配，且 $\beta(G)=|Y|$，或 $|Y|=\beta(G)-\delta(G)$。若 $\delta(G)=k>0$，令 $A \subseteq X$，其中 $|A|-|R(A)|=k$。則 $A \cup (Y-R(A))$ 是 G 上最大的極大獨立集且 $\beta(G)=|A|+|Y-R(A)|=|Y|+(|A|-|R(A)|)=|Y|+\delta(G)$，所以 $|Y|=\beta(G)-\delta(G)$。

c) 圖 13.30(a)：$\{x_1, x_2, x_3, y_2, y_4, y_5\}$；圖 13.32：$\{x_3, x_4, y_2, y_3, y_4\}$。

補充習題

1. $d(a, b)=5 \quad d(a, c)=11 \quad d(a, d)=7 \quad d(a, e)=8$
$d(a, f)=19 \quad d(a, g)=9 \quad d(a, h)=14$
[注意：在頂點 g 的迴路和權數 9 的邊 (c, a) 及權數 5 的邊 (f, e) 是沒

3. a) 在 Kruskal 演算法的第一個步驟裡，邊 e_1 將總是被選。

b) 再次使用 Kruskal 演算法，邊 e_2 將被選在步驟 (2) 的第一次應用裡除非 e_1、e_2 各邊接合兩個相同頂點，亦即，邊 e_1、e_2 形成一個環道且 G 是一個多重圖。

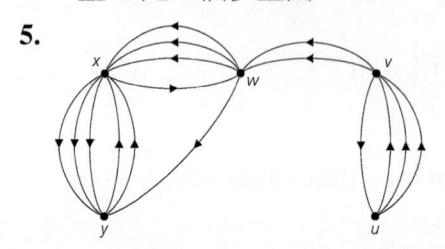

5.

7. 有 d_n，即 $\{1, 2, 3, \cdots, n\}$ 的重排數。

9. 由 E' 所決定的所有頂點 [在線圖 $L(G)$ 裡] 形成一個極大獨立集。

記　號

特殊的數集合	$\mathbf{Z}$	所有整數所成的集合：$\{0, 1, -1, 2, -2, 3, -3, \cdots\}$
	$\mathbf{N}$	所有非負整數或自然數所成的集合：$\{0, 1, 2, 3, \cdots\}$
	$\mathbf{Z}^+$	所有正整數所成的集合：$\{1, 2, 3, \cdots\} = \{x \in \mathbf{Z} | x > 0\}$
	$\mathbf{Q}$	所有有理數所成的集合：$\{a/b | a, b \in \mathbf{Z}, b \neq 0\}$
	$\mathbf{Q}^+$	所有正有理數所成的集合
	$\mathbf{Q}^*$	所有非零有理數所成的集合
	$\mathbf{R}$	所有實數所成的集合
	$\mathbf{R}^+$	所有正實數所成的集合
	$\mathbf{R}^*$	所有非零實數所成的集合
	$\mathbf{C}$	所有複數所成的集合：$\{x+yi | x, y \in \mathbf{R}, i^2 \neq -1\}$
	$\mathbf{C}^*$	所有非零複數所成的集合
	$\mathbf{Z}_n$	$\{0, 1, 2, \cdots, n-1\}$，其中 $n \in \mathbf{Z}^+$
	$[a, b]$	由 a 到 b 的閉區間：$\{x \in \mathbf{R} | a \leq x \leq b\}$
	(a, b)	由 a 到 b 的開區間：$\{x \in \mathbf{R} | a < x < b\}$
	$[a, b)$	由 a 到 b 的半-開區間：$\{x \in \mathbf{R} | a \leq x < b\}$
	$(a, b]$	由 a 到 b 的半-開區間：$\{x \in \mathbf{R} | a < x \leq b\}$
代數結構	$(R, +, \cdot)$	R 是一個具二元運算 $+$ 和 $\cdot$ 的環
	$R[x]$	佈於環 R 的多項式環
	$\deg f(x)$	多項式 $f(x)$ 的次數
	$(G, \circ)$	G 在二元運算 $\circ$ 下是一個群
	S_n	含 n 個符號的對稱群
	aH	(群 G 的) 子群 H 的左傍集：$\{ah | h \in H\}$
	$(\mathscr{B}, +, \cdot, ^-, 0, 1)$	布林代數 $\mathscr{B}$，其具有二元運算 $+$ 和 $\cdot$，一元運算 $^-$，及單位元素 0 (給 $+$) 及 1 (給 $\cdot$)
圖　論	$G = (V, E)$	G 是一個具頂點集 V 及邊集 E 的圖
	K_n	含 n 個頂點的完全圖
	$\overline{G}$	圖 G 的餘圖
	$\deg(v)$	頂點 v (在一個無向圖 G) 的次數
	$od(v)$	頂點 v (在有向圖 G 上) 的外出次數
	$id(v)$	頂點 v (在有向圖 G 上) 的進入次數
	$\kappa(G)$	圖 G 的連通分區個數
	Q_n	n-維超正方體，n-正方體
	$K_{m,n}$	在 $V = V_1 \cup V_2$ 上的完全偶圖，其中 $V_1 \cap V_2 = \emptyset$，$|V_1| = m$，$|V_2| = n$
	$\beta(G)$	G 的獨立數
	$\chi(G)$	G 的色數
	$P(G, \lambda)$	G 的著色多項式
	$\gamma(G)$	G 的優控數
	$L(G)$	G 的線圖
	$T = (V, E)$	T 是一個含頂點集 V 及邊集 E 的樹形
	$N = (V, E)$	N 是一個含頂點集 V 及邊集 E 的 (輸送) 網路

公式

$n!$ n 階乘：$0!=1$；$n!=n(n-1)\cdots(3)(2)(1)$，$n \in \mathbf{Z}^+$

$P(n,r)$ 由 n 個物體中一次取 r 個的排列數，$0 \leq r \leq n$。[$P(n,r)=n!/(n-r)!$]

$C(n,r)=\binom{n}{r}$ 由 n 個物體中一次取 r 個的選擇或組合數，$0 \leq r \leq n$。[$C(n,r)=n!/[r!(n-r)!]$]

$\binom{n+r-1}{r}$ 由 n 個物體中一次取 r ($n \geq 0$) 個，允許重複，的選擇或組合數

二項式定理：

$$(x+y)^n = \binom{n}{0}x^0 y^n + \binom{n}{1}x^1 y^{n-1} + \cdots + \binom{n}{n}x^n y^0 = \sum_{k=0}^{n}\binom{n}{k}x^k y^{n-k}$$

$$\binom{n+1}{r} = \binom{n}{r} + \binom{n}{r-1}, \quad n \geq r \geq 1$$

$S(m,n) = (1/n!)\sum_{k=0}^{n}(-1)^k \binom{n}{n-k}(n-k)^m$，一個第二型的 Stirling 數。$S(m,n)$ 是將 m 個相異物體分配至 n 個相同容器，沒有容器是空的，的方法數。

$$\binom{-n}{r} = (-1)^r \binom{n+r-1}{r}, \quad n, r \in \mathbf{Z}^+$$

$f(x) = a_0 + a_1 x + a_2 x^2 + a_3 x^3 + \cdots$：$f(x)$ 是 (尋常的) 生成函數給數列 a_0，a_1，a_2，a_3，$\cdots$

對 $a \in \mathbf{R}$，m，$n \in \mathbf{Z}^+$

$$(1+x)^n = \binom{n}{0} + \binom{n}{1}x + \binom{n}{2}x^2 + \cdots + \binom{n}{n}x^n$$

$$(1+ax)^n = \binom{n}{0} + \binom{n}{1}ax + \binom{n}{2}a^2 x^2 + \cdots + \binom{n}{n}a^n x^n$$

$$(1+x^m)^n = \binom{n}{0} + \binom{n}{1}x^m + \binom{n}{2}x^{2m} + \cdots + \binom{n}{n}x^{nm}$$

$$(1-x^{n+1})/(1-x) = 1 + x + x^2 + \cdots + x^n$$

$$1/(1-x) = 1 + x + x^2 + x^3 + \cdots = \sum_{i=0}^{\infty} x^i$$

$$1/(1-x)^n = \binom{-n}{0} + \binom{-n}{1}(-x) + \binom{-n}{2}(-x)^2 + \binom{-n}{3}(-x)^3 + \cdots$$

$$= \sum_{i=0}^{\infty}\binom{-n}{i}(-x)^i = \sum_{i=0}^{\infty}\binom{n+i-1}{i}x^i$$

$g(x) = a_0 + a_1(x/1!) + a_2(x^2/2!) + a_3(x^3/3!) + \cdots$：$g(x)$ 是指數生成函數給數列 a_0，a_1，a_2，a_3，$\cdots$

$$e^x = 1 + x + \frac{x^2}{2!} + \frac{x^3}{3!} + \cdots$$

$$\left(\frac{1}{2}\right)(e^x + e^{-x}) = 1 + \frac{x^2}{2!} + \frac{x^4}{4!} = \cdots \quad \left(\frac{1}{2}\right)(e^x - e^{-x}) = x + \frac{x^3}{3!} + \frac{x^5}{5!} + \cdots$$

F_n，$n \geq 0$ 第 n 個 Fibonacci 數：$F_0 = 0$，$F_1 = 1$；且 $F_n = F_{n-1} + F_{n-2}$，$n \geq 2$

b_n，$n \geq 0$ 第 n 個 Catalan 數：$b_n = \left(\frac{1}{n+1}\right)\binom{2n}{n}$，$n \geq 0$